# HANDBUCH DER NORMALEN UND PATHOLOGISCHEN PHYSIOLOGIE

## MIT BERÜCKSICHTIGUNG DER EXPERIMENTELLEN PHARMAKOLOGIE

### HERAUSGEGEBEN VON

**A. BETHE**  **G. v. BERGMANN**
FRANKFURT A. M.   BERLIN

**G. EMBDEN · A. ELLINGER †**
FRANKFURT A. M.

---

FÜNFZEHNTER BAND / ZWEITE HÄLFTE
## CORRELATIONEN I/2
(J. II/2. ARBEITSPHYSIOLOGIE II · J. III. ORIENTIERUNG
J. VI. PLASTIZITÄT · J. VII. STIMME UND SPRACHE)

BERLIN
VERLAG VON JULIUS SPRINGER
1931

# ARBEITSPHYSIOLOGIE II
# ORIENTIERUNG · PLASTIZITÄT
# STIMME UND SPRACHE

### BEARBEITET VON

A. BETHE · W. v. BUDDENBROCK · E. FISCHER
M. H. FISCHER · K. GOLDSTEIN · E. HANSEN
A. PICK † · E. SCHARRER · R. SOKOLOWSKY
W. SULZE · R. THIELE · O. WEISS

### MIT 188 ABBILDUNGEN

## BERLIN
### VERLAG VON JULIUS SPRINGER
1931

ALLE RECHTE, INSBESONDERE DAS DER ÜBERSETZUNG
IN FREMDE SPRACHEN, VORBEHALTEN.
COPYRIGHT 1931 BY JULIUS SPRINGER IN BERLIN.
SOFTCOVER REPRINT OF THE HARDCOVER 1ST EDITION 1931

ISBN 978-3-642-47117-9         ISBN 978-3-642-47376-0  (eBook)
DOI 10.1007/978-3-642-47376-0

# Inhaltsverzeichnis.

## Physiologie der körperlichen Arbeit II (J. II. 2).

|   | Seite |
|---|---|
| **Atmung und Kreislauf bei körperlicher Arbeit.** Von Dr. Emanuel Hansen-Kopenhagen. Mit 27 Abbildungen | 835 |
|   I. Die Veränderungen des Blutchemismus durch die Muskelarbeit | 836 |
|  II. Die Atmung | 847 |
|     A. Die Volumverhältnisse der Atemorgane | 847 |
|     B. Die Tätigkeit der Atemorgane | 850 |
|       1. Die Ventilation | 850 |
|       2. Die Atemfrequenz und die Atemtiefe | 865 |
|       3. Die Atmungsarbeit | 867 |
|       4. Die Gasdiffusion durch die Lungen | 868 |
|       5. Der respiratorische Quotient und die Erregbarkeit des Atemzentrums | 869 |
| III. Der Kreislauf | 874 |
|     A. Die Zirkulation des Blutes | 875 |
|       1. Das Minutenvolumen des Herzens | 875 |
|         a) Besondere Maßnahmen bei Minutenvolumenbestimmungen während der Arbeit | 875 |
|         b) Die Größe des Minutenvolumens | 875 |
|           $\alpha$) Der initiale Anstieg des Minutenvolumens | 878 |
|           $\beta$) Das Minutenvolumen im „steady state" der Arbeitsperiode | 879 |
|           $\gamma$) Das Minutenvolumen nach dem Aufhören der Arbeit | 885 |
|         c) Die Regulierung des Minutenvolumens | 886 |
|       2. Die Pulsfrequenz | 893 |
|       3. Das Schlagvolumen | 898 |
|       4. Die Leistung des Herzens | 901 |
|     B. Die Ausnützung des Blutsauerstoffes | 903 |

## Die Orientierung zu bestimmten Stellen im Raum (J. III.).

|   | |
|---|---|
| **Die Orientierung im Raume bei Wirbeltieren und beim Menschen.** Von Professor Dr. Max Heinrich Fischer-Berlin/Buch. Mit 23 Abbildungen | 909 |
|   I. Vorbemerkungen und Problemstellung | 910 |
|  II. Theorien über die Orientierung | 914 |
| III. Die Orientierung bei Wirbeltieren. Vorliegendes Tatsachenmaterial und Stellungnahme zu den theoretischen Anschauungen | 916 |
|     A. Bei Vögeln | 916 |
|       1. Allgemeines | 916 |
|         a) Geschichte der Brieftauben | 916 |
|         b) Beobachtungen über „homing" | 918 |
|       2. Die Bedeutung des Sehens bei der Orientierung. Optische Orientierungstheorien | 934 |
|       3. Die Theorie des „Loi du contrepied" (Registrierung des zurückgelegten Weges) | 953 |
|       4. Bogengangstheorien. Spezieller „Richtungssinn" | 956 |
|       5. Die Spürsinntheorie von v. Cyon | 959 |
|       6. Theorien der Orientierung nach dem Erdmagnetismus | 960 |
|     B. Bei Hunden und Katzen | 964 |
|     C. Beim Pferde | 968 |
|     D. Anhang | 973 |
| IV. Die Orientierung des Menschen | 975 |
|     A. Allgemeine Beobachtungen | 975 |
|     B. Die sog. Zirkularbewegungen | 982 |

| | Seite |
|---|---|
| C. Orientierungstäuschungen | 986 |
| D. Die Orientierung der Blinden | 993 |
| E. Grundlagen unserer Orientierung im Raume | 995 |
|    1. Allgemeines | 995 |
|    2. Richtungslokalisation | 999 |
|    3. Abstandslokalisation | 1009 |
|    4. Absolute Lokalisation | 1011 |
| V. Übersicht und allgemeine Schlußfolgerungen | 1018 |

**Die Orientierung zu bestimmten Stellen im Raum (Wirbellose).** Von Professor Dr. WOLFGANG V. BUDDENBROCK-Kiel. Mit 11 Abbildungen . . . . . . . . . . 1023

Die Beiträge „Sensorischer und motorischer Apparat des Menschen als Ganzes (J. IV. und J. V.)" waren beim Abschluß des Bandes noch nicht fertiggestellt und werden voraussichtlich dem Register- und Ergänzungsband beigefügt werden.

# Die Anpassungsfähigkeit (Plastizität) des Nervensystems (J. VI.).

**Die Anpassungsfähigkeit (Plastizität) des Nervensystems.** Einführung und experimentelles Material. Von Geheimrat Professor Dr. ALBRECHT BETHE-Frankfurt a. M. und Dr. ERNST FISCHER-Frankfurt a. M. Mit 28 Abbildungen . . 1045

| | |
|---|---|
| I. Einleitung | 1045 |
| II. Die klassische Zentrenlehre und ihre Schwächen | 1047 |
| III. Das Nervensystem als Regulator bei unversehrtem Körperbestand | 1051 |
| IV. Erweiterungen der klassischen Zentrenlehre | 1058 |
| V. Das Nervensystem als Regulator nach verändernden Eingriffen im Körperbestand | 1063 |
|   1. Umstellung der Koordination nach äußeren Verletzungen, insbesondere nach Verlust von Gliedmaßen | 1063 |
|     a) Mensch | 1063 |
|     b) Vierbeinige Tiere | 1068 |
|     c) Tiere mit fünf Bewegungsorganen | 1075 |
|     d) Sechsbeinige Tiere (Insekten) | 1075 |
|     e) Acht- und zehnbeinige Tiere | 1077 |
|     f) Vielfüßige Tiere (Myriapoden) | 1082 |
|     Anhang | 1082 |
|   2. Versuche zur Analyse der nach Amputationen auftretenden Koordinationsänderungen | 1082 |
|     a) Graduelle Beinverkürzungen | 1082 |
|     b) Feststellung eines oder mehrerer Beine | 1083 |
|   3. Das Nervensystem als Regulator bei teilweise vertauschten Körperbeständen | 1087 |
|     a) Vertauschung von Nervenverbindungen | 1088 |
|       $\alpha$) Kreuzung großer peripherer Gebiete | 1092 |
|       $\beta$) Kreuzung kleinerer peripherer Gebiete | 1094 |
|       $\gamma$) Kreuzungen an Gehirnnerven und am Phrenicus | 1096 |
|       $\delta$) Sensibilitätsherstellung nach Nervennaht | 1100 |
|       $\varepsilon$) Kreuzungen am autonomen Nervensystem | 1101 |
|     b) Verwendung von Muskel- und Gliedmaßenbewegungen für unnatürliche Aufgaben | 1105 |
|       $\alpha$) Sehnenverpflanzungen | 1105 |
|       $\beta$) Kanalisierte Muskeln | 1110 |
|       $\gamma$) Benutzung von Gliedbewegungen zu fremden Zwecken | 1115 |
|     c) Benutzung fremder receptorischer Gebiete als Ersatz für verlorengegangene | 1116 |
|     d) Verpflanzung von Gliedmaßenanlagen | 1117 |
|   4. Regulation nach Zerstörung zentraler Zusammenhänge | 1122 |
|     a) Anpassungserscheinungen nach totaler, querer Durchtrennung des Zentralnervensystems | 1122 |
|     b) Anpassung des Zentralnervensystems nach Ausschaltung großer Leitungsbahnen | 1126 |

**Über die Plastizität des Organismus auf Grund von Erfahrungen am nervenkranken Menschen.** Von Professor Dr. KURT GOLDSTEIN-Berlin . . . . . . . . 1131

| | |
|---|---|
| A. Die Anpassung durch Umstellung | 1133 |
|   I. Die Umstellung bei Läsion eines Teiles eines corticalen Sinnesfeldes, dargestellt am Beispiel der Zerstörung einer Hälfte der Sehsphäre | 1133 |

|     |                                                                                                                                         | Seite |
| --- | --------------------------------------------------------------------------------------------------------------------------------------- | ----- |
|     | 1. Das tatsächliche Verhalten des Hemianoptikers                                                                                         | 1133  |
|     | 2. Zur Theorie der Anpassung an den Calcarinadefekt                                                                                      | 1135  |
|     | a) Parallelen zwischen dem Verhalten des Kranken und dem normalen Sehen                                                                 | 1135  |
|     | b) Das Verhalten des Hemianopikers wie das des Normalen ist bei der üblichen Auffassung von der Funktion des Organismus unverständlich | 1138  |
|     | c) Exkurs über eine Theorie von der Funktion des Organismus                                                                              | 1138  |
|     | d) Die Auffassung der Anpassung bei Calcarinadefekt auf Grund der skizzierten allgemeinen Theorie von der Funktion des Organismus       | 1149  |
| II. | Die Anpassung an Defekte, die über die eine Hälfte der Sehsphäre im optischen Gebiete hinausgreifen                                      | 1150  |
| III.| Die Anpassungsvorgänge bei Schädigung anderer Sinnesgebiete und der motorischen Apparate                                                 | 1152  |
| IV. | Parallelen zwischen den geschilderten Anpassungserscheinungen beim Menschen und Erfahrungen bei Tieren                                   | 1159  |
| V.  | Die Anpassung an Defekte durch Ersatzleistungen                                                                                          | 1163  |
| VI. | Über die Einschränkung der Leistungen bzw. des Milieus bei jeder Anpassung an Defekte                                                    | 1165  |

**Plastizität und Zentrenlehre.** Von Geheimrat Professor Dr. ALBRECHT BETHE-Frankfurt a. M. Mit 3 Abbildungen . . . . . . . . . . . . . . . . . . . . . . . . . . 1175

   I. Die Lehre von den nervösen Zentren und die Ergebnisse der vergleichenden Physiologie . . . . . . . . . . . . . . . . . . . . . . . . . . . . . . . . . . . 1175
  II. Die Lehre von den nervösen Zentren und die Plastizitätserscheinungen . . . 1184
 III. Ansätze zu einem Neuaufbau der Lehre vom nervösen Geschehen . . . . . 1188
      Rückwirkungen der Peripherie auf das nervöse Geschehen . . . . . . . . 1189
      Der Kampf der Erregungen um das zentrale Feld . . . . . . . . . . . . 1192
      Neue Erklärungsversuche für das nervöse Geschehen . . . . . . . . . . 1197
      1. Die Resonanzhypothese . . . . . . . . . . . . . . . . . . . . . . . . 1197
      2. Die UEXKULLschen Regeln . . . . . . . . . . . . . . . . . . . . . . 1202
         a) Das Gesetz der gedehnten Muskeln . . . . . . . . . . . . . . . . 1203
         b) Starker und schwacher Reflex . . . . . . . . . . . . . . . . . . . 1205
         c) Das Tonustal . . . . . . . . . . . . . . . . . . . . . . . . . . . . 1207
      3. Erklärungsversuche auf der Basis chemischer Vorgänge . . . . . . . . 1210
      4. Das Prinzip der gleitenden Kopplung . . . . . . . . . . . . . . . . . 1214
   Schlußwort . . . . . . . . . . . . . . . . . . . . . . . . . . . . . . . . . . 1219

# Stimme und Sprache (J. VII.).

**Stimm- und Musikapparate bei Tieren und ihre Funktionsweise.** Von Dr. ERNST SCHARRER-München. Mit 17 Abbildungen . . . . . . . . . . . . . . . . . . . 1223

  Einleitung . . . . . . . . . . . . . . . . . . . . . . . . . . . . . . . . . . . . 1223
  A. Wirbellose . . . . . . . . . . . . . . . . . . . . . . . . . . . . . . . . . . 1225
    I. Lauterzeugung ohne besondere Apparate . . . . . . . . . . . . . . . . 1225
   II. Erzeugung von Tönen durch besondere Stimmapparate . . . . . . . . 1227
      1. Der Stimmapparat der Zikaden . . . . . . . . . . . . . . . . . . . . 1228
      2. Die Stridulationsorgane . . . . . . . . . . . . . . . . . . . . . . . . 1229
         a) Crustaceen . . . . . . . . . . . . . . . . . . . . . . . . . . . . . . 1229
         b) Arachnoiden . . . . . . . . . . . . . . . . . . . . . . . . . . . . . 1231
         c) Myriapoden . . . . . . . . . . . . . . . . . . . . . . . . . . . . . 1232
         d) Insekten . . . . . . . . . . . . . . . . . . . . . . . . . . . . . . . 1232
  B. Wirbeltiere . . . . . . . . . . . . . . . . . . . . . . . . . . . . . . . . . . 1240
    1. Fische . . . . . . . . . . . . . . . . . . . . . . . . . . . . . . . . . . 1241
    2. Amphibien . . . . . . . . . . . . . . . . . . . . . . . . . . . . . . . . 1241
    3. Reptilien . . . . . . . . . . . . . . . . . . . . . . . . . . . . . . . . . 1242
    4. Vögel . . . . . . . . . . . . . . . . . . . . . . . . . . . . . . . . . . 1243
      a) Bau und Innervation des Stimmapparates der Vögel . . . . . . . 1243
      b) Physiologie der Vogelstimme . . . . . . . . . . . . . . . . . . . . 1246
      c) Die Stimmäußerungen der Vögel und die sie beeinflussenden Faktoren 1247
      d) „Instrumentalmusik" der Vögel . . . . . . . . . . . . . . . . . . 1250
    5. Säugetiere . . . . . . . . . . . . . . . . . . . . . . . . . . . . . . . . 1251

Inhaltsverzeichnis.

**Stimmapparat des Menschen.** Von Professor Dr. Otto Weiss-Königsberg.
Mit 66 Abbildungen . . . . . . . . . . . . . . . . . . . . . . 1255
  I. Kehlkopf . . . . . . . . . . . . . . . . . . . . . . . . . . 1255
    1. Allgemeiner Aufbau . . . . . . . . . . . . . . . . . . . 1255
    2. Gelenke und Bewegungsmöglichkeiten . . . . . . . . . . 1256
      a) Articulatio cricothyreoidea . . . . . . . . . . . . . . 1257
      b) Articulatio cricoarytaenoidea . . . . . . . . . . . . . 1257
    3. Innere Bänder und Gelenkbänder des Kehlkopfes . . . . . . . . . . 1258
    4. Äußere Bänder des Kehlkopfes . . . . . . . . . . . . . . 1260
  II. Muskulatur des Kehlkopfes . . . . . . . . . . . . . . . . . 1261
    1. Äußere Muskeln des Kehlkopfes . . . . . . . . . . . . . 1261
      a) Bewegungen des Kehlkopfes in toto . . . . . . . . . 1261
      b) Bewegungen des Kehlkopfes gegeneinander . . . . . . 1263
    2. Eigene Muskeln des Kehlkopfes . . . . . . . . . . . . . . 1264
      a) Weite der Stimmritze . . . . . . . . . . . . . . . . 1264
        $\alpha$) In der Ruhe . . . . . . . . . . . . . . . . . . 1264
        $\beta$) In der Leiche . . . . . . . . . . . . . . . . . 1264
        $\gamma$) Weite der Glottis bei der Atmung . . . . . . . 1265
      b) Musculus cricothyreoideus . . . . . . . . . . . . . . 1265
      c) Musculus cricoarytaenoideus posticus . . . . . . . . . 1268
      d) Musculus cricoarytaenoideus lateralis . . . . . . . . 1269
      e) Musculus arytaenoideus transversus . . . . . . . . . 1269
      f) Musculus arytaenoideus obliquus . . . . . . . . . . 1270
      g) Musculus thyreoarytaenoideus . . . . . . . . . . . . 1270
      h) Verhalten des Kehlkopfes bei der Atmung . . . . . . 1272
      i) Verhalten des Kehlkopfes bei der Phonation . . . . . 1276
        $\alpha$) Verengerung der Stimmritze . . . . . . . . . . . 1276
        $\beta$) Änderungen der Länge und der Spannung der Stimmlippen . . . 1277
  III. Innervation des Kehlkopfes . . . . . . . . . . . . . . . . . 1279
    1. Periphere Innervation . . . . . . . . . . . . . . . . . . 1279
      a) Laryngeus superior . . . . . . . . . . . . . . . . . 1279
      b) Laryngeus inferior . . . . . . . . . . . . . . . . . 1283
    2. Zentrale Innervation . . . . . . . . . . . . . . . . . . . 1286
      Kehlkopfreflexe . . . . . . . . . . . . . . . . . . . . 1290
    3. Sympathische Innervation . . . . . . . . . . . . . . . . 1291
  VI. Atembewegungen bei der Phonation . . . . . . . . . . . . . 1294
  V. Bildung der Stimme . . . . . . . . . . . . . . . . . . . . 1301
    Bewegungen der Stimmlippen . . . . . . . . . . . . . . 1302
    Luftverbrauch . . . . . . . . . . . . . . . . . . . . . . 1315
  VI. Stimmeinsatz . . . . . . . . . . . . . . . . . . . . . . . . 1315
  VII. Umfang der menschlichen Stimme . . . . . . . . . . . . . 1317
  VIII. Der Klang der Stimme, die Stimmregister . . . . . . . . . . 1321
  IX. Die Genauigkeit der Stimme . . . . . . . . . . . . . . . . 1326
  X. Bildung der Sprachlaute . . . . . . . . . . . . . . . . . . 1329
    Sprachlaute . . . . . . . . . . . . . . . . . . . . . . . 1332
    Einteilung der Sprachlaute . . . . . . . . . . . . . . . 1332
    1. Vokale . . . . . . . . . . . . . . . . . . . . . . . . . 1332
      a) Entstehung der Vokale . . . . . . . . . . . . . . . . 1333
        $\alpha$) Die Grundpfeiler des Vokalsystems A U I . . . 1333
        $\beta$) Die übrigen Vokale . . . . . . . . . . . . . . . 1335
      b) Wesen des Vokalklanges . . . . . . . . . . . . . . . 1335
      c) Entstehung der geflüsterten Vokale . . . . . . . . . 1337
      d) Entstehung von Vokalen mit Stimmklang . . . . . . 1340
  XI. Die Konsonanten . . . . . . . . . . . . . . . . . . . . . . 1346
    1. Kontinuierliche phonische Laute . . . . . . . . . . . . 1346
      Erste Gruppe . . . . . . . . . . . . . . . . . . . . . 1347
      a) Die L-Laute . . . . . . . . . . . . . . . . . . . . . 1347
      b) Die Resonanten M, N, Ng . . . . . . . . . . . . . . 1348
      Zweite Gruppe . . . . . . . . . . . . . . . . . . . . 1348
    2. Kontinuierliche phonische Laute mit begleitendem Geräusch. W, S . . . 1348
    3. Die Zitterlaute R . . . . . . . . . . . . . . . . . . . . 1349

4. Die aphonischen Laute ... 1349
   a) Hauchlaute H Ch ... 1349
   b) Reibe- und Zischlaute ... 1349
   c) Explosivgeräusche G, K (gutturale), D, T (linguale), B, P (labiale) ... 1349

**Pathologische Physiologie des Stimmapparates des Menschen.** Von Professor Dr. RUDOLF SOKOLOWSKY-Königsberg i. Pr. ... 1350

I. Einfluß von Änderungen der physiologischen Resonanzverhältnisse auf Stimme und Sprache ... 1350
  1. Beeinflussung des Stimmklanges durch Veränderung der resonatorischen Vorgänge in der Nase und im Nasenrachenraum ... 1350
    A. Näseln (Rhinolalia) ... 1350
    B. Änderung der Tonhöhe durch Verschluß bzw. Verengerung der Nase ... 1354
    C. Beeinflussung des Stimmklanges durch Resonanz der Nebenhöhlen der Nase ... 1355
  2. Beeinflussung des Stimmklanges durch die Veränderung der resonatorischen Vorgänge in den übrigen Teilen des Ansatzrohres Mundhöhle, Rachen (außer Nasenrachenraum) und Kehlkopf oberhalb der Stimmlippen ... 1356
    A. Beeinflussung des Stimmklanges durch Ausschaltung des Ansatzrohres 1356
    B. Dunkel- und Hellfärbung der Stimme ... 1356
    C. Beeinflussung des Stimmklanges durch unzweckmäßige Mitbewegung ... 1357
  3. Bauchrednerstimme ... 1357

II. Stimme und Geschlecht ... 1360
  1. Störungen des normalen Ablaufs des Stimmwechsels (Mutationsstörungen) 1360
    A. Verlängerter Stimmwechsel (Mutatio prolongata) ... 1360
    B. Persistierende Fistelstimme (eunuchoide Stimme) ... 1360
    C. Unnatürlicher Stimmwechsel (perverse Mutation) ... 1362
      1. Beim weiblichen Geschlecht ... 1362
      2. Beim männlichen Geschlecht ... 1364
  2. Sonstige Beziehungen zwischen Geschlecht und Stimme ... 1365
    A. Stimme im Klimakterium und im Greisenalter ... 1365
    B. Stimme und Menstruation ... 1365
    C. Stimme und Schwangerschaft ... 1366

III. Besondere Stimmarten ... 1366
  1. Inspiratorische Stimme ... 1366
  2. Triller, Tremolo, Vibrato ... 1368
    A. Triller ... 1368
    B. Tremolo ... 1369
    C. Vibrato ... 1371
  3. Änderungen des Stimmklanges infolge Lähmungen der Kehlkopfmuskeln 1372
    A. Störungen des Stimmklanges infolge Ausfalls des M. circothyreoideus ... 1372
    B. Störungen des Stimmklanges infolge Ausfalls des M. thyreoarytaenoideus internus (Internuslähmung) ... 1373
    C. Störungen des Stimmklanges infolge Ausfalls des M. arytaenoidus transversus (Transversuslähmungen) ... 1374
    D. Störungen des Stimmklanges infolge Ausfalls des M. cicoarytaenoidus lateralis ... 1374
    E. Störungen des Stimmklanges infolge Ausfalls des M. cicoarytaenoidus posticus (Posticuslähmung) ... 1374
    F. Störungen des Stimmklanges bei totaler Recurrenslähmung ... 1375
  4. Stimme und Sprache nach Resektion der Stimmlippen; Stimme und Sprache ohne Kehlkopf ... 1377
    A. Stimme und Sprache nach Resektion der Stimmlippen ... 1377
    B. Stimme und Sprache ohne Kehlkopf ... 1378
  5. Stimme und Sprache der Schwerhörigen, Ertaubten und Taubstummen ... 1380
    A. Stimme und Sprache der Schwerhörigen und Ertaubten ... 1381
    B. Stimme und Sprache der Taubstummen ... 1382
  6. Jodeln ... 1383
  7. Pfeifen ... 1383
  8. Flüstern ... 1385
  9. Summen ... 1385
  10. Heulen ... 1385
  11. Schreien ... 1386
  12. Weinen, Schluchzen ... 1386
  13. Lachen ... 1386

**Die physikalische Analyse der Stimm- und Sprachlaute.** Von Professor Dr. WALTER
SULZE-Leipzig. Mit 13 Abbildungen . . . . . . . . . . . . . . . . . . . 1387
    1. Die graphische Registrierung der Sprachlaute . . . . . . . . . . . . 1388
    2. Die Auswertung der Schallkurven. . . . . . . . . . . . . . . . . . 1394
    3. Klanganalyse und akustische Wirkung. . . . . . . . . . . . . . . . 1401
    4. Die unmittelbare Feststellung der in den Sprachlauten enthaltenen Teiltöne
       (Automatische Analyse der Schallkurven) . . . . . . . . . . . . . . 1403
    5. Einige Ergebnisse der Analyse von Vokalen und Konsonanten. . . . . . 1404
    6. Künstliche Nachahmung, Aufbau und Abbau von Sprachlauten . . . . . 1407

**Aphasie.** Von Geheimrat Professor Dr. ARNOLD PICK †-Prag. Durchgesehen und mit
Anmerkungen herausgegeben von Professor Dr. RUDOLF THIELE-Berlin.
Mit 2 Abbildungen. . . . . . . . . . . . . . . . . . . . . . . . . . 1416
    Vorbemerkungen des Herausgebers. . . . . . . . . . . . . . . . . . 1416
    Einleitung. . . . . . . . . . . . . . . . . . . . . . . . . . . . . 1417
    Definitorische Abgrenzung . . . . . . . . . . . . . . . . . . . . . 1419
    Entwicklung der Sprache beim Kinde . . . . . . . . . . . . . . . . 1420
    Die frontalen aphasischen Störungen der Spontansprache. Die sog. motorische
       Aphasie. . . . . . . . . . . . . . . . . . . . . . . . . . . . . 1424
    Sprachverständnis, der Weg vom Sprechen zum Denken . . . . . . . . . 1433
    Der Weg vom Denken zum Sprechen . . . . . . . . . . . . . . . . . 1436
    Die innere Sprache, die Übertragungsapparate, ihre anatomische Lokalisation 1439
    Überwertigkeit der linken Hemisphäre. Bedeutung der rechten. . . . . . . 1441
    Allgemeine für die Deutung des Pathologischen in Betracht kommende Gesichts-
       punkte . . . . . . . . . . . . . . . . . . . . . . . . . . . . . 1443
    Paraphasie . . . . . . . . . . . . . . . . . . . . . . . . . . . . 1452
    Perseveration . . . . . . . . . . . . . . . . . . . . . . . . . . . 1460
    Nachsprechen . . . . . . . . . . . . . . . . . . . . . . . . . . . 1461
    Reihensprechen . . . . . . . . . . . . . . . . . . . . . . . . . . 1462
    Wortamnesie . . . . . . . . . . . . . . . . . . . . . . . . . . . 1464
    Sog. optische Aphasie . . . . . . . . . . . . . . . . . . . . . . . 1464
    Agrammatismus . . . . . . . . . . . . . . . . . . . . . . . . . . 1469
    Wort-, Sprachtaubheit . . . . . . . . . . . . . . . . . . . . . . . 1477
    Alexie . . . . . . . . . . . . . . . . . . . . . . . . . . . . . . 1487
    Agraphie . . . . . . . . . . . . . . . . . . . . . . . . . . . . . 1495
    Rechen- und Zahlenstörungen . . . . . . . . . . . . . . . . . . . . 1503
    Die klinischen Formen . . . . . . . . . . . . . . . . . . . . . . . 1505
    Gebärdensprache. . . . . . . . . . . . . . . . . . . . . . . . . . 1507
    Amusie . . . . . . . . . . . . . . . . . . . . . . . . . . . . . . 1509
    Aphasie und Intelligenz . . . . . . . . . . . . . . . . . . . . . . . 1511
    Schlußbemerkungen . . . . . . . . . . . . . . . . . . . . . . . . 1514
    Anmerkungen des Herausgebers . . . . . . . . . . . . . . . . . . . 1514

**Sachverzeichnis** . . . . . . . . . . . . . . . . . . . . . . . . . . . 1525

# Physiologie der körperlichen Arbeit II
## (J. II. 2).

# Atmung und Kreislauf bei körperlicher Arbeit.

Von

EMANUEL HANSEN

Kopenhagen.

Mit 27 Abbildungen.

## Zusammenfassende Darstellungen.

BAINBRIDGE: The physiology of muscular exercise. London 1923[1]. — BARCROFT: The respiratory function of the blood. Cambridge 1914. 2. Ausg. des 1. u. 2. Teiles 1925 bzw. 1928. — EPPINGER, KISCH u. SCHWARZ: Das Versagen des Kreislaufes. Berlin 1927. — HALDANE: Respiration. New Haven 1922. — HENDERSON, L. J.: Blood. New Haven 1928. — LINDHARD: Den almindelige (fysiologiske) Gymnastikteori III. 2. Ausg. Kopenhagen 1921. (Dänisch.) — MANGOLD: Kreislauf und Atmung. Körper und Arbeit (Handb. d. Arbeitsphysiol.). Leipzig 1927. — SIMONSON: Der heutige Stand der Physiologie des Gesamtstoffwechsels. Erg. Hyg. 1928. — TIGERSTEDT: Physiologie des Kreislaufes. Berlin u. Leipzig 1921/23.

Von allen Wirkungen der körperlichen Leistungen auf den Organismus waren die Vergrößerung der Ventilation und die Beschleunigung der Pulsfrequenz schon am längsten bekannt; natürlich vor allem deswegen, weil Atmung und Herzschlag für jedermann erkennbare Funktionen sind, aber auch deshalb, weil die Änderungen dieser Funktionen beim Übergang von Ruhe zur Arbeit in plötzlicher und auffälliger Weise einsetzen. Die Wirkungen der körperlichen Arbeit auf Atmung und Kreislauf geben gewisse sehr wichtige Aufschlüsse über den allgemeinen Charakter der beiden Funktionen, und sie werden deshalb auch in den verschiedenen Beiträgen dieses Handbuches, welche diese allgemeinen Verhältnisse erörtern, gelegentlich erwähnt. Die Aufgabe vorliegenden Beitrages aber ist eine Gesamtbehandlung der Einflüsse der körperlichen Leistungen auf die beiden Funktionen, die bekanntlich in gewissen Fällen die Grenze der Leistungsfähigkeit bestimmen können. Hier sei jedoch bemerkt, daß dieser Abschnitt nur die Vorgänge *während* und *unmittelbar nach* der Arbeit erörtert, während die *Dauer*wirkungen von HERXHEIMER (16 I, 699) behandelt wurden.

Atmung und Kreislauf stehen in erster Reihe im Dienste des Stoffwechsels, und die von der Muskelarbeit hervorgerufenen Änderungen der beiden Funktionen sind daher im wesentlichen sekundäre Vorgänge, die in einer Anpassung an die gesteigerten Forderungen bestehen, die der zuweilen sehr stark erhöhte Stoffwechsel an die Funktionen als seine Hilfsmittel stellt. Es ist deshalb unmöglich, eine nur einigermaßen ausführliche Darstellung der Verhältnisse der Atmung und des Kreislaufes während der Arbeit zu geben, ohne dabei auf die geänderten Vorgänge des Stoffwechsels einzugehen; um aber das Thema möglichst scharf abzugrenzen, sei in diesem Abschnitt hinsichtlich des Stoffwechsels auf den

---

[1] Nach dem Satz dieses Beitrages ist eine neue von BOCK und DILL bearbeitete Ausgabe (1931) erschienen.

Beitrag von SIMONSON (15 I, 738) über den Umsatz bei körperlicher Arbeit hingewiesen, soweit derselbe sich mit unseren Fragen beschäftigt.

Die Tatsache, daß Atmung und Kreislauf Seite an Seite im Dienste des Stoffwechsels stehen, bewirkt ferner — und zwar besonders während der Arbeit, bei welcher der Stoffwechsel in maßgebender Weise einsetzt —, daß die beiden Funktionen so eng aneinander geknüpft sind, daß man die eine ohne Berücksichtigung der anderen nicht behandeln kann. Das verbindende Medium aber ist das Blut, und es ist daher natürlich, zuerst den durch die Muskeltätigkeit geänderten Blutchemismus kurz zu erörtern, um danach, der Übersicht halber, die speziellen Atmungs- und Kreislaufsvorgänge in je einem eigenen Hauptabschnitt für sich zu behandeln, ohne jedoch die gegenseitige Abhängigkeit aus den Augen zu verlieren.

## I. Die Veränderungen des Blutchemismus durch die Muskelarbeit.

Den Ausgangspunkt der chemischen Veränderungen, die während und nach der körperlichen Leistung den Gesamtorganismus beeinflussen, bilden die Muskeln; von diesen gehen die Abbauprodukte, die nicht im Muskel selbst resynthetisiert werden, ins zirkulierende Blut über, das wiederum die Nahrungsstoffe für die Erholung und die weitere Funktion der Muskeln herbeischaffen muß. Hierdurch bildet das Blut, wenn auch nicht das einzige, so doch ein natürliches und wichtiges Verbindungsglied zwischen den Muskeln und den übrigen Organen des Körpers und somit auch — was uns an dieser Stelle besonders interessiert — den Atmungs- und Kreislaufsorganen. Es ist nicht hier am Platze, die chemischen Vorgänge im Muskel während der Kontraktion zu erörtern, auch nicht eine erschöpfende Darstellung des Blutchemismus während der Muskeltätigkeit zu geben; wir wollen in diesem Abschnitt nur diejenigen physikalischen und chemischen Veränderungen des Blutes zusammenfassen, die zum Verständnis der Wirksamkeit der Atem- und Kreislaufsorgane nötig sind.

Eine *Eindickung* des Blutes während körperlicher Leistungen ist von vielen Verfassern durch Bestimmung entweder des Hämoglobin- oder des Serumeiweißgehaltes beobachtet worden[1]. EWIG und WIENER[2] haben aber durch gleichzeitige Refraktionsbestimmungen gezeigt, daß mit der Abwanderung von Wasser wahrscheinlich auch Eiweiß aus dem Serum verschwindet, und diese Verfasser benutzen deshalb zur Bestimmung der Änderung des Wassergehaltes den Hämoglobinwert und die Menge der Trockensubstanz. Sie finden hierdurch eine Eindickung des Blutes, die zwar individuell sehr verschieden ist, aber durchschnittlich etwa 10% beträgt, was einem Wasserverlust von etwa 400 ccm entspricht, wenn man nach LINDHARD[3] und FLEISCHER-HANSEN[4] die Gesamtblutmenge auf 5% des Körpergewichtes schätzt. Den größten Teil nehmen die arbeitenden Muskeln auf, aber schon 10—20 Minuten nach der Arbeit ist über die Hälfte wieder abgegeben, und nach 1—2 Stunden sind die Verhältnisse wieder fast normal. Die hier erwähnten Konzentrationsveränderungen sind natürlich bei einer Untersuchung der Ionenverschiebungen während der Arbeit in Betracht zu ziehen, weil z. B. eine Zunahme der prozentualen Werte eine Wanderung von dem Gewebe ins Blut vortäuschen kann, während tatsächlich, betrachtet unter Berücksichtigung des gleichzeitigen Wasserverlustes, eine geringe Verschiebung in die entgegengesetzte Richtung stattgefunden habe.

---

[1] Vgl. ZUNTZ u. SCHUMBURG: Physiologie des Marsches. Berlin 1901.
[2] EWIG u. WIENER: Z. exper. Med. **61**, 562 (1928).
[3] LINDHARD: Amer. J. Physiol. **77**, 669 (1926).
[4] FLEISCHER-HANSEN: Skand. Arch. Physiol. (Berl. u. Lpz.) **59**, 257 (1930).

Von den Abbauprodukten, die während der Muskeltätigkeit vom Muskel ins Blut übergehen, sind in bezug auf die Atmungs- und Kreislaufvorgänge die Milchsäure, Phosphorsäure und Kohlensäure von größtem Interesse.

Seitdem RYFFEL[1] 1909 als erster eine Erhöhung des *Milchsäurespiegels* im Blute nach schwerer Arbeit beobachtet hatte, sind die Verhältnisse dieses Stoffes im arbeitenden Organismus von so vielen Verfassern untersucht worden, daß wir uns darauf beschränken müssen, einige typische und in diesem Zusammenhang besonders interessante Beispiele vorzubringen, und im übrigen auf den Beitrag von SIMONSON und das reichhaltige Literaturverzeichnis in JERVELLS Abhandl.[2] zu verweisen. Schon RYFFEL[1] fand, daß die Milchsäureausscheidung von der Größe der Arbeitsleistung abhängt; dieser Verfasser hat z. B. nach leichter Arbeit (Gehen) keine Erhöhung des Milchsäurespiegels beobachten können, aber nach anstrengender Arbeit eine Steigerung von 12,5 mg% in Ruhe bis 70,8 mg% unmittelbar nach der Arbeit gefunden. Daß die Milchsäurekonzentration nach leichter Arbeit fast gar nicht ansteigt, ist mehrmals bestätigt worden; zuletzt von OWLES[3], der nur für Arbeitsintensitäten einer $O_2$-Aufnahme von über 1,8 l per Minute entsprechend, eine über den Ruhewert erhöhte Milchsäurekonzentration findet. Diese Auffassung widerspricht den von HILL, LONG und LUPTON[4] mitgeteilten Resultaten, da diese Verfasser, von einem Ruhewert von 20 mg% ausgehend, eine Steigerung bei mäßiger Arbeit auf 30—40 mg%, bei stärkerer Arbeit auf 50—60 mg% und ausnahmsweise bei sehr anstrengender Arbeit auf 100—200 mg% finden. Es handelt sich indessen bei diesen, wie übrigens bei vielen anderen Versuchen innerhalb der Arbeitsphysiologie, um eine Arbeitsform (Gang oder Lauf), bei welcher die Größe der Arbeitsleistung leider nicht meßbar ist; die Wirkung der verschiedenen Arbeitsformen auf den Organismus ist zwar von größtem Interesse, wenn aber, wie z. B. in diesem Falle, eine allgemeine Beurteilung der Wirkung der Muskeltätigkeit an sich durch die Versuche beabsichtigt ist, sind nur diejenigen Versuche, die einen systematischen Vergleich zwischen Arbeitsgröße und Wirkung erlauben, von wirklichem Wert. Von den Versuchen, bei denen ein gegenseitiger Vergleich möglich ist (u. a. BARR, HIMWICH u. GREEN[5]; L. J. HENDERSON u. Mitarbeiter[6]; JERVELL[2]), stellt es sich aber übereinstimmend heraus, daß die Milchsäureausscheidung von dem Arbeitseffekt (d. h. der per Minute geleisteten Arbeit) abhängt, ohne daß jedoch eine direkte Proportionalität nachzuweisen ist. Bei moderiertem Arbeitseffekt ist die Erhöhung nur sehr geringfügig; wenn aber die Größe der Arbeit auf 900 mkg per Minute und darüber

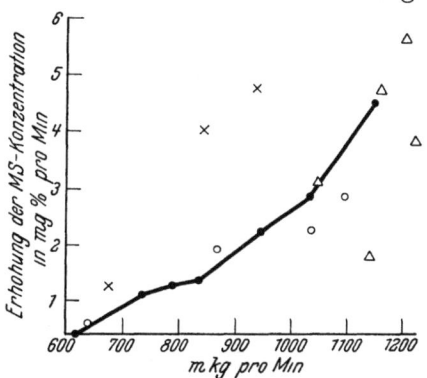

Abb. 294. Erhöhung der Milchsäurekonzentration des Blutes per Minute bei variierter Arbeitsgröße. Dauer der Arbeit: 15 Minuten. (Nach JERVELL.)

wächst, steigt die Milchsäurekonzentration beträchtlich an (vgl. Abb. 294). *Eine sehr anstrengende Leistung, die nur für ganz kurze Zeit durchgeführt werden kann, hat demnach eine bedeutende Milchsäureausschwemmung (bis auf 200 mg%) zur*

---

[1] RYFFEL: J. of Physiol. **39**, XXIX (1909).
[2] JERVELL: Acta med. scand. (Stockh.) Suppl.-Bd. **24** (1928).
[3] OWLES: J. of Physiol. **69**, 214 (1930).
[4] HILL, LONG u. LUPTON: Proc. roy. Soc. Lond. B **96**, 438 (1924).
[5] BARR, HIMWICH u. GREEN: J. of biol. Chem. **55**, 495 (1923).
[6] HENDERSON, L. J., u. Mitarbeiter: J. of biol. Chem. **73**, 749 (1927); **74**, 36 (1927).

*Folge, während wir bei einer Dauerleistung mit mäßigem Arbeitseffekt, und in der ein „steady state" erreicht werden kann, trotz der langen Zeitdauer keine wesentliche Milchsäureanhäufung im Blute finden.* Betreffs des Zeitpunktes, zu dem die maximale Milchsäurekonzentration im Verhältnis zur Arbeitszeit erreicht wird, fand BARR[1] durch Vergleich des arteriellen und venösen Blutes, daß noch 3 Minuten nach Aufhören der Muskeltätigkeit Milchsäure an das Blut abgegeben wird. HILL, LONG und LUPTON[2] haben in den ersten Minuten nach der Arbeit einen weiteren Anstieg des Milchsäurespiegels beobachtet, und zu ähnlichen Ergebnissen ist auch SCHENCK[3] durch Untersuchungen über den Lauf auf dem Sportplatz gelangt (vgl. Tab. 1). Aus beigefügter Tabelle geht jedoch hervor, daß nach einem 200 m- und einem 400 m-Lauf, d. h. nach einer kurzdauernden und anstrengenden Leistung zwar eine weitere Steigerung des Milchsäuregehaltes vorhanden ist, daß diese aber nach länger dauerndem Lauf (über 5 km) scheinbar ausbleibt. Dies ist vielleicht der Grund, warum JERVELL[4] nicht diese Beobachtung bestätigen konnte. Die Arbeitszeit in den Versuchen von JERVELL dehnt sich immer über mehrere Minuten aus, und die Arbeit kann deshalb nur mit geringerem Effekt als der Schnellauf ausgeführt werden; hier fehlt uns aber wieder, um einen genauen Vergleich anstellen zu können, die wirkliche Größe der Arbeitsleistung, die beim Lauf nicht meßbar ist. Nachdem der Milchsäurespiegel — während oder nach der Arbeit — sein Maximum erreicht hat, sinken die Werte ziemlich rasch ab und erlangen meistens nach 20 bis 40 Minuten, je nach der Größe der vorausgehenden Leistung, wieder den Ausgangswert. JERVELL hat übrigens gezeigt, daß der Schwund etwas rascher zu Ende geht, wenn auf eine anstrengende Arbeit, statt eines plötzlichen Überganges zu vollständiger Ruhe, eine mäßige Arbeit folgt (s. Abb. 295). Der Ablauf des Milchsäurespiegels ist außerdem von vielen Forschern, u. a. von LILJESTRAND und WILSON[5]; HEWLETT, BARNETT und LEWIS[6] und KUTSCHER und FLÖSSNER[7] durch Bestimmung des Milchsäuregehaltes im Harn untersucht worden, wodurch ein zeitlicher Verlauf wie der obenerwähnte gefunden

**Tabelle 1.**
(Nach SCHENCK.)

| Leistung | Zeitpunkt der Entnahme nach der Leistung Min. | Milchsäuregehalt des Gesamtblutes mg% |
|---|---|---|
| 200 m-Lauf | 1 | 81,65 |
| ,, | 4 | 95,0 |
| ,, | 8 | 99,6 |
| 400 m-Lauf | 1 | 78,6 |
| ,, | 5 | 115,4 |
| ,, | 9 | 143 |
| 5000 m-Wettlauf | 3 | 118 |
| ,, | 6 | 114,3 |
| ,, | 12 | 58,9 |
| ,, | 16 | 37 |
| ,, | 30 | 9,1 |

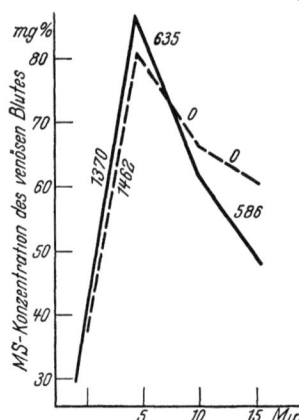

Abb. 295. Milchsäurekonzentration des Blutes bei Muskelarbeit. Die Zahlen an den Kurven geben die Arbeitsgröße (mkg/min) an. (Nach JERVELL.)

---

[1] BARR: Zitiert auf S. 837.  [2] HILL, LONG u. LUPTON: Zitiert auf S. 837.
[3] SCHENCK: Sportärztetagung 1925, S. 79. Jena 1926.
[4] JERVELL: Zitiert auf S. 837.
[5] LILJESTRAND u. WILSON: J. of biol. Chem. **65**, 773 (1925).
[6] HEWLETT, BARNETT u. LEWIS: J. clin. Invest. **3**, 317 (1926).
[7] KUTSCHER u. FLÖSSNER: Sitzgsber. Ges. Naturwiss. Marburg **62**, 283 (1927).

wurde. SNAPPER und GRÜNBAUM[1] haben betreffs der gegenseitigen Verteilung der Milchsäure zwischen Schweiß und Harn gezeigt, daß diese von der abgesonderten Schweißmenge abhängig ist, und zwar so, daß an heißen Tagen, wenn die Vpn. stark in Schweiß geraten, die auf diesem Weg ausgeschiedene Milchsäuremenge verhältnismäßig größer ist als an kalten Tagen.

In engem Zusammenhang mit der Säuerung des Blutes steht natürlich die Abnahme der *Alkalireserve*, die weiter eine Verminderung des $CO_2$-*Bindungsvermögens* bedeutet. Einen deutlichen Parallelismus zwischen der Erhöhung des Milchsäurespiegels und der Abnahme der Alkalireserve zeigen die Abb. 296 und 297, die aus SCHENCK[2] entnommen sind, und in 5 Versuchen findet JERVELL[3], daß eine Zunahme

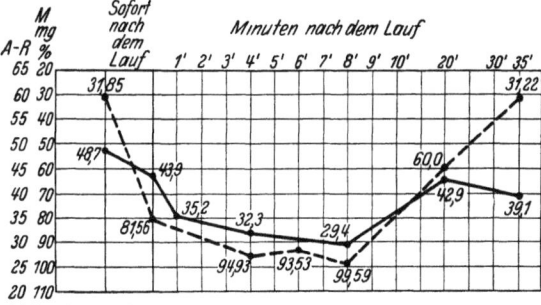

Abb. 296. Alkalireserve und Milchsäurespiegel des Blutes nach einem 200 m-Lauf ($A$-$R$ = Alkalireserve, $M$ = Milchsäure). (Nach SCHENCK.)

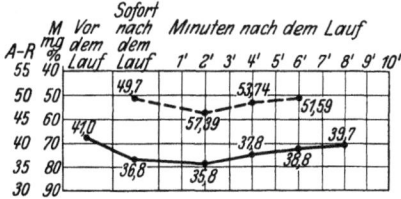

Abb. 297. Alkalireserve und Milchsäurespiegel des Blutes nach einem 10000 m-Lauf (vgl. Abb. 296). (Nach SCHENCK.)

der Milchsäurekonzentration von 10 mg% einem Sinken der $CO_2$-Kapazität von 2,65—3,98 Vol.-% entspricht. Bei sehr geringen Arbeiten ändert sich weder der Milchsäuregehalt noch die $CO_2$-Kapazität[4], aber schon bei einer mäßigen Arbeit von 378 mkg pro Minute ist das $CO_2$-Bindungsvermögen um 3 Vol.-% herabgesetzt[5], und BARR, HIMWICH und GREEN[6] finden eine mit der Arbeitsleistung fast geradlinig zunehmende Herabsetzung der $CO_2$-Kapazität (bis 14 Vol.-% bei einer Leistung von 4500 mkg in $3^1/_2$ Minute; vgl. Abb. 298). Außer der Verschiebung der ganzen Höhenlage der $CO_2$-Bindungskurve nach unten geschieht auch eine Änderung der *Form* der Kurve, indem sie im physiologischen Bereich schräger verläuft[7]; dies bedeutet etwas sehr Wichtiges, nämlich: daß während der Arbeit nicht nur das Bindungsvermögen des Blutes, sondern auch seine Fähigkeit, $CO_2$ zu transportieren, schlechter

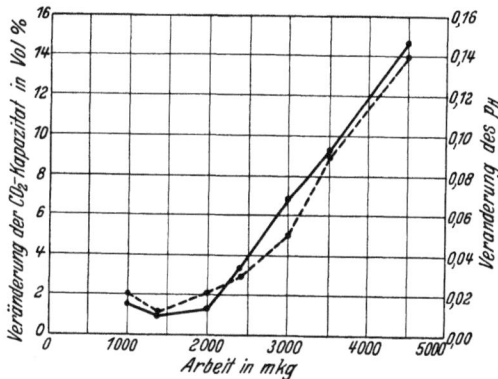

Abb. 298. $CO_2$-Bindungsvermögen und Änderung des $p_H$ bei Arbeiten von verschiedener Größe. (Nach BARR, HIMWICH und GREEN.)

wird, weil die Transportfähigkeit um so schlechter ist, je kleiner die Ordinatendifferenzen sind. Nach einer statischen Arbeit (Beugehang) von 1 Minute fand

---

[1] SNAPPER u. GRÜNBAUM: Biochem. Z. **208**, 212 (1929).
[2] SCHENCK: Zitiert auf S. 838.
[3] JERVELL: Zitiert auf S. 837.
[4] GROAG u. SCHWARZ: Arch. f. exper. Path. **121**, 23 (1927). — OWLES: Zitiert auf S. 837.
[5] ARBORELIUS u. LILJESTRAND: Skand. Arch. Physiol. (Berl. u. Lpz.) **44**, 215 (1923).
[6] BARR, HIMWICH u. GREEN: Zitiert auf S. 837.
[7] EWIG u. WIENER: Zitiert auf S. 836.

LINDHARD[1] bei zwei Vpn. eine Herabsetzung des $CO_2$-Bindungsvermögens von 6 bzw. 4 Vol.-%.

Die hier erwähnten Vorgänge spiegeln sich natürlich in der Wasserstoffionenkonzentration ab, die bekanntlich durch die Formel $[H^{\cdot}] = k \cdot \dfrac{[H_2CO_3]}{[BHCO_3]}$ ausgedrückt ist. Übereinstimmend hiermit finden BARR, HIMWICH und GREEN[2] eine Verschiebung des $p_H$ nach der sauren Seite, die vollkommen der Änderung der Kohlensäurekapazität entspricht (vgl. Abb. 298). Die Abnahme der Wasserstoffzahl als Folge der Arbeit ist von vielen Verfassern durch Untersuchung sowohl des Blutes[3] als des Harns[4] bestätigt worden. Eine Übersicht über die Resultate von ARBORELIUS und LILJESTRAND ist in der Tabelle 2 mitgeteilt. Bemerkenswert ist, daß die Wasserstoffionenkonzentration nach Schluß der Arbeit verhältnismäßig langsam zum Ausgangswert zurückgeht; nach einer allerdings ziemlich anstrengenden Arbeit sind selbst nach $1\frac{1}{2}$–2 Stunden noch geringe Differenzen

**Tabelle 2.**
(Nach ARBORELIUS u. LILJESTRAND.)

| Versuchsperson | Art des Versuches | Zahl der Vers. | Ventilation, L. pro Min. 37° vorh. Druck, feucht | $O_2$-Verbrauch ccm pro Min. red. | Alveolare $CO_2$-Spannung | Vol.-Proz. $CO_2$ auf 40 mm $CO_2$-Spannung red. | Reguliert $p_H$ | Reduziert $p_H$ |
|---|---|---|---|---|---|---|---|---|
| M. A. | Ruhe | 8 | 7,53 | 282 | 37,6 | 48,9 | 7,331 ± 0,006 | 7,310 ± 0,007 |
|  | Arbeit |  |  |  |  |  |  |  |
|  | 378 kgm/min | 3 | 27,8 | 1201 | 39,2 | 45,9 | 7,292 ± 0,005 | 7,290 ± 0,014 |
|  | 756 kgm/min | 6 | 42,9 | 1868 | 40,1 | 43,2 | 7,262 ± 0,008 | 7,263 ± 0,008 |
|  | 945 kgm/min | 5 | 52,4 | 2334 | 40,2 | 41,5 | 7,246 ± 0,009 | 7,244 ± 0,009 |
| G. L. | 94,5 kgm/min | 4 | 11,74 | 480 | 35,35 | 47,5 | 7,34 | 7,30 |
|  | 189 kgm/min | 1 | 14,26 | 636 | 36,40 | 46,4 | 7,31 | 7,29 |
|  | 567 kgm/min | 2 | 40,80 | 1550 | 34,95 | 40,7 | 7,275 | 7,235 |
|  | 756 kgm/min | 4 | 53,64 | 1892 | 34,05 | 39,2 | 7,265 | 7,22 |

zu beobachten[5]. Bei statischer Arbeit erfolgt das Sinken der Wasserstoffzahl (wie die Verminderung der $CO_2$-Kapazität) sehr rasch, obwohl die Arbeit (Beugehang) nur für 1 Minute durchgeführt werden konnte[1].

Was übrigens das Verhalten der verschiedenen An- und Kationen während der Muskeltätigkeit betrifft, liegen nur noch verhältnismäßig spärliche Versuche vor. Es ist jedoch durch die Untersuchungen von EWIG und WIENER[5] möglich, sich ein recht gutes Bild über die Ionenwanderungen zu bilden; aus diesen Versuchen stellen sich unter Berücksichtigung der gleichzeitigen Eindickung des Blutes folgende Ergebnisse heraus: Während der Arbeit wandern sowohl Na- als Ca-Ionen aus dem Blute ab; der Na-Wert kehrt 1—2 Stunden wieder zur Norm zurück, während der Ca-Wert nach Arbeitsschluß zuerst bis 30% über den Ruhewert ansteigt, um danach innerhalb $1\frac{1}{2}$ Stunden wieder zurückzugehen. K-Ionen werden dagegen während der Arbeit von den Muskeln an das Blut abgegeben, verschwinden aber schnell nach der Arbeit, und nach 1—2 Stunden ist

---

[1] LINDHARD: Skand. Arch. Physiol. (Berl. u. Lpz.) **40**, 145 (1920).
[2] BARR, HIMWICH u. GREEN: Zitiert auf S. 837.
[3] EWIG u. WIENER: Zitiert auf S. 836. — ARBORELIUS u. LILJESTRAND: Zitiert auf S. 839. — BUYTENDIJK: Die sportärztl. Erg. d. 2. olymp. Winterspiele in St. Moritz. Bern 1928. — Über diese letztere Untersuchung, die mit der Antimonelektrode in strömendem Blut ausgeführt ist, vgl. GOLLWITZER-MEIER u. STEINHAUSEN: Klin. Wschr. **7**, 2426 (1928).
[4] WILSON, LONG, THOMPSON u. THURLOW: J. of biol. Chem. **65**, 755 (1925). — RESNITSCHENKO: Biochem. Z. **210**, 393, 403 (1929).
[5] EWIG u. WIENER: Zitiert auf S. 836.

der K-Gehalt des Blutes wieder fast normal. Von den Anionen zeigt das Cl nur geringe Schwankungen, während das anorganische P stark zunimmt; nach Schluß der Arbeit sinken die P-Werte rapide, so daß schon nach 10—20 Minuten subnormale Werte erreicht werden, die sich noch längere Zeit erhalten.

Was die Gasspannungen des Blutes während der Arbeit anbelangt, ist bereits das herabgesetzte $CO_2$-Bindungsvermögen besprochen; aber auch die Sauerstoffbindungskurve wird von den geänderten Verhältnissen des Blutes beeinflußt. Sie wird, ganz wie die $CO_2$-Bindungskurve, als Folge der Muskelarbeit nach unten verschoben, was bereits von BARCROFT[1] beobachtet und später u. a. von EPPINGER, KISCH und SCHWARZ[2] bestätigt wurde (vgl. Abb. 299). Außer dieser allgemeinen Änderung der Dissoziationskurve ist in rein chemischer Hinsicht in bezug auf die Sauerstoffabgabe an die arbeitenden Muskeln auch die erhöhte Dissoziationsgeschwindigkeit des Oxyhämoglobins in Betracht zu nehmen, die teils auf einer starken, lokalen Säuerung des Capillarblutes bei dessen langsamer Strömung durch die tätigen Muskeln, teils auf der besonders in den arbeitenden Muskeln hervorgerufenen Temperatursteigerung beruht[2,3].

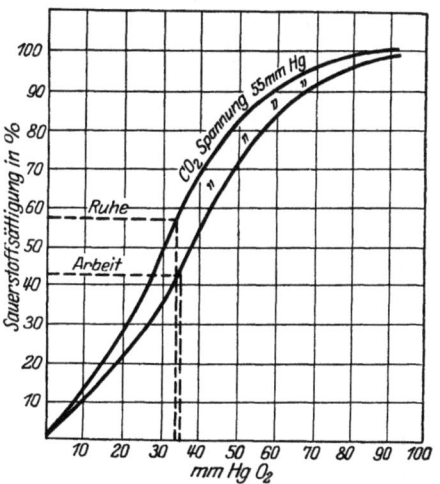

Abb. 299. $O_2$-Bindungsvermögen des Blutes in Ruhe und während der Arbeit. (Nach EPPINGER, KISCH und SCHWARZ).

Besonders zu bemerken ist, daß die allgemeine Herabsetzung der Sauerstoffbindungskurve fast ohne Einfluß auf den *Sauerstoffgehalt des arteriellen Blutes* ist, weil die Herabsetzung bei den Sauerstoffspannungen, die normalerweise in den Alveolen in Betracht kommen, nur sehr gering ist; hier spielt vielmehr während der Arbeit die Hämoglobinvermehrung eine überwiegende Rolle. Es zeigt sich deshalb auch, daß man während und nach einer nicht allzu anstrengenden Arbeit fast denselben oder einen wenig erhöhten Sauerstoffgehalt des arteriellen Blutes im Verhältnis zum Ruhewert findet[4] und nur ausnahmsweise bei erschöpfender Arbeit, und besonders bei niedrigem Barometerdruck ist eine Verminderung der Sauerstoffsättigung und der Sauerstoffspannung festgestellt worden[5].

Es herrscht nun allgemeine Einigkeit darüber, daß die Sauerstoffspannung der Alveolarluft immer über der Sauerstoffspannung des arteriellen Blutes liegt (durchschnittlich etwa 10 mm Hg[6]), obwohl selbst im letzten Jahr ein einziger Verfasser, KAUP, auf einem entgegengesetzten Standpunkt steht. Seine Gesichtspunkte gehen aus den folgenden Zitaten hervor[7]: „Für den Spannungsausgleich

---

[1] BARCROFT, PETERS, ROBERTS u. RYFFEL: J. of physiol. **45**, XLV (1913).
[2] EPPINGER, KISCH u. SCHWARZ: Zitiert auf S. 835.
[3] BARCROFT: Zitiert auf S. 835. — BOHR, HASSELBALCH u. KROGH: Skand. Arch. Physiol. (Berl. u. Lpz.) **16**, 402 (1904).
[4] GEPPERT u. ZUNTZ: Pflügers Arch. **42**, 189 (1888). — HIMWICH u. BARR: J. of biol. Chem. **57**, 363 (1923). — HIMWICH u. LOEBEL: J. clin. Invest. **5**, 113 (1927). — HARRISON, ROBINSON u. SYLLABA: J. of Physiol. **67**, 62 (1929).
[5] HARROP: J. of exper. Med. **30** (1919). — BARCROFT, COOKE, HARTRIDGE, PARSONS u. PARSONS: J. of Physiol. **53**, 450 (1919/20). — HALDANE: S. 255. Zitiert auf S. 835.
[6] KROGH, A. u. M.: Skand. Arch. Physiol. (Berl. u. Lpz.) **23**, 179 (1909/10).
[7] KAUP: Arbeitsphysiologie **2**, 541 (1930).

zwischen dem Partialdruck der Blutgase und der Alveolarluft ist nicht der Partialdruck des Einzelgases, z. B. des $O_2$, maßgebend, sondern der Summenwert der Partialdrücke des $O_2$, der $CO_2$ und des N zum vollen Atmosphärendruck." — „Das Unberührtbleiben des venösen $O_2$-Wertes, d. h. anfängliches Absinken und spätere Konstanz innerhalb der ersten Kreislaufperiode von der Höhe des alveolaren $O_2$-Wertes verweist auf dem Wege der Ausschließung auf eine Kraft, die nur mit der lebendigen Energie des strömenden Blutes identisch sein kann. Es handelt sich hier um keinen Sekretionsvorgang des Lungenepithels, sondern nur um eine Saugwirkung des strömenden Blutes." Zu Grund dieser Auffassung liegen folgende Beobachtungen: „Unsere Untersuchungen ergaben als arteriellen $O_2$-Wert im Mittel 18,2% $O_2$ und gleichzeitig 14,2% $O_2$ in der Alveolarluft, also ein nach der Diffusionstheorie nicht erklärbares Plus von 4% $O_2$, d. s. rund 30 mm Hg." „So zeigten sich bereits bestimmte Grenzpunkte für das Maximum und für das Minimum der $O_2$-Spannungen im respiratorischen Zyklus. Das Maximum ist gegeben mit 18,5 bzw. 18,2% $O_2$ bei Ruhe und Arbeitsleistungen im arteriellen Blut entsprechend einem Spannungswert von rund 130 mm Hg. Dieser Grenzwert scheint durch den atmosphärischen $O_2$-Wert von 20,93 minus dem Summarwert gelösten Stickstoffs und gelöster $CO_2$ im Blute mit etwa gleichen Anteilen von 1,2 und 1,4%, in der Summe also 2,6% bestimmt zu sein. Vereinzelt angegebene höhere Werte bis zu 21% $O_2$, also 150 mm Hg, scheinen auf Versuchsfehler zu beruhen." Der Verfasser hat also scheinbar übersehen, daß das Sauerstoffprozent der Alveolarluft und der Sauerstoffgehalt des Blutes, in Vol.-%, d. h. in ccm $O_2$ pro 100 ccm Blut ausgedrückt, nicht unmittelbar vergleichbare Werte darbieten. Ein solcher Vergleich ist natürlich nur durch Betrachtung der Dissoziationskurve des Oxyhämoglobins möglich. Das letzte Zitat ist nicht leicht zu verstehen. Man bedenke in dieser Verbindung nur die Folgen bei Einatmung von reinem Sauerstoff. Von dem *jetzigen* Standpunkt unseres Wissens aus glauben wir deshalb, trotz der hier erwähnten divergierenden Anschauung, diejenige aufrechterhalten zu können, daß die Sauerstoffspannung der Alveolarluft in Übereinstimmung mit der Diffusionstheorie immer höher als die Sauerstoffspannung des arteriellen Blutes ist.

Dementsprechend ist die alveolare $CO_2$-Spannung stets niedriger als die arterielle; es handelt sich indessen nur um einen sehr geringen Unterschied von etwa 3 mm Hg[1], so daß man annähernd die beiden Spannungen als identisch ansetzen kann. Die Bestimmung der für die Respirationsphysiologie sehr wichtigen Größe, der arteriellen $CO_2$-Spannung, wird hierdurch sehr erleichtert, indem sie als eine Bestimmung *der alveolaren $CO_2$-Spannung* vor sich gehen kann, was natürlich früher, wo die Arterienpunktionen an Menschen noch nicht üblich waren, eine besondere Bedeutung hatte. Über die Bestimmung des Einflusses der körperlichen Arbeit auf die alveolare $CO_2$-Spannung liegen zahlreiche Versuche vor; die Resultate sind aber untereinander ziemlich verschieden, einige Versuchsreihen zeigen eine Steigerung, andere eine Verminderung und wieder andere bald eine Steigerung, bald eine Verminderung. Diese scheinbare Diskrepanz rührt sicher von vielen verschiedenen Ursachen her; einmal gibt es natürlich bei einer Funktion, die — wie die alveolare $CO_2$-Spannung — in sehr komplizierter Weise reguliert wird, sehr beträchtliche, individuelle Variationen und zweitens sind die Resultate in hohem Maß von der Methodik der Bestimmung abhängig, indem, wie KROGH und LINDHARD[2] nachgewiesen haben, die direkte Methode von HALDANE und PRIESTLEY[3] bei vergrößerter Respirationstiefe (z. B. während

---

[1] KROGH, A. u. M.: Zitiert auf S. 841.
[2] KROGH u. LINDHARD: J. of Physiol. **47**, 30 (1913); **51**, 59 (1917).
[3] HALDANE u. PRIESTLEY: J. of Physiol. **32**, 240 (1905).

und unmittelbar nach Muskelarbeit) zu hohe Werte für die alveolare $CO_2$-Spannung gibt, weshalb man bei Arbeitsversuchen nur durch die indirekte Methode (Berechnung nach der BOHR-ZUNTZschen Formel[1]) wirklich zuverlässige Resultate erlangt. Außerdem zeigt es sich aber, daß der Zeitpunkt der Bestimmung innerhalb der Arbeitsperiode von größter Bedeutung der Resultate ist. In der Tabelle 3 sind die Resultate einiger Versuche aus den beiden letzten Jahrzehnten unter Berücksichtigung des Zeitpunktes der $CO_2$-Bestimmung und mit gleichzeitiger Angabe des Verfahrens zusammengestellt. Aus den Versuchen von KROGH und LINDHARD über die Verhältnisse beim Übergang von Ruhe zur Arbeit scheint hervorzugehen, daß in den ersten Sekunden nach Beginn der Arbeit eine kleine Herabsetzung der alveolaren $CO_2$-Spannung eintritt, wahrscheinlich auf Grund einer kurzdauernden Überventilation als Folge der zentralen Einstellung zur Arbeit; nach etwa 18 Sekunden passieren die Werte wieder die Norm und steigen im Laufe der folgenden Minuten an. Der weitere Verlauf hängt danach sicher von der Größe des Arbeitseffektes (der Leistung pro Zeiteinheit) ab; beträgt dieser eine solche Größe, daß ein sog. „toter Punkt" erreicht wird, dann wird die Steigerung bis zu diesem Punkt fortgesetzt, um danach im „second wind" in einen starken Abfall zu übergehen. Diese Ergebnisse sind auch von HERXHEIMER[2] und EWIG und WIENER[3] durch Untersuchungen unmittelbar nach der Arbeit bestätigt worden, indem die von diesen Verfassern gefundenen Werte einen Unterschied in der obenerwähnten Richtung aufweisen, je nachdem die Arbeit im „toten Punkt" oder im „second wind" unterbrochen wurde. Es sei allerdings hier bemerkt, daß die in dieser Beziehung erwähnten Bestimmungen der alveolaren $CO_2$-Spannung (diejenige von EWIG und WIENER ausgenommen) nach der Haldane-Priestley-Methode ausgeführt wurden; abgesehen von deren Ungenauigkeit, wenn es sich um Arbeitsversuche handelt, glauben wir jedoch, daß die betreffenden Werte für den hier angestellten, gegenseitigen Vergleich verwendbar sind. Wird die Arbeit im „steady state" durchgeführt — es sei nachdem der „tote Punkt" passiert ist oder ohne daß derselbe deutlich zum Vorschein kommt —, dann liegen die Verhältnisse noch ziemlich unklar. Die $CO_2$-Spannung der Alveolarluft scheint in dieser Periode bisweilen vergrößert, bisweilen vermindert zu sein, vielleicht jedoch mit einer geringen Neigung zum Anstieg. Diese Schwankungen können in der Tat nicht wundernehmen, wenn man bedenkt, von wie vielen verschiedenen Faktoren die alveolare $CO_2$-Spannung beeinflußt ist; wir brauchen nur die Art und Größe der Arbeit, die Säuerung des Blutes, die Erregbarkeit des Atemzentrums, den Trainingszustand und die Disposition der Vp. sowie ihr subjektives Gefühl von Anstrengung und Unbehagen durch die Arbeit zu nennen. Wir kommen bei Besprechung der Regulierung des Atmens wieder auf diese Fragen zurück.

Während also die Resultate der Bestimmungen in der Arbeitsperiode sehr verschieden ausfallen, herrscht allgemeine Einigkeit darüber, daß die alveolare $CO_2$-Spannung zu irgendeinem Zeitpunkt nach Schluß der Arbeit stark abnimmt, bis unter den Ruhewert fällt, um danach langsam wieder zur Norm zurückzugehen. KROGH und LINDHARD[4] finden beim Übergang von Arbeit zur Ruhe bisweilen denselben Wert wie in der Ruhe, bisweilen eine kleine Abnahme; zu demselben Zeitpunkt findet HERXHEIMER[2] durch HALDANE-PRIESTLEYS Proben eine Erhöhung, aber danach einen starken Abfall, der nach 10—20 Minuten ein

---
[1] BOHR: Skand. Arch. Physiol. (Berl. u. Lpz.) **2**, 236 (1890).
[2] HERXHEIMER: Z. klin. Med. **103**, 722 (1926).
[3] EWIG u. WIENER: Zitiert auf S. 836.
[4] KROGH u. LINDHARD: J. of Physiol. **53**, 432 (1920).

**Tabelle 3.** $CO_2$-Spannung der Alveolarluft
Ruhewert

| Art und Größe der Arbeit | Zeitpunkt nach Anfang der Arbeit | | | | | |
|---|---|---|---|---|---|---|
| | 12 Sek. | 18 Sek. | 2 Min. | im „toten Punkt" | im „second wind" | im „steady state" |
| Radfahren. 800—1000 mkg/min | <100 | ≧100 | >100 | | | |
| Lauf.            (Geschwind?) | | | | 131 | 112 | 101 |
| Radfahren.    138 mkg/min | | | | | | 90 |
| „                   429    „ | | | | | | 101 |
| „              826—1452  „ | | | | | | 119—122 |
| „               78— 181  „ | | | | | | 74— 93 |
| „              502— 867  „ | | | | | | 105—107 |
| „              900—1308  „ | | | | | | 82— 99 |
| „              4600 Fußpfund | | | | | | 110 |
| Lauf (?) | | | | 131 | 118 | |
| | | | | 107 | 96 | |
| | | | | 115 | 111 | |
| | | | | 107 | 106 | |
| Radfahren.    378 mkg/min | | | | | | 104 |
| „                   756    „ | | | | | | 107 |
| „                   945    „ | | | | | | 107 |
| Radfahren. Tempo. Techn. Arb. Pedalumdr/min mkg/min | | | | | | |
| 35,5     479 | | | | | | 135 |
| 59,2     440 | | | | | | 136 |
| 74,5     413 | | | | | | 131 |
| 100,0    379 | | | | | | 147 |
| 35,5 ⎫ | | | | | | 100 |
| 47,0 ⎪ unbe- | | | | | | 102 |
| 59,2 ⎬ lastetes | | | | | | 109 |
| 74,5 ⎪ Ergometer | | | | | | 111 |
| 100,3 ⎭ | | | | | | 121 |
| Radfahren.       ? | | | | 122 | 70 | |
| „   $O_2$-Aufn. 578 ccm/min | | | | | | 101 |
| „                 1140    „ | | | | | | 104 |
| „                 1590    „ | | | | | | 117 |
| „                 1750    „ | | | | | | 120 |
| „                 2350    „ | | | | | | 115 |
| Radfahren. Etwa 1000 mkg/min | | | in 1. und 2. Minute: ansteigend „ 2. „ 4. „ : abnehmend danach: <100 | | | |
| Radfahren. Die Arbeit war bis zur Ermüdung nach Überwindung des „toten Punktes" durchgeführt | | | unmittelbar vor Schluß der Arbeit: 89 „    „    „    „    „    „ : 95 „    „    „    „    „    „ : 101 „    „    „    „    „    „ : 94 „    „    „    „    „    „ : 98 | | | |
| Statische Arbeit (Beugehang) | | | etwa 0,8 Minuten nach Anfang der Arbeit: 82 „ 0,8   „   „   „   „   „ : 83 „ 0,8   „   „   „   „   „ : 104 „ 0,8   „   „   „   „   „ : 90 „ 0,8   „   „   „   „   „ : 73 | | | |

Minimum erreicht, und nach 40—60 Minuten sind die Werte meist wieder normal (vgl. Abb. 300 und 301). Mit derselben Methode finden HALDANE und QUASTEL[1] ein Minimum nach 15 Minuten und normale Werte nach 60—80 Minuten, während

---

[1] HALDANE u. QUASTEL: J. of Physiol. **59**, 138 (1924).

bzw. des arteriellen Blutes während der Arbeit.
= 100.

| Versuchsperson | Methode | Verfasser | |
|---|---|---|---|
| J. L. | Nach Krogh | Krogh u. Lindhard | J. of Physiol. **47**, 112 (1913). |
| J. L. | Nach Krogh | Krogh u. Lindhard | J. of Physiol. **47**, 432 (1913). |
| B. | Haldane u. Priestley | Cook u. Pembrey | J. of Physiol. **45**, 429 (1912/13). |
| J. J. | | | |
| J. J. | | | |
| J. J. | Bohrs Formel | Lindhard | Pflügers Arch. **161**, 233 (1915). |
| J. L. | | | |
| J. L. | | | |
| J. L. | | | |
| | Mittel von einer Bestimmung nach H.-P. und einer nach Krogh | Parsons, Parsons u. Barcroft | J. of Physiol. **53**, CX (1920). |
| W. R. S. | | | |
| E. C. W. | | MacKeith, | |
| N. W. M. | Haldane u. Priestley | Pembrey, Spurrel, Warner u. Westlake | J. of Physiol. **55**, VI (1921). |
| H. I. W. I. W. | | | |
| M. A. | Ruhe: | | |
| M. A. | Haldane u. Priestley | Arborelius u. Liljestrand | Skand. Arch. Physiol. (Berl. u. Lpz.) **44**, 215 (1923). |
| M. A. | Arb.: Bohrs Formel | | |
| Frl. I. B. | Bohrs Formel | Em. Hansen | Skand. Arch. Physiol. (Berl. u. Lpz.) **54**, 50 (1928). |
| E. W. | Arterienpunktion | Ewig | Z. exper. Med. **51**, 874 (1926). |
| D. B. D. | Henderson u. Haggard | Bock, Vancaulaert, Dill, Fölling u. Hurxthal | J. of Physiol. **66**, 136 (1928). |
| H. E. H. | | | |
| H. E. H. | Arterienpunktion | Barr u. Himwich | J. of biol. Chem. **55**, 539 (1923). |
| D. P. B. | | | |
| Dr. E. | | | |
| Th. | Ruhe: | | |
| Dr. K. | Haldane u. Priestley | Ewig u. Wiener | Z. exper. Med. **61**, 562 (1928). |
| Dr. Q. | Arb.: Arterienpunktion | | |
| P. | | | |
| E. H. I. | | | |
| E. H. II. | | | |
| O. F. | Bohrs Formel | Lindhard | Skand. Arch. Physiol. (Berl. u. Lpz.) **40**, 145 (1920). |
| J. L. | | | |
| Frl. M. K. | | | |

die Norm in den Versuchen von Ewig und Wiener[1] nach 1—2 Stunden noch nicht ganz erreicht ist. Die Bestimmungen von Barr, Himwich und Green[2]

---

[1] Ewig u. Wiener: zitiert auf S. 836.
[2] Barr, Himwich u. Green: J. of biol. Chem. **55**, 495, 539 (1923).

am arteriellen Blute haben im Prinzip ähnliche Resultate wie die oben erwähnten gegeben und die Versuche von DILL, HURXTHAL, VAN CAULAERT, FÖLLING und BOCK[1], in denen die Verfasser die Methoden von HALDANE und PRIESTLEY und von Y. HENDERSON und HAGGARD[2] vergleichen, bestätigen auch diese Ergebnisse. Die niedrigsten Werte der $CO_2$-Spannung, die überhaupt beobachtet worden sind, rühren von Versuchen an den Militärpatrouillen und den 50-km-Läufern bei den Winterspielen in St. Moritz 1928 her. LOEWY[3] hat hier nach der Arbeit unter 12 Bestimmungen siebenmal Werte zwischen 25 und 30 mm, zweimal zwischen 15 und 20 mm und einmal sogar unter 15 mm Hg festgestellt. Diese sehr starke Herabdrückung der alveolaren $CO_2$-Spannung beruht wahrscheinlich auf der durch den Aufenthalt im Hochgebirge hervorgerufenen Acidose.

Die *Gasspannungen des venösen Mischblutes*, des Blutes des rechten Herzens, sind u. a. durch Analyse der Alveolarluft der „geschlossenen" Lunge zu bestimmen. In bezug auf den Einfluß der Muskelarbeit auf die venöse Kohlensäurespannung zeigen die meisten Versuche eine deut-

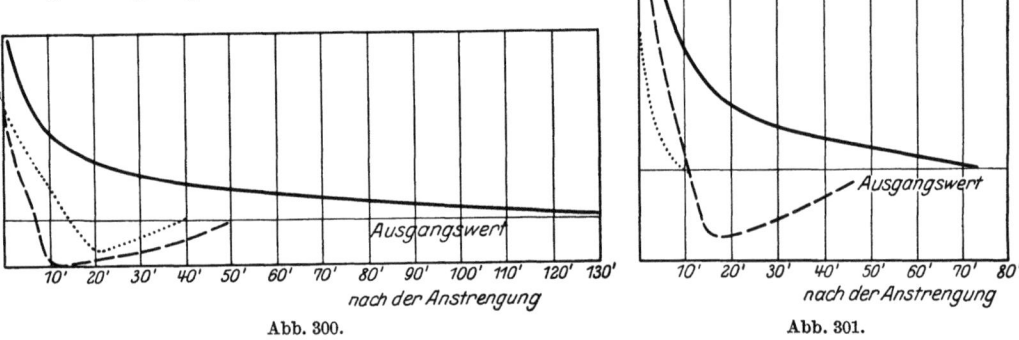

Abb. 300 und 301. Schematische Darstellung des gleichzeitigen Verhaltens von Pulsfrequenz (——), Blutdruck (····) und alveolarer $CO_2$-Spannung (– – –) nach Kurzstreckenläufen (Abb. 301) und Mittel- bis Langstreckenläufen (Abb. 300). (Nach HERXHEIMER.)

liche Erhöhung; allerdings war die Änderung in den Versuchen von LOEWY und SCHRÖTTER[4] bei sehr geringer Arbeit nicht nachzuweisen, während BOOTHBY und SANDIFORD[5] schon bei einer Arbeit, die einer Sauerstoffaufnahme von nur 473 ccm entsprach, aus 12 Versuchen eine Erhöhung der Kohlensäurespannung von durchschnittlich 5,5 mm Hg feststellen konnten. Aus den übrigen Versuchen derselben Verfasser stellt es sich ferner heraus, daß diese Zunahme mit der Größe der Arbeit ansteigt. Ähnliche Werte erhielt FRIDERICIA[6]. Mit der Zunahme der venösen $CO_2$-Spannung kommt im allgemeinen eine Abnahme der $O_2$-Spannung zum Ausdruck. Dies bedeutet für die Sauerstoffversorgung der Muskeln den sehr wichtigen Umstand, daß der Blutsauerstoff während der Arbeit besser ausgenützt wird. Diese Verbesserung steht natürlich mit dem geänderten Verlauf der Sauerstoffdissoziationskurve in Verbindung, ist aber auch eine Folge der neuen Kreislaufverhältnisse und wird deshalb im Abschnitt über den Kreislauf näher besprochen werden.

---

[1] DILL, HURXTHAL, VAN CAULAERT, FÖLLING u. BOCK: J. of biol. Chem. **74**, 313 (1927).
[2] HENDERSON, Y. u. HAGGARD: Amer. J. Physiol. **77**, 193 (1925).
[3] LOEWY: Die sportärztl. Erg. d. 2. olymp. Winterspiele in St. Moritz. Bern 1928.
[4] LOEWY u. SCHRÖTTER: Z. exper. Path. u. Ther. **1**, 230 (1905).
[5] BOOTHBY u. SANDIFORD: Amer. J. Physiol. **40**, 547 (1926).
[6] FRIDERICIA: Biochem. Z. **85**, 308 (1918).

## II. Die Atmung.
### A. Die Volumverhältnisse der Atemorgane.

Da die Lungenvolumina sich mit der Lage und Haltung des Körpers beträchtlich ändern, gehört in eine Untersuchung über den Einfluß der körperlichen Arbeit auf die Volumverhältnisse der Atemwege auch eine Erörterung über deren Abhängigkeit von den verschiedenen Körperstellungen.

Durch die grundlegenden Untersuchungen von BOHR[1] geht hervor, daß in der liegenden Stellung die *vitale Kapazität* und die *Mittelkapazität*[2] geringer sind als in stehender Stellung. Während BOHR aber davon ausging, daß die *Totalkapazität* eine konstante und nur anatomisch bestimmte Größe ist, hat HASSELBALCH[3] gleichzeitig mit den Vitalkapazitätsbestimmungen auch Bestimmungen der *Residualkapazität* und dadurch der Totalkapazität gemacht, aus denen hervorgeht, daß die Residualkapazität sich nur belanglos mit der Körperlage ändert, weshalb die Änderungen der Vitalkapazität, die HASSELBALCH bestätigen konnte, sich direkt in der Totalkapazität abspiegeln. Hierdurch wird indessen die Verkleinerung der Mittelkapazität in liegender Stellung gegenüber der in stehender Stellung noch beträchtlicher als von BOHR angenommen, indem die Verminderung der Vitalkapazität hauptsächlich von einer Verengerung der maximalen Inspirationsgrenze herrührt. Wie später erwähnt wird, ist aber die Mittelkapazität eine rein mechanische Größe, deren funktionelle Bedeutung sowohl in Ruhe als während der Arbeit sehr zweifelhaft ist.

Die Resultate von BOHR und HASSELBALCH über die Änderungen der vitalen Kapazität sind später von mehreren Verfassern bestätigt worden. CHRISTIE und BEAMS[4] finden, daß die Vitalkapazität in liegender Stellung durchschnittlich 5,5% niedriger als in sitzender Stellung ist, und die Resultate von HUNTER[5] und LIVINGSTONE[6] weisen in dieselbe Richtung. Daß diese Änderungen nicht lediglich von einer verschiedenen Neigung der Körperachse herrührt, geht aus den Untersuchungen von STAHNKE[7] hervor; es zeigt sich nämlich, daß, während sowohl die Rückenlage als die Bauchlage eine Herabsetzung der Vitalkapazität geben, die Vierfüßerstellung eine Vergrößerung bewirkt. Die *Reserveluft* und die *Komplementärluft* sind beide in der liegenden Stellung vermindert (HUNTER[5], WILSON[8]).

LINDHARD[9] hat eine Reihe von gymnastischen Stellungen hinsichtlich deren Einflusses auf den Brustkasten untersucht. Die Untersuchung ist teils durch

---

[1] BOHR: Dtsch. Arch. klin. Med. **88**, 385 (1907).
[2] Wir benutzen hier die gewöhnliche Terminologie (vgl. Beitrag ROHRER in ds. Handb. Bd. II), obwohl sie, wie LINDHARD (in Abderhaldens Handb. d. biol. Arbeitsmeth. 1925) hervorgehoben hat, leider nicht konsequent ist. Der Terminus „Kapazität" dürfte in der Tat nur für die absoluten Volumengrößen der Lungen benutzt werden, also: Residual- und Totalkapazität = minimaler bzw. maximaler Gehalt der Lungen und Normal- oder Gleichgewichtskapazität = Gehalt der Lungen in der Normal- oder Gleichgewichtsstellung, wahrend die Respirationsluft, die Reserveluft und die Komplementärluft sich lediglich auf die in- und exspirierten Luftmengen und nicht auf die absoluten Raumverhältnisse der Lungen beziehen. In Übereinstimmung hiermit muß aber die maximale Respirationsluft „Maximal*luft*" (oder vielleicht „Vital*luft*"), aber jedenfalls nicht „Vital*kapazität*" genannt werden. Nach dieser Terminologie bleibt für den Gehalt der Lungen in der Mittellage (die „Mittelkapazität") kein Wort übrig, aber, wie oben erwähnt, ist diese Größe ohne funktionelle Bedeutung und bedarf keines besonderen Terminus.
[3] HASSELBALCH: Dtsch. Arch. klin. Med. **93**, 64 (1908).
[4] CHRISTIE u. BEAMS: Arch. int. Med. **30**, 34 (1922).
[5] HUNTER: Boston med. J. **193**, 252 (1925).
[6] LIVINGSTONE: Lancet **214**, 754 (1928).
[7] STAHNKE: Z. physik. Ther. **32**, 48 (1926).
[8] WILSON: J. of Physiol. **64**, 54 (1927/28).
[9] LINDHARD: Skand. Arch. Physiol (Berl. u. Lpz.) **47**, 188 (1926).

Thorakometrie[1], teils durch Spirometrie vorgenommen. Die Resultate sind in verschiedener Hinsicht bemerkenswert und eine kurze Übersicht ist deshalb in der Tabelle 4 wiedergegeben.

Tabelle 4.
(Nach LINDHARD.)

| Stellung | Vitalkapazität | Residualkapazität | Totalkapazität |
|---|---|---|---|
| Freistehende Stellung | 100 | 100 | 100 |
| Rückenlage | 95,5 | 101,5 | 95 |
| „Allah"[2] | 92 | 106 | 97 |
| Beugehang (Männer) | 90,5 | 100,5 | 93 |
| Streckstellung | 90 | 118 | 95,5 |
| Rumpfdrehen | 88,5 | 100 | 90,5 |
| Rumpfbeuge abwärts | 88,5 | 105 | 92 |
| Spannbeuge | 78 | 125,5 | 88 |
| Seitenbeuge | 77 | 111 | 86,5 |
| Rumpfbeuge rückwärts | 75 | 101 | 84 |
| „Handstand mit Stütze" | 71 | 121,5 | 85 |
| Beugehang (Frauen) | 67 | 120 | 82 |

Die Werte in der Tabelle sind in Prozenten der Werte der freistehenden Stellung angegeben. Es geht aus diesen Untersuchungen hervor, daß die betreffenden Stellungen, von welchen auch mehrere (Rumpfdrehen, Rumpfbeuge, Seitenbeuge) in den gewöhnlichen Arbeitsstellungen vorkommen, eine beträchtliche Hemmung der Atmung verursachen; die Hemmung ist aber nie rein exspiratorisch, sie ist entweder rein inspiratorisch oder in- und exspiratorisch kombiniert. Bemerkenswert ist die verhältnismäßig geringe Hemmung in der ganz zusammengebeugten Stellung, „Allah", wogegen die beugehängende Stellung, besonders bei den Frauen, eine große Herabsetzung der Respirationsbewegungen bewirkt. Dies beruht zweifelsohne auf einer durch die statische Arbeit der Oberextremitäten verursachten Fixation des Brustkastens, der nur durch Kontraktion der Bauchmuskeln einen genügend festen Aussprung der Oberextremitätmuskeln bilden kann. Diese Tatsache ist von CATHCART, BEDALE und MCCALLUM und von BURGER und DUSSER DE BARENNE als Erklärung der besonderen Vorgänge der $O_2$-Aufnahme während und nach der statischen Arbeit benutzt worden; wie später erwähnt wird, zeigen aber die Untersuchungen von LINDHARD über die statische Arbeit, daß diese Erklärung abzulehnen ist.

Diese und ähnliche Ergebnisse müssen natürlich bei den Untersuchungen über die Lungenvolumina während der körperlichen Arbeit, die in einer bestimmten Arbeits*stellung* ausgeführt ist, in Betracht gezogen werden, d. h. die Lungenvolumina in Ruhe und während der Arbeit dürfen nur dann unmittelbar verglichen werden, wenn sie derselben Körperstellung entsprechen.

Dies wurde schon von BOHR hervorgehoben, der die Verhältnisse in sitzender Stellung vor, während und nach einer mit den Beinen ausgeführten Arbeit und vor und nach anstrengendem Lauf untersuchte. Hierdurch wurde sowohl von BOHR[3] als von HASSELBALCH[4] gefunden, daß die Mittelkapazität während und unmittelbar nach der Arbeit erhöht ist. BOHR betrachtet diese Erhöhung als einen zweckmäßigen Reflex, der dazu dient, die Oberfläche der Lunge zu vergrößern und die Blutzirkulation durch dieselbe zu fördern. Aus anderen Versuchen geht indessen hervor, daß die Mittelkapazität während der Arbeit kleiner

---
[1] STEINHAUSEN: ds. Handb. **15 I**, 198.
[2] Kniesitzendes Rumpfbeugen vorwarts-abwärts mit auf den Unterarmen ruhendem Kopf.
[3] BOHR: Zitiert auf S. 847.      [4] HASSELBALCH: Zitiert auf S. 847.

ist als in Ruhe. Als Beispiel sind in Tabelle 5 die Resultate aus einigen Versuchen von LINDHARD[1] angeführt.

Die ersten 4 Kolonnen geben die Mittelzahlen von 5 bzw. 4 Versuchen; die Werte der Residualluft sind Mittelzahlen von Doppelbestimmungen. Sämtliche Bestimmungen sind bei Zimmertemperatur und vorhandenem Druck angegeben und die Versuche sind in sitzender Stellung auf dem KROGHschen Fahr-

Tabelle 5.
(Nach LINDHARD.)

| | Atemluft | Reserveluft | Komplementluft | Vitalkapazität | Residualkapazität | Mittelkapazität | Totalkapazität |
|---|---|---|---|---|---|---|---|
| Ruhe . . . . . | 0,93 | 1,77 | 1,50 | 4,20 | 1,46 | 3,69 | 5,66 |
| Arbeit . . . . . | 2,18 | 0,80 | 0,86 | 3,84 | 1,52 | 3,41 | 5,36 |

radergometer vorgenommen. Aus diesem Beispiel ist zu ersehen, daß die Reserveluft während der Arbeit so stark herabgesetzt werden kann, daß die Mittelkapazität niedriger wird als in der Ruhe. Wie früher angedeutet, ist aber die funktionelle Bedeutung der Mittelkapazität ziemlich zweifelhaft, indem, wie LINDHARD hervorhebt, in dieser Beziehung auch andere Verhältnisse, besonders die *Normalkapazität*, d. h. der Gehalt der Lungen in der Gleichgewichtsstellung, in Betracht zu ziehen sind. Je kleiner der Unterschied zwischen der Mittel- und der Normalkapazität ist, um so früher muß man, bei erhöhtem Anspruch an die Atmung, zu aktiver Exspiration greifen, während anderseits die Inspirationsarbeit früher bei hoher als bei niedriger Mittelkapazität wächst, und wie das Gesamtresultat dieser Faktoren auf den Organismus wirkt, ist kaum zu entscheiden.

Aus der Tabelle 5 wie aus den Untersuchungen von HASSELBALCH[2], LIEBEMEISTER[3] u. a. geht hervor, daß die vitale Kapazität während der Arbeit herabgesetzt ist. In den Versuchen von LINDHARD ist die Residualluft nur wenig vergrößert, weshalb die Totalkapazität in etwa demselben Maß wie die Vitalkapazität vermindert ist. Nach der Arbeit (anstrengendem Lauf) findet HASSELBALCH, daß die Residualluft so stark zugenommen hat, daß die Totalkapazität in diesem Fall, trotz niedriger Vitalkapazität, auch größer ist als in der Ruhe.

Nach langdauerndem Lauf (Marathonlauf) fand HUG[4], daß die vitale Kapazität durchschnittlich um 17% vermindert war; und dieselbe prozentuale Herabsetzung (17,1%) geben die Versuche von LOEWY[5] an Langstreckenskiläufern. Wie LOEWY bemerkt, beruht doch diese erstaunlich genaue Übereinstimmung natürlich auf einem Zufall.

Was die Frage nach der Vitalkapazität als einem Ausdruck der Leistungsfähigkeit des Organismus betrifft, scheint die Untersuchung von WACHHOLDER[6] zu zeigen, daß eine einfache Messung der Vitalkapazität in Ruhe nicht genügt, um ein zuverlässiges Bild der Leistungsfähigkeit herbeizuschaffen, sondern daß auch eine Messung nach einer körperlichen Anstrengung erforderlich ist (z. B. Lauf über 150—200 m), indem in diesem Fall eine Herabsetzung der Vitalkapazität um $1/2$ l oder mehr ein Zeichen von subnormaler Leistungsfähigkeit wäre, besonders wenn der Ausgangswert nach 2—3 Minuten noch nicht erreicht ist.

---

[1] LINDHARD: Den almindelige (fysiologiske) Gymnastikteori III. 2. Ausg. Kopenhagen 1921. (Dänisch.)
[2] HASSELBALCH: Zitiert auf S. 847.
[3] LIEBEMEISTER: Dtsch. med. Wschr. 48, 1547 (1922).
[4] HUG: Schweiz. med. Wschr. 58, 453 (1928).      [5] LOEWY: Zitiert auf S. 846.
[6] WACHHOLDER: Klin. Wschr. 7, 295 (1928).

Die Größe *des schädlichen Raumes* während der Arbeit ist seit den ersten Untersuchungen von DOUGLAS und HALDANE[1] eine große Streitfrage gewesen[2]. Diese Verfasser fanden durch die direkte Methode von HALDANE und PRIESTLEY[3] zur Bestimmung der Zusammensetzung der Alveolarluft eine erhebliche Vergrößerung des schädlichen Raumes (bis zum 4fachen) während der Hyperpnoe. KROGH und LINDHARD haben aber später gezeigt, daß die direkte Probeentnahme von Alveolarluft besonders während der Muskelarbeit nicht zuverlässige Werte gibt. Bezüglich der Einzelheiten dieser Kritik und der verbesserten Methode dieser Verfasser und deren Resultate sei hier auf die ausführliche Besprechung von LILJESTRAND in diesem Handbuch[4] hingewiesen; es sei nur bemerkt, daß die Muskelarbeit an sich ohne Einfluß auf den schädlichen Raum ist, daß er ferner bei allen Stellungen der Lunge, die niedriger ist als die Normalstellung, beinahe konstant ist (durchschnittlich 80—100 ccm), daß er zwar bei Füllung der Lunge wächst, aber normal nur bis zu einem Maximum von etwa 170 bis 190 ccm.

## B. Die Tätigkeit der Atemorgane.

### 1. Die Ventilation.

Viele ältere Untersuchungen haben bereits festgestellt, daß die Größe der Ventilation sich schon mit der Lage des Körpers ändert, und zwar in der Weise, daß sie in sitzender Stellung größer ist als in liegender und in stehender Stellung noch größer[5]. Diese Erhöhung ist wahrscheinlich zum größten Teil einer allerdings nur geringen Vermehrung des Stoffwechsels in den betreffenden Stellungen zuzuschreiben[6,7]; aus den Untersuchungen von LILJESTRAND und WOLLIN[8] scheint aber hervorzugehen, daß die Steigerung der Ventilation vorzüglich durch eine erhöhte Frequenz zustande kommt; die Atemzüge werden also beim Sitzen und besonders beim Stehen relativ flacher als beim Liegen, was schon auf eine schlechtere Ökonomie der Respiration, eine Überventilation, deutet. Eine derartige Erscheinung ist in der Tat auch von SIMONSON[7] beobachtet worden. Dieser Verfasser berechnet den von ihm genannten calorischen Ventilationsquotienten (K.V.Q. = ccm reduz. Vent. Volum/Cal.), der die Beziehung zwischen Ventilation und Umsatz angibt, und findet die in der Tabelle 33, S. 811, Bd. XV/1 in ds. Handbuch zusammengestellten Resultate. Wie aus dieser Tabelle ersichtlich, steigt der K.V.Q. beim Stehen durchaus an, und die Ventilation ist also dem Umsatz gegenüber noch stärker erhöht. Diese geringere Ausnutzung des eingeatmeten Sauerstoffes in der stehenden Stellung steht wahrscheinlich mit den geänderten Kreislaufsbedingungen in Zusammenhang; bei längerdauerndem Stehen, bei dem die Versuche gerade den größten K.V.Q. feststellen, tritt eine Stauung des Blutes in den Unterextremitäten und eine Herabsetzung des Minutenvolumens des Herzens ein (Näheres s. Abschnitt über Kreislauf), und diese Beeinträchtigung des Kreislaufes hat unzweifelhaft einen stimulierenden Einfluß auf die Atemvorgänge.

---

[1] DOUGLAS u. HALDANE: J. of Physiol. **45**, 235 (1912/13).
[2] KROGH u. LINDHARD: J. of Physiol. **47**, 30 (1913); **51**, 59 (1917).
[3] HALDANE u. PRIESTLEY: J. of Physiol. **32**, 240 (1905).
[4] LILJESTRAND, ds. Handb. **2**, 198ff.
[5] Vgl. u. a. E. SMITH: Edinburgh med. J. **4**, 614 (1858/59). — WINTERNITZ u. POSPISCHIL: Bl. Hydrother. **3** (1893).
[6] BENEDICT u. MURSCHHAUSER: Energy transformations during horizontal walking. Carnegie publication **231** (1915).
[7] SIMONSON: Pflügers Arch. **214**, 403 (1926).
[8] LILJESTRAND u. WOLLIN: Skand. Arch. Physiol. (Berl. u. Lpz.) **30**, 199 (1913).

Die besonderen Verhältnisse der Atmung und des Kreislaufes beim Übergang von Ruhe zur Arbeit sind erstens von KROGH und LINDHARD[1] untersucht worden. Gleich beim Signal zum Anfang der Arbeit setzt die Ventilation plötzlich in vergrößertem Maße ein, indem die Arbeit fast immer mit einer tiefen und rapiden Einatmung beginnt, nach welcher sowohl die Tiefe als die Frequenz sich stets über dem Ruhewert erhält (vgl. Abb. 302). Die augenblickliche Steigerung der Ventilation zeigt sich um so ausgesprochener, je größer die Arbeit ist; sie ist aber individuell recht verschieden, indem sie davon abhängt, ob die Vp. trainiert ist und zu plötzlicher und starker Leistung Anlage hat. Nach dem ersten tiefen Atemzug folgt bei starker Arbeit einer oder zwei, die ein wenig flacher sind, und dies spiegelt sich natürlich in einer geringen, relativen Erniedrigung der Ventilation ab, nach 10—15 Sekunden ist diese aber wieder erhöht und

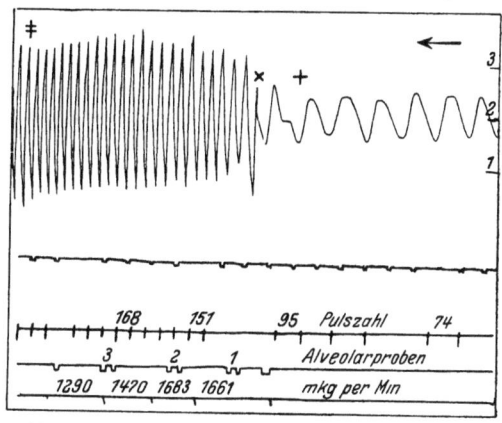

Abb. 302. Atmungskurve beim Übergang von Ruhe zur Arbeit. Die Zahlen rechts geben das Atemvolumen in Liter an. + Achtung! × Los! ⟂ Halt! (Nach KROGH u. LINDHARD.)

reicht bei den Arbeitsgrößen, die von KROGH und LINDHARD untersucht wurden, ein Maximum nach 2—4 Minuten (Abb. 303). Nach diesem Maximum erfolgt ein zweiter Fall, der in ein verhältnismäßig konstantes Niveau, dessen Höhe von der Größe der Arbeit abhängig ist, übergeht. Nach leichter Arbeit (300 bis 400 mkg) kommt der Abfall unmittelbar nach dem ersten Atemzug nicht immer zum Ausdruck.

Diese initiale Einstellung der Ventilation kann natürlich nicht innerhalb des kurzen Zeitraumes, in dem die Änderungen tatsächlich ablaufen, durch chemische Veränderung des Blutes zustande kommen. KROGH und LINDHARD haben deshalb die Erklärung in zentralen Vorgängen gesucht und in der Tat gezeigt, daß es sich um eine plötzliche Steigerung der Erregbarkeit des Atem-

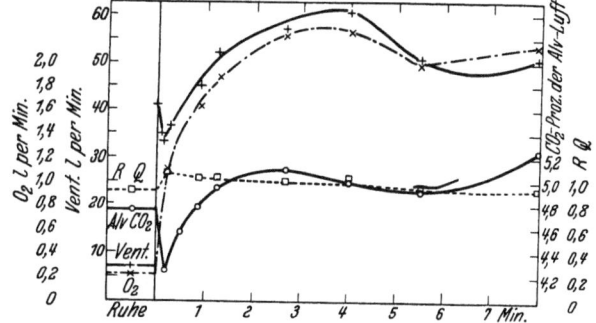

Abb. 303. Änderung der Ventilation, der $O_2$-Aufnahme, des alveolaren $CO_2$-Prozentes und des R.Q. beim Übergang von Ruhe zur Arbeit (800 mkg/min). (Nach KROGH u. LINDHARD.)

zentrums handelt, eine Steigerung, die durch Impulse von den motorischen, corticalen Zentren hervorgerufen wird. Daß das initiale Ansteigen der Ventilation nicht auf eine willkürliche Innervation der Atemmuskeln zurückzuführen ist, geht aus den Versuchen hervor, in denen das Atmen unmittelbar vor der Arbeit bis zu Apnoe forciert wurde, wodurch es sich herausstellte, daß die Apnoe noch mehrere Sekunden nach Beginn der Arbeit anhalten konnte (Abb. 304) und die Ventilation also auch in dieser Periode automatisch reguliert war, was übrigens auch der deutliche Parallelismus zwischen der Ventilation und der alveolaren

---

[1] KROGH u. LINDHARD: J. of Physiol. **47**, 112 (1913).

$CO_2$-Spannung bestätigt (vgl. Abb. 303). Es liegt natürlich ferner die Möglichkeit vor, daß die Ventilation in dieser Periode von den arbeitenden Muskeln reflektorisch beeinflußt ist; aber auch diese Möglichkeit ist durch die Versuche von KROGH und LINDHARD ausgeschlossen, da die Ventilation wie gewöhnlich anstieg, auch wenn die Belastung ohne Vorwissen der Vp. im Startmoment entfernt wurde.

Ähnliche Versuche über die elektrisch induzierte Muskelarbeit (Bergonisieren) sind gleichfalls von KROGH und LINDHARD[1] ausgeführt. Die Ergebnisse zeigen auch in diesem Fall eine Einstellung zur Arbeit, nur scheint bei dieser Arbeitsform die Einstellung ein Reflexphänomen zu sein, und nicht wie bei willkürlicher Arbeit auf corticale Impulse zu beruhen. HERXHEIMER und KOST[2], die sich übrigens den Hauptgesichtspunkten von KROGH und LINDHARD anschließen, sehen die Einstellung auch bei willkürlicher Arbeit als rein reflektorische Vorgänge an und berichten über Versuche, in denen die Trainingswirkung durch einen immer zweckmäßigeren Übergang von Ruhe zur Arbeit zum Vorschein kommt. Es ist nur noch zu erwähnen, daß PATERSON[3] wie auch KROGH und LINDHARD beim Übergang von leichter zu anstrengender Leistung durch plötzliches Belasten des Fahrradergometers eine zentrale Einstellung zur neuen Arbeit festgestellt haben.

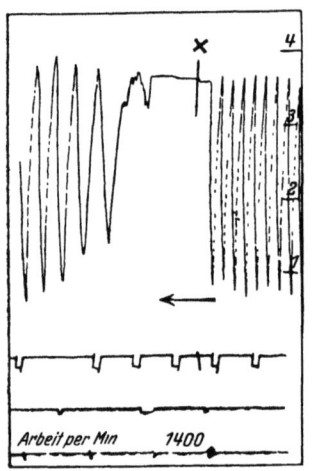

Abb. 304. Forciertes Atmen unmittelbar vor der Arbeit; Apnoe fortgesetzt nach Beginn der Arbeit. (Nach KROGH u. LINDHARD.)

Nachdem die Ventilation nach diesen initialen Änderungen ein verhältnismäßig konstantes Niveau erreicht hat, hängt der weitere Verlauf davon ab, ob die Arbeit eine derartige ist, daß ein „toter Punkt" überwunden werden muß oder nicht. Im „toten Punkt" steigt nämlich die Ventilation beträchtlich an, um im „second wind" wieder stark abzufallen[4]. Wie EWIG[5] und HERBST und NEBULONI[6] gezeigt haben, geht diese Steigerung der Ventilation mit einer fast gleichzeitigen Zunahme des Sauerstoffverbrauches vor sich, indem jedoch die Sauerstoffaufnahme schon im „toten Punkt", die Ventilation aber erst kurz danach, nämlich nach dem Übergang zum „second wind", ihr Maximum erreicht (Abb. 305). Wie früher erwähnt, und wie aus der Tabelle 3 ersichtlich, zeigen die Werte der alveolaren $CO_2$-Spannung im selben Zeitraum entsprechende Änderungen, einen Anstieg im „toten Punkt" und einen Abfall im „second wind". Wir haben gleichfalls im Abschnitt über die Änderungen des Blutchemismus erörtert, daß bei großen Arbeitsleistungen eine ganze Reihe von typischen Erscheinungen im Blute vorkommen: Der Milchsäurespiegel wird stark erhöht, die Blutalkalien nehmen ab, die $CO_2$-Spannung steigt an, und die aktuelle Reaktion wird beträchtlich nach der sauren Seite hin verschoben. All diese Erscheinungen deuten auf ein Hinterbleiben der Assimilationsprozesse gegenüber den Dissimilationsvorgängen. Die sauren Stoffwechselprodukte werden dadurch in

---

[1] KROGH u. LINDHARD: J. of Physiol. **51**, 182 (1917).
[2] HERXHEIMER u. KOST: Z. klin. Med. **108**, 240 (1928).
[3] PATERSON: J. of Physiol. **66**, 323 (1928).
[4] COOK u. PEMBREY: J. of Physiol. **45**, 429 (1913). — MACKEITH, PEMBREY, SPURREL, WARNER u. WESTLAKE: Ebenda **55**, VI (1921). — CHAILLEY-BERT, FAILLIE u. LANGLOIS: C. r. Acad. Sci. Paris **172**, 1610 (1921).
[5] EWIG: Z. exper. Med. **51**, 874 (1926).
[6] HERBST u. NEBULONI: Z. exper. Med. **57**, 450 (1927).

ungenügendem Maß aus den Muskeln entfernt, wodurch das wohlbekannte Ermüdungsgefühl im „toten Punkt" leicht erklärlich wird. Die Ermüdung in den arbeitenden Muskeln führt weiter zu einem Eingreifen von Hilfsmuskeln und einer daraus folgenden, vergrößerten Sauerstoffaufnahme, d. h. der Organismus arbeitet in dieser Periode mit einem geringeren Wirkungsgrad.

Daß diese Vorgänge einem akuten $O_2$-Mangel zuzuschreiben sind, unterliegt wohl keinem Zweifel, worauf aber dieser $O_2$-Mangel beruht, muß noch dahingestellt bleiben; aller Wahrscheinlichkeit nach ist der Grund jedoch vorzüglich in einem Versagen des Kreislaufes zu suchen. Es liegen unseres Wissens zwar

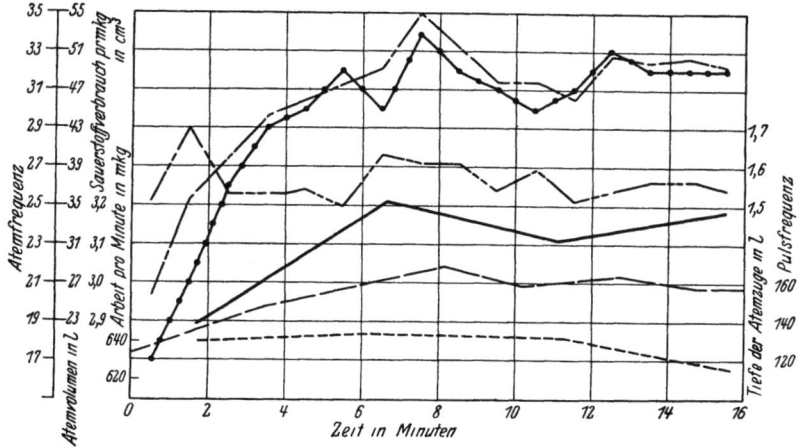

Abb. 305. Verhalten verschiedener Funktionen im „toten Punkt". (Nach HERBST u. NEBULONI.)

keine spezielle Versuche über das Minutenvolumen des Herzens in dieser Periode der Leistung vor; wir wissen nur, daß die Pulsfrequenz bis zum „second wind" ansteigt, um dann ebenso wie die Ventilation wieder abzusinken. Es ist aber nicht möglich, wie EWIG es versucht hat, den Sauerstoffmangel durch eine Nachlassung der Atemtätigkeit im „toten Punkt" zu erklären. Dieser Verfasser hat allerdings beim Übergang zum „second wind" eine deutliche Änderung des Atemtypus beobachtet, indem die Atmung, die vorher mit sehr hoher Frequenz und flachen Atemzügen vor sich ging, im „second wind" viel ruhiger und tiefer wurde. Die Versuche von EWIG zeigen aber, daß die Ventilation auch im „toten Punkt" vollkommen ausreicht, um die aufgenommene Sauerstoffmenge herbeizuschaffen und auch um die ausgeschiedene Kohlensäuremenge fortzubringen. In dem von EWIG angegebenen ausgesprochenen Beispiel ist die maximale Sauerstoffaufnahme und die gleichzeitige Kohlensäureausscheidung im toten Punkt, wo gerade das Gefühl von Dyspnoe am stärksten ist (2191 bzw. 1868 ccm), und die entsprechende Ventilation beträgt 50,7 l (reduz.). Daß für den erwähnten respiratorischen Stoffwechsel eine derartige Ventilation vollkommen ausreicht, geht aus zahlreichen Versuchen hervor; es genügt in dieser Beziehung auf die in der Abb. 306 zusammengestellten Beispiele zu verweisen. Aus diesen geht hervor, daß in den drei wiedergegebenen Versuchsreihen eine Sauerstoffaufnahme von 2200 ccm bzw. eine Kohlensäureabgabe von 1870 ccm nur einer Ventilation von 32—37 l entspricht, d. h. etwa zwei Drittel der von EWIG gemessenen Ventilation im „toten Punkt" seines Versuches. Schon aus diesem Grunde glauben wir die Theorie ablehnen zu können, nach der die Respiration diejenige Funktion sei, deren Nachlassen die besonderen Erscheinungen im „toten Punkt" verursache und glauben vielmehr, daß es sich in diesem Fall, wie übrigens im allgemeinen, wenn man sich die Grenze der Leistungsfähigkeit nähert, um ein Versagen des Kreislaufes handelt.

Was weiter die Vorgänge beim Eintritt des „second wind" anbelangt, ist die Erklärung auch schwierig. Daß ein besonderer Regulationsmechanismus zu diesem Zeitpunkt in Wirksamkeit tritt, steht außer Zweifel; worin dieser aber besteht, muß noch dahingestellt bleiben. Wir können nur sagen, daß derselbe in maßgebender Weise den ganzen Körper beeinflußt; MACKEITH und seine Mitarbeiter[1] haben u. a. eine Herabsetzung der Harnsekretion und eine Zunahme der Harnacidität beim Übergang zum „second wind" beobachtet. Ferner haben dieselben Verfasser eine beträchtliche Erhöhung des Milchsäurespiegels im Schweiß gleichzeitig mit dem bekannten starken Schweißausbruch gefunden; um eine vollständige Aufklärung dieses ganzen Problems geben zu können, fehlt es aber noch an quantitativen Bestimmungen über diese Vorgänge in Verbindung mit *gleichzeitigen* Atmungs- und Kreislaufsuntersuchungen.

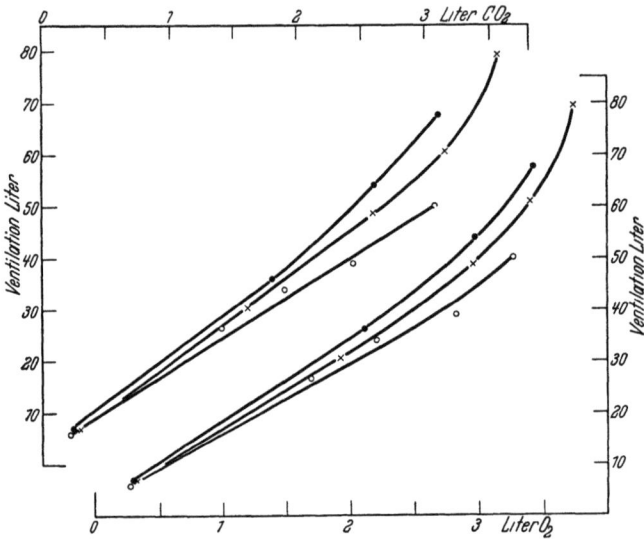

Abb. 306. Abhängigkeit der Ventilation von der $CO_2$-Ausscheidung (oben) und der $O_2$-Aufnahme (unten). (Nach HOHWÜ CHRISTENSEN.)

Nachdem es dem Organismus gelungen ist, den „toten Punkt" zu überschreiten und auch die darauffolgenden Vorgänge beim Übergang zum „second wind" abgelaufen sind, stellt sowohl der Stoffwechsel als die Ventilation sich meistens auf ein Niveau ein, das natürlich von der Größe der Arbeit abhängig ist und sich einigermaßen konstant erhält, bis eine eventuelle Ermüdung der leistenden Muskeln wieder, wie im „toten Punkt", Unregelmäßigkeiten veranlassen kann. Wie früher erwähnt, kommt jedoch der „tote Punkt" nicht immer zur Geltung; bei mäßiger Arbeit und bisweilen auch bei ziemlich anstrengender Arbeit — im letzten Fall besonders, wenn es sich um wohltrainierte Individuen handelt — steigt Stoffwechsel und Ventilation allmählich bis auf das konstante Niveau, das sog. „steady state", an. Wie lange dieser Anstieg dauert, bis die neue Gleichgewichtslage erreicht wird, ist ohne Zweifel von vielen verschiedenen Faktoren abhängig; darauf deuten jedenfalls die voneinander stark abweichenden Resultate, die angegeben werden. LILJESTRAND und STENSTRÖM[2] finden, daß eine Vorperiode beim Schwimmen von 1 Minute und beim Laufen von 0,8 Minuten genügt, um sicher zu sein, daß ein stationärer Zustand eingetreten ist; bei der letzterwähnten Arbeitsform war sogar in dieser kurzen Zeit eine Sauerstoffaufnahme von mehr als 3300 ccm pro Minute erreicht worden. KROGH und LINDHARD[3] dagegen haben gefunden, daß beim Radfahren die $O_2$-Aufnahme erst nach 6 Minuten auf die Höhe erlangen war, obwohl sie in diesem Versuch nur etwa

---

[1] MACKEITH u. M.: Zitiert auf S. 852.
[2] LILJESTRAND u. STENSTRÖM: Skand. Arch. Physiol. (Berl. u. Lpz.) **39**, 1, 167 (1920).
[3] KROGH u. LINDHARD: J. of Physiol. **53**, 431 (1920).

2 l pro Minute betrug. HILL und LUPTON[1] stellen beim Lauf eine Zeitdauer von $2^1/_2$ Minuten fest, um ein Niveau von 2—3 l $O_2$ pro Minute erreichen zu können, und BOCK, VANCAULERT, DILL, FÖLLING und HURXTHAL[2] haben eine Dauer von 2—4 Minuten bis zum „steady state" beobachtet, so daß man wahrscheinlich — jedenfalls bei nicht zu geringen Leistungen — mit einer stetigen Steigerung in den ersten Minuten rechnen muß.

Dieser Anstieg ist natürlich als eine allmähliche Anpassung der Atmung und des Kreislaufes an die gesteigerte Forderung anzusehen, und das „steady state" bedeutet einen Gleichgewichtszustand zwischen $O_2$-Versorgung und $O_2$-Bedarf; ist aber die Leistung von solcher Größe, daß die $O_2$-Versorgung mit dem $O_2$-Bedarf der Muskeln nicht Schritt halten kann, dann tritt eine schnelle Ermüdung der leistenden Muskeln ein, und eine derartige Arbeit kann deshalb nur sehr kurze Zeit durchgeführt werden, indem der Organismus während der ganzen Arbeit sein Sauerstoffdefizit immer vermehrt. HILL und LUPTON[1] glauben allerdings aus einem einzelnen Versuch schließen zu können, daß es zu einem nur *scheinbaren* „steady state" kommen kann, indem die Sauerstoffaufnahme bis zu einem von der Leistungsfähigkeit des Kreislaufes bestimmten Maximum ansteigt und sich durch mehrere Minuten auf diesem Maximum anhält, trotzdem die sodann aufgenommene Sauerstoffmenge immer hinter dem tatsächlichen $O_2$-Bedarf zurückbleibt. Im betreffenden Versuch (Lauf mit einer Geschwindigkeit von 267 m/min) stieg die $O_2$-Aufnahme im Laufe der ersten beiden Minuten auf etwa 4 l an und hielt sich noch auf dieser Höhe durch 2 Minuten, bis der Versuch unterbrochen wurde. Die Verfasser geben an, daß die Vp. höchstens 10 Minuten eine derartige Leistung durchmachen könnte. Es ist zwar möglich, daß besonders bei gut trainierten Individuen, bei denen die zentrale Arbeitseinstellung eine möglichst vollkommene ist, der initiale Anstieg der Sauerstoffaufnahme so schnell erfolgt, daß tatsächlich ein konstantes, aber nicht ausreichendes Niveau erreicht wird, welches natürlich nur ganz kurze Zeit aufrechterhalten werden kann, da die schnell ermüdeten Muskeln zur Arbeitseinstellung gezwungen werden. Der Versuch von HILL und LUPTON sagt indessen nicht, inwiefern das erreichte Niveau einer maximalen $O_2$-Aufnahme entspricht; es ist sehr wahrscheinlich, daß eine Arbeit, bei der die maximale Atem- und Kreislaufsvorgänge nicht die genügende $O_2$-Menge herbeizuschaffen vermag, nur noch kürzer als 10 Minuten lang durchgeführt werden kann. Wenn der erwähnte Versuch in dieser Beziehung versagt, ist es auf Grund der immer zu bedauernden Tatsache, daß die Größe der geleisteten Arbeit nicht meßbar ist; ein derartiger Versuch wird nämlich immer isoliert und ohne Vergleichsmöglichkeiten stehen. Wenn die Arbeit dagegen auf einen Ergometer ausgeführt wäre, könnte man den Wirkungsgrad bei verschiedenen Leistungen berechnen, und es würde sich beim Vergleich dieser Werte herausstellen, ob die Sauerstoffaufnahme eine ausreichende oder eine zu geringe ist, indem die letztere einen erhöhten Wirkungsgrad ergeben würde. Versuche, die diese Verhältnisse berücksichtigen, sind von HOHWÜ CHRISTENSEN ausgeführt[3]. Die Arbeit bestand im Radfahren auf dem KROGHschen Ergometer, und die Versuche gaben die in der Tabelle 6 zusammengestellten Resultate. Aus diesen Ergebnissen wird ersichtlich, daß die Werte der Wirkungsgrade den verschiedenen Arbeitsgrößen entsprechend nur die zu erwartenden Schwankungen aufweisen und daß jedenfalls der Wert bei der größten Arbeit, die in 20 Minuten bis zu voller Erschöpfung durchgeführt wurde, keineswegs zu hoch liegt, so daß die hier gefundene Sauerstoffaufnahme unzweifelhaft einen reellen, stationären

---

[1] HILL u. LUPTON: Quart. J. Med. **16**, 135 (1923).
[2] BOCK, VANCAULERT, DILL, FÖLLING u. HURXTHAL: J. of Physiol. **66**, 136 (1928).
[3] Erscheinen in Arb.physiol. 1932.

Zustand darstellt, obwohl sie fast 4,7 l beträgt. Dies sagt natürlich nichts über andere Versuche, selbst mit geringer Sauerstoffaufnahme, aus, da die maximale Grenze in dieser Beziehung individuell sehr verschieden ist; es hält uns aber vor allzu eiligen Schlüssen über diese Verhältnisse, bei denen nicht alle Faktoren in Betracht gezogen werden, zurück; das hier erwähnte Verfahren ist das einzige zuverlässige.

**Tabelle 6.**
(Nach Hohwü Christensen.)
Versuchperson: H. E. N. Ruhestoffw.: 270 ccm $O_2$/min. Ruhe-R.Q.: 0,88.
Arbeitstempo: 64 Pedalumdr/min.

| Belastung kg | Technische Arbeit mkg/min | Zahl der Versuche | $O_2$-Aufnahme ccm/min | R.Q. | Ventilation dampfgesättigt, 37° l/min | Ventilation 0°, 760 mm l/min | Ventilation (direkt) pro Liter $O_2$ | Netto-Wirkungsgrad % |
|---|---|---|---|---|---|---|---|---|
| 1,5 | 710 | 5 | 1930 | 0,83 | 37,1 | 30,4 | 19,2 | 20,4 |
| 2,5 | 1190 | 3 | 2968 | 0,87 | 59,5 | 48,7 | 20,1 | 21,1 |
| 3,0 | 1425 | 7 | 3408 | 0,93 | 73,2 | 60,6 | 21,4 | 21,7 |
| 3,5 | 1660 | 7 | 3749 | 0,95 | 96,4 | 79,3 | 25,7 | 22,8 |
| 4,0 | 1900 | 1 | 4670 | 0,94 | 112,3 | 92,0 | 24,05 | 20,6 |

Die Größe der Ventilation im „steady state" der Arbeitsperiode ist natürlich von der Größe des Energieumsatzes und dadurch auch von der Größe der Arbeit abhängig. Bainbridge[1] glaubt ferner auf Grund der Versuche von Means und Newburgh[2], Boothby[3], Lindhard[4] und Krogh und Lindhard[5] die gemeingültige Regel aufstellen zu können, daß eine direkte Proportionalität zwischen Ventilation und $O_2$-Verbrauch bestehe. Wenn man indessen die erwähnten Versuche etwas näher betrachtet, wird ersichtlich, daß es sich bei diesen meistens um ziemlich mäßige Leistungen handelt, bei Means und Newburgh um Arbeiten mit einer Sauerstoffaufnahme von höchstens 1400 ccm/min, einer Ventilation von etwa 26 l pro Minute entsprechend. Bei Boothby sind die Maximalwerte etwa 1000 ccm $O_2$/min und 27 l Ventilation und bei Krogh und Lindhard 1455 ccm $O_2$/min und 33 l Ventilation. Nur in den Versuchen von Lindhard ist der Umsatz auf eine größere Höhe getrieben, nämlich auf einen $O_2$-Verbrauch von 3200 ccm/min und eine dementsprechende Ventilation von 56 l/min; aber gerade aus diesen Resultaten stellt es sich heraus, daß die Parallelität im großen und ganzen verschwindet, wenn man alle Werte aus der betreffenden Versuchsreihe berücksichtigt. Als Hauptregel scheint jedoch zu gelten, daß bei gelinden Arbeiten und derselben Vp. der $O_2$-Verbrauch und die Ventilation annähernd parallel verlaufen; wenn aber die Arbeit eine größere wird, und besonders wenn sie sich der Grenze der Leistungsfähigkeit des Organismus nähert, dann steigt die Ventilation im Verhältnis zum $O_2$-Verbrauch beträchtlich an. Ein schönes Beispiel davon bilden die noch nicht veröffentlichten Versuche von Hohwü Christensen, die in der Abb. 306 wiedergegeben sind[6]. Die Kurven zeigen erstens in bezug auf die Ventilationsgröße pro Liter $O_2$-Aufnahme, besonders bei den höheren Stoffwechselzahlen, individuell recht große Variationen. Z. B. bei den größten von O.B. und M.N. geleisteten Arbeiten ist die Ventilation pro Liter $O_2$-Verbrauch 19,7 bzw. 15,3 l. Abgesehen von diesen höheren Werten bieten aber die Kurven einen ziemlich gleichmäßigen Verlauf dar und zeigen über-

---

[1] Bainbridge: Zitiert auf S. 835.
[2] Means u. Newburgh: J. of Pharmacol. **7**, 441 (1915).
[3] Boothby: Amer. J. Physiol. **37**, 383 (1915).
[4] Lindhard: Pflügers Arch. **161**, 233 (1915).
[5] Krogh u. Lindhard: J. of Physiol. **51**, 182 (1917).
[6] Erscheinen in Arb.physiol. 1932.

einstimmend bei allen drei Vpn., daß die Lungenventilation bis zu einer gewissen Grenze, nämlich einem Sauerstoffverbrauch von beinahe 3 l entsprechend, mit dem Umsatz fast geradlinig ansteigt, und zwar auch, wenn die Ruhewerte mit einbezogen werden. Bei weiterem Anstieg des Energieumsatzes biegen aber die Kurven ab und eine deutliche Überventilation tritt ein. Diese Überventilation ist vielleicht mehreren verschiedenen Faktoren zuzuschreiben; die Vpn. sind bei diesen Arbeiten der Grenze ihrer Leistungsfähigkeit sehr nahe, und es ist höchst wahrscheinlich, daß die Kreislaufssteigerung unter diesen Umständen nicht im selben Maß wie bei den geringen Leistungen mit dem vermehrten Umsatz Schritt halten kann. Ein derartiges Zurückbleiben der Kreislaufvorgänge scheint jedenfalls bei der Vp. H. E. N. während ihrer größten Leistung vorhanden zu sein; durch gleichzeitige Kreislaufbestimmungen, die später näher erwähnt werden, hat es sich ergeben, daß die Ausnutzung des Blutsauerstoffes in diesem Fall relativ stark in die Höhe geht, und daß das Herzminutenvolumen nur wenig gegenüber dem bei der zweitgrößten Leistung gemessenen Wert zunimmt. Dies bedeutet wahrscheinlich, wie z. B. bei Herzkranken[1], eine vermehrte Säuerung des Blutes und eine daraus folgende Beschleunigung der Atemtätigkeit. Außerdem liegt aber auch die Möglichkeit vor, daß die Erregbarkeit des Atemzentrums unter diesen Umständen gesteigert ist; eine derartige Erscheinung kommt unzweifelhaft bei Arbeiten vor, die aus irgendeinem Grund der Vp. unbequem fallen oder im höheren Grad ihre Aufmerksamkeit beanspruchen[2,3]. Vielleicht beruht die Überventilation gerade bei den Vpn. O. B. und M. N. vorwiegend auf solchen „psychischen" Vorgängen, wenn die Vpn. scheinbar während ihrer größten Leistung erregt waren, während bei der dritten Vp. H. E. N., die ohne scheinbare Beschwerden eine noch größere Arbeit durchführte, die Überventilation vielleicht eher „chemisch" bedingt war.

Es liegen jedoch noch zwei Versuche mit den Vpn. H. E. N. und O. B. vor (der eine ist in der Tabelle 6 angegeben). Es handelt sich in diesem Fall um eine sehr hohe Leistung (1900 mkg/min), und der Versuch weicht, was die Zunahme der Ventilation anbelangt, ziemlich stark von den anderen Versuchen ab. Betrachtet man die ganze Versuchsreihe, wird man finden, daß die Ventilation beim letzten Versuch im Verhältnis zum Energieumsatz nur wenig gesteigert ist, selbst wenn auch hier von einer beträchtlichen Hyperventilation die Rede ist. Der Versuch scheint aber zu zeigen, daß die Ventilation sich bei der alleräußersten Grenze der Leistungsfähigkeit wieder mehr ökonomisch einstellt und dies wahrscheinlich aus dem Grunde, daß das betreffende Ventilationsvolumen, 112,3 l, beinahe die maximale Grenze erreicht hat. Daß die Ventilation nicht, selbst in diesem Fall, die Grenze der Leistungsfähigkeit des ganzen Organismus bestimmt, scheint daraus hervorzugehen, daß das pro Liter $O_2$-Aufnahme geatmete Volumen noch größer ist als bei den geringeren Leistungen. Ähnliche Resultate gibt der Versuch mit der Vp. O. B.

Die meisten vorliegenden Untersuchungen, die im „steady state" vorgenommen wurden, zeigen, wie oben erwähnt, eine Proportionalität zwischen Ventilation und Energieumsatz[4], und nur in einzelnen Fällen hat die Leistung diejenige Größe, die eine Überventilation bedingt, überschritten. Dies ist jedoch,

---

[1] EPPINGER, KISCH u. SCHWARZ: Zitiert auf S. 835.
[2] LINDHARD: Pflügers Arch. **161**, 233 (1915).
[3] HANSEN, EM.: Skand. Arch. Physiol. (Berl. u. Lpz.) **54**, 50 (1928).
[4] Außer den von BAINBRIDGE zitierten Arbeiten wäre u. a. noch zu nennen: BUYTENDIJK: Ber. über die Tagung d. Dtsch. Physiol. Ges. Hamburg 1920. — SCHNEIDER u. CLARKE: Amer. J. Physiol. **75**, 297 (1926). — BOEK u. Mitarbeiter: J. of Physiol. **66**, 136 (1927). — MOBITZ: Klin. Wschr. **7**, 438 (1928).

außer bei den eben erwähnten Untersuchungen (LINDHARD, HOHWÜ CHRISTENSEN), auch der Fall bei den Versuchen über Gehen und Laufen von LILJESTRAND und STENSTRÖM[1]. Aus diesen Versuchen ergibt sich nämlich, daß die Ventilation, pro Liter $O_2$-Aufnahme berechnet, fast dieselbe ist beim Laufen mit niedrigen Geschwindigkeiten wie beim Gehen, wo sie völlig konstant ist, und erst, wenn höhere Geschwindigkeiten erreicht werden, kommt die Überventilation zum Ausdruck.

Auch in anderen Arbeiten, u. a. von HILL, LONG und LUPTON[2] und SIMONSON[3], sieht man indessen ebenfalls hervorgehoben, daß bei zunehmender Arbeitsleistung die Ventilation stärker ansteigt als der Energieverbrauch. Vor einem direkten Vergleich zwischen diesen Versuchen und den oben erwähnten ist aber zu warnen, weil die Versuche von HILL, LONG und LUPTON und SIMONSON nicht im „steady state" ausgeführt sind, sondern kurzdauernde, maximale oder submaximale Leistungen repräsentieren. Unter diesen Umständen sind die Perioden, die den Übergang von Ruhe zur Arbeit und von Arbeit zur Ruhe bilden, in die Untersuchung miteinbezogen; aber gerade innerhalb dieser Perioden ist der ganze Zustand sehr labil, und es ist jedenfalls unmöglich, aus den auf diese Weise gewonnenen Resultaten irgendeinen Schluß über die Vorgänge im „steady state" zu ziehen.

Wenn man die Lungenventilation mit der geleisteten Arbeit anstatt mit dem Sauerstoffverbrauch vergleicht, ist die Abbiegung der Kurve nach oben eine noch ausgesprochenere auf Grund der vielmals festgestellten Tatsache, daß bei schwereren Leistungen der Energieumsatz stärker als der Arbeitseffekt ansteigt. Dieser schlechtere Wirkungsgrad der Muskelarbeit bei den hohen Leistungen wird im allgemeinen, und durchaus mit Recht, durch ein Eingreifen von wenig geeigneten und bei der betreffenden Arbeitsform unzweckmäßig arbeitenden Hilfsmuskeln erklärt. Gegen diese Auffassung haben sich aber vor kurzem HERXHEIMER und KOST[4] gerichtet, indem diese Verff. glauben, die unverhältnismäßig stark erhöhte Sauerstoffaufnahme sei eine Luxuskonsumption, die sie wiederum auf eine Hyperventilation als primären Vorgang zurückführen. Als Stütze ihrer Auffassung führen die Verff. die gewöhnlichen Hyperventilationsversuche an, die bekanntlich eine stark erhöhte $O_2$-Aufnahme aufweisen, und zwar, ihrer Meinung nach, eine so stark erhöhte, daß sie sich nicht durch die vergrößerte Tätigkeit der Atemmuskulatur erklären läßt. Ob diese letzte Anschauung richtig ist, muß bis auf weiteres dahingestellt bleiben, wie aber HERBST[5] hervorgehoben hat, bilden die Hyperventilationsversuche keinen Beweis für die Annahme, daß vorzüglich die Hyperventilation des erhöhten $O_2$-Verbrauches zugrunde liegt; diese beiden Erscheinungen brauchen einander gar nicht zu folgen. Dies geht u. a. aus den Werten in der Tabelle 6 (nach HOHWÜ CHRISTENSEN) hervor. Bei zunehmender Arbeit steigt der Wirkungsgrad in diesen Versuchen langsam an und erreicht ein der zweitgrößten Arbeit entsprechendes Maximum. Bei dieser Leistung ist aber gerade die Hyperventilation am stärksten ausgesprochen (s. Abb. 306). Bei zunehmender Arbeit steigt am Anfang die Ventilation pro Liter $O_2$-Aufnahme an, um aber bei der allerhöchsten Leistung wieder abzufallen. Bei einer technischen Arbeit von 1660 mkg/min ist eine deutliche Hyperventilation vorhanden, und der Wirkungsgrad ist gleichzeitig gesteigert; bei der größten Leistung ist die Hyper-

---

[1] LILJESTRAND u. STENSTRÖM: Skand. Arch. Physiol. (Berl. u. Lpz.) **39**, 167 (1920).
[2] HILL, LONG u. LUPTON: Proc. roy. Soc. Lond. B **97**, 155 (1924).
[3] SIMONSON: Pflugers Arch. **215**, 752 (1927).
[4] HERXHEIMER u. KOST: Z. klin. Med. **110**, 1 (1929).
[5] HERBST: Klin. Wschr. 8, 1841 (1929).

ventilation weniger ausgesprochen, und man hätte deshalb nach der Theorie von HERXHEIMER und KOST eigentlich einen besseren Wirkungsgrad zu erwarten; das Gegenteil ist aber der Fall, und die Resultate deuten also gar nicht auf eine durch die Hyperventilation bedingte Luxuskonsumption. Die Nachforschung nach einer neuen Erklärung dieses Problems ist nach Angaben der Verfasser durch die auffallend starken Knicke veranlaßt, die die Kurven, welche das Verhältnis zwischen Umsatz und Arbeit darstellen, aufweisen. Bei zunehmender Arbeit steigt der Energieverbrauch in den Versuchen von HERXHEIMER und KOST sehr stark an. Dabei haben die Verfasser aber anscheinend übersehen, daß sie gar nicht Umsatz und Leistung verglichen haben; die Leistung besteht in Treppensteigen, und als Maß des Arbeitseffekts geben sie die Laufgeschwindigkeit an. Bei dieser Arbeitsform ist die von den Muskeln geleistete Arbeit nicht meßbar, und es ist unmöglich zu sagen, wie die Kurven, die tatsächlich den Umsatz im Verhältnis zur Arbeit darstellen, verlaufen würden. Wahrscheinlich bedürfen die Resultate dieser Versuche auch keiner besonderen Erklärung.

Von den Faktoren, die die Größe der Ventilation während der Arbeit beeinflussen könnten, ist noch das Arbeitstempo zu nennen. Derselbe Arbeitseffekt, d. h. die pro Minute geleistete Arbeit, kann ja in verschiedenem Tempo erreicht werden, indem zu diesem Zweck die Belastung nur entsprechend zu variieren ist. Derartige Versuche auf dem Fahrradergometer sind von EM. HANSEN[1] ausgeführt, und die Hauptresultate sind aus der Tabelle 7 und, was die

Tabelle 7.
(Nach EM. HANSEN.)

| Versuchs-person | Tempo Pedal-umdr/min | Belastung | Techn. Arb. kgm/min | Ventilation l/min | Atem-frequenz | Atemtiefe Liter | $CO_2$ ccm/min | $CO_2$ Proz. Variat. | $O_2$ ccm/min | $O_2$ Proz. Variat. | R.Q. | |
|---|---|---|---|---|---|---|---|---|---|---|---|---|
| L. M. (1922) | 35,5 | 3,5 | 924 | 48,7 | 21,3 | 2,28 | 2048 | 104,2 | 2323 | 110,5 | 0,88 | Konst. Arbeitseffekt |
| | 59,2 | 2,0 | 880 | 44,0 | 18,7 | 2,35 | 1964 | 100,0 | 2100 | 100,0 | 0,94 | |
| | 74,5 | 1,545 | 855 | 44,1 | 18,1 | 2,44 | 1954 | 99,6 | 2118 | 100,8 | 0,92 | |
| | 100,0 | 1,1 | 817 | 54,4 | 23,5 | 2,32 | 2095 | 107,0 | 2243 | 106,8 | 0,94 | |
| A. M. N. (1923) | 35,5 | 2,62 | 690 | 34,3 | 20,7 | 1,66 | 1467 | 109,0 | 1667 | 108,2 | 0,89 | Konst. Arbeitseffekt |
| | 59,2 | 1,5 | 660 | 32,4 | 22,5 | 1,44 | (1381) | 100,0 | (1576) | 100,0 | 0,88 | |
| | 74,5 | 1,15 | 635 | 33,0 | 23,7 | 1,39 | 1396 | 98,4 | 1598 | 99,9 | 0,88 | |
| | 109,0 | 0,72 | 583 | 39,8 | 25,4 | 1,57 | 1614 | 119,5 | 1829 | 118,2 | 0,88 | |
| Frl. I. B. (1923) | Ruhe | — | — | 8,6 | 12,8 | 0,67 | 194 | | 232 | | 0,84 | Konst. Arbeitseffekt |
| | 35,5 | 1,815 | 479 | 30,9 | 23,6 | 1,31 | 1054 | 105,4 | 1266 | 108,0 | 0,83 | |
| | 59,2 | 1,0 | 440 | 29,7 | 22,4 | 1,33 | (1027) | 100,0 | (1199) | 100,0 | 0,86 | |
| | 74,5 | 0,735 | 413 | 31,4 | 24,3 | 1,29 | 1063 | 103,7 | 1295 | 107,8 | 0,82 | |
| | 100,0 | 0,505 | 376 | 37,4 | 28,0 | 1,34 | 1318 | 131,0 | 1554 | 131,5 | 0,85 | |
| Frl. I. B. (1925) | Ruhe | — | — | 6,2 | 11,8 | 0,53 | 162 | | 202 | | 0,80 | Konst. technische Arbeit |
| | 35,6 | 1,65 | 436 | 28,4 | 22,0 | 1,29 | 1016 | 94,5 | 1197 | 99,6 | 0,85 | |
| | 47,0 | 1,24 | 433 | 26,9 | 23,4 | 1,15 | 936 | 87,0 | 1113 | 92,8 | 0,84 | |
| | 59,2 | 1,0 | 440 | 31,0 | 26,8 | 1,15 | 1076 | 100,0 | 1202 | 100,0 | 0,91 | |
| | 74,5 | 0,78 | 433 | 36,7 | 29,3 | 1,25 | 1216 | 113,0 | 1389 | 115,5 | 0,88 | |
| | 100,3 | 0,59 | 438 | 58,2 | 41,8 | 1,39 | 1725 | 160,3 | 1910 | 159,0 | 0,90 | |
| Frl. I. B. (1925) | 35,6 | — | — | 9,0 | 14,3 | 0,63 | 237 | 84,6 | 298 | 85,2 | 0,80 | Unbelastetes Ergometer |
| | 47,0 | — | — | 8,8 | 13,4 | 0,66 | 249 | 89,0 | 320 | 91,5 | 0,78 | |
| | 59,2 | — | — | 9,2 | 13,4 | 0,69 | 280 | 100,0 | 350 | 100,0 | 0,80 | |
| | 74,5 | — | — | 12,4 | 14,0 | 0,93 | 420 | 150,0 | 515 | 147,0 | 0,82 | |
| | 100,3 | — | — | 19,9 | 20,5 | 0,97 | 659 | 235,2 | 835 | 238,5 | 0,79 | |

[1] HANSEN, EM.: Skand. Arch. Physiol. (Berl. u. Lpz.) **54**, 50 (1928).

Ventilation betrifft, aus der Abb. 307 ersichtlich. Die Versuche sind in der Weise angelegt, daß in den drei ersten Serien der Gesamtarbeitseffekt, in der vierten die technische Arbeit pro Minute konstant erhalten ist, während die Arbeit in der letzten Serie auf unbelastetem Ergometer ausgeführt wurde. Bei der Arbeit auf dem Ergometer besteht die Gesamtleistung aus zwei Hauptteilen: 1. die auf dem Ergometer abgelesene Leistung (die technische Arbeit) und 2. eine Extraarbeit, die von vielen verschiedenen Faktoren herrühren kann. Diese Extraarbeit enthält u. a. statische Arbeit (durch Stabilisierung des Körpers usw.) und ist deshalb in physikalischem Maß nicht meßbar. Bei Verwendung des Fahrradergometers wird diese Extraarbeit aber nur verhältnismäßig gering, und es wird in gewissen Fällen möglich, den an die Extraarbeit geknüpften spezifischen Umsatz annäherungsweise zu berechnen[1], wodurch ferner die technische Arbeit solcherweise graduiert werden kann, daß der Gesamtarbeitseffekt tatsächlich bei den verschiedenen Tempos konstant wird. Die drei Kurven, die die Verhältnisse bei konstantem Arbeitseffekt darstellen, bieten übereinstimmend ein Minimum der Ventilation dar, was den mittleren Geschwindigkeiten von etwa 60 Pedalumdrehungen pro Minute entspricht. Wenn man aber das Ventilationsvolumen pro Liter aufgenommenen Sauerstoffs berechnet, ergibt es sich, daß dasselbe bei allen Tempos annähernd konstant ist, und daß die Variationen deshalb nicht einer spezifischen Wirkung des Tempos auf die Ventilation, sondern vielmehr einem allgemeinen Einfluß auf den Energieumsatz zuzuschreiben sind.

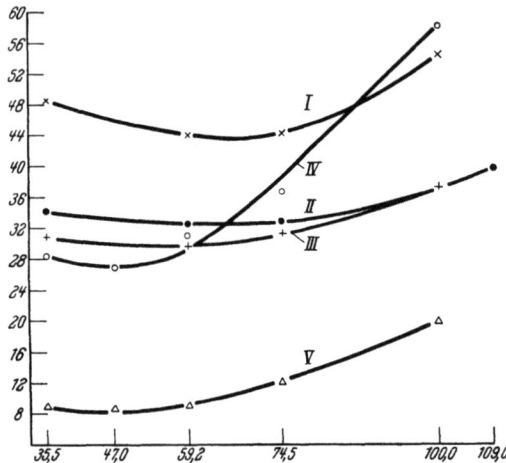

Abb. 307. Ventilation beim Radfahren in verschiedenem Tempo. Abszisse: Pedalumdrehungen per Minute. Ordinate: Ventilation (l/min). (Nach EM. HANSEN.)

L. M. I  ×  
A. M. N. II  •  } konstanter Arbeitseffekt,
Frl. I. B. III  +  
Frl. I. B. IV  ○  konstante technische Arbeit,
Frl. I. B. V  △  unbelastetes Ergometer.

Bei konstanter technischer Arbeit geht die Ventilation in den Versuchen mit den höchsten Geschwindigkeiten sehr stark in die Höhe und weist eine deutliche Überventilation auf, die wahrscheinlich darauf beruht, daß die Gesamtarbeit, die bei dieser Anordnung nicht für die verschiedenen Geschwindigkeiten konstant ist, sich in diesem Fall der Grenze der Leistungsfähigkeit der Vp. stark genähert hat. Diese Versuchsanordnung ist allerdings nur mit der weiblichen Vp. durchgeführt; es ist aber zu erwarten, daß ein ähnliches Verhältnis auch bei anderen Vpn. zum Vorschein kommt. In den Versuchen auf unbelastetem Ergometer, die auch nur mit der weiblichen Vp. vorgenommen sind, steigt sowohl die $O_2$-Aufnahme als die Ventilation mit dem wachsenden Tempo an, während die Ventilation pro Liter $O_2$ abnimmt. Diese Vp. gehört aber dem Typus an, der bei mäßigen Leistungen *verhältnis*mäßig schwächer als in Ruhe ventiliert; erst bei schwereren Arbeiten steigt wieder das Ventilationsvolumen im Verhältnis zur Sauerstoffaufnahme an. Alles in allem scheint also keine direkte Wirkung des Arbeitstempos auf die Ventilation vorhanden zu sein.

---

[1] HANSEN, EM.: Skand. Arch. Physiol. (Berl. u. Lpz.) **51**, 1 (1927).

Unmittelbar *nach Schluß der Arbeit* fällt bekanntlich die $O_2$-Aufnahme plötzlich und stark ab, um in den letzten Phasen der Restitution langsam zur Norm zurückzugehen. Die betreffenden Vorgänge sind zuerst von KROGH und LINDHARD[1] und von CAMPBELL, DOUGLAS und HOBSON[2] untersucht worden. Die erstgenannten Verfasser finden bei Arbeiten, die ein „steady state" erreichen, Übereinstimmung zwischen dem in den ersten Minuten der Arbeitsperiode entstandenen Sauerstoffdefizit und dem Überschuß der $O_2$-Aufnahme nach Aufhören der Arbeit; weiter haben sie den „exponentiellen" und auffallend regelmäßigen Verlauf der Erholungskurve festgestellt. Später sind zahlreiche Arbeiten erschienen, die sich mit dem Problem der Restitution, aber besonders nach kurzdauernden Leistungen, beschäftigen (A. V. HILL und Mitarbeiter[3], SIMONSON[4], HEBESTREIT[5]).

Während die *Ventilationssteigerung* beim Übergang von Ruhe zur Arbeit plötzlich und stark einsetzt, zeigen die Versuche von KROGH und LINDHARD, daß die Veränderung beim Arbeits*aufhören* viel weniger ausgesprochen ist. Wenn man die im Versuch aufgezeichnete Respirationskurve betrachtet, zeigt es sich fast immer unmöglich, den genauen Zeitpunkt des Arbeitsschlusses festzulegen. Die Ventilation fällt danach allmählich ab und erreicht nach kürzerer oder längerer Zeit wieder den Ausgangswert. Die Dauer und der Verlauf dieses Zurückgehens steht natürlich in gewissem Maß mit dem Erholungsvermögen des Organismus in Zusammenhang. Das betreffende Problem ist aber eingehend im Beitrag von SIMONSON in ds. Handb. Bd. XV/1, S. 802 abgehandelt, und wir werden deshalb nur einige charakteristische Erscheinungen heranziehen.

Wie aus vielen Versuchen hervorgeht, ist im „steady state" der Arbeitsperiode das Ventilationsvolumen berechnet, sowohl pro Liter aufgenommenen Sauerstoffs als pro Liter ausgeschiedener Kohlensäure, annähernd unverändert (vgl. u. a. Abb. 306); der R.Q. ist also in dieser Periode beinahe konstant. Unmittelbar nach beendeter Arbeit steigt aber der R.Q. deutlich an und kann besonders nach schwereren Leistungen Werte weit über 1 erreichen. Auf diesen Anstieg folgt indessen in den nächsten Minuten ein starker Abfall, indem der R.Q. oft unter den Ruhewert absinkt, um allmählich, bisweilen nach kleineren Schwankungen, wieder zur Norm zurückzugehen (vgl. u. a. KROGH und LINDHARD[6] und LINDHARD[7]). Diese Vorgänge lassen sich in der Tat sehr leicht erklären, indem die chemischen Verhältnisse des Blutes, die sich ja nicht plötzlich ändern können, bewirken, daß die Ventilation in den ersten Minuten der Erholungsperiode in der Höhe erhalten wird. Hierdurch wird in hohem Maße $CO_2$ ausgelüftet, die Milchsäure des Blutes wird gleichzeitig beseitigt, und es kommt danach zu einer Retention der $CO_2$ und dadurch zu einem niedrigen R.Q. Diese Schwankungen des R.Q. bedeuten, daß die Sauerstoff- und die Kohlensäurekurve während der Erholung nicht parallel verlaufen, und es ist schon aus diesem Grund unmöglich, daß dieselbe Korrelation zwischen Ventilation einerseits und $O_2$-Aufnahme bzw. $CO_2$-Ausscheidung andererseits bestehen kann (HERXHEIMER und KOST[8]). Es entsteht somit die Frage: Gibt es überhaupt in diesem Stadium eine Korrelation zwischen Ventilation und einer dieser Funktionen, und im Bejahungsfalle: welcher Funktion, und wie ist die Korrelation?

---

[1] KROGH u. LINDHARD: J. of Physiol. **53**, 431 (1920).
[2] CAMPBELL, DOUGLAS u. HOBSON: Phil. Trans. roy. Soc. Lond. B **210**, 1 (1920).
[3] HILL u. Mitarbeiter: Proc. roy. Soc. Lond. B **96/98** (1924/25).
[4] SIMONSON: Pflügers Arch. **214** (1926); **215** (1927).
[5] HEBESTREIT: Pflügers Arch. **222**, 738 (1929).
[6] KROGH u. LINDHARD: J. of Physiol. **53**, 431 (1920).
[7] LINDHARD: Skand. Arch. Physiol. (Berl. u. Lpz.) **54**, 79 (1928).
[8] HERXHEIMER u. KOST: Z. klin. Med. **108**, 240 (1928).

Aus 13 Versuchen mit 7 verschiedenen Vpn. hat HEBESTREIT[1] festgestellt, daß nach Schluß der Arbeit zuerst die Ventilation, dann der Sauerstoffverbrauch und zuletzt die Kohlensäureausscheidung wieder den Ruhewert erreicht. Aus denselben Versuchen, wie auch aus den Versuchen von HERXHEIMER und KOST[2], stellt sich weiter heraus, daß die $CO_2$-Ausscheidung und die Ventilation fast parallel abnehmen, während die $O_2$-Kurve einen abweichenden Verlauf darbietet. (HEBESTREIT gibt die Verhältnisse in sehr anschaulicher Weise auf logarithmischem Papier wieder; vgl. ds. Handb. Bd. XV/1, S. 754—757.) Dieser geradlinige Abfall der Ventilation im Verhältnis zur $CO_2$-Ausscheidung (vgl. Abb. 308) weist auf die große gegenseitige Abhängigkeit zwischen $CO_2$-Ausscheidung und Ventilation hin und deutet darauf, daß eine Parallelität zwischen $O_2$-Aufnahme und Ventilation nur während durchaus stationären Zustandes (Ruhe oder „steady state" der Arbeit) vorhanden ist. Der $O_2$-Bedarf bestimmt natürlich in der Hauptsache das Niveau der Ventilation, aber in den Übergangsperioden werden kleine Schwankungen der Ventilation bzw. der locker gebundenen $CO_2$ des Blutes einander gegenseitig beeinflussen, während die $O_2$-Aufnahme unter diesen Umständen als eine relativ stabile Funktion auftritt.

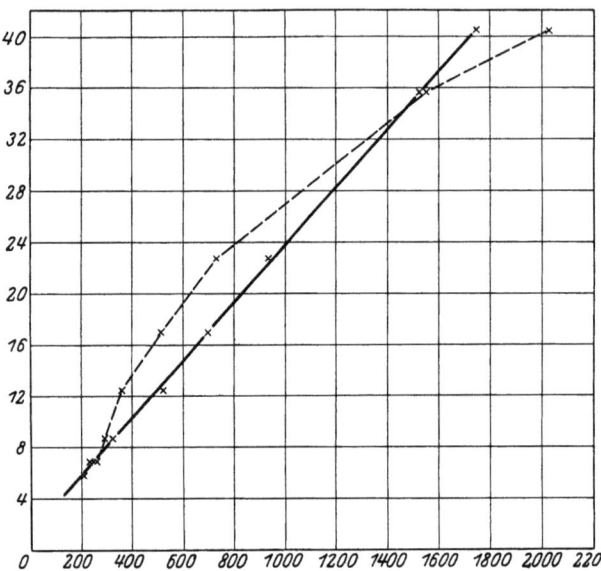

Abb. 308. Abhängigkeit der Ventilation von der $CO_2$-Ausscheidung (———) bzw. der $O_2$-Aufnahme (– – –). Abszisse: $CO_2$ bzw. $O_2$ (ccm). Ordinate: Ventilation (Liter). (Nach HERXHEIMER u. KOST.)

Übrigens scheint eine gewisse Beziehung zwischen der Arbeits- und der Erholungsventilation zu bestehen. GOTTSTEIN[3] stellt in dieser Hinsicht an Hand seiner Versuche mit Kindern folgende drei Typen auf: 1. Hyperventilation während der Arbeit. Ortho- und Hyperventilation in der nachfolgenden Erholungsperiode. (Schnelle Erholung.) 2. Orthoventilation während der Arbeit, Hyperventilation in der nachfolgenden Restitutionsphase. (Verzögerte Erholung.) 3. Hypo- oder Orthoventilation in Arbeits- und Erholungsphase. (Eingeschränkte Notwendigkeit der Erholung durch Übung.)

Ganz besondere Verhältnisse bietet die statische Arbeit dar. LINDHARD[4] hat verschiedene Leistungen untersucht, die alle durch eine größere oder kleinere statische Muskeltätigkeit charakterisiert sind, aber als hervorragendem Typus der statischen Arbeit hat er dem Beugehang im Querbalken eine besondere Aufmerksamkeit gewidmet. Ein auffallendes Charakteristicum der statischen Arbeit gegenüber der dynamischen bildet die verhältnismäßig geringe Steigerung der Sauerstoffaufnahme, der Lungenventilation und des Herzminutenvolumens *während* der Arbeit und der *nachfolgende* Anstieg der genannten Funktionen. Selbst nach sehr kurzdauernden und intensiven Anstrengungen treffen wir bei

---

[1] HEBESTREIT: Zitiert auf S. 861.  [2] HERXHEIMER u. KOST: Zitiert auf S. 861.
[3] GOTTSTEIN: Abh. Kinderheilk. Berlin 1928.
[4] LINDHARD: Skand. Arch. Physiol. (Berl. u. Lpz.) **40**, 145, 196 (1920).

Die Ventilation.

dynamischer Arbeit nie eine Erhöhung des Stoffwechsels oder eine Zunahme der Atmungs- und Kreislauftätigkeit im Verhältnis zu den Arbeitswerten; die

Tabelle 8. **Sauerstoffaufnahme bei statischer Arbeit.**
(Nach LINDHARD.)

|  | Ruhe ccm | Arbeit ccm | Unmittelbar nach Arbeit ccm | Später ccm | Ungefähre Stoffwechselsteigerung $O_2$ ccm |
|---|---|---|---|---|---|
| E. H. I . . . . . . | 344 | 557 | 853 |  | 1424 |
| E. H. II . . . . | 314 | 524 | 707 | 435 | 1025 |
| O. F. . . . . . . . | 330 | 510 | 770 |  | 1300 |
| J. L. . . . . . . . | 236 | 416 | 691 | 405 | 1125 |
| M. K. . . . . . . | 222 | 258 | 470 |  | 710 |

Tabelle 9. **Die alveoläre Ventilation bei statischer Arbeit.**
(Nach LINDHARD.)

|  | Ruhe Liter | Arbeit Liter | Unmittelbar nach Arbeit Liter | Später Liter |
|---|---|---|---|---|
| E. H. I . . . | 8,0 | 19,3 | 22,0 |  |
| E. H. II . . . | 6,3 | 18,0 | 17,8 | 16,0 |
| O. F. . . . . | 5,5 | 10,0 | 17,8 |  |
| J. L. . . . . | 4,3 | 10,1 | 23,8 | 15,1 |
| M. K. . . . . | (5,0 | 11,85 | 12,8) |  |

betreffenden Funktionen werden immer auf jedem Zeitpunkt nach der Arbeit aufhören, bis der normale Zustand erreicht wird und einen Abfall erzeigt. Die Tabellen 8 und 9 geben die Durchschnittswerte des Umsatzes bzw. der alveolaren

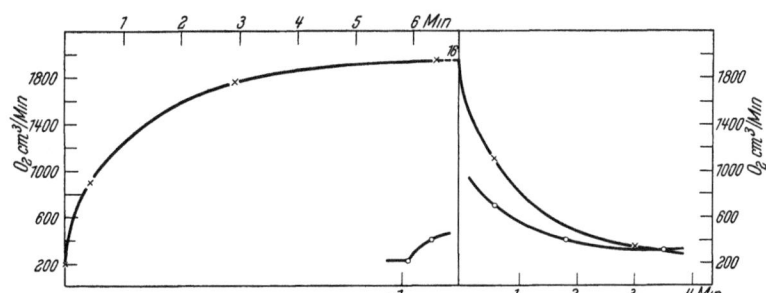

Abb. 309. Vergleich zwischen den Sauerstoffkurven bei Arbeit auf dem Fahrradergometer × und bei statischer Arbeit ○. (Nach LINDHARD.)

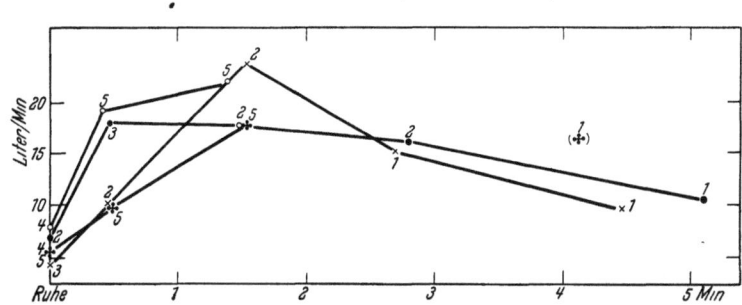

Abb. 310. Alveolarventilation während und nach statischer Arbeit. Arbeitsdauer ungefähr 1 Minute. Die Ziffern an den Kurven geben die Zahl der Einzelbestimmungen an. (Nach LINDHARD.)

Ventilation der LINDHARDschen Versuche wieder, und aus den Abb. 309 und 310 geht der charakteristische Unterschied zwischen der statischen und dynamischen

Arbeitsform deutlich hervor. Die gleichzeitig vorgenommenen Kreislaufbestimmungen, die später näher erörtert werden, zeigen ferner, daß die Ausnutzung des Blutsauerstoffes, die bei dynamischer Arbeit immer zunimmt, während der statischen Arbeit noch niedriger als in Ruhe ist und erst nach beendeter Arbeit stark in die Höhe geht. Aus diesen Resultaten schließt LINDHARD, daß die statisch stark kontrahierten Muskeln ein mechanisches Hindernis für die Passage des Blutstroms durch die Muskeln bilden (vgl. jedoch die Versuche von KELLER, LOESER und REIN[1], die näher im Abschnitt über den Kreislauf besprochen werden). Die Sauerstoffversorgung der leistenden Muskeln wird demnach sehr schlecht und die Abbauprodukte werden sich in den Muskeln während der Arbeit anhäufen. Dieses Geschehen ist unzweifelhaft als Grund der sehr schnell eintretenden Ermüdung der statisch kontrahierten Muskeln anzusehen, obwohl wir bis jetzt noch keine bestimmten Stoffe als „Ermüdungsstoffe" angeben können. Erst nach Schluß der Arbeit wird die Blutpassage durch die Muskeln wieder frei, das entstandene Sauerstoffdefizit wird ausgeglichen, die angehäuften Abbauprodukte (Milchsäure und Kohlensäure) gehen ins Blut hinüber, und es muß deshalb gerade zu den beobachteten Vorgängen kommen, nämlich eine starke Erhöhung der $O_2$-Aufnahme, eine verbesserte Ausnutzung des Blutsauerstoffes, eine lebhafte Atemtätigkeit und eine Auslüftung von $CO_2$, die in einer starken Steigerung des respiratorischen Quotienten (bis 1,5) deutlich zum Ausdruck kommt.

Gegen diese Erklärung der die statische Arbeit begleitenden Erscheinungen haben sich CATHCART, BEDALE und MCCALLUM[2] gerichtet, und DUSSER DE BARENNE und BURGER[3] wie auch KEKTSCHEEW und BRAITZEWA[4] haben sich ihrer Kritik angeschlossen. CATHCART und Mitarbeiter haben die erhöhte $O_2$-Aufnahme nach Schluß der Arbeit nicht bestätigen können; diese Verfasser arbeiten jedoch mit einer verhältnismäßig geringen Spannung der leistenden Muskeln, und es kann deshalb nicht wundernehmen, daß in ihrem Fall das Hindernis des Blutstromes durch die Muskeln nicht zum Ausdruck kommt. DUSSER DE BARENNE und BURGER haben die Hockstellung (mit bis zu etwa 130° gebeugten und gespreizten Knien und etwas gehobenen Fersen) untersucht; sie finden aber auch in diesem Fall im Gegensatz zu LINDHARD keine Zunahme des $O_2$-Verbrauches unmittelbar nach Schluß der Arbeit. Die Verfasser geben an, daß die Stellung wahrscheinlich nicht in derselben Weise wie in den LINDHARDschen Versuchen eingenommen ist, indem die Hockstellung von LINDHARDS Vpn. kaum $1^1/_2$ Minuten ausgehalten werden konnte, während sie in ihren Versuchen 3 Minuten durchgeführt wurde. Es gilt von den hier erwähnten Leistungen, wie auch von den von KEKTSCHEEW und BRAITZEWA untersuchten, daß die erforderlichen Muskelspannungen zu gering sind, um die besonderen Vorgänge bei einer statischen Arbeit in charakteristischer Weise herbeizuführen. Es genügt nicht in dieser Beziehung, wie DUSSER DE BARENNE und BURGER es getan haben, darauf hinzuweisen, daß die Hockstellung als eine der schwereren statischen Übungen anzusehen sein muß, weil sie eine verhältnismäßig große Gaswechselsteigerung (pro Minute Arbeitsdauer berechnet) hervorruft. Die Gaswechselsteigerung hängt nämlich nicht lediglich von der Intensität der Muskelspannung ab, sondern auch vom Umfang des Muskelgebietes, das bei der betreffenden Übung in Anspruch genommen ist. Wenn sehr große Muskelgruppen betätigt sind, wird es in jedem Fall zu einer erheblichen Erhöhung des Stoffwechsels

---

[1] KELLER, LOESER u. REIN: Z. Biol. **90**, 260 (1930).
[2] CATHCART, BEDALE u. MCCALLUM: J. of Physiol. **57**, 161 (1923).
[3] DUSSER DE BARENNE u. BURGER: Pflügers Arch. **218**, 239 (1928).
[4] KEKTSCHEEW u. BRAITZEWA: Arb.physiol. **2**, 526 (1930).

kommen, ohne daß die Spannung der einzelnen Muskeln sehr beträchtlich zu sein braucht.

Die genannten Verfasser, von denen keiner die Resultate von LINDHARD bestätigen konnten, haben die Anschauung vorgebracht, daß die Steigerung der $O_2$-Aufnahme nach Schluß der Arbeit an einer Hemmung der Atmung in der Arbeitsperiode durch Fixation des Brustkorbes liegen sollte, und weisen darauf hin, daß LINDHARD, als Prototypus, den Beugehang benutzt hat. Durch eine nähere Betrachtung der Resultate von LINDHARD zeigt es sich aber, daß diese Auffassung abzulehnen ist. Bei „Liegen vorlings auf dem Schemel" ist z. B. die Erhöhung des Stoffwechsels nach Schluß der Arbeit 45%, während sie bei „Rumpfsenken rückwärts aus dem Sitz" nur 25% beträgt, trotzdem diese letztere Übung durch Spannung der Bauchmuskulatur eine Beeinträchtigung der Atmung zur Folge haben muß, während bei der erstgenannten Übung der Brustkorb völlig frei beweglich ist. Die Resultate, zu denen DOLGIN und LEHMANN[1] in ihren Versuchen über die durch Abschnürung des Oberarmes hervorgerufene Ermüdung der Unterarmmuskeln gelangten (vgl. S. 884), ist übrigens auch ein Anzeichen dafür, daß der Blutstrom durch die intensiv statisch kontrahierten Muskeln stark beeinträchtigt ist.

## 2. Die Atemfrequenz und die Atemtiefe.

Eine Steigerung der Lungenventilation kann sowohl durch eine Beschleunigung der Frequenz als durch eine Vergrößerung der Atemtiefe zustande kommen. Der gegenseitige Anteil dieser beiden Funktionen in der Gesamtsteigerung hängt erstens von der Größe der Ventilation ab, zeigt aber außerdem individuell recht große Variationen. Als Hauptregel gilt es jedoch, besonders bei mäßigem Arbeiten, daß vor allem die Atemtiefe zunimmt, während die Respirationsfrequenz nur belanglos ansteigt. Erst bei anstrengenden Leistungen tritt eine beträchtliche Frequenzsteigerung ein, die in extremen Fällen sehr bedeutend sein kann. Eine obere Grenze der Atemtiefe bildet selbstverständlich die Größe der Vitalkapazität; es zeigt sich indessen, daß diese Grenze nie unter natürlichen Umständen erreicht wird.

Durch die Versuche von LILJESTRAND[2], in denen die Ventilation durch einen extra schädlichen Raum der Atemwege vergrößert wurde, ist die Respirationsarbeit bei Ventilationen verschiedener Größe und mit variierender Frequenz bestimmt, und es hat sich gezeigt, daß, wenn eine gegebene Ventilation mit einem möglichst kleinen Energieverbrauch ausgeführt werden soll, die Frequenz, und damit die Atemtiefe, eine für dasselbe Individuum immer bestimmte Größe haben muß. Wenn die Atemtiefe eine gewisse Grenze überschritten hat, wächst die Atemarbeit mit zunehmender Atemtiefe sehr stark an. Dies beruht natürlich darauf, daß der Widerstand gegen die Bewegungen des Brustkorbes bei tiefen Atemzügen sehr bedeutend wird, und auch aus diesem Grunde werden, wie gerade erwähnt, bei immer steigender Ventilation die letzten Stufen derselben ausschließlich durch eine Vergrößerung der Atemtiefe erreicht.

Es geht ferner aus LILJESTRANDs Untersuchungen hervor, daß die spontane Atmung bei Arbeiten verschiedener Intensität sich gerade auf diesen optimalen Rhythmus einstellt. Man kann indessen nur eine derartige ökonomische Einstellung des Atemrhythmus erwarten, wenn die Atmung ganz unabhängig der während der Arbeit ausgeführten Bewegungen geschieht, und dies wird bei vielen Arbeitsformen nicht der Fall sein. Als typisches Beispiel einer Arbeitsform, bei der die Atemfrequenz durchaus von den Arbeitsbewegungen beeinflußt wird, ist

---

[1] DOLGIN u. LEHMANN: Arb. physiol. **2**, 248 (1929).
[2] LILJESTRAND: Skand. Arch. Physiol. (Berl. u. Lpz.) **35**, 199 (1917).

vor allem das Schwimmen zu nennen. Bei verschiedenen Schwimmarten ist die Einatmung nur in einer bestimmten kurzen Phase des Schwimmstoßes ermöglicht, und unter diesen Umständen muß natürlich der Atemrhythmus genau dem Schwimmtempo folgen. Aber auch in den Fällen, wo die Atmung, wie z. B. beim Brustschwimmen in gelindem Tempo, unbehindert vom Wasser vor sich gehen kann, werden die Atem- und Armbewegungen synchronistisch verlaufen (LILJESTRAND und STENSTRÖM[1] und RABBENO[2]).

Ein ganz ähnliches Verhältnis kommt auch bei anderen Arbeiten mit rhythmischen Armbewegungen zum Ausdruck. So fanden LILJESTRAND und LINDHARD[3] während des Ruderns und LILJESTRAND und STENSTRÖM[4] während des Ski- und Schlittschuhlaufens, daß bei diesen Arbeitsformen Atem- und Arbeitsrhythmus sehr intim gekoppelt sind. Während des Ruderns kam ein charakteristisches Verhalten der Atemfrequenz zum Vorschein: Wenn bei wachsender Geschwindigkeit (d. h. Weg pro Minute) die Zahl der Ruderschläge pro Minute annähernd konstant gehalten wurde, fand man bei einer Geschwindigkeit von etwa 60 m pro Minute eine plötzlich einsetzende bedeutende Vermehrung der Frequenz, indem diese bei Geschwindigkeiten unter dieser Grenze nur etwa 15, bei den höheren Geschwindigkeiten dagegen etwa 30 war. Die Erklärung liegt unzweifelhaft darin, daß die Atemfrequenz bei den geringeren Arbeiten so angepaßt war, daß eine Ein- bzw. Ausatmung für jeden zweiten Ruderschlag vor sich ging. Wenn aber die so erhaltene Frequenz bei wachsender Arbeit nicht genügt, um die vermehrten Forderungen der Ventilation zu befriedigen, steigt sie auf das Doppelte, und sowohl die Ein- wie die Ausatmung geschieht für jeden Ruderschlag. Ganz ähnliche Beobachtungen sind während des Ski- und Schlittschuhlaufens gemacht, indem der Atemrhythmus hier die Stockführung bzw. das Armschwingen befolgt.

Dieser Zusammenhang zwischen Atem- und Arbeitsrhythmus kommt indessen nicht lediglich bei Armbewegungen, sondern auch bei zahlreichen anderen rhythmischen Arbeitsformen vor. In der Tabelle 10 sind die Resultate einiger

Tabelle 10.
(Nach HOHWÜ CHRISTENSEN.)
Vp.: H. E. N. Radfahren. Arbeitstempo: 64 Pedalumdr/min.

| Technische Arbeit mkg/min | Ventilation dampfgesättigt, 37° l/min | Atemfrequenz | Atemtiefe ccm | $O_2$-Aufnahme ccm/min |
|---|---|---|---|---|
| Ruhe | 8,7 | 9,1 | 955 | 270 |
| 720 | 37,1 | 11,3 | 3280 | 1930 |
| 1200 | 59,5 | 16,7 | 3560 | 2968 |
| 1440 | 73,2 | 16,3 | 4490 | 3408 |
| 1680 | 96,4 | 30,6 | 3140 | 3749 |
| 1920 | 112,3 | 32,5 | 3460 | 4670 |

Versuche über Radfahren von HOHWÜ CHRISTENSEN[5] angegeben. Die Zahl der Atemzüge zeigt bei allen Arbeitsgrößen annähernd ein einfaches Verhältnis (1:6, 1:4 oder 1:2) zum Arbeitstempo, welches in der ganzen Versuchsreihe dasselbe, nämlich 64 Pedalumdrehungen pro Minute, war. Es scheint, als ob dieses Phänomen, die Koppelung des Atem- und des Arbeitsrhythmus, am deutlichsten bei gut trainierten Vpn. zum Ausdruck kommt, besonders wenn diese

---
[1] LILJESTRAND u. STENSTRÖM: Skand. Arch. Physiol. (Berl. u. Lpz.) **39**, 1 (1920).
[2] RABBENO: Arch. internat. Physiol. **23**, 192 (1924).
[3] LILJESTRAND u. LINDHARD: Skand. Arch. Physiol. (Berl. u. Lpz.) **39**, 215 (1920).
[4] LILJESTRAND u. STENSTRÖM: Skand. Arch. Physiol. (Berl. u. Lpz.) **39**, 167 (1920).
[5] CHRISTENSEN, HOHWÜ: Erscheinen in Arb.physiol. **1932**.

während des Trainings immer im selben Tempo gearbeitet haben. Dies war eben der Fall in den erwähnten Versuchen von HOHWÜ CHRISTENSEN, während in anderen Versuchen über Radfahren, z. B. denjenigen von LINDHARD[1] und von EM. HANSEN[2], das Arbeitstempo in verschiedener Weise variiert wurde. In derartigen Versuchen sieht man deshalb auch, daß die Atemfrequenz ohne genaueren Zusammenhang mit der Zahl der Pedalumdrehungen, nur der Größe der Ventilation entsprechend, variiert.

Als Folge der hier erwähnten Abhängigkeit der Atemfrequenz vom Arbeitstempo ist es zu erwarten, daß die Ventilation unter diesen Umständen nicht immer der Sauerstoffaufnahme genau angepaßt sein kann, und daß deshalb eine Hypo- oder Hyperventilation zustande kommt. Die erstere Möglichkeit, eine Hypoventilation, wird wahrscheinlich nur sehr kurze Zeit stattfinden, indem die Atemfrequenz sich dann auf ein zweckmäßigeres Verhältnis zum Arbeitstempo einstellt, wodurch die Ventilation für die vorhandene $O_2$-Aufnahme genügend wird. Daß dagegen durch gebundenen Atemrhytmus eine nicht belanglose Hyperventilation eintreten kann, wurde von EFIMOFF und ARSCHAWSKI[3] gezeigt, indem diese Verfasser in Versuchen über Sägen ein deutliches „Atmen nach der Säge" und gleichzeitig eine ungewöhnlich schnelle Erholung nach der Arbeit fanden. Die Erklärung dieses letzten Vorganges liegt — wie von den Verfassern angenommen — unzweifelhaft darin, daß eine beträchtliche Überventilation, die nach allem Vorliegenden[4] auf die Erholung befördernd und abkürzend wirkt, stattgefunden hat.

## 3. Die Atmungsarbeit.

Der mit der Atmungsarbeit an sich verbundene Umsatz ist meistens durch Bestimmung der Umsatzsteigerung bei willkürlicher oder unwillkürlicher Vermehrung der Ventilation festgestellt worden[5]. Nach LILJESTRAND, der dieses Problem sehr eingehend behandelt hat, geht die willkürlich forcierte Atmung mit einer viel größeren Steigerung des $O_2$-Verbrauches einher, als die unwillkürlich verstärkte. Wenn es sich deshalb darum handelt, eine Bewertung über die Atmungsarbeit bei körperlicher Arbeit zu erlangen, haben nur diejenigen Untersuchungen Interesse, die mit einer unwillkürlichen Vermehrung der Ventilation vorgenommen wurden.

In derartigen Versuchen, bei denen die Ventilationssteigerung durch eine Vergrößerung des schädlichen Raumes erreicht wurde, hat LILJESTRAND[6] festgestellt, daß der Umsatz pro Liter Ventilation bei konstanter Atemfrequenz annähernd parabolisch wächst, und daß er bei konstanter Atemtiefe kleiner bei niedriger Frequenz als bei hoher ist. Ferner geht es aus diesen Versuchen hervor, daß die normale Atmungsarbeit bei Körperruhe nur 1—3% des Standardstoffwechsels beträgt. Aus den von LILJESTRAND mitgeteilten Kurven über die Umsatzsteigerung bei vermehrter Ventilation läßt sich außerdem bei mäßigen Körperleistungen die der Atmungsarbeit entsprechende $O_2$-Aufnahme annäherungsweise berechnen. In dem von LILJESTRAND angegebenen Fall bewirkt z. B. eine Steigerung der Ventilation von 8—44 l pro Minute und eine gleich-

---

[1] LINDHARD: Pflügers Arch. **161**, 233 (1915).
[2] HANSEN, EM.: Skand. Arch. Physiol. (Berl. u. Lpz.) **54**, 50 (1928).
[3] EFIMOFF u. ARSCHAWSKI: Arb.physiol. **2**, 253 (1930).
[4] Siehe Beitrag von SIMONSON in ds. Handb. **15 I**, 763.
[5] Vgl. u. a. SPECK: Physiol. des menschl. Atmens. Leipzig 1892. — LOEWY: Arch. f. Physiol. **1891**, 350. — ZUNTZ u. HAGEMANN: Landw. Jb. **27**. Suppl.-Bd. III, 180 (1898). — REACH u. ROEDER: Biochem. Z. **22**, 471 (1909). — LILJESTRAND: Skand. Arch. Physiol. (Berl. u. Lpz.) **35**, 271 (1917).
[6] LILJESTRAND: Zitiert auf S. 865.

zeitige Frequenzvermehrung von 10—20 einen Mehrverbrauch von 75 ccm $O_2$ pro Minute. Eine derartige Ventilations- und Frequenzvermehrung könnte z. B. durch einen Gesamtverbrauch von 2000 ccm $O_2$ pro Minute hervorgerufen werden; schätzt man ferner den Ruhestoffwechsel auf 250 ccm pro Minute, wird dies bedeuten, daß etwa 4% der Gesamtstoffwechselsteigerung der vergrößerten Atmungsarbeit zuzuschreiben ist. Leider liegen keine Versuche vor, die eine Berechnung der Atmungsarbeit bei höheren Leistungen ermöglichen, indem die von REACH und ROEDER[1] angegebene Formel, infolge deren die Atmungsarbeit mit sowohl der Ventilation als der Atemtiefe linear ansteigt, nach den Untersuchungen von LILJESTRAND nicht stichhaltig ist.

Daß die Atmung beim Aufenthalt im Wasser erschwert wird, ist eine allgemein bekannte Tatsache. LILJESTRAND und STENSTRÖM[2] haben an Hand der oben erwähnten, von LILJESTRAND eingeführten Methode die Atmungsarbeit in der Brustschwimmlage im Wasser mit der in der Ruhestellung auf dem Land verglichen. Für dieselbe Vergrößerung der Ventilation finden die Verfasser eine erheblich stärkere Steigerung der $O_2$-Aufnahme im ersteren als im letzteren Fall. Der Unterschied ist besonders deutlich bei mäßigen Ventilationssteigerungen, aber auch bei höheren Steigerungen wächst der Sauerstoffverbrauch stärker im Wasser als auf dem Land, und der Unterschied kann sogar unter diesen Umständen etwa 50% betragen. Diese Erhöhung der Atmungsarbeit beim Aufenthalt im Wasser, die natürlich besonders beim Schwimmen eine große Rolle spielt, ist vor allem dem durch den extrathorakalen Druck entstandenen Hindernis der Inspiration zuzuschreiben. In diesem Zusammenhang sind die Untersuchungen von STIEGLER[3] zu erwähnen, aus denen hervorgeht, daß die größte Wassertiefe, bei welcher die Inspirationsmuskeln überhaupt den Wasserdruck überwinden können, etwa 2 m beträgt; und schon in einer Tiefe von 1 m sinken die einzelnen Atemzüge unter die Größe des persönlichen schädlichen Raumes, wodurch der Aufenthalt, selbst bei Atmung durch Ventil und Schläuche zur Atmosphäre, in sehr kurzer Zeit unmöglich wird.

Über *die bewegenden Kräfte* (Muskelkräfte und elastische Kräfte) bei vertiefter Atmung sei auf den Abschnitt über die Anatomie der Atmungsorgane von W. FELIX in ds. Handb. Bd. II, S. 57 zu verweisen.

### 4. Die Gasdiffusion durch die Lungen.

Nach allem Vorliegenden scheint der Gasaustausch durch die Lungenwand in derselben Weise bei Arbeit wie bei Ruhe vor sich zu gehen. Wenn wir nichtsdestoweniger an dieser Stelle diese Funktion — ganz kurz — erwähnen werden, liegt es darin, daß von mehreren Seiten zu wiederholten Malen bezweifelt ist, daß die großen Sauerstoffmengen, von denen während der Arbeit die Rede ist, lediglich durch Diffusion aufgenommen werden können. Es ist besonders von seiten der HALDANEschen Schule[4] behauptet worden, daß die Epithelzellen der Lungenwand eine sekretorische Wirksamkeit ausüben müssen, während KAUP[5], wie früher (S. 841) erwähnt, seine Zuflucht zu einer mysteriösen Saugwirkung des strömenden Blutes nimmt, um zu erklären, daß die Sauerstoffspannung, wie von ihm gefunden, niedriger in der Alveolarluft als im arteriellen Blute ist.

Es herrscht aber jetzt allgemeine Einigkeit darüber, daß die $O_2$-Spannung immer (etwa 10 mm Hg) höher in der Alveolarluft als im arteriellen Blute ist, und es ist damit theoretisch möglich, daß die $O_2$-Aufnahme lediglich durch Diffusion vor sich gehen kann. Es ist nur die Frage, ob die sehr große Sauerstoffaufnahme, die während schwerer Muskelarbeit stattfindet, tatsächlich durch Diffusion quantitativ zu erklären ist.

---

[1] REACH u. ROEDER: Biochem. Z. **22**, 471 (1909).
[2] LILJESTRAND u. STENSTRÖM: Skand. Arch. Physiol. (Berl. u. Lpz.) **39**, 1 (1920).
[3] STIEGLER: Pflügers Arch. **139**, 234 (1911).
[4] HALDANE: Respiration. S. 208. New Haven 1922. — BARCROFT, COOKE, HARTRIDGE, PARSONS u. PARSONS: J. of Physiol. **53**, 450 (1919/20).
[5] KAUP: Zitiert auf S. 841.

Dieses Problem wurde allerdings schon von LILJESTRAND in ·ds. Handb. (Bd. II, S. 227) erörtert; in den im vorliegenden Abschnitt erwähnten Arbeitsversuchen von HOHWÜ CHRISTENSEN ist aber die $O_2$-Aufnahme beträchtlich größer als bisher in „steady state" festgestellt, nämlich bis etwa 4,7 l pro Minute, und es ist vielleicht deshalb notwendig, auf Grund dieser Versuche ein paar Bemerkungen hinzuzufügen.

M. KROGH[1] hat durch die CO-Methode gefunden, daß die Sauerstoffdiffusionskonstante während Arbeit zwischen 37,0 und 56,1 variiert. Die Diffusion hängt außerdem von der Differenz zwischen der Sauerstoffspannung der Alveolarluft und des Blutes ab. Eine Mitteldifferenz zwischen diesen Spannungen läßt sich durch die von BOHR[2] angegebene Methode (eine graphische Integration) berechnen, und M. KROGH hat auf Grund des Resultates eines Arbeitsversuches festgestellt, daß die Sauerstoffaufnahme, die im betreffenden Versuch 3760 ccm pro Minute betrug, leicht durch Diffusion zu erklären ist.

LILJESTRAND[3] macht aber ferner darauf aufmerksam, daß die durch die CO-Methode bestimmten Sauerstoffdiffusionskonstanten wahrscheinlich zu niedrig sind, und hierzu kommt, daß die Ausnutzung des Blutes und deshalb auch die Mitteldifferenz zwischen den Sauerstoffspannungen der Alveolarluft und des Blutes stark mit dem Sauerstoffverbrauch ansteigt. Leider liegt keine unbedingt zuverlässige Bestimmung der Ausnutzung des Sauerstoffes in dem erwähnten Versuch von HOHWÜ CHRISTENSEN vor, und es ist deshalb nicht möglich, die Mittelspannungsdifferenz anzugeben; gehen wir aber davon aus, daß die Diffusionskonstante 56 sei (und dieser Wert ist infolge LILJESTRAND und auf Grund der großen Stromgeschwindigkeit des Blutes wahrscheinlich zu niedrig), erfordert eine $O_2$-Aufnahme von 4,7 l pro Minute nur eine Mittelspannungsdifferenz von $\frac{4700}{56} = 84$ mm Hg. Eine solche Spannungsdifferenz ist gar nicht unwahrscheinlich. LINDHARD[4] hat in einem Versuch mit einer $O_2$-Aufnahme von 2547 ccm pro Minute eine Mittelspannungsdifferenz von 91,8 mm gefunden, die mit einer Diffusionskonstante von 56 eine $O_2$-Aufnahme von 5,1 l pro Minute ermöglicht. Es besteht also in der Tat kein Hindernis für die Annahme, daß auch die größten Sauerstoffaufnahmen, die bisher festgestellt sind, lediglich durch Diffusion stattfinden können.

## 5. Der respiratorische Quotient und die Erregbarkeit des Atemzentrums.

Der respiratorische Quotient ist bekanntlich unter stationären Bedingungen ein Ausdruck für die im Organismus stattfindenden Abbauprozesse, d. h. er ist in seinem Wesen eine *Stoffwechsel*funktion. Wenn wir in diesem Abschnitt nichtsdestoweniger diese Funktion etwas näher erwähnen werden, liegt es darin, daß der R.Q. unter instabilen Verhältnissen, wie sie z. B. bei Muskelarbeit vorkommen können, stark von der Respiration beeinflußt sein kann und in diesen Fällen also auch als eine *respiratorische* Funktion anzusehen ist.

Nachdem es gegen die alte Auffassung von LIEBIG[5] — u. a. durch die Untersuchungen von VOIT[6], PETTENKOFER und VOIT[7] und FICK und WISLICENUS[8] — festgestellt wurde, daß nicht nur Eiweiß, sondern vielmehr Fett und Kohlehydrate die energieliefernden Nährstoffe der Muskelleistungen bilden, hatte man dem Eiweiß jede Bedeutung als Quelle der Muskelkraft aberkannt. Dieser Standpunkt wurde aber von PFLÜGER[9] widerlegt und es herrscht nun allgemeine Einigkeit darüber, daß alle drei Nährstoffe die Arbeitsenergie liefern *können* und daß ihr gegenseitiger Anteil am Arbeitsumsatz von den vorhandenen Depoten der einzelnen Stoffe abhängig ist. Es wurde allerdings von CHAVEAU[10] behauptet, daß Kohlehydrat die direkte Quelle der Muskelkraft sei, und daß Fett, wenn es im Muskel verwendet werden soll, erst in Zucker umgebildet werden muß, wodurch Fett als Energiequelle etwa 30% seines calorischen Wertes verliert.

---

[1] KROGH, M.: J. of Physiol. **49**, 271 (1915).
[2] BOHR: Skand. Arch. Phyisol. (Berl. u. Lpz.) **22**, 251 (1909).
[3] LILJESTRAND: Ds. Handb. **2**, 228.    [4] LINDHARD: Pflügers Arch. **161**, 233 (1915).
[5] LIEBIG: Über Gärung, Quelle der Muskelkraft und Ernährung. München 1859.
[6] VOIT: Untersuchungen über den Einfluß des Kochsalzes, des Kaffees und der Muskelbewegung auf den Stoffwechsel. München 1860.
[7] PETTENKOFER u. VOIT: Z. Biol. **2**, 537 (1866).
[8] FICK u. WISLICENUS: Vjschr. Züricher naturf. Ges. **10** (1865).
[9] PFLUGER: Pflügers Arch. **50**, 98 (1891); **96**, 333 (1903).
[10] CHAUVEAU: C. r. Acad. Sci. Paris **122**—**126** (1895/1898).

Gegen diese Auffassung wandten sich aber ZUNTZ und seine Mitarbeiter[1], indem sie den Standpunkt vertraten, daß die drei Nährstoffe, was die Muskelarbeit anbelangt, je nach ihrem calorischen Wert einander ersetzen können.

Es unterliegt allerdings kein Zweifel, daß bei normaler Kost die N-freien Nährstoffe die wichtigste Quelle der Muskelkraft ist; nur die Frage nach dem Verhältnis zwischen Fett und Kohlehydrat ist — besonders nach den erfolgreichen Untersuchungen über den Kohlehydratstoffwechsel des Muskels — bis in die letzte Zeit diskutiert worden.

Der gegenseitige Anteil der beiden N-freien Nährstoffe am Umsatz spiegelt sich ja im respiratorischen Quotienten ab. Es sind daher hieran gewisse Voraussetzungen geknüpft. Einmal muß — wenn während des Versuches eine Umbildung des einen Nährstoffes zum anderen stattfindet — der neugebildete Stoff im Laufe des Versuches völlig verbrannt werden, und zweitens muß der Zustand in der ganzen Versuchsperiode unbedingt stationär sein. Diese letzte Bedingung ist gerade bei der Muskelarbeit in vielen Fällen nicht erfüllt, weil das Auftreten von Säuren im Blute und die nervösen Änderungen der Erregbarkeit des Atemzentrums leicht einen in dieser Beziehung sehr störenden labilen Zustand verursachen können.

Wenn man deshalb den R.Q. aus den während der Arbeit aufgenommenen $O_2$- und ausgeschiedenen $CO_2$-Mengen berechnet, darf der betreffende Versuch natürlich nur im „steady state" vorgenommen werden, und außerdem müssen, insofern es überhaupt möglich ist, alle Faktoren, die das nervöse Gleichgewicht stören können, ferngehalten werden. Es hat sich in dieser Beziehung gezeigt, daß u. a. das Atmen durch Mundstück und Ventil, welches Verfahren bei Arbeitsversuchen gewöhnlich angewendet wird, besonders bei langdauernden Arbeiten unbequem sein kann, und dieses Verfahren kann dadurch — wie alle anderen Faktoren, die die Vp. beschweren — die Erregbarkeit des Atemzentrums steigern. Um das ganze Problem in der möglichst genauen Weise anzugreifen, haben deshalb KROGH und LINDHARD[2] langdauernde Arbeitsversuche in der Respirationskammer angestellt. Aus diesen Versuchen, in denen die Bestimmung des R.Q. zu der bisher größten Genauigkeit getrieben wurde, geht hervor, daß der Organismus während der Muskelarbeit im großen und ganzen Fett und Kohlehydrat im selben gegenseitigen Verhältnis wie in der Ruhe abbaut, jedoch mit der Ausnahme, daß sehr hohe Ruhequotienten bei der Arbeit etwas hinuntergehen, während die sehr niedrigen ein wenig ansteigen. Die Verfasser schließen hieraus, daß, weil die extremen Quotienten ein Ausdruck für gleichzeitig im Organismus stattfindende Umwandlungsprozesse sind, diese Umwandlungsprozesse nicht mit den Abbauprozessen während der Arbeit Schritt halten. Die Versuche zeigen ferner, daß die Muskelarbeit auf Basis des Fettabbaues etwas unökonomischer als auf Kosten des Kohlehydrates vorgeht. Der Verlust beträgt jedoch nicht, wie von CHAUVEAU angenommen, 30%, sondern nur etwa 11% des calorischen Wertes des Fettes.

Die Schwierigkeit der Bestimmung eines den Abbauprozessen tatsächlich entsprechenden Arbeitsquotienten beruht — wie schon erwähnt — teils auf dem Übertreten von freien Säuren ins Blut und teils auf der häufig vorkommenden Erhöhung der Erregbarkeit des Atemzentrums.

Wie aus dem Abschnitt über die chemischen Änderungen des Blutes während der Arbeit hervorgeht, werden besonders bei anstrengender Arbeit beträchtliche Mengen von Säuren (vor allem Milchsäure) ins Blut übergehen, und es kommt

---
[1] ZUNTZ: Arch. f. Physiol. **1896** u. **1898**. — LOEWY, Oppenheimers Handb. d. Bioch. **4**, 10 (1908).
[2] KROGH u. LINDHARD: Biochemic. J. **14**, 290 (1920).

deshalb zu einer gleichzeitigen Herabsetzung des $CO_2$-Bindungsvermögens und Anhäufung von $CO_2$ im Blute. Das Resultat ist eine Verstärkung des Atmens, sei es auf Grund der erhöhten $CO_2$-Spannung oder als Folge der gleichzeitigen Verschiebung der Reaktion nach der sauren Seite. Durch diese Vorgänge können beträchtliche Mengen von $CO_2$ abgeraucht werden, und der R.Q. kann in dieser Periode weit über 1 steigen. Bei mäßigen Arbeiten ist dieses Verhältnis nur wenig ausgesprochen, und jedenfalls wird der Gleichgewichtszustand nach kurzer Zeit wiederhergestellt werden können, so daß der R.Q. im „steady state" der Arbeitsperiode wieder auf den Ruhewert abfällt, wenn er nicht von anderen Faktoren beeinflußt ist. Unmittelbar nach Schluß der Arbeit muß noch ein erheblicher Betrag an $CO_2$ entfernt werden, und zwar um so mehr, je größer die Leistung war. Der $O_2$-Verbrauch sinkt aber steil ab, und es kommt deshalb in dieser ersten Phase der Restitutionsperiode wieder zu einer Erhöhung des R.Q. Später, wenn die Milchsäure beseitigt ist, wird $CO_2$ retentiert, und der R.Q. fällt stark ab, indem er in vielen Fällen Werte, die unter dem Ruheniveau liegen, annehmen kann.

Der respiratorische Quotient ist aber auch von der Erregbarkeit des Atemzentrums beeinflußt, weil eine Zunahme derselben eine Steigerung des R.Q. zur Folge haben muß. Auf Grund der früher erwähnten (S. 851) initialen Zunahme der Erregbarkeit des Atemzentrums, die, wie von KROGH und LINDHARD festgestellt, auf corticale Impulse beruht, kommt es unmittelbar nach Anfang der Arbeit zu einer vergrößerten Ventilation, die wieder eine Auswaschung von Kohlensäure und deshalb auch eine Steigerung des R.Q. verursacht. Dieser Anstieg muß also in der Tat etwas früher als die erwähnte, chemisch erzeugte Steigerung eintreten; wenn aber beide im selben Versuch vorkommen, ist das Zeitintervall so geringfügig, daß man bei gewöhnlicher Versuchsanordnung natürlich nur *eine* Steigerung erfaßt.

Die Erregbarkeit des Atemzentrums ist aber nicht nur beim Anfang der Arbeit erhöht. Wie von LINDHARD[1] hervorgehoben, ist sie in vielen Fällen von der ganzen Versuchsanordnung und von der Art und Größe der geleisteten Arbeit beeinflußt (vgl. S. 857). Es ist eine Tatsache, daß das Atmen durch Mundstück und Ventil, besonders bei langdauernden Arbeiten, die Vp. so stark beschweren kann, daß es zu einer Überventilation und einer Erhöhung des R.Q. kommen kann. Ferner wird eine jede Arbeit, die im höheren Grad die Aufmerksamkeit der Vp. erfordert, eine Wirkung in derselben Richtung haben. Auf Grund der hier erwähnten Tatsachen kann es nicht wundernehmen, daß man häufig bei langdauernden Arbeiten selbst im sog. „steady state" eine Erhöhung des respiratorischen Quotienten findet, die lediglich nervösen Vorgängen zuzuschreiben ist. Der Ausdruck „steady state" gilt also in solchen Fällen nur der $O_2$-Aufnahme, weil die $CO_2$-Abgabe in derselben Periode stark variierend sein kann.

Außerdem soll noch erwähnt werden, daß die Erregbarkeit des Atemzentrums auch vom Ionengehalt des Blutes abhängig ist, indem sie, wie von GOLLWITZER-MEYER[2] festgestellt, mit dem Quotienten

$$\frac{[HPO_4''+H_2PO_4'][K^{\cdot}]}{[Ca^{\cdot\cdot}][Mg^{\cdot\cdot}]}$$

variiert, und zwar in dem Sinne, daß sie mit zunehmender Größe dieses Quotienten zunimmt, mit abnehmender abnimmt. Dieses Verhältnis spielt bei der Arbeit eine Rolle, weil, wie früher (S. 840) besprochen, die Verschiebungen der

---
[1] LINDHARD: Pflügers Arch. **161**, 233 (1915).
[2] GOLLWITZER-MEYER: Biochem. Z. **151**, 54 (1924).

betreffenden Ionen in der Arbeitsperiode nicht belanglos sind. Wenn ferner hinzugefügt wird, daß Sauerstoffmangel die Erregbarkeit des Atemzentrums vermehrt (LINDHARD[1]), und daß diese vielleicht auch von der Körpertemperatur, die bei Muskelarbeit um mehrere Grade gesteigert werden kann (ZUNTZ und SCHUMBURG; PEMBREY und NICOL; BENEDICT und CATHCART; HOHWÜ CHRISTENSEN[2]), beeinflußt ist[3], ist es verständlich, daß der respiratorische Quotient bei Muskelarbeit eine sehr labile Funktion sein muß, und daß man aus den Resultaten der Bestimmungen nicht zu weitgehende Schlüsse ziehen darf, wenn die Versuche nicht unter Beobachtung ganz besonderer Kautelen vorgenommen sind.

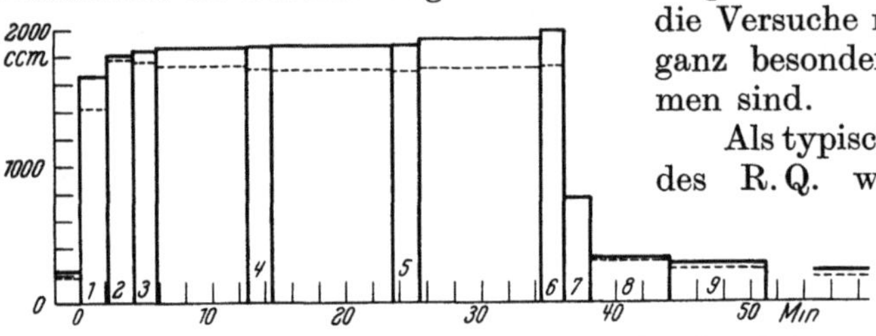

Als typisches Beispiel der Variation des R. Q. während längerdauernder mäßiger Arbeiten (etwa 30 Minuten) sei das Ergebnis von LINDHARD[4] zu erwähnen (vgl. Abb. 311 u. 312). Beim Anfang der Arbeit

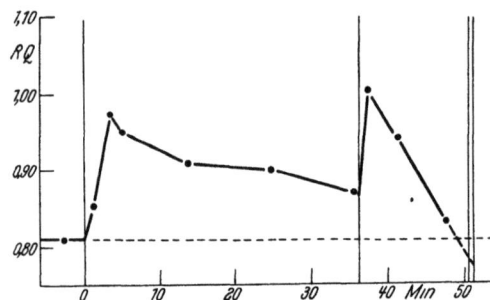

Abb. 311. Darstellung des Stoffwechsels vor, während und nach langerdauernder Arbeit. $O_2$-Aufnahme (———); $CO_2$-Ausscheidung (------). Das Ruheniveau ist sowohl vor als auch nach der Arbeitsperiode angegeben. (Nach LINDHARD.)

steigt der R. Q. an und fällt danach allmählich gegen den Ruhewert ab. Ob er tatsächlich bei noch längeren Leistungen den Ruhewert erreicht, hängt u. a. davon ab, ob die Arbeit und die übrigen Versuchsbedingungen der Vp. bequem und nicht ermüdend vorkommen, denn wenn die Arbeit die Vp. irgendwie beschwert, ist es sehr wahrscheinlich, daß der R. Q. in den letzteren Phasen der Arbeitsperiode wieder zunimmt. Einen ähnlichen Verlauf des R. Q. während der Arbeit finden CATHCART, RICHARDSON und CAMPBELL[5], während FURUSAWA[6] in Versuchen über Laufen mit niedrigen Geschwindigkeiten in einer Arbeitsperiode von 30 Minuten einen beinahe konstanten spezifischen Arbeits-R.Q. (= 1) findet, und nur bei größeren Geschwindigkeiten tritt nach etwa 20 Minuten ein Abfall ein. Der Verfasser schließt hieraus, daß nur in den letzterwähnten Versuchen Fett in der Arbeitsperiode oxydiert wird. Leider ist es auf Grund der unzweckmäßigen Arbeitsform nicht möglich, diese

Abb. 312. Variationen des R.Q. während und nach Arbeit. Die Punkte bezeichnen die Mitte der betreffenden Versuchsperiode. (Nach LINDHARD.)

Versuche mit anderen zu vergleichen. Es sei aber darauf aufmerksam gemacht, daß die Resultate sich von den meisten anderen Ergebnissen unterscheiden, weil es durch Bestimmungen des R.Q. bei Leistungen verschiedener Größen fast übereinstimmend festgestellt ist, daß der R.Q. bei anstrengender Arbeit größer ist als bei mäßiger (BENEDICT und CATHCART; LINDHARD; LILJESTRAND

---

[1] LINDHARD: J. of Physiol. **42**, 337 (1911).
[2] ZUNTZ u. SCHUMBURG: Physiologie des Marsches. Berlin 1901. — PEMBREY u. NICOL: J. of Physiol. **33**, 386 (1908). — BENEDICT u. CATHCART: Muscular Work. Carnegie Publication **187** (1913). — CHRISTENSEN, HOHWÜ: Arb.physiol. **4**, 154 (1931).
[3] Vgl. BAINBRIDGE: The physiol. of musc. exerc. 1923.
[4] LINDHARD: Skand. Arch. Physiol. (Berl. u. Lpz.) **54**, 79 (1928).
[5] CATHCART, RICHARDSON u. CAMPBELL: J. of Physiol. **58**, 355 (1923/24).
[6] FURUSAWA: Proc. roy. Soc. Lond. B **98**, 65 (1925).

und STENSTRÖM; LILJESTRAND und LINDHARD; BEST, FURUSAWA und RIDOUT[1]). Es muß mit den Versuchen von KROGH und LINDHARD[2] in Erinnerung angenommen werden, daß diese Abhängigkeit des R.Q. von der Arbeitsgröße im „steady state" wesentlich den Schwankungen der Erregbarkeit des Atemzentrums zuzuschreiben ist, und also den R.Q. als eine *respiratorische* Funktion charakterisiert.

Die früher erwähnte Variation des R.Q. nach beendeter Arbeit ist z. B. aus der Abb. 313 ersichtlich. Der besonders nach großen Leistungen sehr starke Anstieg und der nachfolgende Abfall ist schon von KATZENSTEIN; LOEWY; KROGH und LINDHARD und BRECHMANN[3] festgestellt worden. Unmittelbar nach statischer Arbeit findet LINDHARD[4] eine sehr beträchtliche Steigerung, und im besonderen nach kurzdauernder, schwerer Leistung erreicht der R.Q. solche Werte, daß er bisweilen über 2 ansteigen kann (HILL, LONG und LUPTON; HERXHEIMER und KOST; SCHENCK und STÄHLER[5]). In allen Fällen findet man nach diesem Anstieg in der ersteren Phase der Erholungsperiode späterhin einen Abfall, der so erheblich sein kann, daß der R.Q. in dieser Phase Werte von etwa 0,5 annehmen kann, und erst nach längerer Zeit wird er in solchem Fall den Ruhewert endgültig erreichen. Der ganze Verlauf beruht auf einem Zusammenspiel zwischen der Ventilation und der Beseitigung der Abbauprodukte.

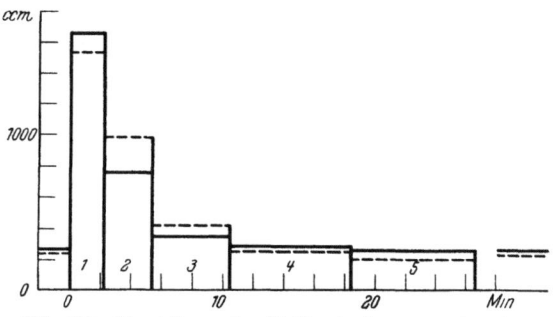

Abb. 313. Darstellung des Stoffwechsels vor, während und nach kurzdauernder Arbeit (vgl. Abb. 311). (Nach LINDHARD.)

Das Verhältnis des respiratorischen Quotienten bei kurzdauernder Arbeit ist in der jüngsten Zeit stark diskutiert worden. FURUSAWA, HILL, LONG und LUPTON[6] haben auf Grund mehrerer Versuchsreihen über Laufen behauptet, daß der spezifische Arbeitsquotient bei kurzdauernder Arbeit immer in der Nähe von 1,0 gefunden wird und daß also die Energielieferung für solche Leistungen lediglich durch Kohlehydratverbrennung zustande kommen kann. SIMONSON hat sich z. T. diesem Standpunkt angeschlossen, indem dieser Verfasser jedoch in seinen letzten Arbeiten[7] zugibt, daß auch individuelle Faktoren mitsprechen, und er findet in seinen neueren Versuchen, daß in etwa 25% der von ihm untersuchten Fälle der spezifische Arbeits-R.Q. dem Ruhe-R.Q. entspricht. LINDHARD[8] hat sich stark gegen die HILLsche Auffassung gewandt, indem er — durchaus mit Recht — geltend macht, daß, wenn alle die von HILL und seinen Mitarbeitern ausgeführten Versuche in Betracht genommen werden,

---

[1] BENEDICT u. CATHCART: Muscular Work. Carnegie Publication 187 (1913). — LINDHARD: Pflügers Arch. 161, 233 (1915). — LILJESTRAND u. STENSTRÖM: Skand. Arch. Physiol. (Berl. u. Lpz.) 39, 1, 167 (1920). — LILJESTRAND u. LINDHARD: Ebenda 39, 215 (1920). — BEST, FURUSAWA u. RIDOUT: Proc. roy. Soc. Lond. B 104, 119 (1929).

[2] KROGH u. LINDHARD: Zitiert auf S. 870.

[3] KATZENSTEIN: Pflügers Arch. 49, 381 (1891). — LOEWY: Ebenda 49, 422 (1891). — KROGH u. LINDHARD: J. of Physiol. 53, 431 (1920). — BRECHMANN: Z. Biol. 86, 447 (1927).

[4] LINDHARD: Skand. Arch. Physiol. (Berl. u. Lpz.) 40, 145 (1920).

[5] HILL, LONG u. LUPTON: Proc. roy. Soc. Lond. B 96, 438 (1924). — HERXHEIMER u. KOST: Z. klin. Med. 110, 1 (1929). — SCHENCK u. STAHLER: Z. exper. Med. 67, 45 (1929).

[6] FURUSAWA, HILL, LONG u. LUPTON: Proc. ory. Soc. Lond. B 97, 167 (1924). — FURUSAWA: Ebenda 98, 65 (1925).

[7] SIMONSON: Ds. Handb. 15 I, 794—795.

[8] LINDHARD: Skand. Arch. Physiol. (Berl. u. Lpz ) 54, 79 (1928).

die Schwankungen der Resultate so groß sind, daß diese gar keinen Anhaltspunkt für die HILLsche Anschauung darbieten. In den Versuchen FURUSAWAS sind die Schwankungen der Ruhewerte so groß, daß sie die Resultate des R.Q. unzuverlässig machen[1]. LINDHARD hat deshalb die Versuche mit der von HILL angewandten Methodik (der DOUGLAS-Sackmethode) nachgemacht. Wie aus der Tabelle 11 hervorgeht, zeigen die Resultate gar keine Abhängigkeit des

Tabelle 11.
(Nach LINDHARD.)
R.Q. bei kurzdauernder Arbeit. Vp.: P. G.

| $O_2$-Aufnahme. Ruhe ccm/min | Ruhe-Q.R. | Technische Arbeit mkg/min | Arbeitsdauer min | Spezifische Arbeits-R.Q. |
|---|---|---|---|---|
| 265 | 0,745 | 892 | 36,28 | 0,89 |
| 231 | 0,81 | — | 36,13 | 0,925 |
| 243 | 0,77 | 446 | 30,47 | 0,82 |
| 253 | 0,765 | 797 | 12,76 | 0,93 |
| 241 | 0,79 | 892 | 10,49 | 0,98 |
| 233 | 0,875 | — | 7,81 | 0,98 |
| 247 | 0,71 | 1115 | 3,73 | 1,07 |
| 227 | 0,835 | 446 | 2,17 | 0,86 |
| 232 | 0,75 | — | 1,93 | 0,83 |

spezifischen Arbeitsquotienten von der Arbeitsdauer. In 3 Fällen nähern sich die Werte auf 1, zwar nicht in den kurzdauernden Versuchen, in denen sie 0,83 und 0,86 betragen. Es darf deshalb bis auf weiteres angenommen werden, daß auch bei Arbeiten von kurzer Dauer Fett in die Verbrennung miteinbezogen wird.

Versuche von dem hier genannten Typ zeigen übrigens die große Schwierigkeit, die mit der Bestimmung eines den tatsächlichen Abbauprozessen entsprechenden R.Q. verbunden ist. Nach anstrengenden Leistungen ist die Erholungsperiode häufig sehr langwierig. Der Respirationsversuch muß deshalb über so lange Zeit ausgestreckt werden, daß das Atmen durch Mundstück und die einförmige Stellung, in der die Vp. in vollkommener Ruhe sitzen muß, die Ruhebedingungen ziemlich illusorisch machen können. LINDHARD macht deshalb darauf aufmerksam, daß vielleicht derartige Verhältnisse, die wieder den R.Q. als eine respiratorische Funktion charakterisiert, die Resultate von HILL beeinflußt haben können.

## III. Der Kreislauf.

Wie in den einleitenden Bemerkungen dieses Beitrages hervorgehoben wurde, ist bei körperlicher Arbeit die Vergrößerung der Kreislauf- wie auch die der Atemtätigkeit dadurch notwendig gemacht, daß der Stoffwechsel der arbeitenden Muskeln erhöht ist und diese somit eine reichlichere Versorgung von Sauerstoff und bessere Bedingungen für die Fortschaffung der Kohlensäure erfordern.

Im vorhergehenden Kapitel wurden die Änderungen der Atemfunktion behandelt, die eine fast vollkommene Sauerstoffsättigung des Blutes und eine genügende Ablüftung der Kohlensäure während der Arbeit ermöglichen. Man konnte sich danach denken, daß die gesteigerte Sauerstoffversorgung der leistenden Muskeln lediglich durch eine verbesserte Ausnützung des Oxyhämoglobins zustande kommen könnte. Es hat sich aber gezeigt, daß auch die Zirkulationsgröße des Blutes im ganzen Organismus gesteigert ist, und es ist durch eine einfache Berechnung leicht einzusehen, daß eine solche Maßnahme selbst bei mäßigen

---

[1] Vgl. Beitrag von SIMONSON in ds. Handb. **15 I**, 794.

Arbeiten unbedingt notwendig ist. Unter Voraussetzung eines theoretisch maximalen Ausnützungskoeffizienten von 1 (der natürlich nie erreicht wird) und einer Sauerstoffkapazität des Blutes von 200 ccm pro Liter Blut, die jedenfalls als supernormal anzusehen ist, wird mit einem Minutenvolumen des Herzens von 5 l Blut (= ungefährer Durchschnitt der normalen Ruhewerte) eine Sauerstoffaufnahme von nur 1 l pro Minute ermöglicht. Diese Größe beträgt aber nur etwa das 5fache des Ruhestoffwechsels, während bei schwerer Arbeit der Umsatz bis auf das 15fache gesteigert werden kann.

Der vermehrte Blutstrom und die verbesserte Ausnützung gehen also Hand in Hand, um den gesteigerten Forderungen des Stoffwechsels gerecht zu werden; der Übersicht halber werden wir jedoch die beiden Funktionen getrennt behandeln.

## A. Die Zirkulation des Blutes.

Die Zirkulationsgröße des Blutes gibt man gewöhnlich durch das *Minutenvolumen des Herzens* an, und versteht darunter die Blutmenge, die in einer Minute aus einer Herzabteilung ausgetrieben wird. Ist außer dieser Größe die *Pulsfrequenz* bekannt, dann ist eine Berechnung des *Schlagvolumens*, d. h. der aus einer Herzabteilung bei jedem Herzschlag ausgetriebenen Blutmenge, möglich.

### 1. Das Minutenvolumen des Herzens.

#### a) Besondere Maßnahmen bei Minutenvolumenbestimmungen während der Arbeit.

Von den Methoden, die bei Minutenvolumenbestimmungen an Menschen zur Verfügung stehen, kommen, wenn man sich nicht mit Annaherungswerten begnügen will, nur die gasanalytischen Methoden in Betracht. Diese können in zwei Hauptgruppen zerteilt werden, je nachdem sie sich auf das FICKsche oder das BORNSTEINsche Prinzip gründen[1].

Das FICKsche Prinzip ist in seiner Theorie sehr einfach; es ist nämlich darauf gegründet, daß, wenn man den $O_2$-Verbrauch durch die Differenz zwischen dem $O_2$-Gehalt des arteriellen und des venösen Blutes dividiert, dann erhält man das Minutenvolumen des Herzens. Die praktische Ausführung der Versuche ist aber ziemlich kompliziert. Eine jede Bestimmung erfordert außer einem Stoffwechselversuch eine Bestimmung des $O_2$-Gehaltes sowohl im arteriellen als im venösen Blut. Wenn es sich um Versuche am Menschen handelt, haben die meisten Forscher die Gasbestimmungen des Blutes durch Analysieren der Alveolarluft der respirierenden bzw. der verschlossenen Lunge vorgenommen. EPPINGER, PAP und SCHWARZ[2] haben allerdings auch in Arbeitsversuchen Arterienpunktur durchgeführt und LAUTER, BAUMANN und FRIEDLÄNDER[3] haben außerdem zur Bestimmung des $O_2$-Gehaltes des venösen Blutes dem rechten Herzen Blutproben direkt entnommen. Dieser letzten Operation beim Menschen werden wohl die meisten nicht zustimmen können, und bei Arbeitsversuchen ist das Verfahren jedenfalls unverwendbar. Da eine Arterienpunktur auch bei schwereren Arbeiten eine bedenkliche Sache ist, müssen die Blutgasbestimmungen indirekt vorgenommen werden, und dann kommt hierzu eine Bestimmung der $O_2$-Bindungskurve des Blutes. Die ganze Bestimmung wird allerdings etwas erleichtert, wenn man, wie CHRISTIANSEN, DOUGLAS und HALDANE[4] vorgeschlagen haben, statt des Sauerstoffes die Kohlensäure zur Berechnung verwendet, weil man gemeint hat, sich mit einer Standardkurve über das $CO_2$-Bindungsvermögen des Blutes begnügen zu können, wodurch man diese wiederholten Bestimmungen vermeidet. Was die Alveolarluftbestimmungen betrifft, ist bei Arbeitsversuchen noch zu beobachten, daß die Haldane-Priestley-Proben, wie von KROGH und LINDHARD[5] festgestellt wurde, nicht zuverlässige Resultate geben[6], und deshalb muß man die Zusammensetzung der Alveolarluft durch Berechnung nach der BOHR-ZUNTZschen Formel bestimmen. Wenn es auch für einen geübten und mit trainierten Vpn. arbeitenden Versuchsleiter möglich ist,

---

[1] Über die verschiedenen Methoden im allgemeinen s. Beitrag von B. KISCH in ds. Handb. 7 II, 1163. Eingehende Kritiken sind von LINDHARD (Verh. dtsch. Ges. Kreislaufforschg. Dresden 1930) sowie von HOHWÜ CHRISTENSEN [Arb.physiol. 4, 175 (1931)] gegeben.
[2] EPPINGER, PAP u. SCHWARZ: Asthma cardiale. Berlin 1924.
[3] LAUTER: Münch. med. Wschr. 13, 526 (1930).
[4] CHRISTIANSEN, DOUGLAS u. HALDANE: J. of Physiol. 48, 244 (1914).
[5] KROGH u. LINDHARD: J. of Physiol. 47, 431 (1914); 51, 59 (1917).
[6] Vgl. jedoch DILL, LAWRENCE, HURXTHAL u. BOCK: J. of biol. Chem. 74, 313 (1927).

mittels dieser Methoden wirklich zuverlässige Werte des Minutenvolumens zu erreichen, so ist doch das ganze Verfahren sehr zeitraubend und steht jedenfalls in dieser Hinsicht den Methoden nach, die sich auf das BORNSTEINsche Prinzip gründen.

Nach BORNSTEIN findet man die Zirkulationsgröße des Blutes durch Bestimmung der Menge eines indifferenten Gases mit bekanntem Absorptionskoeffizienten, die in einer gewissen Zeit dem Blute aus den Lungen (oder umgekehrt) abgegeben wird. Die erste, praktisch verwendbare Methode nach diesem Prinzip war die $N_2O$-Methode nach KROGH und LINDHARD[1]. Dieses Verfahren wurde von vielen Forschern auch bei Arbeitsversuchen verwendet, und es ist wohl keine Übertreibung, zu sagen, daß die Ergebnisse dieser Untersuchungen zum großen Teil die Grundlage unseres jetzigen Wissens über viele Kreislaufvorgänge bilden. Die Analyse der Luftproben erfordert allerdings eine Verbrennungsanalyse, die einem nicht geübten Experimentator ziemlich große Schwierigkeiten bereiten kann, und es ist deshalb leicht verständlich, daß man stets nach noch einfacheren Methoden gesucht hat. Dies hat sich übrigens in der allerletzten Zeit als unumgänglich notwendig erwiesen, weil die Analysen von Gasen, die $N_2O$ enthalten, nicht mehr durchführbar sind, wahrscheinlich auf Grund der neuen KOH-Präparate, die nicht dieselben Eigenschaften wie die alten besitzen (LINDHARD; HOHWÜ CHRISTENSEN[2]). Die Äthyljodidmethode von HENDERSON und HAGGARD[3] ist theoretisch so schlecht fundiert und selbst in ihrer besten Form praktisch so beschwerlich (STARR u. GAMBLE[4], LEHMANN[5], LINDHARD u. HOHWÜ CHRISTENSEN[2]), daß man von derselben völlig absehen kann. Dagegen scheint die Acetylenmethode von GROLLMAN[6] eine vollauf befriedigende Ablösung der $N_2O$-Methode zu sein. Der Acetylengehalt der Luftproben läßt sich durch Absorptionsanalysen bestimmen, der Absorptionskoeffizient des Gases im Blute ist sehr groß, größer als der des Stickoxyduls, und die Versuchstechnik erfordert nur in geringem Grad das Mitwirken der Vp.

Dieser letzte Punkt ist natürlich bei Arbeitsversuchen von der größten Bedeutung, weil die Vp. besonders bei schwereren Leistungen im voraus so stark in Anspruch genommen ist, daß eine Versuchstechnik, die im höheren Grad ihre Aufmerksamkeit erfordert, sehr leicht bewirken kann, daß der ganze Versuch mißlingt. Die $N_2O$-Methode wurde schon von MARSHALL und GROLLMAN[7] in der Weise verbessert, daß die Atmung während des Versuches ununterbrochen vor sich gehen konnte, während das ursprüngliche, von KROGH und LINDHARD angegebene Verfahren eine kurze Atempause erforderte. Den erwähnten Vorteil besitzt auch die Acetylenmethode, und in Arbeitsversuchen, bei denen die Atmung vielleicht bis zur höchsten Grenze getrieben wird, ist dieses Verhältnis natürlich von größter Bedeutung. Solch ein Arbeitsversuch geht dann in folgender Weise vor sich: Ein kleiner Gummisack, der etwa 3 l faßt, wird mit einer Mischung von Acetylen und sauerstoffreicher Luft gefüllt und mit einem Dreiweghahn versehen. Die Vp. atmet durch den Hahn zur Atmosphäre, und nach einer tiefen Ausatmung wird der Hahn zum Sack abgedreht. Nach drei oder vier tiefen Atemzügen, bei denen der Sack jedesmal völlig entleert wird, nimmt man in einem evakuierten Rezipienten eine Probe der Mischluft. Die Atmung wird ungestört fortgesetzt, und nach einer passenden Zeit wird die letzte Probe in derselben Respirationsphase wie die erste genommen. Beim Festsetzen der Dauer der einzelnen Zeitintervalle ist natürlich zu berücksichtigen, daß man eine um so größere Sicherheit für eine vollkommene Mischung der Sack-Lungenluft hat, je länger die Zeit bis zur ersten Probeentnahme ist und eine um so größere Genauigkeit erzielt, je größer der Zeitraum zwischen den beiden Proben ist. Die ganze Versuchsdauer wird aber dadurch begrenzt, daß sie sich nicht über einen ganzen Blutkreislauf erstrecken muß. Bei einem Minutenvolumen von z. B. 30 l und einer zirkulierenden Blutmenge von 5 l ist die Kreislaufzeit etwa 10 Sekunden. Die zirkulierende Blutmenge beträgt allerdings nach HALDANE und LORRAINE-SMITH, LINDHARD und FLEISCHER-HANSEN[8] nur etwa 5% des Körpergewichtes. Dieser Wert ist aber ein Ruhewert; bei Arbeit ist die Menge, wie später erwähnt wird, beträchtlich vermehrt. Wenn eine Kreislaufbestimmung innerhalb 10 Sekunden zu Ende gebracht werden muß, ist es nach HOHWÜ CHRISTENSEN[2] zu empfehlen, daß die erste Probe nach etwa 6—7 Sekunden entnommen wird und die letzte etwa 2 Sekunden später.

---

[1] KROGH u. LINDHARD: Skand. Arch. Physiol. (Berl. u. Lpz.) 27, 100 (1912). — LINDHARD: J. of Physiol. 57, 17 (1922).

[2] LINDHARD; HOHWÜ CHRISTENSEN: Zitiert auf S. 875.

[3] HENDERSON u. HAGGARD: Amer. J. Physiol. 73, 193 (1925).

[4] STARR u. GAMBLE: J. of biol. Chem. 71, 509 (1927) — Amer. J. Physiol. 87, 450, 474 (1928/29).

[5] LEHMANN: Arb.physiol. 1, 114 (1928).

[6] GROLLMAN: Amer. J. Physiol. 88, 3 (1929).

[7] MARSHALL u. GROLLMAN: Amer. J. Physiol. 86, 110 (1928).

[8] HALDANE u. LORRAINE-SMITH: J. of Physiol. 25, 331 (1899). — LINDHARD: Amer. J. Physiol. 77, 669 (1929). — FLEISCHER-HANSEN: Skand. Arch. Physiol. (Berl. u. Lpz.) 59, 257 (1930).

Da die Probeentnahmen während fortgesetzter Atmung geschehen, ist auch noch zu beobachten, daß die beiden Proben in derselben Respirationsphase genommen werden. Nach dem Vorschlag von LINDHARD nimmt HOHWÜ CHRISTENSEN deshalb die Proben in der Inspirationsphase, weil die Zusammensetzung der Exspirationsluft sich während der Exspiration ändert[1]. Was die Genauigkeit der Arbeitsbestimmungen anbelangt, sind von HOHWÜ CHRISTENSEN 2 Versuchsreihen an 2 männlichen Vpn. bei einer Arbeit von 1440 mkg/min ausgeführt worden. Die eine Serie (31 Versuche) ergab einen mittleren Fehler der Einzelbestimmung von $\pm 9{,}34\%$ und einen des Mittelwertes von $\pm 1{,}67\%$, wahrend die andere (45 Versuche) $\pm 11{,}02$ bzw. $\pm 1{,}64\%$ ergab. Bei dieser Berechnung sind alle beobachteten Werte mitgenommen. Im allgemeinen muß man naturlich darauf vorbereitet sein, daß die ersten Versuche einer Serie von den anderen abweichen können, bis die Vp. an die Technik und die Arbeitsverhältnisse gewöhnt ist. Man darf sich deshalb nicht mit ein paar Versuchen begnugen; etwa 6 Bestimmungen sollte das Minimum sein. Es unterliegt keinem Zweifel, daß man an Hand dieser Methode wirklich zuverlassige Kreislaufbestimmungen ausführen kann; es gilt aber naturlich fur diese Bestimmungen, wie übrigens auch fur die meisten anderen physiologischen Untersuchungen, daß sie eine nicht geringe Übung und die größte Aufmerksamkeit vom Versuchsleiter fordern, wenn sie wahrend schwerer und aufregender Arbeit durchgeführt werden sollen.

Es soll nur noch auf die Feststellung LILJESTRANDS und ZANDERS[2] aufmerksam gemacht werden, daß man mit ziemlich großer Annaherung durch Berechnung aus Blutdruck und Pulszahl die relativen Werte des Minutenvolumens erhalten kann. Die Verfasser bestimmen den systolischen und den diastolischen Blutdruck und berechnen daraus die „reduzierte Amplitude", d. h. die direkte Amplitude (= den Pulsdruck) in Prozenten des Mitteldrucks genommen. Danach wird das Produkt, „Reduzierte Amplitude" $\times$ Pulsfrequenz, aufgestellt, und es zeigt sich dann, daß das Verhaltnis zwischen diesem Produkt und dem Minutenvolumen fur dasselbe Individuum ungefähr einen konstanten Wert ausmacht, auch bei Sauerstoffaufnahmen von recht verschiedener Große. Die Verfasser haben das Verhaltnis in Ruhe und wahrend der Arbeit mit Stoffwechselsteigerungen bis auf die 10fache untersucht und überall ziemlich genaue Übereinstimmung gefunden. Dies bedeutet also, daß die Methode verwendbar ist, wenn man sich mit Annäherungswerten und mit relativen Werten begnügen kann; braucht man aber die absoluten Werte, dann muß man mindestens den *einem* Sauerstoffverbrauch entsprechenden absoluten Wert des Minutenvolumens kennen; die ubrigen aus dem Blutdruck berechneten Werte sind jedoch in diesem Fall natürlich auch nur als Annäherungswerte zu betrachten.

### b) Die Größe des Minutenvolumens.

Auf Grund der Tatsache, daß Muskelleistungen immer eine Erhöhung der Zirkulationsgröße bewirken — so daß das Minutenvolumen im großen ganzen mit der Größe des Stoffwechsels anwächst —, wäre es von vornherein zu erwarten, daß schon eine *Änderung der Körperlage*, bei der der Umsatz erhöht wird, eine Vergrößerung des Minutenvolumens zur Folge hätte. Es zeigt sich aber, daß dies nicht der Fall ist. Die ersten Untersuchungen des Einflusses der Körperlage auf den Kreislauf sind LINDHARD[3] zu verdanken. Dieser Verfasser fand das Minutenvolumen im Durchschnitt bei 4 Vpn. (2 Frauen und 2 Männern) um 6,6% niedriger im Stehen als im Liegen. Da gleichzeitig die Pulsfrequenz erhöht war, war das Schlagvolumen noch stärker (durchschnittlich 20,8%) herabgesetzt. Im Liegen wurde ferner bei 3 weiblichen Vpn. das Minutenvolumen um 17,2% höher als im Sitzen gefunden, während bei 4 männlichen Vpn. der Wert fast unverändert war. Diese Beeinträchtigung der Zirkulation im Stehen und z. T. auch im Sitzen, im Verhältnis zum Liegen, ist nach LINDHARD wahrscheinlich einem vergrößerten hydrodynamischen Druck zuzuschreiben, der eine Stauung des Blutes in den unteren Extremitäten verursacht. Eine solche Stauung ist u. a. durch die Versuche von ATZLER und HERBST[4] festgestellt worden; sie bewirkt, daß die venösen Reservoirs und dadurch auch das Herz schlechter mit

---

[1] KROGH u. LINDHARD: J. of Physiol. **47**, 431 (1914); **51**, 59 (1917).
[2] LILJESTRAND u. ZANDER: Z. exper. Med. **59**, 105 (1928).
[3] LINDHARD: Skand. Arch. Physiol. (Berl. u. Lpz.) **30**, 395 (1913).
[4] ATZLER u. HERBST: Z. exper. Med. **38**, 137 (1923).

Blut versehen werden. Von Verfassern, die teils die Resultate von LINDHARD haben bestätigen können, teils eine noch größere Herabsetzung des Minutenvolumens in der aufrechten Stellung gefunden haben, seien genannt: COLLETT und LILJESTRAND; FIELD und BOCK; LAWRENCE, HURXTHAL und BOCK; TURNER und RICHARDS JR.[1]. Dagegen findet GROLLMAN[2] so kleine Variationen, daß er als Resultat feststellen muß, daß das Minutenvolumen bei verschiedener Körperlage unverändert ist.

Schon die klassischen Versuche von CHAUVEAU und KAUFMANN[3] und von ZUNTZ und HAGEMANN[4] ließen vermuten, daß das Minutenvolumen *bei körperlicher Arbeit* zunimmt, und die Versuche von LOEWY und v. SCHRÖTTER[5] sowie von PLESCH[6] und von BORNSTEIN[7] deuteten in derselben Richtung, obwohl die verwendeten Methoden so mangelhaft sind, daß die Resultate nichts über die Größe der Zunahme aussagen. Untersuchungen, die quantitativ zuverlässige Resultate gaben, sind von KROGH und LINDHARD im Jahre 1912 nach der von ihnen ausgearbeiteten $N_2O$-Methode ausgeführt worden. Seitdem sind zahlreiche Versuche nach dieser wie auch nach anderen Methoden zur Feststellung der Zirkulationsgröße des Blutes bei körperlicher Arbeit ausgeführt worden.

### α) *Der initiale Anstieg des Minutenvolumens.*

Was die Verhältnisse *während der ersten Sekunden nach dem Beginn der Arbeit* betrifft, liegen jedoch meines Wissens im ganzen nur zwei Bestimmungen bei dynamischer und drei bei statischer Arbeit vor. Die ersten rühren von KROGH und LINDHARD[8] her und waren durch die früher erwähnte Beobachtung der Autoren über den initialen Anstieg der $O_2$-Aufnahme veranlaßt. In den ersten Sekunden der Arbeitsperiode muß nämlich der $O_2$-Prozent des den Lungen zuströmenden venösen Blutes ungefähr derselbe als in Ruhe sein, und das arterielle Blut ist im allgemeinen immer mit $O_2$ gesättigt. Eine Zunahme der $O_2$-Aufnahme kann in dieser allerersten Periode daher nur durch einen vermehrten Blutstrom zustande kommen. Die Verfasser finden dann auch in zwei Versuchen mit zwei verschiedenen Vpn., daß das Minutenvolumen schon 6 bis 8 Sekunden nach dem Beginn der Arbeit auf 21,1 bzw. 13,1 l, gegenüber einem Ruhewert von 3,2 bzw. 4,0 l, gesteigert ist, und in Zusammenhang hiermit ergibt sich, daß die $O_2$-Aufnahme pro Liter Blut (d. h. die Ausnützung) fast unverändert ist. In einem Fall wurde eine kleine Abnahme, im anderen eine kleine Zunahme festgestellt. Wie später erwähnt wird, ändern sich diese Verhältnisse in den folgenden Phasen der Arbeitsperiode, weil das venöse Blut von den leistenden Muskeln und dadurch auch das venöse Mischblut weniger sauerstoffhaltig ist als in der Ruhe, und man findet deshalb späterhin außer einer Erhöhung des Minutenvolumens auch eine vergrößerte $O_2$-Aufnahme pro Liter Blut.

Über das Verhalten des Kreislaufes beim Übergang von Ruhe zu einer *statischen* Arbeit liegen von LINDHARD[9] drei Versuche mit einer Vp. vor. Die Versuche zeigen, daß auch in diesem Fall die Änderungen sofort beim Beginn

---

[1] COLLETT u. LILJESTRAND: Skand. Arch. Physiol. (Berl. u. Lpz.) **45**, 17 (1924). — FIELD u. BOCK: J. clin. Invest. **2**, 67 (1925). — LAWRENCE, HURXTHAL u. BOCK: Ebenda **3**, 613 (1927). — TURNER: Amer. J. Physiol. **80**, 601 (1927). — RICHARDS JR.: Proc. nat. Acad. Sci. U. S. A. **13**, 354 (1927).
[2] GROLLMAN: Amer. J. Physiol. **86**, 285 (1928).
[3] CHAUVEAU u. KAUFMANN: C. r. Acad. Sci. Paris **104**, 1126 (1887).
[4] ZUNTZ u. HAGEMANN: Landw. Jb. **27**, Suppl.-Bd. 3 (1898).
[5] LOEWY u. v. SCHRÖTTER: Z. exper. Path. u. Ther. **1**, 197 (1905).
[6] PLESCH: Z. exper. Path. u. Ther. **6**, 380 (1909).
[7] BORNSTEIN: Pflügers Arch. **132**, 307 (1910).
[8] KROGH u. LINDHARD: J. of Physiol. **47**, 112 (1913).
[9] LINDHARD: Skand. Arch. Physiol. (Berl. u. Lpz.) **40**, 145 (1920).

der Arbeit eintreten. Am deutlichsten kommt dies aber hier bei Betrachtung der Ausnützung zum Ausdruck; diese Funktion zeigt nämlich im Laufe der ersten 15 Sekunden der Arbeitsperiode einen Abfall auf durchschnittlich 44,5 ccm $O_2$ pro Liter Blut gegenüber einem Ruhewert von 56,5 ccm. Die Versuche zeigen weiter, daß die Ausnützung auch noch in den nächsten Phasen der Arbeitsperiode herabgesetzt ist, während sie im selben Zeitraum bei dynamischer Arbeit immer ansteigt. Dieses eigentümliche Verhalten bei statischer Arbeit wird später näher erörtert werden; an dieser Stelle soll nur darauf aufmerksam gemacht werden, daß, wie die erwähnten Verfasser hervorheben, beim Übergang von Ruhe zur Arbeit — und dies gilt sowohl für die statische als für die dynamische Arbeit — eine „nervöse" Einstellung sowohl der Atmung (s. S. 851) als auch des Kreislaufes stattfindet, weil eine Veränderung der Blutzusammensetzung als regulierender Faktor zu diesem Zeitpunkt noch nicht auftreten kann.

*β) Das Minutenvolumen im „steady state" der Arbeitsperiode.*

Während also die Kreislaufverhältnisse beim Übergang von Ruhe zur Arbeit nur sehr wenig studiert wurden, liegen jedoch zahlreiche Untersuchungen des Minutenvolumens im „steady state" der Arbeitsperiode vor. Es muß aber wieder hervorgehoben werden, daß natürlich nur diejenigen Versuche, bei denen die Arbeitsgröße bekannt ist, miteinander vergleichbar sind. Alle anderen Versuche, die mit einer nicht meßbaren oder nicht gemessenen Arbeit ausgeführt werden, können im besten Fall nur spezielle Aufschlüsse über die besondere Arbeitsform geben und haben für eine allgemeine Betrachtung der Kreislaufvorgänge kein Interesse. Aus den früher (S. 876) erwähnten Gründen kann man außerdem von den Versuchen nach der Äthyljodid-Methode absehen. Die einzigen Verfasser, die mit diesem Verfahren zuverlässige Resultate erlangt haben, sind STARR und GAMBLE[1], aber von Händen dieser Forscher liegen keine Arbeitsversuche vor.

In der Abb. 314 sind die Ergebnisse einiger Versuche der beiden letzten Jahrzehnte zusammengestellt. Um das Material zu begrenzen, sind nur die Versuche mitgenommen, die während der Arbeit auf dem Fahrradergometer und nach der Stickoxydul- oder der Acetylenmethode ausgeführt sind. Es liegen zwar noch mehrere Versuche über das Radfahren vor, die aber nach anderen Methoden vorgenommen wurden. Hier sind u. a. die Untersuchungen von DOUGLAS und HALDANE[2] und von LOEWY und LEWANDOWSKY[3] zu erwähnen, sowie die von BOCK, VANCAULAERT, DILL, FÖLLING und HURXTHAL[4], die mittels $CO_2$- oder $O_2$-Bestimmungen des arteriellen und venösen Blutes nach dem FICKschen Prinzip ausgeführt sind. Es zeigt sich übrigens, daß die Resultate dieser Bestimmungen ziemlich gut mit den in Abb. 314 zusammengestellten übereinstimmen. In der Abbildung ist das Minutenvolumen in Relation zur $O_2$-Aufnahme aufgestellt. Bis auf ganz wenige Ausnahmen ist die Streuung der abgebildeten Resultate nicht beträchtlich, besonders wenn man bedenkt, von wievielen verschiedenen Versuchsreihen das Material herrührt. Natürlich ist die Streuung der absoluten Werte größer, den höheren wie den niedrigeren Stoffwechselzahlen entsprechend; wenn man aber die prozentualen Werte betrachtet, zeigt sich das Material auch in dieser Hinsicht sehr gleichartig. Aus der Zusammenstellung geht deutlich hervor, daß das Minutenvolumen im großen und ganzen eine geradlinige Funktion der $O_2$-Aufnahme ist.

---

[1] STARR u. GAMBLE: Zitiert auf S. 876.
[2] DOUGLAS u. HALDANE: J. of Physiol. **56**, 69 (1922).
[3] LOEWY u. LEWANDOWSKY: Z. exper. Med. **5**, 321 (1917).
[4] BOCK, VANCAULAERT, DILL, FÖLLING u. HURXTHAL: J. of Physiol. **66**, 136 (1928).

Daß dieser allgemeine Satz natürlich nur unter gewissen Umständen gilt, hat schon darin seinen Grund, daß das Minutenvolumen unzweifelhaft auch von anderen Faktoren beeinflußt sein kann. Von diesen Faktoren sind der Trainingszustand der Vp., die Arbeitsform und das Arbeitstempo zu erwähnen; diese müssen natürlich bei einer genaueren Untersuchung der Abhängigkeit des Minutenvolumens vom Stoffwechsel berücksichtigt werden.

*Der Einfluß des Trainingszustandes* ist von LINDHARD[1] sowie von COLLETT und LILJESTRAND[2] festgestellt worden. Während einer Trainingsperiode nimmt ja bekanntlich der einer gewissen Leistung entsprechende Arbeitsstoffwechsel ab, und daß dabei das Minutenvolumen gleichzeitig kleiner wird, ist nur zu erwarten. Aus den erwähnten Untersuchungen scheint aber hervorzugehen, daß das Minutenvolumen stärker abnimmt als der Stoffwechsel, daß also die Ausnützung des Oxyhämoglobins bei Trainierten besser ist. Hingegen scheint die Ausnützung

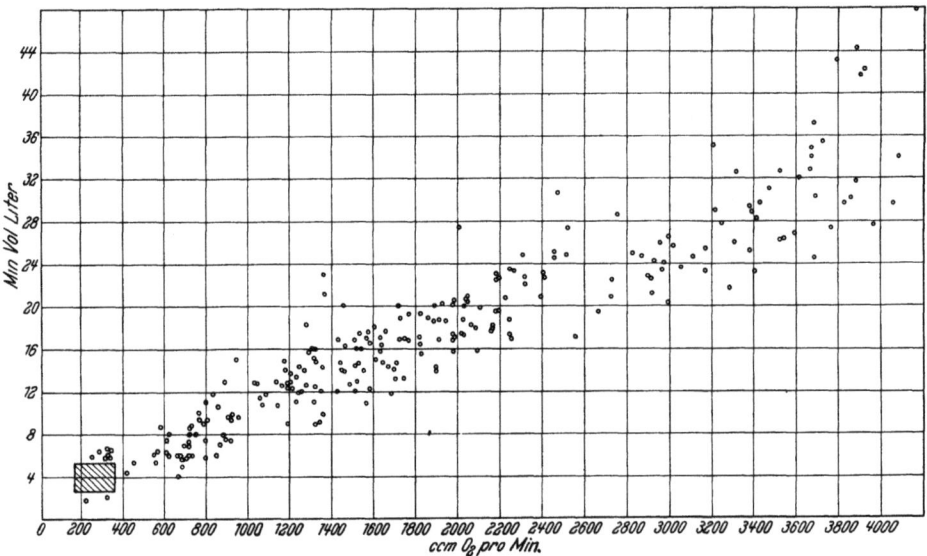

Abb. 314. Minutenvolumen im Verhältnis zum Sauerstoffverbrauch. Bestimmungen in der Ruhe und während des Radfahrens mittels der Stickoxydul- und der Acetylenmethode[3]. Das gestrichelte Gebiet umfaßt im ganzen 52 Ruhewerte.

in der Ruhe schlechter bei Trainierten als bei Untrainierten zu sein, und ein hoher Trainingszustand bedeutet also eine relative Steigerung des Ruhe-Minutenvolumens im Verhältnis zur $O_2$-Aufnahme (LINDHARD). Als Beispiel der Wirkung des Trainings auf die Arbeitswerte sei auf die Abb. 315, die LINDHARD entnommen ist, zu verweisen.

Was das Verhalten *des Minutenvolumens bei verschiedener Arbeitsform* betrifft, fand LINDHARD, daß das Drehen des Fahrradergometers mit der Hand in stehender Stellung dieselben Werte wie die Beinarbeit gab, und wenn man die Zahlen der Tabelle 12 in der Abb. 314 einführt, zeigt es sich, daß sie genau

---

[1] LINDHARD: Pflügers Arch. **161**, 233 (1915).
[2] COLLETT u. LILJESTRAND: Skand. Arch. Physiol. (Berl. u. Lpz.) **45**, 29 (1924).
[3] Die Bestimmungen sind folgenden Arbeiten entnommen: KROGH u. LINDHARD: Skand. Arch. Physiol. (Berl. u. Lpz.) **24**, 100 (1912). — BOOTHBY: Amer. J. Physiol. **37**, 383 (1915). — LINDHARD: Pflügers Arch. **161**, 233 (1915). — MEANS u. NEWBURGH: J. of Pharmacol. **7**, 449 (1915). — COLLETT u. LILJESTRAND: Skand. Arch. Physiol. (Berl. u. Lpz.) **45**, 29 (1924). — GALLE: Ebenda **47**, 174 (1926). — HANSEN, EM.: Ebenda **54**, 50 (1928). — LILJESTRAND u. ZANDER: Z. exper. Med. **59**, 105 (1928). — CHRISTENSEN, HOHWÜ: Arb.physiol. **4**, 470 (1931).

Das Minutenvolumen des Herzens. 881

in der Mitte des Bereiches der schon gezeichneten Punkte fallen. Zu ähnlichen Ergebnissen kam auch HOHWÜ CHRISTENSEN[1] durch Versuche über das Drehen

Tabelle 12. **Kreislaufbestimmungen während Drehen des Fahrradergometers mit der Hand.**
(Nach LINDHARD.)

| Versuchsperson | Technische Arbeit mkg/min | $O_2$-Aufnahme ccm/min | Minutenvolumen Liter | $O_2$-Aufnahme pro Liter Blut (ccm) |
|---|---|---|---|---|
| J. L. 1914 | 25 | 312 | 3,9 | 80,7 |
| | 305 | 1041 | 11,05 | 94,0 |
| | 351 | 1165 | 10,3 | 112,8 |

des Ergometers mit beiden Händen, und auch die elektrisch induzierte Arbeit (Bergonisieren) unterscheidet sich in dieser Hinsicht nicht von der beim Radfahren (KROGH und LINDHARD[2]). Allerdings haben COLLETT und LILJESTRAND[3] einen Unterschied im Verhalten des Minutenvolumens bei den drei Arbeitsformen: Radfahren, Drehen des Ergometers mit den Händen und Gehen auf der geneigten Tretbahn, festgestellt. Es unterliegt wohl auch keinem Zweifel, daß individuelle Verschiedenheiten sich in dieser Hinsicht geltend machen können und dies besonders bei mäßigen Arbeiten wie den von COLLETT und LILJESTRAND untersuchten. Die Versuche zeigen denn auch Schwankungen von Individuum zu Individuum.

Beim Schwimmen und beim Rudern haben LILJESTRAND und LINDHARD[4] Minutenvolumenbestimmungen z. T. an denselben Vpn. vorgenommen. In

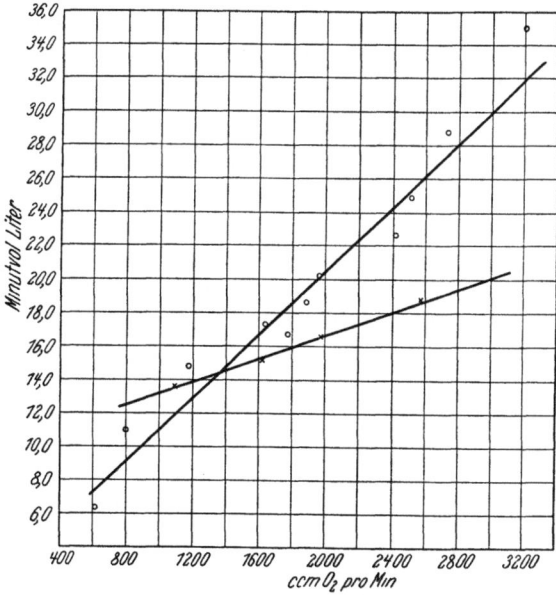

Abb. 315. Wirkung des Trainings auf das Minutenvolumen.
(Nach LINDHARD.)
○ Bestimmungen beim Anfang der Trainingsperiode,
× Bestimmungen beim Schluß der Trainingsperiode.

der Tabelle 13 sind für zwei Vpn. die Werte, die ungefähr einem gleichen Umsatz entsprechen, zusammengestellt. Es scheint aus diesen Zahlen wie auch aus den

Tabelle 13. **Minutenvolumen beim Schwimmen und beim Rudern.**
(Nach LILJESTRAND u. LINDHARD.)

| Versuchsperson | Art der Arbeit | $O_2$-Aufnahme ccm/min | Minutenvolumen Liter | $O_2$-Aufnahme pro Liter Blut (ccm) |
|---|---|---|---|---|
| G. L. | Schwimmen | 1265 | 19,2 | 66 |
| | Rudern | 1297 | 14,9 / 13,2 | 87 / 98 |
| S. R. | Schwimmen | 2018 | 22,4 | 90 |
| | Rudern | 2055 | 19,2 / 14,0 | 107 / 147 |

---
[1] CHRISTENSEN, HOHWU: Arb.physiol. **4**, 470 (1931).
[2] KROGH u. LINDHARD: J. of Physiol. **51**, 182 (1917).
[3] COLLETT u. LILJESTRAND: Skand. Arch. Physiol. (Berl. u. Lpz.) **45**, 29 (1924).
[4] LILJESTRAND u. LINDHARD: Skand. Arch. Physiol. (Berl. u. Lpz.) **39**, 64, 215 (1920).

übrigen vorliegenden Bestimmungen der Ausnützung hervorzugehen, daß das Minutenvolumen beim Schwimmen relativ höher als beim Rudern liegt und im allgemeinen höher als bei den meisten anderen untersuchten Arbeitsformen. Bei einer dritten Vp. ist der Unterschied jedoch nur belanglos. Als eine mögliche Erklärung des relativ hohen Minutenvolumens beim Schwimmen geben die Verfasser an, daß in der Schwimmstellung teils die Wirkung der Schwere auf die Blutverteilung größtenteils kompensiert ist und daß man deshalb wie beim Übergang vom Stehen zum Liegen eine Steigerung des Minutenvolumens zu erwarten hat, und teils daß der extrathorakale Überdruck beim Aufenthalt im Wasser einen vermehrten Blutzufluß zur Cisterna venosa und dadurch eine verbesserte Füllung des Herzens verursachen kann.

Über *den Einfluß des Arbeitstempos* auf die Größe des Minutenvolumens liegen u. a. Untersuchungen von LINDHARD[1] vor. Es scheint sich aus diesen auf dem Fahrradergometer ausgeführten Versuchen zu ergeben, daß die Ausnützung des Sauerstoffes bei schnellen Arbeitstempos größer ist als bei langsamen, jedenfalls wenn die Belastung nur gering ist; bei größerer Belastung ist die Wirkung nicht nachweisbar. Diese Veränderung der Ausnützung bedeutet, daß das Minutenvolumen bei den höheren Tempos relativ gering ist. In LINDHARDs Versuchen sind jedoch die Arbeiten meistens in verhältnismäßig schnellem Tempo ausgeführt, und bei ganz langsamen Muskelbewegungen scheint das Minutenvolumen relativ kleiner als bei Arbeiten in einem Mitteltempo. EM. HANSEN[2] hat eine Zunahme des Minutenvolumens bei steigendem Tempo festgestellt (s. Tab. 14); die Sauerstoffaufnahme steigt aber auch an, und bei dem größten Arbeitstempo ist die Zunahme des Minutenvolumens relativ kleiner

Tabelle 14.
(Nach EM. HANSEN.)

| Versuchsperson | Tempo Pedalumdr/min | Belastung | Technische Arbeit mkg/min | Puls | Ausnützung ccm O$_2$/l Blut | Minutenvolumen Liter | Schlagvolumen ccm |
|---|---|---|---|---|---|---|---|
| A. M. N. (1923) | 35,5 | 2,62 | 690 | 110 | 135 | 12,5 | 108 |
|  | 59,2 | 1,5 | 660 | 110 | 120 | 12,8 | 118 |
|  | 74,5 | 1,15 | 635 | 109 |  |  |  |
|  | 109,0 | 0,72 | 583 | 116 | 128 | 15,5 | 128 |
| Frl. J. B. (1923) | Ruhe | — | — | (95) | 59 | 3,6 | (40) |
|  | 35,5 | 1,815 | 479 | 157 | 104 | 12,3 | 78 |
|  | 59,2 | 1,0 | 440 | 157 | 96 | 12,6 | 82 |
|  | 74,5 | 0,735 | 413 | 152 | 93 | 14,4 | 94 |
|  | 100,0 | 0,505 | 376 | 181 | 101 | 15,6 | 85 |

als die der O$_2$-Aufnahme, was sich durch eine bessere Ausnützung zu erkennen gibt. Es ist natürlich überhaupt sehr schwierig, eine spezifische Wirkung des Arbeitstempos zu unterscheiden, da sich entweder die Größe der Arbeit oder der Sauerstoffverbrauch im allgemeinen mit dem Arbeitstempo verändert. Eine Beeinträchtigung des Kreislaufes bei langsamen Bewegungen im Verhältnis zu schnellen ist jedoch auch von GROLLMAN[3] festgestellt worden, und wenn sich die Arbeit der statischen Form nähert, wird dieses Verhalten noch ausgesprochener.

Die ersten Untersuchungen über das Minutenvolumen *bei rein statischer Arbeit* rühren von LINDHARD[4] her. Als Prototypus der statischen Arbeit wählte

---

[1] LINDHARD: Pflügers Arch. **161**, 233 (1915).
[2] HANSEN, EM.: Skand. Arch. Physiol. (Berl. u. Lpz.) **54**, 50 (1928).
[3] GROLLMAN: Amer. J. Physiol. **46**, 8 (1931).
[4] LINDHARD: Skand. Arch. Physiol. (Berl. u. Lpz.) **40**, 146 (1920).

Das Minutenvolumen des Herzens. 883

LINDHARD den Beugehang im Querbalken. Wie aus Tabelle 15 hervorgeht, ist das Minutenvolumen während statischer Arbeit wie während dynamischer gesteigert; im Gegensatz aber zu den Ergebnissen bei allen anderen Arbeitsformen

Tabelle 15. **Kreislaufbestimmungen bei statischer Arbeit.**
(Nach LINDHARD.)

| | Ruhe | | Arbeit | | Unmittelbar nach Arbeit | |
|---|---|---|---|---|---|---|
| | Minutenvolumen Liter | $O_2$-Aufnahme pro Liter Blut ccm | Minutenvolumen Liter | $O_2$-Aufnahme pro Liter Blut ccm | Minutenvolumen Liter | $O_2$-Aufnahme pro Liter Blut ccm |
| E. H. I | 5,5 | 56,5 | 11,3 | 49,5 | 12,3 | 74 |
| E. H. II | | | 10,95 | 48,5 | 9,15 | 77 |
| O. F. | 6,1 | 54,5 | 13,55 | 38,5 | 17,6 | 44,5 |
| J. L. | 5,1 | 47 | 10,9 | 39 | 13,6 | 53 |
| M. K. | 4,4 | 50,5 | 6,65 | 39,5 | 8,3 | 57 |

ist die Ausnützung des Oxyhämoglobins herabgesetzt (vgl. Abb. 316). Außerdem ist die Zunahme des Minutenvolumens nur relativ gering. Nach Schluß der Arbeit steigen dagegen das Minutenvolumen wie auch die Ausnützung an.

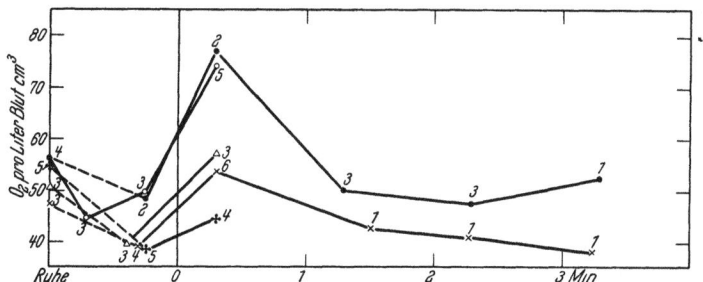

Abb. 316. Sauerstoffaufnahme pro Liter Blut während und nach statischer Arbeit. Absz.: Zeit in Minuten nach dem Aufhören der Arbeit. Die Ziffern an den Kurven geben die Zahl der Einzelbestimmungen an.
(Nach LINDHARD.)

LINDHARD erklärt diesen Vorgang dadurch, daß die statische Kontraktion ein mechanisches Hindernis für die Passage des Blutstroms durch die Muskeln bilden. Die arteriovenöse Differenz des durchschlüpfenden Blutes muß allerdings erhöht sein; auf Grund der allgemeinen Steigerung der Zirkulationsgröße ist aber die Ausnützung des Gesamtblutes vermindert. Nach Schluß der Arbeit wird die Passage frei und das Minutenvolumen steigt noch stärker an, um das in den Muskeln entstandene Sauerstoffdefizit auszugleichen, und es kommt aus demselben Grunde zu einer gleichzeitigen Erhöhung der Ausnützung. Die hier zitierte Auffassung der Kreislaufvorgänge bei statischer Muskelarbeit ist von verschiedenen Seiten kritisiert worden (vgl. S. 864); sie entspricht aber den gleichzeitig beobachteten Stoffwechsel- und Atmungsvorgängen und wird übrigens durch die Ergebnisse verschiedener Tierversuche wie auch durch mehrere Untersuchungen der Ermüdungserscheinungen bei abgestautem Blutzulauf unterstützt. So hat z. B. BURTON-OPITZ[1] die aus der V. femoralis herausgeströmte Blutmenge vor, während und nach Reizung des N. ischiadicus gemessen und bei tetanischer Kontraktion gefunden, daß der Blutstrom in der Ruhe etwa 0,85 ccm pro Sekunde, während der Kontraktion nur 0,41 ccm, nachher aber 0,99 ccm pro Sekunde betrug. In Übereinstimmung hiermit findet GANTER[2], daß eine tetanische Reizung des N. ischiadicus eine Gefäßverengerung des Stromgebietes der ent-

---
[1] BURTON-OPITZ: Amer. J. Physiol. **9**, 180 (1903).
[2] GANTER: Arch. f. exper. Path. **138**, 276 (1928).

sprechenden Extremität zur Folge hat. Diese Verengerung scheint sich zwar schon während der Reizung zurückzubilden, nach Beendigung der Reizung tritt aber eine beträchtliche Erweiterung der Gefäße ein. Der Verfasser stellt fest, daß die Verengerung teils durch Reizung der Vasoconstrictoren, teils durch Kompression der Gefäße infolge der Muskelkontraktion zustande kommt, während die nachfolgende Erweiterung einer Wirkung der sauren Stoffwechselprodukte zuzuschreiben ist. Weiter hat BLALOCK[1] mittels eines Hitzdrahtanemometers in Versuchen am Gastrocnemius des Hundes in situ eine restlose Einstellung des venösen Abflusses während der tetanischen Kontraktion, in der Restitutionsperiode aber einen stärkeren Blutstrom durch den Muskel als vor der Kontraktion gefunden. KELLER, LOESER und REIN[2] bestätigen auch den Befund, daß erst nach beendeter Kontraktion eine deutliche Steigerung des Blutstroms durch den Muskel eintritt, die Verfasser konnten aber niemals eine stärkere Durchblutungshemmung während der Kontraktion feststellen. Über dieses letzte Ergebnis spricht REIN die Vermutung aus[3], seine Erklärung sei vielleicht darin gelegen, daß in seinen Versuchen eine Querkompression der arbeitenden Muskeln vermieden ist, und daß eine solche wahrscheinlich in den Fällen, wo eine Hemmung festgestellt ist, z. B. beim Beugehang, durch Haut- oder Fascienspannung vorhanden sein kann. Aber auch die schnell eintretende Ermüdung der statisch kontrahierten Muskeln deuten auf eine schlechtere Blutversorgung derselben, jedenfalls wenn diese Tatsache in Zusammenhang mit verschiedenen Versuchen über Ermüdung und Restitution bei eingeschränkter Blutzufuhr betrachtet wird. So hat z. B. SJÖBERG[4] Ergographenversuche über die Leistungsfähigkeit der Fingerbeuger bei und nach abgestautem Blutzulauf vorgenommen. Eine RIVA-ROCCIsche Manschette wurde um den Oberarm gelegt, und es zeigte sich, daß die Ermüdung um so schneller eintrat, je größer der verwendete Druck war. ZURAVLEV und FELDMANN[5] haben auch durch Ergographenversuche gezeigt, daß eine Ruhepause, in der die Blutzufuhr gehindert war, keine Restitution der Muskeln herbeiführte, und endlich haben DOLGIN und LEHMANN[6] festgestellt, daß bei maximaler statischer Arbeit eine Abschnürung der zuführenden Arterien ohne Einfluß auf die Leistungsfähigkeit der Muskeln ist.

Was übrigens die Faktoren angeht, die das Arbeits-Minutenvolumen unter besonderen Bedingungen beeinflussen können, soll noch auf die Versuche von JARISCH und LILJESTRAND[7] über die Verhältnisse unmittelbar *nach dem Essen* aufmerksam gemacht werden. Daß das Minutenvolumen nach dem Essen erhöht ist, wurde schon von COLLETT und LILJESTRAND[8] festgestellt, und die Versuche von JARISCH und LILJESTRAND zeigen, daß sich die Kreislaufwirkung der Arbeit auf die Kreislaufwirkung der Verdauung anscheinend einfach aufsetzt, wenn während der Verdauung Muskelarbeit geleistet wird. Anders verhält es sich aber mit der Ausnützung. In der Ruhe ist die Ausnützung nach dem Essen etwas niedriger als vorher, in nüchternem Zustand ist sie während der Arbeit erhöht, bei einer Arbeit aber, die unmittelbar nach der Mahlzeit vor sich geht, ist die Ausnützung wieder im Verhältnis zum gewöhnlichen Arbeitswert herabgesetzt. Die hier erwähnten Versuche bieten ein interessantes Beispiel dafür, daß die Zirkulationsgröße des Blutes zu verschiedenem Zweck reguliert werden

---

[1] BLALOCK: Amer. J. Physiol. **95**, 554 (1930).
[2] KELLER, LOESER u. REIN: Z. Biol. **90**, 260 (1930).
[3] In einer privaten Mitteilung an LINDHARD.
[4] SJÖBERG: Skand. Arch. Physiol. (Berl. u. Lpz.) **28**, 23 (1913).
[5] ZURAVLEV u. FELDMANN: Arb.physiol. **1**, 187 (1928).
[6] DOLGIN u. LEHMANN: Arb.physiol. **2**, 248 (1929).
[7] JARISCH u. LILJESTRAND: Skand. Arch. Physiol. (Berl. u. Lpz.) **51**, 235 (1927).
[8] COLLETT u. LILJESTRAND: Skand. Arch. Physiol. (Berl. u. Lpz.) **45**, 25 (1924).

kann. Während der Verdauung ist der Blutstrom durch die Verdauungsorgane erhöht, aber nicht so sehr auf Grund eines gesteigerten Sauerstoffbedarfes, als vielmehr im Dienste der Beförderung der absorbierten Nahrungsstoffe. Die Ausnützung des Blutsauerstoffes nimmt deshalb ab. Wenn gleichzeitig eine Muskelarbeit geleistet wird, verbrauchen die Muskeln mehr Sauerstoff und die Ausnützung steigt an, ohne jedoch gleich hohe Werte wie bei der Arbeit in nüchternem Zustand erreichen zu können.

Was *den Einfluß des Geschlechtes und des Alters* auf das Arbeits-Minutenvolumen anbelangt, liegen nur sehr spärliche Versuche vor. LINDHARD[1] konnte im Verhältnis zwischen Minutenvolumenzunahme und Stoffwechselsteigerung keinen Unterschied bei Männern und bei Frauen feststellen, während die Versuche von GALLE[2] darauf deuten, daß die Ausnützung des Oxyhämoglobins während der Arbeit bei Kindern vielleicht etwas weniger als bei Erwachsenen gesteigert ist, indem sie nämlich in der Ruhe bei den Kindern unbeträchtlich höher und während der Arbeit ungefähr in derselben Höhe liegt.

γ) *Das Minutenvolumen nach dem Aufhören der Arbeit.*

Über den Ablauf der Zirkulationsvorgänge nach beendeter Muskelarbeit liegen nur wenige Versuche vor. Die ersten systematischen Untersuchungen rühren von LINDHARD[3] her. Die Bestimmungen sind nach der $N_2O$-Methode ausgeführt, und die direkten Beobachtungen umfassen den $O_2$-Verbrauch und die Ausnützung des Blutsauerstoffes. Aus Abb. 317 geht hervor, daß die Ausnützung bereits in der ersten Minute nach Schluß der Arbeit abnimmt; da aber die Sauerstoffaufnahme gleichzeitig noch stärker fällt, ist das Resultat schon in dieser Periode ein bedeutlicher Rückgang des Minutenvolumens. Auf Grund dieser Tatsache wird es verständlich, daß Bestimmungen, wenn sie auch noch so rasch nach Beendigung der Arbeit vorgenommen werden, nie als Arbeitswerte betrachtet werden können. Die von BANSI und GROSCURTH[4] mitgeteilten Kurven über das Verhalten des Minutenvolumens in der Restitutionsperiode können somit nicht den wahren Verlauf dieser Funktion wiedergeben, weil diese Verfasser als Arbeitswert einen Wert angeben, der zwar während einer Arbeit, aber während einer viel geringeren Arbeit (Gehen auf der Stelle) als der vorher geleisteten (Treppenlauf) festgestellt wurde.

In den dieser ersten Periode nachfolgenden etwa 2 Minuten geht die Abnahme der Ausnützung wie auch die des Minutenvolumens weiter; 3—4 Minuten nach Beendigung der Arbeit hat aber die Ausnützung den Ruhewert erreicht und steigt dann wieder auf ein relatives Maximum an, welches ungefähr in die 8. Minute fällt. Erst nach mehreren kleineren Schwankungen erreicht die Ausnützung endgültig den Ruhewert. Da die $O_2$-Aufnahme etwa von der 3. Minute an nur wenig abnimmt, ist die Kurve des Minutenvolumens von demselben Zeitpunkt an im großen und ganzen ein Spiegelbild der Ausnützung. Als Folge der hier erwähnten Schwankungen der Kreislaufvorgänge in der Restitutionsperiode ist natürlich eine einzelne Bestimmung, die zu einem willkürlich gewählten Zeitpunkt nach dem Arbeitsschluß vorgenommen wird, bei weitem nicht genügend, um die Verhältnisse in dieser Periode klarzulegen, eine Tatsache, die z. B. vor zuweitgehenden Schlüssen über die Restitutionsvorgänge bei Herzkranken auf Grund der großen Versuchsreihe von EPPINGER, KISCH und SCHWARZ[5] warnt, weil diese

---

[1] LINDHARD: Pflügers Arch. **161**, 233 (1915).
[2] GALLE: Skand. Arch. Physiol. (Berl. u. Lpz.) **47**, 174 (1926).
[3] LINDHARD: J. of Physiol. **57**, 17 (1922).
[4] BANSI u. GROSCURTH: Klin. Wschr. **9**, 1902 (1930).
[5] EPPINGER, KISCH u. SCHWARZ: Das Versagen des Kreislaufes. Berlin 1927.

Verfasser nur *eine* Bestimmung 3 Minuten nach beendeter Arbeit vorgenommen haben.

Die Verhältnisse nach statischer Arbeit sind bereits (S. 882) erörtert worden.

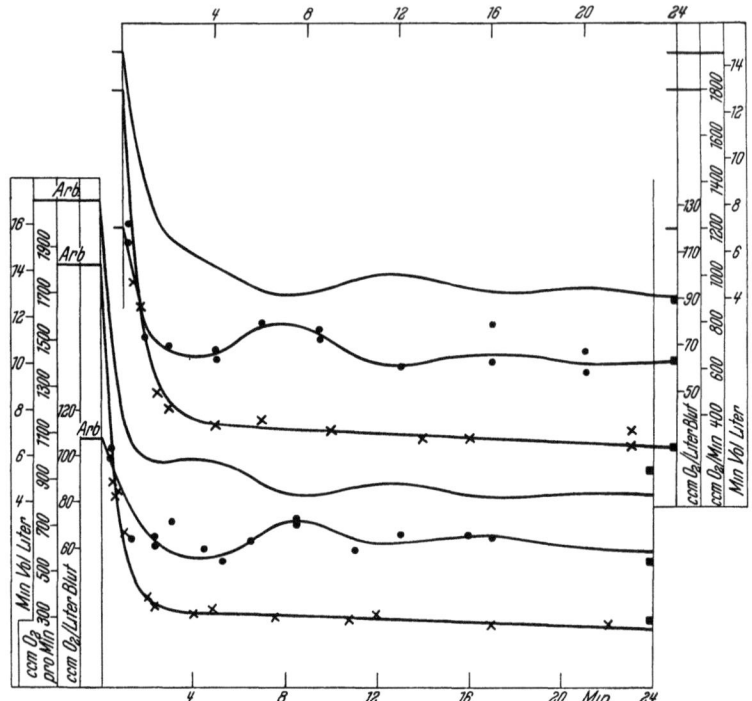

Abb. 317. Kreislaufbestimmungen nach Beendigung der Arbeit. Die 2 Kurvensätze entsprechen 2 verschiedenen Vpn. Die Ruhe- und die Arbeitswerte sind Mittelwerte aus 4—7 Einzelbestimmungen. Die Erholungswerte sind Einzelbestimmungen, die an mehreren verschiedenen Tagen vorgenommen sind. (Nach LINDHARD.)
Absz.: Zeit in Minuten nach dem Arbeitsaufhören.   × $O_2$-Aufnahme. ccm pro Minute.
● $O_2$-Aufnahme. ccm pro Liter Blut. Obere Kurve in beiden Sätzen: Minutenvolumen. Liter.
■ Ruhewerte.

#### c) Die Regulierung des Minutenvolumens.

Eine eingehende Erörterung der Regulierung des Herzminutenvolumens liegt außerhalb des Rahmens des vorliegenden Beitrags, weil die Regulation an anderen Stellen in diesem Handbuch in Einzelheiten behandelt wird[1]. Wir werden deshalb an dieser Stelle nur versuchen, ganz kurz folgende Frage zu beantworten: Durch welche Vorgänge wird die Minutenvolumenerhöhung bei körperlicher Arbeit ermöglicht?

Es liegt in dieser Verbindung nahe, zuerst an die *Herztätigkeit* zu denken, weil bekannterweise die körperliche Arbeit immer von einer Steigerung der Pulsfrequenz begleitet ist (Näheres über Pulsfrequenz bei körperlicher Arbeit s. S. 893). Wie aber aus zahlreichen Untersuchungen[2] hervorgeht, braucht eine Frequenzbeschleunigung keineswegs eine Steigerung des Minutenvolumens herbeizuführen, sie kann im Gegenteil in vielen Fällen einen Abfall desselben bewirken. Dies hängt ganz und gar von der Füllung des rechten Herzens ab. Das Herz kann nicht mehr Blut auspumpen, als ihm zur Verfügung steht, und ceteris paribus wird eine Beschleunigung der Frequenz nur zur Folge haben, daß das

---
[1] Ds. Handb. **7** u. **16 II**.
[2] Vgl. Beitrag von RIHL in ds. Handb. **7 I**, 491 und von B. KISCH: Ds. Handb. **7 II**, 1190. An beiden Stellen Literaturangaben.

Schlagvolumen im selben Maß abnimmt, so daß das Minutenvolumen im großen und ganzen unbeeinflußt ist. Nur wenn die diastolische Füllung auf der Höhe gehalten werden kann, ist die Zirkulationsgröße durch die Pulsfrequenz bestimmt. Der für die Minutenvolumenerhöhung maßgebende Faktor ist deshalb *in der Peripherie* zu suchen.

Wenn die Größe des Minutenvolumens vor allem von der diastolischen Füllung des Herzens, d. h. vom Druck in der Cisterna venosa, abhängig ist, kann eine Vergrößerung nur dadurch zustande kommen, daß mehr Blut in die Venen aus den Arterien übertritt. Dies kann u. a. so geschehen, daß der periphere Widerstand (in den Arteriolen und den Capillaren) herabgesetzt wird, und dies ist in der Tat der Fall, was man auch sehen kann, wenn man die arbeitenden Muskeln betrachtet. Ein verstärkter Blutstrom durch dynamisch kontrahierte Muskeln ist schon durch die früher erwähnten Versuche von CHAUVEAU und KAUFMANN[1] und von BURTON-OPITZ[2] festgestellt, und aus den Untersuchungen von KROGH[3] über die Muskelcapillaren stellt sich heraus, daß nicht nur die Arteriolen, sondern auch die Capillaren aktiv an der Regulierung des peripheren Widerstandes teilnehmen. In ruhenden Muskeln sind nur verhältnismäßig wenige Capillaren eröffnet; wenn der Muskel arbeitet, wird aber die Zahl der offenen Capillaren stark erhöht. KROGH gibt für Meerschweinchenmuskeln die in Tabelle 16 angeführten Werte an. Aus diesen Werten ist ersichtlich,

Tabelle 16.
(Nach KROGH.)

|  | Zahl der Capillaren in qmm Querschnitt | Durchmesser der Capillaren in $\mu$ | Gesamtoberfläche der Capillaren in 1 ccm Muskel qcm | Gesamtkapazität der Capillaren in Vol.-% des Gewebes |
|---|---|---|---|---|
| Ruhe | 31 | 3,0 | 3 | 0,02 |
|  | 85 | 3,0 | 8 | 0,06 |
|  | 270 | 3,8 | 32 | 0,3 |
| Massage | 1400 | 4,6 | 200 | 2,8 |
| Arbeit | 2500 | 5,0 | 390 | 5,5 |
| Maximale Durchblutung | 3000 | 8 | 750 | 15 |

welch kolossale Bedeutung diese Tätigkeit der Capillaren in den arbeitenden Muskeln nicht nur für die Sauerstoffversorgung der Muskeln, sondern auch für den peripheren Widerstand des Kreislaufs haben muß.

Diese Gefäßregulation[4] scheint momentan beim Anfang der Arbeit einzusetzen und muß zu einem Abfall des arteriellen Druckes führen. Wenn es sich um große Muskelgruppen handelt, wird aber, auf Grund der großen Dehnbarkeit der Venen, der venöse Druck nicht im gleichen Maße ansteigen, und diese Regulation genügt deshalb nicht, um eine hinreichende Füllung des Herzens zu sichern. Wenn der venöse Druck gleichzeitig mit einer Vergrößerung der Gefäßkapazität gesteigert werden soll, ist eine entsprechende Vermehrung der zirkulierenden Blutmenge erforderlich. Daß in der Tat sowohl der venöse wie auch der arterielle Blutdruck bei körperlicher Arbeit nicht nur unverändert, sondern in den meisten Fällen erhöht ist, geht aus zahlreichen Versuchen hervor.

Die meisten Untersuchungen über *das Verhalten des Blutdruckes* bei körperlicher Arbeit wurden zwar *nach* beendeter Arbeit ausgeführt, und wie bereits

---

[1] CHAUVEAU u. KAUFMANN: C. r. Acad. Sci. Paris **104**, 1126 (1887).
[2] BURTON-OPITZ: Amer. J. Physiol. **9**, 180 (1903).
[3] KROGH: Anatomie und Physiologie der Capillaren. 2. Aufl. Berlin 1929.
[4] Vgl. auch GANTER: Arch. f. exper. Path. **138**, 276 (1928). — KELLER, LOESER u. REIN: Z. Biol. **90**, 260 (1930). — BLALOCK: Amer. J. Physiol. **95**, 554 (1930).

erwähnt, gehen die Änderungen der Kreislaufvorgänge beim Übergang von Arbeit zur Ruhe so schnell vor sich, daß die Ergebnisse dieser Versuche nicht die Vorgänge *während* der Arbeit erläutern können. Da wir übrigens betreffs der Blutdruckbestimmungen und der dazu verwendeten Methoden an die Beiträge, die dieses Problem behandeln, verweisen können[1], wollen wir im folgenden nur einige charakteristische Beispiele nennen. Während die alten Tierversuche[2] ziemlich verschiedene Resultate ergaben, stimmen die meisten Untersuchungen, die an Menschen vorgenommen wurden, darin überein, daß sie eine Steigerung des arteriellen Blutdruckes während der Arbeit zeigen. Die ersten Versuche sind von GREBNER und GRÜNBAUM[3] ausgeführt. Die Vpn. arbeiteten an den HERZschen Widerstandsapparaten, und es wurde in allen Versuchen eine Steigerung des Blutdruckes sofort bei Beginn der Arbeit festgestellt. Die maximale Steigerung betrug 50—60 mm Hg und zwar bei Leistungen von sehr verschiedener Größe (von 94—500 mkg). Bei maximalen Anstrengungen fand MAC CURDY[4] eine Erhöhung des systolischen Druckes um 60—100 mm Hg, während MASING[5] beim Arbeiten mit den unteren Extremitäten und gleichzeitiger Messung des Druckes am Oberarm eine Steigerung um 38—52 mm Hg (die niedrigen Werte bei jüngeren, die höheren bei älteren Männern) feststellte. Zu Resultaten von derselben Größenordnung kamen auch BOWEN[6] sowie LOWSLEY[7] beim Arbeiten am Fahrradergometer, und GELLHORN und LEWIN[8] bestätigen die Steigerung ohne jedoch bei ihrer Methode die Größe angeben zu können. CHAILLEY-BERT und LANGLOIS[9] finden nach einer kurzen positiven oder negativen Schwankung in den ersten 10 Sekunden der Arbeitsperiode, daß sowohl der systolische als auch der diastolische Druck während der Arbeit stets ansteigt und daß die Verhältnisse während statischer ungefähr dieselben wie während dynamischer Arbeit sind. Eine Schwankung nach unten im systolischen Druck sofort beim Beginn der Arbeit und eine darauffolgende Erhöhung hat auch BERGMANN[10] festgestellt. Bei geringen Leistungen (161—226 mkg pro Minute) findet WHITE[11] eine Steigerung des systolischen Druckes, die maximal etwa 24% betrug, während der diastolische Druck sich kaum änderte, und zu ähnlichen Ergebnissen ist derselbe Verfasser[12] in Versuchen über statische Arbeit gekommen; bei dieser Arbeitsform wurde bald eine geringe Steigerung, bald ein geringer Abfall und in mehreren Fällen überhaupt keine Änderung des diastolischen Druckes gefunden, während der systolische Druck immer anstieg. In bezug auf den systolischen Druck fand PASSAUER[13] auch keinen Unterschied zwischen stationärer und dynamischer Arbeit. Bei einer mäßigen Arbeit von kaum 200 mkg pro Minute hat GILLESPIE[14]

---

[1] FREY: Ds. Handb. **7 II**, 1278. — KAUFFMANN: Ebenda S. 1358. — Diesbezügliche Literatur findet man weiter in TIGERSTEDT, Physiol. d. Kreislaufes. 2. Aufl., **3**, 123 (Berlin 1922). — JAQUET: Muskelarbeit und Herztätigkeit. Rektoratsprogramm d. Univ. Basel. S. 70. 1920.
[2] KAUFMANN: Arch. de Physiol. **4**, 495 (1892). — ZUNTZ u. HAGEMANN: Untersuchungen über den Stoffwechsel des Pferdes. Berlin 1898. — JOHANNSON: Skand. Arch. Physiol. (Berl. u. Lpz.) **5**, 20 (1895). — TANGL u. ZUNTZ: Pflügers Arch. **70**, 544 (1898).
[3] GREBNER u. GRUNBAUM: Wien. med. Presse **1899**.
[4] MACCURDY: Amer. J. Physiol. **5**, 95 (1901).
[5] MASING: Dtsch. Arch. klin. Med. **74**, 253 (1902).
[6] BOWEN: Amer. J. Physiol. **11**, 59 (1904).
[7] LOWSLEY: Amer. J. Physiol. **27**, 446 (1911).
[8] GELLHORN u. LEWIN: Arch. f. Physiol. **1915**, 28.
[9] CHAILLEY-BERT u. LANGLOIS: C. r. Soc. Biol. Paris **84**, 725 (1921).
[10] BERGMAN: C. r. Soc. Biol. Paris **87**, 1046 (1922).
[11] WHITE: Amer. J. Physiol. **69**, 410 (1924).
[12] WHITE u. MOORE: Amer. J. Physiol. **73**, 636 (1925).
[13] PASSAUER: Z. Hyg. **104**, 33 (1925).
[14] GILLESPIE: J. of Physiol. **58**, 425 (1924).

eine Erhöhung des Maximaldruckes um etwa 30% festgestellt, und in einer größeren Versuchsreihe mit Arbeiten am CATHCARTschen Ergometer hat derselbe Verfasser in Verbindung mit GIBSON und MURRAY[1] die Druckveränderungen bei

Tabelle 17. **Blutdruck während Leistungen verschiedener Größe.**
(Nach LILJESTRAND u. ZANDER.)

| Art des Versuches | Sauerstoffverbrauch ccm pro Minute | Minutenvolumen Liter | Blutdruck in mm Hg | | Pulsfrequenz |
|---|---|---|---|---|---|
| | | | systolischer Druck | diastolischer Druck | |
| Ruhe | 252 | 5,0 | 110 | 76 | 58 |
| 189 mkg/min | 801 | 9,4 | 140,5 | 95,5 | 89 |
| „ | 842 | 11,7 | 135 | 80 | 86 |
| 378 mkg/min | 1229 | 13,4 | — | — | — |
| „ | 1270 | — | 165 | 95 | 110 |
| „ | | — | 174 | 96 | 114 |
| „ | 1278 | 18,3 | 170 | 85 | 108 |
| „ | 1294 | 15,7 | — | — | — |
| 567 mkg/min | 1564 | 17,1 | 198 | 88 | 128 |
| „ | 1579 | 16,6 | — | — | — |
| „ | 1603 | 18,0 | 185 | 95 | 132 |
| 756 mkg/min | 2002 | 27,4 | 200 | 95 | 144 |
| „ | 2175 | — | 205 | 102 | 144 |
| „ | 2244 | 23,4 | 225 | 105 | 150 |
| 945 mkg/min | 2471 | 30,6 | 205 | 95 | 162 |
| „ | 2516 | 27,2 | | | |

variierten Belastungen und Tempos weiter verfolgt. Die betreffenden Arbeitsleistungen sind zwar sehr gering (meistens nicht über 400 mkg pro Minute); innerhalb dieses Gebietes zeigen aber die Versuche, daß die Steigerung des Blutdruckes von der Größe der geleisteten Arbeit abhängt, sei es, daß die Belastung oder das Tempo oder vielleicht alle beide variiert werden. PATERSON[2], der besonders den Übergang von leichter Arbeit (am unbelasteten Ergometer) zu schwerer (bis auf 840 mgk pro Minute) untersucht, findet auch, daß die Blutdrucksteigerung vom Zuwachs der Arbeitsleistung abhängt. Wie früher erwähnt, haben LILJESTRAND und ZANDER[3] gleichzeitige Bestimmungen über Blutdruck und Minutenvolumen vorgenommen. Die Arbeit variiert von 189—945 mkg pro Minute, und wie Tabelle 17 zeigt, wächst der Blutdruck ganz regelmäßig mit der Zunahme der Arbeitsintensität. Dasselbe geht auch aus den Versuchen am KROGHschen Ergometer von MODEWEG-HANSEN[4] hervor (vgl. Abb. 318). Aus dieser Abbildung ist auch ersichtlich, daß der Pulsdruck während

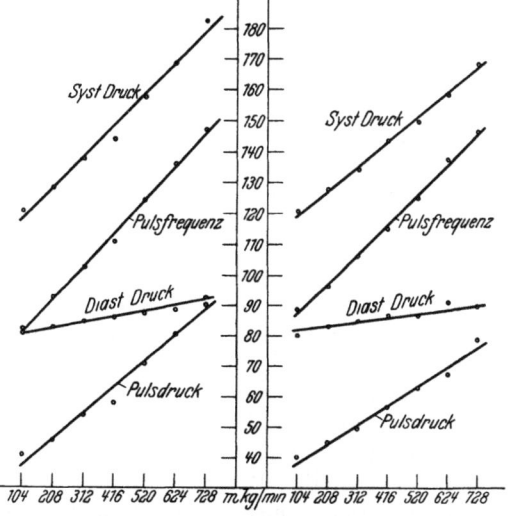

Abb. 318. Blutdruck (in mm Hg) und Pulsfrequenz einer männlichen (links) und einer weiblichen (rechts) Vp. während Arbeiten mit verschiedener Intensität am KROGHschen Fahrradergometer. (Nach MODEWEG-HANSEN.)

---

[1] GILLESPIE, GIBSON u. MURRAY: Heart **12**, 1 (1925).
[2] PATERSON: J. of Physiol. **66**, 323 (1928).
[3] LILJESTRAND u. ZANDER: Z. exper. Med. **59**, 105 (1928).
[4] MODEWEG-HANSEN: Versuche noch nicht veröffentlicht.

der Arbeit stark ansteigt auf Grund der geringen Zunahme des diastolischen Druckes im Verhältnis zu jener des systolischen.

Die Untersuchungen über das Verhalten des Blutdruckes *nach beendeter Arbeit* sind so zahlreich, daß es unmöglich ist, sie auch nur annähernd vollständig anzuführen. Außer den an früheren Stellen (s. Fußnote 1, S. 888) zitierten Abhandlungen seien noch folgende aus den letzten Jahren zu nennen. Die Verhältnisse nach dem sportlichen Laufen sind von ACKERMANN; BRAMWELL und ELLIS; HUG; PRESSMANN und WADI[1] untersucht worden und die nach Treppensteigen von BARATH und von SCHELLONG[2]; GILLESPIE, GIBSON und MURRAY[3] haben, wie früher erwähnt, für die Arbeitsleistung das CATHCARTsche Ergometer verwendet. In Einzelheiten die Ergebnisse dieser verschiedenen Untersuchungen zu besprechen, ist nicht notwendig, um so mehr als sich die meisten Forscher darüber einig sind, daß der systolische Druck beim Aufhören der Arbeit rasch absinkt und bisweilen Werte unter dem Ruheniveau erreicht, um danach wieder zum Ausgangswert zurückzukehren (vgl. Abb. 300). Der diastolische Druck ist in dieser Periode wie auch während der Arbeit nur geringen Schwankungen unterworfen.

Beim *Schwimmen* ist der Blutdruck nur nach dem Aufhören der Leistung gemessen worden. Es macht sich bei dieser Arbeitsart ein besonderes Verhalten geltend, weil schon der bloße Aufenthalt im Wasser sowohl den systolischen als den diastolischen Druck erhöht. LILJESTRAND und STENSTRÖM[4] haben an einer Vp. eine Erhöhung des Maximal- und Minimaldruckes um 10 bzw. 11% und an einer anderen um 23 bzw. 16% beim Aufenthalt in Ruhe im Wasser von 13 bis 20° festgestellt. Beim Schwimmen steigt dann außerdem der systolische Druck beträchtlich an, je nach der Größe der Geschwindigkeit, während der diastolische Druck sich im Verhältnis zum Ruhewert im Wasser nur unbedeutend verändert. Obwohl die Druckmessungen erst einige Sekunden nach dem Aufhören der Arbeit vorgenommen worden sind, beträgt die gemessene Steigerung des systolischen Druckes dennoch bei den größten Geschwindigkeiten über 30% des Ausgangswertes; da der diastolische Druck nur wenig verändert ist, ist der Pulsdruck um mehr als 50% gesteigert. BENJAMIN[5] bestätigt die starke Steigerung des Maximaldruckes nach Schnellschwimmen über kurze Distanzen, während MIYAMA und SHI[6] finden, daß die Erhöhung nach Langstreckenschwimmen viel weniger ausgesprochen ist als beim „sprinting".

Die Ergebnisse der *Venendruckmessungen* bei Menschen geben nur die Verhältnisse in den peripheren Venen wieder, während natürlich die Druckveränderungen in den zentralen Venen für das Verständnis der Kreislaufvorgänge bei körperlicher Arbeit von besonderem Interesse wäre. Daß indessen im ganzen genommen der Druck im venösen Gebiet während der Arbeit entweder gesteigert ist oder sich auf derselben Höhe wie in der Ruhe erhält, geht aus mehreren Versuchen hervor. Z. B. hat HOOKER[7] beim Arbeiten auf dem Fahrradergometer eine Drucksteigerung in den Venen des Handrückens um durchschnittlich 100 mm Wasser festgestellt. WHITE[8] findet bei mäßigem Arbeiten an einem für diesen Zweck besonders konstruierten Beinergometer eine geringe Zunahme des Venen-

---

[1] ACKERMANN: Z. klin. Med. **103**, 800 (1926). — BRAMWELL u. ELLIS: Arb.physiol. **2**, 51 (1929). — HUG: Schweiz. med. Wschr. **58**, 453 (1928). — PRESSMANN: Z. klin. Med. **107**, 533 (1928). — WADI: Ebenda **105**, 756 (1927).
[2] BARATH: Z. exper. Med. **54**, 68 (1927). — SCHELLONG: Klin. Wschr. **9**, 1340 (1930).
[3] GILLESPIE, GIBSON u. MURRAY: Heart **12**, 1 (1925).
[4] LILJESTRAND u. STENSTRÖM: Skand. Arch. Physiol. (Berl. u. Lpz.) **39**, 1 (1920).
[5] BENJAMIN: Nederl. Tijdschr. Geneesk. **2**, 4308 (1929).
[6] MIYAMA u. SHI: Acta Scholae med. Kioto **12**, 521 (1930).
[7] HOOKER: Amer. J. Physiol. **28**, 235 (1911).
[8] WHITE: Amer. J. Physiol. **69**, 410 (1924).

druckes in der Hand; bei schwererer Arbeit steigt der Druck in den ersten Minuten noch mehr an, kann aber bei einer 15 minutigen Leistung wieder zum Ausgangswert und bisweilen unter denselben abfallen. Nach dem Aufhören der Arbeit fällt der Venendruck meistens noch weiter ab[1].

Die Blutdruckmessungen zeigen also, daß während der Arbeit, bei der der periphere Widerstand stark herabgesetzt ist, nicht nur der venöse, sondern auch der arterielle Druck meistens vermehrt ist. Um dies zu ermöglichen, muß aber, wie KROGH[2] hervorgehoben hat, eine besondere Regulation stattfinden, die eine Vermehrung der zirkulierenden Blutmenge bewirkt und sodann die Gefäßerweiterung kompensieren kann. In dieser Hinsicht ist nach KROGH vor allem an das *Pfortadersystem* zu denken. Die Pfortader bildet ein sehr geräumiges Reservoir, welches zwischen zwei Capillargebieten, deren Widerstand unabhängig voneinander reguliert werden kann, eingeschaltet ist. Bei Verengerung der Capillaren des Splanchnicusgebietes wird der Zustrom zur V. portae herabgesetzt und ihr Inhalt entleert sich z. T. in die V. cava. Es kommt somit zu einer Erhöhung des Druckes in der Cisterna venosa und infolgedessen zu einer Steigerung des Minutenvolumens. Diese Steigerung des Minutenvolumens muß weiter zu einer Erhöhung des arteriellen Druckes führen, und dadurch wird es auch verständlich, daß bei körperlicher Arbeit trotz erweiterter Muskelgefäße der arterielle Druck nicht absinkt. Hierzu hilft natürlich auch, daß der Widerstand schon durch Verengerung des visceralen Gefäßgebietes ein größerer wird; hinsichtlich der Erhaltung des arteriellen Druckes ist jedoch (nach KROGH) dieser letzte Vorgang nur von geringerer Bedeutung im Verhältnis zu dem Einfluß, den die zirkulierende Blutmenge ausübt. Umgekehrt wird eine Dilatation der Arteriolen der Baucheingeweide und eine gleichzeitige Kontraktion der Lebergefäße eine stärkere Füllung und einen höheren Druck der V. portae bewirken; der V. cava und der Cisterna venosa wird weniger Blut zugeführt, der Druck in diesem Gebiet fällt ab und die Füllung des Herzens und somit auch das Minutenvolumen wird geringer.

Die Überlegungen von KROGH stützen sich wesentlich auf die alten Untersuchungen von C. TIGERSTEDT[3] über die Wirkung einer Reizung der Nn. splanchnici auf den Blutstrom und Blutdruck in der Aorta bei Kaninchen, und auf jene von STOLNIKOW[4] über die Füllung des Herzens nach Herstellung direkter Verbindung zwischen der V. portae und der V. cava inferior sowohl bei intakter als bei exstirpierter Leber. Später ist die Bedeutung des Pfortadersystems als Blutreservoir von verschiedenen Autoren untersucht worden. Es sei u. a. zu nennen die Arbeit von JARISCH und LUDWIG[5], die fanden, daß bei Kaninchen injizierte Flüssigkeiten im Pfortadergebiet gespeichert wurden, und die Arbeit von GRAB, JANSSEN und REIN[6], die feststellten, daß bei Hunden aus der Leber durch Adrenalin eine Blutmenge ausgeschüttet werden konnte, die bis zu 59% des Gewichtes des entbluteten Organs ansteigen kann. Schätzt man die Gesamtblutmenge auf 5% des Körpergewichtes, dann zeigen die angegebenen Werte, daß bei verschiedenen Tieren $1/5$ bis $1/2$ der Gesamtblutmenge in der Leber gespeichert werden kann. Es muß hervorgehoben werden, daß die Adrenalinversuche zwar zeigen, daß im Pfortadersystem große Blutmengen gespeichert werden können; sie sagen aber nichts über den besonderen Mechanismus, der

---
[1] Weitere Literatur findet man bei EYSTER: Physiologic. Rev. **6**, 281 (1926).
[2] KROGH: Skand. Arch. Physiol. (Berl. u. Lpz.) **27**, 227 (1912).
[3] TIGERSTEDT, C.: Skand. Arch. Physiol. (Berl. u. Lpz.) **20**, 330 (1908); **22**, 120 (1909).
[4] STOLNIKOW: Pflügers Arch. **28**, 287 (1882).
[5] JARISCH u. LUDWIG: Arch. exper. Path. **124**, 102 (1927).
[6] GRAB, JANSSEN u. REIN: Klin. Wschr. **8**, 1539 (1929) — Z. Biol. **89**, 324 (1930).

bei Muskelarbeit zu einer Entleerung dieses Gebietes führt und der nur durch eine gleichzeitige Verengerung der zuführenden und Erweiterung der wegführenden Gefäße wirken kann, während es bei Adrenalininjektionen zu einer Erhöhung des Pfortaderdruckes kommt auf Grund einer Absperrung der Lebergefäße (BAINBRIDGE und TREVAN, GOLLWITZER-MEIER[1] u. a.). Diese Tatsache braucht aber natürlich nicht, wie BAINBRIDGE[2] meint, das Vorhandensein eines besonderen Mechanismus wie des erwähnten bei Muskelarbeit auszuschließen. Die Bedeutung der Blutdurchströmung der Verdauungsorgane für die ganzen Kreislaufvorgänge geht übrigens aus den früher zitierten Versuchen von JARISCH und LILJESTRAND (über die Blutzirkulation bei körperlicher Arbeit unmittelbar nach dem Essen) hervor (s. S. 884).

Als regulierbares Blutreservoir kann vielleicht auch die *Milz* in Betracht kommen. BARCROFT[3] hat die Volumveränderungen der Milz an Katzen durch das Röntgenverfahren verfolgt, indem er im voraus an den Rändern des freigelegten Organs Metallklammern befestigt hatte. Es zeigte sich dann, daß das Volum der Milz bei körperlicher Arbeit bis auf $1/2$ oder sogar $1/4$ abnehmen konnte, und daß sie eine Flüssigkeitsmenge abgab, die ungefähr 7—15% der Gesamtblutmenge bildete. Die Beobachtungen stimmen gut überein mit denen, die entweder nach der Celluloidfenstermethode oder mittels der Verlagerung der Milz nach außen gemacht wurden. Die Blutmenge, die in der Milz gespeichert werden kann, scheint also nicht ohne Bedeutung zu sein, ist aber von einer niedrigeren Größenordnung, als die im Pfortadersystem enthaltene. Die größte Bedeutung der Zusammenziehung der Milz während der Muskelarbeit liegt ohne Zweifel darin, daß die aus diesem Organ ausgetriebene Blutmenge besonders reichhaltig an Erythrocyten ist.

Von anderen Organen, die als Regulatoren der zirkulierenden Blutmenge dienen konnten, ist öfters auf die *Haut* hingewiesen worden. Z. B. macht JARISCH[4] auf Grund der Ergebnisse von LEWIS und von MEECK und EYSTER[5] darauf aufmerksam, daß die ausgedehnten, die Hautfarbe bedingenden subpapillären Venen große Blutmengen enthalten, die abgezogen werden können, ohne daß dabei die Zirkulation in den Capillaren beeinträchtigt zu werden braucht. Es ist aber hierzu zu bemerken, daß eine Verengerung der die Hautfarbe bedingenden Gefäße nicht mit den allgemeinen Beobachtungen über die Zirkulation in den Hautgefäßen bei körperlicher Arbeit übereinstimmt, und außerdem, daß eine Verengerung der Hautgefäße im ganzen genommen mit der Anpassung der Wärmeregulation unvereinbar ist. Wie u. a. von HOHWÜ CHRISTENSEN[6] gezeigt wurde, sind die Wärmemengen, die während der Arbeit abgegeben werden sollen, so beträchtlich, daß es unwahrscheinlich ist, daß größere Blutmengen aus den Hautgefäßen ausgetrieben werden können.

Durch die obenerwähnten Vorgänge wird zwar verständlich gemacht, wie die periphere Regulation eine Vergrößerung des Minutenvolumens ermöglicht, aber es fehlt uns noch das notwendige Material, um die Überlegungen quantitativ bestätigen zu können, weil es bis jetzt keine Versuche gibt, die eine Feststellung der Größe der zirkulierenden Blutmenge bei Arbeiten verschiedener Intensität ermöglichen.

---

[1] BAINBRIDGE u. TREVAN: J. of Physiol. **51**, 459 (1917). — GOLLWITZER-MEIER: Z. exper. Med. **69**, 367 (1930).
[2] BAINBRIDGE: Physiol. of musc. exerc. London 1923.
[3] BARCROFT: Lancet **1**, 319 (1925) — Erg. Physiol. **25**, 818 (1926).
[4] JARISCH: Dtsch. med. Wschr. **1928**, Nr. 28 und 29.
[5] LEWIS: Bloodvessels of the skin. London 1927. — MEECK u. EYSTER: Amer. J. Physiol. **46**, 533 (1918).
[6] CHRISTENSEN, HOHWÜ: Arb.physiol. **4**, 154 (1931).

## 2. Die Pulsfrequenz.

Obwohl die Beschleunigung der Pulsfrequenz eine der augenfälligsten Wirkungen der Muskelarbeit auf den Organismus ist, kann bisweilen doch eine genaue Feststellung der Pulsfrequenzsteigerung *während* der Arbeit sehr große Schwierigkeiten bereiten. Bei vielen Arbeitsformen, z. B. beim Laufen, ist eine Zählung des Pulses überhaupt unmöglich, und selbst beim Arbeiten auf feststehendem Fahrradergometer erfordert eine genaue Zählung recht große Übung. Es zeigt sich jedoch in diesem letzten Fall, wenn auch der Radialpuls auf Grund unwillkürlicher Muskelkontraktionen nicht faßbar ist, was ja häufig vorkommt, daß dann die Zählung der Pulsfrequenz im allgemeinen doch an der A. carotis möglich ist. Die Schwierigkeiten können aber so groß sein, daß man sich, wie LINDHARD[1] es getan hat — um die störenden Einflüsse von der Arbeitsmaschine zu vermeiden —, eines an der Brustwand befestigten Stethoskopes bedienen muß, von dem ein Gummischlauch in ein nebenliegendes Zimmer führt.

Schon die *Veränderung der Körperlage* aus liegender zu sitzender Stellung bewirkt eine Beschleunigung der Pulsfrequenz. In einer sehr umfangreichen Versuchsreihe haben SCHNEIDER und TRUESDELL[2] diese alte Beobachtung bestätigt. Sie finden an einer Gruppe von 2000 verschiedenen männlichen Individuen, daß die Herzschlagfrequenz beim Übergang vom Liegen zum Sitzen durchschnittlich von 74 bis auf 92 pro Minute zunimmt, während an zwei kleineren Gruppen von Individuen von besonders guter Konstitution die Frequenz nur von 72 bzw. 70 bis auf 86 bzw. 83 anstieg. Nach den Beobachtungen von GUY[3] ist die Frequenzbeschleunigung nur zu einem geringen Grad der Muskeltätigkeit bei der Lageveränderung zuzuschreiben, da sie nämlich auch bei passiven Lageveränderungen eintritt. Der Verfasser meint dagegen feststellen zu können, daß die Beschleunigung beim Stehen auf der mit der Aufrechterhaltung der Stellung verbundenen Muskeltätigkeit beruht; es ist jedoch hierzu zu bemerken, daß eine gleich hohe Frequenzbeschleunigung einer viel geringeren Stoffwechselsteigerung beim Gehen als während Bewegungen entspricht (HELMREICH[4]).

Sofort beim Einsetzen der Muskelarbeit steigt die Pulsfrequenz an. BOWEN[5] fand, daß schon die erste mit dem Beginn der Arbeit zusammenfallende Pulsperiode verkürzt sein kann und daß dies immer für die zweite gilt, und BUCHANAN[6] stellt fest, daß die erste Diastole nach dem Einsetzen der Arbeit verkürzt ist. Diese Frequenzsteigerung gleich bei Beginn der Arbeit haben schon GRÜNBAUM und AMSON[7] beobachtet, und später haben u. a. AULO; KROGH und LINDHARD; LOWSLEY; WHITE und HOHWÜ CHRISTENSEN[8] sie dann bestätigt. Beim Übergang von leichterer zu schwererer Arbeit hat PATERSON[9] ein ähnliches Verhältnis festgestellt.

Aus den hier erwähnten Versuchen geht ferner hervor, daß die Pulsfrequenz in den ersten Sekunden der Arbeitsperiode sehr rasch ansteigt, wonach der

---

[1] LINDHARD: Pflügers Arch. **161**, 233 (1915).
[2] SCHNEIDER u. TRUESDELL: Amer. J. Physiol. **61**, 429 (1922). Hier auch Literatur.
[3] GUY: Cyclopedia of anat. and physiol. **4** (1852); zitiert nach TIGERSTEDT: Physiologie des Kreislaufes.
[4] HELMREICH: Z. exper. Med. **36**, 226 (1923).
[5] BOWEN: Contribut. to med. research. Univ. of Michigan **1903**, 462.
[6] BUCHANAN: Trans. Oxford. Univ. Scient Club. **34**, 351 (1909).
[7] GRUNBAUM u. AMSON: Dtsch. Arch. klin. Med. **71**, 539 (1901).
[8] AULO: Skand. Arch. Physiol. (Berl. u. Lpz.) **25**, 347 (1911). — KROGH u. LINDHARD: J. of Physiol. **47**, 112 (1913); **51**, 182 (1917). — LOWSLEY: Amer. J. Physiol. **67**, 446 (1924). — WHITE: Ebenda **69**, 410 (1924). — CHRISTENSEN, HOHWU: Arb.physiol. **4**, 453 (1931).
[9] PATERSON: J. of Physiol. **66**, 323 (1928).

weiterer Verlauf der Pulskurven sich von der Größe der Arbeitsleistung abhängig zeigt. Als Beispiel der Abhängigkeit der Pulsfrequenz von der Arbeitsgröße weisen wir auf die Ergebnisse von HOHWÜ CHRISTENSEN (Abb. 319 und 320) hin. Bei mäßigen Arbeiten von 720 bzw. 960 mkg pro Minute steigt in diesem Fall in der ersten Minute die Pulsfrequenz bis auf 123 bzw. 130 an, um sich dann

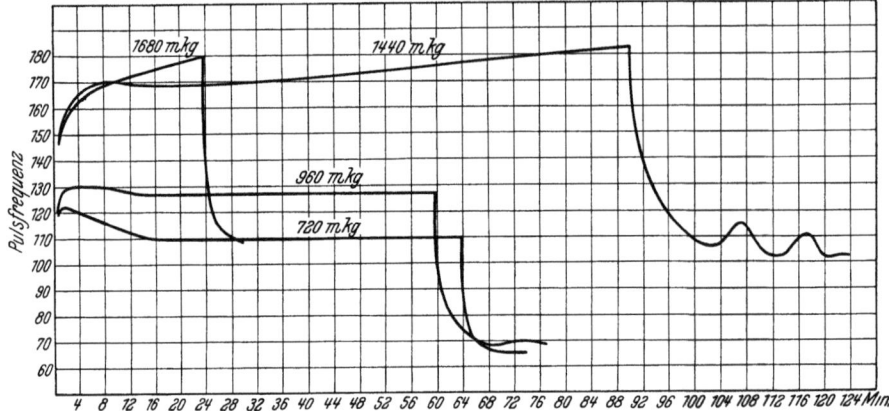

Abb. 319. Variation der Pulsfrequenz bei Arbeiten verschiedener Intensität. (Nach HOHWÜ CHRISTENSEN.)
Absz.: Zeit (in Minuten) nach Beginn der Arbeit.

nach einem kleinen Abfall auf ein Niveau (110 bzw. 127) einzustellen. Es scheint also bei der Einstellung eine kleine Überkompensation einzutreten; danach wird aber das Niveau bis zum Ende der Arbeit (mehr als 1 Stunde) sehr genau erhalten. Bei einer größeren Arbeitsleistung (1440 mkg/min) ist die initiale Überkompensation nur minimal, die Pulsfrequenz ist aber die ganze Arbeitsperiode hindurch, obwohl diese $1^1/_2$ Stunde dauerte, stets zunehmend und zeigt nach dem ersten steilen Anstieg eine weitere Zunahme von 170 bis auf 183. Noch deutlicher kommt dieses Verhalten bei der schwersten Arbeit (von 1680 mkg/min) zum Ausdruck; hier geht die steil emporsteigende Kurve allmählich in eine zwar schräger verlaufende, aber immer noch ansteigende Kurve über, die in der Zeit von der 8. bis zur 24. Minute der Arbeitsperiode eine Zunahme der Pulsfrequenz von 170 bis auf 180 aufweist. Es kommt also in diesen beiden letzten Fällen nicht zu einem konstanten Niveau, und es ist wohl anzunehmen, daß die Vp. die betreffenden Arbeiten nur eine beschränkte Zeit hindurch leisten könnte und daß der Kreislauf in dieser Hinsicht die Grenze setzen würde. Im Zusammenhang hiermit zeigen andere Versuche von HOHWÜ CHRISTENSEN, daß der Verlauf der Pulskurve in hohem Grad vom Trainingszustand der Vp. abhängt.

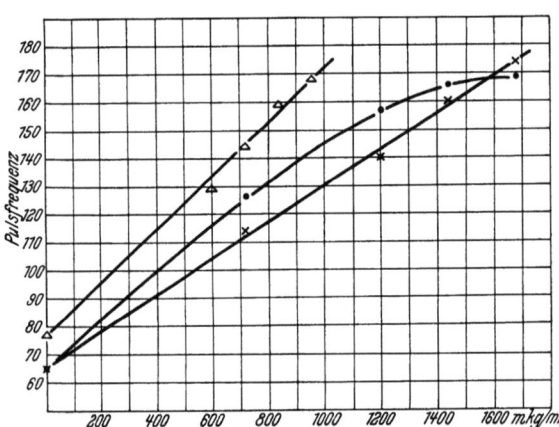

Abb. 320. Pulsfrequenz im Verhältnis zur Arbeitsleistung. (Nach HOHWÜ CHRISTENSEN.)
Zwei männliche (× und •) und eine weibliche (△) Vp.

Wenn es, wie die Kurven zeigen, bei den größeren Leistungen nicht zu einem konstanten Niveau der Pulsfrequenz kommt, hat natürlich die Angabe einer Pulszahl keinen Wert, wenn nicht gleichzeitig der Zeitpunkt der Zählung in der Arbeitsperiode angegeben ist, und ein Vergleich der Pulsfrequenz bei verschiedener Arbeitsintensität ist nur dann möglich, wenn die Zählungen an einem und demselben Zeitpunkt nach Beginn der Arbeit vorgenommen werden. Die Abb. 320 gibt für drei verschiedene Vpn. die Frequenz bei verschiedenen Arbeitsintensitäten an. Die Punkte entsprechen Mittelzahlen aus mehreren Bestimmungen, die alle 20 Minuten nach Arbeitsbeginn vorgenommen sind. Im großen und ganzen steigt die Pulsfrequenz geradlinig mit der Arbeitsgröße an; nur bei der einen Vp. ist die Steigerung bei den größten Arbeiten relativ gering. Werden aber die Pulszahlen im Verhältnis zur $O_2$-Aufnahme gestellt, werden die Kurven sich in der Richtung der letztgenannten ändern, woraus sich also ergibt, daß die Pulsfrequenz den größten Sauerstoffwerten entsprechend nur relativ wenig zunimmt.

Der geradlinige Anstieg der Pulsfrequenz mit der Arbeitsgröße bzw. der $O_2$-Aufnahme scheint also wesentlich bei den mäßigen Leistungen stattzufinden; geht aber bei diesen auch aus den Untersuchungen von MODEWEG-HANSEN hervor (vgl. Abb. 318) und ist außerdem früher von vielen Forschern (u. a. von LINDHARD; AMAR; DIRKEN und VEN[1]) festgestellt worden. Daß sich natürlich individuelle Unterschiede geltend machen können, hebt schon CHRIST[2] hervor, und PEDER[3], v. GERTTEN[4] sowie HEDWALL[5] finden, daß die Frequenz bei körperlicher Arbeit stärker bei jungen als bei älteren Individuen zunimmt.

Eine besondere Erörterung erfordert der *Einfluß des Arbeitstempos auf die Pulsfrequenz.* Die Schwierigkeit des Angreifens dieses Problems liegt darin, daß bei Variation des Arbeitstempos sich meistens auch der Stoffwechsel verändern wird, wodurch es eben erschwert wird, eine mögliche spezifische Wirkung des Tempos auf die Pulsfrequenz zu unterscheiden. Die Versuche von LINDHARD[6] deuten darauf hin, daß einmal die Pulsfrequenz bei wachsender Arbeit zunimmt, daß sie aber außerdem und in höherem Grade mit dem Arbeitstempo ansteigt. EM. HANSEN[7] konnte zwar eine solche Abhängigkeit nicht in Versuchen mit variiertem Tempo und konstantem Gesamtarbeitseffekt nachweisen; daß jedoch eine Korrelation zwischen Bewegungsrhythmus und Herzrhythmus u. a. beim Gehen vorhanden sein kann, scheint aus den Beobachtungen von COLEMAN und von ANDERS hervorzugehen. COLEMAN[8] hat durch Beobachtungen verschiedener Tiere im Zoologischen Garten gefunden, daß die Pulsfrequenz sich synchronistisch mit der Schrittzahl einstellte und daß sie ein Vielfaches der Atemfrequenz ausmachte, wenn die Tiere völlig ungestört waren. Bei einem Menschen, der sich ganz ungezwungen nur mit einer bestimmten Schrittzahl bewegte, die höher als die Pulszahl in der Ruhe war, folgte die Pulsfrequenz innerhalb der Grenzen 90—120 dem Gangrhythmus, und umgekehrt fand der Verfasser in 14 von 24 Fällen, daß sich der Gangrhythmus synchronistisch mit dem Ruhepuls einstellte, wenn die Wahl der Schrittzahl der Vp. frei überlassen war. ANDERS[9] hat durch Versuche an 10 Erwachsenen und 5 Kindern festgestellt, daß ein persönlicher (adäquater) Rhythmus besteht, der in einem

---

[1] LINDHARD: Pflügers Arch. **161**, 233 (1915). — AMAR: J. of Physiol. **16**, 178 (1914). — DIRKEN: Arch. néerl. Physiol. **5**, 467 (1921). — VEN: Ebenda **8**, 20 (1923).
[2] CHRIST: Dtsch. Arch. klin. Med. **53**, 102 (1894).
[3] PEDER: Skand. Arch. Physiol. (Berl. u. Lpz.) **27**, 338 (1912).
[4] v. GERTTEN: Skand. Arch. Physiol. (Berl. u. Lpz.) **28**, 22 (1913).
[5] HEDWALL: Skand. Arch. Physiol. (Berl. u. Lpz.) **32**, 188 (1915).
[6] LINDHARD: Pflügers Arch. **161**, 233 (1915).
[7] HANSEN, EM.: Skand. Arch. Physiol. (Berl. u. Lpz.) **54**, 50 (1928).
[8] COLEMAN: J. of Physiol. **54**, 213 (1920).
[9] ANDERS: Pflügers Arch. **220**, 287 (1928).

spontan mehrere Monate hindurch immer wieder gewählten Bewegungstempo sowie in der Puls- und Atemfrequenz zum Ausdruck kommt, und dieser Verfasser konnte weiter eine Korrelation dieser Rhythmen nachweisen. Besonders fand sich in vielen Fällen ein recht genaues 1:1-Verhältnis von Puls zu Schritt. Es besteht also nach diesen Untersuchungen die Möglichkeit, daß es einen persönlichen Rhythmus gibt, auf dem sich innerhalb gewisser Grenzen die verschiedenen rhythmischen Funktionen einstellen, und daß tatsächlich keine von diesen in bezug auf den Rhythmus als maßgebend anzusehen sind.

*Nach dem Aufhören der Arbeit* fällt die Pulsfrequenz in der ersten Minute sehr steil ab[1] (vgl. Abb. 319). Dieser erste Abfall geht allmählich in einen langsameren über und bewirkt, daß die Pulsfrequenz nach leichteren Arbeiten schon nach 2—8 Minuten wieder den Ruhewert erreicht hat. Bei schwereren Leistungen dauert der Rückgang länger, und es macht sich in vielen Fällen ein besonderer Vorgang geltend. Die Pulsfrequenz fällt nämlich nicht immer regelmäßig ab, sondern ist bisweilen sehr beträchtlichen Schwankungen unterworfen (siehe z. B. Abb. 319). Bei mäßigen Arbeiten können diese Schwankungen einen Abfall bis unter den Ruhewert bewirken (LOWSLEY[2], MERKLEN[3] und COTTON[4]), und BARCROFT[5] hebt hervor, daß dies besonders bei niedrigem Barometerdruck der Fall sein wird. Nach größeren Arbeiten kann die Frequenzvermehrung mehrere Stunden, ja sogar bis zum nächsten Tag anhalten (KRÄHENBÜHL[6]), und die erwähnten Schwankungen nach dem ersten Abfall werden in solchen Fällen in einem Niveau vor sich gehen, das beträchtlich höher als das Ruheniveau liegt. Einem ähnlichen Vorgang sind vielleicht die Beobachtungen von HUG[7] zuzuschreiben, der nach dem Marathonlauf besonders bei nur wenig trainierten, jungen Individuen beobachtete, daß die Pulsfrequenz 5 Minuten nach dem Lauf höhere Werte als unmittelbar nach demselben annehmen konnte. Wenn die Frequenz schon in den ersten Sekunden sehr stark abgenommen hat, kann wohl diese Beobachtung durch Schwankungen wie die oben erwähnten erklärt werden; da aber der Verfasser nur zwei Zählungen in der ganzen Restitutionsperiode vorgenommen hat, läßt sich dies nicht mit Sicherheit entscheiden.

Beim Vergleich des Rückganges sowohl der Pulsfrequenz als der $O_2$-Aufnahme zeigt es sich, daß erstere viel langsamer abnimmt als letztere, und dies kommt besonders in den ersten Minuten nach dem Aufhören der Arbeit zum Ausdruck (LYTHGOE und PEREIRA; KAGAN und KAPLAN[8]). Allerdings haben BENEDICT und CATHCART[9] nach anstrengenden Leistungen einen erhöhten Stoffwechsel noch mehrere Stunden nach beendeter Arbeit gefunden; die Ergebnisse zeigen aber immer einen noch höheren prozentischen Wert der Pulszahl, und der enge Zusammenhang, den die Verfasser zwischen Stoffwechsel und Puls-

---

[1] STAEHELIN: Dtsch. Arch. klin. Med. **59**, 79 (1897). — GRÜNBAUM u. AMSON: Ebenda **71**, 539 (1901). — BOWEN: Contribut. to med. research. Univ. of Michigan **1903**, 462. — COOK u. PEMBREY: J. of Physiol. **45**, 429 (1913). — LINDHARD: Ebenda **57**, 17 (1922). — LYTHGOE u. PEREIRA: Proc. roy. Soc. Lond. B **98**, 468 (1925). — MERKLEN: Paris méd. **1926** u. **1927**. — CHRISTENSEN, HOHWÜ: Arb.physiol. **4**, 453 (1931).
[2] LOWSLEY: Amer. J. Physiol. **67**, 446 (1924).
[3] MERKLEN: Paris méd. **1926** u. **1927**.
[4] COTTON: Austral. J. exper. Biol. a. med. Sci. **5**, 111 (1928).
[5] BARCROFT: Trans. roy. Soc. Biol. **211**, 351 (1923).
[6] KRÄHENBUHL: Einfluß einer anstrengenden körperlichen Arbeit auf die Herztätigkeit. Inaug-Dissert. Basel 1918; zitiert nach JAQUET: Muskelarbeit und Herztätigkeit. Basel. 1920.
[7] HUG: Schweiz. med. Wschr. **68**, 453 (1928).
[8] LYTGOE u. PEREIRA: Proc. roy. Soc. Lond. B **98**, 468 (1925). — KAGAN u. KAPLAN: Arb.physiol. **3**, 61 (1930).
[9] BENEDICT u. CATHCART: Muscular work. Carnegie publ. **187** (Washington 1913).

frequenz auch in der Restitutionsperiode festzustellen meinen, muß deshalb als sehr problematisch angesehen werden.

Als Faktoren, die bei dem *Zustandekommen der Acceleration des Herzrhythmus* mitwirken können, werden im allgemeinen folgende genannt: 1. Es kann von der Großhirnrinde aus eine Miterregung der Zentren der extrakardialen Herznerven erfolgen. 2. Dieselben Zentren können durch irgendwelche bei der Muskelbewegung erzeugte sensible Reize reflektorisch beeinflußt werden. 3. Die bei der Muskeltätigkeit gebildeten Stoffwechselprodukte können entweder die bulbären Herznervenzentren oder auch das Herz selbst zu vermehrter Tätigkeit erregen. 4. Dasselbe soll für die Steigerung der Bluttemperatur gelten. 5. Die Pulsbeschleunigung kann auf hormonalen Einflüssen (Adrenalin) beruhen. 6. Schließlich soll die Herztätigkeit von mechanischen Änderungen (der Atmung und des venösen Blutdruckes) acceleriert werden können.

Inwiefern und in welchem Maß diese einzelnen Faktoren bei der Pulsbeschleunigung mitwirken können, ist an anderen Stellen in diesem Handbuch[1] eingehend behandelt worden. Wir wollen hier nur darauf aufmerksam machen, daß der initiale Anstieg der Pulsfrequenz beim Beginn der Arbeitsperiode nur einer Mitinnervation vom Großhirn aus oder aber in den arbeitenden Organen ausgelösten Reflexen zuzuschreiben ist, weil zu diesem Zeitpunkt weder die Vermehrung der Stoffwechselprodukte noch die Temperatursteigerung sowie geänderte mechanische Kreislaufbedingungen mitbeteiligt sein können. Aus den Untersuchungen von KROGH und LINDHARD[2] stellt es sich heraus, daß in dieser Hinsicht der überwiegende Faktor ein verschiedener sein muß, je nachdem es sich um willkürliche oder elektrisch induzierte Muskeltätigkeit handelt. Bei der ersteren Arbeitsform zeigten die Versuche, daß die Pulsfrequenz, wie früher (S. 893) erwähnt wurde, immer sprunghaft gleich beim Einsetzen der Arbeit anstieg; bei der elektrisch induzierten Arbeit dagegen stieg die Pulsfrequenz zwar beim Beginn der Arbeit steil an, es war aber hier im Vergleich mit der willkürlichen Arbeit eine gewisse Latenzzeit von einem oder mehreren Schlägen zu beobachten. Die Verfasser schließen hieraus, daß der Regulationsmechanismus der Pulsfrequenz bei der willkürlichen Muskeltätigkeit (jedenfalls vorwiegend) von zentraler, bei der elektrisch induzierten aber von reflektorischer Natur ist.

Der *Einfluß der Temperatursteigerung* auf die Pulsfrequenz ist viel diskutiert worden. Die Bedeutung der Bluttemperatur hat besonders MANSFELD[3] in den Vordergrund gezogen. Ihm stehen MARTIN, GRUBER und LANMAN[4] gegenüber, die bei körperlicher Arbeit keinen Zusammenhang zwischen der Temperatur in der Axilla und der Pulsbeschleunigung nachweisen konnten, sowie HOHWÜ CHRISTENSEN[5], der z. B. bei $1^1/_2$ stündiger Arbeit (1440 mkg/min) auf dem Fahrradergometer fand, daß die Pulsfrequenz nach dem ersten Anstieg nur belanglos zunahm, während im selben Zeitraum die an Hand der thermoelektrischen Methode registrierte Rectaltemperatur einen stetigen Anstieg von im ganzen 3° aufwies. Eine ähnliche Diskrepanz kommt auch nach dem Aufhören der Arbeit zum Ausdruck, und der Verfasser schließt daraus, daß während und nach körperlicher Arbeit kein enger Zusammenhang zwischen Körpertemperatur und Pulsfrequenz bestehen kann.

---

[1] RIHL: Ds. Handb. 7 I, 509. — SCHILF: Ebenda 16 II, 1200. — ASHER: Ebenda 16 II, 1207.
[2] KROGH u. LINDHARD: J. of Physiol. 51, 182 (1917).
[3] MANSFELD: Pflügers Arch. 134, 598 (1910).
[4] MARTIN, GRUBER u. LANMAN: Amer. J. Physiol. 35, 211 (1914).
[5] CHRISTENSEN, HOHWÜ: Arb.physiol. 4, 453 (1931).

Auch die von Johansson[1] behauptete Einwirkung der Stoffwechselprodukte scheint ohne Belang zu sein (Petersen und Gasser, Friedenthal[2]), und dasselbe gilt vom Einfluß der durch die Atemtätigkeit verursachten mechanischen Veränderungen (Aulo[3]) sowie von dem des venösen Blutdruckes. Dieser letzte Faktor wurde besonders von Bainbridge[4] hervorgehoben, scheint aber nach den Untersuchungen von White[5] über die Schwankungen des Venendruckes bei Muskelarbeit in den Hintergrund zu treten.

Unseres Erachtens sind deshalb nur die corticalen Mitinnervationen des Herzens, die in den Bewegungsorganen ausgelösten Reflexe und die hormonalen Einflüsse als maßgebend für die Pulsbeschleunigung bei körperlicher Arbeit anzusehen.

### 3. Das Schlagvolumen.

Die Ermittlung des Schlagvolumens beim Menschen geschieht durch Bestimmung des Minutenvolumens und der Pulsfrequenz.

Alle Versuche, das Schlagvolumen quantitativ auf direktem Weg festzustellen, waren bisher ohne Erfolg. Dies gilt u. a. auch für das röntgenologische Verfahren zur Bestimmung der Herzgröße, denn es hat sich gezeigt, daß die Veränderungen des Herzschattens funktionell so schwer zu deuten sind und daß die Resultate sowohl untereinander wie auch mit den Ergebnissen der viel sichereren Funktionsuntersuchungen so wenig übereinstimmen, daß man vorläufig auf eine nur relative Ermittlung des Schlagvolumens auf diesem Weg verzichten muß. (Eine eingehende Diskussion über diese Frage findet man im Beitrag von Dietlen[6].)

Die gegenseitige Abhängigkeit der drei Funktionen: Minutenvolumen, Schlagvolumen und Pulsfrequenz wird durch die Gleichung:

$$\text{Schlagvolumen} = \text{Minutenvolumen}/\text{Pulsfrequenz}$$

ausgedrückt. Das Schlagvolumen stellt sich hier als eine Funktion der beiden Variablen, Minutenvolumen und Pulsfrequenz, dar, und in den meisten Fällen, u. a. während normaler Ruhezustände, wird dies den physiologischen Verhältnissen gerade entsprechen. Wie früher erwähnt, muß man nach allem Vorliegendem unter normalen Umständen mit einer vollständigen Entleerung des Herzens bei der Systole rechnen. Das Schlagvolumen hängt somit lediglich von der venösen Füllung ab, und diese wird ihrerseits peripher reguliert. Die periphere Regulation zielt aber in erster Reihe auf das Minutenvolumen, und in allen Fällen, in denen die Füllung des Herzens inadäquat ist, ist das Schlagvolumen daher als eine sekundäre Funktion anzusehen.

Bei adäquater Füllung, d. h. wenn während der Diastole den Ventrikeln so viel Blut zugeführt wird, als sie fassen können, ist das Schlagvolumen konstant, und die Pulsfrequenz wird demnach zu dem für das Minutenvolumen maßgebenden Faktor. In diesem Fall wäre es vielleicht natürlicher, die Gleichung in der Form: Minutenvolumen = Schlagvolumen × Pulsfrequenz zu schreiben.

Aus den elektrokardiographischen Untersuchungen von Fridericia[7] geht hervor, daß die Beziehung zwischen der Systolendauer ($s$) und der ganzen Pulsdauer ($p$) durch die Gleichung $s = 8{,}22 \sqrt[3]{p}$ ausgedrückt werden kann, wenn

---

[1] Johansson: Skand. Arch. Physiol. (Berl. u. Lpz.) **5**, 20 (1895).
[2] Petersen u. Gasser: Amer. J. Physiol. **33**, 301 (1914). — Friedenthal: Arch. f. Physiol. **1902**, 142.
[3] Aulo: Skand. Arch. Physiol. (Berl. u. Lpz.) **21**, 146 (1909); **25**, 347 (1912).
[4] Bainbridge: J. of Physiol. **50**, 65 (1915).
[5] White: Amer. J. Physiol. **69**, 410 (1924).
[6] Dietlen: Ds. Handb. **7 I**, 306.
[7] Fridericia: Acta med. scand. (Stockh.) **53**, 469 (1920).

beide Größen in $1/100$-Sekunden angegeben sind. Hieraus ergibt sich, daß eine Pulsbeschleunigung nur in geringem Grad die Systolendauer beeinflußt und daß sie vielmehr eine Verkürzung der Diastolendauer verursacht. Es wird deshalb verständlich, daß bei erhöhter Pulsfrequenz ein immer größerer venöser Druck erforderlich wird, wenn in der kurzdauernden Diastole derselbe Füllungsgrad erhalten bleiben soll. In den vorhergehenden Abschnitten ist gezeigt worden, daß sowohl das Minutenvolumen wie auch die Pulsfrequenz bei Muskelarbeit erhöht sind. Wie aus dem Folgenden hervorgehen wird, findet man auch meistens eine Zunahme des Schlagvolumens, es liegen jedoch in bezug auf die quantitativen Verhältnisse recht beträchtliche individuelle Unterschiede vor, wie natürlich auch die Intensität der Arbeitsleistung einen großen Einfluß ausübt.

Wie schon früher erwähnt wurde (S. 877), wird *beim Übergang vom Liegen zum Stehen* das Minutenvolumen herabgesetzt; da gleichzeitig die Pulsfrequenz zunimmt, fällt das Schlagvolumen noch stärker (in den Versuchen von LINDHARD um durchschnittlich 20,8%) ab. Die Erklärung wird im erschwerten Zurückfließen des Blutes gesucht.

Während der ersten zwei oder drei Herzschläge *unmittelbar nach Beginn der Arbeit* ist wahrscheinlich das Schlagvolumen ein wenig herabgesetzt, weil die Pulsfrequenz sofort beschleunigt ist, während die venöse Füllung noch nicht verbessert sein kann. Nachher steigt aber das Schlagvolumen an.

In ihren ersten Versuchen mit der $N_2O$-Methode über Radfahren fanden KROGH und LINDHARD[1], daß das Schlagvolumen bei einer $O_2$-Aufnahme von 1570 ccm/min beträchtlich vergrößert war, und BOOTHBY[2] hat in Selbstversuchen festgestellt, daß das Schlagvolumen bei wachsender Arbeit zunimmt, am Anfang verhältnismäßig stark, später etwas langsamer, so daß es bei einer $O_2$-Aufnahme von 1000 ccm/min nur etwa 20% über dem Ruhewert liegt. LINDHARD[3] findet gleichfalls, daß das Schlagvolumen während des Radfahrens bei einer Vp. ziemlich regelmäßig mit der Größe der Arbeitsleistung zunimmt, bei drei anderen Vpn. aber sehr unregelmäßig variiert. Der größte Wert wurde bei der erstgenannten Vp. festgestellt und betrug hier bei maximaler Arbeit, einer $O_2$-Aufnahme von 3,2 l/min entsprechend, 208 ccm gegenüber einem Ruhewert von 80 ccm. Bei einer anderen Vp. wurde dagegen bei maximaler Arbeit ein Schlagvolumen von nur 99 ccm festgestellt, was im Verhältnis zu anderen Arbeitsversuchen mit derselben Vp. einen Abfall bedeutet und woraus also zu schließen ist, daß die Füllung in diesem Fall nicht adäquat war. MEANS und NEWBURGH[4] fanden bei 2 Vpn. übereinstimmend, daß das Minutenvolumen bei zunehmender Arbeit stets ansteigt, und daß dies zuerst vorwiegend durch eine Erhöhung des Schlagvolumens (bis auf 118 ccm) geschieht, wonach bei gleichbleibendem Schlagvolumen die Pulsfrequenz zunimmt. Die Verfasser schließen hieraus, daß die Füllung des Herzens bei der genannten Grenze adäquat ist. In Versuchen über Radfahren haben auch LILJESTRAND und ZANDER[5] eine Steigerung des Schlagvolumens festgestellt, während DOUGLAS und HALDANE[6] an Hand der $CO_2$-Methode nach dem FICKschen Prinzip bei einer ihrer Vpn., deren Ruhe-Schlagvolumen sehr groß (etwa 120 ccm) war, dasselbe Volumen während Arbeit wie in der Ruhe fanden. Bei Arbeiten verschiedener Form (Arm- und Beinarbeit auf dem Fahrradergometer und Gehen auf der geneigten

---

[1] KROGH u. LINDHARD: Skand. Arch. Physiol. (Berl. u. Lpz.) **27**, 100 (1912).
[2] BOOTHBY: Amer. J. Physiol. **37**, 383 (1915).
[3] LINDHARD: Pflügers Arch. **161**, 233 (1915).
[4] MEANS u. NEWBURGH: J. of Pharmacol. **7**, 449 (1915).
[5] LILJESTRAND u. ZANDER: Z. exper. Med. **59**, 105 (1928).
[6] DOUGLAS u. HALDANE: J. of Physiol. **56**, 69 (1922).

Tretbahn) stellten COLLETT und LILJESTRAND[1] in allen Fällen eine Steigerung des Schlagvolumens fest, ohne eine gesetzmäßige Abhängigkeit von der Arbeitsform beobachten zu können.

Als typisches Beispiel für den individuellen Unterschied, der bei der gegenseitigen Regulierung der Pulsfrequenz und des Schlagvolumens vorkommen kann, ist auf Tabelle 18, die von den Untersuchungen von HOHWÜ CHRISTENSEN[2] herrührt, zu verweisen. Bei den beiden Vpn. steigt das Minutenvolumen mit zu-

**Tabelle 18. Kreislaufbestimmungen beim Radfahren.**
(Nach HOHWÜ CHRISTENSEN.)
(Die Werte sind Mittelzahlen von mehreren Bestimmungen.)

| Versuchsperson | Arbeit mkg/min | $O_2$-Aufnahme ccm/min | Ausnützung ccm $O_2$ pro Liter Blut | Minutenvolumen Liter | Schlagvolumen ccm | Pulsfrequenz |
|---|---|---|---|---|---|---|
| H. E. N. | Ruhe | 275 | 62 | 4,40 | 60 | 73 |
|  | 720 | 1930 | 94 | 20,50 | 177 | 116 |
|  | 960 | 2400 | 110 | 21,80 | 165 | 132 |
|  | 1200 | 2960 | 118 | 25,10 | 171 | 147 |
|  | 1440 | 3410 | 119 | 28,70 | 174 | 165 |
|  | 1680 | 3790 | 131 | 28,90 | 173 | 167 |
| O. B. | Ruhe | 300 | 65 | 4,60 | 71 | 65 |
|  | 720 | 2120 | 111 | 19,10 | 146 | 131 |
|  | 1200 | 2980 | 126 | 23,65 | 149 | 160 |
|  | 1440 | 3390 | 116 | 29,20 | 176 | 166 |
|  | 1680 | 3790 | 108 | 35,10 | 209 | 168 |

nehmender Leistung immer an; bei H. E. N. ist aber das Schlagvolumen schon bei der geringsten Arbeit zu derselben Höhe wie bei der größten gestiegen, und die weitere Vermehrung des Minutenvolumens geht lediglich durch eine Zunahme der Pulsfrequenz vor sich. Es ist wohl anzunehmen, daß die Füllung des Herzens in diesem Fall schon bei den geringeren Leistungen adäquat war. Anders verhält es sich dagegen mit der Vp. O. B. Bei dieser bleibt zwar beim Übergang von einer Arbeit von 720 mkg/min zu einer von 1200 mkg das Schlagvolumen unverändert, während die Pulsfrequenz zunimmt; von dieser Grenze an ist aber die Pulsfrequenz konstant, und die Steigerung des Minutenvolumens geschieht durch eine stetige Zunahme des Schlagvolumens.

Über die Kreislaufverhältnisse *nach dem Aufhören der Arbeit* sind die Versuche so spärlich, daß sich nichts Entscheidendes über das Schlagvolumen in dieser Periode aussagen läßt. Die einzigen Versuche nach dynamischer Arbeit sind die früher erwähnten (S. 885) von LINDHARD über das Minutenvolumen. Die gleichzeitigen Pulszählungen sind aber nach den Angaben des Verfassers nicht ganz einwandfrei und geben deshalb nur unsichere Aufschlüsse über das Verhalten des Schlagvolumens.

*Nach statischer Arbeit* (1 Minute Beugehang im Querbalken) fand LINDHARD[3], wie auch früher erwähnt wurde, eine Steigerung des Minutenvolumens gegenüber dem Arbeitswert. Sowohl die Pulsfrequenz als auch das Schlagvolumen ist in der Nachperiode beträchtlich über den Ruhewert gesteigert; wie es sich aber mit diesen Funktionen im Vergleich mit den Arbeitswerten verhält, läßt sich nicht entscheiden, da es nicht möglich war, Pulszählungen *während* der Arbeit zu erlangen. Etwa 5 Minuten nach beendeter Arbeit waren meistens alle drei Funktionen wieder zum Ausgangwert zurückgegangen.

---

[1] COLLETT u. LILJESTRAND: Skand. Arch. Physiol. (Berl. u. Lpz.) **45**, 29 (1924).
[2] CHRISTENSEN, HOHWÜ: Arb.physiol. **4**, 470 (1931).
[3] LINDHARD: Skand. Arch. Physiol. (Berl. u. Lpz.) **40**, 145 (1920).

Zusammenfassend läßt sich also sagen, daß bei körperlicher Arbeit das Schlagvolumen in der Regel zunimmt und daß die Beziehung zwischen der Größe desselben und der Arbeitsintensität individuellen Unterschieden unterworfen ist, weil bei einigen Personen die diastolische Füllung des Herzens schon bei niedrigen Leistungen adäquat ist, während bei anderen dies erst bei schwereren Leistungen erreicht wird.

### 4. Die Leistung des Herzens.

Die mechanische Arbeit des Herzens wird im allgemeinen durch den Ausdruck:
$$A = \frac{P}{760} \cdot M \cdot 10{,}3 \cdot \frac{6}{5} + \frac{M \cdot v^2 \cdot 1{,}05}{g}$$
angegeben. Hierin ist:

$A$ = Herzarbeit in mkg pro Minute.
$P$ = der Druck, gegen den das Blut in die zentralen Arterien ausgetrieben werden muß (mm Hg).
$M$ = das Minutenvolumen einer Herzabteilung in Liter.
$v$ = die Mittelgeschwindigkeit des Blutes in den zentralen Arterien (m pro Sekunde).
$g$ = Beschleunigung der Schwerkraft (= 9,81 m).

Der erste Term des angegebenen Ausdruckes bezieht sich auf die Arbeit, die das Herz dadurch leistet, daß es das Blut gegen den in der Aorta bzw. der Pulmonararterie herrschenden Druck austreibt. Der Faktor 10,3 ist die Umsetzungszahl von Literatmosphäre zu Meterkilogramm, und der Faktor $^6/_5$ wird dadurch begründet, daß der Druck in der A. pulmonalis etwa $^1/_5$ des in der Aorta beträgt.

Der zweite Term gibt die kinetische Energie an, die dem Blute der beiden Herzabteilungen erteilt wird. Der Faktor 1,05 ist das spezifische Gewicht des Blutes.

Eigentlich sollte der erste Term als ein Integral ausgedrückt werden, weil der Druck nicht konstant ist, sondern als eine Funktion der zu jedem Zeitpunkt ausgetriebenen Blutmenge aufzufassen ist. In der Ruhe fällt aber, wie die Pulskurven zeigen[1], der arterielle Druck vom systolischen bis zum diastolischen Druck im großen und ganzen geradlinig ab, und es wird deshalb in diesem Fall berechtigt sein, als Mitteldruck das arithmetische Mittel zwischen dem systolischen und dem diastolischen Druck zu benutzen. Anders verhält es sich aber während der Arbeit. Leider liegen keine Bestimmungen vor, die den Druckablauf in den großen Arterien während körperlicher Arbeit genau wiedergeben. Wir wissen jedoch, daß bei zunehmender Füllung der Arterien der Druck stärker als das Volumen ansteigt, obwohl keine eindeutige Beziehung zwischen Druck und Volumen aufgestellt werden kann. Die Messungen von THOMA[2] an der A. iliaca externa zeigen aber, wenn man die Resultate graphisch aufstellt, daß die Volumen-Druck-Kurve nicht geradlinig verläuft, sondern bei zunehmendem Volumen immer steiler ansteigt[3]. Als Folge dieses Verhältnisses wird das Volumen-Druck-Integral kleiner als das Produkt aus dem Schlagvolumen und dem arithmetischen Mittel zwischen dem systolischen und dem diastolischen Druck. Wenn man sich also für die Berechnung der Herzarbeit mit einem mittleren Druck begnügen muß, ist dieser auf einen niedrigeren Wert als das arithmetische Mittel anzusetzen.

---
[1] Vgl. Beitrag von FREY in ds. Handb. **7 II**, 1240.
[2] THOMA: Untersuchungen über die Größe und das Gewicht der anatomischen Bestandteile des menschlichen Körpers. 1882; zitiert nach Tabulae biologica **1**, 119 (1925).
[3] Vgl. auch TIGERSTEDT: Physiologie des Kreislaufes **3**, 36ff. (Berlin 1922).

Was den zweiten Term in der oben angegebenen Formel anlangt, wird im allgemeinen angeführt, daß er nur einen sehr geringen Teil (weniger als $1^0/_{00}$) der Gesamtarbeit ausmacht. Von EVANS[1] ist aber stark hervorgehoben worden, daß besonders bei vermehrter Herztätigkeit der Beschleunigungsfaktor von einer viel höheren Größenordnung ist. EVANS macht mit Recht darauf aufmerksam, daß die in Betracht kommende Geschwindigkeit nicht berechnet werden kann als Wegstrecke dividiert durch die ganze *Puls*dauer, sondern daß vielmehr der zurückgelegte Weg durch die *Systolen*dauer zu dividieren ist. Da die Systolendauer nur etwa $^3/_8$ der ganzen Pulsdauer ausmacht, und da in der Arbeitsberechnung die Geschwindigkeit in zweiter Potenz eingeht, bedeutet dies schon in der Ruhe eine Erhöhung des gewöhnlich berechneten Beschleunigungsfaktors auf das 7fache. Auch nach dieser Berechnung ist jedoch der Beschleunigungsfaktor während Körperruhe nur belanglos; bei vermehrter Herztätigkeit und daraus folgender größerer Geschwindigkeit des Blutes steigt aber dieser Faktor stark an. Die Berechnung von EVANS, daß der Beschleunigungsfaktor, einem Minutenvolumen von 21 l entsprechend, beinahe 10% der Gesamt-Herzarbeit ausmachen sollte, ist jedoch nicht stichhaltig. EVANS geht nämlich davon aus, daß die Systolendauer bei beschleunigtem Puls die Hälfte der ganzen Pulsdauer ausmacht. Wie früher erwähnt (S. 898), hat aber FRIDERICIA[2] aus den Elektrokardiogrammen die Formel:

$$s = 8{,}22 \sqrt[3]{p}$$

hergeleitet, in der $s$ die Systolendauer und $p$ die Pulsdauer in $^1/_{100}$-Sekunden angeben. Die gegenseitige Beziehung der Systolen- und Pulsdauer ist also von der Pulsfrequenz abhängig, und es stellt sich heraus, daß die erstere nur bei einer Frequenz von etwa 90 die Hälfte der zweiten, bei höheren Frequenzen aber einen größeren Anteil, ausmacht. Die Mittelgeschwindigkeit muß deshalb bei jeder vorhandenen Pulsfrequenz unter Berücksichtigung des hier erwähnten Verhältnisses umgerechnet werden, und der zweite Term erhält deshalb die Form:

$$\frac{M \cdot 1{,}05}{g} \cdot \left(v \cdot \frac{p}{s}\right)^2,$$

wobei $p$ und $s$ dieselbe Bedeutung wie in FRIDERICIAs Formel haben.

In Tabelle 19 ist auf Grundlage der in Tabelle 18 wiedergegebenen Resultate versucht worden, eine Berechnung der Gesamtleistung des Herzens sowie den

Tabelle 19. **Mechanische Leistung des Herzens bei verschiedener Arbeitsintensität.**

| Versuchsperson | Technische Arbeit mkg/min | Minutenvolumen Liter | „Reduzierter" arterieller Blutdruck mm Hg | Pulsfrequenz | Mittelgeschwindigkeit des Blutes in der Aorta m/sec | Dauer der Pulsperiode $^1/_{100}$-Sek. | Dauer der Systole $^1/_{100}$-Sek. | Herzleistung mkg/min I | Herzleistung mkg/min II | Gesamtleistung des Herzens mkg/min I u. II | II in Proz. von I u. II | Gesamtleistung des Herzens in Proz. d. techn. Arbeit |
|---|---|---|---|---|---|---|---|---|---|---|---|---|
| H. E. N. | Ruhe | 4,4 | 95 | 73 | 0,12 | 82 | 36 | 7 | 0,04 | 7,04 | 0,6 | — |
|  | 720 | 20,5 | 120 | 116 | 0,6 | 52 | 31 | 40 | 2,2 | 42,2 | 5,2 | 5,9 |
|  | 960 | 21,8 | 120 | 132 | 0,6 | 45 | 29 | 43 | 2,0 | 45,0 | 4,4 | 4,7 |
|  | 1200 | 25,1 | 130 | 147 | 0,7 | 41 | 28 | 53 | 2,8 | 55,8 | 5,0 | 4,6 |
|  | 1440 | 28,7 | 135 | 165 | 0,8 | 36 | 27 | 65 | 3,4 | 68,4 | 5,0 | 4,7 |
|  | 1680 | 28,9 | 135 | 167 | 0,8 | 36 | 27 | 66 | 3,5 | 69,5 | 5,0 | 4,1 |
| O. B. | Ruhe | 4,6 | 95 | 65 | 0,14 | 92 | 37 | 7 | 0,06 | 7,06 | 0,8 | — |
|  | 720 | 19,1 | 120 | 131 | 0,5 | 46 | 29 | 37 | 1,3 | 38,3 | 3,4 | 5,3 |
|  | 1200 | 23,65 | 130 | 160 | 0,65 | 38 | 28 | 50 | 2,0 | 52,0 | 3,8 | 4,3 |
|  | 1440 | 29,2 | 135 | 166 | 0,8 | 36 | 27 | 64 | 3,5 | 67,5 | 5,2 | 4,7 |
|  | 1680 | 35,1 | 140 | 168 | 1,0 | 36 | 27 | 80 | 6,7 | 86,7 | 7,7 | 5,7 |

---

[1] EVANS: J. of Physiol. **52**, 6 (1918) — Recent advances in Physiology. S. 119. London 1926.

[2] FRIDERICIA: Acta med. scand. (Stockh.) **53**, 469 (1920).

Anteil der beiden Faktoren, Druckfaktor (I) und Beschleunigungsfaktor (II), aufzustellen. Doch liegen in den betreffenden Versuchen leider keine Blutdruckmessungen vor. Der angegebene „reduzierte" arterielle Blutdruck ist deshalb nur als ein Annäherungswert zu betrachten, der durch Vergleich mit den von LILJESTRAND und ZANDER[1] vorgenommenen Bestimmungen und unter Berücksichtigung der oben erwähnten Druckvariation während der Pulsperiode geschätzt wurde. Zur Bestimmung der Mittelgeschwindigkeit des Blutes in der Aorta bzw. der A. pulmonalis ist der Querschnitt dieser Arterien in Übereinstimmung mit den geläufigen Angaben in den anatomischen Handbüchern auf 6 qcm gesetzt. Es wird ersichtlich, daß der Beschleunigungsfaktor in der Ruhe nur 6—8 $^0/_{00}$ der Gesamtarbeit des Herzens ausmacht; bei körperlicher Arbeit steigt zwar der prozentuale Wert bis auf das 10fache, erreicht aber bei einem Minutenvolumen von 20 l nur 3—5% und bei maximaler Leistung höchstens 8% der Gesamtarbeit.

Die Gesamtleistung des Herzens ist aber sehr beträchtlich, indem sie bei maximaler Arbeit auf etwa 87 mkg/min ansteigen kann. Sie variiert bei körperlicher Leistung zwischen 4 und 6% der technischen Arbeit.

Mag es auch sodann unter gewissen Annahmen möglich sein, die rein mechanische Leistung des Herzens annäherungsweise zu berechnen, die so gewonnenen Zahlen geben aber doch keine Aufschlüsse über den Energieverbrauch des Herzens bei körperlicher Arbeit, weil es sich gezeigt hat, u. a. durch die Untersuchungen von STARLING und VISSCHER[2], daß der $O_2$-Verbrauch von der mechanischen Arbeit unabhängig ist und nur von der diastolischen Füllung, d. h. von der Längenänderung der Muskelfasern bei der Kontraktion bestimmt wird. Es liegen aber noch keine Versuche vor, die eine genauere Bestimmung des variierenden Wirkungsgrades des Herzmuskels beim Menschen erlauben, und es ist deshalb zur Zeit unmöglich, etwas Entscheidendes über den Stoffwechsel des Herzens bei körperlicher Arbeit verschiedener Intensität zu sagen. Was das Problem über den Energiewechsel des Herzens *im allgemeinen* angeht, können wir auf den Beitrag von v. WEIZSÄCKER[3] verweisen.

## B. Die Ausnützung des Blutsauerstoffes.

Wie früher erwähnt wurde, besitzt der Organismus zur Sicherung einer genügenden Sauerstoffversorgung der tätigen Muskeln nicht lediglich das eine Mittel, den Blutstrom durch dieselben zu vermehren, sondern es zeigt sich, daß bei gesteigerten Anforderungen auch eine bessere Ausnützung des mit dem Blute beförderten Sauerstoffes möglich ist. Wir haben in den vorhergehenden Abschnitten über die Zirkulationsgröße des Blutes eine Besprechung der Ausnützung nicht vermeiden können, u. a. aus dem Grunde, daß die Berechnung des Minutenvolumens nach den gasanalytischen Methoden durch eine Bestimmung der Ausnützung, d. h. die pro Liter Blut aufgenommene Sauerstoffmenge geschieht.

Es wurde bereits im Abschnitt über die Veränderungen des Blutchemismus während körperlicher Arbeit erwähnt, daß das aus den Lungen strömende arterielle Blut während der Arbeit wie in der Ruhe normalerweise beinahe sauerstoffgesättigt ist, deshalb ist die Ausnützung lediglich durch die Sauerstoffabgabe in den Geweben bedingt.

Eine Bestimmung der Ausnützung, die durch eine Bestimmung der pro Liter Blut aus den Lungen aufgenommenen Sauerstoffmenge geschieht, bezieht

---
[1] LILJESTRAND u. ZANDER: Z. exper. Med. **59**, 105 (1928).
[2] STARLING u. VISSCHER: J. of Physiol. **62**, 243 (1927).
[3] v. WEIZSÄCKER: Ds. Handb. **7 I**, 689.

sich natürlich nur auf den Gesamtorganismus und sagt nichts über die Ausnützung des Blutsauerstoffes in den einzelnen tätigen bzw. ruhenden Organen. Das venöse Mischblut stammt ja aus Organen, die sehr verschieden in Anspruch genommen werden können und deren Sauerstoffbedarf bzw. -verbrauch deshalb auch sehr verschieden sein kann. Besonders bei Muskelarbeit wird dies der Fall sein. Es wird somit verständlich, daß die Gesamtausnützung weitgehend von der Verteilung der zirkulierenden Blutmenge abhängen muß. Die periphere Regulation des Minutenvolumens zielt bei Muskelarbeit, wie früher erörtert wurde, u. a. darauf, einen größeren Teil des zirkulierenden Blutes durch die Muskelgefäße zu treiben, und dies wird teils durch eine Erweiterung derselben, teils durch eine kollaterale Gefäßverengerung in den relativ untätigen Organen erreicht. Durch diese Regulation, die gleichzeitig auch für die Zirkulationsgröße des Blutes maßgebend ist, muß die Gesamtausnützung sich der Ausnützung des durch die arbeitenden Muskeln strömenden Blutes nähern, und eine relativ niedrige Gesamtausnützung muß — unter Voraussetzung konstanter Bedingungen für den Gasaustausch zwischen Capillarblut und Muskelgewebe — auf ein Versagen der Regulierung zurückgeführt werden.

Betrachten wir die lokalen Vorgänge in den arbeitenden Muskeln, dann muß gleich bemerkt werden, daß wir aus einem gewöhnlichen Stoffwechsel- und Kreislaufversuch am Gesamtorganismus nicht imstande sind, quantitativ zu entscheiden, wieviel der Blutstrom bzw. die Ausnützung im betreffenden Muskel zugenommen haben.

Der Zweck der Regulierung muß darin bestehen, die beiden letzten Funktionen derart einzustellen, daß die $O_2$-Aufnahme dem $O_2$-Bedarf entspricht. Durch Eröffnung vieler während der Ruhe geschlossener Capillaren wird die pro Zeiteinheit durchströmende Blutmenge vergrößert, und da gleichzeitig die Diffusionsfläche um ein Vielfaches zugenommen hat, ist eine stark vermehrte Sauerstoffzufuhr an das Muskelgewebe ermöglicht.

Die erwähnten Vorgänge brauchen jedoch nicht an sich eine verbesserte Ausnützung zur Folge zu haben; in dieser Hinsicht sind es die Diffusionsbedingungen in bezug auf *jede einzelne Capillare*, die in Betracht kommen. Von Faktoren, die die Ausnützung des Blutsauerstoffes beeinflussen können, sind die Stromgeschwindigkeit des Blutes in den Capillaren, die $O_2$-Spannungsgefälle in der Umgebung derselben und der Verlauf der Dissoziationskurve des Oxyhämoglobins zu nennen.

Ob die Stromgeschwindigkeit in den Capillaren bei Muskelarbeit im Verhältnis zur Ruhe gesteigert oder vermindert ist, ist im allgemeinen nicht möglich zu sagen. Es hängt davon ab, ob der Gesamtquerschnitt des ganzen Capillargebietes, also unter Berücksichtigung der kollateralen Gefäßverengerung, stärker als das Minutenvolumen vergrößert ist oder nicht. Bei Inanspruchnahme großer Muskelgruppen und nur geringer Verengerung der Capillaren in den ruhenden Organen ist es wohl nicht unwahrscheinlich, daß die Zunahme des Capillargebietes die Vergrößerung des Minutenvolumens übersteigen kann, und es kommt dann zu einer Verlangsamung des Blutstromes in den Capillaren und somit zu einer besseren Ausnützung. Wenn aber die Geschwindigkeit gesteigert ist, dann muß dieser, die Ausnützung herabsetzende Faktor, durch die beiden anderen genannten kompensiert werden.

Für den Einfluß, den die $O_2$-Spannungsdifferenz zwischen Blut und Gewebe auf die Diffusion ausübt, ist es entscheidend, ob die Spannung in der nächsten Umgebung der Capillare schwach oder steil abfällt, weil die Diffusion natürlich um so größer wird, je steiler dieses Gefälle ist. In der Ruhe ist der $O_2$-Verbrauch nur gering und die Spannung wird rings um jede Capillare nur langsam abnehmen;

bei eintretender Muskeltätigkeit und vergrößertem $O_2$-Verbrauch wird aber das Spannungsgefälle viel steiler, wodurch die Diffusion pro Zeiteinheit zunehmen muß, was eine Verbesserung der Ausnützung bedeutet.

Hierzu kommt noch, daß — wie im Abschnitt über die Veränderungen des Blutchemismus bei körperlicher Arbeit erörtert wurde (vgl. S. 841) — die Form und Lage der Dissoziationskurve des Oxyhämoglobins sich derart ändert, daß die Dissoziationsgeschwindigkeit in den tätigen Muskeln gesteigert wird, und auch dies muß im Sinne einer verbesserten Ausnützung wirken.

Eine Zunahme der lokalen Ausnützung bzw. der Gesamtausnützung bei Muskelarbeit wurde schon in den klassischen Tierversuchen von CHAUVEAU und KAUFFMANN[1] und von ZUNTZ und HAGEMANN[2] festgestellt, und VERZÁR[3] fand am M. gastrocnemius der Katze den $O_2$-Gehalt des venösen Blutes viel niedriger beim tätigen als beim ruhenden Muskel trotz eines gleichbleibenden arteriellen $O_2$-Gehaltes.

In den alten Versuchen von LOEWY und v. SCHRÖTTER[4] am Menschen war eine sichere Veränderung der venösen $O_2$-Spannung bei Muskelarbeit nicht feststellbar; in späteren Versuchen fanden LOEWY und LEWANDOWSKY[5] bei sehr leichter Arbeit einen höheren $O_2$-Gehalt des Venenblutes als bei Körperruhe, bei schwererer Arbeit aber eine Verminderung. Mit Ausnahme dieser Versuche zeigen alle Untersuchungen über dynamische Arbeit am Menschen, daß die Gesamtausnützung bei körperlicher Arbeit zunimmt. Dies wurde schon durch die Versuche von BORNSTEIN[6] wahrscheinlich gemacht, und quantitativ ist die Verbesserung der Ausnützung von vielen Verfassern festgestellt worden.

In den ersten Versuchen mit der $N_2O$-Methode fanden KROGH und LINDHARD[7], daß der Ausnützungskoeffizient, d. h. die $O_2$-Aufnahme pro Liter Blut durch die $O_2$-Kapazität des Blutes dividiert, in der Ruhe zwischen 0,28 und 0,60 variierte, aber bei Muskelarbeit auf 0,73 ansteigen konnte.

Bei sehr mäßiger Arbeit, einer $O_2$-Aufnahme von weniger als 1 l entsprechend, fand BOOTHBY[8] die Ausnützung auf etwa das Doppelte des Ruhewertes gesteigert, und FRIDERICIA[9] konnte bei einer Leistung von nur etwa 200 mkg/min feststellen, daß die $O_2$-Spannung des Pulmonararterienblutes auf 35,2 mm gegen 44,5 mm in der Ruhe abgefallen war.

LINDHARD[10] fand, daß die Ausnützung in der Ruhe für dieselbe Vp. beinahe konstant war und daß sie im großen und ganzen mit der Größe der Arbeitsleistung anstieg. Bei trainierten Individuen war die Ausnützung besser als bei untrainierten, was wahrscheinlich einer zweckmäßigeren Regulierung des Minutenvolumens zuzuschreiben ist. Die größte $O_2$-Aufnahme pro Liter Blut betrug 148,5 ccm, einem Stoffwechsel von 2,5 l $O_2$ pro Minute entsprechend. Unter Voraussetzung vollständiger $O_2$-Sättigung des arteriellen Blutes wurde sein $O_2$-Gehalt in diesem Versuch auf 17,75 Vol.-% berechnet. Da die Ausnützung 14,85 Vol.-% betrug, war der $O_2$-Gehalt des venösen Mischblutes nur 2,9 Vol.-%. Hieraus läßt sich schließen, teils daß der Sauerstoff des durch die tätigen Muskeln strömenden Blutes beinahe vollständig ausgenützt war, und teils daß die zirku-

---

[1] CHAUVEAU u. KAUFFMANN: C. r. Acad. Sci. Paris **104**, 1126 (1887).
[2] ZUNTZ u. HAGEMANN: Landw. Jb. **27**, Suppl.-Bd. III (1898).
[3] VERZÁR: J. of Physiol. **44**, 243 (1912).
[4] LOEWY u. v. SCHRÖTTER: Z. exper. Path. u. Ther. **1**, 230 (1905).
[5] LOEWY u. LEWANDOWSKY: Z. exper. Med. **5**, 321 (1917).
[6] BORNSTEIN: Pflügers Arch. **132**, 307 (1910).
[7] KROGH u. LINDHARD: Skand. Arch. Physiol. (Berl. u. Lpz.) **27**, 100 (1912).
[8] BOOTHBY: Amer. J. Physiol. **37**, 383 (1915).
[9] FRIDERICIA: Biochem. Z. **85**, 308 (1918).
[10] LINDHARD: Pflügers Arch. **161**, 233 (1915).

lierende Blutmenge sehr zweckmäßig zwischen den arbeitenden und den ruhenden Organen verteilt gewesen ist.

Der allgemeine Befund, daß die Ausnützung mit der Größe der geleisteten Arbeit zunimmt, ist individuellen Unterschieden unterworfen; das geht u. a. auch aus den Versuchen von HOHWÜ CHRISTENSEN[1] hervor. Vergleicht man die Ergebnisse, die mit den Vpn. H. E. N. und O. B. (Tab. 18) gewonnen wurden, dann ist ersichtlich, daß bei H. E. N. die $O_2$-Aufnahme pro Liter Blut ziemlich regelmäßig mit der Arbeitsleistung ansteigt, während sie bei O. B. ein Maximum bei einer Arbeit von 1200 mkg pro Minute erreicht, um dann bei zunehmender Arbeitsgröße wieder abzufallen. Zum Zweck einer genügenden Sauerstoffversorgung der arbeitenden Muskeln reguliert also die Vp. H. E. N. vorzüglich durch die Ausnützung, während bei O. B. diese Regulation augenscheinlich bei den größeren Leistungen versagt, wahrscheinlich auf Grund einer unzweckmäßigen Verteilung des zirkulierenden Blutes in den arbeitenden und den ruhenden Organen. Eine genügende Sauerstoffversorgung kann dann nur durch eine Erhöhung des Minutenvolumens zustande kommen. Die individuellen Unterschiede in bezug auf die Ausnützung gehen auch aus den Untersuchungen von BOCK, FIELD, DILL u. a.[2] hervor. Diese Verfasser fanden übereinstimmend, daß die Ausnützung bei anwachsender Arbeit zunimmt. Bei drei Vpn. war aber der Anstieg, nachdem eine gewisse Grenze erreicht war, nur sehr gering; während bei einer vierten Vp. eine derartige Grenze nicht zum Ausdruck kam; die Ausnützung nimmt im untersuchten Gebiet (bis auf eine Leistung, einer $O_2$-Aufnahme von etwa 2 l entsprechend) ziemlich regelmäßig zu.

Wie schon früher erwähnt wurde, ist es durch die Untersuchungen von GALLE[3] wahrscheinlich geworden, daß die Ausnützung in der Ruhe *bei Kindern* etwas höher als bei Erwachsenen liegt. Während der Arbeit scheint dieselbe aber für beide Kategorien in gleicher Höhe zu liegen, und die bei der Arbeit auftretende Verbesserung ist also bei Kindern etwas weniger ausgesprochen als bei Erwachsenen.

Über den *Einfluß des Arbeitstempos* auf die Ausnützung vgl. S. 882.

*Bei statischer Arbeit* fand LINDHARD[4] — im Gegensatz zu den Ergebnissen der Arbeitsversuche mit dynamischer Arbeit —, daß die Ausnützung des Blutsauerstoffes während der Arbeit nicht belanglos abgenommen hatte. Die quantitativen Verhältnisse gehen aus Tabelle 15 hervor. Das Minutenvolumen zeigt sich gleichzeitig erhöht (vgl. S. 883); auf Grund entstandener Querspannungen als Folge der starken statischen Kontraktion geht aber der größte Teil des verstärkten Blutstromes den arbeitenden Muskeln vorbei, und eine vermehrte Blutmenge durch die nicht tätigen Organe muß eine schlechtere Ausnützung bedeuten. Die Versuche bieten also ein schönes Beispiel für den Einfluß der Blutverteilung zwischen den arbeitenden und ruhenden Organen auf die Ausnützung.

Die Variation der Ausnützung *nach dynamischer und nach statischer Arbeit* ist bereits auf S. 885 behandelt worden.

---

[1] CHRISTENSEN, HOHWÜ: Arb.physiol. **4**, 470 (1931).
[2] BOCK, FIELD, DILL u. a.: J. of biol. Chem. **73**, 749 (1927); **74**, 303, 313 (1927). — Vgl. auch L. J. HENDERSON: Blood. New Haven 1928.
[3] GALLE: Skand. Arch. Physiol. (Berl. u. Lpz.) **47**, 174 (1926).
[4] LINDHARD: Skand. Arch. Physiol. (Berl. u. Lpz.) **40**, 145 (1920).

# Die Orientierung
## zu bestimmten Stellen im Raum
### (J. III.).

# Die Orientierung im Raume bei Wirbeltieren und beim Menschen.

Von

M. H. FISCHER

Berlin-Buch.

Mit 23 Abbildungen.

### Zusammenfassende Darstellungen.

AUBERT, H., u. Y. DELAGE: Physiologische Studien über die Orientierung. Tübingen: Laupp 1888. — BONNIER, P.: L'orientation. Scientia Nr 9. Paris: Cané et Naud 1900. — BRUN, R.: Die Raumorientierung der Ameisen und das Orientierungsproblem im allgemeinen. Jena: G. Fischer 1914. — BUNGARTZ, I.: Der Brieftaubensport. Leipzig 1889. — CAMIS, M.: The physiology of the vestibular apparatus. Übersetzt von R. S. CREED. Oxford: Clarendon Press 1930. — CHAPIUS, F.: Le pigeon voyageur. Verviers 1876. — CYON, E. v.: Das Ohrlabyrinth. Berlin: Julius Springer 1908. — EXNER, S.: Entwurf zu einer physiologischen Erklärung psychischer Erscheinungen. Wien u. Leipzig: F. Deuticke 1894. — FISCHER, M. H.: Körperstellung und Körperhaltung bei Fischen, Amphibien, Reptilien und Vögeln. Ds. Handb. **15 I**, 97 (1930) — Die Regulationsfunktion des menschlichen Labyrinthes und die Zusammenhänge mit verwandten Funktionen. Erg. Physiol. **27**, 209 (1928) — auch separat München: J. F. Bergmann 1928 — Die Funktion des Vestibularapparates bei Fischen, Amphibien, Reptilien und Vögeln. Ds. Handb. **11 I**, 797 (1926). — FISCHER, M. H., u. A. E. KORNMÜLLER: Der Schwindel. Ds. Handb. **15 I**/1, 442 (1930). — FOREL, A.: Das Sinnesleben der Insekten. Deutsch von M. SEMON. München: Reinhardt 1910. — GOLDSTEIN, K.: Die Lokalisation in der Großhirnrinde. Ds. Handb. **10**, 600 (1927). — GRAHE, K.: Die Funktion des Bogengangsapparates und der Statolithen beim Menschen. Ds. Handb. **11 I**, 909 (1926). — GRASSET, I.: Les maladies de l'orientation et de l'équilibre. Paris: F. Alcan 1901. — HARNISCH, E.: Der Vogelzug im Lichte der modernen Forschung. Leipzig: Quelle u. Meyer 1929. — HARTMANN, F.: Die Orientierung. Leipzig: F. C. W. Vogel 1902. — HELMHOLTZ, H. v.: Physiologische Optik. 3. Aufl. (herausgeg. von J. v. KRIES). Leipzig 1909—1910. — HELLER, TH.: Studien zur Blindenpsychologie. Leipzig: W. Engelmann 1904. — HERING, E.: Raumsinn und Augenbewegungen. Hermanns Handb. d. Physiol. **3** (1), 343. Leipzig: F. C. W. Vogel 1879. — HILLEBRAND, F.: Lehre von den Gesichtsempfindungen. Wien: Julius Springer 1929. — HOERTER, I.: Der Brieftaubensport. Leipzig 1890. — HOFF, H., u. P. SCHILDER: Die Lagereflexe des Menschen. Wien: Julius Springer 1927. — HOFMANN, F. B.: Die Lehre vom Raumsinn des Auges. Berlin: Julius Springer 1920 u. 1925. — HORNBOSTEL, E. M. v.: Das räumliche Hören. Ds. Handb. **11 I**, 602 (1926). — KRIES, J. v.: Allgemeine Sinnesphysiologie. Leipzig: F. C. W. Vogel 1923. — KÜHN, A.: Die Orientierung der Tiere im Raume. Jena: G. Fischer 1919. — LENZEN, H. I.: Die Brieftaube. Dresden 1873. — LUCANUS, F. v.: Die Rätsel des Vogelzuges. Langensalza: Beyer u. Mann 1922. 3. Aufl. 1929 — Zugvögel und Vogelzug. Berlin: Julius Springer 1929. — MÁDAY, ST. V.: Psychologie des Pferdes und der Dressur. Berlin: P. Parey 1912. — MAGNUS, R.: Körperstellung. Berlin: Julius Springer 1924. — MALAGOLI, G.: I Colombi. Torino 1887. — LA PERRE DE ROO: Le pigeon messager. Paris 1877. — RABAUD, E.: L'orientation lointaine et la reconnaissance des lieux. Paris: F. Alcan 1927. — ROSE, M.: La question des tropismes. Paris: Les presses univ. de France 1929. — SCHILDER, P.: Das Körperschema. Berlin: Julius Springer 1923. — SEMON, R.: Die Mneme. Leipzig: Engelmann 1908. — SEMON, R.: Die mnemischen Empfindungen. Leipzig: Engelmann 1909. — STEIN, ST. V.: Die Lehre von den Funktionen der einzelnen Teile des Ohrlabyrinthes. Deutsch von C. v. KRZYWICKI. Jena: G. Fischer 1894 — Schwindel (Autokinesis externa et interna). Leipzig: O. Leiner 1910. — STEINBERG, W.: Die Raumwahrnehmung der Blinden. München: E. Reinhardt 1920. — TSCHERMAK, A.: Optischer Raumsinn und Augenbewegungen. Ds. Handb. **12 II**, 834, 1001 (1931). — WACHS, H.: Die Wanderungen der Vögel. Erg. Biol. **1**, 479—637 (1926). — WATSON, I. B., and K. S. LASHLEY: Homing and related activities of birds. Pap. from the depart. of marine biol. of the Carnegie Inst. of Washington **7**, 1—104 (1915). — WITTOUCK, S.: Die Reisduif. Kortryck 1878.

# I. Vorbemerkungen und Problemstellung.

An einer Stelle seines Büchleins über die Orientierung schreibt F. HARTMANN[1]: „Wir wurden in vergleichend physiologischer Betrachtung dazu geführt, in der Orientierung den biologischen Effekt der auf den Organismus wirkenden Kräfte auf Lage, Bewegung und Bewegungsrichtung zu sehen. Mit anderen Worten werden durch die Orientierung also im besonderen Lage, Bewegung und Bewegungsrichtung des Organismus im Raume überhaupt in bezug auf die übrigen räumlichen Dinge definiert."

Es erhellt bereits aus diesen wenigen Worten, wie ungeheuer weitreichend die Fragestellung der Orientierung im Raume ist. Sollte sie in unserer Zusammenfassung erschöpfend bis in alle Einzelheiten abgehandelt werden, dann würde dies zunächst einmal einen sehr großen Zeitaufwand und ein ungebührliches Maß an Raum verlangen. Es ließe sich dabei aber auch ein anderer wenig erwünschter Umstand kaum vermeiden, nämlich eine Wiederholung zahlreicher Tatbestände, welche bereits in anderen Bänden dieses Handbuches ausführlich besprochen worden sind. Wir denken hier vornehmlich an das, was man als *statische Orientierung* zu bezeichnen pflegt[2]. Wir wollen diese deshalb nur insoweit in den Kreis unserer Betrachtungen ziehen, als sie eine unbedingte Notwendigkeit zur Klärung unserer Fragestellungen bedeutet. Bei der Betrachtung der Orientierung des Menschen im Raume wird sich allerdings aus verschiedenerlei Gründen ein etwas genaueres Eingehen auf die Probleme der sog. absoluten Lokalisation nicht vermeiden lassen.

Im allgemeinen müssen wir uns aber auf das beschränken, was man als *dynamische Orientierung* zu bezeichnen pflegt. Bei den Wirbeltieren liegen die eingehendsten Studien darüber an Vögeln vor, wenn wir hier zunächst vornehmlich an die sog. *Fernorientierung* denken. Es muß aber auch gleich an diesem Orte unsere Fragestellung wesentlich eingeschränkt werden. Wir wollen uns nicht mit jenen Problemen beschäftigen, welche der *Vogelzug* im allgemeinen involviert; gerade darüber liegen ja mancherlei ausgezeichnete Zusammenfassungen vor[3], wenn auch von einer definitiven Erfassung des Zugproblems derzeit wohl kaum noch die Rede sein kann. Freilich handelt es sich auch beim Vogelzuge in der Regel um eine Orientierung zu bekannten Stellen, wenn ältere Tiere, die ihren Weg schon wiederholt gemacht haben, in Frage kommen. Es ziehen aber auch junge Vögel ohne Eltern und ohne Führer. Man muß hier annehmen, daß unter solchen Umständen ganz andere Momente wirksam sind als beispielsweise bei der Heimkehr der Brieftauben.

Von mancherlei Interesse wäre auch die so heiß umstrittene „*Instinktfrage*". Es verbietet sich uns jedoch an dieser Stelle, eingehender jene Fragen der Tierpsychologie zu erörtern. Es sei speziell auf die bekannten Ausführungen von SEMON[4] hingewiesen. Man darf auch nicht vergessen, daß eine anthropozentrische Betrachtungsweise bei der Orientierung der Tiere nicht

---

[1] HARTMANN, F.: Die Orientierung. 1902.
[2] FISCHER, M. H.: Ds. Handb. **11 I**, 797 (1926); **15 I**/1, 97 (1930). — MAGNUS, R., u. A. DE KLEYN: Ds. Handb. **11 I**, 868 (1926); **15 I**/1, 29 (1930).
[3] Vgl. unter anderen auch F. v. LUCANUS: J. Psychol. u. Neur. **26**, 300 (1921).
[4] SEMON, R.: Die Mneme. 1908 — Die mnemischen Empfindungen. 1909.

gerechtfertigt ist, daß es überhaupt besser ist, wenn hier eine Terminologie nicht angewendet wird, welche für den Menschen üblich ist. In dieser Auffassung müssen wir uns RABAUD[1] bedingungslos anschließen.

Der speziell in den letzten Jahren von experimentell zoologischer Seite studierte *Nahrungserwerb* bei Tieren steht natürlich auch in einem verhältnismäßig engen Zusammenhang mit der Orientierung; doch kann auch da nur vereinzelt auf einschlägige Arbeiten hingewiesen werden.

Da unsere Abhandlung nur die Wirbeltiere und den Menschen betrifft, darf auch von einem näheren Eingehen auf die so reizvolle *Tropismenlehre* (J. LOEB, A. KÜHN usw.), welche in den letzten Jahren vielfaches Interesse auf sich gezogen und zu mannigfachen Erkenntnissen geführt hat, abgesehen werden. Überdies wurden die Rheotaxis und der Rheotropismus bei Fischen bereits an anderen Stellen dieses Handbuches ausführlich besprochen[2]. Es sei nur noch erlaubt, die Ansichten einiger Forscher über die Orientierung, speziell die Einteilung derselben, in groben Zügen anzuführen.

BRUN[3] versteht unter Raumorientierung im weitesten Sinne: „Die Fähigkeit der Organismen, ihren Körper oder einzelne Teile desselben in bestimmter Weise auf die einwirkenden Reizquellen einzustellen bzw. ihre räumliche Fortbewegung (Lokomotion) in irgendeiner Weise auf solche Reizquellen zu beziehen."

BRUN teilt die Raumorientierung in eine statische und eine dynamische Orientierung ein. Eine dynamische Orientierung kann nach BRUN nur durch von der Außenwelt stammende Reize, also auf exterozeptivem Wege ausgelöst werden. Auf diese Anschauung gründet sich folgender Satz von BRUN: „Jede dynamische Orientierung setzt somit bereits eine gewisse Beteiligung des mnemischen Faktors voraus."

BRUN spricht weiterhin von einer *„unmittelbaren direkten Raumorientierung"*. Eine solche kommt dann in Frage, wenn das Ziel der Orientierung direkt mit den Sinnen wahrgenommen werden kann. Hierher rechnet BRUN:

a) die Tropismen;

b) die Orientierung durch Vermittlung von Reflexautomatismen. Ein Frosch blickt z. B. so lange zur Fliege, als er diese sieht. Eine Mücke fliegt gegen das Licht. Es handelt sich hierbei nach BRUN um sog. einphasische Bewegungskomplexe;

c) Orientierung durch Instinktautomatismen, auf Grund mehrphasischer Bewegungskomplexe (vgl. weiter unten).

Unter *„mittelbarer indirekter Raumorientierung"* versteht BRUN eine Orientierung durch sukzessive Wahrnehmung und Wiedererkennung intermediärer Richtungszeichen oder Anhaltspunkte (landmarks nach WATSON und LASHLEY, points de repères nach französischen Autoren), welche als sog. „Engramme" im „Sensorium" des Tieres vertreten sind. Es ist dabei eine selbstverständliche Forderung, daß eine Reversibilität des „mnemischen Ablaufes" möglich sein muß, ja geradezu als eine Conditio sine qua non angesehen werden muß. Die mit den intermediären Reizen verknüpften Engramme müssen bei der Rückkehr eine „Reversion", bei Wiederholung des Weges eine einfache „Reiteration" gestatten.

BRUN schickt seinen Anschauungen eine Annahme voraus, die zweifellos anerkannt werden muß, und die er folgendermaßen formuliert: „Jede indirekte Raumorientierung setzt selbst in den einfachsten Fällen die Fähigkeit zur individuellen plastischen Engraphie unbedingt voraus."

---

[1] RABAUD, E.: L'orientation lointaine etc. 1927.
[2] HERTER, K.: Ds. Handb. 11 I, 68 (1926).
[3] BRUN, R.: Die Raumorientierung usf. 1914.

Bei der *indirekten Orientierung* unterscheidet BRUN zwei Hauptkategorien und unterteilt dieselben wiederum in einer Weise wie folgt:

A. Indirekte Orientierung auf Grund einphasischer Komplexe:
- a) nach der Lichtquelle,
- b) nach dem Wind,
- c) nach dem Erdmagnetismus,
- d) nach der Schwerkraft,

  } freie Orientierung,

- e) nach topographischen Linien oder Konturen,
- f) auf Ameisenstraßen,
- g) auf einfachen Geruchsfährten,
- h) nach gleichförmigen visuellen Wegmarken,
- i) Herausfinden aus einem Labyrinth,

  } kanalisierte Orientierung auf vorgezeichneter Bahn.

B. Indirekte Orientierung auf Grund mehrphasischer Komplexe.

Hier handelt es sich darum, daß die Orientierung in eine Reihe qualitativ unterschiedlicher Komplexe zerfällt. Eine korrekte sukzessive Reversion des aus zahlreichen Engrammen bestehenden Komplexes muß nach BRUN angenommen werden. Sie kann auf Grund mehrfacher Erfahrungen relativ vollkommen werden.

CLAPARÈDE[1] macht in klarer Weise darauf aufmerksam, daß das Problem der Orientierung oft, je nach den vorliegenden Umständen, in ganz verschiedener Weise aufgefaßt worden ist und daß es notwendig ist, dasselbe genau zu umschreiben.

Hier sei zunächst die Frage aufzuwerfen, ob man von Orientierung nur zu einem bestimmten *bekannten* Ziele sprechen darf, oder ob nicht auch hierher gehört, daß bestimmte junge Vögel auch ohne ihre Eltern oder Führer ihren Zug antreten und sowohl den Weg als auch ein ihnen unbekanntes Ziel, ihre Winterquartiere, finden.

CLAPARÈDE klassifiziert darum die verschiedenen Orientierungsprobleme folgendermaßen:

Ziel
- bekannt
  - I. direkt wahrnehmbar
  - nicht wahrnehmbar
    - II. Anhaltspunkte sind gegeben (points de repères, landmarks)
    - III. keine sichtlichen Anhaltspunkte sind vorhanden
- unbekannt
  - IV. wahrnehmbar
  - nicht wahrnehmbar
    - V. intermediäre Reizeinwirkungen sind vorhanden
    - VI. keine intermediären Reizeinwirkungen liegen vor.

RABAUD[2] schreibt, daß man die Wanderung der Vögel beim Vogelzuge, welche auf einem „mémoire héréditaire" beruhe, nicht mit dem davon grundverschiedenen Problem der Orientierung zusammenwerfen dürfe. Genau derselben Meinung ist übrigens auch ALIX[3].

In diesem Sinne haben auch WATSON und LASHLEY[4] das Orientierungsproblem aufgefaßt. Diese Autoren fügen noch hinzu, daß es zweckmäßig ist, von einer *Nahorientierung* und einer *Fernorientierung* zu sprechen und begründen dies wiederholt in ausführlicher Weise. Der Ausdruck Nahorientierung ist so zu verstehen, daß Tiere das Ziel finden, wenn von dort aus direkt einwirkende Sinnesreize ausgehen, seien es Sehreize, Geruchsreize, Gehörsreize oder andersartige. WATSON und LASHLEY machen z. B. darauf aufmerksam, daß die See-

---

[1] CLAPARÈDE, M. ED.: Arch. de Psychol. **2**, 133 (1903).
[2] RABAUD, E.: L'orientation lointaine etc. 1927.
[3] ALIX, E.: Rev. scient. **28**, 532 (1891).
[4] WATSON, J. B., and K. S. LASHLEY: Pap. from the depart. of mar. biol. of the Carnegie Inst. of Washington **7**, 1 (1915).

schwalben das Nest mit ihren Jungen nachts deshalb finden, weil sie ihre Jungen offensichtlich an den Stimmen erkennen. Hierher gehört auch, daß Tiere ihr „goal" (WATSON und LASHLEY bezeichnen damit generell das Nest, den Stall, den Taubenschlag usw.) dadurch wiederfinden, daß dasselbe durch bestimmte Gerüche ausgezeichnet ist.

Ist also das Problem der Nahorientierung ein verhältnismäßig einfaches und leicht einzusehen, so liegen bereits große Schwierigkeiten vor, wenn man das Problem der Fernorientierung einer genauen Betrachtung unterzieht. Die Fähigkeit der Fernorientierung setzt voraus, daß Tiere aus so großen Distanzen in ihr „goal" zurückkehren, daß eine direkte Reizeinwirkung vom „goal" auf das Tier nicht in Frage kommen kann.

HARTMANN[1] ist auf Grund seiner Betrachtungen zu Anschauungen über die Orientierung bei Wirbeltieren gekommen, die im folgenden gipfeln:

„Das gesamte sensible und sensorische System beeinflußt in erster Linie und relativ unabhängig von höheren Hirnzentren die quergestreifte Muskulatur und übt einen (tonisierenden) richtenden, orientierenden Einfluß unter Vermittlung der Orientierung der Sinnesorgane auf den Gesamtorganismus in Lage, Bewegung und Bewegungsrichtung und wird in dem Ablaufe dieser Vorgänge stetig durch die den höheren Stationen vermittelten Impulse und hierdurch angeregte Tätigkeit dieser regelnd beeinflußt.

Allein die sensiblen Elemente des tierischen Organismus, also seine Sinnesorgane — in des Wortes weitester Bedeutung — ermöglichen durch die Aufnahme der von der Außenwelt ausgehenden Reize die Orientierung des Organismus zu dieser. Sie sind die Vorbedingung alles psychischen Geschehens, ohne sie kann es nicht zu Empfindungen, Vorstellungen, nicht zu Motilitätserscheinungen, kurz zur Entwicklung psychischer Phänomene überhaupt kommen. Der Ausfall dieses oder jenes Sinnesorganes erweist im Beispiel auch das Fehlen alles darauf bezüglichen psychischen Materiales.

Die Orientierung des Organismus ist an die Intaktheit seiner sensiblen Elemente gebunden.

Durch sie erst tritt der Organismus in lebendige Wechselbeziehung zur Außenwelt, seine Einstellung zu allen Reizwirkungen der in der Materie der Außenwelt wirkenden Kräfte nennen wir biologisch seine Orientierung.

Die Dignität der einzelnen Sinnesgebiete bezüglich ihres bestimmenden Einflusses auf die Orientierung des Organismus ist eine verschiedene, eine verschiedene nicht nur bei den einzelnen Tierspezies, sondern auch in mehr oder minder hohem Grade bei den einzelnen Menschen.

Im allgemeinen ist beim Menschen wohl der Einfluß des optischen und statischen Sinnesystems ein prädominierender. Wir werden andererseits sehen, wie auch die Störungen gerade der hierher gehörigen Nervenstationen viel eingreifender für die Gesamtorientierung werden, als die Zentralstätten anderer Sinnesorgane.

So gelangen wir in vergleichender Betrachtung, welche nahezukommen scheint einer biologischen Darstellung der Reflextätigkeit in der organischen Welt, zu dem Ende, den Effekt der Wirkung äußerer Reize auf die organische Welt in durch die phylogenetisch erworbene Morphologie gesetzmäßig bestimmten, meist zweckmäßigen motorischen Vorgängen am zum Sinnesorgane gehörigen motorischen Apparate zu erblicken und finden diesen biologischen Grundvorgang in der gesamten organischen Welt durchgeführt. Wir bezeichnen ihn als die elementare Orientierung des Sinnesorganes durch den äußeren Reiz.

Wie in der wirbellosen Tierwelt bestehen auch in der Wirbeltierreihe jene elementaren Beziehungen zwischen Lage und Stellung des Sinnesorganes und Körperlage. Auch in der Wirbeltierreihe finden wir den Vorgang der Einstellung des Körpers zum Sinnesorgane als die sekundäre Orientierung des Gesamtorganismus zu einem äußeren Reize.

Die Zahl dieser Vorgänge wächst mit der Kompliziertheit im Baue des Nervensystems und die einzelnen elementaren Orientierungsvorgänge beeinflussen sich wechselseitig."

„Der biologische Begriff der Orientierung beim Wirbeltier läßt sich demnach endlich dahin präzisieren, man habe unter der Orientierung hier cerebrale Nervenleistungen zu verstehen, welche die biologischen Orientierungsvorgänge an den einzelnen Sinnesorganen im Sinne der Zweckmäßigkeit modifizieren. Sie entstehen im Cerebrum aus dem Zusammenwirken von Sinnesreizen mit den subcortical aus dem Ablaufe von Bewegungsvorgängen und zugehörigen subcutanen Reizkomplexen zentripetal entsendeten Impulsen und geben im einzelnen Sinnesysteme sowohl als unter dem gleichzeitigen Zusammenwirken aller Sinnes-

---

[1] HARTMANN, F.: Die Orientierung. 1902.

endstätten und unter dem Einflusse des schon gebildeten Gedächtnismateriales corticofugale Anregungen ab, die als willkürliche Bewegungen den Organismus in Lage, Bewegung und Bewegungsrichtung zum jeweiligen Reizkomplexe der Außenwelt zweckmäßig in Beziehung setzen."

Es ist klar, daß die Orientierung beim Menschen vom Standpunkte der Sinnesphysiologie aus zu betrachten ist. Sie ist innig verknüpft mit den Fragen der optischen, akustischen und haptokinästhetischen Lokalisation. Begreiflicherweise können auch hier nur bestimmte Grundlagen der Lokalisation in den Kreis unserer Betrachtungen gezogen werden, die von speziellerem Belange sind. Es würde ja eine andere Darstellung sonst auch auf eine unweigerliche Wiederholung in diesem Handbuche bereits besprochener Tatbestände hinauslaufen.

Strenggenommen verlangte die sog. *Orientierung am eigenen Körper* eine gesonderte Behandlung. Sie ist es, welche in erster Linie den Kliniker interessiert. Über den klinischen Begriff der Orientierung hat sich HARTMANN[1] in folgender Weise geäußert.

„Die psychische Verwertung der Beziehung des Organismus zum umgebenden Raume nach Richtung und Lokalisation in dieser (also die psychische Verwertung der Richtungsempfindungskomplexe) durch Vermittlung der Zentralstätten *eines* Sinnesgebietes bezeichnet man als seine Orientierung in dem betreffenden Sinnesraume.

Die psychische Verwertung der Beziehung des Organismus zum umgebenden Raume nach Richtung und Lokalisation in dieser (also die psychische Verwertung der Richtungsempfindungskomplexe) durch Vermittlung der Zentralstätten *sämtlicher* Sinnesgebiete bezeichnet man als seine Orientiertheit im Sinnesraume überhaupt.

Die äußeren Erscheinungen des Vorganges der Orientierung und Orientiertheit sind die Bewegungsphänomene an der Gesamtheit der Sinnesapparate — die willkürlichen Handlungen. An ihnen mißt der Kliniker ihren Grundvorgang; die dem äußeren Reizkomplexe jeweilig adäquate Resultierende aus der Gesamtheit der modifizierten biologischen Orientierungsvorgänge wird als der Maßstab für Stimmung, Aufmerksamkeit, Vorstellungsablauf, Urteils- und Kombinationsfähigkeit benützt."

Auch diese Dinge können im einzelnen nur gestreift werden, ebenso wie die verschiedentlichen bei Schädigung der nervösen Zentralorgane bzw. peripheren Sinnesorgane (Augenmuskellähmungen u. dgl.) auftretenden Orientierungsstörungen. Der damit innig im Zusammenhang stehende Schwindel[2] wurde an anderer Stelle darzulegen versucht.

## II. Theorien über die Orientierung.

Es darf nicht wundernehmen, daß über die oft geradezu ans Wunderbare grenzende Orientierungsfähigkeit mancher Tiere eine ganze Reihe verschiedenartiger Theorien und Erklärungsversuche gemacht worden sind. Gerade dort, wo es sich um nur schwer erfaßbare oder einstweilen nicht übersehbare Dinge handelt, steht ja der Phantasie ein weiter Spielraum offen. Auch die Orientierungstheorien erscheinen, so häufig sie auch mit großem Scharfsinn ausgebaut und verfochten wurden, vielfach geradezu phantastisch und werden darum gar oft einfach als billige Spekulationen bezeichnet. Die Theorien reichen weit zurück. Wir wollen uns nicht versagen, eine kurze Übersicht derselben speziell im Anschlusse an CLAPARÈDE[3] und WATSON und LASHLEY[4] zu geben, wobei sich hier und da noch mancherlei Ergänzungen hinzufügen werden.

CLAPARÈDE klassifiziert die Theorien zur Erklärung der Tatsache der Fernorientierung folgendermaßen:

---

[1] HARTMANN, F.: Die Orientierung. 1902.
[2] FISCHER, M. H., u. A. E. KORNMÜLLER: Der Schwindel. Ds. Handb. 15 I/1, 442 (1930).
[3] CLAPARÈDE, M. ED.: Arch. de Psychol. 2, 133 (1903).
[4] WATSON, J. B., u. K. S. LASHLEY: Pap. from the depart. of mar. biol. of the Carnegie Inst. of Washington 7, 1 (1915).

1. Magnetischer Sinn (VIGUIER und CAUSTIER?, THAUZIÈS).
2. Atmosphärische Strömungen, Winde usw. (TOUSSENEL, ZIEGLER?), „Notions atmosphériques" (THAUZIÈS?) und spezieller Spürsinn in der Nase (v. CYON).
3. Richtung der Sonne, des Lichtes (ROMANES, LUBBOCK, WASMANN).
4. „Force spéciale" (FABRE); Attraktion von reinem Reflexcharakter (NETTER, BETHE); Tropismen (LOEB).
5. „Enrégistrement des détours"; Registrierung der verschiedenen zurückgelegten Wege (DARWIN, L. MORGAN); „loi du contrepied" (REYNAUD, P. BONNIER).
6. „Points de repères", „mémoires topographiques"; Anhaltspunkte, topographisches Gedächtnis (WALLACE, ROMANES, LUBBOCK, FOREL, FABRE, WASMANN, YUNG, BOUVIER, MARCHAL, MARCHAND, BUTTEL-REEPEN, RECKHAM, RODENBACH, ZIEGLER).
7. Direkte Wahrnehmung des Zieles (but, goal) (HACHET-SOUPLET, DUCHÂTEL), Telepathie (DUCHÂTEL).
8. Komplexe Erscheinungen, auf Intelligenz beruhend (v. CYON).
9. Erbliches topographisches Gedächtnis (KINGSLEY, PARKER und NEWTON)[1].

WATSON und LASHLEY[2] unterscheiden, wie schon eingangs erwähnt, eine Nahorientierung und eine Fernorientierung. Bei der Nahorientierung kommt eine direkte Einwirkung des „goal" auf die Sinnesorgane der Tiere (Sehreize, Geruchsreize, Gehörsreize usw.) in Frage. Bei der Fernorientierung ist derartiges nicht der Fall. Die Tiere finden sich aus großen Distanzen zu ihrem „goal" zurück, ohne daß sie dasselbe sehen, hören, riechen od. dgl. können. WATSON und LASHLEY erkennen richtig, daß eine Rückkehr in solchen Fällen nur auf zweierlei Art möglich ist:

1. Das Tier wird bei seiner Rückkehr durch eine Reihe von Anhaltspunkten (landmarks, points de repères) geleitet. Diese Anhaltspunkte würden auf irgendein Sinnesorgan der Tiere einwirken, so wie das „goal" selbst. Es müßte aber dann der eine Reiz so lange anhalten, bis der nächste einsetzt. Weiterhin müßten die Tiere aber auch diese „Marken" immer in einer ganz bestimmten Richtung verfolgen, wenn sie sich heimfinden wollen. Die Fährte müßte, wie sich WATSON und LASHLEY ausdrücken, „polarisiert" sein. Dies ist vollkommen klar, weil bei einer falschen Verfolgung der „Marken" das Tier sich ja von dem goal mehr und mehr entfernen würde und irregehen würde, anstatt sich nach Hause zurückzufinden. Alle Theorien, welche das Problem der Orientierung auf diese Weise zu deuten versuchen, werden von WATSON und LASHLEY „habit theories of return" genannt.

Wenn diese Theorien das Richtige träfen, dann gäbe es, wie WATSON und LASHLEY richtig bemerken, eigentlich überhaupt kein Problem der Fernorientierung. Es wäre dann nur festzustellen, welche Sinnesorgane hierbei eine Rolle spielen, welche Reizintensitäten ein solches Betragen auslösen und die Geschwindigkeit, mit welcher eine solche Fähigkeit erworben wird. Es handelte sich dann um dasselbe wie bei der Nahorientierung, ob ein junges Tier zu seinem Nest durch das Gehör oder durch das Gesicht oder dgl. zurückgeleitet wird.

2. Es bestände aber auch die Möglichkeit, daß das Tier auf seinem Rückwege reflektorisch durch unbekannte innerorganische oder außerorganische Reize geleitet wird, welche auf ein angenommenes, aber unbekanntes Sinnesorgan ein-

---

[1] Nähere Literaturhinweise über die Arbeiten der genannten Autoren werden, soweit sie für vorliegende Zusammenfassung von Interesse sind, an späterer Stelle gegeben.
[2] WATSON, J. B., u. K. S. LASHLEY: Zitiert auf S. 914.

wirken. Alle diese Theorien nennen WATSON und LASHLEY die „reflex theories of return". Hierher gehört die „contrepied"-Theorie, die magnetische Theorie usw. RABAUD[1] meint ja wohl dasselbe, wenn er von einem „sens interne suprasensible", einem genialen Scharfsinn der Tiere spricht.

Wir wollen nun im folgenden zunächst das Tatsachenmaterial, welches von den einzelnen Autoren oft mit direkter Absicht zur Stützung ihrer Theorien vorgebracht worden ist, anführen. Ein Eingehen auf die theoretischen Deutungsversuche wird dabei gerade deshalb zumeist nicht vermeidbar sein. Hier muß immer wieder darauf hingewiesen werden, daß viele solcher Beispiele einen fast anekdotenhaften Charakter besitzen und darum nur mit großer Vorsicht aufgenommen werden dürfen. Es sind auch viele Beobachtungen gerade deshalb, weil sie unter dem Gesichtspunkte bestimmter Theorien bzw. zur Stütze solcher gebracht wurden, zweifellos entstellt. Das hebt besonders RABAUD[2] in seiner kritischen Übersicht hervor. Trotz alledem kann man solche Erzählungen nicht alle in Bausch und Bogen verdammen, da viele doch auch manche Wahrscheinlichkeiten enthalten, und das exakte Tatsachenmaterial, welches der Orientierungsfrage eigentlich zugrunde liegen sollte, leider nur verhältnismäßig gering ist.

Wir werden nicht auf alle bei der obigen Anführung der Theorien gestreiften Probleme im Detail zurückkommen können, weil sie u. a. auch das Problem der Orientierung bei den Wirbellosen berühren, welches in mannigfacher Hinsicht eine Betrachtung in ganz anderer Richtung verlangt. Hierüber sei auf die angeführten Zusammenfassungen und auf den Bericht von BUDDENBROCK in vorliegendem Bande verwiesen.

Nach einer kritischen Betrachtung des vorliegenden Tatsachenmaterials wollen wir dann am Schlusse versuchen, einen kurzen Überblick darüber zu geben, welche Anschauungen über das Zustandekommen der Orientierung sich derzeit unter scharfer kritischer Stellungnahme rechtfertigen lassen.

# III. Die Orientierung bei Wirbeltieren.
## Vorliegendes Tatsachenmaterial und Stellungnahme zu den theoretischen Anschauungen.

### A. Bei Vögeln.
#### 1. Allgemeines[3].
##### a) Geschichte der Brieftauben.

Die Verwendung von Tauben als Überbringer von eiligen Botschaften reicht nach EXNER[4] bis weit in das griechische Altertum hinein. Die ersten historischen Berichte darüber finden sich bereits in den Schriften von ANAKREON (550 v. Chr.). EXNER weist auch auf die biblische Geschichte hin, daß Noah, als seine Arche auf dem Berge Arrarat festgefahren war, zur Auskundschaftung des Terrains zuerst Tauben auffliegen ließ. Auch bei

---

[1] RABAUD, E.: L'orientation lointaine et la reconnaissance des lieux. Paris: F. Alcan 1927.
[2] RABAUD, E.: Zitiert unter Anm. 1.
[3] Herrn Dr. O. PFUNGST bin ich für die freundliche Mitteilung einer ganzen Reihe wichtiger Literaturhinweise sehr verbunden. Mein besonderer Dank gebührt dem Generalsekretär des Verbandes deutscher Brieftaubenzüchtervereine Herrn W. DÖRDELMANN in Hannover-Linden. Derselbe hat sich der dankenswerten Mühe unterzogen, mich auf manche wichtige Beobachtungen und zahlreiche Berichte über das Orientierungsvermögen der Brieftauben in der Zeitschrift für Brieftaubenkunde aufmerksam zu machen und hat mir die entsprechenden Hefte genannter Zeitschrift entgegenkommend zur Verfügung gestellt.
[4] EXNER, S.: Das Rätsel der Brieftauben. Schr. Ver. Verbreitg. naturwiss. Kenntnisse in Wien **32**, 77 (1892).

den alten Römern wurden Brieftauben verwendet. Im 12. Jahrhundert wurden die Brieftauben von den Kalifen besonders gepflegt. Mehrere hundert Jahre hindurch waren in Persien, Syrien und Ägypten Taubenposten eingerichtet, die über das ganze Land verbreitet waren. Auch die Kreuzfahrer benützten Brieftauben, um Nachrichten in die Heimat zu senden. Während des niederländischen Krieges im 16. Jahrhundert ermunterte Prinz Wilhelm von Oranien durch Brieftaubenpost das belagerte Haarlem. Sehr bekannt ist, wie während der napoleonischen Kriege das Haus Rothschild in London standig raschestens über die Vorgänge auf dem Festlande durch Brieftauben orientiert wurde, und wie dies zu spekulativen Zwecken ausgenützt wurde. Späterhin kamen Brieftauben als sog. „Kurstauben" häufig bei der Börse zu spekulativen Zwecken zur Verwendung. In Frankreich hatte lange Zeit jede Armee ihre eigenen Brieftauben. Bei der Belagerung von Paris im Jahre 1870 wurden zur Übermittlung von Nachrichten 363 Tauben außerhalb von Paris aufgelassen, von denen jedoch nur 73 zurückgekehrt sind. Auch auf Kriegsschiffen wurden Brieftauben gehalten. Zeitungsleute bedienten sich der Brieftaubenpost. Auf mikrophotographischem Wege wurde erreicht, daß man bis 50000 Worte auf einem Papier von weniger als 0,5 g unterbringen konnte, welches dann unter dem Mikroskope entziffert wurde.

Es ist begreiflich, daß sich in der modernen Zeit des ungeheueren Aufschwunges der Telephonie und Telegraphie, vor allem aber der drahtlosen Radiotelegraphie, die Verwendung der Brieftauben in mannigfacher Hinsicht verschoben hat. Der Brieftauben*sport* hat aber nach dem Kriege nichtsdestoweniger einen sehr bemerkenswerten Aufschwung genommen.

Man bekommt ein recht interessantes Bild von dem Wandel der Zeiten, wenn man folgende Worte liest, die J. R. Ewald[1] vor rund 30 Jahren gelegentlich eines Vortrages über das Brieftaubenproblem ausgesprochen hat: „Man spricht in letzter Zeit viel von Radiographen und von der Telegraphie ohne Draht. Im Vergleich mit den Brieftauben sind sie nur sehr unvollkommen. Denn abgesehen davon, daß die Entfernung, innerhalb welcher sie wirken können, der Flugstrecke einer Taube gegenüber sehr beschränkt ist, so übermitteln sie die Nachricht nur ganz langsam, eine Depesche nach der anderen. Eine Brieftaube kann dagegen 50000 Depeschen auf einmal tragen und wird jedes Wort dieser Depeschen auch nur mit wenigen Pfennigen bezahlt, so beziffert sich der Wert einer solchen Sendung nach hunderttausenden Mark."

Trotz aller modernen Benachrichtigungsmittel haben aber im vergangenen Weltkriege die Brieftauben eine sehr bedeutende Rolle gespielt. Ihr Einsatz erfolgte speziell dann mit Erfolg, wenn alle anderen Mittel versagten. Die deutsche Armee hatte ungefähr 200000 Brieftauben mit fahrbaren Taubenschlägen zur Verfügung, die amerikanische Armee gleichfalls mehrere 100000. Im ganzen sollen nach ungefähren Schätzungen mehr als $1/2$ Million Brieftauben an der Westfront zur Verfügung gewesen sein.

Es gibt zahllose Berichte, wo beispielsweise zur Lenkung schweren Geschützfeuers mit großem Erfolge Brieftauben abgeschickt wurden als letzte Retter in der Not, wenn alle Telephon- und Telegraphenleitungen zerschossen waren.

Welche Schicksale oft von dem glücklichen, rechtzeitigen Eintreffen von Brieftauben abhingen, das zeigt mit besonderer Deutlichkeit ein Bericht[2] über die Kampfe um Verdun im Juni 1916. Zu dieser Zeit konzentrierte sich der deutsche Endangriff auf das Fort Vaux, den Schlüssel von Verdun. Sämtliche Verbindungen des Forts nach hinten waren unterbrochen, die meisten Schützengräben zerstört. Nicht einmal Flugzeuge konnten die Wolken von Pulverdampf und Giftgasen über dem Fort durchdringen. Die fast erschöpften Verteidiger erhielten auf wiederholte Signale von der optischen Station Sonville keine Antwort mehr. Da sandte der Kommandeur Major Raynald die letzte vorhandene Brieftaube „Poilu" mit der dringenden Forderung um Hilfe. Die Taube kam pünktlich im französischen Hauptquartiere an und alle verfügbaren Kräfte wurden nach Fort Vaux geworfen, die Situation so gerettet. Die Taube wurde von Marschall Foch mit dem „Croix de guerre" ausgezeichnet und steht jetzt ausgestopft in einem Pariser Museum.

---
[1] Ewald, J. R.: Z. Brieftaubenk. **15**, 210 (1900).
[2] Aus Z. Brieftaubenk. **46**, 930 (1931).

Auch vielen amerikanischen Brieftauben wurden große Ehrungen zuteil. In 412 Fällen soll der Ausgang einer militärischen Operation durch Brieftaubennachrichten entschieden worden sein.

Man darf sich darum nicht wundern, daß auch jetzt noch von militärischer Seite den Brieftauben große Beachtung geschenkt wird. Es werden die Heere von Amerika, Frankreich, Belgien, Italien, Polen, Tschechoslowakei usw. alle mit eigenen Brieftaubenkolonnen ausgerüstet.

### b) Beobachtungen über „homing"[1].

Wie aus den anschließenden Berichten zu sehen sein wird, hat man sehr häufig versucht, bindende Schlüsse über das Orientierungsvermögen von Tieren aus jener Zeit zu ziehen, welche von irgendwo aufgelassenen Tieren bis zu ihrem Eintreffen am Heimatsorte benötigt wird. Bei Vögeln hat man zumeist von der sog. „*Heimflugzeit*" gesprochen.

Schon EXNER[2] hat darauf aufmerksam gemacht, daß man bei kritikloser Berücksichtigung dieses Faktors häufig recht groben Täuschungen unterliegen kann. Es darf keineswegs als allgemeingültig angenommen werden, daß Tauben nach dem Auflassen die gesamte Zeit bis zu ihrer Heimkehr ausnahmslos etwa zum „Suchen des Weges" nach der Heimat und zum Fliegen verwenden. Nach EXNER bleiben beispielsweise besonders junge, nachmittags aufgelassene Tauben stundenlang sitzen, bevor sie heimfliegen. Werden die Tiere morgens aufgelassen, dann sei dies nicht der Fall, die Tauben seien „Morgentiere". Man sieht übrigens auch sonst häufig Brieftauben stundenlang auf Kirchtürmen usw. sitzen.

Die „Heimflugzeit" bezeichnet also die gesamte *Reisedauer* mit den Aufenthalten für Futteraufnahme, Ruhepausen usw. Man ist berechtigt, aus derselben nach dem Vorgange der Verkehrstechnik die *mittlere Reisegeschwindigkeit* zu berechnen, ohne daß man aus dieser zunächst einfache Anhaltspunkte für die Fahrtgeschwindigkeit bzw. in unserem Falle für die Fluggeschwindigkeit gewinnen kann. Einfache Schlüsse auf die Orientierung läßt sie auch nicht zu.

Aus solchen Gedankengängen heraus hat EXNER versucht, eine Methode auszuarbeiten, mit Hilfe deren sich ein direktes Urteil über die tatsächliche Flugzeit bzw. über die Größe der zurückgelegten Flugstrecke gewinnen lassen sollte.

EXNER ließ seinen Tauben vor dem Auflassen an einer mittleren Schwanzfeder ein offenes Röhrchen aus Celluloid anbinden. In dieses Röhrchen war eine Campherstange eingeschlossen. Nach der Rückkehr der Tauben wurde der Campherverlust bestimmt. In Eichversuchen mit rotierten Tauben wurde festgestellt, wie sich der Campherverlust zu der zurückgelegten Wegstrecke verhält. Der Campherverlust ist begreiflicherweise um so größer, je mehr Luft an dem Celluloidröhrchen vorbeistreicht, wobei natürlich eine bestimmte Abhängigkeit von der Temperatur besteht.

Leider stellte sich diese Methode, wie schon EXNER selbst angab, als ziemlich grob heraus. Sie scheint wohl deshalb wenig oder gar nicht mehr benutzt worden zu sein[3].

Es kann natürlich hier unsere Aufgabe nicht sein, in breiter Basis auf die vielen Tausenden von *Wettflügen mit Brieftauben* einzugehen, so interessant und belehrend viele von ihnen auch sein mögen. Darüber finden sich zahllose, mehr oder minder vollständige Berichte in den Blättern der Taubenliebhaber[4]. Wir

---

[1] Unter „homing" verstehen WATSON und LASHLEY (zitiert auf S. 914) die Tatsache, daß Tiere mit einem sog. „homing sens" das Bestreben haben, von beliebigen Orten aus tunlichst rasch wieder in ihre Heimat (ihren Stall, Schlag, Nest usf. — dafür verwenden genannte Autoren den allgemeinen Ausdruck „goal") zurückzukehren. Es ist nicht leicht, den Ausdruck „homing" treffend ins Deutsche zu übersetzen. Daß von den Vögeln hierher nicht allein die Brieftauben gehören, ist allgemein bekannt.
[2] EXNER, S.: Sitzgsber. Akad. Wiss. Wien, Math.-naturwiss. Kl. III **114**, 763 (1905).
[3] Vgl. auch E. ROSENKAIMER: Z. Brieftaubenk. **44**, 249, 514 (1929).
[4] Man vgl. z. B. Z. Brieftaubenk. — La France colombophile etc.

können nur eine sehr beschränkte Zahl von Beobachtungen anführen, welche unter besonderen Gesichtspunkten zur Klärung bestimmter Fragestellungen vorgenommen worden sind. Wir wollen uns dabei auch nicht verhehlen, daß es uns infolge des geradezu unübersehbaren Materials offenbar nicht immer glücken wird, die richtige und beste Auswahl zu treffen. Doch wollen wir wenigstens versuchen, uns nicht so sehr an die Berichte von Taubenliebhabern zu halten, welche naturgemäß ein besonderes Interesse daran haben, die Leistungen ihrer Tiere herauszustreichen, sondern an jene Autoren, welche die Brieftaubenfrage wissenschaftlich vorzüglich mit Rücksicht auf das Orientierungsproblem zu studieren suchten. Immerhin wird es sich nicht vermeiden lassen, auch auf Laienberichte besonders aus der Zeitschrift für Brieftaubenkunde Bezug zu nehmen.

Von ganz besonderer Wichtigkeit erscheint es uns aber, schon hier auf die vielen sog. *„verkrachten Wettflüge"* aufmerksam zu machen. Es handelt sich hier um Flüge, wo meist nur ein kleiner Bruchteil der oft nach Tausenden eingesetzten Tauben verspätet zurückkehrt, die überaus größere Mehrzahl aber verlorengeht. Solche verkrachte Flüge werden meist bei schlechtem Wetter (Nebel, Regen, Gewitterstürmen) gemeldet. Es wird von den Witterungseinflüssen noch zu sprechen sein. Diese negative Seite des Brieftaubenproblems ist leider zu oft von wissenschaftlicher Seite mehr als vernachlässigt worden. Der Taubenliebhaber gibt aber seinem Schmerz über die wertvollen verlorenen Tiere meist offen seinen Ausdruck und kann sich mit den immer wiederkehrenden Enttäuschungen lange Zeit erprobter Tiere kaum abfinden.

Welche Ausdehnung die *Verluste eingesetzter Brieftauben* auch unter nicht gerade abnormen Verhältnissen nehmen können, das zeigen die Nachweise über zugeflogene und abgängige Brieftauben, von denen jedes Heft der Blätter der Taubenliebhaber erheblich belastet wird. Es wäre anscheinend ein sehr grober Fehler, wenn man diesem Faktor bei der Besprechung der Orientierungsfrage nicht seine gebührende Beachtung schenken wollte.

Es soll nun zunächst eine Anzahl allgemeiner Berichte folgen.

Wie RABAUD[1] meldet, wurden bei einem Experiment 8 Tauben von Antwerpen nach London gebracht; dort aufgelassen, brauchten sie für den unbekannten Weg 19 Stunden, einen Weg, der sich sonst von Tauben in 3 Stunden zurücklegen ließe. Es scheinen also die Tiere vielfach herumgeirrt zu sein.

Hierher gehören zahlreiche Experimente von THAUZIÈS[2]. Am 6. August wurden in Genf aufgelassen:

| | | | | | |
|---|---|---|---|---|---|
| 7 Uhr 10 Minuten | 24 Tauben | von | Versailles | . . . . | 280 Meilen |
| 7 „ 15 „ | 36 „ | „ | Guéret | . . . . . | 220 „ |
| 7 „ 20 „ | 8 „ | „ | Gannat | . . . . | 150 „ |

Mit Ausnahme von 4 Tauben war allen anderen die Gegend völlig unbekannt. Das Wetter war trübe, bei leichtem Nordwind. Die Rückkehrbedingungen müssen als besonders schwierig angesehen werden, weil von Genf aus in allen drei Fällen hohe Berge überquert werden mußten.

Von den 24 Tauben kehrten nach Versailles 11 nach folgenden Zeiten zurück:

10 Stunden 37 Minuten, 10 Stunden 37 Minuten, 23 Stunden 10 Minuten,
23 „ 50 „ 25 „ 27 „ 25 „ 34 „
28 „ 5 „ 33 „ 14 „ 33 „ 27 „
34 „ 2 „ 35 „ 5 „

also zu recht verschiedenen Zeiten. Erst am 4. Tage waren fast alle Tiere zurückgekehrt.

Von den Tauben aus Guéret kamen zwei Drittel am selben Tage zwischen 12 Uhr 15 Minuten und 12 Uhr 50 Minuten mittags zurück. Es kamen also Reisezeiten von 5 Stunden bis 5 Stunden 35 Minuten in Frage. Der Rest der Tauben kehrte erst am nächsten Tage zurück.

---

[1] RABAUD, E.: L'orientation lointaine etc. 1927.
[2] THAUZIÈS, A.: Arch. de Psychol. **4**, 66 (1910).

Von den Tauben aus Gannat kehrten 7 Tauben nach folgenden Zeiten zurück:
22 Stunden 50 Minuten, 23 Stunden 43 Minuten, 29 Stunden 30 Minuten.
48 „ 38 „ , 80 „ , 129 Stunden und 147 Stunden.
Eine Taube war in 10 Tagen überhaupt noch nicht zurück. Sie scheint also verlorengegangen zu sein. Auch hier bestehen sonach in den Reisezeiten ganz große Unterschiede. Die oft sehr verzögerte Rückkehr läßt schließen, daß die Tauben offenbar umherirrten, bis sie schließlich doch durch Zufall allem Anscheine nach optische Anhaltspunkte fanden, die ihnen den Rückweg zeigten. In diesem Sinne faßt RABAUD die Experimente von THAUZIÈS auf.

Die angeführten Experimente beweisen neben Tausenden von anderen Flügen, daß gut dressierte Brieftauben (um solche handelte es sich), in unbekannter Gegend aufgelassen, auf Wegen zurückkommen können, die sie niemals vorher geflogen sind. Sie finden dabei um so besser zurück, je weniger weit entfernt sie aufgelassen wurden. Als maximale Distanz, bei welcher noch optimale Ergebnisse zu erwarten sind, kommt hier nach RABAUD[1] eine solche von höchstens 300 km in Frage. Wird eine Distanz von 800—1000 km überschritten[2], dann erfolgt die Rückkehr entweder mit ganz kolossaler Verspätung, oder viele Tauben bleiben überhaupt fort (DUSOLIER[3]). Aus unbekannten Gegenden kommen die Tauben übrigens nie in normaler Zeit zurück, d. h. sie benötigen wesentlich längere Zeiten zur Rückkehr als ein direkter ununterbrochener Flug erfordern würde. Auf diese Tatsache macht ganz besonders RABAUD aufmerksam.

RABAUD meint auch, daß die Tiere bei ihrem Rückfluge sich vielfach verirren, und sehr viele und große *Kreise ziehen*, um dadurch ihre Chancen zum Auffinden optischer Anhaltspunkte zu vervielfachen. Auch EXNER[4] hat wiederholt beobachtet, daß Tauben in *Spiraltouren* aufsteigen und immer größere Kreise ziehen, offenbar um sich zu orientieren. Das tun die Tiere nach EXNER auch, wenn sie von einem Luftballon aus aufgelassen werden[5]. Daß dieses Kreisen einen großen Zeitverlust bedingt, ist gewiß eine Selbstverständlichkeit. Nach eigenen Beobachtungen von J. R. EWALD[6] kreisen durchaus nicht alle Tauben beim Auflassen. Bei wiederholten Versuchen in einer Entfernung von 6—7 km von Straßburg, von wo aus ganz Straßburg leicht zu übersehen war, kreisten beim Auffliegen immer wieder dieselben Tauben, andere dagegen flogen in gerader Richtung ab. Das Kreisen war in diesem Falle nicht nötig, weil die Tiere ihre Heimatstadt ohnehin gleich sehen konnten. EWALD schloß daher, „daß es sich (beim Kreisen) vielmehr um eine individuell verschieden ausgebildete Gewohnheit, um einen Instinkt handelt, welcher nützlich ist, aber nicht notwendig".

Speziell W. DÖRDELMANN[7] macht darauf aufmerksam, daß es irrig ist, anzunehmen, daß die Brieftaube sich gleich nach dem Auflassen in Spirallinien immer höher in die Luft schraubt, schließlich in großer Höhe einige Kurven schlägt, um dann plötzlich die Richtung nach der Heimat zu nehmen. Ein solches Benehmen zeigt sich beim ersten Auflassen einer Taube und verschiedentlich auch noch bei den nächsten Vorflügen. Je öfter und je weiter sie aber gesetzt wird, um so weniger schwenkt sie am Auflaßort umher. Bei weiten Flügen und

---

[1] RABAUD, E.: L'orientation lointaine etc. 1927.    [2] Vgl. darüber weiter unten S. 932.
[3] DUSOLIER, M.: Rev. Scient. **37** (1900); **40** (1903).
[4] EXNER, S.: Sitzgsber. Akad. Wiss. Wien, Math.-naturwiss. Kl. III **114**, 763 (1905).
[5] Vielfach sind allerdings Brieftauben von Ballonen oder Flugzeugen gar nicht zum Abfluge zu bringen. Wirft man sie gewaltsam aus, dann kehren sie oft in das Fahrzeug zurück. Ähnliches ist übrigens auch beim Auflassen auf Schiffen am Meere beobachtet worden. Vgl. A. PATEISKI: Z. Brieftaubenk. **41**, 320 (1926). — PEEMÖLLER, F.: Ebenda **46**, 918 (1931).
[6] EWALD, J. R.: Unveröffentlichtes Manuskript (dem Verf. von Prof. A. BETHE zur Verfügung gestellt).
[7] DÖRDELMANN, W.: Z. Brieftaubenk. **37**, 762 (1922); **41**, Nr 6, 7 (1926).

günstigem Wetter nimmt die Taube ohne weiteres in geringster Höhe die heimatliche Richtung und fliegt, allmählich höher steigend, glatt ab. Erfolgt der Aufflug in dieser Weise, dann sind in der Regel gute Flugresultate zu erwarten. Wenn aber gründlich trainierte Tauben bei weiten Entfernungen in Spiraltouren hochsteigen und lange über dem Auflaßplatze kreisen, dann stimme meistens etwas nicht. Solche Flüge fallen gewöhnlich nicht gut aus.

Die Chancen nicht nur für das Auffinden optischer Anhaltspunkte beim Kreisen, sondern für die Heimkehr überhaupt werden natürlich um so kleiner, je weiter entfernt die Tauben von ihrem Heimatsorte aufgelassen werden. Eine sehr wichtige, hierhergehörige Betrachtung führt RABAUD[1] an.

Tauben, die zwischen Bordeaux und Nantes dressiert und bekannt sind, werden in 400 km Entfernung von beiden Orten $^1/_8$ Wahrscheinlichkeit haben, bei ihrem Rückfluge die richtige Direktion einzuschlagen. Liegt nämlich der Auflassungsort von Bordeaux und Nantes je 400 km entfernt, dann ist der Winkel zwischen Bordeaux und Nantes 45°, also $^1/_8$ von 360 (vgl. Abb. 321). Je weiter entfernt von den beiden Orten die Tauben aufgelassen werden, um so kleiner wird selbstverständlich der Winkel zwischen Bordeaux und Nantes und dem Auflassungsorte, um so geringer wird also die Wahrscheinlichkeit, daß die Tauben zufällig die Richtung zu ihrem Heimatsorte einschlagen.

Es finden aber auch *nicht eintrainierte Tauben*, in unbekannter Gegend aufgelassen, unter Umständen ihren Schlag wieder. Das zeigt u. a. ein Experiment von DUSOLIER[2]: 2 Tauben wurden bis zu einem Alter von $3^1/_2$ Jahren in Paris aufgezogen, ohne daß sie eintrainiert wurden. Dann wurden sie nach Périgort gebracht und 3 Monate eingesperrt gehalten. Nach dieser Zeit aufgelassen, kamen sie in 2 Tagen zurück. Zweifellos läßt aber diese Tatsache, wie auch RABAUD hervorhebt, keine allgemeinen Schlüsse zu.

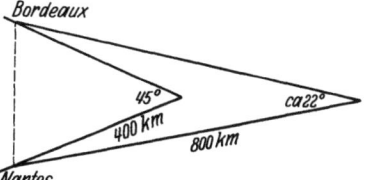

Abb. 321. Ist einer Brieftaube die Gegend zwischen Bordeaux und Nantes bekannt, dann beträgt die Wahrscheinlichkeit, sich von einem Punkte nach Hause zu finden, der 400 km von Bordeaux und Nantes entfernt ist, $^1/_8$; denn in diesem Falle ist der Winkel zwischen Bordeaux und Nantes und dem Ablugorte 45°. Befindet sich die Taube jedoch 800 km von beiden Orten entfernt, dann ist die Wahrscheinlichkeit nur ungefähr $^1/_{16}$. (Nach E. RABAUD.)

Doch gibt es noch mancherlei unzweifelhafte Beispiele, wo *untrainierte Tauben* ihren Heimatort tatsächlich aus Entfernungen bis zu 500 km wiedergefunden haben.

PEEMÖLLER[3] berichtet, daß junge, gut flügge Tauben, die noch keine Flüge um das Haus herum gemacht haben, in 100 oder 200 km Entfernung aufgelassen, nach kurzem Umherfliegen in die Richtung der Heimat abziehen. Ob sie dabei den heimatlichen Schlag erreichen, sei eine andere Frage.

WINCKELHECK[4] berichtet von einer Täubin, die noch nie die kleinste Tour gemacht hatte und trotzdem auf 200 km gesetzt, nach 7 Stunden wieder in ihrem Schlage war. Hier wird noch von einem Tiere erzählt, das gleichfalls nie trainiert worden war und sich doch über 400 km nach 3 Tagen in seinem Schlage in Luxemburg wiederfand.

Solche Fälle sind zweifellos selten. Es muß dahingestellt bleiben, wieweit der Zufall dabei eine Rolle spielt. Es ist ja eine alte Erfahrungstatsache, daß gerade Jungtiere sehr oft leicht verlorengehen. Man wird darum einigen wenigen Ausnahmefällen keine allzu große Bedeutung beilegen dürfen.

Einen interessanten Fall beschreibt REYNAUD[5], den auch CLAPARÈDE[6] besonders anführt. Eine Taube wurde von Rennes mit der Bahn nach Havre gebracht und dort auf einem Schiff mitgenommen, das in der Richtung New York fuhr. Bei den Scilly-Inseln, ungefähr

---

[1] RABAUD, E.: L'orientation lointaine etc. 1927.
[2] DUSOLIER, M.: Rev. scient. **37** (1900); **40** (1903).
[3] PEEMÖLLER, F.: Z. Brieftaubenk. **46**, 918 (1931).
[4] WINCKELHECK, H.: Z. Brieftaubenk. **42**, 881 (1927).
[5] REYNAUD, G.: C. r. Acad. Sci. Paris **125**, 1191 (1897).
[6] CLAPARÈDE, M. ED.: Arch. de Psychol. **2**, 133 (1903).

400 km von Havre entfernt, wurde die Taube ausgelassen. Sie soll nach Havre zurückgekommen und dort gefangen worden sein. Wieder ausgelassen, kehrte sie nach Rennes zurück. REYNAUD verwendet dieses Beispiel, um zu demonstrieren, daß eine optische Orientierung nicht in Frage kommen könne. Man kann aber zweifellos aus einem Einzelfalle keine solchen Schlüsse ziehen.

Sehr eingehende Untersuchungen von besonders großem Interesse sind mit ausgezeichneter Sorgfalt von WATSON und LASHLEY[1] mit zwei Arten von Seeschwalben (Anous stolidus und Sterna fuliginosa) in den Jahren 1907, 1910 und 1913 ausgeführt worden.

Diese Untersuchungen sind auf der Insel Bird Key, im Eingange des Golfs von Mexiko, ausgeführt worden (Abb. 322). Nordöstlich von dieser Insel befindet sich in einer Entfernung von 2,41 km ein 15,20 m hohes Relief. 4,82 km westlich von Bird Key liegt die größte Insel Loggerhead Key mit einem 46 m hohen Leuchtturme. In der Nähe sind noch einige kleinere Inseln und Riffe. 105,89 km ostwärts liegt Key West. Die gesamte Inselgruppe heißt Tortugasinseln.

Abb. 322. Situation der Tortugas-Inseln. (Nach WATSON und LASHLEY.)

Die beiden Schwalbenarten kommen im allgemeinen im April von Südwesten wahrscheinlich über Kuba auf die Tortugasinseln. Sie wandern Ende August oder Anfang September in Haufen wieder nach Süden ab. Key West liegt anscheinend an der nördlichsten Wandergrenze, nördlich davon wurden nämlich Seeschwalben niemals gesehen. Anous stolidus baut sein Nest aus Zweigen, Seetang und Muscheln in den Büschen und im Gras von Key West. Sterna fuliginosa dagegen macht kleine Gruben im Sande, wo sie die Eier hineinlegt. Es brüten Männchen und Weibchen abwechselnd, im allgemeinen etwa 24 Stunden lang. Auf Bird Key befindet sich ein Nest neben dem anderen. Es nisten dort schätzungsweise bis zu 30000 Tiere.

Wenn die Tiere Eier gelegt haben und brüten, dann fliegen sie nicht weg, falls sich ein Mensch nähert. Das ermöglicht leicht, diese Seeschwalben zu Versuchen einzufangen.

Die Tiere ernähren sich von lebenden Elritzen, die aus dem Wasser springen, wenn sie von größeren Fischen gejagt werden. Trotz der großen Anzahl der einzelnen Brutstätten findet jedes Tier sein Nest immer wieder.

Wenn man ein Tier des Brutpaares fängt und in Gefangenschaft hält, so betreut das alleinbleibende Tier (Männchen oder Weibchen) das Nest in der Regel nurmehr 6 Tage lang; dann desertiert es und läßt sowohl das Ei als auch evtl. die jungen Vögel im Stiche. Das bedingt eine gewisse Schwierigkeit, insofern als es deshalb unter Umständen nicht glückt, die Heimkehr von Tieren aus der Gefangenschaft noch mit Sicherheit zu beobachten. Es kehren nämlich, wie sich bei den Versuchen herausgestellt hat, genannte Schwalben auch noch nach einer Gefangenschaft von 11—26 Tagen in ihre Nester zurück, um dann wieder ihre Brutgeschäfte zu übernehmen.

---

[1] WATSON, J. B., u. K. S. LASHLEY: Pap. from the depart. of marin. biol. of the Carnegie Inst. of Washington **7**, 1 (1915).

Mit Rücksicht auf die weiten Flüge, welche mit den Seeschwalben unternommen wurden, ist es von Interesse, daß Anous im Wasser wie in der Luft zu Hause ist; dagegen ist Sterna auf dem Wasser ziemlich hilflos, dafür aber ein weitaus besserer Flieger. So fliegt in der Regel Sterna auch höher als Anous.

Bei der Durchführung ihrer „homing"-Experimente sind WATSON und LASHLEY mit großer Sorgfalt vorgegangen. Relativ früh im Mai wurden an den Brutstellen gewissermaßen Straßen angelegt, um so eine genaue Kennzeichnung der Örtlichkeit zu erreichen. Immer nur von solchen Straßen wurden dann die Tiere aus ihren Nestern gefangen und zu den Versuchen verwendet. Es gelingt, wie schon oben erwähnt, die Tiere leicht zu fangen, wenn sie den Brutgeschäften obliegen, weil sie nicht fortfliegen, falls sich der Versuchsleiter nähert. Unmittelbar bei den Nestern, aus welchen man die Tiere gefangen nahm, wurden kleine Pfähle eingeschlagen, an welchen man eine Karte anbrachte mit der Legende, wann das Tier gefangen wurde und mit einer Skizze, wie das Tier mit Ölfarbe gekennzeichnet wurde. Ein identisches Täfelchen wurde mitgenommen und den Versuchsprotokollen beigelegt (vgl. Abb. 323 und 324). Die gefangenen Tiere brachte man in Käfige. Es haben sich dabei verschiedene Unzulänglichkeiten ergeben, weil man zunächst nicht darauf achtete, die Tiere einzeln in geräumigen Käfigen zu halten. Infolge der mangelnden Bewegungsfreiheit und Streitigkeiten zusammen in einem Käfig eingeschlossener Tiere befanden sich darum viele Schwalben bei den ersten Versuchen oft in einem nicht guten Zustande.

Abb. 323. Methode der Bezeichnung von Anous stolidus und seines Nestes. (Nach WATSON und LASHLEY.)

Eine andere Schwierigkeit konnte beim Transporte der Tiere nie vollständig überwunden werden. Dieselbe bestand in der Fütterung. Nur einzelne Tiere gewöhnten sich in der Gefangenschaft daran, mitgenommene Elritzen von selbst zu fressen. Viele mußten ständig künstlich gefüttert werden. Es gelang deshalb nicht, die Tiere immer in einem solchen Zustande zu erhalten, wie er wünschenswert gewesen wäre.

Im Jahre 1907 wurden die ersten Versuche mit 6 Anous vorgenommen. Zwei von den Vögeln wurden um 9 Uhr 30 Minuten bei Rebecca Schools Light, 31,38 km von Bird Key, aufgelassen; sie kehrten um 12 Uhr mittags, also nach $2^{1}/_{2}$ Stunden, zurück. Zwei andere Tiere wurden bei Marquesas in einer Entfernung von 72,75 km um 14 Uhr 15 Minuten aufgelassen; sie kehrten um 16 Uhr zurück. Die letzten beiden Anous ließ man um 18 Uhr 30 Minuten bei Key West 106,02 km entfernt auf. Eine kehrte um 19 Uhr 30 Minuten, die andere um 5 Uhr 5 Minuten am nächsten Morgen zurück. Die Autoren glauben deshalb, daß die genannten Seeschwalben in der Nacht nicht fliegen. Die Rückkehr der beiden letzten Tiere ist um so bemerkenswerter, als sie während eines heftigen Regensturmes aufgelassen wurden.

Am 12. Juni wurden 3 Anous und 2 Sternae gefangen. Diese wurden am 16. Juni um 9 Uhr 20 Minuten auf der Fahrt nach New York bei Cape Hatteras in einer Entfernung von 1367,9 km aufgelassen. Beide Sternae wurden am 21. Juni morgens, also etwa nach 4 Tagen, wieder in ihren Nestern gefunden. Die Anous dagegen fand man niemals in ihren alten

924    M. H. Fischer: Die Orientierung im Raume bei Wirbeltieren und beim Menschen.

Nestern wieder. Doch hat der Beobachter zufällig eine der Anous einige Tage später auf das Nest zuschreiten sehen. Es ist nicht ausgeschlossen, daß auch die anderen Anous zurückgekehrt waren, jedoch nicht mehr zu ihren Nestern gelassen wurden. Es kommt nämlich vor, daß nach Abwesenheit von einigen Tagen der auf dem Nest zurückbleibende Vogel sich einen anderen Partner sucht und daß die beiden Tiere nun den ursprünglichen Partner nicht mehr zum Neste zulassen.

Am 8. Juli wurden 2 Anous und 2 Sternae gefangen. Sie waren bald in schlechter Verfassung, da man mit dem Füttern große Schwierigkeiten hatte. Am Morgen des 11. Juli wurden sie bei Havana Harbor, etwa 173,8 km entfernt, aufgelassen. Trotz ihrer schlechten Verfassung waren die Tiere am 12. Juli alle in Bird Key zurück.

1910 wurden die Experimente zum Teil unter größeren Vorsichtsmaßregeln fortgesetzt. Am 16. Mai wurden je 12 Anous und Sternae gefangen. Sie wurden am 18. Mai um 14 Uhr 30 Minuten in Key West, 103,8 km entfernt, aufgelassen. Die Rückkehrzeiten wurden nicht alle ganz genau festgestellt, weil man die Vögel nicht erwartete. Es war nämlich beabsichtigt, sie nach Galveston zu bringen und dort erst aufzulassen, was sich aber aus mancherlei Gründen

Abb. 324. Methode der Bezeichnung von Sterna fuliginosa und ihres Nestes. (Nach Watson und Lashley.)

(Stürmen usw.) nicht ausführen ließ. Von den 12 Sternae kamen 10 zurück, und zwar nach sehr verschiedenen Zeiten. 3 nach $17^1/_2$ Stunden, 2 nach $44^1/_2$ Stunden, 1 nach 5 Tagen $18^1/_2$ Stunden, 1 nach 6 Tagen $18^1/_2$ Stunden, 1 nach 8 Tagen $18^1/_2$ Stunden, 1 nach 9 Tagen $18^1/_2$ Stunden und 1 erst nach 11 Tagen.

Watson und Lashley bemerken dazu, daß sich auch aus diesen Versuchen die eigenartige Tatsache ergibt, daß die *Seeschwalben*, ebenso wie es bei Brieftauben häufig der Fall ist, *für kurze Distanzen in vielen Fällen sehr viel längere Zeiten brauchen als für große Entfernungen*. Das heißt mit anderen Worten, daß die Reisegeschwindigkeit bei kurzen Distanzen in solchen Fällen wesentlich kleiner ist als bei großen Entfernungen. Die Ergebnisse mit den Anous waren ähnlich. Alle 12 Tiere kehrten zurück. 4 davon schon nach $17^1/_2$ Stunden, 2 nach $19^1/_2$ Stunden, 1 nach $26^1/_2$ Stunden, 1 nach $41^1/_2$ Stunden, 2 nach 44 Stunden, 1 nach $45^1/_2$ Stunden und die letzte erst nach 2 Tagen und 15 Stunden. Die Unterschiede in den Rückkehrzeiten sind hier nicht so groß wie bei den Sternae.

Von den genannten Tieren wurden 4 neuerlich gefangen, um mit ihnen die *Fluggeschwindigkeiten* „trainierter" Vögel festzustellen. Sie kehrten alle 4 zusammen in ungefähr 3 Stunden 45 Minuten von Key West zurück. Die Fluggeschwindigkeit im obigen Falle kommt etwa der Geschwindigkeit der Brieftauben gleich; sie beträgt ungefähr 1100—1450 m in der Minute[1].

Am 19. Mai wurde eine Reihe von Tieren gefangen und auf einem Schiff mitgenommen, das in der Richtung New York fuhr. 4 Tiere wurden in einer Entfernung von 587,40 km von Bird Key mit Einbruch der *Nacht* aufgelassen. Nur einer von den Vögeln kehrte nach ungefähr 4 Tagen zurück.

Die anderen Tiere wurden erst am 24. Mai um 4 Uhr 30 Minuten morgens bei New York im *Nebel* aufgelassen. Die Tiere waren infolge schlechter Futterbedingungen sehr schwach. Es ist bemerkenswert, daß sie mindestens 1609,30 km hätten fliegen müssen, bevor sie gute Nahrungsbedingungen gefunden hätten. Von den Tieren kehrte keines zurück.

Eine neue Versuchsreihe wurde am 29. Mai begonnen. Zahlreiche Tiere wurden auf ein Schiff genommen, das nach Galveston fuhr. Die erste Gruppe, 3 Anous und 4 Sternae, wurden auf dem Ozean 741,90 km von Key West aufgelassen. Alle, mit einer Ausnahme, schlugen Ostrichtung ein. Auch das eine Tier wandte sich schließlich nach Osten. 2 Anous von diesen aufgelassenen Tieren kehrten am 6. Juni, also nach 3 Tagen, zurück. Es ist sehr bemerkenswert, daß die Vögel am ersten Tage einen sehr starken Gegenwind hatten.

13 andere Tiere wurden bis nach Galveston mitgenommen. 11 von diesen wurden am 4. Juni um 5 Uhr morgens aufgelassen. Die Tiere waren meistens in einer ziemlich schlechten Verfassung. Bis zum 11. Juni war von den Tieren keines nach Key West zurückgekehrt. Es war jedoch in der Zwischenzeit ein heftiger Sturm gewesen. Am 9. Juni wurde aber eine der markierten Sternae auf einem Stückchen Holz gesehen, welches in einer Entfernung von ungefähr 658,20 km von Galveston trieb.

1913 waren die Autoren mit der Besorgung der Tiere während des Transportes noch wesentlich sorgfältiger. Sie hatten inzwischen genügend gelernt, mit den Schwalben umzugehen. So wurde besonders auf die Fütterung und auf die Trennung der Tiere während des Transportes geachtet.

Am 5. Mai wurden 12 Tiere gefangen und nach Mobile mitgenommen. Knapp bevor das Schiff in Mobile angekommen war, wurden die Tiere am 13. Mai um 5 Uhr 45 Minuten morgens bei einer Sandbank, etwa 8 km von Mobile entfernt, aufgelassen. Am 20. Mai morgens, also nach ungefähr 7 Tagen, wurde ein Tier in der Nähe seines Nestes gefunden. Sein Partner hatte das Nest verlassen. Andere Tiere konnten nicht mehr gesehen werden. Die Lage der Nester war ungünstig; das Gras wuchs dort sehr schnell, man konnte deshalb nach wenigen Tagen die Nester nicht mehr finden. Auch wurden häufig die Eier von Ratten gestohlen.

Sehr bemerkenswert ist der zweite Galveston-Flug, welcher mit 12 Anous und 12 Sternae unternommen wurde, die in Bird Key am 15. Mai nachmittags gefangen und bezeichnet wurden. Die erste Nahrung erhielten die Tiere am 17. Mai. Nur 3 Vögel lernten von selbst fressen. Alle anderen mußten künstlich gefüttert werden. Eine Übersicht über die Resultate dieses Fluges ergibt sich aus folgender Tabelle (S. 926).

Dieser ausgezeichnete und sorgfältige Bericht zeigt die *ganz besondere Fähigkeit der genannten Seeschwalben, über sehr lange Distanzen zu ihrem Neste zurückzukehren.* Daß die Resultate in letzterem Falle als besonders gut zu bezeichnen sind, hängt mit der großen Fürsorge zusammen, welche man den Vögeln beim Transporte angedeihen ließ. Daß nicht noch mehr Vögel von Galveston zurückgekehrt sind, darf nach der Meinung von WATSON und LASHLEY nicht wundernehmen, weil an den Küsten von Texas sehr viele Habichte zu Hause sind. Es ist ein leichtes für dieselben, die ermüdeten Tiere, wenn sie sich an der Küste für einige Zeit zur Ruhe setzen, zu fangen.

Es wurde auf die Untersuchungen von WATSON und LASHLEY deswegen so detailliert eingegangen, weil sie offenbar mit zu den besten gehören, die überhaupt über das Problem des „homing" gemacht worden sind. Weiterhin ist es bei den Versuchen wohl ausgeschlossen gewesen, *daß irgendwelche Gesichtseindrücke eine maßgebende Rolle gespielt haben können.*

---

[1] Von einer Bestimmung der *Fluggeschwindigkeit* kann in diesem Falle allerdings nur die Rede sein, wenn man annimmt, daß die Schwalben tatsächlich in direktem, ununterbrochenen Fluge gereist sind. Das mag vielleicht nicht unbedingt der Fall gewesen sein.

Das wichtigste Resultat der Versuche besteht darin, daß gezeigt werden konnte, mit welch verhältnismäßiger Sicherheit *untrainierte* Vögel aus einer Entfernung bis zu 1609,30 km über Wasser ihren Heimweg finden können.

| Auflaßort (Entfernung von Key West) | Zahl der Tiere | Zustand der Tiere | Flugbedingungen | Rückkehr | Reisezeit |
|---|---|---|---|---|---|
| 672,690 km | 1 Anous | ausgezeichnete Verfassung | aufgelassen 20 Uhr 45 Minuten nach Sonnenuntergang, starker Gegenwind, ziemlich bewölkt | nicht zurückgekehrt | — |
| 926 km | 1 Anous | gute Verfassung | 7 Uhr morgens aufgelassen | nicht zurückgekehrt | — |
| 941,440 km | 4 Anous + 6 Sternae | Vögel gesund | 8 Uhr morgens, klares Wetter, leichte Brise von Süd | 3 Anous + 5 Sternae zurückgekehrt. Die Vögel meist in guter Verfassung, einige müde und schwach | 3 Tage 22½ Stunden<br>4 Tage 6 Stunden<br>5 Tage 2½ Stunden<br>5 Tage 2½ Stunden<br>5 Tage 21 Stunden<br>6 Tage 4½ Stunden<br>7 Tage 1 Stunde<br>7 Tage 21 Stunden |
| 1158,690 km | 2 Anous | — | 7 Uhr morgens, Himmel verhüllt, starker Regen denselben und den folgenden Tag | beide zurückgekehrt, einer ermüdet | 11 Tage 13 Stunden<br>17 Tage 2 Stunden |
| 1375,950 km | 4 Anous + 6 Sternae | in guter Gesundheit | mehrere Tiere wurden noch längere Zeit auf der Sandbank bei Galveston gesehen, starker Ostwind | zurückgekehrt 1 Anous + 2 Sternae. Alle 3 in guter Verfassung | 6 Tage 2 Stunden<br>7 Tage 6 Stunden<br>fast 12 Tage |

WATSON und LASHLEY diskutieren zwei *Möglichkeiten*, welche evtl. imstande wären, die *erstaunliche Orientierungsfähigkeit* ihrer Seeschwalben einigermaßen *aufzuklären*. 1. Die bei Cape Hatteras aufgelassenen Vögel hätten einfach die Küstenlinie zurück bis nach Key West verfolgen können, von wo aus sie vielleicht die Tortugasinseln hätten sehen können (?) (vgl. Abb. 322). Man müßte dabei allerdings gleichzeitig annehmen, daß sie die Küste in südlicher Richtung verfolgt hätten, weil sie dadurch in wärmere Regionen kommen. Eine solche Annahme kann aber für die Flüge von Galveston und vom offenen Meere aus nicht in Frage kommen. 2. Dagegen wäre vielleicht daran zu denken, daß die in Galveston und auf der Route nach Galveston aufgelassenen Tiere einem deutlichen, gekennzeichneten Wasserstrome gefolgt sind, welcher sich um die Küsten von Texas, Louisiana, Alabama und Florida herumschlingt und bei den Tortugas durch die Straße von Florida fließt. Dieser Wasserstrom unterscheidet sich von dem umgebenden, mehr stationären Wasser und von dem Strome, welcher näher der Küste läuft, durch die Farbe. Dem ist aber entgegenzuhalten, daß die auf der Route nach Galveston verwendeten Vögel zum Teil in der Nacht aufgelassen wurden, und daß alle diese Tiere 4—20 Nächte unterwegs waren, weiterhin daß sie vielfach in Nebel, Regen und unsichtigem Wetter zu fliegen hatten. Endlich hängt auch die Sichtbarkeit der Differenz an Helligkeit und Farbe zwischen den Strömungen sehr weitgehend vom Stande der Sonne in bezug auf den Beobachter ab.

Aus den genannten Gründen können darum auch diese beiden Ausnahmen nicht zu einer befriedigenden Aufklärung führen. Daß direkte Seheindrücke bei den angeführten Versuchen zum allergrößten Teile nicht maßgebend gewesen sein können, weil die Entfernungen viel zu groß waren, wird weiter unten noch genauer ausgeführt werden.

*Tauben*, welche in einem bestimmten Schlage aufgezogen sind, haben eine große *Anhänglichkeit* an ihren *heimatlichen Schlag*. Darauf beruht ja vornehmlich überhaupt die Eigenschaft der Tauben, daß sie, irgendwo aufgelassen, wieder in ihren Schlag zurückkehren. EXNER[1] bezeichnet diese Tatsache geradezu als „Heimatliebe" der Brieftauben. Er bemerkt, daß junge Tauben nur dann in einem fremden Schlage heimisch werden, wenn sie in denselben übertragen werden, bevor sie ihren Brutschlag verlassen haben. Werden sie erst später übertragen, dann kann es zwar vorkommen, daß sie Wochen und Monate lang in ihrem neuen Schlage verharren, besonders wenn sie sich dort paaren und brüten[2]. Sie kehren aber zeitweilig doch in ihren alten Schlag zurück. EXNER beschreibt hier die großen Schwierigkeiten, welche er hatte, um seine Tiere in einem neuen Taubenschlage, der im Physiologischen Institut in Wien eingerichtet wurde, einzubürgern. Die Tauben gingen immer wieder in ihren alten Schlag zurück, auch wenn sie dort nichts zu fressen bekamen; ja, sie ließen sogar ihre Eier und ihre Brut im neuen Schlage zugrunde gehen.

Ein schönes Beispiel dafür, wie Vögel sich vorzügliche *Ortskenntnisse* erwerben können, wird von HARNISCH[3] aus dem J. Ornith. 1923, 45 angeführt.

Ein Hausrotschwänzchen wurde am 24. April 1919 in Hermsdorf bei Berlin beringt und 1920 wie 1921 an genau demselben Orte wiedergefunden. Ein in Hermsdorf gekennzeichnetes Gartenrotschwänzchen zeigte noch schönere Versuchsergebnisse. Am 16. Mai 1919 beringt, wurde es ebenfalls in den Sommern 1920 und 1921 durch Kontrollfänge am Brutorte wieder beobachtet. Ja, der Vogel wurde dreimal nach Berlin mitgenommen und jedesmal aus Entfernungen von 4—12 km mitten in der Stadt aufgelassen. Er wurde stets nach wenigen Stunden wieder in Hermsdorf am Futterplatze gefunden. Wir erwähnen diesen Versuch deshalb, weil er zweifellos zeigt, daß neben den Seeschwalben auch viele andere Vögel ein mindestens ebenso gutes Orientierungsvermögen besitzen wie die Brieftauben. Auf das ganze Problem des Vogelzuges, das unsere Fragestellung nur teilweise berührt, wollen wir dabei nicht näher eingehen.

Es kommt auch vor, daß Tauben, wie bereits erwähnt, von ihren Flügen gelegentlich lange nicht zurückkehren. Solche Tiere findet man dann oft in einem fremden Schlage, wo sie sich gepaart haben und brüten. Nicht allzu selten tauchen sie aber auch wieder in ihrem alten Schlage auf, wenn die Jungen flügge geworden sind.

Es besteht also die Möglichkeit, daß Tauben unter Umständen in 2 Schlägen heimisch sind. Das haben sich manche Brieftaubenzüchter zunutze gemacht. So hat speziell MALAGOLI[4] seine Tauben geradezu auf 2 Schläge dressiert; er konnte sie auf diese Weise zu raschen Hin- und Herflügen benützen.

Auch HAGER[5] hat Versuche mit transportablen Schlägen für 6—8 Tauben ausgeführt. Tauben, die noch nicht ausgeflogen waren, hatten sich in 5 Tagen

---

[1] EXNER, S.: Sitzgsber. Akad. Wiss. Wien, Math.-naturwiss. Kl. III **114**, 763 (1905).
[2] In den Zeitschriften der Taubenliebhaber finden sich übrigens ungezählte Berichte darüber, daß vermißte Tauben oder in einen fremden Schlag übertragene Tauben gelegentlich noch nach Monaten und Jahren plötzlich wieder in ihren ursprünglichen Heimatschlag zurückkehren. Eine Menge solcher interessanter Beispiele sind bei A. VIEBIG [Z. Brieftaubenk. **37**, 271 (1922)] zu lesen. Es handelt sich hier um eine Rückkehr unter anderem nach $2^{1}/_{2}$ und 5 Jahren, noch dazu über große Entfernungen (200 und 500 km).
[3] HARNISCH, E.: Der Vogelzug usf. 1929.   [4] MALAGOLI, G.: J. Colombi. Torino 1887.
[5] HAGER, W.: J. Psychol. u. Neur. **26**, 294 (1921).

an einen solchen Taubenschlag gewöhnt. Sie wurden in einen 3 km entfernten großen fahrbaren Schlag gebracht, dort gefüttert und wieder aufgelassen. Sie flogen zu ihrem transportablen Schlag zurück. Nachdem dies 3mal wiederholt worden war, flogen die Tauben von selbst hin und zurück, wobei auch Ortsveränderungen beider Schläge erfolgen konnten.

EXNER weist mit Nachdruck darauf hin, daß die *Reisedauer bei dressierten Tauben* zumeist *wesentlich kürzer ist als bei nicht dressierten*, daß die ersteren übrigens meist auch einen kürzeren Reiseweg wählen. Dieses spricht alles für die wesentliche Bedeutung von optischen Engrammen. Es kehren auch Tauben, die auf bestimmte Reisen dressiert sind, häufig gar nicht auf diesem Reisewege zurück, sondern nehmen einen kürzeren Weg. Das dürfte offensichtlich damit zusammenhängen, daß sie verhältnismäßig hoch aufsteigen und sich auf die Ferne einstellen, die Nähe weiter gar nicht berücksichtigen, wie es auch SCHNEIDER[1] hervorhebt. Die Kreise, welche man solche Tauben beim Aufsteigen oft ausführen sieht, dürften nach SCHNEIDER dann ein Mittel sein, um optische Anhaltspunkte ausfindig zu machen.

SCHNEIDER[1] weist noch darauf hin, daß eine Reihe von Tauben, zusammen aufgelassen, oft einer erfahrenen Führerin folgt, die nicht selten dann ohne zu kreisen in einer bestimmten Richtung abfliegt[2]. Es kann aber auch vorkommen, daß solche erfahrenen Tauben durch Täler, Berge, Ortschaften u. dgl. getäuscht werden und oft tagelang umherirren. SCHNEIDER berichtet von einem Falle, wo man durch eine Woche hindurch eine Taube jeden Abend auf einer hohen Fabrikesse sah, die bei Tagesanbruch immer verschwand und am Abend wieder zurückkehrte, bis sie nach 8 Tagen ausblieb. SCHNEIDER meint, daß diese Taube vielleicht systematisch von diesem Punkte aus ihre Heimat wieder gesucht habe.

WATSON und LASHLEY[3] bringen noch interessante Berichte darüber, daß in gewissen Gegenden in der Südsee, speziell auf Low Archipelago, *Fregattvögel* in ähnlicher Weise *verwendet* werden *wie Brieftauben*. Sie beziehen sich auf einen anonymen Artikel im Zool. Soc. Bull. Nr. 29, 421, welcher aber ihren Informationen gemäß von CH. H. TOWNSEND stammen soll. Der Autor fand bei den Eingeborenen auf der angeführten Insel in der Nähe der Häuser auf Stäben sitzende Fregattvögel, welche von den Kindern gefüttert wurden. Sie waren ganz zahm und direkt aus ihrem Neste in Gefangenschaft gekommen. Die Eingeborenen teilten ihm mit, daß diese Vögel zum Überbringen von Nachrichten verwendet werden wie Brieftauben.

Zahlreiche Inseln dieser Inselgruppe erstrecken sich über mehr als 1609 km in nordwestlicher und südöstlicher Richtung. Die Fregattvögel kehren prompt in ihre Heimat zurück, wenn sie auf entfernten Inseln losgelassen werden. Sie werden mit Hilfe von Kähnen über die Inseln verteilt. Losgelassen, wenn sie Neuigkeiten überbringen sollen, kehren sie manchmal in 1 Stunde oder in noch

---

[1] SCHNEIDER, G. H.: Z. Physiol.-Psychol. S. O. **40**, 252 (1906).

[2] Bei Taubenwettflügen ist es nach übereinstimmenden Berichten übrigens meistens so, daß die Tauben in Rudeln abfliegen und ebenso in Scharen zurückkehren, so daß die Preisrichter oft sehr große Not haben. Bei verkrachten Wettflügen erfolgt dagegen die Rückkehr in der Regel vereinzelt. Die Tauben müssen durch irgendwelche Umstände voneinander getrennt worden sein. Möglicherweise liegt gerade darin eine jener Ursachen, welche das Verfliegen und Verlorengehen vieler Tiere mitbedingen. H. DESCHER [Z. Brieftaubenk. **42**, 29 (1927)] gibt geradezu aus seinen Erfahrungen an, daß sich bei Flugstörungen (Gewitter, Nebel, Regen usf.) der sonst geschlossen ziehende Schwarm auflöst und der Flug verkracht, weil die Führung aussetzt und jedes Tier auf sich angewiesen ist.

[3] WATSON, J. B., u. K. S. LASHLEY: Pap. from the depart. of marin. biol. of the Carnegie Inst. of Washington **7**, 1 (1915).

kürzerer Zeit auf ihre Stäbe in die Heimat zurück. Meistens haben sie aber keine große Eile, da sie häufig auf See Futter suchen.

Nach M. L. BECKE wurden auch auf den Samoa-Inseln um 1882 Fregattvögel wie Brieftauben verwendet. Sie brachten Nachrichten von Insel zu Insel in Entfernungen von 96 bis 129 km. Als BECKE auf Nanomaga, einer dieser Inseln, lebte, wechselte er zwei zahme Fregattvögel mit einem Handler aus, der auf Nuitao, 96 km entfernt, wohnte. Er erhielt dafür 2 andere zahme Vögel von Nuitao. Die 4 Vögel wurden in der Freiheit gelassen und flogen oft aus eigenem Antrieb hin und her, von einem Haus zum anderen, wo sie gefüttert wurden. Die Tiere von BECKE kehrten gewöhnlich in 24—36 Stunden nach Hause zurück. Er bestimmte die *Reisegeschwindigkeit der Fregattvögel*, indem er einen von ihnen mit dem Schiff nach Nuitao sandte, wo derselbe mit einer Botschaft um 16 Uhr 30 Minuten losgelassen wurde. Vor 18 Uhr am selben Tage war der Vogel bereits in Nanomaga zurück, begleitet von 2 Vögeln von Nuitao, die er offensichtlich auf der Reise getroffen hatte, weil sie nicht zu Hause waren, als er losgelassen wurde.

Es beträgt also die Reisegeschwindigkeit 96 km in $1^1/_2$ Stunden. Die Spannweite der Flügel ist bei diesen Tieren ungefähr 2,5 m, im Verhältnis zur Größe der Vögel also mächtig.

WATSON und LASHLEY bringen in ihrer ausführlichen Veröffentlichung manch interessante Berichte von Taubenliebhabern. Darunter zeichnet sich besonders ein Schreiben von einem gewissen A. E. WIEDERING aus, der einige Jahre hindurch Sekretär eines Vereines von Taubenliebhabern in Milwaukee gewesen ist. Dieser Bericht verdient ein solches Interesse, daß wir ihn am zweckmäßigsten im Originale wiedergeben:

"I was race secretary for several years and took a keen interest in the sport. In the spring of the year we would begin to train the birds over short distances, beginning with 3 or 4 miles, and then 9, 18, 33, 45, 66, and from then on 100, 200, 300, 400, 500, 600, 700, 800, and 1,000 miles. Speaking about training the birds over short distances, we come to a point that has always been under considerable argument with the fanciers. Some claimed short-distance training of great value and others considered it as a waste of time and labor and as entirely unnecessary. I agreed to a certain extent with the latter, as I was of a firm opinion that little is gained by flying the birds over short distances, that their homing instinct, since it is so called, is not developed or improved by it. The only advantage in short distance flying that I could see was that the birds got good opportunities to get used to the shipping baskets and as they felt more at home in them would more readily begin to feed and drink in them, and in that way remain in better condition for their home flights.

After several years of participation in the fancy, I advanced the argument that it was a harder task for a bird to get its bearings towards home from a short distance than from a greater distance. Careful observations of the birds' activities brought me to this belief.

The birds, I believe, home to the locality that they have been used to and not exactly to their loft. I mean that this drawing towards their home location ceases when they get within this locality, and that after that they find their loft through memory of sight by familiar landmarks, etc. I imagine a circle around their home of an imaginary distance of say 5 or 6 miles, and that their homing instinct is not brought into action until they are beyond this locality circle, and if liberated within this circle they have to depend upon their sight memory in order to find their home. I have liberated birds that have had years of experience within 3 and 4 miles of their loft and have seen these birds fly around and around for hours completely at a loss, it seemed, as to their location, and have seen them fly in the opposite direction of their home. Some of these birds had the best of reasons for returning home immediately, such as a hen hatching her egg, or a cock desiring the hen, in which cases they are more eager than usual to return home.

Then again I have been informed by liberators at long distances that the birds had taken the right direction after making a few circles; the best start was made from 1,000 miles, our greatest distance flown, the birds taking the right direction without circling, but starting for home at once. From distances of 100 miles and less the same birds had circled for over 30 minutes and did so repeatedly. From such facts I came to the conclusion that it is easier for a bird to get his bearings from a long distance than from a short one; that this unknown feeling or instinct, or sixth sense, was more intense at a greater distance; and if the bird was liberated in its own locality it did not seem to be in force.

Little, if anything, can be learned of this homing sense by flying these birds; you ship them to liberator; he liberates them, giving you conditions at the start; you see the birds returning home and know what your local conditions are, but do not know what kind of storms or air-currents the birds have to pass through, and you may have very good results from a flight on one day and from the same distance on another day may have very poor results, although the weather conditions at start and finish may be the same.

I used to stamp my address on flight feathers of the birds and used to hear from them, through parties who would catch them in their own lofts or pick them up dead. In most cases the birds would be found dead without any apparent cause. I believe that they would die from exhaustion.

The speed of a homing pigeon with hardly any winds would average about 1,400 yards per minute for about 100 miles. We have had the birds make it in an average of over 1,900 yards per minute with a strong favorable wind, and 600 yards with contrary winds.

With very favorable weather conditions we have had birds arrive home at 3 p. m. when liberated at $4^h 30^m$ a. m. from 500 miles, in apparently fresh condition. It may seem strange, if a bird can make 500 miles in one day why it should not make 1,000 miles in much less than 9 days, but it is supposed that the bird, after his best effort the first day, is exhausted and would look for food, and on account of poor condition, it takes several days before he can resume his journey. I had a bird return home after an absence of 5 years. One year I lost a bird from Walnut Ridge, Arkansas, 500 miles. The next year he happened to come home the very day we were again shipping birds to the same point. I was not very pleased with his performance the year previous and his absence for one year, and therefore shipped him again, feeling that he would surely not be able to return after his long absence and being in very poor condition. You can imagine my surprise when this same fellow was the first bird to reach home, making the distance within 12 hours.

Hobo, the bird that made the world's record from 1,000 miles, came to me when a young bird, quite sick; where he came from I did not know—he just walked into my loft, and being a good-looking bird I allowed him to remain and nursed him to health. He proved to be the most consistent performer I ever owned."

Angeschlossen findet sich eine Beschreibung über das Training des Vogels Hobo zusammen mit einem Bericht des Fluges von Houston nach Milwaukee. Man erhält aus dieser Beschreibung einen Einblick in die Art des Trainings, wie es durchgeführt wurde, bevor man von einem Vogel lange Flüge erwartete:

"A week ago last Wednesday (July 24, 1901) a number of birds owned by members of the Milwaukee district of National Federated Homing Pigeon Fanciers, were liberated at Houston, Texas, an air-line distance of 1,000 miles. Up to to-day two birds have arrived, the first to come home being the bird Hobo, owned by A. E. WIEDERING, which arrived Saturday, and the second being from the loft of C. G. LOEBER, Little Hen, which arrived yesterday, making the trip in 14 days 1 hour and 19 minutes. They are the first two Milwaukee birds ever to cover the distance, and the winner, Hobo, did it within but a few hours of the world's record. Several of the descendants of Hobo are flying in the service of The Journal. Hobo is a strongly built blue-checked cock and is now in his prime, being only 4 years old. He will not be flown again, as his owner thinks that he has done his duty. He has always been a reliable homer, but has hardly ever shown any speed in distances less than 600 miles. In 1899 he flew one race from Shabbona, Ill., at a rate of 50 miles an hour. In 1900 he won fourth place in a race from Little Rock, Ark., air line, 617 miles; 33 birds competing. He arrived at $5^h 30^m$ a. m. on the third day after liberation. This year he won second place from the same distance, also making it on the third day; 47 birds competing, but only two making it in the time limit for that distance, which is 3 days. After a week's rest he was shipped with 25 others to Houston, Texas, airline distance, 1,000 miles. After being in the shipping basket 17 days, the 26 birds were liberated on July 24 at noon, all the birds taking their course immediately. Hobo arrived August 3, at $8^h 15^m$ a. m., taking 9 days 20 hours and 15 minutes to cover the distance.

Following is his complete record:

| 1898. | 1900. |
|---|---|
| 9 miles. | 33 miles. |
| 18 miles. | 45 miles. |
| 33 miles. | 66 miles. |
| 45 miles. | 100 miles. |
| 66 miles. | 200 miles. |
| 100 miles, Shabbona, Ill., to Milwaukee. | 400 miles. |
| 200 miles, Delavan, Ill. to Milwaukee. | 617 miles, Little Rock, Ark., to Milwaukee. |
| 400 miles, Ironton, Mo., to Milwaukee. | |

|  1899.  |  1901.  |
| --- | --- |
| 33 miles. | 18 miles. |
| 66 miles. | 45 miles. |
| 100 miles, Shabboth, Ill., to Milwaukee. | 100 miles. |
| 200 miles, Delavan, Ill., to Milwaukee. | 200 miles. |
| 300 miles, Brighton, Ill., to Milwaukee. | 300 miles. |
| 400 miles, Ironron, Mo., to Milwaukee. | 400 miles. |
|  | 617 miles. |
|  | 1000 miles, Houston, Texas, to Milwaukee. |

Little Hen is 5 years old and has been in races for the last 4 years, and, although she has never made any phenomenal time, she has always been a reliable homer. This year she homed from a 500-mile station twice, and the amount of experience she has had on the road evidently stood her in good stead in this race, as the passage through the drought-stricken country was a severe one."

Der Rekord des Vogels Hobo ist öfters geschlagen worden. Viele von den Vögeln, welche den Weltrekord gehalten haben, gehörten zu der Zucht in Fort Wayne, Indiana. Die Tierzüchter dieser Stadt haben das Glück gehabt, einen Stamm zu züchten, der ohne Vergleich in der Geschichte der Brieftauben dasteht. WATSON und LASHLEY fragen sich, ob die Örtlichkeit in Hinblick auf die vorherrschenden Winde oder andere Dinge damit zu tun habe, daß diese Vögel so viele Rekorde geschlagen haben. Sie glauben aber, daß die Hauptursache wohl in der Züchtung dieses Stammes der Vögel gelegen ist. Die Autoren schließen noch einen Brief von O. W. ANDERSON an, der in dieser Stadt zu Hause war. Er betrifft den Rekord eines Weltchampions namens Bullet D-1872 und lautet wie folgt:

"This bird was hatched March 20, 1909, and when about $4^1/_2$ months old began training, flying the training stations of 2, 5, 8, 15, 25, 40, and 75 miles and the young bird races of 100 and 200 miles; this bird being my first one in the 200-mile race. In 1910, as a yearling, she flew the training stations from 2 to 75 miles and on four successive Sundays flew the 200, 300, 400, and 500 mile races, arriving from the 500-mile race on second morning and the first three races the same day, being my first bird in all these races.

In 1911 she flew training stations mentioned before; the 200, 300, and 500 mile races, arriving the same day in 200-mile race and the second day in 300 and 500-mile races, the weather conditions being unfavorable in these last two races.

In 1912 she flew the training stations and 200, 300, and 500 mile races, arriving the same day from 200 and 300 mile races and fourth day from 500-mile race, but weather was extremely bad for this last race.

In 1913 she flew the training stations and was first bird to my loft from 200-mile race, arriving on third day at 6 a. m., the weather conditions being very unfavorable on account of a very severe hail storm. She was also my first bird from 500-mile race, being liberated at $4^h 30^m$ a. m. at Springfield, Missouri, and homed at $3^h 26^m$ p. m. same day. Three weeks later sent her to Abilene, Texas, 1,010 miles (air-line measure) from here, birds being liberated at $4^h 30^m$ a. m. on July 11, 1913, and this one homed at 4 p. m. on July 12; flying time, 1 day 11 hours 30 minutes and 6 seconds. Needless to say, the weather conditions were ideal, a strong wind assisting the bird materially. In this same race a bird belonging to Dr. JOHN SCHILLING of this city homed at $11^h 30^m$ a. m. the following morning (July 13) and a third bird was received by MR. F. NAHRWALD of this city a half hour later. The birds in this race were liberated by express agent at Abilene, Texas, as per telegram sent Racing Club here on same date, and liberating report bearing names of witnesses on file at office of club here.

All the above races were in the Old Fort Homing Club of this city and were flown under rules of American Racing Pigeon Union. The best previous record for 1,000 miles was made by a pigeon belonging to MR. H. BEECH of this city in 1912, the time being 2 days 9 hours and some odd minutes, and this record lowered the time made by a bird belonging to MR. L. GEBFERT, of this city in 1910, this time being 3 days 11 hours and some odd minutes.

Have not entered my pigeon in any subsequent race, but am saving it for its record's sake, as there is of course a certain risk of loss of birds in any race[1]."

---

[1] Die angeführten Berichte sind besonders prägnant, weshalb sie gerade herausgegriffen wurden. Sie ließen sich leicht geradezu ins Ungemessene vermehren. Vgl. auch den Bericht über Höchstleistungen amerikanischer Brieftauben in Z. Brieftaubenk. **43**, 661 (1928).

Aus diesen Berichten geht hervor, daß *manche Vögel auch aus einer Entfernung von 1000 Meilen und mehr in verhältnismäßig kurzer Zeit zurückkehren können, auch wenn sie bloß über kleinere Distanzen vollständig trainiert worden waren.* Das *trifft* aber *keineswegs allgemein zu.* Es wurden beispielsweise über 100 Tauben in Baltimore in der Richtung gegen Key West auf Distanzen von 500—700 Meilen trainiert. Sie wurden dann einige Zeit später nach Key West gebracht und dort losgelassen. Keine einzige von ihnen kehrte zurück!

Es ist in diesem Zusammenhange interessant, die Angaben erfahrener Autoren über jene *maximalen Entfernungen mitzuteilen, aus welchen Brieftauben* für gewöhnlich nach einem guten vorausgegangenen etappenweisen Training *zurückkehren* sollen bzw. zurückgekehrt sind. Thauziès[1] und Caustier[2] berichten, daß Tauben aus einer unbekannten Gegend in einer Entfernung von 265 und 300 km noch zurückgekehrt seien. Thauziès fügt hinzu, daß die Distanz, aus welcher Brieftauben zurückkommen, selten größer ist als 500 km. Die Fähigkeit der Orientierung soll dabei nach Thauziès mit dem Alter nicht verlorengehen. Reynaud[3] berichtet, daß Tauben aus Nantes, die man in einer Entfernung von 500 km auf dem Meere losgelassen hatte, fast alle zurückgekommen waren. Sie waren vorher lediglich zu Reisen in der Richtung gegen Reims verwendet worden.

In der Revue Colombophile (Aug.—Sept. 1900 nach Claparède[4]) wird angegeben, daß Tauben ohne Training aus einer Entfernung von 360 km nur ganz ausnahmsweise zurückkommen.

Aus einem Bericht der Company Transatlantic zitiert Hachet-Souplet[5], daß man nur dann eine Garantie für die Rückkehr von Brieftauben habe, wenn sie nicht in einer größeren Entfernung als 400 km aufgelassen werden.

Sehr interessant und bezeichnend ist in dieser Hinsicht, daß offenbar aus alten Erfahrungen heraus von den Taubenliebhabern um so weniger Tiere gesetzt werden, über je größere Entfernungen die Wettflüge angesagt sind. So berichtet beispielsweise Kertz[6], daß zu einem Wettfliegen der Vereine Düsseldorf, Benrath, Krefeld, Duisburg usf. folgende Tiere gemeldet wurden:

nach Küstrin    (Mindestentfernung 560 km) . . . . . . . .  2848 Tauben
„ Landsberg  (        „            600 „  ) . . . . . . . .  1166    „
„ Riesenburg(        „            880 „  ) . . . . . . . .   124    „

Rabaud[7] berichtet von einem sehr wertvollen Experiment aus dem Jahre 1895. Es wurden 5000 Tauben am Meere, westlich von Croisic, in 146, 200, 300 und 500 km Entfernung aufgelassen. Allein von diesen 1500 in 500 km Entfernung. Die *Reisegeschwindigkeit auf der Rückkehr* der Tiere verminderte sich mit zunehmender Distanz. Bei 200 km Entfernung war die durchschnittliche Geschwindigkeit in der Stunde 75—80 km, bei 300 km Entfernung nur 60 km und bei 500 km Entfernung endlich nur mehr 40 km. Soweit beobachtet werden konnte, nahm die Höhe des Fluges mit der Distanz zu. Bei 500 km Entfernung erhoben sich die Tauben so hoch, daß sie mit freiem Auge nicht mehr gesehen werden konnten, was allerdings bereits bei einer Höhe von einigen 100 Metern der Fall ist. (F. v. Lucanus[8] hatte seinerzeit festgestellt, daß die Sichtbarkeitsgrenze an klaren Tagen bei Sperbern schon in einer Höhe von 850 m, von Bussarden bei 1500 m und von Lämmergeiern bei 2000 m erreicht ist.) Auch die Zahl der zurückgekehrten Tauben verminderte sich mit der Entfernung sehr wesentlich. Von den 1500 in 500 km Entfernung aufgelassenen Tieren kamen in ca. 48 Stunden nur 300 zurück. Verschiedentliche von den aufgelassenen Tauben wurden in England, Portugal, Algier, Cap Verd, Ägypten, Kaukasien u. dgl. wiedergefunden. Kein Zweifel also, daß in solchen Fällen beim Heimfinden der Tauben der Zufall eine sehr wesentliche Rolle spielt, was auch Rabaud ganz besonders hervorhebt. Man vergleiche hierzu die oben S. 921 von Rabaud stammenden Betrachtungen.

---

[1] Thauziès, A.: Rev. scient. **35** Jhg., **9**, 392 (1898).
[2] Caustier: Rev. de l'hypnot. **7**, 10 (1893).
[3] Reynaud, G.: Nouv. rev. **119**, 430 (1899).
[4] Claparède, M. Ed.: Arch. de Psychol. **2**, 133 (1903).
[5] Hachet-Souplet, P.: Ann. de Psychol. Zool. **2**, 33 (1902).
[6] Kertz, J.: Z. Brieftaubenk. **46**, 49 (1931).
[7] Rabaud, E.: L'orientation lointaine etc. 1927.
[8] Lucanus, F. v.: Der Vogelzug usf. 1922 u. 1929.

RABAUD[1] weist also mit Recht darauf hin, daß aus größeren Entfernungen nur verhältnismäßig wenige Tauben zurückkehren, während aus wenigen Kilometern meist alle Tauben zurückkommen und selten Verluste zu verzeichnen sind. RABAUD ist aber wohl auch beizustimmen, wenn er behauptet, daß es sich bei der Fähigkeit zur Orientierung bei den Tauben um individuell verschiedene Anlagen handelt. Das zeigt ja auch die ganz kolossale Leistungsfähigkeit der Tauben aus Fort Wayne nach dem Bericht von WATSON und LASHLEY. Bei der Auswahl der Tauben legen Taubenzüchter auf besonders stark gebaute Tiere mit gutem Sehorgan ein wesentliches Gewicht. Das dürfte zum Teil damit zusammenhängen, daß bei dem etappenweisen Training wohl auch die Muskulatur ganz besonders eingeübt werden muß.

Über die Höhe des Taubenfluges werden weiter unten noch bindende Angaben gemacht werden. Hier interessiert noch die *Geschwindigkeit des Taubenfluges*, die man, wie oben auseinandergesetzt, keineswegs immer aus den Rückkehrzeiten bei Flügen errechnen kann, weil ja hier vielfach hindernde Momente eine Rolle spielen, bzw. die Tiere auf ihren Flügen oft längere oder kürzere Zeit an einzelnen Orten verharren oder sich evtl. verirren und dann den richtigen Weg wieder suchen müssen. Gute Beobachtungen über die *Eigengeschwindigkeit von Brieftauben* stammen von ZIEGLER[2]. Er gibt an, daß die Tauben 1100—1150 m pro Minute mit eigener Kraft zurückzulegen imstande sind, und daß sie diese Geschwindigkeiten auch bei Flügen über Entfernungen von mehreren 100 km aufrechterhalten können. Diese Eigengeschwindigkeit der Tauben kann bei Gegenwind auf 800—500 m pro Minute vermindert werden oder bei gutem Winde auf 1600—2000 m steigen. Die allgemeinen Angaben von Reisegeschwindigkeiten in der Größenordnung 60—120 km in der Stunde (z. B. THAUZIÈS) sind mit den Beobachtungen von ZIEGLER in guten Einklang zu bringen.

Genauere Daten über die mittlere Geschwindigkeit von Brieftauben bei einem Wettflug über 200 Meilen führen WATSON und LASHLEY nach WIEDERING an[3].

Es handelt sich um 161 Vögel, welche in Delavan über 200 Meilen Luftlinienentfernung von Milwaukee bei gutem Wetter und südöstlichem Winde aufgelassen wurden. Zu Hause war das Wetter sehr trübe, der Wind kam von Süden und wechselte eine Stunde vor Ankunft des 1. Vogels nach Osten. Die besten Geschwindigkeiten pro Minute waren:

1038,02  1037,47  1037,36  1031,41  1020,16  986,8  976,55  und  917,21 m.

Bei kürzeren Distanzen nimmt in der Regel die durchschnittliche Geschwindigkeit der Brieftauben zu. So berichten WATSON und LASHLEY von einem Experiment über 100 Meilen mit folgenden Bestzeiten an mittlerer Geschwindigkeit pro Minute:

1349,29  1345,32  1328,49  1290,46  1275,62  1256,1  1233,57 m.

Auch diese Zahlen stimmen gut mit denen von ZIEGLER überein.

OORDT und BOL[4] haben eine Reihe von Tatsachen angeführt, welche darauf hinweisen, daß beim *Wettfliegen von Tauben sexuelle Verhältnisse* der Tiere eine gewisse Rolle spielen können. Es handelt sich um folgendes:

„Tauber, welche ihren Taubinnen kurz vor der Ablage des ersten Eies immer sehr stark nachfliegen, kommen dann beim Wettfliegen meistens außerordentlich schnell zurück. Dasselbe ist der Fall, wenn wir eine Täubin paaren lassen mit zwei Taubern. Wenn die beiden Tauber, gleich bevor sie in den Korb getan werden, zu der Taube gelassen werden, so kommen sie nach der Entlassung aus relativ kurzen Abständen sehr schnell und gewissermaßen kämpfend wieder heim. Eine nichtgepaarte, jedoch sehr brunstige Taubin kann zuweilen beim

---

[1] RABAUD, E.: L'orientation lointaine etc. 1927.
[2] ZIEGLER, E. H.: Zool. Jb. 10, 238 (1897).
[3] In diesen Fällen kann mit einiger Wahrscheinlichkeit angenommen werden, daß die Tauben wenigstens größtenteils ununterbrochen flogen. Dann deckt sich die mittlere Reisegeschwindigkeit mit der mittleren Fluggeschwindigkeit weitgehend.
[4] OORDT, G. J. VAN, u. C. J. A. C. BOL: Biol. Zbl. 49, 173 (1929).

Wettfliegen außerordentliche Schnelligkeiten erreichen und viel früher als die anderen Tauben zurückkehren. Auch junge, gepaarte Tauben fliegen oft sehr schnell heim. Tauben, welche Eier, nackte Junge oder Junge von etwa 10 Tagen Alter besitzen, fliegen meistens sehr schnell, zumal wenn sie auf kurzen Abständen vom Neste entlassen werden. Im allgemeinen machen Liebhaber vielfachen Gebrauch von diesen und ähnlichen sexuellen Verhältnissen beim Wettfliegen."

Durch diese Tatsachen angeregt, haben die beiden Autoren Untersuchungen angestellt, ob etwa die Geschlechtsdrüse einen direkten Einfluß auf das Orientierungsvermögen von Tauben habe. Sie haben darum 5 junge Tauben kastriert, bei 2 Kontrolltieren nur eine einfache Laparotomie vorgenommen und noch einige junge, nicht operierte Tiere als Kontrolltiere verwendet. Die Tauben wurden zuerst eingeflogen und dann zahlreiche Versuche mit ihnen unternommen. Es hat sich dabei herausgestellt, daß die Kastraten keineswegs schlechter flogen als die Kontrolltiere. Sie waren im Gegenteil die besten Flieger. Die Vermutung also, daß das Geschlechtshormon vielleicht einen Einfluß auf das Zurückfliegen von Brieftauben nach ihrem Schlage haben könnte, konnte durch diese Experimente nicht bestätigt werden.

OORDT und BOL erwähnen in ihrer Arbeit noch eine eigenartige Tatsache, welche Beachtung verdient. Sie bemerken, daß das Einfliegen junger Tauben von Nymwegen aus in südlicher Richtung immer mit schweren Verlusten vor sich geht, auch wenn die meteorologischen Verhältnisse für uns Menschen offenbar günstig sind. Wenn jedoch junge Brieftauben von Utrecht aus nach der holländischen Provinz Limburg einfliegen, dann hat man relativ sehr wenig Verluste. Die Verluste bei aus Nymwegen nach dem Süden eingeflogenen Brieftauben waren so groß, daß die Taubenliebhaber in Nymwegen jetzt ihre Tauben immer in südwestlicher Richtung einfliegen lassen. Die Ursache dieser Eigentümlichkeit ist nicht bekannt geworden.

Hierher gehört auch die wiederholte Beobachtung, daß die Reiserichtung nach Osten und Nordosten für Brieftauben ungünstig sein soll. Es ist über diese Frage viel diskutiert worden, ohne daß sie genügend aufgeklärt werden konnte. J. KERTZ[1] hat versucht, einige Deutungsmöglichkeiten aufzuweisen.

## 2. Die Bedeutung des Sehens bei der Orientierung.
### Optische Orientierungstheorien.

Bei der Diskussion über die Orientierungsmöglichkeiten der Brieftauben haben sehr häufig die sog. *Nachtflüge* eine Rolle gespielt. Es wollten nämlich verschiedene Autoren behauptet haben, daß die Orientierung der Tauben in der Nacht unmöglich sei und daß infolgedessen die Sonnenstellung oder die Himmelsbeleuchtung als Anhaltspunkte bei der Orientierung eine Rolle spielen.

Ein Experiment, welches in diesem Sinne verwertet werden sollte, stammt von HACHET-SOUPLET[2] und wird gleichfalls von CLAPARÈDE[3] angeführt. Eine Taube wurde in einer Entfernung von 12 km in der Umgebung von Paris aufgelassen, als die Sonne schon untergegangen war. Die Nacht war aber ganz klar. Nach langem Zögern soll diese Taube nicht weiter geflogen, sondern erst am nächsten Morgen, kurze Zeit vor Sonnenaufgang, zurückgekehrt sein. CLAPARÈDE bemerkt dazu ganz richtig, daß aus einem solchen Experimente nicht geschlossen werden darf, daß die Sonnenstellung als Quelle für die Orientierung der Brieftauben diene[4], sondern nur, daß es unter Umständen auch bei klarer Nacht für die Tiere nicht möglich sei, sich zu orientieren.

---

[1] KERTZ, J.: Z. Brieftaubenk. **46**, 49, 301 (1931).
[2] HACHET-SOUPLET, P.: Ann. de Psychol. Zool. **2**, 33 (1902).
[3] CLAPARÈDE, M. ED.: Arch. de Psychol. **2**, 133 (1903).
[4] Eine solche Meinung ist ohne nähere Begründung unter anderen auch von F. STRANZ [Z. Brieftaubenk. **45**, 1230 (1930)] vertreten worden.

Es berichtet auch RABAUD[1], daß Tauben in der Nacht gewöhnlich nicht fliegen, daß sie aber auch auf Nachtflüge dressiert werden können. Es ist selbstverständlich, wenn angegeben wird, daß dann klare Nächte die Flüge begünstigen. So haben ROCHON-DUVIGNEAUD und E. RABAUD[2] besonders darauf aufmerksam gemacht, daß Mondlicht den Flug der Brieftauben in der Nacht besonders zu fördern imstande ist. THAUZIÈS[3] hat das Gegenteil behauptet, wie auch mancher andere Autor. Nach Meinung derselben störe das Mondlicht die Tauben geradezu. Man darf aber nicht vergessen, daß selbst in dunkler Nacht eine ganze Reihe von optischen Anhaltspunkten für die fliegenden Tiere sichtbar sein können, so z. B. beleuchtete Straßen, Flußläufe, Ufer u. dgl. Es ist darum einzusehen, daß eine optische Orientierung der Tauben in der Nacht nicht absolut unmöglich ist, aber zuzugeben, daß sie vermindert ist. So hat man beobachtet, daß die Brieftauben bei Nachtflügen zögernd, langsam, evtl. im Zickzack fliegen. Ihre Fluggeschwindigkeit soll in der Nacht zwischen 450 und 600 m in der Minute variieren. RABAUD[1] berichtet von einem Experimente, wo 125 Tauben um 18 Uhr bei dunkler Nacht aufgelassen wurden. Eine davon kam um 20 Uhr 15 Minuten zurück, drei andere während der Nacht und die restlichen Tiere am nächsten Morgen gegen 9 Uhr.

Eine gute Behandlung dieser Frage bringen auch die Experimente von RODENBACH[4]:

5 Tauben wurden in ganz finsterer Nacht 1 km von ihrem Taubenschlag entfernt ausgesetzt. Sie flogen während der Nacht in der Umgebung umher und kehrten erst am frühen Morgen in ihren Taubenschlag zurück.

4 Tauben wurden bei hellem Mondenschein in verschiedene Distanzen (500, 1000 und 2000 m) gebracht und dann ausgelassen. Sie kehrten unmittelbar darauf zum Schlage zurück und setzten sich auf das Dach ihres Schlages, gingen jedoch nicht hinein. Es ist bemerkenswert, daß der Taubenschlag im Schatten lag. (Auch RABAUD[1] macht darauf aufmerksam, daß Tauben nachts nur dann in ihren Schlag zurückkehren, wenn er beleuchtet ist.)

BECKER[5] hat in der Dunkelheit einen Jungtäuber von 7 Monaten 5 km von seinem Schlage aufgelassen. Es war 21 Uhr, eine klare Nacht, jedoch kein Mondschein. Als BECKER $^3/_4$ Stunden nach dem Auflassen nach Hause kam, war der Vogel bereits im Schlage.

Auch PATEISKI[6] berichtet von Nachtflügen. 10 3jährige Tauben aus 2 verschiedenen Schlägen wurden in der Nacht an der Donau aufgelassen. Die einen Vögel, welche aus einem Schlage an der Donau in 1 km Entfernung stammten, kamen prompt heim. Der andere Teil der Tiere, die zu einem Schlage im Stadtinnern von Wien, $2^1/_2$ km entfernt, gehörten, kam erst beim Morgengrauen, teilweise von Telegraphendrähten verletzt, nach Hause. Wurden Tauben des ersten Schlages 22 km entfernt im Marchfelde in der Nacht ausgelassen, dann blieb eine Anzahl von Tieren aus.

MEISSNER[7] berichtet gleichfalls von einer Anzahl von Nachtflügen, wo Tauben trotz stockfinsterer Nacht in ihre Schlage nach Hause gekommen sein sollen.

In sehr klarer Weise behandelt das Problem der Orientierung in der Nacht DESCHER[8]. Er hat einmal selbst eine ganze Reihe von Nachtflugversuchen mit seinen Tauben unternommen und hat andererseits Erfahrungen als Flieger über die Orientierungsmöglichkeiten in der Nacht gesammelt. Seine Versuche ergaben, daß Brieftauben in der Nacht auf kurze Entfernung den Weg zu ihrem Schlage finden können; doch sei die praktische Auswirkung dieser Tatsache gleich Null.

---

[1] RABAUD, E.: L'orientation lointaine etc. 1927.
[2] ROCHON-DUVIGNEAUD, A., et E. RABAUD: La Nature **54 II**, 24 (1926).
[3] THAUZIÈS, A.: Rev. scient. 35 Jhg., **9**, 392 (1898).
[4] RODENBACH: Z. Brieftaubenk. **10**, 134 (1895).
[5] BECKER, I. W.: Z. Brieftaubenk. **43**, 655 (1928).
[6] PATEISKI, A.: Z. Brieftaubenk. **41**, 320 (1926).
[7] MEISSNER, W.: Z. Brieftaubenk. **40**, 1121 (1925).
[8] DESCHER, H.: Z. Brieftaubenk. **43**, 733 (1928); **44**, 1305 (1929).

Zuerst einmal weist DESCHER mit Recht darauf hin, daß der Begriff „Nacht" nicht einheitlich aufgefaßt werden darf. Denn es können beispielsweise auch in hellen Nächten gute Sichtverhältnisse bestehen; besonders bei Mondschein sei aus der Vogelschau eine Orientierung durch das Auge durchaus möglich. Aber auch bei Flügen in verhältnismäßig dunklen Nächten konnte sich DESCHER überzeugen, daß man unter Umständen aus Höhen von 50—100 m eine gute Sicht haben kann.

Tauben sind in der Nacht meist nur gewaltsam zum Abfluge zu bringen, indem man sie mit den Händen in die Luft wirft. Sehr oft versuchen sie, in den Korb zurückzugelangen oder setzen sich auf ihren Herrn. Haben sie aber einmal eine gewisse Höhe erreicht, dann können sie sich aus Entfernungen von 2—5 km zum heimatlichen Schlage finden. Lichter von Städten, Dörfern, Eisenbahnknotenpunkten u. dgl. dienen aber nach DESCHER den Tauben in der Nacht nicht als Anhaltspunkte. Es scheitere darum auch in tiefdunkler Nacht jeder Flugversuch. Die Tiere nehmen oft an Hindernissen schweren Schaden.

Man muß, wie schon erwähnt, Tauben zu Nachtflügen trainieren, was sehr viel Geduld und Ausdauer erfordert; außerdem muß der Taubenschlag gut beleuchtet sein. Hat sich die Taube allmählich daran gewöhnt, dann bekommt man bei Nachtflügen aus mehreren Kilometer Entfernung überraschend gute Resultate.

Nach DESCHER sei die Taube in der Nacht nur auf ihren Gesichtssinn angewiesen. An dieser Stelle behauptet DESCHER merkwürdigerweise auch: „Der Orientierungssinn, der sie (die Tauben) am Tage sicher über weite unbekannte Strecken führt, schaltet in der Nacht aus."

Über einige interessante Versuche von französischer Seite berichtet WINCKELHECK[1]:

Am 19. September ließ der Brieftaubenverein zu Lannoy nach einigen Vortouren, die nicht über 12 km hinausgingen, 125 Tauben um 20 Uhr auf dem Bahnhofe von Albert los. In einer Viertelstunde wurde es dunkel. Die Entfernung betrug 84 km. Um 22 Uhr 13 Minuten kam die 1. Taube an. Sie war also 2 Stunden in der Dunkelheit geflogen. 3 weitere Tauben, die auch in der Nacht ankamen, blieben auf dem Dache sitzen und gingen erst beim Morgengrauen in den Schlag. Die anderen kehrten erst am nächsten Morgen zurück. Um 8 Uhr früh waren 123 in ihren Schlägen. Es ist zu bemerken, daß in der Nacht Nebel eingefallen war.

Einige Tage später wurden neuerlich 50 Tauben um 21 Uhr bei bedecktem und regnerischem Himmel in einer Entfernung von 10 km aufgelassen. 4 Tauben kamen zwischen 21 Uhr 15 Minuten und 21 Uhr 30 Minuten an, alle anderen 46 erst am frühen Morgen.

Bei einem anderen Fluge in Spanien wurden 185 Tauben abends aufgelassen, von denen 135 in der Nacht zurückkamen. Am Morgen folgten 35 nach, 15 blieben verloren.

Am 30. Oktober wurden um 18 Uhr 15 Minuten 8 Tiere bei ganz dunkler Nacht in 25,5 km Entfernung aufgelassen. 7 kehrten in der Nacht zurück, 1 am nächsten Morgen.

8 Tauben wurden 34 km entfernt von Bounol um 18 Uhr 15 Minuten bei nebliger Nacht aufgelassen. 5 kehrten in der Nacht zurück, 2 am nächsten Tage, 1 blieb verloren.

Am 8. November wurden um 18 Uhr 50 Minuten 8 Tauben 21 km von Sagunt losgelassen. In der Nacht kehrten 6 zurück, am nächsten Tage 1, 1 blieb verloren.

Von 7 Tauben, die 31,5 km von Almenara um 18 Uhr aufgelassen wurden, kehrten 3 in der Nacht zurück, 2 am nächsten Morgen, 2 blieben verloren.

Am 7. November wurden um 18 Uhr bei ganz dunkler nebliger Nacht 55 km von Robollar entfernt 5 Tauben aufgelassen. In der Nacht kehrten 3 zurück, am nächsten Morgen 2. Der Flug war besonders schwierig, weil eine Bergkette von 1000 m Höhe überquert werden mußte.

Die Reisegeschwindigkeiten bei diesen Nachtflügen schwankten zwischen 440 und 800 m in der Minute.

Aus allen diesen Beobachtungen geht also mit Sicherheit hervor, daß die *Orientierung während der Nacht keine absolute Unmöglichkeit* für die Tiere bedeutet, zweifellos aber eine Erschwerung erfahren kann. Einen prinzipiellen Einwand

---

[1] WINCKELHECK, H.: Z. Brieftaubenk. **42**, 881 (1927).

gegen die visuellen Orientierungshypothesen können also die Nachtflüge nicht bilden. Wir stimmen darin mit RABAUD durchaus überein.

Es gibt andere Verhältnisse, welche eine *Erschwerung für die Orientierung* bedeuten, so z. B. *Nebel, starke Bewölkung, Regen, Schneefall.* Dazu seien ein paar schöne Beobachtungen von RODENBACH[1] angeführt, an welche sich sowohl ZIEGLER[2] als auch CLAPARÈDE[3] ganz besonders halten.

10 Tauben wurden bei starker Bewölkung in 50 km Entfernung aufgelassen. Die 1. Taube flog in falscher Richtung ab und brauchte zum Rückfluge 3 Stunden 22 Minuten. 2 andere kamen nach ca. 4 Stunden zurück; der Rest kam gar erst nachmittags an, als Wolken und Nebel vollkommen verschwunden waren. Mehrere Tauben setzten sich kurz nach dem Auflassen auf das Dach eines benachbarten Hauses und warteten. Bei klarem Wetter hätte der gesamte Weg in direktem Fluge in ungefähr 45 Minuten zurückgelegt werden können.

6 Tauben wurden bei Schnee in 30 km Entfernung um 10 Uhr morgens aufgelassen. Die Sonne war infolge Schneefalls vollkommen verdeckt. Keine einzige der Tauben kam am selben Tag zurück. Sie flogen, soweit man sie beobachten konnte, lange unschlüssig in Kreisen umher. 2 kamen am 2. Tage an, als der Schnee schon fast weg war, 2 weitere am 3. Tage, 2 gingen verloren.

Man wird es wohl für das Nächstliegende halten, daß Nebel, Wolken und Schneefall vor allem einmal deswegen verzögernd bei Flügen wirken, weil sie die Sicht entweder verhindern oder wesentlich einschränken. Es sind aber auch andere Ansichten darüber geäußert worden. So hat z. B. LA PERRE DE ROO[4] darauf aufmerksam gemacht, daß solche atmosphärische Einflüsse, insbesondere Nebel und Wolken, die elektrische Leitfähigkeit der Luft ändern. RABAUD[5] hält dieses allerdings nicht für maßgebend.

Tauben können bei trübem, regnerischem Wetter oder bei Nebel an ihrem Heimatort vorbeifliegen, um dann später ihren Flug aufzugeben. Ein charakteristisches Beispiel dafür gibt EWALD[6].

EWALD saß im Oktober 1894 in seinem Arbeitszimmer in Straßburg, als die Klingel meldete, daß in den Taubenschlag eine Taube eingetreten war. Da alle eigenen Tauben eingeschlossen waren, mußte es sich um eine fremde handeln. Die Taube trug einen Fußring und war mehrfach abgestempelt. So konnte nachträglich festgestellt werden, daß sie um 8 Uhr morgens in Hannover zu einem Fluge nach Frankfurt/Main aufgelassen worden war. Sie war bei dem trüben Wetter offenbar über Frankfurt hinweggeflogen. EWALD schloß aus der kurzen Flugzeit, daß die Taube anscheinend in gerader Richtung geflogen sein mußte, ohne größere Umwege gemacht zu haben. Ähnliche Beobachtungen konnten von Taubenliebhabern öfters getan werden.

Um der Bedeutung des Sehens für die Orientierung nachzugehen, hat EWALD[6,7] Versuche in Straßburg angestellt. Die Rheingegenden eignen sich gerade wegen der *dichten* und *besonders hochreichenden Herbstnebel* besonders dazu. Morgens war oft von der Plattform des Straßburger Münsterturmes (etwa 60 m) kein einziges Dach zu sehen; selbst die Turmspitze war in dichten Nebel gehüllt. 5 Tauben wurden morgens etwa 15 km weit von Straßburg bei so dichtem Nebel weggebracht und dann aufgelassen. 3 von diesen Tieren kamen rechtzeitig ans Ziel, eines mit 10 Minuten Verspätung und eines ging verloren. Es wurden nur solche Tiere verwendet, die nie gefeldert hatten, also ihre erste Reise machten. Die Versuche wurden öfters wiederholt. In welcher Richtung die Tauben abflogen und ob sie kreisten oder nicht, konnte meist nicht mit genügender Sicherheit beobachtet werden.

---

[1] RODENBACH: Z. Brieftaubenk. **10**, 134 (1895).
[2] ZIEGLER, E. H.: Zool. Jb. Abt. Syst. **10**, 238 (1897).
[3] CLAPARÈDE, M. ED.: Arch. de Psychol. **2**, 133 (1903).
[4] LA PERRE DE ROO: Le pigeon messager. Paris 1877.
[5] RABAUD, E.: L'orientation lointaine etc. 1927.
[6] EWALD, J. R.: Unveröffentlichtes Manuskript.
[7] EWALD, J. R.: Z. Brieftaubenk. **15**, 210 (1900).

EWALD[1] schloß aus seinen Versuchen: „Die Tauben orientieren sich in dichtem Nebel genau so gut, wie wenn man sie bei klarem Wetter sehr weit fortgebracht hat." Dadurch soll nicht behauptet werden, „daß die Tauben im Nebel ebensogut ankommen wie bei klarem Wetter, sondern nur, daß sie ebensogut orientiert abfliegen". Wenn der Nebel viele Verluste bringt, so liege das daran, „daß die den Tauben bekannte Strecke der Reise, wo sonst das Auge die Führung übernimmt, ohne dies beste der Orientierungsorgane durchflogen werden muß, und wohl auch, weil der Nebel ebenso wie der Regen die Tauben abkühlt. Denn schon ein geringer Wärmeverlust stellt nach meinen Untersuchungen eine große und bisher noch nicht genügend in Rechnung gezogene Gefahr für die Tauben dar".

Ein interessantes Beispiel über einen gelungenen *Fernflug* einer Brieftaube *im Nebel* ist in der Z. Brieftaubenk. **39**, 368 (1924) beschrieben. Ein Schiff trieb 300 km von New York hilflos im Nebel, weil die Maschine gebrochen war. Es wurden kurz nacheinander 3 aus New York stammende Brieftauben aufgelassen, um Hilfe herbeizurufen. Der Nebel war ganz dicht. 2 von den Tieren kehrten nicht zurück, aber das dritte kam nach ca. 4 Stunden 40 Minuten in New York an. Das muß als eine sehr bemerkenswerte Leistung bezeichnet werden, da 300 km im Nebel und über das Meer in dieser kurzen Zeit zurückgelegt wurden.

MEISSNER[2] beschreibt eigene Beobachtungen. Er hatte einmal bei dichtestem Nebel vergessen, seinen Taubenschlag abends zuzumachen. Morgens waren alle Tiere ausgeflogen. Er hörte seine Tauben vielfach über sich hinwegrauschen; einzelne wurden sogar sichtbar, verschwanden aber wieder im Nebelmeer. Der Nebel lag, wie von einem hohen Turme aus festgestellt werden konnte, in einer Höhe bis über 40 m. Alle Tauben kamen zurück. Sie mußten sich also wohl trotz des Nebels zurechtgefunden haben.

Bemerkenswert verlief ein Wettflug in 71 km Entfernung an einem grauen, dunstigen Nebeltage, den BÜRKNER[3] beschreibt. Die Tauben wurden 7 Uhr 45 Minuten morgens geworfen; bald nachher lagerte sich dichter, undurchdringlicher Nebel, der bis 17 Uhr anhielt. Dann erst verscheuchte ein leiser Wind den Nebel und ließ blauen Himmel stellenweise sichtbar werden. Wenige Minuten darauf kamen alle Tauben aus allen Himmelsrichtungen und flogen in den Schlag. BÜRKNER meint, daß also die Tauben zunächst trotz des vorhandenen Nebels bis in ihre Heimat gelangten, aber erst nach dem Verschwinden des Nebels den dicht vor ihnen liegenden Schlag erspähen konnten.

BÜRKNER berichtet auch von einem Jungfluge über 220 km, der trotz bewölkten Himmels und Regens einen ganz ausgezeichneten Verlauf nahm. Ein andermal kehrten viele Tauben um, die eben aufgelassen worden waren, als sich ein mächtiger Sturm erhob und sich der Himmel mit schwarzen Wolken überzog. Erst nach dem Gewitter flogen die Tauben ab und kamen alle gut nach Hause.

Man muß es nach den angeführten Beispielen als eine Tatsache ansehen, daß es den Brieftauben also im Nebel unter gewissen Bedingungen möglich ist, nach Hause zu finden. GAGSTATTER[4] hat sogar behauptet, daß die Tauben sich an den Nebel gewöhnen können. Es ist interessant, daß nach alten Erfahrungen Krähen und Dohlen im Nebel sich auch dann noch gut zurechtfinden, wenn für den Menschen der Nebel bereits undurchsichtig ist.

Den angeführten erfolgreichen Flügen im Nebel stehen aber eine Unzahl von Beobachtungen entgegen, welche gerade das Gegenteil zu beweisen scheinen. Es ist ja eine alte Erfahrungstatsache, daß trübes Wetter, Nebel und Regen

---

[1] EWALD, J. R.: Z. Brieftaubenk. **15**, 210 (1900).
[2] MEISSNER, W.: Z. Brieftaubenk. **40**, 1121 (1925).
[3] BÜRKNER: Z. Brieftaubenk. **41**, 389 (1926).
[4] GAGSTATTER: Z. Brieftaubenk. **41**, 11 (1926).

an den überaus häufigen verkrachten Wettflügen schuld sind. Sehr ausführlich weist auf diese Verhältnisse DESCHER[1] hin[2].

Daß Wettflüge bei Stürmen und Gewittern so häufig verkrachen, das dürfte, wie DESCHER bemerkt, aber auch noch andere Gründe haben als die Behinderung der Sicht. Die Tauben werden, wie schon EWALD bemerkt, durch den Gewitterregen stark abgekühlt und müssen überdies außergewöhnliche Kräfte einsetzen, um gegen die Stürme anzukämpfen. Auf diese Weise kann leicht die begrenzte körperliche Leistungsfähigkeit der Tauben übergebührlich beansprucht werden, so daß es den Tieren unmöglich ist, bis nach Hause zu gelangen. Sie bedürfen oft längerer Ruhepausen, um den Flug weiter fortsetzen zu können.

PORTICARIUS[3] erwähnt auch ähnlich wie EWALD die Tatsache, daß Brieftauben bei trübem Wetter haufig an ihrem Heimatorte vorbeifliegen können. Solche Tiere kommen dann oft mit großer Verspätung aus der entgegengesetzten Richtung nach längerer Irrfahrt heim.

RODENBACH[4] hat Tauben einseitig geblendet. Dieselben orientierten sich in durchaus normaler Weise. Doppelseitig *geblendete Tauben* lernten allmählich wieder fressen und konnten längere Zeit gehalten werden. Ließ man sie in der Nähe des Taubenschlages aus, dann fanden sie sich auf das Dach des Hauses wieder zurück. RODENBACH glaubt, daß die Tiere anscheinend durch das Girren anderer Tauben geleitet worden sind. Als man nämlich die Tiere in einer Entfernung von ca. 10 Minuten aufließ, nahmen sie die entgegengesetzte Richtung ein und gingen verloren. Solche Experimente beweisen, daß das Sehen in diesem Falle eine Conditio sine qua non für das Zurückfinden von Tauben aus geringen Entfernungen bedeutet. Darauf weisen ja auch mit großer Sicherheit die Versuche von WATSON und LASHLEY hin.

v. CYON[5] verklebte bei einer Reihe von Tauben die Augenlider mit Kollodium, um mit solchen Tieren Orientierungsversuche zu machen. Der Versuch mißglückte, weil v. CYON diese Tauben überhaupt nicht zum Fliegen bringen konnte. Er schloß daraus, daß geblendete Tauben überhaupt nicht fliegen.

EWALD[6] weist nachdrücklich darauf hin, daß es völlig zwecklos sei, mit geblendeten Tauben Orientierungsstudien machen zu wollen. Blinde Tauben fliegen überhaupt nicht mehr und verhalten sich fast wie großhirnlose Tiere. Auch Versuche mit schlechtsichtig gemachten Tauben (künstliche Trübung der Cornea, Anbringen von Konvexlinsen usw.) scheiterten völlig. Auch solche Tiere flogen nicht mehr oder nur auf ganz kurze Strecken. Desgleichen geht es nicht an, Tauben eine undurchsichtige Kappe auf den Kopf zu setzen wie den Falken auf der Beize. ,,Diese Versuchsanordnung wäre nämlich ebenso naiv und unbrauchbar, als wollte man etwa der Taube die Flügel stutzen und von ihr erwarten, sie werde nun zu Fuß nach Hause gehen", schreibt EWALD wörtlich. Auch Tauben mit Kopfkappen fliegen nämlich nicht, wie heute wohl allgemein bekannt ist. Für Versuche zur Ausschaltung des Gesichtssinnes kommen darum nach EWALD ausschließlich Nebelflüge in Frage.

EXNER[7] hat eine Reihe von Versuchen mit operativen Eingriffen am Zentralnervensystem der Tauben unternehmen wollen. Seine Versuche sind jedoch fehlgeschlagen, weil die Tauben infolge von Mißhandlung durch ihre Mitbewohner in kurzer Zeit eingingen.

---

[1] DESCHER, H.: Z. Brieftaubenk. **41**, 100 (1926); **42**, 29 (1927).
[2] Über den Witterungseinfluß bei Taubenwettflügen vgl. auch H. GÜNTHER: Z. Brieftaubenk. **46**, 724 (1931). — WINCKELHECK, H.: Ebenda **42**, 881 (1927).
[3] PORTICARIUS: Z. Brieftaubenk. **41**, 126 (1926).
[4] RODENBACH: Z. Brieftaubenk. **10**, 134 (1895).
[5] CYON, E. v.: Ohrlabyrinth. 1908.
[6] EWALD, J. R.: Unveröffentlichtes Manuskript.
[7] EXNER, S.: Sitzgsber. Akad. Wiss. Wien, Math.-naturwiss. Kl. III **114**, 763 (1905).

HACHET-SOUPLET[1] hat in ganz hervorragender Weise die Anschauung vertreten, daß die Orientierung der Brieftauben optisch erfolge und hat diese seine Meinung durch zahlreiche Experimente zu stützen gesucht. Manche von diesen Experimenten betreffen die Frage der sog. *wandernden Taubenschläge*, wie sie in Frankreich und Belgien sehr häufig gebraucht worden sind.

Eine Anzahl von Tauben wurde in einen Korb gesetzt; während ihr Schlag in eine Entfernung von 5 km geschickt und dort neu aufgestellt wurde, blieben sie an dem Ausgangsorte zurück. Sobald die Tauben aufgelassen wurden, fanden sie schnell in ihren Schlag. Dieser Versuch wurde öfters wiederholt, indem die Distanz bis auf 10 km und mehr vergrößert wurde. Es war notwendig, den Taubenschlag immer an einem offenen Orte aufzustellen; dann fanden ihn die Vögel wieder. Bei einer Distanz von 10 km kamen schon Verluste vor, und über 12 km Entfernung kehrten die Tauben nicht mehr zurück, unter der Voraussetzung, daß ihnen die Umgebung ihres Taubenschlages nicht bekannt war. Die Versuche wurden modifiziert, indem man den Tauben an ihrem neuen Orte erlaubte, die unmittelbare Umgebung kennenzulernen, bevor man sie in den Korb steckte. Man band sie mit Schnüren an den Taubenschlag, so daß sie bis zu einer Höhe von 35 m auffliegen konnten. Bei diesen Versuchen konnte man beobachten, daß 8 Tauben ohne vorhergegangenes Training aus Entfernungen bis zu 100 km zurückkehrten. Andere 10 Tauben, denen man nicht die Möglichkeit gegeben hatte, die nähere Umgebung kennenzulernen, gingen, in eine Entfernung von 100 km gebracht, alle verloren. Dieses Experiment konnte wiederholt mit dem gleichen Resultat durchgeführt werden.

Aus diesem Grunde hat HACHET-SOUPLET die Theorie aufgestellt, daß die Tauben vermöge ihres ausgezeichneten Sehorgans die Möglichkeit hätten, auch noch in sehr großen Entfernungen ihren Taubenschlag zu erkennen. Sie besäßen also die Fähigkeit, sich *visuelle Gedächtnisbilder* einzuprägen. HACHET-SOUPLET war sich natürlich darüber klar, daß mit Zunahme der Entfernung die Deutlichkeit der Bilder auf der Retina wesentlich vermindert wird. Diese Tatsache hält er jedoch nicht für einen Einwand gegen die optische Orientierung, indem er meint, daß auch schon „*imprécises*" Seheindrücke optische Reize abgeben können, Seheindrücke, welche weniger durch bestimmte Formen oder Farben ausgezeichnet sind, als sich vielmehr im Sinne eines „*déjà vu familier*" verhalten. Wenn man aus größerer Ferne einen Wald erblickt, dann sieht man keine einzelnen Blätter und auch keine Bäume, sondern man bekommt nur einen Gesamteindruck. HACHET-SOUPLET glaubt, daß man diesen Gesamteindruck oder „mixed impression", wie WATSON und LASHLEY sich ausdrücken, aus viel größerer Entfernung erhalten kann, als man bisher geglaubt hat, wenn man die atmosphärische Refraktion berücksichtigt. HACHET-SOUPLET sagt, daß man bei der Berechnung jener Höhen, auf welche Vögel aufsteigen müssen, um ihren Taubenschlag noch zu sehen, deswegen gewöhnlich zu übertriebenen Zahlen gekommen ist, weil man an die atmosphärische Refraktion nicht gedacht habe. Tue man dies aber, dann könne man annehmen, daß Vögel in allen jenen Distanzen, aus denen sie gewöhnlich heimkehren, noch solche „mixed impressions" haben können[2]. HACHET-SOUPLET bezieht sich hier auf SÉBILLOT, der berichtet, daß Brieftauben um so höher fliegen, je weiter entfernt auf See sie aufgelassen werden. Bei 146 km Entfernung steigen sie selten mehr als 150 bis 300 m, bei 200 km Entfernung steigen sie höher, bei 300 km auf ungefähr 600 m. Schließlich könne man die Tiere überhaupt nicht mehr sehen.

---

[1] HACHET-SOUPLET, P.: VI. Congr. int. de Psychol. **1909**, 663.
[2] Vgl. darüber weiter unten S. 945 ff.

Diese Höhen liegen im Bereiche der Möglichkeit, wenn wir auf die Ergebnisse von v. LUCANUS[1] Bezug nehmen, welche bereits oben erwähnt worden sind. Es ist allerdings nicht zu vergessen, daß man gerade in der Entfernungsschätzung von Tauben sehr fehl gehen kann, worauf besonders auch G. H. SCHNEIDER[2] aufmerksam gemacht hat. Es spielt hier selbstredend sowohl die Farbe der Tauben als auch der Hintergrund eine wesentliche Rolle. SCHNEIDER konnte dunkle Tauben auf dunklem Hintergrunde noch bei 500 m Entfernung, auf hellem Hintergrunde bei 1200 m Entfernung eben gerade noch sehen. Flatternde, weiße Tauben dagegen sah er auf hellem Hintergrunde in 500 m Entfernung nicht mehr, auf dunklem Hintergrunde aber noch bis zu 2000 m.

HACHET-SOUPLET vertritt konsequenterweise die Ansicht, daß auch die *visuellen Engramme* (memories) nicht durch ganz präzise Form, Farbe usw. ausgezeichnet seien, sondern gleichfalls nach Art eines ,,déjà vu" gestaltet seien.

Auch darüber ist sich HACHET-SOUPLET klar, daß seiner Auffassung bestimmte Grenzen gesetzt sind. Wenn Tauben aus Entfernungen von 800—1000 km und mehr zurückkehren — eine Tatsache, die sich nicht bestreiten läßt —, dann hält HACHET-SOUPLET solche Ereignisse als durch den ,,Zufall" gegeben.

Es dürfte wohl kaum zu bezweifeln sein, daß Brieftauben und zahlreiche andere Vögel die Fähigkeit besitzen, visuelle Eindrücke aufzunehmen und sie in Engrammen festzuhalten. Darüber sind sich wohl alle Autoren vollkommen im klaren. Man kann ferner auch kaum bestreiten, daß solche Engramme eine wesentliche Rolle bei der Orientierung spielen. Sie kommen allerdings nur dann in Frage, wenn die Möglichkeit besteht, daß die Tiere die optischen Anhaltspunkte (points de repères, landmarks), welche ihren Engrammen zugrunde liegen, sehen können[3]. Es ist darum der Vorschlag von WATSON und LASHLEY durchaus gerechtfertigt, von einer ,,proximal orientation" und einer ,,distant orientation" zu sprechen, wobei unter ,,proximal orientation" jene Orientierung zu verstehen ist, wo das Hineinspielen von optischen Anhaltspunkten in Betracht kommen kann. Dabei ist es durchaus möglich, daß auch bei der Fernorientierung, insoweit es sich um eintrainierte Tiere handelt, welche die Gegend entsprechend kennengelernt haben, die Fernorientierung sozusagen in einzelne Etappen der Nahorientierung auseinanderfällt.

Daß das *Training der Taub.n* und das sog. ,,optische Gedächtnis" (die optischen Engramme) von besonderer Wichtigkeit sind, das geht aus jenen zahlreichen Versuchen hervor, welche man mit jungen Tauben gemacht hat. So beschreibt G. H. SCHNEIDER[2] vergleichende Experimente an Tauben, welche schon öfters trainiert waren und die Umgebung kannten, und an solchen, welche entweder noch gar nicht oder nur wenig gefeldert hatten. Es zeigte sich, daß die jungen, nichttrainierten Tiere selbst in ganz geringer Entfernung große Schwierigkeiten hatten, ihren heimatlichen Taubenschlag wiederzufinden. Sie schlugen überaus häufig die falsche Flugrichtung ein, irrten Stunden und Tage umher oder gingen überhaupt verloren. Sie wurden oft von nahen Häusergruppen angezogen und suchten dort an fremden Orten ihren Schlag, selbst dann, wenn es durchaus möglich war, daß sie ihren heimatlichen Ort sehen konnten. Nach SCHNEIDER richten junge Tauben eben ihren Blick noch nicht in die Ferne und lassen sich darum von näherliegenden, der Heimat ähnlichen Anhaltspunkten täuschen. Es fliegen solche junge Tauben auch gern an Tälern entlang, wenn

---

[1] LUCANUS, F. v.: Die Rätsel des Vogelzuges. 1922 u. 1929.
[2] SCHNEIDER, G. H.: Z. Physiol.-Psychol. S. O. **40**, 252 (1906).
[3] Dieser Auffassung wird besonders durch die fesselnden und eindringlichen Experimente von K. S. LASHLEY an Seeschwalben eine sichere Grundlage gegeben. Sie werden weiter unten noch genauer besprochen.

ihre Heimat in einem Tale liegt. Geraten sie in falsche Täler, so gehen sie leicht verloren. Die Tiere lernen erst mit der Zeit „aus der Erfahrung" höher zu steigen und die Ferne abzusuchen. Sie sind dann durch nichtheimatliche Ortschaften viel weniger beeinflußbar.

SCHNEIDER weist auch darauf hin, daß die Verluste bei jungen Tauben sehr viel kleiner sind, wenn man sie an einem Orte aufläßt, von dem sie einen weiten Überblick haben, als wenn man sie in einem tiefliegenden Orte, von welchem dazu noch zahlreiche Täler abgehen, aufläßt.

Dasselbe bestätigen auch Experimente von HACHET-SOUPLET, welche CLAPARÈDE[1] anführt. Wenn man Tauben zu Creil in einem tiefen Tale aufließ, so kamen sie entweder sehr verspätet zurück oder gingen verloren. Ließ man sie auf den Gipfeln der umgebenden Hügel auf, so kehrten sie rasch zurück.

Eine andere Tatsache, die HACHET-SOUPLET zur Stütze seiner Anschauungen verwendet, besteht darin, daß die Tauben zunächst ihren Taubenschlag und die unmittelbare Umgebung desselben genau kennenzulernen versuchen. Wenn sie das erstemal hinausgelassen werden, dann bleiben sie ganz in der Nähe und sehen sich überall um, fliegen evtl. auf das Dach des nächsten Hauses und rekognoszieren auf diese Weise die angrenzende Nachbarschaft. Wenn sie sich gleich das erstemal weiter entfernen, gehen sie leicht verloren. HACHET-SOUPLET erwähnt hier, daß sich Taubenzüchter oft darüber mokieren, wenn sie eine Taube, die in ihrem Schlage streng eingeschlossen gehalten wurde, verloren, obwohl sie sie nur in einer Entfernung von 1 km aufließen, dies sei doch in gewissem Sinne geradezu eine Selbstverständlichkeit.

Beachtung verdienen hier Anschauungen, die J. R. EWALD[2] über die *Bedeutung des Trainierens* der Tauben geäußert hat. EWALD ist sich zunächst völlig darüber klar, daß durch das Training die Chance zum Wiederfinden der Heimat sehr wesentlich vergrößert wird, weil durch das Feldern die bekannte Region um den Schlag sehr ausgedehnt wird. Es wird dadurch der von EWALD sog. „brauchbare Winkel" stark vergrößert. Dies ist der Winkel, welcher im Auflassungsorte seine Spitze hat, und dessen Schenkel zu den seitlich von der Heimat entferntesten Punkten führen, welche dem Tiere noch bekannt sind. Es käme beim Training nicht so sehr darauf an, daß die Tauben das Terrain rings um den Schlag kennenlernen, als vielmehr darauf, daß die Taube die Gegend rechts und links vom Schlage in der Ausdehnung gut kenne, welche rechtwinklig auf der Reiserichtung steht. Es ist unleugbar, daß die oben S. 921 geäußerten Auffassungen von RABAUD mit den Darlegungen von EWALD eine nicht unwesentliche Verwandtschaft besitzen.

Weiterhin bemerkt EWALD[3] an anderer Stelle:

„Aber der Erfolg des Trainings beruht offenbar nur teilweise darauf, daß den Tauben Gelegenheit gegeben wird, Ortskenntnisse zu sammeln. Sehr wichtig ist es vielmehr auch, daß die Tauben durch die immer weiter ausgedehnten Reisen allmählich lernen, worum es sich in weite Ferne geschickt werden. Die Tauben lernen durch etappenweise Vergrößerung der Flugstrecke nicht, wie angenommen wird, immer entferntere Punkte erkennen, sondern sie lernen nur mit größerer Ausdauer dorthin zu fliegen, wo sie ihre Heimat vielleicht zwar nicht sehen, sondern nur infolge anderer Sinneseindrücke vermuten."

Es spielt also nach EWALD hier offensichtlich der Zeitfaktor eine besondere Rolle. Die Tauben müssen lernen, die Zeit abzuschätzen, während welcher sie auf dem Rückfluge ausharren müssen, um wieder in den bekannten Heimatsbezirk zu kommen, in welchem sie sich dann zurechtfinden.

---

[1] CLAPARÈDE, M. ED.: Arch. de Psychol. **2**, 133 (1903).
[2] EWALD, J. R.: Unveröffentlichtes Manuskript.
[3] EWALD, J. R.: Z. Brieftaubenk. **15**, 210 (1900).

WINCKELHECK[1] hält es für das Zweckmäßigste, daß man junge Tauben in nicht zu weiter Entfernung (5 km) zunächst von einem erhöhten Punkte aus trainiert. Vom Auflaßorte soll man den heimatlichen Taubenschlag sehen können. Die Jungtauben erheben sich auch dann beim ersten Fluge in ziemliche Höhe, wenden sich längere Zeit nach allen Richtungen und fliegen schließlich beliebig ab. Es kann lange dauern, bis die Tiere wieder zu Hause sind. Dabei kennen die Tiere schon längere Zeit die unmittelbare Umgebung ihres Schlages und ihren Heimatort. Beim zweiten und dritten Auflassen zögern die Tauben noch mit dem Abfluge, bis sie sich endlich gleich der Heimat zuwenden. Vgl. auch DÖRDELMANN[2].

Es gibt eine Reihe von Beispielen, die beweisen, daß *hohe Bergeszüge* die *Orientierung* der Tauben überaus *erschweren*[3], wenn nicht vollkommen verhindern können. So berichtet beispielsweise v. CYON, daß von 1500 Tauben nur 7 über die Alpen in ihren Heimatort zurückgekehrt sind. v. CYON war der Meinung, daß die *wechselnden Windrichtungen* in den Alpen schuld daran gewesen seien. Man kann ihm wohl kaum beipflichten, wenn er dies als die einzige Ursache ansehen wollte.

HODGE[4] hält neben anderen die Annahme eines speziellen Richtungssinnes für Brieftauben nicht für notwendig. Er hat eine Reihe von Experimenten vor allem an jungen Tauben gemacht. Wenn sie das erstemal aus ihrem Schlage ausgelassen wurden, dann flogen sie um den Taubenschlag herum, von einem Punkte zum andern, und prägten sich auf diese Weise, wie HODGE meint, eine Reihe von optischen Anhaltspunkten ein. Ein solches Verhalten von jungen Tauben wird übrigens ganz allgemein beobachtet. (Vergleiche unter zahlreichen anderen auch HACHET-SOUPLET.) Wenn man junge Tauben in einem offenen Käfig etwa $1/2$ Meile vom Schlage weit wegtransportiert, dann fliegen sie in wenigen Zirkeltouren zurück, berichtet HODGE. Bringt man die Tauben aber in einem geschlossenen Käfig weg, dann irren sie sich leicht und fliegen häufig in der falschen Richtung. Werden die Tiere trainiert, dann erhält man mit guten Tieren meistens ausgezeichnete Resultate. Nur wenn sie trainiert worden sind, kehren sie in gerader Linie zurück und benehmen sich so, als ob sie einen speziellen Richtungssinn hätten (vgl. oben).

Nach HODGE verhalten sich aber durchaus nicht alle Tiere gleich. Die einen orientieren sich sehr schnell, andere wieder viel weniger rasch und manche sind überhaupt nicht brauchbar. CLAPARÈDE[5] zitiert von den Schlußfolgerungen von HODGE unter anderem auch folgenden interessanten Satz: „Il y a des pigeons stupides comme il y a des hommes stupides." Schon daraus geht hervor, daß HODGE annimmt, daß sich die Tauben wie Menschen orientieren, und zwar nach bestimmten prominenten optischen Anhaltspunkten, und daß sich die Tauben durch Ähnlichkeiten ebenso täuschen lassen können, wie sich Menschen täuschen lassen.

Wenn Tauben in unbekannter Nachbarschaft ausgesetzt werden, dann begeben sie sich auf Suche. Sie beschreiben dabei eigenartige Spiraltouren, wobei sie immer in fast gleicher Entfernung von ihrem Auflassungsorte bleiben, berichtet HODGE.

In Übereinstimmung mit seiner Anschauung fand HODGE folgendes:

Eine größere Zahl von Vögeln wurde mit der Eisenbahn wegtransportiert. Nicht ein einziger kehrte in einer so kurzen Zeit zurück, als daß es ihm nicht möglich gewesen wäre, in Spiraltouren um seinen Auflassungsplatz herumzufliegen. Die beste Leistung war 26 Meilen in 5 Stunden 9 Minuten. Mehrere Vögel, die zur gleichen Zeit aufgelassen worden sind, gingen verloren. Das bezieht sich allerdings nur auf erste Flüge.

---

[1] WINCKELHECK, H.: Z. Brieftaubenk. **42**, 881 (1927).
[2] DÖRDELMANN, W.: Z. Brieftaubenk. **37**, 762 (1922).
[3] Vgl. auch PORTICARIUS: Z. Brieftaubenk. **41**, 126 (1926).
[4] HODGE: Pop. Sc. Monthly **44**, 758 (1894).
[5] CLAPARÈDE, M. ED.: Arch. de Psychol. **2**, 133 (1903).

HACHET-SOUPLET[1] hat noch einige Experimente mit Tauben vorgenommen, aus welchen er schließen zu dürfen glaubt, daß die Tauben durch optische Anhaltspunkte bei ihren Rückflügen geleitet werden[2]. Er spricht geradezu von einer „*attraction visuelle*". Die Experimente sind folgende:

6 Tauben wurden 12 km von ihrem Schlage entfernt aufgelassen:

| | | | | | | | |
|---|---|---|---|---|---|---|---|
| die 1. | um | 8 | Uhr | ...... kehrte zurück um | 8 | Uhr | 25 Minuten |
| „ 2. | „ | 10 | „ | ..... „ „ | „ 10 | „ | 20 „ |
| „ 3. | „ | 12 | „ | ..... „ „ | „ 12 | „ | 30 „ |
| „ 4. | „ | 16 | „ | ..... „ „ | „ 16 | „ | 30 „ |
| „ 5. | „ | 20 | „ | ..... „ „ | „ 4 | „ | 15 „ |
| | | | | | am nächsten Morgen, | | |
| „ 6. | „ | 24 | „ | ...... „ „ | um 5 Uhr 5 Minuten | | |
| | | | | | am nächsten Morgen. | | |

Es ist hierbei nicht zu vergessen, was bereits schon oben klargelegt wurde, daß die Orientierung der Tauben in der Dunkelheit nicht unmöglich, wohl aber behindert ist.

Hierzu paßt übrigens auch eine wiederholte Beobachtung von EXNER[3]. Dieser Autor berichtet, daß nachmittags aufgelassene Tauben oft sehr verspätet nach Hause kommen. Besonders junge Tiere bleiben oft stundenlang in der Nähe ihres Auflassungsortes sitzen, bevor sie nach Hause fliegen. Am frühen Morgen aufgelassene Tiere kehren hingegen sehr rasch nach Hause zurück. Aus diesem Grunde hat EXNER die Tauben geradezu als Morgentiere bezeichnet.

Auch OORDT und BOL[4] führen Beobachtungen an, aus denen hervorgeht, daß der Gesichtssinn bei Tauben für die Orientierung zweifellos von großer Bedeutung sein kann. Wenn eine Brieftaube, die durch ihre stark ausgeprägte Buntheit leicht erkennbar war, beim Wettfliegen aus dem Süden nach ihrem Schlage in Zutven (nördlich von Nymwegen in Holland) flog, dann wurde sie jedesmal von einem Bekannten von BOL in Arnheim gesehen, wie sie über seinem Hause nach Zutven flog. 1912 kam eine fremde Taube aus Braunschweig in dem Taubenschlage BOLs in Utrecht an. Am nächsten Tage wurde sie mit einem Brief losgelassen und kam gut in ihrem Heimatorte in Rotterdam an. 14 Tage später wurde dieselbe Taube in Stendal, 460 km von Utrecht, aufgelassen. Auf ihrem Fluge nach Rotterdam kam sie auch diesmal wieder ermüdet in Utrecht an. Auf zwei weiteren Flügen von Berlin und von Küstrin ereignete sich jedesmal wieder dasselbe.

REYNAUD[5] hatte darauf hingewiesen, daß die Taubenzüchter um Paris vor der Erbauung des Eiffelturmes dieselben Verluste gehabt haben wie nach Fertigstellung des Eiffelturmes, obwohl dieses Wahrzeichen aus einer Entfernung von 250 km im Umkreise sichtbar ist. CLAPARÈDE[6] bemerkt dazu wohl richtig, daß der Eiffelturm von der Höhe aus gesehen sich wohl in der Regel in dem Häusermeer verliert bzw. sich nicht abhebt, daß also dieses Argument von REYNAUD auch nicht als stichhaltig angesehen werden kann.

Es ist einzusehen, daß naturgemäß zahlreiche Einwände gegen die Möglichkeit einer optischen Orientierung aus großen Entfernungen erhoben worden sind. Schon THAUZIÈS[7] hatte darauf hingewiesen, daß man notwendigerweise annehmen müßte, daß die Tauben sehr hoch fliegen müßten, wenn sie sich aus so großen Entfernungen optisch orientieren sollten. Dies kommt natürlich um so mehr dann in Frage, wenn man, wie HACHET-SOUPLET, eine direkte Sichtbarkeit des Taubenschlages postuliert. Man braucht jedoch nicht so weit zu gehen, weil

---

[1] HACHET-SOUPLET, P.: Ann. de Psychol. Zool. **2**, 33 (1902).
[2] Auch H. DRAVE [Z. Brieftaubenk. **41**, 221 (1926)] und H. DESCHER [ebenda **42**, 29 (1927)] vertreten ähnliche Anschauungen.
[3] EXNER, S.: Sitzgsber. Akad. Wiss. Wien, Math.-naturwiss. Kl. III **114**, 763 (1905).
[4] OORDT, G. J. VAN, u. C. J. A. C. BOL: Biol. Zbl. **49**, 173 (1929).
[5] REYNAUD, G.: C. r. Acad. Sci. Paris **125**, 1191 (1897).
[6] CLAPARÈDE, M. ED.: Arch. de Psychol. **2**, 133 (1903).
[7] THAUZIÈS, A.: Internat. Congr. de Psychol. **1909**, 263 — Rev. Scient. **50 I** (1913).

es doch zweifellos noch zahlreiche andere optische Anhaltspunkte gibt (Berge, Wälder, Täler, Türme usw.), die unweit von dem Taubenschlage liegen und den Tieren sehr wohl zur optischen Orientierung dienen könnten. Darauf weist speziell auch CLAPARÈDE hin. Trotz alledem ist man aber gezwungen anzunehmen, daß die Flughöhe der Tiere um so größer sein müßte, je weiter sie entfernt sind, wenn sie noch etwas von ihrer heimatlichen Umgegend sehen sollten. Dies ist in erster Linie durch die Erdkrümmung verursacht, ganz abgesehen von eventuellen hindernden hohen Bergeszügen u. dgl. CLAPARÈDE hat grob angeführt, daß Tauben, um sich optisch orientieren zu können bei einer Entfernung von 200 km 3000 m hoch, bei einer Entfernung von 300 km 7000 m, hoch, bei einer Distanz von 400 km 12000 m hoch und bei 500 km Entfernung 19000 m hoch fliegen müßten. Derartige Höhen kommen nun keineswegs in Frage. In der Regel steigen Vögel überhaupt mit wenigen Ausnahmen nur einige 100 m hoch auf, und die Tauben fliegen gewöhnlich nur in einer Höhe von 300 bis 400 m, selten in größerer Höhe. Das ergeben übereinstimmende Beobachtungen von sehr vielen Autoren[1].

Nun hat es nicht an Hypothesen gefehlt, welche diese Schwierigkeiten zu überwinden suchten; diese Hypothesen müssen aber als rein spekulativ angesehen werden. So hat z. B. DUCHÂTEL[2] die Annahme gemacht, daß die Vögel gegen *ultrarote Strahlen* empfindlich seien. Weil nun diese Strahlen der Erdoberfläche folgen sollen, so käme in einem solchen Fall die Schwierigkeit, welche sonst in der Erdkrümmung liegt, zum Wegfall. Diese Anschauung von DUCHÂTEL kann jedoch nicht anerkannt werden, weil WATSON[3] bei seinen Studien über die spektrale Empfindlichkeit von Vögeln nachgewiesen hat, daß infrarote Strahlen, wenn man sich so ausdrücken darf, keinesfalls von Vögeln gesehen werden können.

Eigenartige Ansichten, die jeder experimentellen und theoretischen Begründung entbehren, haben KOCKEL[4], PEEMÖLLER[5] und auch VIEBIG[6] in seinem sonst übrigens beachtenswerten Artikel geäußert. Eine gewisse Entschuldigung mag darin zu suchen sein, daß es sich hier um Äußerungen von Brieftaubenliebhabern handelt. Die Heimat solle wie ein Sender wirken, der „unendlich feine Schwingungen elektromagnetischer Strahlung" aussendet, die sog. „*Heimatstrahlung*". Die Taube sei ein ebenso fein abgestufter Empfänger für diese Strahlung. In der Nähe der Heimat sollen sich die Tiere aber optisch zurechtfinden, denn in der Heimat selbst oder in deren Nähe habe diese Strahlung nicht mehr die Intensität wie in der Ferne. So will PEEMÖLLER verstehen können, daß viele Tauben aus großen Entfernungen bis in die Nähe der Heimat zurückfinden, sich aber dann verirren.

Absolute Gegenargumente gegen die oben ausführlich dargelegte Theorie der direkten Sichtbarkeit des Taubenschlages von HACHET-SOUPLET sind aber durch die Feststellungen von WATSON und LASHLEY[7] gebracht worden[8]. Die Entfernung, in welcher ein Gegenstand auf See noch gesehen werden kann, wird ausgedrückt durch die annähernde Formel $d = 1{,}317 \sqrt{x}$ in Fuß, wobei $d$ die Entfernung des Objektes in Landmeilen und $x$ die Höhe des Objektes vom

---

[1] Vgl. z. B. W. DÖRDELMANN: Z. Brieftaubenk. **37**, 762 (1922).
[2] DUCHÂTEL: Ann. de Psychol. Zool. **1**, 22 (1901); **2**, 48 (1902).
[3] WATSON, J. B.: Pap. from the depart. of marin. biol. of the Carnegie Inst. of Washington **7**, 87 (1915).
[4] KOCKEL, F.: Z. Brieftaubenk. **43**, 823 (1928).
[5] PEEMÖLLER, F.: Z. Brieftaubenk. **46**, 918 (1931).
[6] VIEBIG, A.: Z. Brieftaubenk. **37**, 220, 236, 250, 270, 284, 303, 315 (1922).
[7] WATSON, J. B., u. K. S. LASHLEY: Pap. from the depart. of marin. biol. of the Carnegie Inst. of Washington **7**, 1 (1915).
[8] Vgl. auch W. DÖRDELMANN: Z. Brieftaubenk. **37**, 762 (1922).

Erdboden in Fuß bedeutet. Für kurze Distanzen ist die Höhe, welche man durch diese Formel erhält, ungefähr gleich der Tangente des Bogens der Distanz, korrigiert mit dem Betrage der Refraktion am Horizonte (36' 29''). Bei größeren Distanzen ist jedoch der Betrag etwas zu hoch. Für das vorliegende Problem spielt aber dieser Fehler keine Rolle. WATSON und LASHLEY haben folgende Tabelle aufgestellt, welche wir, in Meter und Kilometer umgerechnet, wiedergeben:

| Entfernung | Höhe, bis zu welcher ein Vogel fliegen müßte, daß noch Lichtstrahlen, welche von einem Punkte in Seehöhe ausgehen, ihn treffen können. | Höhe, bis zu welcher ein Vogel fliegen müßte, daß ihn noch Lichtstrahlen treffen, die von der Spitze des 46 m hohen Leuchtturmes ausgehen | Noch sichtbare Objekte bei einer Sehschärfe von 30'' | Noch sichtbare Objekte bei einer Sehschärfe von 4' |
|---|---|---|---|---|
| km | m | m | m | m |
| 28,968 | 56,69 | 1,04 | 41,76 | 335,28 |
| 104,605 | 740,66 | 428,84 | 151,18 | 1222,86 |
|  | km | km |  | km |
| 168,979 | 1,931 | 1,448 | 241,41 | 1,931 |
| 307,380 | 6,437 | 5,311 | 431,30 | 3,540 |
| 432,907 | 12,874 | 11,265 | 627,58 | 4,989 |
| 482,796 | 15,771 | 14,162 | 691,90 | 5,472 |
| 643,728 | 28,002 | 25,910 | 933,30 | 7,403 |
| 804,660 | 43,934 | 41,198 | 1158,54 | 9,334 |
| 936,610 | 59,383 | 56,326 | 1351,79 | 10,943 |
|  |  |  | km |  |
| 1126,524 | 86,097 | 82,235 | 1,609 | 13,035 |
| 1287,456 | 112,490 | 108,145 | 1,931 | 14,967 |
| 1348,388 | 142,262 | 137,434 | 2,092 | 16,737 |
| 1609,320 | 175,740 | 170,260 | 2,414 | 18,668 |
| 1770,252 | 212,590 | 206,630 | 2,575 | 20,599 |

Der 2. Stab der Tabelle gibt die Höhe an, bis zu welcher ein Vogel fliegen müßte, daß sein Auge noch von Lichtwellen getroffen würde, welche von einem Objekte in Seehöhe ausgehen, das in einer Entfernung liegt, wie sie im 1. Stab angegeben ist. Die Berechnung gilt nur unter der Voraussetzung, daß das Vogelauge nur für Wellenlängen zwischen 400 und 700 $\mu\mu$ empfindlich ist. Diese Annahme stimmt mit den experimentellen Ergebnissen von WATSON überein. Der Leuchtturm Loggerhead Key ist 46 m hoch. Der 3. Stab der Tabelle gibt die Höhe an, bis zu welcher ein Vogel fliegen muß, um in den angegebenen Distanzen noch den oberen Teil des Leuchtturmes in einem Ausmaße von 3 m sehen zu können. Die Berechnungen sind unter der Annahme einer absoluten Sehschärfe ausgeführt; jedoch sind die Grenzen der Sehschärfe bei Vögeln ein sehr schwieriges Problem. WATSON und LASHLEY zitieren hier Untersuchungen von JOHNSON[1], nach welchem Autor Hühner eine Sehschärfe von 4' haben sollen. Der 4. Stab gibt die Höhe eines Objektes an, welches in der angegebenen Entfernung unter der Voraussetzung einer Sehschärfe von 30'' für den Menschen noch sichtbar ist, und der 5. Stab dasselbe unter Voraussetzung einer Sehschärfe von nur 4'. Wenn die Küste sichtbar sein soll, dann müßten also Unebenheiten auf derselben vorhanden sein, welche in der entsprechenden Entfernung einem Sehwinkel von mindestens 30'' bzw. 4' entsprechen. Die bizarrsten Berge im Golf von Mexiko, wo diese Untersuchungen gemacht worden sind, die Sierra Madre, würden also in einer Entfernung von 483 km denselben Reizeffekt auf das Vogelauge haben wie eine feine gerade Linie in einigen Fuß Entfernung. Wenn die Sehschärfe der „homing birds" (es gehören hierher nicht nur die Tauben, sondern nach WATSON und

---

[1] JOHNSON: J. Anim. Behav. **1914**, 340.

LASHLEY auch die Seeschwalben und andere Vögel, die ihre Heimat aufsuchen) nicht größer ist als diejenige des Huhnes oder etwa des Menschen, dann ist es ausgeschlossen, daß sie auf Seheindrücke in einer Entfernung von mehr als 161 km reagieren.

Es möge hier im Anhange noch EWALD[1] mit eigenen Worten zur Sprache kommen, wie er sich einmal bei einem Vortrage temperamentvoll geäußert hat:

„Wenn sich die Taube am Auflaßorte hoch in die Luft geschwungen hat, dann möge für ihr scharfes Auge im Norden und im Süden je eine Bergkette fern am Horizonte auftauchen — und nun soll sie entscheiden, welches von den beiden Gebirgen sie früher schon einmal — vielleicht vor 4 Wochen, und zwar von der anderen Seite gesehen hat und noch dazu als es ihr im Rücken lag und sie eilig zur Heimat davonflog. Oder wie soll sie unter den zahlreichen Kirchtürmen, die in weiter Ferne erscheinen, den richtigen, auf den sie zusteuern muß, herausfinden und erkennen? Vielleicht an seinem Baustil? Oder vielleicht an der Zahl der Schwanzfedern des Hahnes, der auf seiner Spitze steht? Nein, meine Herren, hier kommt nicht nur die Schärfe des Auges, sondern auch die Beurteilung des Gesehenen in Frage, und es handelt sich hier um eine Äußerung der Intelligenz. Die gestellte Aufgabe wäre selbst für einen aufmerksamen Menschen unausführbar. Nun wollen wir zwar gern den Tieren jede nur denkbare Schärfe der Sinnesorgane zugestehen, aber in bezug auf die Intelligenz sind wir ihnen, glaube ich doch, über, und besonders den Tauben... ich kenne kein Tier, das so dumm ist wie die Taube."

Mit diesen Anschauungen von EWALD stimmt weitgehend VIEBIG[2] überein. Folgende Äußerung kennzeichnet dies deutlich:

„Ich habe bereits vor 25 Jahren verschiedene Versuche gemacht, aus denen mit Sicherheit gefolgert werden muß, daß das bewußte Kennen und Erkennen einer Örtlichkeit selbst bei Brieftauben sehr gering entwickelt ist, und daß die Brieftauben trotz der ihnen von allen Seiten angedichteten scharfen Augen *nicht einen genügenden Verstand haben, um das Geschaute nach Erkennen in logischer Weise zu zergliedern und für das Auffinden des Schlages zu verwerten. Gedankenfolgerungen und Kombinationsmöglichkeiten gibt es in einem Brieftaubengehirn überhaupt nicht.*"

Daß sich die Brieftauben in der näheren Umgebung ihres Taubenschlages zurechtfinden, führt VIEBIG lediglich auf Gewohnheit zurück.

VIEBIG führt einige Versuche an, welche seine Meinung zu stützen scheinen. Sie besitzen mancherlei Ähnlichkeit mit Tatsachen, wie sie vielfach von uns schon angeführt werden konnten. Er ließ eine Anzahl von Tauben in 1,5 km Entfernung von ihrem Schlage auf einem Berge auf, von dem aus das ganze Gelände mit dem Schlage gut zu überblicken war. Es vergingen trotzdem 15—20 Minuten, bis sich die Tiere in geschlossenem Schwarme nach vielen Hin- und Herflügen auf etwa 300 m dem Grundstücke genähert hatten; nunmehr erst schienen sie ihren Taubenschlag zu erkennen und hielten direkt auf ihn zu.

Wurden die Tauben an einem gleich weit entfernten Orte aufgelassen, von welchem aus das den Taubenschlag beherbergende Gebäude schwerer sichtbar war, dann flogen die Tiere gar 1½ Stunden kreuz und quer, ehe sie den Schlag fanden. Als aber die Tauben einige Tage später in 30 km Entfernungen aufgeworfen wurden, da waren sie in 2 Stunden zurück!

Ähnliche Erfahrungen machte VIEBIG auch mit ausgezeichneten belgischen Brieftauben, deren Schlag sich in unmittelbarer Nähe des Mainzer Domes befand. Trotz der charakteristischen, vieltürmigen Silhouette des Mainzer Domes, der die ganze Stadt überragt, brauchten die meisten Tauben 30—40 Minuten, einige sogar über 1 Stunde, um sich aus geringer Entfernung erst nach vielfachen Hin- und Herflügen nach Hause zu finden. VIEBIG glaubt darum ablehnen zu müssen, daß sich die Brieftauben optisch zurechtfinden.

Von ganz hervorragender Bedeutung und aufklärend für das Problem der *Nahorientierung* sind Untersuchungen von LASHLEY[3], welche er im Anhange an frühere Experimente von WATSON[4] gleichfalls mit den von den beiden Autoren verwendeten Seeschwalben vorgenommen hat.

---
[1] EWALD, J. R.: Z. Brieftaubenk. **15**, 210 (1900).
[2] VIEBIG, A.: Z. Brieftaubenk. **37**, 236, 250 (1922).
[3] LASHLEY, K. S.: Pap. from the depart. of marin. biol. of the Carnegie Inst. of Washington **7**, 61 (1915).
[4] WATSON, J. B.: Pap. from the Tortugas Lab. of the Carnegie Inst. of Washington **1908**, Nr. 103.

Es wurde schon oben erwähnt, daß auf Bird Key zur Zeit der Brut außerordentlich große Mengen von Seeschwalben hausen, deren Nester zum Teil sehr dicht aneinanderliegen. Man findet nicht selten auf einer Fläche von 30 qm mehr als 30 Anousnester, die einander so ähnlich sehen, daß sie von Menschen meist nicht auseinandergehalten werden können. Trotz alledem finden die Vögel ohne Irrtümer aus hunderten von gleich aussehenden unter normalen Verhältnissen ohne leisestes Zögern ihr eigenes Gelege wieder. Schon WATSON hatte gefunden, daß mancherlei Veränderungen im Aussehen des Nestes und der Umgebung die Orientierung der Vögel kaum behindern. Wurden die Nester aber nur verhältnismäßig wenig in ihrer horizontalen Lage zur Seite verschoben, dann traten oft bemerkenswerte Störungen beim Wiedersuchen des Nestes auf. Diese Frage hat LASHLEY genau untersucht und ist im allgemeinen zu den Schlußfolgerungen gekommen, daß man die hochinteressante Tatsache der *Nahorientierung* bei den Seeschwalben in der Hauptsache auf *Seheindrücke* und *kinästhetische Eindrücke zurückführen* kann.

Bird Key ist eine dreieckige Insel von maximal 1,80 m Höhe. Bis 1910 war sie dicht mit Cederbüschen überwuchert. Dieselben wurden jedoch durch einen heftigen Wirbelsturm im Jahre 1910 in großer Anzahl vernichtet, so daß nur ein Teil von ihnen, etwa im Zentrum der Insel und auf der Westseite stehengeblieben ist. Sie wachsen bis zu einer Höhe von 1,50 m und sind durch große Unregelmäßigkeiten in ihrem Aussehen gekennzeichnet, so daß es sehr wohl möglich ist, daß sie wichtige optische Anhaltspunkte für die Vögel bilden können. Am Westende der Insel befinden sich einige Häuser bis zu 4,50 m Höhe. Daneben stehen drei Cocosnußpalmen. Die Häuser mit den Cocosnußpalmen und den umgebenden Cederbüschen bilden ausgezeichnete visuelle Reize für die Vögel, die von der See kommen.

Einige Beispiele der äußerst interessanten und fesselnden *Experimente mit Sternae* seien im folgenden angeführt:

Die Sternae gewöhnten sich sehr bald an die Gegenwart des Untersuchers und wurden oft so zahm, daß sie sich dann, wenn sie vom Neste weggetrieben wurden, nur wenige Meter entfernten. Ganz kurze Zeit danach kehrten sie prompt zu ihrem Neste zurück. LASHLEY konnte Zeiten feststellen, die alle unter einer Minute lagen. Legt man in das Nest ein fremdes Ei, so macht das zumeist gar nichts aus. Aber seitliche Verschiebungen des Eies bedingen oft, daß es viel länger dauert, bis der Vogel zu seinem Neste zurückkehrt und zu brüten beginnt. Ein typisches Beispiel dafür ist in folgendem Versuch gegeben:

Ein Tier wurde von seinem Neste vertrieben, das Nest zerstört, ein neues an der gleichen Stelle hergerichtet und das Ei einer Anous hineingelegt. In einer Minute kehrte der Vogel zurück und in 2 Minuten brütete er, nachdem er zwei Eindringlinge vertrieben hatte. Einige Minuten später wurde das Nest am ursprünglichen Platze zerstört und ein neues in einer Entfernung von ungefähr 30 cm weiter südlich angelegt. Der Vogel landete bei dem alten Neste und lief um dieses herum. Dann sah er das Ei an der neuen Stelle, ging zu dem neuen Nest, kehrte wieder um zum alten, was sich ungefähr viermal wiederholte. Nach 1 Minute setzte sich die Schwalbe auf das Ei. Eine andere Sterna kam und griff sie an. Sie lief vom Ei weg, dem alten Platze zu, dann ging sie wieder zum Ei zurück und saß dort 30 Sekunden. Das wiederholte sich noch einige Male, bis der Vogel sich nach 10 Minuten mit dem neuen Neste anscheinend zufrieden gab.

Wieder vertrieben, kehrte die Sterna in 1 Minute zurück, flog mitten zwischen altem und neuem Neste nieder, ging zuerst zum Ei, dann zum alten Nest, dann wieder zum Ei und brütete. 2 Minuten später besuchte er wieder das alte Nest. 5 Minuten darauf nochmals vertrieben, landete der Vogel am Platze des alten Nestes und ging dann direkt zum Ei. Nach 30 Sekunden und nach 2 Minuten besuchte er wieder das alte Nest. In der nächsten halben Stunde wurde er nochmals vertrieben, kehrte zum Ei aber meist in 15 Sekunden zurück. Als das Ei wieder an seine ursprüngliche Stelle gebracht wurde, fand sich der Vogel sofort wieder dorthin und schenkte dem neuen Neste gar keine Beachtung mehr.

In diesem Falle *veränderte* also die *Vertauschung des Eies und* der *Ersatz des Nestes durch ein neues* schließlich die Reaktion des Vogels nicht.

In einem anderen Versuche wurde das *Nest mit einem schwarzen Tuche* von etwa 1 qm *bedeckt* und das Ei darauf gelegt. Der Vogel landete in einigen

Sekunden und ging sofort auf das Tuch los. Er zögerte, das Tuch zu betreten, ging um es herum und sah einige Sekunden nach dem Ei. In weniger als 1 Minute indessen betrat er das Tuch, schien alle Furcht verloren zu haben, ging zum Ei und brütete zufrieden.

Andere Veränderungen des Nestaussehens ergaben schließlich, daß der *individuelle Charakter des Nestes* und *des Eies keine wichtige Rolle bei der Orientierung* spielen. Von viel größerer Bedeutung sind, wie schon das erste Experiment zeigte, *seitliche Verschiebungen des Nestes.* Die benötigten Zeiten bis zum Aufsitzen auf das Ei werden durch solche Maßnahmen stark vergrößert.

In einem anderen Versuche, wo aus einem Neste zwei neue in bestimmter Entfernung voneinander hergestellt wurden und wo in jedes ein Ei gelegt wurde, zeigte sich, daß die Wiedererkennung des Nestes in gewissem Grade von der *relativen Lage des Nestes zu anderen Gegenständen in der Nachbarschaft* abhängt.

Abb. 325. Typischer Nestplatz von Sterna fuliginosa. (Nach WATSON und LASHLEY.) Näheres im Text.

Besonders lehrreich ist folgendes Experiment:

Auf einem offenen Platze wurde ein in der Nähe eines kurzen Stabes *f* (vgl. Abb. 325) befindliches Nest zerstört und durch zwei Nester ersetzt, die ca. 30 cm auseinander lagen. Der Vogel wählte das nördliche Ei. Beide Eier wurden dann ca. 30 cm nordwärts verschoben. Der Vogel landete und wählte das nördliche Ei ohne Zögern. Sein Partner kam und setzte sich auf das südlichere. Beide wurden vertrieben. Der erste Vogel kehrte zurück, landete ungefähr 1,20 m ostwärts bei *g* und schritt dann ca. 1 m in gerader Richtung zum ursprünglichen Neste. Noch ca. 30 cm entfernt, schien der Vogel die Eier in der neuen Stellung zu sehen, wendete scharf und ging zum südlicheren Ei *d*. Der Vogel schien unzufrieden, ging zurück zum Landungsplatze *g*, kehrte jedoch direkt zum nördlichen Ei zurück. Dann wendete er sich zum südlicheren Neste *b*, kehrte aber zum nördlicheren zurück und setzte sich. Auch der Partner kam zurück und setzte sich wieder auf das südlichere Nest.

Beide Nester wurden wieder zerstört und mit dem Stabe ca. 60 cm nordwärts verschoben. Der erste Vogel landete wie gewöhnlich in der Nähe des Busches bei *g*, schritt zum ursprünglichen Nest *a*, sah sich um und wandte sich direkt zum südlicheren Neste *c*. Der Partner kam und ging um das alte Nest herum. Das weibliche Tier ging zu ihm und kehrte dann zum Neste zurück.

Darauf wurde der Stab in die ursprüngliche Stellung bei *a* gebracht, die Nester blieben unverändert. Der erste Vogel landete wie gewöhnlich und ging direkt zum neuen Neste. Dann schien er den Stab zu sehen, ging auf ihn los, dann wieder zum Landungsplatz, dann wieder zum Stab, wieder zurück zum Landungsplatz, wieder zum Stab, zum anderen Neste, zum neuen Neste, wieder zum Landungsplatz und schließlich zum neuen Neste.

Ei und Stab wurden dann 60 cm südwärts von der neuen Lage nach *h* verlegt. Der Vogel landete bei *g*, sah sich um und ging direkt zum neuen Neste. Ei und Stab wurden dann in die Nähe des Landungsplatzes nach *e* verschoben. Der Vogel landete 60 cm nördlich vom Stabe, ging auf ihn los und setzte sich ohne Zögern auf das Ei.

Stab und Ei wurden neuerlich 60 cm westwärts nach *f* verschoben, und ein neues Ei an den Platz *e* gelegt. Der Vogel landete bei *g*, prüfte Ei und Stab bei *f*, ging dann auf das neue Ei bei *e* los und setzte sich. Weggetrieben, kam er sofort auf seinen Landungsplatz zurück. Da ein anderer Vogel bei *e* landete und das Ei zu verteidigen suchte, wandte sich der Vogel zu dem Ei bei dem Stabe und setzte sich; einen Moment später ging er zu *e* zurück. Der fremde Vogel ging weg, und unsere Sterna setzte sich auf das Ei. Man sieht sie auf dem Bilde bei *e* sitzen; *e* befindet sich in direkter Linie zwischen dem Landungsplatz *g* und dem Originalneste *a*. Ei und Stab wurden dann zwischen diese Stellung und den ursprünglichen Nestplatz gebracht. Der Vogel ging aber immer wieder auf *e* los und setzte sich. Als dann Ei und Stab in die ursprüngliche Lage gebracht wurden, kümmerte sich der Vogel um diese nicht mehr.

Aus diesen Versuchen geht hervor, daß die Sternae eine *bemerkenswerte Plastizität* besitzen, allerdings nur dort, wo die Nester sich auf unbewachsenen Plätzen befinden. Sehr bemerkenswert ist die *Konstanz des Landungsplatzes*. Er befand sich in der Nähe der Büsche, wodurch offensichtlich mancherlei visuelle Anhaltspunkte gegeben waren. Aber unerklärlich bleibt die Sicherheit, mit welcher die Richtung vom Landungsplatze zum Neste eingehalten wurde. Anscheinend ist dieselbe abhängig von der unmittelbaren Umgebung des Nestes. Diese Frage konnte durch spätere Versuche (vgl. weiter unten) genauer aufgeklärt werden. Interessant ist die *Bindung zwischen Stab und Nest*. Der genannte Stab war erst 2 Wochen vor dem Versuche zur Markierung eines anderen Nestes gesteckt worden. In dieser Zeit entwickelte er sich zu einem wichtigen Anhaltspunkte für die Erkennung des Nestes. Daß er aber nicht von grundsätzlicher Bedeutung war, ist daraus zu erkennen, daß ihn der Vogel nicht weiter beachtete, als sich herausgestellt hatte, daß er ihn beim Aufsuchen des Nestes wiederholt irregeleitet hatte.

Ein anderer Versuch diente der Aufklärung der *Bedeutung optischer Anhaltspunkte in der unmittelbaren Umgebung des Nestes*.

Abb. 326. Umgebung eines Nestes von Sterna fuliginosa. (Nach WATSON und LASHLEY.) Nähere Beschreibung im Text.

Das Nest befand sich ca. 20 cm nördlich von einem Stabe, in der Nähe der Mitte eines Dreieckes (Abb. 326), dessen nördliche Seite durch dichtgewachsene Pflanzen *c*, die westliche Seite durch einen dichten Pflanzenbusch *f* und den Stiel eines Palmenblattes *d* gebildet wurden, wogegen die südliche Seite *a—g* offen war. Der Pfahl, welcher in Abbildung 326 auf der rechten Seite des Nestes *b* steht, war ursprünglich an der Stelle *h*. Der weggetriebene Vogel kam rasch zurück, landete ca. 2 m östlich vom Neste und ging meist entlang der Linie *a b* direkt auf das Nest los.

Um den Einfluß des am meisten auffälligen Pfahles zu prüfen, wurde er von seiner südlichen Position in die gleiche Entfernung vom Neste nach Norden versetzt. Ebenso wurde ein neues Nest nördlich vom Stabe bei *c* hergestellt, so daß die Relationen zwischen Lage des Nestes und Stab die gleichen blieben. Des Vogels eigenes Ei wurde nach *c* gebracht, an die Stelle *b* jedoch ein fremdes Ei placiert. Der Vogel kam von *a* zurück, schritt auf sein eigenes Nest bei *b* zu, allerdings mit einigem Zögern. Die *Veränderung der Lage des Stabes störte* also wohl, *war aber nicht genügend, um den Vogel am Wiederfinden seines Nestes endgültig zu behindern*.

Dann wurde die langgestreckte Reihe der Pflanzen an der Nordseite des Dreieckes um ca. 30 cm nordwärts verschoben. Der Vogel kam seinen gewöhnlichen Weg und ging ohne Zögern. Ein Einfluß dieser Verschiebung auf die Orientierung war also anscheinend nicht vorhanden.

Die Pflanzen wurden wieder in ihre Originallage zurückgebracht und die Gegenstände, welche die Westseite des Dreieckes bildeten, wurden 30 cm nordwärts verschoben. Dadurch kamen der Pflanzenbusch und der Palmblattstengel, welche sich zunächst bei $g$ und $h$ befanden, in jene Lagen, die auf der Abbildung ersichtlich sind. Der Vogel kam von Süden, ging zwischen $h$ und $e$ durch direkt zum nördlichen Neste $c$ und setzte sich ruhig. Er wurde vertrieben, der Palmblattstengel wieder nach $f$ zurückgebracht. Der Vogel besetzte wieder das Nest $c$; dann wurde der Pflanzenbusch in die ursprüngliche Lage nach $g$ zurückgebracht. Der wiederkehrende Vogel besetzte das südlichere Nest $b$ ohne Zögern. Palmblatt und der Pflanzenbusch wurden nach $d$ und $f$ zurückverschoben. Dann wählte der Vogel das nördlichere Nest. Wenn aber die beiden Gegenstände in die südlichere Lage gebracht wurden, kehrte der Vogel zuerst zum nördlicheren Neste zurück, verließ es aber, ging zum südlicheren Neste und brütete wieder.

Endlich wurden Pflanzenbusch und Palmblattstengel ganz entfernt. Der Vogel schien konfus zu sein, besetzte abwechselnd beide Nester für einige Minuten, blieb aber schließlich im südlicheren Nest. Es wurden dann noch einige Modifikationen durchgeführt.

Aus diesem Versuche geht hervor, daß die *Orientierung schließlich ganz und gar durch den visuellen Reiz von zwei Objekten in der Nachbarschaft des Nestes bestimmt* wurde. Keines von diesen beiden Objekten war allein imstande, den Wechsel des Nestes zu beeinflussen, beide zusammen aber riefen eine definitiv bestimmte Einstellung hervor, ohne daß dabei anderen Objekten der Umgebung Beachtung geschenkt wurde.

Aufschlußreich war ein Experiment von LASHLEY mit *Höhenverschiebungen eines Sternanestes*.

Es wurde ein Nest in einer Pfanne mit Sand 30 qcm groß und 5 cm tief zunächst ungefähr *5 cm* über seine ursprüngliche Höhe *gehoben*. Der Vogel landete etwa 1,80 m ostwärts und ging auf das Nest im Zickzack zu. Als er sich dem Neste näherte, ging er rings herum und besah es sich genau. Dann blieb er stehen und stieg auf das Nest hinauf. Aber er setzte sich nicht auf das Ei, sondern ging in der Pfanne hin und her, kam schließlich an den Rand und fiel hinaus. Der Vogel blieb dann einige Zeit in der Nähe der Pfanne stehen, stieg wieder hinauf und nach 8 Minuten brütete er. Eine halbe Stunde später wurde er verjagt, kehrte wieder zurück und putzte sich das Gefieder, stieg in die Pfanne und setzte sich auf das Ei. Dann wurde die Pfanne zunächst auf eine Höhe von *15 cm gehoben*. Der Vogel kam zurück auf seinen Landungsplatz, ging um die Pfanne herum, zögerte, ging wieder herum, zeigte jedoch in einer halben Stunde noch kein Bestreben, auf die Pfanne zu steigen. Der Vogel konnte das Ei vom Erdboden aus nicht sehen. Dann wurde die Pfanne auf eine Höhe von *10 cm erniedrigt*. Der Vogel kam vom Landungsplatz zur Pfanne, stieg mit Schwierigkeiten in sie hinein, indem er einen Fuß hineinsetzte und hinaufflatterte und setzte sich in 2 Minuten auf das Ei. Am folgenden Tage kehrte der Vogel, wiederholt vertrieben, von seinem Landungsplatze immer wieder zum Neste zurück, stieg auf den Rand der Pfanne und flatterte auf das Ei. Dann wurde das Nest bis auf *12 cm gehoben* und wurde sofort eingenommen. Als das Nest auf *30 cm gehoben* worden war, wanderte der Vogel etwa 5 Minuten um dasselbe herum, bis er hinaufflog und sich auf das Ei setzte. Nach 1 Stunde wurde das Nest auf *60 cm gehoben*. Der Vogel kam von seinem Landungsplatze, ging zu dem Träger der Pfanne und schien über die neue Situation sehr erstaunt zu sein. Er ging rund und rund um den Pfosten herum, sah auf das Nest, aber noch in 10 Minuten zeigte er kein Bestreben, auf die Pfanne zu fliegen. Als diese auf *15 cm erniedrigt* worden war, wurde das Nest unmittelbar besetzt.

In der gleichen Höhe wurde dann die Pfanne ca. 1 m westwärts verschoben. Der Vogel kam vom ursprünglichen Nestplatz, wanderte 10 Minuten herum, schien aber das Nest am neuen Orte nicht zu sehen. Dann wurde das Nest ca. 2 m ostwärts von seiner normalen Lage verschoben, etwa an den Landungsplatz des Vogels. Der Vogel landete beim Neste, flatterte hinauf und setzte sich ohne Zögern auf das Ei. Als die Pfanne in ihre normale Lage in eine Höhe von 15 cm gebracht wurde, besetzte sie der Vogel gleichfalls augenblicklich.

2 Tage später war der gleiche Vogel auf dem Neste. Das Ei war inzwischen ausgeschlüpft. Die Pfanne wurde auf eine Höhe von *60 cm gehoben*. Der Vogel ging ca. $^1/_2$ Stunde lang herum, dann flog er weg und war den ganzen Tag nicht mehr zu sehen. Am nächsten Tage saß er im Neste. Weggetrieben, kehrte er direkt auf das Nest zurück.

Dann wurde die Pfanne auf *1,50 m erhöht*. Der Vogel kam, ging unter der Pfanne mehrere Minuten nach oben sehend herum, dann *flog er auf eine Höhe von 60 cm und versuchte zu landen, als ob die Pfanne noch in dieser Höhe stände*. Er fiel wieder auf den Boden. Das wurde 5 mal in ganz gleicher Weise wiederholt. Dann ging er einige Minuten, ständig nach oben schauend, herum und flog schließlich auf die Pfanne, wo er den Nestling bedeckte. Weggetrieben, landete er am Boden und flog unmittelbar auf die Pfanne.

Aus diesem Experimente geht hervor, daß *Veränderungen in der Höhe des Nestes schwerere Störungen der Orientierung* ergeben *als horizontale Verschiebungen*, weiter daß eine *Verschiebung des Nestes gegen den Landungsplatz* hin den Vogel *weniger stört als eine Verschiebung nach irgendeiner anderen Richtung.* Endlich zeigt sich speziell aus dem letzten ganz besonders interessanten Teile des Experimentes, daß anscheinend *kinästhetische Faktoren* beim Wiederfinden eine gewisse Rolle spielen, ja optische Eindrücke unter Umständen sogar übertönen können.

Aus allen angeführten Versuchen geht hervor, daß beim *Wiedererkennen des Nestes optische Anhaltspunkte in der unmittelbaren Nachbarschaft eine wichtige Rolle spielen.* Lang vertraute Objekte scheinen dabei die Orientierung mehr zu beeinflussen als solche, welche erst nach der Eiablage hinzugekommen sind. Eine besonders große Aufmerksamkeit schenken die Vögel den Nestern der Nachbarschaft.

LASHLEY konnte aber in gewissen Fällen, wo Nester sich in bewachsener Gegend befanden, nicht finden, daß die unmittelbare Nachbarschaft des Nestes die Orientierung des Vogels beeinflußt. Hier spielen offensichtlich andere Faktoren wesentlich mit.

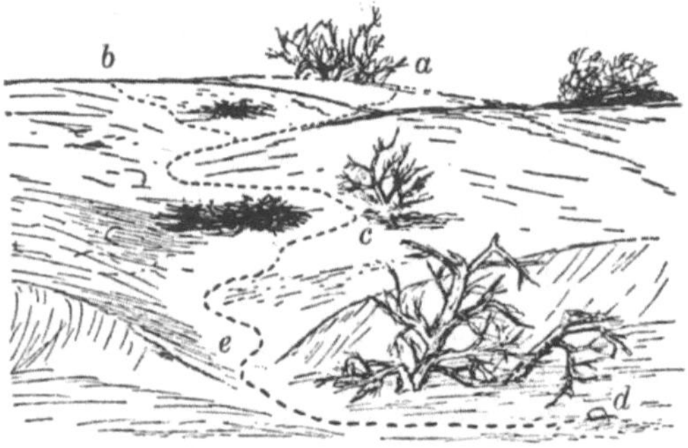

Einige Versuche von LASHLEY klären die Frage, *wie die Vögel von ihrem Anflugplatze bis zum Neste immer wieder den gleichen Weg nehmen.* Hier zeigte sich, daß Nester der Nachbarschaft optische Anhaltspunkte bieten und daß auch kinästhetische Faktoren miteingreifen. Fesselnd ist auch folgender Versuch:

Ein isoliertes Nest am Ufer, umgeben von abgestorbenen Cederbüschen, an der Stelle *d* (Abb. 327) wurde zu den Versuchen gewählt. Der brütende Vogel wurde mehrmals vertrieben und

Abb. 327. Nest einer Sterna fuliginosa am Fuße einer Sandbank, mit dem Pfade, welchen der Vogel immer von seinem Landungsplatze zum Neste nahm. Nähere Beschreibung im Text. (Nach WATSON und LASHLEY.)

seine Rückkehr beobachtet. Er landete immer in der Nähe anderer Neste, ungefähr $2^1/_2$ m von seinem eigenen Neste entfernt bei *a* oder *b*. Von dort aus ging er einen gewundenen Pfad von ungefähr $3^1/_2$ m bis zum Neste. Dieser Pfad ging zwischen Pflanzenbüschen hindurch, schließlich um einen abgestorbenen Cederbusch herum. Längs des Pfades befanden sich 5 andere Nester, welche immer genau beobachtet wurden.

Eine Verschiebung des Nestes um 60 cm schien schließlich den Vogel nicht zu beeinflussen, in welcher Richtung sie auch vorgenommen wurde. Es wurde nun ein *Stück Leinwand über den Weg gelegt*, ohne daß aber dabei der Anflugplatz des Vogels verhüllt wurde. Der Vogel kehrte zurück, schien erstaunt, landete aber in 5 Minuten und lief über die Leinwand in der richtigen Direktion zum Nest. Während des Gehens aber wurde er unsicher und kehrte zu seinem gewöhnlichen Anflugplatze zurück. Nachdem er einige Male falschen Anlauf genommen hatte, schien er sich an die Leinwand gewöhnt zu haben und schritt über sie ohne Zögern, wendete sich aber zur Seite und traf bei *c* auf ein Nest, welches auf seinem gewöhnlichen Wege lag. Das beachtete er einen Moment, drehte sich und lief rasch in der Richtung zu seinem Nest, wurde aber wieder durch die Leinwand gestört. Nach einer großen Zahl von Fehlern kam er schließlich anscheinend zufällig zu dem abgestorbenen Cederbusch, $^1/_2$ Stunde nachdem die Leinwand aufgelegt worden war, und ging seinen gewöhnlichen Pfad zum Neste. 1 Stunde später wurde er wieder aufgetrieben und kehrte zu seinem Landungsplatze zurück. Dann flog er über die Leinwand die Sandbank hinunter bis zum Cederbusch und ging zum Nest[1].

---

[1] Zahlreiche ähnliche Versuche mit Ameisen, Bienen und Wespen sind von FAVRE, BETHE, WOLFF u. a. vorgenommen worden. Auch sie verdienen ein besonderes Interesse wegen ihrer Eindringlichkeit. Vgl. den Artikel von BUDDENBROCK über die Orientierung der Wirbellosen im gleichen Bande.

Aus diesem Versuche geht hervor, daß eine *Blockade des Weges zwischen dem verhältnismäßig weit entfernten Anflugplatze und dem Neste die Orientierung schwer stören kann*. Wurde die unmittelbare Nachbarschaft des Nestes zufällig erreicht, dann wurde sie sofort erkannt. Auch hier erfolgte eine verhältnismäßig *rasche Gewöhnung* an die neuen Bedingungen.

LASHLEY konnte sich überzeugen, daß *alle Sternae ihren bestimmten Landungsplatz* besitzen und ebenso *einen bestimmten Weg, welchen sie* von diesem *bis zum Neste einschlagen*. Er konnte auch aus mehreren Versuchen schließen, daß beim Einhalten dieses Weges *unabhängig von visuellen Anhaltspunkten kinästhetische Faktoren mitspielen*.

Die Untersuchungen über die Orientierung beim *Wiederfinden des Nestes an Anous* waren weniger zahlreich. Dies hängt damit zusammen, daß die Nester des Anous immer auf Cederbüschen aufgebaut sind und daß eine wesentliche Veränderung im Aussehen des Nestes und der Umgebung einmal sehr viel Arbeit erfordert und gleichzeitig zur Zerstörung anderer Nester führt.

Aus diesen Untersuchungen mit *Anous* ergab sich, daß dieselben *in sehr ähnlicher Weise ihre Nester wiederfinden wie die Sternae*. Die Anous fliegen nämlich immer an einer bestimmten Stelle eines Busches, Baumes, Palmblattes u. dgl. auf und flattern erst von da in ihr Nest. Daß auch hierbei *optische Reize von bestimmender Wichtigkeit* sind, ergab sich daraus, daß die Tiere bei Veränderungen im Aussehen des Nestes und der unmittelbaren Umgebung schwer gestört wurden.

LASHLEY hält es für sicher, daß die *Vögel bei Annäherung an Key West* ihre Richtung mit Hilfe der besonders auffallenden Gebäude, Bäume und Büsche finden, wobei selbstverständlich auch gewisse Eigentümlichkeiten des Ufers eine Rolle spielen. Es handelt sich also hier um eine *durchaus optische Orientierung*. Da während der Brutzeit hauptsächlich Nordostwinde vorherrschen, billigt LASHLEY auch diesen einen gewissen, aber nicht ausschlaggebenden Einfluß bei der Orientierung zu.

LASHLEY faßt seine Erkenntnisse in folgender Weise zusammen: Wenn die Vögel von der See kommen, dann richten sie ihren Flug nach den hervorstechendsten Objekten der Insel: den Gebäuden, Büschen, Palmen usf. Von diesen nehmen sie Richtung entlang der Küstenlinie, wo die Nester sich befinden, bis zu ihrem Landungsplatze, der also auch durch visuelle Reize bestimmt erscheint. Vom Anflugplatze folgen sie ihrem Pfade bis zum Neste teilweise bestimmt durch visuelle Reize, teilweise beeinflußt durch kinästhetische Eindrücke. Orientierungsstudien während der Nacht ließen sich mit den Seeschwalben nicht durchführen, weil die Vögel in der Nacht sehr furchtsam sind und weil man sie nur sehr schwer identifizieren kann. LASHLEY weist aber darauf hin, daß während der Brutzeit die Nächte niemals so dunkel sind, daß die Tiere nicht die wichtigsten Anhaltspunkte sehen könnten, welche ihre Richtung bestimmen.

Es handelt sich jedoch bei allen Studien von LASHLEY, die hier angeführt wurden, nur um die sog. *Nahorientierung*, deren Mechanismus in fesselnder Weise weitgehend klargestellt werden konnte. Die Frage der *Fernorientierung* aber berühren sie unmittelbar nicht.

### 3. Die Theorie des „Loi du contrepied" (Registrierung des zurückgelegten Weges).

REYNAUD[1] hat seinerzeit eine eigenartige Theorie über die Orientierung aufgestellt, allgemein bekannt unter dem Namen *„loi du contrepied"*. Sie charak-

---
[1] REYNAUD, G.: C. r. Acad. Sci. Paris **125**, 1191 (1897) — Rev. des deux mond. **146**, 380 (1898) — Nouv. Rev. **119**, 430 (1899) — Bull. Inst. gén. psychol. **2**, 218 (1902/1903) — Bird Lore **2**, 101, 141.

terisiert sich in einem Satz, der wörtlich zitiert sei: „*L'instinct d'orientation lointaine est celle faculté que possèdent les animaux de reprendre le contrepied d'un chemin déjà parcouru.*"

REYNAUD führt zur Stütze seines „loi du contrepied" eine ganze Reihe von Experimenten an, welche seiner Meinung nach für seine Auffassung sprechen.

Ein Taubenzüchter reiste mit einem fahrbaren Taubenschlag durch ganz Frankreich. Seine Tauben kannten nur ihren eigenen Schlag. Wurden sie an einem ihrer neuen Ankunftsorte aufgelassen oder in eine Entfernung von 1—2 Stunden gebracht und dort aufgelassen, so kehrten sie zurück, ohne daß sie also lokale Kenntnisse besaßen. Während seiner Reise gingen 2 Tauben verloren. Die eine derselben wurde in Bapaune, dem vorhergehenden Aufenthaltsorte, wieder eingefangen. Die andere legte, verbürgten Nachrichten zufolge, den ganzen vorher befahrenen Weg zurück und wurde in den einzelnen Haltestationen beobachtet.

Es kann jedoch dieses Beispiel keine sichere Bestätigung der Auffassung von REYNAUD erbringen. Wurden nämlich die Tauben in den verschiedenen Aufenthaltsorten immer wieder ausgelassen, so bestand jedenfalls die Möglichkeit, daß sie bei diesen Flügen Gelegenheit genug gehabt haben, sich gewisse optische Eigentümlichkeiten einzuprägen; auf Grund derselben hätten sie dann leicht den Rückweg finden können.

REYNAUD[1] berichtet weiter folgendes:

Ein Taubenzüchter hielt sich mit seinem Wagen voll Taubenschlägen 24 Stunden in Épernay auf. Mit Ausnahme der Tiere eines Schlages wurden sämtliche Tauben ausgelassen. Am nächsten Tage wurde nach Châlons (35 km) weitergezogen. Jene Tauben, welche in Épernay nicht freigelassen wurden, waren dabei auf andere ihrem Schlage ganz gleichartige Taubenschläge verteilt worden, während ihr eigener Schlag in Épernay zurückblieb. Als nun diese Tiere in Châlons ausgelassen wurden, kehrten einige von ihnen in ihren ursprünglichen Taubenschlag nach Épernay zurück.

Auch mit anschließenden zwei unvollständigen Beobachtungen will REYNAUD sein „loi du contrepied" stützen.

Es wurden einmal Tauben von Mons und Chaleroi mit der Bahn nach Orléans gebracht und dort bei sehr schlechtem Wetter aufgelassen. Nachmittags sah man ca. 30 von diesen Tieren auf den Dächern des Bahnhofes von Orléans sitzen. Am nächsten Morgen flogen sie ab und kehrten alle heim. REYNAUD meint, daß eine Reihe der Tauben infolge des schlechten Wetters verirrt habe und schließlich zurück bis auf den Bahnhof von Orléans geflogen sei, um von dort denselben Weg nehmen zu können, den die Tauben mit der Eisenbahn gefahren waren.

Beim Taubenwettfliegen von Frankreich nach Belgien, und zwar von Dunkerque nach Mézières, beobachteten die Bewohner von Bapaune, wie zahlreiche Tauben über ihre Ortschaft flogen. Bapaune ist auf der ganzen großen Strecke durch keinen besonderen Punkt ausgezeichnet. Aber die Eisenbahn, auf welcher die Tauben transportiert worden sind, läuft durch Bapaune. REYNAUD glaubt daher, daß die Tauben entsprechend des „loi du contrepied" diesen Ort auf dem Rückwege überflogen haben.

Daß Tauben übrigens keineswegs immer den gleichen Weg auf dem Rückfluge wählen, auf welchem sie in ihren Aufflugsort gebracht worden sind, zeigen unter anderem Experimente von THAUZIÈS[2]. Tauben wurden von Vendée mit der Bahn nach Lorient gebracht und morgens bei sehr bewölktem Himmel aufgelassen, so daß es unmöglich war, sie näher zu beobachten. Sie zögerten 5 Minuten und flogen dann, wie behauptet wird, in gerader Linie über den Ozean, indem sie den Golf überquerten, und erreichten ihre Schläge gegen Mittag. Die Vögel waren an das Meer nicht gewöhnt.

Hierher gehören auch Beobachtungen von HACHET-SOUPLET[3]. In einem Körbchen wurden mehrere Tauben mit der Eisenbahn nach Versailles geschickt. Dann fuhren sie mit dem Automobil bis in die Gegend von Chartres und Palaiseau,

---

[1] REYNAUD, G.: C. r. Acad. Sci. Paris **125**, 1191 (1897).
[2] THAUZIÈS, A.: Rev. Scient. 35. Jhg. **9**, 392 (1898).
[3] HACHET-SOUPLET, P.: Ann. de Psychol. Zool. **2**, 33 (1902).

von wo sie wieder mit der Eisenbahn bis nach Sucy gebracht wurden. Von dort transportierte sie ein Wagen bis nach Créteil, 12 km von Paris entfernt. Am nächsten Tage wurden die Tauben mittags in dieser Gegend aufgelassen. Sie kehrten um 12 Uhr 16 Minuten, also in ganz kurzer Zeit, in ihren Taubenschlag in Paris zurück, ohne daß sie jemals von Créteil nach Paris geflogen waren. Wenn die Tauben ihren Flug entsprechend dem „loi du contrepied" von REYNAUD eingerichtet hätten, dann hätten sie alle Punkte, welche sie bei ihrer Reise berührt haben, auf dem Rückfluge wieder berühren müssen. Das hätte bei selbst großer Geschwindigkeit eine Zeit von mindestens 2 Stunden, nicht aber von 16 Minuten beansprucht. Es kehrten also die Tauben auf direktem Wege von Créteil nach Paris zurück.

REYNAUD hat sich sehr angestrengt, um mit vielen Beispielen die Gültigkeit seiner eigenartigen Hypothese beweisen zu können. Wir haben einige seiner zahlreichen Versuche da und dort angeführt, müssen aber hinzufügen, daß seine Berichte häufig sehr unvollständig sind. Dies wird in schöner Weise durch einen Ausspruch von CLAPARÈDE[1] demonstriert: „Enfin, M. REYNAUD est un peu trop avare de chiffres. Il nous indique bien le nombre des pigeons qui reviennent, mais jamais celui de ceux qui partent!" Im übrigen lassen die Experimente von REYNAUD auch andere Deutungen zu und berechtigen keinesfalls, alle anderen Anschauungen in einer Form abzulehnen, wie dies REYNAUD getan hat.

Sollten die Anschauungen von REYNAUD das Richtige treffen, dann müßte ein Tier auf dem Hinwege alle Bewegungen ganz genau registrieren und dieselben in umgekehrter Richtung auf dem Rückwege wiederholen. REYNAUD dachte daran, daß die Tiere einen „*sens des attitudes*" in den halbzirkelförmigen Kanälen besitzen, welcher eine Registrierung aller durchlaufenen Wegstrecken, Kurven usw. vornähme. Es könnte dabei auch der Muskelsinn in gewisser Weise mitspielen.

Es ist aber eine allgemeine Erfahrung, daß viele Tiere zunächst überhaupt gar nicht auf demselben Wege zurückkehren, auf welchem sie in ihren Ausgangsort gebracht worden sind. Dafür ließen sich noch zahllose Beispiele anführen. Weiterhin können z. B. die Experimente von REYNAUD, wo 2 Tauben, die in einem wandernden Taubenschlage mitgeführt wurden, sich verirrten und wenigstens teilweise den ursprünglichen Weg wieder zurückfanden, schon damit erklärt werden, daß es sich bei diesem Experimente eben um etappenweises Anlernen gehandelt hat, daß diese Tauben also bestimmt optische Engramme besaßen. In diesem Sinne laufen auch die Argumentationen von CLAPARÈDE[1]. Ebenso hält RABAUD[2] die Theorie von REYNAUD für unhaltbar, und WATSON und LASHLEY lehnen sie gleichfalls ab.

Es war ja schon seinerzeit EXNER, der ursprünglich zu einer ähnlichen Auffassung hinneigte (vgl. EXNER[3]), auf Grund seiner späteren Experimente (EXNER[4]) zu dem Schlusse gekommen, daß keine während der Hinreise gemachten Erfahrungen die Orientierung beim Rückfluge bedingen. Das kommt einer vollkommenen Ablehnung des „loi du contrepied" von REYNAUD gleich.

Im übrigen hat REYNAUD in seinen Anschauungen bereits Vorläufer gehabt: So hatten beispielsweise R. WALLACE[5] und CROOM-ROBERTSON[6] in etwas anderer Form eine Auffassung vertreten, welche in gewissem Sinne dem „loi du contrepied" von REYNAUD

---

[1] CLAPARÈDE, M. ED.: Arch. de Psychol. **2**, 133 (1903).
[2] RABAUD, E.: L'orientation lointaine etc. 1927.
[3] EXNER, S.: Das Rätsel der Brieftauben. Schr. d. Ver. z. Verbreitg. naturw. Kenntn. in Wien **32**, 77 (1892).
[4] EXNER, S.: Sitzgsber. Akad. Wiss. Wien, Math.-naturw. Kl. III **102**, 318 (1893).
[5] WALLACE, R.: Nature (Lond.) **7**, 303 (1873).
[6] CROOM-ROBERTSON: Nature (Lond.) **7**, 322 (1873).

ähnelt. Diese Autoren waren nämlich der Meinung, daß beispielsweise Hunde, wenn sie in einem geschlossenen Wagen gefahren werden, aus dem Bestreben, zu entweichen, sehr aufmerksam seien und sich die Folge der einzelnen Gerüche merken würden. WALLACE glaubte darum, daß sich Hunde deshalb auch ohne Verwendung des Gesichtssinnes zurückfinden können. ROBERTSON meinte, daß Gesicht und Geruch hier zusammenarbeiten. Ein Anonymus (Nature vom 20. III. 1873) hatte eingewendet, daß etwas Derartiges nicht in Frage kommen könne. Wenn es auch möglich sei, daß bei Hunden eine gewisse feste Verknüpfung des Geruches von Objekten mit dem optischen Eindrucke bestehe, so sei es doch nicht denkbar, daß Hunde sich die Geruchsfolge während einer ganzen Reise merken könnten. Erstens seien viele Objekte beweglich und weiterhin störe der Wind zweifellos sehr stark. Der Betreffende macht darauf aufmerksam, daß auch der Mensch für gewöhnlich nicht imstande ist, sich eine beliebige Folge verschiedener Farben einfach zu merken.

Es kann kein Zweifel darüber bestehen, daß auch die Anschauungen von WALLACE und ROBERTSON nicht haltbar sind oder besser gesagt als unzureichend angesehen werden müssen. VIGUIER[1] hatte sie schon abgelehnt und vorgeschlagen, daß man zur Klärung dieser Frage Hunde während des Transportes narkotisieren solle, ein Experiment, welches ja später von EXNER und auch EWALD an Tauben ausgeführt wurde. Es zeigen übrigens verschiedene allgemeine Erfahrungen, daß Hunde während der Fahrt keineswegs andauernd wachen, sondern vielfach schlafen und sich trotzdem zurückfinden. Diese verschiedenen Einwände haben übrigens auch ROBERTSON und WALLACE später anerkannt.

### 4. Bogengangstheorien. Spezieller „Richtungssinn".

Eine ganz merkwürdige Theorie, deren Widerlegung kaum notwendig erscheint, stammt von M. CASAMAJOR[2]. Derselbe hat behauptet, daß die Tauben vermittels gewisser Nervenendigungen im Labyrinthe Wellen einer bestimmten Länge wahrnehmen, die aus der Gegend des Taubenschlages ausgesendet werden sollen.

BONNIER[3] hat ohne eigene Experimente eine Theorie aufgestellt, welche WATSON und LASHLEY zu den Reflextheorien rechnen, obwohl sie sich in erster Linie auf das „Ortsgedächtnis" gründet. Diese Theorie unterscheidet sich nicht wesentlich von der „contrepied"-Theorie von REYNAUD; nur verlangt sie nicht, daß das Tier bei seiner Rückkehr den ganzen Hinweg in typischer Weise wieder durchlaufen muß, sondern daß es auch auf direktem Wege zurückkehren kann.

Nach BONNIER kann sich das Tier auf zweierlei Weise orientieren. Die eine Möglichkeit bestände darin, daß es sich auf Grund gewisser Anhaltspunkte (landmarks, points de repères) auf der Reise zurückfinde. Wenn aber solche nicht vorhanden sind, was zweifellos oft vorkommt, dann sei die Orientierung allein durch die bekannte Beziehung zum Ausgangspunkte möglich. Der Ausgangspunkt bleibe immer absolut bekannt; man verharre ständig in Kontakt mit demselben. In welcher Distanz man sich auch befinde, so wisse man doch immer die Richtung, in welcher der Ausgangspunkt liegt, ganz unabhängig davon, welche Wege man zurückgelegt hat. Das *Bewußtsein von der Lage des Ausgangspunktes* sei das Fundament, welches bei allen Tätigkeiten leitet. Die Vorstellung von der Lage des Ausgangspunktes in bezug auf seine Entfernung zu uns bleibe immer klar, schon aus dem Grunde, weil wir ja merken, daß wir uns unter gewissen Umständen von ihm entfernen. Diese Vorstellung sei geleitet durch einen eigenen Sinn, den *Sinn der „aptitudes totales"*, welcher in den 3 halbzirkel-

---

[1] VIGUIER, C.: Rev. Philosoph. **14**, 1 (1882).
[2] CASAMAJOR, M. JEAN: La France Colombophile 1925 u. 1926. Man vgl. auch die oben S. 945 angeführten Äußerungen über das Bestehen der sog. „Heimatstrahlung", welche im Prinzipe auf dasselbe hinauslaufen.
[3] BONNIER, P.: Soc. Biol. 11. XII. 1897 — Interméd. des biologistes **1898**, 127 — Rev. Scient. **1898 I**, 589 — L'orientation. Scientia **1900**, Nr 9, 75—86. Paris: Cané et Naud 1900.

förmigen Kanälen des Labyrinthes gegeben sei. Auf Grund dieses Sinnes entwickle sich ein eigenes Ortsgedächtnis, und dieses Gedächtnis beruhe auf erblichen Anlagen. BONNIER fügt hinzu, daß verschiedene Vögel wegen der individuellen Entwicklung dieser Fähigkeiten ein verschiedenes Orientierungsvermögen besitzen.

BONNIER belegt seine Vorstellungen durch ein spezifisches Beispiel in folgender Weise: Wenn eine Brieftaube in einem Körbchen transportiert wird, dann behält sie die Richtung vom Ausgangspunkte trotz der verschiedenen passiven Ortsveränderungen absolut im Gedächtnis. Am Auflassungsorte angekommen, hat sie nicht für einen Moment die genaue Kenntnis von den einzelnen Ortsveränderungen oder von der gesamten Ortsveränderung verloren. Diese Kenntnis, im Gedächtnis niedergelegt, ist wie ein Faden der Ariadne, durch welchen sie mit dem Ausgangspunkte verbunden bleibt. Ist die Taube nicht ganz sicher, dann zieht sie diesen Faden von Station zu Station zurück auf dem Wege, welcher sie zu dem Ausgangsorte zurückbringt. Ist sie aber in der Fernorientierung erfahren, dann folgt sie der direkten Richtung des Fadens, anstatt allen Windungen und Kurven zu folgen. In der Fernorientierung erfahrene Vögel haben nach BONNIER ein höher orientiertes erbliches Ortsgedächtnis.

Man könnte leicht in Versuchung kommen, diese eben beschriebene Theorie von BONNIER in einen gewissen Zusammenhang zu bringen mit der *Orientierungstheorie durch die Bogengänge*, welche seinerzeit v. CYON[1] mit großer Schärfe immer wieder verfochten hat. Diese Orientierungstheorie von v. CYON bezieht sich aber seinen eigenen Angaben nach nur auf den „umgebenden Raum" und nicht im mindesten auf die Orientierung in der Ferne. Die Anschauungen von v. CYON lassen sich wohl am besten charakterisieren, wenn wir hier eine Reihe von Schlußsätzen wiedergeben, die v. CYON in seiner Zusammenfassung niedergelegt hat, und welche ganz deutlich hervortreten lassen, daß v. CYON nie daran gedacht hat, daß das Ohrlabyrinth den Weg zur Heimat weisen könne. Diese Schlußsätze lauten wie folgt:

„1. Die Orientierung in die Ferne beruht nicht auf instinktiven, rein reflektorischen, sondern auf überlegten, bewußten Handlungen.

2. Die Orientierung geschieht vorzugsweise mit Hilfe von 2 Sinnen: des Gesichtssinnes und eines speziellen Spürsinnes[2], der in der Schleimhaut der Nase (und vielleicht in der Stirnhöhle) seinen Sitz hat. Letzterer Sinn kann vom Geruchssinn unabhängig sein. Er wird wahrscheinlich vorzugsweise durch die Qualitäten der Winde (Richtung, Intensität, Temperatur usw.) in Tätigkeit gesetzt.

3. Die Bogengänge dienen den Brieftauben nur zur Orientierung in dem sie umgebenden Raum. Sie spielen also bei der Orientierung in die Ferne nur die Rolle von Hilfsorganen. Die Bogengänge leisten bei dieser Orientierung, wie gesagt, dieselben Dienste wie ein Steuerruder dem Schiffe. Der Spürsinn des Nasenlabyrinthes funktioniert als Bussole."

v. CYON versucht in seiner Darstellung verschiedentlich zu beweisen, daß also rein „psychische Prozesse" bei der Orientierung auch der Tiere in Frage kämen. Es wird auch hier die Gedächtnisfrage eingehend erörtert. v. CYON wendet sich noch ausdrücklich dagegen, daß die Orientierung der Brieftauben sowie der Vögel beim Vogelzuge einem besonderen Instinkte zuzuschreiben sei.

Zur Klärung der v. CYONschen Anschauungen über die Rolle der Bogengänge sei noch ein Zitat dieses Autors angeführt: „Die von den Erregungen der Bogengangsnerven herstammenden Empfindungen sind sowohl die den Menschen

---
[1] CYON, E. v.: Ohrlabyrinth. 1908.
[2] Über diese „Spürsinntheorie" wird im anschließenden Abschnitte Genaueres berichtet werden.

als auch den höheren Tieren seit Urzeiten bekannten Richtungsempfindungen. Die Zahl dieser Empfindungen ist ebenfalls altbekannt. Es gelangen zu unserer Wahrnehmung nur 3 Grundempfindungen: rechts — links, oben — unten, vorn und hinten. Jedem Bogengang entspricht eine dieser spezifischen Richtungsempfindungen."

Wir kommen auf diese keineswegs unbestrittenen und zum Teil sogar unbegründeten Anschauungen von v. CYON an späterer Stelle noch einmal zurück. Wenn v. CYON auch einen speziellen Richtungssinn nur für die Orientierung im umgebenden Raum anerkennt, so hat es doch zahlreiche Autoren gegeben, welche einen solchen *speziellen Richtungssinn* ganz im allgemeinen auch für die Orientierung in die Ferne postuliert haben. Wir haben ja mehrfach in den vorausgegangenen Ausführungen schon darauf hingewiesen. Eine experimentelle Unterlage für solche Anschauungen ist bisher nirgends gegeben worden. So wurde auch ein spezieller Richtungssinn von jenen Autoren, die das Orientierungsproblem in kritischer Form betrachtet haben, durchaus abgelehnt.

EXNER[1] hatte im Jahre 1892 eine eigenartige Theorie über die Orientierungsfähigkeit der Tauben aufgestellt. EXNER anerkannte zwar die ganz hervorragende Bedeutung von optischen Eindrücken und optischem „Gedächtnis" bei der Orientierung, war aber zu der Anschauung gekommen, daß dieses alles allein nicht genügen könne, um das Brieftaubenproblem zu klären. Programmatisch meinte er darum, daß die Orientierung der Brieftauben mit Hilfe des Labyrinthes erfolge, und verglich damals in gewissem Sinne das Labyrinth mit einer Bussole. Es erübrigt sich, auf diese Anschauung, die häufig wiederkehrte, näher einzugehen, weil EXNER[2] selbst 1893 eine ganze Reihe von Untersuchungen vornahm, auf Grund deren er zu einer Ablehnung seiner früheren Labyrinththeorie gekommen ist. In zahlreichen Versuchen in der Umgebung Wiens wurden nämlich Tauben verwendet, welche auf dem Hinwege in geschlossenen Körben hin und her gedreht, geschüttelt, galvanisiert wurden, d. h. bei welchen eine Querdurchströmung des Kopfes mit galvanischem Strom vorgenommen wurde, ohne daß sich auch nur irgendein Einfluß auf die Rückkehr der Tauben feststellen ließ. Das gleiche Resultat fand sich auch, wenn die Tauben auf dem Hinwege in Narkose transportiert wurden. EXNER selbst schreibt dazu: „Die Versuche zeigen, daß keine während der Hinreise gemachte Erfahrung die Orientierung bei dem Rückfluge bedingt."

Beim 1. Versuche wurden 4 Tiere 54 km von Wien entfernt am 16. April aufgelassen. Ein junges Kontrolltier, das nicht elektrisch gereizt worden war, wurde um 11 Uhr 11 Minuten aufgelassen und kam am frühen Morgen des 18. April in Wien an. Ein anderes junges Kontrolltier, das um 11 Uhr 16 Minuten aufgelassen wurde, kehrte überhaupt nicht zurück. Ein erwachsenes, während des Transportes elektrisch gereiztes Tier wurde um 11 Uhr 18 Minuten aufgelassen und erreichte am selben Tage um 13 Uhr 50 Minuten Wien. Ein elektrisch gereiztes junges Tier kehrte nicht zurück.

Der 2. Versuch fand 43 km von Wien entfernt statt. Ein normales Tier, um 6 Uhr aufgelassen, kam nicht zurück. Ein während der Hinreise narkotisiertes Tier, um 6 Uhr 49 Minuten aufgelassen, kam um 11 Uhr zurück. Ein narkotisiertes Tier, um 6 Uhr 20 Minuten aufgelassen, kam nicht zurück. Ein normales Tier, um 10 Uhr 21 Minuten aufgelassen, kehrte um 12 Uhr zurück. Ein junges, normales Tier, um 10 Uhr 26 Minuten aufgelassen, kehrte nicht zurück. Ein altes, während des Transportes narkotisiertes Tier, um 10 Uhr 30 Minuten aufgelassen, kehrte um 12 Uhr zurück. Ein junges anästhesiertes Tier, um 10 Uhr 35 Minuten aufgelassen, kehrte nicht zurück.

Auch EWALD[3] hat, allerdings in erster Linie programmatisch (zu näheren Begründungen ist er anscheinend nicht mehr gekommen), eine Theorie entwickelt,

---

[1] EXNER, S.: Das Rätsel der Brieftauben. Schr. d. Ver. z. Verbreitg. naturw. Kenntn. in Wien **32**, 77 (1892).
[2] EXNER, S.: Sitzgsber. Akad. Wiss. Wien, Math.-naturwiss. Kl. III **102**, 318 (1893).
[3] EWALD, J. R.: Z. Brieftaubenk. **15**, 210 (1900).

die einen *speziellen* *Richtungssinn* fordert. Dieser Richtungssinn soll in dem „6. Sinnesorgane", dem Bogengangsapparate beheimatet sein. „Bei den Brieftauben ist das 6. Sinnesorgan zu wunderbarer Feinheit ausgebildet. Sie empfinden jede Drehung ihres Körpers, auch die geringste, mit fast unglaublicher Präzision, und es ist auch einleuchtend, daß ihnen diese Fähigkeit von größtem Nutzen sein muß, wenn es darauf ankommt, die Richtung, in der ihre Heimat liegt, im Gedächtnis zu behalten", so lauten EWALDS eigene Worte.

EWALD hat sich durch die eben angeführten negativen Narkoseversuche nicht schrecken lassen und wiederholte sie im Bestreben, seine Anschauungen stützen zu können. Da EWALD die Bedeutung des Gesichtssinnes für die Orientierung keineswegs unterschätzte, ließ er während des Transportes nach Appenweiher chloroformierte Tauben im Nebel auffliegen. Diese sollen dann völlig desorientiert gewesen sein. Bei sichtigem Wetter unter sonst gleichen Bedingungen nach Appenweiher gebrachte und dort aufgelassene Tauben kamen ohne Verspätung in Straßburg an.

Wir können auch diesen Versuchen keine bindende Beweiskraft für das Bestehen eines in dem Bogengangsapparate lokalisierten speziellen Richtungssinnes zugestehen. EWALDS Versuche sind zu spärlich und auch nicht ausführlich und durchsichtig genug beschrieben.

## 5. Die Spürsinntheorie von v. CYON.

E. v. CYON[1] war der Meinung, daß Brieftauben die Windrichtung mittels der besonders empfindlichen Schleimhaut der Nase erkennen können, daß vielleicht auch die Temperatur der Winde als Reiz der Nasenschleimhaut in Frage käme. Zur Klärung dieser Frage unternahm v. CYON Versuche mit 3 Tauben, welche in Spaa beheimatet waren. Die Tauben waren auf Distanzen von 400 bis 500 km trainiert. Sie wurden in einer Luftlinienentfernung von etwa 50 bis 55 km in Huy aufgelassen. Eine normale Taube kam in 1 Stunde 47 Minuten zurück. Eine Taube mit verstopften Ohren in noch kürzerer Zeit, in 1 Stunde 9 Minuten. Einer dritten Taube waren die Nasenlöcher mit cocaingetränkter Watte verstopft worden. Dieselbe kehrte ziemlich abgemagert erst nach 80 Stunden zurück. v. CYON läßt es dahingestellt, ob die Verstopfung der Nasenlöcher an der Verspätung schuld war, und wollte seine Versuche wiederholen.

Selbst wenn aber auch wiederholte Versuche ergeben hätten, daß die Verstopfung der Nase mit Cocainwatte eine Verspätung der Rückkehr zur Folge hat, dürfte so kaum zu beweisen sein, daß in der Nasenschleimhaut ein besonderer „Spürsinn", wie ihn v. CYON proponiert, vorhanden ist. Die Behinderung speziell der Atmung der Tiere durch einen solchen Eingriff ist sicherlich nicht unerheblich, so daß man sich ganz gut vorstellen kann, daß lediglich dieser Umstand an der verspäteten Heimkehr schuld ist. Sie könnte auch damit zusammenhängen, daß die Tauben sich wiederholt aufhalten, um Bemühungen zu machen, die Watte aus den Nasenlöchern zu entfernen.

Zur Prüfung der „Spürsinntheorie" v. CYONS haben WATSON und LASHLEY[2] auf den Tortugasinseln mit 3 Seeschwalben (Anous stolidus) maßgebende Experimente vorgenommen:

In der Nacht vom 15. Juni 1910 wurden 3 Seeschwalben gefangen. Am Morgen des 16. wurden die Nasenlöcher zuerst mit Alkohol gereinigt und dann mit warmem Wachs gefüllt. Dann wurden die Nasenlöcher noch mit Asphalt überdeckt. Die Tiere wurden mit gebundenen Füßen im Käfig gehalten, bis der Asphalt trocken war. Auch während des Transportes blieben

---
[1] CYON, E. v.: Ohrlabyrinth. 1908.
[2] WATSON, J. B., u. K. S. LASHLEY: Pap. from the depart. of marin. biol. of the Carnegie Inst. of Washington 7, 1 (1915).

die Füße gebunden, um zu vermeiden, daß die Tiere an den Nasenlöchern kratzten. Sie sollten sich so auch an die verstopften Nasenlöcher gewöhnen. Zwei von den Vögeln wurden nach Key West und der 3., das Kontrolltier, nach Loggerhead, 3 Meilen entfernt, gesendet. Die Tiere in Key West wurden um 14 Uhr aufgelassen. Das heimatliche Nest auf Bird Key wurde in der Nacht beobachtet, doch kamen die Tiere noch nicht zurück. Erst bei Tagesanbruch wurden sie beide in ihren Nestern gefunden. Der Kontrollvogel wurde in Loggerhead in direkter Sicht von Bird Key, dem Nestorte, um 19 Uhr aufgelassen. Er flog ins Wasser und badete. Dann flog er in gerader Linie nach Bird Key, dem Nestorte. 30 Minuten später war er schon im Neste. Die Nasenlöcher waren bei allen Tieren noch verstopft, der Asphalt war vollkommen hart.

WATSON und LASHLEY schließen aus ihren Versuchen, daß wenigstens für die Seeschwalben die Spürsinnhypothese von v. CYON durchaus abzulehnen ist. Die Orientierung der Tiere muß jedenfalls auf andere Weise zustande kommen.

Nebenbei möge noch erwähnt werden, daß es vereinzelte Behauptungen (z. B. J. DITTMANN[1]) gibt, welche den Tauben einen so feinen Geruchsinn zuschreiben, daß er die Orientierung aus der Ferne ermöglichen könne. Daß eine solche Meinung unzutreffend ist, braucht kaum begründet zu werden. Vgl. auch den Bericht von SOUDEK[2] über den Geruch der Vögel.

## 6. Theorien der Orientierung nach dem Erdmagnetismus.

VIGUIER[3] bringt eine ganze Reihe von Argumenten, welche es seiner Meinung nach undiskutabel erscheinen lassen, daß sich Vögel optisch orientieren können. Auch wenn die Vögel einen sehr scharfen Gesichtssinn haben, so müßten sie doch unmögliche Höhen erfliegen, wenn sie zur Orientierung das ganze Terrain übersehen wollten[4]. VIGUIER selbst hat beispielsweise Albatrosse über 800 km von jedem Lande entfernt gesehen. Nach seiner Berechnung müßten die Vögel 20 km hoch fliegen, um 500 km übersehen zu können. Dann fragt sich VIGUIER, wie Fische bei ihren alljährlichen Wanderungen durch den Gesichtssinn geleitet werden könnten. Wie wäre es möglich, daß jene Schildkröten, die sich alljährlich in großen Mengen am Strande der Inseln „Ascension" einfinden, sich in dem ungeheueren Atlantik mittels ihres Gesichtssinnes orientieren? Es müsse eine Kraft in Frage kommen, welche sowohl im Meere wie in der Luft wirke, und diese Kraft sei der Erdmagnetismus.

Gegen diese Anschauung von VIGUIER hatte ein Anonymus (Nature vom 20. III. 1872) eingewendet, daß sich ein Tier nach magnetischen Einflüssen nur dann orientieren könnte, wenn es gleichzeitig eine Karte besäße, wie ja auch ein Kompaß ohne Karte nutzlos sei. Diese Meinung wurde übrigens auch von G. DARWIN (Nature vom 28. II. 1873) vertreten.

VIGUIER hält solche Einwände nicht für unwiderlegbar. Das Tier müßte nur den Winkel kennen, den es von der magnetischen Richtung bei seiner Route abzuweichen hat. Das sei die Karte, welche das Tier benötige. Wenn man annimmt, daß das Tier mit einem speziellen Sinn versehen ist, der nur erlaubt, die magnetische Nord-Süd-Richtung zu erkennen, dann würde zwar das Tier eine ständige „Wahrnehmung" der Nord-Süd-Richtung haben; aber es würde nicht imstande sein, zu seinem Ausgangsorte zurückzukehren, wenn es nicht ein exaktes Gedächtnis über die Länge der zurückgelegten Wege in den verschiedenen Richtungen hätte. Eine solche Auffassung würde aber nicht mit den einfachen Anschauungen übereinstimmen, wie sie VIGUIER vertritt. Der Erdmagnetismus gäbe andere Anhaltspunkte, wenn man annimmt, daß das Tier imstande ist, diejenigen magnetischen Einflüsse zu perzipieren, welche bei der Kompaßnadel die Inklination verursachen, und daß die Stellung des Tieres in bezug auf die Vertikale immer dieselbe bleibt. Dann könnte das Tier etwa die magnetische Vertikalintensität erkennen, welche wir mit der Magnetnadel als Inklination messen und welche je nach Örtlichkeit von 0—90° variiert. Das Tier würde imstande sein, zu erkennen, wo die Vertikalintensität sich rasch ändert und wo sie konstant bleibt. Schließlich gewinnen wir mit Hilfe unserer Instrumente noch ein Urteil über die Größe der magnetischen Horizontalintensität an verschiedenen Orten, welche bei der verschiedene Deklination der Magnetnadel gemessen wird. Es wäre, so meint VIGUIER, auch denkbar, daß die Tiere mit Hilfe eines eigenen Organs die Horizontalintensität perzipieren könnten.

---

[1] DITTMANN, J.: Z. Brieftaubenk. **41**, 286 (1926).
[2] SOUDEK, ST.: Biol. Listy (tschech.) **11**, 1 (1925).
[3] VIGUIER, C.: Rev. Philosoph. **14**, 1 (1882).    [4] Vgl. darüber oben S. 945 ff.

Man kann nun alle Punkte der Erdoberfläche verbinden, die sich einerseits durch gleiche Horizontalintensität (Deklination), andererseits durch gleiche Vertikalintensität (Inklination) auszeichnen. Auf diese Weise gewinnt man ein System sog. isodynamischer Linien. Ist nun ein Tier mit einem vollkommenen magnetischen Sinne versehen, dann kann man sich denken, daß eine bestimmte Reiseroute eines Tieres eben durch den jeweilig bestimmten Wert an magnetischer Horizontal- und Vertikalintensität vorgeschrieben ist. Auf solche Weise würde ein Tier immer wieder nach seinem Heimatorte zurückfinden.

Zu diesen nicht völlig durchsichtigen Anschauungen VIGUIERS sei zunächst nur bemerkt, daß die magnetische Intensität am gleichen Orte sowohl tägliche als auch jährliche Schwankungen zeigt. Es gibt auch plötzlich auftretende Störungen, die man als magnetische Stürme zu bezeichnen pflegt (vgl. z. B. MAURAIN[1]). Solche Ereignisse müßten also Störungen der Orientierung verursachen.

Auch THAUZIÈS[2] vertritt in gewissem Sinne eine Art magnetischer Theorie. Die Tiere hätten eine besondere Empfindlichkeit gegen elektromagnetische Ströme. THAUZIÈS kommt sozusagen per exclusionem zu seiner Anschauung, weil auch er es für unmöglich hält, daß Brieftauben bei Flügen aus großen Entfernungen sich optisch orientieren können.

Auch BENS[3] hat sich kurzwegs der magnetischen Theorie angeschlossen. ÖLZE[4] hält eine solche Hypothese für sehr beachtenswert, weil es sehr häufig vorkäme, daß Tauben bei Wettflügen ihre Heimat um oft viele Kilometer überfliegen[5]. Eine solche Tatsache sei mit einer optischen Orientierung nicht in Einklang zu bringen.

MIDDENDORFF hat auch schon vor sehr langer Zeit (1855), wie WACHS[6] berichtet, die Anschauung vertreten, daß Vögel ein magnetisches Gefühl hätten und sich der Richtung der Magnetpole bewußt seien. Dies spiele beim Vogelzuge eine sehr wesentliche Rolle.

Bei HARNISCH[7] findet sich eine interessante Angabe aus Spanien, daß nämlich die *Orientierung* von Tauben *in der Nähe* großer Sender *von Funkstationen gestört* sein soll. Weiterhin hat man in der Schweiz die Beobachtung gemacht, daß Brieftauben, die man am Eigergletscher fliegen ließ, einmal sofort ängstlich zurückgekehrt sind. $1/4$ Stunde später begann ein schwerer Sturm. Als derselbe vorbei war, flogen die Tauben ohne Zögern ab.

Von seiten der Brieftaubenliebhaber wurde denn auch mit großer Sorge gelegentlich die Frage aufgeworfen, ob das Orientierungsvermögen der Brieftauben durch Radiowellen gestört würde (vgl. z. B. GRIEGER[8]). Demgegenüber hat aber schon HAGER[9] auf viele Beobachtungen hingewiesen, wo Wettflüge ganz ausgezeichnet ausgefallen sind, obwohl auf der Flugstrecke mehrere größere Funkstationen in Betrieb waren. HAGER weist an der gleichen Stelle auch darauf hin, daß bei schlechtem Wetter, speziell Gewitterneigungen, die vielen verkrachten Flüge nicht auf die Elektrizitätsladung der Atmosphäre zurückzuführen seien, sondern daß andere Faktoren (Wolkenbildungen, Regen usw.) daran schuld seien. Auf den Einfluß der Witterung wurde von uns schon mehrfach hingewiesen.

Auch ROCHON-DUVIGNEAUD[10] erwähnt, daß magnetische Stürme die Orientierung der Tauben stören können.

Es ist klar, daß gegen diese magnetische Theorie, welche ja ein eigenes Sinnesorgan voraussetzt, von dessen Existenz sich bisher niemand überzeugen konnte, schwere Einwände erhoben worden sind, und daß man sie in der Regel

---

[1] MAURAIN, CH.: La Nature **51 I**, 233 (1923).
[2] THAUZIÈS, A.: Rev. Scient. 35. Jhg., **9**, 392 (1898) — Internat. Congr. de Psychol. **1909**, 263.
[3] BENS, H.: Umsch. **14**, 603 (1910).
[4] ÖLZE, F. W.: Umsch. **14**, 731 (1910).
[5] Es handelt sich hier um eine Tatsache, die ziemlich häufig beobachtet wird. Vgl. z. B. auch G. HABEKOST: Z. Brieftaubenk. **41**, 11 (1926).
[6] WACHS, H.: Erg. Biol. **1**, 479 (1926).
[7] HARNISCH, E.: Der Vogelzug usw. 1929.
[8] GRIEGER, R.: Z. Brieftaubenk. **39**, 307 (1924).
[9] HAGER, W.: Z. Brieftaubenk. **39**, 369 (1924).
[10] ROCHON-DUVIGNEAUD. A.: La Nature **51 I**, 232 (1923).

als vage Annahme einfach abgelehnt hat. RABAUD[1] weist unter anderem darauf hin, daß Vögel, auch wenn sie bei vollkommen klarem Wetter aufgelassen werden, selbst durch Gewitter in Entfernungen von mehreren 100 km schwer gestört werden müßten; ja es müßte jede atmosphärische Störung auf die Tauben Einfluß nehmen. Es ist kein Beweis für die magnetische Theorie, wenn man hier die bekannte Tatsache heranzuziehen versucht, daß Tauben trotz sichtigen Wetters oft verspätet zurückkommen. Ebenso können andere Argumente, die man gelegentlich zur Stütze der magnetischen Theorie verwendet hat, nicht als bindend angesehen werden[2], z. B. wenn man beschrieben hat, daß Tauben, vormittags aufgelassen, rascher zurückkommen als nachmittags, daß Tauben bei Neumond langsamer zurückkehren als sonst u. dgl.

Ein absolutes Gegenargument gegen die magnetische Theorie bilden übrigens die bereits oben beschriebenen Experimente von EXNER, daß sich Tauben, auch wenn sie auf der Hinreise ständig galvanisiert wurden, trotz alledem zurückfanden.

Ein ähnlicher Versuch von HACHET-SOUPLET[3], welchen auch CLAPARÈDE[4] anführt, zeugt in demselben Sinne. HACHET-SOUPLET brachte eine Taube von Paris in einem Kasten auf einem völlig unbekannten Wege nach Châtillon. In dem Käfig befand sich ein Magnet, eine elektrische Lampe und ein Ruhmkorffapparat in Tätigkeit. Das Tier kam unversehrt in Châtillon an, wurde dort aufgelassen und war 20 Minuten später wieder in Paris.

VIGUIER[5] selbst hatte ähnliche Experimente vorgeschlagen, zu deren Ausführung er aber nicht gekommen ist. Er wollte Tauben oder Pferden kleine galvanische Elemente aufbinden und auf diese Weise eine ständige Durchströmung des Kopfes vornehmen. Er glaubte dadurch eventuelle Anhaltspunkte für seine magnetische Theorie finden zu können. Selbst ein positiver Ausfall, d. h. also Störungen der Orientierung in solchen Fällen, dürfte sich aber kaum zur Stütze einer magnetischen Theorie verwenden lassen. VIGUIER glaubte allerdings, daß der Magnetismus Strömungen der Endolymphe in den halbzirkelförmigen Kanälen hervorrufe, und daß diese Strömungen mit der Kopflage und mit der Intensität des Magnetismus wechseln. Die Bogengänge seien ein Organ, das auf magnetische Schwingungen so reagiere, wie das Auge auf Lichtwellen. Eine experimentelle Unterlage für solche Anschauungen konnte bisher nicht gefunden werden.

Hierher gehört auch ein Experiment von ARCY, welches RABAUD[6] anführt. ARCY transportierte Tauben in eine Entfernung von 10 km unter ständigen elektromagnetischen Einflüssen. Sie kehrten trotzdem in 20 Minuten alle zurück, obwohl ihnen die Gegend unbekannt war. Wenn nun auch Tauben in 20 Minuten durchschnittlich 25 km fliegen können, so muß doch RABAUD beigestimmt werden, daß dieses Experiment wegen der geringen Reisegeschwindigkeit der Tiere nicht zur Stütze der Anschauung verwertet werden kann, daß sich Tauben durch den Erdmagnetismus orientieren.

Auch R. TEXTOR[7] hat Versuche mit Einwirkungen von elektrischen Strömen und Magnetfeldern auf Brieftauben gemacht. Er kam gleichfalls zu völlig negativen Ergebnissen. Doch läßt es TEXTOR dahingestellt, ob Gewitter nicht doch durch ihre sehr starken Ladungen wirken können, und rät darum ab, Tauben bei Gewittern zu werfen.

In interessanter Weise knüpft ein Autor F.[8] an die Beobachtungen S. EXNERS an, daß die Vogelfedern an der Oberfläche positiv, in ihren tiefen Schichten jedoch negativ geladen sind, sobald sie sich beim Fluge aneinander und an der umgebenden Luft reiben. Damit steht in Zusammenhang, daß sich die Federn leicht ordnen, daß sich die Deckfedern über die Flaumenfedern hinlegen usf. F. schreibt nun, man könne sich denken, daß das Federkleid der Tauben mit seiner elektrischen Ladung auf feinste elektrische Ströme wie ein Relais abgestimmt sei. Gerade dadurch wäre unter Umständen denkbar, daß sich die Vögel nach vorhandenen elektromagnetischen Einflüssen orientieren könnten. Auch HUMBERT[9] vertritt eine solche Möglichkeit.

---

[1] RABAUD, E.: L'orientation lointaine etc. 1927.
[2] Auch P. WOLF [Z. Brieftaubenk. **45**, 538 (1930)] hat sich aus mannigfachen Gründen gegen die magnetische Theorie ausgesprochen; ebenso PORTICARIUS: Ebenda **41**, 126 (1926).
[3] HACHET-SOUPLET, P.: Ann. de Psychol. Zool. **2**, 33 (1902).
[4] CLAPARÈDE, M. ED.: Arch. de Psychol. **2**, 133 (1903).
[5] VIGUIER, C.: Rev. Philosoph. **14**, 1 (1882).
[6] RABAUD, E.: L'orientation lointaine etc. 1927.
[7] TEXTOR, R.: Z. Brieftaubenk. **39**, 347 (1924).
[8] F.: Z. Brieftaubenk. **43**, 1085 (1928).
[9] HUMBERT, J.: Z. Brieftaubenk. **44**, 1229 (1929).

Nur der Kuriosität halber sei hier eine sehr merkwürdige Anschauung erwähnt, zu der sich GENOIS[1] verstiegen hat. Er glaubt, daß sich die Tauben mit Hilfe des Magnetismus orientieren. Aber beim Abfluge versetze sich die Taube durch eine plötzliche Drehung um sich selbst mit Hilfe starker Selbstsuggestion in einen hypnotischen Schlaf (!). Während dieses hypnotischen Schlafes versetze sie ihren Geist an den suggerierten Ort (Heimatschlag). Wenn sie dort angekommen ist, sei die Suggestion zu Ende. Der Kontakt, der das Heimfinden vermittle, liege in einer Spirale im Ohre. Die Richtigkeit dieser mystischen Meinung ergebe sich daraus, daß Tauben mit verstopften Ohren angeblich nicht fliegen können!

MAURAIN[2] hat sich vom physikalischen Standpunkte gegen die magnetische Theorie gewendet. Er bespricht zunächst das allgemeine Verhalten des Magnetismus und weist vor allem auch auf die täglichen Schwankungen des Magnetismus hin. Er macht darauf aufmerksam, daß nach den bisherigen Untersuchungen (DUBOIS-REYMOND, Lord KELWIN) der Magnetismus auch bei Verwendung von sehr großen Feldstärken, wie sie in der Natur überhaupt nicht vorkommen, auf Lebewesen so gut wie einflußlos gefunden wurde. Er versuchte andererseits zu zeigen, wie sich Tiere, besonders Vögel, evtl. orientieren könnten, wenn sie einen magnetischen Sinn hätten. Er führt auch einzelne Möglichkeiten an, die zur experimentellen Prüfung einer solchen Hypothese dienen könnten; daß man z. B. dem Tiere einen Magneten aufbindet. MAURAIN hält es aber für durchaus *unwahrscheinlich*, daß der *Magnetismus von Einfluß auf die Orientierung* sei. Es müßten *sonst* vor allem *in großen Städten schwere Störungen der Orientierung* auftreten, ja die Tiere müßten eigentlich desorientiert sein, da es ja in solchen Städten ausnahmslos andauernd große magnetische Störungen gibt. Auch *elektrische Einflüsse* hält MAURAIN für sehr *unwahrscheinlich*. Die Elektrizität der Atmosphäre ist sehr variabel, im übrigen auch noch verhältnismäßig wenig erforscht. MAURAIN schließt, daß es bisher keine sicheren Anhaltspunkte dafür gibt, anzunehmen, daß Tauben durch magnetische und elektrische Kräfte beeinflußt würden.

Zu einer gleichfalls vollständigen Ablehnung der magnetischen Theorie ist RABAUD[3] gekommen. Es wurde u. a. schon oben ein Experiment von ARCY angeführt, auf welches sich RABAUD neben anderen stützt. RABAUD fragt sich vor allem, wo man denn überhaupt ein magnetisches Organ zu finden hätte. Warum sollten sich gerade speziell Tauben von anderen Wirbeltieren in dieser Hinsicht unterscheiden. Eine solche Auffassung sei darum undiskutabel. Auch ALIX[4] hat sie vollständig abgelehnt.

WATSON und LASHLEY führen zwei interessante Beispiele von THAUZIÈS[5] an, bei welchen es sich um sehr verzögerte Rückkehrzeiten handelt. THAUZIÈS versuchte sie in der Weise auszulegen, daß die Tauben durch starke elektrische Stürme in der durch den Erdmagnetismus bedingten Orientierung gestört worden seien. WATSON und LASHLEY sind im Recht, wenn sie einwerfen, daß man aus diesen Experimenten keine solchen Schlußfolgerungen ziehen dürfe. Selbst, wenn man annehmen wollte, daß tatsächlich elektrische Störungen die Verzögerung des Ruckfluges verursacht hatten, so gehe keineswegs mit Notwendigkeit daraus hervor, daß die Vögel den Erdmagnetismus als Hilfsmittel zur Orientierung verwenden. Die Experimente von THAUZIÈS sind folgende[6]:

Am 18. August 1907 ließ die Société Colombophile von Périgueux in Orléans (320 km) um 6 Uhr 30 Minuten morgens an einem klaren Tage bei geringem Südwinde 99 junge Tauben auf. Man hatte erwartet, daß der Rückweg, selbst wenn er langsam erfolgen sollte, von den Tauben bereits am Vormittag erledigt werden würde. Aber keine von den Tauben kam vor 14 Uhr 43 Minuten zurück. Nur 11 kamen überhaupt noch am selben Tage, der Rest erst am nächsten Morgen. Als man der Ursache nachforschte, hörte man von anderen Taubengesellschaften, daß sie in gleicher Weise in diesen Gegenden oft durch abnorm verzögerte Heimkehr ihrer Tauben überrascht worden wären.

---

[1] Nach einem Artikel in Z. Brieftaubenk. **43**, 150 (1928).
[2] MAURAIN, CH.: La Nature **51 I**, 233 (1923).
[3] RABAUD, E.: L'orientation lointaine etc. 1927.
[4] ALIX, E.: Rev. Scient. **28**, 532 (1891).
[5] THAUZIÈS, A.: Internat. Congr. de Psychol. **1909**, 263.
[6] Vgl. dazu auch H. WINCKELHECK: Z. Brieftaubenk. **42**, 881 (1927).

Ein Jahr vorher, am 22. Juli, wurden junge Tauben in Angoulême (65 km) um 10 Uhr morgens bei hellem, klarem Himmel, ohne jeden Wind, aufgelassen. Der größte Teil der Tiere brauchte merkwürdigerweise zu einer Reise, die sonst in einer knappen Stunde hätte durchgeführt werden können, mehr als 3 Stunden. Mehrere Tiere kamen noch spater an und einige gingen sogar verloren. Als man sich bei den Astronomen erkundigte, erfuhr man, daß am 22. Juli 1906 und am 18. August 1907, also an den beiden Versuchstagen, heftige elektrische Stürme vorhanden gewesen waren.

WATSON und LASHLEY kommen gleichfalls zu einer Ablehnung der magnetischen Theorie. Sie schließen nichtsdestoweniger im Anhange an obenerwähnte Berichte von THAUZIÈS die Möglichkeit nicht aus, daß durch elektrische Stürme eventuell eine Verzögerung des Rückfluges bei Tauben und Vögeln zustande kommen könnte. Sie hatten beabsichtigt, in Zusammenarbeit mit dem Wetterbüro in Washington Untersuchungen über diese Frage anzustellen. Der Schluß aber, aus solchen gelegentlichen Flugverzögerungen deduzieren zu wollen, daß der Erdmagnetismus als Hilfsmittel bei der Orientierung diene, wird abgelehnt.

## B. Bei Hunden und Katzen.

Wenn nachfolgend eine ganze Reihe von *Beispielen über die Orientierung* von Hunden angeschlossen wird, so muß von vornherein bemerkt werden, daß *nur vereinzelte auf direkten, streng experimentellen Beobachtungen beruhen*. Viele von diesen Schilderungen sind mehr oder weniger unglaubhaft und beruhen häufig nur auf phantastischen Erzählungen, welche die beschreibenden Autoren erst aus zweiter oder dritter Hand erhalten haben. Es erscheint aber doch notwendig, eine Übersicht über das vorhandene Material zu geben, um dasselbe nachher mit entsprechender Kritik sichten zu können und darauf die Schlußfolgerungen aufzubauen. Übrigens wird man andererseits an manchen Tatbeständen auch nicht zweifeln dürfen. Selbstredend gelten die angeführten Reservationen vielfach auch für die Beispiele, welche über die Orientierung von Katzen und Pferden sowie anderen Säugern beigebracht werden. Auch hierbei hat zweifellos gar oft die *Phantasie* in nicht unerheblichem Ausmaße mitgespielt. Vor allem muß man bedenken, daß in der Regel jene Fälle, wo verlaufene Hunde, Katzen, Pferde usw. sich nie mehr zurückgefunden haben, kaum angeführt worden sind. Darüber sind sich wohl alle Autoren, die mit einiger Kritik an das Orientierungsproblem herangetreten sind, vollständig einig.

ALIX[1] machte Experimente über die Orientierung bei Hunden. Er brachte beispielsweise einen Hund in eine Entfernung von 50 km und ließ ihn dann aus. Es wurde beobachtet, wie der Hund nach rechts und nach links vom geraden Wege abschweifte und andauernd laufend umherirrte, immer wieder zögerte. Er verfolgte mindestens 20 Fährten. Endlich, nach 8 Tagen, fand er sich wieder zurück. — Ein anderer Hund kam bei ähnlichen Versuchen jedesmal auf einer anderen Route zurück. Diese Tatsache wurde nach ALIX schon von ROMANES beschrieben. Es brauchen also Hunde unter Umständen mehrere Tage, um sich zu orientieren bzw. wieder nach Hause zurückzufinden. Das ist unter anderem von besonderem Interesse für die Geruchstheorie, wie sie von M. WALLACE aufgestellt worden ist. Andererseits sprechen auch die Beobachtungen von ALIX gegen einen speziellen Orientierungssinn, wie er so oft behauptet worden ist.

ARTAUT[2] berichtet zunächst einmal von 4 Fällen, wo Hunde und Katzen in unbekannter Gegend im Felde verloren wurden, und sich wieder nach Hause fanden. Ein anderer Hund aus Beaune wurde nach Cluny verkauft, wohin er

---

[1] ALIX, E.: Rev. Scient. **28**, 532 (1891).
[2] ARTAUT: Rev. Scient. 34. Jhg., **8**, 793 (1897) — Bull. Inst. gén. psychol. **1902 II**, 313.

mit der Bahn transportiert wurde. Es war dabei ein Umsteigen in Macon notwendig. Der Hund hatte vorher den Weg von Beaune nach Cluny niemals gemacht; trotzdem fand er sich 2 Tage nachher bei seinem alten Herrn in Beaune wieder ein. Er hatte also einen unbekannten Weg von 90 km in 2 Tagen zurückgelegt.

CLAPARÈDE[1] zitiert einen Fall von REYNAUD. Es wurde ein Hund mit der Eisenbahn von Pont-Audemer nach Beaumont gebracht, wo er sich verirrte. Er kehrte allein nach Pont zurück. Es war möglich, festzustellen, daß der Hund längs der Schienenstränge zurückgelaufen war, obwohl er Pont auf einem kürzeren Wege hätte erreichen können. REYNAUD verwendete diese Beobachtung zur Stütze seines „loi du contrepied".

Nach VINEQ[2] wurde ein Hund mit der Eisenbahn nach Beaune, 25 km von seinem Heimatorte entfernt, gebracht. In Beaune blieb er ungefähr einen Monat und lernte die Umgebung in einem Umkreise von höchstens 6 km kennen. Eines Tages wurde der Hund in den Straßen von Beaune verloren, dort kehrte er prompt zum Hause seines früheren Herrn zurück. Er ging also einen ganz unbekannten Weg.

RABAUD[3] bemerkt zu dieser Beobachtung mit Recht, daß man den Weg nicht vernachlässigen dürfe, welchen der Hund zur Eisenbahnstation im Ausgangsorte gemacht hat, ebenso den Weg von der Station in Beaune zur Stadt. Er kritisiert also richtig, daß die Beschreibung keineswegs vollständig ist und daß offenbar auch hier eine Reihe von Umständen nicht angeführt worden ist, welche die Fährte merklich machen konnte.

VALADE[4] erzählt, daß ein erwachsener Hund von seinem Wohnort mit dem Wagen zuerst 20 km bis nach Jonzac gefahren und dann weiter mit der Eisenbahn nach Bordeaux neuerlich 80 km weitergebracht wurde. Nach einem Monat entfloh der Hund und wurde bei einem Weingärtner in Médoc, 20 km von seinem Heimatorte in gerader Linie zwischen Bordeaux und seinem Heimatsorte gefunden. Nach der Anschauung von VALADE kehrte er also in absolut gerader Richtung auf einem völlig unbekannten Wege und einem anderen Wege als auf der Hinfahrt gegen seine alte Heimat zurück.

Nach DUSOLIER[5] fuhr ein Hund, der sich niemals weiter von seinem Hause entfernt hatte, 25 km im Wagen unter einer Bank liegend, von seinem Wohnort weg. Aus dieser Entfernung kam er in $2^1/_2$ Stunden zurück, weshalb DUSOLIER annimmt, daß er direktenwegs nach Hause galoppiert sein muß. DUSOLIER führt andere ähnliche Beispiele an.

RABAUD[3] hebt besonders hervor, daß sich junge Hunde von 4—6 Monaten, wie HOUZEAU[6] ausführlich beschreibt, beim ersten Ausgange sehr häufig verirren. Hier spielt zweifellos eine Rolle, daß sie die Geruchsfährte verlieren und sich optisch noch nicht genügend orientieren können. Man konnte nämlich beobachten, daß sie dann, wenn sie Anhaltspunkte mit Hilfe des Gesichtssinnes gefunden haben, geradenwegs zurückgehen. Ein Hund von 5 Monaten, der von seinem Wohnorte weggeführt wurde und schließlich längs eines Baumes einen Fluß überquerte, suchte bei dem Rückwege den Fluß so lange ab, bis er die provisorische Brücke wiederfand.

Über eine eigenartige Hundeanekdote berichtet auch BENS[7]. 1874 brachte ein Mann einen Hund mit der Bahn von Neuwied nach Bochum. Der Hund soll in Bochum plötzlich weggelaufen sein, den Rhein durchschwommen haben (Brücken gab es damals angeblich noch nicht) und in ungefähr 2 Tagen ganz beschmutzt nach Neuwied zurückgekommen sein. Er hätte also in 2 Tagen 95 km zurücklegen müssen.

---

[1] CLAPARÈDE, M. ED.: Arch. de Psychol. **2**, 133 (1903).
[2] VINEQ: Rev. Scient. 35. Jhg., **9**, 375 (1898).
[3] RABAUD, E.: L'orientation lointaine etc. 1927.
[4] VALADE: Rev. Scient. 35. Jhg., **9**, 471 (1898).
[5] DUSOLIER, M.: Rev. Scient. 34. Jhg., **8**, 759 (1897).
[6] HOUZEAU, J. C.: Études sur les facultés mentales des animaux comparées à celles de l'homme. Bruxelles et Leipzig 1872.
[7] BENS, H.: Umsch. **14**, 603 (1910).

ROSENFELD[1] wendet sich gegen diese angebliche Beobachtung, die seit dem Bericht von BENS 26 Jahre zurückliege und keineswegs vollständig sei. Man könne nicht übersehen, was für Hilfsmittel eine Rolle gespielt haben und ob es sich etwa um rein zufällige Dinge gehandelt habe.

Ganz romantisch klingt eine Erzählung von VIGUIER[2], die er aus „Nature" vom 1. V. 1873 entnommen hat. MARIE REGNIER nahm einen Hund von Menton nach Wien per Bahn mit. Er soll nach Menton zurückgekehrt sein. VIGUIER führt auch an, daß Hunde, die man auf ungerader Bahn z. B. längs der Seiten eines Dreieckes wegführt, auf direktem Wege zurückkommen sollen.

Zahlreiche Beobachtungen über die Orientierungsfähigkeit bei Hunden finden sich auch in der prächtigen Arbeit von WATSON und LASHLEY[3]. Die Autoren sind sich des Wertes solcher Erzählungen wohl bewußt, indem sie selbst zugeben, daß sie oft kaum mehr als ein Körnchen der Wahrheit enthalten. Es handelt sich um Berichte von Tierliebhabern[4], welche den Autoren persönlich überbracht wurden:

1. Ein 3 Jahre alter Hund fuhr zunächst 12 Meilen in einem Wagen und dann in schwerem Regen mit dem Zuge nach Northampton, im ganzen 50 Meilen. In einem geschlossenen Wagen fuhr der Hund dann mit seiner Herrin von der Station in Northampton in die Stadt und kam Sonnabend 11 Uhr nachts an. Montag darauf verschwand der Hund um 3 Uhr nachmittags und kam Donnerstag um 3 Uhr nachmittags, also in 3 Tagen, wieder in seiner Heimat an. 12 Meilen im Umkreise seiner Heimat hatte er bei häufigen Jagden wiederholt durchlaufen. Er muß unbedingt mehr als 50 Meilen in den 3 Tagen zurückgelegt haben, weil er Dienstag in der Nähe von Amherst gesehen wurde, welcher Ort nicht auf dem direkten Wege liegt.

2. Ein Hund wurde in Lawrence aufgezogen. 1 Jahr alt, wurde er nach Boston gebracht, kam dann an Bord eines Segelschiffes und fuhr auf See und Fluß nach Bangor. Dort fuhr er mit seinem Herrn etwa 40 Meilen in die Wälder bei Cleveland's Camp und jagte 2 Wochen. Als die Jagd vorbei war, sprang der Hund auf dem Rückwege nach Bangor vom Wagen in die Büsche und verlor sich. Weil das Boot nur alle 2 Wochen fuhr, mußte der Hund im Stiche gelassen werden. Der Herr kehrte mit dem Boot auf Fluß und See nach Lawrence zurück. 2 Wochen später kroch der Hund fußwund und halbtot in den Garten in Lawrence.

3. Ein junger Mann brachte aus seiner Heimat in Indiana zwei Hunde an einen neuen Ort in eine ungefähre Entfernung von 700 Meilen. Nicht allzulange Zeit nach der Ankunft verschwanden die beiden Hunde. Der eine kam ungefähr nach 6 Wochen in seine Heimat zurück, und auch der andere noch einige Wochen später.

4. Ein 2 Jahre alter Hund hatte sein ganzes Leben in Avondale verbracht und kannte nur die Stadt, die Straßen um die Stadt und die benachbarten Felder. Er wurde nach Point au Baril in Canada gebracht. Dieser Ort befindet sich auf einer Insel mitten in einer großen Inselgruppe. Jedes Jahr, wenn im Sommer Leute auf die Insel zu gelangen suchten, verloren sie ihren Weg, weil von den Inseln eine der anderen fast vollständig gleicht. Der Hund lernte auf der Insel schwimmen, entfernte sich aber niemals weiter als 500 Yards. Eines Tages wurde er auf einem Ausfluge in einem Boot in eine Entfernung von ungefähr 6 Meilen mitgenommen. Er konnte bei der Fahrt die Insel nicht sehen, weil er sich am Boden des Bootes befand. Bei der Rückkehr wurde bei einem Lagerschuppen in ungefähr 2$^1/_2$ Meilen Luftlinienentfernung Halt gemacht. Der Hund sprang ins Wasser und wurde nicht mehr gesehen. Nach vergeblichem Suchen kehrte man zum Lager auf die Insel zurück. Da er ein wertvolles Tier war, wurde später nochmals zum Lagerschuppen in Booten gefahren und nach ihm gesucht. Man hatte gehört, daß ein Hund, wahrscheinlich der oben genannte, zu einem Felsen geschwommen sei, der ungefähr $^3/_4$ Meilen von dem Schuppen entfernt war. Um 11 Uhr in der Nacht kam der Hund zu dem Schuppen zurück, steckte seine Nase in die Tür; wenn man ihn aber rief, lief er wieder weg in die Dunkelheit. Am nächsten Morgen während der Vorbereitungen zum Frühstück sah man den Hund den Kanal hinunter schwimmen. Die Indianer meinten, daß er wahrscheinlich die Nacht von Insel zu Insel schwimmend

---

[1] ROSENFELD, G.: Umsch. 14, 733 (1910).
[2] VIGUIER, C.: Rev. Philosoph. 14, 1 (1882).
[3] WATSON, J. B., u. K. S. LASHLEY: Pap. from the depart. of marin. biol. of the Carnegie Inst. of Washington 7, 1 (1915).
[4] Einige Beispiele über das Nachhausefinden von Hunden aus größeren Entfernungen (55 km) finden sich auch bei H. SCHOSTEK: Z. Brieftaubenk. 41, 128 (1926).

zugebracht habe und daß er bei Tag das Küchenfeuer des Lagers gesehen und vielleicht auch das Frühstück gerochen habe. Jedenfalls hat er, wenn er direkt nach Hause geschwommen ist, einen Weg von mindestens $2^1/_2$ Meilen zurückgelegt. Der Kanal ist nicht gerade, sondern zeigt viele Windungen. Der Besitzer glaubt nicht, daß sich der Hund nach bestimmten Eigentümlichkeiten des Ufers orientieren konnte, weil der Hund den Weg nicht kannte.

5. Eine Frau übersiedelte nach Tennessee in eine Entfernung von 500 Meilen. Ein Hund wurde mitgenommen. Eines Tages ging er verloren und wurde wenige Wochen später in seiner alten Heimat wiedergefunden.

6. Einer von den beiden Autoren selbst (WATSON oder LASHLEY) hielt sich in seinem Sommerheim Stony Lake, Ontario, Canada, auf. Ein 18 Monate alter Hund fuhr mit einem Hausbediensteten in einem Boote zu einem Schuppen, ungefähr 1 Meile vom Hause entfernt. Der Schuppen befand sich auf einer großen Insel. Bei der Rückkehr wurde der Hund auf der Insel vergessen. Nach dem Essen wurde er gesucht. Man fuhr zunächst zu dem Schuppen. Der Hund war weg. Man fuhr um die Insel und rief ihn immerfort. Man hatte schon die Hoffnung aufgegeben, ihn zu finden; da sah man ihn auf einmal auf einer kleineren Insel im Südwesten von der Insel, wo der Schuppen stand, und zwar gerade in entgegengesetzter Richtung, als wo das Landhaus lag. Auf der kleineren Insel wurde ein neues Haus gebaut. Der Zimmermann berichtete, daß vor kurzem der Hund hierher geschwommen sei, über eine Entfernung von ungefähr $1^1/_4$ Meilen. Es ist von Interesse, daß das Landhaus des Autors auch im Bau war, und daß der Hund offenbar dorthin schwamm, wo er hämmern hörte. Der Autor glaubt darum, daß vielleicht dieses Hämmern dem Hunde die Richtung angab, wohin er zu schwimmen hatte[1].

Nach MAUDUIT[2] bekam im September 1897 ein Advokat in Avranches eine junge Katze. Dieselbe blieb da bis Ende August 1898. Als zu dieser Zeit die Familie des Advokaten verreiste, lief die Katze weg und miaute vor dem Hause von MAUDUIT, ihres früheren Herrn, welches von Avranches ungefähr 3 km entfernt lag. Nach MAUDUIT soll eine andere Katze, welche man in einem geschlossenen Sacke 50 km weit weggebracht hatte, noch denselben Tag nach Hause zurückgekommen sein.

CLAPARÈDE[3] zitiert eine von den Katzengeschichten von FABRE[4]. Ein Kater wurde von Orange nach Sérignan, 7 km Luftlinienentfernung, gebracht. Einige Tage später fand er sich ganz mit roter Erde beschmutzt wieder in seinem Domizil ein. Weil andauernd trockenes Wetter war, schließt FABRE, daß er auf geradem Wege einen Fluß durchschwommen haben muß. Hätte er nicht den geraden Weg gewählt, dann würde er zweifellos eine Brücke über den Fluß gefunden haben.

Wie vorsichtig man bei der Beurteilung vieler solcher fast anekdotenhaften Erzählungen sein muß, zeigt das folgende Beispiel von YUNG[5], auf welches auch RABAUD[6] mit besonderem Nachdrucke hinweist:

Eine junge Katze wurde von Montilier im geschlossenen Möbelwagen nach Lausanne gebracht. Sie soll schon am nächsten Tage vor dem Tore des alten Wohnhauses wieder gesehen worden sein, hätte also einen Weg von mehr als 50 km zurücklegen müssen. Es stellte sich schließlich heraus, daß diese Katze ihr Haus in Lausanne nie verlassen hatte, daß sie also nie zurückgekommen war. Es wurde eine ähnliche Katze einfach mit der genannten verwechselt.

Im Gegensatz zu den angeführten Fähigkeiten der Katzen, sich gut zu orientieren, steht ein Bericht von CLAPARÈDE[7], daß sich eine junge Katze schon in einer Entfernung von 350 m von ihrem Hause verirrte.

HODGE[8] erzählt folgende Katzengeschichte, welche auch WATSON und LASHLEY wiedergeben:

Eine Katze wurde in einem Boot während einer ganz dunklen Nacht auf einen der großen Wisconsin-Seen mitgenommen. Das Boot wurde gerade nach Norden gegen die Mitte des Sees gerudert. Die Katze saß zuerst ganz still, begann aber dann unruhig zu werden und versuchte, nach Hause zu laufen. Sie sprang auf das eine Ende des Bootes, hielt ihren Kopf

---

[1] Über Versuche und Beobachtungen an jungen Wölfen vgl. O. PFUNGST: VI. Kongr. f. exp. Psychol. Göttingen, S. 127. Leipzig: J. A. Barth 1914.
[2] MAUDUIT: Rev. Scient. 35. Jhg., **10**, 533 (1898).
[3] CLAPARÈDE, M. ED.: Arch. de Psychol. **2**, 133 (1903).
[4] FABRE: Souv. ent. **2**, 124 (zitiert nach CLAPARÈDE).
[5] YUNG, EM.: Rev. Scient. 35. Jhg., **9**, 567 (1898).
[6] RABAUD, E.: L'orientation lointaine etc. 1927.
[7] CLAPARÈDE, M. ED.: Arch. de Psychol. **8**, 78 (1909).
[8] HODGE: Pop. Sci. Monthly **44**, 758 (1894).

immer dem Hause zugewendet und miaute andauernd. Mit Absicht wurde das Boot immer wieder herumgedreht, um das Betragen der Katze zu beobachten. Immer aber lief die Katze auf jenen Teil des Bootes, der dem Hause am nächsten lag und bemühte sich, soweit als nur möglich, diese Richtung beizubehalten. Keiner von den Bootsinsassen, außer dem Experimentator, welcher sich nach den Sternen orientierte, war imstande, die Orientierung zu halten.

Aus manchen der angeführten Berichte geht zweifellos hervor, daß auch Hunde aus unbekannten Gegenden selbst über große Entfernungen wieder nach Hause finden können. Daß hierbei der Gesichtssinn und der Geruch eine bemerkenswerte Rolle spielen, wird niemand leugnen können. Sie reichen aber zweifellos auch hier nicht aus, um die oft recht seltsamen Tatsachen restlos aufzuklären. Bestimmte Anhaltspunkte, welche für eine der oben angeführten Theorien sprechen könnten, ergeben sich aber aus den angeführten Beobachtungen unmittelbar nicht. Es soll darum von einer ausführlichen Diskussion hier zunächst abgesehen werden.

## C. Beim Pferde.

Über das Orientierungsvermögen der Pferde hat v. Máday[1] ausführliche Berichte gegeben, wobei derselbe Autor auch eigene Erfahrungen verwenden konnte. v. Máday machte darauf aufmerksam, daß das wilde Pferd jährliche Wanderungen vollzieht, indem es im Frühjahre nach Norden, im Herbste gegen Süden zieht, und daß es für diese Tiere also wichtig sei, immer wieder die heimischen Weideplätze wiederzufinden.

v. Máday bringt im Anhange an zahlreiche andere Autoren eine Anzahl von Beispielen, welche das ausgezeichnete Orientierungsvermögen der Pferde darlegen sollen[2]. Wir wollen einige davon im folgenden anführen:

Von den in halbwilden Gestüten lebenden Pferden Südamerikas sagt Rengger: „Die Tiere zeigen ... für ihre Weiden große Anhänglichkeit. Ich habe welche gesehen, die aus einer Entfernung von 80 Stunden auf die altgewohnten Plätze zurückgekehrt waren." Von den paraguayschen Hauspferden aber sagt derselbe Schriftsteller: „Einzelne, welche nur einmal den Weg von Villa Real nach den Missionen gemacht hatten, liefen nach Monaten auf dem mehr als 50 Meilen langen Wege nach Villa Real zurück."

Romanes schreibt: „Es liegen unzweifelhafte Zeugnisse dafür vor, daß ein Pferd sich noch nach 8 Jahren einer Straße oder eines Stalles erinnerte." Und an anderer Stelle: „Ein paar Pferde wurden viele hundert Meilen zu Schiff um die australische Küste herum versandt; da sie sich mit ihrem neuen Heim nicht befreunden konnten, flüchteten sie über Land wieder zurück; nachdem sie 230 englische Meilen zurückgelegt hatten, fanden sie sich plötzlich auf einer Halbinsel abgeschnitten, wo man sie, da sie nicht wieder umzukehren wagten, bald darauf einfing."

Von Prof. Zürn werden folgende Fälle berichtet: „Ein Pferd, das vor 5 Jahren verkauft worden, kam wiederum in den Besitz des früheren Eigentümers. Als es zum erstenmal auf den früheren Hof kam, wieherte es lebhaft; aus dem Wagen gespannt und abgeschirrt, suchte es von selbst den Stall und in diesem den Stand, den es vor 5 Jahren innegehabt hatte, auf."

„Man hatte einst einen Kronsetter nach Frankreich verkauft; es vergingen kaum einige Wochen, da kam das Pferd mit französischer Zäumung und Sattel versehen, schaumbedeckt wieder in der (damals zu Lippe-Detmold gehörenden) Senne an. Es stellte sich heraus, daß das edle Tier seinen Reiter auf französischer Erde abgesetzt hatte und zum Rhein geeilt war; es hatte diesen durchschwommen und sich zur heimischen Heide wieder zurückgefunden."

„Ein Landmann, welcher auf der Insel Barsö bei Apenrade domizilierte, verkaufte eine Stute mit Fohlen an einen anderen Landmann, der unweit der Küste Schleswigs wohnte. Am nächsten Tage standen Stute und Fohlen vor der Haustür des Verkäufers. Die Stute und das kaum einjährige Fohlen mußten über das 1 Seemeile breite Wasser geschwommen sein, um die frühere Heimat wieder zu erreichen."

---

[1] Máday, St. v.: Z. angew. Psychol. **5**, 54 (1911) — Psychologie des Pferdes und der Dressur. Berlin: P. Parey 1912.

[2] Die genauen Literaturhinweise finden sich bei v. Máday.

ZURN „kannte den Gaul eines Müllers, dessen Mühle seitwarts von einer Hauptchaussee, und zwar etwa 300 Schritt weit, ablag. Das Pferd erblindete am grauen Star und konnte absolut nichts mehr sehen, wurde auch wegen seines Blindseins nach einer, der Mühle nicht sehr fern gelegenen Stadt verkauft. Fuhr man nun mit diesem Rößlein auf der erwähnten Chaussee und überließ diesem, wenn man in die Nähe des von ihr abbiegenden Mühlweges kam, die Zügel gänzlich, so bog es stets in denselben ein, um seinen früheren Aufenthaltsort, in dem es ihm gut gegangen war, aufzusuchen. Anfangs glaubte Verfasser, daß das Geklapper der Mühle dem Pferde zum Signal diene, von der Chaussee abzubiegen, aber das Tier tat solches auch an einem Sonntage, an dem die Mühle still stand; da es vollständig blind war, auch am Sonntage kein Geräusch aus der Mühle hören konnte, muß es den Mehlstaub gewittert haben oder es war ihm irgendein Geruch aus der Mühle der sichere Wegweiser".

BELL berichtet folgendes Erlebnis eines seiner Bekannten: „In seiner Jugend fuhr er mit einem vollkommen gesunden Pferde, Brot abzuliefern, wobei er seine Kunden immer in derselben Reihenfolge aufsuchte. Nach einiger Zeit kannte das Pferd alle diese Orte und blieb vor den betreffenden Häusern oder Geschäften ohne Aufforderung stehen. Blieb sein Herr irgendwo länger aus, als gewöhnlich, so ging das Pferd ihm mit dem Wagen davon, doch nicht zum nächstfolgenden Kunden, sondern in seinen Stall. Dies geschah öfters und an verschiedenen Orten."

DARWIN hat folgende zwei Fälle aufgezeichnet: „Vor vielen Jahren fuhr ich einmal auf einem Postwagen. Der Kutscher hielt seine Pferde, so oft wir zu einem Gasthause kamen, für einen Aufenthalt von 1 Sekunde an. Als ich ihn fragte, warum er dies täte, sagte er, auf das Stangenpferd weisend: es sei seit langem vollständig blind; es wolle an jedem Punkte der Straße, wo es einmal bereits gestanden, immer wieder stehenbleiben. Der Kutscher machte nun die Erfahrung, daß weniger Zeit verlorenging, wenn er freiwillig hielt, als wenn er versuchte, das Pferd am Gasthause vorbeizutreiben, denn dieses begnügte sich mit einem Aufenthalt von einem Augenblick. Dann beobachtete ich das Pferd, und es wurde mir klar, daß es genau wußte — bevor noch der Kutscher die übrigen Pferde aufzuhalten begann —, wo jedes Gasthaus lag; es gab kein Gasthaus, vor welchem es im Laufe der Jahre nicht wenigstens einmal gestanden hatte. Ich glaube, es kann kaum zweifelhaft sein, daß diese Stute all jene Häuser an ihrem Geruche erkannte."

HOWITT berichtet 6 Fälle; in der Mehrzahl dieser Fälle handelt es sich um Pferde, die aus halbwilden Gestüten von der Maneroo-Hochebene in Neusüdwales auf den Markt nach Gippsland getrieben wurden; das sind 180 englische Meilen Weges. Von den zahlreichen Pferden, die auf diesem Wege entkommen, finden alle zurück, falls sie nicht früher gefangen werden. Die in den 6 Beispielen angeführten Pferde wurden sämtlich nicht auf der einzigen Straße, auf der sie gekommen waren, sondern auf Punkten eingefangen, die beinahe genau in die Luftlinie fallen, die ihr altes und neues Heim verbindet; oft war dies ein Punkt im Hochgebirge oder im dichten Walde. In einigen Fällen verfloß bereits eine geraume Zeit, seitdem die Pferde in ihr neues Heim gebracht wurden; sie schienen auf die Gelegenheit zur Flucht lange zu warten. So entwich eine Stute, die bereits seit 2—3 Jahren im Stalle gehalten wurde und während dieser Zeit einmal den Besitzer und den Aufenthalt (um 12 engl. Meilen) gewechselt hatte; auch diese befand sich auf der geraden Linie zu ihrer Heimat. Ein anderes Beispiel bezieht sich auf ein Reitpferd, das seinen Reiter, der sich verirrt hatte und ihm nun die Zügel ließ, in gerader Linie über fast ungangbares Gelände zum (10 engl. Meilen entfernten) Lager brachte.

Oberst SPOHR teilt folgende zwei Erlebnisse mit: „Im Winter 1850/51, im sog. Hessischen Feldzuge, ritt ich als Portepeefähnrich eine vorzüglich gerittene Sennerstute, die 15jährige ‚Ulrike'. Eines Tages war ich gegen 1½ Uhr in meinem im tiefen Walde in Westfalen gelegenen Quartier angekommen — es war im Dezember 1850 — und ritt, nachdem das Pferd gefüttert und geputzt worden, ich selbst zu Mittag gegessen, gegen 2½ Uhr meine weitläufig im Walde gelegenen Quartiere ab. Auf dem zwischen 4 und 5 Uhr in tiefem Schnee angetretenen Rückwege verritt ich mich im Dunkeln völlig und kam endlich an eine Stelle, wo Ulrike die Vorderfüße vorstemmte und nicht weiter wollte. Da ich selbst, wie man zu sagen pflegt, bei der tiefen Finsternis nicht die Hand vor den Augen sehen konnte, so legte ich der Stute die Zügel auf den Hals mit den Worten: ‚Gut, so mache, was du willst'. Das brave Tier drehte kurz um, trabte etwa 10 Minuten lang gerade zurück, wendete dann links, und ich war in wenigen weiteren Minuten in meinem Quartier. Am folgenden Tage — einem Sonn- und Ruhetag — zeigte es sich, daß die Stelle, wo Ulrike sich weiterzugehen geweigert hatte, vor einem wohl 40 Fuß tiefen Absturz in eine Torfgrube lag, ein Tritt weiter und wir wären in dieser verunglückt."

„Im Mai des Jahres 1888 ritt ich in Berlin ein Pferd von vorzüglichen Gangarten, in betreff dessen man mir mitgeteilt, daß es nur auf dem Wege nach Hause außerordentlich heftig eile, absolut keinen Schritt, sondern nur hochgeschwungenen kurzen Trab gehe. Ich ritt das Tier wohl 1½ Stunden im Tiergarten kreuz und quer und machte dann den Versuch, es auf Umwegen im Schritt nach Hause zu reiten. Das Tier war so gut wie ein Kompaß. Ging es Schritt, so war ich gewiß, mich von Hause zu entfernen, so wie es sich im hohen Zuckeltrabe schwang, wußte ich, daß ich mich seinem Stalle näherte. Noch 1½ Stunden mit Reiten in großen Kreisen fortgesetzte Versuche hatten kein anderes Resultat."

An diese Stelle gehört auch die fast romanhaft klingende Geschichte eines Esels des Kapitäns DUNDAS, welche VIGUIER[1] zitiert. Der Esel wurde von Gibraltar per Schiff nach Cap Degata gebracht. Er riß dort aus und soll auf dem Landwege über 300 km durch gebirgiges Terrain auf völlig unbekanntem Wege wieder zurückgekehrt sein. VIGUIER bemerkt dazu, daß dieses Geschehen mit Hilfe des Gesichts- und Geruchssinnes keineswegs zu deuten sei. RABAUD[2] führt hier auch ein Beispiel an, welches in Erlebnis von HOUZEAU berichtet. Letzterer verirrte sich beim Reiten in unbekannter Gegend und überließ sich vollkommen dem Pferde, das ihn unversehrt zurückführte. Es bedarf kaum der Erwähnung, daß sich solche Beispiele ins Beliebige vermehren ließen. RABAUD nennt sie geradezu brutale Beobachtungen und kommt zu dem Schlusse, daß sie sich zumeist auf eine rein optische Orientierung zurückführen lassen und daß leicht übersehbare akzessorische Umstände eine Rolle spielen. Der spezielle Wert solcher Beispiele sei darum äußerst gering.

v. MÁDAY hat mit seinem Reitpferde „Fatima", einer ungarischen Halbblutstute, zahlreiche Versuche angestellt. Er ließ dem Tiere die Zügel jedesmal, wenn er sich in einer bestimmten Entfernung von der Kaserne befand, und ergriff dieselben erst wieder im Notfalle, wenn das Tier eine ganz falsche Richtung verfolgte oder in einen fremden Hof hineingehen wollte, andererseits aber auch zur Beeinflussung der Gangart, indem er der Stute nur erlaubte, im Schritt zu gehen:

Anfangs ließ v. MÁDAY der Stute bereits in einer Entfernung von 10—20 m vom Kasernentore die Zügel. Das Tier kehrte um und suchte in den Stall zu gelangen. Später ließ er die Zügel erst in größeren Entfernungen nach. Die Stute blieb zunächst 1—2 Minuten stehen, während sie sich nach beiden Seiten umsah; dann ging sie ruhig in einem Bogen von 10—15 m Durchmesser zurück, verfolgte eine kurze Strecke weit denselben Weg, den sie gekommen war; dann aber begann sie den Weg zur Kaserne zu kürzen. Sie nahm Direktion auf eine Brücke oder eine Furt, vermied sämtliche Umwege und ging sogar auf Wegen, die sie nie gegangen war. Bei diesen Versuchen war allerdings die Kaserne noch in Sehweite (ca. 350 m).

Am 4. Tag hatte Fatima nach v. MÁDAY bereits „gelernt", daß jede Straße in das heimatliche Städtchen führt. Sie lief dann am Acker eine Furche entlang, bis sie wieder einen Fahrweg erreichte. Dort blieb sie einige Sekunden stehen, beroch die Straße und schlug dann die Straße nach rechts oder links ein.

Wenn sie in dem Städtchen einmal durch eine unbekannte Seitengasse in die Hauptstraße, an der die Kaserne lag, kam, wußte sie nicht, ob sie rechts oder links gehen sollte. Sie schien die Häuser der Straße nach ihrem Aussehen nicht zu kennen, beroch jedes Haustor und wollte oft in Höfe, wo sich Pferdestallungen befanden, hineingehen. Ein Haus, in dem sich ein Geschäft befand, wurde aber sofort als Nichtkaserne erkannt und veranlaßte die Stute, umzukehren und die richtige Direktion einzuschlagen. Auch das Kasernentor wurde, wenn es nicht genügend geöffnet war, gründlich beschnuppert.

Selbst nach beliebig langer Wiederholung der Versuche hörten die Irrtümer der Stute nie vollständig auf. Am 6. Tage beispielsweise bog sie von einem Wege, den sie bereits einige Male gegangen war, auf der Straße angelangt, in die falsche Richtung ein und wollte sich einem Dorfe zuwenden. Die Stute wollte auch gelegentlich in Gehöfte einkehren, die von Mauern umgeben waren, so wie die Kaserne. Auch auf dem Heimwege konnte die Stute durch verschiedene Hindernisse mehr oder weniger von ihrem Stalle abgelenkt werden.

Versuche mit anderen Pferden ergaben ähnliche Resultate. v. MÁDAY hebt hervor, daß es aber individuelle Unterschiede gibt. Ein Pferd fand sich z. B. bei einem ersten Versuche in der Nacht sofort zurück, während andere Tiere erst

---

[1] VIGUIER, C.: Rev. Philosoph. **14**, 1 (1882).
[2] RABAUD, E.: L'orientation lointaine etc. 1927.

nach zahlreichen Versuchen mit einiger Sicherheit wieder heimfanden. Eine Geschicklichkeit, wie sie sich bei Fatima gezeigt hatte, begegnete dem Autor bei anderen Pferden nicht mehr.

v. MÁDAY ist der Meinung, daß das Pferd, so wie der Mensch, „bewußt nach dem Wege sucht", und daß es sich dabei vor allem auf sein „*Ortsgedächtnis*" stützt. Die Kenntnis von räumlichen Beziehungen beruht nach v. MÁDAY zum größten Teile auf unbewußten Eindrücken. Es gebe jedoch keinen Sinn, der nicht bei Gelegenheit auch der Orientierung dienen würde.

Da das Pferd in gewissem Sinne ein *Nasentier* sei, so stütze es sich mehr auf den Geruchssinn als auf den Gesichtssinn. v. MÁDAY glaubt auch, daß die Pferde die *Windrichtungen* kennen. Er denkt hier an eine Art Spürsinn, wie ihn v. CYON postuliert hat. Bei der Erkennung der Windrichtungen spiele vermutlich aber auch der Hautsinn und das Gehör eine gewisse Rolle. Selbstredend kommen diese Auffassungen nur so lange in Frage, als es sich um *Nahorientierung* der Tiere handelt.

v. MÁDAY ist der Ansicht, daß das *Problem der Orientierung* im übrigen ein *psychologisches* sei und diskutiert im Anhange daran die „psychologischen Funktionen" der Tiere. Es ist klar, daß hierbei auch das Problem des sog. Richtungsgefühls eine gewisse Rolle spielt, von welchem v. MÁDAY sagt: „Das Richtungsgefühl umfaßt Tätigkeiten der Sinne des unbewußten und des bewußten Seins."

An dieser Stelle verdienen ausgezeichnete Erfahrungen von DEXLER[1] gebührende Beachtung. DEXLER weist darauf hin, daß ein eingearbeitetes, gesundes *Wagenpferd immer an der Wegspur oder am Geleis der Wagenräder haftet*, gleichgültig ob es sich auf der Straße oder im Felde befindet. Jedes normale Reit- oder Wagenpferd wird nach längerem Marsche, der die anfänglichen unberechenbaren Störungen des Verhaltens überdauert, von jedem Steg, Pfad oder Fahrspur „eingefangen". Unbeaufsichtigt vom Arbeitsplatz weglaufende Ackerpferde oder Ochsengespanne kehren immer auf dem kürzesten Wege heim, indem sie auf die nächste Wagenspur einlenken, die mit der Fahrstraße des Heimwegs in Verbindung ist. Sie laufen niemals querfeldein.

Gerade *deshalb*, hebt DEXLER ausdrücklich hervor, *kann man auch mit ortsfremden Fahr- oder Reitpferden selbst auf großen Pußten und ausgedehnten Steppen selbständige Orientierungsversuche kaum anstellen*. DEXLER stützt sich hier auf ausreichende eigene Beobachtungen. Es gibt immer wieder Fußsteige, Erntewege u. dgl., welche das querfeldein schreitende und zügellos gelassene, normalsichtige Pferd unfehlbar annimmt. Es verläßt sie dann nicht mehr und haftet an ihnen um so stärker, je größer die Ermüdung ist. Nach mehrstündigem Marsche ist es nur durch ganz energische Hilfen von diesen Pfaden abzubringen. Das zeitlebens auf Wegen und Straßen wandelnde Hauspferd ist weg- oder geleisefest.

DEXLER führt einen besonders interessanten Fall an:

„Ein 6jähriger großer Gidranwallach wirft beim Ritt durch ein Gelände, das er noch niemals betreten haben kann, seinen Reiter ab; weicht dessen Annäherungsversuchen trotz großer Zutraulichkeit aus; tritt wiederholt in den herabhängenden Trensenzügel, wird dabei unruhig und läuft nach einigen Sprüngen auf einen verlassenen Ernteweg zu, der inmitten weiter Wiesen neben einem tiefen Bachbett dahinzieht; dort geht das Pferd in hohem Stechtrab ab und ist bald hinter einer Wegbiegung in den Uferweiden verschwunden. Der wegen des drohenden Verlustes des wertvollen Tieres besorgte Reiter geht ihm nach, ohne ahnen zu können, in welche Auen, Wiesen, Wälder oder Felder sich das Pferd endlich verlaufen würde. Nach einem scharfen Marsch von $^3/_4$ Stunden sieht er plötzlich den Kopf seines Pferdes in größerer Entfernung aus der Wiese auftauchen und wieder verschwinden und findet es

---

[1] DEXLER, H.: Lotos, naturw. Z. Prag **69**, 143 (1921).

endlich in einer Bodensenkung stehen: Der vom Pferde benützte Wiesenweg fiel an der Einmündung eines kleinen Nebenbaches in den Hauptbach zu einer seichten Furt ab; die Böschungen zu beiden Seiten waren etwa 180 cm hoch mit einem ziemlich steilen Gefälle; der ganze Einschnitt war auf der Zufahrtweite 20 m lang und 6—8 m breit, die Furt 20 m tief und 3 m breit. Das Tier stand im ersten Drittel der Furt mit allen vier Hufen im Wasser, plätscherte spielend mit den Vorderhufen und ließ sich sogleich ergreifen."

Anders verhält sich die Sache bei gut gepflasterten, sorgfältig gepflegten Geleisestraßen der Städte, Reichsstraßen über Land u. dgl. Auch hier kommen nur langsam gehende Gefährte in Betracht, weil nur diese, öfters ohne Aufsicht bleibend, eine selbständige Tätigkeit der Zugtiere zulassen. Im Trabe bewegte Wagen sind niemals ohne Führung.

Es ist eine allgemeine Erfahrung, daß Frachtfuhrleute, Trainsoldaten und Bauern gewöhnlich die linke Straßenseite benutzen, so lange sie ihr Gefährt vom Boden aus lenken. Sie dirigieren ihr Gespann mit der rechten Hand. Sie bevorzugen offenbar den linken, leicht gangbaren Fußpfad, um dem Schmutz bzw. Staub der Straßenmitte auszuweichen.

Überläßt nun der Kutscher, anstatt seine Tiere zu beaufsichtigen, den Wagen sich selbst, so weicht derselbe alsbald nach der Straßenmitte ab. Das geschieht leicht, wenn der Kutscher auf dem Bocke sitzt oder gar schläft. Man hat im Kriege bei den Märschen der Train-, Munitions-, Tragtier- und Proviantkolonnen trotz unausgesetzter und strengster Befehle auch auf den breiten Landstraßen Rußlands fast niemals erreicht, daß eine vorgeschriebene Straßenseite eingehalten worden wäre. *Alles bewegte sich immer in der Straßenmitte*, wenn nicht ausgefahrene Geleise eine andere Führung diktierten; speziell auf langen, ermüdenden Märschen zogen Wagen, Pferde, Geschütze und Begleitpersonen in der Straßenmitte dahin, wo dann alsbald tiefe Geleise nunmehr automatisch die mittlere Wegeinhaltung erzwangen.

Auch entlaufene Pferde und von der Weide kommende undressierte Fohlen laufen aufgeschreckt vorwiegend in der Straßenmitte. Reitpferde weichen fast immer nach der Straßenmitte ab, sobald ihr Reiter die Zügel nur mehr lässig hält oder sie ganz frei läßt. Reitpferde sind in trockenen, weichen und genügend breiten Straßengräben nur schwer zu halten. Das Tier trachtet immer wieder in die Straßenmitte zu gelangen. In der Nacht gehen alle Reitpferde in der Straßenmitte.

Ebenso automatisch wie in den genannten Fällen wieder die Straßenmitte zu erreichen gestrebt wird, marschieren Saumpferde im Gebirge, auch wenn sie unbeladen sind, fast immer am äußersten Rande, ebenso wie bergfahrende Zugpferde ihre Mittenwendigkeit aufgeben: Sie schreiten auch ohne Zügel und ohne Geleiseführung von Wagenrast zu Wagenrast in regelmäßigen Serpentinen, so wie sie von ihrem Kutscher zeitlebens geführt worden sind. DEXLER halt es für interessant, festzustellen, ob auch freie Pferde eine steile Straße auf längerer Tour ebenfalls im Zickzack erklimmen, lediglich nach dem Prinzipe, den geringsten Widerstand zu verfolgen und der Quere nach oder schief zu traversieren. Die Weidepfade steiler Bergwiesen deuten auf ein solches Prinzip hin. Sollte sich diese Beobachtung weiterhin bestätigen lassen, dann befände sie sich allerdings im Widerspruch zu vielen oben angeführten Angaben, daß Pferde zur Erreichung ihres Zieles immer trachten sollen, den geraden, kürzesten Weg einzuschlagen.

Die zum Teil recht sorgfältigen Beobachtungen an Pferden weisen mit Sicherheit darauf hin, daß *bei der Nahorientierung* dieser Tiere *sämtliche Sinnesorgane eingreifen*. Je nach Umständen steht dabei das eine oder andere Sinnesorgan mehr im Vordergrunde. Daß optischen Reizen bei den Zug- und Reitpferden für gewöhnlich eine bestimmende Bedeutung zukommt, zeigen besonders die interessanten Erfahrungen von DEXLER. Die Bindung der Tiere an die Mitte des Weges, ausgefahrene Wagenspuren usf. ist eine besonders bemerkenswerte Tatsache.

Über das Wesen der *Fernorientierung* der Pferde konnten die angeführten Beobachtungen gleichfalls keine eindeutige Aufklärung bringen.

## D. Anhang.

PARKER[1] hat zahlreiche experimentelle Versuche mit *jungen Schildkröten* vorgenommen, um zu ergründen, auf welche Weise diese Tiere vom Lande aus zur See gelangen.

Er ist zu dem Ergebnisse gekommen, daß hauptsächlich 3 Faktoren hierbei eine Rolle spielen sollen. Zunächst einmal hätten alle jungen Schildkröten die Tendenz, sich abwärts zu bewegen, wie auch HOOKER[2] festgestellt hat[3]. Man konnte diese Eigentümlichkeit als positiven Geotropismus bezeichnen. Ein zweiter Grund liegt nach PARKER darin, daß die jungen Tiere sich in jener Direktion bewegen, wo der Horizont offen und klar ist. Richtungen, wo der Horizont durch Bäume, Felsen oder andere Hindernisse unterbrochen ist, werden vermieden. Endlich hält es PARKER in Übereinstimmung mit HOOKER für wahrscheinlich, daß die Schildkröten auf blaue Farben starker reagieren als auf andere Farben, soweit es die Bestimmung ihres Wegzieles anbelangt.

Interessant sind auch Experimente von BAUMANN[4] mit *Vipern*.

Versetzt man diese Tiere in eine unbekannte Umgebung, dann gleiten sie in großkurvigen Bahnen umher, gewissermaßen um das Gelände zu sondieren. Wenn eine Schlange durch einen vorausgegangenen Biß in ihre Beute (Maus usw.) erregt ist, dann zeichnet sie in der nächsten Umgebung der unsichtbar versteckten Beute ganz eng verschlungene, eigenartige maandrische Spuren. Das Tier kriecht in nächster Nähe der versteckten Beute bzw. des Kästchens herum, bis es den Eingang findet. BAUMANN nennt diese Spuren „*Suchbahnen*" (vgl. Abb. 328). Er rechnet das Verhalten der Vipern zu den Erscheinungen der Phobotaxis. KOEHLER[5] bemerkt hierzu mit Recht, daß diese Anschauung durch den Nachweis eines möglichst steilen Duftgefälles näher begründet werden müßte.

Nach KOEHLER könnte man das Verhalten der *Tropotaxis* (A. KÜHN) zurechnen.

„Erregungsgleichgewicht in beiden Nasen entspräche dem orientierten Zustand geradlinigen Kriechens zur unsichtbaren Beute, einseitig stärkere geruchliche Reizung würde die Kompensationsdrehung zum Duftzentrum hin auslösen, die das Erregungsgleichgewicht und damit den orientierten

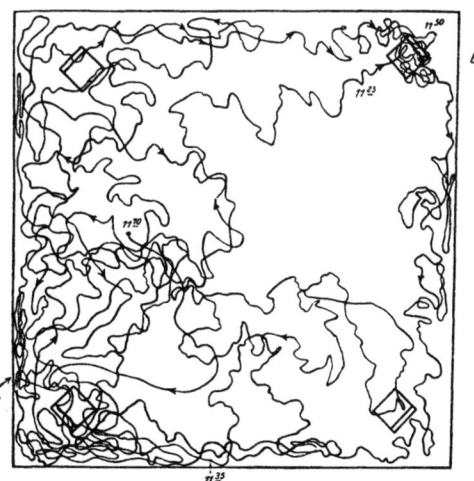

Abb. 328. Wegspuren einer Viper nach Biß in die in dem Kästchen rechts oben versteckte Beute. Die Beute wurde nach 40 Minuten gefunden. (Nach F. BAUMANN.)

Zustand wiederherstellen. Wäre solche Chemotropotaxis vorhanden, so würde vielleicht der Wegfall des topisch orientierenden Reizes bzw. das Sinken der Duftstärke unter denjenigen Grad, der die topische Orientierung ermöglicht, die ungerichteten Suchbewegungen auslösen, die das Tier in die stärkere Reizkonzentration zurückführen, wo der topisch rationeller arbeitende Mechanismus erneut anspringt."

MATTHES[6] ist der Frage nachgegangen, welches Sinnesorgan beim Nahrungserwerb von *Tritonen* vornehmlich in Frage kommt. Er konnte feststellen, daß in der freien Natur hierbei praktisch dem *Gesichtssinne* weitaus die *erste Stelle* einzuräumen ist. Der Geruchssinn stellt eine, wenn auch nicht unwichtige, Nebenrolle dar. Das deutet darauf hin, daß sich Tritonen also vornehmlich mit dem Gesichtssinn orientieren[7].

---

[1] PARKER, G. H.: J. of exper. Zool. **36**, 323 (1922).

[2] HOOKER, D.: Science (N. Y.) **27**, 490 (1908) — Yearbook Carnegie Inst. Washington Nr **6**, 111 (1908); Nr **7**, 124 (1908) — Pap. Tortugas Lab., Carnegie Inst. **3**, 69 (1911).

[3] Vgl. auch A. G. MAYER: Ann. Rep. Director Dept. Marine Biol. Yearbook. Carnegie Inst. Washington Nr **7**, 121 (1908).

[4] BAUMANN, F.: Z. vergl. Physiol. **10**, 36 (1929) — Rev. Suisse de Zool. **34**, 173 (1927).

[5] KOEHLER, O.: Biol. Zbl. **51**, 36 (1931).

[6] MATTHES, F.: Biol. Zbl. **44**, 72 (1924).

[7] Über die Beziehungen des Gesichtssinnes zum Nahrungserwerb bei Fischen hat L. SCHEURING [Zool. Jb. **38**, 113 (1921)] interessante Beobachtungen und Betrachtungen angestellt.

v. Cyon[1] erwähnt nach einem Briefe Spallanzanis an Mosso Versuche von Spallanzani aus dem Jahre 1794 mit geblendeten *Fledermäusen*. Dieser Autor hatte beobachtet, daß jene Tierchen trotz vollständiger Blendung an keine Hindernisse anstoßen, sondern jedesmal in geschickter Weise ausweichen. Daraufhin hatte er seinerzeit die Meinung ausgesprochen, daß bei den geblendeten Fledermäusen der Mangel des Gesichtssinnes durch ein anderes Organ oder gar durch einen anderen Sinn, den wir nicht besitzen, ersetzt sein solle. Auch v. Brücke[2] hat diese Beobachtungen von Spallanzani angeführt.

Cuvier wies aber später auf die *besondere Entwicklung der Tastorgane* bei den Fledermäusen hin. Diese Tiere besitzen nämlich an den Flügeln und den Ohrmuscheln besonders feine Tastorgane, mit Hilfe deren sie Unterschiede in der Temperatur, Bewegung und dem Widerstand der Luft wie auch die leiseste Berührung mit fremden Körpern erkennen sollen. Jurine wieder zeigte, daß geblendete Fledermäuse sehr viel ungeschickter in ihren Bewegungen sind, wenn ihnen die Gehörgänge verstopft wurden. Es sei deshalb der Gehörsinn weitgehend imstande, den ausgeschalteten Gesichtssinn bei der Orientierung der Fledermäuse zu kompensieren.

Im Anhange an den Bericht von v. Cyon haben dann Rollinat und Trouessart[3] das Verhalten der Orientierung geblendeter Fledermäuse experimentell geprüft. Sie spannten analog der Versuchsanordnung von Spallanzani in einem großen Saale vertikale Fäden und verschiedene Netze aus, welche die Fledermäuse in ihrem Fluge behindern sollten. Die Tiere wurden entweder durch Entfernung der Augen oder durch Verdeckung derselben geblendet. Es kamen in Verwendung Vespertilio nattereri, Rhinolophus ferrum-equinum, Vesperugo serotinus, Vespertilio mystacinus und Rhinolophus hipposideros. Diese Fledermausarten eigneten sich alle in ausgezeichneter Weise, wogegen Vespertilio murinus nicht verwendet werden konnte, da dieselbe nach der Blendung nicht mehr flog.

Bei einzelnen Tieren wurden die Gehörgänge verstopft oder auch Chloralhydrat in das Innenohr eingespritzt. In anderen Versuchen wurde der Körper vollständig rasiert oder auch die Haare mit Vaseline glattgestrichen. Zwecks Prüfung des Geruchssinnes wurde in die Nasenlöcher Puder von Asa foetida eingebracht.

Es stellte sich zunächst heraus, daß die *geblendeten Fledermäuse* in Übereinstimmung mit den Versuchsergebnissen von Spallanzani *sich ausgezeichnet bewegen konnten und allen Hindernissen geschickt auswichen*. Nach Verstopfung der beiden Gehörgänge wurde dagegen der Flug bereits viel unsicherer. Immerhin wurden Hindernisse zumeist noch vermieden. Nach der Injektion von Chloralhydrat ins Innenohr waren die Tiere ungefähr $1^1/_2$ Stunden narkotisiert. Dann flogen sie unsicher und stießen an Hindernisse an. Erst nach 3 Stunden erfolgte der Flug wieder frei. Auch nach Abrasieren bzw. Verkleben der Haare wurde der Flug der Tiere unsicherer. Ausschaltung des Geruchssinnes dagegen schien keinen merklichen Einfluß zu haben.

Die Autoren schließen aus ihren Experimenten, daß geblendete Fledermäuse die *Fähigkeit, sich so ausgezeichnet zu orientieren*, nicht durch die Tätigkeit eines Sinnesorgans besitzen, sondern daß *verschiedene Sinnesorgane zusammenwirken*.

---

[1] Cyon, E. v.: Ohrlabyrinth. 1908.
[2] Brücke, E. v.: Vorlesungen über Physiologie **2**, 271 (Wien 1887).
[3] Rollinat, R., et E. Trouessart: C. r. Soc. Biol. Paris **52**, 604 (1900). — Vgl. auch C. Nicolle et C. Comte: Ebenda **58 II**, 738 (1906).

ROLLINAT und TROUESSART ordnen die verschiedenen Sinnesorgane nach ihrer Wichtigkeit in bezug auf die Orientierung in folgender Abstufung an:
1. Gehör.
2. Tastsinn.
3. Gesichtssinn.
4. Geruchssinn.
5. Geschmackssinn.

Die halbzirkelförmigen Kanäle sollen nach ihrer Meinung eine besondere Rolle beim „Richtungssinn" spielen.

Auf experimentell psychologischer Seite haben besonders im verflossenen Jahrzehnte sog. *Labyrinthversuche* eine große Rolle gespielt. Es handelt sich dabei meist um Untersuchungen, welche zur Stütze eines bestimmten Standpunktes der Tierpsychologie dienen sollen. Die meisten Autoren wenigstens vertreten die Auffassung, daß die Labyrinthversuche eine gewisse „*Lernfähigkeit*" der Tiere demonstrieren. Zur Verwendung kamen in erster Linie weiße Ratten und Mäuse, doch sind auch Menschen in den Kreis der Untersuchungen einbezogen worden.

Da diese Untersuchungen sich nur indirekt mit dem Problem der Orientierung berühren und ein spezielles Interesse erfordern, soll hier nicht näher darauf eingegangen werden. Immerhin seien eine Anzahl hauptsächlicher Arbeiten angeführt, welche sich mit dem Studium des Verhaltens der genannten Tiere in den verschiedenen Irrgärten unter variablen Bedingungen beschäftigen[1].

# IV. Die Orientierung des Menschen.
## A. Allgemeine Beobachtungen.

CLAPARÈDE[2] berichtet über die Erfahrungen von WRANGELL[3] und BARTLE FRÈRE[4], welche die wunderbare Sicherheit hervorheben, mit der sich die Samojeden, die indischen Jäger oder die Neger in unbekannten Gebirgen und Gegenden,

---

[1] DODSON, I. D.: Psychobiol. **1**, 321 (1917). — HERON, W. T.: Comp. Psychol. Monogr. **1**, Nr 1 (1922). — HUNTER, S. W.: J. comp. Psychol. **2**, 29 (1922). — Comp. Psychol. Monogr. **1**, Nr 1 (1922). — WARDEN, C. J.: Ebenda **1**, Nr 3 (1922) — J. of exper. Psychol. **6**, 192 (1923). — LIDDELL, H. S.: Proc. Soc. exper. Biol. a. Med. **21**, 125 (1923). — KOCH, H. L.: Psychologic. Monogr. **32**, Nr 5 (1923). — DAVIS, F. C., and E. CH. TOLMAN: J. comp. Psychol. **4**, 125 (1924). — HERON, W. T.: Comp. Psychol. Monogr. **2** (1924). — HUNTER, W. S., u. V. RANDOLPH: J. comp. Psychol. **4**, 431 (1924). — LUDGATE, E. K.: Psychologic. Monogr. **32**, Nr 1 (1924). — TOLMAN, CH. E.: J. comp. Psychol. **4**, 1 (1924). — WARDEN, C. J.: J. of exper. Psychol. **7**, 98 (1924). — DASHIELL, I. F., and H. A. HELMS: J. comp. Psychol. **5**, 397 (1925). — ALONZO, A. S.: Ebenda **6**, 143 (1926). — ANDERSON, J. E., and A. H. SMITH: Ebenda **6**, 337 (1926). — CARR, H.: Ebenda **6**, 85 (1926). — HUNTER, S. W.: Ebenda **6**, 393 (1926). — JENKINS, T. N., L. H. WARNER and C. J. WARDEN: Ebenda **6**, 361 (1926). — WARDEN, C. J.: Ebenda **6**, 159 (1926). — WASHBURN, M. F.: Ebenda **6**, 181 (1926). — CARR, H.: J. animal behav. **7**, 259 (1917). — STONE, C. P., and D. B. NYSWANDER: Ped. Sem. **34**, 497 (1927). — WARDEN, C. I., and M. AYLESWORTH: J. comp. Psychol. **7**, 117 (1927). — TOLMAN, E. C., and D. B. NYSWANDER: Ebenda **7**, 425 (1927). — RUCH, TH. C.: Ebenda **7**, 405 (1927). — Ebenda **10**, 11 (1930). — BUNCH, M. E.: Ebenda **8**, 343 (1928). — STONE, C. P.: Ped. Sem. **35**, 557 (1928). — COREY, ST. M.: J. comp. Psychol. **10**, 333 (1930). — HIGGINSON, G. D.: Ebenda **10**, 1, 355 (1930). — HARDY, M. C.: Ebenda **10**, 85 (1930). — MILES, W. R.: Ebenda **10**, 237 (1930). — PATRICK, I. R., and M. C. ANDERSON: Ebenda **10**, 295 (1930). — TSAI, L. S.: Ebenda **10**, 325 (1930). — VALENTINE, R.: Ebenda **10**, 35 (1930). — VALENTINE, W. L.: Ebenda **10**, 421 (1930). — VAUGHN, I., and C. M. DISERENS: Ebenda **10**, 55 (1930). — Untersuchungen über das Verhalten von Vögeln in Labyrinthen hat u. a. M. P. SADOVINKOVA [J. comp. Psychol. **3**, 123, 249 (1923)] angestellt.

[2] CLAPARÈDE, M. ED.: Arch. de Psychol. **2**, 133 (1903).

[3] Vgl. auch C. VIGUIER: Rev. Philosoph. **14**, 1 (1882).

[4] FRÈRE, BARTLE: J. of the geograph. soc. **11**, 186 (zitiert nach VIGUIER).

welche aller Anhaltspunkte entbehren, ohne Zuhilfenahme eines Kompasses oder einer Karte orientieren. Dasselbe beobachtete auch E. DE STOUTZ, ein Freund von CLAPARÈDE, bei seinen Forschungsreisen im Innern von Borneo an den Eingeborenen dieser Insel, den Dayaks. Letztgenannter Forscher glaubt, daß die Dayaks sich deswegen immer nach Hause finden, weil sie die durchlaufenen Kurven und Abweichungen vom geraden Wege mehr oder weniger unbewußt genau im Gedächtnisse behalten.

In betreff des ausgezeichneten Orientierungsvermögens der Eingeborenen weist ROSENFELD[1] auf sehr interessante Tatsachen hin. Die Südseeinsulaner, welche sich auf dem Meere hervorragend orientieren sollen, werden in ihrer Jugend geradezu geschult. So z. B. haben die Eingeborenen der Marschallinseln direkt auch Meereskarten aus Stäbchen.

MIDDENDORFF[2] bewunderte in Sibirien, wie vortrefflich die Samojeden sich in der endlosen Tundra auskannten, und wie ihr vorzüglicher Ortssinn den richtigen Weg wies, als der Kompaß infolge der Nähe des magnetischen Pols ihn irreführte. „Hocherfreut, in diesen Menschen endlich meine Dolmetscher für das Naturgeheimnis des Zurechtfindens der Tiere gefunden zu haben", sagt MIDDENDORFF, „suchte ich ihnen ihr Kunststück abzufragen und drang in sie, wo es nur Gelegenheit gab. Sie aber sahen mich verdutzt an, wunderten sich über meine Verwunderung und meinten: ‚So Alltägliches verstehe sich doch von selbst; unser Unvermögen, uns zurechtzufinden, sei hingegen ganz unverständlich.' Zuletzt entwaffneten sie mich vollends durch die Frage: ‚Nun wie findet sich denn der kleine Eisfuchs in der großen Tundra zurecht und verirrt sich nie?' Das war es also! Man warf mich wieder auf die unbewußte Leistung einer angeerbten tierischen Tätigkeit zurück."

VIGUIER[3] führt einen Bericht von G. DARWIN[4] an, der von dem ausgezeichneten Orientierungsvermögen der Neger, und zwar der sog. Kautschuksucher erzählt, die sich in den Wäldern immer wieder zurechtfinden, auch dann, wenn sie ganz komplizierte Umwege machen.

BARTLE FRÈRE[5] (zitiert nach VIGUIER) berichtet, daß auch die eingeborenen Indus auf Sindh ein hervorragendes Orientierungsvermögen besitzen. Sie wissen aber nicht genau anzugeben, warum sie das können oder was ihnen die Fähigkeit dazu gibt. Sie überlegen bei der Orientierung nicht. Man war darum geneigt, hier von einer Art von „Instinkt" zu sprechen. VIGUIER bemerkt dazu, daß es sich aber doch um eine „Perzeption" handele. Wenn man hier auch vielleicht von „sensations inconscientes" sprechen könnte, so scheint doch ein gewisses, wenn auch mangelhaftes Bewußtsein vorhanden zu sein. VIGUIER ist der Meinung, daß der „Richtungssinn" beim Menschen durch Übung allmählich sehr ausgeprägt werden könne. Als Beleg dafür führt er an, daß sich nach M. HOWITT die Buschmänner Australiens besser orientieren als die Eingeborenen.

v. MÁDAY[6] berichtet besonders über die Erfahrungen von HOWITT wie folgt: „In früheren Zeiten war auch der Glaube verbreitet, daß die Naturvölker jene rätselhafte Fähigkeit (jenen ‚Instinkt') mit den Tieren teilten, und nur der Kulturmensch sollte ihrer verlustig gegangen sein. Demgegenüber sagt HOWITT, daß er selber im australischen Busche die Richtung seines Lagers nie verlor; durch Selbstbeobachtung stellte er fest, daß diese Kenntnis eine Folge seiner

---

[1] ROSENFELD, G.: Umsch. **14**, 733 (1910).
[2] Der Bericht ist nach v. LUCANUS (1922, 1929) wiedergegeben.
[3] VIGUIER, C.: Rev. Philosoph. **14**, 1 (1882).
[4] DARWIN, G.: Nature (Lond.) **7** (1873).
[5] FRÈRE, BARTLE: J. of the geograph. soc. **11**, 186, (zitiert nach VIGUIER).
[6] MÁDAY, ST. V.: Z. angew. Psychol. **5**, 54 (1911).

unbewußten Erinnerung an den zurückgelegten Weg sei, welche er sich mit einiger Anstrengung bewußt machen konnte. Durch gesteigerte Aufmerksamkeit für das durchwanderte Gebiet vervollkommnete und klärte sich diese Fähigkeit mehr und mehr; sie ließ ihn während 20 Jahren niemals im Stiche. HOWITT fand nie Eingeborene, die eine andere Orientierungsfähigkeit besessen hätten als die Weißen; sie kennen sich nur in der Gegend sehr gut aus, die sie seit ihrer Kindheit bewohnen, während ihre Orientierung in einer unbekannten Gegend hinter der eines erfahrenen weißen Buschwanderers zurückbleibt. Sie sind unfähig, aus dem Bilde der Landschaft Schlüsse zu ziehen; HOWITT durfte ihnen nie mehr Vertrauen schenken als sich selbst. Auf Entfernungen von 20 engl. Meilen konnten bereits in ihrer eigenen Gegend nur die wenigsten in gerader Linie von einem Orte zum anderen gehen; in der Regel wichen sie etwa je 30° nach rechts und links ab, und korrigierten ihre Richtung erst, wenn sie auf einer Höhe angelangt waren."

ALIX[1], RABAUD[2] und A. VAN GENNEP[3] stimmen darin durchaus überein, daß *bei den primitiven Menschen*, so wie bei den Tieren, die *Sinne außerordentlich scharf entwickelt* sind, und daß sie sich darum wesentlich besser orientieren als der zivilisierte Mensch. Wenn der zivilisierte Mensch lange in der Wildnis lebe, dann lerne auch er seine Sinne entsprechend schärfen.

Die Sinneswahrnehmungen führen in solchen Fällen oft zu einer *mehr oder minder unbewußten Einprägung von Dingen*, die ein anderer gar nicht bemerkt. Es werden, nur teilweise bewußt, verschiedene Details aufgenommen, z. B. die Windrichtung, bestimmte Baumkrümmungen, Flußläufe, bestimmte Gerüche u. dgl., die haften bleiben. So berichtet RABAUD von einer Beobachtung von K. VON DEN STEINEN. Ein Brasilianer kannte den Verlauf eines Flusses fast in jeder Einzelheit, ohne seine spezielle Aufmerksamkeit darauf verwendet zu haben. Einzelne Details formen sich dann so zu einem einheitlichen Ganzen. Es bestehe darum durchaus keine Notwendigkeit, den primitiven Menschen einen speziellen Orientierungssinn zuzuschreiben, den sie ebensowenig besitzen sollen wie die Tiere. VAN GENNEP nennt die oben angeführte Fähigkeit „une accumulation considérable d'observations inconscientes".

VAN GENNEP erwähnt ferner, daß die Yibaros in Ecuador ein sehr gutes Orientierungsvermögen auf Grund der oben angeführten Fähigkeiten besitzen. An anderer Stelle zitiert VAN GENNEP[4] einen Bericht von PECHUEL-LOESCHE[5], der bei der Bevölkerung von Loango (Französisch-Kongo) einen ausgeprägten Ortssinn, Richtungsgefühl und Ortsgedächtnis festgestellt hat. Dasselbe sei auch bei Gemsjägern, den Pferdedieben in Sibirien, vielen Kamelführern und Saharajägern der Fall.

Mancherlei interessante Beobachtungen über die ausgezeichnete *Orientierung Eingeborener in der Wüste* stammen von CORNETZ[6]. CORNETZ hat auch eine Anzahl von Experimenten vorgenommen.

CORNETZ durchstreifte in Begleitung eines Saharajägers (*Adari*) die tunesische Wüste, welche mit großen Sanddünen übersät ist, so daß es dort ganz unmöglich ist, optische Anhaltspunkte zu gewinnen. *Adari* konnte trotz alledem *immer die Richtung der einzelnen Wohnstätten mit großer Genauigkeit angeben.* Er machte um so kleinere Fehler, je öfter er an einem bestimmten Orte gewesen war, je öfter er den Weg dorthin gemacht hatte. Den kleinsten Fehler machte er ausnahmslos, wenn er sich seinem heimatlichen „Ksar" zuwenden sollte. Er konnte dabei auch immer die *Richtung ausgezeichnet innehalten,* selbst wenn man

---

[1] ALIX, E.: Rev. Scient. 28. Jhg., 532 (1891).
[2] RABAUD, E.: L'orientation lointaine etc. 1927.
[3] GENNEP, A. VAN: Rev. des idées 6, 298 (1909).
[4] GENNEP, A. VAN: Merc. de France 3, 33 (1911).
[5] PECHUEL-LOESCHE: Volkskunde von Loango. Stuttgart 1907.
[6] CORNETZ, V.: Rev. des idées 6, 60, 302 (1909) — Merc. de France 5, 477 (1913) — Bull. Soc. géogr. d'Alger et de l'Afrique du Nord 18, 742 (1913).

gezwungen war, infolge der Sanddünen Umwege zu machen. Fragte ihn CORNETZ, wie er zu diesen Richtungsbestimmungen komme, dann konnte er keine Auskunft geben; er antwortete einfach: „*J'ai dans l'esprit*".

In Südalgier befindet sich eine Sandwüste von etwa 160 km Länge und 30—40 km Breite. In dieser Wüste ist *Adari* geboren. Hier befinden sich Millionen kleiner Sandhügel bis zu 1,40 m Höhe in Entfernungen von 2—3 m. Sie sind mit Pflanzen bewachsen, so daß man keine Möglichkeit hat, über 100 m weit zu sehen. Besteigt man einen solchen Hügel, so sieht man immer wieder das gleiche Bild. Hier verirrt sich ein Unbekannter unweigerlich. Ein junger Hirte führte CORNETZ auf eine Entfernung von 20—25 km in gerader Linie. Befragt, warum er das könne, gab er die gleiche stereotype Antwort wie *Adari*. CORNETZ bemerkt zu diesen Versuchen wie folgt:

„Il y avait nécessairement repérage de sa part, repérage inappréciable pour moi, mais sa marche était si nette, sans arrêts, que je suis porté à croire que c'était un repérage inconscient, un repérage d'instinct. On aurait dit qu'il avait la carte dans la tête, avec les détails les plus infimes, donc plusieurs cartes à toutes sortes d'échelles."

CORNETZ reiste oft mit kleinen Karawanen durch die Wüste. Wenn sich dieselben in der Nacht lagern, dann zünden sie ein Lagerfeuer an. Entfernt man sich von dem Lager, dann sagen die Führer, man dürfe das Lagerfeuer nicht „verlieren", sonst würde man sich unweigerlich verirren. Man macht öfters Scherze, indem man Leute hinausschickt, die sich fast regelmäßig verirren. Die Saharaführer dagegen finden immer zurück. CORNETZ ging einmal nach der Rast mit einem Saharaführer ungefähr 1 Stunde weit weg, kreuz und quer, so daß sie schon lange außer Sicht des Lagerfeuers waren. Als er dem Führer dann auftrug, zurückzugehen, fand derselbe glatt zurück. CORNETZ berichtet, daß er nie gesehen habe, daß die Leute sich nach den Sternen richten. Ähnliche Experimente wie das beschriebene gelangen auch mit Eingeborenen, die nie in dieser Gegend waren.

Diese ausgezeichnete Fähigkeit haben aber durchaus nicht alle Halbnomaden der Sahara. So z. B. kennen die Söhne der reichen Leute zwar die Wege zur Weide und können dort die Hirten beaufsichtigen. Es fehlt ihnen aber die besondere Orientierungsfähigkeit. Sie entfernen sich in ihrer Jugend meist nicht weit von ihrem „Ksar", wo sie den Koran lesen. Sie gehen nur mit Windhunden auf die Hasenjagd, entfernen sich aber nicht weit in die Wüste. Davon, daß sie große Wüstenjagden unternehmen wie die Saharajäger, ist gar keine Rede. CORNETZ experimentierte einmal mit einem solchen Mann in der Nacht. Er zögerte sehr häufig, stieg bald auf diesen, bald auf jenen Hügel, irrte umher, fand aber schließlich doch zurück. Die armen Leute dagegen sind von Jugend auf Hirten. Da sie von dieser Zeit an wegen ihrer Berufstätigkeit zumeist isoliert sind, so entwickle sich bei ihnen die Orientierungsfähigkeit weit besser, am besten aber bei Jägern, die allerdings nur eine sehr geringe Minorität darstellen. CORNETZ hat *nur ungefähr 1 Dutzend solcher Wüstenjäger* kennengelernt, die, obwohl zumeist von kindlicher Intelligenz, doch die nötigen „Instinkte" in ausgesprochenem Maße besaßen.

Auch der Saharajäger sieht natürlich in der Nacht das Lagerfeuer nicht, wenn er genügend weit entfernt ist. Aber CORNETZ kennzeichnet dieses Problem in ganz schlagender Weise durch folgende Worte: „Le fait capital sur lequel j'insiste est que l'homme ne trouve pas le feu, mais qu'il le retrouve." Der Saharajäger finde das Feuer so wie ein zivilisierter Mensch mit dem Kompaß. Er registriere „unbewußt" den zurückgelegten Weg und besitze die Kenntnis davon, ohne sich Rechnung darüber zu geben. CORNETZ nennt diese Fähigkeit *„enrégistrement inconscient des angles et distances avec sentiment de l'azimut de retour"*.

Man könnte in dieser Auffassung gewisse Ähnlichkeiten mit dem „loi du contrepied" von REYNAUD erblicken. CORNETZ macht aber darauf aufmerksam, daß man hier nicht von einem „Sinn" sprechen dürfe. Sinne können isoliert funktionieren, aber *„l'instinct de la direction chez le saharien n'est pas un sens indépendant"*. Die Orientierung sei nur dann möglich, wenn gleichzeitig das Sehen erlaubt ist. Bei verbundenen Augen sei eine solche nicht durchführbar, wie CORNETZ in folgendem ausdrückt: „L'enrégistrement inconscient des directions à l'aller puis le maintien de la direction de retour n'auraient pu se faire."

Im ganzen faßt CORNETZ hier seine Anschauungen wie folgt zusammen:

„L'instinct de direction du saharien en question est évidemment un produit du milieu natal, vital et ancestral qu'est la plaine, milieu à différences infimes, peu nombreuses probablement et toujours les mêmes. C'est parce que ces différences et nuances sont si minimes que leur produit est cet instrument d'évaluation si délicat et si sensible que l'on nomme instinct."

In Ergänzung zu seinem Bericht führt CORNETZ noch etwas breiter aus, daß der „Orientierungsinstinkt" aber nur insofern an das Sehen gebunden ist, als dasselbe notwendig ist, sich in der unmittelbaren Umgebung zurechtzufinden, Hindernisse zu vermeiden und das Ziel zu sehen. Reisende, welche in einer fremden Stadt zunächst von Bekannten geführt und dann plötzlich allein gelassen werden, finden sich auch oft zurück. Es muß aber nicht der gleiche Weg sein, den sie zuvor gegangen sind. Das Sehen sei auch hierbei nur notwendig, um Hindernisse beim Gehen zu vermeiden, nicht aber um die Richtung anzugeben. Die Richtung sei vielmehr gegeben durch „la mémoire du parcours".

CORNETZ führt hier ein Beispiel eines Versuches mit einem Blinden an, welches jenen Experimenten ähnelt, die SZYMANSKI[1] vorgenommen hat und von denen noch zu sprechen sein wird. Der Blinde müsse auf alle Wendungen, Kurven, Umwege u. dgl. genau aufpassen, wenn er sich zurückfinden solle[2]. Bei Leuten mit gutem Orientierungsvermögen sei aber dergleichen nicht nötig. Diese registrieren mehr oder weniger unbewußt alle Körperwendungen und Körperbewegungen und korrigieren dieselben gleich. Sie vermögen darum auch auf langen Strecken, trotz verschiedener Umwege, geradeaus zu gehen. CORNETZ erwähnt hier auch, daß die Schiffskapitäne auf der Strecke Algier nach Marseille die einmal eingeschlagene Richtung des Schiffes ohne Kompaß einzuhalten vermögen. Sie sollen alle Abweichungen von der geraden Strecke sicher korrigieren können.

Hierher gehört auch ein Beispiel von CORNETZ, daß Fischer am Genfer See aus einer Entfernung von 2—3 km geradewegs in den Hafen fahren können, ohne sich umzudrehen, obwohl sie mit dem Rücken gegen den Hafen sitzen. Das vermögen sie auch bei unruhigem Wetter. Ihre Ruderarbeit ist so fein abgepaßt, daß sie jede Abweichung sofort korrigieren können. CORNETZ dagegen mußte sich oft umdrehen, wenn er dasselbe Experiment machte[3].

CORNETZ formuliert hier nochmals seine Anschauungen in folgender Weise:

„La faculté de direction, d'orientation, chez l'homme repose sur la mesure et l'estime de mouvements accomplis par le corps dans l'espace sur l'enrégistrement plus ou moins conscient des dites mesures et estimes et sur une déduction mentale plus ou moins consciente elle aussi de l'organe central, du cerveau."

Wenn man dieser Hypothese zuneige, dann verliere die Orientierung das „Wunderbare".

SZYMANSKI[4] hat an Kindern von 13—15 Jahren verschiedene Versuchsreihen durchgeführt, welche mancherlei Interesse verdienen. Er verband den Kindern Augen und Ohren und ließ sie in Filzschuhen laufen, so daß weder optische noch akustische Anhaltspunkte gewonnen werden konnten. Die Versuche wurden in einem großen Zimmer von 10 m Breite und 15 m Länge durch-

---

[1] SZYMANSKI, J. S.: Pflügers Arch. **151**, 158 (1913).
[2] Von dem oft behaupteten „Fernsinn" der Blinden und den Spekulationen über dieses Problem wird noch weiter unten berichtet werden.
[3] Vgl. dazu die an anderer Stelle (S. 982) niedergelegten Berichte über die sog. Zirkularbewegungen.
[4] SZYMANSKI, J. S.: Pflügers Arch. **151**, 158 (1913). — Vgl. auch die Beobachtungen von F. H. LUND und von A. SCHAEFFER auf S. 984/985.

geführt. Von den Kindern wurde verlangt, daß sie in einer vorgezeichneten Richtung parallel zur Längsseite des Zimmers gehen sollten; wenn sie am Ende des Zimmers auf eine Schnur trafen, mußten sie sich umdrehen und wieder ihren Ausgangspunkt zu erreichen versuchen.

Ein Beispiel dieser Versuche wird durch Abb. 329 illustriert. Die verlangte Marschrichtung war die Richtung $MO$. Es ergaben sich nun für die einzelnen Kinder fast durchweg abweichende Marschrichtungen. Auf dem Hinwege wichen die Kinder 44mal nach rechts und nur 20mal nach links von der verlangten Marschrichtung $MO$ ab. Sie gelangten beispielsweise von $M$ nach $A$, wobei der Winkel $\alpha$ zwischen $MO$ und $MA$ einen durchschnittlichen Wert von 7,9° aufwies. Dieser Winkel schwankte bei den verwendeten 40 Kindern dabei zwischen 0—20°. Auf dem Rückwege von $A$ wurde die Richtung nach $B$ eingeschlagen, wobei sich der Winkel $\beta$ im Durchschnitte zu 15,3° herausstellte.

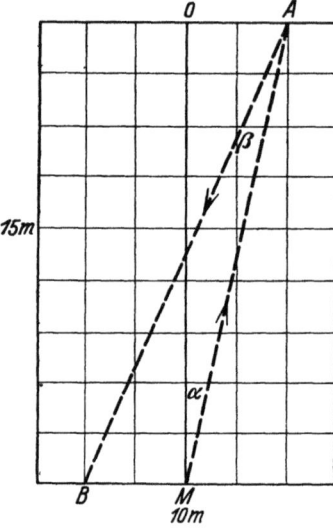

Abb. 329. Eine Versuchsperson, welche den Auftrag hatte, bei geschlossenen Augen von $M$ nach $O$ zu gehen, gelangte nach $A$ und von dort zurück nach $B$. Nähere Beschreibung im Text. (Nach SZYMANSKI.)

Außerdem unternahm SZYMANSKI an 20 Kindern 2 Versuchsreihen mit Hindernissen, wie sie Abb. 330 kennzeichnet. Auf dem Wege von $M$ nach $O$ waren von dem Punkte $P$ nach $K$ und $L$ Schnüre von je 3,42 m Länge ausgespannt. Wenn die Kinder an die Schnur gelangten, dann mußten sie sie mit der Hand ergreifen, längs der Schnur laufen und von $K$ bzw. $L$ wieder nach $O$ zu gelangen versuchen. Es ergab sich auch hier im allgemeinen, daß $O$ nur mit gewissen Fehlern erreicht wurde. Die Abweichungswinkel $-\xi$ und $+\xi$ betrugen im Durchschnitte 16°. Die Mehrzahl der Kinder wich auf dem Wege von $M$ nach $O$ links ab, so daß sie die Schnur $PK$ mit der rechten Hand ergriffen.

Bemerkenswert sind die großen individuellen Unterschiede, welche sich bei diesen Versuchen herausstellten und auf welche SZYMANSKI auch besonders hinweist. SZYMANSKI schließt, daß die Rückkehr in gewissem Maße von der Art des zurückgelegten Weges abhängt. Nach seiner Meinung ist der Richtungssinn bei Europäern im allgemeinen schlechter ausgeprägt als bei den Naturvölkern.

CORNETZ[1] hat die Experimente von SZYMANSKI aufgegriffen und einzelne in der Wüste mit seinem Führer, einem Saharajäger, wiederholt. Ein solches Beispiel kann am besten an Hand der Abb. 331 erläutert werden. CORNETZ marschierte mit seinem Führer vom Punkte $M$ in gerader Richtung bis nach $A$, mindestens 1 km weit. Das Terrain hatte keine ausgeprägten Merkzeichen. Es waren überall nur kleine, ziemlich gleichartige Sandhügel vorhanden. Außerdem wurde das Experiment am Abend

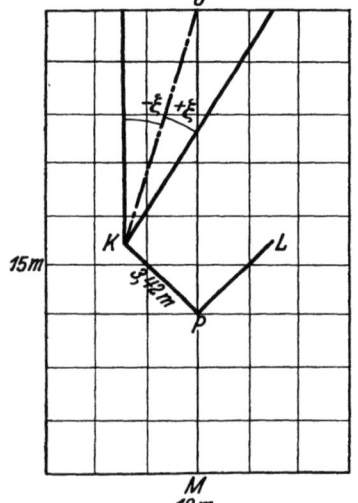

Abb. 330. Versuchsplan von SZYMANSKI. Nähere Beschreibung im Text.

---

[1] CORNETZ, V.: Merc. de France **5**, 477 (1913) — Bull. Soc. géogr. d'Alger et de l'Afrique du Nord **18**, 742 (1913).

ausgeführt. In $A$ angekommen, bog CORNETZ dann mit seinem Führer um 90° nach rechts gegen den Punkt $B$ ab (das wurde mittels eines Kompasses durchgeführt). Die Entfernung von $A$ nach $B$ betrug mindestens $1^1/_2$ km. In $B$ aufgefordert, nach $M$ zurückzugehen, fand sich der Jäger ausnahmslos leicht immer auf dem direkten Wege nach $M$ zurück. Es ist klar, daß bei diesem Experiment die Augen nicht verschlossen werden konnten, weil es ja sonst nicht möglich gewesen wäre, bei den verschiedenen Hindernissen zu marschieren. CORNETZ wollte den Versuch mit verbundenen Augen auf besserem Terrain wiederholen. Er weist aber darauf hin, daß trotz alledem eine optische Orientierung unmöglich gewesen sei, denn man konnte die Kamele, welche in $M$ lagerten, von der Ferne keineswegs erkennen.

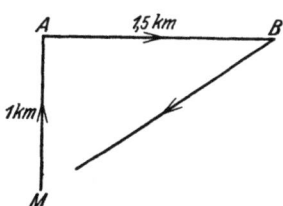

Abb. 331. Darstellung eines Versuches von CORNETZ. Nähere Beschreibung im Text.

Die Orientierung kommt nach CORNETZ lediglich dadurch zustande, daß der zurückgelegte Hinweg mit allen seinen Eigentümlichkeiten, Körperwendungen u. dgl. registriert wird. Man könnte geradezu von einem „*sens des différences d'attitudes*" im Sinne von BONNIER[1] sprechen, welcher Autor allerdings nur einen „sens d'attitudes" vertrat. Der Mensch sei nämlich nur imstande, die Differenzen (d'attitudes) beispielsweise zwischen $AB$ und $BM$ (vgl. Abb. 331) zu erkennen. Dasselbe gelte auch für die Versuche von SZYMANSKI. Die Kinder erkennen nicht die Richtung, sondern nur die Drehung um 180° bei der Umkehr, allerdings mit gewissen Fehlern. Die einzelnen „attitudes" werden nacheinander registriert, so daß CORNETZ vorschlägt, geradezu von einem „*sens des angles décrits*" oder „*sens d'angulation*" zu sprechen. Hätte man im oben angeführten Beispiele den Jäger schlafend von $M$ nach $B$ gebracht, so hätte er nicht zurückfinden können.

Derselbe Saharajäger konnte auch in der Nacht bedingungslos eine angegebene Richtung einhalten. Es war dabei interessant, zu beobachten, daß er kleine, infolge von Terrainschwierigkeiten nötige, Abweichungen immer sofort korrigierte.

Interessant ist auch in Hinsicht auf das Richtungsgedächtnis, daß der Saharajäger nach der Nachtruhe am Morgen immer genau sagen konnte, in welcher Richtung man nachts angekommen war. Er wußte aber nie, wie er zu dieser Kenntnis gelange und antwortete immer „dans mon esprit c'est ainsi". Aber auch CORNETZ bemerkt hierzu, daß trotz alledem, wenn auch unbewußt, hier gewisse optische Anhaltspunkte, z. B. eine bestimmte Hügelform, Fußspuren u. dgl. Dinge haben maßgebend sein können.

VAN GENNEP[2], der selbst ein sehr gutes Orientierungsvermögen besitzt, schließt sich vielfach CORNETZ an und macht noch auf eine ganze Reihe von Möglichkeiten aufmerksam, die bei der Orientierung in Frage kommen können. Es dürften beispielsweise typische Lichteindrücke, die Beleuchtung von Objekten, die Richtung des Schattens neben verschiedentlichen anderen optischen Merkmalen eine gewisse Rolle spielen. Auch die Windrichtung möge hier in Frage kommen. In bestimmten Gegenden wechsele nämlich die Windrichtung immer zu bestimmten Tageszeiten.

VAN GENNEP berichtet noch von einem Experimente, das DURAND, ein Freund Dr. RIVETS, auf Madagaskar vorgenommen hat. Derselbe verband dort einer Eingeborenen die Augen, ließ sie im Zickzack marschieren und sich mehrere Male um sich selbst nach rechts und links drehen. Sie konnte trotz alledem

---

[1] BONNIER, P.: Rev. Scient. 35. Jhg., **9**, 589 (1898).
[2] GENNEP, A. VAN: Rev. des idées **6**, 298 (1909).

immer die Richtung Nord angeben und soll dabei niemals bemerkenswerte Fehler gemacht haben. Auch van Gennep ist übrigens der Meinung, daß die Fähigkeit der Orientierung individuell stark variiert, daß sie durch Übung besonders gesteigert werden kann.

van Gennep[1] hat sich dann noch mit dem Orientierungsproblem auf Grund einer Rundfrage bei zahlreichen außereuropäischen Forschern beschäftigt. Auf Grund dieser Studien ist er zu Schlußfolgerungen gekommen, welche wörtlich wiedergegeben seien: ,,En tout cas, en supposant que le ‚sens d'orientation' se ramène chez l'homme dans la plupart des cas à une accumulation des petites observations, rien n'empêche de penser qu'il existe bien chez certains professions, soit qu'ils préfèrent certains professions à cause précisément de leur plus grande facilité à se retrouver un sens particulier de la direction."

## B. Die sogenannten Zirkularbewegungen.

Es ist eine altbekannte Tatsache, daß viele Menschen, trotz aller Bemühungen geradeaus zu gehen, ständig nach einer jeweils bestimmten Seite abweichen, falls ihnen nicht die Möglichkeit gegeben ist, sich nach bestimmten optischen Anhaltspunkten zu richten. Solche Verhältnisse kommen im Nebel, auf weiten Schneefeldern, in den Steppen, Tundren u. dgl. oft vor.

Bereits Viguier[2] berührt diese Frage und macht darauf aufmerksam, daß unter obengenannten Bedingungen häufig *Zirkularbewegungen* vorkommen, und zwar zumeist nach links. Er beruft sich auf eine Diskussion in Nature 1873. Schon damals versuchte man, diese Erscheinung mit einer Prädominanz der rechten Körperhälfte zu erklären. Die Schritte mit dem rechten Bein fallen meist größer aus und sollen diese Abweichung bedingen. Diesen Standpunkt vertraten beispielsweise schon W. Ogle[3] und G. Darwin[4] (zitiert nach Viguier).

Mit diesen Fragestellungen hat sich Guldberg[5] ausführlich beschäftigt und dazu eine Reihe äußerst prägnanter Beispiele angeführt. Er berichtet von einer Beobachtung, wonach 3 Leute von einer Scheune in einem flachen, sumpfigen Terrain mit niedrigen Bergrücken zu beiden Seiten nach Hause gehen wollten. Sie brachen um 3 Uhr nachmittags von der Scheune auf, obwohl so dichter Nebel herrschte, daß sie nur wenige Meter weit sehen konnten. Sie glaubten schon ein gutes Stück ihres Heimweges zurückgelegt zu haben, als sie zu ihrer Verwunderung gerade wieder auf die Scheune stießen. Sie machten neuerliche Versuche, nach Hause zurückzukehren. Das Resultat blieb immer wieder dasselbe. Sie liefen alle drei im ganzen 4mal im Kreise herum und trafen dabei immer wieder die Nähe der Scheune. Der Durchmesser der zurückgelegten Kreise soll schätzungsweise 3—4 km betragen haben. Die 3 Menschen verweilten schließlich bis zum nächsten Morgen in der Scheune.

Ähnliche Kreisbewegungen kommen auch beim Rudern vor. Auch davon gibt Guldberg einige prägnante Berichte von Erlebnissen auf Fjorden, wenn dieselben mit Frostrauch gefüllt sind, so daß man kaum eine Bootslänge weit sehen kann.

Guldberg ließ von einem Blindenlehrer einige Versuche mit blinden Zöglingen vornehmen. Die Zöglinge waren nicht imstande, geraden Wegs zu gehen, sondern wichen immer nach einer bestimmten Seite ab, die bei jedem Individuum konstant blieb. Es zeigte sich immer wieder die Tendenz zu einer Ringbewegung.

---

[1] Gennep, A. van: Merc. de France **3**, 33 (1911).
[2] Viguier, C.: Rev. Philosoph. **14**, 1 (1882).
[3] Ogle, W.: Medico-chirurg. transact. **54**, (zitiert nach Viguier).
[4] Darwin, G.: Nature (Lond.) **7**, 1873.
[5] Guldberg, F. O.: Biol. Zbl. **16** (1896) — Z. Biol. **35**, 419 (1897).

Auch an normalen Schülern ließ GULDBERG Versuche ausführen. Die Schüler hatten die Aufgabe, mit verbundenen Augen geradeaus zu gehen. 93% aller Versuchspersonen zeigten hier ebenfalls Kreisbewegungen. Nach der Angabe des Versuchsleiters, eines Schulvorstehers, soll der Radius der von den Schülern beschriebenen Kreise etwa 60—100 m betragen haben, jedoch mit der Einschränkung, daß die Ringe kleiner wurden, je schneller der Gang war[1].

Ähnlich wie VIGUIER, OGLE und DARWIN ist GULDBERG der Meinung, daß der *asymmetrische Bau der Bewegungsorgane* schuld daran sei, daß eine gerade Richtung nicht eingehalten werden kann. Er verweist auf Untersuchungen seines Bruders G. A. GULDBERG[2], welcher solche Asymmetrien im Bau der Bewegungsorgane nachgewiesen hat. Die Frage der Asymmetrie beim Menschen und höheren Tieren wurde später von v. BARDELEBEN[3] eingehend behandelt. Daselbst findet sich eine Übersicht über die Literatur[4].

Im Anhange an GULDBERG sind dann neuerdings zahlreiche ähnliche Beobachtungen von REH[5] angeführt worden, welche im allgemeinen der Auffassung von GULDBERG beipflichten. MACH[6] weist darauf hin, daß selbst größere Truppenteile auf Märschen in Nacht und Schneegestöber kreisförmige Bewegungen ausführen und wieder an ihren Ausgangsort zurückgelangen[7].

ABDERHALDEN[8] hat auf Grund der Anschauung, es handle sich bei der Zirkularbewegung um den Ausdruck einer somatischen und funktionellen Asymmetrie, Untersuchungen darüber angestellt, ob beim Treppensteigen, wenn symmetrisch gebaute Rechts- und Linkstreppen zur Verfügung stehen, eine bestimmte Richtung bevorzugt wird. Auch hier war das interessante Resultat, daß jeder Mensch vollkommen unbeeinflußt einer bestimmten Bewegungsrichtung den Vorzug gibt[9].

KAHN[10] beschreibt hierhergehörige Beobachtungen auf der ausgedehnten Eisfläche des obersten Pasterzenbodens der Großglocknergruppe, welche er selbst miterlebte. Die Bergführer in dem erwähnten Gebiete bilden bei unsichtiger Wetterlage (Nebel oder Schneesturm) aus ihrer Erfahrung heraus eine Kette derart, daß die einzelnen Teilnehmer der Tour in weiten Abständen miteinander durch ein Seil verbunden sind. Der vorangehende Führer nimmt nun die ihm

---

[1] Diese Zirkularbewegungen sind nach GULDBERG keineswegs eine alleinige Eigentümlichkeit des Menschen. Es handle sich vielmehr um ein allgemeines biologisches Prinzip. So konnte GULDBERG mancherlei verblüffende Beobachtungen über Ringwanderungen von Pferden anführen. Es handelt sich um Beobachtungen während Schneegestöbers, so daß eine optische Orientierung unter allen Umständen unmöglich war. Auch gejagte Hasen und Füchse sollen übrigens häufig Ringwanderungen ausführen. Beispiele dafür finden sich gleichfalls bei GULDBERG. v. MÁDAY führt Berichte von CATLIN an, in denen gleichfalls die Beobachtung niedergelegt ist, daß Menschen, wie auch Pferde und andere Tiere in der Steppe fast ausnahmslos einen großen Bogen nach links beschreiben, so daß sie nach einer Wanderung von mehreren Stunden auf ihren Ausgangspunkt zurückkommen.
[2] GULDBERG, G. A.: Biol. Zbl. **16**, 806 (1896).
[3] v. BARDELEBEN: Verh. anat. Ges. 23. Vers. Jena: G. Fischer 1909.
[4] Vgl. dazu H. BÜRGER: Nervenarzt **2**, 464 (1929).
[5] REH, L.: Biol. Zbl. **19**, 625 (1899).
[6] MACH, E.: Über Orientierungsempfindungen. Schr. Ver. Verbr. naturw. Kenntnisse in Wien **37** (1897).
[7] Vgl. auch F. HARTMANN: Die Orientierung. 1902.
[8] ABDERHALDEN, E.: Pflügers Arch. **177**, 213 (1919).
[9] J. G. YOSHIOKA [J. comp. Psychol. **8**, 429 (1928)] und J. A. GENGERELLI [ebenda **10**, 263 (1930)] haben die Frage untersucht, ob weiße Ratten in einem T-förmigen Labyrinthe den rechten oder linken Schenkel bevorzugen. Wenn ihnen einige Zeit in dem rechten Schenkel Nahrung dargeboten worden war, dann wurde auch späterhin der rechte Schenkel öfters aufgesucht als der linke. Entscheidend waren die Unterschiede aber nicht. Vgl. auch J. G. YOSHIOKA: J. comp. Psychol. **10**, 309 (1930).
[10] KAHN, R. H.: Pflügers Arch. **207**, 431 (1925).

entsprechend scheinende Marschrichtung und hat die Aufgabe, die Direktion einzuhalten. Der Letztgehende muß aber ständig über die sich langsam bewegende lange Menschenkette hinweg visieren, um die Einhaltung der Marschrichtung zu kontrollieren. Es ist den Bergführern bekannt, daß der Erstgehende seine Aufgabe allein nicht zu erfüllen imstande ist. KAHN konnte selbst feststellen, daß der Erstgehende immer wieder die Neigung zeigt, einen nach rechts offenen Kreisbogen von großem Umfange zu bilden. Der kontrollierende Letztgehende veranlaßt den Ersten durch entsprechende Zurufe immer wieder sich zu korrigieren. Der Führer kannte seine Neigung zum Abweichen nach rechts, war aber außerstande, sich selbst zu kontrollieren.

KAHN ist der Anschauung, daß ein Linkshänder, an die Spitze der Kette gestellt, vermutlich nach links abweichen würde. Er meint im übrigen, daß es in sich derartigen Fällen weniger um die Auswirkung somatischer als vielmehr funktioneller Asymmetrien handelt. Diese funktionelle Asymmetrie dürfte sich nach seiner Meinung vornehmlich auf die der willkürlichen Beeinflussung entzogenen subcorticalen Innervationen beziehen, welche bei der Koordination der Muskeln eine Rolle spielen.

Ähnliche Beobachtungen ließen sich in beliebiger Zahl vermehren und sind wohl zum Teil Allgemeingut. Verfasser möchte noch darauf aufmerksam machen, daß man jederzeit Gelegenheit hat, im Wattenmeere, wenn das Gesicht dem offenen Meere zugewendet ist, also optische Anhaltspunkte nicht vorhanden sind, festzustellen, daß man nicht imstande ist, in gerader Richtung zu gehen und immer wieder nach einer oder der anderen Seite abweicht.

Experimentell ist diese Frage in letzter Zeit ausführlich von amerikanischer Seite angegangen worden. So hat SCHAEFFER[1] Versuchspersonen mit verbundenen Augen gehen und schwimmen lassen. Auch er konnte feststellen, daß dabei immer eine individuell recht konstante Abweichung gemacht wurde. Jene Leute, welche nun beim Gehen in einem Bogen nach rechts abwichen, führten beim Schwimmen regelmäßig Kreisbögen nach links aus.

SCHAEFFER hat aus seinen Experimenten zum Teil recht eigenartige Schlußfolgerungen gezogen. Menschen und Tiere seien im Besitze eines ,,spiralling mechanism" oder eines ,,steering mechanism that makes them turn in spirals when it gets control of a situation — a sort of ‚sixth sense' that most people have never dreamed that they possess". ,,No foward moving organism has yet been found that does not move in some form of spiral path when they are no orienting senses to guide it ... This extraordinary unanimity of observations can hardly be interpreted in any other way than that it is a universal property of moving living matter." ,,The same mechanism operates in man as operates in the amoeba." Um sich dem Vorwurfe entziehen zu können, es würde hier ein unbekannter, mystischer Mechanismus angenommen, schreibt SCHAEFFER: ,,So far as man is concerned the center of mechanism is, of course, in the brain."

SCHAEFFER meint: ,,the spiral turns are not due to asymmetries of the legs or other parts of the locomotor organs", obwohl er keine diesbezüglichen Untersuchungen gemacht zu haben scheint.

LUND[2] hat mit 125 Studenten 3542 Gehversuche auf einem Fußballplatze gemacht, die eine große Verwandtschaft mit den Experimenten von SZYMANSKI[3] besitzen. Die Arbeit von SZYMANSKI scheint LUND jedoch entgangen zu sein. LUND ließ seine Versuchspersonen gerade nach vorn, nach hinten und längs bestimmter Kreisbögen gehen.

---

[1] SCHAEFFER, A.: J. Morph. a. Physiol. **45**, 297 (1928).
[2] LUND, F. H.: Amer. J. Psychol. **42**, 51 (1930).
[3] SZYMANSKI, I. S.: Pflügers Arch. **151**, 158 (1913) — vgl. oben S. 980.

Auch LUND konnte feststellen, daß die Versuchspersonen mit einem hohen Grade von Regelmäßigkeit nach einer bestimmten Seite abwichen. Das geschieht in gleicher Weise beim Gehen nach vorn wie beim Gehen nach rückwärts, wie sich mit Klarheit aus Abb. 332 ergibt. Der Prozentsatz der nach rechts Abweichenden wurde größer gefunden als der nach links Abweichenden. Darüber und über die Größe des Winkels bei der Abweichung orientiert Abb. 333.

Da LUND der Meinung zuneigte, daß die *durch das Auftreten der Kreisbewegungen zum Ausdrucke kommende funktionelle Asymmetrie ihre Grundlage in einer strukturellen Asymmetrie* findet, untersuchte er bei einer Anzahl seiner Studenten die Händigkeit, eine eventuelle Prädominanz eines Auges, die Körperhaltung und stellte auch die

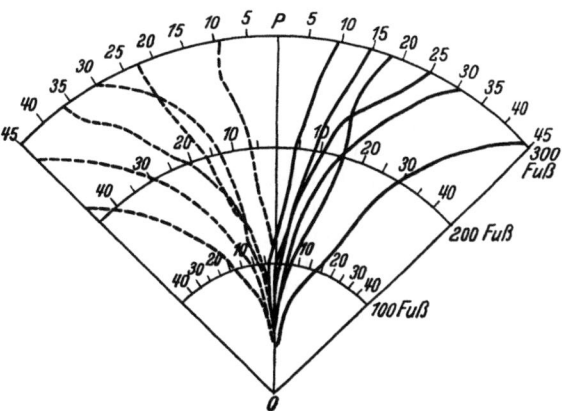

Abb. 332. Grundriß des Versuchsfeldes von LUND. Die Versuchspersonen hatten die Aufgabe, mit verbundenen Augen von O geradeaus nach P zu gehen. Die ausgezogenen Linien zeigen die Abweichungen nach rechts beim Vorwärtsgehen und die gestrichelten Linien die Abweichungen nach links beim Rückwärtsgehen bei sog. linksdominanten Versuchspersonen.

Länge beider Arme und Beine fest. Es wurden *merkliche Längenunterschiede der beiden Arme und der beiden Beine* gefunden. Von der Größe des Längenunterschiedes der beiden Beine hing in charakteristischer Weise die Größe des Abweichungswinkels beim Gehen ab, wie folgende Zusammenstellung zeigt:

| Längenunterschiede der Beine in cm | Mittlerer Abweichungswinkel beim Gehen in Graden |
| --- | --- |
| 0 —0,3 | 14 |
| 0,4—0,6 | 25 |
| 0,7—0,9 | 25 |
| 1,0—1,3 | 27 |

Daß nicht eine absolute Bindung zwischen diesen beiden Faktoren gefunden werden konnte, und daß die Versuche bei ein und derselben Person auch keine absolute Konstanz aufwiesen, das versucht LUND auf die Variabilität verschiedener äußerer und innerer Bedingungen zurückzuführen. Jedoch ließe sich im allgemeinen in Übereinstimmung mit GULDBERG entgegen SCHAEFFER daran festhalten, daß linksdominante Versuchspersonen nach rechts abweichen, und umgekehrt.

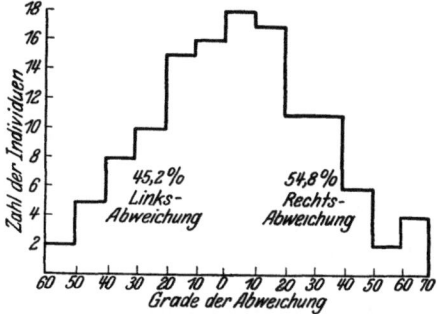

Abb. 333. Die Kurve zeigt die prozentuelle Abweichung nach rechts bzw. links bei 125 Versuchspersonen mit verbundenen Augen in 6 aufeinanderfolgenden Experimenten. (Nach LUND.)

Die Tatsache, daß die meisten Versuchspersonen nach dem Gehen über 500 Schritt mit verbundenen Augen geradezu völlig desorientiert waren, gibt LUND Gelegenheit zur Diskussion der Frage nach der Existenz eines „speziellen Richtungssinnes". Er kommt zur Ablehnung eines solchen.

Auch BLUMENTHAL[1] hat bei seinen Untersuchungen nachweisen können, daß die meisten Menschen beim Gehen mit verschlossenen Augen nach rechts

---

[1] BLUMENTHAL, A.: Passow-Schaefers Beitr. **26**, 390 (1928).

abweichen. Beim Beugen des Kopfes nach vorn seien die Abweichungen von der Geraden noch größer. Von besonderem Interesse sind die *Gehversuche* BLUMENTHALS *mit seitlich gedrehtem oder geneigtem Kopfe*. Es ergab sich dabei, daß man bei *Drehungen des Kopfes meist nach der Gegenseite abweicht*, nach der gleichen Seite aber, wenn man rückwärts geht. Nur wenige Menschen laufen in der Richtung der Kopfdrehung vorwärts. Man wird nicht fehlgehen, wenn man versucht, diese Tatsachen mit dem eigenartigen Verhalten der Vorstellung von unserem Körper bei zur Seite gedrehtem Kopfe in einen gewissen ursächlichen Zusammenhang zu bringen. Es wird weiter unten noch ausführlicher davon die Rede sein. Immerhin ist nicht auszuschließen, daß Halsreflexe auf die Beinmuskulatur, welche die Folge der Kopfdrehung sind, einen Einfluß auf die Gehrichtung nehmen können.

Daß man mit auf die Schulter geneigtem Kopfe meist nach der gleichen Seite abweicht, führt BLUMENTHAL auf die Schwerpunktsverlagerung zur Seite der Neigung zurück.

## C. Orientierungstäuschungen.

Nicht selten treten bei Menschen, die sonst eine außerordentlich gute Orientierungsfähigkeit besitzen, ganz plötzlich und unvermittelt eigenartige Täuschungen auf, die darin bestehen, daß solche Leute den Eindruck bekommen, daß sie in der verkehrten Richtung gehen. Sie werden dann ganz nervös, verlieren den Kopf und lassen sich durch nichts überzeugen.

Solche Erscheinungen beschreibt in erster Linie FORDE[1]. Seine Berichte werden unter anderem von CLAPARÈDE[2], VIGUIER[3], v. MÁDAY[4] u. a. angeführt. FORDE kannte einen Jäger in Virginien, der durch solche Täuschungen bis zu einem hohen Grade von Nervosität herabgekommen war. Er vertraute sich schließlich der Führung seiner Gefährten an, war jedoch dabei fortwährend der Meinung, daß diese irre gingen. Es schien sich schließlich die ganze Welt um ihn als Mittelpunkt herumzudrehen. FORDE selbst schreibt über seine Reise in Westvirginien:

„Man sagt, daß selbst die erfahrensten Jäger jener wilden Gegenden leicht einen Anfall von Schwäche bekommen, d. h. auf einmal ihren Kopf verlieren und vermeinen, sie seien in eine ganz verkehrte Richtung geraten; weder Vernunftgründe noch auch der Stand der Sonne vermögen ihre große Nervosität und allgemeines Gefühl von Unbehaglichkeit und Schwindel zu besiegen. Die Nervosität tritt nach dem ersterwähnten Anfalle auf und ist nicht etwa die Ursache desselben. (Die Eingeborenen nennen dies ‚Verdrehtwerden' — ‚getting turned round' — ‚vertige de direction'.) ... Das Gefühl überkommt einen manchmal ganz plötzlich, kann aber auch nach und nach entstehen."

Ähnliche Täuschungen wurden auch von BINET[5], COLUCCI[6] und DARWIN[7] beschrieben. Auch BOHN[8] berichtet über dergleichen Fälle[9].

---

[1] FORDE, H.: Nature (Lond.) **7**, 463 (1873).
[2] CLAPARÈDE, M. ED.: Arch. de Psychol. **2**, 133 (1903).
[3] VIGUIER, C.: Rev. Philosoph. **14**, 1 (1882).
[4] MÁDAY, ST. V.: Z. angew. Psychol. **5**, 54 (1911).
[5] BINET: Psychologic. Rev. **1894 I**, 337 — Interm. des biol. **1898**, 179, 254.
[6] COLUCCI: Ann. di Neur. **20**, 555 (1902).
[7] DARWIN, G.: Nature (Lond.) **7** (1873).
[8] BOHN, G.: Merc. de France **5**, 616 (1913).
[9] WICKER, I. [Mschr. Psychiatr. **77**, 310 (1930)] beobachtete einen Kranken mit einer Verletzung an der rechten Stirnseite, welcher flüchtige Zustände bekam, in denen ihm seine Umgebung um 180° gedreht erschien. Er ging z. B. von einer Stadt fort und meinte in einem solchen Anfalle, in die Stadt zu gehen, obwohl er wußte, daß die Stadt hinter sich gelassen hatte. Bei Geisteskranken hat A. PICK [Dtsch. med. Wschr. **34** II (1908)] ganz ähnliche Vorkommnisse beobachtet. PICK weist hier noch auf die Beschreibung verwandter Fälle

S. Exner[1], der ein so ausgeprägtes Richtungsgefühl besaß, daß er während der Besteigung des Markusturmes in Venedig in der Wendeltreppe die Richtung der vier Weltgegenden nie verlor, berichtet mehrere Fälle von ähnlichen Orientierungsstörungen aus eigener Erfahrung. Besonders interessant ist jenes Ereignis, wo er während der Fahrt von Gmunden nach Wien die Schlinge, welche die Eisenbahn bei Lambach macht, übersah und sich dann alles um 180° in horizontaler Richtung verdreht vorstellte, so daß er sich in den ihm wohlbekannten Straßen Wiens nicht auskannte.

Man könnte eine große Zahl von ganz ähnlichen Orientierungsstörungen, die wohl zum alltäglichen Leben gehören, anführen. So kommt es gar nicht selten vor, daß man beim Aussteigen aus den Tunneln der Untergrundbahnen ganz plötzlich vollständig desorientiert ist und die falsche Richtung einschlägt. Hier ist natürlich besonders zu berücksichtigen, daß man während der Fahrt in der Regel über durchlaufene Kurven u. dgl. unorientiert bleibt, weil ja der Gesichtssinn so gut wie völlig ausgeschaltet ist.

Einen detaillierteren Bericht über hierher gehörige Orientierungstäuschungen gibt Kirschmann[2]. Als er, 5 Jahre alt, zu einer Kindervorstellung ins Theater ging, war in jenem Saale seine Orientierung um 180° verdreht. Trotz besten Wissens war er nicht imstande, diese Täuschung zu korrigieren. Sonst war er in seiner Heimat immer richtig orientiert. Diese gelegentliche Orientierungsstörung trat in seinem späteren Alter immer wieder auf; so z. B. während eines Aufenthaltes in Baden. Kirschmann sah dort immer die Sonne im Westen aufgehen und im Osten untergehen. Auf seiner Nachhausereise schlug kurz vor Bingerbrück die Orientierung plötzlich wieder um. Auch in Leipzig und während seiner Reisen auf dem amerikanischen Kontinent war die Orientierung von Kirschmann meist verkehrt.

Kirschmann pflichtet der Deutung von Binet und der meisten seiner Versuchspersonen nicht bei, daß nämlich die Täuschung die Folge einer nicht bemerkten oder vernachlässigten Drehung bei der Fortbewegung des eigenen Körpers oder des Reisefahrzeuges sei. Nach seiner Erfahrung traten solche Täuschungen ganz plötzlich und unvermittelt auf, wo entweder gar keine Gelegenheit war, eine Richtungsänderung zu übersehen oder wo eine solche überhaupt nicht vorhanden war. Kirschmann leugnet dabei nicht, daß es auch Orientierungstäuschungen gibt, die sich auf das von Binet angeführte Prinzip zurückführen lassen. Er selbst führt hierhergehörige Beispiele an. Solche Täuschungen seien aber nach Kirschmann leicht korrigierbar, während man gegenüber den zuerst geschilderten Orientierungstäuschungen um 180° vollkommen machtlos sei. Kirschmann ist der Meinung, daß sich ähnliche Er-

---

hin von Crichton-Browne: The Cavendish Lect. on dreamy mental states **1895**, 16. — Sidis, Boris: Studies in Psychopath. **1907**, 20. — Kolb: Zur Symptomatologie der Parietallappenerkrankungen. Dissert. Würzburg 1907. — Hall: Amer. J. Psychol. **18** (1896/97). — F. Halpern [Z. Neur. **126**, 246 (1930)] hat einen Fall mit ausgedehnter Cysticerkose des Gehirnes beobachtet, bei welchem plötzliche Anfälle von Verkehrtsehen auftraten. Die Patientin sah plötzlich alle Objekte um 180° in der Frontalebene gedreht, so daß ihr der Fußboden oben, die Zimmerdecke unten erschien. Anfallsweise erschienen der Patientin auch die Gegenstände in der Sagittalebene unter einem Winkel von 60—70° auf sie zugeneigt. Es wird eine besondere Beteiligung der parieto-occipitalen Region bei der Erkrankung angenommen. Ein Kranker von I. Gerstmann [Wien. med. Wschr. **76**, 817 (1926)] mit Apoplexie, rechtsseitiger Hemianopsie usf. sah die Gegenstände des „Gesichtsfeldes" um 180° in der Horizontalen und Vertikalen gedreht, als ob sie hinter ihm wären und auf dem Kopfe stünden.

[1] Exner, S.: Entwurf zu einer physiologischen Erklärung psychischer Erscheinungen. I. Wien u. Leipzig: F. Deuticke 1894.
[2] Kirschmann, A.: Z. Psychol. **100**, 244 (1926).

scheinungen bei sehr vielen Menschen nachweisen lassen würden, wenn man der Orientierung mehr Beachtung schenken würde. Seiner Anschauung nach ist die Orientierungsumkehrung auf die Tatsache zurückzuführen, daß wir eigentlich nicht einen Raum, sondern zwei Räume haben, die ganz gleich und doch verschieden sind, einen rechten und einen linken. Darum sei diese Täuschung im letzten Grunde gar keine Täuschung, sondern nur eine Folge der geschilderten Doppelnatur unseres Raumes.

Dem Aufsatze von KIRSCHMANN schließt sich BAUMGARTEN[1] an. Diese Autorin teilt gleichfalls eine Anzahl von Beispielen über Orientierungstäuschungen mit. Sie versucht, die Orientierungstäuschungen in 2 Gruppen einzuteilen: in *Täuschungen im wachen Zustande* und in *Täuschungen nach dem Erwachen* aus dem Schlafe. Die 1. Gruppe der Täuschungen ereignet sich speziell dann, wenn man eine bereits früher bekannte Ortschaft neuerlich wieder aufsucht. Ein solches Erlebnis sei mit den eigenen Worten der Verfasserin angeführt:

„Eine Orientierungstäuschung mit Störung des Wiedererkennens erlebte ich wiederum in Paris, als ich für einen kurzen Aufenthalt ein Hotel bezog, das sich am Bld. St. Michel dicht neben der Place de la Sorbonne befindet. Ich kam nachts an, das Zimmer war vorbestellt, ich kannte zwar Straße und Nummer des Hotels, aber ich machte mir zuvor keine Vorstellung, an welcher Stelle des mir so gut bekannten Boulevards es wohl liegen mag.

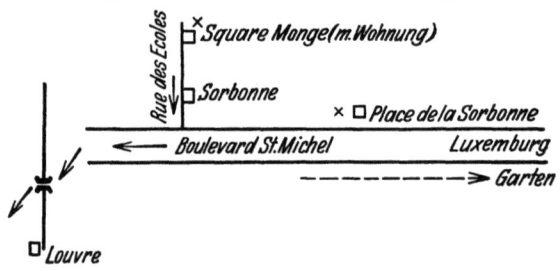

Abb. 334. Vgl. Text. (Nach BAUMGARTEN.)

Den nächsten Morgen gehe ich auf die Straße in ein Café, welches einige Schritte links von dem Hotel liegt; beim Ausgang aus dem Café will ich in der Richtung Notre Dame gehen, und im festen Glauben, den richtigen Weg eingeschlagen zu haben, gehe ich die Straße hinauf. Am Garten Luxembourg angelangt, bemerke ich den Irrtum, kann mich aber plötzlich gar nicht mehr orientieren, wieso ich hier an diese Stelle kam und wo sich mein Hotel befindet. Alles ist wie umgedreht. Ich komme auf dem Retourwege zur Place de la Sorbonne zurück, die ich gar nicht mehr erkenne, und ich werde meine Desorientierung, die mir übrigens ein sehr unangenehmes Gefühl der Unsicherheit bereitete, nicht eher los, als bis ich mich hinsetze und mir den früher so bekannten Weg aufzeichne und die Lage des jetzigen Hotels einschalte. Das Bild wird von dieser Zeit an wieder richtig, ich habe aber beständig anschaulich in mir das graphische Bild der Lage meines Hotels als neuen Stützpunktes. Der Grund der Täuschung war, daß ich mir die Lage des Hotels gar nicht veranschaulicht habe, das links vom Hotel liegende Café, das ich betrat, war mir unbekannt und ich setzte beim Ausgang automatisch die Richtung links vom Hotel fort. Zufällig führte sie nicht zum gewünschten Ziel und verursachte eine Desorientierung, die sich noch durch Überraschung vergrößerte. Wäre die automatisch eingeschlagene Richtung die gewünschte, würde sich natürlich eine Orientierungstäuschung nicht einstellen."

Gleichfalls zu der 1. Gruppe gehörend sieht BAUMGARTEN Orientierungstäuschungen an, welchen man beim Fahren im Zuge, mit der Trambahn usw. unterliegt, indem man glaubt, in entgegengesetzter Richtung zu fahren. Ein prägnantes Beispiel dafür lautet folgendermaßen:

„Ich fahre eines Tages in Berlin mit der Linie 79 von der Leipziger Straße bis zum Kurfürstendamm, ein Weg, den ich während 6 Jahren fast täglich machte. Die lineare Richtung, so wie sie sich gewohnheitsmäßig bei mir in der Vorstellung gebildet hat (die jedoch nicht ganz den objektiven Verhältnissen entspricht), ist folgende: (Abb. 335.)

Ich steige an diesem Tage, intensiv an etwas anderes denkend, an der Haltestelle Leipziger Straße—Ecke Friedrichstraße ein und habe den Eindruck, ich fahre in der Richtung ↑ statt →, wie wenn ich im Süden stehen und mich nach Norden bewegen würde. Am Wittenbergplatz angelangt, habe ich plötzlich die Empfindung, in der Richtung ↓ zu fahren, ohne

---

[1] BAUMGARTEN, FR.: Z. Psychol. **103**, 111 (1927).

sie jedoch einer bestimmten Straße zuzuordnen. Ich bemerke auf diese Weise, daß ich zweimal eine Täuschung erlebte. Die erste Tauschung ist höchstwahrscheinlich dadurch entstanden, daß ich zuerst längs der Friedrichstraße, also in der ↑ Richtung ging und diese Richtung dann auf der Fahrt perseverierte. Die zweite Täuschung besteht darin, daß ich eine vorzeitige Vorstellung von der Endrichtung meiner Fahrt, also Kaiser-Wilhelm-Gedächtniskirche—Kurfürstendamm habe. Wahrscheinlich habe ich die Korrektur der anfangs empfundenen Richtung ↑, die falsch war, unbewußt vornehmen wollen und habe dies schon voreilig am Wittenbergplatz vorgenommen (vielleicht aus dem Wunsche heraus, schnell zu Hause zu sein), indem ich schon dort die Empfindung der Fahrt in der Richtung Kurfürstendamm hatte. Der Blick auf die Straße korrigierte jedoch diese zweite Täuschung schnell."

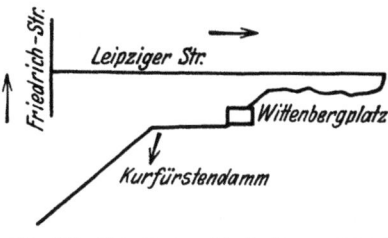

Abb. 335. Vgl. Text. (Nach BAUMGARTEN.)

Allgemein bekannt dürften die Orientierungstäuschungen sein, welche man beim Erwachen in der Nacht oder nach dem Schlafe im verdunkelten Zimmer ziemlich häufig erlebt. Man ist vollständig desorientiert. Nicht selten mag ein vorausgegangener Traum daran schuld sein. Oft ist es auch, wenn man in einem fremden Zimmer schläft, die verschiedene Lage des Bettes gegen das Fenster, welche die Orientierungstäuschung hervorruft.

BAUMGARTEN weist besonders darauf hin, daß man nicht den Schluß ziehen dürfe, jene Menschen, die solchen Orientierungstäuschungen unterliegen, hätten ein schlechtes Orientierungsvermögen. Sie selbst besitze beispielsweise einen sehr guten Orts- und Richtungssinn; gerade deswegen, meint sie, weil sie immer darauf achte, genau zu wissen, wo sie sich befinde, unterliege sie so oft dergleichen Täuschungen. Die Auffassung von der Doppelnatur des Raumes von KIRSCHMANN glaubt BAUMGARTEN als Deutungsmöglichkeit für die Täuschungen ablehnen zu können.

Die angeführten Beobachtungen über diese eigenartigen Orientierungstäuschungen erfahren durch experimentelle Untersuchungen, welche ANGYAL[1] in ausgezeichneter Weise vorgenommen hat, manch interessante Beleuchtung, wenn nicht geradezu Aufklärung.

Die Untersuchungen von ANGYAL gingen von einer Gelegenheitsbeobachtung aus. Er sollte einmal in einer Großstadt einem Fremden den Weg weisen und zeichnete ihm den betreffenden Weg auf. Eine dritte Person, welche zugegen war und die Stadt gut kannte, erklärte, seine Zeichnung sei ganz verkehrt und entwarf selbst den Plan. Nun wunderte sich ANGYAL, denn die Zeichnung des Dritten war alles andere als der ihm seit Jahren gut bekannte Weg. Nach genauerem Betrachten konnte festgestellt werden, daß beide Zeichnungen richtig waren, bloß waren sie in einer um 180° verschiedenen Lage angeordnet, d. h. was bei der einen oben war, war bei der anderen unten, was bei der einen rechts war, war bei der anderen links usw. Keiner von beiden konnte angeben, was der eigentliche Grund für die Lageanordnung seiner Zeichnung war, doch kam jedem seine eigene Zeichnung als die natürliche vor.

ANGYAL stellte nun 16 Versuchspersonen die Aufgabe, verschiedene vom Versuchsleiter angegebene Wege in der Stadt Turin aufzuzeichnen. Jede Versuchsperson erhielt mehrere Einzelaufgaben.

Nach der Lösung der gestellten Aufgaben konnte man die Versuchspersonen in 2 Gruppen einteilen: die Versuchspersonen der 1. Gruppe *orientierten sich von ihrem gegenwärtigen Standpunkte* aus. Verlief eine Straße in bezug auf ihren Standpunkt z. B. von rechts nach links, so wurde sie auch in der Zeichnung

---

[1] ANGYAL, A.: Arch. f. Psychol. **78**, 47 (1930).

von rechts nach links verlaufend dargestellt. Verlief die Straße in bezug auf den Standpunkt der Versuchsperson von vorn nach hinten, so wurde sie in der Zeichnung auch vom ferneren zum näheren Rande des vorliegenden Zeichenpapieres angeordnet.

Die Versuchspersonen der 2. Gruppe *berücksichtigten bei ihren Zeichnungen ihren eigenen Standpunkt überhaupt nicht;* doch zeigten sämtliche Skizzen einer und derselben Versuchsperson in bezug auf die Lageanordnung eine strenge Konstanz: die parallelen und homologen Richtungen in der Stadt wurden in sämtlichen Zeichnungen ein und derselben Versuchsperson stets in der gleichen Lage angeordnet. Diese Übereinstimmung konnte keine zufällige sein. Das zeigte sich schon dadurch, daß sich die Versuchspersonen in ihren Zeichnungen schwer oder überhaupt nicht auskannten, wenn die Skizzen um 180° verdreht wurden. Auch hier konnten die Versuchspersonen keineswegs angeben, warum sie die Lageanordnung ihrer Zeichnungen in der bestimmten Weise vorgenommen hatten; doch erschien ihnen ihre Lageanordnung immer als die natürliche.

ANGYAL konnte feststellen, daß verschiedene Richtungssysteme aus irgendwelchen Gründen für eine bestimmte Person zueinander immer fest und eindeutig zugeordnet sind. Eine Richtung des einen Systems entspricht immer nur einer ganz bestimmten Richtung in einem anderen System. Wird beispielsweise auf einem horizontalen Zeichenblatt ein Baum abgebildet, so wird das Oben und Unten des Baumes stets der ferneren bzw. näheren Partie des Zeichenpapieres zugeordnet. Handelt es sich um eine geographische Karte, so erhalten dieselben Partien die Bezeichnung Nord und Süd.

„Die Konstanz in bezug auf die Lageanordnung der Zeichnungen der Versuchspersonen der 2. Gruppe ist ein sichtliches Zeichen dafür, daß in den Zeichnungen dieser Versuchspersonen ein Koordinatensystem zum Ausdruck gelangt, dessen Richtungen den Hauptrichtungen des horizontalen Darstellungsfeldes eindeutig zugeordnet sind."

Das fragliche Richtungssystem bezeichnet ANGYAL zunächst mit den Buchstaben f, n, r, l (ferner, näher, rechts, links des Darstellungsfeldes zugeordnet).

Die Richtungen des gesuchten Koordinatensystems sind offenbar den Richtungen des Dargestellten, also bei den vorliegenden Versuchen den Richtungen der Stadt zugeordnet. Die beiden Hauptrichtungen einer Stadt sind gewöhnlich durch die Bauart der Stadt bestimmt, was besonders für Turin deutlich ist, wo es in bezug auf den Verlauf der Straßen eigentlich nur zwei zueinander senkrechte Richtungen gibt.

Die Hauptrichtungen der Stadt nehmen nun anscheinend dauernd jene Bedeutung an, welche sie, von einem subsidiären Standpunkt der Versuchsperson aus betrachtet, haben. Verläuft etwa eine Richtung, von dem subsidiären Standpunkte aus betrachtet, von rechts nach links, so behält sie die Bedeutung auch dann, wenn dies den objektiven Verhältnissen nicht mehr entspricht. Die Versuchsperson selbst weiß aber nichts davon, daß jene sekundäre Bedeutung der Hauptrichtungen der Stadt, welche sie durch die Zuordnung zu einem 2. Richtungssystem erhalten haben, mit dem subsidiären Standpunkte in Beziehung stehen.

Es ist aber von besonderer Wichtigkeit, darauf hinzuweisen, daß die *Versuchspersonen* der 2. Gruppe *sich bei der Lösung der Aufgabe ihren subsidiären Standpunkt nie mit vorstellen.* Sie stellen sich zwar den Standpunkt vor, von welchem aus die einzelnen Straßen gesehen werden, doch ist dieser Standpunkt nicht der subsidiäre. Der *vorgestellte eigene Standpunkt ist bei solchen Individuen für die Lageanordnung ihrer Zeichnungen völlig irrelevant.*

Auch bei der *subjektiven Schätzung der Himmelsrichtungen* läßt sich die Wirkung der Zuordnung verschiedener Richtungssysteme beobachten. Es gibt sehr viele Menschen, die angeben können, wie nach ihrer Meinung die Himmelsrichtungen liegen. So berichtet RUDZKI[1] von einem Manne, der in fremder Gegend, finsterer Nacht und mit geschlossenen Augen unter allen Umständen stets über die Kardinalrichtungen orientiert gewesen sein soll. In den allermeisten Fällen sind die Angaben allerdings falsch, obwohl sie von einem ausgeprägten Bewußtsein der Gewißheit begleitet sind. Eine solche Schätzung der Himmelsrichtungen geschieht meist nicht auf Grund objektiver Kriterien (Sonnenstandpunkt usw.), sondern man „fühlt" sozusagen die Richtungen. Zu solchen Individuen gehört beispielsweise ANGYAL selbst. Doch gibt es auch Leute, welche überhaupt kein Empfinden für die Himmelsrichtungen besitzen. ANGYAL hat an sich und vielen seiner Versuchspersonen beobachtet, daß man Norden gewöhnlich nach hinten oder links lokalisiert.

Von besonderem Interesse ist der Fall, wo die Abschätzung der Himmelsrichtungen durch die eigentümliche Zuordnung der Hauptrichtungen in der Stadt zu den Richtungen anderer Systeme bedingt ist. So erhält oft die Richtung der Stadt, die für uns rechts liegt, die Bedeutung Osten.

Das oben angeführte fragliche Richtungssystem (n-, f-, r-, l-System) hat ANGYAL als das „*Binnenkoordinatensystem der Stadt*" erkannt. Die Binnenkoordinaten dienen zur Bestimmung der Lageverhältnisse verschiedener Teile eines und desselben Gegenstandes, während sog. „Außenkoordinaten" zur Lagebestimmung der Gegenstände im Raume dienen. Die Binnenkoordinaten repräsentieren das Innenrichtungssystem eines bestimmten Gegenstandes.

ANGYAL bezeichnet die Hauptrichtungen des Raumes als ein System von Außenkoordinaten. Zweifellos versteht er hier unter Raum den *egozentrischen Raum*, und wir würden darum an Stelle der Bezeichnung „Außenkoordinaten" auch besser die Bezeichnung „egozentrische Hauptrichtungen" oder „egozentrische Koordinaten" wählen. Es handelt sich dabei um Fragen, welche an späterer Stelle noch etwas eingehender zu behandeln sein werden.

Von den untersuchten 16 Versuchspersonen fand ANGYAL 4 zu der 1., 9 zu der 2. Gruppe gehörig. 2 Versuchspersonen ließen sich nicht einreihen, 1 Versuchsperson stellte einen Übergangstypus dar.

Die Festigkeit der Zuordnung der Hauptrichtungen der Stadt zu jenen des Darstellungsfeldes wurde durch sog. *Umlagerungsversuche* geprüft. Die Versuchspersonen sollten sich in einer Zeichnung orientieren, deren Lageanordnung von ihrer gewöhnlichen um 90 bzw. 180° verschieden war. Die Aufgabe bereitete mancherlei Schwierigkeiten, konnte oft überhaupt nicht gelöst werden.

Die oben angeführten *Orientierungstäuschungen beruhen* nach ANGYAL *auf einer Dissoziation bzw. einer Diskrepanz zweier Koordinatensysteme, die sonst einander fest und eindeutig zugeordnet sind*. In der Tat dürften sich auf diese Weise zweifellos die meisten der beschriebenen Täuschungen aufklären lassen. ANGYAL reiht BAUMGARTEN nach ihren Beobachtungen in die 2. Gruppe seiner Versuchspersonen ein.

ANGYAL[2] berichtet noch an anderem Orte über recht interessante hierher gehörige Untersuchungen. Stellt man sich in die Mitte eines wohlbekannten Raumes, so kann man sich bei geschlossenen Augen die umgebende Örtlichkeit mit den rings umher befindlichen Gegenständen ohne Schwierigkeit vorstellen. Wenn man sich nun langsam bei geschlossenen Augen um seine eigene Achse dreht und seine Aufmerksamkeit auf das optische Vorstellungsbild der Um-

---
[1] RUDZKI, M. P.: Biol. Zbl. **11**, 63 (1891).
[2] ANGYAL, A.: Neue psychol. Stud. **6**, 292 (1930).

gebung richtet, so beobachtet man folgendes: Während der Drehung ändert sich fortwährend das Lageverhältnis der optisch vorgestellten räumlichen Umgebung zum eigenen Körper. Das vorgestellte Bild behält nämlich seine ruhende Lage bei, und es tauchen vor dem Beobachter immer neue Partien des umgebenden Raumes auf. Man stellt sich die einzelnen Gegenstände stets an jenem Orte vor, wo man sie mit offenen Augen wahrnehmen würde.

Ganz ähnliche Verhältnisse liegen auch bei den *Drehempfindungen* vor, wie sie z. B. durch eine passive Drehung erzeugt werden können. Aber sie gelten selbst dann, wenn der Drehempfindung eine reale Drehung tatsächlich nicht zugrunde liegt. Es ist eine alte Erfahrung, daß man nach dem brüsken Anhalten einer Drehung den Eindruck bekommt, als würde man mit einer bestimmten Geschwindigkeit nach der anderen Seite gedreht (PURKINJE, MACH, AUBERT-DÉLAGE u. v. a.)[1]. Nach den Untersuchungen von M. H. FISCHER und E. WODAK[2] kehrt sich die Richtung dieser Drehempfindung mehrmals um und läuft in einem eigenartigen Rhythmus aus.

Nun kann man auf Grund der oben von ANGYAL angeführten Beobachtungen geradezu die *Zahl der scheinbaren Umdrehungen* und damit auch die scheinbare Geschwindigkeit derselben *feststellen*. Man vermag nämlich anzugeben, vor welchem Gegenstand des vorgestellten umgebenden Raumes man sich jeweilig in einer bestimmten Phase der Drehempfindung zu befinden glaubt. Solche Untersuchungen wurden auch von M. H. FISCHER und E. WODAK schon vor längerer Zeit durchgeführt.

Wenn die Deutlichkeit der Drehempfindung nachläßt, dann ändern sich die Verhältnisse allerdings etwas. Man hat zwar noch immer den Eindruck, als würde man gedreht, glaubt dabei aber, daß man nicht richtig vorwärts komme, d. h. man vermeint sich nur mehr schwer von den vorgestellten gegenüberliegenden Dingen loszulösen.

ANGYAL konnte nun zeigen, daß die angeführte Lokalisationsweise eine zwangsläufige ist. „Die optisch vorgestellte räumliche Umgebung verharrt bei Änderung der Position des eigenen Körpers zwangsläufig in der den objektiven Verhältnissen entsprechenden Lage." Es gelang nämlich den Versuchspersonen von ANGYAL nicht, sich langsam umzudrehen und dabei die Lagebeziehung zwischen sich selbst und der optisch vorgestellten Umgebung konstant zu halten, so als würde sich die Umgebung mit der gleichen Geschwindigkeit mitdrehen.

Es bedarf allerdings infolge der oben angeführten Untersuchungen bei den Drehempfindungen der Satz, daß eine vorgestellte, optische Situation durch das „Wissen" der objektiven Lage unseres Körpers zu denjenigen Gegenständen, die vorgestellt werden, weitgehend beeinflußt wird — so wie es ANGYAL formuliert —, einer gewissen Ergänzung. Während der Drehempfindungen nach einer passiven Rotation, die genügend lange fortgesetzt wird, so daß bei der gleichförmigen Rotation jede Drehempfindung überhaupt erloschen ist, kann von einem Wissen der objektiven Lage unseres Körpers zu den vorgestellten Gegenständen des umgebenden Raumes keine Rede sein. Trotz alledem bestehen aber auch hier ähnliche Verhältnisse wie bei den Versuchen von ANGYAL.

Man wird wohl, vornehmlich an Hand der eben mitgeteilten Tatsachen, schon erkannt haben, daß bei der Erörterung des Orientierungsproblems beim

---

[1] Vgl. dazu M. H. FISCHER: Die Regulationsfunktion des menschlichen Labyrinthes usw. Erg. Physiol. **27**, 209 (1928); auch separat München: J. F. Bergmann 1928.
[2] FISCHER, M. H., u. E. WODAK: Mschr. Ohrenheilk. **58**, 70, 527 (1924).

Menschen *sinnesphysiologischen Tatbeständen* eine *grundlegende Bedeutung* zuerkannt werden muß. Damit ist der Weg gewiesen, welcher zur Aufklärung mancher schwierigen Fragen beschritten werden muß und auch gegangen werden wird (vgl. weiter unten).

## D. Die Orientierung der Blinden.

Eine nicht zu leugnende Tatsache ist die eigentümliche Fähigkeit vieler Blinden, sich oft an fremden Orten vollkommen frei ohne wesentliche Schwierigkeiten bewegen zu können und Hindernissen auszuweichen, ohne sie zu berühren. Es handelt sich aber hier nicht nur um Dinge, die tönen, riechen, Luftströme aussenden oder mechanische Hemmungen zur Folge haben. Man war darum oft geneigt, von sog. „*Fernwahrnehmungen*", einem „*Fernsinn*" oder von „*Ferngefühlen*" der Blinden zu sprechen. Darüber sind mannigfache Spekulationen angestellt worden. Es sei hier nur z. B. auf GUILLIÉ[1] nach HELLER[2] verwiesen.

Es ist wiederholt eine *besondere Bedeutung des Gehörsinnes für die Orientierung von Blinden* behauptet worden, eine Anschauung, die zum Teile auf Selbstbeobachtungen beruht. Man vergleiche z. B. die Berichte von KÜHNAU[3], BACZKO[4], HITSCHMANN[5] und auch MÜNSTERBERG[6]. Es wurde sogar behauptet, daß mit Hilfe von Gehörswahrnehmungen eine unmittelbare Bestimmung des Ortes möglich sei.

Hier soll nicht die allgemeine Frage des Bestehens oder Nichtbestehens eines selbständigen Hörraumes erörtert werden, da eine solche Fragestellung ganz gewiß in Gebiete gehört, die den Rahmen unseres Problems weit überschreiten würden. Es soll auch nicht untersucht werden, inwieweit die Frage berechtigt ist, ob der Gehörsinn „in nahe assoziative Beziehung zu dem Raumsinn" treten kann, wie beispielsweise bei HELLER steht, und inwieweit der Gehörsinn es „ermöglicht, die Raumvorstellung der Blinden über die engen Grenzen der unmittelbaren Tastwahrnehmung hinaus zu erweitern". Es kann aber kein Zweifel bestehen, daß Blinde, welche wohl im allgemeinen Räume durch die erforderliche Schrittzahl und die Dauer des Gehens messen, gleichzeitig durch charakteristische Gehörswahrnehmungen bei der Fortbewegung beeinflußt werden können. Eine Modifikation der Schalleindrücke wird ja zweifellos schon dadurch hervorgerufen, daß der begangene Boden beispielsweise das eine Mal in einer gedielten Stube, das andere Mal in Steinfliesen, in einem Kieswege u. dgl. besteht. Es ist weiterhin wohl auch zuzugeben, daß eine gewisse Entfernungslokalisation unter Verwendung der Lautheit gewisser Schalleindrücke als Hilfsmittel zustandekommt. Sind reflektierende Objekte in nicht allzu weiter Entfernung, so können ganz gewiß auch der Widerhall und andere Schallreflexionen eine charakteristische Modifikation der Schallwahrnehmungen bedingen und einen gewissen Einfluß nehmen. Es ist auch nicht zu leugnen, daß solche Dinge bei genügender Übung und Beachtung von verhältnismäßig wesentlicher Bedeutung werden können.

---

[1] GUILLIÉ: Essai sur l'instruction des aveugles. Paris 1817.
[2] HELLER, TH.: Studien zur Blindenpsychologie. Leipzig 1904.
[3] KÜHNAU, J. C. W.: Die blinden Tonkünstler. Berlin 1810.
[4] BACZKO, L. V.: Über mich selbst und meine Unglücksgefährten, die Blinden. Leipzig 1807.
[5] HITSCHMANN: Z. Physiol.-Psychol. S. O. **3**, 392 (1892).
[6] MÜNSTERBERG, R.: Beitr. exper. Psychol. **1889**, H. 2, 184.

TRUSCHEL[1] (zitiert nach STEINBERG[2]) hat die *Schrittgeräusche* einer näheren Analyse unterzogen[3]. Er ist zu der Anschauung gekommen, daß die durch die Reflexionen herbeigeführten Modifikationen der Schrittgeräusche, wenn diese gut hörbar sind, eine ungefähre Entfernung und Lage der betreffenden reflektierenden Körper angeben. Es handele sich sehr häufig um eine Veränderung der Tonhöhe. So steige z. B. beim Vorbeigehen an größeren seitlichen Objekten die Tonhöhe. Daß auch die Klangfarbe, soweit man bei Geräuschen von einer solchen überhaupt sprechen darf, beeinflußt wird, bestreitet TRUSCHEL. Aber auch wenn Körper und Objekt in Ruhe seien, dann könne, wenn nicht volle Stille herrscht, eine gewisse Entfernungswahrnehmung zustande kommen. TRUSCHEL glaubt allerdings, daß hier die Modifikationen durch reflektierte Schallwellen zu schwach seien, um einen Einfluß auf die Gehörwahrnehmungen auszuüben. Er nimmt an, daß sie aber das Tonuslabyrinth affizieren können, eine gewiß kühne Hypothese, die naturgemäß heftigen Widerspruch gefunden hat.

Daneben wurde aber auch behauptet, daß bei der Annäherung an größere Objekte *Luftbewegungen*, die hier entstehen und reflektiert werden, speziell wenn sie auf die Stirn auftreffen, wahrgenommen werden.

KROGIUS[4] diskutiert noch, daß ein lautloses Annähern von warmen Gegenständen von Blinden erkannt werden könne. Er denkt daran, daß hier *Temperaturreize* in Frage kommen, was unter geeigneten Bedingungen wohl sicher im Bereiche der Möglichkeit liegt. WÖLLFLIN nimmt sogar eine unbekannte Emanation an, welche von den Objekten ausgehen solle (vgl. STEINBERG).

HELLER hat, um solche Fragen zu prüfen, zahlreiche Versuche mit Blinden in einem Zimmer vorgenommen, worin eine große Tafel aufgestellt war, welcher die Versuchspersonen ausweichen sollten. Es zeigte sich, daß die *Blinden durchweg groben Täuschungen* unterlagen, fast unabhängig davon, ob ihnen einmal die Stirn verbunden oder die Ohren verstopft wurden. HELLER hat auch dargelegt, daß Blinde keineswegs Schallrichtungen besser erkennen als Sehende, was von DUFOUR 1894 behauptet worden ist. GRIESBACH und KUNZ konnten die Ergebnisse von HELLER nur bestätigen.

Einen interessanten Bericht des Blindenlehrers RIEMANN (Nowawes) erhielt STERN[5] auf seine Anfrage. RIEMANN hatte auf die Bitte von STERN 3 Taubblinde geprüft und schrieb folgendes:

„Es ist mir zur Gewißheit geworden, daß bei keinem Taubblinden Warnmomente zu bemerken waren, die sie schon vor Berührung des betreffenden Gegenstandes die Anwesenheit desselben ahnen ließen. Ich drehte die Versuchspersonen mehrmals im Kreise und ließ sie dann mit auf dem Rücken gekreuzten Armen im Sandweg auf ein Tor zugehen. Sie gingen aber alle drei, zwar mit größerer Vorsicht als sonst, bei vorgestreckten Handen, ohne Zögern bis ganz an das Tor. Herta hatte ich ausdrücklich gesagt, sie solle sofort stehenbleiben, wenn sie etwas vor sich fühle. Willi Kobien ist ganz blind, hat aber noch etwas Gehör; auch er ging bis zum Tor. Nachher stellte sich eine Person im Weg auf und auch auf sie liefen die Taubblinden ohne Vorahnung los."

HELLER charakterisiert das ganze Problem am Schlusse seiner Arbeit wie folgt: „Das Verhalten der Blinden bei Annäherung eines Hindernisses läßt sich daher folgendermaßen kennzeichnen: Die Wahrnehmung des modifizierten Schrittgeräusches veranlaßt denselben, seine Aufmerksamkeit vorbereitend auf die Tastsensationen zu richten. Treten alsbald die charakteristischen Druckempfindungen

---

[1] TRUSCHEL, L.: Die exper. Pädagogik. (MEUMANN.) **3**, 109; **4**, 129 (1906/07); **5**, 66 (1907).
[2] STEINBERG, W.: Die Raumwahrnehmung der Blinden. München 1920 — Hauptprobleme der Blindenpsychologie. Verl. Ver. d. blinden Akad. Deutschlands e. V. **1927**.
[3] Vgl. hierzu auch W. STERN: Zur Psychologie der Mindersinnigen. (Sammelreferat.) Z. angew. Psychol. **1**, 556 (1908).
[4] KROGIUS, A.: Die exper. Pädagogik. (MEUMANN.) **5**, 77 (1907).
[5] STERN, W.: Z. angew. Psychol. **1**, 556 (1908).

in der Stirngegend auf, so weiß der Blinde mit Bestimmtheit, daß sich ein Hindernis in der Bewegungsrichtung befindet, und er wird hierdurch zu rechtzeitigem Ausweichen veranlaßt[1]. Somit kommt der Gehörskomponente der Annäherungsempfindungen die Bedeutung eines Signalreizes zu, welcher die Aufgabe hat, die Hemmung anderweitiger Erregungsvorgänge im Apperzeptionszentrum zu veranlassen, welche die Aufmerksamkeit ablenkend beeinflussen könnten."

LAMARQUE[2] diskutiert an Hand eingehender experimenteller Untersuchungen mit 7 Versuchspersonen ausführlich die wichtigsten 5 Theorien, welche die Tatsache aufklären sollen, daß Blinde Hindernisse wahrnehmen und ihnen ausweichen können: Die Theorie des veränderten Luftdruckes, die akustische Theorie, die thermische Theorie, die Funktion der sensiblen Gesichtsnerven, speziell des Trigeminus, die Theorie der unbekannten Ausstrahlung der Objekte. LAMARQUE kommt zu dem Schlusse, daß ein Moment allein nicht ausreicht, die Tatsachen zu erklären. Es müssen mindestens kinästhetische Eindrücke und eine geschärfte akustische Wahrnehmung zusammenwirken. Der Blinde nütze eine Vielheit von Eindrücken aus, welche der Sehende als überflüssig nicht zu beachten gewohnt ist. Welcher Sinn jedesmal besonders hervortritt, das sei bedingt von der individuellen Anlage und von der wechselnden Beschaffenheit des jeweiligen Hindernisses.

## E. Grundlagen unserer Orientierung im Raume.
### 1. Allgemeines.

Man dürfte sich wohl vergeblich bemühen, wenn man versuchen wollte, zu einer genauen *Definition des Begriffes Orientierung* zu gelangen. Dazu ist der Begriff Orientierung zu weitreichend, zu komplex und zu vielseitig. Immerhin läßt sich mit einiger Sicherheit angeben, was wir im allgemeinen unter Orientierung verstehen. Es handelt sich dabei zweifellos um die *Einordnung unseres eigenen Ich zum wahrgenommenen bzw. zum vorgestellten Außenraume*. Es liegt also offensichtlich eine Relation vor. Das drückt sich schon im gewöhnlichen Sprachgebrauche aus. Wenn wir beispielsweise sagen, wir stehen vor, rechts oder links von einem Baume, einem Hause od. dgl., so meinen wir damit, daß wir in einer ganz bestimmten Weise zu dem Baume bzw. Hause orientiert sind. Es handelt sich hier um eine Orientierung zu Sehdingen, also im wahrgenommenen Außenraume.

Für eine physiologische Betrachtungsweise und auch für das Studium physiologischer Verhältnisse bedeutet es nun dasselbe, wenn man die *angegebenen Relationen umkehrt*. Man kann ja bei demselben Tatbestande auch sagen: der Baum, das Haus steht vor uns, links oder rechts von uns. In einem solchen Falle werden von uns die Sehdinge in bezug auf das eigene Ich eingeordnet.

Aus dem Mitgeteilten geht hervor, daß wir bei Berücksichtigung der angegebenen Verhältnisse an zum größten Teile bekannte, vielfach untersuchte und diskutierte Probleme herantreten. Es handelt sich nämlich hier um die *Probleme der Lokalisation*, im angegebenen Falle der optischen Lokalisation.

Die *Lokalisation* im Sinne des erwähnten Beispiels erfolgt, wenn wir uns hier einer von G. E. MÜLLER[3] geschaffenen und heute ziemlich allgemein an-

---

[1] SCHWERTSCHLAGER, J.: [Z. Physiol.-Psychol. S. O. **16**, 35 (1898)] mußte längere Zeit die Augen verbunden haben. Die obenerwähnten sekundären Kriterien gewannen für ihn manche Bedeutung.
[2] LAMARQUE, G.: J. de Psychol. **26**, 494 (1929). — Vgl. auch M. GRZEGORZEWSKA: Psychologie der Blinden **1**. Warszawa u. Lwow — Wiss. Padag. Ges. **1930** (polnisch mit franzos. Zusammenfassung). — Über die Bildung der Raumvorstellungen bei Blinden vgl. auch P. VILLEY: J. de Psychol. **27**, 391 (1930).
[3] MÜLLER, G. E.: Z. Psychol. Erg.-Bd. **9** (1917).

erkannten Terminologie anschließen dürfen, *egozentrisch*. Das Wesen der egozentrischen Lokalisation liegt darin, daß alle unsere räumlichen Wahrnehmungen auf das eigene Ich bezogen werden oder, wie J. v. KRIES[1] sagt, daß bei allen unseren räumlichen Wahrnehmungen die Vorstellung unseres eigenen Körpers beteiligt ist.

Man hat nun neben der egozentrischen Lokalisation noch eine sog. absolute Lokalisation unterschieden, wobei zu bemerken ist, daß die Abgrenzung letzteren Begriffes in einiger Schärfe erst von v. KRIES und A. TSCHERMAK[2] durchgeführt worden ist. Doch besteht über die Auffassung der absoluten Lokalisation anscheinend trotz alledem noch einige Unklarheit.

v. KRIES[3] z. B. sagt über die absolute Lokalisation folgendes:

„Neben einer solchen egozentrischen und relativen Lokalisation[4] pflegen wir wohl auch von einer *absoluten* zu sprechen. Als eine solche können wir es bezeichnen, wenn wir die Anordnung eines gesehenen Gegenstandes gegen andere nicht *gesehene*, sondern uns anderweit bekannte wahrnehmen. Dahin gehört die Wahrnehmung, wie eine gesehene Linie gegen die *Senkrechte* orientiert ist. Auch die Wahrnehmung der Orientierung gegenüber den Wänden des Zimmers, in dem sich der Beobachter befindet, kann hierher gerechnet werden, falls wir durch besondere Versuchsbedingungen es so einrichten, daß diese nicht gesehen werden. Noch in einem anderen Sinne aber können wir von absoluter Lokalisation sprechen. Wenn wir wahrnehmen, daß die Anordnung irgendwelcher Gegenstände gegen unseren Körper sich geändert hat, so kann sich daran der weitere Eindruck knüpfen, daß die gesehenen Gegenstände sich bewegt haben und wir selbst an unserer Stelle geblieben sind, aber der Eindruck kann auch der umgekehrte sein. In diese Unterscheidung geht der Begriff einer absoluten Ruhe bzw. Bewegung ein, welcher also, wie immer wir auch über seine wissenschaftliche Berechtigung oder Bedeutung denken, als ein Element unserer unmittelbaren sinnlichen Eindrücke jedenfalls anerkannt werden muß."

A. TSCHERMAK[5] dagegen schreibt über die absolute Lokalisation:

„Sodann ergibt sich die Beziehung der Gesamtheit aller gleichzeitigen Gesichtseindrücke, aber auch jedes einzelnen ‚Sehdinges' zu den Hauptrichtungen des subjektiven Raumes, zu den allgemeinen subjektiven Oben, Unten bzw. zur Vertikalen und zur Horizontalen des Sehraumes. Diese Beziehungsqualität sei als ‚absolute Lokalisation' (und zwar im engeren Sinne des Wortes) bezeichnet."

An anderer Stelle steht bei TSCHERMAK[6]:

„Die *absolute* optische *Lokalisation* besteht wie gesagt in der Anordnung der Gesichtseindrücke relativ zu zwei subjektiv ausgezeichneten Grundrichtungen, der scheinbaren Vertikalen und der scheinbaren Horizontalen des Sehraumes. Dieselben sind aber durchaus nicht allein in irgendwelchen optischen oder motorischen Anteilen des Sehorgans gegeben, vielmehr bestehen diese Grundempfindungen auch bei Abschluß der Augen sowie bei Blindgeborenen. Sie gehören eben dem dauernd bestehenden Vorstellungsbilde vom Außenraume an."

Es besteht also hier keine vollständige Übereinstimmung. Darum ist es vielleicht gerade für die Fragestellung der Orientierung nicht ohne Nutzen, in die Diskussion dieser Angelegenheit etwas ausführlicher einzugehen und zu versuchen, nähere Aufklärungen zu bringen. Solche dürften sich besonders leicht unter Zugrundelegung der Betrachtungen über die Bewegungswahrnehmungen ergeben.

Wenn Gegenstände des Gesichtsfeldes mit einer bestimmten Geschwindigkeit an unseren Augen vorbeiziehen, so bezeichnet man jene Bewegungseindrücke,

---

[1] KRIES, J. v.: Allgemeine Sinnesphysiologie. 1923.
[2] TSCHERMAK, A.: Ds. Handb. **12 II**, 834ff.
[3] KRIES, J. v.: Allgemeine Sinnesphysiologie. S. 208.
[4] Die Tatsachen der relativen Lokalisation sind für das Problem der Orientierung von nur untergeordneter Bedeutung. Wir können darum eine Erörterung dieser Frage hier vollständig außer acht lassen. Man vgl. darüber E. HERING, J. v. KRIES, F. B. HOFMANN u. A. TSCHERMAK.
[5] TSCHERMAK, A.: Ds. Handb. **12 II**, 838.
[6] TSCHERMAK, A.: Ds. Handb. **12 II**, 872.

welche unter solchen Umständen entstehen, mit v. KRIES[1] am zweckmäßigsten als *egozentrisch bestimmte Bewegungseindrücke*. Es ändert sich dabei unter anderem ständig die egozentrische Lokalisation oder, etwas pleonastischer gesprochen, im Sinne von F. B. HOFMANN[2], die egozentrische Richtungslokalisation der Sehdinge.

Wenn uns aber die Gegenstände des Gesichtsfeldes ruhend erscheinen und wir dabei selbst fortbewegt werden oder fortbewegt zu werden glauben, so geht hier, wie sich v. KRIES ausdrückt, der Begriff einer absoluten Bewegung ein.

M. H. FISCHER und KORNMÜLLER[3] haben nun im letzteren Falle vorgeschlagen, unter solchen Bedingungen von einer „*exozentrisch bestimmten Bewegungswahrnehmung*" zu sprechen. Das ruhende „Exozentrum" wäre durch die ruhend erscheinenden Gegenstände des Gesichtsfeldes gegeben, während das eigene Ich bewegt erscheint. Es ist wohl bei einer physiologischen Betrachtungsweise gar nicht anders möglich, als Bewegungswahrnehmungen als relativ anzusehen.

Dabei möge der Begriff „exozentrisch bestimmte Bewegungswahrnehmung" auf jene Verhältnisse reserviert bleiben, wo der ruhende Außenraum tatsächlich wahrgenommen, d. h. z. B. gesehen, gehört oder getastet wird.

Bewegungswahrnehmungen bei bestimmten Fortbewegungen des eigenen Ich können aber auch dann zustande kommen, wenn sonst alle Sinnesreize tunlichst ausgeschaltet sind. Ein solches Verfahren kann man beispielsweise im Dunkelzimmer bei möglichster Stille durch Rotationen auf geräuschlos laufenden, erschütterungsfreien Drehstühlen erzielen. Die einzige Kraft, welche aber trotz möglichster Ausschaltung aller Sinnesreize immer auf unseren Körper wirkt und der wir uns unter keinen Umständen, es sei denn durch den freien Fall, entziehen können, ist die Schwerkraft. Dieselbe hat einen ständigen Einfluß auf bestimmte Sinne. Doch fehlt trotz alledem in dem zuletzt geschilderten Falle bei den Bewegungswahrnehmungen das „Exozentrum" in der Art, daß der Außenraum als ruhend „wahrgenommen" wird. Wir haben während dieser Drehwahrnehmung oder Bewegungswahrnehmung nur noch eine „Vorstellung vom Außenraum". Die unter solchen Umständen zustande kommenden Bewegungswahrnehmungen möchten wir nun als *absolute Bewegungswahrnehmungen* bezeichnen. Sie wären gewissermaßen ein Spezialfall der exozentrisch bestimmten Bewegungswahrnehmungen, wenn man letzteren Begriff weiter fassen wollte.

Die obigen Ausführungen lassen sich nun in verhältnismäßig einfacher Weise auch auf die Lokalisation übertragen. Der Begriff egozentrische Lokalisation bedarf dabei keiner näheren Erläuterung. Unter „*exozentrischer Lokalisation*" wäre dann zu verstehen, daß wir unser eigenes Ich, wie schon oben erwähnt, in bezug auf den wahrgenommenen Außenraum einordnen. Ein solches Verhalten ist wohl im gewöhnlichen Leben das übliche. Man sagt ja z. B.: ich sitze vor meinem Schreibtisch, ich sitze in meinem Zimmer, stehe auf einem Berge, gehe an Häusern vorbei, fahre durch eine Straße u. dgl., nicht aber umgekehrt.

Dabei darf aber keineswegs übersehen werden, daß die gewissermaßen „reziproken" Begriffe *egozentrische und exozentrische Lokalisation denselben physiologischen Tatbestand bezeichnen*[4] und darum auch den gleichen physiologischen Gesetzen folgen müssen. Das, was uns ermöglicht, sie aus Zweckmäßigkeitsgründen gerade in Hinsicht auf die Orientierungsfrage auseinanderzuhalten, sind *psychologische Gründe*. Man wird deshalb auch nicht erwarten dürfen, daß

---

[1] KRIES, J. v.: Allgemeine Sinnesphysiologie. 1923.
[2] HOFMANN, F. B.: Raumsinn. 1920 u. 1925.
[3] FISCHER, M. H., u. A. E. KORNMÜLLER: J. Psychol. u. Neur. **41**, 273 (1930).
[4] Letzten Endes hat *jede* Lokalisation eine egozentrische Wurzel; darin müssen wir v. KRIES vorbehaltlos beipflichten.

beide unter allen Umständen scharf unterschieden werden können. Es wird zweifellos überaus häufig fließende Übergänge geben, wo die eine Betrachtungsweise in die andere umspringt.

Der Begriff *absolute Lokalisation* bliebe nach unseren Ausführungen reserviert für die Einordnung unseres eigenen Ich in den „vorgestellten" Außenraum. Es ist klar, daß wir auch in diesem Falle hier wieder mit einschließen müssen, wie unser Körper gegen die Schwerkraftsrichtung angeordnet erscheint, daß also das Problem der scheinbaren Vertikalen hierher gehört ebenso wie das der scheinbaren Horizontalen, weil wir uns ja eben der Schwerkrafteinwirkung nie entziehen können.

Daß obige Ausführungen von besonderem heuristischen Werte für die ganze Orientierungsfrage sein können, wird sich wiederholt zeigen lassen.

Die Grundlage jeder Lokalisation und damit auch der Orientierung ist dadurch gegeben, daß wir eine in der Regel recht genaue *Vorstellung vom eigenen Körper* besitzen. Da dieselbe, wie es allen Vorstellungen eigen ist, eine gewisse Unbestimmtheit aufweist, wird uns von vornherein klar sein, daß eine solche Unbestimmtheit auch der Lokalisation und der Orientierung eigen sein muß. Es ist auch zweifellos, daß die Vorstellung von unserem eigenen Körper bei allen Sinneswahrnehmungen nicht unmittelbar in den Vordergrund tritt, sondern daß sie, wie sich z. B. SCHILDER[1] ausdrückt, der sie „*Körperschema*" im Anhange an HEAD nennt, zum Teil „nicht ausdrücklich konstatiert ist, sondern auf niedriger Bewußtseinsstufe" steht.

Man möchte zunächst glauben, daß es notwendig ist, eine gewisse Klarheit über das *Zustandekommen der Vorstellung von unserem Körper* als Voraussetzung zu verlangen. Sicher würde sich eine genaue Einsicht in diese Frage auch als besonders vorteilhaft erweisen; doch ist diese Frage experimentell nicht lösbar. Es würde sich also darum handeln, hier auf sehr umstrittene und recht zugespitzte Probleme einzugehen und evtl. noch erkenntnistheoretische Erörterungen anzuschließen. Dafür ist hier keineswegs der Platz. Übrigens sind solche Erörterungen für die Behandlung unserer Fragestellung keine Notwendigkeit.

Daß sich die *Vorstellung vom eigenen Körper* im Laufe des Lebens allmählich *entwickelt*, daß dabei die Wiederholung ähnlicher Eindrücke (v. KRIES) eine besondere Rolle spielt, ist gewiß sehr wahrscheinlich. Inwieweit hier optische, taktile, haptokinästhetische Eindrücke usf. besonders im Vordergrunde stehen, soll an dieser Stelle nicht weiter untersucht werden. Es ist aber sicher, daß schon relativ früh im Kindesalter die Vorstellung vom eigenen Körper eine gewisse Ausprägung erfährt. Wir wollen hier nur auf das triviale Beispiel hinweisen, daß Kinder die Aufgabe, bei geschlossenen Augen geradeaus, „der Nase nach", zu gehen, recht gut erfüllen können. Dies hat aber bereits eine bestimmte Ausbildung des „Körperschemas" zur Voraussetzung.

Die Vorstellung von unserem eigenen Körper ist ausgezeichnet durch *besondere Richtungen*, die sog. Hauptrichtungen: rechts, links, vorn, rückwärts, kopfwärts, fußwärts. Alles, was weder rechts noch links ist, ist „scheinbar median". Mit den eigenartigen Symmetrieverhältnissen des Körperbaues dürfte es nun zusammenhängen, daß gerade diese Vorstellung von der scheinbaren Medianen bei normaler Körperhaltung so besonders genau charakterisiert ist. Gerade ihr ist eine verhältnismäßig große Bestimmtheit eigen.

Man hat wiederholt behauptet (z. B. F. B. HOFMANN[2]), daß für die Lokalisation, dementsprechend auch für die Orientierung das Ich oder auch nur Teile vom Ich im Sehraume enthalten sein müßten. Dieser Forderung kann wohl

---
[1] SCHILDER, P.: Das Körperschema. 1923.
[2] HOFMANN, F. B.: Raumsinn. 1920 u. 1925.

nicht beigepflichtet werden. Das lehrt z. B. die Lokalisation leuchtender Objekte im dunklen Raume, die Orientierung im dunklen Raume, die akustische Lokalisation bei geschlossenen Augen u. dgl. m. Wir werden uns unter normalen Verhältnissen zu denken haben, daß *sich Wahrnehmung und Vorstellung vom eigenen Körper gegenseitig ergänzen*, gerade so wie Sehraum und Vorstellungsraum fließend ineinander übergehen, was besonders v. KRIES hervorhebt. Es existiert ja z. B. im Sehraume nur ein „Vorn", aber kein „Hinten", ohne daß etwa für gewöhnlich scharfe Grenzen auffallen würden.

Nun kann die *Vorstellung vom eigenen Körper* unter verschiedenen Bedingungen *mannigfache Änderungen* erfahren und *recht unbestimmt* werden. v. KRIES[1] schreibt zu diesem Problem in der ihm eigenen Klarheit z. B. folgendes: „Allein die zusammengesetzte Natur unseres Körpers und die Beweglichkeit seiner Teile gegeneinander bringt es mit sich, daß unserer Vorstellung vom eigenen Körper nicht allein ein gewisser Grad von Unbestimmtheit eigen ist, sondern daß sie je nach Umständen etwas sehr Wechselndes bedeuten kann. Wir haben freilich Anlaß, eine ganz bestimmte gegenseitige Anordnung der Körperteile als eine in mancherlei Sinn bevorzugte und besonders wichtige zum Ausgangspunkt zu nehmen. Es ist diejenige, bei der die Symmetrieebenen aller Körperteile zusammenfallen, also weder der Kopf gegen den Rumpf noch dieser in sich oder gegen die unteren Extremitäten gedreht ist, und bei welcher auch die Längsachsen der einzelnen Körperteile in gleicher Richtung liegen, also keine Vor- oder Rückwärtsbeugung besteht. Solange diese Anordnung der Körperteile eingehalten ist, haben die Begriffe Rechts und Links, Oben und Unten eine feste und einheitliche Bedeutung, und wir können durch sie, ja auch in der Form, daß wir ihnen bestimmte Werte, Breiten- und Höhenwerte zuschreiben, unseren Eindruck von einer Sehrichtung genügend und zutreffend angeben. Dagegen bemerken wir z. B. bei rechtsgewendetem Kopfe sehr wohl, daß der fixierte Gegenstand zwar gerade vor dem Kopfe, aber seitlich gegen die Medianebene des Rumpfes gelegen ist usw. Unter diesen Umständen haben wir eine veränderte Vorstellung von unserem eigenen Körper, und demgemäß reichen auch die einfachen Begriffe Rechts und Links, Höhen- und Breitenwerte nicht mehr aus, um das Verhältnis der gesehenen Richtung gegen unseren Körper anzugeben. Die egozentrische Natur des räumlichen Sehens schließt also eine gewisse Veränderlichkeit der die örtlichen Bestimmungen ausmachenden psychologischen Tatbestände ein."

Wir werden weiter unten noch Beispiele anführen können, welche zeigen, daß Augenwendungen, selbst wenn sie schon eine Zeit verflossen und die normalen Verhältnisse wiederhergestellt sind, Nachwirkungen besitzen, welche eine Veränderung der Vorstellung vom eigenen Körper bewirken. Es scheint nun, daß diese für das Problem der Lokalisation und Orientierung besonders wichtigen Fragen viel zu wenig studiert worden sind. Es dürfte hier noch vielerlei Arbeit zu leisten sein. Man könnte speziell dadurch mancherlei aufklärende Anhaltspunkte über das Problem der Rechts- und Linksorientierung am eigenen Körper gewinnen, deren Störungen bei Kranken ja von ganz besonderem Interesse sind. Ein einfaches Hilfsmittel zur Prüfung solcher Verhältnisse dürfte z. B. schon darin zu finden sein, daß man Kranken mit Störungen des Körperschemas die Aufgabe stellt, geradeaus zu gehen.

## 2. Richtungslokalisation.

Es kann nicht beabsichtigt sein, hier die Probleme der egozentrischen Lokalisation in allen Einzelheiten wieder aufzuwerfen. Darüber sei auf die Dar-

---
[1] KRIES, J. v.: Allgemeine Sinnesphysiologie. S. 215—216.

stellung von A. TSCHERMAK[1] verwiesen; doch wird es sich nicht umgehen lassen, einige speziellere Teilprobleme, welche für die Orientierung von hervorragender Bedeutung sein dürften, vorzüglich in Berücksichtigung neuerer Ergebnisse, zu erörtern.

F. B. HOFMANN[2] hat die egozentrische Lokalisation zweckmäßigerweise in eine *Richtungslokalisation* und eine *Abstandslokalisation* unterteilt. Wir wollen unsere Aufmerksamkeit zunächst der Richtungslokalisation zuwenden und hier wiederum vornehmlich Tatsachen der *optischen* Richtungslokalisation hervorheben, weil diese verhältnismäßig gut klargestellt werden konnten.

An die Spitze sei ein von M. H. FISCHER und KORNMÜLLER[3] beschriebener Grundversuch gestellt. Es wird zunächst unter Einhaltung besonderer Vorsichtsmaßregeln (symmetrische Körperhaltung, vorausgegangene, tunlichste Muskelruhe, geschlossene Augen usw.) mittels einer bestimmten Einrichtung eine Nadel binokular scheinbar median gestellt. Aus ungefähr 10 Einstellungen wird der Mittelwert gezogen und die Nadel entsprechend vom Versuchsleiter gerichtet. Nun wird die Versuchsperson aufgefordert, eine möglichst extreme Blickwendung nach rechts auszuführen und dieselbe mittels einer Fixiermarke etwa 2 Minuten tunlichst unverändert beizubehalten. Führt die Versuchsperson nachher ihren Blick wieder auf die Nadel zurück, dann scheint die Nadel nicht mehr in der scheinbaren Medianen zu stehen. Es erweckt den Eindruck, als würde sie in bestimmten Intervallen einmal rechts, einmal links stehen. Nach 2—3 Minuten ist dieses wechselnde Verhalten wieder abgeklungen und die Nadel erscheint nach wie vor wieder in der Medianen.

Aus diesem Versuche, der jederzeit leicht zu bestätigen ist, geht hervor, daß sich unter völlig gleichen objektiven Verhältnissen, offenbar lediglich *infolge charakteristischer Nachwirkungen der vorausgegangenen Blickwendung, die egozentrische Lokalisation geändert* hat. Das läßt sich auch so ausdrücken, daß sich trotz beibehaltener Blickrichtung die Sehrichtung geändert hat.

Wollen wir diese Verhältnisse mit Rücksicht auf das Problem der Orientierung darstellen, dann müssen wir so formulieren, daß man unter der Nachwirkung einer extremen Blickwendung nicht mehr vor einem bestimmten Gegenstande zu stehen scheint, sondern rechts oder links um einen bestimmten Betrag abgewichen ist, je nach den entsprechenden Momenten.

Man kann den oben angeführten Grundversuch in einer anderen Modifikation auch zur *messenden Charakteristik der Änderungen der Lokalisation bzw. der Orientierung* verwenden. Das geschieht in der Art, daß man die Versuchsperson knapp nach der Blickwendung in unmittelbarer zeitlicher Folge eine Reihe von Einstellungen der binokularen scheinbaren Medianen machen läßt. Ein typisches Beispiel nach einer 2 Minuten dauernden extremen Blickwendung nach rechts zeigt beigeschlossene Abb. 336. Die ersten direkt an die Blickwendung anschließenden Einstellungen liegen rechts von der Kontrolleinstellung. Dieser Effekt ist flüchtig. Er schlägt dann in einen länger dauernden gegenseitigen um, der im Laufe der folgenden Minuten wieder völlig verschwindet. Es bedarf keiner näheren Ausführungen, daß es sich hier um dasselbe Phänomen handelt wie bei dem oben angeführten Grundversuche.

Ein besonderes Interesse verdienen hier auch Experimente *mit willkürlichen Seitenwendungen der Augen*, welche eine in bestimmtem Abstande gebotene Fixiermarke dauernd festhalten. Solche Versuche sind im Prinzipe bereits von

---

[1] TSCHERMAK, A.: Ds. Handb. **12 II**, 834ff.
[2] HOFMANN, F. B.: Raumsinn. 1920 u. 1925.
[3] FISCHER, M. H., u. A. E. KORNMÜLLER: Z. Sinnesphysiol. **61**, 87 (1930).

Sachs und Wlassak[1], Hillebrand[2] und vom Hofe[3] aufgezeigt worden. Die Ergebnisse einer derartigen Versuchsreihe erhellen aus der beigeschlossenen Abb. 337.

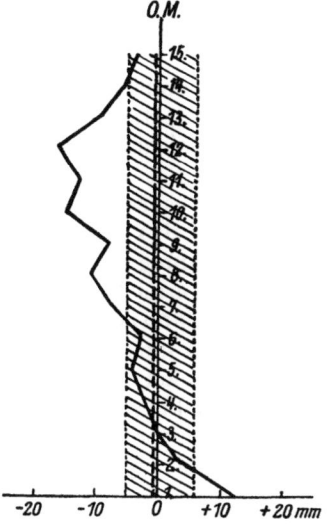

Abb. 336. Lokalisation der binokularen scheinbaren Medianen bei 15 unmittelbar aufeinanderfolgenden Einstellungen anschließend an eine extreme Blickwendung nach rechts von 2 Minuten Dauer. Der gestrichelte Stab kennzeichnet die Schwankungsbreite der Kontrolleinstellung. Auf den Abszissen sind die Abweichungen der einzelnen Einstellungen von der objektiven Primärmediane verzeichnet, wogegen die Ordinate die aufeinanderfolgenden Einstellungen 1—15 charakterisiert. (Nach M. H. Fischer und A. E. Kornmüller.)

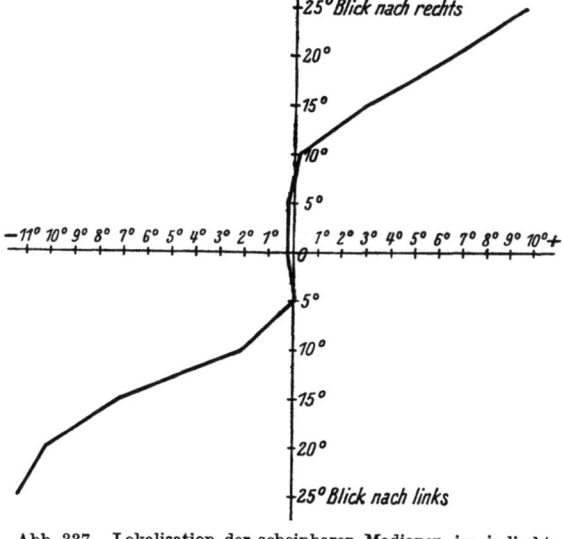

Abb. 337. Lokalisation der scheinbaren Medianen im indirekten Sehen bei willkürlichen Blickwendungen bis zu 25° in Stufen von 5°. Auf den Abszissen sind die Abweichungen der scheinbaren Medianen von der objektiven Primärmedianen verzeichnet, auf den Ordinaten ist das jeweilige Ausmaß der Blickwendungen angegeben. (Nach M. H. Fischer und A. E. Kornmüller.)

Man sieht, daß sich auch hierbei die Lokalisation der scheinbaren Medianen wesentlich ändern kann, wenn die willkürlichen Blickwendungen ein bestimmtes Ausmaß überschritten haben. Es ist auch vollständig klar, daß unter den genannten Bedingungen die Nadel nur dann in der scheinbaren Medianen gesehen wird, wenn sie auf peripheren Netzhautbezirken abgebildet wird.

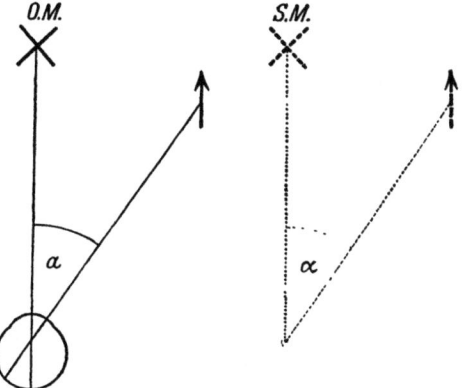

Abb. 338a. Blickrichtungsschema.

Abb. 338b. Einfaches Sehrichtungsschema. Gesichtswinkel $a$ und Sehwinkel $\alpha$ sind inkommensurabel. Näheres im Text. (Nach M. H. Fischer und A. E. Kornmüller.)

Im Sinne der Lehre von der egozentrischen Lokalisation verlangen die angeführten Versuche eine ganz bestimmte *Deutung*. Einfache Schemata sind imstande, dieselbe leicht klarzustellen. Der Übersichtlichkeit halber werden monokulare Schemata herangezogen, da sich dadurch eine prinzipielle Änderung

---

[1] Sachs, M., u. R. Wlassak: Z. Physiol.-Psychol. S. O. **22**, 23 (1899).
[2] F. Hillebrand in den Zusätzen bei E. Mach: Analyse der Empfindungen. 9. Aufl. Jena: G. Fischer 1922.
[3] Hofe, K. vom: Graefes Arch. **116**, 270 (1925).

nicht ergibt. Ein in der objektiven Medianebene $OM$ gelegenes Kreuz wird fixiert (Abb. 338a). Rechts seitlich befindet sich in bestimmtem Abstande vom Kreuz ein Pfeil. Der Winkel $a$ ist dann der Gesichtswinkel. Wenn wir annehmen, daß die Lokalisation richtig ist, dann erscheint das gesehene Kreuz in der Medianen und der Pfeil in einer bestimmten Entfernung rechts davon (Abb. 338b).

(Unter *Richtigkeit der Lokalisation* dürfen wir streng genommen nur verstehen, daß *Dinge, welche in der objektiven Medianebene liegen, auch subjektiv median erscheinen*[1]. Es ist eine altbekannte Tatsache, daß eine solche Richtigkeit der Lokalisation für gewöhnlich nur von ungefähr besteht.)

Die letztgenannte Entfernung ist durch den Sehwinkel $\alpha$ gekennzeichnet. Wichtig ist dabei, daß der Gesichtswinkel $a$ und der Sehwinkel $\alpha$ inkommensurabel sind. Führt nun das Auge (Abb. 339a) eine Blickbewegung nach rechts aus (Kreuz und Pfeil bleiben unverändert), bis es den Pfeil erreicht und ihn fixiert, dann ist der Blickwinkel $b$ gleich dem Gesichtswinkel $a$. Durch die Blickbewegung und neue Fixationsstellung des Auges ist nun aber, wie aus den obenerwähnten Versuchen hervorgeht, eine Änderung der egozentrischen Lokalisation eingetreten, wie sie am besten durch Abb. 339b dargestellt wird: Das Kreuz erscheint links und der Pfeil weniger rechts als vorher; der *Sehwinkel $\alpha$* aber, also *die relative Lokalisation*, hat *keine Änderung* erfahren. Die scheinbare Distanz der beiden Sehdinge voneinander ist genau die

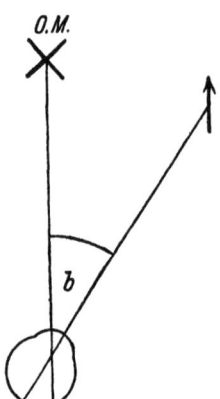

Abb. 339a. Blickrichtungsschema nach einer willkürlichen Blickwendung um den Blickwinkel $b$ von dem Kreuz bis zum Pfeil. Blickwinkel $b$ = Gesichtswinkel $a$ in Abb. 338a.

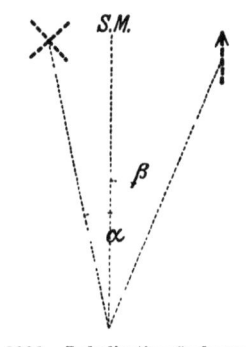

Abb. 339b. Lokalisationsänderung nach der willkürlichen Blickwendung um den Winkel $b$. Der Sehwinkel zwischen Kreuz und Pfeil (Winkel $\alpha$, vgl. Abb. 338b) ist gegenüber den Verhältnissen vor der Blickwendung (Abb. 338b) unverändert geblieben; jedoch hat sich die egozentrische Lokalisation insofern geändert, als das Kreuz nun links von der scheinbaren Medianen erscheint, der Pfeil aber um den Winkel $\beta$, der kleiner ist als der Winkel $\alpha$, nach rechts von der scheinbaren Medianen verschoben erscheint. (Nach M. H. FISCHER und A. E. KORNMÜLLER.)

gleiche geblieben. Wir müssen also auch hier wieder folgern: *durch die Blickbewegung wurde die Sehrichtung geändert*, nicht aber der Unterschied der Sehrichtungen untereinander. Ist in Abb. 338b der scheinbare Winkel $\alpha$ ein Kennzeichen für die Sehrichtung des Pfeiles, so ist es nunmehr nach vollführter Blickbewegung in Abb. 339b der scheinbare Winkel $\beta$, und $\beta$ ist kleiner als $\alpha$.

Eine solche Formulierung ist anscheinend notwendig, wenn man die Sachlage *vom Standpunkte einer streng egozentrischen Lokalisation* beurteilt. Denn, was sich in einem solchen Falle unmittelbar aufdrängt, ist eben, daß die Sehdinge ihren scheinbaren Ort geändert haben, nicht aber, daß wir etwa merken würden, es hätte sich die Vorstellung von unserem Körper in bezug auf den

---

[1] Man hat die Richtigkeit der Lokalisation früher häufig dadurch charakterisieren wollen, daß man z. B. sagte, Blickrichtung und Sehrichtung fallen zusammen, oder bei symmetrischer Konvergenz fallen objektive und scheinbare Mediane zusammen u. dgl. Eine solche Darstellungsweise muß unter allen Umständen abgelehnt werden, weil man subjektive und objektive Dinge als inkommensurabel bezeichnen muß und sie daher nicht einfach miteinander vergleichen darf.

Außenraum irgendwie geändert. Es wurde jedoch schon oben darauf aufmerksam gemacht, daß es sehr wohl Bedingungen im täglichen Leben gibt, unter welchen der Standpunkt einer strengen Egozentrik aufgegeben wird und man viel mehr „exozentrisch" eingestellt ist, wenn wir die Bedeutung dieses Wortes so fassen wollen, wie sie oben dargelegt wurde.

Es hat beispielsweise VOM HOFE[1] darauf aufmerksam gemacht, daß bei einer Augendrehung auch der in Wirklichkeit geradeaus gerichtete Kopf in der gleichen Richtung mitgedreht erscheint. Solche Bemerkungen finden sich auch bei manchen anderen Autoren, z. B. ROELOFS[2], HILLEBRAND[3] usw. Treten nun diese Momente durchaus in den Vordergrund und wird so die Sachlage gerade umgekehrt, dann wird man allerdings nicht mehr formulieren, daß die Gesichtsobjekte ihren scheinbaren Ort geändert haben, sondern gerade umgekehrt. Geführt durch das Bewußtsein, daß gewisse uns umgebende Gesichtsobjekte stille stehen, wird dann die Angabe in den Vordergrund treten, daß *unsere Einordnung zu dem umgebenden wahrgenommenen Außenraum sich geändert hat*. Beziehen wir uns auf das oben diskutierte Beispiel, so wird man sagen müssen: infolge der Blickwendung nach rechts um den Blickwinkel b ist unsere Orientierung zu den Gesichtsobjekten eine andere geworden. Wir stehen nicht mehr gerade vor dem Kreuz, sondern haben uns offensichtlich um einen gewissen Winkel nach rechts verdreht.

Es dürften also in solchen Fällen prinzipiell zwei Möglichkeiten gegeben sein, von denen jede je nach der, wenn man sich so ausdrücken darf, „psychologischen Einstellung" der Versuchsperson vorherrscht. Dadurch mag vielen Streitfragen der Auffassung über die Lokalisation bzw. Orientierung die Spitze abgebrochen worden sein.

Allem Anscheine nach wird also *durch seitliche Augenwendungen* auf irgendeinem Wege die *Vorstellung von unserem eigenen Körper*, also das Körperschema, *in charakteristischer Weise abgeändert*. Optische Lokalisationsversuche allein dürften allerdings eine gewisse Unsicherheit in der Beantwortung einer solchen Frage bestehen lassen. Doch läßt sich erweisen, daß durch Augenwendungen ebenso die haptokinästhetische wie auch die akustische egozentrische Lokalisation anscheinend typisch beeinflußt wird. In diesen beiden Fällen kommt aber den Augen bei der Bestimmung der Sinneseindrücke sicherlich keine unmittelbare Rolle zu wie bei der optischen Lokalisation. Wir stützen uns hier allerdings auf zahlreiche Experimente, welche erst bei anderer Gelegenheit ausführlich dargelegt werden müssen.

Doch gibt es andere Fälle, wo die Notwendigkeit einer näheren Begründung derzeit kaum mehr besteht. So ist kein Zweifel darüber, daß man beispielsweise durch eine *Verdrehung des Stammes gegen den Kopf oder umgekehrt die Vorstellung vom eigenen Körper in ihren inneren Relationen ganz beträchtlich ändern kann*. Es existiert in einem solchen Falle nicht mehr die Vorstellung einer einheitlichen Medianen, sondern es sind zwei vorhanden, eine scheinbare Mediane des Kopfes und eine scheinbare Mediane des Stammes, die nichtsdestoweniger innig miteinander verknüpft sind. Sehr bemerkenswert ist, daß unter diesen Verhältnissen den Vorstellungen ein ganz besonders hoher Grad von Unbestimmtheit eigen ist.

M. H. FISCHER und KORNMÜLLER[4] haben Versuche über die egozentrische

---
[1] HOFE, K. VOM: Z. Sinnesphysiol. **57**, 174 (1926) — Graefes Arch. **116**, 270 (1925).
[2] ROELOFS, C. O.: Graefes Arch. **113**, 239 (1924). — ROELOFS, C. O., u. A. J. DE FAVAUGE BRUYEL: Arch. Augenheilk. **95**, 111 (1924).
[3] HILLEBRAND, F.: Jb. Psychiatr. **40**, 213 (1920) — Z. Psychol. **104**, 129 (1927).
[4] FISCHER, M. H., u. A. E. KORNMÜLLER: Z. Sinnesphysiol. **61**, 87 (1930).

Lokalisation nach vorausgegangenen extremen Stammdrehungen oder Kopfwendungen unmittelbar nach wiederhergestellter normaler Haltung vorgenommen. Es zeigten sich unter solchen Bedingungen gleichfalls kurz dauernde Änderungen der egozentrischen Lokalisation von etwa der Art, wie sie nach vorausgegangenen extremen Blickwendungen vorhanden sind. Auch bei Stammdrehungen ergab sich eine typische Veränderung der egozentrischen Lokalisation, bei der besonders die hochgradige subjektive Unbestimmtheit bemerkenswert ist[1].

Die Deutung dieser Erscheinungen unterliegt nicht unerheblichen Schwierigkeiten. Es soll darum an dieser Stelle nicht näher darauf eingegangen werden. Es ist nicht ausgeschlossen, daß reflektorische Beeinflussungen der Augenmuskeln durch sog. Halsreflexe hier eine Rolle spielen.

Nur nebenbei sei auf das besondere Verhalten der *monokularen egozentrischen optischen Lokalisation* hingewiesen. Dieselbe ist ziemlich unbestimmt und hängt zweifellos in bestimmter Weise von der Nah- bzw. Ferneinstellung der Augen ab, ohne daß der genaue Tatbestand bisher genügend aufgeklärt worden wäre.

Daß eine absolute *Richtigkeit der Lokalisation* nur ein verhältnismäßig seltenes Vorkommen bedeutet, das wurde oben schon kurz erwähnt. Wenn nun alle jene Fälle in Betracht gezogen werden, wo durch Verschiebungen einzelner Körperteile gegeneinander, wie z. B. der Augen gegen den Kopf, des Kopfes gegen den Rumpf oder umgekehrt (hier sind noch weiter aufklärende Studien ausständig), äußerst bemerkenswerte Veränderungen der Lokalisation hervorgerufen werden, welche offensichtlich maßgebend durch Modifikationen des Körperschemas hervorgerufen werden, so wird verständlich sein, daß in den meisten solcher Fälle eine Richtigkeit der Lokalisation nur ein relativ zufälliges Ereignis sein wird. Daß ein solcher Tatbestand für unsere Orientierung im Raume von ganz besonderer Bedeutung ist, läßt sich nicht ableugnen. Wir wollen weiter unten auf eine nähere Aufklärung dieser Dinge nochmals zurückkommen.

Wir haben oben von den zahlreichen Versuchen, welche unleugbare Beweise für das Miteingreifen des Augenmuskelapparates bei der optischen Lokalisation bringen, einige angeführt. Es ist schon frühzeitig erkannt worden (es seien v. HELMHOLTZ, v. KRIES, A. TSCHERMAK, F. B. HOFMANN genannt), daß die *egozentrische Richtungslokalisation* nicht nur durch den Ort der Netzhautbilder bestimmt ist, sondern *auch mit dem Augenmuskelapparate zusammenhängt*. Man hatte häufig geradezu an „Innervationsempfindungen" von den Augenmuskeln gedacht. Daß eine solche Anschauung unhaltbar ist, steht heute außer Zweifel, denn Innervationsempfindungen existieren als Bewußtseinsinhalte nicht. Andererseits ist von J. v. KRIES die sog. Theorie des „Stellungsfaktors" vertreten worden, wohingegen A. TSCHERMAK auf seiner Theorie der „Spannungsbilder" beharrt. Betreffs der Diskussion dieser Frage sei auf v. KRIES[2], A. TSCHERMAK[3] und F. B. HOFMANN[4] verwiesen. Es möge hier nur darauf aufmerksam gemacht werden, daß derzeit eine *strikte Entscheidung der Frage nicht möglich* ist, *ob bei der Tätigkeit des Augenmuskelapparates vorhandene zentralnervöse Vorgänge in den Bewußtseinsinhalt bei der Lokalisation eingreifen* oder *ob sensorische Funktionen*

---

[1] Man wird nicht fehlgehen, wenn man die eigenartigen Tatsachen, welche A. BLUMENTHAL [Passow-Schaefers Beitr. **26**, 390 (1928); vgl. oben S. 986] beim Gehen mit seitwärts gedrehtem Kopfe auffinden konnte, in einen engen Zusammenhang mit den eben geschilderten Verhältnissen bringt.

[2] KRIES, J. v.: Allgemeine Sinnesphysiologie. 1923.
[3] TSCHERMAK, A.: Ds. Handb. **12 II**, 834, 1001.
[4] HOFMANN, F. B.: Raumsinn. 1920 u. 1925.

*der Augenmuskeln* im Sinne der Spannungsbilder von A. TSCHERMAK *maßgebend* sind. Selbst Untersuchungen über die egozentrische Lokalisation beim vestibulären Nystagmus konnten bei streng kritischer Sichtung nicht zur Klärung dieser Streitfragen beitragen[1].

Nur ganz kurz sei auf die *haptokinästhetische Richtungslokalisation* eingegangen. Hier stehen ältere Versuche von AUBERT und DÉLAGE[2] an der Spitze, welche sich mit dem Probleme des Zeigens bei Augen- und Kopfwendungen beschäftigen. Der sog. *Zeigeversuch*, welcher von BÁRÁNY[3] als diagnostisches Hilfsmittel bei der Funktionsprüfung des Vestibularapparates eingeführt worden ist, hat mancherlei Ausgestaltungen und experimentelle Prüfungen erfahren. Es würde zu weit gehen, diese Dinge im Detail zu schildern und ungebührliche Ansprüche an Raum und Zeit stellen. Hervorgehoben möge noch der egozentrische Zeigeversuch von M. H. FISCHER und E. WODAK werden, welcher ohne äußere Hilfsmittel auf das Zeigen der scheinbaren Medianen hinausläuft. Hier ist in den Einzelheiten der Einfluß von Kopfverdrehungen und Augenwendungen studiert worden. In der zusammenfassenden Darstellung von WODAK[4] sind die Ergebnisse übersichtlich niedergelegt sowie nähere Literaturhinweise gegeben.

Es ist nicht unwichtig, daß nach messenden Versuchen die haptokinästhetische Lokalisation der scheinbaren Medianen, und zwar monobrachial und bibrachial in ähnlicher Weise durch Augenwendungen beeinflußt werden kann wie die optische egozentrische Lokalisation[5]. Dies deutet, wie schon oben erwähnt, darauf hin, daß durch Augenwendungen eine Veränderung der Vorstellung vom eigenen Körper erzeugt wird.

Auch die *Wahrnehmung der Schallrichtung* bzw. unsere *Einstellung zu Schallquellen* ist zweifellos für unsere Orientierung im Raume vielfach maßgebend. Es wäre müßig, hier die einzelnen theoretischen Anschauungen über dieses Problem auseinanderzusetzen. Darüber sei auf den Artikel von v. HORNBOSTEL[6] verwiesen. Doch haben sich die einschlägigen Untersuchungen fast ausnahmslos auf anderen Gebieten bewegt als in der Verfolgung einer egozentrischen Lokalisation von Gehörseindrücken unter Heranziehung geeigneter Methoden. Hier liegt anscheinend nur eine Arbeit von VEITS[7] aus dem Institut von TSCHERMAK vor. VEITS konnte zeigen, daß auch akustisch am genauesten die scheinbare Mediane ausgezeichnet ist. Nur nebenbei wurde auf die Bedeutung der Augenstellung hingewiesen und an einigen Befunden gezeigt, daß dieselbe einen bestimmten Einfluß auf die Lokalisation besitzt. Auch die Versuche von GOLDSTEIN und ROSENTHAL-VEIT[8] seien an dieser Stelle erwähnt. Es kann wohl

---

[1] Man vgl. hierüber auch die Untersuchungen und Klarlegung der Tatbestände bei M. H. FISCHER u. A. E. KORNMÜLLER: Z. Sinnesphysiol. **61**, 87 (1930) — J. Psychol. u. Neur. **41**, 383 (1931). — GÖTHLIN, G. F.: Die Bewegungen und die physiologischen Konsequenzen der Bewegung eines zentralen optischen Nachbildes im dunklen Blickfelde bei postrotatorischer und calorischer Reizung des Vestibularapparates. Nova acta reg. soc. Upsal. Vol. extr. ord. ed. Upsala **1927**. — DITTLER, R.: Z. Sinnesphysiol. **52**, 274 (1921).
[2] AUBERT, H., u. Y. DÉLAGE: Physiologische Studien über die Orientierung (1888). — Vgl. auch die hierhergehörigen, allerdings wenig übersichtlichen Untersuchungen von E. v. CYON: Ohrlabyrinth 1908.
[3] BÁRÁNY, R., u. K. WITTMAACK: Verh. dtsch. otol. Ges. **1911**, 37—184.
[4] WODAK, E.: Der Báránysche Zeigeversuch. Berlin-Wien: Urban & Schwarzenberg 1927. — Vgl. auch K. GRAHE: Ds. Handb. **11 I**, 909ff.
[5] Das wird durch Versuche näher zu begründen sein, die einstweilen noch nicht veröffentlicht worden sind.
[6] HORNBOSTEL, E. M. v.: Ds. Handb. **11 I**, 602.
[7] VEITS, C.: Z. Hals- usw. Heilk. **14**, 269 (1926).
[8] GOLDSTEIN, K., u. O. ROSENTHAL-VEIT: Psychol. Forschg **8**, 318 (1926).

gar kein Zweifel darüber bestehen, daß gerade auf dem Gebiete der akustischen egozentrischen Lokalisation noch viele Probleme brachliegen, deren erfolgreiche und kritische Bearbeitung mancherlei Fortschritte erhoffen läßt.

Das bemerkenswerteste Hauptergebnis unserer allgemeinen Betrachtungen über die egozentrische Lokalisation und über die Orientierung besteht also darin, daß für diese beiden Erscheinungen die *Vorstellung vom eigenen Körper die wichtigste Grundlage* bildet. Wir konnten zeigen, daß dieser Vorstellung ein gewisser Grad von Unbestimmtheit eigen ist und auf eine Reihe von physiologischen Faktoren aufmerksam machen, welche imstande sind, die Vorstellung vom eigenen Körper zu modifizieren. Daß unter solchen Verhältnissen Änderungen in der Lokalisation bzw. der Orientierung auftreten müssen, wurde anscheinend mit genügender Klarheit auseinandergesetzt. Daß wir mit einer absoluten Richtigkeit der Lokalisation[1] gewissermaßen nur rein zufällig zu rechnen haben, konnte gleichfalls an Hand des Tatbestandes mit Sicherheit aufgewiesen werden. Man wird nicht daran zweifeln können, daß an diesem Verhalten Asymmetrien im Bau und der Funktion der beiden Körperhälften schuld sind[2].

Betrachten wir nun unter diesen kurz zusammengefaßten Gesichtspunkten jene Erscheinungen, welche wir eingangs bei den Orientierungsversuchen und Ergebnissen am Menschen beschrieben haben, so dürften sich möglicherweise mancherlei leicht übersichtliche Aufklärungen ergeben.

Wenn wir uns bei unsichtigem Wetter etwa im Nebel oder Schnee geradeaus bewegen sollen, d. h. eine bestimmte Richtung einhalten sollen, dann befinden wir uns annähernd unter den gleichen Bedingungen wie Blinde, denen man dieselbe Aufgabe stellt. Das gilt auch, wenn wir uns in einem absolut gleichartigen Terrain wie etwa in der Wüste, auf weiten Tundren, Steppen, ausgedehnten Schnee- oder Eisflächen bewegen müssen, wo uns keinerlei optische Anhaltspunkte, die uns sonst ein bestimmtes Ziel anzeigen, zur Verfügung stehen. Der Unterschied gegenüber dem Verhalten der Blinden besteht lediglich darin, daß wir mit Hilfe unseres Gesichtssinnes imstande sind, kleinen Unebenheiten bzw. Hindernissen des Weges einfach auszuweichen.

Das Bestreben zum *Einhalten einer bestimmten Richtung* unter den angeführten Bedingungen ohne jegliche optischen Anhaltspunkte erfolgt nun zweifellos allein auf Grund der Vorstellung vom eigenen Körper bzw. der Vorstellung der scheinbaren Medianen (des Weder-rechts-noch-links), ohne daß dieselbe dabei allerdings einen in den Vordergrund tretenden Bewußtseinsinhalt bilden müßte. Konnte man nun, wie wir ja berichteten, ganz allgemein feststellen, daß unter solchen Verhältnissen Menschen nicht imstande sind, die gerade Richtung einzuhalten, sondern daß sie meist in typischer Weise von derselben abweichen, dann dürfte dies schon darauf zurückzuführen sein, daß eben infolge charakteristischer Asymmetrien im Körperbau auch der Vorstellung von den Hauptrichtungen des eigenen Körpers, speziell der scheinbaren Medianen eine gewisse Asymmetrie zukommt[3].

Wenn wir bereits in diesen Verhältnissen die Grundlage dafür suchen, daß wir für gewöhnlich die gerade Richtung beim Fehlen bestimmender Anhaltspunkte nicht innehalten können, so bedeutet dies nichts anderes, als daß eben

---

[1] Wir wollen diese Ausführungen nicht unnötig mit erkenntnistheoretischen Betrachtungen komplizieren und halten uns darum an obige einfache Formulierung, welche sonst in mancher Hinsicht modifiziert werden müßte.

[2] Vgl. dazu auch das oben S. 985 Mitgeteilte.

[3] Man vergleiche die gerade hier ein besonderes Interesse erweckenden Gehversuche A. BLUMENTHALS [Passow-Schaefers Beitr. **26**, 390 (1928)] mit zur Seite gedrehtem Kopfe. Eine reflektorische Beeinflussung der Beinmuskulatur (Halsreflexe) wirkt in solchen Fällen wohl aber mit.

unsere Lokalisation gewöhnlich unrichtig ist. Sind aber z. B. optische Anhaltspunkte, auf die wir gerade loszugehen haben, vorhanden, so kommt dies nicht zum Ausdrucke. *Hier handelt es sich nicht um die Frage, ob unsere Lokalisation richtig oder unrichtig ist, sondern lediglich darum, daß wir die Tätigkeit unserer Muskeln beim Gehen derart gegeneinander abstufen, daß wir das sichtbare Ziel in gerader Bahn erreichen.* Eben dies ist nun unter der Führung unserer Augen möglich.

Unsere Anschauung schließt nicht aus, daß Asymmetrien in Bau und Funktion der beiden Körperhälften beim Gehen, Schwimmen usf. die Abweichung von der geraden Richtung *tatsächlich* zustande bringen. Es ist im Gegenteil wohl damit zu rechnen, daß die Eigenart des Körperbaues mit der Eigenart der Vorstellung von unserem Körper in einem gewissen bindenden Zusammenhange steht. (Auch hier ist mit Absicht auf eine erkenntnistheoretisch einwandfreie Formulierung verzichtet.)

Solche Auffassungen können allerdings nur dazu verwendet werden, um Abweichungen von einer bestimmten gegebenen Richtung aufzuklären. Sie versagen *jedoch vollkommen, wenn es sich darum handelt, eine bestimmte Richtung zu finden.* Wie schon oben bei den Ausführungen von ANGYAL betont wurde, haben *viele Menschen überhaupt kein Richtungsbewußtsein,* d. h. kein *Bewußtsein von den absoluten Himmelsrichtungen.* Jene Menschen, die ein solches zu besitzen glauben, geben in der Regel, wenn sie sich nicht in einer bekannten Gegend aufhalten oder bestimmte Anhaltspunkte verwenden können, die Himmelsrichtungen falsch an. Wenn es davon Ausnahmen gibt, d. h. also Menschen, welche unter allen Umständen die Himmelsrichtungen den tatsächlichen Verhältnissen entsprechend mit nur kleinen Fehlern anzugeben vermögen, so sind wir derzeit nicht imstande, solche Dinge aufzuklären.

Es gibt mancherlei Möglichkeiten, welche interessante Belege dafür bringen können, von welch großer Bedeutung die Vorstellung von den Hauptrichtungen des Körpers für das Einhalten einer bestimmten, optisch nicht gekennzeichneten Richtung ist. Wir erwähnten oben, daß durch eine Verdrehung des Kopfes gegen den Stamm die Vorstellung vom eigenen Körper sehr unbestimmt wird, daß es dabei eine Kopfmediane und eine Stammediane gibt. Heißt man nun Versuchspersonen mit gegen den Stamm verdrehtem Kopfe geradeaus gehen, so machen dieselben ganz enorme Fehler. Es wäre von großem Interesse, solche Untersuchungen im Anhange an A. BLUMENTHAL in ausgedehnten Reihen messend zu verfolgen.

Allgemein bekannt ist auch die sog. *Gangabweichung nach* einer vorausgegangenen *Labyrinthreizung* oder während einer solchen. Es sei hier auf die Zusammenstellung bei M. H. FISCHER[1] verwiesen. Auch hierbei erfährt die Vorstellung von den Hauptrichtungen des eigenen Körpers eigenartige Veränderungen. Man unterliegt bei den Drehempfindungen bzw. beim „Schwindel", wie man sich auszudrücken pflegt, verschiedenerlei Täuschungen.

Wir wollen nicht übersehen, daß in den beiden letztgenannten Fällen einerseits durch die Verdrehung des Kopfes gegen den Stamm, andererseits durch die Labyrinthreizung *reflektorische Asymmetrien im motorischen Bewegungsapparate* ausgelöst werden. Dieselben können sich natürlich beim Gehen in entsprechender Weise auswirken. Inwieweit sie einen direkten Einfluß auf das Körperschema haben, läßt sich zur Zeit wohl nur schwer überblicken, keinesfalls mit genügender Sicherheit aufklären.

---

[1] FISCHER, M. H.: Die Regulationsfunktion des menschlichen Labyrinthes usf. 1928. — Vgl. auch K. GRAHE: Ds. Handb. **11 I**, 909 ff.

Es wurden mancherlei Beispiele angeführt, welche beweisen, daß es zweifellos Menschen gibt, welche die Orientierung nicht verlieren oder, besser gesagt, welche eine gerade Richtung einzuhalten verstehen. Sie können das auch unter Bedingungen, wo sie, um Hindernissen auszuweichen, zahlreiche Umwege zu machen gezwungen sind, wie z. B. im Urwald, in der Wüste, um Hügel zu umgehen u. dgl. m. Man wird wohl nicht fehlgehen, wenn man daran denkt, daß in manchen solchen Fällen optische Hilfsmittel in Verwendung kommen. Dieselben müssen dabei nicht einmal Gegenstand unmittelbarer bewußter Aufmerksamkeit sein. Andererseits ist zuzugeben, daß es Menschen gibt, welche rein automatisch mit großer Genauigkeit Wendungen bzw. Drehungen des Körpers registrieren. Es kann sich dabei sehr wohl um Fähigkeiten handeln, welche durch Übung gesteigert worden sind. Man könnte dann annehmen, daß Eingeborene im Urwald, in der Wüste, auf Schnee- und Eisfeldern sich zu bewegen gewohnt, von Jugend auf aus reiner Notwendigkeit diese Fähigkeiten besonders ausgebildet haben, während der Kulturmensch einer gesteigerten Aufmerksamkeit bedarf, um jenes durchzuführen, was bei den Eingeborenen rein automatisch abläuft.

Von besonderer klinisch-praktischer Bedeutung ist die Frage der *Rechts-Links-Orientierung am eigenen Körper*, der Händigkeit usf. Da dieselbe nicht direkt in den Rahmen unserer Besprechung hineingehört, sei hier nur auf die interessanten Ausführungen von BETHE[1], BÜRGER[2], KAMM[3] u. v. a. hingewiesen. Es gibt viele *Erkrankungen des Zentralnervensystems*, bei welchen diese *Rechts-Links-Orientierung am eigenen Körper* eine *Störung* erleidet. Zahlreiche solcher Fälle finden sich bei HARTMANN[4], ANTON[5], A. PICK[6], GOLDSTEIN[7], PÖTZL[8], SCHILDER[9] u. a. beschrieben[10]. Daß in solchen Fällen naturgemäß auch *Störungen*

---

[1] BETHE, A.: Dtsch. med. Wschr. **51**, Nr 17 (1925).
[2] BÜRGER, H.: Nervenarzt **2**, 464 (1929); hier ausführliche Literaturangaben.
[3] KAMM, B.: Klin. Wschr. **9**, 435 (1930). — Vgl. auch SCHOTT: Psychiatr.-neur. Wschr. **1930 I**, 41.
[4] HARTMANN, F.: Die Orientierung 1902. (Ausführliche Literaturangaben.)
[5] ANTON, G.: Siehe F. HARTMANN.
[6] PICK, A.: Mschr. Psychiatr. **35**, 209 (1914).
[7] GOLDSTEIN, K.: Ds. Handb. **10**, 222ff., 600ff. — GOLDSTEIN, K., u. A. GELB: Z. Neur. **41**, 1 (1918) — Psychol. Forschg. **4**, 187 (1924) usf.
[8] PÖTZL, O., u. E. REDLICH: Wien. klin. Wschr. **24**, 517, 552 (1911). — PÖTZL, O.: Med. Klin. **20**, Nr 12 (1924). — HERMANN, G., u. O. PÖTZL: Abh. Neur. usw. **47** (1928). — PÖTZL, O., u. G. HERMANN: Über die Agraphie und ihre lokaldiagnostischen Beziehungen. Berlin: S. Karger 1926. — PÖTZL, O.: Die optisch agnostischen Störungen. Handb. der Psychiatr. II/2, 1. Spez. Teil 3. Leipzig u. Wien: F. Deuticke 1928.
[9] SCHILDER, P.: Körperschema. 1923.
[10] Vgl. auch I. GRASSET: Les maladies de l'orientation et de l'équilibre. Paris 1901. — ROSENBERG, M.: Z. Psychol. **61**, 25 (1902). — DUSSER DE BARENNE, I. G.: Mschr. Psychiatr. **34**, 523 (1913). — ISAKOWER, O., u. P. SCHILDER: Z. Neur. **113**, 102 (1928). — Räumliche Desorientierung bei tiefen Stirnhirnläsionen hat im Anhange an PIERRE MARIE nochmals P. BÉHAGUE [Revue neur. **34**, 1030 (1927)] beschrieben. — Bei Scheitellappenschädigungen (Gyrus supramarginalis?) fanden Orientierungsstörungen O. OEDEGAARD and P. SCHILDER: J. nerv. Dis. **71**, 260 (1930). — Siehe auch I. GERSTMANN: Zbl. Neur. **57**, 405 (1930). — HOFF, H.: Z. Neur. **121**, 751 (1929). — LANGE, J.: Mschr. Psychiatr. **76**, 129 (1930). — Mannigfache Störungen der Rechts-Links-Orientierung und der optischen Orientierung bei ausgedehnter Cysticerkose des Gehirnes hat F. HALPERN [Z. Neur. **126**, 246 (1930)] beobachtet. Verfasserin nimmt im Anhange an O. PÖTZL eine besondere Beteiligung der parieto-occipitalen Region beim Krankheitsprozesse an. Bei einer Patientin mit multipler Sklerose fand B. SCHLESINGER [Z. Neur. **117**, 649 (1928)] neben Apraxie Orientierungsstörungen, bei seniler Demenz G. JACOB [Z. Neur. **116**, 25 (1928)]. Bei einem vollstandig erblindeten sog. „Tastblinden", welchen W. RIESE [Mschr. Psychiatr. **62**, 147 (1926)] beobachtete, war das Lokalisationsvermögen ungestört. Nach I. WOLPERT [Zbl. Neur. **55**, 786 (1930)] wies eine Patientin, welche neben anderen Symptomen eine linksseitige Hemianopsie hatte, ver-

*der Orientierung im Raume* die Folge sind, ist nicht anders zu erwarten. Auf weitere Details kann hier nicht eingegangen werden; jedoch sei bemerkt, daß letztere Frage wegen der verhältnismäßig großen Schwierigkeiten nur bedingt und teilweise aufgeklärt werden konnte.

GILULA[1] hat bei Normalen und bei Patienten mit verschiedenen Nervenkrankheiten sog. „Orientierungsreflexe" untersucht. Der „Orientierungsreflex" besteht darin, daß Versuchspersonen bei plötzlichem Erscheinen eines Dinges in ihrem Gesichtsfelde Kopf und Augen nach der Richtung dieses Gegenstandes wenden. Es handelt sich hierbei offenbar um eine Art von „Großhirnrindenreflex". Bei Normalen, Neurasthenikern und Hysterikern wurde der Reflex in ca. 96% vorgefunden. Bei Hemiplegie und Encephalitis fehlt er unter gewissen Umständen.

## 3. Abstandslokalisation.

Es interessiert uns an dieser Stelle nicht das höchst reizvolle und vielfach diskutierte Problem der Tiefenlokalisation an sich. Was vollkommen außer acht bleibt, sind die relative Tiefenlokalisation bzw. die Fragen des sog. körperlichen oder stereoskopischen Sehens[2], welche F. B. HOFMANN[3] als *Sehtiefe* charakterisiert hat.

Im Mittelpunkte unseres Interesses steht dagegen die *Sehferne* (F. B. HOFMANN), die man früher als absolute Abstandslokalisation bezeichnet hat. Auch hier empfiehlt es sich, die Beurteilung der Sehtiefe als *egozentrische Tiefenlokalisation* zu bezeichnen. Es handelt sich dabei um Urteile (im Sinne von v. KRIES[4]) über die scheinbare Entfernung der Sehdinge in bezug auf das eigene Ich. v. KRIES hat wiederholt darauf hingewiesen, daß der Eindruck der scheinbaren Entfernung ein schwankender und unbestimmter ist. „Es ist wohl die *Richtung*, in der ein Gegenstand gegen uns liegt, nicht aber der Abstand, in dem er sich befindet, im physiologischen Erfolg eindeutig erkennbar. So kommt es, daß die Wahrnehmung der Entfernung stets mit beträchtlichen Unsicherheiten und Fehlermöglichkeiten behaftet ist."

Eine besondere Eigenart der egozentrischen Abstandslokalisation liegt ferner darin, daß uns hier ein subjektiver Maßstab fehlt. Es liegen die Verhältnisse hier anscheinend grundsätzlich anders als bei der Richtungslokalisation, wo besonders die Richtung der scheinbaren Medianen unter gewöhnlichen Bedingungen recht scharf ausgeprägt ist.

Vielleicht gerade aus diesem Grunde ist die egozentrische Abstandslokalisation zumeist recht stiefmütterlich behandelt worden. Versuche, wo Tiefeneindrücke sukzessiv miteinander verglichen werden müssen — und solche sind zumeist vorgenommen worden — haben immer etwas Mißliches an sich. Darauf weist besonders F. B. HOFMANN hin.

Immerhin haben mannigfache binokulare Versuche erwiesen, daß beim zweiäugigen Sehen unter gewöhnlichen Bedingungen der *Grad der Naheinstellung*, wobei wohl ausschließlich der Konvergenzgrad in Betracht kommt, *von nicht unerheblichem Einflusse auf die Beurteilung der Sehferne* ist. Hierher gehört

---

schiedene Störungen der Orientierung im Raume auf. Sie ging in dem Sanatorium, in welchem sie sich schon etwa 1 Monat aufhielt, häufig die falsche Richtung, verlief sich in den Gängen und kannte sich zunächst auch in ihrem Zimmer nicht aus usf. Das Krankheitsbild wird den optisch-agnostischen Störungen zugeordnet.

[1] GILULA, I. O.: Arch. f. Psychiatr. **79**, 407 (1927).
[2] Siehe dazu A. TSCHERMAK: Ds. Handb. **12 II**, 834 ff.
[3] HOFMANN, F. B.: Raumsinn. 1920 u. 1925.
[4] KRIES, J. v.: Allgemeine Sinnesphysiologie. 1923.

vor allem die sog. Erscheinung der *Tapetenbilder* bei falscher Konvergenz[1]. Beim einäugigen Sehen geht eine einigermaßen sichere Beurteilung der Sehferne ab, sofern nicht sog. sekundäre Erfahrungsmotive eine besondere Rolle spielen. Bezüglich genauerer Details und der einschlägigen Arbeiten sei auf die zusammenfassenden Darstellungen von F. B. HOFMANN und A. TSCHERMAK verwiesen.

M. H. FISCHER[2] hat eine Methode ersonnen, mit Hilfe welcher sich *messende Untersuchungen über die Sehferne* machen lassen. Dieselbe besteht im Prinzip darin, daß zwei durchsichtige identische Diapositivbilder haploskopisch vereinigt werden. Das flächenhafte Sammelbild erscheint dann, wie es ja von der Verwendung der üblichen Stereoskopik her allgemein bekannt sein dürfte, in einer bestimmten Entfernung. In die scheinbare Ebene des durchsichtigen Sammelbildes läßt sich dann mit großer Genauigkeit ein Stab einstellen, dessen Entfernung vom Auge des Beobachters leicht angebbar ist.

Es zeigte sich nun, was übrigens im Prinzip auch bereits eine alte Beobachtung ist, daß die scheinbare Entfernung des Sammelbildes abhängig ist von der Distanz jener Punkte der beiden Diapositivplatten, welchen (bildlich gesprochen) das Zentrum des Sammelbildes entspricht. Das ist, anders ausgedrückt, jene Distanz, welche ein Maß für die Entfernung der beiden Pupillen oder besser der beiden Austrittspupillen abgibt. Bekanntlich ändert sich nun mit der Pupillendistanz bei ein und demselben Individuum der Konvergenzgrad.

Hier seien nur einige der vorläufigen Ergebnisse vorweggenommen. Die Abb. 340

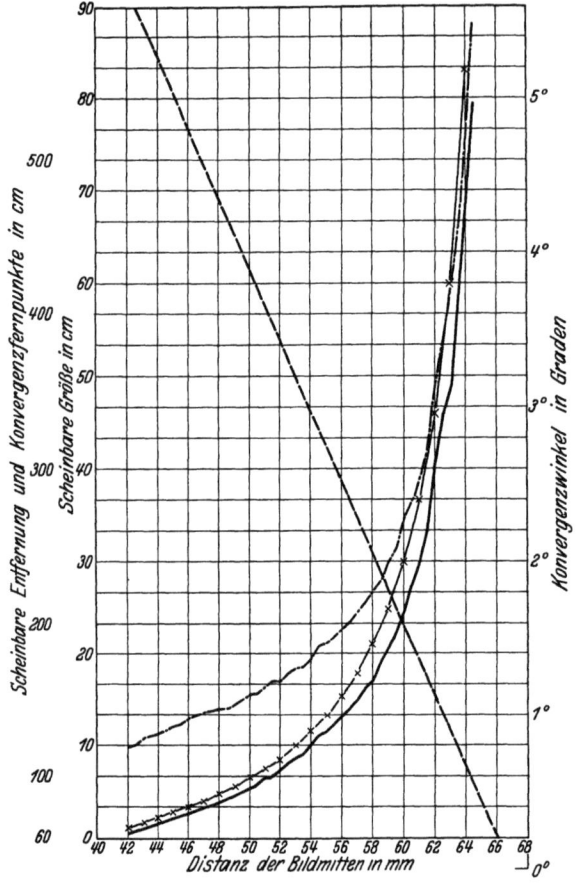

Abb. 340. Darstellung der scheinbaren Entfernung und der scheinbaren Größe eines haploskopischen Sammelbildes in Abhängigkeit vom Konvergenzgrade der Augen. Auf der Abszisse ist die Distanz der Bildmitten in mm gekennzeichnet. Auf den Ordinaten sind angegeben: die scheinbare Große, die scheinbare Entfernung, die Lage der Konvergenzfernpunkte in cm und der Konvergenzwinkel in Graden. – – – – – Konvergenzwinkel in Graden. ——— scheinbare Entfernung. × × × × × Konvergenzfernpunkte. –·–·–·–·–· scheinbare Große. (Nach M. H. FISCHER.)

---

[1] Vgl. z. B. die Arbeiten von F. HILLEBRAND: Z. Physiol.-Psychol. S. O. **7**, 97 (1894); **16**, 71 (1898). — ARRER, M.: Phil. Stud. **13**, 116, 222 (1897). — BAIRD, J. W.: Amer. J. Psychol. **14**, 150 (1903). — ASCHER, K. W.: Z. Biol. **62**, 508 (1913) — Graefes Arch. **94**, 275 (1917). — KAHN, R. H.: Lotos, naturw. Z. Prag **56**, 4 (1906) — Arch. f. Physiol. **1907**, 56. — BAPPERT, J.: Z. Psychol. **90**, 167 (1922). — VERHOEFF, F. H.: Amer. J. physiol. Opt. **6**, 416 (1925). — WARNECKE, K.: Z. Psychol. **108**, 17 (1928).

[2] FISCHER, M. H.: Noch nicht veröffentlichte Versuche.

zeigt, daß offenbar *bindende Beziehungen zwischen der Lage des Konvergenzfernpunktes und der Sehferne* des haploskopischen Sammelbildes *bestehen.* Die beiden Kurven verlaufen affin.

Bei diesen Versuchen hat sich neben anderem noch ergeben, daß die *scheinbare Größe* des Sammelbildes *eine einfache lineare Funktion der Sehferne* ist. Auch dieses ist aus unserer Abbildung ohne weiteres ersichtlich, denn auch die Kurve, welche die scheinbare Größe darstellt, ist zu jener der Sehferne bei verschiedenen Konvergenzgraden affin.

Es sei darauf aufmerksam gemacht, daß es sich auch hier um binokulare Versuche handelt. Der Eindruck der Sehferne ist aber unter den angeführten Bedingungen ausnahmslos durchaus bestimmt, auch zu verschiedenen Zeiten recht annähernd der gleiche, wenn bestimmte Voraussetzungen erfüllt sind. Doch fehlt natürlich auch hier eine subjektive Einheit, in welcher die Sehferne angebbar wäre.

Die Untersuchungen verlangen noch weitläufige Ausgestaltungen und haben noch in vieler anderer Hinsicht anscheinend bemerkenswerte Resultate gezeigt. Doch kann an dieser Stelle nicht näher darauf eingegangen werden. Zu bemerken ist noch, daß auch bei diesen Experimenten der bestimmte Eindruck der Sehferne fast unmittelbar verschwindet, wenn plötzlich ein Auge abgedeckt wird, obwohl dabei der Konvergenzgrad sich zunächst unmittelbar gar nicht zu ändern braucht. Es wird allerdings dabei zu berücksichtigen sein, daß das abgedeckte Auge alsbald infolge Ausschaltung des Fusionsreizes in eine Abblendungsstellung übergeht.

So lassen sich derzeit also bindende Angaben über die Grundlagen der egozentrischen Abstandslokalisation kaum machen, wenigstens was das monokulare Sehen anbelangt.

Nach unseren oben gegebenen Ausführungen wird es darum auch verständlich sein, daß wir gleichfalls keine einigermaßen sichere Vorstellung über unsere *Orientierung in bezug auf die Ferne* geben können. Wie weit wir von bestimmten Gegenständen entfernt sind, das abzuschätzen ist übrigens, wie ja allgemein bekannt ist, weitgehend Sache der Erfahrung und abhängig von zahlreichen Momenten sekundärer Natur. Daß man gerade deshalb sehr groben Täuschungen unterliegen kann, bedarf keiner näheren Erörterung.

Es sind verschiedene Fälle beschrieben worden, bei welchen infolge Schädigung des Gehirns auffallende *Störungen der egozentrischen Abstandslokalisation* auftraten (vgl. darüber A. PICK[1], ANTON[2], HARTMANN[3], BIELSCHOWSKY[4], GORDON HOLMES[5], SCHILDER[6] u. a.)[7]. Nach VAN VALKENBURG[8] scheint bei einer Patientin die Abstandslokalisation isoliert verlorengegangen zu sein. Die Kranke konnte die Entfernung vorgehaltener Gegenstände nicht abschätzen, dieselben auch nicht mit dem Blicke, wenn sie ihr genähert wurden, verfolgen. Die Richtungslokalisation dagegen soll intakt gewesen sein.

## 4. Absolute Lokalisation.

Es kann hier nicht unsere Aufgabe sein, alle Details über die absolute Lokalisation anzuführen. Dazu sei speziell auf A. TSCHERMAK und F. B. HOFMANN

---

[1] PICK, A.: Über Störungen der Tiefenlokalisation infolge cerebraler Erkrankungen. Beitr. z. Pathol. u. pathol. Anat. d. Zentralnervensystems. Berlin: S. Karger 1898.
[2] ANTON, G.: Wien. klin. Wschr. **12**, 1193 (1899).
[3] HARTMANN, F.: Orientierung. 1902.
[4] BIELSCHOWSKY, A.: 35. Versl. dtsch. ophthalm. Ges. Heidelberg **1908**, 174.
[5] HOLMES, G.: Keystone Magaz. of optometry **17**, 36 (1920).
[6] SCHILDER, P.: Medizinische Psychologie. Berlin: Julius Springer 1924.
[7] WOLPERT, J.: Z. Neur. **55**, 786 (1930).
[8] VALKENBURG, C. T. VAN: Dtsch. Z. Nervenheilk. **34**, 322; **35**, 472 (1908).

verwiesen. Auch bei M. H. FISCHER[1] findet sich eine Gesamtübersicht über die Tatsachen der Orientierung unseres Körpers im Raume.

Wir haben oben ausgeführt, daß wir den Begriff der *absoluten Lokalisation* auf unsere *Orientierung im „vorgestellten" Außenraume* beschränkt wissen möchten. Es wurde dabei mit Nachdruck darauf hingewiesen, daß wir uns der Einwirkung der Schwerkraft praktisch unter keinen Umständen entziehen können.

Zur Untersuchung unserer absoluten Orientierung im Raume sind mannigfache Methoden in Anwendung gekommen, welche alle darauf hinauslaufen, ein Urteil über das subjektive Äquivalent der Schwerkraftsrichtung, die sog. *scheinbare Vertikale* oder auch über die *scheinbare Horizontale* zu gewinnen.

Da die Schwerkraft auf unseren Gesamtkörper einwirkt, so ist von vornherein anzunehmen, daß die Wahrnehmung unserer Lage im Raume offensichtlich durch das *Zusammenwirken verschiedener Sinnesorgane* zustande kommt. A. TSCHERMAK[2] hat zweckmäßigerweise alle hierher gehörigen Receptoren als *Graviceptoren* bezeichnet. Es ist trotz vielfacher Bemühungen bisher nicht restlos gelungen, die Wertigkeit der einzelnen Graviceptoren gegeneinander mit genügender Schärfe abzugrenzen. Zweifellos spielen die Graviceptoren der Labyrinthe eine besonders wichtige Rolle; doch wäre es sicherlich unrichtig, die Otolithen als „das" sog. statische Organ zu bezeichnen, wie das vielfach geschehen ist. Erstens steht dahin, ob nicht auch noch andere Teile des Vorhofbogengangsapparates in typischer Weise der Schwerkraftseinwirkung unterliegen, weiter muß es aber auch als eine heute sichergestellte Tatsache angesehen werden, daß Lagewahrnehmungen von verhältnismäßig großer subjektiver Bestimmtheit auch noch nach völliger Zerstörung beider Labyrinthe möglich sind.

Es gibt im Prinzip 4 Methoden, welche man zur Untersuchung der Orientierung im Raume angewendet hat.

Eine dieser Methoden dürfte zweckmäßigerweise als die „*Schätzungsmethode*" von DÉLAGE[3] zu bezeichnen sein. Sie besteht darin, daß man Versuchspersonen bei verdeckten Augen oder im Dunkeln mittels einer geeigneten Einrichtung passiv durch Drehung um die drei Raumachsen in verschiedene Lagen zur Schwerkraftrichtung bringt und sie dann ein Urteil darüber abgeben läßt, um welchen Winkel sie gegen die Vertikale geneigt, gedreht usw. zu sein scheinen. Derartige Untersuchungen stammen von DÉLAGE[3], AUBERT[3], W. A. NAGEL[4]. Sie wurden in letzter Zeit besonders von GRAHE[5], QUIX und EYSVOGEL[6] wieder aufgenommen. Es stellte sich heraus, daß bei diesen Schätzungen vielerlei Fehler unterlaufen. QUIX und EYSVOGEL machen besonders darauf aufmerksam, daß man allgemein in jenen Lagen, wo sich der Kopf unten befindet, sehr große Schätzungsfehler macht, eine Tatsache, welche auch von GRAHE und M. H. FISCHER[7] bestätigt werden konnte. QUIX und EYSVOGEL sprechen geradezu davon, daß man unter solchen Bedingungen „desorientiert" sei.

---

[1] FISCHER, M. H.: Die Regulationsfunktion des menschlichen Labyrinthes usf. 1928.
[2] TSCHERMAK, A.: Med. Klin. **24**, 770 (1928) — Ds. Handb. **12 II**, spez. 873ff; die dort angeführte detaillierte Einteilung der „Ceptoren" dürfte sich offensichtlich nicht in allen Einzelheiten rechtfertigen lassen.
[3] AUBERT, H., u. Y. DÉLAGE: Physiologische Studien über die Orientierung 1888.
[4] NAGEL, W. A.: Handb. d. Physiol. **3**, 734 (1905).
[5] GRAHE, K.: Zusammenfassend in ds. Handb. **11 I**, 909ff. — Z. Hals- usw. Heilk. **18 II**, 411, 476 (1928) — Arch. Ohr- usw. Heilk. **121**, 304 (1929).
[6] EYSVOGEL, M. H. P. M.: Bijdrage tot de kennis van het evenwichtszintuig. Proefschr. Amsterdam 1926. — QUIX, F. H., u. M. H. P. M. EYSVOGEL: Z. Hals- usw. Heilk. **23**, 68 (1929).
[7] FISCHER, M. H.: Die Regulationsfunktion des menschlichen Labyrinthes usf. 1928.

QUIX und EYSVOGEL sind Vertreter der Lehre von dem labyrinthären Zustandekommen der Lagewahrnehmungen. Sie versuchen darum, obengenannte Erscheinung damit zu deuten, daß die Otolithen bei hängendem Kopfe sich in dem sog. „blinden Fleck" befinden. Die Otolithen sollen in diesem blinden Fleck alle hängen und darum keine Einwirkungen besitzen.

Eine andere Methode zur Prüfung der Orientierung im Raume bedient sich der *haptokinästhetischen Lokalisation*. SACHS und MELLER[1] ließen unter verschiedenen Bedingungen ihre Versuchspersonen einen Stab, längs dessen sie ihre Hände gleiten lassen konnten, vertikal einstellen. Auch STIGLER[2] verwendete diese Untersuchungsmethode, und zwar unter Wasser. STIGLER ging nämlich von dem an sich richtigen Gedanken aus, die Orientierung der Lage im Raume unter Bedingungen zu untersuchen, unter welchen der Mensch nach Möglichkeit der Einwirkung der Schwerkraft entzogen ist. Das läßt sich freilich durch einfaches Untertauchen unter Wasser nicht erreichen. Es ergab sich darum auch bei den Experimenten von STIGLER, daß die Abschätzung der Lage im Raume im allgemeinen „richtig" war, wenn den Versuchspersonen ein Atmungsapparat zur Verfügung stand. Daß auch gute Taucher mit verbundenen Augen und Ohren nach mehrfachem passiven Lagewechsel unter Wasser in der Beurteilung ihrer Lage sehr unsicher werden können, das dürfte wohl zu einem großen Teil auf psychische Faktoren zurückzuführen sein.

Zur Stützung der angenommenen labyrinthären Genese der Orientierung im Raume wurde oft die Angabe von JAMES[3] verwendet, daß viele Taubstumme ihre Orientierung unter Wasser ganz verlieren könnten. Ja, es wurde sogar behauptet, daß Taubstumme nicht schwimmen lernen können. Das ist ganz gewiß nicht richtig. Man vergleiche z. B. den Bericht von DAN MCKENZIE[4], der mit 15 Taubstummen Untersuchungen anstellte. „Our swimming instructor, who has taught swimming for forty years, says they learn quicker than normal children and sooner acquire a good stroke. They swim perfectly well with closed eyes, but they cannot direct themselves by sound, and, of course, they cannot tell except by guessing when they are approaching the end of the bath. All swam very well and the majority kept almost perfect direction. One boy came against the side about six feet from the far end of the bath."

Sehr bemerkenswert sind Untersuchungen, welche ein besonderes Interesse gefunden haben, seit die Aviatik einen so großen Aufschwung genommen hat. Sie wurden schon während des Krieges von GARTEN[5] inauguriert. Die Methode besteht darin, daß Versuchspersonen mit verbundenen Augen auf den *Neigungsstuhl* von GARTEN gesetzt werden, welcher dann mittels Motorantrieb zur Seite, nach hinten oder vorn geneigt werden kann. Auf dem Neigungsstuhle sind Steuereinrichtungen angebracht, mit Hilfe deren die Versuchsperson Motore in Gang setzen kann, so daß sie sich auf diese Weise wieder in ihre normale Ausgangsstellung zurückzubringen vermag. Registriert werden dann die Fehler, welche bei den Einstellungen resultieren.

Von der amerikanischen Luftschiffahrt wird ein ähnlicher, aber vollkommenerer Apparat verwendet, welcher erlaubt, Vollumdrehungen einer Versuchsperson durchzuführen. Es ist der sog. „Ruggles orientator". Er scheint aller-

---

[1] SACHS, M., u. J. MELLER: Z. Physiol.-Psychol. S. O. **31**, 89 (1903).
[2] STIGLER, R.: Pflügers Arch. **148**, 573 (1912).
[3] JAMES: Amer. J. Otol. **4**, 239 (1882).
[4] DAN MCKENZIE: J. Laryng. a. Otol. **24**, 545 (1909).
[5] GARTEN, S.: Die Bedeutung unserer Sinne für die Orientierung im Lufttraume. Leipzig: Engelmann 1917 — Über die Grundlagen unserer Orientierung im Raume. Abh. sächs. Akad. Wiss., Math.-physik. Kl. **36**, Nr 4, 433—508 (1920).

dings zu exakten wissenschaftlichen Untersuchungen bisher nicht verwendet worden zu sein[1].

GARTEN untersuchte mit seinem Neigungsstuhle taubstumme Kinder. Seine Schlußfolgerungen, welche darauf hinauslaufen, daß Kinder mit „erloschener Otolithenfunktion" auf dem Neigungsstuhle fast dieselben Leistungen aufweisen wie gleichaltrige Gymnasiasten, können allerdings einer strengen Kritik nicht standhalten (Näheres darüber s. bei M. H. FISCHER[2]).

Auch *unter Wasser* hat GARTEN zahlreiche Untersuchungen vorgenommen, welche zu bemerkenswerten Resultaten führten. Wenn der Auftrieb des Brustkorbes dadurch, daß die Versuchspersonen mit starken Federn gegen ihren Sitz angepreßt wurden, ausgeschaltet wurde, dann ergaben sich Einstellungsfehler, die sonst nie gefunden wurden. Eine vollständige Desorientierung wurde aber auch auf diese Weise nicht erreicht. Man darf sich darüber nicht wundern, denn man kann auch auf solche Art keineswegs die Einwirkung der Schwerkraft völlig ausschalten.

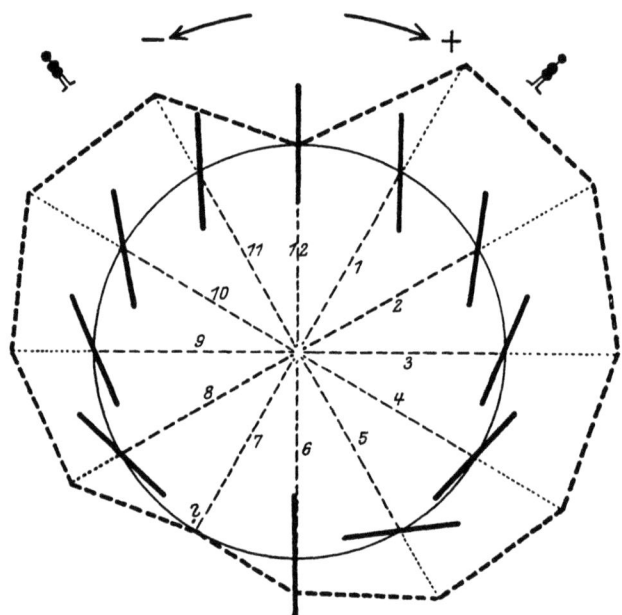

Abb. 341a. Verhältnis der Gegenrollung der Augen und der Lokalisation der scheinbaren Vertikalen bei seitlicher Neigung des Gesamtkörpers. Man denke sich die aufrecht stehende, in einem, um eine waagrechte sagittale Achse drehbaren Kasten fixierte Versuchsperson auf eine an der Wand hangende Uhr blickend. Es werden nun die einzelnen Neigungslagen nach den Ziffern des betrachteten Uhrzifferblattes bezeichnet. Stellung 12 bedeutet also aufrechte Stellung, Stellung 3 rechte Seitenlage, Stellung 9 linke Seitenlage, Stellung 6 Versuchsperson lotrecht, Kopf unten. Die an den einzelnen Punkten des Uhrzifferblattes eingezeichneten dicken Striche geben jene Stellungen der Leuchtlinie an, in welchen diese scheinbar vertikal gesehen wurde. Für die in den einzelnen Körperlagen eingezeichneten Gegenrollungen bildet der Kreisbogen die Abszissen, während die zugehörigen Ordinaten durch die verlängerten Kreisradien (- - - - -) gekennzeichnet sind. (Nach M. H. FISCHER.)

Den Schlußfolgerungen GARTENS, daß das Labyrinth an dem Zustandekommen unserer Orientierung im Raume nur in geringem Maße beteiligt ist, kann wohl beigestimmt werden. GARTEN legte das Hauptgewicht auf die Muskelsensibilität bzw. die Tiefensensibilität im allgemeinen. Versuche von ARNDTS[3], KLEINKNECHT und LUEG[4] aus der Leipziger Schule versuchten GARTENS Anschauungen näher zu begründen. Man darf sich jedoch nicht verhehlen, daß auch aus diesen Arbeiten keine absolut bindenden Schlußfolgerungen über die Wertigkeit der einzelnen Graviceptoren beim Zustandekommen der Orientierung im Raume zu ziehen sind.

---

[1] Vgl. L. H. BAUER: Aviation medicine. Baltimore: William u. Wilkins 1926.

[2] FISCHER, M. H.: Graefes Arch. **118**, 633 (1927); **123**, 476, 509 (1930). — Die Regulationsfunktion usw. 1928.

[3] ARNDTS, F.: Z. Biol. **82**, 131 (1924).

[4] KLEINKNECHT, F.: Prakt. Psychol. **3**, 245 (1922) — Z. Biol. **77**, 11 (1922). — KLEINKNECHT, F., u. W. LUEG: Ebenda **81**, 22 (1924). — KLEINKNECHT, F., u. H. BALLIN: Ebenda **85**, 85 (1926).

Endlich ist zu Studien der Orientierung im Raume das Verhalten der *absoluten optischen Lokalisation* sehr geeignet, und zwar besonders aus dem Grunde, weil sich messend charakterisierende Beobachtungen ergeben. Solche Untersuchungen über die scheinbare Vertikale sind durch die grundlegenden Beobachtungen von AUBERT[1] angeregt worden und von zahlreichen Autoren weiter ausgebaut worden (vgl. darüber F. B. HOFMANN[2], A. TSCHERMAK[3] und M. H. FISCHER[4]).

Es seien aus den letzten Experimenten von M. H. FISCHER bei Neigungen um eine waagrechte sagittale Achse einige Beispiele angeführt. Aus Abb. 341 ist ersichtlich, daß die Lokalisation der scheinbaren Vertikalen bei der betreffenden Versuchsperson in sämtlichen Neigungslagen im Sinne des AUBERTschen Phänomens erfolgt. Die Leuchtlinie, welche zur optischen Charakterisierung der scheinbaren Vertikalen im sonst absolut dunklen Raume dient, muß in einer bestimmten Abhängigkeit von der Größe der Körperneigung mitgeneigt werden,

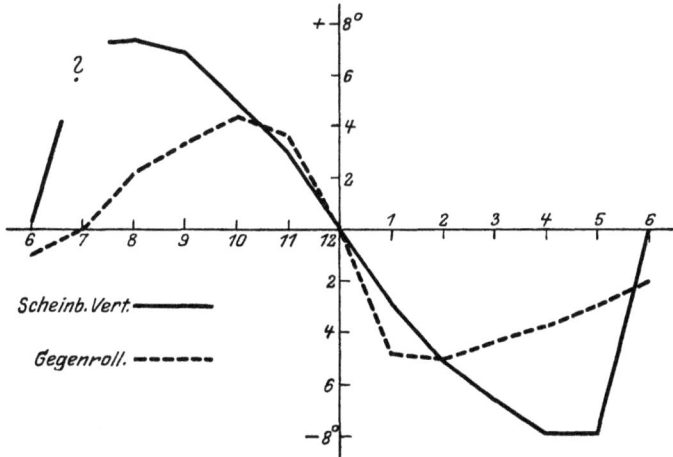

Abb. 341 b. Verhältnis der Gegenrollung der Augen und der Lokalisation der scheinbaren Vertikalen bei seitlicher Neigung des Gesamtkörpers. Auf der Abszisse sind entsprechend dem Uhrzifferblatt (vgl. Abb. 341 a) die Körperlagen eingezeichnet. Die Ordinaten der gestrichelten Kurve stellen die Gegenrollungen dar. Die ausgezogene Kurve bedeutet den jeweiligen Unterschied zwischen Leuchtlinieneinstellung auf scheinbar vertikal und der Körperlängsparallelen. Hier sind die Ordinaten 10fach verkleinert. (Nach M. H. FISCHER.)

um vertikal zu erscheinen. Bei Neigungen um 150° nach rechts oder links ist es häufig überhaupt unmöglich, ein Urteil über scheinbar vertikal abzugeben. Gelingt dies doch, dann wird die Leuchtlinie nicht selten körperlängsparallel gestellt. Es handelt sich also in solchen Fällen um ein eigenartiges *Ineinandergreifen von absoluter und egozentrischer Lokalisation*. Befindet sich der Körper mit dem Kopfe nach unten in der Schwerkraftrichtung, dann erfolgen die Einstellungen der scheinbaren Vertikalen mit großer subjektiver Bestimmtheit und objektiver Richtigkeit. Es besteht also hierin ein gewisser Gegensatz zu der Behauptung von QUIX und EYSVOGEL, daß man in solchen Körperlagen fast völlig desorientiert sei. In benachbarten Körperlagen mit dem Kopfe nach unten ist allerdings, wie schon erwähnt, die Lokalisation häufig ganz unbestimmt und objektiv unrichtig.

---

[1] AUBERT, H.: Virchows Arch. **20**, 381 (1861).
[2] HOFMANN, F. B.: Raumsinn. 1920 u. 1925 — Skand. Arch. Physiol. (Berl. u. Lpz.) **43**, 17 (1923). — HOFMANN, F. B., u. A. FRUBÖSE: Z. Biol. **80**, 91 (1924).
[3] TSCHERMAK, A.: Ds. Handb. **12 II**, 834ff.
[4] FISCHER, M. H.: Zitiert auf S. 1014.

Als interessant muß bemerkt werden, daß übrigens die Lokalisation der scheinbaren Vertikalen in bestimmter Weise von der Vorgeschichte der Neigung abhängig ist. Auf diesen Tatbestand hatte bereits AUBERT hingewiesen und ihn als eine Art Kontrastprinzip formuliert.

Auf Abb. 341 sind gleichfalls die *Gegenrollungen der Augen* eingezeichnet, wie sie bei den verschiedenen Lagen des Kopfes im Raume gemessen werden konnten. Man sieht, daß zwischen den festgestellten Gegenrollungen und der Lokalisation der scheinbaren Vertikalen ein ursächlicher Zusammenhang nicht bestehen kann. Wie speziell Abb. 341b zeigt, ist der Kurvenverlauf beider sowohl in qualitativer als auch quantitativer Hinsicht gänzlich verschieden.

Mit Rücksicht auf die behauptete labyrinthäre Genese unserer Orientierung im Raume sind Untersuchungen eines Patienten mit *Funktionsuntüchtigkeit beider Labyrinthe* von Interesse. Abb. 342 gibt eine Übersicht über die Einstellung der scheinbaren Vertikalen eines solchen Falles. Die mit den dicken Strichen bezeichneten Vertikaleinstellungen liegen zeitlich von den mit den dünnen Strichen vermerkten auseinander. Es war in beiden Fällen auch die Versuchsmethodik etwas verschieden. Es zeigt sich, daß gewisse Unterschiede gegenüber dem Verhalten normaler Individuen bestehen. Wenn man vornehmlich die dünnen Linien berücksichtigt, dann sieht es so aus, als ob genannte ertaubte Versuchsperson fast ausnahmslos in allen Körperlagen, allerdings mit gewissen Versuchsfehlern, die Lotrechte für vertikal gehalten hätte. Es ist allerdings nicht ausgeschlossen, daß sich die Versuchsperson bei diesen Einstellungen gewisser Hilfen bediente, die evtl. möglich waren, wenn sie auch von dem Kranken geleugnet wurden. Doch auch die anderen Einstellungen beweisen, daß man

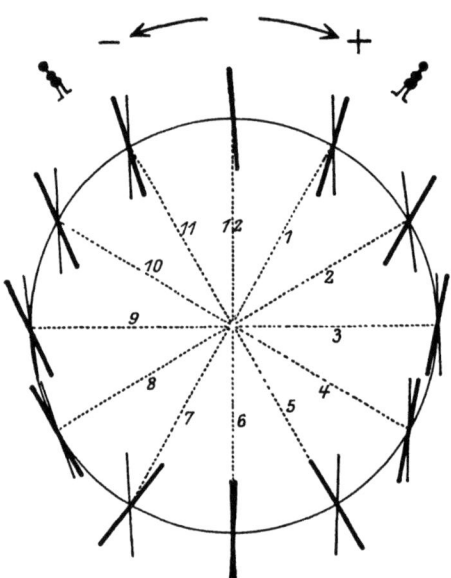

Abb. 342. Binokulare Lokalisation der scheinbaren Vertikalen bei einem Kranken mit beiderseitig erloschener Labyrinthfunktion. Darstellungsweise vgl. Abb. 341a. Die dicken Striche und die dünnen Striche bedeuten zeitlich auseinanderliegende Einstellungen. (Nach M. H. FISCHER.)

von einer vollständigen Desorientierung Labyrinthloser im Raume nicht sprechen darf, daß also von einer Unmöglichkeit einer absoluten Lokalisation keine Rede sein kann.

Von besonderem Interesse ist das Verhalten unserer Orientierung im Raume bei *Einwirkung der Zentrifugalkraft* auf unseren Körper. Schon PURKINJE[1] hatte angegeben, daß man bei einer exzentrischen Drehung auf einer Karussellscheibe diese für geneigt hält. MACH[2] hatte eigene Versuche mit seiner Balkendreheinrichtung vorgenommen. Er stellte fest, daß nach Erreichen einer einigermaßen gleichförmigen Drehung der Papierkasten, in welchem die Versuchsperson saß, nach außen geneigt erschien und die Versuchsperson gleichfalls glaubte, mitgeneigt zu sein. Derartige Beobachtungen sind später von KREIDL[3],

---

[1] PURKINJE, J. E.: Med. Jb. k. k. öster. Staates **6**, 2 St., 79 (1820).
[2] MACH, E.: Grundlinien der Lehre von den Bewegungsempfindungen. Leipzig: Engelmann 1875.
[3] KREIDL, A.: Pflügers Arch. **51**, 119 (1892).

BREUER und KREIDL[1], ebenso von v. CYON[2] angestellt und weiter ausgebaut worden. BREUER und KREIDL versuchten, die Veränderung der scheinbaren Vertikalen während exzentrischer Rotationen auf die gleichfalls vorhandenen Gegenrollungen der Augen zurückzuführen. Mit Rücksicht auf die Befunde von M. H. FISCHER über die Beurteilung der scheinbaren optischen Vertikalen bei Körperneigungen und deren Verhältnis zu den Gegenrollungen der Augen können jedoch solche Schlußfolgerungen nicht für bindend angesehen werden.

Das eigenartige Gefühl des Schiefsitzens hält während der gesamten Dauer der gleichförmigen Rotation unverändert an. Es besteht darum kein Zweifel, daß Winkelbeschleunigungen mit ihren typischen Einwirkungen auf den Bogengangsapparat nicht als auslösendes Moment in Frage kommen können, sondern daß allein die Einwirkung der Zentrifugalkraft die Schuld daran trägt.

TSCHERMAK und SCHUBERT[3] haben in letzter Zeit die Frage der Veränderung der Lokalisation der scheinbaren Vertikalen bei Zentrifugalkrafteinwirkung genauer untersucht. Es erfolgt nach den Beobachtungen der genannten Autoren die Änderung der Orientierung so, als ob der Körper um einen bestimmten Winkel zur Seite geneigt worden wäre, unter der Voraussetzung, daß die Versuchsperson mit dem Gesicht in der Drehrichtung oder entgegen der Drehrichtung sitzt. Ein solches Verhalten ist nach M. H. FISCHER[4] leicht einzusehen, wie sich aus folgendem ohne weiteres ergibt.

Bei Auftreten der Zentrifugalkraft setzt sich dieselbe mit der Schwerkraft zu einer Resultierenden, der resultierenden Massenbeschleunigung $R$ zusammen (Abb. 343). Bleibt nun der Körper in bezug auf die Drehachse gleich orientiert, so wirkt diese Resultante $R$ nicht mehr in der Längsrichtung des Körpers, sondern schief auf denselben. Wenn man davon absieht, daß die Resultierende $R$ die Schwerkraft an absoluter Größe übertrifft, so bedeutet dies dasselbe, als ob der Körper um den gleichen Winkel $\alpha$, den die resultierende Massenbeschleunigung mit der Schwerkraftrichtung einschließt, nach der Gegenseite geneigt worden wäre.

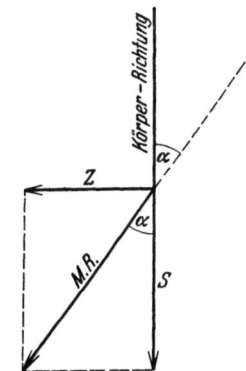

Abb. 343. Wenn man exzentrisch auf einer Drehscheibe sitzt und mit dem Gesicht voran bei festgehaltenem Körper gedreht wird, dann glaubt man, mit dem Kopfe von der Drehachse weg geneigt zu sein. Das kommt durch die Einwirkung der Zentrifugalkraft zustande. Die Zentrifugalkraft $Z$ setzt sich mit der Schwerkraft $S$ zur Massenresultierenden zusammen, welche um den Winkel $\alpha$ von der Schwerkraft und von der Körperlängsrichtung abweicht. Der subjektive Eindruck ist derselbe, als ob man um den Winkel $\alpha$ nach der Gegenseite geneigt worden wäre. (Nach M. H. FISCHER.)

Daß solche Betrachtungen das Richtige treffen, geht auch aus den Untersuchungen von LORENTE DE NÓ[5] über die Augenmuskelreflexe beim Kaninchen hervor. Dieser Autor fand, daß bei der Einwirkung der Zentrifugalkraft an den Augenmuskeln tonische Reflexe auftreten, die sich so verhalten, als ob das Kaninchen um einen bestimmten Winkel zur Seite geneigt worden wäre.

Welchen Einfluß die Zunahme der absoluten Größe der Massenresultierenden auf die Orientierung haben kann, das ergeben interessante Beobachtungen von WULFFTEN-PALTHE[6] im Flugzeuge. Bei horizontalen Drehbewegungen eines Flug-

---

[1] BREUER, J., u. A. KREIDL: Pflügers Arch. **70**, 494 (1898).
[2] CYON, E. v.: Ohrlabyrinth. 1908.
[3] TSCHERMAK, A., u. G. SCHUBERT: Vortrag auf Vslg. dtsch. physiol. Ges. Bonn 1931 — Ber. Physiol. **61**, 377 (1931).
[4] FISCHER, M. H.: Diskussionsbemerkung zu Fußnote 3.
[5] LORENTE DE NÓ, R.: Erg. Physiol. **32**, 73 (1931).
[6] WULFFTEN-PALTHE, P. M. VAN: Zintuigelijke en psychische functies tijdens het vliegen. Proefschr. Leiden 1921 — Acta oto-laryng. (Stockh.) **4**, 415 (1922).

zeuges neigt sich notwendigerweise die Maschine und damit der Pilot mit dem Kopfe bzw. der Oberfläche gegen das Zentrum des Kreises. Es handelt sich hier um dasselbe Prinzip, dem man Rechnung trägt, wenn man ringförmige Rennbahnen mit nach außen ansteigenden Rändern anlegt. Es stellt sich das Flugzeug mit dem Beobachter einfach in die Richtung der Massenresultierenden ein. Infolgedessen ändert sich die Richtung der Kraft in bezug auf den Flugzeuginsassen nicht. Darum hat derselbe auch, wenn ihm nicht besondere optische Anhaltspunkte zur Verfügung stehen, kein Bewußtsein davon, daß sein Körper nunmehr gegen die Schwerkraft anders orientiert ist. Diese Tatsache klärt auch die alte Fliegererfahrung auf, daß beim Fliegen in Wolken oder im Nebel leicht jede Orientierung verloren gehen kann, weshalb solche Umstände von den Piloten im allgemeinen sehr gefürchtet sind. Daß die Massenresultierende an absoluter Größe dabei die Schwerkraft immer übertrifft, äußert sich nach den Beobachtungen von WULFFTEN-PALTHE öfters darin, daß der Flugzeugführer unter solchen Umständen in die Höhe zu steigen glaubt.

Aus den genannten Betrachtungen ergibt sich der selbstverständliche Schluß, daß bei der Zentrifugalkrafteinwirkung dieselben Sinnesreceptoren beansprucht werden wie beim Vorhandensein der Schwerkraft allein. Auf eine nähere Diskussion dieser Frage sei auch hier nicht eingegangen.

Unter pathologischen Verhältnissen kommt es häufig zu *Störungen unserer absoluten Orientierung im Raume*. Besonders Kleinhirnerkrankungen scheinen öfter durch solche Erscheinungen ausgezeichnet zu sein, wie GOLDSTEIN[1] ausgeführt hat. Daß Erkrankungen der mit den Labyrinthen zusammenhängenden nervösen Zentralorgane charakteristische Störungen der absoluten Orientierung im Raume zur Folge haben können, das wird nicht wundernehmen, wenn die Tatsache berücksichtigt wird, daß schon experimentelle Labyrinthreizungen Lagetäuschungen erzeugen (vgl. z. B. GRAHE[2]). Es sei hier nur auf die eingehende Beobachtung von v. WEIZSÄCKER[3] und auf die weitreichenden Untersuchungen von LEIDLER und LOEWY[4] bei Schwindelkranken hingewiesen.

Über die zur absoluten Lokalisation gehörigen Versuche von ANGYAL[5] und die damit verbundenen Täuschungen wurde bereits oben ausführlich berichtet.

## V. Übersicht und allgemeine Schlußfolgerungen.

Ein auch nur flüchtiger Überblick über unseren zusammenfassenden Bericht zeigt, ein wie großes Material uns scheinbar zur Verfügung steht, wenn es sich darum handelt, eine Einsicht in die interessanten Probleme der Orientierung im Raume zu bekommen. Bei näherer kritischer Betrachtung jedoch stellt sich alsbald heraus, daß die meisten der vorliegenden Befunde trotz ihrer Buntheit und ihrer gewiß vielfach fesselnden Eigenart nicht geeignet sind, befriedigende Aufklärungen zu geben. Vielfach sind die Beobachtungen unter ganz bestimmten Voraussetzungen gemacht und gesammelt worden. Sie sollten sehr häufig direkt dazu dienen, die Anschauungen eines Autors zu stützen; viel weniger wurde Bedacht darauf genommen, sie in jener Vollständigkeit zu be-

---

[1] GOLDSTEIN, K.: Ds. Handb. **10**, 222ff.
[2] GRAHE, K.: Z. Hals- usw. Heilk. **12 II**, 640 (1925).
[3] WEIZSÄCKER, V. v.: Dtsch. Z. Nervenheilk. **83**, 179 (1925).
[4] LEIDLER, R., u. P. LOEWY: Beteiligung der Cochlea und des Labyrinthes bei den Neurosen. Handb. Neur. d. Ohres (von ALEXANDER-MARBURG) **3**, 355. Wien-Berlin: Urban & Schwarzenberg 1926. — Vgl. auch F. LASAGNA: The Laryngoscope **31**, 922 (1921).
[5] ANGYAL, A.: Neue psychol. Stud. **6**, 292 (1930) — Arch. f. Psychol. **78**, 47 (1930).

schreiben und darzustellen, daß sie allgemein verwertet werden könnten. Es finden sich auch, wie wir schon wiederholt erwähnt haben, zahlreiche Geschichten angeführt, die einer gewissen Mystik nicht entbehren und darum nur mit allergrößter Vorsicht aufgenommen werden dürfen.

Man möchte zunächst glauben, daß die zahllosen Wettflüge mit Brieftauben, welche alljährlich von den Brieftaubenliebhabern zustande gebracht werden, uns sehr leicht machen sollten, dem Problem der Orientierung der Brieftauben auf den Grund zu kommen. Auch dieses trifft leider nicht zu. Auch von seiten der Brieftaubenliebhaber wird darauf hingewiesen, daß man bei den Wettflügen zumeist von einer gewissen Sucht nach Höchstleistungen und Auszeichnungen seiner Tiere geleitet wird und daß eben darum viele andere interessanten Dinge gar oft ganz in den Hintergrund gestellt werden. Damit mag auch zusammenhangen, daß so *selten einwandfreie Statistiken* von großen Wettflügen aufgenommen werden. Auf diese Tatsache weist besonders PFUNGST[1] hin. Darum sind auch Daten, wie man sie z. B. über den großen Flug von Rom nach Brüssel im Jahre 1913 erfahren hat, wo 1550 Tauben aufgelassen wurden, ungenügend. Es sollen ein Tier am 8. Tage, und nach 14 Tagen im ganzen 10 Tiere zurückgekommen sein; das ist fast alles, was mitgeteilt wurde.

Aber in einem sind die Blätter der Brieftaubenliebhaber sehr sorgfältig, und das ist gerade für uns von besonderer Bedeutung. Sie verzeichnen regelmäßig auch die *vielen Mißerfolge*, welche die Brieftaubenliebhaber bei ihren Wettflügen immer wieder erleben müssen. Manches Jahr folgen solche *verkrachte Flüge* Schlag auf Schlag aufeinander. So z. B. wird berichtet, daß der große Angoulême-Flug am 15. VI. 1930 total verkrachte. Knapp vorher im Mai ging es mit Flügen in Belgien und Kanalflügen nach England genau gleich. Die Angaben über solche verkrachten Flüge sind überaus zahlreich. Man bekommt auch ein Urteil über die große Menge verlorengegangener Tauben auf Wettflügen, wenn man in den Zeitschriften der Taubenliebhaber die Listen über zugeflogene Vögel durchsieht.

Es würde gewiß von großem Interesse sein, ausführliche Statistiken über die Wettflüge anzulegen, und gelungene und verkrachte Flüge nebeneinanderzusetzen. Es ist freilich nicht zu vergessen, daß die sog. verkrachten Flüge fast regelmäßig an schlechte Wetterbedingungen gebunden sind. So wurde ja oben wiederholt darauf hingewiesen wie Regen, Nebel, Gewitter, Hitze u. dgl. den Flug der Brieftauben behindern können. Doch es gehen auch Tauben verloren, wenn solche schwierige Verhältnisse nicht gegeben sind.

Wenn man nun auf Grund der verlangten Statistiken den *Sicherheitsfaktor* berechnen könnte, mit welchem zu erwarten steht, daß die Brieftauben in ihre Heimat zurückkehren, dann würde sich dieser doch allem Anscheine nach wesentlich niedriger stellen, als man vielleicht allgemein zu vermuten geneigt ist.

Wenn wir hier mit Absicht auf die negative Seite des Problems der Brieftauben näher eingegangen sind, weil man dieselbe leider zu oft übersehen hat, so muß trotz alledem doch anerkannt werden, daß unsere Brieftauben ganz kolossal erstaunliche Leistungen zustande bringen können. Die sog. „Hurraflüge" beweisen dies zu Tausenden.

Daß nicht nur den Brieftauben solche Eigenschaften zukommen, das haben uns die Ergebnisse von WATSON und LASHLEY mit Seeschwalben deutlich vor Augen geführt. Auch hier sind die Leistungen enorm. Wenn man etwas all-

---

[1] PFUNGST, O.: J. Psychol. u. Neur. **26**, 250 (1921).

gemeiner auf die *Probleme des Vogelzuges* Rücksicht nehmen wollte, so würde sich zweifellos herausstellen, daß auch noch viele andere Vogelarten uns ungeheuerlich erscheinende Leistungen zustande bringen können.

Unsere Berichte über das Nachhausefinden von Hunden, Katzen und Pferden können uns wenig neue Einsichten gewähren. Sie sind vielfach auch beschönigt dargestellt, weil es mehr oder weniger unbewußt im Interesse der Besitzer der Tiere gelegen ist, die „wunderbaren" Leistungen ihrer Lieblinge hervorzuheben.

Man wird gewiß zugeben müssen, daß es nicht selten sehr fruchtbar ist, wenn man sich mit verschiedenartigen *Hypothesen* über Dinge hinweghelfen will, die unserem Verstande zunächst nicht einleuchten wollen. Man darf dabei allerdings nicht vergessen, daß es nicht schwerfällt, die verschiedenartigsten Hypothesen aufzustellen, besonders dann, wenn man hier nicht die nötige kritische Einsicht walten läßt. So kann man sich ebenso sagen, Hypothesen sind billig, wenn auch zugegeben werden muß, daß viel Scharfsinn nötig ist, sie auszugestalten. Es ist denn auch zum Versuche der Klärung der wunderbar erscheinenden Orientierung viel Scharfsinn aufgewendet worden, oft allerdings die nötige Kritik dabei vergessen worden. Wir konnten von ganz abenteuerlichen Anschauungen berichten.

Unterziehen wir beispielsweise jene Meinungen, welche dem *terrestrischen Magnetismus* oder der *Luftelektrizität* eine führende Rolle bei der Orientierung zuzuschreiben versuchen, nach dem Standpunkte unserer heutigen Kenntnisse einer genauen Betrachtung, dann wird man wohl zu dem bündigen Endresultate kommen, daß sie ungenügend, oft geradezu phantastisch begründet erscheinen. Gerade die Witterungsverhältnisse wurden hier häufig herangezogen. Es ist kein Zweifel, daß speziell bei Gewitterstürmen ganz kolossale elektrische Ladungen vorhanden sind; doch sind Gewitterstürme auch noch durch andere Dinge ausgezeichnet, welche die Tauben in ihrem Fluge stören können. Hier kommen vornehmlich Regenschauer, Behinderung der Sicht, Sturmwinde mit großer Geschwindigkeit und andere solche Faktoren in Betracht. Die Vermutung, daß Brieftauben durch Radiowellen gestört werden können, hat sich gleichfalls als nicht haltbar erwiesen. Im Vordergrunde aber steht die Tatsache, daß man bis heute kein Organ finden konnte, welches auf elektromagnetische Schwingungen anspricht. Wir müssen darum wohl einstweilen alle jene Anschauungen, welche auf irgendeiner Art von „Perzeption" elektromagnetischer Schwingungen fundieren, ablehnen.

Die *Spürsinntheorie* stellte sich gleichfalls als unzulänglich heraus. Ebenso konnte nicht die Auffassung anerkannt werden, daß die Tiere auf Grund einer „Perzeption" aller Eigentümlichkeiten des Hinweges ihren Rückweg wiederfinden sollen. Damit soll allerdings nicht abgelehnt werden, daß auch in dieser Anschauung des *„loi du contrepied"* von REYNAUD ein Körnchen Wahrheit liegen kann.

Eindringlich und fürs erste anscheinend befriedigend stellen sich jene Auffassungen dar, welche die *Orientierung* für eine *Angelegenheit des Sehens* halten. So ist gerade die Möglichkeit der Orientierung auf Grund optischer Anhaltspunkte von sehr zahlreichen Autoren in den Vordergrund gestellt und mit viel Eifer vertreten worden. Heben wir hier zunächst einmal die sog. *Nahorientierung* heraus, dann werden wir auf Grund der überzeugenden Experimente von LASHLEY kaum mehr daran zweifeln können, daß hier das „Sehen" die führende Rolle spielt. Gerade diese Untersuchungen beweisen auch mit Sicherheit, daß Vögel die Fähigkeit besitzen müssen, *optische Engramme* aufzunehmen und festzuhalten. Handelte es sich bei den Untersuchungen von LASHLEY zwar um Seeschwalben, so wird man solche Fähigkeiten doch auch anderen Vögeln, speziell auch den Brieftauben zuschreiben müssen. Man wird darum nicht fehlgehen, anzunehmen, daß den Brieftauben die nähere Umgebung ihres Schlages durch optische Engramme bekannt wird und bekannt bleibt. Wollte man diesen Dingen näher nachgehen, so würden sie uns bereits in das Gebiet der *Tierpsychologie* führen, das heute wohl noch heiß umstritten ist. Eine Erörterung solcher Fragen aber gehört nicht unmittelbar hierher, soll darum lieber fortbleiben.

Muß man also den Tieren die Fähigkeit zur Bildung optischer Engramme zugestehen, so gilt es nun der Frage näherzutreten, inwieweit solche bei der *Orientierung in die Ferne* von Bedeutung sind. Die einander vielfach widerstrebenden Meinungen der einzelnen Autoren sind oben angeführt worden. Man kann die Ergebnisse etwa dahin zusammenfassen, daß das *„Sehen" bei der Fernorientierung zweifellos eine besondere Bedeutung erlangen kann*. Es gibt aber Fälle, wo eine rein optische Orientierung in die Ferne *gänzlich ausgeschlossen erscheint*. Außerdem würde eine Orientierung auf Grund optischer Anhaltspunkte gewisse Intelligenzleistungen der Tiere verlangen, welche von manchen Autoren denselben nicht zugebilligt werden können. Wir müssen darum heute die *Meinung, die Orientierung in die Ferne erfolge vornehmlich optisch*, als *unzureichend* und *nicht genügend begründet* ablehnen[1].

Man hat also nach und nach versucht, geradezu alle Sinnesorgane heranzuziehen und die Möglichkeiten aufzuweisen, wie sich die Tiere mit denselben orientieren könnten. Allgemein befriedigende und einer genügenden Kritik standhaltende Anschauungen ergaben sich dabei aber bisher nicht. So suchte man einen anderen Ausweg. Die Tiere sollten einen *speziellen Richtungssinn* besitzen, der sie auf dem Nachhausewege leitet. Man trachtete das Organ dieses Richtungssinnes in den Bogengängen des Ohrlabyrinthes zu finden und glaubte so einen neuen 6. Sinn entdeckt zu haben. Das Exemplum crucis für solche Anschauungen ist leider gerade bei den Brieftauben undurchführbar, hat ja doch schon J. R. EWALD festgestellt, daß man labyrinthlose Tauben nicht mehr zum Fliegen bringen kann. Allein man hat auch für den Menschen einen solchen „speziellen Richtungssinn" gefolgert. Es kann aber gar keine Rede davon sein, daß Taubstumme etwa ihr Orientierungsvermögen verloren hätten. Andererseits konnte man auch keine Beweise für das Bestehen eines speziellen Richtungssinnes bringen. Aus diesen Gründen müssen wir darum der *Annahme eines speziellen Richtungssinnes* äußerst skeptisch gegenüberstehen und sie *zunächst als unwahrscheinlich ablehnen*.

So müssen wir denn bekennen, daß wir *derzeit* trotz aller aufgewendeten Mühe und Sorgfalt *keineswegs imstande* sind, die *Frage der Orientierung im Raume genügend aufzuklären*. Doch scheint es uns deswegen nicht begründet, ins Mystische abzuweichen und Hypothesen heranzuziehen, die nicht als einsichtig bezeichnet werden können. Im Grunde genommen dürften wohl *bei der Orientierung im Raume alle Sinnesorgane zusammenwirken*. Gerade die *Gesamtheit aller Sinneseindrücke* dürfte die scheinbar wunderbare Fähigkeit der Orientierung im Raume ermöglichen. Das ist auch der Standpunkt von ROCHON-DUVIGNEAUD[2], der von einer „*utilisation des sensations*" spricht, und die Meinung des gerade auf diesem Gebiete sehr erfahrenen RABAUD[2].

---

[1] Vgl. hierzu auch die interessante Diskussion des Beirates für Brieftaubenforschung am *Kaiser Wilhelm-Institut für Hirnforschung*: J. Psychol. u. Neur. **26**, 286 (1921).

[2] ROCHON-DUVIGNEAUD, A., u. E. RABAUD: La Nature **54 II**, 24 (1926). Die Autoren hatten Rundfragen über das Brieftaubenproblem veranstaltet. Sie erhielten aber keine einwandfreie und neue Gesichtspunkte enthaltende Antworten.

Man wird es nicht als eine Ausflucht bezeichnen dürfen, wenn man auch für manche der so verblüffenden Heimflüge der Brieftauben dem *Zufall* eine gewisse Rolle zubilligt.

Es wurde mit Absicht so weit als tunlich vermieden, bei der Frage der Orientierung der Wirbeltiere anthropozentrische Betrachtungsweisen einzuführen. Gerade aus diesem Grunde wurde das Orientierungsproblem des Menschen auch gesondert behandelt. Hier war es anscheinend möglich, eine gewisse Einsicht in einzelne Mechanismen, die bei der Orientierung eine Rolle spielen, zu gewinnen. Als das allgemeine Ergebnis muß aber auch hier hervorgehoben werden, daß bei der *Orientierung des Menschen im Raume alle Sinnesorgane mitspielen* und oft *in eigenartiger Weise ineinandergreifen.*

# Die Orientierung zu bestimmten Stellen im Raum (Wirbellose).

Von

W. v. BUDDENBROCK

Kiel.

Mit 11 Abbildungen.

### Zusammenfassende Darstellungen.

BISCHOFF, H.: Biologie der Hymenopteren. Biolog. Studienbücher. 1927. — BRUN, R.: Die Raumorientierung der Ameisen. Jena 1914. — ESCHERICH, K.: Die Ameisen. Braunschweig 1917. — FOREL, A.: Sinnesleben der Insekten. München 1910. — KUEHN, A.: Die Orientierung der Tiere im Raum. — REUTER, O. M.: Lebensgewohnheiten und Instinkte der Insekten. 1913.

Unter Orientierung zu bestimmten Stellen im Raum sollen hier nur diejenigen Fälle verstanden werden, in denen das Tier nicht durch Reize, die von diesem Orte selbst ausgehen (optische, chemische u. a.), sondern durch ein echtes Ortsgedächtnis geleitet wird. Etwas Derartiges ist bei niederen Tieren verhältnismäßig selten. Wir glauben im allgemeinen annehmen zu dürfen, daß die niederen Tiere frei herumvagabundieren und überall dort „zu Hause" sind, wo sie die ihnen zusagenden Lebensbedingungen finden. Obgleich es kaum einem Zweifel unterliegt, daß diese Auffassung in der Mehrzahl der Fälle das Richtige trifft, so gibt es doch, wie wir heute zuversichtlich wissen, nicht wenige Wirbellose, die einen bestimmten Wohnort haben oder sich doch vorübergehend an einen bestimmten Platz gebunden fühlen. Es ist sehr wahrscheinlich, daß wir vorerst nur das Allerwenigste von dem kennen, was bei intimerem Studium sich wirklich beobachten ließe.

Am längsten und am besten bekannt sind die an einen bestimmten Ort gebundenen Lebensvorgänge bei den Hymenopteren. Alle staatenbildenden Ameisen, Bienen, Wespen, Hummeln haben ein Nest, in welchem sie wohnen und ihre Brut aufziehen. Die Fähigkeit, von jedem Punkte der näheren Umgebung zu diesem Nest zurückzufinden, ist eine Grundbedingung ihrer Existenz.

In erster Linie sind die Bienen und die Ameisen untersucht worden (SANTSCHI, CORNETZ, FOREL, BETHE, BRUN, WASMANN, WOLF u. a.). Die Orientierungsgabe dieser Tiere beruht auf dem Zusammenspielen zahlreicher Faktoren. Am wichtigsten sind optische und chemische Eindrücke; daneben spielen auch sog. kinästhetische Eindrücke eine zum Teil nicht unbedeutende Rolle.

Der einfachste Fall eines optischen Orientierungsmittels ist die sog. Lichtkompaßbewegung. Sie wurde von SANTSCHI[1] entdeckt und ist lange Zeit hindurch nur für die Ameisen bekannt gewesen; neuerdings ist sie aber auch von WOLF für die Biene nachgewiesen worden. Sie ist ferner, wie v. BUDDENBROCK zeigte,

---

[1] SANTSCHI: Comment s'orientent les fourmis? Rev. Suisse de Zool. **19** u. **21** (1913).

bei sehr zahlreichen anderen niederen Tieren vorhanden (Raupen, Käfer, Schnecken, ja sogar Polychäten).

Die Lichtkompaßbewegung besteht darin, daß das Tier während eines bestimmten Laufes oder Fluges seine relative Einstellung zur Lichtquelle (Sonne) beibehält, sich also stets so bewegt, daß der Winkel zwischen den Sonnenstrahlen und seiner Bewegungsrichtung konstant bleibt. Physiologisch bedeutet dies, daß es das Licht während des ganzen Laufes mit den gleichen Facetten seines Auges auffängt. Bei frei herumvagabundierenden Tieren führt diese Orientierungsart zu einem geradlinigen Lauf ohne Ziel, Ameisen und Bienen benutzen sie, um auf geradem Wege vom Nest zum Futterplatz und zurück zu finden. Bei den Ameisen ist die Lichtkompaßbewegung hauptsächlich bei niedrig stehenden Arten zu finden (*Myrmica, Lasius*), fehlt dagegen den psychisch höher entwickelten Formen wie *Formica* (BRUN). Der Beweis für ihr Vorkommen läßt sich auf zwei verschiedene Weisen erbringen: durch den Spiegelversuch und durch den Fixierungsversuch (BRUN). Beim erstgenannten beschattet man den Weg,

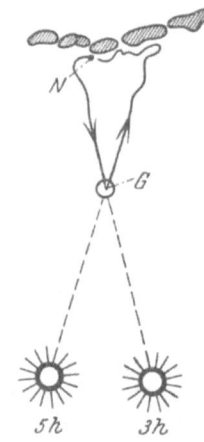

Abb. 344. Lichtkompaßbewegung einer Ameise nach BRUN (Fixierungsversuch). Beziehung zwischen Hin- und Rückmarsch. *N.* = Nest; *G.* = Ort der zweistündigen Gefangenschaft.

auf welchem die Ameise kriecht, durch einen zwischen sie und die Sonne gestellten Schirm und stellt auf der anderen Wegseite einen Spiegel auf, welcher die Sonnenstrahlen um nahezu 180 Grad verdreht auf das Tier wirft. Die Ameise stutzt und kehrt um, d. h. sie stellt sich von neuem so ein, daß das Licht in die gleichen Facetten wie vorher einfällt.

Der Fixierungsversuch besteht darin, daß man das Tier mitten auf seinem Wege mit einem lichtdichten Gefäß überdeckt und für ein bis mehrere Stunden gefangen hält. Es zeigt sich, daß das Insekt sein Gedächtnis für die Richtung der Lichtstrahlen während dieser Stunden nicht verliert. Nach ihrer Befreiung setzt die Ameise entweder ihren Weg fort oder sie kehrt zum Neste zurück. Im ersten Falle biegt sie aber nachweislich von ihrer bisherigen Bahn um den gleichen Winkel ab, um den sich die Sonnenstrahlen inzwischen verändert haben. Das Tier behält also seine relative Lage zur Sonne, die es vor der Fixierung besaß, auch jetzt noch bei. Das Zurückkehren zum Nest mit Hilfe der Lichtkompaßbewegung ist ein bedeutend komplizierterer Vorgang, denn die Einstellung zum Licht muß hierbei im Vergleich zum Hinweg um 180 Grad verändert werden. Wenn also beim Hinweg das Licht von vorn kommt, muß es auf dem Rückweg von hinten in das Auge der Ameise fallen. Unter diesen Bedingungen findet die Ameise parallel zu ihrem eigenen Hinweg zum Neste zurück. Tatsächlich ergibt der Fixierungsversuch, daß der eingeschlagene Rückweg wiederum um den gleichen Winkel vom ideellen abweicht, um den sich der Sonnenstand während der Fixierungszeit verändert hat (s. Abb. 344). Physiologisch folgt aus diesem sehr interessanten Versuch BRUNs, daß eine nervöse Korrelation besteht zwischen den Ommatidien beider Facettenaugen, die um 180 Grad gegeneinander versetzt sind.

Für die Biene wurde das Vorhandensein der Lichtkompaßbewegung neuerdings von WOLF[1] nachgewiesen. Für gewöhnlich orientiert sich dieses psychisch so hochstehende Tier durch andere optische Merkzeichen (s. später); es greift aber auf die Lichtkompaßbewegung zurück, wenn es im Fluggelände an entsprechenden optischen Merkzeichen fehlt. WOLF experimentierte daher auf

---

[1] WOLF, E.: Über das Heimkehrvermögen der Bienen. Z. vergl. Physiol. **3** (1926); **6** (1927).

Die Orientierung zu bestimmten Stellen im Raum. 1025

einer völlig kahlen Sandfläche. Er fütterte die Bienen an einer Stelle, die ca. 150 m vom Stock entfernt war; sie flogen von der Futterstelle geradlinig zum Stock zurück. Um zu beweisen, daß dieser geradlinige Flug eine Wirkung der Lichtkompaßorientierung ist, sperrte WOLF die an der Futterstelle angekommenen Tiere in kleine Käfige und ließ sie von verschiedenen anderen Punkten des Geländes: $A, B, C$, die teils seitlich, teils hinter dem Stock gelegen waren, wieder frei. Hierbei ließ es sich zunächst einwandfrei beobachten, daß die Bienen stets in derselben Richtung abflogen, die sie normalerweise beim Flug von der Futterstelle zum Stock einzuhalten pflegten. Die Rückflugzeiten sind dementsprechend vom Käfig aus bedeutend länger als von der Futterstelle aus, weil das Tier infolge der Lichtkompaßorientierung von $A$, $B$ und $C$ in einer Richtung abfliegt, die durchaus nicht zum Stocke führt und erst nach erheblichen Umwegen zum Stocke zurückfindet (s. Abb. 345). In 50 Versuchen ergaben sich die folgenden Durchschnittswerte:

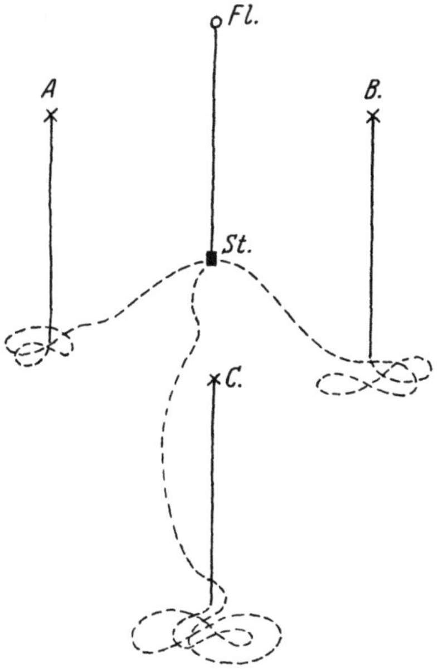

Abb. 345. Biene. Nachweis der Lichtkompaßorientierung im Gelände ohne optische Merkmale. $St.$ = Stock; $Fl.$ = Futterstelle; $A, B, C$ erzwungene Abflugorte. (Nach WOLF.)

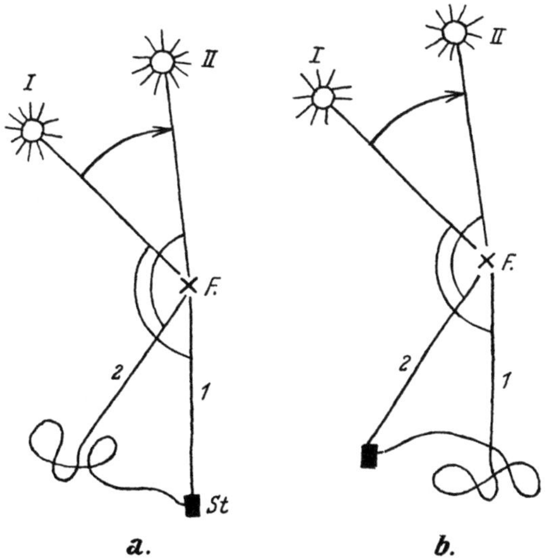

Abb. 346. Lichtkompaßbewegung der Biene; Fixierungsversuch. In Abb. $a$ normale Stellung des Stocks; in $b$ Stock nach links verschoben. $1$ Flugbahn normaler Bienen beim Sonnenstand I; $2$ Flugbahnen von Bienen, die an der Futterstelle $F$ eine Stunde im Dunkeln eingesperrt waren, beim Sonnenstand II. (Nach WOLF.)

Rückflugzeiten von der Futterstelle $F$ aus . . . . 32 Sek.
„ „ „ „ $A$ „ . . . . 1,28 Min.
„ „ „ „ $B$ „ . . . . 1,42 „
„ „ „ „ $C$ „ . . . . 2,48 „

Genau wie bei den Ameisen gibt auch der Fixierungsversuch bei den Bienen wertvolle Aufschlüsse (Abb. 346). Sperrt man eine Biene am Futterplatz für eine Stunde in ein dunkles Kästchen, so fliegt sie nach ihrer Befreiung nicht geradlinig zum Stock, sondern zeigt eine Abweichung ihrer Flugbahn um den gleichen Winkel, um den sich der Sonnenstand inzwischen verändert hat. Ist sie an der Stelle angelangt, wo sie den Stock vermutet, so vollführt sie die üblichen Orientierungsflüge und findet endlich mit erheblichem Zeitverlust zum Stocke zurück. Verstellt man hingegen, während das Tier in der Schachtel eingesperrt ist, den Stock um ein entsprechendes Stück, so finden ihn die Bienen nach ihrer Befreiung sehr schnell.

Die Rückflugzeiten (als Mittel von je 50 Versuchen) ergaben sich wie folgt:
Für Stellung $a$, Flugbahn 2 1,47 Minuten; für Stellung $b$, Flugbahn 2 44 Sekunden. Als notwendiges Hilfsmoment beim geradlinigen Lauf oder Flug mit Hilfe der Lichtkompaßorientierung ist es erforderlich, daß das Tier eine genaue Kenntnis von der Länge der zurückzulegenden Strecke besitzt. PIÉRON bewies dies schon 1904. Er fing einzelne auf dem Heimwege begriffene Ameisen und setzte sie mehrere Meter seitwärts auf gleichem Gelände wieder zu Boden. Die Tiere setzten ihren Marsch parallel zur alten Richtung fort, und zwar um ungefähr dieselbe Wegstrecke, die sie normalerweise bis zum Nest hätten zurücklegen müssen. Erst dann begannen sie mit Suchbewegungen. Neuerdings konnte auch WOLF ein solches Verhalten bei den Bienen sicherstellen. Stellt man sich nämlich an einer Stelle $x$ auf, die vom erzwungenen Abflugsort $B$ (s. Abb. 345) genau so weit entfernt ist, wie der Stock vom Futterplatz, so kann man beobachten, daß die Bienen bei $x$ ihre Orientierungsflüge beginnen, und daß unter Umständen an diesem Punkt eine Stauung eintritt.

Die psychisch höher stehenden, gut sehenden Ameisen sowie die Bienen benutzen unter normalen Umständen weniger die Lichtkompaßbewegung zu ihrer Orientierung als die im Gelände sich bietenden optischen Merkzeichen, die sich ihrem Gedächtnis einprägen. Sie verhalten sich also durchaus so wie die höheren Wirbeltiere. Ihr Orientierungsvermögen, insbesondere ihre Gabe zum Nest zurückzufinden, hat daher zur Voraussetzung, daß sie die Umgebung des Stockes oder Nestes aus eigener Erfahrung kennen. Daß es sich in der Tat so verhält, und die Tiere keineswegs einen mystischen absoluten Ortssinn besitzen, beweisen die folgenden von vielen Beobachtern bestätigten Erfahrungen: 1. Bienen, die in einer Gegend ausgesetzt werden, die ihnen keine optischen Anhaltspunkte liefert, etwa das Wasser eines Sees einige Kilometer von ihrem am Ufer befindlichen Stock entfernt, finden nicht mehr zu diesem zurück (ROMANES, BETHE). 2. Junge Bienen, die noch keine eigenen Erfahrungen sammeln konnten, verirren sich stets, wenn man sie in größerer Entfernung vom Stock fliegen läßt. 3. Alte Bienen finden sich nicht mehr zurecht, sobald man den Stock in eine neue, unbekannte Gegend versetzt, die außerhalb des Bezirks liegt, welchen die Tiere bei ihren Flügen vom alten Stocke aus kennengelernt haben. Mit allen diesen Erfahrungen steht es im Einklang, daß junge Bienen, bevor sie sich in die Ferne wagen, charakteristische Erkundigungsflüge ausführen, bei denen sie den Stock in der allerverschiedensten Weise umfliegen, augenscheinlich, um sich die Umgebung optisch genau einzuprägen.

Die optische Orientierung der Hymenopteren beruht also auf einem echten Ortsgedächtnis genau wie bei Vögeln und Säugetieren. Füttert man Bienen in einem Gelände, das reich an optischen Merkzeichen ist, so fliegen sie nach zwangsweisem Transport zu irgendeinem anderen Punkte stets auf dem kürzesten Wege zum Stock zurück. Wie entwickelt diese Fähigkeit auch bei den höheren Ameisen, z. B. *Formica sanguinea*, ist, beweisen die sog. Zwangslaufversuche von BRUN. Bei ihnen wird eine einzelne Ameise durch dauernde Lenkung mit der Hand gezwungen, sich vom Nest oder der Heerstraße in einer vom Experimentator gewünschten Richtung zu entfernen. Wird sie endlich frei gelassen, so stürzt sie nahezu geradlinig dem Neste zu (Abb. 347). Es gelingt dies auch dann, wenn der Zwangslauf selbst nicht geradlinig, sondern in einer komplizierten Kurve zurückgelegt wird. Ferner konnte BRUN an der gleichen Art zeigen, daß sich die Tiere noch in Gegenden zurechtfinden, die sie seit mehreren Wochen nicht mehr betreten haben.

Nur in einer Hinsicht ist scheinbar ein bedeutsamer Unterschied zwischen der optischen Orientierungsart des Wirbeltieres und des Insektes vorhanden:

Das Wirbeltier prägt sich, soweit wir unterrichtet sind, das vor ihm gelegene, binokular gesehene Gesichtsfeld gedächtnismäßig ein, das Insekt hingegen die mehr seitlich gelegenen beiden Gesichtsfelder, die es mit jedem Auge einzeln sieht. Seitliche Kulissen, die den Weg zum Stock hin verändern, beeinträchtigen die Rückkehr der Bienen sehr viel mehr als eine Veränderung des Hintergrundes des Stocks. Von besonderer Beweiskraft für diese eigentümliche Orientierungsweise speziell der Bienen erschien früher die von vielen Beobachtern sichergestellte Tatsache, daß selbst eine geringfügige Verschiebung des Stocks um nur wenige Meter zu einer Stauung der zurückkehrenden Bienen an derjenigen Stelle im Raume führt, an welcher der Stock vorher gestanden hat. Jedoch hatte bereits BETHE[1] darauf hingewiesen, daß die charakteristische Stauung am früheren Platz des Stockes auch dann eintritt, wenn optische Merkmale in der Umgebung durchaus fehlen. Die Bienen wurden hierzu auf einer großen gleichförmigen Wiese von einer Schachtel aus fliegen gelassen, zu der sie nach dem Futterholen wieder zurückflogen. Eine Verschiebung der Schachtel um nur einige Meter hatte auch hier eine typische Stauung am alten Platze zur Folge, obgleich die Bienen bei der Gleichförmigkeit des Geländes keine optischen Anhaltspunkte besaßen. Die BETHESCHEN Beobachtungen sind lange Zeit hindurch nicht in genügender Weise gewürdigt worden, jedoch haben sehr interessante neuere Versuche von WOLF zu ihrer vollständigen Bestätigung geführt und ferner gezeigt, daß das Phänomen der Stauung nicht auf optischen, sondern auf kinästhetischen Eindrücken beruht. Der Sitz dieses Sinnes sind die Fühler, mit deren Hilfe die Bienen anscheinend ihre während des Fluges ausgeführten Drehungen registrieren können. Brachte WOLF eine Anzahl von Bienen in einem dunklen Behälter vom Stock zu einem bestimmten Abflugsort, so zeigte es sich, daß sie verschieden lange Zeit zum Rückflug brauchten, je nachdem, ob sie beim Transport ruhig getragen oder passiv rotiert wurden. Die gedrehten Tiere brauchten wesentlich längere Zeiten. Wurden dagegen zu diesen Versuchen antennenlose Bienen verwendet, so waren die Rückflugzeiten für gedrehte und ungedrehte Tiere vollkommen gleich. WOLF schloß aus diesen sehr eigenartigen Ergebnissen, daß die Bienen alle Drehungen und Wendungen, die sie aktiv während des Fluges machen, mit Hilfe ihrer Fühler registrieren, und daß sie beim Rückflug gezwungen sind, diese Drehungen in umgekehrter Reihenfolge zu wiederholen. Aus dieser Hypothese würde es sich unmittelbar ergeben, daß die passiv gedrehten Tiere beim Rückflug nicht auf dem kürzesten Wege nach Hause fliegen können und daher wesentliche Verzögerungen erleiden müssen.

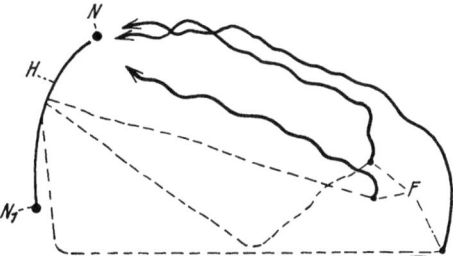

Abb. 347. Zwangslaufversuch mit *Formica sanguinea*. Nach BRUN. $N$. = Hauptnest; $H$. = Heerstraße; $N_1$ zweites Nest. Drei Ameisen werden von verschiedenen Punkten der Heerstraßen die gestrichelte Linie entlang bis zu den Punkten $F$ gebracht, wo sie in Freiheit gesetzt werden. Sie laufen sofort zum Nest $N$. zurück. (Nach BRUN.)

Daß speziell die Stauung vor dem um Weniges verschobenen Stock auf den kinästhetischen Fühlersinn zurückgeführt werden muß, ergibt sich nach WOLF aus dem folgenden Umstand: In Wiederholung eines älteren schon von BETHE 1898 erwähnten Versuches amputierte er nahezu sämtlichen Insassen eines kleinen Stocks beide Fühler und beobachtete ihr Verhalten nach Verschiebung des Stocks um 2 m. Hierbei zeigte es sich, daß die wenigen noch im Besitz ihrer

---

[1] BETHE, A.: Über die Heimkehrfähigkeit von Bienen. Biol. Zbl. **22** (1902).

Fühler befindlichen Bienen sich zunächst an der normalen Stelle ansammelten, auf welcher der Stock vordem gestanden hatte, während alle fühlerlosen Tiere diese Raumstelle nicht beachteten, sondern unmittelbar dem Stocke zuflogen. Auf den ersten Blick hin erscheint es paradox, daß die fühlerlosen, ohne Zweifel schwer geschädigten Bienen sich besser zurecht finden sollen als die normalen. Zu erklären ist dies vermutlich so, daß die normale Biene nach dem bekannten Prinzip der doppelten Sicherung den Stock findet: erstens durch optische und vielleicht auch chemische Merkzeichen seiner Umgebung und zweitens, indem sie von bestimmten, ihr bekannten Fixpunkten des Orientierungsfeldes aus eine konstante Flugbahn durchmißt, deren Drehungen genauestens durch die Fühlersinnesorgane kontrolliert werden. Normalerweise wirken diese Orientierungsmittel in idealer Weise zusammen; verstelle ich aber den Stock, so bringe ich bei der normalen Biene beide Orientierungsarten in Widerspruch zueinander, denn für die Augen hat sich alles verschoben, für den Fühlersinn hat sich aber nichts geändert. Dieser letzte erweist sich als der stärkere: er zwingt die Biene zunächst, die Raumstelle aufzusuchen, an welcher für ihn der Stock noch stehen müßte. Bei der antennenlosen Biene fällt die ganze kinästhetische Orientierungsart fort und die optische Raumorientierung führt das Tier mühelos zum neuen Platze.

Wesentlich anders als auf einem Felde, das reich an optischen Merkzeichen ist, verhalten sich fühlerlose Bienen, die mangels anderer optischer Orientierung auf die Lichtkompaßorientierung angewiesen sind. WOLF wies nach, daß unter solchen Bedingungen die fühlerlosen Tiere nicht früher, sondern im Gegenteil später ankamen, also länger zum Rückflug brauchten als ihre normalen Stockgenossen. Die Vergleichszahlen für die Rückflugzeiten sind:

Gedrehte Tiere mit Fühlern 3,33 Minuten; ungedrehte Tiere ohne Fühler 4,16 Minuten; gedrehte Tiere ohne Fühler 4,12 Minuten; einfühlerige Tiere 4,07 Minuten. Dies bedeutet offenbar so viel, daß der kinästhetische Sinn ein notwendiges Zubehör zur Orientierung durch die Lichtkompaßbewegung ist. Das Tier kommt zum Stocke, indem es geradlinige Strecken von bestimmter Länge kombiniert mit Drehungen von bestimmtem Ausmaß. Nimmt man ihm die Fühler, so ist dieser ganze, eine geschlossene Einheit bildende Orientierungsmechanismus weitgehend gestört.

Die Orientierung mit Hilfe des Geruchs[1] hat bei den Bienen einen doppelten Charakter. Zunächst benutzen sie neben den optischen und kinästhetischen Eindrücken auch solche geruchlicher Art bei der Heimkehr zum Stock. WOLF brachte am Flugloch Fließpapierstreifen an, die mit bestimmten Duftstoffen getränkt waren. Selbst nach großen Verschiebungen des Stockes fanden die Bienen die neue Stelle mit verhältnismäßiger Leichtigkeit auf, sie lassen sich also durch den Dressurgeruch zu ihm hinführen. Läßt man derartige künstliche Geruchsreize beiseite, so ergibt sich, daß, wenn im Gelände keine deutlichen optischen Anhaltspunkte vorhanden sind, diejenigen Bienen, die nach langem Suchen den verstellten Stock endlich auffinden, ihr eigenes Duftorgan ausstülpen. Sie schwängern die Luft mit ihrem eigentümlichen Eigengeruch, auf den die Bienen sehr scharf eingestellt sind, und locken dadurch ihre Genossinnen herbei.

Ferner finden die Bienen mit Hilfe des Geruchsinnes den Platz, an welchem andere Bienen des gleichen Stockes Futter gefunden haben. Wir wissen durch die Untersuchungen FRISCHS[2] über die Sprache der Bienen, daß Arbeiterinnen, die erfolgreich beim Honigsuchen waren, im Stock einen charakteristischen

---

[1] FRISCH, K. v.: Über den Geruchssinn der Biene und seine blütenbiologische Bedeutung. Zool. Jb. Abt. allg. Zool. **37** (1920).

[2] FRISCH, K. v.: Über die Sprache der Bienen. Zool. Jb. Abt. allg. Zool. **40** (1923).

Werbetanz aufführen. Durch diesen Tanz erregt, verlassen eine Anzahl von Bienen, die mit der tanzenden in nähere Berührung kamen, alsbald den Stock und beginnen zu suchen. Der Geruchssinn kann hierbei wiederum zwei verschiedene Rollen spielen. Entweder es haftet der Biene, welche den Werbetanz aufführt, der charakteristische Duft der honigspendenden Blumenart an. Insbesondere wird dies dann der Fall sein, wenn eine bestimmte Blume in größeren Mengen blüht. Die anderen Bienen finden dann die gleichen Blumen, indem sie aufs Geratewohl nach diesem Duft, den sie ihrem Gedächtnisse einprägen, umhersuchen.

In anderen Fällen leistet das Duftorgan der Biene selbst den gleichen Dienst, die Genossinnen zum Futterplatz hinzuführen. Nach ihrem Werbetanz fliegt die Biene wieder zu den Blumen zurück, stülpt dort ihr am Abdomen befindliches Duftorgan aus und schwängert die Luft mit ihrem Duft. Die durch den Werbetanz erregten anderen Bienen finden nach einigem Suchen mit leichter Mühe diese Duftwolke und damit zugleich die Blumen. Ob die Bienen während ihres Fluges vom Stock zu den Blumen ihr Duftorgan betätigen und auf diese Weise gewissermaßen eine Duftstraße herstellen, analog der mit Ameisensäure gezeichneten Straße der Ameisen, ist noch nicht bekannt. Daß auch die Ameisen ihre Antennen zur Raumorientierung benötigen, geht zunächst aus der bemerkenswerten Tatsache hervor, daß manche Arten, wie *Formica rufa*, nach Amputation ihrer Antennen vollkommen unfähig werden, zu ihrem Nest zurückzufinden, während sie dies mit schwarz lackierten Augen noch leidlich vermögen FOREL[1], BRUN). Nur bei besonders gut sehenden Arten wie der in der Sahara lebenden *Cataglyphis* ist der Einfluß der Antennenamputation auf die Orientierung gering (SANTSCHI).

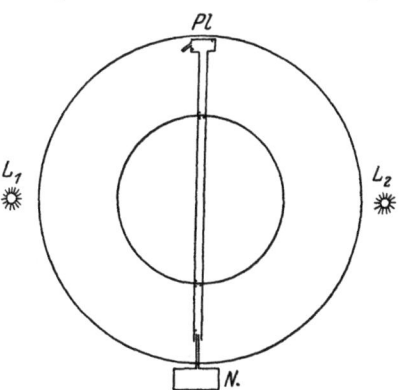

Abb. 348. Versuchsanordnung BRUNs zur Prüfung der taktilen und chemischen Orientierung der Ameisen. $Pl.$ = Futterplatz, $N.$ = Nest, $L$ und $L$ zwei „bipolare" Lichter zur Ausschaltung der Lichtkompaßbewegung.

Die Antennen der Ameisen sind aber nicht nur Geruchs-, sondern auch zugleich Tastorgane, und es scheint bei ihnen zu einer so innigen Verknüpfung zwischen beiden Sinnen zu kommen, daß FOREL[1] die Hypothese des Kontaktgeruchs oder des topochemischen Sinnes aufstellte. Sie besagt etwa das Folgende: Die Ameisen berühren beim Lauf den Boden fortwährend mit ihren Fühlern; sie empfangen also den Geruch nicht wie wir diffus, sondern streng gebunden an die Ausdehnung der einzelnen ihn aussendenden Partikelchen, die gleichzeitig mit den Tastsinneszellen auf ihre mechanische Qualität geprüft werden. Sie perzipieren daher scharf umschriebene Geruchsfelder; jeder mit den Fühlern geprüfte Gegenstand läßt einen einheitlichen Tastgeruchseindruck zurück. Sie gewinnen so eine ziemlich detaillierte Kenntnis der nacheinander durchwanderten Wegstrecken und vermögen sich die Reihenfolge dieser Eindrücke gedächtnismäßig einzuprägen.

BRUN[2] bediente sich zur experimentellen Prüfung dieser Hypothese der folgenden ingeniös ersonnenen Anordnung (Abb. 348). Die Ameisen werden gezwungen, ihre Larven von $Pl.$ über die ca. 1 m lange schmale Papierbrücke nach

---

[1] FOREL, A.: Experiences et remarques critiques sur les sensations des insectes. Riv. Biol. gen. **1900/01**.
[2] BRUN, R.: Weitere Untersuchungen über die Fernorientierung der Ameisen. Biol. Zbl. **36** (1916).

dem Nest $N$. zu tragen. Die Lichtkompaßorientierung wird durch „bipolare" Beleuchtung ausgeschaltet. Unter diesen Umständen ergibt sich, daß die in die Mitte der Bahn gesetzten Ameisen jede Orientierung verloren haben, sie finden nur noch zu 50% zum Nest, die übrigen 50% bewegen sich in falscher Richtung. Im Hauptversuch wird nun die bisher homogene Bahn in verschiedene Sektionen geteilt, die sich taktil oder geruchlich oder durch beides zugleich unterscheiden. Geprüft wird, ob die in die Mitte gesetzten Ameisen wiederum desorientiert sind oder ob sie an der Reihenfolge der zu begehenden Abschnitte den richtigen Weg erkennen. Natürlich muß den Tieren vorher Gelegenheit gegeben werden, die Bahn durch häufigen Larventransport von $Pl.$ nach $N.$ kennenzulernen. Die vielfach variierten Versuche ergaben das folgende Resultat:

| Beschaffenheit der Bahn | Es gehen | | Von den falsch gehenden kehren um |
|---|---|---|---|
| | richtig | falsch | |
| Eine Bahnhälfte mechanisch gerauht . . | 68 | 48 | 16 |
| Beide Hälften, aber verschieden gerauht | 68 | 46 | 14 |
| Spur dreiteilig, $^1/_3$ Sand, $^1/_3$ glattes Blatt, $^1/_3$ gerauhtes Papier . . . . . . . . | 86 | 45 | 31 |
| Spur vierteilig, Sand, längsgerichtete Tannennadeln, quer ger. T., rauhes Papier . . . . . . . . . . . . | 74 | 48 | 22 |
| Bahn m. Veilchenessenz, $^1/_2$ quere Striche, $^1/_2$ runde Tupfen . . . . . . . . | 58 | 50 | 8 |

Die Bahnteile unterscheiden sich also in Versuch 1—3 taktil voneinander, in Versuch 4 taktil und geruchlich, in Versuch 5 nur geruchlich. Da eine mitunter allerdings nur schwache Majorität der Tiere in jedem Falle den richtigen Weg herausfand, ist hiermit bewiesen, daß die Tiere nicht nur die mechanische und die geruchliche Qualität der Wegesstrecken zu unterscheiden vermögen, aus Versuch 5 folgt auch die Wahrnehmung getrennter Geruchsfelder im Sinne Forels. Während es sich bei den soeben geschilderten Reaktionen sicherlich um ein gedächtnismäßiges Festhalten „topochemischer" Sinneseindrücke handelt, hat die vielfach untersuchte Erscheinung der „Polarisation der Geruchsspur" (Bethe) anscheinend nichts mit einem Ortsgedächtnis zu tun.

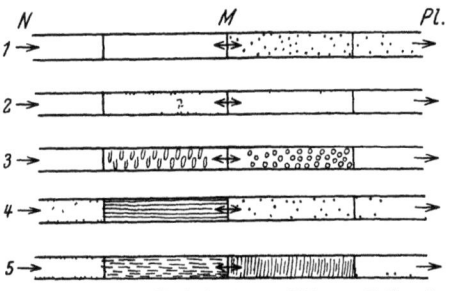

Abb. 349. Beschaffenheit des mittleren Teils der Brucke, uber welche die Ameisen von der Mitte aus kriechen müssen. $1$ Rechts gerauhtes, links glattes Papier; $2$ rechts und links verschieden gerauhtes Papier; $3$ links quere Striche, rechts runde Flecke von Veilchenessenz; $4\,a$ aufgeklebte Sandkörner, $b$ glattes Blatt, $c$ und $d$ gerauhtes Papier; $5\,a$ Sandkorner, $b$ längsgerichtete Tannennadeln, $c$ quergerichtete Tannennadeln, $d$ rauhes Papier. (Nach Brun.)

Man versteht unter dieser Erscheinung das Folgende: Zwingt man die Ameisen auf einer künstlichen Straße, etwa einem langen Papierstreifen, zu kriechen, auf dem sich durch häufigen Gebrauch allmählich eine kräftige Geruchsspur entwickelt, schneidet man aus der Mitte dieses Streifens ein Stück heraus und fügt es um 180 Grad gedreht wieder in den Streifen ein, so stutzen die Ameisen an der Grenze des umgekehrten Stückes und gehen nicht weiter. Die Erscheinung selbst, die Bethe[1] schon im Jahre 1898 entdeckte, ist seither von einer Reihe

---

[1] Bethe, A.: Dürfen wir den Ameisen und Bienen psychische Qualitäten zuschreiben? Arch. ges. Physiol. **70** (1898).

anderer Autoren (WASMANN, FOREL[1]) bestätigt worden. Zu ihrer Erklärung wurde eine Reihe verschiedener Hypothesen entwickelt, aber erst BRUN vermochte durch einige einfache, aber klare Experimente den wirklichen Sachverhalt zu enträtseln. BETHE selbst glaubte, daß die Ameisen imstande seien, an jeder Spur vorn und hinten zu unterscheiden, und daß fernerhin die vom Nest kommenden Spuren ihrem Geruch nach spezifisch verschieden wären von denen, die zum Nest hinführen. WASMANN stellte sich vor, daß die Tiere die „Geruchsform" ihrer beiden Spuren unterscheiden. Diese und ähnliche, nicht ganz leicht verständliche Hypothesen scheitern alle daran, daß sie eine für unser Vorstellungsvermögen nahezu unfaßbare Präzision der „topochemischen" Spuranalyse durch die Ameisen voraussetzen. Nach BRUN[2] liegen die Dinge außerordentlich viel einfacher. Auf der Ameisenstraße gibt es vom Nest aus ein kontinuierliches Konzentrationsgefälle des Nestgeruchs, der um so schwächer wird, je weiter man sich vom Nest entfernt, andererseits ist ein stetig ansteigender Futtergeruch zu konstatieren, je mehr man sich dem Futterplatze nähert. Führt man die geschilderte Verdrehung des Mittelstückes aus, so wird die normalerweise ganz allmählich sich verändernde Geruchsspur an der Grenze plötzlich einen jähen Wechsel zeigen. Diese Diskontinuität der Geruchsspur, das unvermittelte Ansteigen des Nestgeruches und der jähe Abfall des Futtergeruches (oder umgekehrt) wird von den Tieren offenbar als starker Reiz empfunden. Bei tierpsychologischer Interpretation könnte man sagen, daß die Ameisen das Unnatürliche der Situation erkennen und daher stutzen. Die BRUNsche Deutung wird durch die folgenden Beobachtungen gestützt: Die Reaktion ist auch an Ameisen zu bemerken, welchen die Spur noch vollständig fremd ist, da sie nie auf ihr gingen, sie kann also nicht daran liegen, daß die Tiere eine erwartete Folge topochemischer Sinneseindrücke an der Grenze vermissen, es liegt also keine Störung des Ortsgedächtnisses vor. Zweitens ist zu beobachten, daß die Reaktion um so stärker ist, je länger die umgekehrte Strecke ist. Dies ist ohne weiteres verständlich, da der Kontrast der Geruchseindrücke vor und hinter der Grenzlinie mit der Länge der verkehrten Strecke wachsen muß. Endlich spricht für die BRUNsche Deutung, daß die Reaktion bei solchen Strecken vermißt wird, über die viele Larven transportiert worden sind. In diesem Falle sind die Spuren zum Nest und vom Nest offenbar gleichmäßig mit Larvengeruch imprägniert, so daß ein Konzentrationsgefälle nicht in die Erscheinung tritt.

Welche Stoffe das Wesen des Nestgeruches sowie überhaupt des Geruches der Ameisenstraßen bedingen, ist noch ungeklärt. Manche Ameisen betupfen ihre Kriechspuren in regelmäßigen Abständen mit einem aus dem After entleerten Sekret (SANTSCHI) und markieren so ihre Bahn. Die Empfindlichkeit der Ameisen für diese Markierung ist anscheinend nicht sehr groß. So kommt es, daß die Spur einer einzelnen Ameise, die aufs Geratewohl vom Nest wegläuft, von den übrigen nicht beachtet wird. Sehr wohl tun dies dagegen die Heerstraßen, auf denen Tausende von Ameisen ihre Geruchsspur hinterlassen haben. Um was für einen Stoff es sich hierbei handelt, ist noch ungewiß, jedoch glauben manche Autoren, daß die Ameisensäure das wirksame Prinzip des Analsekretes sei. HENNING[3], der diese Auffassung hauptsächlich vertritt, glaubt sogar, daß sich das ganze Orientierungsvermögen der Ameisen auf die anlockende Wirkung

---

[1] WASMANN: Die psychischen Fähigkeiten der Ameisen. 2. Aufl. 1909. — FOREL, A.: Die psychischen Fähigkeiten der Ameisen. 2. Aufl. 1902.

[2] BRUN, RUD.: Das Orientierungsproblem im allgemeinen und auf Grund experimenteller Forschungen bei den Ameisen. Biol. Zbl. **35** (1915).

[3] HENNING, H.: Der Geruch. Leipzig 1916. Anhang 1: Künstliche Geruchsfährte und Reaktionsstruktur der Ameise — Künstliche Geruchsspuren bei Ameisen. Naturwiss. Wschau **15** (1916).

der Ameisensäure zurückführen läßt. Er machte durch Aufpinseln von Ameisensäure (oder Formaldehyd) eine schräge Abzweigung von einer gegebenen Heerstraße und beobachtete, daß sich zahlreiche Ameisen sofort zum Begehen dieses in die Irre führenden Weges verleiten ließen. Indessen weist BRUN[1] in einer Entgegnung darauf hin, daß bei den HENNINGschen Versuchen die gerade bei *Formica rufa* besonders wichtige Lichtkompaßbewegung in keiner Weise ausgeschaltet war. Auch auf der künstlichen Heerstraße unterstanden die Ameisen nach HENNINGS eigenen Beobachtungen ihrem Einfluß. So kam es, daß diese Straßen, wenn sie von der normalen Heerstraße schräg nach oben abbogen, nur von leergehenden Ameisen, die oben auf dem Baum nach Tracht suchten, begangen wurden, während mit Tracht beladene nur solche Kunstspuren annahmen, die von der Heerstraße schräg nach unten abzweigten. Auch kinästhetische Richtungszeichen spielen bei der Orientierung der Ameisen eine wichtige Rolle. Zum exakten Beweise dieses Faktors bediente sich BRUN[2] der gleichen Versuchsanordnung wie bei der Prüfung des chemischen Sinnes. Der Unterschied besteht nur darin, daß die Papierbrücke mit zwei auf derselben Seite gelegenen rechtwinkeligen Knicks versehen wird (s. Abb. 350). Wenn die Tiere von ihrem Futterplatz *Pl.* zum Nest laufen, müssen sie also zweimal hintereinander nach rechts abbiegen, von der Mitte der Bahn aus einmal. Der Gang zum Futterplatz erfordert umgekehrt eine zweimalige bzw. einmalige Linkswendung. Will man prüfen, ob sich die Ameisen diese Wendungen gedächtnismäßig eingeprägt haben, so braucht man nur Tiere, deren Tendenz, zum Neste zu laufen, man kennt, auf die Mitte der Bahn zu setzen, wobei wie früher die Lichtkompaßorientierung durch Doppelbeleuchtung ausgeschaltet wird.

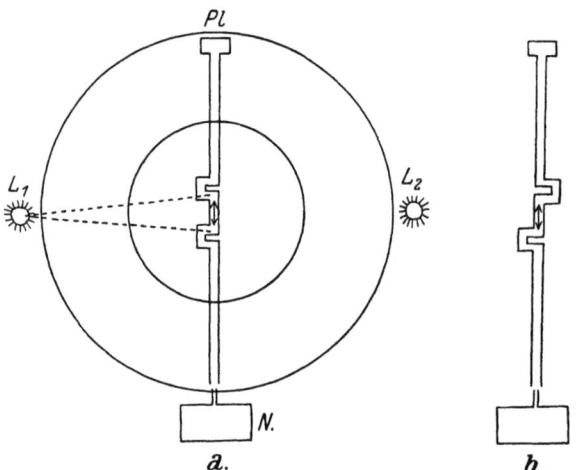

Abb. 350. Versuchsanordnung BRUNS zur Prüfung der kinästhetischen Orientierung der Ameisen.

*Versuchsbeispiel:* Die Tiere werden 45 Stunden lang mit der Bahn vertraut gemacht, sie lernen es, Larven von *Pl.* zum Nest zu transportieren. Hierauf müssen sie Larven von der Bahnmitte zum Nest tragen. Da alle übrigen Sinneswahrnehmungen ausgeschaltet sind, ist bei Fehlen kinästhetischer Richtungszeichen zu erwarten, daß nur 50% den richtigen Weg zum Neste finden.

Aber es gehen richtig . . . . . . . . . . . . . 80 Individuen
     falsch . . . . . . . . . . . . . 49 „
Von diesen kehren bei der ersten nach links führen-
  den Biegung um . . . . . . . . . . . . . 29 „
Es gehen falsch bis nach *Pl.* . . . . . . . . . . . . . 20 „

Der Kontrollversuch wird so angestellt, daß beide Ausbiegungen der Bahn von der Mitte aus spiegelbildlich liegen, so daß ein in die Mitte gesetztes Tier

---

[1] BRUN, RUD.: Die moderne Ameisenpsychologie — ein anthropomorphistischer Irrtum? Biol. Zbl. **37** (1917).
[2] BRUN, RUD.: Weitere Untersuchungen über die Fernorientierung der Ameisen. Biol. Zbl. **36** (1916).

in jedem Falle, ob es nach *N.* oder nach *Pl.* will, nach rechts ausbiegen muß. Unter diesen Umständen ergibt sich, daß keine der beiden Richtungen bevorzugt wird. Es laufen in einem bestimmten Versuche richtig 52 Tiere, falsch deren 48.

Die Orientierung nach der Schwerkraft hat bei den Ameisen vielleicht insofern einige Bedeutung, als viele baumlebende Arten sich vorzugsweise vertikal nach oben oder nach unten bewegen, wenn sie am Stamm entlang ihre Straßen ziehen. BRUN konnte zeigen, daß *Formica rufa* bei direktem Auf- oder Abstieg bereits eine Neigung von 20 Grad wahrnimmt. Unter Ausschluß aller übrigen Orientierungsmittel genügt dieses eine Kennzeichen, um dem Tiere den Weg zum Futter oder zum Nest zu zeigen.

*Solitäre Hymenopteren.* Die Notwendigkeit der Brutpflege bedingt auch bei zahlreichen einzellebenden Hymenopteren[1] das Vorhandensein einer Raumorientierung, die derjenigen der Biene ähnlich ist. Das Tier muß in der Lage sein, sich zum Nest zurückzufinden, erstens, während es das Nest baut und zweitens, während es die Larven füttert. Beim Nestbau kommen natürlich nur solche Fälle in Frage, wo das Baumaterial von weither zusammengetragen werden muß. Dies gilt z. B. für die solitäre Biene *Osmia bicolor*, die ihr Nest in einem leeren Schneckenhaus anlegt und um dasselbe eine große Menge pflanzlichen Materials, besonders Kiefernnadeln, auftürmt. Ein anderes Beispiel dieser Art liefern die sog. blattschneidenden Bienen der Gattung *Megachile*. Sie schneiden mit ihren Mandibeln mit einem kreisrunden Schnitt ziemlich große Stücke aus den Blättern von Bäumen oder Sträuchern und tragen sie im Fluge zum Bauplatz. Dieser liegt stets an einem versteckten Ort: ein Loch im Boden, ein hohler Rohrstengel, ein Bohrgang im Holz dient der Biene als willkommene Behausung für ihre Brut. In allen diesen Fällen muß sich das Tier genau wie die Honigbiene ein Ortsengramm für den Nistplatz einprägen. Welcher Art die benutzten Merkzeichen sind, wissen wir bisher in keinem Falle, indessen unterliegt es kaum einem Zweifel, daß die Dinge hier ähnlich liegen werden wie bei der Honigbiene.

Bei den solitären Grabwespen, die ihre Brut mit tierischer Kost ernähren, ist im einfachsten Falle zum Ablauf der Instinkthandlung ein Ortsgedächtnis nicht erforderlich. Wenn nämlich das Beutetier so groß ist, daß eines allein zur Aufzucht der Larve genügt, und wenn es selbst in einer Erdhöhle wohnt, genügt es, wenn nach Bewältigung des Beutetiers ein Ei auf dasselbe gelegt und die Erdhöhle geschlossen wird. Ist aber die Beute ein im Freien lebendes Geschöpf, etwa eine Raupe oder eine Heuschrecke, so muß die Erdhöhle erst gegraben werden. Dies geschieht nun keineswegs immer an Ort und Stelle, sondern die Wespe muß jetzt erst nach einem geeigneten Platze für das anzulegende Nest Umschau halten. Die Beute wird hierzu zunächst an einem geeigneten Orte versteckt, um dann wieder herausgeholt und zum Nest transportiert zu werden.

In diesem Falle wird das Ortsgedächtnis also nur einmal benötigt. Viele solche Raubwespen tragen aber zahlreiche kleine Beutetiere nacheinander ein, die Fütterung der Larven ist also keine einmalige mehr, sondern wird ständig wiederholt. Dies gilt, um nur einige wenige Fälle namentlich anzuführen, von der weitverbreiteten Gattung *Bembex*, deren Beutetiere Fliegen sind, ebenso von *Synagris*, in deren Nestern man bis 60 kleine Raupen gefunden hat. Das Weibchen, welches das Futter herbeischafft, muß folglich genau die gleiche Leistung vollbringen wie die pollensammelnde Biene, die zum Neste zurückzukehren weiß.

*Andere Insekten.* Ein derartig ausgeprägtes Ortsgedächtnis wie bei den Hymenopteren ist sonst bei keiner einzigen Insektengruppe zu finden. Wo Brutpflege vorkommt, wie bei manchen Käfern (Totengräber, Mistkäfer), ist sie

---

[1] Die sehr umfangreiche Spezialliteratur siehe bei BISCHOFF und REUTER.

an einen bestimmten Ort gebunden, den Mutter- oder Elterntiere während der ganzen Zeit nicht verlassen. Anzeichen eines Ortsgedächtnisses finden sich dagegen in weiter Verbreitung. So ist es bekannt und häufig beobachtet worden, daß die großen Raubfliegen der Gattung Laphria, die an Baumstämmen, Stümpfen oder Zäunen auf vorüberfliegende Insekten lauern, nicht beliebig ihren Standort wechseln, sondern nach jedem Jagdfluge, gleichgültig, ob er erfolgreich oder erfolglos war, wieder zu ihrem Standort zurückfliegen. Da die Beutetiere in jeder beliebigen Richtung fliegen können, kann das Zurückfinden der Raubfliege zu ihrem Baumstumpf nicht auf einer ganz einfachen Orientierung beruhen, es setzt vielmehr eine genaue Kenntnis des gesamten Jagdgebietes voraus.

Analoges läßt sich auch an Libellen beobachten. Diese Tiere sind allerdings nicht auf einen bestimmten Lauerplatz angewiesen, sondern streifen auf der Jagd frei in ihrem Gebiete umher, aber es unterliegt kaum einem Zweifel, daß auch bei ihnen jedes Individuum ein wohl umgrenztes Jagdgebiet besitzt, etwa den Rand eines Gewässers, das sie nicht ohne weiteres verläßt. Man sieht sie daher bei längerer Beobachtung in zahlreichen Kehren immer wieder dasselbe Gebiet überfliegen.

Zu den Insekten mit bestimmtem Wohnort gehören endlich sicherlich auch die in Erdlöchern hausenden Grillen.

*Spinnen.* Tiere, die, freilich auf kleinstem Raume, einen sehr ausgeprägten Ortssinn besitzen, sind die Webespinnen. Im Grunde genommen sind diese Dinge beinahe selbstverständlich, auch sind sie von unzähligen Menschen beobachtet worden, aber erst die klar durchdachten Arbeiten BALTZERS und seines Schülers BARTELS haben das interessante Problem der Orientierung der Spinnen in das richtige Licht gerückt[1].

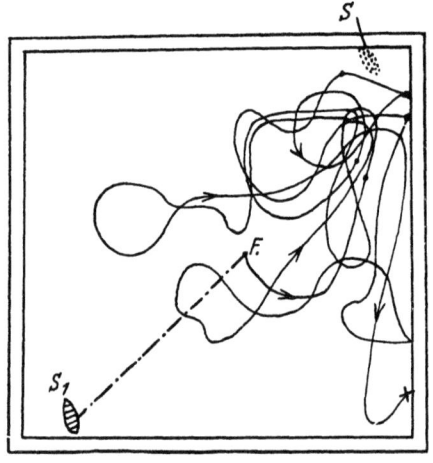

Abb. 351. Optische Orientierung von *Angelena labyrinthica*. Warte bei $S_1$, Lage derselben vor der Drehung des Kastens bei $S$. Das Tier wird nach $F$ gelockt und findet nicht nach $S_1$ zurück, weil es die Warte an ihrem alten Platz bei $S$ sucht. (Nach BARTELS.)

Die Webespinne muß zweierlei leisten: erstens muß sie imstande sein, von jedem beliebigen Punkte ihres Netzes zu ihrer meist am Rande desselben befindlichen Warte zurückzufinden und zweitens muß sie die Fähigkeit haben, eine im Netz versponnene Beute nach einiger Zeit wiederzufinden. Die Rückkehr zur Warte erfolgt stets auf geradlinigem Wege. Welche Orientierungsmittel hierbei eine Rolle spielen, zeigen die folgenden Versuche von BARTELS. Er ließ seine Tiere (*Agelena labyrinthica*) ihr Netz wagerecht in einen viereckigen Kasten spinnen, der im Versuchszimmer um die Vertikalachse drehbar aufgestellt war. Nachdem er sich davon überzeugt hatte, daß die Spinne auch unter diesen künstlichen Umständen geradlinig in die Warte zurückfindet, wurde der Kasten um 180 Grad gedreht. Bei $F$ wird alsdann eine lebende Fliege ins Netz geworfen: die Spinne eilt herbei, packt sie und beginnt, statt in die Warte zurückzulaufen, eine in vielfachen Windungen verlaufende Wanderung, bis sie 20 Minuten später bei + die Fliege aussaugt (Abb. 351). Sie hat also durch die Drehung des

---

[1] BARTELS, M., u. F. BALTZER: Über Orientierung und Gedächtnis der Netzspinne Agelena labyrinthica. Rev. Suisse de Zool. **35** (1928). — BARTELS, M.: Sinnesphysiol. u. psychol. Unters. an Agelena... Z. vergl. Physiol. **10** (1929).

Kastens die Orientierung verloren. Von vornherein ist wahrscheinlich, daß die Spinne sich optisch orientiert und ihre Täuschung darauf beruht, daß die Richtung des Lichteinfalls vom Fenster her durch die Drehung des Kastens verändert wurde. Die Richtigkeit dieser Auffassung beweisen die folgenden Versuche.

1. Die Desorientierung bleibt aus, wenn man in einem fensterlosen Raume arbeitet, dessen Wände gleichmäßig gefärbt sind, und der durch eine Deckenlampe erhellt wird, die senkrecht über dem Kasten hängt. Die Spinne läuft auch nach Drehung des Kastens geradlinig in die Warte zurück.

2. Die Desorientierung läßt sich bei Versuchen im fensterlosen Raum leicht herbeiführen, wenn man die Stellung der seitlich des Kastens angebrachten künstlichen Lichtquelle verändert (Abb. 352). Das Tier ist gewöhnt an das Licht $L_1$. Das Licht wird von $L_1$ nach $L_2$ verstellt und nunmehr eine kleine Fliege bei $F$ ins Netz geworfen. Die Spinne durchläuft die gezeichnete Bahn, die teilweise eine deutliche Orientierung nach $L_2$ aufweist.

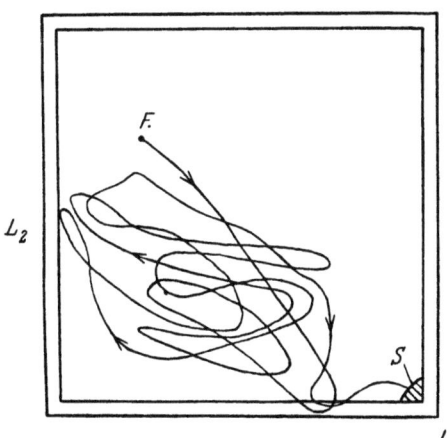

Abb. 352. *Agelena labyrinthica*. Umschaltung der Beleuchtung von $L_1$ nach $L_2$. Die nach $F$ gelockte Spinne läuft zunächst in der korrekten Richtung, wird jedoch allmählich durch die verkehrte optische Einstellung irregeleitet und sucht die Warte bei $L_2$.

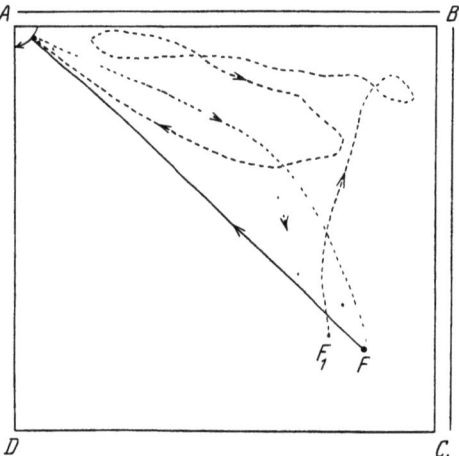

Abb. 353. Versuch mit Umstellung eines weißen Schirmes. Im Vorversuch läuft das Tier von $A$ nach $F$ und von dort geradlinig wieder nach $A$ zurück. Hierauf Schirm von $AB$ nach $BC$ verstellt. Infolgedessen Desorientierung. (Nach BARTELS.)

3. Die Spinne reagiert auch auf Verstellung größerer Gegenstände in der Umgebung des Netzes, wie weiße und schwarze Schirme (Abb. 353). Genau wie in den vorigen Versuchen ist das an die normale optische Umgebung gewöhnte Tier nach Umstellung des Schirmes von $A-B$ nach $C-D$ nicht mehr imstande, von $F$ aus geradlinig in die Warte zurückzufinden.

Wenn man die Spinne eine Zeitlang in der neuen optischen Umgebung beläßt, so zeigt es sich, daß sie sich an diese adaptiert hat und nun keine Desorientierung mehr besitzt. Diese Umgewöhnung erfolgt ziemlich rasch. BARTELS vermochte in besonderen Versuchen feststellen, daß bei *Agelena labyrinthica* im Durchschnitt eine Zeit von 30—100 Minuten genügt, um das Tier umzuorientieren. Ein solches rasches Umlernen ist sehr bedeutungsvoll für das Freileben der Spinne, für die im allgemeinen die Sonne wohl das wichtigste optische Orientierungsmittel bilden dürfte. *Agelena* reagiert noch auf sehr geringe Lichtintensitäten, selbst bei $1/500$ Normalkerze war noch eine deutliche Orientierung zu beobachten.

Von besonderem Interesse ist das Verhalten geblendeter Spinnen, denen die Augen mit undurchsichtigem Lack verklebt sind. In Übereinstimmung mit den Befunden früherer Autoren konnte BARTELS feststellen, daß solche Tiere in ihrem normalen Gebahren keineswegs gestört sind, sie vermögen sogar völlig korrekte Netze zu spinnen, nur ihre Bewegungen sind ein wenig langsamer. Geblendete Tiere reagieren nun auf Drehung des Netzes ebensowenig wie solche in homogener optischer Umgebung. Sie laufen in jedem Falle wieder geradlinig zum Schlupfwinkel zurück. Dies beweist erstens, daß in den vorgenannten Versuchen die Desorientierung eine optische war: das Tier wird durch optische Merkmale in die Irre geführt; zweitens beweist es, daß die Spinne neben der optischen Orientierung noch über andere Hilfsmittel verfügen muß.

Welcher Art diese sind, wissen wir vorläufig noch nicht in genügendem Maße. Am wichtigsten erscheint der quasi automatische Bewegungsablauf der Spinne selbst. Sie läuft normalerweise geradlinig von der Warte zur Beute, macht dort auf der Stelle kehrt und läuft nun geradlinig weiter. Hierdurch kommt sie ganz von selber wieder in die Warte zurück, um so sicherer, als der Weg meistenteils nur wenige Zentimeter beträgt. Diese Art der Orientierung, der gar keine besonderen Sinneswahrnehmungen zugrunde zu liegen brauchen, wird wahrscheinlich unterstützt durch gewisse Reaktionen auf Schwerkraftsreize. BARTELS vermochte die Spinnen von ihrer gewöhnlichen geradlinigen Bahn abzulenken, indem er den Netzrahmen um etwa 20 Grad kippte. Besonders das Kippen quer zur Laufrichtung bewirkt in der Regel ein Abbiegen von der Geraden, selten eine wirkliche Desorientierung; das Kippen in der Richtung der Warte ist dagegen im allgemeinen erfolglos. Nur in einem unter 6 Versuchen konnte eine kurzdauernde bald wieder korrigierte Desorientierung beobachtet werden. Gewisse Tasteindrücke, wie sie vielleicht von den Leitfäden ausgehen, die die Spinne bei jedem Auslaufen aus der Warte hinter sich her zieht, mögen ebenfalls bei der Raumorientierung dieser Tiere eine gewisse Rolle spielen.

Wie bereits bemerkt wurde, besteht die zweite Leistung der Webespinnen, zu welcher sie ein Ortsgedächtnis nötig haben, im Wiederauffinden eingesponnener Beutetiere. Es hängt dies mit folgender Eigentümlichkeit zusammen. Wenn eine Spinne ein Beutetier ergriffen und getötet hat, schleppt sie es im allgemeinen in die Warte, um es daselbst zu verzehren. Fängt sich nun, während sie hiermit beschäftigt ist, eine neue Beute, so eilt sie sofort heraus, tötet auch sie und befestigt sie in geeigneter Weise an der Fangstelle mit Spinnfäden. Hierauf kehrt sie in die Warte zurück, um ihr unterbrochenes Mal fortzusetzen. Nach etlicher Zeit, wenn der Hunger von neuem erwacht, muß sie jetzt in der Lage sein, die eingesponnene Beute wiederzufinden. Die Beobachtung lehrt leicht, daß sie hierzu auch wirklich imstande ist. Selbst dann, wenn die Beute aus dem Netz entfernt ist und alle von ihr möglicherweise ausgehenden Reize optischer, chemischer oder mechanischer Natur in Wegfall kommen, findet sie zu dem Ort, an dem die Beute vorher gewesen war, wieder zurück (Abb. 354). Das Wiederfinden beruht also sicherlich nicht auf irgendwelchen Sinneseindrücken, sondern auf einem echten Ortsgedächtnis.

Es bedarf kaum eines Beweises, daß die Spinne bei dieser bestimmt orientierten Bewegung sich durch dieselben Merkmale leiten läßt wie bei der Rückkehr zur Warte. Genau wie es dort beschrieben wurde, läßt sich auch hier zeigen, daß die Orientierung in der Hauptsache eine optische ist. Drehung des Netzes hat daher eine Desorientierung der Spinne zur Folge. Sie findet die Beute nicht mehr, sondern läuft, soweit es die Verhältnisse gestatten, von der Warte aus in derselben Raumrichtung wie vorher. Ihre Bahn weicht also von der ursprünglichen Bahn um ungefähr denselben Winkel ab, um den der Kasten gedreht worden ist. Hierdurch kommt es sehr klar zum Ausdruck, daß die optische Orientierung der Webespinnen letzten Endes durch die Lichtkompaßbewegung geschieht, deren Wirksamkeit wir auch bei der Biene begegneten.

Versuche an geblendeten Spinnen zeigen jedoch, daß auch bei dieser Instinkthandlung neben den optischen auch andere Sinneseindrücke mitspielen müssen. Wenigstens vermochte in einem speziellen Falle eine Spinne dreimal hintereinander zur im Netz angebundenen bewegungslosen Fliege zurückzufinden.

*Schnecken.* Schon vor längerer Zeit hat HALLER an gewissen *Limax*arten Beobachtungen gemacht, die darauf hinwiesen, daß diese Tiere einen bestimmten Wohnbezirk nicht verlassen. Auch ihnen müßte dann ein gewisses Ortsgedächtnis zugesprochen werden. HALLERS Auffassung wird durch eine sehr interessante Beobachtung unterstützt, die ganz neuerdings VOSSELER[1] an *Helix pomatia* machte. Er fand in der lockeren Lehmerde einer Tiroler Hochweide an ein und derselben Stelle fünf Kalkdeckel von dieser Art. Das Tier selbst arbeitete in nächster Nähe an seiner Eierhöhle. Ein kleiner Defekt am Schalenrande erlaubte einwandfrei festzustellen, daß alle fünf Deckel zu diesem einen Individuum gehörten, das folglich in fünf aufeinanderfolgenden Wintern stets am selben Platze überwintert haben mußte.

Während *Helix* nach diesen Beobachtungen ein bestimmtes Winterheim zu haben scheint, besitzt die marine Napfschnecke *Patella* nach den übereinstimmenden Aussagen verschiedener Autoren[2] ein festes Standquartier, zu dem sie immer wieder zurückkommt. Die Patellen sind typische Bewohner der Brandungszone. Man findet sie an felsigen Küsten auch außerhalb des Wassers fest an den Felsen angesaugt. Ihre Nahrung besteht aus dem Algenbewuchs der Felsen, den sie abweiden. Junge Tiere scheinen noch keinen festen Wohnsitz zu haben, sondern langsam herumzuwandern. Die halbwüchsigen und großen machen von ihrem Wohnsitze aus Ausflüge in die nähere Umgebung, um zu weiden, und kehren stets wieder zu ihm zurück, nur selten wechseln sie ihn. Die

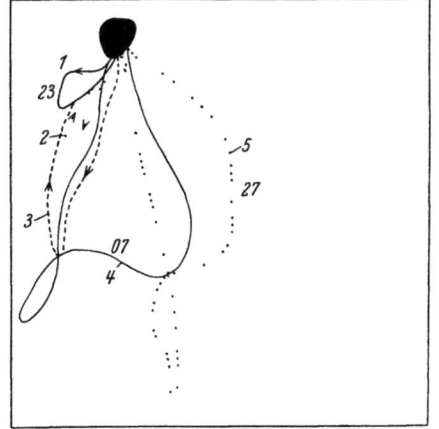

Abb. 354. Suchgänge einer *Agelena* nach einer etwa bei *3* gewesenen, aber fortgenommenen Fliege. Die Suchgänge erfolgen zunächst alle in der Richtung auf *3* zu, später werden sie ausgedehnt. (Nach BARTELS.)

biologische Bedeutung dieser auf den ersten Blick hin sehr merkwürdig anmutenden Erscheinung ist offenbar die folgende. Um der Brandung widerstehen zu können, muß sich die Schnecke dem Substrat völlig anschmiegen. Der Schalenrand muß also unregelmäßig gezahnt sein und mit seinen Vorsprüngen und Ausbuchtungen ganz exakt auf den felsigen Wohnplatz passen. Eine solche genaue Übereinstimmung zwischen Schale und Felsen setzt natürlich voraus, daß das Tier für längere Zeit einen bestimmten Wohnort beibehält, in den es gewissermaßen hineinwachsen kann. Mit dieser Überlegung stimmt überein, daß bei ebenem Untergrunde der Wohnungswechsel häufiger ist (ORTON).

Die Beharrlichkeit, mit der die Schnecke ihren Wohnsitz wiederzuerlangen strebt, zeigt sehr deutlich ein Versuch, in welchem eine fremde gleich große Patella auf den Platz der rechtmäßigen Besitzerin gesetzt wurde. Diese fand beim Heimwege ihren Weg versperrt, behandelte aber den Eindringling so lange

---

[1] VOSSELER: Kosmos 1930.
[2] MORGAN, L. C.: Nature (Lond.) **51** (1894). — MARSHALL: Die Deutschen Meere... 1895. — RUSSEL, E. S.: Proc. Zool. Soc. Lond. **1907**. — PIERON, H.: Archives de Zool., V. s. **1909**. — LOPPENS, K.: Ann. Soc. roy. zool. Belg. **1922**. — ORTON, J. H.: J. Mar. biol. Assoc. U. Kingd. **16** (1929).

mit Stößen, bis er das Weite suchte, worauf sie ihren gewohnten Platz wieder einnahm.

Die maximale Entfernung, aus der die Patellen mit Sicherheit zum Wohnplatze zurückfinden, wird von den verschiedenen Autoren verschieden angegeben und schwankt wahrscheinlich mit Art und Vorkommen. Im Durchschnitt dürfte es sich stets nur um wenige Zentimeter handeln. Die Rückkehrfähigkeit selbst wird gut durch die folgende Tabelle von Davis illustriert.

| Es wurden vom Wohnplatz entfernt | Hiervon fanden zurück | Entfernung | Rückkehr nach | | |
|---|---|---|---|---|---|
| | | | 2 Ebben | 4 Ebben | mehr als 4 Ebben |
| 25 Stück | 21 | 15 cm | 21 | — | — |
| 21 ,, | 18 | 30 ,, | 13 | 5 | — |
| 21 ,, | 18 | 45 ,, | 10 | 6 | 2 |
| 36 ,, | 5 | 60 ,, | 1 | 1 | 3 |

Eine sorgfältige Analyse der Rückkehrfähigkeit der Patellen verdanken wir dem Ameisenforscher PIERON.

Gegenüber der Erforschung der Ameisenorientierung erscheint es freilich als Mangel, daß bisher exakte Laboratoriumsversuche fehlen, bei denen unter vereinfachten Bedingungen ein einzelner Orientierungsfaktor geprüft werden kann. Immerhin kann PIERON seine Hypothese durch zahlreiche Freilandversuche stützen.

Zunächst ist die Feststellung wichtig, daß normalerweise Hin- und Rückweg identisch sind. Die Schnecke dreht sich, wenn sie weit genug gekrochen ist, um 180 Grad und kriecht denselben Weg zurück. Dies legt von vornherein den Gedanken sehr nahe, daß sie einer selbsterzeugten chemischen Spur folgt oder der mechanischen Spur, die sie mit den feinen Zähnchen ihrer Radula gefeilt hat. Indessen kann die Spurhypothese ziemlich leicht widerlegt werden. Erstens wird die Orientierung der Schnecke nicht gestört, wenn man die ganze für die Rückkehr in Frage kommende Bahn gründlich abwäscht, zweitens benutzen Schnecken, die man in den Bereich eines anderen Individuums setzt, niemals dessen Spur, so daß man also nur an die Existenz einer streng individuellen Spur glauben könnte, die die Besitzerin chemisch und mechanisch von jeder anderen müßte unterscheiden können. Dies ist aber kaum vorstellbar. Drittens spricht gegen ein Überwiegen der chemischen Orientierung die von mehreren Autoren bestätigte Tatsache, daß manche Patellen auch nach vollständiger Abtrennung ihrer Kopffühler, mit denen sie beim Lauf fortwährend den Boden abtasten, nach Hause finden.

Während es so hinreichend erwiesen scheint, daß die chemische Orientierung mindestens nicht sehr hervortritt, wird von PIERON auch jede optische Orientierung geleugnet, und zwar mit dem Hinweis, daß „Werfen von Schatten oder reflektiertes Licht" das Tier nicht zu beeinflussen vermag. Es bleibt daher nur die kinästhetische Orientierungsweise übrig, die nach PIERON in der Tat der wichtigste Faktor ist. Er nimmt an, daß die ganze aus geradlinigen Vorbewegungen und aus Drehungen sich zusammensetzende Bewegung des Hinmarsches auf dem Rückwege in inverser Reihenfolge reproduziert wird. Hierfür sprechen die folgenden Versuche.

*Versuch 1. Die Bahnlänge wird verändert.* Ein Tier, das auf dem Heimwege begriffen ist, wird 5 cm vor dem Wohnort aufgehoben und 1 cm vor ihm neu hingesetzt. Anstatt nun an den Wohnort zu kriechen, bewegt sich die Schnecke ungefähr 3 cm über ihn hinaus, um alsdann sitzenzubleiben. Es wird hier also anscheinend die Quantität der Vorbewegungen innegehalten.

*Versuch 2. Die Bahn wird verändert.* Die ganze Strecke zwischen dem Umkehrpunkt und dem Wohnort kann auf die verschiedenste Weise verändert werden (Wegnehmen der den Felsen besiedelnden Pflanzen und Tiere, über die die Schnecke hinwegkriechen muß oder Bearbeitung des Weges und des Wohnplatzes selbst mit Meißel und Hammer. All dies hindert die Schnecke nicht am Auffinden des Wohnortes. Es scheinen also die mechanischen Qualitäten beider weniger wichtig zu sein als die Länge des zurückgelegten Weges. Drittens kann für die Wichtigkeit der kinästhetischen Orientierung folgende Beobachtung angeführt werden. Wenn die heimkehrende Schnecke ihren Wohnsitz erreicht hat, macht sie an Ort und Stelle eine bestimmte Wendung und hält hierauf inne. Reizt man sie jetzt, so zieht sie ihre Spindelmuskeln scharf an und man sieht, daß Schale und Fels genau aufeinanderpassen. Die Drehung, die als letzter Teil des Heimganges erscheint, ist also keine beliebige, sondern von bestimmter Größe.

Interessant ist in diesem Zusammenhang, daß auch die so auffällige Kongruenz zwischen Schale und Untergrund für die Schnecke kein Erkennungszeichen darstellt. Man kann den ganzen Schalenrand unregelmäßig abbrechen, so daß die Schale gar nicht mehr auf den Felsen paßt, und das Tier wird trotzdem seinen alten Wohnort wiederfinden und beibehalten.

Überblickt man das ganze bisher vorliegende Tatsachenmaterial, so fällt einem doch die recht große Übereinstimmung zwischen Schnecke und Ameise auf, und man kann sich des Gedankens kaum erwehren, daß beide Tiere ziemlich mit den gleichen Mitteln arbeiten. Wahrscheinlich sind auch bei *Patella* eine ganze Reihe von Faktoren nebeneinander beteiligt, die je nach den Umständen hervortreten. Trotz PIERON kann die chemische Orientierung kaum ganz geleugnet werden, denn etliche Versuchstiere finden nach Fühleramputation nicht zurück. Ferner muß die Aufeinanderfolge der Wegstrecken wohl auch percipiert werden, und es wäre sehr interessant, den BETHEschen Umdrehversuch mit *Patella* zu wiederholen. Veränderungen des Weges werden nämlich auf dem Wege vom Wohnsitz fort gar nicht beachtet. Auf dem Heimwege aber tritt an der veränderten Stelle eine deutliche Störung ein, wie sie genau bei den Ameisen beobachtet und geschildert wurde. Daß endlich eine optische Orientierung ganz fehlen soll, möchte der Referent bezweifeln. Die Patellen haben gut ausgebildete Augen, die nach unseren sonstigen Kenntnissen dieses Gebietes nur für ein Richtungssehen verwandt werden können.

Ein Heimkehrvermögen ähnlicher Art besitzen nach den Beobachtungen von WILCOX auch noch andere Schnecken, wie *Fissurella* und *Siphonaria* sowie nach PIERONS Beobachtungen *Calyptraea*. Etwas Besonderes ist indessen hierüber nicht mitzuteilen.

Die Beiträge
## Sensorischer und motorischer Apparat des Menschen als Ganzes (J. IV. und J. V.)
waren beim Abschluß des Bandes noch nicht fertiggestellt und werden voraussichtlich dem Register- und Ergänzungsband beigefügt werden.

# Die Anpassungsfähigkeit (Plastizität) des Nervensystems
## (J. VI.).

# Die Anpassungsfähigkeit (Plastizität) des Nervensystems.
## Einführung und experimentelles Material.
### Von
### ALBRECHT BETHE und ERNST FISCHER
Frankfurt a. M.

Mit 28 Abbildungen.

## I. Einleitung.

Die Anpassungsfähigkeit des Nervensystems ist nur eines der vielen Mittel, durch welche der tierische Organismus dem steten Wechsel der äußeren und inneren Bedingungen und den überall lauernden Gefahren, wenn auch nicht in jedem Fall, so doch sehr häufig zu begegnen vermag. Sehen wir doch, daß auch Tierarten, die noch gar kein Nervensystem besitzen — und ebenso alle Pflanzen —, sich veränderten Verhältnissen gegenüber nicht machtlos verhalten, sondern gegen sie anreagieren; denn es gibt wohl kaum ein Lebewesen, welches unter so gleichmäßigen äußeren Lebensbedingungen steht und so arm an Feinden ist, daß es besondere Anpassungs- und Schutzmittel entbehren könnte.

In erstaunlicher Fülle und Verschiedenartigkeit treten uns solche Anpassungserscheinungen entgegen, und es fehlt uns vorderhand bei den allermeisten jedes Verständnis dafür, wie der Organismus es fertig bringt, bald in vollkommener Weise, bald in geringerem Maße weitgehenden und außergewöhnlichen Veränderungen des Milieus oder hochgradigen Verminderungen des Körperbestandes in zweckmäßig erscheinender Weise entgegenzuwirken: Änderungen der Umgebungstemperatur werden häufig mit einer Veränderung des Integuments beantwortet, Schleimhäute, die sonst vor dem Vertrocknen geschützt in der Tiefe liegen, können, der Luft ausgesetzt, verhornen, Hautfärbungen passen sich der Farbe der Unterlage an[1], Muskeln und Knochen verstärken sich bei größerer Inanspruchnahme, an Gifte tritt eine Gewöhnung ein[2], Krankheitserreger werden bekämpft[3], der Verdauungskanal vermag sich morphologisch und sekretorisch einer anderen Nahrung anzugleichen, Wunden heilen, verlorene Gliedmaßen werden regeneriert[4], Organe übernehmen die Funktion verlorengegangener, und noch viele andere Umstellungen kommen zur Beobachtung. Ist ein Nervensystem vorhanden, so spielt es dabei häufig eine mehr oder weniger große Rolle; aber für die meisten der genannten Erscheinungen lassen sich auch Beispiele von Organismen anführen, die eines Nervensystems entbehren.

Ob nun mit oder ohne Nervensystem — das Zustandekommen solcher Anpassungen bietet in jedem Fall ein neues und vorläufig unlösbares Rätsel. Das Wunderbare dabei ist nicht, daß auf Änderungen des Milieus und des Bestandes an Körpersubstanz überhaupt etwas geschieht, sondern daß dieses Geschehen

---
[1] Ds. Handb. **13**, 193—245.   [2] Ds. Handb. **13**, 833.
[3] Ds. Handb. **13**, 281—831.   [4] Ds. Handb. **14**, 1080—1194.

in der Regel den Fortbestand des Individuums anstrebt und sehr oft ermöglicht[1], kurz gesagt (und nur für Haarspalter mißverständlich) den Charakter des Zweckmäßigen und Harmonischen an sich trägt. Nur in außergewöhnlichen Fällen treten Reaktionen auf, die das Fortleben des Organismus ungünstig beeinflussen oder gar zu seinem Untergang führen, die also der Zweckmäßigkeit im Enderfolg zu entbehren scheinen und welche die Wissenschaft als pathologisch bezeichnet.

Das für uns zunächst noch Unerklärbare dieser Zielstrebigkeit hat eine Reihe von Forschern dazu veranlaßt, an der Möglichkeit einer naturwissenschaftlichen Deutung aller solcher Phänomene zu verzweifeln und die einmal bereits für überwunden gehaltene Annahme einer besonderen ,,Lebenskraft" im Neovitalismus wieder auferstehen zu lassen[2]. Wir selber halten es für erkenntnisfördernder, die Notwendigkeit eines solchen Verzichts zu bezweifeln, zum mindesten in weite Ferne zurückzustellen und zunächst einmal möglichst viel Material zu sammeln, das Gefundene zu ordnen und, soweit das zur Zeit angängig ist, der Analyse zu unterwerfen. Der Mensch hat es schon zu oft erlebt, daß Dinge, die dem Verständnis unzugänglich erschienen, später doch eine mehr oder weniger vollständige Aufklärung erhielten, als daß wir schon jetzt, wo wir in den biologischen Wissenschaften noch ganz in den Kinderschuhen wandeln, ein Ignorabimus aussprechen sollten.

So wird es sich denn in dem vorliegenden Abschnitt des Handbuches im wesentlichen darum handeln, eine Anzahl von Beispielen aufzuführen und zu beschreiben, in denen sich der Organismus durch *Vermittlung eines Zentralnervensystems äußeren und inneren Veränderungen* derart *anpaßt*, daß von neuem ein zweckmäßiges Zusammenarbeiten der Einzelorgane zustande kommt. Diese Fähigkeit der Zentralorgane wollen wir nach dem Vorschlag BETHES als *Plastizität*[3] bezeichnen.

Wir verfolgen dabei, um dies vorweg zu nehmen, nicht die Absicht, die nervösen Apparate *allein* für die beobachteten Umstellungen der Funktion verantwortlich zu machen. Es ist sehr wohl möglich, in manchen Fällen sogar wahrscheinlich, daß die Aufnahmeapparate und die Erfolgsorgane sich dabei nicht passiv verhalten; aber im wesentlichen wird man doch den Zentralorganen die Hauptrolle beim Zustandekommen der Phänomene zuerkennen dürfen.

In einigen Fällen ist man in der Analyse der Vorgänge oder wenigstens in der Festlegung ihrer Entstehungsbedingungen schon etwas weiter vorgedrungen; in anderen liegen nur erst ungeordnete Einzelbefunde vor, die der genaueren Erforschung und Verfolgung dringend bedürfen. Durch ihre Zusammenstellung nach einem einheitlichen Gesichtspunkt werden aber, wie wir hoffen, diejenigen, in deren Arbeitsbereich solche Phänomene gehören — das sind neben Physiologen und Zoologen vor allem Neurologen und Chirurgen —, die Anregung bekommen, die vorhandenen Lücken unseres Wissens ausfüllen zu helfen. Das Material, das wir aus der Literatur und eigenen Untersuchungen zusammengetragen haben, wird uns aber häufig zwingen, an Anschauungen zu rütteln, die vielen als fester Bestand unseres Wissens gelten. Das gilt vor allem für die allgemeinen Vorstellungen, welche man sich vom zentralen Geschehen gemacht hat. Eine Kritik der *Zentrenlehre* wird also neben der Schilderung der Tatbestände im Vordergrund der Darstellung stehen.

---

[1] Bei manchen Tieren und vielen Pflanzen kann ja sogar eine Zerstückelung zur Vermehrung der Individuenzahl führen, indem jedes Teilstück das Verlorene regeneriert, und selbst bei höheren Tieren bis hinauf zum Menschen kann das gleiche in den frühesten Embryonalstadien eintreten.

[2] DRIESCH, H.: Philosophie des Organischen. Leipzig 1909. — UEXKÜLL, J. v.: Theoretische Biologie. Berlin 1920 — Umwelt und Innenwelt der Tiere. Berlin 1921.

[3] BETHE, A., Arch. f. Psychol. **76**, 81 (1925).

## II. Die klassische Zentrenlehre und ihre Schwächen.

Die Tatsache, daß die Zerstörung oder bloße Verletzung engbegrenzter Teile des Rückenmarks oder Gehirns sehr häufig den vollkommenen Ausfall bestimmter Funktionen nach sich zieht, führte schon die ersten gründlicheren Erforscher des Zentralnervensystems am Anfang und in der Mitte des vorigen Jahrhunderts zu der Annahme, daß jedem einfachen und zusammengesetzten Reflex ein bestimmter Zentralteil zugeordnet sei. In schneller Folge wurden das Atemzentrum, das Zuckerstichzentrum, das Krampfzentrum, Wärmezentren, Vasomotorenzentren, allgemeine und spezielle Bewegungszentren und viele andere entdeckt. Nur mit einigen wenigen Teilen des Gehirnes wußte man in dieser Hinsicht nichts Rechtes anzufangen, mit dem Großhirn nicht und nicht mit dem Kleinhirn. Galt doch bis zum Anfang der siebziger Jahre die Ansicht FLOURENS', daß das Großhirn in allen seinen Teilen gleichwertig sei, und daß jede Verletzung desselben je nach ihrer Größe nur einen mehr oder weniger hohen Grad von Verblödung nach sich zöge. Weder die Befunde von PANIZZA (Sehzentrum, 1855) und von BROCA (Sprachzentrum, 1863), noch JACKSONS (1856) lokalisatorische Vorstellungen über die Entstehung der Epilepsie hatten hierin einen wesentlichen Wandel bewirken können.

Dann aber kamen schnell hintereinander die Arbeiten von HITZIG und FRITSCH, von MUNK, von FERRIER, WESTPHAL und vielen anderen, welche bestimmte Rindenfelder bestimmten komplexen Funktionen zuordneten. Bald war der größte Teil der Großhirnoberfläche in Zentren aufgeteilt und nur noch wenige Areale zeigten die weißen Flecken der alten Landkarten Afrikas. Bis in die neuste Zeit wurden diese Bemühungen, Zentren im Großhirn aufzudecken, fortgesetzt. Neben Physiologen beteiligten sich daran vor allem die Neurologen. Dort aber, wo die funktionellen Beobachtungen keine genügenden Aufschlüsse gaben, sprangen die Hirnanatomen ein, um auf der Basis der Myelo- und Cytoarchitektonik neue und spezifisch erscheinende Rindenfelder zu umgrenzen[1].

Viel refraktärer verhielt sich lange Zeit das Kleinhirn. Erst in den letzten Jahrzehnten gelang es, auch hier einzelne, räumlich allerdings recht ausgebreitete Foci zu differenzieren. Das war nicht viel, aber immerhin erschien es möglich, auch das Kleinhirn in die allgemeinen Zentrenvorstellungen einzubeziehen[2].

Wie gewöhnlich, so eilte auch in der Ausgestaltung der Zentrenlehre die Theorie der Vervollständigung und genaueren Analyse den Tatsachen voraus. Man ging darüber hinweg, daß so mancher Befund der Großhirnphysiologie auf eine Unbeständigkeit der Foci hinwies, man achtete es nicht, daß jede Schädigung der Rinde neben der Beeinträchtigung *einer* Funktion auch noch andere in Mitleidenschaft zog[3], man verschloß seine Augen vor der Schwierigkeit, die einzelnen histologischen Besonderheiten der Zentralorgane einer physiologischen Analyse zu unterziehen und kam so zu einem Hypothesengebäude, das zwar eine große Anschaulichkeit besitzt, aber vielerlei Angriffsflächen bietet.

Den Ausgangspunkt dieser Vorstellungen bildete die für einfache Reflexe durchaus einleuchtende Lehre vom Reflexbogen. Da man sah, daß eine Überleitung von den receptorischen auf die effektorischen Bahnen nur in den Zentralorganen zustande kommt, obwohl die beiden Faserarten in den gemischten Nerven

---

[1] Siehe hierzu: Nagels Handb. **4,** 1 u. f. (Beitrag TSCHERMAK) — Ds. Handb. **10,** 418 u. f. (Beitrag GRAHAM BROWN), 600 u. f. (Beitrag GOLDSTEIN).

[2] Siehe hierüber: K. GOLDSTEIN: Das Kleinhirn. Ds. Handb. **10,** 222 u. f. — G. VAN RYNBERK, Erg. Physiol. **31,** 592 u. f. (1931).

[3] So z. B. tritt beim Hund nach der Exstirpation der Zentralwindung neben den motorischen Störungen stets eine deutliche Hemianopsie auf. [GOLTZ, FR.: Pflügers Arch. **26,** 1 (1881).]

dicht nebeneinander herlaufen, so mußten dort Verbindungen vorhanden sein, die hier fehlten. Die Orte, wo diese Verbindungen zu suchen wären, ließen sich vielfach bei Durchschneidungsversuchen (besser bei Tieren mit Strickleiternervensystem als bei Wirbeltieren) genauer eingrenzen, und die histologische Untersuchung solcher Stellen ergab, daß die kleinsten eben noch reflexfähigen Teile des Zentralorgans Ganglienzellen enthielten. Da die histologische Forschung weiterhin wahrscheinlich machte, daß hier receptorische und effektorische Bahnen, sei es durch Kontiguität, wie die einen wollten, sei es durch Kontinuität, wie andere behaupteten, in engere Beziehungen träten, so schien das Zustandekommen einfacher Reflexe bis zu einem gewissen Grade verständlich.

An der Richtigkeit solcher Vorstellungen wird man auch heute noch festhalten dürfen, man kann sogar sagen, daß sie immer weiter begründet wurden. *Kein Reflex ohne die Einschaltung zentraler Substanz!* Von den vielen histologischen Besonderheiten, welche diese gegenüber den peripheren Nerven aufweist, wurde aber eine, die Ganglienzelle, ausgewählt als das eigentliche Reflexorgan, und in sie wurden alle *die* Eigenschaften hineinverlegt, welche den Zentralorganen in ihrer Gesamtheit zukommen. *Die Ganglienzelle wurde zum Reflexzentrum gestempelt.* Man hatte einen greifbaren Sitz für die zentralen Eigentümlichkeiten gefunden, und damit schien die Grundlage zu allen weiteren Ausgestaltungen der Zentrenlehre gelegt.

Diesem Ausbau der Zentrenlehre mußten neben physiologischen Daten wieder anatomisch-histologische Befunde dienen. Man sah, wie das ganze Zentralnervensystem von langen und kurzen Bahnen durchzogen war, die mit verhältnismäßig großer Konstanz Verbindungen zwischen bestimmten zentralen Provinzen, besonders aber auch zwischen den primären Reflexstellen und den nebengeschalteten Zentralteilen (Großhirn, Kleinhirn usw.), herstellten. Der Gedanke lag nahe und schien auch im Prinzip experimentell erhärtbar, daß durch diese Bahnen als *fest vorgezeichneten und unwandelbaren Wegen* die Zentren, id est: Ganglienzellen oder Ganglienzellgruppen, miteinander in Verbindung gebracht würden und so Einfluß aufeinander gewönnen. Aber man ging auch darüber noch hinaus: Man nahm an, daß aus dem Zusammenarbeiten aller Zentren und Bahnen das ganze komplizierte Getriebe der nervösen Erscheinungen *verständlich sein müsse*[1].

Um diesen Gedankengang zu rechtfertigen, mußte angenommen werden, daß jedem Zentrum, ja jeder einzelnen Ganglienzelle eine *ganz bestimmte* Funktion zukäme und daß ebenso jede Bahn *nur eine einzige Rolle* im Geschehen des Ganzen spielen könne. Diese Konsequenz wurde in der Tat gezogen und beherrscht noch heute das Denken der meisten Physiologen, Pharmakologen, Neurologen und Psychiater. Sie mündete in der Annahme, daß insbesondere die einzelnen *Erinnerungsbilder* entweder als Komplexe in einer einzigen Ganglienzelle des Großhirns wie in Schachteln bereit lägen, um bei eintretendem Bedürfnis herausgeholt zu werden, oder in ihren Komponenten in verschiedenen Pyramidenzellen untergebracht wären und erst bei der Reproduktion wieder zum Gesamtbilde zusammengesetzt würden[2].

---

[1] Diesen Standpunkt hat der eine von uns noch selbst vertreten, als er begann, das Nervensystem eines scheinbar schematisch gebauten Tieres anatomisch und physiologisch zu durchforschen. [BETHE, A.: Das Nervensystem von Carcinus Maenas. Arch. mikrosk. Anat. **50**, 460, 589; **51**, 382 (1898).]

[2] HERING, EWALD: Über die spezifischen Energien des Nervensystems. (Vortrag, gehalten zu Prag 1884.) Neudruck in „Fünf Reden von Ewald Hering", S. 47. Leipzig: Engelmann 1921. — VERWORN, M.: Die cellular-physiologische Grundlage des Gedächtnisses. Z. allg. Physiol. **6**, 119 (1906). — UEXKÜLL, J. v.: Naturwiss. **19**, 385 (1931). — Ähnliche, ins Einzelne gehende Annahmen wie hier finden sich in zahlreichen neurologischen und psychiatrischen Arbeiten zerstreut, besonders um die Wende des Jahrhunderts.

Dieses Hypothesensystem basierte auf dem verständlichen Bedürfnis des Menschen, sich alle funktionellen Vorgänge nach Art seiner eigenen Konstruktionen maschinell zu erklären. Zunächst holte er (beim Nervensystem) seine Vergleichsobjekte aus der Mechanik und, als das nicht mehr ging, aus der Elektrizitätslehre: Ganglienzellen, vergleichbar den galvanischen Elementen, Nervenfasern, vergleichbar den Leitungsdrähten, das alles gekoppelt nach Art eines wohl sehr komplizierten, aber entwirrbaren Schaltungssystems! Auf diesem Standpunkt der Elektrotechnik vom Beginn des vorigen Jahrhunderts steht die Grundvorstellung vom Wesen des Nervensystems bei sehr vielen noch heute. Die Elektrotechnik von heute ist aber weit über den Bau von Klingelleitungen hinaus! Auch wir Biologen beginnen zu folgen. Wir gehen jedoch unsere eigenen Pfade, gedrängt durch die tägliche Erfahrung, daß die Natur in den Lebewesen sehr oft ganz andere Wege eingeschlagen hat, als sie dem Konstrukteur menschlicher Einrichtungen naheliegen.

Die Lehre von der Existenz streng lokalisierbarer Zentren ist mit der Ganglienzellhypothese eng verwachsen, d. h. mit der Annahme, daß der eigentliche Sitz der zentralen Erscheinungen der Körper der Ganglienzelle sei. Bisher unwiderlegt sind aber die Einwände, welche von BETHE[1], NISSL[2] und anderen gegen diese Hypothese vorgebracht sind[3]. Unter diesen ist am schwerwiegendsten der Nachweis, daß bei dem Krebs Carcinus Maenas noch Reflexe der zweiten Antenne zustande kommen können, wenn der zugehörige Zentralteil vom übrigen Nervensystem ganz abgetrennt und seiner Ganglienzellen beraubt ist[4]. Zu diesem Haupteinwand kommen noch so viele andere physiologischer und vor allem histologischer Natur hinzu, daß es unverständlich bleibt, daß zahlreiche Forscher noch immer „Ganglienzelle" und „Zentrum" miteinander identifizieren. Sicherlich haben die Ganglienzellen irgendeine wichtige Bedeutung, aber worin sie besteht, darüber wissen wir fast nichts.

Dem Wunsche folgend, den zentralen Eigenschaften einen bestimmten Sitz zuzuweisen, hat SHERRINGTON[5], indem er die gegen die Ganglienzellhypothese gemachten Einwände anerkannte, die sehr ansprechende Hypothese aufgestellt, daß sich die eigentlichen zentralen Vorgänge an den Synapsen, den Übergangsstellen von einem „Neuron" auf ein anderes, abspielten[6]. Auch für diese, von vielen Physiologen[7] angenommene Hypothese, durch welche die Zentrenlehre zwar einen diffuseren und weniger anschaulichen Charakter erhielt, lassen sich wohl Wahrscheinlichkeitsgründe, aber keine Beweise anführen. Sie steht und fällt (wenigstens in sehr wesentlichen Punkten) mit der immer noch unentschiedenen Frage[8], ob die jetzt wohl ziemlich allgemein als das leitende Element

---

[1] BETHE, A.: Allgem. Anat. u. Physiol. d. Nervensystems, S. 326. Leipzig 1903 — Ganglienzellhypothese. Erg. Physiol. **3**, 195 (1904) — Theorie der Zentrenfunktion. Ebenda **5**, 250 (1906).
[2] NISSL, FR.: Die Neuronenlehre. Jena 1903.
[3] Siehe auch E. TH. BRÜCKE: Theorien der Zentrenfunktion. Ds. Handb. **9**, 771 (1929).
[4] BETHE, A.: Arch. mikrosk. Anat. **50**, 629 (1897).
[5] SHERRINGTON, S. S.: Über das Zusammenwirken der Rückenmarksreflexe usw. Erg. Physiol. **4**, 797 (1905).
[6] Siehe auch ds. Handb. **9**, 784 (1929) (Beitrag BRÜCKE).
[7] Auch von einigen Histologen, besonders von J. BOEKE [Proc. Konink. Akad. van Wetensch. te Amsterdam **32**, Nr 6 (1929)], ist die Synapsenhypothese diskutiert worden. Bei Neurologen, Psychiatern und Zoologen scheint sie dagegen weniger Eingang gefunden zu haben. Wenn dort auch noch in neueren Arbeiten bestimmte Ganglienzellhaufen schlechthin als das Zentrum dieser oder jener Funktion erklärt werden, so gewinnt man den Eindruck, daß eben dem Zellkörper (dem Zellinneren) und nicht einem Geschehen, das bald hier, bald da auf der *Oberfläche* seines ganzen zentralen Ausbreitungsgebiets eintritt, die zentralen Eigenschaften zugeschrieben werden.
[8] PÉTERFI, T.: Das leitende Element. Ds. Handb. **9**, 79 (1929).

angesehenen Neurofibrillen in den Zentralorganen kontinuierlich ineinander übergehen oder nicht.

Sind die Neurofibrillen das leitende Element und bilden sie im Zentralnervensystem ein kontinuierliches Netzwerk, das sich an einzelnen Stellen des Neuropils (dem Grau Nissls) und zum Teil auch in den Ganglienzellen verdichtet, dann wird alles zentrale Geschehen zu einem Wechselspiel in diesen Gittern[1]. Einflüsse von seiten der Gewebssubstanzen, welche die Fibrillen hier und dort umgeben, und Verschiedenheiten, die sie selbst in ihrem Verlauf aufweisen, werden modifizierend in die einfachen Leitungsvorgänge eingreifen können[2], die engeren oder weitläufigeren Beziehungen, die einzelne Teile des Gitters zueinander haben, werden bald diese, bald jene Region für gewisse Verrichtungen geeigneter machen, aber streng lokalisierte Zentralstätten würde man in diesem Gewirr vergeblich suchen.

Eine solche Anordnung des Nervensystems als richtig vorausgesetzt, müßte man aber die Wechselbeziehungen noch viel weiter fassen und es jedenfalls als möglich bezeichnen, daß auch die peripheren Leitungswege und sogar die ihnen angeschlossenen Endorgane an denselben teilnehmen. Zentrum und Peripherie würden ein mehr oder weniger unteilbares Ganzes bilden, und Eigenschaften, die man gewöhnlich nur in das zentrale Nervensystem verlegt, würden sich auf sehr weite Strecken verteilen, *ein eigentliches Zentrum nirgends vorhanden sein.* Wohl würden einzelne Stellen des Systems mehr, andere weniger zum Ganzen beitragen, aber jeder, auch der wenigst wesentliche, würde im Gesamtbetriebe seine Rolle spielen. Jede Verletzung des Systems wäre als Leitungsunterbrechung geeignet, *alle* Funktionen, die einen in höherem, die anderen in geringerem Maße zu beeinflussen. *Was wir aber bei allen unseren Operationen am Nervensystem tun, sind ja aber in erster Linie Unterbrechungen der Leitung!* Es ist eine Hypothese, wenn wir bei Fortnahme, Narkose oder Abkühlung einer zentralen Partie glauben, wesentlich mehr als das getan zu haben.

Ohne irgendwie einen Analogieschluß ziehen zu wollen, möchten wir rein der Verständigung halber das Gesagte zu einem elektrischen System in Parallele stellen: Wenn wir uns einen einfachen Schwingungskreis aus Element, Spule, Kondensator und Leitungsdrähten aufbauen, so wird jede Unterbrechung oder Veränderung an irgendeiner Stelle die Funktion entweder unmöglich machen oder zum mindesten die gewünschten Schwingungen mehr oder weniger ändern. Von keinem der drei Hauptteile kann man sagen, daß er wichtiger wäre als der andere, von keinem, daß in ihm ein „Zentrum" gelegen sei.

Die alte klassische Theorie hat große Erfolge erzielt. Sie hat noch in neuerer und neuester Zeit in der Hand einzelner Physiologen (Sherrington, Magnus, Graham Brown, Rademaker, um wenigstens einige Namen zu nennen) zu Gipfelleistungen geführt und unsere Kenntnis des Nervensystems außerordentlich erweitert. Es sind jedoch schon zu viele Tatsachen bekannt geworden, die sich mit dieser Theorie nicht mehr vereinigen lassen. *Sie war zu mechanistisch und muß durch eine funktionellere ersetzt werden,* die wir aber erst tastend suchen müssen[3].

---

[1] Bethe, A.: Die anatomischen Elemente des Nervensystems und ihre physiologische Bedeutung. Biol. Zbl. **18**, 872 (1898).

[2] Bethe, A.: Erg. Physiol. **5**, 286 (1906).

[3] Vgl. z. B. Bethe, A.: Arch. f. Psychiatr. **76**, 81 (1925) u. Ber. ges. Physiol. **32**, 686 (1925). — Goldstein, K.: Zur Theorie der Funktion des Nervensystems. Arch. f. Psychiatr. **74**, 370 (1925). — Hines, M.: On cerebral localisation. Physiologic. Rev. **9**, 462 (1929). — Brücke, E. Th.: Probleme der Physiologie nervöser Systeme. Ds. Handb. **9**, 25—46 (39 u. f.!) (1929).

Schon 1898 schrieb BETHE[1]: „Ja, gibt es überhaupt Zentren in dem Sinne, in dem man bisher davon gesprochen?" Auf Grund seiner histologischen und physiologischen Untersuchungen kam er zu der Vermutung, daß sich die nervösen Vorgänge nicht an konkreten Stellen, sondern in einem das ganze Zentralnervensystem durchziehenden Fibrillennetz abspielten, in welchem die Erregungen hin und her fluteten und bald diesen, bald jenen Teil in höherem Maße beeinflußten. Und ein Jahr später schrieb LOEB[2]: „Wie in der Theorie des Lichtes die corpusculären Vorstellungen durch eine Wellentheorie ersetzt werden mußten, so muß auch, wie mir scheint, die Gehirnphysiologie ihre histologisch-corpusculären Vorstellungen durch dynamische Vorstellungen ersetzen."

Der Wandel — wir wollen noch nicht sagen Fortschritt — geht langsam, aber er kommt. Und er würde schneller um sich greifen, wenn sich nicht das Interesse der meisten Physiologen vom Studium der zentral-nervösen Vorgänge abgewandt hätte.

Es spielt sich hier ein ähnlicher Prozeß ab wie auf dem Gebiet der Entwicklungstheorien, nur daß dort der Kampf der Vorstellungskreise viel früher in Erscheinung getreten ist. „Hie Präformation, hie Evolution" war dort die Parole[3]. So ist es auch hier. Denn die *klassische Zentrentheorie fordert* im strengsten Sinne *eine Präformation* alles dessen, was durch Vermittlung des Nervensystems überhaupt geschehen kann. Die Tatsachen aber drängen mehr und mehr dazu, eine Theorie zu finden, in welcher — wohl auf der Basis einer gewissen Prästabilierung — Raum für eine *individuelle Evolution* vorhanden ist, durch die in jedem Augenblick neue Möglichkeiten erschlossen werden können.

## III. Das Nervensystem als Regulator bei unversehrtem Körperbestand.

Die Anpassungsfähigkeit des Nervensystems an eine unübersehbare Zahl verschiedener Situationen, die sich im täglichen Leben des Menschen und der Tiere bieten, *birgt* eigentlich schon *unser Problem in seiner ganzen Vielseitigkeit*. Wir sind es aber so gewöhnt, daß in fast jedem nicht ganz ungewöhnlichen Fall „das Richtige" schnell und mit Präzision geschieht, daß uns das Überraschende und nahezu Unbegreifliche dieser Reaktionen kaum noch zum Bewußtsein kommt. Wir halten sie eben für ganz natürlich, für selbstverständlich. Erst dann, wenn eine Maschine ähnliche Verrichtungen ausführt, geraten wir in Erstaunen — aber nicht über diejenigen Lebewesen, die das gleiche meist besser und vielseitiger zuwege bringen, sondern über den menschlichen Mechaniker, der das kümmerliche Vergleichsobjekt schuf.

Schon das kleine Kind bewundert das bleibeschwerte Stehauf-Männlein. Es ist überrascht, daß es aus jeder Lage wieder „auf die Beine" kommt und nicht dazu zu bringen ist, horizontal liegen zu bleiben. Es wundert sich aber gar nicht, daß seine lebende Katze je nach Umständen das eine wie das andere fertig bringt. Aber auch wir Erwachsenen, die wir den einen Mechanismus verstehen, würden aufs höchste überrascht sein, wenn ein sich überschlagendes Automobil sich selbsttätig und aus jeder Lage wieder auf die Räder stellte, während wir gar nichts Beachtenswertes darin sehen, daß die herausgeschleuderten Insassen,

---

[1] BETHE, A.: Die anatomischen Elemente des Nervensystems und ihre physiologische Bedeutung. Biol. Zbl. **18**, 843—874 (861) (1898).

[2] LOEB, J.: Einleitung in die Gehirnphysiologie, S. 191. Leipzig 1899.

[3] Die alte Präformationslehre ist längst gefallen. Eine Zeitlang waren alle (oder fast alle) Genetiker Evolutionisten. In neuerer Zeit sind zwar in die Entwicklungslehre wieder präformistische Elemente aufgenommen, aber sie haben ein ganz anderes Gesicht angenommen, sind viel biologischer geworden, und niemals wird man auf die alte „Schachteltheorie" zurückkommen. Sie wurde in der Entwicklungslehre vor mehr als 100 Jahren aufgegeben. In der Lehre vom Nervensystem beherrscht sie aber noch heute das Feld!

falls sie unverletzt blieben, sich ohne Schwierigkeiten vom Boden erheben. Dabei ist es durchaus denkbar, daß man einen Mechanismus dieser Art konstruieren könnte, aber wohl nur unter Aufwendung einer sehr komplizierten Maschinerie, und diese würde eben nur dieser einen Anpassung fähig sein, während das Nervensystem aller höheren Tiere eine unübersehbare Zahl von Umstellungen ermöglicht[1].

Über die Größe der Komplikationen, welche schon bei den einfach erscheinenden Anpassungen im normalen, individuellen Leben vorliegen, machen sich selbst ernsthafte Forscher vielfach keine richtige Vorstellung. Sie glauben sehr häufig, daß das Verständnis eines komplexen Vorganges dadurch erreicht oder wenigstens angebahnt sei, daß sie ihn in eine Reihe einfach erscheinender Reflexe auflösen, deren Zustandekommen man wieder nach dem Reflexschema unter der Annahme bestimmter eben für diese Reflexe schon vorgebildeter Bahnen und Zentren begreifen könne. Daß in sehr vielen Fällen diese supponierten Spezialbahnen umgangen und durch andere vertreten werden können, daß viele der angenommenen Zentren umstimmbar oder ersetzbar sind und manche überhaupt keinen festen Sitz haben, soll jetzt nur erwähnt und die Beschreibung dieser Verhältnisse späteren Kapiteln vorbehalten werden. Aber auch, wenn wir beim unversehrten Individuum bleiben, zeigen schon einfache Betrachtungen, daß aus der bloßen mosaikartigen Zusammensetzung unter ganz bestimmten experimentellen Bedingungen auftretender Reflexe ein Verständnis für die komplexen Vorgänge noch nicht entspringt:

Zu den primitivsten und schon am Rückenmarkstier zu beobachtenden Reflexen der Säugetiere gehören zweifellos die Eigenreflexe (Sehnenreflexe) und der *gleichseitige* Streckreflex (Stemmbeinreaktion) beim Unterstützen der Fußsohle. Der „Sinn" des Streckreflexes ist ohne weiteres ersichtlich; den Eigenreflexen hat bereits EXNER[2] (und später hat dies P. HOFFMANN[3] in seinen ausgedehnten Untersuchungen weiter ausgeführt) die Bedeutung zugeschrieben, daß durch sie bei plötzlicher Dehnung eines Muskels eine Überdehnung des Muskels selbst und der zunächst gelegenen Bänder und Gelenkkapseln verhindert werden soll. Tritt man z. B. beim Gehen auf ebener Erde unversehens mit der Fußspitze auf einen hervorragenden Stein, so wird der Gastrocnemius gedehnt, der Eigenreflex setzt ein, Muskel und Fußgelenk werden vor Überdehnung bewahrt. Analoge Reflexe treten beim Peroneus und Tibialis anticus mit Wirkung auf den Fuß und beim Quadriceps femoris (Patellarreflex) mit Wirkung auf den Unterschenkel in Erscheinung. Wenn im folgenden die Eigenreflexe herangezogen werden, so ist dabei nicht der kurze Initialvorgang gemeint, der bei schnell vorübergehender Dehnung als Zuckung mit einmaligem Aktionsstrom kundtut, sondern die länger dauernde, dem Tier allein nützliche „*tonische*" Kontraktion. Diese hält meist so lange an, wie der Muskel passiv gedehnt ist.

Die verschiedenen Eigenreflexe wie auch der Streckreflex sind unter den gewöhnlichen experimentellen Bedingungen mit fast absoluter Sicherheit zu reproduzieren. Diese Reflexe sind als solche für den Kliniker wichtig, für den Physiologen interessant, für das Individuum aber — sei es Mensch oder Tier — nur im Gesamtbetriebe der motorischen Funktionen von Bedeutung. Sie treten daher hier nur dann in Erscheinung, wenn es in die Situation hineinpaßt. Erfordern es die Umstände, so schlagen sie ins Gegenteil um!

Wenn ein Mensch einen Berg hinunterspringt, wobei er mit dem Hacken des *vorgesetzten* Beines zuerst auf den Boden kommt, dann treten die *normalen*

---

[1] Eine lehrreiche Diskussion über die Frage, inwieweit eine Maschine ähnliche Anpassungserscheinungen wie ein mit Nervensystem versehenes Tier zeigen könne, hat zwischen J. T. MAC CURDY (Common principles in Physiology and Psychology. Cambridge: Univ. Press 1928 — Mechanisme in nerve centres. Nature **1930 I**, 632) und dem strengen Lokalisator und Mechanisten A. FORBES [Mechanisme in nerve centres. Nature **1929 II**, 911] stattgefunden.

[2] EXNER, S.: Entwurf zu einer Erklärung der psych. Erscheinungen, S. 126. Leipzig u. Wien 1894.

[3] HOFFMANN, P.: Untersuchungen über die Eigenreflexe (Sehnenreflexe) menschlicher Muskeln. Berlin: Julius Springer 1922.

(tonischen) *Eigenreflexe* zutage: Die vorderen Unterschenkelmuskeln und der Quadriceps femoris spannen sich an. Ganz etwas anderes kann im *rückwärtigen* Bein eintreten: Bleibt die Fußspitze hinter einer Wurzel oder einem Stein hängen, dann werden zwar dieselben Muskeln plötzlich gedehnt; sie kontrahieren sich aber nicht, sondern sie erschlaffen, und ihre Antagonisten, die hinteren Unterschenkel- und Oberschenkelmuskeln, ziehen sich schnell zusammen, um den festgehaltenen Fuß über das Hindernis hinwegzubringen und einen Sturz zu vermeiden.

Ob es möglich ist, diesen Reflex (denn ein Überlegungsvorgang kann nicht vorliegen, dazu tritt die Erscheinung viel zu schnell ein) unter experimentellen Bedingungen zu reproduzieren, haben wir nicht untersucht[1]. Tatsache ist, daß er wohl nur bei sehr wenigen Menschen fehlt. Beim Hund haben wir Ähnliches wiederholt gesehen. Daß dieser inverse Reflex auch bei anderen Säugetieren vorkommt, ist wahrscheinlich, von uns aber bisher nicht sicher beobachtet. Wohl aber kommt etwas Entsprechendes beim gleichseitigen Streckreflex an Tieren (Rehen, Hunden, Pferden) wie am Menschen vor:

Der *ipsilaterale Streckreflex* wird wohl mit Recht als eine der Ursachen angesehen, daß sich beim Gehen das oder die Standbeine strecken und so lange gestreckt bleiben, bis die abwechselnd mit ihnen tätigen Beine den Boden erreichen. So verhält es sich aber nur bei gleichmäßig fester Gangfläche. Im Moor und im verharschten Schnee, wo festerer und nachgiebigerer Boden unregelmäßig verteilt sind, kommt es beim Betreten jeder Stelle zunächst immer zum Streckreflex; gibt aber der Boden nach, so wird der Streckreflex vorzeitig gehemmt und schlägt in den Beugereflex um; das betroffene Standbein wird vor dem Versinken bewahrt.

Dieser Rückziehreflex steht wohl in naher Verwandtschaft zu dem Goltzschen Falltürversuch[2]: Wird unter einem Bein eines stehenden Hundes der Boden gesenkt, so zieht das Tier sofort das Bein an den Körper. Der Reflex ist leicht zu stören und fällt schon nach Fortnahme der motorischen Zone für lange Zeit fort. Solche Tiere versinken mit dem geschädigten Bein in der entstandenen Vertiefung und vermögen oft nicht, sich aus dem Loch zu befreien. Rademaker[3] nennt diesen Reflex „Stehbereitschaft".

Die Bedingungen, unter denen das eine Mal der Streckreflex, das andere Mal der vorzeitige Beugereflex eintreten, liegen sehr dicht beieinander. Nimmt nämlich der Widerstand, den das Bein beim Einsinken findet, in genügendem Maße wieder zu (wenn also z. B. unter der vereisten Oberschicht nur wenig lockerer Schnee liegt oder wenn man einen Hund über eine weiche Sprungfedermatratze gehen läßt), dann bleibt der Beugereflex aus.

Von pathologischen Fällen ähnlicher Natur sei folgender erwähnt: Menschen mit ausgesprochenem Babinski-Reflex zeigen diesen nur bei bestimmten Körperlagen, vor allem der gewöhnlich geübten Rückenlage. In Bauchlage kehrt er sich in den normalen Beugereflex der Zehen um[4]!

Diese und viele andere motorische Reflexe sind eben nicht, wie so oft angenommen wird, *unbedingter* Natur, d. h. nur abhängig vom Reiz und den durch ihn erregten Zentren, sondern sie können durch eine Menge von Nebenumständen (die Stellung des Gliedes selbst, des Kopfes, des Körpers usw.) modifiziert und sogar ins Gegenteil umgewandelt werden. Das Nervensystem zeigt also schon unter Bedingungen, die als normal anzusehen sind, seine hohe Fähigkeit zur

---
[1] Es wäre denkbar, daß sich der Initialvorgang (s. oben S. 1052) noch einstellt, aber schnell gehemmt wird. Wir halten es nicht für wahrscheinlich. Auch wenn es so wäre, läge eine Durchbrechung der genannten Reflexgesetze vor.
[2] Goltz, Fr.: Pflügers Arch. **20**, 1 (1879).
[3] Rademaker, G.: Das Stehen. Berlin 1931.
[4] Mankowsky, B., u. W. Bader: Inversion des Babinski-Phänomens. Dtsch. Z. Nervenheilk. **88**, 42 (1926). — Katzenstein, H. J.: Dtsch. Z. Nervenheilk. **122**, 137 (1931).

Plastizität, der Fähigkeit, sich den gegebenen Verhältnissen in zweckmäßiger Weise anzupassen. Das heißt aber: Die klassische Theorie, die das Nervensystem als ein Mosaikwerk von Zentren mit *bestimmter* Eigenfunktion ansieht, läßt solchen Tatsachen gegenüber im Stich.

Es erscheint uns nicht unnütz, dies noch im Einzelnen auszuführen und zu zeigen, daß die Fülle der Erscheinungen selbst bei niedrig entwickeltem Nervensystem und erst recht beim höher organisierten so gewaltig groß ist, daß man mit dem einfachen Kombinieren elementarer Reflexe durch sog. Koordinationszentren, die nach einer festen Schablone arbeiten, wie das Pianola nach der eingelegten Papierrolle, nicht auskommt. Man wird vielmehr schon durch solche Betrachtungen zu der Überzeugung geführt, daß das Nervensystem nach einem sehr *allgemein gehaltenen* Schema nach Art einer gleitenden Steuerung[1] arbeitet, ein Schema, in dem *Bahnen und Zentren* die ihnen früher zugeschriebene, *von vornherein genau festgelegte Bedeutung verlieren*.

Wir brauchen uns daraus kein Hehl zu machen: Das Reflexschema, an das wir alle einmal geglaubt haben und das jeder Physiologe, Anatom und Neurologe noch jetzt seinen Zuhörern vorträgt, geht von einer naiv-maschinellen Voraussetzung aus. Zweifellos lassen sich einfache Reflexe auf der Basis dieses Schemas genügend verständlich machen: Wir berühren das Tentakel einer Meduse oder eines Polypen, wir stechen in die Flanke eines Wurmes oder eines Aals, wir kneifen die Pfote eines Hundes oder das Bein eines Krebses — immer wird der betroffene Teil zurückgezogen: Zuleitung der Erregung durch die zentripetale Bahn — Auslösung des Reflexzentrums — Ableitung durch die zentrifugale Bahn. Der Reflex ist da, und zugleich ist erklärt, warum er sich zunächst und durchaus im Interesse des Tieres an dem betroffenen Teil selbst abspielt. Dabei ist es einstweilen ohne Wichtigkeit, ob wir für diesen primitiven Reflex ein oder mehrere „Neurone" in Anspruch nehmen. Auf jeden Fall muß er immer das zuleitende receptorische und das peripherste effektorische „Neuron" (die letzte gemeinsame Strecke SHERRINGTONS[2]) durchlaufen.

Etwas Neues und anderes an den in Aktion tretenden Muskeln könnte nach dieser maschinellen Auffassung nur dann eintreten, wenn die Erregung auf einem *anderen* receptorischen Wege ihrer letzten gemeinsamen Strecke zugeführt wird. Daß sie dann in der Tat in anderer Weise und in anderen Kombinationen in Tätigkeit geraten, hat SHERRINGTON an zahlreichen Beispielen gezeigt. Es widerspricht aber dem einfachen, maschinell gedachten Reflexschema, wenn bei gleichbleibendem Reizort etwas Neues und Anderes an diesen Muskeln geschieht.

Man braucht nur beim Hund oder Krebs das gekniffene Bein beim Eintritt des Rückziehreflexes nicht loszulassen, um etwas Derartiges zu beobachten: Der Beugereflex geht dann sehr häufig in einen schnellen Wechsel von Streckung und Beugung über. Ein rhythmischer Vorgang tritt in Erscheinung, der zwar zur Befreiung des festgehaltenen Beines viel dienlicher ist als eine Fortdauer der Beugereaktion, der aber nach dem Reflexschema nicht eintreten dürfte! Bleiben diese Befreiungsversuche, zu denen andere Reaktionen von anderen Teilen des Tieres (Beißen nach der haltenden Hand beim Hund, Kneifen mit den Scheren beim Krebs) hinzutreten können, die hier aber nicht interessieren, vergeblich, so kann beim männlichen Taschenkrebs bisweilen noch eine weitere Veränderung geschehen: Das festgehaltene Bein geht in starre Streckstellung über, die schnell auf die übrigen Extremitäten übergreift (Starrkrampfreflex).

---

[1] Siehe weiter unten S. 1214.
[2] SHERRINGTON, C. S.: Über das Zusammenwirken der Rückenmarksreflexe und das Prinzip der letzten gemeinsamen Strecke. Erg. Physiol. 4, 797—850 (1905).

Der anfängliche Reflex ist durch ein rhythmisches Übergangsstadium in sein Gegenteil umgeschlagen! Oder schließlich: Der Krebs läßt das Bein fahren; es tritt Autotomie ein.

Verschiedenartige Reflexe vom gleichen Rezeptionsfeld und bei gleichem Reiz erhielt unter anderen auch BERITOFF[1] unter wesentlich komplizierteren und weniger natürlichen Bedingungen an Fröschen. Seine Annahme ,,Zustandsänderung des Zentrums" ist doch weiter nichts als ein Zugeständnis, daß die klassische Zentrenlehre solchen Tatsachen gegenüber im Stich läßt.

Je vielgestaltiger die Reaktionen eines Tieres werden, je mehr Teile des Organismus an denselben teilnehmen, desto schwieriger wird es, aus der alten Zentrenlehre heraus die Verhältnisse zu erklären. An Versuchen, sich über diese Schwierigkeiten hinwegzuhelfen, hat es nicht gefehlt, und auch der Gegner muß anerkennen, daß viel Scharfsinn auf sie verwandt worden ist. Die Quintessenz aller dieser Versuche ist die Annahme, daß jedem Bewegungskomplex *Koordinationszentren* zugeordnet sind, welche den Bewegungsablauf durch Vermittlung der ihnen untergeordneten primären Zentren (letzte gemeinsame Strecken SHERRINGTONS, Repräsentanten v. UEXKÜLLS) in bestimmter Weise regulieren: Zwischengeschaltete und nebengeschaltete Zentren greifen verändernd ein und modifizieren je nach Lage des Körpers und der Gliedmaßen unter dem Einfluß beherrschender Rezeptionsorgane den Bewegungsablauf, der von den Koordinationszentren nur im Prinzip aufgegeben wird.

EXNER[2] war einer der ersten, der bis in die Einzelheiten hinein die Wege, auf denen dies geschehen könnte, aufzudecken suchte. Bestrebungen bei Säugetieren, die Lage dieser übergeordneten, untergeordneten und nebengeordneten Zentren sowie der sie verbindenden Faserbahnen im physiologischen Experiment aufzudecken und ihre Eigenschaften festzulegen, durchziehen die zahlreichen und grundlegenden Arbeiten von SHERRINGTON, MAGNUS, GRAHAM BROWN, RADEMAKER und vielen anderen[3].

Zweifellos geht aus allen diesen zielbewußten Versuchen hervor, daß bestimmte Teile des Zentralnervensystems bald mit dieser, bald mit jener Bewegungskombination mehr zu tun haben als mit anderen, daß auch manche Funktionen ganz ausfallen, wenn gewisse Gegenden zerstört oder vom übrigen Zentralnervensystem abgetrennt sind, aber der Beweis dafür, daß der untersuchte Vorgang in diesen Teilen seinen eigentlichen Sitz hat, dürfte fast nirgends erbracht sein. Was man allein mit Bestimmtheit folgern kann, ist, daß diese oder jene Region in irgendeiner Weise an dem Prozeß beteiligt ist.

Schon allein aus der Vielgestaltigkeit der Reaktionen höher organisierter Tiere, die mit jeder Ausgangsstellung und jeder Körperlage sich ändern, erwachsen der typischen Zentrenlehre ganz erhebliche Schwierigkeiten, denn die Zahl der anzunehmenden Koordinationszentren müßte bei ihrer strengen Anwendung im Verhältnis der Möglichkeiten wachsen. Für die Anpassungsfähigkeit des Nervensystems, die sich hier schon unter normalen Verhältnissen zeigt, bietet die alte Zentrenlehre, wenn man es sich recht überlegt, wohl keinen Raum.

Den Anatomen ist schon lange bekannt, daß ein und derselbe Skeletmuskel zu ganz verschiedenen Bewegungen nutzbar gemacht werden kann[4]. Nicht nur bei mehrgelenkigen Muskeln, sondern auch bei eingelenkigen ist dies der

---

[1] BERITOFF, J. S.: Pflügers Arch. **151**, 171 (1913).
[2] EXNER, S.: Entwurf zu einer physiologischen Erklärung der psychischen Erscheinungen. Leipzig u. Wien 1894.
[3] Literatur in ds. Handb. **10, 11** (Beitrag MAGNUS und DE KLEIJN), **15 I** (Beitrag MAGNUS und DE KLEIJN) und in G. RADEMAKER: Das Stehen. Berlin 1931.
[4] FICK, R.: Anatomie der Gelenke. Jena 1911.

Fall. Ganz besonders eindringlich hat v. BAEYER[1] in neuerer Zeit hierauf aufmerksam gemacht und es mit zahlreichen neuen Beispielen belegt.

So kann der M. adductor femoris einmal adduzieren, dann aber auch je nach Stellung des Beines und Lage des äußeren Drehpunktes nach innen oder außen rotieren. Für den Soleus findet er nicht weniger als 22 verschiedene Bewegungsmöglichkeiten, wenn man seine Wirkungen auf die gesamte Becken-Bein-Kette in Betracht zieht.

Man kann aber noch weitergehen und viele Muskeln funktionell in ihre einzelnen Faserbündel zerlegen, so daß z. B. der Deltoides[2] je nach den Bedingungen als Ganzes wirkt und den Arm seitwärts hebt, oder in seinen vorderen bzw. hinteren Teilen allein wirksam wird und nun den Arm nach vorne oder hinten bewegt, oder ihn nach innen oder außen rotiert. Dies alles führt der Muskel in fließendem Übergang von einer zur anderen Funktion aus.

Um diese Vorgänge auf Grund isolierter und nur einer Tätigkeit fähiger Zentren zu erklären, müßte man bereits ein ganz außerordentlich kompliziertes System zahlreicher Schaltungsmaschinerien annehmen.

Mag man bei höher organisierten Nervensystemen noch die Möglichkeit zugeben, daß derartige Anpassungen an die augenblicklichen Situationen durch die Annahme von Koordinationszentren erklärbar sein könnten, so versagt, wie uns scheint, diese Annahme vollkommen, wenn Tiere mit sehr einfachem Nervensystem zum Vergleich herangezogen werden.

Von einem eigentlichen, morphologisch als solchem gekennzeichneten *Zentral*nervensystem kann bei Echinodermen nicht die Rede sein. Sie haben ein *diffuses* Nervennetz, das durch die Radialnerven und den Nervenring etwas fester zusammengefaßt ist. Aber für sehr viele und komplizierte Funktionen genügt, wie v. UEXKÜLL[3] schon vor Jahren gezeigt hat, bei den Seeigeln ein kleines Stück Schale, das eben nur noch das diffuse Netz enthält. Auch hier treten Anpassungen an die jeweiligen Verhältnisse in hohem Maße zutage, ohne daß man imstande wäre, sie in Koordinationszentren hineinzuverlegen.

Ein anderes sehr instruktives Beispiel bietet der Lagereflex (Umdrehreflex) der Seesterne, der von PREYER, ROMANES und besonders von JENNINGS[4] studiert wurde. JENNINGS unterscheidet sechs Haupttypen dieser Reaktion, von denen jede wieder (wegen der Fünfstrahligkeit der untersuchten Art) in fünf Varianten auftreten kann. Diese Tiere können sich also auf dreißig verschiedene Weisen von der Rückenlage in die Bauchlage zurückdrehen, wobei noch ganz davon abgesehen ist, daß im einzelnen noch viele Untervarianten möglich sind. In jedem Fall ist die Koordination eine vollkommen andere. Nach der alten Vorstellung müßten also mindestens dreißig verschiedene Koordinationszentren allein für das Umdrehen angenommen werden! Wo aber sollen sie liegen?

Bereits in den primitivsten nervösen Anordnungen müssen also die Möglichkeiten für eine Reihe von Umstellungen vorhanden sein. Die Basis derselben muß anders geartet sein, als man bisher anzunehmen pflegte.

Ist schon die Variabilität des Geschehens von erstaunlicher Größe, wenn höhere oder niedere Tiere unter normalen Bedingungen beobachtet werden, so wächst dieselbe noch ins Ungemessene, wenn ungewöhnliche Anforderungen an das Individuum gestellt werden:

Bei der Erlernung einer komplizierten Handlung, sei es eine Turnübung am Reck oder Barren beim Menschen, oder eines Kunststückes beim Hund, muß das Zusammenspiel der Muskeln oft vollkommen umgestellt werden, und doch kommen diese Neuerwerbungen oft in erstaunlich kurzer Zeit, häufig nach einem einzigen Versuch zustande. Relativ einfache Handlungen, wie der Gang und der Sprung, sollen angeborene Koordinationszentren haben. Sollen wir auch ein angeborenes oder momentan gebildetes Koordinationszentrum für den Kreuzaufzug, für die Kniewelle und für die Kippe annehmen, um nur ein paar einfache Turnübungen zu nennen, die oft auch kleine Kinder spielend — nicht lernen —, sondern können?

---

[1] BAEYER, H. v.: Z. orthop. Chir. **50**, 54 (1929) — Gibt es beim Menschen Synergisten und Antagonisten? Pflügers Arch. **227**, 171 (1931).
[2] BRAUS, H.: Anatomie des Menschen **1**, 245. Berlin 1921.
[3] UEXKÜLL, J. v.: Z. Biol. **37**, 334 (1899); **39**, 73 (1900).
[4] JENNINGS, H. S.: Behavior of the starfish Asterias. Univ. California Publ. Zool. **4**, 53—185 (125) (1907). — Siehe auch W. v. BUDDENBROCK: Grundriß der vergl. Physiologie, S. 211. Berlin 1928.

Hierher gehören auch alle die Fälle, in denen bei Behinderung derjenigen Körperteile, die normalerweise einen Reflex oder eine Handlung ausführen, ein anderer Körperteil als Ersatz herangezogen wird.

Die Beobachtungen an Menschen geben hierfür schon zahlreiche Belege[1]. Besonders charakteristisch ist die von MATTHAEI[2] im gleichen Zusammenhang herangezogene Beobachtung von BAGLIONI[3], daß männliche Kröten während des Umklammerungsreflexes bei Reizung eines Nasenloches statt des Vorderbeines das Hinterbein zur Abwehr benutzen. Es ließen sich aber noch Hunderte von Ersatzreaktionen bei höheren und niederen Tieren anführen, für die schwerlich besonders vorgebildete Zentren angenommen werden können.

Noch ein Beispiel ähnlicher Art von einem Tier mit sehr einfachem Nervensystem sei erwähnt, das MORGULIS[4] beschrieben hat: Es wird wohl kaum im Leben eines Regenwurmes vorkommen, daß sein Hinterende während des Kriechens passiv seitwärts verbogen wird. Führt man dies aber an einem in die Erde kriechenden Wurm aus, so reagiert er darauf an seinem Kopfende mit einer kompensatorischen Änderung der Kriechrichtung. Durch mehrmaliges Hin- und Herbiegen des Hinterendes kann man dem Tier vorübergehend eine Zickzackform aufprägen (Abb. 355).

Will man annehmen, daß für diese Reaktion ererbte Zentren vorhanden sind? oder ist es nicht richtiger, alle Reaktionen, die durch das Nervensystem vermittelt werden, auf ein Spiel der Erregungen zwischen Receptoren, Zentralorganen und Effektoren zurückzuführen, bei dem nur die allgemeinen Möglichkeiten durch den Bauplan des betreffenden Tieres vorgezeichnet sind?

Die Schwierigkeit, welche der Zentrentheorie in ihrer alten, starren Form erwachsen, hat als einer der ersten v. UEXKÜLL klar erkannt, als er bei einigen wirbellosen Tieren neue, unter bestimmten Bedingungen zu beobachtende Gesetzmäßigkeiten aufdeckte, die später in gewissen Fällen auch bei Wirbeltieren wiedergefunden wurden. Es sind dies neben anderen die beiden folgenden Feststellungen:

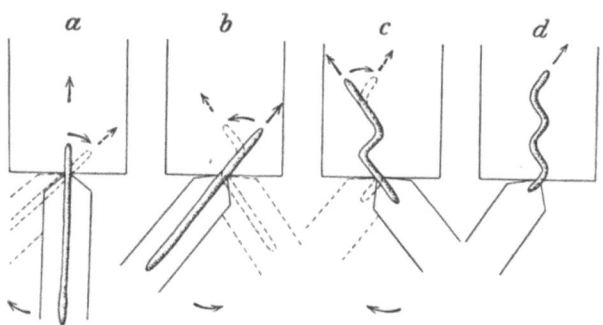

Abb. 355. Reaktion des Regenwurms beim Hineinkriechen in die Erde auf passive Verbiegungen des noch nicht eingebohrten Teils.

Am selben Ort angesetzt, wirkt ein starker Reiz umgekehrt wie ein schwacher Reiz[5]. Sind hierzu zwei verschiedenartige Reize nötig, wie etwa beim *schwachen und starken Reflex* der Seeigelstacheln (mechanischer und chemischer Reiz), dann könnte man an verschiedene receptorische Bahnen denken; da es aber Beispiele dafür gibt, daß auch *derselbe* Reiz, in verschiedener Stärke angesetzt, *Reflexumkehr* bewirkt[6], so wird man es mit UEXKÜLL für wahrscheinlich ansehen, daß eine Umstellung im Zentralorgan erfolgt. Nun handelt es sich beim Stachelreflex der Seeigel um einen ganz primitiven Teil ihres Nervensystems, nämlich ihren subepithelialen Nervenplexus, denn das Phänomen ist bereits an einem

---

[1] SZYMANSKI, J. S.: Psychol. Forschg **2**, 298 (1922).
[2] MATTHAEI, R.: Über die Funktionsgestaltung im Zentralnervensystem. Dtsch. Z. Nervenheilk. **115**, 232 (1930).
[3] BAGLIONI, S.: Sui riflessi cutanei etc. Z. allg. Physiol. **14**, 161 (1912).
[4] MORGULIS, J.: J. comp. Neur. a. Psychol. **20**, 615 (1910).
[5] UEXKULL, J. v.: Reflexumkehr. Starker und schwacher Reflex. Z. Biol. **34**, 298 (1896); **37**, 334 (1899) — Ds. Handb. **9**, 755 u. f. (1929).
[6] So schließt sich die Krebsschere bei schwachem elektrischen Reiz der Innenseite, öffnet sich aber bei Verstärkung des Reizes. Dasselbe ist an der Hand des menschlichen Säuglings bei Anwendung von Wärmereizen zu beobachten. Siehe auch A. BETHE: Allgem. Anat. u. Physiol. d. Nervensystems, S. 335—341. Leipzig 1903.

kleinen Stück Schale mit nur einem Stachel zu beobachten. Komplizierte Zentrenapparate können also für die Reflexumkehr bei diesen Tieren sicher nicht in Anspruch genommen werden; sie wird daher auch bei höheren Tieren, wo sie ihren Weg durch ein sehr verwickeltes Zentralorgan nimmt, auf einem primitiven Vorgang beruhen.

Die zweite Feststellung ist UEXKÜLLS „Gesetz der gedehnten Muskeln"[1], das er zuerst am Schlangenstern entdeckt hat. Es besagt, daß die Erregung unabhängig vom Reizort in bevorzugter Weise den gedehnteren Muskeln zufließt. Diese Regel ist vielfach auch am Wirbeltier und selbst am Menschen[2] bestätigt worden[3].

Diese und einige andere Befunde drängten dazu, den Zentren bisher nicht angenommene Eigenschaften zuzuschreiben.

## IV. Erweiterungen der klassischen Zentrenlehre.

UEXKÜLL sah wohl, daß die eben geschilderten Befunde in das alte Zentrenschema nicht hineinpaßten, denn nach diesem müßte eine Ganglienzelle (oder eine Vereinigung mehrerer solcher Zellen) von einer bestimmten receptorischen Bahn aus angeregt, immer ein und denselben motorischen Vorgang erzeugen, und zwar um so stärker, je stärker der Reiz ist. Hier aber würde das Zentrum von gewissen Reizstärken an oder bei ungenügender Dehnung seines Erfolgsmuskels untätig werden und die Erregung an sich vorbeigleiten und einem ganz anderen Ganglienzellhaufen zufließen lassen.

UEXKÜLL, durch seine Vorstellungen über den Tonus gezwungen, besondere anatomisch greifbare, aber nicht in die Ganglienzellen verlegte Zentren, die er Repräsentanten nennt, für jeden Muskel anzunehmen, hilft sich aus der sich ergebenden Schwierigkeit durch die Aufstellung recht komplizierter Schaltungsmechanismen, die wohl imstande wären, den Tatbestand verständlich zu machen, wenn sie irgendwelchen Anspruch auf Realität erheben könnten. Im Grunde gibt er mit ihrer Aufstellung den alten Zentrenbegriff auf.

Selbst wenn die alte Zentrenlehre gegenüber den genannten Tatsachen durch die Hilfsannahme von Schaltungsmechanismen zu retten wäre, würden sich von neuem Schwierigkeiten ergeben, sowie man das veränderte Schema aus den engen Grenzen der experimentell gesetzten Bedingungen auf das freie Spiel der Kräfte überträgt: Wir erwähnten oben (S. 1052) die Umkehr des Eigenreflexes des Quadriceps und der vorderen Unterschenkelmuskeln beim Hinterhaken des Fußes hinter einem Hindernis. Hier hilft uns auch das „Gesetz der gedehnten Muskeln" nichts, denn die am meisten gedehnten Muskeln des Beines werden jetzt gehemmt und die Erregung fließt gerade *den* Muskeln zu, die nach dieser Regel am wenigsten reflexbereit sein sollten. Man müßte also wieder ein neues Schaltungszentrum annehmen, um auch unter diesen Umständen den wirklich eintretenden Erfolg zu erklären, der ja selbst unter Zuhilfenahme der erweiterten Reflexgesetze ganz anders — nämlich zum Schaden des Individuums — verlaufen müßte.

Es hat nicht an anderen Erweiterungen der starren Zentrenlehre gefehlt, welche mehr oder weniger geeignet sind, diejenigen Erscheinungen verständlich zu machen, zu deren Erklärungen diese Modifikationen aufgestellt wurden. Den großen Wechsel der Möglichkeiten lassen sie aber unerklärt, weil sie alle eine strenge Lokalisation zur Voraussetzung haben.

---

[1] UEXKULL, J. v.: Z. Biol. **46**, 27 (1905) — Ds. Handb. **9**, 791 (1929).
[2] BOHME, A.: Klinisch wichtige Reflexe. Ds. Handb. **10**, 1008 (1927). — KELLER, CH.: Das Elektromyogramm bei Bahnungen und Schaltungen. Z. Biol. **88**, 157 (1928).
[3] Weiter unten (S. 1203) ist auf diese Verhältnisse noch einmal zurückzukommen.

Erwähnt seien hier die auf den LOEWIschen Entdeckungen eines Vagus- und Accceleransstoffes[1] aufgebaute Hypothese SHERRINGTONS[2], nach welcher um die intrazentralen Synapsen ein *Erregungs-* und ein *Hemmungsstoff* kämpfen[3] und die Ideen EWALD HERINGS[4] über *individuelle Eigentümlichkeiten der einzelnen Neurone*. Diese spezifischen Eigentümlichkeiten, die zum Teil angeboren, zum Teil erst erworben wären, sollen es ermöglichen, daß jedes Neuron nur auf bestimmte Reizqualitäten antwortete, dabei aber die Fähigkeit besäße (entsprechend der HERINGschen Annahme einer Doppelfunktion der farbempfindlichen Elemente der Retina), dies in verschiedenartiger Weise zu tun.

Gewiß werden Anregungen, wie sie HERING, SHERRINGTON und andere gegeben haben, in einer künftigen Theorie verwertet werden können, um so mehr, als noch in jüngster Zeit neue Beweise sowohl für die Verschiedenheit der Erregungsvorgänge in ver chiedenen Nervenfasern[5] wie auch für das Vorkommen hormonaler Eingriffe in den Betrieb nervöser Vorgänge[6] beigebracht worden sind; aber das Verständnis der Anpassungserscheinungen, das bei Aufrechterhaltung der alten Zentrenlehre so schwierig ist, fördern sie nicht. Für beide Forscher hat jedes „Neuron" seine festgelegte Funktion, entweder von vornherein oder, wie bei HERING, nachdem sie einmal im individuellen Leben (besonders im Großhirn) erworben ist[7].

Als wenig förderliche Ausgestaltung der alten Zentrenlehre müssen wir aber die Übertragung des *„Alles-oder-Nichts-Gesetzes"* auf das Zentralnervensystem ansehen[8]. Beim Herzen und bei der Meduse ist diese Gesetzmäßigkeit eine leicht zu demonstrierende Tatsache. Beim peripheren Nerven gilt sie den meisten Physiologen als bewiesen. Bei den Skeletmuskeln ist ihre Gültigkeit, wie es scheint, bereits recht zweifelhaft[9]. Den zentralen Prozessen in ihrer Allgemein-

---

[1] LOEWI, O.: Pflügers Arch. **189**, 239 (1921).

[2] SHERRINGTON, CH. S.: Proc. roy. Soc. Lond. **97**, 519—545 (1925).

[3] Diese Hypothese hat eine gewisse Verwandtschaft mit einem in vorhormonaler Zeit von BETHE (Allgem. Anat. u. Physiol. d. Nervensystems, S. 352 u. 360. Leipzig 1903) geäußerten Gedankengang, nach welchem im Zentralorgan die Fibrillensäure und eine dämpfende Substanz miteinander um den Besitz der Neurofibrillen konkurrieren.

[4] HERING, E.: Zur Theorie der Nerventatigkeit. Vortrag gehalten zu Leipzig 1899. Neudruck in „Fünf Reden von E. Hering". Leipzig: Engel 1921. — Siehe hierzu auch die Ausführungen BRUCKES in ds. Handb. **9**, 33—37.

[5] MATTHEWS, B. H. C.: J. of Physiol. **67**, 169 (1929). — ADRIAN, E. D.: J. of Physiol. **70** — Proc. Physiol. Soc. XX (1930). — ADRIAN, E. D., CATTELL, Mc, and HOAGLAND, H.: J. of Physiol. **72**, 377 (1931).

[6] DALE, H. H., u. S. E. GADDUM: J. of Physiol. **70**, 109 (1930). — FINKLEMAN, B.: Ebenda **70**, 145 (1930). — RASENKOW, S. P., u. A. N. PTSCHELINA: Über die humorale Natur der Nervenerregbarkeit. Pflugers Arch. **226**, 780 (1931). — ENGELHART, E.: Der humorale Wirkungsmechanismus der Oculomotoriusreizung. Ebenda **227**, 220 (1931). — KIBJAKOW, A. W.: Pflügers Arch. **228**, 30 (1931).

[7] Siehe weiter unten S. 1187.

[8] Siehe auch ds. Handb. **9**, 776 (Beitrag BRÜCKE), 553 (Beitrag WINTERSTEIN) (1929). — Ferner GRAHAM BROWN: Erg. Physiol. **15**, 700 (1916).

[9] Es stehen hier Aussagen gegen Aussagen: FISCHL, E., u. R. KAHN: Pflügers Arch. **219**, 33 (1928). — PRATT, F. H., u. M. A. REID: Amer. J. Physiol. **90**, 480 (1929). — REID, M. A.: Ebenda **93**, 9, 680 (1930). — GELFAN, S.: Ebenda **93**, 1, 650 (1930); **96**, 16 (1931). — HINTER, H.: Pflügers Arch. **224**, 608 (1930). — Allgemein-biologische Vorstellungen machen aber die Allgemeingültigkeit des Alles-oder-Nichts-Gesetzes für die Muskeln und auch für die Nerven unwahrscheinlich. In besonderen Fällen mag es zutreffen, vielleicht aber auch nur unter den speziellen Bedingungen, die der experimentierende Physiologe setzt. Wohl besteht kaum ein Zweifel, daß die Aktionsströme mit Erregung und Erregungsleitung etwas zu tun haben; aber daß beide Vorgänge identisch sind, ist unbewiesen. Es ist auch durchaus möglich, für manche Forscher sogar wahrscheinlich, daß der meist benutzte, elektrische Reiz nicht die gleichen Vorgänge im Nerven und Muskel hervorruft wie die natürlichen Reize. — Siehe auch H. WINTERSTEIN: Naturwiss. **19**, 247 (1931).

heit zugrunde gelegt, entbehrt sie der Wahrscheinlichkeit. Hier muß die Annahme des „Alles-oder-Nichts" fortschritthemmend wirken.

Solange man glaubte, daß ein Zentrum sich je nach Umständen und besonders in Abhängigkeit von der Stärke des Reizes bald stärker, bald schwächer „entladen" könne, so lange war wenigstens der Wechsel im Ausmaß der reflektorischen und automatischen Äußerungen verständlich. Wäre für die Zentralorgane ganz allgemein das „Alles-oder-Nichts" gültig, so wäre das Verständnis einer Reihe von Vorgängen weiter erschwert. Man braucht nur an die lange Nachwirkung mancher reflektorischer Erregungen (afterdischarge), die Dauerkontraktionen beim Stehen und Halten und an das langsame Einsetzen und langsame Abklingen mancher Reflexe zu denken. Ohne besondere Hilfsannahmen müßten statt all dieser fein abgestuften Reaktionen bei der Gültigkeit des Gesetzes nur maximale und schnellende Reflexbewegungen erwartet werden.

Die wichtigste wohl zuerst von FORBES[1] zur Erklärung der abgestuften Reaktionen aufgestellte Hilfshypothese bestand darin, daß sich bei zunehmender Reizstärke nicht alle zentralen Elemente auf einmal entlüden, sondern daß infolge ihrer abgestuften Erregbarkeit zunächst wenige und dann immer mehr Elemente in Aktion träten. Dementsprechend würden im zugehörigen Muskelsystem viele oder wenige Fasern in Erregung geraten, jede aber wieder maximal.

Mag diese von einigen Autoren angenommene Hypothese für die von der Peripherie ausgelösten Reflexe vielleicht eine Erklärung anbahnen können, so versagt sie, wie uns scheint, bei allen Vorgängen, die *zentralen* Ursprungs sind. Bei diesen trifft doch das auslösende Moment vermutlich alle zentralen Elemente zu gleicher Zeit und in gleichem Maße, und trotzdem sehen wir auch hier fein abgestufte Erfolge. Wie kommt es, daß eine niedrige $C_H$, die doch das ganze „Atemzentrum" trifft, das Zwerchfell zu schwächeren Kontraktionen veranlaßt als eine höhere? Wie reimt es sich mit dem „Alles-oder-Nichts-Gesetz" zusammen, daß sich die Hautgefäße bei Erwärmung der Zentralorgane durch das strömende Blut mehr oder weniger erweitern, daß der Schweiß bei direkter Erwärmung des Rückenmarks bald stärker, bald schwächer fließt, daß bei Dyspnoe der Blutdruck kontinuierlich ansteigt und die Pupillen langsam weiter werden, während sie sich in der Narkose unter dem Einfluß des überall hingelangenden Äthers ebenso allmählich verengern?

Sollten wirklich alle diese Erscheinungen durch fein abgestufte Unterschiede in der Erregbarkeit der Ganglienzellen der zugehörigen Zentren (oder auch der Nervenfasern) erklärt werden können? Eine solche Annahme würde voraussetzen, daß sich die zu jeder Erregbarkeitsstufe gehörigen Nervenfasern nach einem komplizierten Schema über das ganze periphere Ausbreitungsgebiet, z. B. des Phrenicus, gleichmäßig verteilen. Wäre dies nicht so, dann würden die peripheren Effekte bei zunehmender zentraler Erregung in unregelmäßiger Weise bald an diesen, bald an jenen Stellen des Zwerchfells zum Ausdruck kommen müssen. Der Augenschein überzeugt, daß dies nicht der Fall ist![2]

Allerdings: Es läßt sich auch für diese Vorgänge aus der um das Postulat von der Gültigkeit des Alles-oder-Nichts-Gesetzes bereicherten, alten Zentren-

---

[1] FORBES, A.: The interpretation of spinal reflexes. Physiologic. Rev. **2**, 361—414 (1922). — Siehe auch ECCLES, S. C., u. CH. SERRINGTON: Proc. roy. Soc. Lond. B **107**, 511—605 (1931).

[2] *Anmerkung bei der Korrektur!* Von dem gleichen Gedankengang gingen G. MANSFELD, K. HECHT und A. KOVÁCS aus: Bei reflektorischer Reizung der Glandula submandibularis fanden sie je nach Stärke der Erregung abgestufte Veränderungen *aller* Speicheldrüsenzellen und niemals, wie es die Alles-oder-Nichts-Hypothese erfordern würde, bei schwacher Erregung maximale Veranderungen in einzelnen Acini. Pflügers Arch. **227**, 788, 797 (1931).

lehre bis zu einem gewissen Grade eine Erklärung durch neue *Hilfs*annahmen konstruieren. Sie würden sich auf die Hypothesen aufbauen, welche zum Verständnis unserer fein abgestuften Sinnesempfindungen unter Zugrundelegung des Alles-oder-Nichts-Gesetzes aufgestellt sind:

Die kontinuierliche Abstufung aller Empfindungen bereitete der Ausdehnung des Gesetzes auf die zentralen Vorgänge erhebliche Schwierigkeiten. Diese würden einigermaßen beseitigt, wenn die Erregung aller peripheren Rezeptionsorgane zu *oszillatorischen* Veränderungen in den rezeptorischen Nerven führten, welche mit der Verstärkung des Reizes *nur in bezug auf die Frequenz*, aber nicht in bezug auf die Amplitude zunahmen, denn die Amplitude muß ja nach dem Alles-oder-Nichts-Gesetz konstant bleiben (FORBES[1]).

Diese Hypothese hat eine gewisse Stütze in den Befunden von ADRIAN[2] gefunden, nach welchen in der Tat alle Rezeptionsorgane des Frosches an ihre zentripetalen Nerven periodische Aktionsströme verschiedener Frequenz und angenähert gleicher Amplitude liefern.

Der *Vorgang im Rezeptionsorgan* selbst (wenigstens in der Retina) *ist aber* nach allen bisherigen Untersuchungen an Wirbeltieren *nicht oszillatorisch und folgt nicht dem Alles-oder-Nichts-Gesetz*[3]. Der oszillatorische Vorgang tritt vermutlich erst beim Übergang auf den Nerven in Erscheinung. Da nun die gleiche Retinastelle (selbst wenn sie sehr engbegrenzt ist) von Lichtern verschiedener Intensität getroffen beim Menschen *abgestufte Empfindungen* hervorruft (und beim Menschen wie bei Tieren fein abgestufte pupillomotorische Effekte[4]), so wäre zu schließen, daß die *zugehörigen Zentralteile wieder nicht dem Alles-oder-Nichts-Gesetz folgen*. Denn nach der Zentrentheorie kann sich ja die Zahl der reagierenden Elemente mit der *Frequenz* der sie treffenden Oszillationen schwerlich ändern, weil jedes periphere Element mit einer bestimmten Kette von „Neuronen" der verschiedenen zentralen Stationen in festem Zusammenhang stehend gedacht wird. Der (wegen seiner hohen Frequenz) physiologisch als kontinuierlich anzusehende *Lichtreiz von verschiedener Intensität* würde nach dieser Annahme zwar zur Weiterleitung durch den Opticus in einen diskontinuierlichen Vorgang *verschiedener Frequenz transformiert, im Großhirn aber* (oder schon früher) wieder *in ein kontinuierliches Geschehen von verschiedener Intensität* zurückverwandelt. Es ist zwar bei Zugrundelegung der alten Zentrenlehre denkbar, daß dieses Geschehen nur scheinbar kontinuierlich ist und durch einen oszillatorischen Vorgang in den Ganglienzellen oder ihrer Umgebung zustande kommt, aber *in praxi bedeuteten dann Unterschiede der Frequenz Unterschiede der Intensität*, ja auch der Qualität, und damit Aufgabe des Alles-oder-Nichts zum mindesten für die zentralen Prozesse, welche den Empfindungen zugrunde liegen.

Nun trifft aber das *Gleichbleiben der Amplituden* auch nach den Untersuchungen von ADRIAN nur angenähert zu, und wir kennen durch FRÖHLICH eine Tierart, bei der sich die Amplituden deutlich *mit der Intensität des Reizes ändern*. FRÖHLICH[5] fand bei der Ableitung von Cephalopodenaugen während der Zeit der Belichtung auf den kontinuierlichen Belichtungsstrom aufgesetzte Aktionsströme, welche mit der Intensität des Reizes nicht nur an Frequenz, sondern auch *sehr deutlich an Amplitude* zunehmen[6]. Wenn es auch nicht sicher ist, daß diese Aktionsströme von der am Cephalopodenauge *außen* gelegenen Nervenfaserschicht herstammen, so ist es doch sehr wahrscheinlich. Wenn sich dies bestätigt, dann wäre damit eine Bresche in die ganze, ohnehin sehr lückenhafte Beweisführung gelegt!

Gewiß erscheint es sehr wertvoll, auch diesen Weg, den Beziehungen zwischen Peripherie und Zentrum und den Vorgängen in den Zentralorganen selbst beizukommen, weiter zu verfolgen, aber es erscheint doch verfrüht, schon jetzt auf das mangelhafte vorliegende Material weitgehende Schlüsse aufzubauen. Sie würden erst dann ernstlich zu diskutieren sein, wenn nicht nur das Gleichbleiben der Amplituden sichergestellt ist, sondern auch gezeigt würde, daß sich die *Form der Aktionsströme* nicht ändert. Und schließlich: Wer kann heute schon mit Sicherheit sagen, daß die elektrischen Erscheinungen im Nerven derartig eng mit der Erregung verbunden sind, daß *jede* Verschiedenheit derselben sich auch als veränderte, elektrische Erscheinung äußern muß?

Diese unfertigen Vorstellungen über die Anwendbarkeit des Alles-oder-Nichts-Gesetzes auf die Vorgänge in den „Sinneszentren" auf die zentralen

---

[1] FORBES, A.: Zitiert auf S. 1060, dort S. 387.
[2] ADRIAN, E. D.: J. of Physiol. **61**, 65 (1926); **62**, 33 (1927). — ADRIAN, E. D., u. R. MATHEWS: Ebenda **63**, 378 (1927) — Erg. Physiol. **26**, 514 (1928).
[3] Siehe A. KOHLRAUSCH: Elektr. Erscheinungen am Auge. Ds. Handb. **12 II**, 1394 u. f. (1931).
[4] BEHR, C.: Die Lehre von den Pupillenbewegungen, im Handb. d. ges. Augenheilk. **2**. Berlin 1924.
[5] FRÖHLICH, F. W.: Z. Sinnesphysiol. **48**, 70, 364, 383 (1913).
[6] Siehe auch A. KOHLRAUSCH: Ds. Handb. **12 II**, 1465 (1931).

Prozesse im allgemeinen zu übertragen, liegt um so weniger Veranlassung vor, als leicht beobachtbare Tatsachen dem entgegenzustehen scheinen.

Den Objekten, die sich zur Entscheidung unserer Frage am besten eignen, nämlich Tieren, bei denen manche Muskeln aus einer einzigen Faser bestehen, hat man sich merkwürdigerweise, soweit uns bekannt ist, überhaupt noch nicht zugewandt. Wir finden sie in den Cyclopiden (Copepoden), in den Larven von Corethra und in manchen anderen kleinen und durchsichtigen wirbellosen Tieren (z. B. den Rotatorien).

Die direkte Beobachtung gibt hier mancherlei Aufklärungen: Sowohl an den aus nur einer Faser bestehenden Muskeln der Antennen von Cyclopiden wie auch an einfaserigen Rückenmuskeln der Corethralarven kann man vielfache Übergänge von maximalen Kontraktionen bis zu ganz schwachen, eben sichtbaren reflektorischen oder scheinbar spontanen Verkürzungen erkennen.

Die *maximalen*, zuckenden Antennenbewegungen treten bei der Beobachtung im freien Wasser allein in Erscheinung. Um die schwächeren, spontanen Bewegungen deutlich zu sehen, muß man die Bewegungen durch ein viscöses Medium verlangsamen, wozu sich Gummi arabicum gut eignet, oder absterbende Tiere, besonders nach akuten Verletzungen, untersuchen. Man beobachtet dann neben den maximalen, schnellenden Bewegungen kleinere, meist auch langsamere Antennenbewegungen, welche oft einen tonischen Charakter besitzen. Auf verschieden starke Induktionseinzelschläge oder kurze Serien von Wechselströmen gleicher Frequenz aber verschiedener Intensität, die man durch das Präparat leitet, treten Reaktionen der Antennen, der Beine und des Abdomens ein, welche ebenfalls in ihrem Ausmaß abgestuft sind.

*Gälte für das Nervensystem dieser Tiere das Alles-oder-Nichts-Gesetz, so dürften ihre einfaserigen Muskeln*, die wohl zweifellos von nur einer Ganglienzelle aus innerviert werden, *nur maximale Kontraktionen ausführen*. Wir müssen aber den weiteren Schluß ziehen, daß auch die Muskeln dieser Tiere dem Alles-oder-Nichts-Gesetz nicht folgen. Nur dann würde für Zentren und Muskeln dieses Gesetz zu retten sein, wenn man die abgestuften Muskelkontraktionen auf zentral erzeugte Impulse *gleicher Intensität, aber verschiedener Frequenz* zurückführen dürfte. Einer solchen Auslegung widersprechen aber unveröffentlichte Versuche, welche STEINHAUSEN[1] in unserem Institut angestellt hat: Auf abgestufte Einzelschläge antworten die Muskeln der abgetrennten Cyclopsantennen mit Zuckungen verschiedener Größe, und *tetanisierende Ströme* von gleichbleibender Frequenz, aber verschiedener Intensität führen zu *Dauerkontraktionen von unterschiedlichem Ausmaß*[2].

Möglich, daß sich auf Umwegen auch für diese Beobachtungen eine Erklärung unter Aufrechterhaltung des Alles-oder-Nichts-Gesetzes finden läßt[3]. Sie dürfte aber zunächst sehr hypothetisch sein!

Schließlich darf man daran erinnern, daß die *nackten Protoplasten* (Amöben, Radiolarien usw.) wenigstens in ihrem Ektoplasma *dem Alles-oder-Nichts-Gesetz nicht folgen*. Leichte Reize führen zu geringen, starke zu ausgedehnten Reaktionen der Pseudopodien! Möglich ist aber, daß das Gesetz für Organe ihres Endoplasmas (contractile Vakuole) zutrifft.

Danach darf man vermuten, *daß das Alles-oder-Nichts-Gesetz eine spezielle Anpassung für bestimmte Verrichtungen des Organismus darstellt, daß es aber nicht als allgemeine Eigenschaft der lebenden Substanz angesehen werden kann*, wie es

---

[1] Wir danken Herrn STEINHAUSEN für die Erlaubnis, diese Versuche hier erwähnen zu dürfen.

[2] Unter Umständen treten dabei auch rhythmische Kontraktionen eigener Frequenz auf, wie man sie unter bestimmten Bedingungen auch am Froschmuskel beobachten kann [ds. Handb. 7, 55 (1926)].

[3] Etwa die Annahme, daß zwar nicht die ganze Muskelfaser, wohl aber ihre Fibrillen dem Alles-oder-Nichts gehorchen.

jetzt schon manche Autoren anzunehmen scheinen. Diese verallgemeinernde Übertragung quantentheoretischer Vorstellungen aus der Physik des Unendlich-Kleinen in das Makroskopisch-Biologische hat schon deswegen wenig Wahrscheinlichkeit für sich, weil katalytische Prozesse, die wohl überall in die Lebensvorgänge hineinspielen, eine ausgesprochene Abstufbarkeit und nur selten einen explosiven[1] Charakter zeigen.

## V. Das Nervensystem als Regulator nach verändernden Eingriffen im Körperbestand.

### 1. Umstellungen der Koordination nach äußeren Verletzungen, insbesondere nach Verlust von Gliedmaßen.

#### a) Mensch.

Es gehört sicher zu den ältesten physiologischen Beobachtungen der Menschheit, daß die Bewegungen des Körpers und der Glieder bei Menschen wie bei Tieren wesentliche Veränderungen zeigen, wenn einzelne Körperteile in Verlust geraten oder auch nur unwesentlich verletzt sind. Schon bei HOMER begegnen wir dem hinkenden *Hephaestos*, und alte Sagen erzählen von Kriegern, die nach Verletzung eines Beines auf dem gesunden hüpfend weiter kämpften.

Der Schmerz, den eine Sehnenzerrung am Bein oder ein in den Fuß getretener Dorn hervorruft, stellt bereits die Koordination der Gangbewegungen weitgehend um; er verändert ihren Rhythmus und die Haltung des verletzten Beines und des ganzen Körpers und zwar in einer Weise, die wieder je nach Sitz und Art der Verletzung verschieden ist. Auch Verletzungen oder Entzündungen am Rumpf können Haltung und Bewegung in so charakteristischer Weise modifizieren, daß der erfahrene Arzt oft aus diesen Symptomen allein Ort und Art der Schädigung zu erkennen vermag.

Der Laie ist geneigt, alle diese Erscheinungen als etwas Selbstverständliches anzusehen. Es tut eben weh, und darum wird die Stellung „ausprobiert", in welcher bei einem Minimum von Schmerz das angestrebte Ziel am vollkommensten zu erreichen ist. Er glaubt auch, daß man all diese veränderten Haltungen und Bewegungen willkürlich nachahmen könne und ist daher geneigt, das ganze Phänomen als bewußt produziert anzusehen. Selbst wenn dies der Fall wäre und wenn man wirklich z. B. die charakteristische Stellung eines Lumbagokranken oder den Gang nach Zerrung der Achillessehne vollkommen nachahmen könnte, so läge doch bei dem Kranken selbst eine unwillkürliche Neueinstellung seines Nervensystems vor, denn er zeigt die Symptome sofort und auch dann, wenn er nicht daran „denkt".

Währt der schmerzhafte Insult lange, so können die Symptome ihn überdauern, denn wohl besteht ein Zwang, den veränderten Gang anzunehmen, aber nicht, ihn zur Norm zurückzubringen. Selbst wenn Eitelkeit oder Ermahnungen wieder zum normalen Gang geführt haben, sieht man doch besonders bei Kindern, daß sie oft wieder zu hinken anfangen, wenn sie unbeobachtet sind. Die neuerworbene Koordination ist bereits fester eingewurzelt als die alte.

Wie kommen diese Umstellungen zustande? Durch ein für jeden der vielen, verschiedenen Fälle von vornherein vorgesehenes Hinkzentrum, oder durch ein neuerworbenes Koordinationszentrum, oder durch eine veränderte funktionelle Einstellung ohne besonderes anatomisches Substrat?

---

[1] Z. B. BREDIGs rhythmische Katalyse des Wasserstoffsuperoxyds. [Z. physik. Chem. **13**, 258 (1899) — Biochem. Z. **6**, 283 (1907).]

Die Beine des Menschen sind kein sehr günstiges Beispiel, weil er deren nur zwei besitzt und beide gleichwertig sind[1]. Besser ist das Beispiel des Armes wegen der großen Zahl seiner Verwendungsmöglichkeiten und auch schon deswegen, weil die meisten Menschen für bevorzugte Handlungen nur einen Arm benutzen[2]. Wird dieser Tätigkeitsarm vorübergehend in seiner Aktionsfähigkeit behindert oder ist er ganz verlorengegangen, so tritt sofort *der* Arm, der früher Hilfsarm war, an seine Stelle. Bewegungen, welche die zugehörige Hand meist noch nie ausgeführt hat, laufen ohne Schwierigkeit, wenn auch nicht so gut wie mit der alten Tätigkeitshand, ab, selbst so komplizierte Hantierungen wie das Schreiben[3].

Nach der klassischen Zentrentheorie hat die Tätigkeitshand alle ihre Verrichtungen mit den Zentren der gekreuzten Hemisphäre — und oft sehr mühselig — gelernt. Um ordentlich schreiben zu können, sind Jahre erforderlich. Jetzt sind alle Bewegungsimpulse mit den charakteristischen Eigentümlichkeiten des Individuums auf die gekreuzte Seite übergegangen, die bis dahin brachgelegen haben soll.

Sind beide Arme verlorengegangen oder außer Tätigkeit gesetzt, so tritt bei Kindern und bei genügend willensstarken Erwachsenen der Kopf mit dem Mund oder der Fuß in Aktion (Abb. 356 und 357)[4]. Hier wandern also komplizierte

---

[1] Allerdings kann der normale Mensch seine beiden Beine mit einer großen Vielseitigkeit benutzen. Neben den natürlichen Gebrauchsweisen (Gehen, Laufen, Weitsprung und Hochsprung) kann er meist ohne besondere Übung schon nach einem oder wenigen Versuchen den Wechselschritt ausüben, den Galopp des Pferdes nachahmen und auf dem linken und dem rechten Bein allein sich hüpfend fortbewegen. Dazu kommen dann die vielen verschiedenen Tanzschritte, von denen jeder eine andere Koordination in Rhythmus und Bewegung der Beine und in der Haltung des Körpers erfordert. Solche außergewöhnlichen Fortbewegungsarten können sich, besonders bei Kindern, so einwurzeln, daß sie die natürlichen in den Hintergrund treten lassen (siehe z. B. GOTTFR. KELLERS Tanzlegendchen, das an uralte Beobachtungen dieser Art anknüpft).

[2] Über die Verteilung der Tatigkeitshand auf die linke und rechte Körperseite *(Händigkeit)* besteht eine unübersehbar große Literatur. Von größeren Zusammenstellungen sei auf die von STIER (Untersuchungen über Linkshändigkeit, Jena 1911) und von PARSON (Lefthandness, New York 1924) hingewiesen. [Weitere Literatur bei BÜRGER, der Nervenarzt **2**, 464 (1929) und bei SCHOTT, Psychiatr.-neur. Wschr. **1**, 41 (1930)]. Die Ansichten über die Häufigkeit der *Linkshändigkeit* haben sich in neuerer Zeit wesentlich verschoben, seitdem man die Statistik auch auf Kinder ausgedehnt hat, besonders auf solche, die den Einflüssen der Erziehung zur Rechtshändigkeit (vor allem der Schule) noch nicht oder nur wenig ausgesetzt waren. Während bei Erwachsenen, je nach der Gegend, 3,5—6,5% die linke Hand als Tätigkeitshand benutzen und alle übrigen die rechte Hand bevorzugen, wurden — in allerdings noch kleinen Statistiken — bei zwei bis sechsjährigen Kindern 11% [H. W. SIEMENS, Virchows Arch. **252**, 1 (1924)] resp. 17% (A. BETHE, Dtsch. med. Wschr. 1925 Nr. 17) Linkshänder gefunden. Diesen stehen aber nicht lauter reine Rechtshänder gegenüber; vielmehr ist deren Zahl nur etwa ebenso groß wie die der linkshändigen Kinder. Der ganze Rest ist mehr oder weniger Ambidexter. Diese beidhändigen und ein Teil der linkshändigen Kinder werden durch die Erziehung zu Rechtsbenutzern und *lassen so die Zahl der Rechtshänder viel größer erscheinen, als sie von Hause aus ist*. [Mehrfach bestätigt z. B. durch K. KISTLER, Schweiz. med. Wschr. **60**, 32 (1930)]. Aber auch im späteren Alter lassen sich bei genauer Untersuchung noch Reste alter Linksbevorzugung und besonders von Ambidextrie nachweisen [B. KAMM, Klin. Wschr. **9**, 435 (1930)]. Die Zahl der *reinen* Rechtshänder ist auch nach dieser Statistik an Erwachsenen mit 8,5% nicht größer als die der stark Linksbetonten mit 9%). Wenn demnach, wie es jetzt wahrscheinlich ist, den Rechtshändern eine große Zahl (70—80%) Indifferente im späteren Leben zugerechnet werden, dann sind alle Erhebungen, welche ein Überwiegen von Sprachstörungen, von Neigung zu Epilepsie und Schwachsinn und von Farbenblindheit bei den Linkshändern feststellen, der Revision bedürftig. Ebenso muß zweifelhaft erscheinen, ob die Überlegenheit der linken über die rechte Hemisphäre wirklich darauf beruht, daß die Mehrzahl der Menschen im *erwachsenen* Zustand die rechte Hand als Tätigkeitshand benutzt.

[3] PFEIFER, R. A.: Z. Neur. **45**, 301 (1919) und **77**, 471 (1922). Hier weitere Literatur.

[4] Siehe u. a. H. v. BAEYER: Z. orthop. Chir. **50**, 42 (1929).

Fähigkeiten sogar in ganz andere Innervationsgebiete! Da auch jeder Unbeschädigte, wenn zunächst auch sehr unbeholfen, mit Kopf- und Fußbewegungen sofort schreiben kann, so sind die angedeuteten Ersatzerscheinungen nicht etwa damit zu erklären, daß sie neu und mühsam erlernt werden, wie sie früher von der einen Hand erlernt wurden, sondern sie treten sprunghaft in fernen Gebieten auf, die früher nichts mit diesen Funktionen zu tun hatten. Wenn es hier auch der Wille sein mag, der sie dorthin dirigiert, so widersprechen derartige Erscheinungen doch allen Vorstellungen, die man sich über die Arbeit der Zentren zurechtgelegt hat. Übrigens benutzen Kinder ganz instinktiv zur Lösung festgeknüpfter Knoten oder zum Drehen der Wirbel der Geige die Zähne, sowie sie es mit der Hand nicht fertig bringen.

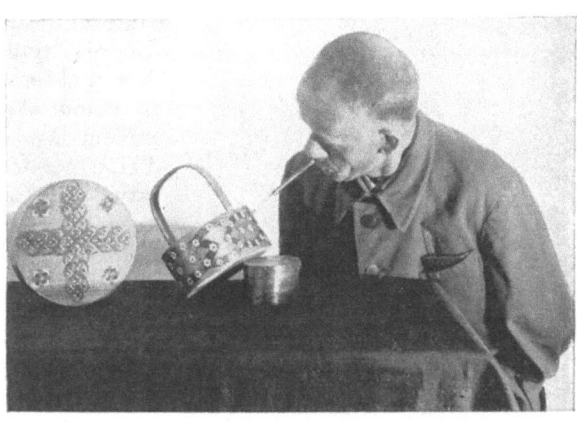

Abb. 356. Verlust beider Arme dicht unter dem Schultergelenk. Malen und Schreiben mit dem Munde. (Aus v. BAEYER: Z. orthop. Chir. 50.)

Die Schwierigkeiten, die der strengen Lokalisationslehre aus diesen altbekannten Tatsachen entspringen, haben sicher viele Forscher gesehen; aber ebenso sicher haben viele andere die Augen vor ihnen verschlossen. So recht eindringlich, wenigstens in neuerer Zeit, hat erst GOLDSTEIN[1] auf dieselben hingewiesen.

Unter Umständen kann der Mensch gezwungen werden, bei Verlust, Lähmung oder Verletzung von Gliedmaßen Bewegungen auszuführen, die ihm überhaupt nicht eigentümlich sind. Das bekannteste Beispiel sind hierfür die „Handgänger", Menschen, bei denen entweder durch Erkrankungen, z. B. spinale Kinderlähmung (Poliomyelitis), das Gehen mit den Beinen unmöglich gemacht wurde, oder solche, die beide Beine verloren haben[2]. Die Art der Ersatzerscheinungen variiert außerordentlich und erfordert je nach Lage der Verhältnisse vollkommen verschiedene Umstellungen der Koordination (Abb. 358). Wenn auch manchmal das Prinzip dieser Fortbewegung dasselbe ist, das manche anthropoide Affen vorübergehend benutzen, indem beide Arme fast gleichzeitig vorgesetzt werden und dann der Körper durch die Gabel der Arme hindurchschwingt, so ist doch nicht daran

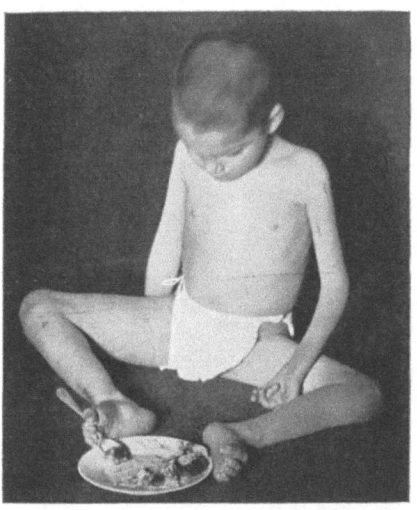

Abb. 357. Lähmung beider Arme und des linken Beines. Das Kind ißt mit dem rechten Fuß. Es kann mittels der Zehen eine Spielzeuglokomotive aufziehen. (Aus v. BAEYER: Z. orthop. Chir. 50.)

---
[1] GOLDSTEIN, K.: Arch. f. Psych. u. Neur. **74**, 370 (1925).
[2] MAGNUS, G.: Arch. f. Orthop. **19**, 50 (1921). — BAEYER, H. v.: Z. orthop. Chir. **50**, 42 (1929).

zu denken, daß es sich hier um eine ererbte Koordination handelt, deren Zentrum unter den abnormen Verhältnissen wieder in Aktion tritt.

Abb. 358. Handgänger. *a* Aus einem Film der chirurgischen Universitätsklinik Jena. *b* Aus einem Film der orthopädischen Universitätsklinik Frankfurt a. M.

Sehr selten, aber um so instruktiver sind die Fälle, in denen beim Menschen alle vier Extremitäten verlorengegangen sind. Vor mehreren Jahrzehnten trat ein Mann in einem Wanderzirkus auf, der, bei normalem Bau des Rumpfes, ohne Arme und Beine geboren war. Er hatte die Muskulatur und Gelenkigkeit seines Rumpfes so ausgebildet, daß er sich aus jeder Lage aufrichten und durch schnellende Bewegungen, auf den Nates hüpfend, fortbewegen und über niedrige Hindernisse springen konnte. Vorwärts und rückwärts sich Überkugeln machte ihm gar keine Schwierigkeiten. Auf diese Weise bewegte er sich häufig auch fort. Die eigentümlichste und offenbar für ihn leichteste Art der Fortbewegung war aber ein Seitwärtsrollen, wobei weniger der Kopf als der Rumpf die Bewegungsantriebe gab.

Es ist wahrscheinlich, daß zu dieser Beherrschung aller Bewegungen eine lange Übungszeit notwendig war. Die Möglichkeiten zu allen diesen vollkommen neuen Koordinationen mußten aber in dem Krüppel schon vorhanden gewesen sein und sich aus ihm heraus entwickelt haben, denn der normale Mensch kann wohl Ähnliches, aber nur unter Zuhilfenahme seiner Extremitäten ausführen.

Die Ansicht, daß hierbei das Großhirn keine allzu große Rolle gespielt haben durfte, schöpfen wir aus einem Parallelversuch, den der eine von uns (FISCHER) mehrfach an einem so „dummen" Tier wie dem Meerschweinchen (Cavia cobaya) ausgeführt hat:

In einer Operation wurden sämtliche vier Extremitäten hoch amputiert. Schon bald nach dem Erwachen aus der Narkose flohen die Tiere bisweilen in der Weise, daß sie sich nach der dem Reiz entgegengesetzten Seite um die Längsachse rollten. Von einem Erlernen kann hierbei nicht die Rede sein, denn die neue Koordination ist schon beim ersten Versuch mit vollkommener Präzision vorhanden[1]. Häufiger, wenn auch nur auf kurze Strecken, bewegten sich die beinlosen Meerschweinchen durch *schlängelnde* Bewegungen

---

[1] Dieselben rollenden Bewegungen um die Längsachse führen normale Meerschweinchen aus, wenn man ihnen Chloroform in den Gehörgang einer Seite hineinspritzt. Hierbei gehen die Rollbewegungen aber immer nach der gleichen Seite. (FRIEDMANN, R.: Über künstliche Reizung des Ohrlabyrinths. Diss. Straßburg 1901.)

des ganzen Körpers vorwärts, eine Bewegungsform, die diesem Tier sonst fremd ist. Leider gelang es bisher nicht, die Tiere länger als zwei Tage am Leben zu erhalten. Da es nur auf das Prinzip ankam, wurden diese unerfreulichen Versuche nicht fortgesetzt.

Auch der Krieg mit seiner Unzahl schwerer Verstümmelungen hat ein reiches und trauriges Material von Ersatzerscheinungen geliefert. Wir denken hier weniger an die ebenfalls interessanten Fortbewegungsarten, die sich die Verwundeten nach der Ausheilung und vor der Versorgung mit orthopädischen Hilfsapparaten erwarben, als vielmehr an die Mittel, die sie vielfach unmittelbar nach ihren Verletzungen noch im freien Felde verwandten, um zu günstigeren Bedingungen (Wasser, Nahrung usw.) zu gelangen.

Meist war man dabei allerdings auf die Eigenberichte der Verwundeten angewiesen. So berichtete ein an beiden Beinen und einem Arm Schwerverwundeter, wie er sich auf dem Rücken liegend trotz großer Schmerzen mehrere Meter dadurch fortbewegt hatte, daß er abwechselnd bei aufgestemmtem Hinterkopf das Kreuz hohl gemacht und dann wieder gestreckt hatte.

In diesem wie in anderen ähnlichen Fällen handelt es sich um Bewegungsarten, die, früher nie geübt, unmittelbar aus der Situation entstanden waren.

Die Beobachtung menschlicher Kranker und Krüppel bietet schon Beispiele genug, um zu zeigen, in wie hohem Maße für Verlorenes auf neuen funktionellen Wegen Ersatz geleistet werden kann. Wir haben aber kaum die Möglichkeit, der hier sich offenbarenden Plastizität experimentell näher auf den Grund zu gehen. Alles was am Menschen in dieser Beziehung vor sich geht, wird auch für manchen weniger Beweiskraft haben, da man immer die Möglichkeit hat, dem stark ausgebildeten Großhirn eine sehr wesentliche Rolle beim Zustandekommen der Ersatzerscheinungen beizumessen. Schließlich verfügt der Mensch über nur vier Extremitäten, von denen normalerweise (außer beim kleinen Kinde) nur zwei für die Fortbewegung in Frage kommen.

Um das Prinzipielle solcher Erscheinungen festzustellen, ist daher das Tierexperiment unentbehrlich. Die reichsten Erfahrungsmöglichkeiten werden sich hierbei an solchen Tieren bieten, welche *zahlreiche* Extremitäten besitzen. Wenn wir davon absehen, daß die meisten mit Extremitäten sich fortbewegenden Tiere mehrere Gangarten haben und uns auf die Annahme, daß normalerweise nur eine Gangart ausgeübt würde, beschränken, so muß die Koordination der Gliedmaßenbewegungen bei Verlust von Extremitäten sich in um so vielfältigerer und in vorher berechenbarer Weise ändern, je größer deren Anfangszahl ist. Voraussetzung zu einer solchen Berechnung ist, daß jeder Beinkombination eine besondere Form der Koordination entspricht und daß eine Fortbewegung auch noch mit einem einzigen Bein möglich ist.

Diese Voraussetzung trifft aber, soweit dies experimentell geprüft wurde, sehr häufig zu. Bei manchen Tierarten wurde die Voraussetzung sogar unerwarteter Weise übertroffen, indem auch noch *nach Fortnahme aller normalen Gangbeine Fortbewegung* durch das Eingreifen sonst nicht oder wenig benutzter Extremitäten (Kiefertaster bei Arachnoideen, Scheren bei Arthropoden) *ermöglicht wird*.

Bezeichnet man die Zahl der gegenüber der Norm möglichen Gangkoordinationen mit $N_K$ und die Zahl der normalerweise vorhandenen Beine mit $n$, so ist:

$$N_K = 2^n - 2.$$

Daraus ergeben sich für ein Tier mit 4 Beinen bereits 14 Umstellungen der Koordination, für ein Tier mit 10 Beinen aber 1022[1]. Sowie mehrere Gangarten

---

[1] BETHE, A.: Studien über die Plastizität des Nervensystems. I. Pflügers Arch. **224**, 793—820 (797) (1930).

schon normalerweise vorkommen und sich nach Amputationen in modifizierter Weise wiederholen, vermehrt sich die Zahl der notwendigen Umstellungen ganz bedeutend.

Da diese Umstellungen der Koordination fast immer *sofort* nach den Amputationen da sind, also nicht gelernt werden, *so erscheint* es schon bei Tieren mit wenigen Extremitäten unwahrscheinlich, *bei solchen mit vielen Extremitäten undenkbar, daß für jede Umstellung ein präformiertes Zentrum vorhanden ist.* Es fällt auch die Möglichkeit fort, daß die Umstellungen durch ein Zentrum hoher Anpassungsfähigkeit (etwa auf dem Wege „bewußter Einfühlung") zustande kommen, denn es läßt sich vielfach der Nachweis führen, daß die *Koordinationsänderungen nicht* an die Gegenwart der „höheren Zentren" gebunden sind.

Bei den uns geläufigen Fortbewegungsmaschinen (Lokomotive, Automobil usw.) sind uns Umstellungen dieser Art unbekannt. Verlust eines Triebrades z. B. ändert nichts am Ineinandergreifen des inneren Mechanismus und zieht entweder eine wesentliche Verminderung der Antriebskraft oder Verlust der Fortbewegungsmöglichkeit nach sich. Wohl wäre es denkbar, auch hier gewisse Anpassungsvorrichtungen in den inneren Mechanismus einzubauen, aber sie müßten gegenüber den morphologisch einfachen Einrichtungen, über die der Organismus allein verfügt, außerordentlich kompliziert sein und würden im besten Fall in einigen wenigen vorgesehenen Fällen genügen.

Wir gehen in der Beschreibung der Tatsachen, ohne Rücksicht auf das zoologische System, schrittweise von den Tieren mit wenigen zu denjenigen mit vielen Extremitäten vor.

### b) Vierbeinige Tiere.

Die meisten unserer Versuche wurden am Hund angestellt und sind bisher nur kurz beschrieben[1].

*Ausschaltung eines Beines:* Wird einem Hund ein Bein amputiert, so läuft er mit wesentlich veränderter Koordination der drei ihm gebliebenen Beine. Die Art dieser Fortbewegung ist allgemein bekannt, da manche Hunde sie gewohnheitsmäßig von Zeit zu Zeit anwenden und fast alle Hunde sie benutzen, wenn sie eine Verletzung am Fuß haben.

Sie läßt sich bei allen empfindlichen, normalen Hunden leicht dadurch erzwingen, daß man ihnen z. B. mit Heftpflaster eine Pappsohle unterbindet, auf deren Innenseite spitze Nägel vorstehen. Sowie das Tier den Boden mit dem Fuß berührt, zieht es ihn an und läuft auf drei Beinen.

Alle drei Gangarten können auf drei Beinen ausgeführt werden (Schritt, Trab und Galopp). Da nach Verlust jedes der 4 Beine eine andere Umstellung notwendig ist, so würden bereits 12 (anstatt 4) besondere Koordinationszentren neben den drei der normalen vierbeinigen Fortbewegung vorhanden sein müssen, wenn die Umstellungen überhaupt von vornherein im Zentralorgan vorgebildet sind.

Der Gang auf drei Beinen ist *unabhängig vom Großhirn.* GOLTZ[2] hat ihn bereits bei seinem großhirnlosen Hund (nach zufälliger Verletzung eines Beines) beschrieben. Neuerdings hat ihn RADEMAKER[3] an seinen großhirnlosen Hunden durch Ansetzen einer Klemme am Bein wieder von neuem hervorrufen können. Wir selber haben ihn nach der Fortnahme einer motorischen Zone und ihrer Umgebung und darauffolgender Amputation des gekreuzten Hinterbeins beobachtet. Der primäre Vorgang, auf den er sich einstellt, nämlich das Anziehen des verletzten Beines (oder des Beinstumpfes), tritt aber offenbar noch am

---

[1] BETHE, A.: Anpassungserscheinungen nach Verlust von Gliedmaßen. Arch. f. Psychiatr. **82**, 264 (1927) — Ber. Physiol. **42**, 575 (1928).
[2] GOLTZ, FR.: Pflügers Arch. **51**, 575 (1892).
[3] RADEMAKER, G.: Das Stehen, S. 382. Berlin: Julius Springer 1931.

Rückenmarkstier ein. Hierauf deutet eine Angabe von SHERRINGTON[1], daß ein Rückenmarkshund mit einem Ulcus am Fuß dieses Bein bis zur Ausheilung dauernd angezogen hielt. Wir haben ähnliche Erfahrungen gemacht.

Beim *Frosch* bringt Verlust eines Beines ebenfalls Änderungen in der Benutzung der verbleibenden drei Beine hervor. Tiere mit nur drei Beinen finden sich nicht selten unter den vom Händler gelieferten Fröschen. Die meist vollkommene Ausheilung der Wunde zeigt, daß sie trotz des Verlustes dem Kampf ums Dasein noch gewachsen waren. Nach operativer Entfernung eines Beines stellen sich die Änderungen der Koordination, wie auch wir fanden, sofort ein[2], auch dann, wenn vorher das Großhirn entfernt wurde. Sie sind deutlicher nach Amputation eines Sprungbeines als nach Fortnahme eines Vorderbeines. (Der Sprung mit nur einem Bein ist gerade nach vorn gerichtet, indem das erhaltene Bein mehr medial nach hinten abstößt als beim normalen Tier.) Besonders geeignet ist der Frosch zu derartigen Versuchen nicht, weil das Gewicht des Körpers zum größten Teil nicht von den Beinen selbst getragen wird.

*Ausschaltung von zwei Beinen:* Es kommen hier vier verschiedene Kombinationen in Frage: 1. Fortnahme beider Vorderbeine, 2. beider Hinterbeine, 3. der beiden Beine einer Seite und 4. zweier gekreuzter Beine.

Die Umstellungen der Koordination sind bei allen vier Kombinationen grundverschieden. Da für die Kombination 3 und 4 wieder je zwei Möglichkeiten vorhanden sind, so sind hier im ganzen mindestens 6 Koordinationsänderungen nötig, deren Zahl sich vermehrt, sowie auch mit 2 Beinen noch mehr als eine Gangart ausgeführt werden kann. Dies ist der Fall.

1. Fortnahme *beider Vorderbeine:* Diese Operation wurde zum erstenmal in systematischer Weise von FULD[3] zum Zweck des Studiums des Knochenumbaues vorgenommen. Er beobachtete dabei bereits, daß so operierte Hunde eine ganz neue Form der Fortbewegung anwenden, welche an die der Känguruhs erinnert. Sie richten den Körper steil in die Höhe, setzen die Hinterfüße (statt nur mit den Zehen) mit der ganzen Fußsohle auf und hüpfen unter *gleichzeitiger* Streckung der Hinterbeine in schnell sich folgenden Sprüngen vorwärts[4].

Bei unseren eigenen Versuchen (3 Tiere) haben wir die Vorderbeine nicht im Schultergelenk (wie FULD), sondern im Ellbogengelenk exartikuliert. Es blieben also noch kurze Vorderarmstümpfe übrig, welche die Möglichkeit zu weiteren Koordinationsänderungen boten.

Das *Känguruhhüpfen* trat bei den ersten Fortbewegungsversuchen sofort in Vollkommenheit in Erscheinung und blieb (bis auf die gleich zu beschreibenden Modifikationen) die einzige Fortbewegungsart, solange die Beinstümpfe nicht vollkommen verheilt waren (Abb. 359a). Um sich aufzurichten, drückten die Tiere den Unterkiefer gegen den Boden und schnellten sich dann in die Höhe. Fielen sie einmal nach einer Reihe von Sprüngen vornüber auf die Schnauze, so schoben sie sich manchmal unter *abwechselnden* Bewegungen der Hinterbeine eine Strecke weit so vorwärts (Abb. 360), ohne sich also gleich wieder auf die Hinterbeine zu stellen. Dieser Wechselschritt kann auch nach Aufrichten des Vorderkörpers fortgesetzt werden (Abb. 359b).

Nach Ausheilung der Vorderbeinstümpfe wurde zwar das Känguruhhüpfen noch beibehalten. Zwischendurch ließen sich die Tiere aber auf die Vorderbeinstümpfe sinken, an denen sich mit der Zeit richtige Schwielen ausbildeten, und liefen nun zuerst kurze und später auch lange Strecken, indem sie die Stümpfe in einem schnelleren Takt bewegten als die Hinterbeine (Abb. 361a). Die Hinterfüße

---

[1] SHERRINGTON, C. S.: Quart. J. exper. Physiol. **40**, 28 (1910).
[2] GOLTZ, FR.: Königsberger med. Jb. **2**, 189 (1860).
[3] FULD, E.: Arch.Entw. mechan. **11**, 1 (1901).
[4] Ein Unterschied gegenüber dem Hüpfen des Känguruhs besteht darin, daß dieses wahrend des Hüpfens nur mit den Zehen den Boden berührt, der Hund aber meist mit der ganzen Sohle.

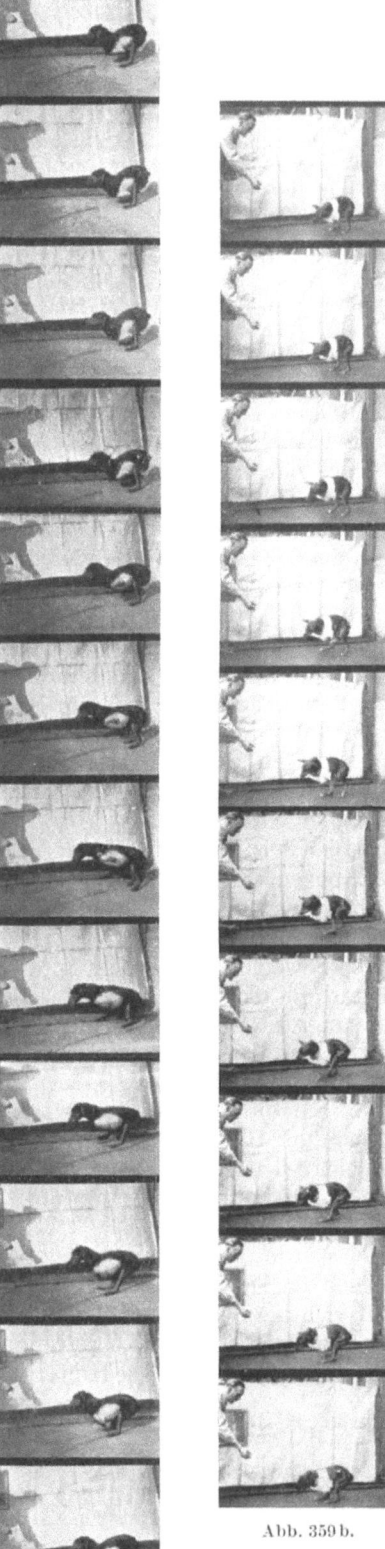

werden hierbei in der ersten Zeit immer noch mit der ganzen Sohle aufgesetzt, so daß der Gang dem ähnelt, den normale Hunde anwenden, wenn sie sich anschleichen. Der schnellere Takt der Vorderbeine charakterisiert aber diesen Gang der operierten Hunde durch die Dissoziation im Rhythmus des Vorder- und Hintertieres als etwas durchaus Neuerworbenes[1]. (In späterer Zeit werden die Hinterfüße bei dieser Gangart oft nur mit den Zehen aufgesetzt.) Dieser Gang kann mit dem Hüpfen kombiniert werden (Abb. 361b).

Nach Fortnahme der Vorderbeine bis zum Ellbogengelenk treten also drei verschiedene Fortbewegungsarten auf, welche dem normalen Tier fremd sind und kaum vorgebildete Koordinationszentren haben dürften. Daß es möglich ist, nicht verstümmelte Hunde zu dressieren, wenigstens zwei dieser Gangarten auszuführen, kann als gültiger Einwand gegen diese Auffassung nicht angesehen werden[2].

Abb. 360. Hund „Schwarz". Aufrichten und Fortbewegung mit Hilfe des Unterkiefers.

---

[1] Ähnliches ergaben Versuche, die Herr Dr. W. MANIGK in unserem Institut ausführte. Bei Tritonen, denen die Hinterbeine entfernt worden waren, werden die heranwachsenden Regenerate, so lange sie noch klein sind, in einem sehr viel schnelleren Rhythmus bewegt als die normalen Vorderbeine desselben Tieres. War der Größenunterschied spater ausgeglichen, so verschwand diese Dissoziation im Rhythmus der Vorder- und Hinterbeine.

[2] Die Resultate dieser und der weiter unten beschriebenen Beinamputationen wurden

Abb. 359a. Doppelseitig, vorn amputierter Hund „Schwarz". Kangeruhhüpfen kurz nach der Operation.

Abb. 359b. Doppelseitig, vorn operierter Hund „Prinz" Aufrechter Gang durch Wechselschritt der Hinterbeine.

Jager berichten, daß das Kanguruhhupfen auch bei Rehen und Hirschen zur Beobachtung kommt, wenn diese einen Schuß durch *beide* Vorderlaufe bekommen haben. Unmittelbar nach der Verletzung sollen sie sich auf die Hinterläufe aufrichten und in großen Kanguruhsprüngen das Weite suchen, dabei sogar nicht unwesentliche Hindernisse (Gräben und Hecken) überspringen. Hier tritt also die Umstellung in eine sonst nie vorkommende Fortbewegungsart momentan zutage. Von einem „Lernen" der neuen Koordination kann also nicht die Rede sein.

2. Fortnahme *beider Hinterbeine* (bis zum Kniegelenk): Daß diese Operation in zielbewußter Weise bereits früher vorgenommen wurde, ist uns nicht bekannt. Wir beschreiben den Erfolg nach unseren eigenen Befunden: Sobald die Tiere sich aus der Narkose erholt haben und sich wieder auf die Vorderbeine aufrichten, werden sie zu „Handgängern" (s. S. 1065). Sie strecken die Vorderbeine so stark wie möglich, heben die Schulterblätter und den Vorderteil der Brustwirbelsäule, schlagen den Hinterteil des Rumpfes und die Hinterbeinstümpfe ventral nach vorn um, so daß sie frei zwischen den Vorderbeinen schweben, und setzen die letzteren abwechselnd vor. (Die Ventralkrümmung des Rumpfes kann aber auch ausbleiben.) Der Kopf wird weit vorgestreckt, um als Gegengewicht zu dienen (Abb. 362)[1].

---

im Film festgehalten, z. T. bei normaler Aufnahmegeschwindigkeit (16—18 Bilder pro Sekunde), z. T. auch mit Hilfe der Zeitlupe (100 bis 180 Bilder pro Sekunde). Für die Zeitlupenaufnahmen sind wir Herrn Dr. PAUL WOLFF (Frankfurt a. M.) großen Dank schuldig. — Der Film wurde mehrmals in Fachkreisen vorgeführt: Versammlung südwestdeutscher Neurologen und Irrenärzte, Baden-Baden 1927 [Arch. f. Psychiatr. **82**, 264 (1927)]; Tagung der deutschen physiologischen Gesellschaft zu Frankfurt 1927 [Ber. Physiol. **42**, 575 (1928)]; dort wurden auch die Hunde selbst demonstriert; Tagung der Physiological Society, Cambridge 1928. Die hier beigegebenen Bilder sind diesem Film entnommen.

[1] In Nizza sah der eine von uns einen kleinen Pintscher, der auf den Vorderbeinen und mit senkrecht aufgerichtetem Körper lief. Nach Angabe der Besitzerin war er mit verkrüppelten und fast gelähmten Hinterbeinen geboren und hatte spontan diese Art der Fortbewegung aufgenommen und zwar früher, als seine normalen Geschwister gut hätten laufen können!

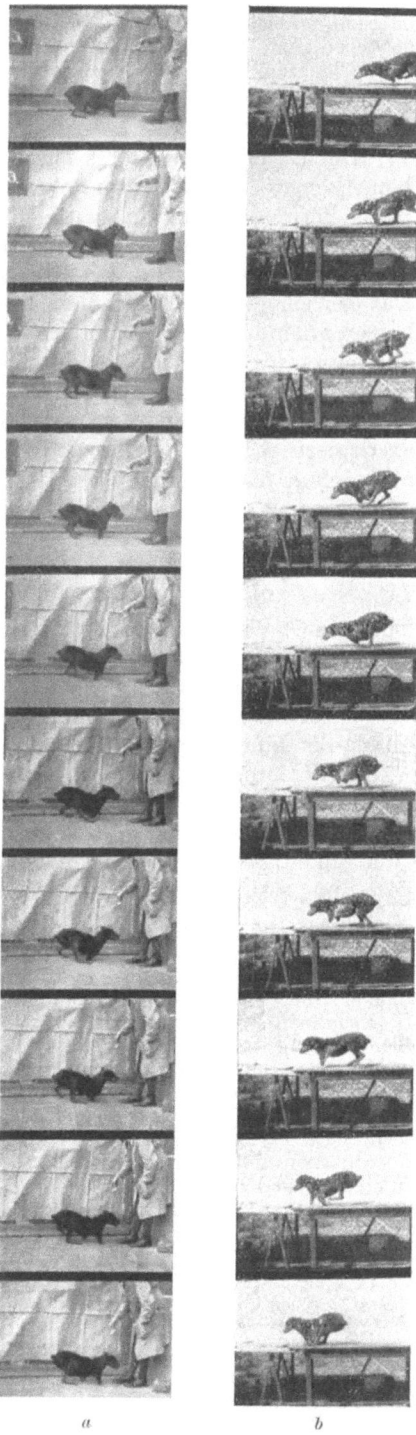

Abb. 361. Hund „Schwarz" mehrere Wochen nach der Operation. *a* reiner Stummellauf. *b* kombinierter Stummel, 3—4 Kanguruhlauf.

Diese Gangart ist normalen Hunden nicht ganz fremd. Bei diesen tritt etwas dem Ähnliches in Erscheinung, wenn es sie am Hinterteil juckt oder wenn Kotreste am Anus hängen geblieben sind. Der normale Hund schleift dabei aber mit dem Hinterteil am Boden und macht langsame und ungeschickte Bewegungen, während der Körper beim amputierten Hund *frei schwebt* und die Beine so flink gesetzt werden, daß eine relativ schnelle Fortbewegung erzielt wird.

Die Wendigkeit unseres Hundes *Weiß* war erstaunlich groß. Vor allem war bemerkenswert, daß er von hohen Tischen und spontan aus seinem 85 cm hohen Käfig heruntersprang. Dies geschah auf einem vollkommen anderen Wege als bei normalen Tieren. Während diese mit den Hinterbeinen abspringen, wurde der Absprung hier durch eine Streckbewegung der Vorderbeine zustande gebracht. Das Gewicht wurde (auch schon beim ersten *spontanen* Versuch) mit den Vorderbeinen allein aufgefangen, und zwar so vollkommen, daß der Körper den Boden überhaupt nicht berührte (Abb. 363).

Anderthalb Jahre nach der Amputation des zweiten Hinterbeines wurde die eine und zwei Monate später die andere *motorische Vorderbeinzone* weitgehend exstirpiert. Nach jeder Großhirnoperation traten die bekannten Störungen ein, aber schon nach kurzer Zeit kam die alte Fortbewegungsart wieder in recht geschickter Weise heraus. Das Tier konnte sogar auch nach der zweiten Operation wieder, ohne sich zu beschädigen, vom Tisch springen!

3. Fortnahme eines *Vorder- und eines Hinterbeines auf der gleichen Körperseite:* Die Wiederaufnahme der Laufbewegungen erfolgte sehr bald nach der Operation. Was anfangs Schwierigkeiten bereitete, war das selbständige Aufstehen und auch später noch das Freistehen auf den beiden zurückgebliebenen Beinen. Im Käfig und im Freien suchte das Tier stets eine Wand auf, um sich dort anzulehnen. Beim Laufen wurde aber eine Geschwindigkeit erreicht, die hinter der eines normalen Hundes nur wenig zurückblieb.

Die Koordination in den Bewegungen der beiden Beine brauchte nur wenig umgestellt zu werden, denn auch beim normalen Trab werden die Beine einer Seite stets abwechselnd gesetzt (vgl. Abb. 364a, normal, mit 364b, Hund mit nur zwei linken Beinen). Eine vollständige Änderung mußte aber in der Gewichtsverteilung stattfinden, um das Umsinken nach der beinlosen Seite zu verhindern.

Hunde, die alle vier Beine besitzen, wird man niemals spontan auf den Beinen einer Seite laufen sehen; wohl aber kann man sie darauf dressieren. Ob das schnell oder langsam geht, ist uns nicht bekannt; es muß aber nicht ganz leicht sein, denn man sieht eine Menge anderer Hundekunststücke viel häufiger im Zirkus als gerade dieses. Daß diese *Umstellung der Koordination aber momentan eintreten kann*, zeigte uns ein einfacher Versuch, der bisher allerdings an ganz normalen Hunden noch nicht gelang: Hunde, denen die sensiblen Wurzeln für das eine Hinterbein durchschnitten sind, pflegen dieses einzuziehen und auf drei Beinen zu laufen. Wir banden einem solchen Tier eine Nagelsohle (s. S. 1083) unter das gleichseitige Vorderbein. Sowie das Tier wieder auf den Boden gesetzt wurde, zog es auch dieses Bein hoch, legte das Körpergewicht auf die beiden Beine der anderen Seite und lief mit voller Koordination und schnell auf diesen Beinen davon! — Das gleiche Phänomen konnten wir an einem Hund beobachten, dem die motorischen Wurzeln für das eine Hinterbein (wenn auch nicht ganz vollzählig) durchschnitten waren. Wir heben diese Versuche besonders hervor, weil uns wiederholt eingewendet worden ist, unsere amputierten Hunde „lernten" die neuen Koordinationen langsam durch Probieren (JENNINGS „trial and error"), denn wir könnten sie unmöglich *dauernd* nach der Operation beobachten, was auch zutrifft. *Von einem „Lernen" kann aber nach diesen Beobachtungen nicht die Rede sein.*

4. Fortnahme des *Vorderbeines einer Seite und des Hinterbeines der anderen Seite:* Auch nach dieser Operation ist die Umstellung der Koordination in Vollkommenheit da, sowie das Tier zum erstenmal wieder auf die Beine gestellt wird. Die Umstellung ist hier sehr viel bedeutender als bei der vorigen Kombination, denn der normale, vierfüßige Hund *bewegt die gekreuzten Beine* beim Trab und Schritt gleichzeitig (resp. kurz hintereinander), während sie bei Vorhandensein

Umstellungen der Koordination nach äußeren Verletzungen. (Vierbeinige Tiere.) 1073

von nur zwei Beinen *abwechselnd bewegt werden müssen* (vgl. Abb. 365a, normal, und 365b, zweibeinig).

Nun bewegt zwar der normale Hund beim Galopp die beiden Vorderbeine zu gleicher Zeit und abwechselnd mit ihnen die beiden Hinterbeine. Man könnte

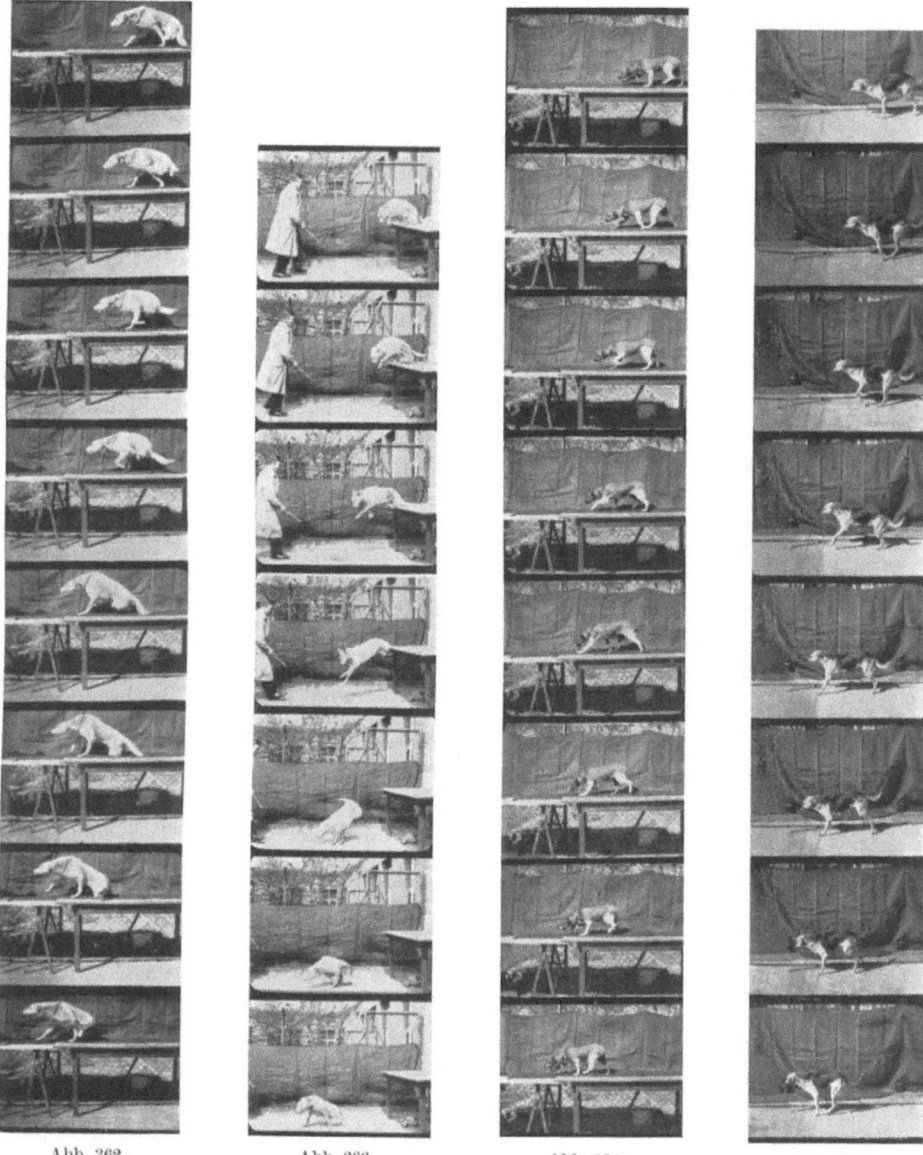

Abb. 362. Abb. 363. Abb. 364a. Abb. 364b.

Abb. 362. Doppelseitig hinten amputierter Hund „Weiß". „Handgängerlauf".

Abb. 363. Doppelseitig hinten amputierter Hund „Weiß". Sprung vom Tisch. Absprung mit Hilfe der Vorderbeine; ebenso Aufsprung, bei dem der Hinterkorper nicht den Boden berührt.

Abb. 364. Vergleich der Laufbewegungen *a* eines normalen Hundes (linke Beine weiß geschminkt) und *b* des doppelt amputierten Hundes „Max" mit nur linken Beinen. Geringe Umstellung der Koordination, Änderungen in der Gewichtsverteilung zwecks Vermeidung des seitlichen Umfallens

also sagen, daß hier keine Neukoordination vorläge, sondern die Ausnutzung einer alten in veränderter Form. Die Fortbewegung solcher Tiere erfolgt aber in sehr verschiedenem Tempo und hat vielmehr den Charakter des Schrittes und des Trabes als den des Galopps. Wir glauben daher, daß hier doch ein Neuerwerb vorliegt, nicht nur in der Art der Gleichgewichtserhaltung, die sehr vollkommen ist und auch ruhiges Stehen auf dem Fleck ermöglicht, sondern auch im Rhythmus der Laufbewegungen.

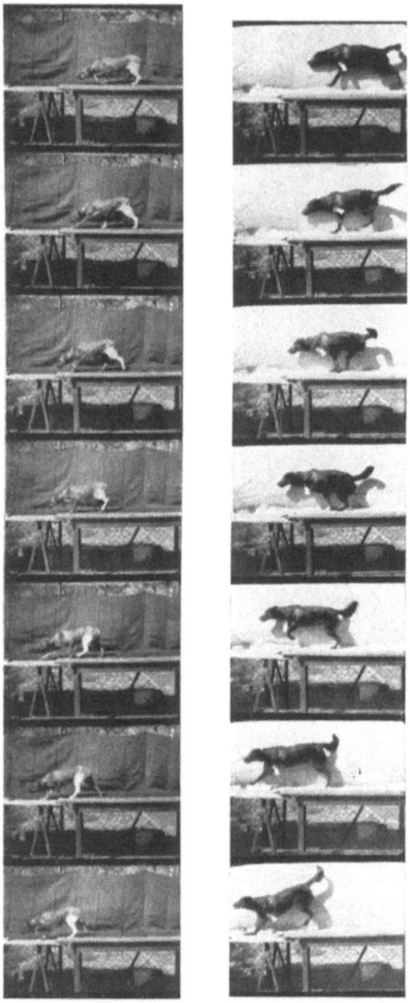

Als Balancierorgan spielt bei solchen Hunden der Schwanz eine viel wichtigere Rolle als beim normalen (Abb. 365 b). Dieser Hund (Lotte) konnte nicht nur ganz ausgezeichnet und schnell laufen, sondern auch über kleine Hindernisse und von hohen Tischen springen und nach einem hochgehaltenen Stück Fleisch sich auf seinem einzigen (linken) Hinterbein aufrichten.

Ein Jahr nach der zweiten Amputation wurde die rechte *motorische Zone* entfernt. Nach zwei Tagen konnte das Tier wieder stehen, nach fünf Tagen wieder laufen und sogar Wendungen machen, ohne zu fallen. Auch vom Tisch sprang er, trotz der Großhirnschädigung, freiwillig, und ohne zu stürzen, wieder herunter. Die neuerworbene Koordination kann also kaum in der motorischen Zone ihren Sitz haben.

*Auch diese Umstellung kann momentan auftreten.* Allerdings haben wir dies bisher nur einmal gesehen, und zwar an dem schon oben erwähnten Hund mit unvollständiger Durchschneidung der motorischen Wurzeln für das linke Hinterbein, das gut sensibel war, mit dem er aber sein Körpergewicht nicht halten konnte. Als ihm eine Nagelsohle unter das rechte Vorderbein (und das linke Hinterbein) gebunden wurde, lief er sofort auf zwei Beinen, dem linken Vorderbein und dem rechten Hinterbein, in gekreuztem Gang davon. Nach kurzer Zeit setzte er allerdings vorübergehend und später dauernd das rechte Vorderbein wieder auf und lief auf drei Beinen. Das ist aber unwesentlich, denn es kommt hier ja nur auf den Nachweis an, daß die Umstellung *unmittelbar* nach dem verändernden Eingriff auftreten kann.

Abb. 365. Vergleich der Laufbewegungen *a* eines normalen Hundes (rechtes Vorderbein und linkes Hinterbein weiß geschminkt) und *b* des Hundes „Lotte" mit nur rechtem Vorder- und linkem Hinterbein. Starke Umstellung der Koordination, der Schwanz wird als Balancierorgan benutzt.

Hunde mit nur einem Bein haben wir aus verständlichen Rücksichten nicht hergestellt. Wir sind aber überzeugt, daß auch solche Tiere noch Mittel finden werden, sich vom Platz zu bewegen. Nach den oben mitgeteilten Versuchen an Meerschweinchen (S. 1066) halten wir es sogar für wahrscheinlich, daß ein Hund, dem alle vier Beine fehlen, in kurzer Zeit imstande sein wird, sich durch Bewegungen des Rumpfes von der Stelle zu helfen.

## c) Tiere mit fünf Bewegungsorganen.

Hier kommen nur Tiere in Frage, die ein sehr primitives Nervensystem besitzen, nämlich die Schlangensterne (Ophiuriden). Gerade aus diesem Grunde erfordern sie ein besonderes Interesse, denn wir sind hier vollkommen von dem Verdacht befreit, es könnte ein höheres Zentralorgan, vergleichbar unserem Großhirn durch Vermittlung „bewußten Einfühlens" neue Koordinationen nach Verlust einzelner Bewegungsorgane produzieren.

J. v. UEXKÜLL[1] hat diese Dinge genauer untersucht: Die fünf Arme der Schlangensterne bewegen sich bei den Laufbewegungen wie ebenso viele Beine. Alle fünf sind gleichwertig und, da die Tiere sowohl mit einem Arm wie mit zwei Armen (Abb. 366) vorangehen können, so haben bereits die unversehrten Tiere zehn in der Koordination verschiedene Gangarten. Diese Gangtypen bleiben

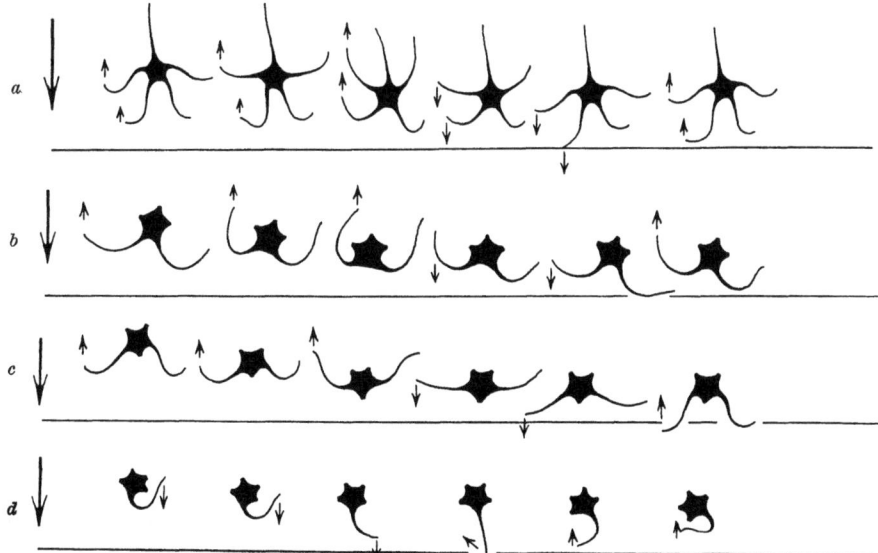

Abb. 366. Laufen des Schlangensternes nach Kinoaufnahmen von J. v. UEXKULL.
*a* Normal (fünfarmig), unpaar hinten. *b* Zweiarmig, unpaar hinten. *c* Dasselbe, unpaar vorn. *d* Einarmig, unpaar vorn.

im Prinzip erhalten, wenn ein, zwei oder drei Arme verlorengehen. Es ändert sich nur das Ausmaß der Armbewegungen und die Art, wie sie gegen den Boden stemmen (Abb. 366b und c). Bleibt aber nur ein Arm übrig, so ändert sich die Koordination vollkommen, und dieser Arm tut etwas, was beim normalen Laufen nie geschieht: Er pendelt um die Mittellage nach beiden Seiten (Abb. 366d[2])!

Die Lokomotion der fünfstrahligen See*sterne* (Asteroideen) erfolgt in so anderer Weise, daß sie hier nicht von Interesse ist[3]. Eine Untersuchung über Koordinationsänderungen bei den Haarsternen (Crinoideen), die sich, wie die Schlangensterne, durch Bewegungen der ganzen Arme fortbewegen, ist uns nicht bekannt, dürfte sich aber lohnen.

## d) Sechsbeinige Tiere (Insekten).

Fliegen oder anderen Insekten die Flügel abzuschneiden und dann nacheinander die einzelnen Beine auszureißen, gehört wohl schon seit Jahrhunderten zu den beliebtesten und grausamsten Spielen sich langweilender Schulkinder und Ge-

---
[1] UEXKÜLL, J. v.: Die Bewegungen der Schlangensterne. Z. Biol. **46**, 1—37 (1905).
[2] Siehe auch W. v. BUDDENBROCK: Grundriß der vergl. Physiol., S. 214. Berlin 1928.
[3] BUDDENBROCK, W. v.: Grundriß der vergl. Physiol., S. 209. Berlin 1928.

fangener. Trotz dieser tausendfältigen Beobachtung derart verstümmelter Tiere ist es doch nur wenigen aufgefallen, daß nach jeder Beinamputation eine Änderung der Koordination eintritt und daß hier ein wichtiges physiologisches Problem eine einfache experimentelle Lösung findet. Erst im Jahre 1921 hat v. BUDDENBROCK[1] zielbewußte und bereits sehr erfolgreiche Versuche nach dieser Richtung hin angestellt.

BUDDENBROCK wählte für seine Experimente ein Insekt, das sich durch sehr träge Bewegungen auszeichnet und deshalb leicht zu beobachten ist, eine Stabheuschrecke. Bei normalem sechsbeinigen Gang werden, wie bei wohl allen Insekten, die Beine eines Paares stets abwechselnd bewegt und zwei benachbarte Beine der gleichen Seite nie in der gleichen, sondern in der nahezu entgegengesetzten Bewegungsphase angetroffen. Daraus ergibt sich, wenn wir die Beine der rechten Seite mit römischen, die der linken Seite mit arabischen Zahlen bezeichnen, folgendes Gangschema: Es bewegen sich fast gleichzeitig Beine 1, II und 3 und abwechselnd mit diesen drei Beinen I, 2 und III (Abb. 367 A). Der Körper ist also immer von drei Beinen, von denen zwei auf einer Seite gelegen sind, unterstützt, während die anderen drei vorschwingen[2].

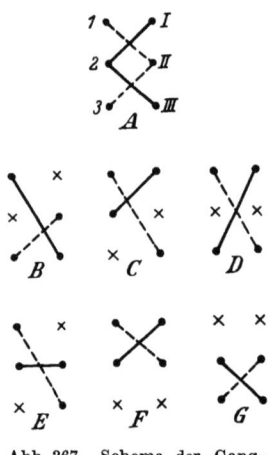

Abb. 367. Schema der Gangarten von Insekten (Stabheuschrecken). A normal; B—G nach Amputation von je zwei Beinen.

Die interessantesten Umstellungen treten zutage, wenn auf *jeder* Seite ein Bein fortgenommen wird. Je nach Lage dieser Beine kommen ganz verschiedene Beinkombinationen zustande, indem sich die verbliebenen vier Beine stets gekreuzt bewegen (Abb. 367 B—G). Nur in zwei Fällen (F u. G) ist das Zusammenarbeiten nahezu das alte. In den vier anderen Fällen werden entweder zwei Beine, die früher abwechselnd arbeiteten, zu Partnern (B u. C) oder alle vier Beine haben sich im Zusammenspiel umgruppiert (D u. E)! Da die asymmetrischen Amputationen (B, C u. E) doppelt zu zählen sind, so treten allein beim vierbeinigen Gang mindestens sieben sehr weitgehende Umstellungen der Koordination ein.

Von den beiden für den normalen Gang gültigen Regeln (s. oben) ist also die zweite die stärkere: Nie werden zwei benachbarte Beine gleichzeitig vorbewegt; eher werden noch die beiden Beine desselben Paares statt abwechselnd zugleich vorgesetzt (E). Mit anderen Worten: Wie auch die vorhandenen Beine stehen, immer werden sie gekreuzt bewegt.

Diese Verhältnisse konnten bei den Gangbewegungen einiger anderer Insekten (Wasserkäfer und Mistkäfer) in allen wesentlichen Punkten wiedergefunden werden[3]. Bei den Laufbewegungen der Wasserkäfer treten auch schon nach Fortnahme *eines* Beines deutliche Änderungen der Koordination zutage, die v. BUDDENBROCK bei den Stabheuschrecken vermißte. Wahrscheinlich werden sie aber wohl auch dort bei genauerer (kinematographischer) Untersuchung nachweisbar sein. Für die Fortnahme von mehr als zwei Beinen sind die letztgenannten Insektenarten keine günstigen Objekte, weil die Stabilität zu weitgehend geschädigt wird. Immerhin kommt bei Hydrophylus nach Fortnahme der drei normalerweise zusammenarbeitenden Beine 1, II und 3 oder I, 2 und III) durch *vollständige Um*-

---

[1] BUDDENBROCK, W. v.: Die Schreitbewegungen von Dixippus morosus. Biol. Zbl. **41**, 41—48 (1921).
[2] Genau gleichzeitig erfolgen nach unseren Beobachtungen an anderen Insekten die Bewegungen der drei zusammenarbeitenden Beine nicht. Bein II beginnt mit der Vorwärtsbewegung wohl schon etwas später als 1, und zwischen 1 und 3 ist ein geringer, aber deutlicher zeitlicher Abstand.
[3] BETHE, A., u. W. WOITAS: Pflügers Arch. **224**, 821 (1930).

*stellung* in der Koordination der drei verbleibenden Beine mit der Zeit eine leidlich koordinierte Fortbewegung zustande, und selbst mit den Vorderbeinen allein kann noch Lokomotion erfolgen.

Von den 62 für sechsbeinige Tiere theoretisch möglichen Umstellungen der Gangkoordination konnten bisher nur etwa 20 als wirklich vorkommend nachgewiesen werden. Es ist aber wahrscheinlich, daß man bei der Auswahl geeigneter Objekte eine sehr viel bessere Annäherung an den theoretischen Minimalwert erhalten wird.

Eine wesentliche Vermehrung der Möglichkeiten liegt dann vor, wenn die gleichen Extremitäten in ganz verschiedener Weise zu verschiedenartigen Verrichtungen benutzt werden. Dies trifft bei dem Gelbrandkäfer (Dytiscus marginalis) für das dritte Beinpaar zu. Zum Schwimmen werden allein diese beiden Beine benutzt, und zwar so, daß sie *gleichzeitig* bewegt werden, während sie beim Laufen abwechselnd tätig sind. Schneidet man eines dieser Beine (z. B. das linke) ab, so kommt *unmittelbar danach* das Mittelbein (das zweite Bein) der gleichen Seite heraus und nimmt im Verein mit dem rechten dritten Bein das Schwimmen wieder auf. Wird auch das rechte Schwimmbein fortgenommen, so schwimmt das Tier nunmehr mit beiden jetzt gleichzeitig sich bewegenden Mittelbeinen, die sonst nur beim Gang und dann immer abwechselnd tätig sind[1].

Fehlen auch noch die Mittelbeine, so werden die kurzen Vorderbeine, die sonst beim Schwimmen immer dicht an den Leib gezogen sind, vorgestreckt und zum Rudern benutzt. Da noch weitere Kombinationen mit Erfolg hergestellt werden können und da die Tiere selbst nach Verlust aller Beine bis auf ein Schwimmbein noch durch Änderung seiner Bewegungen und der Körperlage sich fast gradlinig fortzubewegen vermögen, so kommen zu den etwa 20 realisierbaren Koordinationsumstellungen beim Gang auf dem Lande noch 9 dem normalen Tier fremde Neueinstellungen der Beinbewegungen beim Schwimmen im Wasser hinzu!

Für die theoretische Ausdeutung aller Amputationsversuche sind die Versuche an Dytiscus von besonderer Bedeutung, weil hier sehr leicht der Nachweis zu erbringen ist, daß die wesentlichsten Umstellungen auch dann (und ebenfalls *unmittelbar nach der Operation*) erfolgen, wenn das Gehirn (Oberschlundganglion) vorher fortgenommen ist, und sogar auch dann noch, wenn Ober- und Unterschlundganglien fehlen[2]! Die Änderungen der Koordination nach Verlust von Gliedmaßen finden also in relativ primitiven Teilen des Nervensystems, in den Ganglien des Bauchmarks, statt. Die sog. „höheren Zentren" haben daran keinen oder nur einen geringen Anteil. Zu ähnlichen Schlüssen kam, wenn auch indirekt, v. BUDDENBROCK bei Dixippus.

### e) Acht- und zehnbeinige Tiere.

Das Schema, nach welchem sich acht- und zehnbeinige Tiere (Arachnoideen und dekapode Crustaceen) bewegen, folgt dem gleichen Prinzip, wie es oben für sechsbeinige Tiere beschrieben wurde (Abb. 368 und Abb. 369, I und II normal). Es kommt also im wesentlichen ein Kreuzgang zustande. Nie bewegen sich die beiden Beine eines Paares im gleichen Sinne und immer befinden sich benachbarte Beine einer Seite in entgegengesetzter oder nahezu entgegengesetzter Bewegungsphase[3].

---

[1] BETHE, A.: Ber. Physiol. **32**, 686 (1925). — BETHE, A., u. W. WOITAS: Studien über die Plastizität des Nervensystems. II. Pflügers Arch. **224**, 821 (1930).
[2] BETHE u. WOITAS: S. 830.
[3] BETHE, A.: Studien über die Plastizität des Nervensystems. I. Pflügers Arch. **224**, 793—820 (1930).

In den Schemata der Abb. 369 von dem Taschenkrebs, Carcinus, sind nur acht Beine angedeutet. Dies sind die eigentlichen Gangbeine. Die Scherenbeine sind nicht mitgezeichnet, da die Scheren beim normalen Gang nur ausnahmsweise mithelfen. Sie werden gewöhnlich hochgetragen, berühren den Boden nicht und machen keine oder nur leichte Mitbewegungen, die sich dann nach dem Kreuzschema in die Bewegungsfolge der Laufbeine einzufügen pflegen.

Als Untersuchungsobjekte dienten bisher von den Arachnoideen hauptsächlich Opilionen (Weberknechte) und von Crustaceen der Taschenkrebs Carcinus Maenas (und vergleichsweise die Languste [Palinurus]). Beide Tierarten eignen sich ausgezeichnet zu derartigen Versuchen, da sie sich *selbst mit einem einzigen Laufbein, ja noch nach Verlust dieses letzten, normalen Fortbewegungsorgans fortzubewegen vermögen.* Bei den Opilionen geschieht dies unter Zuhilfenahme der

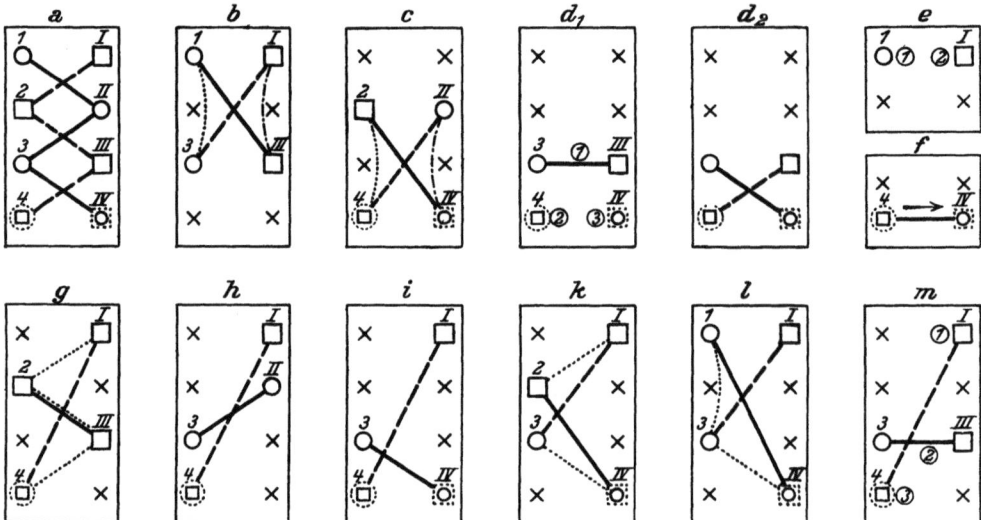

Abb. 368. Schemata des Ganges von Weberknechten normal (*a*) nach symmetrischen Amputationen (*b—f*) und nach asymmetrischen Amputationen (*g—m*). Durch Kreise und Quadrate sind in *a* die zusammenarbeitenden Beine angedeutet. Quadrat in punktiertem Kreis (Bein 4 links) und umgekehrt (Bein IV rechts) bedeutet, daß das Ende der Bewegung noch mit dem Anfang der gleichgerichteten Bewegung von Bein 1 (bzw. I) zusammenfällt. Die Zeichen der normalen Gangbewegungen sind in *b—m* wiederholt, um zu zeigen, inwieweit gegenüber diesen die Beinarbeit verändert ist. Das wirklich beobachtete Zusammenarbeiten der Beine ist durch Verbindungsstriche (ausgezogen in der einen, gestrichelt in der anderen Phase) dargestellt Das bei Beibehaltung der normalen Gangart zu erwartende Zusammenarbeiten der Beine ist durch feine punktierte Verbindungen (bzw. dünne Punkt-Strichreihen) nochmals hervorgehoben.

Kiefertaster[1], die sonst an der Lokomotion keinen Anteil haben, bei den Crustaceen unter Benutzung der Scherenbeine, die immerhin schon unter normalen Verhältnissen gelegentlich beim Gehen unterstützend eingreifen.

Infolge dieser Verhältnisse dürfte es bei diesen Tieren gelingen, alle theoretischen Möglichkeiten experimentell zu erschöpfen (254 + 1 bei Opilionen, 1022 + 1 bei geeigneten Crustaceen). Beim Taschenkrebs, der zu den nach rechts wie links laufenden Brachyuren gehört, erhöht sich die Zahl noch bedeutend, da ja der Gang nach jeder Seite eine besondere Umstellung nötig macht.

Es sind nicht alle möglichen Fälle experimentell durchuntersucht, aber doch die wichtigsten, und bei diesen konnte in jedem Fall eine den Erwartungen entsprechende Änderung der Koordination festgestellt werden; manchmal kamen noch unerwartete Varianten hinzu. Man darf annehmen, daß sich bei genügendem Aufwand an Zeit alle zu erwartenden Umstellungen der Koordination werden verifizieren lassen. Die interessantesten Umstellungen waren bei Tieren zu er-

---

[1] BETHE, A.: Arch. f. Psychiatr. **76**, 81 (1925) — Pflügers Arch. **224**, 801 (1930).

warten, die durch Amputation zu vierbeinigen Tieren gemacht waren, weil ihre
Beine bei einigen dieser Kombinationen gerade umgekehrt zusammenarbeiten
mußten, als dies beim normalen Tier der Fall ist. Die Abb. 368 gibt hierfür (in
Bild *b, c, i, k, l* und *m*) die prägnantesten Beispiele von Opilionen[1], und die
Abb. 369 (in Bild *2, 4, 5, 6, 8, 9, 12, 13, 16, 21* und *23*) von Carcinus[2]. Die übrigen
Vierbeinkombinationen beider Abbildungen zeigen überall da, wo dies zu erwarten
war, wenigstens teilweise Umstellungen. Alle beobachteten Umstellungen treten
*unmittelbar* nach Ausführung der Amputation in Erscheinung!

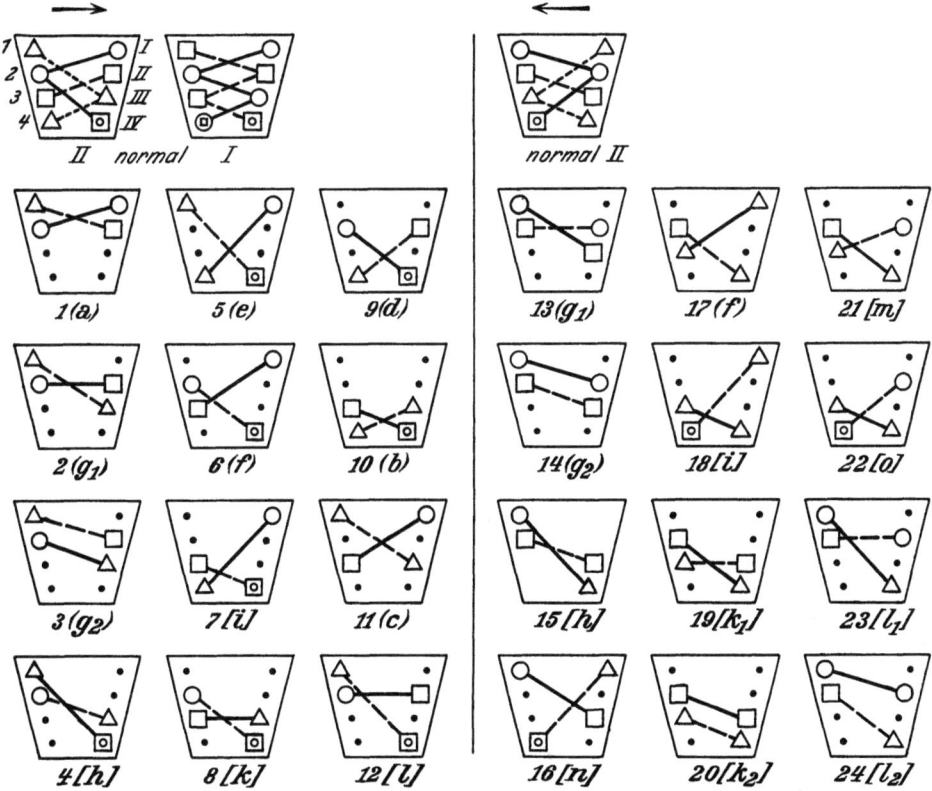

Abb. 369. Schematische Darstellung der Gangarten von Carcinus bei Rechts- und Linksgang. Oben normal,
Bild 1—24 nach Amputation von 2 rechten und 2 linken Beinen in verschiedener Kombination. Zusammen-
arbeitende Beine sind durch ausgezogene Linien in der einen und durch gestrichelte Linien in der anderen
Phase verbunden. In den Bildern 1—24 sind den vorhandenen Beinen die gleichen Zahlen gegeben wie bei
„normal II", um anzudeuten, worin die Abweichungen bestehen.

Als allgemeine Regel für die nach Amputation mehrerer Beine auftretenden
Umstellungen der Koordination der *noch vorhandenen* Beine kann folgendes
gelten:

1. Benachbarte Beine werden abwechselnd bewegt, auch wenn sie normalerweise (bei Gegenwart von Zwischenbeinen) zusammenarbeiten.

2. Über Kreuz gelegene Extremitäten arbeiten zusammen auch dann, wenn
sie normalerweise abwechselnd bewegt werden. Besonders auffallend ist dies
dort, wo beide Beine desselben Paares Partner werden, da Beine des gleichen
Paares bei normalen Tieren *stets* entgegengesetzt bewegt werden (Abb. 368 *m* und
Abb. 369, Nr. *12, 13, 19* und *23*).

---

[1] BETHE, A.: Pflügers Arch. **224**, 798 (1930).
[2] BETHE, A.: Pflügers Arch. **224**, 814 (1930).

1080  A. Bethe u. E. Fischer: Die Anpassungsfähigkeit (Plastizität) des Nervensystems.

Auf diese Weise kommt in der Regel, wenn auf jeder Seite mehr als ein Bein vorhanden ist, unabhängig davon, wie diese Beine zueinander stehen, Kreuzgang zustande (Abb. 370).

Gegen die erste der beiden Regeln sind Ausnahmen bisher nicht bekannt geworden. Dagegen ist die zweite Regel — und das ist für spätere Erklärungsversuche wichtig — nicht absolut gültig. Ausnahmen von derselben wurden beobachtet, wenn die beiden Beine eines

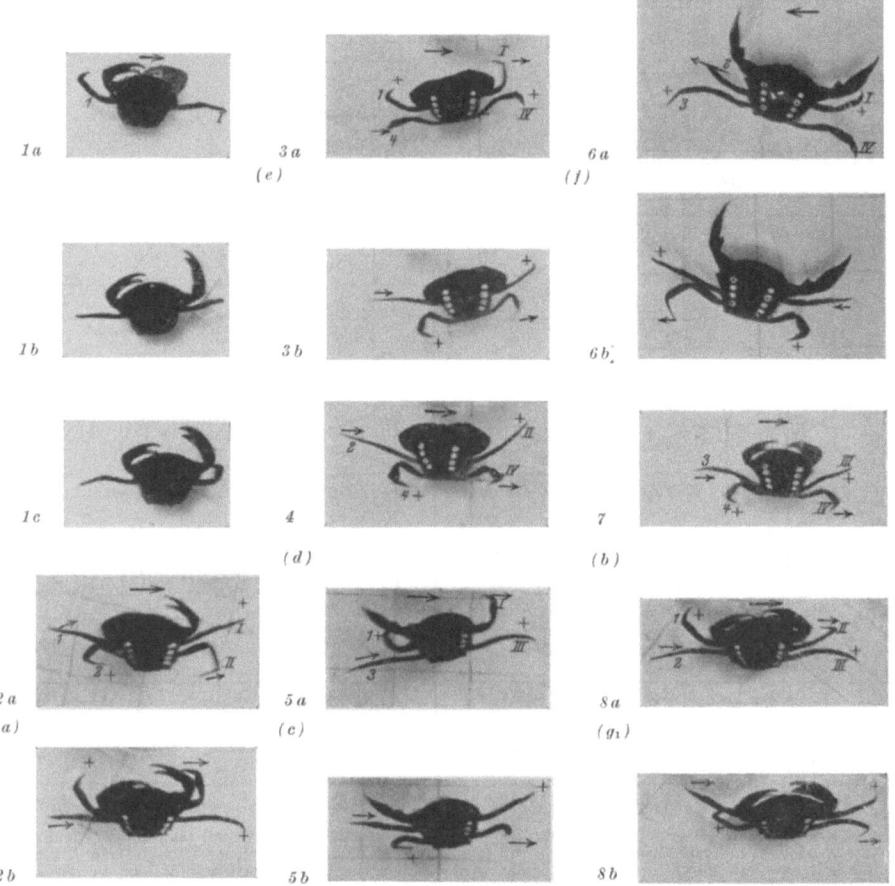

Abb. 370. Einzelbilder aus Filmstreifen von operierten Carcini. Die Bilder sind so ausgewählt, daß die Extremstellungen zu sehen sind. Es sind vorhanden bei *1a—c* Bein *1* und *I*, bei *2a* und *b* das *1.* und *2.* Beinpaar, bei *3a* und *b* das *1.* und *4.* Beinpaar, bei *4* das *2.* und *4.* Beinpaar, bei *5a* und *b* das *1.* und *3.* Beinpaar. Bei *6a* und *b* sind vorhanden Bein *2* und *3* links und *I* und *IV* rechts, bei *7* das *3.* und *4.* Beinpaar, bei *8a* und *b* Bein *1* und *2* links und *II* und *III* rechts. Der Vergleich von *1a—c* und *2a* und *b* zeigt, daß die Beine des *1.* Beinpaares bei *1* als Partner, bei *2* aber abwechselnd tätig sind. Der Vergleich von *2—8* zeigt sehr ähnlich aussehende Stellungen, obwohl immer wieder andere Beinkombinationen vorliegen. Das kommt daher, daß stets die über Kreuz liegenden Beine zu einheitlicher Aktion zusammengefaßt sind.

Paares zur Erreichung des gekreuzten Ganges Partner werden müßten. Hier wechselt bisweilen der gekreuzte Gang — allerdings meist nur für kurze Zeit — mit dem ungekreuzten ab (vgl. in Abb. 369 Bild *2* und *3*, *13* und *14*, *19* und *20*, *23* und *24*). Ein weiterer sehr eigentümlicher Fall ist in Abb. 14 $d_1$ dargestellt, wo *entgegen dem natürlichen Kreuzgang* ($d_2$) ungekreuzter Gang eintrat. Die beiden Beine eines Paares werden oft auch dann zu Partnern werden, wenn sie allein übriggeblieben sind (Abb. 368 *f* und Abb. 370 *1a—1c*).

Bei der Amputation mehrerer Beine kann man ihre Stellung natürlich auch so auswählen, daß ein Rhythmuswechsel nicht zu erwarten ist und dann in der Regel auch — bis auf kleine Änderungen — nicht eintritt (Abb. 368 $d_2$ und Abb. 369, Bild *1*, *10* und *20*). Trotz-

Acht- und zehnbeinige Tiere.

dem erweist sich auch hier die Koordination der Bewegungen fast immer verändert; sie betrifft dann nur nicht die *Reihenfolge*, in der sich die Beine bewegen, sondern die *Art, wie sie sich bewegen* — ihre Stellung. Z. B. bei der Beinkombination Nr. *1* (der Abb. 369) werden die Beine des ersten Paares weiter vorgesetzt als normal, die des zweiten Paares viel weiter nach hinten (Abb. 370, Bild *2a* und *2b*).

Solche offenbar im Interesse der Stabilität auftretenden *Stellungsänderungen* der Beine wurden in noch viel höherem Maße und fast bei allen Bein-

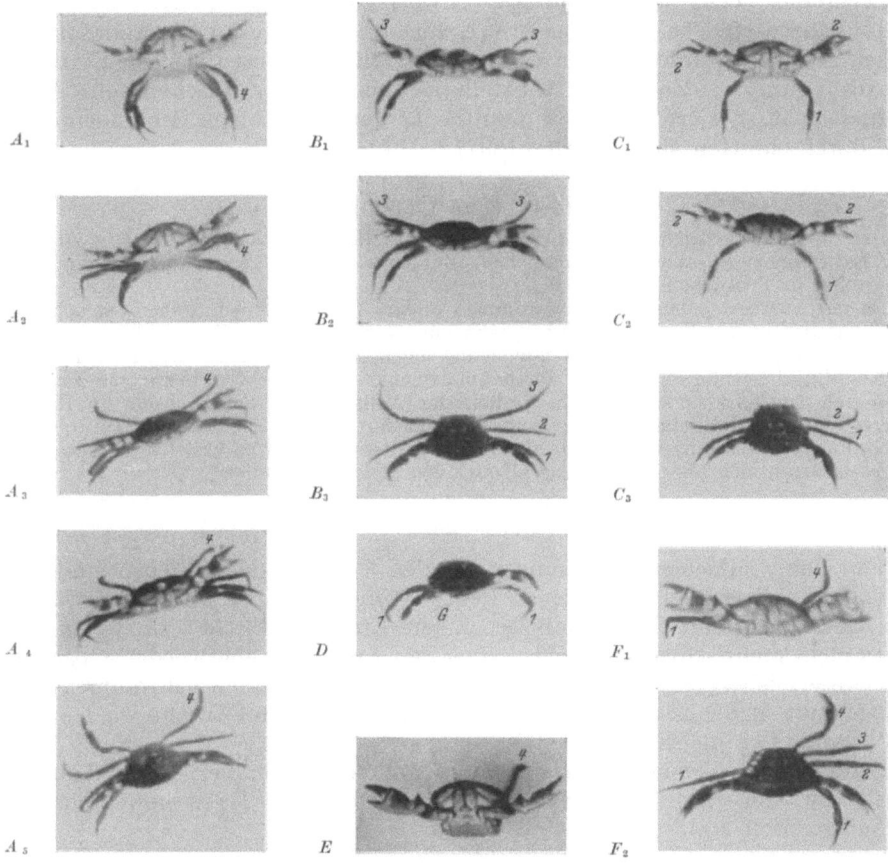

Abb. 371. Lagereflex von Carcinus maenas.

$A_{1-5}$ mit 8 Beinen; $B_{1-3}$ nach Amputation des 4. Beinpaares; $C_{1-3}$ nach Amputation des 3. und 4. Beinpaares; $D$ nach Amputation von Beinpaar 2—4; $E$ nach Verlust aller Beine bis auf das linke 4. Bein; $F_{1-2}$ nach Amputation von Bein 2—4 rechts.

kombinationen an Opilionen[1] beobachtet. Sie zeigen, wie die Koordination bis *ins einzelne* den gegebenen Verhältnissen angepaßt wird und wie undenkbar es erscheint, alle diese Umstellungen auf besondere, für jeden Fall vorgesehene Koordinationszentren zu beziehen. Wenn sich das aber so verhält, dann muß man sich fragen, *ob es überhaupt einen Sinn hat, für das normale Tier die Existenz eines Gangzentrums* (oder mehrerer, wenn es über verschiedene Gangarten verfügt) anzunehmen. Dieses Zentrum würde dem Tier ja schon in dem Augenblick nichts mehr nützen, wo es ein oder mehrere Beine verliert. Denn jetzt müssen die vorhandenen Beine eine Melodie spielen, die nicht auf seiner Walze eingegraben ist.

---

[1] BETHE, A.: Pflügers Arch. **224**, 804 (1930).

Sehr interessante Umstellungen ergaben sich auch beim *Lagereflex*, der besonders beim Taschenkrebs studiert wurde[1]. Das normale Tier benutzt, um sich aus der Rückenlage in die Bauchlage zurückzudrehen, stets die *beiden Beine des letzten Paares*. Wird eines derselben amputiert, so tritt das *vorletzte Bein* dieser Seite *als Ersatz* ein; werden beide fortgenommen, so geschieht das Umdrehen mit beiden Beinen des vorletzten Paares. In dieser Weise kann man fortfahren, bis nur noch das erste Beinpaar vorhanden ist. Auch mit diesem kann der Lagereflex noch (wenn auch sehr schwer) vor sich gehen (Abb. 371).

Im ganzen sind bei Carcinus 19 verschiedene Formen des Lagereflexes vorhanden. Welche Kombination man auch herstellt, stets ist die neue Form des Reflexes *sofort* da! Zu diesen Umstellungen bedarf der Taschenkrebs seines Gehirnes nicht. Sie erfolgen auch dann noch, wenn die beiden Schlundcommissuren durchschnitten sind (BETHE 1897).

### f) Vielfüßige Tiere (Myriapoden).

Der direkten Beobachtung sind die Erfolge von Beinamputationen nicht zugänglich, da die Bewegungen zu schnell vor sich gehen. Zur Untersuchung kann daher nur die Kinematographie in Frage kommen.

Da der Fortbewegungsmodus vollkommen anders ist als bei den bisher betrachteten Tieren, nämlich in der Form von hinten nach vorn verlaufender Wellen erfolgt, bei denen sich die Stellung benachbarter Beine nur wenig voneinander unterscheidet, so waren deutliche Koordinationsänderungen nach Fortnahme weniger Beine nicht zu erwarten. Dagegen zeigten sich deutliche Änderungen im Verlauf der Wellen beider Seiten, wenn im Bereich mehrerer Segmente die Beine auf einer Seite herausrasiert wurden (BETHE und SALMONSON[2]). — Koordinationsänderungen scheinen also auch an diesen Tieren zu erzielen sein; über ihr Wesen lassen sich aber noch keine allgemeinen Regeln aufstellen[3].

### Anhang.

Von den vielfachen Anpassungen an den Verlust anderer Körperteile sei hier noch eine besonders auffallende Beobachtung von K. v. FRISCH[4] erwähnt: Nach Entfernung der Schwimmblase sinken Elritzen (Fische) zu Boden; sie können nicht mehr schweben. Nach kurzer Zeit *können* sie aber wieder schweben. Die Tiere erreichen dies dadurch, daß sie an die Oberfläche schwimmen und so lange Luft in den Darm schlucken, bis ihr spezifisches Gewicht wieder dem des Wassers etwa gleich geworden ist.

Ferner seien Versuche von G. SCHMALTZ[5] erwähnt, bei denen Tauben, Katzen usw. der Kopf in Dorsalflektion gebracht war. Diese bewegten sich nach einiger Zeit statt vorwärts rückwärts.

## 2. Versuche zur Analyse der nach Amputationen auftretenden Koordinationsänderungen.

### a) Graduelle Beinverkürzungen.

Schon uralte Erfahrungen an Menschen und anderen Säugetieren zeigen, daß eine verkürzte Extremität[6] so lange zur Fortbewegung herangezogen wird, als es noch ohne große Schwierigkeiten gelingt, mit derselben den Boden zu

---

[1] BETHE, A.: Das Nervensystem von Carcinus Maenas. Arch. mikrosk. Anat. **50**, 513 (1897) — Pflügers Arch. **224**, 805 (1930).
[2] BETHE, A., u. A. SALMONSON: Pflügers Arch. **226**, 749 (1931).
[3] Neue Untersuchungen hierüber sind im Gange.
[4] FRISCH, K. v.: Verh. dtsch. zool. Ges. **1931**, 99.
[5] SCHMALTZ, G.: Acta oto-laryng. **15**, 547 (1931).
[6] Gemeint sind angeborene Verkürzungen oder artifizielle nach Ausheilung der gesetzten Verletzung.

erreichen. Wohl wird der Rhythmus verändert, der Gang wird hinkend, eine Koordinationsänderung macht sich auch in der Stellung (Einknickung) der anderen beteiligten Extremitäten geltend, aber der Gang bleibt zweibeinig beim Menschen, vierbeinig beim Hund oder Reh. Die Toleranz im Grade der Verkürzung ist beim Menschen bedeutender als bei Vierfüßern. Ist die Verkürzung aber zu groß, dann tritt beim Menschen Hüpfen auf einem Bein, beim Vierfüßer Dreibeingang in Erscheinung.

Die *große* Koordinationsumstellung erfolgt, sowie der Kontakt mit dem Boden verlorengeht!

Zu einem ähnlichen Resultat führt beim Hund eine experimentell gesetzte schmerzhafte Einwirkung, welche erst beim Auftreten des Fußes auf den Boden zur Geltung kommt (Versuch mit untergebundener Nagelsohle; vgl. S. 1072). Sind die Nagelspitzen kurz, so wird der Gang nur wenig verändert (das betreffende Bein bleibt etwas kürzere Zeit auf dem Boden, so daß ein leichtes Hinken zustande kommt). Bohren sich die Spitzen beim Auftreten aber tiefer in die Fußsohle, dann wird das Bein gehoben und der ganz anders geartete Dreibeingang tritt in Erscheinung. Auch hier ist es die Aufhebung des Kontaktes mit dem Boden, die plötzlich die Umstellung bewirkt; denn sowie das Tier wieder für ein paar Schritte mit der Sohle auftritt (was nach einiger Zeit zu geschehen pflegt), ist auch der ganz andere Rhythmus des Vierfüßerganges wieder da, um gleich darauf bei hochgehaltenem Bein von neuem zu verschwinden.

Die Länge der Extremität an sich ändert den Charakter des Ganges nicht oder jedenfalls nicht wesentlich. Mit einer untergebundenen Stelze von 20 bis 30 cm Länge kann ein Mensch noch ganz gut als Zweifüßer gehen. Ebenso kann man einem Hund nach Verlust der „motorischen Zonen" an einem Bein eine Stelze von 5—10 cm Länge befestigen, und trotzdem läuft er im Vierfüßertakt weiter. Normale Hunde dagegen pflegen bei einer einigermaßen hohen Stelze das Bein hochzuheben und mit Dreifüßertakt zu laufen.

Ob nun bei einem auf drei Beinen laufenden Hund nur ein kurzer Stummel, ein normales Bein oder ein verlängertes Bein vorhanden ist, immer macht dieser Appendix beim Laufen *kleine* Mitbewegungen, die aber nicht die des Vierfüßerganges sind, sondern sich in den veränderten Rhythmus der drei Laufbeine einfügen.

Das gleiche konnte KÜHL[1] bei Carcinus feststellen: Solange ein Beinstummel noch den Boden erreicht, bleibt der Gangrhythmus der alte. Sowie das nicht mehr der Fall ist, tritt die Koordinationsänderung ein! (Der Autotomiestumpf soll bei Carcinus aber *keine* Mitbewegungen machen.) Auch bei Laufkäfern läßt sich dasselbe konstatieren, ebenso bei Wasserkäfern, wenn sie auf dem Lande laufen. Diese verhalten sich aber *anders beim Schwimmen*, und das ist verständlich, weil ein Bein bei gradueller Verkürzung zur Fortbewegung im Wasser nicht plötzlich, sondern allmählich untauglich wird. Das Ersatzbein kommt dementsprechend auch nicht von einer bestimmten Beinverkürzung an auf einmal ganz aus seinem Versteck heraus, sondern erst wenig und dann bei weiterer Verkürzung mehr[2].

### b) Feststellung eines oder mehrerer Beine.

W. v. BUDDENBROCK[3] fand bei seinen Versuchen an Dixippus, daß Fixierung zweier Beine in ihren Gelenken dieselbe Wirkung hat wie die Amputation derselben. Wir können diesen Befund bei *keinem* der von uns untersuchten Tiere

---

[1] KÜHL, H.: Z. vergl. Physiol. **14**, 450 (1931).
[2] BETHE, A., u. E. WOITAS: Pflügers Arch. **224**, 833 (1930).
[3] BUDDENBROCK, W. v.: Grundriß der vergl. Physiol., S. 244. Berlin 1928.

bestätigen. Schon die Feststellung eines einzigen Beines bewirkt immer einen *höheren oder geringeren Grad allgemeiner Hemmung* und eine oft weitgehende *Störung der Koordination*. Die für den Verlust des betreffenden Beines sonst typische Umstellung der Koordination bleibt aus oder tritt unvollkommen und sehr verzögert ein.

So sind Wasserkäfer bei Fixierung eines Schwimmbeines in der Nähe des Hüftgelenkes schon beim Laufen auf dem Lande deutlich gehemmt. Im Wasser sind sie vollends hilflos und machen gänzlich unkoordinierte Bewegungen. Sowie dann das Bein am Hüftgelenk abgetrennt und der Stummel wieder beweglich wird, kommt sofort das Mittelbein heraus und das Tier schwimmt elegant mit der neuen Koordination davon[1]. Erneute Feststellung des kurzen Stummels ruft von neuem die Hemmung hervor!

Außerordentlich starke Hemmungen und *Störungen der Koordination treten bei Hunden auf, wenn man ein Bein* — besonders ein Hinterbein — in Beugestellung (und zwar ungefähr in der Stellung, welche das Bein beim Laufen auf drei Beinen annimmt) *feststellt*. Ein einfaches Hochbinden des Beines mit einer weichen Binde reicht hierzu allerdings nicht aus. Solange die Tiere noch imstande sind, mit dem hochgebundenen Bein ausgiebige Bewegungen auszuführen, solange laufen sie meist in der gewöhnlichen Weise auf drei Beinen. Ist die Fixierung der Gelenke aber fast vollkommen, wie sich das leicht durch einen Gipsverband erreichen läßt, dann liegen die Tiere meist hilflos am Boden, strampeln auf Lockrufe unkoordiniert mit den Beinen und sind nicht imstande, aufzustehen. Stellt man sie auf die Beine, so bleiben sie starr stehen, versuchen wohl einige Schritte zu machen, kommen aber nicht von der Stelle oder fallen meist wieder um (Abb. 372a).

Wir haben manchmal den Gipsverband länger als einen Tag liegen lassen, ohne daß eine Änderung im Verhalten der Tiere eintrat. Um die Hemmung hervorzurufen, ist es nicht notwendig, alle drei Gelenke (Fuß-, Knie- und Hüftgelenk) zu fixieren. Wir haben mehrfach nacheinander die einzelnen Gelenke freigegeben und dabei gefunden, daß zwar bei Freigabe eines Gelenkes die Hemmung etwas geringer wird, daß sie aber dann noch sehr deutlich ist, wenn nur noch ein Gelenk (besonders das Kniegelenk) festgestellt ist. Erst wenn auch das dritte Gelenk gelöst wird, springen die Tiere wieder ungehemmt herum; dies geschieht im Vierfüßer-Rhythmus, wenn nichts weiter an dem Tier geschehen ist. Hat man ihm aber vorher eine Nagelsohle untergebunden, so tritt bei Lösung des Verbandes das ein, was man vielleicht auch bei Feststellung der Gelenke hätte erwarten können, nämlich typisches Laufen auf drei Beinen[2].

Wichtig ist nun, daß auch bei Hunden mit amputierten Beinen Eingipsen der Amputationsstümpfe noch starke Hemmung hervorruft, wenn dieselbe auch hinter der Hemmung normaler Tiere zurückbleibt (Abb. 372b).

Danach ist es offenbar, daß die kleinen Mitbewegungen, welche das ganze Bein (wenn es vom Hund infolge schmerzhafter Reizung beim Auftreten hochgehoben wird) oder ein kurzer Beinstummel (Hund, Wasserkäfer) ausführt, zum Eintritt der veränderten Koordination notwendig sind. Werden sie verhindert, so wissen — bildlich gesprochen — die Erregungen, die sonst zur Lokomotion in der einen oder anderen Art führen, nicht, wohin sie sollen. Allgemeine Hemmung und das Auftreten unkoordinierter Bewegungen beim Anreiz zur Lokomotion sind die Folge.

Diese Auslegung der Befunde mußte sich durch Wurzeloperationen am Hund auf ihre Richtigkeit prüfen lassen. Die Zahl unserer Versuche ist allerdings noch gering; die Resultate lassen aber bereits erkennen, daß die Erklärung zutreffend

---

[1] BETHE, A.: Ber. Physiol. **32**, 686 (1925). — BETHE u. WOITAS: Pflügers Arch. **224**, 831 (1930).

[2] Ähnliche Hemmungen sah SCHMALTZ (zitiert auf S. 1082) nach fixierter Dorsalflexion des Kopfes besonders bei Fröschen, Kaninchen und Mausen.

Versuche zur Analyse der nach Amputationen auftretenden Koordinationsänderungen. 1085

Abb. 372. Storung und Hemmung der Koordination durch Feststellen von Gliedern. *a* normaler Hund, beide Vorderbeine fest eingegipst. *b* doppelseitig, vorn amputierter Hund „Pitt", Vorderstummel test eingegipst. *c* Hund „Pitt" sofort nach Entfernung des Gipsverbandes.

ist: Durchschneidung der *hinteren Wurzeln* im Bereich eines Hinterbeines führt, wie bekannt[1], dazu, daß die Tiere das betreffende Bein in der Regel anziehen und auf den drei gesunden Beinen laufen[2]. Wird das asensible Bein in Beugestellung *eingegipst*, so tritt zwar eine gewisse Hemmung ein, sie ist aber außerordentlich gering gegen die, welche an normalen Tieren zur Beobachtung kommt, und von Inkoordination ist nichts zu sehen. Die Tiere laufen koordiniert, wenn auch langsamer als sonst, auf den drei gesunden Beinen und sind imstande, aus jeder Lage aufzustehen, was bei normalen Tieren *nie* der Fall ist.

Die geringfügige Hemmung trat auch dann in Erscheinung, wenn nur das Kniegelenk festgestellt war. Ob sie auf einige stehengebliebene Wurzelfäden zurückzuführen ist (wir operierten stets intradural), wagen wir noch nicht zu entscheiden.

[1] BICKEL, A.: Pflügers Arch. **67**, 299 (1897).
[2] Nur gelegentlich wird das asensible Bein beim Laufen auf den Boden gesetzt, wobei Vierfüßer-Rhythmus eintritt. Beim dreibeinigen Laufen macht es starke Mitbewegungen. Immer wird es auf den Boden gesetzt, wenn die Tiere sich auf die Hinterbeine aufrichten. Überraschend ist, wie gut lokalisiert sie sich mit dem asensiblen Bein kratzen können, eine Beobachtung, die nach unserer Erinnerung schon von SHERRINGTON gemacht wurde.

Nach extraduraler Durchschneidung aller *motorischen Wurzeln* eines Hinterbeines — wir verfügen bisher nur über einen gut gelungenen Fall dieser Art — übte das Eingipsen des Beines *gar keine Hemmung aus.* Das Tier lief sogar *besser* auf drei Beinen als ohne Gipsverband, weil das sonst schlaff herabhängende und beim Laufen hin und her pendelnde Bein das gesunde Hinterbein nicht mehr behinderte.

Besonderes Interesse schien uns ein Hund zu bieten, bei welchem (bei gut erhaltener Sensibilität) durch die Wurzeldurchschneidung nur die Beugemuskeln des Oberschenkels und die ganze Muskulatur des Fußes gelähmt waren. Er konnte daher noch, wenn auch schlecht, auf vier Beinen laufen, lief aber manchmal schon spontan auf drei Beinen. Immer tat er dies, wenn unter die Nagelsohle des so geschädigte Bein gebunden ward. Eingipsen des geschädigten Beines führte nun noch zu einer deutlichen Hemmung, die aber an Stärke *weit* hinter der zurückblieb, die am gleichen Tier vor der Wurzeloperation auftrat und kinematographisch festgehalten worden war.

Danach ist zu schließen, daß Hemmung und Inkoordination nach Feststellung eines Beines bei einem normalen Tier deshalb eintritt, weil bei jedem Schritt Mitbewegungen des fixierten Beines angeregt, aber nicht ausgeführt werden können. Fallen diese Mitbewegungen fort (motorische Lähmung), so bleibt die Hemmung aus, wird die Mitbewegung nicht mehr zum Zentralorgan hingemeldet (receptorische Lähmung), so tritt ebenfalls keine Störung ein und das Tier bewegt sich, als ob das Bein ganz fehlte.

Auch beim Menschen macht sich die Hemmung bei Fixierung eines Gliedes deutlich bemerkbar, selbst dann, wenn es der Lokomotion nicht unmittelbar dient: Bei fest eingegipstem Arm ist der Gang viel unsicherer, als wenn der Arm amputiert ist. Ebenso sind die Hantierungen des freien Armes oft ungeschickter als dort.

Wesentlich geringer als bei Wasserkäfern und Hunden sind die Hemmungen und Koordinationsstörungen bei brachyuren Krebsen. Dies ermöglichte eine Reihe aufschlußreicher Experimente, die Kühl[1] ausgeführt hat[2]:

Wird das Kniegelenk eines oder mehrerer Beine durch eine Manschette festgestellt, so wird das Bein im normalen Takt bewegt, solange seine Spitze den Boden berühren kann (obwohl es der Fortbewegung nichts mehr nützt!). Berührt die Fußspitze den Boden nicht, so ändert sich der Rhythmus so, als ob das Bein fehlte. Der *Rhythmus schlägt aber immer um,* wenn nur das *Hüftgelenk,* und zwar so *fixiert ist,* daß die Fußspitze den Boden nicht mehr erreicht (hierbei sind übrigens nach unseren Beobachtungen wieder deutliche Mitbewegungen in den freien Gelenken zu sehen).

Werden zwei benachbarte Beine mit den Spitzen (den Dactylopoditen) aneinander gekoppelt, so *muß eines der Beine seinen Rhythmus ändern,* und dies geschieht, wie auch wir uns überzeugten, sowie die anfängliche Hemmung überwunden ist. Werden z. B. die beiden Mittelbeine einer Seite aneinander gekoppelt, so bewegen sie sich *wie eine Einheit,* und zwar abwechselnd mit Bein 1 und 4. Mit der Zeit wird dieser Gang recht schnell und geschickt[3]. Wird nach mehreren Tagen die Kopplung gelöst, so tritt *sofort* wieder normaler Gang ein.

Andere Kombinationen geben ebenfalls interessante Aufschlüsse. Von den Kühlschen Experimenten sei noch erwähnt, daß die alleinige Durchtrennung des Beinhebers im Hüftgelenk schon die Rhythmusänderung hervorruft.

---

[1] Kühl, H.: Beitrag zur Plastizität des Nervensystems. Z. vergl. Physiol. **14**, 450 (1931).

[2] Die Hemmung ist aber, wenigstens bei Carcinus, an dem wir die Kühlschen Versuche wiederholten, anfangs immer sehr deutlich und verliert sich erst nach Stunden oder Tagen. So ist z. B. ein Tier, dem die beiden Mittelbeine zusammengekoppelt sind, zunächst kaum imstande zu laufen und vermag sich nicht aus der Rückenlage umzudrehen, während es nach Amputation dieser Beine sofort weiterläuft. Ebenso tritt nach Fixierung der beiden Scheren, die doch beim Laufen kaum mitbeteiligt sind, in Dorsalflexion eine so starke Hemmung ein, daß die Tiere anfänglich weder laufen noch sich umdrehen können. Alle diese Hemmungen gehen aber vorüber.

[3] Wir beobachteten bei solchen Tieren bisweilen eine neue Abwandlung: Die Tiere gingen zeitweise nicht mehr seitwärts, sondern unter Zuhilfenahme der Scheren vorwärts!

## 3. Das Nervensystem als Regulator bei teilweise vertauschten Körperbeständen.

In diesem Kapitel soll es sich im wesentlichen um Vertauschung der normalen nervösen Beziehungen von Erfolgsorganen (Effektoren) bzw. von Aufnahmeapparaten (Receptoren) handeln. Dies kann auf verschiedenen Wegen geschehen: 1. Es können Nerven, welche funktionell verschiedene Endbezirke innervieren, gekreuzt werden. 2. Ein entnervtes Gebiet kann von einem fremden Nerven aus neurotisiert[1] werden. 3. Muskeln einer bestimmten Funktion können durch Verpflanzung ihrer Endsehnen vor eine von der früheren verschiedene mechanische Aufgabe gestellt werden. 4. Teilbewegungen des Rumpfes oder der Gliedmaßen oder die Zusammenziehungen aus ihrem natürlichen Verband losgelöster Muskeln können durch maschinelle Einrichtungen zu fremden Zwecken herangezogen werden. 5. Receptorische Gebiete können durch Vermittlung künstlicher Umleitung von Reizen zur Vermittlung ihnen ursprünglich nicht zukommender Erregungen benutzt werden. 6. Gliedmaßen können an unnatürlicher Stelle eingepflanzt und von abnormen Stellen des Zentralnervensystems neurotisiert werden. 7. Teile des Zentralorgans können vertauscht werden.

Solche Vertauschungen sind fast ausnahmslos bewußt experimentell am Tier durchgeführt, oder es wurde mit ihrer Hilfe angestrebt, gröbere Ausfallskomplexe bei kranken oder verstümmelten Menschen zu decken. Da das Ziel dieser Vertauschungen — eine harmonische Einfügung der verlagerten Teile in den Betrieb des Organismus in vielen Fällen erreicht wurde, so sind Beispiele dieser Art ganz besonders lehrreich, denn es ist vollkommen ausgeschlossen, daß die auftretenden Umstellungen in irgendeiner Form von vornherein vorgesehen sind. Fast keine dieser Vertauschungen kann jemals auf natürlichem Wege zustande kommen, und es erscheint undenkbar, daß die Natur sich auf Möglichkeiten eingestellt hat, die erst durch den experimentierenden Menschen zur Durchführung gelangen konnten.

Bei den bisher betrachteten Fällen von Plastizität (Umstellungen bei unversehrtem und vermindertem Körperbestand) war dem Verfechter der alten Zentrenlehre immer noch die Möglichkeit zu der Annahme gegeben, es könnten wenigstens „potentia" besondere Einrichtungen im Nervensystem vorgebildet sein, um in jedem vorkommenden Fall zu einem harmonischen Zusammenarbeiten der Teile zu führen. (Wir selber glauben allerdings, daß eine solche Annahme angesichts der ungeheuren Kompliziertheit der zu fordernden Einrichtungen ihren Sinn verliert.) Diese Annahme fällt aber bei vertauschtem Körperbestand fort. Auf der anderen Seite haben aber Versuche mit vermindertem Körperbestand den Vorzug, daß die Umstellung fast immer unmittelbar erfolgt, ein Geschehen, das bei den meisten Vertauschungsexperimenten ausgeschlossen ist. Hier muß ja in den meisten Fällen der Veränderung der Funktion ein Heilungs- oder gar ein Regenerationsprozeß vorausgehen, der oft Tage, Wochen und Monate in Anspruch nimmt. Während dieser Zeit hätte das Nervensystem, so könnte man sagen, Zeit, sich auf die veränderten Verhältnisse einzustellen, und man könnte den ganzen Vorgang, besonders beim Menschen und den höheren Tieren, als einen „Lernprozeß" ansehen. Die bisherigen Befunde geben aber schon Beispiele genug, in denen sich eine derartige Erklärung nicht durchführen läßt, Fälle, in denen wir gezwungen sind, die Plastizitätsphänomene in primitive Teile des Nervensystems hineinzuverlegen.

---

[1] D. h. mit Nervenfasern versorgt werden. Über die Art, wie dies geschieht, sagt der alte Ausdruck VANLAIRs nichts aus.

## a) Vertauschung von Nervenverbindungen.

Bei der Beurteilung der regulatorischen Tätigkeit des Zentralnervensystems nach Vertauschung von Nervenverbindungen muß berücksichtigt werden, daß durch Ersatzerscheinungen eine Funktionstüchtigkeit der hergestellten Nervenverbindungen *vorgetäuscht* werden kann. Es muß auch daran erinnert werden, daß wir Fälle kennen, in denen anscheinend durch abnorme Anastomosen und Nervenversorgungen trotz fehlender Verbindung mit einem bestimmten Nerv keinerlei Ausfallserscheinungen zur Beobachtung gelangten[1].

Andererseits darf bei der Beurteilung der Funktionsherstellung nach vertauschender Nervennaht nicht vergessen werden, daß auch bei einer einfachen Nervennaht, d. h. Vereinigung der zusammengehörigen Nervenenden, die funktionellen Erfolge nicht einen hundertprozentigen Erfolg aufweisen. Dies gilt ganz besonders für den Menschen. Seine Nerven weisen ein weit schlechteres Regenerationsvermögen auf als die Nerven der meisten Tiere[2]. Hier beträgt auch die Muskelkraft nach Nervennaht selten mehr als ein Drittel der Kraft des Vergleichsmuskels[3], und durch Nervennaht wieder funktionstüchtig gemachten Muskeln haben eine abnorm leichte Ermüdbarkeit[4]. Wir müssen ferner im Auge behalten, daß des öfteren auch bei der einfachen Nervennaht trotz einer durch elektrische Reizung nachgewiesenen Leitfähigkeit der Narbe und trotz Wiederherstellung der normalen Zuckungsform des Muskels willkürliche und auch reflektorische Bewegungen *nicht* möglich sind[5]. Dies gilt nicht nur für den Menschen, sondern auch für das Tier. GOLDSTEIN[6] spricht von Reflexlähmungen durch Reizzustände in der Peripherie, da ähnliche Zustände auch bei reinen Weichteilverletzungen zur Beobachtung gelangten. Diese Erklärung ist um so einleuchtender, als GOLDSTEIN auch Fälle beschreibt, in denen Willkürinnervation nur innerhalb ganz bestimmter Gelenkstellungen möglich waren. Ähnliches wird auch von SPIELMEYR berichtet. Mit solchen Hemmungserscheinungen hängt es wohl auch zusammen, daß PERTHES[7] von Fällen berichtet, in denen sich nach Nervennaht ganz plötzlich über Nacht mehr oder minder völlige Restitution einstellte. Diesen Ausnahmen stehen Normalfälle gegenüber, bei denen die Nahtstelle die willkürliche oder reflektorische Erregung schon eher leitet, als elektrisch von Stellen oberhalb oder unterhalb der Nahtstelle eine Zuckung auslösbar ist[8]. Andererseits hat HOFFMANN[9] gezeigt, daß lange vor der elektrischen Erregbarkeit des regenerierten Nerven die mechanische Erregbarkeit vorhanden sein kann. Hand in Hand mit diesen Erregbarkeitsverhältnissen gehen die Beobachtungen, daß die Nervenfasern meist die Impulse schon leiten, bevor sie im histologischen Bild voll ausgereift erscheinen[10].

Wir haben auf alle diese Erscheinungen hingewiesen, weil sie bei der Beurteilung der Funktionsherstellung nach Nervenvertauschung berücksichtigt werden müssen. Wenn man auch als allgemeine Forderung aufstellen wird, daß man als Beweis geglückter Nervenvertauschung die Leitung eines zentral der Narbe angesetzten Reizes *nach dem gewünschten* peripheren Abschnitt nachgewiesen sein muß, so wird man doch bei Berücksichtigung des oben Gesagten unter Umständen auch solche Fälle gelten lassen, wo die elektrische Erregung zwar versagte, wo aber nach frischer Umschneidung der Nervennarbe der Erfolg unverändert blieb, also ziemlich sichergestellt ist, daß kein Einwachsen von Fasern aus nicht erwünschter Richtung stattfand.

Bis zu einem gewissen Grade muß schon die *einfache Nervennaht* als eine *vertauschende Nervennaht angesprochen werden*, denn, wie wir sicher wissen, tritt häufig bei der Nervennaht trotz aller Sorgfalt bei der Adaptation der Stümpfe eine Torsion des Nerven um seine Achse ein und die aus dem zentralen Stumpf auswachsenden Fasern wachsen unter vielfachen Teilungen wahllos in die einzelnen

---

[1] GOLDMANN, E.: Beitr. Chir. **51**, 183 (1906).
[2] SPIELMEYR, W.: Ds. Handb. **9**, 285 (1929).
[3] STRACKER, O.: Beitr. Chir. **116**, 244 (1919).
[4] RANSCHBURG, P.: Die Heilerfolge der Nervennaht, S. 64. Berlin 1918.
[5] BIDDER, F.: Müllers Arch. **1842**, 102. — PLACZEKS, S.: Berl. klin. Wschr. **30**, 1021 (1893). — BERNHARDT, M.: Mschr. Psychiatr. **23**, 191 (1908). — FÖRSTER, O.: Dtsch. Z. Nervenheilk. **59**, 32 (1918).
[6] GOLDSTEIN, K.: Z. orthop. Chir. **36**, 358 (1916).
[7] PERTHES, G.: Handb. d. ärztl. Erfahrung im Weltkrieg **2**, 580. Leipzig 1922.
[8] HOWELL, W. H., u. G. C. HUBER: J. of Physiol. **13**, 335 (1892). — HUBER, G. C.: J. of Morphol. **11**, 629 (1895) und andere.
[9] HOFFMANN, P.: Med. Klin. **11**, 359, 856 (1915).
[10] PERTHES, G.: Handb. d. ärztl. Erfahrung im Weltkrieg **2**, 555. Leipzig 1922. — SACHS, E., u. J. Y. MALONE: Arch. Surg. **5**, 314 (1922).

Faszikel des peripheren Stumpfes ein. Eine Vertauschung früherer Verbindungen ist unvermeidlich.

In diesem Sinne können schon die ersten Nervennähte[1], die funktionell ausheilten, in unserem Sinn verwertet werden. Erwähnt seien hier nur die Versuche HAIGHTONs[2], der in zwei durch mehrere Wochen getrennten Sitzungen beide Vagi durchschnitt und ohne Adaptation der Nervenenden volle funktionelle Wiederherstellung fand. Sie wurde durch erneute gleichzeitige Durchschneidung beider regenerierten Vagi bewiesen, die zum alsbaldigen Tod des Tieres führte.

Auch bei sorgfältigster Adaptation der Stumpfenden bildet sich immer ein mehr oder weniger dickes Neurom, in welchem sich die Nervenfasern weithin durchflechten (Abb. 373)[3,4]. Erst wenn die Nervenfasern des zentralen Stumpfes den peripheren Stumpf erreicht haben, tritt wieder parallele Anordnung der Fasern ein. Allerdings sind die Achsenzylinderteilungen zahlreicher und die Durchflechtungen stärker, die Neurome daher dicker, wenn eine Dehiszenz zwischen den Stümpfen vorhanden war. Aber auch bei guten Nähten kann schon nach dem histologischen Bild keine Rede davon sein, daß die richtigen Fasern wieder zusammenkommen. Ältere Versuche von BETHE am Hunde, bei denen der durchschnittene Ischiadicus

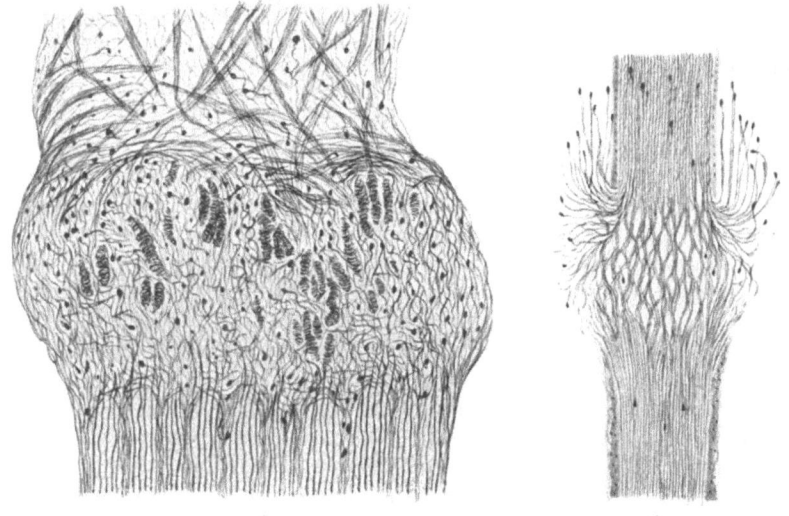

Abb. 373. Halbschematische Wiedergabe der Zusammenwachsungsstelle eines durchschnittenen Nerven (zentrales Ende oben). *a* nach PERRONCITO; *b* nach CAJAL.

auf der einen Seite in möglichst guter Orientierung, auf der anderen mit gewollter Verdrehung zusammengenäht wurde, ergaben im ersten Fall kein besseres funktionelles Resultat als im letzteren!

Daß es bei der Vernähung der zusammengehörigen Enden eines Nerven tatsächlich zu falschen Verbindungen kommt, ist auch durch vielfache Versuche bewiesen[5]. Schuld an den zahlreichen Vertauschungen sind, wie schon erwähnt, vor allem die vielfachen Teilungen der auswachsenden Nervenfasern in der Narbe, die sich weiter peripher an den natürlichen Bifurkationen wiederholen[6]. Das Resultat dieser vielfältigen Aufspaltung und der „Verirrung" der Teiläste zeigt sich im motorischen Gebiet im Zustandekommen der sog. *Axonreflexe*: Reizt

---

[1] FONTANA, F.: Traité sur le venin de la vipère etc. **2**, 177. Florenz 1781. — CRUIKSHANK, I.: Philos. Transact. roy. Soc. Lond. **1795**, 177.
[2] HAIGHTON, I.: Philos. Transact. roy. Soc. Lond. **1795**, 190.
[3] PERRONCITO, A.: Bolletino d. soc. med.-chirur. Pavia. 3. Nov. 1905.
[4] CAJAL, RAMONY: Trabajos d. Lab. d. Investig. Biol. Univ. Madrid. **4**, 145 (1905/6).
[5] FORSSMANN, I.: Beitr. path. Anat. **24**, 56 (1898); **27**, 407 (1900).
[6] KILVINGTON, B.: Brit. med. J. **1**, 935 (1905). — OSBORNE, W. A., u. B. KILVINGTON: J. of Physiol. **37**, 1 (1908); **38**, 276, 268 (1909).

man im peripheren Ausbreitungsgebiet eines genähten Nerven den zu einem Muskel führenden Ast, so geraten außer diesem noch andere Muskeln des Gebiets in Tätigkeit, und zwar oft in hohem Maße[1]. Durchschneidet man den Nerven oberhalb der Narbe, so bleibt das Phänomen bestehen; durchschneidet man ihn unterhalb der Narbe, so fällt es fort. Es reagiert dann nur noch *der* Muskel, zu dem der gereizte Ast führt, ein Beweis, daß die Übertragung im Neurom liegt[2].

Man sollte annehmen, daß diese mehrfachen Verknüpfungen einer zentralen Nervenfaser mit Fasern verschiedener Muskeln schwerste Störungen der Koordination bedingen. Davon ist aber nichts zu bemerken. Das Zentralnervensystem paßt sich dieser Schwierigkeit offenbar vollkommen an.

STOFFEL glaubte[3], durch genau adaptatierte Vernähung der einzelnen Nervenbündel im Nerv die Funktionsherstellung infolge Vermeidung von Axonreflexen begünstigen zu können. Doch hat diese Ansicht keine allgemeine Anerkennung finden können, so daß man mit Recht auf dem Standpunkt stehen kann, daß die Frage, bis zu welchem Ausmaße Axonverbindungen stattgefunden haben, für die funktionelle Herstellung gleichgültig ist[4]. LANGLEY[5] hat übrigens entgegen der Annahme STOFFELs zeigen können, daß die einzelnen Nervenbündel in den oberen Abschnitten der Nerven keineswegs Fasern nur für *einen* Muskel enthalten, sondern daß noch im späteren Verlauf des Nerven Faseraustausche zwischen den Bündeln stattfinden, die er als innere Nervenplexusse bezeichnet.

LANGLEY, PERTHES[6] und andere äußern ganz vorsichtig die Ansicht, daß Faserverbindungen, die durch doppelte oder mehrfache Verknüpfungen mit verschiedenen Muskeln die Koordination stören könnten, nicht ausreifen, sondern zum Teil wieder degenerieren. Es liegen jedoch keinerlei experimentelle Beweise für diese Vermutung vor, sondern die Tatsachen sprechen vielmehr dafür, daß einmal hergestellte Verbindungen auch bestehen bleiben, denn man findet Axonreflexe noch Monate nach vollkommener Regeneration. Tatsache bleibt daher, daß diese Doppel- und Mehrfachverbindungen die Funktion der Glieder nicht stören.

Bei den durch Axonreflexe feststellbaren abnormen Verbindungen, handelt es sich um Fasern, welche jeweils von *einer* zentralen Ganglienzelle kommend sich auf mehrere Muskeln, oft sehr verschiedener Funktion verteilen[7]. Zu diesen kommen aber, nach dem histologischen Befund zu urteilen, sicherlich noch eine Menge anderer Falschverbindungen, bei welchen Fasern, die früher alle einem Muskel zugehörten, nach der Verheilung sich auf ganz verschiedene Muskelgebiete verteilt haben. Diese Falschverbindungen wären wohl nur durch Reizung der vorderen Wurzeln und mit der Degenerationsmethode faßbar. Dahingehende Untersuchungen sind uns nicht bekannt. Es scheint uns aber sicher, daß solche falsche Verbindungen in großer Zahl vorkommen müssen. Nach alledem ist es wahrscheinlich, ja fast sicher, daß jeder Muskel im Gebiet eines zusammengeheilten Nerven seine Innervation aus sämtlichen motorischen Kernen bezieht, die zu dem betreffenden Nerven gehören.

---

[1] LANGLEY, I. N., u. H. K. ANDERSEN: J. of Physiol. **31**, 365 (1904).
[2] Absolut bewiesen ist diese Deutung der Axonreflexe nicht; sie ist aber sehr wahrscheinlich.
[3] STOFFEL, A.: Z. orthop. Chir. **25**, 505 (1910) — Dtsch. Z. Chir. **107**, 241 (1910) — Münch. med. Wschr. **58**, 2493 (1911).
[4] FÖRSTER, O.: Dtsch. Z. Nervenheilk. **59**, 32 (1918); **115**, 248 (1930). — Siehe auch A. BETHE: Dtsch. med. Wschr. **1916**, Nr 43.
[5] LANGLEY, I. N., u. M. HASHIMOMO: J. of Physiol. **51**, 318 (1917).
[6] PERTHES, G.: Handb. d. ärztl. Erfahrung im Weltkrieg **2**, 554. Leipzig 1922.
[7] Wir sahen z. B. nach weit zentralgelegener Naht des Ischiadicus und nochmaliger hoher Durchschneidung bei Reizung des zum Gastrocnemius ziehenden Astes zugleich mit Kontraktionen im Gastrocnemius auch kräftige Zusammenziehungen im Tibialis anterior, in den Streckern der Zehen und im Semitendinosus auftreten.

Was für das motorische Gebiet zutrifft, muß notwendigerweise auch für das *receptorische* Gebiet gelten. Auch hier müssen nach erfolgreicher Nervennaht viele Fasern, die ursprünglich von einer Hautstelle herkamen, ihren Anschluß an ganz andere Hautstellen bekommen haben. Wäre die Funktion der zugehörigen zentralen Stationen unabänderlich, wie es die alte Zentrenlehre in der speziellen Form der spezifischen Sinnesenergie annimmt, dann müßte Falschlokalisation die Folge sein, denn zur Lehre von der spezifischen Sinnesenergie gehört ja das Lokalzeichen mit hinzu. Angaben über Falschlokalisation sind aber überaus spärlich. (Wir kommen weiter unten auf diese Frage zurück, nachdem wir die willkürlichen Nervenvertauschungen besprochen haben.)

Schon die Analyse der gewöhnlichen Nervennaht führt also zu dem Ergebnis, daß sich ursprünglich zusammengehörige zentrale und periphere Orte nicht oder nur teilweise wieder zusammenfinden, daß sich also die zentralen Orte umstellen müssen, da es die peripheren nicht können. Vollgültige und ganz überraschende Beweise für diese Umstellungsmöglichkeit geben aber erst Versuche, in denen willkürlich Innervationsgebiete vertauscht wurden.

Ehe wir auf diese Beweise eingehen, muß kurz die Frage gestreift werden, welche heterogenen Faserarten überhaupt zur funktionellen Vereinigung gebracht werden können. Die Literatur hierüber ist sehr ausgedehnt und geht auf die Mitte des vorigen Jahrhunderts zurück. LANGLEY und ANDERSON[1], die sich am intensivsten mit dieser Frage beschäftigt haben, kommen zu dem Resultat, daß sich alle Faserarten, die im Prinzip gleicher Art sind, so miteinander verheilen lassen, daß die Narbe eine physiologisch wirksame Durchlässigkeit zeigt (also: motorische mit motorischen, sensible mit sensiblen, präganglionäre mit präganglionären, postganglionäre mit postganglionaren jeder Art). Eine funktionelle Vereinigung ist auch möglich zwischen motorischen und präganglionären Fasern und umgekehrt, aber nicht zwischen motorischen und sensiblen und zwischen motorischen und postganglionären.

BOEKE[2] hat dem Problem der Vereinigung receptorischer und motorischer Fasern besonders bezüglich der histologischen Seite seine Aufmerksamkeit zugewandt. Obwohl er histologisch zu einer Bejahung dieser Frage kommt, fühlt er sich nicht imstande, irgendwelche Aussagen über die Funktionstuchtigkeit dieser Verbindungen zu machen. Im Gegenteil weist er im einzelnen nach, daß alle diesbezüglichen Versuche seiner Vorgänger als nicht beweisend in funktioneller Beziehung anzusehen sind. Es ist daher für uns unverständlich, wie ELZE[3] gerade auf Grund der BOEKEschen Arbeiten zu der theoretischen Annahme kommt, daß alle Nervenfasern physiologisch doppelt leiten, daß eine Unterscheidung in motorische und sensible Fasern unsinnig sei und daß daher das BELL-MAGENDIEsche Gesetz der Rückenmarkswurzeln keine Gültigkeit habe.

Der Vollständigkeit halber seien hier ganz kurz noch zwei Beobachtungen erwähnt, da sie später aus dem Rahmen unserer Betrachtung herausfallen würden. 1. Bei Vernähung des zentralen Hypoglossus mit dem peripheren Lingualis unterhalb des Eintritts der Corda tympani erhalten die einwachsenden Hypoglossusfasern funktionelle Verbindung mit den von der Corda tympani versorgten Drüsen[4]. 2. KILVINGTON[5] zeigte, daß die Vorderwurzeln der Lumbalsegmente, die sonst die Muskeln der Hinterbeine versorgen, nach Vernähung mit den peripheren Vorderwurzelstümpfen, die zum Rectum und zur Blase führen, die Motorik derselben beherrschen können.

In der nachfolgenden Schilderung der sinnvollen Funktionsherstellung nach vertauschender Nervennaht halten wir uns immer an das periphere Versorgungsgebiet und fragen, durch welche zentrale Leitungsbahnen kann das Versorgungsgebiet wieder normale Funktion erlangen. Wie schon oben erwähnt, handelt es sich hier immer um *willkürliche* Vertauschung, wenn wir von dem einen in der Literatur berichteten Fall[6] absehen, bei dem nach Durchschuß von Peroneus

---

[1] LANGLEY, J. N., u. H. K. ANDERSON: Union of different kinds of nerve fibres. J. of Physiol. **31**, 365 (1904).
[2] BOEKE, I.: Erg. Physiol. **19**, 448 (1921). — Siehe auch A. BETHE: Pflügers Arch. **116**, 479 (1907).
[3] ELZE, C.: Naturwiss. **9**, 487 (1921).
[4] CALUGAREANU, O., u. V. HENRI: C. r. Soc. Biol. Paris **1901**, 1099.
[5] KILVINGTON, B.: Brit. med. J. **1**, 988 (1907).
[6] NAEGELI, TH.: Med. Klin. **12**, 848 (1916).

und Tibialis sich nach einem Jahr die Peroneusfunktion wiederhergestellt hatte, der Operationsbefund aber dann ergab, daß die Versorgung des peripheren Peroneus durch den zentralen Tibialis und nicht durch den Peroneus erfolgt war.

### α) *Kreuzung großer peripherer Gebiete.*

An erster Stelle müssen wir die klassischen Versuche von FLOURENS[1] (1828) erwähnen, der beim Hahn die beiden Hauptnerven des Plexus brachialis kreuzweise vernähte. Nach „mehreren Monaten" konstatierte er völlig normalen Flug und erbrachte den experimentellen Nachweis, daß Reizung des zentralen Teiles des ursprünglichen Hebernervs Senkung des Flügels, und Reizung des zentralen ursprünglichen Senkers Hebung des Flügels hervorrief.

Gegen diese Versuche erhob STEFANI[2] den Einwand, daß Tauben bei Durchschneidung nur eines der Haupt-Flügelnerven noch regelrecht fliegen können. Wir können aus eigener Erfahrung diesen STEFANIschen Befund mit der Einschränkung bestätigen, daß in der Tat ein Flug noch möglich ist, wenn auch bei genauer Beobachtung Ausfallserscheinungen bei der Flügelausbreitung festzustellen sind. Bei gleichzeitiger Durchschneidung des Radialis und Medianus ist aber das Flugvermögen völlig aufgehoben. FLOURENS berichtet aber von *Kreuzung* der Flügelheber und Senker, d. h. voraussichtlich Kreuzung der Plexusnerven vor Abgang der Nerven zu den Flügelhebern und Senkern, eine Operation, die bei der Taube nur sehr schwer durchführbar ist, beim Hahn aber wesentlich leichter.

Im allgemeinen sind die späteren Kreuzungsversuche am Säugetier ausgeführt worden, und die radikalste Vertauschung stellt ein Versuch von BETHE dar[3], der bei einem jungen Hund beide Ischiadici unter Einpflanzung von einem Brudertier entnommener Nervenstücke kreuzte (Abb. 374). Die Wiederkehr der Funktion der hinteren Gliedmaßen spielte sich im wesentlichen ebenso ab wie nach gleichzeitiger einfacher Durchschneidung und Naht beider Ischiadici. Die Koordination beim Laufen war am Schluß der Beobachtungszeit völlig normal. Das Tier konnte aber nicht nur in allen Gangarten laufen, sondern auch auf den Hinterbeinen allein mit abgehobener Ferse gehen und über den Stock springen. Auch während der Wiederkehr der Funktion wurden Störungen der Koordination nicht bemerkt. Reizung der freigelegten Ischiadici zentral von den beiden Narben ergab nur Kontraktionen im gekreuzten Bein. Es hatten also keine Fasern den Weg in das gleichseitige Bein zurückgefunden. — Bei der Untersuchung der receptorischen Leitung ergab sich aber *Falsch*lokalisation derart, daß sich das Tier beim Kneifen des *rechten* Hinterfußes nach der *linken* Seite umwandte.

Bei Freilegung der Großhirnrinde ergab sich, daß bei Reizung der entsprechenden Stelle der linken vorderen Zentralwindung einheitliche Bewegungen des *ganzen* rechten Beines auftraten, obwohl der Unterschenkel seine Innervation von der linken Rückenmarksseite erhielt[4].

In ähnlicher Weise hat MARAGLIANO[5] bei jungen Hunden die Ischiadici beider Seiten durchschnitten und den linken zentralen Stumpf soweit als nur möglich zentral ausgerodet, während er den rechten zentralen Stumpf längs spaltete und die Spalthälften mit je einem peripheren Ischiadicusende vernähte,

---

[1] FLOURENS, M. P.: Ann. des Sci. natur. **13**, 113 (1828).
[2] STEFANI, A.: Arch. f. (Anat. u.) Physiol. **1886**, 488.
[3] BETHE, A.: Münch. med. Wschr. **52**, 1228 (1905).
[4] Die *einseitige* Kreuzung ist mit funktionellem Erfolg noch mehrmals gelungen, dagegen ist eine Wiederholung der doppelseitigen Kreuzung, die oft von uns versucht wurde, bisher immer mißglückt. Entweder riß eine der vier Nahtstellen oder es traten Verwachsungen an der Überkreuzungsstelle am Damm ein, so daß das Resultat unklar war.
[5] MARAGLIANO, D.: Presse méd. **20**, 853 (1912).

so daß beide Ischiadici nun eine *gemeinsame* zentrale Versorgung besaßen. Bei allen sechs von ihm operierten Hunden erhielt er einen vollen Erfolg. Vier von ihnen zeigten schon nach 10—12 Monaten völlig normalen Gang, während die beiden anderen nach dieser Zeit anscheinend normal auf drei Beinen liefen, indem sie das gekreuzt versorgte Bein schonten. Erst 3—4 Monate später beteiligte sich auch dieses Bein in völlig normaler Weise am Lauf. Bei Hirnreizversuchen ergab sich, daß von der linken Hirnrinde (also der Rinde, die dem zur Versorgung benutzten zentralen Stumpf entsprach) Bewegungen an *beiden* Beinen auszulösen waren.

Nur scheinbar hierhergehörig sind die (an und für sich sehr interessanten) Nervenüberkreuzungen, welche MORPURGO[1] an Parabiose-Ratten ausgeführt hat. Er verband an den benachbarten Hinterbeinen der aneinandergeheilten Tiere kreuzweise den zentralen Ischiadicus jedes Tieres mit dem peripheren des anderen. Schon nach $2^1/_2$ Monaten ließen sich Reflexe an diesen vom anderen Tier innervierten Beinen auslösen. — Dieser Befund hat bei genauerer Überlegung nichts besonders Überraschendes an sich, denn die anatomischen Verhältnisse liegen hierbei so, als hätte man jedem Tier ein Bein eines anderen Tieres eingepflanzt. Etwas besonders Bemerkenswertes läge allerdings dann in diesen Versuchen, wenn die Bewegungen des Unter- und Oberschenkels bei jedem Tier assoziiert gewesen wären. Aus der Beschreibung geht dies aber nicht mit Deutlichkeit hervor. Ferner wäre es sehr interessant, wenn die Lokomotionsbewegungen der beiden zusammengenähten Tiere eine echte Koordination hätten erkennen lassen. Sichere Angaben liegen aber auch hierüber nicht vor.

OSBORNE und KILVINGTON[2] reinnervierten an zwei Hunden das durch Plexusexstirpation gelähmte rechte Vorderbein, indem sie einen Hauptstamm des linken Brachialplexus unter der Trachea durchzogen und mit den peripheren Stämmen der gelähmten Seite vernähten. Zur Vermeidung von Ausfallserscheinungen auf der anderen (linken) Seite fanden dort Nervenpfropfungen statt. Nach 10 Monaten wurden bei beiden Hunden gute koordinierte Bewegungen der Vorderbeine beobachtet! Durch Reizversuche wurde der sichere Beweis

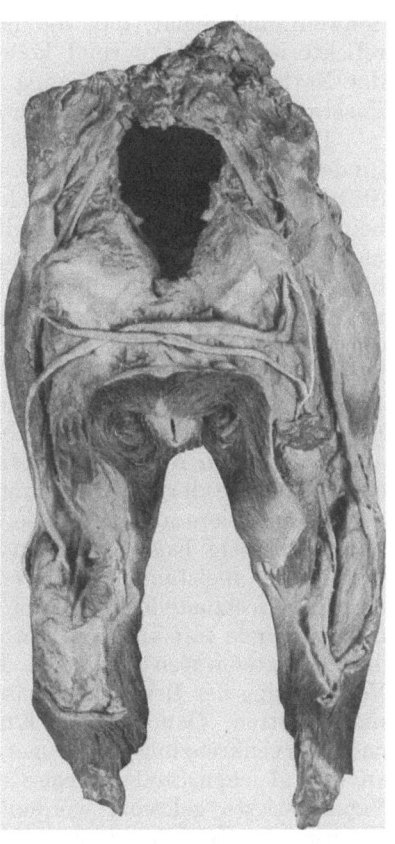

Abb. 374. Anatomisches Präparat der funktionell geglückten Ischiadicuskreuzung am Hund (siehe Text).

erbracht, daß nicht der resezierte Plexus in das Bein eingewachsen war. Hirnrindenreizversuche an beiden Hunden ergaben kein ganz einheitliches Bild. Beim ersten ergab Reizung der rechten motorischen Zone: Streckung des Fußes und Beugung des Ellenbogens im kontralateralen Vorderbein (dessen Nerven nicht gekreuzt waren) und andererseits Kontraktion im Triceps und schwache Kontraktion des Fußstreckers im ipsilateralen Vorderbein. Reizung der linken motorischen Zone ergab keine Bewegung im ipsilateralen Glied, aber verschiedene Bewegungen des kontralateralen Gliedes, einschließlich Triceps- und Fußstreckerkontraktion. Beim zweiten Hund ergab Rindenreizung der rechten Zone die gleichen Bewegungen in *beiden* Gliedern, während bei Reizung der linken nur Bewegung im

---
[1] MORPURGO, B.: J. of Physiol. **58**, 98 (1923) — Zbl. Path. **36**, 225 (1925).
[2] OSBORNE, W. A., u. B. KILVINGTON: Brain **33**, 260 (1911).

kontralateralen Bein auftrat. In beiden Fällen hatte also die linke Hemisphäre wieder Einfluß auf das normal ihr zugeordnete Bein gewonnen.

### β) Kreuzung kleinerer peripherer Gebiete.

Während Kreuzungen der Nerven ganzer Extremitäten bisher nur vereinzelt vorliegen, wurde die Vertauschung der einzelnen Nerven einer Extremität von zahlreichen Forschern mit funktionellem Erfolg durchgeführt. RAWA[1], der als erster diese Frage systematisch untersuchte, fand bei Kaninchen, Hund, Katze, Schwein und Schaf, daß die neu innervierten Glieder sowohl willkürlich als reflektorisch völlig normal koordiniert arbeiteten. Freilegung und Isolierung der Narbe, elektrische Reizung zentral und distal derselben bewiesen, daß die Fasern tatsächlich in der gewünschten Richtung ausgewachsen waren.

Diese Versuche haben vor allem am Hund mehrfache Bestätigung gefunden[2-9]. Mit Vorliebe wurde das Vorderbein verwandt, weil sich an diesem Störungen der Koordination am leichtesten, z. B. beim Festhalten eines Knochens, beim Treppengehen usw., feststellen lassen. Alle Autoren stellen zu ihrer eigenen mehr oder minder großen Überraschung fest, daß sich die Tiere nach 10 Monaten bis $1^1/_2$ Jahren, falls es überhaupt zu einer völligen Beseitigung der Lähmungen kam, überhaupt nicht mehr von nichtoperierten Tieren unterschieden. Nur über die Art der Herstellung der Funktion gehen die Berichte auseinander. Einige haben im Verlauf der Heilung überhaupt keine Falschkoordination beobachtet, während bei anderen vorübergehend solche deutlich beobachtet werden konnten. Da ein und dieselben Autoren bei ihren eigenen Versuchen dieses verschiedenartige Verhalten registrieren, kann es sich hier wohl nicht um eine verschiedene Stellungnahme der Autoren handeln, sondern es wird von der Individualität der Versuchstiere abhängig sein, ob während des Eintretens der Reinnervierung unzweckmäßige Koordinationen deutlich oder nicht bemerkbar auftreten.

Bei den meisten dieser Untersuchungen wurden Hirnreizversuche vorgenommen, um festzustellen, ob nach vertauschender Nervennaht die sog. Zentren der Hirnrinde mit anderen motorischen Regionen des Rückenmarks in Verbindung getreten waren oder nicht. BALLANCE[9] fand nach der Nervenkreuzung keine Veränderung der Beziehung zwischen Rindenzentrum und motorischen Rückenmarkszentren. OSBORNE und KILVINGTON[7] fanden gerade entgegengesetzt, daß nach Nervenkreuzung die Beuger- und Streckerzentren auf beiden Gehirnhälften an der gleichen Stelle gelegen seien, nachdem die Nerven der einen Seite des Versuchstieres gekreuzt worden waren. Dieser Befund besagt aber, daß ein Wechsel der Beziehung zwischen Rindenfeld und motorischen Rückenmarkszentren eingetreten sein muß. Der Widerspruch zwischen diesen Befunden wird schon durch die Mitteilungen anderer Autoren geklärt, denn STEFANI[2] konnte an verschiedenen Versuchshunden bald den Befund veränderter und bald den unveränderter Rindenzentren-Rückenmarksbeziehungen erheben. Über gleiche Resultate berichten CUNNINGHAM[10] und auch KENNEDY[11].

---

[1] RAWA, A. L.: Zbl. med. Wiss. **1883**, 609 — Arch. f. (Anat. u.) Physiol. **1885**, 296.
[2] STEFANI, A.: Arch. f. (Anat. u.) Physiol. **1886**, 488.
[3] GUNN, M.: Trans. amer. surgic. Assoc. **4**, 1 (1886).
[4] CUNNINGHAM, R. H.: Amer. J. Physiol. **1**, 293 (1898).
[5] KENNEDY, R.: Phil. Trans. roy. Soc. Lond. B **194**, 127 (1901) — Proc. roy. Soc. Lond. B **87**, 331 (1913).
[6] OSBORNE, W. A., u. B. KILVINGTON: Brain **33**, 288 (1911).
[7] KILVINGTON, B.: Brit. med. J. **1**, 935 (1905); **2**, 625 (1905).
[8] LANGLEY, J. N., u. M. HASHIMOTO: J. of Physiol. **51**, 318 (1917).
[9] BALLANCE, C. H., L. COLLEDGE u. L. BAILEY: Brit. J. Surg. **13**, 533 (1926).
[10] CUNNINGHAM, R. H.: Amer. J. Physiol. **1**, 239 (1898).
[11] KENNEDY, R.: Proc. roy. Soc. Lond. B **87**, 331 (1913).

OSBORNE und KILVINGTON[1] machten ferner die interessante Beobachtung, daß Hunde, bei denen auf einer Seite der Tibialis mit dem Peroneus gekreuzt worden war, beim Lauf und Sprung keinerlei Koordinationsstörungen erkennen ließen, daß solche aber sofort zur Beobachtung kamen, wenn die Hunde vor ungewöhnliche Aufgaben gestellt wurden, z. B. wenn man sie durch Hochhalten an den Vordergliedmaßen zum Gang auf den Hinterbeinen zwang. Sprach dieser Befund für eine unvollständige Umstellung, so sprach ein anderer Befund für eine vollkommene Umstellung. Die Autoren konnten nämlich an den gleichen Hunden feststellen, daß nach hoher Rückenmarksdurchschneidung auf beiden Seiten durch örtlich korrespondierende Reize die *gleichen* Beuge-, Streck- und rhythmischen Reflexe auszulösen waren.

Nach diesen Versuchen an Tieren kann kein Zweifel darüber bestehen, daß *sich das Zentralnervensystem den durch Nervenvertauschung veränderten anatomischen Verknüpfungen voll und ganz anpassen kann*, wenn die Bedingungen für eine Nervenregeneration günstig gelegen sind. Diese Versuche haben auch in schlagendster Weise bewiesen, daß die *Beziehungen zwischen den motorischen Rindenfeldern und den motorischen Rückenmarkszentren keine festen und unabänderlichen sind.*

Selbstverständlich wurde versucht, diese Ergebnisse praktisch für die Heilkunde auszunützen und völlig gelähmte Glieder durch Nervenanleihen aus manchmal ganz entfernten Gebieten wieder zu beleben. Zu einem Teil wurden die Tierexperimente auch nur als Vorversuche zu Operationen am Menschen ausgeführt. Bei dem schon oben (S. 1088) erwähnten schlechten Nervenregenerationsvermögen des Menschen darf es uns nicht verwundern, daß nur über vereinzelte Erfolge solcher Operationen berichtet wird.

MARAGLIANO[2] hat bei einem Kind, das mit 11 Monaten eine poliomyelitische Lähmung des rechten Beines erlitten hatte, im Alter von ungefähr 2 Jahren den rechten peripheren Femoralis durch einen zentralen Ast des *linken* (zentralen) Femoralis versorgt und so dem Kind das Vermögen zur kräftigen Streckung des Unterschenkels gegen den Oberschenkel gegeben und damit den Gang ermöglicht. KOTZENBERG[3] hat in einem Fall von atrophischer Parese der gesamten Oberschenkelmuskulatur durch Neurotisation des Rectus durch den Obliquus abdominis internus und durch Neurotisation des Glutaeus maximus aus dem Quadratus lumborum Gangfähigkeit erreicht. Hingegen kam es in einigen Fällen von KATZENSTEIN[4] und KRUKENBERG[5] nur zu so geringen Regenerationserscheinungen, daß man sie nicht für oder wider eine Umstellung des Zentralnervensystems auswerten kann.

Es ist heute wohl allgemein bekannt, daß durch den *Anschluß kleiner gelähmter Muskelgruppen* oder einzelner Muskeln an einen anderen funktionstüchtigen Nerv (Nervenpropfung) volle sinnvolle Funktionsherstellung erreicht werden kann. Wir wollen in diesem Zusammenhang nur auf einen klassischen Fall von SPITZY[6] verweisen, der bei einer ERBschen Plexuslähmung den Radialis durch einen zentralen Medianuslappen versorgte und einen fast völlig normal beweglichen Arm erzielte. Im übrigen genügt es wohl, auf die späteren SPITZYschen Arbeiten sowie auf die von HOFMEISTER, KOELLIKER und HAYWARD hinzu-

---

[1] OSBORNE u. KILVINGTON: Zitiert auf S. 1094.
[2] MARAGLIANO, D.: Zbl. Chir. **38**, 5 (1911) — Presse méd. **20**, 853 (1912).
[3] KOTZENBERG: Verh. dtsch. orthop. Ges. **1928**, 240.
[4] KATZENSTEIN, M: Zbl. Chir. **41** (Beil. zu Nr 32), 26 (1914).
[5] KRUKENBERG, Beitr. klin. Chir. **113**, 246 (1918).
[6] SPITZY, H. v.: Z. orthop. Chir. **16**, 100 (1906).

weisen[1]. Übrigens haben SICK und SAENGER[2] schon vor SPITZY bei einer etwas mehr peripher gelegenen traumatischen Radialislähmung durch Pfropfung des peripheren Radialis in den Medianus vollen funktionellen Erfolg erreicht.

Aus anatomischen Gründen hat für unsere Fragestellung die Reinnervierung des Deltoideus ein besonderes Interesse, da es sich bei demselben auch durch unblutige Reizversuche leicht nachweisen läßt, ob nach der Funktionsherstellung der alte Nervenpfad (Axillaris) wieder funktionstüchtig geworden ist oder ob in der Tat die Innervation auf dem erzwungenen Wege erfolgt. Infolge Vernachlässigung der elektrischen Prüfung hat sich einer der klassischen Fälle von STOFFEL[3] erst bei der Sektion[4] als Versager erwiesen. Es sind aber genügend einwandfreie Fälle bekannt, bei denen entweder durch Neurotisation aus dem Trapezius[5] oder durch Reinnervation vor allem durch den Accessorius volle sinngemäße Funktionswiederherstellung des Deltoideus erreicht wurde[6]!

*γ) Kreuzungen an Gehirnnerven und am Phrenicus.*

Von Interesse sind auch die Versuche an Hirnnerven, weil hier reichliches am Menschen gewonnenes Material vorliegt und weil die Verrichtungen der bisher zu solchen Experimenten benutzten Nerven — teilweise wenigstens — sehr spezifischer und sehr verschiedenartiger Natur sind. Am meisten Material liegt hier begreiflicherweise über den *Ersatz des Facialis* vor.

Die älteste Methode ist Ersatz des Facialis durch den Accessorius[6—12]. Ein Teil der Operateure erzielte mit dieser Methode ganz beträchtliche Erfolge, indem sich nicht nur der Tonus der Facialismuskulatur, sondern auch alle mimischen Ausdrucksformen und Willkürbewegungen wiederherstellten. Besonders wichtig sind aber für uns jene Fälle, bei denen sich nach Lähmung auch der oberen Äste des Facialis durch die Reinnervierung der Cornealreflex, Lidreflex und synchroner Lidschlag wiedereinstellte[13].

Dem Ersatz der Facialisfunktion durch den Accessorius haftet aber der Übelstand an, daß in den meisten Fällen noch relativ lange eine Mitbewegung der Schulter stattfindet, wenn Gesichtsbewegungen ausgeführt werden. Man ist daher bald dazu übergegangen, andere Nerven als Spender bei der Facialislähmung heranzuziehen.

Bei Verwendung des Glossopharyngeus erzielte BALLANCE[14] einen recht guten Erfolg mit fast synchronem Lidschlag beider Seiten. Viel allgemeiner ist der Hypoglossus mit dem peripheren Facialis vernäht worden[15—18]. Da sich bei Ver-

---

[1] SPITZY, H. v.: Z. orthop. Chir. **13**, 326 (1905); **14**, 671 (1905) — Arch. f. Orthop. **3**, 73 (1905) — Wien. Klin. Wschr. **20**, 1493 (1907) — Münch. med. Wschr. **55**, 1423 (1908). — HOFMEISTER: Klin. Beitr. Chir. **96**, 329 (1915). — KOELLIKER, TH.: Zbl. Chir. **44**, 454 (1917). — HAYWARD, E.: Zbl. Chir. **44**, 263 (1917).
[2] SICK, C., u. A. SAENGER: Arch. klin. Chir. **54**, 271 (1897).
[3] STOFFEL, A.: Dtsch. Z. Chir. **107**, 241 (1910) — Z. orthop. Chir. **25**, 505 (1910).
[4] STEWART, I. E.: J. Bone Surg. **7**, 948 (1925).
[5] GERSUNY, R.: Wien. klin. Wschr. **19**, 263 (1906).
[6] FOERSTER, O.: Dtsch. Z. Nervenheilk. **115**, 248 (1930).
[7] FAURE, J. L.: Rev. de Chir. **18**, 1098 (1898).
[8] MANASSE, P.: Arch. klin. Chir. **62**, 804 (1900).
[9] BARRAGO-CIARELLO: Zitiert nach Zbl. Chir. **28**, 718 (1901).
[10] BALLANCE, A. CH., H. A. BALLANCE u. P. STEWART: Brit med. Assoc. **1**, 1909 (1903).
[11] CUSHING, A.: Ann. Surg. **37**, 641 (1903).
[12] KENNEDY, R.: Philos. Trans. roy. Soc. Lond. B **194**, 127 (1901).
[13] KENNEDY, R.: Philos. Trans. roy. Soc. Lond. B **202**, 93 (1911).
[14] BALLANCE, CH.: Brit. J. Surg. **11**, 327 (1923) — Brit. med. J. **2**, 349 (1924).
[15] KOERTE: Dtsch. med. Wschr. **29**, 293 (1903).
[16] WERTHEIM, A.: Dtsch. Z. Chir. **137**, 147 (1916).
[17] HABERLANDT, H. F. O.: Zbl. Chir. **43**, 74 (1916).
[18] BALLANCE, CH.: Brit. J. Surg. **11**, 327 (1923).

wendung des Hypoglossus vorübergehend Störungen der Zungenbewegung eingestellt haben, ist BALLANCE[1] dazu übergegangen, den gelähmten Facialis allein durch Vernähung mit dem Hypoglossusanteil der Ansa hypoglossi zu reinnervieren und hat ebenfalls gute funktionelle Resultate erzielt. Es erwies sich auch die alleinige Verwendung des spinalen Teils der Ansa als durchaus genügend, um die Facialisfunktion wiederherzustellen[1].

Die Verwendung des Trigeminus ist anscheinend nur einmal (ROSENTHAL[2]) versucht worden; da der Bericht schon relativ kurze Zeit nach der Operation abgefaßt wurde und der funktionelle Erfolg durch Mitbewegungen im Facialisgebiet beim Kauakt noch gestört war, läßt sich nichts darüber aussagen, ob nicht auch durch den Trigeminus eine Wiederherstellung der Facialisfunktion sinnvoll zu erreichen wäre.

BARRAGO-CIARELLO hat ferner bei einem Hund den peripheren Facialis mit dem zentralen Vagus vernäht und berichtet über Wiederherstellung der Facialisfunktion[3].

Nach diesen Versuchen kann also der Facialis in seiner Funktion zumindest ersetzt werden durch den Accessorius, durch den Glossopharyngeus, durch den Hypoglossus, die beiden Anteile der Ansa hypoglossi und den Vagus, also durch Nerven sehr unterschiedlicher Verrichtungsaufgaben. Alle Bearbeiter dieses Problems kommen mehr oder minder zu dem Schluß, daß „Assoziationsfasern" vorhanden sein müßten, die die Kerne dieser verschiedenen Nervengebiete miteinander verbinden. Die Erklärung wird also auf der Basis eines vorgebildeten Korrelats gesucht!

Auffallend ist bei allen Versuchen, den Facialis zu ersetzen, daß nach Wiederkehr der Bewegungsmöglichkeit des Gesichtes die Gesichtsbewegungen mit Bewegungen im peripheren Gebiet des zur Versorgung benutzten Nerven mehr oder weniger gekoppelt waren. Besonders deutlich scheinen diese *Mitbewegungen* bei Benutzung des Accessorius aufzutreten. Anfänglich sind diese Bewegungen meistens derart miteinander verknüpft, daß Gesichtsbewegungen nur in Erscheinung treten, wenn *Schulterbewegungen beabsichtigt waren*. In einer späteren Zeit treten noch Mitbewegungen der Schulter ein, *wenn Gesichtsbewegungen beabsichtigt*, und kurz vor *völliger* Trennung von Gesichts- und Schulterbewegungen, die manchmal erst nach Jahren eintritt, machen sich die Mitbewegungen nur noch bei sehr starken Schulterbewegungen bemerkbar, bei denen dann nur anfänglich ein Mitzucken der Gesichtsmuskulatur zur Beobachtung gelangt[4—7]. Ähnliche anfängliche Verknüpfungen wurden auch bei Verwendung des Hypoglossus[8] und des Glossopharyngeus mit Zungen- bzw. Schluckbewegung beobachtet.

In diesem Zusammenhang ist eine Beobachtung von DAVIDSON[9] nicht unwichtig, der von einem Fall von Facialislähmung, geheilt durch Accessoriuseinpflanzung, berichtet, bei dem, obwohl die Herstellung der Facialisfunktion schon den Lidreflex einschloß, Mitbewegungen der Facialismuskulatur nicht nur bei heftigen Schulterbewegungen eintraten, sondern auch „bei *jeder* anstrengenden Innervation irgendeines beliebigen Muskelgebietes"; als Beispiel wird extrem fester Händedruck erwähnt.

Anfänglich steht also in diesen Fällen das neu innervierte Muskelgebiet noch unter der Herrschaft der Koordinationsbeziehungen, die dem peripheren

---

[1] BALANCE, CH.: Zitiert auf S. 1096.
[2] ROSENTHAL, W.: Zbl. Chir. **43**, 489 (1916).
[3] BARRAGO-CIARELLO: Policlinico **1901**, Nr 3; zitiert nach Zbl. Chir. **28**, 718 (1901).
[4] FOERSTER, O.: Dtsch. Z. Nervenheilk. **59**, 32 (1918).
[5] CUSHING, H.: Ann. Surg. **37**, 641 (1903).
[6] KENNEDY, R.: Philos. Trans. roy. Soc. Lond. B **202**, 93 (1911).
[7] BALLANCE, CH.: Brit. J. Surg. **11**, 327 (1923) — Brit. med. J. **2**, 349 (1924).
[8] KÖRTE: Dtsch. med. Wschr. **29**, 293 (1903).
[9] DAVIDSON, A.: Bruns' Beitr. **55**, 427 (1907).

Gebiet des neurotisierenden Nerven zukamen. Die Zusammenziehungen der neu innervierten Muskeln sind Nebenerscheinungen. Später paßt sich das Nervensystem in die natürlichen Aufgaben dieser Muskeln ein, ihre Bewegungen werden Haupterscheinung und die anfänglich dominierenden Bewegungen im Gebiet des spendenden Nerven werden zur Nebenerscheinung, bis auch diese schließlich ausbleiben. Nur ungewöhnliche Muskelanstrengungen, bei welchen die im alten Gebiet des Spenders auftretenden Bewegungen eine bevorzugte Rolle spielen, lassen die früheren Zusammenhänge noch zum Vorschein kommen.

Die alte Zentrenlehre würde verlangen, daß ein Muskelgebiet mit Fremdinnervation zeitlebens nur dann in Aktion treten könnte, wenn unter den gegebenen Umständen das Zentrum des spendenden Nervs in Erregung gerät. Hier bei der Gesichtsmuskulatur sehen wir aber, wie meist ganz allmählich eine Dissoziation und schließlich eine vollkommene Umstellung eintritt, die nicht eintreten dürfte, wenn Zentren ganz bestimmte und unabänderliche Eigenschaften besäßen! Bei den vorher geschilderten Nervenkreuzungen im Gebiet der Extremitätenmuskulatur war aber nicht einmal etwas von anfänglichen Falschinnervationen (im Sinne der Aufgaben der peripheren Muskelgebiete gesprochen) beobachtet worden. Nur ganz wenige Autoren berichten, daß sie auch hier Andeutungen von anfänglichen Mitbewegungen im ursprünglichen Versorgungsgebiet beobachtet haben.

So beschreibt ERLACHER[1] einen Fall, bei dem nach Neurotisation des Tibialis anticus durch nervenführende Stücke des Extensor hallucis und Peroneus longus sehr lange Mitbewegung der großen Zehe bestand. HAYWARD[2] beschreibt einen Fall von Plexusverletzung, bei der er den peripheren Nervus musculocutaneus seitlich in den funktionstüchtigen Medianus einpfropfte. Als sich nach 8 Monaten die Funktion wiederherstellte, war die Beugung im Ellbogengelenk stets von einer Pronation der Hand begleitet. Erst allmählich trat diese Mitpronation zurück und am Schluß der Beobachtungszeit soll sie völlig verschwunden gewesen sein. SPITZY[3] glaubt aus seinen Beobachtungen über Mitbewegungen den Schluß ziehen zu können, daß sie um so eher verschwänden, je intelligenter der Patient wäre. Einen Fingerzeig für die Erklärung dieser Inkongruenz scheinen uns die Versuche von CORDERO und CARLSON[4] zu geben, welche das Platysma beim Hunde durch den Phrenicus reinnervierten. 3—6 Monate nach der Operation konnten sie feststellen, daß das Platysma synchron mit der Atmung sich kontrahierte. Die Bewegungen des Platysmas waren aber so schwach, daß man sie nur beobachten konnte, wenn das Platysma frei präpariert wurde. (Die Autoren machen keine Angaben, wieweit die Tiere „willkürlich" das Platysma bewegen konnten.) Selbst wenn die Mitbewegungen des Platysmas synchron mit der Atmung stärker auftreten würden, als es in diesen Versuchen wirklich beobachtet wurde, so dürften sie kaum irgendwelche wichtige Funktionen des Tieres stören oder gar verhindern. Es fehlt auch sonst jeder Anreiz, der zur Unterdrückung der rhythmischen Einflüsse von seiten des „Atemzentrums" Anlaß geben könnte.

In diesen geringen oder ganz fehlenden Anreizen zur Umstellung der Innervation scheint uns der Schlüssel für die beobachteten Unterschiede zwischen der Skeletmuskulatur und der Hautmuskulatur zu liegen. Hier schnelle Umstellung und geringe oder fehlende anfängliche Falschinnervation und seltenes Auftreten von Mitbewegungen, dort langsame Umstellung, häufige Falschinnervation im

---

[1] ERLACHER: Arch. klin. Chir. **106**, 389 (1915).
[2] HAYWARD, E.: Zbl. Chir. **44**, 263 (1917).
[3] SPITZY, H.: Wien. klin. Wschr. **20**, 1493 (1907).
[4] CORDERO, N., u. A. I. CARLSON: Amer. J. Physiol. **82**, 580 (1927).

Anfang und langsames Verschwinden der Mitbewegungen. Bei den Skeletmuskeln haben wir durch Vermittlung ihrer Knochenansätze feste Kopplung, durch welche jede ihrer Bewegungen zur Erregung der Receptoren der Gelenke und der Muskeln selbst führt. Hierdurch entstehen für das Zentralorgan Anreize, Bewegungen, welche in die Harmonie der Bewegungen des ganzen Körpers passen, zu begünstigen und nicht hineinpassende zu unterdrücken. Bei der Hautmuskulatur, die einer solchen festen Kopplung entbehrt, deren physiologische Wichtigkeit auch so viel geringer ist, als die der Skeletmuskulatur, sind aber die Antriebe zur Umstellung wesentlich geringer. Die physiologische Dignität scheint auch hier wieder ein maßgebender Faktor zu sein.

Eine gewisse Beteiligung am Zustandekommen der Mitbewegungen könnte man auch den Axonreflexen (oder den ihnen zugrunde liegenden anatomischen Verhältnissen) zuschreiben. Eine solche Erklärung kommt aber natürlich nur dort in Frage, wo ein und derselbe Nerv sowohl zur Innervation des neuen Gebietes wie auch des alten benutzt wurde. In diesem Zusammenhang ist es auffallend, daß Mitbewegungen des alten Innervationsgebietes bei Skeletmuskeln hauptsächlich dort beobachtet sind, wo Nervenpfropfungen stattgefunden hatten (s. die Fälle von ERLACHER, HAYWARD und SPITZY, S. 1098).

Die Funktion des *Hypoglossus* wurde schon 1885 von RAWA (beim Schaf) mit Erfolg durch *Verheilung des zentralen Vagus mit dem peripheren Hypoglossus* ersetzt[1]. Die Zunge wurde wieder gut beweglich. Nach Durchschneidung des Hypoglossus der gesunden Seite trat keine vollkommene Lähmung der Zunge ein, wohl aber nach Durchtrennung des Vagus der operierten Seite. Reizung dieses Vagus ergab Zungenkontraktion.

REICHERT[2], der unter SCHIFF diese Versuche wiederholte, erhielt kein funktionell befriedigendes Resultat. Er fand keine Wiederkehr der „willkürlichen" Zungenbewegungen, sondern er fand in der reinnervierten Zunge vereinzelte Stellen, die teilweise synchron mit der Exspiration oder der Inspiration oder den Schluckbewegungen sich kontrahierten. Er nimmt an, daß diese einzelnen Stellen von verschiedenen Fasern des Vagus reinnerviert wurden. Aus den Untersuchungen REICHERTs lassen sich aber keine endgültigen Schlüsse ziehen, denn die Beobachtungen der Tiere wurde nicht lange genug fortgesetzt, was schon allein durch die Bemerkung REICHERTs dokumentiert wird, daß bis zur Tötung der Tiere die Kontraktionen in der gelähmten Seite der Zunge immer noch an Stärke zugenommen hatten. Wir wissen aber aus allen Erfahrungen über Mitbewegungen, daß eine Lösung der Mitbewegung meist erst beginnt, nachdem der Muskel mehr oder minder volle Kraft zurückgewonnen hat.

BALLANCE[3] konnte am Menschen und am Affen volle Funktionsherstellung durch Vernähung des peripheren Hypoglossus mit dem Hypoglossusanteil der Ansa hypoglossi wie auch mit dem cervicalen Anteil der Ansa erzielen. Es können also richtige Impulse für die Zungenbewegungen das Zentralnervensystem sowohl über den Vagus wie auch über die ersten Halswurzeln verlassen!

Der *Phrenicus*, der durch die rhythmischen Erregungen, die normalerweise seinem Endorgan zufließen, besonders geeignet ist, um die Frage der Funktionswiederherstellung von fremden Zentren aus zu prüfen, ist erst in neuester Zeit zu solchen Versuchen verwandt worden, obwohl schon FONTANA[4] seine Verwendung zu diesem Zweck vorschlug. Soweit wir die Literatur übersehen, haben nur BALLANCE und COLLEDGE[5] dem Zwerchfell nach Durchschneidung des Phrenicus eine neue Innervation geschaffen. Sie vernähten sowohl beim Hunde wie beim Affen den peripheren Phrenicus, dessen zentrales Ende sie zur Ver-

---

[1] RAWA, A. L.: Arch. f. (Anat. u.) Physiol. **1885**, 296.
[2] REICHERT, E. T.: Amer. J. med. Sci. **89**, 146 (1885). — SCHIFF, M.: Gesammelte Beiträge **1**, 726. Lausanne 1894.
[3] BALLANCE, CH.: Brit. J. Surg. **11**, 327 (1923).
[4] FONTANA, F.: Traité de la venin de la vipère etc. **2**, 177. Florenz 1781.
[5] BALLANCE, CH.: Brit. med. J. **2**, 349 (1924). — COLLEDGE, L.: Ebenda **1**, 547 (1925). — COLLEDGE, L., u. CH. BALLANCE: Ebenda **1**, 553, 609 (1927).

sorgung des Recurrens vagi benutzt hatten, mit dem Hypoglossusanteil der Ansa hypoglossi und erzielten hierbei *röntgenologisch sichergestellte, normale Funktion der gelähmt gewesenen Zwerchfellhälfte.* Diese Umstellung scheint sich besonders leicht zu vollziehen. Dies erscheint auch verständlich, da die Fasern des Hypoglossusanteils der Ansa aus den motorischen Wurzeln der ersten drei Halsnerven stammen (der Phrenicus kommt aus $C_3-C_5$), und da schon normalerweise die durch die Ansa hypoglossi versorgten Halsmuskeln als Hilfsmuskeln bei der Inspiration wirken können.

### δ) *Sensibilitätsherstellung nach Nervennaht.*

Bevor wir uns den Umstellungserscheinungen bei Kreuzungen im Gebiet des autonomen Nervensystems zuwenden, kommen wir noch einmal auf die Wiederherstellung der *Sensibilität* nach Nervennaht zurück. Alle Autoren, die sich mit dieser Frage beschäftigt haben, — sei es an Hand von Krankenmaterial, sei es im ausgedehnten Selbstversuch nach Durchschneidung subcutaner Hautnerven — berichten übereinstimmend, daß sich zuerst das Schmerzgefühl wieder einstellt, dann ein grobes Temperaturgefühl, danach das Tastgefühl und die Unterscheidung feiner Temperaturunterschiede, daß aber alle diese Empfindungen zunächst kein Lokalzeichen besitzen, und daß es manchmal bis zu Jahren dauert, bis auch diese sich eingestellt haben[1-7].

SHARPEY-SCHAEFER[7] glaubt, daß die relativ frühe Herstellung der Schmerzempfindung auf die noch abnorme Beschaffenheit der frisch regenerierten Fasern zurückzuführen ist. Dies stimmt mit den Beobachtungen von HOFFMANN[8] überein, der feststellte, daß die auswachsenden Nerven außerordentlich leicht auf mechanischen Insult mit Schmerzempfindung reagieren. In Übereinstimmung mit den älteren Untersuchungen von TROTTER und DAVIS[2] fand HOFFMANN, daß am noch auswachsenden Nerv diese Schmerzempfindungen nach einer peripher gelegenen Stelle, wahrscheinlich ihrem früheren Endgebiet (periphere Projektion[1]), lokalisiert werden. Alle Autoren sind sich aber darin einig, daß, wenn die Fasern ausgewachsen sind, die Empfindungen keine Lokalzeichen mehr besitzen und daß erst viel später — oft erst nach Jahren — die Empfindungen wieder mit richtigem Lokalzeichen auftreten.

Da, wie oben (S. 1088) ausgeführt, schon die einfache Nervennaht eine Nervenkreuzung darstellt, müßte man, falls das Zentralnervensystem keine Umstellfähigkeit besäße, erwarten, daß nach vollendeter Regeneration stets Falschlokalisationen aufträten. Diese könnten weder den Patienten selbst, noch den Neurologen entgehen. Nichtsdestoweniger findet man in der Literatur so gut wie keine Angaben über Falschlokalisationen! Nur PERTHES[5], der zusammenfassend über den Erfolg von zahlreichen Nervennähten berichtet, kennt *einen einzigen* Fall, bei dem es zu einer abnormen Lokalisation der Tastempfindung kam. Es handelt sich um eine Medianusnaht, bei der $6^1/_2$ Monate nach der Operation Berührung der Beugeseite des End-Daumengliedes in die Beugeseite des Grundgliedes des Zeigefingers verlegt wurde. Ob sich die Lokalisation später veränderte, kann PERTHES nicht berichten, da der Fall, wie so häufig, nicht zur weiteren Nachuntersuchung kam.

---

[1] HEAD, H., W. H. R. RIVERS u. I. SHERREN: Brain **28**, 99 (1905).
[2] TROTTER, W., u. H. M. DAVIS: J. of Physiol. **38**, 134 (1909) — J. Physiol. u. Neur. **20**, EH. 102 (1913).
[3] RANSCHBURG, P.: Die Heilerfolge der Nervennaht. Berlin 1918.
[4] FOERSTER, O.: Dtsch. Z. Nervenheilk. **59**, 32 (1918).
[5] PERTHES, G.: Handb. d. ärztl. Erfahrung im Weltkrieg **2**, 580. Leipzig 1922.
[6] STOPFORD, I. B. S.: Brain **50**, 391 (1927).
[7] SHARPEY-SCHAEFER, E.: Quart. J. exper. Physiol. **19**, 85 (1928).
[8] HOFFMANN, P.: Med. Klin. **11**, 359, 856 (1915).

Bekanntlich hat HEAD[1] die Ansicht vertreten, daß nach Nervendurchschneidung die rasche Wiederherstellung der Schmerzempfindungen und der nichtlokalisierten Gefühlsempfindungen auf ganz besonders rasch wachsende Nervenfasern, „dem protopathischen System", beruhen würden. Die späteren Forscher sind sich aber einig, daß man ohne die Annahme eines solchen besonderen Fasersystems alle Erscheinungen bei der Regeneration receptorischer Fasern erklären kann. STOPFORD[2] weist mit Recht darauf hin, daß auch bei Sensibilitätsstörungen, die durch Cortexverletzungen bedingt werden, sich erst eine allgemeine Sensibilität wiederherstellt und, wenn überhaupt, erst später eine Lokalisierung. (FOERSTER[3] hält es auf Grund von Befunden bei Patienten für durchaus möglich, daß eine Schmerzleitung auch durch das periarterielle Nervengeflecht erfolgen könne.)

Es scheint nach dem oben Gesagten dem Zentralnervensystem durchaus möglich zu sein, nach Nervenfaservertauschung die richtige Lokalisation der „Empfindungen" wiederherzustellen. Im Widerspruch hierzu scheinen nur die Beobachtungen von BETHE[4] an seinem Hund mit gekreuzten Ischadici zu stehen, in denen sich ausgesprochene Falschlokalisationen zeigten. Hier war aber die Vertauschung derartig auf die Spitze getrieben, daß diese Falschlokalisation nicht allzu verwunderlich ist. Es ist denkbar, daß sie sich bei längerer Wartezeit verloren hätte.

ε) *Kreuzungen am autonomen Nervensystem.*

Außerordentlich bemerkenswerte Befunde sind bei Nervenersatz bzw. Kreuzungen am *autonomen Nervensystem* erhoben worden. Bevor wir uns aber dem eigentlichen autonomen Nervensystem zuwenden, sei über die Restitutionserscheinung nach kreuzenden Nähten am *Recurrens (N. laryngeus inferior)* berichtet, der, obwohl aus dem Vagus abzweigend, nicht dem autonomen Nervensystem zuzurechnen ist.

Die seitliche Pfropfung des peripheren Recurrensendes in den Vagus ist schon von HEGNER[5] an der Ziege mit deutlichem Erfolg ausgeführt worden. Die gleiche Methode führten BLALOCK und CROWE[6] am Hunde aus und konnten feststellen, daß nach mehreren Monaten bei forcierter Einatmung sich beide Stimmbänder wieder gleichmäßig bewegten, womit die funktionelle Wiederherstellung bewiesen war.

Bei dieser Einpflanzung in den Vagus besteht natürlich immer die Möglichkeit, daß die alten Recurrensfasern in den Stumpf wieder einwachsen. Beweisender für eine Umstellung des Zentralnervensystems sind daher die Versuche, bei denen die Versorgung des peripheren Recurrensstumpfes durch seitliche Einpflanzung in den Phrenicus oder durch Vernähung mit einer seiner Wurzeln erfolgte:

COLLEDGE und BALLANCE[7] konnten an Hunden nicht nur Wiederkehr des normalen Bellens feststellen, sondern sie bewiesen auch durch Kinoaufnahmen, daß die Stimmbandbewegungen, die bei forcierter Einatmung auftraten, völlig normal waren. Wenn der ganze Phrenicus zur Versorgung des Recurrens genommen wurde, bewegte sich das operierte Stimmband sogar etwas stärker als das normale. Die Stimmbänder arbeiteten auch dann normal, wenn zuerst der eine (linke) Phrenicus mit den Wurzeln $C_5$ und $C_6$ und nach 6 Monaten der andere

---

[1] HEAD, H., W. H. R. RIVERS u. I. SHERREN: Zitiert auf S. 1100.
[2] STOPFORD. I. B. S.: Zitiert auf S. 1100.
[3] FOERSTER, O.: Dtsch. Z. Nervenheilk. **115**, 248 (1930).
[4] BETHE, A.: Münch. med. Wschr. **52**, 1228 (1905). — Siehe auch S. 1092.
[5] HEGNER: Mschr. Psychiatr. **25**, 200 (1909).
[6] BLALOCK, A., u. S. I. CROWE: Arch. Surg. **12**, 95 (1926).
[7] BALLANCE, CH.: Brit. med. J. **2**, 349 (1924). — COLLEDGE, L.: Ebenda **1**, 547 (1925).
— COLLEDGE, L., u. CH. BALLANCE: Ebenda **1**, 553, 609 (1927).

mit $C_6$ der rechten Seite vernäht worden war. (Der periphere Phrenicus wurde, um Schwächung des Zwerchfells zu vermeiden, mit dem zentralen Ende des N. descendens noni vernäht.) Reizung eines Laryngeus ergab nach Ausheilung — wie normal — reflektorische Adduction *beider* Stimmbänder. Hirnrindenreizung ergab ebenfalls synchrone Bewegungen beider Stimmbänder. Ferner konnten sie am *Affen* feststellen, daß auch hier bei reflektorischer Erregung von Kehlkopftätigkeiten die Impulse durch Einflüsse von seiten des Phrenicus ebensogut geleitet werden wie auf dem normalen Wege.

BLALOCK und CROWE[1] erhoben unabhängig von den eben erwähnten Autoren an Hunden nach Versorgung des Recurrens durch den Phrenicus die gleichen Befunde. Mit demselben günstigen Erfolg verwandten sie aber auch den Hypoglossusanteil der Ansa hypoglossi! Ähnliche Ergebnisse wurden von FRAZIER[2] am Menschen und von NIKOLAJEW[3] am Hunde erzielt. HOESSLY[4] benutzte beim Hund einen Seitenast des Accessorius zur Reinnervierung des Kehlkopfes und erhielt schon während einer relativ kurzen Beobachtungszeit Beseitigung der Kadaverstellung der Stimmritze durch Wiederherstellung des Tonus, der vom Recurrens versorgten Kehlkopfmuskeln.

Mit einem Recurrensversuch von MISLAWSKY kommen wir zu Experimenten, in welchen *echte autonome Fasern* eine Rolle spielen. MISLAWSKY[5] vernähte an der Katze den Recurrens mit dem „zentralen Brustsympathicus" und konnte schon nach 82 Tagen durch Reizung des Ischiadicus oder eines anderen sensiblen Nerven gleichsinnige reflektorische Bewegungen beider Stimmbänder hervorrufen. Im Kontrollversuch gab Reizung des freigelegten Sympathicus Kontraktionen des betreffenden Stimmbandes.

Dieses unglaublich klingende Experiment (Verheilung des Halssympathicus mit dem peripheren Recurrens) wurde von LANGLEY und ANDERSON[6] mit durchaus positivem Erfolg wiederholt. Mit der LANGLEY eigenen Sorgfalt wurde ein Einwachsen von Fasern aus dem zentralen Recurrensstumpf in den peripheren Stumpf dieses Nerven vollkommen ausgeschlossen.

Schon RAWA[7] innervierte autonome Gebiete des Vagus aus rein motorischen Nervenkernen, indem er den zentralen Hypoglossusstumpf mit dem peripheren Vagus vernähte. Er konnte nicht nur zeigen, daß Reizung des Hypoglossus zentral von der Narbe deutliche Vaguswirkungen auf das Herz ausübte, sondern daß auch *reflektorisch* durch Reizung des zentralen Endes des frisch durchschnittenen *Vagus der Gegenseite* über den Hypoglossuskern typische Herzverlangsamung erzielt werden konnte! Ganz entsprechende Versuche führten später CALUGAREANU und HENRI[8] aus, bei denen sich ebenfalls die Vagusfunktion wiederherstellte. Sie konnten sehr gut beobachten, wie z. B. nach Durchschneidung des Hypoglossus oberhalb der Narbe sich eine Herzbeschleunigung einstellte, womit auch die *tonische* Vaguswirkung via Hypoglossus bewiesen ist.

ERLANGER[9] hat in einer sehr schönen Versuchsreihe den peripheren Vagus mit dem zentralen Stumpf der obersten Wurzel des Plexus brachialis verbunden. ERLANGER konnte den einwandfreien Nachweis erbringen, daß *sowohl tonische*

---

[1] BLALOCK, A., u. S. I. CROWE: Zitiert auf S. 1001.
[2] FRAZIER, C. H.: J. amer. med. Assoc. **83**, 1637 (1924).
[3] NIKOLAJEW, N. A.: Mschr. Ohrenheilk. **61**, 923, 1005 (1927).
[4] HOESSLY, H.: Beitr. klin. Chir. **99**, 186 (1916).
[5] MISLAWSKY, M.: C. r. Soc. Biol. Paris **1902**, 841.
[6] LANGLEY, I. N., u. H. K. ANDERSON: J. of Physiol. **31**, 365 (1904).
[7] RAWA, A. L.: Arch. f. (Anat. u.) Physiol. **1885**, 296.
[8] CALUGAREANU, O., u. V. HENRI: C. r. Soc. Biol. Paris **1900**, 503 — J. Physiol. et Path. gén. **2**, 709 (1900).
[9] ERLANGER, I.: Amer. J. Physiol. **13**, 372 (1905).

*wie reflektorische Erregungen* auf diesem Wege zum Herz geleitet wurden. Obwohl er nach Abtrennung der Medulla oblongata keine Vagusreflexe mehr erzielen konnte (Shockwirkung?), nimmt er doch eine Verlagerung des „Herzhemmungszentrums" aus der Medulla oblongata in das Cervicalmark an. Er konnte nämlich an seinen operierten Tieren die konstanten Feststellungen machen, daß nach Durchtrennung des normalen Vagus durch Vermittlung des operierten, cervical innervierten Vagus leichter hemmende Wirkungen auf das Herz erzielt werden konnten, wenn Cervicalwurzeln der Gegenseite gereizt wurden, als wenn hier der zentrale Vagusstumpf selbst erregt wurde. Beim normalen Tier ist gerade umgekehrt durch den zentralen Vagus leichter als durch die Cervicalwurzeln eine reflektorische Erregung des gegenseitigen Vagus hervorzurufen.

FLORESCO[1] versorgte den peripheren Vagus bei der Katze durch den „Brustsympathicus" und konnte zeigen, daß Reizung des ursprünglichen Sympathicus Vaguswirkungen hervorrief. Leider unterließ er Versuche, die den Durchgang von tonischen oder reflektorischen Erregungen durch diese neue Verbindung bewiesen.

Besonders günstig für das Zustandekommen nervöser Umstellungserscheinungen erwiesen sich vom *Sympathicus* aus innervierte periphere Gebiete. Vielleicht beruht dies darauf, daß schon das Einwachsen von relativ wenigen Fasern genügt, um volle Beherrschung der sympathischen Ganglien zu erzielen. H. BRÜCKE[2] hat nämlich kürzlich den Nachweis erbracht, daß sich nach *teilweiser* Durchschneidung des Grenzstranges caudal vom Ganglion cervicale superius überraschend schnell (nach 2—13 Tagen) sämtliche Sympathicusfunktionen wiederherstellen. Durch histologische Untersuchung konnte der Nachweis erbracht werden, daß in dieser Zeit die regenerierenden präganglionären Fasern das Ganglion cervicale superius noch nicht erreicht haben. Es muß daher angenommen werden, daß die nach dem Einschneiden des Nerven übriggebliebenen Fasern nun ihren Einfluß auf das ganze Ganglion cervicale superius, d. h. auf eine erhöhte Anzahl von Ganglienzellen, ausgedehnt haben. Das bedeutet schon an und für sich eine Umstellung. Man wird annehmen dürfen, daß die Funktionsherstellung durch wenige Fasern auch für regenerierende Sympathicusfasern gilt, so daß es nicht verwunderlich ist, daß der Prozentsatz der mit Erfolg ausgeführten, kreuzenden Sympathicusnähte besonders hoch ist.

CANNON[3] vernähte bei Katzen den peripheren Halssympathicus mit dem zentralen Stumpf einer Wurzel des Phrenicus. Seine vier Tiere wiesen nach einiger Zeit Erscheinungen auf, die CANNON durch „rhythmische, mit der Atmung synchrone Phrenicusimpulse", die zu den Halsganglien gelangten, zu erklären sucht. Die Tiere zeigten nicht nur einen wesentlich vermehrten Herzschlag, sondern auch verringerte Bewegung der Eingeweide, außerordentliche allgemeine Reizbarkeit, Steigerung des Stoffwechsels und vermehrten Wärmeverlust, also alles Erscheinungen, die auf einen Hyperthyreoidismus zurückgeführt werden können. Bei einem der Tiere zeigte sich ferner ein deutlicher inspiratorischer Iriskrampf. Dies ist der einzige Grund dafür, daß CANNON *rhythmische* Erregungen für den Symptomenkomplex verantwortlich macht.

Diese Versuche wurden von anderen Autoren[4] wiederholt, die trotz Verwendung eines größeren Versuchsmaterials nie die Erscheinung eines Hyperthyreoidismus beobachteten, sondern nur *völlige Rückkehr aller Sympathicusfunktionen*, obwohl der Nachweis erbracht wurde, daß keine präganglionären Sympathicus-

---

[1] FLORESCO, N.: Arch. Méd. exper. **13**, 552 (1901).
[2] BRÜCKE, HANS: Pflugers Arch. **226**, 319 (1930).
[3] CANNON, W. B., C. A. BINGER u. R. FITZ: Amer. J. Physiol. **36**, 363 (1915).
[4] MARINE, D., I. M. ROGOFF u. G. N. STEWART: Amer. J. Physiol. **45**, 268 (1917). — BURGET, G. E.: Amer. J. Physiol. **44**, 492 (1917).

fasern in den Stumpf eingewachsen waren. Irgendwelche Anzeichen für eine rhythmische Innervation durch den Phrenicus ergaben sich in keinem Fall!

Sowohl LANGLEY[1] als auch FLORESCO[2] vernähten bei Katzen den kranialen Stumpf des *Halssympathicus mit dem zentralen Vagus*. Besonders LANGLEY erzielte *auch reflektorisch* alle typischen Sympathicuswirkungen auf der operierten Seite seiner Katzen: Pupillenerweiterung, Nickhautbewegung, Arterienkontraktion in der Ohrmuschel und Submaxillarissekretion! In anderen Versuchen ersetzte LANGLEY[3] mit vollem Erfolg (Nickhautbewegung, Haarsträuben usw.) die normale Verbindung des *Halssympathicus* mit dem Zentralnervensystem durch den *Lingualis*, dessen marklosen Fasern, wie die histologische Untersuchung ergab (also die vasodilatorischen und sekretorischen Fasern der Chorda tympani), Verbindung mit den Ganglien hergestellt hatten.

In späteren Versuchen glückte es LANGLEY und seinen Mitarbeitern ebenfalls, Sympathicus-Regeneration durch Verbindung mit dem fünften Halsnerven herzustellen[4]. Leider wurde hier der Nachweis der reflektorischen Brauchbarkeit der neugeschaffenen Verbindung nicht geführt.

Überblickt man das gesamte Material, das bisher über sinnvolle Funktionsherstellung nach kreuzender Nervennaht vorliegt, so ist es eigentlich unmöglich, an eine streng festgelegte Funktion der einzelnen Verbindungen im Nervensystem zu glauben. In der Tat haben alle Forscher, die selber solche Nervenkreuzungen ausführten, sich mehr oder weniger für eine Plastizität des Zentralnervensystems ausgesprochen und die sog. Zentren nur für Stellen erklärt, an denen sich unter *normalen* Umständen gewisse reflexregelnde Prozesse *bevorzugt* abspielen.

Die Annahme von vorgebildeten Assoziationsbahnen zwischen den verschiedenen Zentren, die FOERSTER[5] ausspricht, hilft hier nicht weiter, denn bei der Unzahl der Umstellungsmöglichkeiten, die bereits aufgewiesen wurden, müßte man annehmen, daß schließlich jede Zelle des Zentralnervensystems mit jeder anderen durch „Assoziationsfasern" verbunden ist. FRANZ[6] hat in der Tat diese Konsequenz gezogen und zeichnet ein derartiges Schema der Verbindungen zwischen dem Großhirn und den tieferen Zentren. Er verläßt damit die klassische Zentrenlehre, denn für ihn ist eine bestimmte Funktion dieses Teiles des Zentralnervensystems nicht mehr eine Funktion eines circumscripten Zentrums, sondern eine Integration aus der Aktivität vieler einzelner Teile des Großhirns, die miteinander eine Einheit bilden[7].

Obwohl bei Nervenkreuzungsversuchen bisher nur in wenigen Fällen (siehe S. 1095) der Nachweis geführt wurde, daß der Erfolg auch nach Abtrennung der höheren Zentralorgane bestehen bleibt, so kann doch kein Zweifel darüber bestehen, daß das Großhirn an diesen Umstellungsvorgängen nur einen geringen Anteil hat. Das Großhirn kann ja als Hilfsfaktor nur bei solchen Umstellungen der Funktion in Frage kommen, an denen „willkürlich bewegliche" Muskeln beteiligt sind. Daß bei diesen das „Lernen" besonders beim Menschen eine Rolle spielt, wird von vielen Autoren angenommen (SPITZY u. a.). Wir wollen auch gern zugeben, daß die „Willkür" bei der Aufhebung von Mitbewegungen (S. 1097) beteiligt ist. Es bleibt dann aber auch hier die Tatsache, daß der Gebrauch der Innervation durch ein *fremdes* „Zentrum" schließlich vollkommen

---

[1] LANGLEY, I. N.: Proc. roy. Soc. Lond. B **62**, 331 (1898).
[2] FLORESCO, N.: Arch. Méd. exper. **13**, 552 (1901).
[3] LANGLEY, I. N.: J. of Physiol. **23**, 240 (1898).
[4] LANGLEY, I. N., u. H. K. ANDERSON: J. of Physiol. **30**, 439 (1904).
[5] FOERSTER, O.: Dtsch. Z. Nervenheilk. **115**, 248 (1930).
[6] FRANZ, S. I.: Psychologic. Monogr. **19**, 80 (1915).
[7] FRANZ, S. I.: How the brain Works. Los Angeles 1929.

automatisch erfolgt, eine wahre Umstellung also stattgefunden hat. Alles dies kann aber nicht für Fremdinnervationen gelten, bei denen die Willkür keine Rolle spielen kann, wie das für die autonomen Gebiete zutrifft! Man würde also das, was FRANZ als Psychologe nur für das Großhirn (in Verbindung mit tieferen Zentren) annimmt, auf das ganze Nervensystem übertragen müssen.

### b) Verwendung von Muskel- und Gliedmaßenbewegungen für unnatürliche Aufgaben.

In diesem Abschnitt sind die funktionellen Erfolge zu besprechen, welche bei der Verpflanzung von Sehnen und Muskeln, ferner bei den Operationen nach VANGHETTI und SAUERBRUCH und bei der Übertragung von Rumpf- und Gliedmaßenbewegungen auf künstliche Prothesen erzielt wurden.

Während uns die kreuzende Nervennaht fast unbegrenzte Möglichkeiten bietet, beliebige Nervenaustrittsstellen der Zentralorgane mit irgendwelchen peripheren Orten in funktionelle Verbindung zu bringen und zu prüfen, wie sich die Zentralorgane den neuen Innervationsbezirken anpassen, ist hier der Bereich der Möglichkeiten sehr viel kleiner.

Auf der anderen Seite sind aber wieder Vorteile vorhanden: Bei den Nervenkreuzungen wissen wir nie genau, welche zentralen Nervenkerne nach der Verheilung mit den einzelnen peripheren Orten in Verbindung stehen — wenigstens dann nicht, wenn es sich um Nerven eines großen Endgebietes handelt. Verteilen sich doch die auswachsenden Nervenfasern nach allen bisherigen Erfahrungen wahllos auf alle zu neurotisierenden Muskeln, Drüsen und Hautstellen. Geben wir aber einem Muskel einen neuen Insertionspunkt, ohne an seiner Innervation etwas zu verändern, so wissen wir ganz bestimmt, welche Kerngebiete ihre Funktion umstellen mußten, falls eine Anpassung an die neue periphere Verbindung eintrat. Wirkt z. B. ein früherer Beugemuskel nach Verpflanzung seiner Sehne auf die Streckseite wirklich als Strecker, so müssen die ganzen zentralen Apparate, die früher bei der Beugung des Gliedes eine Rolle spielten (also im Sinne der alten Lehre ein Beugezentrum darstellten), die Rolle eines Streckzentrums angenommen haben.

Tauschen zwei Telephonteilnehmer die Wohnung miteinander, so können auch in der Zentrale die Drähte ihrer Telephone ausgewechselt werden. Ein solcher Umtausch der Leitungen kann hier nicht stattgefunden haben; es müssen die integrierenden Apparate selbst, und zwar in der nervösen Zentrale, ihre Eigenschaften geändert haben.

Ebenso ist die Möglichkeit einer Auswahl unter schon vorhandenen Leitern, die bei manchen Nerven-Kreuzungsversuchen immerhin vorliegt, indem nämlich die nichtpassenden Verbindungen unbenutzt bleiben, hier ausgeschlossen, da ja an den anatomischen Zusammenhängen mit dem Zentralorgan nichts geändert wurde.

So sind eben doch die hier zu beschreibenden Versuche von großer heuristischer Bedeutung, wenn auch manchem Leser einige derselben im Resultat unscheinbarer vorkommen werden als die Ergebnisse der Nervenkreuzungen.

#### α) *Sehnenverpflanzungen.*

Daß es möglich sein könnte, einen Muskel ohne gleichzeitige Eingriffe in seine zentralen Beziehungen zu mechanischen Aufgaben heranzuziehen, die von seinen ursprünglichen Verrichtungen verschieden, ja ihnen geradezu entgegengesetzt sind, hatten wohl die wenigsten Physiologen erwartet. Selbst bei denen, welche an eine weitgehende Anpassungsfähigkeit des Zentralnervensystems glaubten, war offenbar die Überzeugung von der Unabänderlichkeit der zentralen Beziehungen, insbesondere antagonistischer Muskeln, meist so stark, daß sie gar nicht erst den Versuch machten, diese Beziehungen zu ändern. Daher sind Sehnenüberpflanzungen bisher von Physiologen überhaupt nicht ausgeführt worden.

Bahnbrechend auf diesem Gebiet waren die Chirurgen und Orthopäden, und es ist zu bewundern, mit welchem Vertrauen auf die Omnipotenz des Zentralnervensystems sie an diese Aufgabe herantraten. Vielleicht war aber die Sehnenverpflanzung für die ersten Pioniere auf diesem Gebiet doch nur ein letztes Mittel, das sie nicht unversucht lassen wollten, um Menschen, die durch Lähmung ganzer Muskelgruppen hilflos geworden waren, wenigstens etwas den Gebrauch ihrer Gliedmaßen wiederzugeben.

Die physiologisch interessantesten Verhältnisse finden wir in den Fällen, wo funktionstüchtigen Muskeln die Aufgabe gestellt wurde, *die Arbeit ihrer gelähmten ehemaligen Antagonisten zu übernehmen und gegen einen Teil ihrer früheren Synergisten tätig zu sein.*

Hier kommen vor allem Fälle von irreparabler Radialislähmung in Frage, in denen durch PERTHES[1] und andere die so hinderliche Beugestellung der Hand und der Finger dadurch mit Erfolg beseitigt wurde, daß die Sehnen des Flexor carpi radialis und ulnaris (nach Kürzung der gelähmten Extensoren) auf die Streckseite verlagert und der erstere mit den Sehnen der drei Daumenstrecker, der letztere mit dem Extensor digitorum communis vernäht wurde. Der Enderfolg war in einigen Fällen so gut, daß die operierte Hand nicht nur zu den gewöhnlichen täglichen Verrichtungen gebraucht werden konnte, sondern auch zum Klavier- und Geigespielen herangezogen wurde. Der eine von uns (BETHE) hatte Gelegenheit, zwei der PERTHESschen Fälle zu untersuchen und war überrascht, mit welcher Sicherheit alle Bewegungen der Hand ausgeführt wurden. Am meisten erstaunte ihn aber, daß beide Patienten angaben, mit dem Beginn der Tätigkeit der aus dem Verband befreiten Muskeln diese richtig innerviert zu haben. Der Absicht, die Hand zu heben oder die Finger zu strecken, seien die früheren Beugemuskeln sofort nach wiedererlangter Beweglichkeit gefolgt.

PERTHES hebt in seiner Beschreibung diese Tatsache, daß die Muskeln, deren Sehnen überpflanzt wurden, *oft plötzlich ihre neue, der früheren entgegengesetzte Funktion übernehmen,* ganz besonders hervor. Er sieht hierin „einen Beweis dafür, daß die Funktionswiederkehr nicht allein auf die Wiederherstellung der anatomischen Möglichkeit aktiver Streckung beruhte, als vielmehr darauf, daß das Gehirn sich den veränderten anatomischen Verhältnissen anzupassen lernte und die Innervation plötzlich ihren Weg in die veränderten Bahnen wiederfand".

Noch einige andere Autoren berichten bei den von ihnen ausgeführten Sehnenüberpflanzungen von ähnlichen Befunden, während sich die meisten Chirurgen (nach ausgiebiger Beschreibung der Operationsmethodik) auf die Beschreibung des Enderfolges beschränken und leider keine Angaben über die Entwicklung der neuen Funktion machen. Aus den mündlichen Auskünften, die uns einige Orthopäden bereitwillig gaben, und aus einigen Selbstberichten von Operierten glauben wir aber den Schluß ziehen zu dürfen, daß sich die *Umstellung der Funktion fast immer schnell vollzieht und daß Falschinnervationen nicht oder nur selten auftreten!*

Auch hier wird man wieder die feste Kopplung der Muskeln durch die Gelenke, an denen sie angreifen, und die physiologische Zweckmäßigkeit zunächst vielleicht nur zufällig erfolgender, richtiger, d. h. umgeleiteter Innervation als Anreiz zu einer schnellen Umstellung der Zentralorgane ansehen dürfen. Zur

---

[1] Z. B.: G. PERTHES: Beitr. klin. Chir. **113**, 289 (1928) — Zbl. Chir. **46**, 471 (1919). — STAHNKE: Arch. f. Orthop. **17**, 683 (1920). — KRAUSE, W.: Zbl. Chir. **47**, 884 (1920).

Beschleunigung der Herstellung zweckmäßiger Innervation mögen auch die vorbereitenden Maßnahmen der Orthopäden beitragen, welche (einige Zeit nach der Operation) in vorsichtigen Massage- und *passiven Bewegungen* bestehen. Durch diese erhält das Zentralorgan schon vor dem Beginn aktiver Bewegungen gewissermaßen Nachrichten über die veränderte Zusammengehörigkeit der Muskeln, die — wohl unbewußt registriert — zur Ausbildung der Umstellung ausgenutzt werden.

Mit die schönsten Erfolge wurden bei Ersatz des gelähmten Deltoideus erzielt. Meist geschieht der Ersatz durch Verlagerung des Latissimus dorsi[1] oder des Pectoralis und des Trapezius[2], Muskeln, die mit der Hebung des Armes nichts zu tun haben, zum Teil sogar (Latissimus dorsi) als Antagonisten des Deltoideus aufgefaßt werden müssen. So beschreibt z. B. SCHULZE-BERGE[3] einen Fall von recht befriedigender Wiederherstellung der Funktion, in welchem bei einem Kriegsverletzten mit völliger Lähmung des N. axillaris und des N. musculocutaneus die Hebung des Armes durch Überpflanzung der Sehnen des Latissimus und die Beugung des Armes durch Vernähung der Sehnen des M. pectoralis mit der gespaltenen und heraufgezogenen Bicepssehne erreicht wurde.

MAU[4] operierte ein Kind mit Deltoideuslähmung durch Überpflanzen der Sehnen des Pectoralis und Trapezius. Die willkürliche Hebung des Armes erfolgte nach einem halben Jahr in sehr ausgiebiger Weise, wie durch Photogramme belegt wird. Das Kind benutzte aber die neue Bewegungsmöglichkeit nur, wenn es seine Aufmerksamkeit auf den Arm lenkte, nicht aber, wenn es, sich selbst überlassen, spielte. Dieser Fall hat insofern ein Interesse, als man aus ihm den Schluß ziehen könnte, die umgeschalteten Muskeln arbeiteten nur unter der Herrschaft des Willens, also des Großhirns. Es erscheint aber nicht unwahrscheinlich, daß die gegenüber dem normalen Arm sicher geringere Beweglichkeit des operierten Armes überhaupt zu einer weitergehenden Herabsetzung seines Gebrauchs geführt hatte. Hätte das Kind nur diesen einen, operierten Arm gehabt, so würde es ihn nach unserer Überzeugung in ganz anderem Ausmaß und auch reflektorisch bewegt haben. — Nach den Beobachtungen anderer Orthopäden handelt es sich hier um einen nicht sehr häufigen Fall. Wir selber konnten uns an Kindern der hiesigen orthopädischen Klinik davon überzeugen, daß so operierte Kinder die ihnen durch die Operation gegebene Beweglichkeit auch unbewußt benutzten.

Auf Fälle der eben erwähnten Art wird von allen Gegnern der Sehnentransplantation hingewiesen. Sie betonen, daß zwar die Funktion bei *bewußter willkürlicher Bewegung des Gliedes gut sei*, daß sich der transplantierte Muskel aber bei unterbewußten Bewegungen häufig wie ein gelähmter verhalte. *Diese Ansicht wird aber durchaus nicht allgemein geteilt.*

BIESALSKI[5] weist wohl mit Recht darauf hin, daß die Sehnentransplantation in all den Fällen — wenigstens anfänglich — einen Mißerfolg bedeuten wird, in denen vor der Operation durch Ersatzbewegungen und sonstige Funktionsanpassung des Körpers eine weitgehende Restitution der biologischen Gesamtfunktion stattgefunden hat. In solchen Fällen wird durch die Sehnentransplantation das erreichte funktionelle Gleichgewicht über den Haufen geworfen und muß sich erst wieder neu herstellen.

Es darf in unserem Zusammenhang, wo es nicht auf die praktischen Erfolge, sondern *nur* auf die physiologischen Möglichkeiten ankommt, nicht verschwiegen werden, daß die funktionelle Umstellung manchmal zu wünschen übrig läßt. Die meisten Orthopäden berichten zwar über ihre Erfolge bei Sehnentransplantationen[5] günstig, und LANGE[6] hält diese Methode bei sachgemäßer An-

---

[1] Z. B.: M. B. ANSART: Dtsch. Z. orthop. Chir. **48**, 57 (1927).
[2] Z. B.: L. MAYER: Z. orthop. Chir. **50**, 655 (1929). — RIEDEL: Verh. dtsch. orthop. Ges. **1928**, 232.
[3] SCHULZE-BERGE, A.: Dtsch. med. Wschr. **43**, 433 (1917) — Zbl. Chir. **44**, 551 (1917).
[4] MAU: Verh. dtsch. orthop. Ges. **1929**, 236.
[5] Z. B.: K. BIESALSKI u. L. MAYER: Die physiologische Sehnenverpflanzung. Berlin 1916. — PITZEN: Verh. dtsch. orthop. Ges. **1927**, 279.
[6] LANGE, F.: Die epidemische Kinderlähmung. München 1930.

wendung der Reinnervation gelähmter Muskeln, z. B. durch Nervenpfropfung, für weit überlegen. Dennoch ist aus der Durchsicht der orthopädischen Literatur ersichtlich, daß auch bei einwandfreier Technik nicht immer eine volle Umstellung des Zentralnervensystems auf die beabsichtigte Funktion des verlagerten Muskels erfolgt[1]. Insbesondere hat SCHERB[2] in zahlreichen Arbeiten darauf hingewiesen, daß an der oberen Extremität die Umstellung auf die neue Funktion sehr leicht erfolgt, während sie für Muskeln der unteren Extremität oft unvollkommen bleibt. Als Ursache für dieses verschiedene Verhalten wird von SCHERB vermutet, daß infolge der autonomen Kinetik der unteren Extremitäten dort eine viel festere Verankerung der Beziehung zwischen den Antagonisten bestehe als an der oberen Extremität, mit der wir so gut wie keine automatischen Bewegungen ausführten.

Es sind aber auch an der unteren Extremität, besonders am Unterschenkel, mit der Sehnenüberpflanzung schon sehr gute Erfolge erzielt worden. Mit teilweise gelähmten Beinen, die vor der Operation das Gehen fast unmöglich machten, können längere Zeit nach der Operation oft stundenlange Märsche ausgeführt werden. Häufig sind hierzu allerdings Monate und Jahre nötig. Jedes größere Lehrbuch der orthopädischen Chirurgie gibt über solche Fälle Auskunft. Das Gehen ist aber, wenn es schnell und andauernd geschieht, ein Vorgang, der ganz automatisch abläuft und bei dem es ausgeschlossen erscheint, daß immer wieder von neuem besondere Willensimpulse in die aus ihrer natürlichen Verbindung gelösten Muskeln hineingeschickt werden.

Einige besonders eklatante Fälle von Operationen am Bein seien hier aber noch erwähnt: SPITZY[3] hat mehrfach einen Ersatz der ganz gelähmten Kniestrecker durch Vernähung der Endsehnen des Tensor fasciae latae mit der Endsehne des Quadriceps erreicht. Trotz der Schwache dieses Muskels war der funktionelle Erfolg gut.

Ferner hat KATZENSTEIN[4] in einigen Fällen durch künstlich verlängerte Sehnen ganz entfernte Muskelgruppen als Kraftspender für gelähmte Muskeln besonders an den Beinen benutzt. So gelang es ihm z. B. in einem Fall von kompletter einseitiger Ischiadicuslähmung durch Übertragung der Kraft des Quadriceps auf die gelähmten Peroneusmuskeln einen sehr guten Gang zu erzielen. Vielleicht noch verblüffender ist die Ausnutzung des Musculus rectus abdominis und des Musculus obliquus externus bei einem Kind mit völliger Lähmung der unteren Extremität zur Erzielung eines den täglichen Bedürfnissen entsprechenden Gangvermögens. Hier handelt es sich um eine Umstellung, die in ihrer Art von den besten Erfolgen bei Nervenkreuzung nicht weit entfernt ist.

Zu den merkwürdigsten Resultaten haben Operationen an den äußeren Augenmuskeln geführt. Gerade bei den Bewegungen des Augapfels ist eine große Präzision notwendig; daher ist es verständlich, daß hier der Anreiz zu Korrektionen bei veränderter Länge oder veränderter Lage der Muskeln sehr stark ist. Wenn dem Zentralnervensystem überhaupt die Fähigkeit zukommt, sich neuen Verhältnissen anzupassen, dann wird es sie hier ausnutzen. Niemand hat aber wohl erwartet, daß dies in so hohem Maße der Fall ist, wie es die bisherigen leider nicht sehr zahlreichen Untersuchungen zeigen. Die Muskelverlagerungen am Auge haben auch deswegen ein besonderes Interesse, weil die Mechanik der äußeren Augenmuskeln verhältnismäßig leicht verständlich ist und weil jede Abweichung von der Norm besonders auffällig in Erscheinung tritt.

MONZARDO[5] verkürzte oder verlängerte auf operativem Wege einzelne gerade Augenmuskeln bei verschiedenen Versuchstieren (Pferd, Hund und Kaninchen).

---

[1] PORT, WITTECK, NATZLER auf dem Orthopädenkongreß Nürnberg 1927 — Verh. dtsch. orthop. Ges. **1928**, 238. — Siehe auch die Diskussion auf der chirurgischen Sektion auf der Naturforschertagung Königsberg 1930, wo aber doch die meisten Orthopäden sich im günstigen Sinn über die Funktionsherstellung nach Sehnentransplantation äußerten.
[2] SCHERB, R.: Z. Orthop. **48**, 161, 264, 526, 582 (1927); **50**, 470 (1929); **52**, 117 (1930).
[3] SPITZY, H.: Z. orthop. Chir. **46**, 111 (1925).
[4] KATZENSTEIN, M.: Klin. Wschr. **2**, 2265 (1923) — Zbl. Chir. **50**, 1161 (1923).
[5] MONZARDO, G.: Ann. Oftalm. **9**, 605 (1910).

Schon wenige Tage nach der Operation hatte sich die Innervation der Muskeln so weit den veränderten Verhältnissen angepaßt, daß es nicht möglich war, zu entscheiden, welches von beiden das operierte Auge war[1]. In anderen Versuchen wurde einer der geraden Augenmuskeln der Länge nach gespalten und der eine Muskelzipfel an der normalen Stelle, der andere ungefähr 90 Grad seitwärts am Bulbus wieder angenäht. Auch hier war die anfängliche Falschstellung des Bulbus in kurzer Zeit vollkommen korrigiert. (Innere Muskeldissoziation; s. weiter unten.)

Noch sehr viel auffälliger als diese Resultate sind die Erfolge, welche MARINA[2] und seine Mitarbeiter in ihren berühmt gewordenen Verpflanzungsversuchen am Affenauge erzielten. MARINA ersetzte z. B. den Rectus internus durch den Obliquus superior oder vertauschte den Externus mit dem Internus, d. h. er kreuzte zwei Recti. In anderen Versuchen wieder ersetzte er den Rectus internus durch den Rectus superior. In allen diesen Versuchen sollen, als nach 3—4 Tagen die Verbände entfernt wurden, sofort wieder „willkürlich" wie automatisch die *richtigen* Augenbewegungen aufgetreten sein. Es bestand keinerlei Dissoziation zwischen den beiden Augen, und *Drehnystagmus erfolgte nach beiden Seiten hin in völlig normaler Weise.* Durch Reizung der entsprechenden *Hirnrindenstellen* wurden an denjenigen Affen, bei denen die Verpflanzungen nur an einem Auge vorgenommen waren, sowohl *assoziierte Divergenzbewegungen wie Konvergenzbewegungen* der Bulbi ausgelöst! MARINA kommt daher zu dem Schluß, „daß die Leitungsbahn oder die Schaltzellen oder was man da immer für einen Mechanismus annehmen will, keine fixe Funktion haben".

Diese auffallenden Versuche sind merkwürdigerweise nur einmal und an einem, wie sich zeigte, wenig geeigneten Objekt durch DUSSER DE BARENNE und DE KLEIJN[3] nachgeprüft worden. Nach Kreuzung des Rectus internus und externus beim Kaninchen fanden sie in einem Teil der Fälle *normalen Drehnystagmus,* als wäre keine Kreuzung vorgenommen. In anderen Fällen war aber der vestibulare Nystagmus des operierten Auges dem des *normalen entgegengesetzt.* Nun zeigte sich aber, daß beim Kaninchen nach Exstirpation aller sechs äußeren Augenmuskeln zwar kein rotatorischer Nystagmus mehr, wohl aber sehr schöner vertikaler und horizontaler Nystagmus hervorrufbar ist. Ursache dieses auftretenden Nystagmus ist der vierzipfelige Musculus retractor bulbi, den alle Säugetiere mit Ausnahme der höheren Affen und des Menschen besitzen sollen. Diese Autoren betonen aber besonders, daß ihre Versuche *keinen Gegenbeweis* gegen MARINAS Angaben darstellen, da diese nur an Tieren ohne Retractor bulbi nachgeprüft werden könnten.

Bemerkenswert ist und vielleicht im Sinne einer Bestätigung MARINAS zu deuten, daß am Kaninchen die Insertionsverhältnisse der vier Zipfel des Retractors außerordentlich wechselnd sind. Manchmal entspricht ihre Lage dem der vier äußeren geraden Augenmuskeln, aber sie können ebenso bis zu 45 Grad gegenüber den geraden Augenmuskeln gedreht sein.

Gegen die Befunde MARINAS sind von BARTELS[4] Einwände erhoben worden, die uns nicht stichhaltig zu sein scheinen. Als Hauptargument führte er an, daß sich in seinen schönen Versuchen der Registrierung der Bewegungen der *einzelnen* Augenmuskeln (nach Enucleation)

---

[1] Im Grunde macht man ja auch bei den Schieloperationen am Menschen nichts anderes. Sicherlich wird der Operateur nur in den seltensten Fällen den Muskel gerade richtig versetzen. Das Auge ist durch die Veränderung des Muskelansatzes nur aus der abnormen Stellung gebracht und sucht nun durch zentrale Umstellung der Innervation eine neue Koordination mit dem gesunden.

[2] MARINA, A., O. OBLATH u. G. DANELON: Ann. di Neur. **28**, 370 (1910). — MARINA, A.: Dtsch. Z. Nervenheilk. **44**, 138 (1912) — Neur. Zbl. **34**, 338 (1915).

[3] DUSSER DE BARENNE, I. G., u. A. DE KLEIJN: Pflügers Arch. **221**, 1 (1929).

[4] BARTELS, M.: Graefes Arch. **101**, 299 (1920).

der Nystagmus durch wechselndes Kontrahieren und Erschlaffen der einander antagonistischen Muskeln äußerte. Die zentrale Kopplung der Muskeln sei also ganz fest und schon durch einen Muskel allein könnte Nystagmus zustande kommen! BARTELS übersieht dabei, daß er in seinen Versuchen am Hebel eine Gegenspannung hatte, die bei vorhandenem Bulbus fehlt. Daher kann schon bei Verpflanzung nur eines Rectus sein Antagonist allein nicht den Augapfel richtig in dem betreffenden Meridian bewegt haben! Die Erklärung versagt ganz bei den Versuchen MARINAS, in denen zwei Muskeln gekreuzt wurden. — Akute Versuche an Augenmuskeln, *die vom Bulbus losgelöst sind*, werden zur Frage der Umstellungsmöglichkeit überhaupt nichts beitragen können, da das richtende Moment (nämlich das veränderte Gesichtsfeld) und die Rezeption der veränderten Muskelverhältnisse (durch die propriorezeptiven Nerven und die mechanische Kopplung der Muskeln am Augapfel) fehlt.

Im Sinne der Versuche MARINAS, deren baldige Wiederholung am Affen außerordentlich erwünscht wäre, sprechen einige Erfahrungen der Augenärzte am Menschen:

Nach JACKSON[1] läßt sich der gelähmte M. obliquus super. (N. trochlearis) durch Verlegung der Insertion des Rectus sup. (N. oculomot.) nach hinten und mehr nach der Temporalseite des Bulbus sehr gut ersetzen. Aber nicht nur bei diesem Ersatz stellt sich beinahe vollkommen das Muskelgleichgewicht für die richtige Blickachse wieder her, sondern auch bei anderen Transplantationen der Augenmuskeln, z. B. beim Ersatz des gelähmten Externus durch Abspaltungen vom Rectus sup. und Rectus inferior mit oder ohne gleichzeitiger Tenotomie des Internus.

In vielen Fällen scheint die neue Funktion fast momentan von dem verlagerten Muskel übernommen zu werden. Bei Muskelspaltungen, besonders wenn der eine Zipfel zu einem ganz differenten Zweck verwandt wurde, treten oft anfängliche Mitbewegungen auf, die aber auffallend schnell verschwinden. So berichtet JACKSON, daß sich bei einem Patienten schon 3 Monate nach einer MOTAISschen Operation[2] (Ersatz des gelähmten M. levator. palpebr. durch eine Abspaltung aus dem Rectus sup.) völlig normaler Lidschluß beim Einschlafen einstellte. Vorher erfolgte im Schlaf ein Erheben des Augenlides der operierten Seite erst in stärkerem und dann in vermindertem Ausmaß. Dieses Heben des Augenlides ist als Mitbewegung aufzufassen, da der Rectus superior in Schlafstellung das Auge aufwärts rollt, um die Cornea durch das knöcherne Orbitaldach zu schützen. JACKSON weist besonders darauf hin, daß man bei der hier eintretenden Dissoziation der Bewegungen beider Muskelhälften nicht davon sprechen könne, daß die neue harmonische Funktion etwa durch besondere Willensimpulse erzwungen würde!

*β) Kanalisierte Muskeln.*

Schwieriger als in den bisher besprochenen Fällen gelingt die Umstellung der Zentralorgane bei den nach VANGHETTI[3] und — in viel größerer Zahl — nach SAUERBRUCH[4] ausgeführten Operationen. Bei diesen Verfahren handelt es sich darum, nach Amputation von Gliedern (besonders des Armes) die Muskelkräfte des Amputationsstumpfes für die Bewegung einer Prothese nutzbar zu machen.

Die Operation besteht darin, daß die noch brauchbaren Muskeln z. B. des Biceps und Triceps eines Oberarmamputierten durchbohrt werden und der entstandene Kanal mit Haut ausgefüttert wird. Durch die Kanäle werden Elfenbeinstäbe gesteckt, von denen aus die Übertragung des Muskelzuges auf die zu bewegenden Teile durch Drähte bewerkstelligt wird. Die Abb. 375 zeigt einen so Operierten ohne Prothese an einem zur Einübung der Muskeln dienenden Apparat, Abb. 376 einen anderen Operierten mit seiner Prothese.

---

[1] JACKSON, E.: Amer. J. Ophthalm. **6**, 117 (1923).
[2] MOTAIS: Trans. Soc. franç. Ophtalm. **1897**, 208.
[3] VANGHETTI: Plastica e protesi cinematiche. Milano 1906.
[4] SAUERBRUCH, F.: Die willkürlich bewegbare künstliche Hand I (Berlin 1916); II (1923); hier weitere Literatur.

Verwendung von Muskel- und Gliedmaßenbewegungen für unnatürliche Aufgaben. 1111

Während die ihrer ursprünglichen Aufgabe entzogenen Muskeln bei den besprochenen Sehnenverpflanzungen wieder an lebende Skeletteile (oder an den Bulbus oculi) angeschlossen wurden, werden bei diesen Verfahren die armierten Muskeln mit den toten Mechanismen einer Prothese in Verbindung gebracht. Das Zentralnervensystem erhält daher direkt nur durch die propriorezeptiven Elemente der Muskeln Nachrichten über das, was mit ihnen geschieht. Sie sind auch nicht von Anfang an in eine bestimmte Aufgabe eingespannt und später auch nur zeitweise, da die Prothesen nachts gewöhnlich abgelegt werden. Die Hauptrolle bei der Befreiung der Muskeln von ihrem alten Koordinationsmechanismus müssen daher indirekte, zentral verwertbare Empfindungen übernehmen, vor allem solche, die durch das Auge und in zweiter Linie durch die Haut des Stumpfes vermittelt werden. Erst an eine gewisse Befreiung von den alten Koordinationen kann sich die Umstellung auf die neue Verwendung anschließen. Aus diesen Gründen erfolgt die Umstellung verhältnismäßig langsam und die Dissoziation bleibt oft unvollkommen. Trotzdem bieten auch die auf diesem

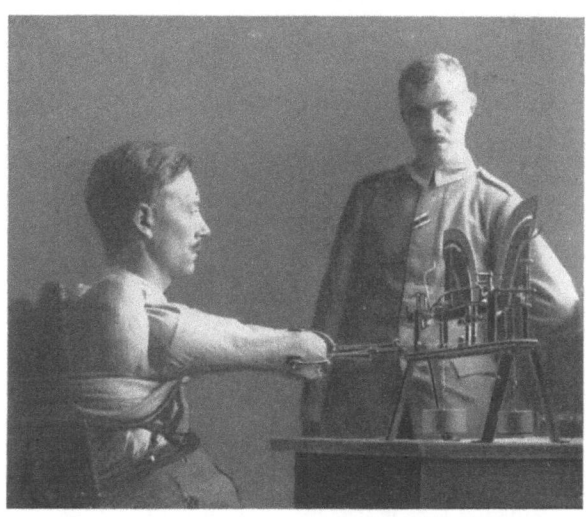

Abb. 375. Oberarmamputierter mit zwei Kanälen am Übungsapparat.

Gebiet gemachten Erfahrungen für unser Problem manches Lehrreiche, nicht nur, weil *selbst unter diesen außerordentlich ungünstigen Bedingungen oft eine recht vollkommene Umstellung erfolgt*, sondern vor allem deswegen, weil wir jederzeit die Fähigkeiten der von der Prothese befreiten Muskeln wieder getrennt untersuchen können.

Nur ein geringes theoretisches Interesse verdienen diejenigen Fälle, in denen die armierten Muskeln zu solchen Bewegungen der Prothese herangezogen werden, die ihren natürlichen Verrichtungen ähnlich sind. So werden z. B. bei genügend langen Unterarmstümpfen die Hand- und Fingerbeuger, die auch sonst gewöhnlich beim Schließen der Hand zusammenarbeiten, zum Schließen der künstlichen Hand verwertet, und andererseits die Muskeln der Streckseite (wenigstens sehr häufig) zum Öffnen derselben[1]. Beide Muskelgruppen bleiben einander antagonistisch, und dieser natürliche Antagonismus wurde vom Konstrukteur noch durch Einbau eines Waagebalkens den physiologischen Verhältnissen entsprechend begünstigt. Eine zentrale Umstellung ist also nicht (oder höchstens in nebensächlichen Punkten) notwendig.

In sehr vielen Fällen wurden die armierten Muskeln zu Aufgaben herangezogen, die ihnen unter natürlichen Verhältnissen fremd sind. Das ist fast immer bei Oberarmamputierten der Fall. Hier werden meist beide Kanäle (des Biceps und des Triceps) *zur Betätigung der Hand* benutzt. Wenn dies in der Weise geschieht (wie es in späterer Zeit meist geschah), daß der eine zum Schließen, der andere zum Öffnen der künstlichen Hand benutzt wird, dann bleiben beide Muskeln wenigstens noch Antagonisten[2]. Wird jedoch nur der eine Muskel, z. B.

---
[1] SAUERBRUCH: II. Zitiert auf S. 1110, dort S. 134 u. 214.
[2] SAUERBRUCH: II. Zitiert auf S. 1110, dort S. 48.

1112 A. Bethe u. E. Fischer: Die Anpassungsfähigkeit (Plastizität) des Nervensystems.

der Biceps, zum Schließen der Hand benutzt (indem er gegen eine Feder arbeitet), der Triceps aber zur Rotation im künstlichen Handgelenk, *dann muß eine vollkommene Dissoziation beider Muskeln stattfinden*, wenn die Prothese ihren Zweck erfüllen soll. In der Tat war dies bei dem in Abb. 376 dargestellten Amputierten praktisch erreicht. Die Hand konnte durch Kontraktion des Biceps geschlossen und durch sein Erschlaffen geöffnet werden, ohne daß eine sichtbare Drehung im Handgelenk eintrat, und ebenso konnte der Amputierte die Hand drehen, ohne daß vorher erfaßte Gegenstände der Hand entfielen. Allerdings mußte er dabei kleine Kunstgriffe anwenden[1], die aber ziemlich automatisch hinzutraten.

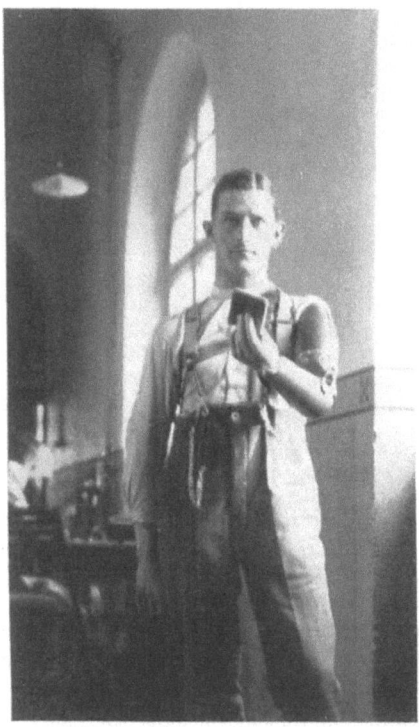

Abb. 376. Oberarmamputierter mit willkürlich beweglichem Kunstarm.

Die vollkommene Trennung der gekoppelten (reziproken) Innervation von Muskeln, die bei sehr vielen (aber wohl niemals bei allen) Bewegungen in einem antagonistischen Verhältnis zueinander stehen, scheint besondere Schwierigkeiten zu bereiten[2,3]: Denken sich die Amputierten nach Abnehmen der Prothese wieder in den Vollbesitz ihres Armes hinein, so tritt die alte reziproke Innervation noch in vollem Umfang in Erscheinung (Abb. 377). Denken sie aber an die Muskeln selbst (oder an die Bewegungen in der Prothese), so kann sie in recht erheblichem Maße unterdrückt werden (Abb. 378 u. 379 von demselben Amputierten, 2 Jahre nach der Sauerbruch-Operation). In anderen Fällen war aber die Emanzipation der Antagonisten vollständiger und sie scheint ganz vollkommen werden zu können[4], besonders in der Prothese selbst. Physiologisch interessant ist, daß wenigstens in manchen Fällen — je nach Einstellung — die reziproken Verhältnisse oder die weitgehende Emanzipation in Erscheinung tritt.

[1] Bethe in Sauerbruch: II. Zitiert auf S. 1110, dort S. 21.
[2] Bethe, A.: Beiträge zum Problem der willkürlich beweglichen Prothesen. Münch. med. Wschr. **1916**, 1577; **1917**, 1001, 1625.
[3] Bethe, A., u. H. Kast: Pflügers Arch. **194**, 77 (1922).
[4] Sauerbruch: Zitiert auf S. 1110, dort S. 47.

Verwendung von Muskel- und Gliedmaßenbewegungen für unnatürliche Aufgaben. 1113

Mit Hilfe der Sauerbruch-Operation ist es auch gelungen, zwei Muskeln, die normalerweise bei fast allen ihren Bewegungen *Synergisten* sind (Brachialis internus und Biceps), *funktionell vollkommen voneinander zu trennen* (ANSCHÜTZ[1],

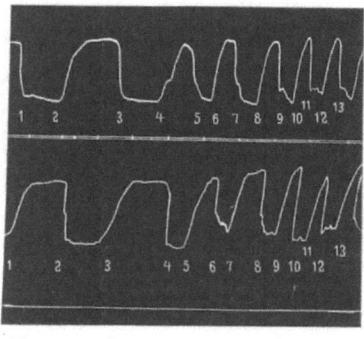 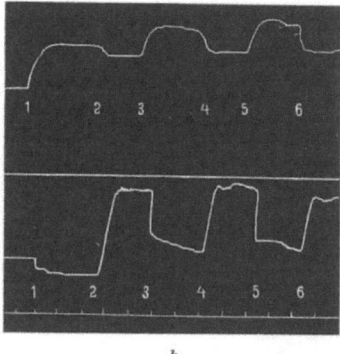

Abb. 377. *a* Amputierter Sta. Oben Strecker, unten Beuger. Abwechselnd Beugen und Strecken beider Arme in verschiedenem Tempo. Kommando: „Beugen!" und „Strecken!" *b* Dasselbe. Amputierter Eld.

SAUERBRUCH[2], TEN HORN[3]). Der Brachialis dient dann nach wie vor (bei kurzem Unterarmstumpf) zur Beugung im Ellbogengelenk, der Biceps zur Betätigung der künstlichen Hand. Die Abb. 380 zeigt die weitgehende Dissoziation beider Muskeln.

Es gelang sogar, ein und denselben Muskel (Pectoralis major) durch Spaltung

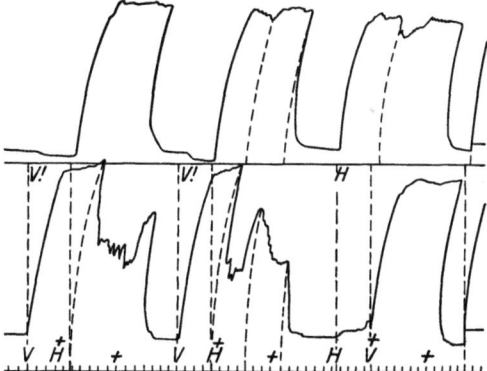

Abb. 378. Oben Strecker. Bei *B* ziehen sich beide Muskeln gleichzeitig zusammen. Bei $V_0$ resp. $H_0$ läßt der Amputierte den Beuger resp. den Strecker erschlaffen. Gleichzeitig tritt im Antagonisten eine Tonuserhöhung ein.
(Aus SAUERBRUCH: Die willkürlich bewegbare künstliche Hand II.)

Abb. 379. Ähnlich Abb. 378. Der Amputierte bemüht sich, bei Kontraktion des Antagonisten den in Kontraktion befindlichen Agonisten kontrahiert zu lassen. Es tritt aber immer eine mehr oder weniger deutliche Senkung ein.
(Aus SAUERBRUCH: Die willkürlich bewegbare künstliche Hand II.)

zu zwei verschiedenen Zwecken zu verwenden[4] (innere Dissoziation). Ähnliches ist auch von Augenmuskeln bekannt (s. S. 1108), nur liegen bei den Amputierten die Verhältnisse wesentlich ungünstiger, weil ein geringerer Anreiz zur Umstellung der Innervation vorhanden ist. Wenn aber überhaupt eine Umstellung möglich

---

[1] ANSCHÜTZ, W.: Münch. med. Wschr. **1919**, 459.
[2] SAUERBRUCH: II. Zitiert auf S. 1110, dort S. 46.
[3] TEN HORN, C.: Dtsch. Z. Chir. **169**, 175 (1922).
[4] TEN HORN, C.: Innere Dissoziation. Zbl. Chir. **1922**, 1284.

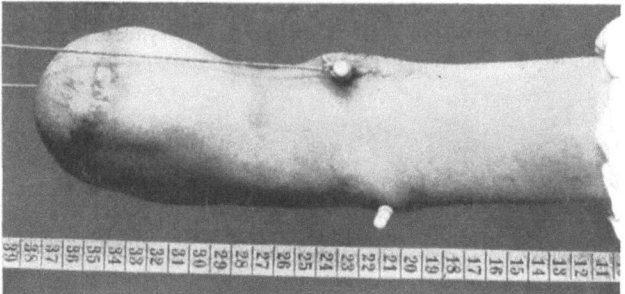

a) Stumpf in Ruhelage.

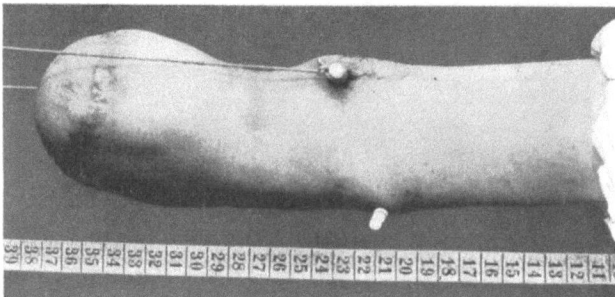

b) Isolierte Zusammenziehung des M. biceps.

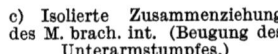
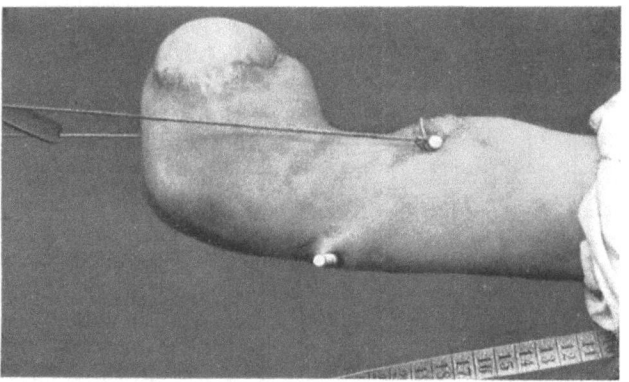

c) Isolierte Zusammenziehung des M. brach. int. (Beugung des Unterarmstumpfes.)

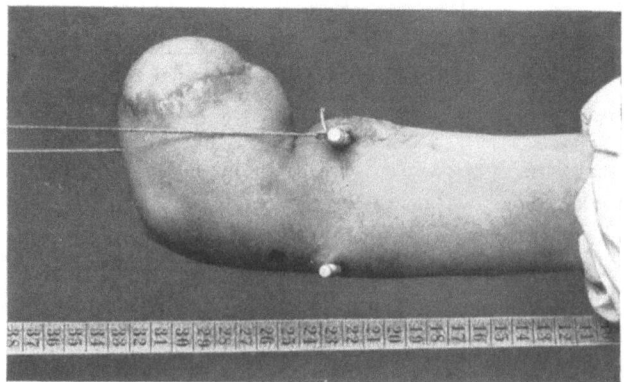

d) Nach der Zusammenziehung des M. brach. int. erfolgt die des M. biceps.

Abb. 380. Dissoziation des M. biceps und des M. brach. int. Der M. biceps und der M. triceps sind kanalisiert; die Sehne des M. biceps ist durchschnitten. (Aus SAUERBRUCH: Die willkürlich bewegbare künstliche Hand II.)

ist — und das ist sie —, dann ist diese innere Dissoziation wenigstens bei manchen Muskeln nicht so überraschend, da Teilinnervationen, z. B. beim Deltoideus, schon normalerweise vorkommen. Sie können unter günstigen Umständen bei anderen Muskeln durch Übung erworben werden, wie dies der Fall des vor kurzem verstorbenen Muskelartisten Böhmer zeigte, der sowohl die einzelnen Abschnitte des Rectus abdominis wie auch die Bäuche des Serratus anterior willkürlich jeden für sich kontrahieren konnte.

Es muß besonders hervorgehoben werden, daß die Betätigung der künstlichen Hand durch kanalisierte Muskeln bei manchen der Operierten mit der Zeit *ganz automatisch abläuft* und sogar reflektorisch wird. Daß dies bei jungen Menschen leichter eintritt als bei älteren, kann nicht in Erstaunen setzen.

*γ) Benutzung von Gliedbewegungen zu fremden Zwecken.*

Zu einer automatischen Ausnutzung physiologisch unnatürlicher Energiequellen kann es aber noch auf einem anderen Wege kommen: Seit BALLIF (1835)[1], über CARNES, bis zu den neuesten Konstruktionen des Sauerbrucharmes hat man zur willkürlichen Bewegung künstlicher Glieder Stellungsänderungen unverletzter

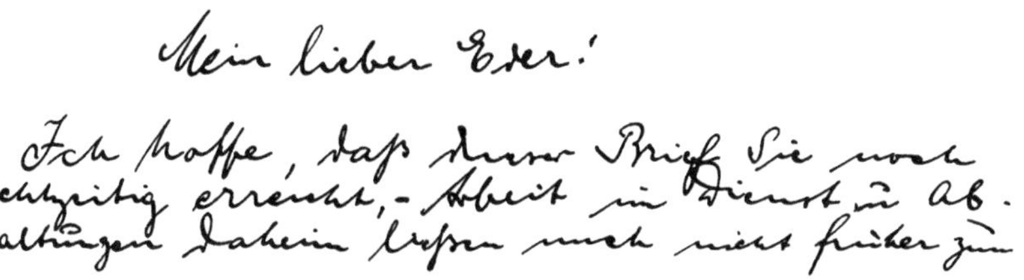

Abb. 381. Schriftprobe eines Oberarmamputierten mit willkürlich beweglicher Prothese. (Aus SAUERBRUCH: Die willkürlich bewegbare künstliche Hand II.)

Körperteile herangezogen, z. B. zur Beugung des Kunstarmes Hebung der anderen Schulter oder zur Schließung der Hand Rückwärtsbewegung derselben, also Bewegungen, die normalerweise in gar keiner Beziehung zu dem gewollten Zweck stehen. Diese Bewegungen werden so *zur Selbstverständlichkeit*, daß die Träger solcher Prothesen mit der Bewegungsvorstellung sofort ohne Nachdenken richtig innervieren, ja sogar reflektorische Bewegungen mit dem künstlichen Glied ausführen. Besonders prägnant tritt dies bei *Beinamputierten* in Erscheinung, bei welchen man sehr häufig die Streckung des Kunstbeins im Kniegelenk durch Hebung der gleichseitigen Schulter vermittels einer Gurtübertragung bewirkt.

Durch die Kombination beider Verfahren (Ausnutzung kanalisierter Muskeln und indirekter Energiequellen) ist man besonders bei beiderseits Armamputierten zu praktisch wie auch theoretisch sehr beachtenswerten Resultaten gekommen: Wenn ein doppelseitig am Oberarm Amputierter mit Hilfe der willkürlich beweglichen Prothese imstande ist, so zu schreiben, wie es die Schriftprobe der Abb. 381 zeigt, dann muß die Beherrschung der Bewegungen schon außerordentlich groß sein. *Alle diese fein abgestuften Bewegungen* werden aber *durch Innervationen hervorgebracht, welche von den ursprünglich beim Schreiben benutzten Impulsen vollkommen verschieden sind.* Die hierzu notwendigen und bis ins feinste gehenden *Umstellungen* sind aber *sehr zahlreich* und umfassen ganz verschiedene zentrale Gebiete. Weder ist es möglich, hierfür von vornherein vorgesehene Koordinationszentren anzunehmen, noch ist es wahrscheinlich, daß hierfür neue Assoziationszentren erworben werden, wie SAUERBRUCH[2] annimmt, wenigstens dann nicht, wenn damit bestimmte anatomisch greifbare Orte des Zentralorgans gemeint sind.

---

[1] SAUERBRUCH: I. Zitiert auf S. 1110, dort S. 4 u. f.
[2] SAUERBRUCH: II. Zitiert auf S. 1110, dort S. 46.

Als besonders einfache Prüfungsmethode für die Geschicklichkeit der Träger willkürlich bewegbarer Prothesen hat VERAGUTH[1] das Werfen von Steinen nach Zielscheiben benutzt. Es zeigte sich, daß die Treffsicherheit mit dem willkürlich beweglichen künstlichen Arm meist ebenso groß war wie mit dem anderen normalen Arm.

### c) Benutzung fremder receptorischer Gebiete als Ersatz für verlorengegangene.

Schon bei den im vorigen Abschnitt besprochenen Prothesenträgern spielen die Stumpfempfindungen bei der Beherrschung der Bewegungen eine erhebliche Rolle. Mit der Zeit werden die propriozeptiven Empfindungen der armierten Muskeln mit den Bewegungen der Prothese in festen Zusammenhang gebracht, und die Haut des Stumpfes empfindet gewissermaßen *in* der Prothese. Eingehende Versuche hierüber sind von VERAGUTH[1], KATZ[2] und TEN HORN[3] angestellt. Die Feinheit, mit der auch bei geschlossenen Augen die mit einem Zeiger verbundenen Muskeln bestimmte Nummern einer Skala (Abb. 375) einstellen, ist oft erstaunlich[4]. Für die Präzision der Bewegungen der Prothese spielen die umgestellten, propriozeptiven Empfindungen der direkt und der indirekt benutzten Muskeln die wesentlichste Rolle. Daneben sind aber die umgedeuteten Empfindungen der Haut des Stumpfes und *der* Teile des Körpers, an denen die Prothese befestigt ist, von großer Bedeutung. Bei der Steuerung der Richtung und Größe der Prothesenbewegung sind diese Hautempfindungen, die ja ursprünglich mit ganz anderen Bewegungen in Zusammenhang standen, stark beteiligt.

Ein besonderes Interesse in bezug auf den Ersatz receptorischer Gebiete dürfen die Versuche von BAEYER[5] beanspruchen, Tabikern und anderen Ataktikern wieder ein Gefühl für die Stellung ihrer unteren Extremitäten zu geben. Es wird dies durch eine verhältnismäßig einfache Bandage erreicht, welche die Bewegungen der unteren Extremitäten als Zug auf noch fühlende Partien der Haut des Rumpfes überträgt. Der Erfolg ist überraschend und tritt oft schon nach kurzer Zeit ein. So war ein Tabiker, der vorher ohne fremde Hilfe weder stehen noch gehen konnte, schon nach einer Stunde Übens imstande, allein zu gehen. Der *motorische Apparat arbeitet wieder einigermaßen koordiniert, sowie dem Zentralorgan wieder Nachrichten vom peripheren Geschehen zufließen.* Ob diese Nachrichten auf normalem Wege und von den normalen Orten dorthin gelangen oder auf fremden Wegen und von Orten, die sonst mit den Gangbewegungen nichts oder wenig zu tun haben, spielt keine entscheidende Rolle[6]!

Man kann in diesem Zusammenhang noch an eine Menge anderer Beobachtungen erinnern, an das Fühlen des Blinden mit dem Stock, an die schnelle Umstellung der Innervation der Augenmuskeln beim Vorsetzen von Prismengläsern und vieles andere. Alle diese Tatsachen sprechen dafür, daß sich das Zentralorgan auch auf receptorischem Gebiet veränderten äußeren oder inneren Verhältnissen weitgehend und schnell anzupassen imstande ist.

Wir haben uns in den vorhergehenden Abschnitten im wesentlichen auf die Beschreibung von Umstellungen beschränkt, die sich am eigentlichen Bewegungs-

---

[1] VERAGUTH, V.: Dtsch. Z. Chir. **161**, 406 (1921).
[2] KATZ, D.: Zur Psychologie des Amputierten und seiner Prothese. Beihefte zur Z. angew. Psychol. Nr 25. Leipzig 1921.
[3] TEN HORN, C.: Dtsch. Z. Chir. **161**, 338 (1921); **169**, 175, 185 (1922).
[4] BETHE, A.: Münch. med. Wschr. **1917**, 1001.
[5] BAEYER, H. v.: Orthopädische Behandlung der Ataxie. Verh. dtsch. Kongr. inn. Med. **1914**, 357 — Münch. med. Wschr. **1922**, 38.
[6] Ähnliche Einrichtungen wurden für andere Gehstörungen der Tabiker von O. FOERSTER und für Kunstbeine von HANAUSEK angegeben.

apparat der Tiere (unter Einschluß des Menschen) äußern, also am receptorisch-motorischen Apparat im engeren Sinne. Ähnliche Anpassungserscheinungen finden sich aber in großer Fülle auch *im Bereich des autonomen Nervensystems und im Betriebe der humoralen Erscheinungen*, die doch auch zum großen Teil nervös gesteuert sind und wieder auf das Nervensystem zurückwirken. Hier liegen aber die Verhältnisse sehr viel komplizierter, die Anpassungserscheinungen sind in ihrer Entstehung auch schwerer zu verfolgen, und noch mehr als beim Bewegungsapparat greifen Prozesse entgegengesetzter Richtung ineinander. Es würde zu weit führen, auch auf diese Verhältnisse einzugehen, um so mehr, als sie schon in anderen Bänden dieses Handbuchs[1] eingehend geschildert wurden.

### d) Verpflanzung von Gliedmaßenanlagen.

Einige entwicklungsmechanische Experimente haben gleichfalls Einblicke in die plastischen Fähigkeiten des Nervensystems gegeben, von denen nur die wichtigsten hier erwähnt werden sollen.

BRAUS[2] pflanzte bei Bombinatur- (Kröten-) Larven an die Stelle einer exstirpierten Hinterbeinanlage eine Armknospe. Diese entwickelte sich bei der Metamorphose zu einem richtigen Vorderbein, das seine Innervation vom Lendenmark erhielt. Trotz der weitgehenden morphologischen Verschiedenheit von Vorder- und Hinterbein führte dies verpflanzte Vorderbein Bewegungen aus, die mit denen des normalen Hinterbeines der anderen Seite koordiniert waren. Hierbei ist vielleicht weniger wichtig, daß die Sprünge „in gerader Richtung" ausgeführt wurden, wie BRAUS besonders hervorhebt, denn schon GOLTZ[3] hat gezeigt, daß ein Frosch, dem man ein Sprungbein abgeschnitten hat, sofort nach der Operation ohne irgendwelche Störungen geradeaus springt. Das wichtigste ist, daß eine Koordination bestand und daß sich das verpflanzte Vorderbein mit großem Geschick an den Sprungbewegungen des Hinterbeines beteiligte. Trotz der in einem Vorderbein so anders gelagerten Muskeln hatte sich das Zentralnervensystem den veränderten Bedingungen angepaßt und schickte der Lage des Gliedes entsprechende Innervationen hinein.

DETWILER[4] hat an Salamandrinenlarven (Amblyostoma) einzelne Vorderbeinknospen um mehrere Körpersegmente nach rückwärts verpflanzt und in einem hohen Prozentsatz Entwicklung zum normal morphologisch differenzierten Bein mit Funktionstüchtigkeit erhalten. Für uns hat es ein besonderes Interesse, daß bei dieser funktionellen Einheilung nicht etwa die motorischen Vorderhörner der jetzt das Bein versorgenden Rückenmarkssegmente im Laufe der Entwicklung hypertrophierten, sondern daß die Versorgung der überzähligen Muskeln aus dem neuen Rückenmarksabschnitt *nur durch periphere Aufspaltung* der einzelnen Nervenfasern erfolgte. In späteren Versuchen[5] ergab sich ferner, daß die starke Ausbildung der motorischen Vorderhörner in den normalen Vorderbein- oder Hinterbeinsegmenten des Rückenmarks nicht peripher bedingt ist, sondern durch intraspinale Faktoren. Bei dieser Verpflanzung einzelner Gliedknospen nach rückwärts zeigte es sich, daß normale Vorderbeinbewegungen immer nur dann von dem Transplantat ausgeführt werden konnten, wenn ein auch noch so kleiner Zusammenhang mit einem Nerv, der seinen Ursprung in normaler Rücken-

---

[1] Dieses Handbuch: Pathologie der Verdauungsvorgänge (**3**, 1045 u. f.). — Autonomes Nervensystem (**10**, 1048 u. f.). — Korrelationen der Hormonorgane (**16**, 656). — *Korrelative Funktion des autonomen Nervensystems* (**16**, 1019, 1729).
[2] BRAUS, H.: Anat. Anz. **26**, 433 (1905).
[3] GOLTZ, FR.: Königsberg. med. Jb. **2**, 189 (1860). — Siehe auch diesen Artikel S. 1069.
[4] DETWILER, S. R.: Proc. nat. Acad. Sci. U. S. A. **5**, 324 (1919); **6**, 96 (1920) — J. comp. Neur. **37**, 1 (1924).
[5] DETWILER, S. R.: Anat. Rec. **27**, 78 (1924).

markshöhe hat, bestand. Der Brachialplexus entspringt normaliter aus dem 3., 4. und 5. Rückenmarkssegment. Histologisch ließ sich in den Fällen mit koordinierter Bewegung des rückversetzten Gliedes nachweisen, daß ein feiner Ast, aus dem 5. Segment stammend, in das Glied eingewachsen war[1]. Spätere Versuche[2] zeigten dann, daß Durchschneidung dieses feinen Astes, der nur einen verschwindenden Bruchteil von der das ganze Glied versorgenden Nervenfaserzahl enthält, die koordinierte Beweglichkeit des Gliedes aufhob. Besonders auffallend war in diesen Versuchen die starke „anziehende" Wirkung, die das transplantierte Glied auf den 5. Nerv ausübte. DETWILER hält dies für eine neurobiotaktische Wirkung (s. später). Das Wegfallen der Koordinationsmöglichkeit nach Durchschneidung der wenigen Faserverbindungen zu dem normalen Rückenmarksabschnitt weist darauf hin, daß in demselben wohl nicht der Sitz eines koordinierenden Bewegungszentrums zu suchen ist, daß aber in den normalen Rückenmarkssegmenten sich Vorgänge abspielen, die nur dann koordinierend wirken, wenn eine direkte Verbindung zum Glied besteht. Man darf wohl annehmen, daß dieser feine Nerv, der die Verbindung herstellt, fast ausschließlich oder nur sensible Fasern enthält. Jedoch ist ein Beweis für diese Annahme bisher nicht erbracht worden. — In einer anderen Versuchsreihe wurde eine Gliedknospe von DETWILER[3] in die Nähe des Ohres eingepflanzt. Zu biologischen Aufgaben wurden die nach dem Auswachsen entstehenden Glieder nie benutzt, aber sie zeigten eine sehr viel größere koordinierte Beweglichkeit in den Gelenken als Rumpftransplantate von Vorderbeingliedern, die nicht aus dem Armplexus mitinnerviert werden. Die Bewegungen dieser ohrständigen Vorderbeine gingen entweder mit Schnapp- oder Kiemenbewegungen synchron oder synchronisierten abwechselnd mit beiden dieser Bewegungen. Nie kamen unabhängige Bewegungen zur Beobachtung. Die histologische Untersuchung zeigte, daß, wenn das Glied sich gleichzeitig mit dem Schnappen bewegte, die Innervation aus dem 5. bis 7. Gehirnnerven stammte, während bei Beinbewegungen gleichzeitig mit denen der Kiemen der 9. bis 10. Gehirnnerv in das Glied eingewachsen war. Bewegte sich das Transplantat sowohl bei Schnapp- wie Kiemenbewegungen, so war das Glied auch von Fasern aus beiden Nervengruppen versorgt.

Diese Versuche wurden zum Teil durch NICHOLAS[4] mit prinzipiell demselben Resultat wiederholt, doch glaubt NICHOLAS, daß mit der Zeit *eine Dissoziation* zwischen der Bewegung der am Kopf eingepflanzten Gliedmaßen und den Bewegungen in Stammgebieten der Nervenversorgung (Mund oder Kiemen) eintritt. Er gibt an, nach einiger Zeit vollkommen isolierte Flexion, Extension, Abduction und Adduction der transplantierten Glieder beobachtet zu haben, die aber später infolge allgemeiner Beweglichkeitsabnahme in den Gliedern weniger ausgeprägt wurden. Es tritt also hier allmählich die gleiche Trennung von gemeinsam innervierten Muskelgruppen auf, die wir schon bei den Nervennähten kennenlernten. Daß die Beweglichkeit der Glieder mit der Zeit wieder verlorengeht, ist bei den Kopftransplantaten, wo dieser Verlust der Motilität allein zur Beobachtung gelangte, keineswegs erstaunlich, denn gerade diese Kopftransplantate konnten infolge ihrer Lage keinerlei biologische Bedeutung erlangen.

Wesentlich für uns ist, daß gerade in diesen Versuchen mit fehlender Möglichkeit zu einer biologischen Funktion es nicht nur zur normalen morphologischen

---

[1] DETWILER, S. R.: J. comp. Neur. **38**, 461 (1925). — DETWILER, S. R., u. G. E. McKENNON: Biol. Bull. **59**, 353 (1930).
[2] DETWILER, S. R., u. R. L. CARPENTER: J. comp. Neur. **47**, 427 (1929).
[3] DETWILER, S. R.: J. of exper. Zool. **55**, 319 (1930).
[4] NICHOLAS, J. S.: Proc. Soc. exper. Biol. a. Med. **26**, 729 (1929) — Arch. Entw.mechan. **118**, 78 (1929) — J. of exper. Zool. **55**, 1 (1930).

Ausdifferenzierung der Extremitäten kommt, sondern daß dennoch auch eine physiologische Ausdifferenzierung eintritt, indem trotz ganz abnormer Nervenversorgung sich eine geordnete reziproke Innervation ausbildet, denn nur durch eine solche kann eine koordinierte Bewegung in den Gelenken bedingt werden. Die auswachsende Extremitätenknospe steht also nicht nur unter einer gestaltbildenden Potenz, sondern auch unter einer koordinationsbildenden, die man mit DETWILER als „zentrale Umstellung" bezeichnen kann und die sich, wenn, wie in den letzteren Versuchen, jede biologische Funktionsmöglichkeit fehlt, zwangsweise auf die koordinierte Gelenkbewegung beschränken muß. Würde das auswachsende Glied nur unter dem Einfluß der gestaltbildenden Potenz stehen und würden von den „Zentren" des Zentralnervensystems aus durch die in abnormer Weise das Glied versorgenden Nerven nur die den letzteren normalerweise zukommenden Innervationsimpulse und Rhythmen dem Gliede zufließen, so könnte es nur dann zu einer koordinierten Gelenkbewegung kommen, wenn man die absurde Annahme macht, daß z. B. die einwachsenden Fasern des 5. Gehirnnerven sich wahlweise so mit den Gliedmuskeln verbinden, daß immer Fasern, die normaliter für die Schnappbewegung energetische Impulse führen, Anschluß an Agonisten einer Gelenkbewegung fänden, während die Fasern mit antagonistischen Impulsen für die Schnappbewegung auch nur die Antagonisten der Gelenkbewegung erreichten. Aber selbst durch diese gegen aller Wahrscheinlichkeit verstoßende Annahme wäre noch keine restlose Erklärung gegeben, da sich bei ein und demselben Transplantat nicht nur Trigeminusfasern, sondern auch solche des Abducens und des Facialis an der Innervation desselben beteiligt hatten.

Ein Bindeglied zwischen diesen Versuchen mit transplantierten Beinknospen und den oben ausführlich beschriebenen experimentellen Nervenvertauschungen an ausgewachsenen Tieren stellen die Versuche von WEISS[1] dar, der nicht Extremitätenknospen transplantierte, sondern an Salamanderlarven schon morphologisch ausdifferenzierte, innervierte und funktionstüchtige Extremitäten (meist die hintere) neben eine schon vorhandene Hinterextremität autoplastisch von der anderen Körperseite oder homoiotransplantiert einpflanzte. Die Transplantate zeigten nach Einheilung nicht nur wie in den Versuchen von DETWILER und NICHOLAS eine gute Koordination der Gelenkbewegungen, sondern es erwies sich die Bewegung der Fremdextremität stets als gleichzeitig und gleichsinnig (in bezug auf die betreffenden Gelenke) mit den Bewegungen der Ortsextremität. Diese Gleichsinnigkeit der Funktion beider Extremitäten ließ sich besonders eindeutig durch Prüfung der Eigenreflexe der Ortsextremitäten beweisen, da sich an der Fremdextremität stets der dem eigenreflektorisch erregten Muskel der Ortsextremität homologe Muskel isoliert kontrahierte. Ganz entsprechende Befunde konnte WEISS gemeinsam mit VERZAR[2] an einem Naturfund, einem ausgewachsenen Frosch, erheben, dem aus irgendwelchen Gründen drei linke Vorderbeine gewachsen waren. Alle drei Gliedmaßen zeigten völlige Identität in Spontan- und Reflexbewegungen.

WEISS kommt auf Grund seiner Befunde zur Aufstellung einer „Resonanztheorie der Erregung" der Muskeln. Er postuliert, daß nicht die anatomische Verknüpfung die Intätigkeitsetzung eines bestimmten Muskels von seiten des Zentralnervensystems bedingt, sondern daß zu allen Muskeln (z. B. einer Extremität) gleichzeitig die verschiedenartigsten Nervimpulse geleitet werden, daß aber unter diesen der einzelne Muskel nur auf die für ihn bestimmte Erregungsform anspricht. Wir brauchen uns an dieser Stelle mit dieser Theorie, die so ver-

---

[1] WEISS, P.: Arch. Entw.mechan. **102**, 635 (1924) — Erg. Biol. **3**, 1 (1928). — WIEMAN, H. L., u. P. C. NUSSMAN: J. of exper. Zool. **52**, 45 (1929).
[2] VERZAR, F., u. P. WEISS: Pflügers Arch. **223**, 671 (1930).

lockend einfach nicht nur die oben geschilderten Beobachtungen an Transplantaten, sondern auch die Funktionsherstellung nach vertauschender Nervennaht zu erklären vermag, nicht auseinanderzusetzen, da die Resonanztheorie als solche nichts für und nichts gegen die Anpassungsfähigkeit des Zentralnervensystems an veränderte Funktionsbedingungen aussagt. Aber die *Beobachtungen*, die WEISS zur Aufstellung seiner Theorie veranlaßten, sprechen scheinbar *gegen* eine Plastizität des Zentralnervensystems. Wir müssen deshalb darauf hinweisen, daß die überzähligen Glieder in den Versuchen von WEISS so aus dem Körper herausstanden (nämlich meist nach oben), daß sie keinerlei biologische Funktion ausüben konnten. Es erscheint uns daher nach den Resultaten der Sehnenverpflanzung und nach den Beobachtungen an Sauerbruch-Amputierten durchaus möglich, daß, wenn die Doppelgliedmaßen so stehen würden, daß sie gleichmäßig den Boden berührten und bei synchroner Bewegung der Gangfunktion hinderlich wären, es zu einer Dissoziation der Bewegungen beider Extremitäten kommen würde.

Daß eine solche Dissoziation bei Doppelgliedern durchaus möglich ist, ergibt sich aus dem von FALTIN[1] mitgeteilten Fall eines fünfjährigen Knaben mit überzähligem Unterarm und mißbildeter Hand (nur zwei Finger). Die Beweglichkeit der überzähligen Extremität war nicht sehr groß, dennoch konnten mit ihr kleine Gegenstände ergriffen und festgehalten werden. Der Junge hatte ferner die Angewohnheit, sich häufig mit der überzähligen Hand am Thorax rhythmisch zu kratzen, wobei ja — bestände Kopplung der Bewegung beider Extremitäten vorausgesetzt — die Haupthand Bewegungen im gleichen Rhythmus hätte ausführen müssen, die FALTIN, der den Fall sonst sehr sorgfältig beschreibt, sicher nicht entgangen wären; er berichtet aber nichts von Mitbewegungen. Wir müssen daher den gleichen Vorbehalt gegen eine der Plastizität ungünstige Ausdeutung der neuesten Versuche von WEISS[2] erheben, in denen er einen Beinmuskel (meist den Gastrocnemius) bei metamorphosierten Kröten in die Dorsalregion zwischen lateralem Kreuzwirbel und Steißbeinende der anderen Tierseite implantierte und dem Transplantat eine fremde Nervenversorgung gab. Er fand dann, daß in einem relativ hohen Prozentsatz der transplantierte Muskel, der aus dem Bein der Gegenseite stammte, synchron mit dem ihm homologen Muskel dieser Seite sich bei Spontan- wie Reflextätigkeit kontrahierte. Immerhin sieht sich WEISS bei der Erklärung dieser Versuche gezwungen, anzunehmen, daß die transplantierten Muskeln infolge Degeneration zuweilen unspezifisch antworten und erst dann nach der Regeneration wieder spezifisch auf den nur ihnen adäquaten Nervenreiz ansprechen. Wir wollen nicht leugnen, daß vielleicht in der Tat jedem Muskel eine solche Tendenz zur spezifischen Funktion anhaftet, die auch hinreichend erklären würde, warum sich in den Versuchen von DETWILER und NICHOLAS so leicht koordinierte Gliedbewegungen einstellten; wir halten es aber für wahrscheinlich, daß, wenn man im Tierversuch einzelne Muskeln so transplantieren würde, daß sie bei ihrer Tätigkeit eine biologische Funktion erfüllen könnten, daß dann auch im Gegensatz zu diesen WEISSschen Befunden eine Dissoziation zur Bewegung des Ursprungsmuskels eintreten würde. Ob man eine solche Dissoziation auf Grund der WEISSschen Resonanztheorie dadurch erklären will, daß man annimmt, daß in einem solchen Falle der Muskel einen neuen spezifischen Resonanzzustand erwirbt oder ob das Zentralnervensystem die verschieden gearteten Impulse nun mit anderer zeitlicher Koordination aussendet, wird davon abhängen, ob man die Theorie anzunehmen geneigt ist.

---

[1] FALTIN, R.: Arch. f. Anat. **1904**, 350.
[2] WEISS, P.: Biol. Zbl. **50**, 357 (1930) — Pflügers Arch. **226**, 600 (1931).

Der Hauptgrund, warum WEISS eine neue Theorie der Erregungsvermittlung zwischen dem Zentralnervensystem und den Effektoren für nötig hielt, bestand darin, daß die vom Zentrum auswachsenden Nervenfasern nach seinen Feststellungen wahllos in die transplantierten Extremitäten eindringen und sich auch dort wahllos in Richtung auf die verschiedenen Muskeln verzweigen. Es mußten hier also ebenso Doppelverbindungen und dementsprechend auch Möglichkeiten zu Axonreflexen bestehen, wie wir es oben bei der Regeneration durchtrennter Nerven feststellten. Der von VERSLUYS[1] gegen diese Befunde erhobene Einwand, daß das Einwachsen der zentralen Fasern in einen peripheren Nervenstumpf nicht wahllos erfolge, sondern genau geordnet, um richtige Verbindungen zu erzielen, widerspricht den Resultaten *aller* bisherigen Untersuchungen über Nervenregeneration!

Der Gedanke, daß von der Peripherie richtende Einflüsse auf die auswachsenden Nervenfasern ausgeübt würden, ist nicht neu. Schon FORSSMANN[2] und später vor allem CAJAL[3] haben zeigen können, daß solche Einflüsse, wahrscheinlich chemotaktischer Natur, von dem peripheren Nervenstumpf auf die aus dem zentralen Stumpf auswachsenden Fasern ausgeübt werden, sie zeigten aber auch, daß diese Einflüsse allem Anschein nach *unspezifischer* Natur sind, so daß es infolge dieser Einflüsse nicht etwa zu einer geordneten Wiederherstellung der Faserverbindungen kommt. Neuerdings hat BOEKE[4] ausgeführt, daß diese neurotropischen Erscheinungen keineswegs durch einfache chemotaktische Wirkungen von der Peripherie aus zu erklären sind, sondern daß es sich hierbei vielmehr um ein harmonisches Zusammenarbeiten der verschiedensten zentralen wie peripheren Gewebe handeln müsse. Dennoch betont BOEKE, wohl derzeit einer der besten Kenner der Nervenregeneration, ausdrücklich, daß trotz dieses Zusammenspiels Verirrungen der Fasern ebenso zu erwarten seien wie bei völlig freiem Auswachsen. Andrerseits glaubt aber DETWILER[5], daß in seinen oben geschilderten Versuchen die Herstellung richtiger Verbindungen durch eine elektrochemische Selektion gefördert worden sei. Er verweist da vor allem auf die Ausführungen KAPPERS[6], der ebenso wie BOK[7] und CHILD[8] besonders für das Zentralnervensystem solche elektrochemische Beeinflussung der auswachsenden Neuronen glaubt nachweisen zu können. Schon viel früher hat CAJAL[9] in der Retina solche chemotaktischen Auswirkungen angenommen. Eine wichtige Rolle bei diesen sog. Neurobiotaktischen Einflüssen sollen nach KAPPERS die auf mechanischen Reiz hin schon erfolgenden Kontraktionen der Myomeren haben, solange diese noch gar nicht von den auswachsenden Fasern erreicht sind. Hiermit unvereinbar ist eine Beobachtung von CARAMICHAEL[10], der Axolotlkeime in Chloroform-Aceton-Lösung sich entwickeln ließ und dabei morphologisch normale Ausdifferenzierung erhielt. Nach Aufhebung der Narkose zeigen die Tiere sofort normale Schwimmbewegungen. Man darf ferner nicht vergessen, daß die Vertreter der Neurobiotaxis sich hauptsächlich mit den Bedingungen des Zentralnervensystems beschäftigt haben. Bezüglich chemotaktischer Wirkungen auf die Ausdifferenzierung der peripheren Nerven scheint nach den Untersuchungen HAMBURGERs[11] eine gewisse chemotaktische Wirkung nur für den Weg vom Rückenmark bis zur Beinknospe vorzuliegen. Der Verzweigung in die Extremität dienen die Hauptarterien als Wegweiser für die einwachsenden Nerven, und von den Muskeln scheinen keinerlei spezifische Einflüsse auszugehen. Immerhin konnte er doch feststellen, daß, wenn nur sensible Fasern die Beinknospe erreichen, sich die sensiblen Äste ausbilden. Erreichten umgekehrt nur motorische Fasern die Hauptarterien, so kam es nur zur Ausbildung der motorischen Äste. Daß biologisch eine irgendwie geartete

---

[1] VERSLUYS, I.: Biol. generalis (Wien) 3, 385 (1927); 4, 617 (1928).
[2] FORSSMANN, I.: Beitr. path. Anat. 24, 56 (1898); 27, 407 (1900).
[3] RAMÓN Y CAJAL, S.: Trab. Labor. Invest. biol. Univ. Madrid 4, 119 (1906) — Studien über Nervenregeneration. Leipzig 1908. — Degeneration and Regeneration of the Nervous System, S. 329ff. London 1928.
[4] BOEKE, I.: Dtsch. Z. Nervenheilk. 115, 160 (1930).
[5] DETWILER, S. R.: J. of exper. Zool. 38, 293 (1923).
[6] KAPPERS, C. U. A.: J. comp. Neur. 27, 261 (1917) — Brain 44, 125 (1921) — The Evolution of the Nervous System in Invertebrates, Vertebrates and Men. Haarlem 1929.
[7] BOK, S. T.: Fol. neurobiol. 9, 475 (1915) — Psychiatr. Bl. (holl.) 21, 281 (1917).
[8] CHILD, C. M.: The Origin and Development of the Nervous System from a Physiological View-Point, S. 179ff. Chicago 1921.
[9] RAMÓN Y CAJAL, S.: Cellule 9, 119, 236 (1892).
[10] CARAMICHAEL, L.: Physiologic. Rev. 3, 51 (1926).
[11] HAMBURGER, V.: Naturwiss. 15, 657, 677 (1927) — Arch. Entw.mechan. 119, 47 (1929).

Anziehungskraft von Muskelgruppen, die zu einer bestimmten Funktion befähigt sind, auf die für eine solche benötigten Nerven ausgeübt wird, ging ja schon aus den Versuchen von DETWILER hervor, bei denen sich ergab, daß von der zurückverpflanzten Vorderbeinanlage einige Fasern des 5. Nerven, der zum normalen Funktionieren benötigt wird, auf eine weite Entfernung zum Hereinwachsen angeregt wird[1]. Ganz Ähnliches zeigte sich auch in HAMBURGERS Experimenten. So wuchsen z. B. in einer Kaulquappe, bei der in sehr frühem Stadium durch ein Glimmerscheibchen das Einwachsen der normalen Nerven auf einer Seite in das sich ausbildende Hinterglied verhindert wurde, die Nerven der Gegenseite auf großem Umweg in das primär nervenlose Bein ein, und es resultierte eine Funktionsherstellung derart, daß beide Beine ständig gleichzeitig die gleichen Bewegungen ausführten. Leider fehlt bei HAMBURGER eine Beschreibung, wie sich die Fortbewegung eines solchen Tieres gestaltete, die dadurch erschwert war, daß das Bein der operierten Seite etwas atrophisch und die Gelenke in ihrer Beweglichkeit eingeschränkt waren.

Aus all diesen Experimenten entwicklungsphysiologischer Art ergeben sich keinerlei Beweise dafür, daß die Herstellung der *einzelnen peripheren Verbindungen* in irgendeiner Beziehung *geordnet erfolgt*. Nur allgemeine, Richtung gebende Einflüsse können anerkannt werden. Es ist daher die Annahme, das Einwachsen regenerierender Nerven in transplantierte Glieder erfolge *nicht* regellos, vollkommen unbewiesen. Die Annahme eines *geordneten* Eindringens regenerierender Nervenfasern in einen peripheren Nervenstumpf ist aber nicht nur nicht bewiesen, sondern sie widerspricht auch allen Ergebnissen der histologischen Untersuchungen[2] und dem oben geschilderten physiologischen Nachweis der wahllosen Verbindungen durch den Axonreflex. Die Befunde von P. WEISS sind daher durchaus der Beachtung wert[3].

## 4. Regulation nach Zerstörung zentraler Zusammenhänge.

### a) Anpassungserscheinungen nach totaler, querer Durchtrennung des Zentralnervensystems.

Wie bekannt, treten nach Rückenmarksdurchschneidung an ausgewachsenen Tieren keine Regenerationserscheinungen auf[4], so daß alle nach solchen Operationen auftretenden Koordinationsherstellungen zwischen Vorder- und Hintertier nur auf eine mechanisch vermittelte Gemeinsamfunktion der beiden Tierhälften zurückgeführt werden können, bei der sich die beiden voneinander getrennten Hälften des Zentralnervensystems den neuen Bedingungen adaptiert haben müssen. Anders liegen die Verhältnisse bei Amphibienembryonen, bei denen HOOKER[5] in neuester Zeit mit Sicherheit Regeneration im Rückenmark histologisch nachweisen konnte.

HOOKER durchtrennte nicht nur das Rückenmark seiner Froschkaulquappen, sondern er drehte sogar bei einer Versuchsreihe Rückenmarksabschnitte von drei Myotomsegmentlängen um ihre Längsachse um 90, 135 oder 180 Grad und erhielt, histologisch nachgewiesen, volle regeneratorische Vereinigung des Rückenmarks. HOOKER schließt aus seinen Versuchen, daß das Rückenmark im Entwicklungsstadium eine große „regulatorische Kapazität" besitzt. Aber seine Versuche an so jungen embryonalen Stadien beweisen nicht mit Sicherheit, daß die regulatorische Kapazität auf einer funktionellen Umstellung schon vorhandener Rückenmarkselemente beruht, denn es besteht auch die Möglichkeit, daß die Funktionsherstellung durch mehr oder minder völligen Umbau der nervösen Elemente im Rückenmark zustande kommt.

Für unsere Fragestellung ist an diesen Versuchen wesentlich, daß, wie HOOKER ausdrücklich betont, die funktionelle Herstellung eine wesentlich bessere

---

[1] DETWILER, S. R.: J. comp. Neur. **38**, 461 (1925). — DETWILER, S. R., u. G. E. MCKENNON: Biol. Bull. **59**, 353 (1930). — WIEMAN, H. L., u. T. C. NUSSMANN: Physiologic. Zool. **2**, 99 (1929).
[2] BOEKE, I.: Erg. Physiol. **19**, 448 (1921). — SPIELMEYER, W.: Ds. Handb. **9**, 285 (1929).
[3] Siehe weiter unten S. 1198. [4] SPATZ, H.: Dtsch. Z. Nervenheilk. **115**, 197 (1930).
[5] HOOKER, D.: J. comp. Neur. **38**, 315 (1925) — J. of exper. Zool. **55**, 23 (1930). — Siehe auch WIEMAN, H. L.: J. of exper. Zool. **45**, 335 (1926).

ist, als man nach den histologischen Befunden erwarten sollte. Durchschnitt er z. B. den Froschkaulquappen im 35-mm-Stadium mit ausgebildeten Hinterbeinen das Rückenmark, so traten schon nach einer Stunde auf Berührungsreiz hin langanhaltende Schwimmbewegungen mit Hilfe des Schwanzes auf, die nur leicht unkoordiniert waren. Nach 24 Stunden zeigten die Kaulquappen häufig auch ohne Reiz Schwimmbewegungen, die aber dann deutlich nicht koordiniert waren. Zwei Tage nach Operation traten auf Reiz am Kopfende nicht nur Schwimmbewegungen mit Hilfe des Schwanzes auf, sondern, wenn der Reiz stark genug war, auch Beinbewegungen. Nach 4 Tagen waren diese auf Reiz hin auftretenden Beinbewegungen vollkommen koordiniert. Nach 6—10 Tagen war die Reaktionsweise der operierten Tiere auf Reiz hin kaum noch von nichtoperierten Tieren zu unterscheiden; vor allem traten auch die normalen Schwimmbewegungen und koordinierten Beinbewegungen jetzt auch spontan auf. Um diese Zeit war histologisch noch keinerlei Regeneration am Rückenmark nachzuweisen. Erst nach 15 Tagen zeigt sich im histologischen Bild eine regenerative Vereinigung geringen Grades zwischen den beiden Rückenmarkshälften. Dieses Verhalten der operierten Tiere ist um so bemerkenswerter, als der hohe Rückenmarksschnitt bis durch die Wirbelsäule geführt wurde, um mit Gewißheit eine völlige Durchtrennung des Rückenmarks zu erzielen. HOOKER erklärt diese Divergenz zwischen physiologischer Funktionsherstellung und histologischer Restitution dadurch, daß einmal bei Amphibien überhaupt und im Larvenstadium in ganz besonderem Maße der abgetrennte Rückenmarksteil eine hohe Automatie besitzt. Dazu kommt andrerseits, daß die beiden Tierhälften sich so aufeinander einstellen, daß durch den Reiz ausgelöste Bewegungen der Muskulatur des Vordertiers als mechanischer Reiz auf das Hintertier übertragen werden und dort Reflexe auslösen. Dieses Zusammenspiel der beiden Tierhälften ist nach HOOKER so gut, daß diese Pseudoleitung bei den relativ unkomplizierten Bewegungen der Kaulquappen nicht von einer echten Leitung und Koordination durch das Rückenmark unterschieden werden kann.

Die hier beschriebene, koordinierte Bewegungsform durch Übertragung mechanischer Wirkungen ist wohl zum erstenmal in sehr schöner Weise von FRIEDLÄNDER[1] am Regenwurm gezeigt worden, bei dem nach Bauchmarkdurchschneidung die Koordination der Kriechbewegungen erhalten bleibt. Daß es sich hierbei wirklich um eine mechanische Übertragung handelt, wird dadurch bewiesen, daß die beiden Hälften eines durchschnittenen und durch eine Fadenschlinge aneinandergeketteten Regenwurms ebenfalls koordiniert kriechen, indem das Vorderstück durch rhythmischen Zug die wellenförmigen Bewegungen am Hintertier auslöst. Daß der *rhythmische* Zug und nicht der Zug als solcher das auslösende Moment ist, wird daraus wahrscheinlich, daß beim vertikal aufgehängten Wurm nur das Vordertier Kriechbewegungen ausführt, das Hintertier, obwohl sein eigenes Gewicht einen dauernden Zug an ihm ausübt, sich ruhig verhält. — Um ganz ähnliche Übertragungen muß es sich in den obenerwähnten Experimenten von HOOKER und NICHOLAS handeln. Auch BABÁK[2], der an Froschlarven kurz vor Beendigung der Metamorphose das Rückenmark quer durchtrennte, hat schon beobachtet, daß sich trotz der Trennung der nervösen Leitung *beide Tierhälften in Abhängigkeit voneinander bewegten*. Nicht nur wurden durch Bewegungen der Vordertiere Reflexe im Hintertier ausgelöst, die biologisch sinnvoll sich den Bewegungsakten der Vorderhälfte derart eingliederten, daß die resultierende Gesamtbewegung außerordentlich der

---

[1] FRIEDLÄNDER, B.: Pflügers Arch. **58**, 168 (1894). — LOEB, J.: Vergleichende Gehirnphysiologie, S. 57. Leipzig 1899. — JANZEN, R., Zool. Jb. Abtlg. allg. Zool. u. Physiol. **50**, 51 (1931).
[2] BABÁK, E.: Pflügers Arch. **93**, 134 (1903).

eines normalen Tieres glich, sondern auch durch Reize am Hinterende ausgelöste, reflektorische Gangbewegungen riefen wieder entsprechende Vorderbeinbewegungen hervor, so daß eine sinnvolle Lokomotion zustande kam.

Solche mechanische Übertragungen scheinen besonders leicht im embryonalen Zustand zur Erreichung koordinierter Lokomotionsbewegungen auszureichen. Dies gilt nicht nur für Kaltblüter, sondern auch für Warmblüter, wie sich aus den Versuchen von GERARD und KOPPANYI[1] sowie von HOOKER und NICHOLAS[2] ergab. Es wurde Rattenembryonen intrauterin das Rückenmark durchschnitten und die Bewegung der operierten Tiere intrauterin wie auch nach der normal erfolgten Geburt beobachtet. Dem Anblick nach unterschieden sich viele der operierten Tiere überhaupt nicht von intakten Tieren. Auch die Operierten zeigten koordinierte Laufbewegungen unter Einschluß der Hinterextremitäten, die auch spontan auftraten. Es wurden auch durch starke Reize auf das Hintertier die üblichen Schmerzreaktionen ausgelöst. Während die erstgenannten Autoren auf Grund ihrer Befunde ohne histologische Kontrolle den Schluß auf regenerative Wiedervereinigung zogen, stellten die Nachuntersucher einwandfrei fest, daß sich keine histologische Vereinigung zwischen den durchtrennten Rückenmarkshälften eingestellt hat, obwohl sie ihre Tiere bezüglich der spontanen Bewegungen nicht von normalen unterscheiden konnten. Nach HOOKER soll diese Pseudoleitung zwischen Vorder- und Hintertier nicht nur allein dadurch zustande kommen, daß die Bewegung der einen Tierhälfte durch mechanische Zugübertragung in der anderen Reflexe auslöst, sondern auch dadurch, daß sich die sensorische und motorische Innervation der segmentalen Körpermuskulatur überdecken. Das würde heißen, daß Körperbewegungen im letzten Segment des Vordertiers im Hintertier rezipiert würden und umgekehrt Bewegungen im vordersten Abschnitt des Hintertieres als direkte receptorische Reize auf das Vordertier wirken. Diese Annahme ist, soweit sie sich auf die Hautinnervation bezieht, keineswegs hypothetisch, da hier bekanntlich eine weitgehende Versorgung ein und derselben Zone durch mehrere Nerven stattfindet. Der einzige Unterschied im Verhalten der operierten Tiere bestand darin, daß zur Auslösung von Reflexen und von Schmerzäußerungen etwas stärkere Reize zu verwenden waren als bei normalen Tieren. Es ist anzunehmen, daß, wenn die operierten Ratten länger lebensfähig gewesen wären, Unterschiede zu den normalen wohl sichtbar zutage getreten wären; aber die meisten Tiere starben 3 Tage nach Geburt. Nur eines lebte 9 Tage, soll aber bis zu diesem Tage in seinem Verhalten nicht von einem normalen zu unterscheiden gewesen sein.

Überblickt man die Angaben über das Verhalten von Tieren verschiedener Wirbeltierklassen nach Rückenmarksdurchschneidung, so kann man sich nicht des Eindruckes erwehren, daß nicht nur die mechanische Regulation die des Zentralnervensystems um so besser ersetzen kann, je jünger ein Tier ist, sondern daß auch, je niedriger ein Tier in der Wirbeltierreihe steht, um so leichter durch diese mechanische Reizübertragung eine Koordination zwischen Vordertier und Hintertier erreicht wird.

Schon STEINER berichtet in seiner Monographie über das Zentralnervensystem[3] über viele Beobachtungen an niederen Wirbeltieren nach Rückenmarksdurchschneidungen, vor allem an Fischen, bei denen so gut wie keine Koordinationsstörungen der Schwimmbewegung in Erscheinung traten. Für den Aal hat BICKEL[4] zeigen können, daß Rückenmarksdurchschneidungen die Schwimm-

---

[1] GERARD, R. W., u. T. KOPPANYI: Amer. J. Physiol. **76**, 211 (1926).
[2] HOOKER, D., u. I. S. NICHOLAS: J. comp. Neur. **50**, 413 (1930).
[3] STEINER, I.: Die Funktion des Zentralnervensystems und ihre Phylogenese. Braunschweig 1885—1900.
[4] BICKEL, A.: Pflügers Arch. **65**, 231 (1896).

bewegungen so gut wie nicht stören, daß dieselben spontan auftreten und daß jeder Teil des Rückenmarks befähigt ist, Koordination der Schwimmbewegungen zu erzwingen. HOOKER hat neuerdings die gleichen Befunde an Goldfischen mit durchschnittenem Rückenmark erhoben[1]. Wie sehr in all diesen Fällen die Koordination durch mechanische Momente mitbedingt ist, geht sehr schön aus einer Beobachtung von SNYDER[2] hervor: Er stellte seine Untersuchungen am kalifornischen Schleichensalamander (Batrachoseps) an, der, wie schon sein Name verrät, eine eigentümliche Gangweise hat, da seine zurückgebildeten, aber funktionstüchtigen Glieder sehr klein sind und seine Fortbewegung hauptsächlich durch wurmförmige Bewegungen des Körpers und des Schwanzes zustande kommen. Nach Rückenmarksdurchschneidung konnte SNYDER nicht nur die normalen, wurmförmigen Kriechbewegungen beobachten, sondern auch neben der zu erwartenden Koordination *innerhalb* der Beinpaare war die Koordination zwischen Vorder- und Hinterbeinbewegung noch beinahe unverändert. Das Hinterteil zeigte aber nie Spontanbewegung, sondern die an ihm auftretenden Bewegungen wurden stets, ganz entsprechend den Versuchen am Regenwurm, durch Zug auf das Hintertier, das über den Boden geschleift wird, ausgelöst. Auf sehr glatter Unterlage, oder wenn man das Hinterteil von Berührung mit dem Boden fernhält, treten im Hintertier keine Bewegungen auf[3]. — Für den Frosch hat BICKEL[4] zeigen können, daß die relativ gute Fortbewegung nach Rückenmarksdurchschneidung in der Höhe des 3. bis 5. Wirbels durch mechanische Einflüsse mit bedingt wird, denn das Zusammenspiel der Bewegungen des Vordertiers und der gleichzeitigen Abstoßbewegungen der Hinterbeine ist auf rauher Unterlage wesentlich besser als auf glatter.

Er berichtet ferner, daß auf Reiz sowohl ein gerader Sprung wie auch Umdrehung aus Bauchlage erfolgen kann. Bei Nachprüfung konnten wir die BICKELschen Angaben im allgemeinen bestätigen, nur erzielten wir an unseren Rückenmarksfröschen mit relativ hoher Durchschneidung nie Umdrehung aus Bauchlage unter Mitbenutzung der hinteren Extremitäten. Bei tiefer Rückenmarksdurchschneidung sind die Frösche aber imstande, sich nur mit Hilfe der Vorderbeine und der Rumpfmuskulatur *spontan* umzudrehen, und zwar tun sie dies in genau der gleichen Weise, wie die Umdrehung von Fröschen mit beiderseitig hoch durchschnittenen Ischiadici ausgeführt wird. Da in beiden Fallen die Umdrehung sofort und prompt mit den Vorderbeinen, die normalerweise nur Hilfsfunktion ausüben, geschieht, handelt es sich auch hier um eine Umstellung der Funktion des Zentralnervensystems.

Wenn es auch ohne Frage ist, daß beim Sprung der Rückenmarksfrösche die Bewegungen des Hintertiers mechanisch ausgelöste Reflexe sind, so ist aber für uns wesentlich, daß diese Reflexe sich derart in die Bewegung des Vordertiers eingliedern, daß eine sinnvolle Funktion des ganzen, aus zwei nervös unabhangigen Halften bestehenden Tieres resultiert.

Das Zusammenspiel nervös-getrennter Tierhälften ist aber nicht nur bei niedrigen Wirbeltieren und bei Säugetierembryonen so befriedigend, sondern unter günstigen Umständen auch beim ausgewachsenen Säugetier, obwohl auch dort die Erfüllung des Funktionszweckes um so besser wird, je jünger das Tier ist. Hierauf beruht es wohl mit, daß sich selbst ein Forscher wie NAUNYN[5] täuschen ließ und die Bewegungskoordination, die er nach Rückenmarksdurchschneidung an 4—5 Tage alten Hunden beobachtete, auf Regenerationserscheinungen des Rückenmarks zurückführte. SCHIEFFERDECKER[6] hat schon in seiner Kritik der NAUNYNschen Arbeit darauf hingewiesen, daß es sich in diesen Versuchen um Reflexe des Hinter-

---

[1] HOOKER, D.: Proc. Soc. exper. Biol. a. Med. **28**, 89 (1930).
[2] SNYDER, CH. D.: Biol. Bull. Mar. biol. Labor. Wood's Hole **7**, 280 (1904).
[3] Siehe auch W. v. BUDDENBROCKS Versuche an der Stabheuschrecke. Biol. Zbl. **41**, 46 (1921).
[4] BICKEL, A.: Pflügers Arch. **65**, 231 (1896) — Arch. f. Physiol. **1900**, 485.
[5] DENTAN, P.: Quelques recherches sur la régénération fonctionelle et anatomique de la moëlle épinère. Inaug.-Diss. Bern 1873. — EICHHORST, H., u. B. NAUNYN: Arch. f. exper. Path. **2**, 225 (1874).
[6] SCHIEFFERDECKER, P.: Virchows Arch. **67**, 542 (1876).

tiers (ausgelöst durch Bewegungen des Vordertiers) gehandelt hat. Wesentlich ist aber, daß diese Reflexbewegungen so mit den Bewegungen des Vordertiers koordiniert auftreten können, daß biologische Zwecke erfüllt werden. Mit ein Grund, warum bei neugeborenen Tieren die Übereinstimmung zwischen rückenmarksdurchschnittenen und normalen so groß ist, liegt darin, daß, wie Spatz[1] gezeigt hat, auch in der abgetrennten Rückenmarkshälfte die Weiterausreifung vor sich geht und daher genau so wie im normalen Tier sich neue Reflexmöglichkeiten mit dem Älterwerden der Tiere einstellen. Der gleiche Autor[2] hat auch darauf hingewiesen, daß gerade bei neugeborenen Tieren besonders leicht „durch die willkürliche Bewegung der vorderen Extremitäten eingeleitet, die hinteren Extremitäten reflektorisch in Tätigkeit treten. Hieraus können fast normale Bewegungsakte entstehen".

Philippson hat nun, an die alten Beobachtungen von Goltz und Freusberg[3] anknüpfend, daß Stütz-, Lauf- und Galoppbewegungen reflektorisch in den Hinterbeinen von Rückenmarkshunden auslösbar sind, ausgewachsenen Hunden das Rückenmark im Brustteil durchschnitten und im Kinobild die Tatsache, daß solche Hunde unter besonderen Umständen sowohl stehen wie laufen als auch galoppieren können, festgehalten[4]. Magnus[5] lehnt, wie begreiflich, auf Grund seiner theoretischen Anschauungen, die Schlußfolgerung Philippsons, daß es kein Laufzentrum gebe, ab, aber er bestätigt, daß Rückenmarkshunde, wie er sich ausdrückt, „lernen" können, durch geeignete Anspannung der Kopf- und Schultermuskeln den Hinterkörper horizontal zu halten, so daß die Hinterfüße sozusagen am Hinterkörper hängend, reflektorische Laufbewegungen ausführen[6]. Man wird bei dieser Beschreibung von Magnus sofort an die von uns oben beschriebene Laufhaltung des Hundes mit beiderseitiger Hinterbeinamputation erinnert, jedoch lassen die von Philippson veröffentlichten Aufnahmen keineswegs eine solche Haltung erkennen, sondern man hat vielmehr in der Tat den Eindruck, als ob die Hinterbeine mit am Tragen des Hinterkörpers beteiligt wären. Wenn man aber selbst, wie Magnus es tut, den Bewegungen der Hinterbeine nur eine Scheinbedeutung für das Zustandekommen des Steh-, Lauf- und Galoppaktes bei diesen Rückenmarkshunden zuschreiben will, so muß man aber als Unbefangener zumindestens zugeben, daß eine völlige Umstellung der Bewegungskoordination des Vordertieres auf die veränderte Situation stattgefunden hat.

### b) Anpassung des Zentralnervensystems nach Ausschaltung großer Leitungsbahnen.

Die quere Durchtrennung des Rückenmarks hebt bei erwachsenen Wirbeltieren den nervösen Konnex zwischen Vorder- und Hintertier vollkommen und für immer auf. Reize, die am Vordertier angesetzt werden, beeinflussen nicht mehr das Hintertier und umgekehrt bleiben die Erfolge hinten angesetzter Reize auf das Hintertier beschränkt[7].

Ganz das gleiche zeigt sich bei wirbellosen Tieren mit Strickleiternervensystem bei querer Durchtrennung des Bauchmarks oder der Längscommissuren. Bei Crustaceen[8] und Insekten[8,9] tritt nun bei halbseitiger Durchschneidung der

---

[1] Spatz, H.: Nissl-Alzheimers Arbeiten, Erg.-Bd., 295 (1921).
[2] Spatz, H.: Dtsch. Z. Nervenheilk. **115**, 197 (1930).
[3] Freusberg, A.: Pflügers Arch. **9**, 358 (1874).
[4] Philippson, M.: L'autonomie et la Centralisation dans le système nerveux des animaux. Bruxelles 1905.
[5] Magnus, R.: Körperstellung, S. 2. Berlin 1924.
[6] Beobachtungen dieser Art sind wohl zuerst von Goltz gemacht.
[7] Die noch vorhandenen Zusammenhange durch den Grenzstrang, den Darm usw., spielen kaum eine Rolle. Von der sekundären Erregungsübermittlung auf mechanischem Wege war bereits im vorigen Kapitel die Rede.
[8] Bethe, A.: Arch. mikrosk. Anat. **50**, 589 (1897) — Pflügers Arch. **68**, 494 (1897).
[9] Buddenbrock, W. v.: Biol. Zbl. **41**, 41 (1921).

langen Bahnen zwischen beliebigen Segmenten das ein, was man dem anatomischen Aufbau entsprechend als wahrscheinlich annehmen durfte: Die Erregungsleitung von vorn nach hinten und von hinten nach vorn fällt auf der Seite der Operation ganz oder im wesentlichen fort. Dies macht sich einerseits in asymmetrischen Haltungen und Bewegungen des Hintertieres, andererseits bei der Übermittlung vorn und hinten angesetzter Reize deutlich bemerkbar.

Um so erstaunlicher ist es, daß die *halbseitige Durchschneidung des Rückenmarks* bei niederen Wirbeltieren fast keine Veränderungen hervorruft, und daß die nach diesem Eingriff bei höheren Wirbeltieren auftretenden Störungen nach einiger Zeit wieder bis auf geringe Reste verschwinden.

Beobachtungen dieser Art sind schon sehr alt[1] und sind wiederholt beschrieben. Wir haben uns selbst oft davon überzeugt, daß Frösche in unmittelbarem Anschluß an die Operation, sogar dann, wenn die halbseitige Querläsion noch etwas über die Mittellinie hinübergreift, sofort ganz koordiniert sprangen, ausgezeichnet den Lagereflex ausführten und keine Asymmetrie in der Haltung der Hinterbeine erkennen ließen. Auch in der Beantwortung abwechselnd rechts und links und bald vor und bald hinter der Durchschneidungsstelle angesetzter Reize zeigen sich so wenige Unterschiede, daß es auch dem geübten Untersucher nicht möglich ist, die Seite der Durchschneidung anzugeben.

Es kann wohl kein Zweifel darüber bestehen, daß die Leitung im Rückenmark — sowohl in der Richtung von hinten nach vorn, wie von vorn nach hinten — beim normalen Tier den gangbarsten anatomischen Weg nimmt und den langen Bahnen folgt. Jetzt ist auf der einen Seite dieser Weg versperrt und sofort übernehmen quere Verbindungen, falls die Erregung sich auf der operierten Seite ausbreitet, die Überleitung auf die kontralaterale Seite und die Rückleitung auf die ipsilaterale.

Bei Säugetieren wurde von einer Reihe von Forschern im Endeffekt das gleiche Resultat erzielt; nur stellt sich hier der Erfolg nicht unmittelbar, sondern erst einige Tage oder Wochen nach der Operation ein. Diese zeitliche Verzögerung würde dann etwas bedeuten und im Sinne eines „Umlernens" gedeutet werden können, wenn sie nur die operierte Seite beträfe. Zunächst tritt aber fast immer, wie bei totaler Durchtrennung, eine Lähmung des ganzen Hintertiers ein, und erst allmählich stellen sich Reflexe und Erregungsleitung wieder her, allerdings meist auf der unverletzten Seite früher als auf der operierten. Wesentlich ist jedoch, daß sich auch bei Säugetieren die Motilität und die receptorische Leitung weitgehend wiederherstellt. Die Hunde von N. WEISS[2] konnten nach 3—4 Wochen wieder so gut laufen, daß es schwer zu entscheiden war, auf welcher Seite operiert worden war. Dasselbe berichten MOTT[3] und SCHÄFER[4] von Affen und MARSCHALL[5] von der Katze.

Diese und andere Autoren stimmen darin überein, daß sich die „Motilität" sehr gut wiederherstellt. In bezug auf die „Sensibilität" gehen die Ansichten etwas auseinander, jedoch wird immer festgestellt, daß sie sich den normalen Verhältnissen wieder annähert. Lokale Abwehrreaktionen von seiten des Vordertieres bei Reiz des Hinterbeines der operierten Seite sind wiederholt beobachtet (z. B. von OSAWA[6]).

---

[1] Einige Literatur bei O. LANGENDORF in Nagels Handb. d. Physiol. 4, 378. Braunschweig 1909.
[2] WEISS, N.: Sitzgsber. Akad. Wiss. Wien, Math.-naturwiss. Kl. III 80, 340 (1879).
[3] MOTT, F. M.: Philos. Transact. 183, 1 (1892).
[4] SCHÄFER, E. A.: J. of Physiol. 24, XXII (1899).
[5] MARSCHALL, CH. D.: Proc. roy. Soc. Lond. 57, 475 (1895).
[6] OSAWA, K.: Untersuchungen über die Leitungsbahnen im Rückenmark des Hundes. Diss. Straßburg 1882.

Osawa hat nun bei Hunden, auf Anregung von Goltz, einige Wochen nach der ersten Hemisektion des Rückenmarks eine *zweite* auf der anderen Seite im Abstand von zwei bis drei Wirbeln hinzugefügt. Zuerst traten wieder starke Störungen auf; aber auch nach dieser Operation kann sich die Motilität sehr gut, die Sensibilität teilweise wiederherstellen. Ein so operierter Hund konnte z. B. schon nach 8 Tagen wieder etwas gehen und *nach 6 Wochen* ohne Schwierigkeiten laufen und *in seinen 85 cm hohen Käfig hineinspringen!*

Eine an einem Hinterbein angesetzte Klemme suchen derartige Hunde zu entfernen. Sie können also lokalisieren. Die Empfindlichkeit des Hintertieres bleibt aber immer unter der Norm, während sich die Motilität vollständig wiederherstellt. Hierzu müssen aber die Impulse auf der einen wie auf der anderen Seite zweimal umgeleitet werden, und den gleichen komplizierten und abnormen Weg müssen die receptorischen Erregungen nehmen (Abb. 382 a). Durch die Überleitung auf die gekreuzte Seite, auf der die Erregung allein weiterlaufen kann, von der aber, auf die ungekreuzte zurückzukehren, die Möglichkeit vorhanden sein muß, sollten sich nach rein morphologischer Betrachtungsweise die Seitenunterschiede ganz verwischt haben. Trotzdem lokalisieren die Tiere richtig und unterscheiden rechts und links!

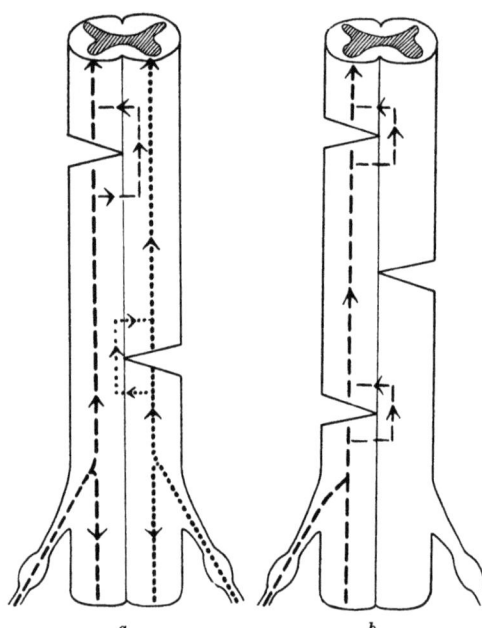

Abb. 382. Schema des rezeptorischen Leitungsweges nach Hemisektionen des Ruckenmarks.
*a* nach zweimaliger, gekreuzter Halbdurchtrennung.
*b* nach dreimaliger Halbdurchtrennung.

Osawa hat in einigen Fällen der zweiten Hemisektion eine *dritte* folgen lassen (Abb. 382 b). Es trat erneute Lähmung ein, von der sich aber besonders ein Tier recht gut erholte! Nach 6 Wochen konnte das Tier wieder auf den vier Beinen stehen und 2 Wochen später etwas gehen. Kratzen am Halse links wurde mit Kratzbewegungen des linken, kratzen am Halse rechts mit Kratzbewegungen des rechten Hinterbeines beantwortet, ein Zeichen dafür, daß lokalisierte Impulse von vorn nach hinten gesandt wurden! Die receptorische Leitung von hinten nach vorn war aber nur andeutungsweise wiederhergestellt. Hier müssen die Erregungen auf der Seite der Doppeldurchtrennung der langen Bahnen viermal die Seite wechseln! (Die richtige Ausführung der Operation hat D. v. Recklinghausen durch Sektion und mikroskopische Untersuchung bestätigt!)

Über die Erfolge Osawas ist unseres Wissens bisher niemand hinausgekommen. Danitch[1] hat Osawas Versuche am Kaninchen nachgemacht und kam zu ihrer Bestätigung. Die meisten späteren Untersucher haben sich mit einmaliger Halbdurchschneidung oder mit der Durchtrennung einzelner Bündel begnügt. Eigene Versuche mit mehrfacher Hemisektion des Rückenmarks beim Frosch (meist wechselseitige, zweimalige Halbdurchschneidung) ergaben im Prinzip nichts Neues.

---

[1] Danitch, R.: Z. Biol. **81**, 241 (1924).

Nach den ersten erfolgreichen Versuchen, die Leitungsbahnen des Rückenmarks und Gehirns anatomisch zu verfolgen, war man überzeugt, daß die einfache Durchschneidung eines Bündels genügen müsse, um seine physiologische Bedeutung zu ergründen. Wie widersprechend schon die Resultate der ersten Untersuchungen waren, wie wenig übereinstimmend sie auch heute noch sind und wie wenig gesicherte Resultate die histologische Untersuchung des Rückenmarks von Patienten mit wohldefinierten motorischen und receptorischen Störungen in bezug auf die ausgefallenen Leitungsbahnen ergeben haben, ist wiederholt dargestellt[1,2,3]. Der Grund hierfür ist darin zu suchen, daß wir bei Ausfall einer Faserbahn niemals eine einfache Ausfallserscheinung zu sehen bekommen (also Kenntnis von der normalen Aufgabe dieser Bahn erhalten), sondern nur erfahren, wie sich das Zentralorgan auf das Fehlen eben dieser Bahnen eingestellt hat (ROTHMANN, VERAGUTH).

Diese Anpassung kann so schnell erfolgen, daß es den Anschein hat, als wären selbst ganz dicke Faserbahnen (Balken des Großhirns[4]), ja die Bahnen einer ganzen Rückenmarkshälfte, vollkommen überflüssig (Hemisektion beim Frosch); sie kann aber auch langsam genug erfolgen, um Funktionsstörungen erkennen zu lassen. Diese Störungen können sogar anfangs sehr groß sein und weit über das hinaus gehen, was man nach dem anatomischen Befund erwarten darf. Nach einiger Zeit sind sie mehr oder weniger verschwunden! —

Fast die gleiche Störung kann nach Durchschneidung verschiedenartiger Bündel auftreten. Andererseits bleiben manche Funktionen, z. B. die sog. Schmerzleitung[5], so lange erhalten, wie überhaupt noch Verbindungen zwischen vorn und hinten vorhanden sind. SCHIFF[6], der wohl als einer der ersten die „Empfindungsleitung" nach der Durchschneidung sehr verschiedenartiger Rückenmarksbündel noch persistieren sah, zog aus diesen Tatsachen den Schluß, daß es eine isolierte Leitung im Zentralnervensystem, besonders im receptorischen Gebiet, wahrscheinlich überhaupt nicht gäbe! (Auf die von ihm zur Erklärung der Lokalzeichen aufgestellte Resonanzhypothese wird an späterer Stelle eingegangen werden, siehe S. 1197.)

Wäre SCHIFFs Auffassung in voller Ausdehnung richtig, dann wäre jedes Studium der Faserbahnen unnütz! Diese anatomisch vorgebildeten Stränge machen aber so sehr den Eindruck, als ob wirklich durch sie bestimmte Regionen des Zentralnervensystems in nähere Beziehungen zueinander gebracht werden sollten, daß sich nur wenige Forscher auf den revolutionären Standpunkt SCHIFFs gestellt haben; die meisten anderen haben immer wieder versucht, die bunten Resultate der Durchschneidungsversuche mit der Vorstellung einer ganz bestimmten physiologischen Funktion jeder Bahn in Verbindung zu bringen. Dies führte dazu, daß für manche Leitungsfunktionen sehr komplizierte und wenig wahrscheinliche Wege angenommen wurden.

Es ist nun sehr gut denkbar, daß eine bestimmte Faserverbindung normalerweise einer bestimmten Überleitungsaufgabe, wenn vielleicht auch nicht ausschließ-

---

[1] Z. B.: C. ECKHARD, in Hermanns Handb. d. Physiol. **2a**, 148 (1879).
[2] LANGENDORFF, O., in Nagels Handb. d. Physiol. **4**, 361 (1909).
[3] VERAGUTH, O.: Ds. Handb. **10**, 842 (1927).
[4] Die immer wieder aufgerollte Frage der Bedeutung des Balkens ist durch W. TRENDELENBURG und FR. HARTMANN einer sorgfältigen Prüfung an dressierten Katzen und Affen unterworfen worden (Z. exper. Med. **54**, 578 (1927). Auch die kompliziertesten erlernten Handlungen wurden sehr bald nach der Operation wieder unverändert ausgeführt. Natürlich wird diese große Quercommissur eine Bedeutung haben. Ihre Aufgabe wird aber, so nehmen wir an, durch andere Bahnen gleich oder bald nach Ausschaltung übernommen.
[5] KARPLUS, J. P., u. A. KREIDL: Pflügers Arch. **158**, 274 (1914).
[6] SCHIFF, M.: Gesammelte Beiträge zur Physiologie, **3**, 342. Lausanne 1896.

lich, dient, gerade so, wie die Eisenbahnzüge zwischen großen Städten normalerweise auf einer bestimmten Strecke verkehren. Ist diese bequemste, gangbarste Verbindungsstraße verlegt, so bildet sich im einen wie im anderen Fall mehr oder weniger schnell eine der vielen anderen vorhandenen, aber weniger geeigneten Verbindungen zu einem gut gangbaren neuen Wege aus. Jeder Ort ist mit jedem anderen auf vielen Wegen verbunden, direkteren und indirekteren, aber keine ist spezifisch und einzig und allein nur für eine einzige Übermittlung da. (Bei der Blutzirkulation ist jedem eine solche Ausbildung kollateraler Verbindungen geläufig.)

Kommen mehrere große Verbindungen zwischen entfernten Zentralteilen in Betracht, dann kann auch bei Säugetieren der Ausgleich nach Zerstörung eines dieser Wege sehr schnell erfolgen; sind alle großen Verbindungen zerstört, dann braucht es mehr Zeit zur Restitution, sie wird wohl auch nicht vollständig, aber sie kommt in Gang. Das beste Beispiel hierfür geben die Versuche ROTHMANNS[1], in denen er die Pyramidenbahnen bei Affen und Hunden durchschnitt. Diese Versuche erregten damals außerordentlich großes Aufsehen, denn jeder hatte erwartet, daß der Erfolg der gleiche wie nach Zerstörung der motorischen Zonen sein würde. Die auftretenden Störungen waren aber außerordentlich gering, und schon nach wenigen Tagen konnten die Affen wieder greifen und andere Intentionsbewegungen ausführen. Ebenso gering waren die Störungen, wenn der Tractus rubrospinalis allein durchschnitten wurde; aber die Durchschneidung beider Stränge brachte schwere, jedoch auch nicht ganz irreparable Störungen hervor. Die Ausfälle blieben immer hinter denen zurück, die nach Exstirpation der „Rindenzentren" auftreten.

Die Befunde ROTHMANNS sind von anderen Autoren (PROBST[2], G. HOLMES und MAY[3]) durchaus bestätigt worden und können als sicherer Bestand unseres Wissens gelten.

Zusammenfassend darf wohl behauptet werden, daß bei Wirbeltieren keine Durchschneidung einer intrazentralen Bahn zu einem isolierten und dauernden Funktionsausfall führt. Solange noch indirekte Zusammenhänge zwischen den getrennten Teilen vorhanden sind, so lange gleichen sich auch die Schädigungen noch mehr oder weniger aus, und zwar immer wieder im Sinne eines „zweckmäßigen" Zusammenarbeitens. Sehr viel geringer sind die Ausgleichsmöglichkeiten bei Arthropoden. Hier hat das Nervensystem in sehr viel geringerem Maße die Fähigkeit, den Verlust einer intrazentralen Bahn zu ersetzen. Die Bahnen sind in ihrer Funktion stärker festgelegt, sind gewissermaßen starr geworden, aber vielleicht nur deswegen, weil weniger zahlreiche Verbindungen zwischen den einzelnen Bereichen des Zentralorgans vorhanden sind.

---

[1] ROTHMANN, M.: Berl. klin. Wschr. **1902**, 376, 404 — Mschr. Psychiatr. **16**, 589 (1904). Arch. f. Physiol. **1907**, 217 — Berl. klin. Wschr. **1913**, Nr 12 u. 13.
[2] PROBST, M.: Arch. f. Anat. **1902**, Suppl. 147.
[3] HOMES, G., u. MAY: Brain **32**, 1 (1909).

# Über die Plastizität des Organismus auf Grund von Erfahrungen am nervenkranken Menschen.

Von

K. GOLDSTEIN

Berlin.

**Zusammenfassende Darstellungen.**

MONAKOW: Die Lokalisation im Großhirn und der Abbau der Funktionen. Wiesbaden: Bergmann 1914. — Zusammenfassende Berichte über Restitution von O. FOERSTER, SPATZ, MATTHAEI, K. GOLDSTEIN auf der Jahresvers. d. Ges. deutsch. Nervenärzte Sept. 1930. Dtsch. Z. Nervenheilk. 118 (1930). — GOLDSTEIN: Die Lokalisation in der Großhirnrinde ds. Handb. 10.

Dadurch, daß wir das Leben der tierischen Organismen und der Menschen gewöhnlich in nur wenig wechselnden Situationen sich abspielen sehen, in denen die Leistungen eine dementsprechend relativ große Gleichartigkeit aufweisen, entsteht in uns ein Bild vom normalen Verhalten des Organismus. Gewiß muß auch bei diesem „normalen" Verhalten der Organismus schon mit recht verschiedenen Anforderungen der Umwelt fertig werden, sich in seinem Tun an sie anpassen. Aber diese Reaktionen stellen doch nur so geringe Schwankungen um bestimmte mittlere Werte dar, daß man bei ihrer Erklärung — vielleicht — mit der Annahme auskommen kann oder glaubt auskommen zu können, daß das Leben der Organismen von bestimmten festgefügten, sich nur gegenseitig hemmenden oder fördernden Reflexvorgängen beherrscht wird. Beobachtet man nun einen Organismus unter von den gewöhnlichen abweichenden Bedingungen und sieht man, daß er auch mit „abnormen" Aufgaben fertig wird, so ist man, da die Reflextheorie hier zur Erklärung nicht ausreicht, geneigt, hierfür eine besondere Anpassungsfähigkeit in Anspruch zu nehmen. Es soll vor allem die Aufgabe der folgenden Darstellung sein, diese Annahme auf Grund der vorliegenden Tatsachen auf ihre Berechtigung hin zu prüfen. Man dürfte sich gewiß zu ihr nur im Notfalle entschließen. Sie erscheint zunächst ebenso unbiologisch wie die Annahme von anatomischem Reservematerial im Gehirn zum Ersatz von später zerstörtem. Wir haben jedenfalls alle Veranlassung die Vorgänge bei diesem Fertigwerden des Organismus mit „abnormen" Anforderungen eingehend zu studieren. Erscheint dieses mit der üblichen Auffassung der normalen Vorgänge nicht verständlich, so müßten daraus ernsteste Bedenken gegenüber dieser auftauchen; jedenfalls würde daraus die Verpflichtung erwachsen, auch diese übliche Auffassung einer Kritik zu unterziehen. Ich habe an anderer Stelle des Handbuches[1] diese übliche Auffassung, die Lehre vom Reflexaufbau des Nervensystems, schon eingehend kritisch besprochen und war dabei zu dem Ergebnis gekommen, daß sowohl die anatomische wie die funktionelle Analyse sie keineswegs stützt, daß das Verhalten des Organismus durch sie gar nicht

---

[1] GOLDSTEIN, K.: Lokalisation in der Großhirnrinde. Ds. Handb. 10, 642 ff.

verständlich wird, die Betrachtung der Tatsachen vielmehr eine andere Anschauung erfordert, die ich dort ausführlich dargelegt habe und auf die wir hier später nochmals zurückkommen werden.

Zunächst wird es unsere Aufgabe sein rein tatsachenmäßig festzustellen, wie sich der Organismus bei wirklich abnormen Aufgaben verhält und welche Gesetze sich durch Beobachtung seines Verhaltens dabei ergeben. Den Organismus vor wirklich abnorme Aufgaben zu stellen, ist allerdings nicht so einfach als es zunächst scheint. Wir wissen ja gar nicht, welches seine normalen Leistungen sind. Es könnte sehr wohl sein und ist wohl auch so, daß das Bild der „normalen" Leistungen, das wir von einem Organismus haben, einfach durch die Tatsache des häufigsten Verhaltens oder gar nur durch unsere Art zu beobachten bestimmt wird[1]. Wirklich „abnorme" Aufgaben können wir höchstens dadurch schaffen, daß wir den Organismus in ein den gewohnten Lebensbedingungen extrem entgegengesetztes Milieu bringen oder — und das dürfte noch einwandfreier sein, ja vielleicht die einzig einwandfreien Bedingungen liefern —, indem wir ihn bei — experimentell oder durch Krankheit verursachter — Beschädigung seines eigenen Bestandes beobachten. Jede Läsion des Organismus bedeutet eine Veränderung des Verhältnisses zwischen der „Natur" (vgl. hierzu S. 1142) des Organismus und seinem adäquaten Milieu und setzt damit den Organismus sicher vor wirklich nie dagewesene neue Aufgaben. Wie er unter diesen Umständen mit den aus der Umwelt an ihn herantretenden Anforderungen fertig wird, wollen wir hier betrachten.

Die vorstehenden Aufsätze von BETHE und FISCHER beschäftigen sich speziell mit dieser Anpassung des Organismus an experimentell gesetzte Schädlichkeiten am Tier. Ich will hauptsächlich Beobachtungen, die man am kranken Menschen machen kann, besprechen. Und das nicht nur aus dem äußerlichen Grunde, weil mir als Arzt der kranke Mensch besonders nahe liegt, sondern auch deshalb, weil dies noch einen besonderen sachlichen Vorteil für die Bewältigung des Problems überhaupt verspricht. Wir dürfen nämlich erwarten durch die Auskunft, die wir vermöge der ganz anderen Verständigungsmöglichkeit, besonders durch das Mittel der Sprache, die hier vorliegt, erhalten, in die Vorgänge, die sich bei der Anpassung abspielen, einen tieferen Einblick zu gewinnen, als es die Beobachtung des tierischen Organismus ermöglicht, wo wir auf die reine, nicht immer sicher zu deutende Beobachtung allein angewiesen sind.

Die Tatsachen, die wir ins Auge zu fassen haben, gruppieren sich also um die Frage: *Wie verhält sich ein Mensch bei einer Veränderung seines materiellen Substrates durch Krankheit oder Verletzung, oder noch präziser, wie verhält er sich bei einer Zerstörung eines umschriebenen Teiles seines Nervensystemes?*

Wir werden nicht alles zu diesem Problemgebiet gehörige, in der Literatur niedergelegte Material hier mitteilen, sondern wir wählen wesentlich solches aus, das uns genügend durchgearbeitet zu sein scheint, um einwandfreie Beurteilung des Tatbestandes zu ermöglichen. Wir werden weiter möglichst solches Material bevorzugen, über das uns eine persönliche Erfahrung zur Verfügung steht. Die persönliche Erfahrung scheint mir auf einem Gebiete, wo es so sehr auf Berücksichtigung auch „unwichtiger Kleinigkeiten" ankommt, allein eine Gewähr, den jeweiligen Tatbestand wirklich einigermaßen sicher zu durchschauen. Wir wollen uns weiter bemühen, das Tatsächliche von der theoretischen Deutung möglichst reinlich zu scheiden, um bei der Problematik der letzteren die Tatsachenmitteilung nicht für spätere bessere Erklärungsversuche ungeeignet zu ge-

---

[1] Vgl. hierzu GOLDSTEIN, K.: Das Symptom, seine Entstehung und Bedeutung für unsere Auffassung vom Bau und von der Funktion des Nervensystems. Arch. f. Psychiatr. **76**, bes. 90ff. (1925).

stalten. Wir sind uns dabei aber klar, daß uns dieses Bemühen nur unvollkommen gelingen kann, insofern ja jede Beobachtung immer schon — mag man sie noch so unvoreingenommen gestalten wollen — doch durch theoretische Einstellung zum mindesten mitbestimmt ist. Vielleicht vermag allerdings die strikte Befolgung der in meinem Aufsatz über die Lokalisation im Großhirn in diesem Handbuch (S. 630) dargelegten methodischen Gesichtspunkte die Gefahr herabzusetzen.

Aus Gründen der Darstellung ordnen wir das Material nach einem Gesichtspunkt, der durch die Darstellung selbst erst seine Begründung erfährt. Wir trennen die Anpassung in Form der *Umstellung* d. h. Anpassung unter Benutzung des erhaltenen Teiles eines lädierten Gebietes, *gleichartige Anpassung*, von der Anpassung durch *heterogene* Leistungen, durch *Ersatz*.

## A. Die Anpassung durch Umstellung.
### I. Die Umstellung bei Läsion eines Teiles eines corticalen Sinnesfeldes, dargestellt am Beispiel der Zerstörung einer Hälfte der Sehsphäre.
#### 1. Das tatsächliche Verhalten des Hemianopikers.

Wir gehen von einem besonders gut durchgearbeiteten Tatbestand aus: von dem *Verhalten eines Menschen mit Totalzerstörung einer „Calcarina" d. h. der corticalen Endstätte der optischen Bahnen in einer Hemisphäre*[1]. Untersuchen wir einen solchen Patienten am Perimeter, so stellen wir bei ihm eine Hemianopsie fest, den totalen Ausfall eines homonymen halben Gesichtsfeldes auf beiden Augen. Die Beobachtung solcher Patienten im gewöhnlichen Leben zeigt, daß sie, auch wenn dieser Perimeterbefund dauernd unverändert bestehen bleibt, sich keineswegs so verhalten, als ob sie in einer Hälfte, etwa der rechten ihres Sehfeldes, in Wirklichkeit nichts sehen. Sie erkennen jedenfalls auch Objekte, die innerhalb jenes Bereiches liegen, von dem aus bei der Perimeteruntersuchung Reize sich als nicht wirksam erweisen. Sie haben subjektiv wohl das Gefühl eines schlechteren Sehens, aber keineswegs sehen sie etwa die Objekte halb oder auch nur auf der einen Seite sehr wesentlich undeutlicher.

Die genauere Untersuchung ergibt, daß die Kranken *keineswegs ein halbes Sehfeld haben, sondern sie besitzen ein Sehfeld, das sich wie das des Normalen nach allen Seiten um ein Zentrum gruppiert, und auch bei ihnen liegt die Stelle des deutlichsten Sehens wie beim Normalen in der Mitte des Sehbereiches.* Der Kranke nimmt also offenbar Reize wahr, die aus einem Außenweltsbereich stammen, der normalerweise der nicht blinden Netzhauthälfte entspricht. Nun ist letztere sicher nicht reizempfindlich geworden. Es müssen also diese Reize mit der anderen, der gesunden Netzhauthälfte aufgenommen worden sein. Das ist aber nur möglich, wenn eine Verschiebung des Auges gegenüber der Außenwelt stattgefunden hat; und das ist auch tatsächlich der Fall. Wenn der Kranke ein Objekt deutlich hat, so sieht er es mit einer Augenstellung an, bei der das Auge an dem Objekt vorbeiblickt. Dies fällt bei der gewöhnlichen Beobachtung nicht so sehr auf, weil diese Verschiebung der Augäpfel beim Hin- und Herschauen natürlich nicht besonders hervortritt. Es zeigt sich aber deutlich, wenn man dem Patienten eine Reihe von Objekten nebeneinander bietet und ihn auffordert anzugeben, welches ihm am deutlichsten erscheint. Er gibt dann nicht das der Macula entsprechende, sondern ein weiter seitwärts gelegenes Objekt als das deutlichste

---

[1] Vgl. hierzu die Untersuchungen von FUCHS: Untersuchungen über das Sehen der Hemianopiker. Psycholog. Analysen hirnpathol. Fälle. Herausgeg. von GELB u. GOLDSTEIN 1, 251, 419. Leipzig: Barth 1920 — Psychol. Forschg 1, 157. — GOLDSTEIN, K.: Zur Frage der Restitution nach umschriebenen Hirndefekt. Schweiz. Arch. Neur. 13 (1923).

an. Es scheint ihm offenbar eine Stelle der Außenwelt am deutlichsten zu sein, die sich nicht auf dem Rande der gesunden Netzhaut, also der Stelle der alten Macula, sondern eine, die sich innerhalb der gesunden Netzhaut abbildet. Wenn aber eine Außenweltstelle, die sich früher auf der Macula abgebildet hat, sich jetzt außerhalb derselben abbilden kann, so kann das nur geschehen, wenn sich der Augapfel gegenüber der Außenwelt verschoben hat; und das ist bei diesem Versuch auch objektiv festzustellen. Diese Verschiebung des Augapfels, diese Umstellung des Organismus gegenüber der Außenwelt ermöglicht es dem Kranken ein normal gestaltetes Sehfeld zu haben. Stellen wir fest, daß der Organismus die Tendenz hat sich bei Zerstörung einer Calcarina so umzustellen, so können wir annehmen, daß es für den Organismus von besonderer Bedeutung sein muß, ein derartiges Sehfeld zu haben. Warum? Darüber dürfte kein Zweifel sein, wenn wir uns klarmachen, daß nur unter diesen Umständen wirklich ein deutliches Sehen möglich ist. Damit ein Objekt deutlich gesehen wird, muß es im Zentrum eines Sehfeldes, das um das Objekt angeordnet ist, liegen. Wenn wir normalerweise abwechselnd verschiedene Objekte betrachten, verschiedene Objekte deutlich haben wollen, so verschieben wir uns gegenüber der Außenwelt so, daß sich das fragliche Objekt immer auf der Macula abbildet, wodurch es immer im Zentrum des jeweiligen Sehfeldes sich befindet.

Wir gewinnen so als ein erstes Ergebnis der Beobachtungen am Hemianopiker:

*1. Der Organismus paßt sich der Zerstörung einer Calcarina so an, daß das Deutlichsehen von Objekten erhalten bleibt.* Da es wohl keine Frage ist, daß es sich dabei um die wichtigste Sehleistung handelt, so können wir wohl weiter sagen: *Die Anpassung geht in der Richtung, die wichtigste Leistung nach Möglichkeit zu erhalten.*

Daß es wirklich auf das Haben eines so gestalteten, um ein Zentrum sich gruppierendes Sehfeld ankommt, darauf weist eine weitere Tatsache hin: *Die Umstellung tritt nur ein, wenn eine Calcarina total zerstört ist* resp. wirklich unfähig geworden ist, zum Erkennen von Objekten auf optischem Wege verwertbare Eindrücke zu vermitteln, also nur bei Hemianopsie, *nicht bei Hemiamblyopie*. In letzterem Falle, wo auf der geschädigten Seite zwar kein normales, aber doch noch ein einigermaßen ausreichendes Sehen möglich ist, tritt die Verschiebung der Augäpfel nicht ein. Offenbar deshalb nicht, weil die Erhaltung der normalen Sehweise, das Haben eines normal strukturierten Sehfeldes, unter Beibehaltung des alten Verhaltens, unter Benutzung beider Calcarinae möglich ist. Gewiß ist die eine Hälfte der gesehenen Objekte etwas undeutlicher, aber darauf kommt es offenbar nicht so an als auf das Erhaltensein des Gesamtaufbaues des Sehfeldes, der allein das Haben deutlicher Objekte ermöglicht. Dabei kann das Sehen des Amblyopikers im allgemeinen mangelhafter sein als das des Hemianopikers. Dieser Umstand läßt uns annehmen: *Der Organismus gibt seine gewohnte Arbeitsweise erst auf, wenn bestimmte für ihn wesentliche Leistungen unmöglich geworden sind* und durch eine Umstellung wieder hergestellt werden können. Sind bestimmte Leistungen nur quantitativ beeinträchtigt, so wird die alte Arbeitsweise offenbar so lange festgehalten, als der Effekt der Leistungen noch einigermaßen ausreicht. Das scheint vom Gesichtspunkt der Gesamtleistung des Organismus verständlich, wenn wir weiter sehen, daß die *Umstellung ja immer mit Einschränkungen der Leistungsfähigkeit des Organismus in anderer Hinsicht einhergeht.* Die Seitwärtsrollung der Augen, die zum deutlichen Sehen notwendig ist, muß natürlich schon den Bereich der optisch faßbaren Außenwelt einschränken; das hat nicht nur eine Einschränkung in quantitativer Hinsicht zur Folge, sondern, wenn etwa weiter abliegende Eigentümlichkeiten eines Objektes erst das Erfassen des Objektes voll ermöglichen, auch gewisse qualitative Beeinträchtigungen. Dazu kommen natürlich noch weitere Einschränkungen im Gesamtverhalten. Diese Beeinträchtigungen müssen in Kauf genommen werden und sie werden es wohl deshalb, weil sie für den Organismus nicht entfernt so wesentliche Störungen bedeuten, als es die Unmöglichkeit wäre, Objekte deutlich zu sehen. Die Störungen, die ohne Umstellung durch das Schlechtersehen auf einer Seite entstehen, beeinträchtigen das Deutlichhaben eines Objektes offenbar nicht in so hohem Maße. Jedenfalls sieht sich der Organismus dadurch noch nicht veranlaßt, die alte Arbeitsweise in bezug auf die Verwertung der Reize beider Calcarinae für das Sehen aufzugeben. Wir können daraus weiter entnehmen:

2. *Der Organismus arbeitet trotz Läsion eines Apparates anscheinend so lange in alter Weise, als noch die durch den Apparat vermittelten Aufgaben in, vom Gesichtspunkt der Tätigkeit des Gesamtorganismus betrachtet, "wesentlichem" Maße möglich sind; erst bei Unmöglichkeit hierzu kommt es zur Umstellung.*

3. *Durch eine partielle Läsion eines Apparates kann der Organismus wenigstens in gewisser Hinsicht mehr geschädigt sein als durch eine Totalzerstörung des Apparates.*

4. *Die Umstellung, die zur Erhaltung bestimmter Leistungen führt, geht mit einer Einschränkung in anderer Hinsicht einher,* die aber keine so schwere Störung für den Organismus bedeutet, wie es der Verlust der durch die Umstellung erhaltenen wesentlichen Leistung wäre.

Die Beobachtung lehrt uns schließlich:

5. *Die Umstellung kommt plötzlich zustande und ohne Wissen des Kranken.* Wann sie eintritt, ist allerdings nicht sicher zu sagen, und ob der Kranke in der ersten Zeit anders sieht, darüber wissen wir nichts Sicheres. Allem Anschein nach ist die Umwandlung jedoch da, sobald der Kranke seinen Sehapparat wieder in zweckmäßiger Weise benutzt; sie ist jedenfalls *nicht das Ergebnis einer Übung.* Dafür spricht auch, daß sie ohne Wissen des Kranken vor sich geht. Der Kranke kann zwar bei der speziellen Prüfung in der vorher erwähnten Weise, wie Fuchs gezeigt hat, absichtlich an dem Objekt vorbeiblicken, weil er merkt, daß er dann besser sieht; er erlebt allerdings nur, daß er unter diesen Umständen besser sieht, ohne etwa zu wissen warum. Ob dieses absichtliche Vorbeiblicken aber nicht überhaupt nur im besonderen Versuch eintritt, das sei dahingestellt. Im gewöhnlichen Leben kommt es zu dieser seitlichen Einstellung der Augen, ohne daß der Kranke sich dessen bewußt ist. Was er erstrebt, ist genau dasselbe was der Gesunde erstrebt, nämlich ein deutliches Sehen, und er probiert genau wie der Gesunde durch Bewegungen der Augen so lange, bis er dieses deutlichste Sehen gewonnen hat.

## 2. Zur Theorie der Anpassung an den Calcarinadefekt.

Wie ist diese Umstellung zu verstehen? Wir fragen zunächst: Fällt sie völlig aus dem Rahmen des normalen Geschehens heraus, *erfordert sie die Annahme anderer Verhaltensweisen, als wir sie zur Erklärung der normalen Leistungen benötigen?*

### a) Parallelen zwischen dem Verhalten des Kranken und dem normalen Sehen.

Um diese Frage zu beantworten, müssen wir eine Reihe weiterer Beobachtungstatsachen kennenlernen. Für das Zustandekommen des ganzen Sehfeldes stehen nach der Umstellung nur die Reize, die durch die Hälfte der Netzhaut vermittelt werden, zur Verfügung. Wenn nun normalerweise bei Gestaltung des Sehfeldes durch die Aufnahme der Reize durch die ganze Netzhaut jeder Stelle der Netzhaut eine bestimmte Leistung in bezug auf Sehschärfe, Farbtüchtigkeit, Raumwertigkeit zukommt, wie man im allgemeinen annimmt, so muß sich das jetzt völlig geändert haben. Eine in bezug zur anatomischen Macula relativ peripher gelegene Stelle hat jetzt die Funktion des Zentrums, der Macula, übernommen, es hat sich eine neue Stelle des deutlichsten Sehens, eine neue Fovea, eine sogenannte *Pseudofovea*, ausgebildet. Damit aber muß sich die Leistung jeder Netzhautstelle gegen früher geändert haben. Zentral gelegene Gebiete sind unterfunktionierend geworden, funktionieren also wie normalerweise peripherer gelegene. Die genauere Sehschärfenbestimmungen, die FUCHS gemacht hat, haben ergeben, daß die Sehschärfe vom neuen Zentrum aus nach beiden Seiten, also auch nach der, die dem zentralen Netzhautbezirk entspricht, abfällt. Die Sehschärfe erwies sich an der neuen Stelle des deutlichsten Sehens, der Pseudofovea, um $1/6$, $1/4$, ja $1/2$ besser als in der anatomischen Fovea. Mit dieser Verschiebung der Stelle des deutlichsten Sehens in die erhaltene Netzhaut hinein verändern sich auch die Leistungen sämtlicher anderen Netzhautpunkte, nicht nur die Sehschärfe für Schwarzweiß und für Farben, sondern auch die Raumwerte usw. Die in der Pseudofovea abgebildeten Objekte liegen für den Kranken jetzt (wenigstens im gewöhnlichen Sehen) geradeaus, während das Geradeaus beim Normalen der Abbildung auf der anatomischen Fovea entspricht. Entsprechend müssen sich auch alle anderen Raumwerte, die ja durch ihre relative Lage zum Zentrum bestimmt sind, geändert haben. Es hat sich also, kurz gesagt, die funktionelle Wertigkeit jeder Netzhautstelle und damit natürlich auch die jeder Calcarinastelle verändert. Diese Veränderung ist aber auch nicht eine jetzt ein für allemal fixe neue Gestaltung, sondern es zeigt sich, nach den Untersuchungen von FUCHS, daß die Lage des Zentrums der Deutlichkeit, der Pseudofovea und damit natürlich die Wertigkeit jeder Netzhautstelle wechselt, je nachdem, welcher optischen Gegebenheit der Kranke gegenübersteht. Dieser dauernde Wechsel der Funktion der Netzhautstellen hat gewiß für die herrschende Anschauung von der Funktion des Nervensystems etwas recht Befremdliches. Ein Vergleich der Tatsachen beim Hemianopiker mit den beim Normalen festgestellten ergibt aber, daß es sich dabei nicht etwa um eine besondere, dem kranken Organismus zugehörige Erscheinung handelt, sondern daß das gleiche auch beim Normalen der Fall ist Untersuchungen an Normalen haben gezeigt, daß auch hier die Netzhaut nicht immer in gleicher Weise tätig ist, daß auch hier keine feste Beziehung zwischen einer bestimmten Netzhautstelle und einer bestimmten Leistung besteht, sondern daß der Anteil, den die einzelnen Abschnitte der Netzhaut zur Gesamtleistung beitragen, je nach der Aufgabe, vor der der Organismus steht, je nach der Art der Auseinandersetzung, die eine spezielle Situation notwendig macht, wechselt. Das gilt z. B. für die Sehschärfe der einzelnen Netzhautstellen. Sie ändert sich je nach der Bedeutung, die eine einzelne Stelle für die Erfassung des Objektes hat. Nach Untersuchungen von A. GELB[1] ist sie abhängig von der Zugehörigkeit der entsprechenden Stelle zu der gebotenen optischen Gestalt. Sie ist abhängig von der bestimmten Form der Erregung der ganzen Retina, von der Gesamtstellung des Organismus gegenüber dem Objekt. Je nachdem, ob eine erregte Stelle zu der einem bestimmten Objekt entsprechenden Gesamterregung hinzugehört oder nicht, wechselt die Sehschärfe dieser Stelle. Entsprechendes gilt auch für andere Leistungen der Retina. Nach Beobachtungen von JAENSCH[2] ist das Erlebnis des Geradeaus keineswegs an die Maculaerregung gebunden. Bei starker Aufmerksamkeitsrichtung auf ein peripher abgebildetes Objekt wird man, wie JAENSCH festgestellt hat, unsicher, ob man nicht den peripheren Gegenstand anblickt d. h. ihn geradeaus vor sich hat. Das Geradeaus wird gewiß beim Normalen gewöhnlich durch die Erregung der Macula bestimmt.

---

[1] GELB, A.: Sitzgsber. über d. VII. Kongr. f. experim. Psychologie. Marburg 1921. Jena: G. Fischer 1922.

[2] JAENSCH: Z. Psychol. Erg.-Bd. 4.

Aber es ist offenbar schon normalerweise nicht daran gebunden; ja, dieses Moment ist, wie FUCHS betont, offenbar nicht einmal das Wesentliche. Das Wesentliche dürfte darin gegeben sein, daß uns etwas im Zentrum des Sehfeldes erscheint; damit erleben wir Geradeaus. Dieses Sehfeld steht aber auch beim Normalen keineswegs in immer gleicher Beziehung zur Netzhaut, sondern diese Beziehung wechselt, wie die JAENSCHschen Versuche zeigen, je nach der Einstellung des Individuums zu dem Objekt. Wird ein peripherer sich abbildendes Objekt aus irgendeinem Grund wesentlicher für uns, so wird die periphere Stelle jetzt zum Zentrum des Sehfeldes und gewinnt gewisse Eigenschaften, die sonst den auf der Macula sich abbildenden Objekten zukommt, so eben das Erleben des Geradevoruns, des Angeblicktwerdens, des Deutlichseins. Daß die Raumwerte nicht absolut an die Erregung bestimmter Stellen gebunden sind, das lehren unter anderm auch die Beobachtungen an operierten Schielenden[1], die übrigens auch zeigen, daß die Umstellung der Raumwerte nach der Operation keineswegs durch Übung, sondern plötzlich erfolgt.

Der Wechsel in der Funktion der einzelnen Calcarinastellen, der uns beim Hemianopiker zunächst als so besonders auffällig erscheint, liegt also völlig im Rahmen des normalen Geschehens. Die Art der Verarbeitung optischer Reize beim Hemianopiker ist gegen früher nicht verändert. Wenn beim Hemianopiker die eine Calcarina allein imstande ist, die Reize der Außenwelt so aufzunehmen, daß ein ganzes Sehfeld entsteht, so haben wir es nur mit einem besonders auffälligen Spezialfall an sich aber normalen Verhaltens zu tun. In der Tatsache, daß nicht einmal die Erregung beider Netzhauthälften notwendig ist für das Haben eines ganzen Sehfeldes, zeigt sich nur besonders deutlich, daß es gar nicht auf eine bestimmte besondere Leistung jeder Netzhautstelle dabei ankommen kann, sondern daß es offenbar darauf ankommt, daß die besondere *Art der Erregung*, wie sie dem normalen Sehfeld entspricht, gewährleistet ist; dies ist aber auch bei Vorhandensein nur einer Calcarina der Fall. Die Calcarina spielt dabei, wie ich an anderer Stelle dargelegt habe[2], überhaupt nur die Rolle der Vermittlerin der Erregungen. Ist durch die Augenverschiebung die Aufnahme von Reizen von beiden Seiten her möglich, so reicht die eine Calcarina für die Vermittlung völlig aus.

Das Zustandekommen des Sehfeldes ist eine Leistung des ganzen Organismus, eine bestimmte Art der Stellungnahme gegenüber dem durch die Calcarina vermittelten Stück Außenwelt; hirnphysiologisch ausgedrückt eine bestimmte Form der Einbeziehung der Erregung in den Calcarinae in den Erregungsvorgang des ganzen Gehirns. Diese Stellungnahme resp. diese Einbeziehung der Erregungen in den Calcarinae in den Gesamterregungsvorgang ist schon normalerweise der Art nach zwar immer die gleiche, der speziellen Gestaltung nach, der Erregungsverteilung in den Calcarinae nach eine dauernd wechselnde, immer dem Wechsel der Gesamtsituation angepaßt. Das gleiche finden wir beim Hemianopiker. Wir haben es also nicht mit einem veränderten Verhalten gegenüber der Norm zu tun, sondern das *Verhalten des Hemianopikers offenbart uns nur besonders deutlich die Variationsfähigkeit des normalen Verhaltens*, die Anpassungsfähigkeit des Organismus an verschiedene Reizbedingungen, die normale *Plastizität*, wie wir diesen Vorgang im Anschluß an BETHE nennen wollen. Wir brauchen so auch zur Erklärung der Vorgänge beim Hemianopiker keine anderen Begriffe als die, die auch zur Erklärung der gewöhnlichen normalen Leistungen notwendig sind; oder vielmehr: die Erklärung der Tatsachen beim Hemianopiker bietet uns nicht mehr, sondern die gleichen Schwierigkeiten wie die Erklärung des normalen Verhaltens.

---

[1] Vgl. besonders die Schilderung von BIELSCHOWSKY, Arch. f. Ophthalmol. **46**.
[2] GOLDSTEIN, K.: Schweiz. Arch. Neur. **13**, 293 (1923).

### b) Das Verhalten des Hemianopikers wie das des Normalen ist bei der üblichen Auffassung von der Funktion des Organismus unverständlich.

Wenn wir versuchen wollen, die Vorgänge bei dieser Umstellung sowohl unter normalen Verhältnissen wie bei Calcarinadefekt zu verstehen, so ist zunächst negativ zu sagen: *mit der üblichen Auffassung von der Funktion des Nervensystems*, nach der jeder Stelle eine bestimmte Leistung ein für allemal zukommt, speziell mit der Anschauung, daß die Funktion jeder Stelle der Netzhaut resp. der Calcarina ein für allemal festliegt in bezug auf Sehschärfe, Empfindlichkeit für Weiß, für Farben, in bezug auf bestimmte Räumlichkeit, *ist der geschilderte Tatbestand völlig unvereinbar*. Wir müßten nicht nur einen völligen Wandel der Funktion jeder Stelle annehmen, sondern dies noch in der Weise, daß das Verhältnis der Funktion der einzelnen Stellen zueinander das gleiche bliebe, wie es früher für beide Calcarinae der Fall war. Das wäre bei der Annahme einer fixen Funktion jeder Stelle des Nervensystemes völlig unverständlich. Wir haben an anderer Stelle des Handbuches (10, 600ff.) im allgemeinen dargelegt, daß diese übliche Anschauung von der Funktion des Nervensystems, die Annahme einer fixen Beziehung isolierter Leistungen zu isolierten Stellen unhaltbar ist. Bei dieser Kritik sind uns neben zahlreichen anderen Tatsachen die eben erwähnten bei Zerstörung einer Calcarina von besonderer Bedeutung gewesen.

Eine positive Vorstellung über die Vorgänge bei der Umstellung sich zu bilden, ist allerdings nach dem heutigen Stande unseres Wissens nur in der Form einer Hypothese möglich. Eine Erklärung dieses speziellen Vorganges kann überhaupt nur innerhalb einer umfassenden Theorie von der Funktion des Organismus gewonnen werden. Den Versuch einer solchen Theorie habe ich in dem erwähnten Abschnitt des Handbuches gegeben. Diese Theorie sei hier in ihren wesentlichen Teilen, im besonderen soweit sie für das uns hier beschäftigende Problem der Anpassung uns von Bedeutung erscheint, mit einigen Ergänzungen gegenüber der früheren Darstellung dargelegt.

### c) Exkurs über eine Theorie von der Funktion des Organismus.

Nach dieser Theorie stellt sich der Organismus als ein System von durch Anlage und Erfahrung bestimmter Struktur dar, das stets als Ganzes funktioniert. Jede Leistung ist ein Ausdruck einer ganz bestimmten Gestaltung des ganzen Organismus durch die Reize, die durch die Veränderung in dem zum Organismus gehörigen Milieu geliefert werden. Diese Gestaltung hat immer die Form des „Vordergrund-Hintergrundgeschehens". Wie irgendeine Einzelbewegung, der das Vordergrundgeschehen entspricht, exakt nur ausgeführt werden kann bei einer ganz bestimmten Stellung des ganzen übrigen Organismus, der das Hintergrundgeschehen entspricht, wie mit jedem Wechsel der Einzelbewegung gesetzmäßig nicht nur das Vordergrundgeschehen sich ändert — Vordergrund- und Hintergrundgeschehen sind nur zwei künstlich herausgehobene Seiten des einheitlichen Vorganges —, so gilt ein gleiches für alle anderen Vorgänge im Organismus, für den Vorgang, den wir bei einer bestimmten Betrachtung als Wahrnehmung, als Gedanken, als Handlung usw. bezeichnen. Das Vordergrundgeschehen umfaßt bald engere, bald weitere Bezirke des Organismus, je nachdem, ob mehr oder weniger der Strukturen des Organismus zur Bewältigung der aktuellen Aufgabe notwendig sind. Welcher Teil des Organismus im Vordergrund-, welcher im Hintergrundgeschehen steht, das wechselt dauernd. Was Vordergrund wird, ist bestimmt durch die Aufgabe, die der Organismus jeweils zu erfüllen hat, d. h. durch die Situation, in der er sich gerade befindet und mit deren Anforderungen er fertig zu werden hat.

Die Aufgaben werden durch die „Natur" des Organismus, sein „Wesen" bestimmt, das durch die Umweltänderungen, die auf ihn wirken, zur Verwirklichung gebracht wird. Der Ausdruck dieser Verwirklichung sind die Leistungen des Organismus. Der Organismus wird durch sie mit den jeweiligen Umweltanforderungen fertig und erhält sich in seiner Eigenart. Die Möglichkeit, in der Welt unter Wahrung seiner Eigenart sich durchzusetzen, ist gebunden an eine bestimmte Art der Auseinandersetzung des Organismus mit der Umwelt. Diese muß nämlich derartig vor sich gehen, daß jede durch die Umweltreize gesetzte Veränderung des Organismus *in einer bestimmten Zeit sich wieder ausgleicht,* der Organismus wieder in jenen mittleren Zustand der Erregung, der seinem Wesen entspricht, diesem „adäquat" ist, zurückgelangt. Nur wenn das der Fall ist, können gleiche Umweltvorgänge gleiche Veränderungen erzeugen, zu gleichen Wirkungen, zu gleichen Erlebnissen führen. Nur dann kann der Organismus seiner Natur entstpechend sich gleich erhalten. Würde dieser Ausgleich auf das „*adäquate Mittel*" nicht erfolgen, so würden gleiche Außenweltvorgänge verschiedene Zustände im Organismus erzeugen. Dadurch würde die Außenwelt für den Organismus ihre Konstanz verlieren und dauernd wechseln, ebenso wie er selbst dauernd ein anderer werden würde. Ein geordneter Ablauf der Leistungen wäre unmöglich, der Organismus würde sich in dauernder Unruhe befinden und so in seiner Existenz gefährdet, ja eigentlich dauernd ein anderer sein. Das ist aber im natürlichen Zustand tatsächlich nicht der Fall; vielmehr beobachten wir, daß die Leistungen des Organismus eine relativ große Konstanz mit nur relativ geringem Schwanken um ein bestimmtes Mittel aufweisen. Daß allein bestimmt uns ja von einem bestimmten Organismus zu sprechen.

Diese relative, für jeden Organismus spezifische Ordnung kann nur erhalten bleiben bei bestimmter Beschaffenheit der Reize, bei bestimmter Beschaffenheit des Milieus, und tatsächlich gehören nur solche Vorgänge zum Milieu des Organismus, existieren für ihn als Reiz, führen zum Erleben bestimmter Inhalte, die einen solchen Ausgleich ermöglichen, nur solche Vorgänge, mit denen der Organismus sich in der Weise auseinandersetzen kann, daß diese Auseinandersetzung seine Existenz, d. h. die Verwirklichung der ihm zugehörigen Leistungen nicht wesentlich stört; anders ausgedrückt, daß die Auseinandersetzung eine dem Wesen des Organismus entsprechende Ausgleichsmöglichkeit der durch den Reiz bewirkten Veränderungen gestattet. Außenweltvorgänge, die nicht zum Milieu gehören, kommen im normalen Organismus nicht zur Wirkung, höchstens nur dann, wenn sie eine abnorme Stärke haben; dann führen sie aber nicht zu wirklichen Leistungen, sondern es kommt zu Erscheinungen schwerer Erschütterung des ganzen Organismus, die den Systemzusammenhang des Organismus gefährdet und die ich deshalb als *Katastrophenreaktion* bezeichne.

Jeder Organismus hat sein Milieu, wie es besonders schön UEXKÜLL[1] gezeigt hat. Seine Existenz und seine „normalen" Leistungen sind daran gebunden, daß zwischen seiner Struktur und den Umweltvorgängen eine solche Anpassung bestehen kann, daß es zur Bildung des adäquaten Milieus kommt. Dies ist normalerweise der Fall. Die krankhaften Erscheinungen sind der Ausdruck dafür, daß die der Norm entsprechenden Beziehungen zwischen Organismus und Umwelt durch die Veränderung des Organismus verändert sind und so Vieles, was für den normalen Organismus adäquater Reiz ist, für den veränderten nicht mehr adäquat ist. So kommt es zu Katastrophenreaktionen und ungeordnetem Verhalten. Wir werden später sehen (vgl. S. 1166), daß die Anpassungsmöglichkeit an den Defekt sehr wesentlich dadurch mitbestimmt wird, daß die Situation

---

[1] UEXKÜLL, J. v.: Umwelt u. Innenwelt der Tiere. Berlin 1909. (2. Aufl. 1921.)

eine derartige ist, daß wieder eine adäquate Beziehung zwischen — verändertem Organismus und einem ihm entsprechenden — gegen früher natürlich veränderten — Milieu zustande kommen kann. Erst dadurch werden der adäquate Ablauf und das geordnete Verhalten möglich, damit adäquate Leistungen, ja die Existenz des Organismus trotz der Veränderung d. h. eben Anpassung an die Veränderung.

Jede Läsion des Organismus verändert seine Wesenheit, beeinträchtigt ihn in seinen Leistungen nud setzt ihn, wenn er im alten Milieu bleibt, wenn die alten Anforderungen an ihn herantreten, Katastrophenreaktionen aus. Diese Katastrophenreaktionen betreffen nun nicht nur den Teil des Organismus, der lädiert ist, sondern mehr oder weniger alle Leistungen des Organismus, beeinträchtigen auch die Leistungen, die an sich möglich sind. Das ist durch zahlreiche pathologische Erscheinungen unschwer zu erweisen. Dieser Zustand der Verwirrung, der Ungeordnetheit hält aber gewöhnlich nicht lange an. Wenn der Organismus überhaupt als solcher weiterlebt, so kommt er über kurz oder lang wieder in einen geordneten Zustand. Dies aber nur unter Einschränkung des alten Milieus. Das ist verständlich; im alten Milieu wäre ja, wenn die Läsion sich nicht zurückbildet, und das nehmen wir ja an, das Eintreten von Katastrophenreaktionen nie zu vermeiden. Diese Einschränkung erfolgt dann aber in ganz bestimmter Weise, nämlich so, daß unter den noch möglichen Leistungen die wichtigsten erhalten bleiben. Die Wichtigkeit bestimmt sich nach der Bedeutung der Leistung für den Gesamtorganismus resp. für den jetzt veränderten Gesamtorganismus. Eine Leistung ist um so wichtiger, je mehr ihre Vernichtung zu Katastrophenreaktionen führt und eine Ordnung unmöglich macht. Nicht der Inhalt allein macht die Leistung wichtig für den Organismus, sondern ebenso der Umstand, daß sie geordnetes Verhalten möglichst zu garantieren vermag resp. ihr Fortfall zu Katastrophenreaktionen führt. Natürlich wird das um so mehr geschehen, eine um so größere Rolle eine Leistung für die Verwirklichung des Wesens des Organismus spielt.

Betrachten wir jede Reaktion auf einen Reiz normalerweise immer als Reaktion des ganzen Organismus, bestimmt sich für uns die Bedeutung einer Leistung sowie eines Defektes durch ihr Verhältnis zum ganzen Organismus, so ergibt sich daraus folgende Forderung: Um das Verhalten des Organismus bei irgendeiner Tätigkeit zu verstehen, müssen wir ihn in seinem *Wesen*[1] kennen. Damit erhebt sich eine Schwierigkeit für die Erkenntnis, auf die wir kurz eingehen müssen, schon um nicht mißverstanden zu werden: Auf welchem Wege sollen wir zur Erkenntnis des gesamten Organismus kommen? Wir können natürlich nur von den mit naturwissenschaftlicher Methodik erfaßbaren physischen und psychischen Einzelergebnissen ausgehen, und so sehr wir unsere Beobachtungen verfeinern, wir kommen prinzipiell über die Feststellung von solchen Einzelergebnissen nicht hinaus. Wir müssen von ihnen ausgehen. Wie sollen wir aber von ihnen zum Ganzen kommen? Durch einfache Summation dieser „Teile" gelingt dies nicht, eine direkte Rekonstruktion des Geschehens im Organismus ist von ihnen gewiß nicht möglich. Wenn wir uns bewußt sind, wie diese Tatsachen gewonnen sind, wird uns das nicht wundern. Das abstraktive Vorgehen, durch das wir zu ihnen gelangen, kann uns ja nichts

---

[1] Wenn wir hier und im folgenden vom *Wesen des Organismus* sprechen, so ist das Wort weder im ontologisch-metaphysischen noch in einem teleologischen Sinne gemeint, auch nicht im Sinne irgendeiner Form des Vitalismus. Wir sprechen vom Wesen hier nur als *Erkenntnisgrund*, ohne etwas darüber auszusagen, was das Wesen ist, wie es entsteht, worauf es abzielt, ja eigentlich ob es überhaupt „existiert" — es ist nur die erkenntnismäßige Voraussetzung für die Möglichkeit der Erscheinungen, unter denen wir es beobachten, das Bild, von dem aus diese uns verständlich werden.

weiter über das Geschehen im Organismus selbst lehren. Die so gewonnenen ,,Tatsachen" sind nicht so, wie sie vor uns liegen, im Lebendigen enthalten, sondern weisen weit mehr nur auf das Lebendige hin. Bleiben wir uns dessen bewußt, so können sie uns wohl als Führer zum Erfassen des Ganzen dienen. Praktisch ist die Schwierigkeit auch nicht so groß, wie sie theoretisch erscheint. Man geht gewöhnlich so vor, daß man sich von diesen analytisch gewonnenen Einzeltatsachen aus ein Bild des Ganzen entwirft, von dem aus die Erfahrungen an den Teilen ergänzt und erweitert werden, von denen aus wieder die Schau des Ganzen berichtigt wird. So gelangt man durch eine dialektisch fortschreitende Erfahrung zu einer fortschreitend adäquateren Erkenntnis vom Wesen des Organismus und der immer richtigeren Bewertung gewisser festgestellter Einzeltatsachen als für den Organismus wirklich wesentlicher Erscheinungen. Mehr werden wir von biologischer Erkenntnis nicht erwarten dürfen. Sie kann niemals eine endgültige sein, sondern wird sich immer mit einer zunehmenden Annäherung an die Wahrheit begnügen müssen. Geschlossenheit und Endgültigkeit der Erkenntnis ist immer nur unter Zugrundelegung bestimmter eingestandener oder nicht eingestandener metaphysischer Voraussetzungen möglich, die wir ablehnen. Wenn man in der Biologie allein die Lehre von den mit analytisch naturwissenschaftlichen Methoden feststellbaren Erscheinungen sieht, muß man auf die den Organismus als Ganzes betreffenden Erkenntnisse, damit eigentlich die Erkenntnisse lebendigen Geschehens, im besonderen auch die der uns beschäftigenden Anpassungsvorgänge überhaupt verzichten oder man muß zum Begreifen die Anwendung irrationeller Gesichtspunkte heranziehen. Ein solcher Standpunkt, den man jetzt nicht selten vertreten findet, ist aber in jeder Form abzulehnen. Denn bei ihm bleibt nicht nur das Wesen des Organismus doch unverständlich, sondern er öffnet jeder Spekulation, jeder noch so phantastischen Erklärung die Tür. Davon weiß sich der hier vertretene Standpunkt prinzipiell verschieden. Er erstrebt zwar eine Erkenntnis des Wesens des Organismus, ja, er sieht in dieser nicht nur die einzige Möglichkeit, einen Einzelvorgang, die Wirkung irgendeines Reizes zu verstehen, sondern es erscheint ihm als die eigentliche Aufgabe der Biologie, die Wesenheiten, die die Organismen darstellen, in ihrer Besonderheit möglichst klar zur Anschauung zu bringen. Erst von da aus ist auch das Problem der Plastizität überhaupt in Angriff zu nehmen. Er erstrebt aber nicht minder die gleiche Exaktheit wie die sogenannte naturwissenschaftliche Forschungsrichtung. Er verkennt die Bedeutung der mit dieser festgelegten Phänomene keineswegs, er nimmt sie nur nicht so ohne weiteres hin als Vorgänge im Organismus, er glaubt sie erst in ihrer Bedeutung für den Organismus vom Gesichtspunkt des Wesens des Organismus bestimmen zu sollen. Die Einzelerkenntnisse haben sich erst in ihrer Bedeutung für das Geschehen im Organismus zu erweisen. Sie sind zwar das Material, von dem wir ausgehen müssen, sie erfahren aber erst ihre Bewertung durch das Bild des Organismus selbst.

Von welchen Einzelerkenntnissen werden wir nun ausgehen, um das Wesen des Organismus zu erfassen? Wir erinnern uns, daß wir als Voraussetzung für die Existenz des Organismus in seiner charakteristischen Wesenheit die Notwendigkeit des Ausgleiches der durch die Reize gesetzten Veränderungen zu dem dem Organismus adäquaten Mittel in der adäquaten Zeit kennengelernt haben, einen Tatbestand, den wir von nun an als *adäquaten Ausgleich* bezeichnen wollen. Dieser adäquate Ausgleich ist die Garantie für geordnetes, relativ konstantes Verhalten, wie es den Organismus auszeichnet. Solche Einzelfeststellungen die sich uns als solche adäquate, relativ konstante Zustände für einen bestimmten Organismus darstellen, werden danach besonders geeignet sein, uns Grundeigentümlichkeiten des Organismus zu enthüllen. Dieses Kriterium der relativen Konstanz der Erscheinungen genügt aber allein noch nicht zur Bestimmung der Konstanten. Eine solche Konstanz weisen ja besonders die sogenannten normalen Reflexe auf, die als besonders abstraktiv gewonnene Tatsachen besonders ungeeignet sind zur Erkenntnis der Wesenheit. Bei genauerem Hinsehen stellt man auch fest, daß es sich hier nur um eine scheinbare Konstanz handelt, indem der Ausfall der Reflexe unter verschiedenen Umständen ein sehr verschiedener, ja ein entgegengesetzter werden kann[1].

Die zur Enthüllung des Wesens des Organismus geeigneten Einzelerkenntnisse müssen aber *ihre relative Konstanz unter verschiedensten Umständen bewahren* (natürlich nur solchen, die zum Milieu des Organismus gehören, vgl. später). So können wir verschiedene Konstanten als Charakteristika der Wesenheit gewinnen, Konstanten etwa in Bezug auf die sensiblen, die motorischen Schwellen, intellektuelle Charakteristika, Konstanten der Affektivität, wie sogenannte psychische auch körperliche Konstanten, Konstanten auf dem Gebiete der Temperatur, der Atmung, des Pulses, des Blutdruckes, Konstanten im Sinne eines bestimmten Verhältnisses von Calcium und Kalium, eines bestimmten Reaktionstypus gegenüber bestimmten Giften usw. Diesen konstanten Werten scheint das Geschehen des Organismus immer wieder zuzustreben, sofern wir den Organismus mit den analysierenden Methoden erforschen, oder vielmehr *nur dann haben wir es mit einem bestimmten gleichen Organismus zu tun, wenn trotz vorübergehender Veränderung diese Konstanten immer wieder in adäquater Zeit in Erscheinung treten.* Je mehr wir solche Konstanten feststellen, um so mehr erfüllt sich der zunächst recht formale Begriff des Wesens des Organismus mit solchen Inhalten, die wir nach naturwissenschaftlicher Betrachtung als Tatsachen zu bezeichnen pflegen.

Unter diesen Konstanten sind 2 Gruppen zu unterscheiden. Zunächst Konstanten als Ausdruck der Artwesenheit; dazu gehört z. B. ein bestimmtes Gesamtverhalten, das etwa den normalen Menschen gegenüber dem Tiere auszeichnet — in dieser Hinsicht habe ich an anderer Stelle auf das den Menschen auszeichnende sogenannte kategoriale Verhalten hingewiesen — bestimmte körperliche Charakteristika, wie sie uns die physiologische Anthropologie etwa lehrt.

Ein Artcharakteristikum verdient hierbei und besonders in Hinsicht auf das uns beschäftigende Problem besondere Beachtung. Es ist die Art und Weise, wie eine Art mit einer Schädigung, die nicht zu beseitigen ist, fertig wird, wie sie sich an diese anpaßt, wie weit ihre Plastizität geht. Hier besteht z. B. ein recht wesentlicher Unterschied zwischen Tier und Mensch. Der Mensch vermag mehr Schädigungen zu ertragen als das Tier. Die Anpassung an Schädigungen erfordert ja, wie wir noch darlegen werden, das Finden eines neuen Milieus, in dem Katastrophenreaktionen möglichst nicht auftreten. Die menschliche Voraussicht gibt hier Möglichkeiten ein entsprechendes Milieu zu gewinnen und zu erhalten, die dem Tiere verschlossen sind. Deshalb gehen Tiere in der Wildnis mit Defekten, die an sich noch wenig zu bedeuten scheinen, evtl. schon zugrunde. Da wir Tiere ja meist unter menschlichem Schutz zu beobachten Gelegenheit haben, der sie vor den Katastrophenreaktionen bewahrt, so fällt uns dies gewöhnlich nicht so auf; aber wir wissen ja, wie schwer es ist, verletzte Tiere auch unter günstigsten Umständen in zoologischen Gärten am Leben zu erhalten.

Neben diesen Artkonstanten ist aber für das Erfassen des Wesens eines Organismus vor allen Dingen die Gewinnung von *individuellen Konstanten* von größter Wichtigkeit. Wenn es wohl auch gewisse Ähnlichkeiten zwischen den

---

[1] Vgl. hierzu Handb. **10**, 600ff.

Individuen einer Art infolge Gleichheit in gewisser Hinsicht geben mag, so vermögen wir von diesem allgemeineren Typus aus das Leben des gesunden oder gar des defekten Individuums noch nicht genügend zu erfassen. Dazu ist die Kenntnis *der individuellen Normalkonstanten, der individuellen Wesenheit* notwendig.

Unter den Konstanten ist noch eine für die Individualität besonders charakteristische hervorzuheben, nämlich die, die im *zeitlichen* Ablauf gegeben ist. Welche große Rolle der zeitliche Ablauf der Vorgänge für die geordnete Tätigkeit des Organismus spielt, darauf deutet besonders der Umstand hin, daß wir die pathologischen Erscheinungen auf neurologisch-psychologischem Gebiete wahrscheinlich sämtlich als Ausdruck eines veränderten zeitlichen Ablaufes erweisen können[1]. Das ergibt nicht nur die Analyse der Symptome, sondern auch die Untersuchung mit zeiterfassenden Methoden, etwa mit der Chronaxie. Jeder Mensch hat seinen Rhythmus, der sich bei den verschiedenen Leistungen natürlich in verschiedener Weise, beim gleichen Individuum und der gleichen Leistung immer in gleicher Weise ausdrückt. Nur wenn er eine Leistung in dem für diese Leistung für ihn adäquaten Rhythmus verrichten kann, ist diese Leistung normal. Das gilt ebenso wie für die seelischen Abläufe für die körperlichen, für Denken, Fühlen, Wollen ebenso wie für Herzschlag, Atmung und gewiß auch für die chemischen Vorgänge. In der Feststellung dieser Zeitkonstante haben wir ein besonders charakteristisches Zeichen der Persönlichkeit zu sehen.

Wir haben es bisher so dargestellt, als ob die Konstanten Ausgleichszuständen auf bestimmten isolierten Gebieten entsprächen. Aus unserer Auffassung des Organismus als eines ganzheitlichen Geschehens folgt aber schon, daß dieses geordnete Verhalten auf einem Gebiete kein selbständiges Faktum ist. Es ist nur der Ausdruck geordneten Verhaltens des Organismus überhaupt, festgestellt auf einem mehr oder weniger willkürlich herausgegriffenem Gebiet. Es wäre durch zahlreiche Belege besonders aus der Pathologie zu erweisen, daß die Herbeiführung des geordneten Verhaltens in einem gestörten Gebiet durch Eingriffe in dieses auch zu geordnetem, wie ich es genannt habe „ausgezeichnetem" Verhalten in mit diesem gar nicht direkt verbundenen, ja immer im ganzen Organismus führt. Wir können auf die hier in Betracht kommenden Tatsachen nicht näher eingehen, möchten vielmehr hierfür auf eine andere Darstellung verweisen[2]. Ob wir für irgendein Gebiet, für seelische Leistung, für Blutdruck usw. die richtige Konstante vor uns haben, können wir jedenfalls auch daraus erkennen, daß, wenn diese Konstante nachweisbar ist oder vielmehr herbeigeführt ist, der ganze Organismus oder vielmehr auch andere festzustellende Vorgänge sich in geordnetem Zustande befinden.

Das *Wesen des Organismus* scheint uns so einerseits — bei inhaltlicher Betrachtung — als das auf dem vorher erwähnten dialektischen Wege gewonnene Gesamtbild, von dem aus die Konstanten als — bei bestimmter isolierender Methodik festgestellte — inhaltliche Charakteristika erscheinen; es erscheint uns andererseits — in formaler Beziehung — als geordneter Ablauf bestimmter, eben dem Organismus wesenhaft zugehöriger Leistungen, bestimmter Auseinandersetzungen mit den Vorgängen in seinem ihm zugehörigen Milieu. Den Schwankungen innerhalb des Milieus entsprechen die Variationen der Leistungen, deren Gesamt die Wesenheit des Organismus ausmacht; sie stellen in Hinsicht auf das uns hier interessierende Problem seine *Plastizität* dar. Nur wenn wir bestimmte

---

[1] Vgl. hierzu meine Darlegungen in ds. Handb. **10** und besonders STEIN: Handb. d. Geisteskrankh. I. Bd. Pathologie der Wahrnehmung. Berlin: Julius Springer.

[2] GOLDSTEIN, K.: Zum Problem des ausgezeichneten Verhaltens. Dtsch. Z. Nervenheilk. **109** (1929).

Leistungen als die eigentlichen, die „normalen" heraushaben, bedürfen wir für die anderen die Annahme einer besonderen Anpassung des Organismus, einer besonderen Plastizität. Wenn wir das Wesen eines Organismus voll erkannt hätten, würden uns alle Anpassungen an „neue" Verhältnisse nicht mehr als besondere Anpassungsvorgänge, sondern, um den DRIESCH'schen Ausdruck zu gebrauchen, als *Zeichen der Angepaßtheit* erscheinen.

Unsere Auffassung von der Funktion des Organismus resp. des Nervensystems bedarf in zweierlei Hinsicht einer besonderen Rechtfertigung. Zunächst insofern, als sie auf die übliche Auffassung, daß die Leistungen der Ausdruck bestimmter physikalisch-chemischer Vorgänge sind, gar keine Rücksicht nimmt. Wir haben vorher allerdings auch Konstanten erwähnt, die sich auf diese Vorgänge beziehen, aber sie spielen in unserer Auffassung nur eine nebensächliche, anderen höchstens beigeordnete Rolle und sind für die spezielle Theorie bis jetzt eigentlich überhaupt ohne Bedeutung. Wir sprechen zwar von Erregungsabläufen, Erregungsgestalt, und ich habe in dem erwähnten Handbuchaufsatz (S. 646ff.) auch Gesetze der Erregungsgestaltung unter normalen und abnormen Bedingungen im speziellen zu entwickeln versucht, aber auch da wird nichts über die etwaigen physikalischen oder chemischen Vorgänge ausgesagt. Das ist nicht zufällig und bedarf der Rechtfertigung. Diese erfordert aber, daß wir kurz darauf eingehen, was man gewöhnlich unter physikalisch-chemischer resp. physiologischer Untersuchung und Theorie versteht. Das ist keineswegs eindeutig. Der Weg, den die heute herrschende Physiologie sich zu gehen bemüht, den sie wenigstens als ihr Ideal ansieht, ist der, mit den Methoden der Physik und Chemie die einzelnen Organe zu untersuchen und auf Grund der so gewonnenen Ergebnisse sich eine Vorstellung von der Funktion der Organe zu bilden. Derartige Untersuchungen bezeichnet man im allgemeinen als physiologische und grenzt damit die Erforschung der physikalisch-chemischen Vorgänge im lebenden Organismus ab gegenüber physikalisch-chemischen Untersuchungen außerhalb des Organismus. Die Theoriebildung auf Grund physikalisch-chemischer Untersuchung genießt gewiß besonders deshalb ein so großes Ansehen, weil sie sich auf die besondere Exaktheit der mit dieser Methode gewonnenen Ergebnisse stützen kann; aber auch deshalb, weil man meint, mit dieser Methodik ein besonders *direktes* Bild von den Vorgängen in der lebendigen Substanz gewinnen zu können. Es ist selbstverständlich, daß Autoren, für die die Auflösbarkeit der Lebensvorgänge in physikalisch-chemische Vorgänge von vornherein feststeht und für die das bisherige Versagen der Erklärung der Lebensvorgänge auf diesem Wege nur eine Folge der Unvollkommenheit der Untersuchungen ist, die physikalisch-chemischen Untersuchungen als allein einwandfrei betrachten. Aber auch diejenigen, die nicht glauben, daß das Leben mit physikalisch-chemischen Methoden erfaßbar sei, sehen in den physikalisch-chemischen Tatsachen doch den notwendigen Unterbau, auf dem, wenn auch unter Heranziehung noch anderer Prinzipien, alle Vorstellungen von der Funktion des Organismus erwachsen müssen. Uns erscheint allerdings diese ganze Betrachtung schon aus folgenden Überlegungen zum mindesten recht problematisch: Bedeutet nicht vielleicht die Anwendung der physikalisch-chemischen Methoden schon im Prinzip eine solche Zerstörung des Organismus, und verändert nicht schon der Ansatz des Versuches die Tätigkeit des Organismus so, daß wir zum mindesten ein gegenüber der normalen Tätigkeit so abweichendes Bild erhalten, daß von da aus trotz aller Korrekturen eine Vorstellung vom normalen Geschehen nicht zu gewinnen ist? Kann diese Methode nicht überhaupt nicht mehr leisten als die Feststellung gewisser Mitbedingungen für den Ablauf der Tätigkeit, deren Kenntnis namentlich für gewisse praktische Fragen, für die Beeinflussung des Geschehens auf physikalisch-chemischem Wege von großer

Bedeutung sein mag, uns aber über die Funktion des Organismus doch letztlich nichts lehrt? Ist es nicht ein Irrtum, hier von physiologischen Tatsachen zu sprechen, wo es sich doch richtiger ausgedrückt um Physik und Chemie *an* einem lebenden Objekt, aber nicht um physikalische und chemische Untersuchungen der Lebensvorgänge handelt? Aber abgesehen von diesen Einwänden — wir müssen auf Grund der hier dargelegten Gesamtauffassung von der Leistung des Organismus die Annahme ablehnen, daß man auf diesem Wege die Vorgänge im Organismus überhaupt *direkt* erfassen kann.

Auch solche Autoren, die sich von der direkten physikalisch-chemischen Untersuchung des Nervensystems nicht viel versprechen, wollen aber doch bei der Funktionsanalyse auf die Anwendung physiologischer Methodik nicht verzichten und möchten in ihr allein eine sichere Grundlage für die Gewinnung von Gesetzmäßigkeiten über das Geschehen im Organismus sehen. In diesem Sinne hat etwa MONAKOW[1] von physiologischen im Gegensatz zu den psychologischen Erscheinungen gesprochen, wenn er bei der Bildung von Vorstellungen über die Lokalisation im Großhirn mit aller Energie gegen den Ausgang von den psychologischen Tatsachen kämpft und immer wieder betont, daß allein physiologische Betrachtung uns zum Ziele führen kann. Was MONAKOW dabei im Auge hat, ist gewiß keine physikalisch-chemische Untersuchung der nervösen Substanz, sondern eine Analyse der körperlichen Erscheinungen, und ganz entsprechend ist das Vorgehen vieler Physiologen, z. B. PAWLOWS und anderer. In letzter Zeit hat besonders STEIN[2] in seiner ausgezeichneten Darstellung der Pathologie der Wahrnehmung alle derartigen Versuche, von psychologischen Befunden aus sich eine Vorstellung von den physiologischen Vorgängen zu machen, prinzipiell abgelehnt, weil eine solche Forschung, die es nur mit „erdachten" physiologischen Vorgängen zu tun hat, nach seiner Meinung keine Physiologie ist (S. 354). Aus den Ergebnissen einer phänomenologischen Betrachtung ergebe sich zwar Material für die Erforschung aus physiologischen Einzelgebieten, jedoch niemals unmittelbar eine physiologische Theorie. Es habe dann die Erregungsphysiologie oder irgendein anderer Zweig der Physiologie zu entscheiden, ob z. B. die Wandlung eines Empfindungswertes, die bei gleichen Reizdarbietungen eintritt, durch eine charakteristische Veränderung der Erregbarkeit oder des Erregungsablaufes erklärt werden kann oder nicht usw. (S. 355). Nach der besonderen Wertung, die STEIN der Methode der Chronaxie zuschreibt, versteht er unter Physiologie z. B. die Ergebnisse, die mit einer elektrischen Methode gewonnen sind. Wir erwähnen speziell die Ansicht von STEIN, weil sie uns paradigmatisch zu sein scheint für eine bestimmte andere als die zuerst charakterisierte Auffassung dessen, was man als „physiologisch" bezeichnet. Diese Physiologie glaubt vermittels der physikalischen, besonders der elektrischen Methoden den Vorgängen im Organismus näher zu kommen als durch eine einfache Analyse des Verhaltens, sei es des körperlichen, sei es des psychischen. Die Autoren, die diesen Standpunkt vertreten, scheinen zu übersehen, daß es sich auch bei derartigen, etwa chronaxiemetrischen Feststellungen *keineswegs um direkte Feststellungen über die Tätigkeit der nervösen Substanz, über den Erregungsablauf in ihr handelt, sondern nur um Feststellungen über Leistungen des Nervensystems* resp. des Organismus unter bestimmten Umständen, unter bestimmten Anforderungen, wie sie in der Einwirkung des elektrischen Stromes gegeben sind, und daß die so gewonnenen Gesetze des Erregungsverlaufes im Organismus doch nur Schlüsse aus diesen Feststellungen sind. Die sogenannten physiologischen Tatsachen liefern in dieser

---

[1] MONAKOW: Die Lokalisation im Großhirn. Wiesbaden: J. F. Bergmann 1914.
[2] STEIN: Handb. d. Geisteskrankh. I. Bd. Pathologie der Wahrnehmung. Berlin: Julius Springer.

Hinsicht keine direkteren Vorstellungen über die Funktion des Nervensystems, als irgendeine andere Leistungsanalyse, z. B. die Analyse von Bewegungsabläufen, die Analyse eines bestimmten Verhaltens, die Analyse der psychischen Leistungen. STEIN lehnt es zwar an anderer Stelle auch ab, sich durch elektrische Untersuchungen usw. ein Bild über den Vorgang bei einer Sinneswahrnehmung zu machen, indem er schreibt: „Es kann sich gewiß nicht darum handeln, etwa den Nachweis von Aktionsströmen zu erbringen, um Reizvorgang, Aktionsstrombild und Empfindungsbild einander gegenüberzustellen, so wichtig es auch sein mag, einen den Sinneserregungen zugrunde liegenden Vorgang im Aktionsstrombild anschaulich zu machen; doch nicht zum Zweck das Sinneserlebnis dadurch inhaltlich zu begreifen." Das wäre auch nicht mehr als ein Zurück zu FECHNER in der Hoffnung, so einen Parallelismus zu finden.

Wir stimmen hierin mit STEIN völlig überein, wir sehen nur eine Inkonsequenz darin, dies für das Verständnis der Sinneserlebnisse abzulehnen und andererseits den Ergebnissen der Chronaxieuntersuchungen eine so prinzipielle Bedeutung zuzuerkennen. Wenn sie auch zweifellos einen besonderen Wert beanspruchen können dadurch, daß sie den so wichtigen Zeitfaktor zu berücksichtigen vermögen, so unterscheiden sie sich an sich prinzipiell doch durch nichts von anderen elektrisch-physikalischen Untersuchungen. Wie man bei der erwähnten STEINschen Anschauung „hoffen kann, daß die chronaxiemetrischen Untersuchungen die Verschiedenheit in der Reaktionsweise des Sinnesorganes unter bestimmten pathologischen Bedingungen zu erklären vermögen", wie man aus den Chronaxiewerten auf eine Enddifferenzierung der Erregbarkeit schließen kann (S. 388), wenn man dies für die Schlüsse aus der Analyse der Sinneserlebnisse selbst ablehnt, ist mir nicht recht verständlich. Wir verkennen keineswegs die besondere Wichtigkeit dieser bestimmten Art der physiologischen Untersuchungen und halten es auch für wichtig, sie relativ unabhängig von Vorstellungen zu gestalten, zu denen wir auf dem Wege der Verhaltensanalyse, und zwar sowohl der psychischen wie der nichtpsychischen Leistungen kommen. Aber ich sehe nicht ein, warum wir auf Grund dieser Untersuchung zu einer *prinzipiell* richtigeren Vorstellung des Erregungsverlaufes im Nervensystem kommen sollen als durch die Analyse anderer Leistungen; denn auch bei derartigen Versuchen handelt es sich *doch eben um Leistungsprüfungen.* Von STEINS Einwand aus muß man die Brauchbarkeit derartiger Versuche für die Feststellung des Erregungsverlaufes im Nervensystem ebenso ablehnen wie andere. Damit würden solche Untersuchungen allerdings für den, der hofft, den Erregungsverlauf bei der Tätigkeit des Nervensystems *direkt* bestimmen zu können, an Wert einbüßen. Aber es ist eben die Frage, ob überhaupt eine derartige Bestimmung möglich ist oder ob nicht der Weg über die Analyse der Leistungen der einzig mögliche ist oder es ist vielmehr keine Frage, daß nur dieser Weg möglich ist[1]. Damit müßte STEIN allerdings überhaupt darauf verzichten, sich eine Vorstellung von der Tätigkeit des Nervensystems zu bilden d. h. „Physiologie" zu treiben, wenn man als Physiologie die Summe der nur mit bestimmten etwa den physikalischen oder chemischen Methoden festgestellten Tatsachen bezeichnet. Über Lebensvorgänge kann man sich eben immer nur ein Bild machen auf Grund dieser Tatsachen. Ich habe an anderer Stelle dargelegt, daß wir alle Veranlassung haben dies zu tun. Die Leistungsanalyse lehrt uns einerseits über die Qualitäten der Erlebnisse etwas auszusagen, andererseits über die Struktur der Vorgänge, über ihren Aufbau und ihren Ablauf unter normalen und pathologischen Verhältnissen. Besonders auf letzteres aber kommt es uns an. Durchschauen wir die Struktur der Leistungen, so durchschauen wir die Tätigkeit des Organismus, d. h. wir können sagen, welche Bedeutung den einzelnen Teilen für das Auftreten einer bestimmten Leistung zukommt, wie er unter bestimmten Bedingungen arbeiten wird, wie bestimmte Schädigungen seine Tätigkeit verändern, und das ist das, worauf unsere ganze Forschung abzielt. Das ist auch wohl das, was der Forscher im Auge hat, wenn er von den Erregungsvorgängen spricht, die er glaubt etwa mit einer elektrischen Methode feststellen zu können.

Daß solche Methoden prinzipiell nicht mehr leisten als die Verhaltensanalysen — das Wort im weiten Sinne einer Feststellung von Tatbeständen genommen —, das zeigen ja auch die STEINschen Untersuchungen selbst. Die Chronaxieuntersuchungen geben ja gewissermaßen nur eine Bestätigung der Feststellungen, die die sinnesphysiologischen Untersuchungen gebracht haben. Und wenn man aus den Chronaxieuntersuchungen auf die Be-

---

[1] Daß man diese Tatsache übersieht, kommt in einem *zweideutigen Gebrauch des Wortes Funktion* zum Ausdruck. Man spricht von Funktion einerseits — und das zu Recht — als von dem Geschehen in Organismus, als dessen Erscheinungen die Leistungen auftreten, andererseits — und das zu Unrecht —, wenn man die Leistungen meint. Feststellen kann man nur Leistungen, Funktionen nur erschließen.

deutung des zeitlichen Verlaufes der Erregungen einen Schluß ziehen kann, so doch in ganz gleicher Weise auch aus den sinnesphysiologischen Untersuchungen selbst. Und gerade eine der wertvollsten Tatsachen, die Tatsache der Schwellenlabilität unter pathologischen Bedingungen, ist ja *vor* den Chronaxieuntersuchungen gefunden worden. Das, was STEIN hier auf Grund seiner Untersuchungen als gesetzmäßig formuliert, hat sich in ganz der gleichen Weise auch schon bei meinen ganz andersartigen Leistungsanalysen ergeben, als Rückschluß aus psychologischen Leistungsanalysen. Ich kann es STEIN keineswegs zugeben, daß, wie er schreibt, die Bedeutung des Zeitfaktors aus meinen Untersuchungen nur als eine *Forderung* hervorgeht und erst durch die von ihm mitgeteilten chronaxiemetrisch festgestellten Tatsachen die physiologische Begründung erfahren hat. Ich glaube vielmehr, daß sie ebenso sehr oder ebensowenig von mir wie von ihm physiologisch begründet worden ist. Wenn STEIN (S. 381) schreibt: „ist die Chronaxie erhöht, so werden tachistoskopisch gebotene Reize nur dann zu Empfindungen führen, wenn die Zeiten lang genug sind, dem Grade der Chronaxieerhöhung entsprechen", so kann man ebensogut sagen: Findet man eine Störung des tachistoskopischen Sehens und eine Abhängigkeit der Sehleistungen von der Verlängerung der Darbietungszeit, so kann man schließen, daß die Chronaxiewerte erhöht sein werden, denn beide Methoden der Untersuchung ergeben das gleiche, eben Leistungsstörungen, deren Analyse gestattet, vorauszusagen, wie Prüfungen anderer Leistungen in bestimmter Beziehung ausfallen werden. Keine von beiden hat vor der anderen etwas voraus, die chronaxiemetrische Untersuchung höchstens die größere Präzision in der Durchführung und die klarere Darstellungsmöglichkeit ihrer Ergebnisse. Beide können sich also nur gegenseitig in ihren Resultaten bestätigen, niemals kann eine an sich uns näher an die wirklichen Vorgänge heranbringen als die andere. Und so wie bei diesen beiden sog. physiologischen Methoden geht es bei allen psychologischen. Wenn es also richtig wäre, daß man sich aus den psychologischen Feststellungen keine theoretische Vorstellung im Sinne der Physik und Chemie machen kann — und ich stimme darin mit STEIN ganz überein, daß das richtig ist —, so kann man sich aber wohl eine im Sinne der Physiologie machen, wenn solche Feststellungen, wie sie in der Chronaxie vorliegen -- was ja wohl jeder mit STEIN annehmen wird —, „physiologische" sind.

Gewiß darf man die auf Grund der psychologischen Untersuchungen anzunehmenden Vorgänge in der lebendigen Substanz nicht einfach als Parallelvorgänge zu den körperlichen denken. Ein solches Zurück zu FECHNER würde ich ebenso wie STEIN ablehnen. Jede Form der Parallelitätstheorie scheint mir unhaltbar und zwar deshalb, weil sie von der durch nichts bewiesenen und unnötigen Voraussetzung ausgeht, daß Psychisches und Physisches zwei getrennte Seinsarten sind; keine Tatsache kann zu einer solchen Annahme veranlassen, und die vielen gescheiterten Versuche, von dieser Annahme getrennter Seinsarten aus die Leistungen des Organismus zu verstehen, sollten davor warnen, jemals wieder diesen Weg zu gehen. Hält man sich rein an die Tatsachen, so kann man nichts anderes sagen als etwa folgendes: Wir konstatieren am Organismus Leistungen, die wir weder vom Psychologischen noch vom Somatischen aus allein verstehen können, wir kommen auch nicht weiter, wenn wir die auf Grund der somatischen resp. psychologischen Tatsachen gewonnenen Ergebnisse durch die aus den jeweilig anderen gewonnenen ergänzen. Gewiß ist das, was wir psychisch und was wir somatisch nennen, irgendwie der Ausdruck des lebendigen Geschehens, das der Organismus darstellt, aber es ist nicht als Teil im Organismus enthalten, sondern es ist das Ergebnis einer ganz bestimmten Betrachtung des Organismus. Es stellt das dar, was wir mit der isolierenden Betrachtung jeweilig herausheben, von dem aus wir nur auf dem Wege des Schlusses eine Vorstellung von dem wirklichen Vorgang gewinnen. Psychische und physische „Tatsachen" erscheinen so als bestimmtes, durch bestimmte Betrachtung gewonnenes Material[1], das in seiner Bedeutung für das Sein des Organismus erst von ihm als Ganzem aus zu würdigen ist.

Die Unbrauchbarkeit der herrschenden, hauptsächlich elektrophysiologischen Anschauungen über die Vorgänge im Nervensystem zum Verständnis biologischen Geschehens hat UEXKÜLL veranlaßt, solche Anschauungen ganz beiseite zu lassen und die Gesetzmäßigkeiten aus den Vorgängen, die das Verhalten des Tieres

---

[1] Vgl. hierzu: Das psycho-physische Problem usw. Therapie der Gegenw. **1931**, H. 1.

bietet, selbst abzuleiten. Es braucht nicht betont zu werden, wie viel tiefere Einblicke in das Leben der Organismen uns UEXKÜLL dadurch verschafft hat. Im Prinzip wissen wir uns ganz in Übereinstimmung mit ihm, wenn wir von jeder speziellen Anschauung über das physikalisch-chemische Geschehen bei der Tätigkeit des Organismus absehen; ja auch mit seiner Auffassung, daß sich die Erregung ähnlich wie eine Flüssigkeit in einem allseitig netzartig verbundenen Röhrensystem ausbreitet, dürfte unsere Anschauung zu vereinigen sein. Die speziellen Darlegungen über die Gesetze, die die Verteilung der Erregung bedingen sollen, scheinen mir allerdings nicht auszureichen. Sowohl das Gesetz von der Wirkung des gedehnten Muskels wie die Lehre vom schwachen und starken Reflex und vom Tonustal lassen es offen, wann diese Momente in Wirksamkeit treten, warum etwa ein Reiz einen schwachen und ein anderer einen starken Reflex auslöst, warum unter bestimmten Umständen ein Tonustal entsteht. Am isolierten Teil eines Tieres ist das nicht schwer zu bestimmen, aber wo das Tonustal im intakten Organismus liegt und warum das Tonustal bei Defekt an einer bestimmten Stelle in dieser bestimmten Weise sich verschiebt — und dieses Moment spielt als Grundlage der Anpassung die größte Rolle —, das ist so ohne weiteres nicht zu verstehen und, wie ich glaube, nur von einer Lehre zu erfassen, die den Gesamtorganismus als Bestimmungsgrund mit einzubeziehen sucht.

Wenn wir über die Art des Erregungsvorganges, der die Grundlage der Funktion bilden mag, keinerlei Bestimmung treffen, ihn in keinerlei Beziehung zu irgendeinem bestimmten physikalisch-chemischen Prozeß bringen, so verzichten wir darauf nicht nur, weil wir so wenig Sicheres darüber aussagen können, sondern auch, weil wir einer solchen Beziehung nicht benötigen. Wir benötigen zum Verstehen des Verhaltens wesentlich Gesetze des Ablaufes der Erregung und außerdem jener Konstanten, unter denen die physiologisch-chemischen nur einen Teil ausmachen. Mit diesen beiden Faktoren glauben wir bei dem Versuch das Verhalten eines Organismus zu verstehen auskommen zu können. In ihm stellen die physikalisch-chemischen Tatsachen *ein* Moment neben anderen dar. Die so fundierte Theorie wird man vielleicht nicht eine physiologische, sondern besser eine *biologische* nennen.

Die zweite Rechtfertigung, deren unsere Anschauung bedarf, betrifft die scheinbare Vernachlässigung der *anatomischen* Tatsachen. In dieser Hinsicht möchten wir folgendes betonen: Für den normalen Ablauf der Leistungen sind natürlich die anatomischen Strukturen von größter Bedeutung. Die normalen Leistungen entsprechen der normalen Struktur. Struktur und Leistung sind zwei Erscheinungsweisen des Organismus bei bestimmter verschiedener Art unserer Betrachtung. Der Organismus hat diese bestimmt gestaltete Struktur, weil er die normalerweise stets relativ gleich sich abspielenden Leistungen hat, deren prompter Ablauf durch die Struktur begünstigt wird, während diese andererseits die besonderen anatomischen Strukturen erzeugen resp. verstärken. Die bestimmten anatomischen Strukturen bedingen aber nicht nur nicht die Leistungen, sondern sind nicht einmal notwendige Voraussetzung derselben. Sie sind vielmehr der Boden, das Material, in dem sich die Erregungsvorgänge (die gewiß auch durch sie wiederum bestimmt werden) abspielen. Man kann es vielleicht so ausdrücken: Im bei anatomischer Betrachtung nachweisbaren Substrat bilden sich je nach der Auseinandersetzung des Organismus mit der Umwelt, je nach der Leistung, *funktionelle Strukturen,* die immer wieder verschwinden und bei neuen Leistungen sich immer wieder neu bilden. Sehr wichtige derartige funktionelle Strukturen bewirken schließlich das Auftreten bestimmter anatomisch fixierter Strukturen, die dann wieder bestimmte Leistungen begünstigen. Aber niemals wird dadurch das Auftreten neuer funktioneller Strukturen unter anderen Bedingungen verhindert. Ebenso ist das Auftreten der alten Leistungen nicht an die Intaktheit des Substrates gebunden.

Einer Leistung entspricht ja nicht eine Erregung einer fixierten Struktur, sondern eine *bestimmte Form der Erregung*, ein räumlich und zeitlich bestimmt gestalteter Ablauf. Diese Abläufe können bis zu einem gewissen Grade auch in einer veränderten anatomischen Struktur vor sich gehen. Das hat allerdings seine Grenze, jedenfalls scheinen Zerstörungen gewisser Strukturen bestimmte Leistungsmöglichkeiten völlig beseitigen zu können. So kann durch hochgradige Zerstörungen jener Strukturen, die wir die Sinnessphären nennen, das sinnlich Qualitative der Erlebnisse unmöglich werden; allerdings erst durch quantitativ hochgradige Zerstörung von Gewebe. Teilweise Zerstörung beeinträchtigt die Qualität nicht oder nur einzelne Eigentümlichkeiten des betreffenden Sinnesgebietes; oder es kann durch Beeinträchtigung bestimmter, nicht näher bekannter Strukturen zur Unmöglichkeit zu bestimmten Verhaltensweisen kommen, z. B. derjenigen, die man als darstellendes Verhalten, oder der, die man als kategoriales Verhalten bezeichnen kann (vgl. ds. Handb. 10, 666ff.). Abgesehen aber von diesen Grenzen können sich, wie gesagt, die gleichen Erregungsvorgänge, und darauf kommt es bei der Leistung offenbar vor allem an, in bei anatomischer Betrachtung recht verändertem Substrat abspielen. Natürlich sind diese Leistungen nicht absolut die gleichen. *Ganz gleiche Leistungen gibt es nur bei unverändertem Substrat*[1]. In dieser Hinsicht ist ein Ersatz niemals möglich, aber es kommt doch in wesentlichen Momenten zu übereinstimmenden Leistungen. Ich habe an anderer Stelle[2] die allgemeinen Gesetzmäßigkeiten dargelegt, die für die Veränderung der erhaltenen Leistungen bei Defekt des Substrates maßgebend sind. Hier — wo wir von der Anpassung an den Defekt d. h. von dem Erhaltensein der Leistung trotz Defekt handeln — interessiert uns die Beschränkung der an sich möglichen Leistungen nur als Grenze der Anpassungsfähigkeit.

### d) Die Auffassung der Anpassung bei Calcarinadefekt auf Grund der skizzierten allgemeinen Theorie von der Funktion des Organismus.

Wenn wir von diesen Voraussetzungen aus das Verhalten des Hemianopikers „biologisch" verständlich zu machen suchen, so ergibt sich etwa folgendes: Die Zerstörung einer Calcarina, der Ausfall der durch sie vermittelten Erregungen verändert die optischen Gegebenheiten des Organismus gegenüber der Norm und müßte, wenn der Organismus auf sie seine Reaktionen stützte, zu dauernden Unstimmigkeiten schon im Optischen selbst, vor allem aber zwischen den optisch fundierten und den sonstigen Reaktionen führen. Daraus müßten dauernd Erschütterungen, Katastrophenreaktionen resultieren. Ein geordnetes Verhalten wäre unmöglich. Dem wird nun vorgebeugt dadurch, daß der Organismus sich ebenso, wie er sich sonst veränderten Umständen anpaßt, sich der durch die Läsion bedingten veränderten Reizzufuhr anpaßt; dies ist erreicht, wenn der Kranke die geradeaus vor ihm liegenden Objekte deutlich sieht. Dieses erstrebt er wie in normaler Zeit. Es ist *die* Situation im Optischen, an die von früher her die Gesamtverhaltungsweise des Organismus in seiner Auseinandersetzung mit der Umwelt gebunden ist. Sie ist die Voraussetzung für Ordnung im ganzen Organismus, für Ruhe, für seine richtigen Reaktionen usw. Wahrscheinlich — es stehen uns hier keine zureichenden Beobachtungen zur Verfügung — verändert

---

[1] Vgl. hierzu: Die Restitution bei Schädigungen der Hirnrinde. Dtsch. Z. Nervenheilk. **116** (1930). (Sitzgsber. d. Ges. d. Nervenärzte.)
[2] Vgl. ds. Handb. **10**, 653 (1927).

der Kranke seine Lage so lange gegenüber der Umwelt, bis diese Deutlichkeit wieder vorhanden ist, und dieser Zustand wird dann festgehalten d. h. dies ist das adäquate Mittel, die neue Konstante, nach der der Organismus nach Veränderung durch einen Reiz sich wieder ausgleicht.

Dieses neue Mittel ist nicht der Erfolg einer bewußten Übung, es ist entweder da oder nicht da, und es ist plötzlich da. Alles, was der Kranke eventuell selbst tun kann, ist: gewisse Bedingungen günstiger zu gestalten, von denen er erlebt, daß sie für sein geordnetes Verhalten notwendig sind, ohne allerdings zu wissen warum. Wenn der Kranke etwa erfaßt, daß das Vorbeiblicken am Objekt das Zustandekommen des Deutlichsehens begünstigt, wird er es ausführen — ohne zu wissen, warum es diesen Effekt hat. Im gewöhnlichen Leben erfolgt aber schon diese Einstellung gewiß nicht in dieser bewußten Weise. Der Kranke stellt sich vielmehr wie der Gesunde im ganzen in verschiedener Weise zur Umwelt ein, bis das Deutlichsehen eintritt.

Kommt die Umstellung auch speziell im Optischen, im Deutlichsehen zum Ausdruck, so wird sie doch vom ganzen Organismus aus bestimmt, bedeutet die Herbeiführung der unter diesen Umständen günstigsten Gesamtleistung. Das geht auch daraus hervor, daß sie bei Hemiamblyopie nicht eintritt. Hier ist die für den Organismus wichtigste optische Leistung, das Deutlichhaben eines Objektes, gar nicht bedroht; das etwas schlechtere Sehen beeinträchtigt die Gesamtleistung nicht wesentlich. Es liegt also keine Veranlassung zur veränderten Einstellung vor, ja wir können wohl sagen, die Beeinträchtigung des Gesamtsehens und der Gesamtleistungsfähigkeit führt offenbar nicht zu so großen Unzuträglichkeiten, als sie die Einschränkung mit sich bringt, die bei der Umstellung eintritt. Wir haben schon vorher erwähnt, daß zu der Anpassung eine solche Einschränkung des Milieus resp. der Leistungen hinzugehört und daß dies für die Art der Umstellung von besonderer Bedeutung ist. Wir werden auf diese Tatsachen noch späterhin zu sprechen kommen, wenn wir zu ihrem Verständnis geeigneteres anderes Material kennengelernt haben.

## II. Die Anpassung an Defekte, die über die eine Hälfte der Sehsphäre im optischen Gebiete hinausgreifen.

Die Tatsachen lehren weiter: die Umstellungsmöglichkeit hat ihre Grenze. Wieweit neben Zerstörung einer Calcarina die andere geschädigt sein kann, damit die Umstellung noch eintritt, ist nicht sicher zu sagen. Wir besitzen darüber keine Erfahrung. Fraglos aber ist es, daß eine *Totalzerstörung beider Calcarinen resp. aller Einstrahlungsgebiete der Sehnerven in den Cortex das Sehen*, d. h. optische Erlebnisse auf Grund peripherer Erregungen, *völlig aufheben* kann. Wir können so sagen: *Es besteht die Möglichkeit, durch Defekte den Organismus ihm wesenhaft zukommender Eigentümlichkeiten zu berauben.*

Ein solcher völliger Ausfall ist aber außerordentlich selten; gewöhnlich bleiben gewisse optische Wahrnehmungsleistungen erhalten, und zwar erfolgt der Abbau der Leistungen mit Zunahme der Schädigung in einer gesetzmäßigen Weise, die für das uns interessierende Problem von besonderem Interesse sein muß. Bei hochgradiger doppelseitiger Läsion bleibt sehr oft als *letztes ein gewisses Sehen mit der Macula erhalten*. Bei nicht so hochgradiger diffuser Läsion der ganzen Sehsphäre kommt es einerseits zu einer konzentrischen Einschränkung des Sehbereiches, andererseits sind die verschiedenen Sehleistungen in verschiedener Weise erhalten resp. restituieren sich in verschiedener Weise; so bleibt die Schwarz-Weiß-Wahrnehmung länger erhalten als die Farbwahrnehmung, die Blau-Gelb-Wahrnehmung länger als die Grün-Rot-Wahrnehmung, das Sehen bewegter Objekte länger als das Sehen ruhender usw. Auch dieser Abbau dürfte sich der erwähnten Gesetzmäßigkeit einfügen, daß die für den Gesamtorganismus wichtigeren Leistungen länger erhalten bleiben resp. sich eher und besser zurückbilden als die weniger wichtigen. Für das Erhaltensein des Maculasehens[1] ist das wohl ohne weiteres klar. Ebenso ist die Schwarz-Weiß-Wahrnehmung zur Erfassung der Umwelt — wenigstens für den Menschen — fraglos wichtiger als die Farbwahrnehmung, das Sehen bewegter Objekte wegen der größeren Gefahrenmomente, die sie enthalten, wichtiger als das Sehen ruhender. Über den weiteren Abbau der Farbwahrnehmung können wir bei unserer geringen Kenntnis der Bedeutung der Farben für das Verhalten des Gesamtorganismus in bezug auf die uns interessierende Frage nichts Sicheres sagen.

Auch bei Schädigung der Gesamtsehsphäre zeigt sich, daß die Zunahme von der partiellen zur totalen Schädigung funktionell nicht einfach einen quantitativen, sondern einen qualitativen Unterschied bedeutet. Solange noch überhaupt ein Sehen möglich ist, bemüht sich der Kranke, dasselbe zu benutzen, bedient er sich bei sehbaren Objekten möglichst des Sehapparates, so gut es geht. Ist aber ein Sehen unmöglich geworden in jenem Sinne, daß eine Erfassung der Umwelt unter irgendwelcher Benutzung des optischen Apparates in für den Organismus verwertbarer Weise ausgeschlossen ist, so tritt eine völlige objektive und subjektive Umstellung ein, eine andersartige Anpassung, eine Anpassung durch Ersatz, durch die sich der Organismus vor den durch den Ausfall bedingten Gefahren schützen kann. Wir kommen auf den Ersatz später eingehend zu sprechen. In dem hier von uns betrachteten Falle werden die allein zur Erfassung der Welt zur Verfügung stehenden anderen Sinnesapparate in erhöhtem Maße benutzt und so die Anforderung des Gesamtorganismus nach Möglichkeit erfüllt. Die Leistungsfähigkeit wird noch durch eine besondere Anpassung an den Defekt besser gestaltet, die darin besteht, daß dem Kranken seine *Unvollkommenheit auf dem geschädigten Gebiete,* hier dem optischen, *nicht zum Bewußtsein kommt.* Würde das der Fall sein, so würde der Kranke dauernd in Erschütterung versetzt werden, es würde zu Katastrophenreaktionen kommen, und damit würden die an sich möglichen Leistungen gestört werden. Diese Katastrophenreaktionen vermissen wir bei Totalunfähigkeit zu optischer Leistung, sie treten nicht auf, offenbar infolge des *Fehlens der Selbstwahrnehmung der Blindheit,* das die Untersuchung der Kranken aufdeckt. Seitdem ANTON auf dieses Symptom aufmerksam gemacht hat, ist es vielfach Gegenstand der Beobachtung geworden (vgl. ds. Handb. 10, 752). Der Kranke spricht von der Umwelt so, als ob er sehen würde und benimmt sich auch möglichst so, daß das Nichtsehenkönnen nicht offenbar wird, er vermeidet z. B. alles, was es offenbar machen könnte. Wir kommen auf diese Erscheinung des Fehlens der Selbstwahrnehmung eines Defektes im allgemeinen später noch zu sprechen. Hier führen wir sie nur an als ein Moment, das dazu beiträgt, daß der *Kranke mit Totalausfall eines Gebietes sich evtl. besser verhält als der Kranke mit partieller Läsion.* Die Bedeutung dieses Momentes tritt besonders deutlich in Erscheinung, wenn sich der Totalausfall zurückbildet. Es gibt dann eine Zeit, in der der Kranke zunächst in beschränktem Maße zu sehen imstande ist; er kann das Sehen benutzen, wenn auch zunächst noch recht mangelhaft. Aber er befindet sich in seinem ganzen Verhalten zunächst weit schlechter als vorher dadurch, daß er durch das Bewußtwerden seiner optischen Beeinträchtigung immer wieder in Unruhe versetzt wird.

---

[1] Über die Ausnahmen, bei denen es zum zentralen Skotom kommt, vgl. ds. Handb. **10,** 743.

## III. Die Anpassungsvorgänge bei Schädigung anderer Sinnesgebiete und der motorischen Apparate.

Wir haben uns mit der Anpassung des menschlichen Organismus an verschiedene Schädigungen der Sehsphäre deshalb besonders eingehend beschäftigt, weil wir hierüber am besten unterrichtet sind. Die sich hierbei zeigenden Gesetzmäßigkeiten finden wir aber in entsprechender Weise — soweit uns darüber etwas bekannt ist — auch bei Schädigung der anderen Sinnesgebiete und schließlich auch bei Schädigung der motorischen Apparate, immer, wenn in irgendeiner Weise die direkte Beziehung zwischen Organismus und Umwelt durch eine Schädigung der diese Beziehung vermittelnden Apparate beeinträchtigt ist. Die bei Schädigung resp. Änderung der *motorischen Apparate* zu beobachtenden Tatsachen wollen wir etwas näher besprechen.

Die Tatbestände bei Läsion der motorischen Rindengebiete sind mit denen bei Calcarinaläsion nicht einfach zu vergleichen. Wir haben es hier beim corticalen motorischen Apparat nicht mit einem einheitlichen Apparat wie bei der Sehsphäre, sondern mit verschiedenen motorischen Apparaten mit gesonderter Zugehörigkeit der einzelnen Abschnitte zu verschiedenen Gliedern zu tun. Hier kann also bei Zerstörung eines Bezirkes, der einem bestimmten Glied zugehört, nicht ein anderer durch einfache Umstellung die Leistungen dieses übernehmen.

a) Fassen wir zunächst die Beobachtungen bei Läsion der ganzen *corticalen motorischen Sphäre* ins Auge und sehen wir zu, welche motorischen Leistungen als Ausdruck der Anpassung an diesen Zustand dann übrigbleiben resp. auftreten. Ist das *corticale motorische Gebiet total zerstört, so gibt es keine Möglichkeit, willkürliche motorische Leistungen auszuführen*[1]; was wir an motorischen Vorgängen sehen, sind unwillkürliche Reaktionen auf die äußeren Reize, entsprechend den Leistungen der erhaltenen extracorticalen Apparate. Bei einer schweren, aber nicht völligen Läsion eines Abschnittes, etwa des Handgebietes der einen Seite, leiden vor allem die Einzelbewegungen, erhalten bleibt oder es restituiert sich eine gewisse Gesamtleistung der Hand und Finger, die es ermöglicht, in wenn auch unvollkommener Weise etwas zu ergreifen oder festzuhalten — es bleibt also eine gewiß besonders lebenswichtige Leistung als Rest erhalten. Die Beobachtungen der motorischen Leistungen an den durch corticale Läsion gelähmten Extremitäten selbst lehren uns aber nicht viel über das Fertigwerden des Organismus mit dem motorischen Defekt. Die Störung ist eine zu hochgradige, als daß eine über ganz primitive Leistungen hinausgehende Anpassung möglich wäre. Es kann ähnlich wie bei Totalzerstörung einer Calcarina nur zu einer Anpassung durch eine Umstellung im Sinne der Benutzung anderer Abschnitte des motorischen Apparates kommen. Besonderes Interesse bietet da die *Umstellung durch die Übernahme der Leistungen von unbrauchbar gewordenen Gliedmaßen durch andere*. Bei völliger Unbenutzbarkeit der einen Hand, etwa bei Hemiplegie oder bei Fehlen nach Amputation, sehen wir oft mit außerordentlicher Promptheit und nicht selten schon nach kurzer Übergangszeit die unverletzte Hand die Leistungen der anderen übernehmen. Besonders instruktiv tritt das natürlich dann in Erscheinung, wenn es sich um eine Unbrauchbarkeit der rechten, sogenannten überwertigen Hand handelt und um Leistungen, bei deren Ausführung die Benutzung der rechten Hand besonders selbstverständlich zu

---

[1] Vgl. ds. Handb. **10**, 703. Wenn es richtig ist, daß gewisse motorische Leistungen auch unter der Direktion der gleichseitigen Hemisphäre stehen, so würde das nicht das Prinzipielle dieses Satzes treffen, sondern nur eine Erweiterung insofern fordern, als gewisse willkürliche Bewegungen erst unmöglich werden, wenn auch die zugehörigen Bezirke in der gleichen Hemisphäre lädiert sind. Jedenfalls kann beim Menschen die *willkürliche* Motilität durch Rindenlasion unmöglich gemacht werden.

sein scheint, wie etwa beim Schreiben. Rechts Gelähmte und Armamputierte lernen sehr schnell *links schreiben*. Es ist eigentlich nicht richtig, zu sagen, sie lernen es; sie brauchen es gar nicht zu lernen, *sie können es schon im Prinzip beim ersten Versuch*. Sie lernen eigentlich nur Hindernisse beseitigen. Sie müssen zunächst einen psychischen Widerstand gegen das Linksschreiben überwinden, weil sie glauben, daß sie nicht mit der linken Hand schreiben können, sie müssen sich an die Notwendigkeit einer etwas anderen Federhaltung, einer etwas anderen Lage des Papieres gewöhnen und daran, daß sie das Geschriebene (wenn sie in der normalen Weise von links nach rechts schreiben) durch den schreibenden Arm verdecken, also das Schreiben nicht ohne weiteres mit den Augen kontrollieren können und anderes mehr. Haben sie diese Widerstände aber einmal überwunden, so schreiben sie mit der linken Hand sehr bald wie vorher mit der rechten, wenn auch objektiv nicht so korrekt und subjektiv mit etwas größerer Mühe. Daß sie etwa das Schreiben der einzelnen Buchstaben mit der linken Hand lernen müssen, wie wir ja alle das Schreiben mit der rechten Hand gelernt haben, davon ist keine Rede. Besonders instruktiv zeigt sich diese prinzipielle Möglichkeit zum Linksschreiben, wenn, wie es bei mancher Rechtslähmung der Fall ist, der Kranke mit der linken Hand Spiegelschrift schreibt. Das lernt er gewiß nicht. Zum eigenen Erstaunen produziert er, wenn er unbefangen die linke Hand zum Schreiben benutzt, Spiegelschrift. Die Frage, warum Spiegelschrift, bleibe hier unerörtert. Wesentlich ist uns, daß das Schreiben prompt und ohne Übung mit der linken Hand und eigentlich in ähnlicher Weise mit jedem beweglichen Glied möglich ist. Auch andere Leistungen werden sehr bald von der linken Hand und prompt ausgeführt. Das entspricht ja nur der Tatsache, daß wir normalerweise ohne jede Übung eine mit einem Gliede gelernte Bewegung ohne weiteres mit jedem anderen auch in völlig abnormen Stellungen ausführen können. Wir sind nicht nur imstande sofort beim erstenmal mit jedem beweglichen und zur Ausführung der Schreibbewegung nur einigermaßen geeigneten Glied zu schreiben, sondern wir sind es auch bei ganz ungewöhnlichen Stellungen der Hand, wie etwa, wenn wir die Hand mit der Vola nach oben stellen oder noch mehr herumdrehen. Hier werden ganz verschiedene Muskelkombinationen zur Ausführung der Leistung sofort prompt in Tätigkeit gesetzt. Es gibt wohl keinen instruktiveren und doch so einfachen Versuch, um zu demonstrieren, daß die Leistung nicht an eine bestimmte anatomische Beziehung gebunden ist, daß es bei ihr wesentlich nicht auf den Verlauf der Erregung in bestimmten Bahnen, sondern auf die *Art* der Erregung ankommt.

Die Analogie des erwähnten Verhaltens des Bewegungsgestörten zu dem des Kranken mit Calcarinadefekt wird durch folgende Momente sofort deutlich: Ist die geschädigte Hand noch zu mancherlei Leistung, wenn auch nur unvollkommen und unter Schwierigkeiten, brauchbar, so erfolgt die Benutzung der anderen zu bestimmten nicht gewohnten Leistungen sehr viel langsamer als bei totaler Unbrauchbarkeit der gelähmten Hand. So lernen Amputierte viel schneller links schreiben als Hemiplegiker. Bei diesem Unterschied spielt die Allgemeinschädigung, die ja beim Hemiplegiker gewöhnlich mehr oder weniger vorliegt, gewiß keine entscheidende Rolle. Wir finden den gleichen Unterschied auch bei nicht totaler und totaler Handlähmung durch nicht cortical bedingte nervöse Störung. *Die Umstellung* wird auch bei den motorischen Leistungen durch die *Unmöglichkeit zur gewohnten Ausführung einer Leistung begünstigt*. Diese Eigentümlichkeit, wie überhaupt die Tatsache der Promptheit der Umstellung, zeigt sich besonders deutlich bei vital sehr wichtigen Reaktionen. Während die Kranken evtl. nicht dazu zu bringen, sind willkürliche Bewegungen auf Aufforderung mit der „inadäquaten" Hand auszuführen, erfolgt dies bei solchen vitalen Reaktionen gewöhnlich prompt. So schaffen z. B. Kranke mit gelähmter Hand einen irritierenden Reiz an ihrem Körper mit der gesunden Hand gewöhnlich prompt fort, ganz gleich, wo der Reiz ansetzt, auch wenn er an einer Stelle ansetzt, bei deren Reizung normalerweise[1] die andere (jetzt kranke) Hand zum Wegwischen benutzt wird. Charakteristischerweise aber auch erst dann, wenn die Bewegungsfähigkeit der „adäquaten" Hand dazu absolut nicht ausreicht. Man sieht dann oft in der paretischen Hand zunächst Bewegungen auftreten, die den Arm zur irritierten Stelle hinbringen könnten, wenn sie in ausreichendem Maße ausführbar wären. Nach einigen vergeblichen Versuchen aber hören die Bewegungen in dem geschädigten Arm auf, der andere Arm kommt prompt an die Stelle und beseitigt nach Möglichkeit die Irritation. Daß es sich dabei nicht etwa um ein überlegtes Verhalten von seiten der Kranken handelt, sondern daß hier ein viel vitaleres Geschehen zugrunde liegen muß, wird schon dadurch nahegelegt, daß dieser Vorgang — erst vergebliche Benutzung des geschädigten Armes, dann prompte Ausführung der Leistung mit dem ungeschädigten — sich immer wieder in gleicher Weise abspielt, vor allem aber dadurch bewiesen, daß wir das gleiche Verhalten sogar auch bei *Bewußtlosen* beobachten können. Dieses Greifen nach einem irritierenden Reiz mit dem adäquaten Gliede erfolgt bei Bewußtseinsgestörten mit besonderer Promptheit[2]. Ist nun das adäquate Glied paretisch, so wird auch hier zuerst versucht, doch mit diesem zur Reizstelle zu gelangen. Erst wenn das nicht gelingt, wird ein anderes Glied, und zwar das dann adäquateste, benutzt. Es handelt sich ja offenbar für den Organismus darum, sich von dem irritierenden Reiz zu befreien. Das geschieht normalerweise keineswegs immer mit dem Arm, sondern dem im Bewußtsein ungestörten Menschen steht eine ganze Reihe von Abwehrmaßnahmen zur Verfügung. Er kann sich durch Blick und Sprache oder Entfernung des ganzen Körpers des Reizes erwehren oder schließlich in Erkenntnis, daß die Gefahr gar nicht so groß ist, aus bestimmten Gründen den Reiz ruhig ertragen, wie etwa bei einer Sensibilitätsprüfung. All das ist dem Bewußtseinsgestörten unmöglich. Ihm ist nur *ein* Verhalten geblieben, und dies tritt zwangsmäßig in Erscheinung, nämlich das Verhalten, das am schnellsten und sichersten die Gefahr fortzuschaffen imstande ist — und das ist das Hingreifen mit der Hand. Es ist nun besonders interessant, zu sehen, wie sich der bewußtseinsgestörte Organismus schützt, wenn dieses adäquate Verhalten verhindert wird dadurch, daß das adäquate Glied gewaltsam festgehalten wird. Zunächst treten dann heftige Bewegungen in dem Arm auf, um ihn von der Fesselung zu befreien; daneben allerlei allgemeine Reaktionen, Verziehung des Gesichtes, Verzerrung der Gegend des Körpers in der Nähe des Reizes, evtl. eine allgemeine Unruhe. Ist die Befreiung des adäquaten Armes ausgeschlossen, so hören diese allgemeinen Reaktionen auf, *der andere Arm, das jetzt adäquateste Glied, geht prompt nach der Reizstelle.*

Ich brauche wohl nicht wieder zu betonen, daß uns hier die gleichen Gesetzmäßigkeiten im Verhalten wie bei der Calcarinaläsion begegnen; besonders bemerkenswert, weil es sich *um Reaktionen handelt, die sicher nicht vom „Bewußtsein" dirigiert sind.*

b) *Die Anpassung bei Nerven- und Muskelüberpflanzung.* Bekannte, sehr instruktive Beispiele für die Anpassung an veränderte Verhältnisse im motorischen Apparat liefern die Erfahrungen bei Einpflanzung eines zentralen Stumpfes eines Nerven in den peripheren Stumpf eines anderen und bei Überpflanzung von Muskeln. Kommt es bei ersterer zu einer Neurotisation des peripheren

---
[1] Vgl. hierzu SEYMANNSKI: Psychol. Forschg **2**, 298 (1922) — ds. Handb. **10**, 677.
[2] Vgl. hierzu GOLDSTEIN, K.: Zeigen und Greifen. Nervenarzt **4**, 453 (1931).

Stumpfes, so wird der vorher gelähmte Muskel bekanntlich wieder willkürlich beweglich. BETHE und FISCHER sind im vorigen Abschnitt auf diese Tatsachen ausführlich zu sprechen gekommen. Wir wollen hier nur einige Eigentümlichkeiten bei der Wiederkehr der Funktion besprechen, die im Zusammenhang mit den von uns behandelten Problemen besonderes Interesse beanspruchen.

Der Vorgang spielt sich bei der Nervenüberpflanzung im allgemeinen rein tatsachenmäßig so ab, wie es O. FÖRSTER[1] speziell von der Verpflanzung des zentralen Accessorius- auf den peripheren Facialisabschnitt erst in letzter Zeit wieder geschildert hat. Wir berichten über das rein Tatsachenmäßige deshalb im Anschluß an die Darstellung dieses auch auf diesem Gebiete so besonders erfahrenen Autors. Zunächst tritt in der Facialismuskulatur weder bei dem Versuch sie willkürlich zu innervieren, noch auch bei Innervation des Accessorius eine Bewegung ein. In einem zweiten Stadium, wenn die zentralen Accessoriusfasern in die Gesichtsmuskulatur ausgewachsen sind, die elektrische Erregbarkeit etwa wieder normal geworden ist, tritt anfangs bei jeder willkürlichen Schulterhebung (durch die nicht überpflanzten Accessoriusäste vermittelt) eine Kontraktion des Facialis ein; allein kann der Facialis aber jetzt auch noch nicht innerviert werden. Das ändert sich aber sehr bald, schreibt FÖRSTER. Sehr bald gelingt es dem Kranken, den Facialis wieder direkt willkürlich zu innervieren. Zunächst bewegt sich dabei die Schulter mit; schließlich aber erfolgt die Bewegung von Facialis und Schulter voneinander gesondert. Um einen eigentlichen Übungserfolg handelt es sich allerdings bei dieser Entwicklung wohl nicht. Der Kranke probiert wohl, bis ihm die richtige Innervation gelingt; ist sie aber einmal gelungen, so erfolgt sie auch nachher prompt. Die Entscheidung darüber, wie die richtige Innervation zustande kommt, welche Rolle das Übungsmoment dabei spielt, ist aber bei diesen partiellen Nerventransplantationen nicht eindeutig möglich, weil hier ja nicht sicher entschieden werden kann, wann die anatomischen Verhältnisse eine Bewegung der Muskulatur ermöglichen.

Eindeutiger liegen die Verhältnisse bei der *Totalüberpflanzung* eines Nerven, wie sie etwa BETHE bei der Überkreuzung der Ischiadici ausgeführt hat. Da zeigt sich, daß die *richtige Innervation ohne jede Falschleistung sofort erfolgt*. Ebenso verhält es sich bei der *Überpflanzung von Muskeln*. Diese sind für die Beurteilung besonders deshalb sehr instruktiv, weil hier ja gar kein Auswachsen zu erfolgen braucht, also die Verbindung an sich einfach mit der Operation gegeben ist. Und hier sehen wir etwa bei der Überpflanzung der Beugersehnen auf die Strecksehnen bei einer Radialislähmung *sofort nach Lösung des Verbandes die richtige Wirkung*[2] eintreten. Es gibt überhaupt keine falsche Innervation. Bei dieser, bei der ersten Funktion sofort vorhandenen richtigen Innervation ist natürlich die *Annahme irgendeiner Form des Umlernens völlig unmöglich*.

Die übliche Auffassung dieser Transplantationserfolge basiert auf der Vorstellung, daß etwa der Schulterfokus und Facialisfokus der Hirnrinde in isolierter Beziehung zu den entsprechenden motorischen Kernen stehen. Deren isolierte Erregung und auch also die Innervation der Muskeln kommen dadurch zustande, daß diejenigen „corticalen Erregungskomplexe", die den Gesichtsbewegungsvorstellungen usw. zugrunde liegen (die wiederum isoliert lokalisiert gedacht werden), eine Verbindung zu dem Facialisfokus usw. haben. Bei der Überpflanzung gewinnt dieser corticale Erregungskomplex der Gesichtsbewegungsvorstellungen eine Verbindung mit dem Schulterhebenrindenfokus. Zunächst spricht

---

[1] FÖRSTER, O.: Sitzgsber. Ges. Nervenärzte. Dresden 1930 — Dtsch. Z. Nervenheilk. **116**.
[2] Vgl. PERTHES: Handb. d. ärztl. Erfahrungen im Weltkrieg **2**, 580 (1922). — KATZENSTEIN: Zbl. Chir. **41**.

dann auf Erregung dieser corticalen Erregungskomplexe der Schulterheberfokus als Ganzes an. Deshalb werden bei dem Versuch zu Gesichtsbewegungen alle an der Schulterhebung beteiligten Muskeln innerviert. Zuletzt aber bleiben bei der willkürlichen Innervation des Gesichtes die Mitbewegungen der Schulter aus, weil innerhalb des corticalen Fokus des Schulterhebers eine Dissoziation der den einzelnen Schulterhebemuskeln zugeordneten Elemente eingetreten ist, so daß die der Schulterhebung entsprechenden Rindenelemente, unabhängig von den anderen Elementen, isoliert von den den Gesichtsbewegungsvorstellungen entsprechenden corticalen Erregungsprozessen innerviert werden. ,,Vielleicht wird auch", schreibt FÖRSTER[1], ,,eine vom corticalen Facialisfokus zum Accessoriuskern verlaufende, früher bei der willkürlichen Gesichtsinnervation nicht mitbenutzte Bahn jetzt in Betrieb genommen." Wie soll aber eigentlich, so muß man doch fragen, das corticale ,,Gesichtsbewegungsvorstellungszentrum" jetzt eine Beziehung zum Schulterfokus gewinnen, wenn diese nicht immer bestanden hat? Oder: wie soll eine Verbindung (zwischen Facialisfokus und Accessoriuskern), die vorher zwar bestanden hat, jetzt auf einmal funktionieren, wenn sie nicht immer funktioniert hat, warum soll sie denn bestanden haben, wenn sie zur Funktion nicht nötig war? Besonders diese letztere Annahme FÖRSTERS zeigt doch, in welche Schwierigkeiten diese Anschauung kommt, zu welchen paradoxen ad hoc-Annahmen sie gezwungen ist. Beide Annahmen erscheinen eigentlich völlig unverständlich. Es kann nicht wundernehmen, daß FÖRSTER bei Zugrundelegung solcher Vorstellungen erklären muß, daß ,,bei dem Wunsch, die Restitutionsvorgänge zu erklären, er überall an einem bestimmten Punkte nicht weiter kommt und daß er persönlich die Vorgänge ohne die Annahme eines Zweckmäßigkeitsprinzipes nicht erklären könne." (S. 211.) Das Zweckmäßigkeitsprinzip könnte doch aber eigentlich höchstens den Grund für die Neugestaltung, den Antrieb zu ihr abgeben; es lehrt uns doch aber nichts über das *Wie?*

Wenn wir uns über das ,,Wie" eine Vorstellung bilden wollen, so muß *im Vordergrund unserer Überlegung* die Tatsache stehen, daß es sich bei der richtigen Innervation um *keinen Übungserfolg* handelt, sondern die erste Leistung schon richtig ist. Dieser Tatbestand macht jede Annahme einer Ausbildung neuer Bahnen oder einer Einübung vorher nicht gebrauchter zur Erklärung unmöglich. Wenn eine solche Annahme notwendig wird, um die Transplantationsergebnisse von den Vorstellungen aus, die man sich über eine normale Innervation macht, zu verstehen, so müssen eben ernsteste Zweifel an der Richtigkeit dieser Vorstellungen auftauchen. Ja, die Ergebnisse der Transplantationen zeigen eben besonders deutlich, daß diese Annahme und diese Vorstellungen unhaltbar sind.

Eine genauere Beobachtung lehrt aber auch schon, daß die Vorstellungen über die normale Innervation eigentlich gar nicht den Tatsachen entsprechen. Wir innervieren ja gar nicht einzelne Muskeln oder Muskelgebiete, sondern bei der Absicht zu einer bestimmten Bewegung tritt eine Veränderung des vorherigen Innervationszustandes der gesamten Körpermuskulatur ein, in der Weise, daß ein Innervationsbild resultiert, in dem eine bestimmte Einzelkontraktion, eben die beabsichtigte, im Vordergrund steht. Zur richtigen Kontraktion eines Muskelgebietes, d. h. zu einer solchen, daß ein bestimmter Effekt resultiert, gehört ein ganz bestimmter Innervationszustand des ganzen übrigen Körpers, den wir nur deshalb nicht beachten, weil er für die Erfüllung der speziellen Absicht der Bewegung bedeutungslos zu sein scheint, wenn er es auch keineswegs ist, sondern die Bewegung erst wirklich korrekt auszuführen ermöglicht. Daß die Erregung bei einer bestimmten Bewegungsabsicht keineswegs allein in das

---

[1] FÖRSTER: Verh. Ges. dtsch. Nervenärzte **20**, 114 (1931). Leipzig: F. C. W. Vogel.

fragliche Nerven- und Muskelgebiet fließt, kann man gerade bei peripheren Nervenlähmungen gut beobachten. Wir sehen etwa bei einer peripheren Facialislähmung, wie bei fortgesetzter Bemühung das Gesicht zu innervieren die Erregung in andere Muskeln fließt und zu falschen Bewegungen führt, besonders jener Muskeln, die als Teilstücke gemeinsamer Bewegungskomplexe der Muskulatur nahestehen, in der der Effekt nicht eintritt; aber auch in andere. Wir sehen bei jeder erschwerten Innervation mehr oder weniger ausgebreitete sogenannte Mitbewegungen auftreten. Damit dies aber möglich ist, müssen doch Verbindungen zwischen den verschiedenen, als isoliert betrachteten Gebieten bestehen. Für unsere Auffassung vom Netzcharakter des Nervensystems besteht für die Erklärung solcher Tatsachen keine Schwierigkeit, für die Theorie der isolierten Apparate ist sie aber eigentlich völlig unverständlich. Jeder Einzelbewegung entspricht nach der vorher dargelegten allgemeinen Theorie von der Funktion des Nervensystems, wie jeder Leistung des Organismus überhaupt, eine bestimmte Gestaltung der Erregung im ganzen Organismus, speziell im Netzwerk des Nervensystems. Die isolierte Bewegung eines bestimmten Muskelsystemes ist nur der besonders hervortretende Teil des Gesamtvorganges. Ist peripher die Möglichkeit zur Verwirklichung wie bei der Lähmung gestört, so bleibt diese isolierte Bewegung aus, und die Erregung im anderen Teil wird mißgestaltet: das tritt in den verschiedenartigen Mitbewegungen in Erscheinung.

Wie diese bestimmte Gestaltung der Erregung bei der Absicht zu einer bestimmten Bewegung zustande kommt, darüber können wir uns bisher kaum eine bestimmte Vorstellung machen. Es handelt sich dabei um das allgemeine Problem der willkürlichen Leistung überhaupt, zu dem wir hier nur so viel sagen können: die Absicht zu einer willkürlichen Leistung, etwa zu einer willkürlichen Gesichtsbewegung, bedeutet eine ganz bestimmte Stellungnahme des Organismus gegenüber bestimmten Anforderungen der Umwelt. Diese findet in der Gestaltung des Organismus ihren Ausdruck, die uns als Innervation eines isolierten Muskelgebietes in Erscheinung tritt. Die Erklärung der Einzelinnervation fällt damit unter das Problem der Auseinandersetzung des Organismus mit der Umwelt überhaupt und des Zustandekommens einer bestimmten Form der Auseinandersetzung. Wir begnügen uns hier mit diesem Hinweis und möchten nur betonen, daß die von uns abgelehnte Ansicht nicht einmal den Versuch ermöglicht, willkürliche Leistungen verständlich zu machen, sondern nur geeignet ist das Problem zu verdecken.

Die hier vertretene Anschauung bringt den Tatbestand besser, mindestens unvoreingenommener zum Ausdruck; sie entspricht den allgemeinen biologischen Überlegungen, wie wir sie vorher entwickelt haben, sie ermöglicht schließlich die Innervation nach Transplantation in gleicher Weise zu erklären wie die normale. Wenn die Innervation eines isolierten Muskelgebietes nicht eine Leistung eines isolierten Nervenapparates darstellt, sondern nur unter bestimmten Umständen die Erregung sich dieser Verbindung zur leichteren Verwirklichung bedient, so kann es nicht verwundern, daß die Innervation ebenso richtig erfolgt, wenn irgendeine andere Verbindung zwischen dem Organismus und dem peripheren Stück, das zur Kontraktion gebracht werden soll, besteht. Es ist für unsere Anschauung relativ gleichgültig, auf welchem Wege die neue Verbindung zwischen Muskel und Organismus (nicht bestimmten Zentren) zustande kommt, und das entspricht eben den Tatsachen. Ist eine Verbindung da, so kommt es zur Innervation, weil der Gesamterregungsvorgang, der der bestimmt beabsichtigten Bewegung entspricht, jetzt sich durchsetzen kann, da er ja nicht an eine bestimmte Struktur gebunden ist, sondern eine bestimmte Erregungsgestalt darstellt, die sich jeder nur zur Verfügung stehenden Struktur zu ihrem Ablauf bedienen kann.

Welche Rolle bei diesem Zustandekommen der Innervation in dem Beispiel der Transplantation des Accessorius auf den Facialis der anfängliche Umweg über die willkürliche Innervation etwa der Schulterhebung spielt, ist nicht ganz klar. Daß zunächst nur auf diese Weise die Gesichtsmuskulatur bewegt werden kann, spricht dafür, daß die Erregung zwar schon in die Gesichtsmuskulatur fließt, aber noch nicht jene Gestaltung gewonnen hat, die den veränderten anatomischen Verhältnissen entspricht, die natürlich auf die Bildung der Erregungsgestalt ebenso von Einfluß sind wie die normalen anatomischen Verhältnisse. Die funktionelle Erregungsgestalt muß erst wieder neu aus dem veränderten Netz herausgearbeitet werden. Wir haben hier ein ähnliches Stadium vor uns wie etwa in der frühen Kindheit, wo die Einzelbewegungen aus den Gesamtbewegungen sich heraus entwickeln. Übrigens erfolgt die Umstellung, wie FÖRSTER schreibt, bald. Daß sie zustande kommt, zeigt eben, daß es nur darauf ankommt, daß die Peripherie irgendwie mit dem Organismus in Verbindung kommt und die Innervation der Peripherie vom Gesamtorganismus aus erfolgen kann. Es ist klar, daß bei den starken Innervationen, die zunächst notwendig sind, Mitbewegungen in anderen Muskeln auftreten und besonders in den Schultermuskeln, die ja jetzt in besonders naher anatomischer Beziehung zur Gesichtsmuskulatur stehen. Unter peripher günstigen Bedingungen wie bei der Muskeltransplantation, bei der ja das Nervennetz unberührt bleibt, erfolgt die Umstellung ohne weiteres.

Der geschilderte Tatbestand zeigt sich besonders deutlich auch im vegetativen Nervensystem[1], bei der Transplantation zwischen Vagus und Sympathicus. Das ist besonders bedeutungsvoll, weil gerade hier die Annahme zweier getrennter Apparate von spezifisch differenter Wirkung noch fast allgemein, wenn auch meiner Meinung nach zu Unrecht angenommen wird. Aber gerade hier läßt sich besonders instruktiv nachweisen, daß von einer solchen Spezifität keine Rede ist, sondern die Wirkung der Reizung eines Nerven aus seiner zentralen und peripheren Verbindung resultiert — wenn wir von der Bedeutung der humoralen Situation für diese Wirkung ganz absehen, die besonders deutlich die Abhängigkeit der Leistungen eines einzelnen Nerven vom Gesamtorganismus dartut.

Nach dem bekannten Versuch von BRÜCKE[2] tritt trotz Durchschneidung beider Vagi bei Depressorreizung, solange der Sympathicus erhalten ist, Verlangsamung des Herzschlages auf. Bekanntlich kommt es zu der Verlangsamung auf dem Wege über das Vaguszentrum, dessen Erregung jetzt auf dem Wege über den Sympathicus zur Auswirkung kommt. Es heißt Hilfshypothesen ad hoc machen, will man die Erscheinung durch Nachlassen eines Sympathicustonus oder gar durch Erregung hemmender Fasern im Sympathicus erklären — solche Hilfshypothesen sind völlig überflüssig. Die Erscheinung erklärt sich nach unseren Darlegungen einfach: Der Apparat, der in dieser Situation gereizt wird, ist zusammengesetzt aus Depressor, Vaguszentrum, Sympathicus. Seine Leistung ist entsprechend der Tätigkeit des sogenannten Vaguszentrums Verlangsamung des Herzschlages. Diese Leistung wird unter den veränderten Bedingungen durch den Sympathicus vermittelt. Auf welchem Wege das Herz zur Verlangsamung gebracht wird, ist gleichgültig; solange nur noch eine nervöse Beziehung zwischen dem „Vaguszentrum" und dem Herzen vorhanden ist, kommt sie zustande. Der Sympathicus ist eben an sich weder Beschleuniger noch Verlangsamer des Herzschlages; er ist, wie auch der Vagus, Vermittler einer Leistung,

---

[1] Vgl. hierzu bes. KROETZ: Allgemeine Physiol. d. autonom. nervös. Regulationen. Ds. Handb. XVI, S. 1729ff. und GOLDSSEIN, K.: Die Neuroregulation. Verh. dtsch. Ges. inn. Med. 43. Kongreß 1931. S. 9ff. (Ref.). München: J. F. Bergmann 1931.

[2] BRÜCKE: Z. Biol. **67**, 507 (1917).

die aus der Gesamtsituation resp. der Erregung eines mit ihm allein in Verbindung befindlichen Apparates — in dieser Situation — fließt. Daß dem Nerven keine spezifische Leistung zukommt, dafür spricht ja auch das bekannte Experiment von LANGLEY, bei dem der Forscher nach Verbindung des zentralen Endes des Vagus mit dem peripheren Sympathicus bei Vagusreizung Sympathicuswirkung erzielte, und ebenso der Nachweis, daß, nach Einheilung des zentralen Sympathicus in den peripheren Vagus, bei Sympathicusreizung Vaguswirkung zur Beobachtung kommt. Wir können allgemein sagen: Ist eine Verbindung eines peripheren Stückes mit dem ganzen Organismus resp. einem funktionierenden Teil vorhanden, so kommt ohne weiteres die Leistung zustande, die dem peripheren Stück im Gesamtgeschehen des Organismus oder des Teilorganismus bei einer bestimmten Aufgabe zukommt resp. zu der es in diesem Geschehen Verwendung finden kann.

## IV. Parallelen zwischen den geschilderten Anpassungserscheinungen beim Menschen und Erfahrungen bei Tieren.

Wir haben schon wiederholt darauf hingewiesen, daß die von uns geschilderten Anpassungserscheinungen ohne Willen des geschädigten Menschen stattfinden. Wir vertreten die Auffassung, daß es sich um biologische Reaktionen des gesamten Organismus handelt. Das dürfte besonders deutlich werden, wenn sich zeigen läßt, daß die Gesetzmäßigkeiten, die wir kennengelernt haben, übereinstimmen mit denen, die wir bei Eingriffen in den Bestand des Organismus bei Tieren verschiedenster Art finden. Auf diese Parallelen soll in diesem Abschnitt hingewiesen werden, wobei wir uns als Material neben anderen vor allem der von BETHE und FISCHER mitgeteilten Tatsachen bedienen wollen. Wir wollen das Material nach den Haupteigentümlichkeiten gruppieren, die wir bei der Anpassung an die Läsion der Calcarina festgestellt haben. Wir besprechen:

1. Tatsachen, die zeigen, daß die Anpassung so erfolgt, daß die für den Organismus in der *Situation wichtigste Leistung* erhalten bleibt, resp. *von einem anderen Körpergliede sofort übernommen wird.* TRENDELENBURG[1] hat folgende Beobachtung nach Läsion der Hirnrinde bei einem Pavian mitgeteilt: Nachdem er die Arm- und Beingegend der linken Großhirnrinde flach unterschnitten hatte, wurde zum Greifen von Früchten nur die linke Hand benutzt. Amputierte er 7 Wochen nach dem ersten Eingriff den linken Arm, so versuchte das Tier das in den Käfig gebrachte Futter sogleich mit der rechten Hand zu greifen, am nächsten Tag schon unter feinerer Benutzung von Daumen und Zeigefinger gegeneinander, so daß nach kurzer Zeit die Benutzung der Hand kaum von einer normalen zu unterscheiden war. Unterschnitt er nun in der linken Großhirnrinde die Armgegend in der Tiefe, so hob das die Fähigkeit zum Greifen von Futter mit der rechten Hand auf; die Greifbewegung konnte aber wieder erzwungen werden, wenn man das Futter nicht in den Käfig brachte, sondern außerhalb des Käfigs aufstellte, so daß das Tier, um das Futter zu erreichen, den Arm wieder benutzen mußte. Wenn auch die Greifbewegungen nicht mehr so gut wurden, so wurde doch der Arm jetzt dauernd zum Greifen benutzt, wenn die Situation es erforderte.

Während normalerweise bei der männlichen Kröte bei Reizung des Nasenloches die Wischbewegung mit den Vorderbeinen erfolgt, so führt die Kröte während des sexuellen Umklammerungsreflexes sie prompt mit den Hinterbeinen aus (BAGLIONI[2]). Beim dekapitierten Frosch beobachtete PFLÜGER ja schon, daß bei Amputation des gleichseitigen Hinterbeines der Wischreflex sofort mit

---

[1] TRENDELENBURG: Zitiert nach MATTHAEI: Dtsch. Z. Nervenheilk. **115**, 1930.
[2] BAGLIONI: Z. allg. Physiol. **14**, 160 (1913).

dem gekreuzten Bein ausgeführt wurde. Bringt man einen Seestern in abnorme Lage, so ist offenbar die für ihn im Moment wichtigste Leistung die Rückkehr in die Normallage. Man kann nun, wie die Versuche von PREYER, ROMANES und bes. JENNINGS gezeigt haben, diese Lageveränderung sehr verschieden gestalten, und immer dreht sich der Seestern prompt in die Normallage.

Es ließen sich noch zahlreiche tierexperimentelle Beispiele anführen, die die von uns hervorgehobene Gesetzlichkeit dartun. Hier sei nur noch auf zwei Beispiele hingewiesen, die den Parallelismus im Verhalten von Mensch und Tier besonders deutlich dartun und gleichzeitig — in der Beobachtung vom Menschen — besonders deutlich die Unabhängigkeit des Geschehens von irgendeinem bewußten Akt dartun. Wir haben vorn das Verhalten des bewußtseinsgestörten Menschen beim Wegwischen eines irritierenden Reizes bei gleichzeitiger Fesselung des adäquaten Gliedes geschildert. Wir hoben hervor, daß es sich ja offenbar darum handelt, den Organismus durch eine Armbewegung vom Reiz zu befreien, daß dies die in dieser Situation wichtigste Leistung darstellt. Verhindert man nun diese Leistung durch Festhalten des adäquaten Gliedes, so kommt es zu heftigen Befreiungsversuchen und Allgemeinreaktionen, und erst wenn diese sich als vergeblich erweisen, zu einer anderen Reaktion, die imstande ist, den Organismus vom Reiz zu befreien (Benutzung der anderen Hand zum Fortschaffen des Reizes). Ist aber auch dies unmöglich, indem etwa diese Hand auch festgehalten wird, so sehen wir nach schweren allgemeinen Abwehrreaktionen den Kranken in eine Regungslosigkeit mit evtl. schweren Störungen des allgemeinen Zustandes verfallen. Es wechseln offenbar je nach der Situation verschiedene Abwehrreaktionen miteinander ab, in der Weise, daß immer die in der jeweiligen Situation, dem jeweiligen Zustand des ganzen Organismus zweckmäßigste in Gang kommt. Das ganz entsprechende Verhalten nun können wir schon beim Krebs beobachten. Kneift man einem Krebs ins Bein, so zieht er es zurück. Läßt man aber das Bein nicht los, so treten im Bein abwechselnd Beuge- und Streckbewegungen auf, die offenbar der Befreiung des Beines dienen sollen. Dazu kommen (vgl. BETHE und FISCHER S. 1054) andere Reaktionen des Tieres, wie Kneifen mit der Schere, also allgemeine Abwehrreaktionen, schließlich kann das Tier in einen allgemeinen Starrkrampf verfallen. Wir brauchen auf die Analogien zwischen dem Verhalten des Menschen und des Krebses, speziell zwischen dem Starrkrampf des Krebses und dem völligen Verfall bei der Unmöglichkeit zur Abwehr beim Menschen, kaum besonders hinzuweisen.

Umschlingt man beim Seestern einen seiner Arme mit einem Faden, so sucht er sich zu befreien, und zwar durch Bewegungen der Arme und des Körpers. Gelingt dies nicht, so stößt er das Bein durch Amputation ab und befreit sich von dem irritierenden Reiz. Hier tritt an Stelle der allgemeinen Regungslosigkeit resp. der Starre, die in den anderen Beispielen vom Reiz befreit, die Befreiung durch die Lösung des gereizten Teiles vom Körper. Es handelt sich in allen Fällen um das gleiche Geschehen, das nur mit verschiedenen — gewiß dem Tier immer adäquatesten — Mitteln ausgeführt wird, so daß immer die unter den obwaltenden Umständen bestmögliche Leistung erhalten bleibt.

2. Für die Tatsache, daß die *Umstellung beim ersten Versuch* erfolgt, kann ebenfalls auf die eben erwähnten Beobachtungen hingewiesen werden. Besonders zahlreiche Beispiele finden wir aber dafür bei dem Auftreten einer veränderten Gangart nach der Amputation bestimmter Glieder bei Anthropoden in den Versuchen von BUDDENBROCK und besonders von BETHE (vgl. den vorigen Abschnitt). Die neue Gangart tritt sofort in Erscheinung. Besonders eindrucksvoll ist es, wenn die neue Fortbewegung ganz ungewöhnlicher Art ist, wie z. B. in dem Versuch von FISCHER: nach Amputation sämtlicher Beine

begann das Meerschweinchen bald nach dem Erwachen aus der Narkose sich nach der dem Reiz entgegengesetzten Seite um die Längsachse zu rollen.

3. In gleicher Weise, wie wir es bei der Calcarinaläsion kennengelernt haben, erfolgt die Umstellung auch beim Tier, besonders wenn eine Leistung in gewohnter Weise total unmöglich geworden ist. Dafür sei als besonders instruktives Beispiel auf einen Versuch von MATTHAEI hingewiesen. BETHE und WOITAS hatten festgestellt, daß beim Mistkäfer nach Entfernung der Mittelbeine die Umstellung zu einem geordneten Gang gut gelingt. MATTHAEI[1] schnitt nun nur die Unterschenkel der Mittelbeine weg; es ergab sich nun, daß das Tier auf rauher Fläche (Löschblatt) sich nahezu unverändert bewegte, die Stummel wurden als richtige Glieder mitbenutzt, die Eckbeine zeigten dementsprechend normalen Paßgang. Setzte MATTHAEI aber das Tier auf eine glatte Unterlage, so wurden die Stummel nicht mehr mitbewegt und die Eckbeine zeigten jetzt eine Umstellung im Sinne des Kreuzganges. Konnte das Tier also mit den verstümmelten Gliedmaßen nicht mit dem Boden in richtigen Kontakt kommen, so wirkte das wie ein Fehlen der Extremitäten, wie eine Totalzerstörung, und da trat auch die Umstellung ein. Hatte die Benutzung der Extremitätenstummel dagegen noch einen Effekt, wie bei rauher Unterlage, so blieben die normalen Gehverhältnisse erhalten, wenn das Gehen dabei gewiß auch nicht normal war. Ähnliches hat KÜHL[2] beim Krebs beobachtet.

BETHE und WOITAS[3] konnten feststellen, daß der Gelbrandkäfer, der normalerweise nur mit dem letzten Beinpaar schwimmt, diese trotz Verstümmelung so lange zum Schwimmen benutzte, als damit noch ein Effekt zu erzielen war. Erst wenn das nicht mehr möglich war, erfolgte die Umstellung des Mittelbeines zum Schwimmbein.

MATTHAEI vertritt die Ansicht, daß die Umstellung erst eintritt, wenn das receptorische Korrelat der Bewegung des partiell amputierten Beines ausbleibt. Ich glaube nicht, daß diese sensorische Rückmeldung bzw. Nichtrückmeldung das wesentliche Moment darstellt. Mir scheint es vielmehr so, daß die Umstellung dann erfolgt, wenn die in Betracht kommende Leistung nicht mehr in geordneter Weise vollbracht werden kann. Die Benutzung des Stummels gibt an sich ja in bezug auf den sensorischen Effekt gar nicht die gleiche Rückmeldung wie früher die Benutzung des intakten Beines, wohl aber kommt es dabei zu einer — im wesentlichen — geordneten Leistung, und es ist gar keine Veranlassung zu einer Umstellung. Sobald aber diese geordnete Leistung wegfällt, tritt die Umstellung ein. Bei dieser Auffassung wird auch ein Versuch verständlich, den BETHE und FISCHER[4] mitgeteilt haben: man braucht beim Hund nicht ein Bein zu amputieren, um die Umstellung in den Gang auf drei Beinen zu erzeugen, sondern es genügt, ihm eine Sohle unter ein Bein zu binden, durch die bei jedem Auftreten eine starke Schmerzempfindung erzeugt wird. Auch dann kommt es zur Umstellung. Durch die starken Schmerzreize wird das gewöhnliche normale Gehen offenbar unmöglich und ein geordnetes Verhalten ist erst wieder geschaffen, wenn dieser Schmerz durch Alleinbenutzung der übrigen Glieder ausgeschaltet ist. Aus dem gleichen Grunde wirkt auch die Fesselung eines Beines anders als die Amputation; es erfolgt bei ihr keine Umstellung. Die Fesselung stellt ja nicht eine einfache Behinderung der Bewegung dar, sondern eine dauernde Beunruhigung des Tieres. Das Tier ist so dauernd darauf gerichtet, sich aus der Fesselung zu befreien. Die Unmöglichkeit führt zu dauernder allgemeiner Unruhe, zu Kata-

---

[1] MATTHAEI: Sitzgsber. Ges. Nervenärzte. Dtsch. Z. Nervenheilk. **115**, 232 (1930).
[2] KÜHL: Zitiert nach vorstehendem Aufsatz von BETHE.
[3] BETHE u. WOITAS: Pflügers Arch. **224**, 821 (1930).
[4] BETHE u. FISCHER: Ds. Handb. **15**, 1083 (1931).

strophenreaktionen, besonders stark, wenn das Bein eingegipst ist; dann kommt es evtl. zu einer lähmungsartigen Regungslosigkeit, ähnlich wie sie auch sonst bei schwerem Shock zu beobachten ist. Diese allgemeine Shockwirkung, mag sie in allgemeiner Unruhe oder in der lähmungsartigen Regungslosigkeit bestehen, verhindert das Eintreten einer neuen Ordnung, die Umstellung zu andersartiger Benutzung der Extremitäten zum Laufen. Nach der MATTHAEIschen Anschauung müßte die Fesselung eigentlich zur Umstellung führen.

Es kommt also bei der Umstellung offenbar darauf an, ein geordnetes Verhalten herbeizuführen. Nicht das Ausbleiben des receptorischen Korrelates ist das Wesentliche, sondern die Unmöglichkeit, den Effekt zu erreichen. Natürlich spielen dabei die receptorischen Korrelate, richtiger gesagt, die bei dem Effekt auftretende Gesamtveränderung im Organismus, die die Leistung immer wieder neu in Gang setzt, eine Rolle. Aber das natürlich erst, wenn die Umstellung erfolgt ist. Das Fehlen der Sensationen bei Fehlen eines Beines, die ja zum normalen Gang gehören, kann höchstens neben dem Fehlen des richtigen Effektes an sich im Sinne einer Katastrophenreaktion wirken und so indirekt mit dazu beitragen, daß die Umstellung erfolgt. Ist durch Durchschneidung sensibler oder motorischer Wurzeln die Bewegung des gefesselten Gliedes gestört, so behindert es, wie BETHE und FISCHER[1] gezeigt haben, die Umstellung nicht. Das ist verständlich; hier unterbleibt ja die Störung durch die Befreiungsversuche.

Die Bewegungen, die andererseits in dem freien (nicht-gefesselten) Stummel evtl. auftreten, wirken nicht störend. Es ist interessant, daß BETHE hervorhebt, daß sie gar nicht den normalen Bewegungen des Vierfüßerganges entsprechen, sondern sich in den veränderten Rhythmus der drei Laufbeine einfügen; so stören sie nicht nur nicht, sondern dürften sogar geeignet sein, den Dreifüßergang eher zu unterstützen. Es sind eben keine den Befreiungsbewegungen ähnliche und auch keine planlosen Bewegungen, sondern sie gehören offenbar zu dem Dreifüßergang.

Die Wirkung der Fesselung bietet eine weitere Analogie zu dem Verhalten von Mensch und Tier. Genau wie beim Hund, Krebs oder Seestern (vgl. vorher S. 1160) wirkt beim bewußtseinsgestörten Menschen das Festhalten des zum Wegwischen eines gesetzten Reizes adäquaten Gliedes hinderlich auf das Zustandekommen der zweckmäßigen Umstellung. So lange man bei einem Kranken den Arm, der zum Wegwischen benutzt werden sollte, so festhält, daß der Kranke noch gewisse Bewegungen mit ihm ausführen kann, so lange sehen wir in dem Arm Bewegungen auftreten, und es kommt zu keinem geordneten Wegwischen (etwa mit dem anderen Arm), sondern es treten neben den Versuchen, den Arm zu befreien, allgemeine Reaktionen auf, die mehr der Ausdruck der allgemeinen Erschütterung sind, als zweckmäßig erscheinen zur Befreiung vom Reiz. Faßt man aber noch fester zu, so daß eine Bewegung so gut wie ausgeschlossen ist, so hören die Versuche, den Arm zu befreien, bald auf und das geordnete Wegwischen mit der anderen Extremität erfolgt. Dieser Tatbestand beim bewußtseinsgestörten Menschen zeigt deutlich, daß diese Vorgänge wohl vom Bewußtsein modifiziert werden können, daß das Bewußtsein aber nicht ihr Urheber ist, sondern daß es sich um tief biologisch bedingte, allerdings nur bei ganzheitlicher Betrachtung verständliche Erscheinungen handelt. Die weitgehende Analogie in den Einzelheiten zwischen dem Verhalten des Menschen und so tiefstehender Tiere wie Krebs oder Seestern kann die Annahme nur verstärken, daß die so sinnvolle Verhaltensweise nichts mit einer Lenkung durch ein dem menschlichen Bewußtsein ähnlichen Zustand zu tun haben kann.

---

[1] BETHE u. FISCHER: Ds. Handb. **15**, 1088 (1931).

Die Tatsachen, daß die Umstellung, etwa das Gehen auf 3 Beinen, wie schon GOLTZ festgestellt hat, auch beim *großhirnlosen* Hunde auftritt oder der Lagereflex beim Taschenkrebs bei den verschiedensten Operationen am Nervensystem auch nach *Durchschneidung beider Schlundcommissuren*, die zweckentsprechende Modifikationen des Wischreflexes nach Amputation verschiedenster Glieder auch beim *decapitierten* Frosch auftreten, legen dar, daß auch die sog. höheren Zentren zum Eintreten der Umstellung nicht nötig sind.

## V. Die Anpassung an Defekte durch Ersatzleistungen.

Wir hatten darauf hingewiesen, daß bei einer so weitgehenden Zerstörung eines bestimmten Teilgebietes, daß eine Umstellung nicht mehr möglich ist, eine Anpassung an diesen Zustand durch die Ausbildung besonderer *Ersatzleistungen* auf anderen Gebieten erfolgt. Wir wollen die dabei zu beachtenden Tatsachen sowie die dabei hervortretenden Gesetzmäßigkeiten jetzt ein wenig genauer betrachten. Wieweit solche Ersatzbildungen beim Tier vorkommen und besonders wie sie im einzelnen gestaltet sind, darüber läßt sich nichts Genaueres sagen. Sicher ist aber, wie mich ein so ausgezeichneter Tierkenner wie O. PFUNGST belehrt, daß z. B. der Totalverlust der optischen Leistungsfähigkeit auch beim Tier durch eine besondere Ausnutzung der übrigen Sinne und auch Einbußen an der Motorik bis zu einem gewissen Grade wieder wett gemacht werden kann, daß zum mindesten die Tiere mit solchen Störungen auch in der natürlichen Situation keineswegs ohne weiteres zugrunde gehen. Es liegen jedenfalls Beobachtungen auch von Tieren in ihren natürlichen Lebenssituationen vor, die mit solchen Defekten weitergelebt haben. Genaueres über diese Ersatzbildung kennen wir aber vom kranken Menschen. Einige Beispiele davon seien hier angeführt:

Es gibt Kranke, die infolge einer motorischen Sprachstörung die Fähigkeit verloren haben, die Aufgaben des Einmaleins prompt zu lösen, weil sie sich dabei früher vorwiegend motorischer Reihen bedient haben. Sie wußten die Leistungen sozusagen motorisch auswendig. Solche Kranke sehen wir dann, wenn der Zwang besteht, sich des Rechnens zu bedienen (bei dessen Ausführung die Paratheit wenigstens des kleinen Einmaleins eine beträchtliche Rolle spielt), einen Ersatz ausbilden durch Ausnutzung optischer Leistungen. Einer meiner Kranken ging dabei so vor, daß er sich auf eine Tafel, die in 100 gleiche Quadrate geteilt war, in die oberste horizontale und die erste vertikale Reihe die Zahlen von 1—10, in jedes der Quadrate die Zahl schrieb, die bei der Multiplikation der in der gleichen Reihe liegenden Zahl aus der ersten vertikalen und ersten horizontalen Reihe herauskam. So hatte er sämtliche Lösungen der Aufgaben von 1—10 mal 1—10 in übersichtlicher Anordnung vor sich. Er stellte sich diese Tafel, wenn er eine Aufgabe löste, optisch vor, suchte die einer bestimmten Multiplikation entsprechende Stelle auf und las das Resultat ab. Natürlich gehört zur Bildung eines solchen Ersatzes ein besonders gutes optisches Vorstellungsvermögen. Die Ersatzbildung erfolgt überhaupt eigentlich in Güte nur unter Ausnutzung von Gebieten, die in der Anlage des betreffenden Menschen besonders gut waren. Sie erfolgt deshalb auch nicht beliebig. Es ist nicht etwa möglich, den Ersatz irgendwie rein nach theoretischen Gründen willkürlich auszubilden, sondern, damit man einen guten Ersatz erhält, ist es notwendig, die individuelle Wesenheit des betreffenden Kranken genau zu kennen. Interessant ist für das allgemein biologische Geschehen dabei, daß diese Ausnutzung einer bestimmten besonderen Fähigkeit von seiten des Kranken ganz „instinktiv", ganz von selbst erfolgt, ohne daß der Kranke sich gewöhnlich Rechenschaft darüber geben kann, warum er gerade so, ja wie er überhaupt vorging.

Besonders instruktiv trat das bei der Ersatzbildung des „Seelenblinden"[1] hervor, über den wir an anderer Stelle mehrfach berichtet haben. Dieser Patient war in seinen optischen Leistungen so weit gestört, daß er schon die einfachsten optischen Gegebenheiten in ihrer Besonderheit auf optischem Wege nicht erkennen konnte. Er hatte schon keinen richtigen Gradheits- und Krümmungseindruck, er konnte deshalb auch Buchstaben oder Zahlen nicht identifizieren, es war für ihn rein optisch betrachtet alles ein sinnloses Gewirr von hell und dunkel. Er lernte nun sehr bald lesen, ohne daß ihn jemand dazu anhielt, und zwar las er, wie wir an anderer Stelle ausführlich dargelegt haben, indem er das fragliche optische Gebilde nachfuhr, indem er die Macula über dasselbe hinwegführte. Die dabei erlebte Bewegung war für ihn ebenso ein Buchstabe, wie für uns der gesehene Buchstabe. Er hatte diese Art des Lesens, wie gesagt, ganz von selbst erlangt, ohne eigentlich recht zu wissen, wie er dazu kam, ja was er überhaupt tat. Erst als wir diese Art des Erkennens optischer Gebilde bei ihm durch Untersuchung festgestellt hatten und ihn darauf hinwiesen, daß er dabei so ganz anders vorginge als ein Gesunder, als er selbst in früheren Zeiten, erst dann wurde er gewahr, daß er anders las als früher. Ob er aber je ganz begriff, worin diese Andersartigkeit bestand, ist höchst fraglich.

Noch eines lernte er: er lernte dieses Vorgehen mit einer großen Virtuosität ausnutzen. Da er ja nur Flecke vor sich hatte, die er in ihrer Gestalt optisch gar nicht erfassen konnte, konnte er sich beim Nachfahren nur an die Grenzen zwischen Hell und Dunkel halten, wobei aber von vornherein natürlich gar nicht sicher war, ob er richtig anfing und bei Überschneidungen, wie sie ja bei den meisten Buchstaben vorliegen, richtig fortfuhr, um ein für einen bestimmten Buchstaben charakteristisches Bewegungsbild zu gewinnen, ja es war zunächst völlig zufällig, ob er zu einem brauchbaren Resultate kam. Dieses im allgemeinen planlose Nachfahren lernte er systematisch gestalten, indem er auf Grund bestimmter Kriterien zu einer bestimmten Art des Beginnens und Fortfahrens der Bewegungen überging, die ein schnelleres und sicheres „Lesen" ermöglichten. Ähnlich wie beim Lesen verhielt sich der Patient beim Erkennen anderer optisch gegebener Außenweltgebilde. Er erwarb sich dabei eine solche Virtuosität, daß er in seinem Verhalten kaum auffiel, daß er imstande war, einen Beruf auszuüben, bei dem feine Abmessungen eine große Rolle spielen — er hatte Damenledertaschen von genau bestimmter Form und Größe auszuschneiden.

Wenn wir die allgemeinen Gesetzmäßigkeiten bei dem Vorgang der Ersatzbildung nach dieser besonders genauen Beobachtung betrachten, so sehen wir, daß dabei die gleichen Gesetze gelten, wie wir sie bei der Umstellung kennengelernt haben. Der *Antrieb* tritt auch hier bei der *völligen Unmöglichkeit zu einer Leistung* auf, die für das Individuum von besonderer Bedeutung ist. Offenbar entsteht der Antrieb auch hier aus dem Erlebnis der Katastrophenreaktionen, die bei der völligen Unmöglichkeit zur Leistung auftreten. Der Ersatz *bleibt aus*, wie etwa der Vergleich des erwähnten Seelenblinden mit einem anderen zeigt[2], wenn die Störung es noch ermöglicht, ohne Ersatz *einigermaßen den durch die Situation gestellten Anforderungen gerecht* zu werden. Der Ersatz bildet sich *unbewußt aus*. Der Kranke probiert gewiß zunächst unter mancherlei Mißerfolgen, bis er zu dem brauchbaren Resultat kommt, d. h. einem solchen, das geordnetes Verhalten mit sich bringt. Das hierbei erlebte Vorgehen hält er fest, ohne aber einzusehen, wie es zu dem guten Resultat führt. Und er bleibt einsichts-

---

[1] Vgl. GELB u. GOLDSTEIN: Psychol. Analys. hirnpathol. Fälle. Bd. 1. Leipzig: Barth 1920.
[2] Vgl. GOLDSTEIN: Über die Abhängigkeit der Bewegungen von optischen Vorgängen. Mschr. Psychiatr. **54**, 141 ff.

los in dieser Hinsicht, auch wenn er das Resultat willkürlich verbessert, d. h. gewisse Hilfsmittel, von denen er erlebt hat, daß sie ihn schneller zum Ziele führen, ausgestaltet. So etwa, indem er beim Lesen links anfängt, nach einem gewissen Nachfahren probiert, ob die weiteren optischen Gegebenheiten mit dem einen oder anderen ihm bekannten Bewegungsbild übereinstimmen usw. Es handelt sich also wohl bei der Ausgestaltung um eine Erfahrungswirkung, nicht aber eigentlich um einen Übungserfolg, besonders nicht bei der *Gewinnung* des Prinzips der Ersatzbildung. Die Ersatzbildung ist im Prinzip entweder da oder nicht da, wie die Umstellung. Die Güte der Ersatzbildung ist von den Möglichkeiten, die der Organismus enthält, von den Anlagen des betreffenden Menschen und von den Anforderungen, die an ihn herantreten, abhängig. Gerade bei der Ersatzbildung läßt sich besonders deutlich der *Einfluß der Umwelt* dartun (vgl. hierzu meine Ausführungen S. 1166).

Das beim Ersatz in Erscheinung tretende Vorgehen des Organismus ist nicht etwas ganz Neues, ist nicht etwa an das Vorliegen eines Defektes gebunden, sondern geschieht unter Ausnutzung von Möglichkeiten, die unter normalen Verhältnissen auch zur Verfügung stehen und unter besonderen Umständen auch benutzt werden; nämlich dann, wenn die Anforderungen so groß werden, daß der Organismus ihnen auf dem gewohnten Wege allein nicht mehr gerecht werden kann. So führt auch der Normale bei der optischen Betrachtung eines Gebildes, wenn er auf dem rein optischen Wege zu keinem eindeutigen Resultat kommt, nachfahrende Bewegungen (wenn auch in anders fundierter Weise als der Kranke) aus oder nimmt den Tastsinn zu Hilfe, oder wir suchen uns etwa, wenn wir uns der Orthographie eines Wortes in fremder Sprache nicht sofort erinnern, wenn wir gewohnt sind, das Wort etwa viel zu schreiben, durch Schreibbewegungen die Orthographie zu vergegenwärtigen. Oder wenn etwa das Resultat einer Aufgabe aus dem Einmaleins uns nicht unmittelbar zur Verfügung steht, so suchen wir es durch Aufsagen des Einmaleins wachzurufen, u. a. m.

All das finden wir, nur in viel höherem Maße, als Ersatzleistungen bei Kranken wieder. Daß es sich wirklich um Benutzung solcher normaler Vorgänge handelt, geht auch daraus hervor, daß die Leistungen der Kranken die gleichen Mängel aufweisen, wie wir sie auch beim Gesunden bei Benutzung dieser Vorgänge finden. So z. B. zeigt das Schreiben des motorisch Aphasischen, der sich gelegentlich auf die optischen Erinnerungsbilder stützt, weil das prompte Schreiben gestört ist, die gleichen Fehler, wie der Gesunde sie bei normaler durchschnittlicher Güte der optischen Vorstellungen bei Benutzung dieser als Grundlage für das Schreiben macht u. ä. Es handelt sich also bei den Ersatzleistungen um Umwege, die wir gelegentlich, d. h. wenn die Möglichkeiten nicht den gestellten Anforderungen entsprechen, benutzen, und es sind dieselben Momente, die den Kranken zur Ersatzbildung veranlassen.

## VI. Über die Einschränkung der Leistungen resp. des Milieus bei jeder Anpassung an Defekte.

Wir haben schon bei Besprechung der Vorgänge bei Läsion der Calcarina darauf hingewiesen, daß die Umstellung bei Defekt immer mit Einschränkung der Leistungen resp. des Milieus einhergeht. Wir sehen das gleiche bei all den erwähnten Anpassungen, von denen wir gesprochen haben. Selbstverständlich können die Tiere mit amputierten Gliedmaßen nicht allen den Anforderungen gerecht werden, die normalerweise an sie herantreten und denen sie sonst gerecht werden können. Man übersieht diese Einschränkung leicht, weil der Blick vor allem auf die Wiederherstellung besonders wichtiger Leistungen gerichtet ist;

so etwa auf die Wiederherstellung der Fortbewegung bei beinamputierten Tieren oder die Wiederkehr der Funktion in einem bestimmten Muskel nach Transplantation usw. Wir wissen aber, daß bei Transplantation die Kraft selten mehr als auf ein Drittel von der Kraft des Vergleichsmuskels wiederkehrt, daß die Muskeln bei besonderen an sich normalen Leistungen schon abnorm ermüden. Man täuscht sich bei Tierversuchen leicht und nimmt dann eine zu weitgehende Anpassungsfähigkeit an, weil man oft übersieht, daß die Tiere nicht in ihrer natürlichen Situation leben, sondern in einer, in der die Obhut des Menschen sie vor gewissen Aufgaben schützt, so daß die bestehenden Einschränkungen nicht in Erscheinung treten.

Wir wollen auf ein in dieser Hinsicht besonders instruktives Beispiel hinweisen, das uns dann zu den klarer durchschaubaren Erfahrungen am Menschen überleiten soll: Trotz völliger Entfernung des sympathischen Systemes können Tiere, wie CANNON[1] und seine Mitarbeiter bewiesen haben, jahrelang leben und scheinen so trotz dieses Defektes angepaßt. Tatsächlich ist das aber nur scheinbar so. Die Ungestörtheit der sympathektomierten Tiere gilt nur innerhalb der schützenden Lebensbedingungen des Laboratoriums. Hier sind sie nicht den „normalen" Temperaturschwankungen, dem normalen Kampf um die Nahrung, der normalen Notwendigkeit, rasch Feinden zu entweichen, der normalen Gefahr des Verblutens (vgl. hierzu KRÖTZ[2]) ausgesetzt, weil gerade in dieser Hinsicht die Laboratoriumsbedingungen günstig gestaltet sind. Es ist aber gar keine Frage, daß die Tiere in vielfacher Beziehung mangelhafter gestellt sind. Sie stehen tatsächlich Kälte- und Wärmeeinwirkungen gegenüber viel weniger geschützt da, sie können die Temperaturkonstanz nicht aufrechterhalten und ähnliches. Die Umstellung ist eben nur möglich, wenn gleichzeitig die Möglichkeit gegeben ist, das Milieu so einzuschränken, daß keine Reize auf den Organismus einwirken, die zu Katastrophenreaktionen Anlaß geben.

Dieses Verhältnis zwischen Leistung eines defekten Organismus und Milieuänderung wollen wir jetzt noch etwas ausführlicher auf Grund von Beobachtungen am hirngeschädigten Menschen betrachten. Wenn man Patienten mit verschiedenartigen Rindendefekten und entsprechenden Ausfällen außerhalb der Untersuchungssituation beobachtet, ist man immer über das *Mißverhältnis zwischen den bei der speziellen Untersuchung feststellbaren Defekten und den subjektiven und objektiven Störungen* erstaunt. Schon an den Klagen der Patienten fällt auf, welche geringe Rolle die Lähmungen, die hemianopischen Defekte, die Störungen der Sprache, des Erkennens, des Handelns bei ihnen spielen. Es wird dies besonders auffällig, wenn die Defekte so hochgradig sind, daß beinahe ein Totalausfall vorliegt, etwa totale Blindheit, totale Sprechunfähigkeit, schwerste Störungen im optischen Erkennen usw. Aber es handelt sich dabei nicht nur — wie man früher gewöhnlich annahm — um eine Nichtwahrnehmung des Defektes, also eine subjektive Erscheinung, sondern der Defekt, den wir bei speziellen Untersuchungen feststellen, zeigt sich auch bei den Leistungen der Kranken außerhalb der Untersuchungen, also objektiv in weitem Maße als nicht hinderlich. Wir sehen, daß der Hemianoptiker objektiv recht wenig beeinträchtigt ist, wir sehen, wie der Kranke trotz der schweren Lähmung relativ gut geht, wir sehen den Apraktischen viele Verrichtungen des gewöhnlichen Lebens außerordentlich gut ausführen, den Seelenblinden evtl. ausgezeichnet seinen Verrichtungen nachgehen. Wenn natürlich auch ganz bestimmte Leistungen unmöglich sind, so sind doch die Kranken im Gesamtverhalten oft wenig behindert, sie fallen wenig auf, sie werden zum mindesten viel weniger gestört, als man nach dem Ausfall

---

[1] CANNON: Lancet **1**, 1109 (1930) — Amer. J. Physiol. **89**, 84 (1929).
[2] KRÖTZ: Ds. Handb. **16**, H. 2, 1755.

der speziellen Untersuchung annehmen würde. Man kommt auf die Vermutung, daß die Störungen irgendwie aus der Reizverwertung ausgeschaltet sind. Jedenfalls haben sich die Kranken ausgezeichnet an die Defekte angepaßt[1].

Wir haben schon vorher das Fehlen des Bewußtseins der eigenen Blindheit erwähnt. Dieses ANTONsche Symptomenbild[2] ist aber nicht nur bei Störungen auf optischem Gebiet, sondern auch bei solchen auf anderen Gebieten vielfach beobachtet worden. So bei Störungen auf akustischem Gebiet, bei aphasischen, bei hemiplegischen Erscheinungen, bei Alexie usw. Man hat sie als eine Besonderheit bei bestimmter Art der Schädigung der Hirnrinde betrachtet und entweder lokalisatorisch oder durch die Annahme allgemein psychischer Störungen, wie solche der Aufmerksamkeit, der Auffassung, des Gedächtnisses, zu erklären versucht. Keine dieser Erklärungen erwies sich aber eigentlich als ausreichend. REDLICH und BONVICINI[3] haben darauf hingewiesen, daß es sich um allgemeine psychische Veränderungen handeln müßte, die mit Störungen der Merkfähigkeit, des Vorstellungslebens usw. nichts zu tun haben können. ANTON hatte schon eine Ähnlichkeit im Verhalten dieser Kranken mit dem gewisser Hysterischer betont. Eigene Beobachtungen haben mir gezeigt, daß es sich nicht um psychotische Reaktionen, auch nicht im Sinne der Hysterie handeln kann, sondern daß offenbar ganz normale vitale Reaktionen auf die Schwere der Einbuße vorliegen. Ich konstatierte diese Ausschaltung der Blindheit sowohl im Verhalten wie in den Äußerungen auch in Fällen ohne jede psychische Störung und ohne jede Verletzung des Gehirnes, besonders ausgesprochen bei Schußverletzung der peripheren Optici mit totaler Blindheit ohne jede Hirnschädigung. Die Möglichkeit, eine große Zahl verschieden lokalisierter Hirnverletzungen lange Zeit zu beobachten, zeigte mir weiter, daß die uns interessierende Erscheinung gewiß nicht an irgendeine Art und Lokalisation der Schädigung im Gehirn gebunden sein kann und daß sie weit häufiger zu beobachten ist, als man im allgemeinen geneigt ist anzunehmen. Sie tritt, wie wir schon vorher erwähnt haben (vgl. S. 1134), aber eigentlich nur ein, wenn ein wirklicher Totalausfall einer bestimmten Leistung vorliegt.

Bei manchen Störungen, wie der Hemianopsie, mag die geschilderte Umstellung von wesentlicher Bedeutung sein dafür, daß die vorliegende Störung weder subjektiv noch objektiv im gewöhnlichen Leben in Erscheinung tritt. Bei anderen ist das aber gewiß nicht der Fall. Hier bleiben so eklatante Defekte bestehen, daß noch andere Momente dafür verantwortlich sein müssen, daß die Kranken so wenig behindert erscheinen. Man stellt bei näherem Zusehen fest, daß das geordnete Verhalten offenbar dadurch zustande kommt, daß solche Anforderungen, denen der Organismus wegen seines Defektes nicht gerecht werden könnte, an ihn gar nicht oder kaum herantreten, daß, wie in normalen Zeiten eine Adäquatheit zwischen Organismus und Umwelt besteht. Da der Organismus nun aber verändert ist und also eine seinem normalen Milieu entsprechende Reizverwertung unmöglich ist, so kann diese Adäquatheit nur dadurch bedingt sein, daß das *Milieu sich geändert* hat. Wir können daraus schließen: Der durch die Störung in quantitativer und qualitativer Hinsicht veränderte Organismus muß jetzt wieder *ein seinem jetzigen Zustand entsprechendes Milieu* haben, und das ist tatsächlich der Fall. Die genauere Beobachtung lehrt: eine ganze Reihe von Außenweltvorgängen, die zur normalen Umwelt des geschädigten Menschen gehörten, existieren für ihn gar nicht mehr. Er gerät sofort in Ver-

---

[1] Vgl. hierzu und zum folgenden: Beobachtungen über die Veränderungen des Gesamtverhaltens bei Gehirnschädigung. Monographien Neur. **68**, 217ff. (1928).
[2] ANTON: Arch. f. Psychiatr. **32** (1899).
[3] REDLICH u. BONVICINI: Jb. Psychiatr. **1908** — Neur. Zbl. **30** (1911).

wirrung, wird subjektiv erregt und objektiv unfähiger, wenn man ihn etwa gewaltsam zur Beachtung und zu einer Reaktion auf solche für ihn nicht mehr zu bewältigenden Vorgänge zwingen will.

*Wie kommt nun der geschädigte Organismus dazu, gerade das Milieu zu gewinnen, das nur seinem veränderten Wesen adäquate Anforderungen an ihn stellt?* Zum Teil wird dies sicher durch die Umgebung bewirkt. Der Experimentator z. B. sucht seine operierten Tiere am Leben zu erhalten und gestaltet das Milieu deshalb selbstverständlich so, daß daraus dem Tiere keine das Leben zerstörende Schädlichkeiten erwachsen, und ähnlich verhält sich natürlich auch der Arzt dem kranken Menschen gegenüber. Ja es ist die wesentliche Aufgabe des Arztes, Patienten mit Störungen, die nicht zu beseitigen sind, zu einem entsprechenden Milieu zu verhelfen, wobei unter Milieu sowohl die Lebensgestaltung in bezug auf bestimmte äußere Situationen, bestimmtes Klima, Vermeidung körperlicher Anstrengungen usw. zu verstehen ist sowie in bezug auf bestimmte innere Situationen, wie sie durch die Zufuhr bestimmter Nahrung, bestimmter Medikamente, bestimmte psychische Beeinflussung geschaffen werden. Aber der Organismus trägt auch selbst dazu bei das geeignete Milieu zu gewinnen. Das Tier sucht Situationen auf, in denen es den Gefahren, die ihm infolge seiner Veränderung drohen, nicht ausgesetzt ist. Die sympathikektomierten Tiere zeigen eine deutliche Unlust gegen kalte Luft und gegen Zug; im Winter leben sie in der Nähe der Heizung usw.

Beim kranken Menschen läßt sich das Verhalten noch genauer analysieren. Zunächst stellen wir fest, daß die Kranken nach Möglichkeit alle Situationen „vermeiden", in denen Katastrophenreaktionen auftreten können. Allerdings geschieht dieses Vermeiden keineswegs in so bewußter Weise, daß etwa der Kranke die Situation und ihre Gefahren wirklich durchschaut. Vielmehr verhält sich der Kranke auch dabei recht passiv. Beginnt aus einer für ihn objektiv gefährlichen Situation heraus ein Reiz wirksam zu werden, so tritt sofort eine Katastrophenreaktion ein, jede weitere adäquate Reizverwertung ist ausgeschlossen, der Kranke erscheint völlig abgeschlossen gegenüber der Welt. Die gefährliche Situation wird also weniger aktiv vermieden, als daß der Kranke passiv von ihr abgeschlossen wird. Hat aber der Kranke öfters erlebt, daß in bestimmten Situationen Katastrophenreaktionen auftreten, und ist er imstande, diese Situationen an irgendwelchen von ihm erfaßbaren Erscheinungen, Kriterien, zu erkennen, so kann er die Situation auch tatsächlich aktiv vermeiden. Wir sehen es immer wieder, daß die Kranken sich heftig wehren, bestimmte scheinbar ganz harmlose Dinge zu tun, und wir begreifen dieses Sichwehren sofort, wenn wir den betreffenden Vorgang unter den dargelegten Gesichtspunkten betrachten.

Das Vermeiden gefährlicher Situationen geschieht besonders aber dadurch, daß der Kranke sich auf die *Situationen zurückzieht, die er bewältigen kann.* Dieses Moment spielt eine große Rolle. Der Kranke sucht, wenn man ihn etwa mit Gewalt in eine von ihm als katastrophale Situation erkannte Lage hereinbringen will, diesem Zwange durch Ausführung irgendeiner anderen Leistung — einer „Ersatzleistung" — zu entgehen. Die Kranken entwickeln in dieser Hinsicht oft eine große Findigkeit. Der Inhalt dieser Ersatzleistung kann dabei an sich recht wenig sinnvoll sein, ja auch für den Kranken in gewisser Weise unzweckmäßig und störend. Sicherlich wird der Kranke aber durch sie nicht in dem Maße gestört, wie es der Fall wäre, wenn er zu der von ihm verlangten Situation Stellung nehmen müßte. Die Bedeutung dieser Ersatzleistung liegt nicht in ihrem Inhalt, sondern darin, *daß sie an sich möglich ist und daß, solange sie vor sich geht, keine andere, evtl. zu Katastrophen führende Reaktion erfolgen kann.* Da der Kranke nur durch Ausführung möglicher Leistungen Katastrophen meidet, so sehen wir ihn fast nie müßig. Die Patienten sind, wenn sie nicht schlafen oder ruhen, immer mit etwas beschäftigt, und man muß sie aus irgendeinem anderen Vorhaben oft nicht ohne Mühe herausbringen, will man von ihnen eine Leistung verlangen. Die Leistungen, die den Kranken möglich sind und die sie immer wieder erstreben, zeigen einen möglichst gleichmäßigen, wenig Wechsel enthaltenden Charakter. Nur zu solchen sind sie imstande. Das erzeugt den Eindruck, daß die Kranken eine ausgesprochene Tendenz zur Ruhe haben. Allerdings handelt es sich dabei nicht etwa um die Ruhe des nichtstuenden, beschaulichen Menschen: Gerade diese enthält ja die Gefahr des Gestörtwerdens durch äußere, evtl. nicht zu bewältigende Vorgänge; und das suchen die Kranken ja zu vermeiden. Wenn wir diese Zustände der Ruhe genauer analysieren, so sehen wir, daß die Kranken, wie schon erwähnt, keineswegs müßig sind, sondern daß diese Ruhe nur vorgetäuscht wird durch die Ausführung möglichst gleichartiger Leistungen. Durch diese ist der Kranke so beschäftigt, so eingefangen und gegen außen abgeschlossen, daß er durch sehr Vieles, was um ihn vorgeht, unberührt bleibt; alles aber, was für ihn in der Situation von Wert ist, wird sehr wohl beachtet, aufgenommen und behalten. In dieser Abgeschlossenheit von der Außenwelt, die vor vielen sonst für ihn normalen, jetzt aber gefährlichen Reizen schützt, haben wir wahrscheinlich ein Analogon zu dem sog. Totstellen der Tiere zu sehen. Diese Einstellung des Organismus, unter der das Verhalten des Kranken erfolgt, kommt vermutlich ebenso wie beim Totstellen nicht etwa durch einen Willensakt und klar bewußt zustande, sondern ist ein biologisch zu verstehendes Phänomen, bei dessen Eintreten der Zustand der Erschütterung und der Angst eine Hauptrolle spielen.

Ein besonders charakteristisches Mittel der Hirngeschädigten katastrophalen Situationen zu entgehen, ist ihre Ordentlichkeit. Die Kranken haben einen geradezu fanatischen Ordnungstrieb. Die Schränke der Hirnverletzten, die ich seit vielen Jahren in Beobachtung habe, sind Muster einer ganz bestimmten Ordnung. Da liegt alles an einem ganz bestimmten Platz, genau so wie es liegen muß, damit es der Kranke möglichst leicht finden und herausnehmen kann; alles also — vom Kranken aus gesehen — an „seinem" Platz. Legt man vor einen solchen Kranken verschiedene Gegenstände durch- und übereinander auf den Tisch, so wird man bald sehen, daß der Kranke, wenn er überhaupt auf die Sachen aufmerksam wird, sie ordentlich nebeneinander legt, evtl. das für ihn Zusammengehörige in einzelne Häufchen.

Ein Kranker hat eben auf ein Papier geschrieben, die Untersuchung ist zu Ende. Ich nehme den Bleistift und lege ihn zufällig irgendwo auf das zufällig schräg liegende Papier. Der Kranke nimmt — schon im Aufstehen — den Bleistift in die Hand, legt das Papier gerade zur Tischkante und den Bleistift möglichst parallel neben den Papierrand. Legt man den Bleistift, ohne etwas zu sagen, wieder aufs Papier, so kann es vorkommen, daß der Kranke — wenn er noch mit seinem Blick darauf gerichtet ist — den Bleistift wieder neben das Papier legt, und dieses Spiel kann sich mehrfach wiederholen, bis etwa der Kranke durch etwas anderes abgelenkt ist oder man ihm ausdrücklich sagt, man wolle es gerade so haben. Dann gibt der Kranke schließlich Ruhe, gewöhnlich allerdings mit einer Gebärde ausgesprochenen Unbehagens.

„Unordnung" ist für den Kranken unerträglich. Was bedeutet Unordnung in diesem Sinne? Objektive Unordnung gibt es ja eigentlich ebensowenig wie objektive Ordnung. Unordnung bedeutet eine Anordnung, die nicht nur *eine* bestimmte Übersicht resp. Benutzbarkeit aufdrängt, sondern mehrere oder viele ermöglicht. Völlige Unordnung, soweit sie überhaupt möglich ist, würde nichts aufdrängen, sondern völlig freie Wahl lassen.

Nun gibt es natürlich verschiedene Ordnungsmöglichkeiten für die gleichen Objekte je nach der Einstellung, mit der man an die Außenweltdinge herantritt.

Ist man z. B. handelnd eingestellt, so erscheint eine andere Ordnung richtig, als wenn man etwa schauend eingestellt ist. Beim Handeln ist es wieder verschieden, je nachdem, ob es einfache gewohnte Handlungen sind, die aus der Situation passiv folgen oder ob eine Wahl zu bestimmten Zwecken oder gar Schaffung neuer sinnvoller Ordnungen notwendig ist. Je vielfältiger die Aufgaben sind, die jemand zu verrichten hat, um so unordentlicher wird die ihm adäquate Ordnung dem erscheinen, der nur wenige Aufgaben zu verrichten fähig ist, der etwa nur imstande ist, jeden Gegenstand für sich oder bestimmte in einem bestimmten Zusammenhang zu ergreifen. Für den wird die Lage nebeneinander oder höchstens bestimmter Gegenstände zusammen in Häufchen die beste Ordnung sein, die *eigentliche* Ordnung, alles andere Unordnung. Zu einer solchen ,,primitiven" Ordnung neigen alle Hirnkranken. Diese Anordnung allein ermöglicht ihnen, die für sie wesentlichen Leistungen mit möglichst geringem Kraftaufwand auszuführen. Sie ermöglicht ihnen die adäquatesten Reaktionen. Andere Anordnungen erzeugen in ihnen Erregung, Angst, weil sie Leistungen verlangen, die sie nur unter großem Kraftaufwand oder gar nicht vollbringen können, die sie also leicht in katastrophale Situationen versetzen.

Das, was die ,,Unordnung" von ihnen verlangt, ist vor allem die Wahl, der Wechsel der Einstellung, der schnelle Übergang von einem Verhalten zu einem anderen. Das ist aber gerade das, was sie nicht können oder worin sie behindert sind. Die Angst vor der katastrophalen Reaktion, zu der es bei der objektiven Notwendigkeit eines Wechsels durch die Gliederung der Außenwelt kommen muß, weil der Kranke einer solchen Aufgabe nicht gerecht werden kann, die Angst vor objektiver Unordnung — die der Kranke natürlich gegenständlich positiv gar nicht erlebt, sondern die er nur als Schrecken erlebt[1] — läßt ihn mit größter Zähigkeit an der ihm adäquaten Ordnung festhalten, die uns Gesunden als eine abnorm primitive, abnorm gebundene zwanghafte Ordnung erscheint.

Die Tendenz zum dauernden Beschäftigtsein mit den wenigen möglichen Leistungen, zur ,,Ruhe", zur Geordnetheit der Außenwelt, all das bedeutet eine *außerordentliche Einschränkung der Umwelt*; nicht nur Ausschaltung vieler komplizierter Anforderungen, sondern auch die Ausschaltung eines häufigen Wechsels der Aufgaben, wie er für das normale Leben charakteristisch ist. Diese Einschränkung der Umwelt ermöglicht das geordnete Verhalten der Hirngeschädigten, läßt ihre Störungen so wenig hervortreten.

Was uns die Hirngeschädigten in so besonders ausgesprochenem Maße zeigen, gilt aber im Prinzip mehr oder weniger für alle Anpassungen an Störungen im Bestand des Organismus. Alle gehen mit einer mehr oder weniger weitgehenden Einschränkung des Milieus einher, und überall mag sich diese Einschränkung in ähnlicher Weise abspielen, wie wir es bei den Hirnverletzten so besonders deutlich sehen. *Diese Einschränkung des Milieus gehört zum Wesen der Anpassung.* Durch sie wird eigentlich erst — in noch höherem Grade als durch die erwähnte Umstellung und den Ersatz — der Bestand des Organismus ermöglicht. Durch sie wird *geordnetes Verhalten* garantiert, die Grundvoraussetzung, daß der Organismus noch die Leistungen zu verrichten vermag, die ihm — trotz des Defektes — verblieben sind, so z. B. auch erst die durch die Umstellung gewonnene Besserung seines Zustandes richtig zu verwerten vermag.

Ist eine Einschränkung des Milieus notwendige Voraussetzung zur Gewinnung einer Anpassung, so können *zu geringe Anforderungen die Anpassung unvollkommen gestalten*, schlechter als es nach der Art der Schädigung auf dem

---

[1] Vgl. zum Problem der Angst: Allg. ärztl. Z. Psychother. **2**, H. 7, 409ff.

einen Gebiete, an dessen Störung die Anpassung erfolgt, notwendig erscheint. Diese Minderanforderungen können durch äußere Momente und durch weitere Defekte des Organismus selbst bedingt sein. Werden einem defekten Organismus allzuviel Hindernisse fortgeschafft, so sinkt er auf ein zu tiefes Niveau seiner Leistungen, wie andererseits Anforderungen seine Leistungsfähigkeit trotz Defekt erhöhen. Das können wir immer wieder konstatieren, wenn wir Kranke mit etwa gleichen Defekten in verschiedenen Lebenssituationen zu beobachten Gelegenheit haben. Kranke wie Umgebung sind dann erstaunt, wenn sie sehen, zu welchen Leistungen man einen Kranken bringen kann, wenn man größere — natürlich nur ihm adäquate — Anforderungen an ihn stellt, als es die allzu ängstliche Umgebung getan hat. Zu welchen außerordentlichen Leistungen Kranke mit anscheinend schweren Defekten unter dem Zwange bestimmter Lebenssituationen resp. unter dem Antrieb bestimmter Willenseinstellungen kommen können, hat besonders instruktiv erst kürzlich wieder WALTHARD[1] gezeigt. Mit Recht betont er: ,,Die Schwere des anatomischen Defektes braucht nicht ausschlaggebend zu sein für die daraus entstehenden funktionellen Dauerfolgen. Für diese ist viel wichtiger die Stellungnahme des Defektgeheilten zu seinem Defekt." (S. 300.) — Ich möchte hinzufügen: die Möglichkeit trotz Defektes Wesentliches zu leisten, was keineswegs allein vom guten Willen des Defekten abhängig ist.

Eine in bezug auf eine bestimmte Störung zu weit gehende Einschränkung des Milieus, eine zu starke Reduktion der Anforderung kann besonders durch das Vorliegen weiterer Defekte bedingt sein. So kann die Umstellung resp. Ersatzbildung unterbleiben oder mangelhaft erfolgen, wenn sie wegen weiterer Defekte, wegen weiterer Störungen, die dem Organismus keine Ausnutzung ermöglichen, zwecklos ist, d. h. wenn es *doch zu keiner Verwertung kommen kann* oder nicht zu einer so weitgehenden, daß dadurch für den veränderten Organismus wesentliche Leistungen resultieren. So kann man nicht selten beobachten, daß Kranke sich bei gewissen Störungen beruhigen, ohne eine Anpassung zu schaffen, weil sie durch Störungen auf anderen Gebieten doch zur Untätigkeit gezwungen sind resp. weil solche Anforderungen, die sie zur Ersatzbildung veranlassen könnten, etwa wegen dieser weiteren Defekte nicht an sie herantreten. So ist die Anpassung schon verschieden, je nachdem ob ein Kranker dauernd unter dem schützenden Milieu einer Klinik lebt oder draußen, wo ihn gewisse Anforderungen des Lebens doch zu einer möglichst weitgehenden Ausnutzung seiner Fähigkeiten zwingen. Besonders eindringlich trat diese Differenz bei zwei ,,Seelenblinden" meiner Beobachtung hervor, über die ich an anderer Stelle berichtet habe[2]. Die genauere Analyse ließ hier die einzelnen Momente, die die Anpassung begünstigten resp. ungünstig gestalten ließen, besonders deutlich erkennen. Deshalb sei auf die beiden Patienten kurz eingegangen:

Der eine von ihnen bot eine hochgradige Störung des optischen Erkennens. Trotz dieser dauernd fortbestehenden Beeinträchtigung hatte sich bei ihm eine so weitgehende Anpassung ausgebildet, daß er im allgemeinen überhaupt kaum wesentlich auffiel, einen Beruf ausübte und seinen Pflichten als Vater einer Familie nachzukommen vermochte. Die genaue Untersuchung ergab, daß es sich hier nicht um eine Umstellung handelte, sondern um einen Ersatz (vgl. hierzu die Darlegungen S. 1133). Es war besonders die *Ausbildung motorischer Leistungen* bis zu einer ungewöhnlichen Virtuosität, die es ihm ermöglichte, trotz der hochgradigen Beeinträchtigung des optischen Erkennungsvermögens allen Anforderungen eines zwar in gewisser Beziehung eingeschränkten, aber immerhin kaum besonders stark auffällig veränderten Milieus gerecht zu werden. Der andere Patient, der in seiner Optik nicht so schwer gestört war, so daß er mancherlei Dinge noch rein optisch erkennen konnte, hatte auch gewisse motorische Ersatzleistungen ausgebildet, aber in außerordentlich viel geringerem

---
[1] WALTHARD: Sitzgsber. Ges. dtsch. Nervenärzte. S. 295. Leipzig: Vogel 1931.
[2] Mschr. Psychiatr. **54**, 141 ff.

Maße. Sie waren von einer solchen Unvollkommenheit, daß er z. B. im Dunkeln sich so gut wie gar nicht bewegen konnte, daß er Bewegungen überhaupt nur auszuführen vermochte, wenn er das bewegte Glied ansah usw. Der ganze Mann machte auch speziell in bezug auf die Motorik einen viel hilfloseren Eindruck als der andere.

Wenn wir uns fragen, wodurch diese Differenz zu erklären ist, so kommen verschiedene Momente in Betracht. Vielleicht spielt bei der guten Ersatzbildung des ersten Patienten schon eine gewisse Rolle, daß er eine besonders gute motorisch-kinästhetische Veranlagung mitbrachte, während das bei dem zweiten Patienten nicht der Fall war. Als zweites Moment für die Ausbildung des Ersatzes kommt in Betracht der Umstand, daß der Patient auf rein optischem Wege so außerordentlich wenig leisten konnte, daß er, wenn er sich auf seine optischen Gegebenheiten gestützt hätte, sehr hilflos gewesen, ja dauernd von Katastrophenreaktionen erschüttert worden wäre — im Gegensatz zu dem zweiten Patienten, der noch mit seiner Optik allein Wesentliches (für ihn Wesentliches) zustande bringen konnte. Aber viel bedeutungsvoller als die erwähnten Momente dürfte sein, daß die ganze *Situation* den ersten Patienten nicht nur viel mehr zur *Ausbildung des Ersatzes zwang*, sondern ihm die dadurch gewonnenen Leistungen besonders wertvoll erscheinen lassen mußte, während bei dem anderen Patienten das nicht der Fall war. Der erste Patient hatte sonst keinerlei wesentliche Störungen: keine Beeinträchtigungen des Gehens, er konnte seine Hände in geschickter Weise benutzen, er konnte sich sprachlich verständigen; er lebte in einer Situation, die große Anforderungen an ihn stellte: er hatte Kinder, für die er sorgen mußte und infolge seines Charakters gut zu sorgen sich bemühte, er übte einen Beruf aus, und der Verdienst, den er dabei erwarb, war für seine gesamte Lebenshaltung wichtig. Dazu kam, daß es sich um einen von Haus aus recht intelligenten und charaktervollen Menschen handelte. Die Schwere seiner optischen Störung zwang ihn sehr bald zur Ausbildung eines Ersatzes, wenn er nicht dauernd Katastrophenreaktionen ausgesetzt sein wollte. Er erlebte sehr bald die Nützlichkeit seines bestimmten Vorgehens unter Ausnutzung der motorischen Vorgänge. Die Lebenssituation — er hatte während des Lazarettaufenthaltes geheiratet — drängte ihn dazu das Lazarett zu verlassen. Die Berufsausübung, der er recht gut nachkommen konnte, sowie seine ganze geschilderte Lebenssituation veranlaßten zu einer immer besseren Ausnutzung der ihm gebliebenen Leistungen, zu einer immer besseren Gestaltung des Ersatzes.

Ganz anders war es bei dem 2. Patient. Dieser Patient hatte außer der optischen Störung eine schwere Lähmung des rechten Armes und Beines, er hatte eine schwere motorisch-aphasische Sprachstörung und war dadurch schon in den primitivsten Lebensverrichtungen sehr behindert. Auch er war von Haus aus recht intelligent, vielleicht noch mehr als der andere, besaß auch jetzt noch eine gewisse Findigkeit und großen Antrieb sein Leben in dem beschränkten Kreis, in dem es sich abspielte, möglichst gut zu gestalten. Aber dieser Kreis blieb dauernd außerordentlich eng. Geschweige, daß er irgendeinen Beruf wieder hätte erlernen oder ausüben können, kam er wegen seiner allgemeinen Hilfsbedürftigkeit nicht aus dem Lazarett heraus, bedurfte dauernd der Unterstützung durch Pflegepersonal, von der Gründung einer Familie usw. war nicht die Rede. Für die geringen Leistungen, die das Milieu verlangte, in dem er sich befand und aus dem er wegen der geschilderten Verhältnisse nicht herauskommen konnte, reichte die erhaltene, wenn auch mangelhafte Optik allein beinahe völlig aus. Da seine Situation eine bessere Leistung, als sie bei offenen Augen möglich war, gar nicht von ihm forderte, kam es nur zu so geringen Ersatzbildungen.

Die Analyse der Bedeutung der Milieuanforderungen für die Ausbildung der Anpassung führt uns wieder besonders deutlich das Grundgesetz vor Augen, von dem das Leben des Organismus bestimmt wird. Wieder sehen wir, daß es für den Organismus vor allem darauf anzukommen scheint, einen seinem — jetzt veränderten — Wesen adäquaten, konstanten Zustand zu gewinnen, der einen *geordneten* Ablauf der Leistungen ermöglicht. Die Geordnetheit wird selbst auf Kosten gewisser Leistungen, die an sich bei anderer Milieugestaltung noch möglich wären, auf jeden Fall erstrebt. *Sie erscheint als die wichtigste Voraussetzung des Lebens.* Die Anpassung geht nicht so sehr in der Richtung auf Rückgewinnung der früheren Leistungen — diese ist bei Defekt nur bis zu einem gewissen Grade möglich —, als auf *Wiederherbeiführung geordneten Verhaltens.* Von den an sich noch möglichen Leistungen werden nur die verwirklicht, die im Rahmen geordneten Verhaltens verwertbar sind, dieses jedenfalls nicht stören. Es ist dieselbe Gesetzmäßigkeit, die unseren zweiten Kranken seine Leistungsfähigkeit nicht voll ausnutzen läßt und die beim Tier mit Halbamputation des Schwimmbeines bewirkt, daß es das Bein — das es an sich bewegen könnte — beim Schwimmen nicht bewegt, wenn das Bein zu kurz ist, um durch die Bewegung einen wirklichen Effekt zu erzielen.

Durch diese außerordentliche Bedeutung des geordneten Verhaltens für das Leben des Organismus kann es zu einer so starken Einschränkung des Milieus kommen, daß dadurch an sich wieder Katastrophenreaktionen entstehen können, wenn etwa diese Einschränkung dem Organismus die Ausführung wesentlicher Leistungen unmöglich macht. Dies kann besonders eintreten, wenn durch körperliche Einschränkungen seelische Leistungen unmöglich gemacht werden, die dem betreffenden Menschen unbedingt so notwendig erscheinen, daß das Leben in so eingeschränkter Form als inadäquat erscheint. Wir haben gesehen, daß der Kranke mit schwerem Rindendefekt von dieser Katastrophe gewöhnlich bewahrt wird dadurch, daß er gleichzeitig die Erkenntnis seiner Veränderung gegen früher einbüßt. In schwersten Fällen verliert er das Bewußtsein überhaupt. Es gibt aber Übergangssituationen, in denen die Einschränkung zwar schon besteht, aber die Erkenntnis für den Zustand noch nicht geschwunden ist. In solchen Situationen kann es zu schweren seelischen Konflikten kommen. Dann tritt die Tendenz zur Selbstvernichtung als Ausdruck schwerster katastrophaler Erschütterung durch die Erkenntnis der Unmöglichkeit zu einem adäquaten Dasein auf, als letzte — das Individuum vernichtende — Möglichkeit zur Anpassung. Bei den Anpassungsvorgängen, zu denen die nichtheilbaren Krankheiten den menschlichen Organismus veranlassen, spielt diese zwiespältige Situation oft eine große Rolle — und damit wird sie auch von großer Bedeutung für die Überlegungen bei dem therapeutischen Vorgehen des Arztes. Der Arzt wird immer von der Überlegung geleitet sein müssen, ob er durch die Milieueinschränkung, die jede Therapie darstellt, die Lebensmöglichkeiten des Kranken nicht im allgemeinen — resp. in Hinsicht auf die bestimmte individuelle Wesenheit des Kranken — mehr einschränkt, als für den Kranken tragbar ist und wird nicht selten eine gewisse Störung — ein krankhaftes Symptom — in Kauf nehmen müssen, weil sie leichter tragbar ist als die durch die Milieueinschränkung bedingte Beeinträchtigung wesentlicher Aufgaben. Das bedeutet aber, daß der Kranke bis zu einem gewissen Grade ungeordnetes Verhalten ertragen muß resp. ertragen lernen muß. Je mehr er das vermag, um so weniger büßt er seinem gesunden Zustand zugehörige Wesenszüge ein, um so ähnlicher bleibt er seinem gesunden Wesen. Dieser Tatbestand lehrt schon, daß ein bestimmtes Maß im Ertragen von ungeordnetem Verhalten zum Wesen des gesunden, normalen Menschen gehört. Gewiß erstrebt auch der gesunde Mensch Ordnung. Die Anforderungen, die an den Menschen herantreten, sind offenbar so große, daß er sie nur zu bewältigen vermag, indem er gewisse, wenn auch unerledigt so festlegt, daß sie ihn momentan nicht stören — das ist ja der Sinn aller Ordnung — und so entsteht die zweckmäßige Ordnung, etwa die der sozialen Gestaltung, die Ordnung, die die Wissenschaft darstellt u. a. Das Ausmaß der Ungeordnetheit, das ein Mensch zu ertragen vermag, ohne in seiner Leistungsfähigkeit beeinträchtigt zu werden, ist ein Ausdruck seiner Freiheit und produktiven Fähigkeit. Die Anpassung an Veränderungen im Bestande, ebenso wie an Aufgaben, denen er nicht voll gerecht werden kann, die ihm nicht voll adäquat sind, erkauft der Organismus mit einer Einschränkung seiner Freiheit, seiner produktiven Fähigkeiten. Dieser Tatbestand, der wohl die charakteristischste Erscheinung bei allen Veränderungen im Bestande des Organismus darstellt, und der uns so besonders deutlich bei den schweren Schädigungen des Gehirnes entgegentritt, bezeichnet eine Grenze, die der Anpassung gesetzt ist. Wieder sehen wir, daß eine *völlige Anpassung zur Norm bei bestehendem Defekt nicht möglich ist, daß das Fertigwerden mit dem Defekt der Art nach in der gleichen Weise erfolgt wie die Anpassung der normalen Leistungen an den Wechsel des ,,adäquaten" Milieus.*

# Plastizität und Zentrenlehre.

Von

ALBRECHT BETHE

Frankfurt a. M.

Mit 3 Abbildungen.

## I. Die Lehre von den nervösen Zentren und die Ergebnisse der vergleichenden Physiologie.

Unsere Auffassung von den Eigenschaften des Nervensystems hätte wahrscheinlich eine ganz andere Richtung eingeschlagen, und zum mindesten würde die Zentrenlehre eine weniger starre Form angenommen haben, wenn nicht die Verhältnisse bei den Wirbeltieren zum Ausgangspunkt aller Betrachtungen gewählt worden wären. Hier wurden schon frühzeitig einige Beobachtungen gemacht, welche darauf hindeuteten, daß engbegrenzte Stellen des Zentralnervensystems mit ganz bestimmten Funktionen so fest verknüpft seien, daß es den Anschein hatte, als wäre hier das eigentliche punktum movens zu suchen. Wurden diese Stellen ausgeschaltet, so fielen diese Funktionen für immer aus.

Das klassische Beispiel hierfür ist das Atemzentrum (LEGALLOIS 1812) besonders in der von FLOURENS (1842) gegebenen Auffassung vom noeud vital[1].

Vergeblich sucht man aber nach Beispielen von ähnlicher Beweiskraft, wenn man nicht gerade die Folgen der Zerstörung primärer Nervenkerne (Facialiskern, Vaguskern usw.) oder von solchen eingeschalteten Kernen heranziehen will, die den *einzigen* Weg zwischen der Peripherie und dem übrigen Zentralnervensystem darstellen (Corpus geniculatum, Bulbus olfactorius usw.). In fast allen anderen Fällen, in denen man aus der Verletzung oder Ausschaltung einer Stelle des Zentralnervensystems auf das Vorhandensein eines Zentrums geschlossen hat, kommt es nach kürzerer oder längerer Zeit zu einem mehr oder weniger vollständigen Ausgleich der Störungen, die häufig nicht einmal, wie zu erwarten wäre, in einem Funktionsausfall, sondern symptomatisch in einer Funktionssteigerung bestehen (Zuckerausscheidung nach der Piqûre von CLAUDE BERNARD, vermehrte Diurese nach dem Wasserstich desselben Autors [1835], Anstieg der Körperwärme nach dem 1884 zuerst von ARONSOHN und SACHS angegebenen Wärmestich). Den Ausweg aus diesem Dilemma suchten manche in der Annahme von Hemmungszentren, an deren Fortfall sich das übrige Zentralnervensystem anpassen sollte. Gewiß eine ansprechende Hypothese, aber ebenso sicher nicht die einzige Erklärungsmöglichkeit! Die Annahme solcher Hemmungszentren ist ja auch später in vielen Fällen wieder aufgegeben und, was früher als Ausfall galt, ist in diesem und jenem Fall als Reizerscheinung gedeutet worden.

---

[1] Über die historische Entwicklung s. J. ROSENTHAL in Hermanns Handb. d. Physiol. **4 II**, 244.

Als typisches Beispiel eines Zentrums gilt ferner das Wärmeregulationszentrum[1] im Tuber cinereum (ISENSCHMID und KREHL 1912). Die adäquate Reizung desselben durch Abkühlung bewirkt Steigerung der Wärmebildung und Einschränkung der Wärmeabgabe, Reizung dieser Gegend durch Erwärmung ruft den gegenteiligen Effekt hervor, und Zerstörung des „Zentrums" hebt die Wärmeregulation auf. Alles dies stimmt mit der Annahme eines in der Nähe des Infundibulums gelegenen nervösen Organs, das alle die vielen, an der Wärmeregulation beteiligten peripheren und zentralen Apparate beherrscht. Und doch erscheint dieser Schluß nicht bindend, weil er sich fast nur auf akute Experimente stützt. Wenigstens von der physikalischen Wärmeregulation steht nach den Erfolgen der Abtrennung des ganzen Hintertieres vom „Wärmezentrum" fest, daß sie sich mit der Zeit wieder herstellt. Das zeigt jede hohe Rückenmarksdurchtrennung, und es wird noch schlagender durch die Versuche von GOLTZ und EWALD[2] mit weitgehender Exstirpation des Rückenmarks bewiesen.

Von einem Zentrum, das eine Funktion beherrscht, in dem also die spezifischen Koordinationen derselben geformt werden, müßte man erwarten, daß es unersetzbar sei. Wird es zerstört, so müßte die betreffende Funktion schlagartig und für immer aufhören. Was wir aber in den meisten Fällen bei sukzessiver Zerstörung eines Teiles des Zentralnervensystems nach dem anderen erleben, ist ein allmählich zunehmender Abbau der einzelnen Funktionen, wenigstens dann, wenn wir von vorn nach hinten mit der Zerstörung fortschreiten. Manche Eigenschaften erlöschen früher, andere später, aber kaum eine einzige plötzlich:

Der Lagereflex bleibt beim Frosch (und wohl allen Wirbeltieren) unverändert nach Fortnahme des Großhirns. Je mehr beim Frosch vom Mittelhirn fortgenommen wird, um so unbeholfener wird der Lagereflex, und erst, wenn auch die vorderen Teile der Medulla fehlen, erlischt er. Im selben Maße vermindert sich die Körperhaltung und die Sicherheit des Sprunges, aber erst wenn wir mit der fortschreitenden queren Durchtrennung tiefer ins Rückenmark vorgedrungen sind, wird die Haltung der Hinterbeine planlos und die Sprungbewegung unmöglich.

Ähnlich verhält es sich mit dem Stehen und den Gangbewegungen der Säugetiere. RADEMAKERS[3] interessante Studie über das Stehen zeigt deutlich, wie zwar die einzelnen Komponenten, die das Stehen normaler Hunde und Katzen ausmachen, nach Fortnahme des Großhirns und des Kleinhirns verändert werden (und dies in verschiedener Weise), wie die Ausfälle nach Dezerebrierung schon sehr bedeutend sind und schließlich nur noch schwache Reste am Rückenmarkstier zur Beobachtung kommen, aber sie lassen nicht erkennen, daß irgendwo eine Stelle im Zentralnervensystem aufzufinden ist, welche die Fähigkeit, zu Stehen, mit einmal vernichtet, also ein „Stehzentrum" darstellt.

Das „Stehen" erweist sich hier als etwas nicht Einheitliches, wenigstens dann, wenn man es unter den immer erzwungenen Bedingungen des physiologischen Experiments betrachtet. Als eine der Komponenten spricht RADEMAKER die „Stehbereitschaft" an, worunter er die Fähigkeit versteht, jeden festen Gegenstand der vom freihängenden Tier mit einem Körperteil berührt wird, zum Aufsetzen der Füße zu benutzen. Der kleinhirnlose Hund besitzt noch die Stehbereitschaft, kann aber trotzdem schlecht stehen. Der großhirnlose Hund kann sehr gut stehen, aber er setzt die Vorderpfoten nicht auf die Tischkante, auf der seine Schnauze liegt, ja er läßt, wie schon GOLTZ gezeigt hat, ein Bein, das in eine Versenkung gerutscht ist, ruhig hängen und zieht es nicht wieder nach oben. Aber die „Stehbereitschaft" fehlt hier nicht etwa, sondern sie ist nur herabgesetzt, denn der großhirnlose Hund kann ja von selbst aufstehen. Er ist nur indolent, und der Experimentator muß zu

---

[1] Siehe ds. Handb. **17**, 52 u. f.
[2] GOLTZ, FR., u. R. EWALD: Pflügers Arch. **63**, 362 (1896).
[3] RADEMAKER: Das Stehen. Berlin 1931.

Lehre von den nervösen Zentren und Ergebnisse der vergleichenden Physiologie. 1177

unnatürlichen oder wenigstens außergewöhnlichen Bedingungen greifen, um bei dieser Teilfunktion den Unterschied gegenüber dem normalen Tier herauszuarbeiten[1,2].

Andererseits haben RANSON und HINSEY[3] neuerdings gezeigt, daß die als Gangbewegungen gedeuteten Pendelbewegungen des Rückenmarkshundes bei von vorn nach hinten fortschreitender Verkürzung des Rückenmarks langsam schwächer und weniger koordiniert werden, bis sie schließlich ganz erlöschen. Ein „Gangzentrum" konnten sie nicht auffinden[4].

Wenn man diese und andere Beobachtungen unbefangen betrachtet, so scheinen sie doch mehr dafür zu sprechen, daß das ganze Zentralnervensystem bei den komplizierteren Vorgängen *als Ganzes* zusammenwirkt, indem die einzelnen Teile unter dauernder Rückwirkung von seiten der Peripherie sich gegenseitig beeinflussen, als daß irgendwo Stellen vorhanden sind, die gewissermaßen monarchisch eine Funktion ganz beherrschen und allein regulieren, d. h. echte Zentren darstellen. — Es scheint diese Mitbeteiligung weiterer Strecken des Zentralnervensystems sogar für ganz einfache Reflexvorgänge zu gelten, denn TRAVIS und HERREN[5] gelang der Nachweis, daß bei den Eigenreflexen der Muskeln selbst das Großhirn mit in Tätigkeit gerät, indem von hier zeitlich mit ihnen koordinierte Aktionsströme ableitbar sind.

Auch dann, wenn man die Annahme spezifischer Zentren zunächst beiseite läßt, ist es wahrscheinlich, daß bald dieser, bald jener Teil des Zentralnervensystems *stärker* in Aktion tritt als viele andere. Dafür sprechen schon die anatomischen Beziehungen zwischen Receptoren und Effektoren, die bald enger, bald weniger eng geknüpft sind. Es erscheint auch, worauf bereits

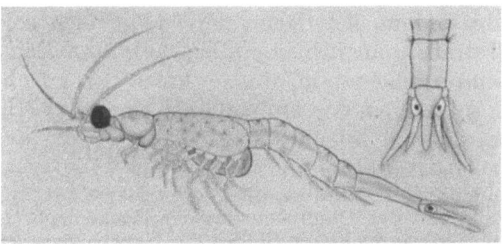

Abb. 383. Mysis (Praunus flexuosus) mit Statocyste im inneren Anhang des letzten Abdominalsegments von der Seite. Rechts das sechste Abdominalsegment (vergrößert) von oben gesehen.

DUGES (1832)[6] hingewiesen hat, bis zu einem gewissen Grad verständlich, daß die *kranialen Partien des Zentralnervensystems eine größere koordinative Tätigkeit entfalten* als die caudalen, *denn hier liegen in der Regel die höheren Rezeptionsorgane*, die durch ihre Rückwirkungen auf das gesamte Nervensystem eine besondere Bedeutung erlangen. Im Anschluß an diese haben sich hier bei den höher entwickelten Tieren reichere Verbindungsmöglichkeiten ausgebildet, die sich schon äußerlich durch eine größere Massenansammlung zentraler Substanz kenntlich machen. *Liegen aber solche höhere Receptoren am hinteren Körperende, dann findet sich auch hier eine reichlichere Menge zentraler Substanz, und dementsprechend ruft hier Zerstörung der caudalen Teile des Zentralnervensystems sehr schwere Koordinationsstörungen hervor*. Eines der wenigen Beispiele dieser Art geben uns die Mysiden (schizopode Crustaceen), bei welchen die Statocysten im Schwanz gelegen sind (Abb. 383).

---

[1] Siehe auch weiter oben S. 1053.
[2] Anmerkung bei der Korrektur: Hingewiesen sei hier noch auf eine Arbeit von J. G. DUSSER DE BARENNE u. O. SAGER (Z. ges. Neurol. u. Psychiatrie **133**, 231. 1931), in welcher sich die Verfasser bemühen, mit der Strychninmethode die sensiblen Funktionen des Thalamus opticus genauer zu lokalisieren. Trotz der mühevollen Untersuchungen, erscheint das Resultat wenig überzeugend, daß es sich hier um „Zentren" handelt.
[3] RANSON, S. W., u. J. C. HINSEY: Amer. J. Physiol. **94**, 471 (1930).
[4] Siehe auch FULTON, J. F., E. G. T. LIDDELL u. D. McK. RIOCH: The influence of experimental lesions of the spinal cord upon the knee-jerk. I. Acute lesions. Brain **53**, 311 (1930).
[5] TRAVIS u. HERREN: Amer. J. Physiol. **93**, 693 (1930).
[6] Zitiert nach VAN RYNBERK: Erg. Physiol. **12**, 694 (1912).

Zerstörung des letzten Abdominalganglions bewirkt ebenso schwere (oder schwerere) Koordinationsstörungen wie die des Oberschlundganglions!

Wenn allein das Nervensystem der *Wirbeltiere* in den Kreis der Betrachtungen gezogen wird, wie das früher fast ausschließlich geschah, dann wird es verständlich, daß man zur Aufstellung des Zentrenbegriffs kam. Wahrscheinlich haben aber außer den Beobachtungstatsachen noch andere Gesichtspunkte zur Bildung dieses Begriffes beigetragen, vor allem das Bedürfnis, auch die psychischen Vorgänge dem Verständnis näherzubringen, und weiterhin der Vergleich des zentralen Geschehens mit sozialen menschlichen Einrichtungen, bei denen wir gewohnt sind, daß gemeinsame Handlungen mehrerer oder vieler Personen dem Kommando *einer* Person unterstehen.

Wäre man bei der Erforschung des Nervensystems von *wirbellosen* Tieren ausgegangen oder hätte man diese wenigstens frühzeitig zum Vergleich mit herangezogen, so wäre man vielleicht überhaupt nicht auf den Gedanken verfallen, das Zusammenspiel der Kräfte auf die Oberherrschaft distinkter Stellen des Nervensystems zu beziehen. Zwar gibt es auch unter den Wirbellosen noch Vertreter, bei denen sich manche Koordinationen in mehr oder weniger starker Abhängigkeit von bestimmten Stellen des Zentralnervensystems erwiesen, aber es gibt andere, bei denen die Suche nach solchen „Zentren" vergeblich ist. Das Bestreben, auch hier die beobachteten Erscheinungen in das bereits vorhandene Zentrenschema einzufügen, hatte von vornherein etwas Gezwungenes und führte zu Annahmen von unmöglicher Kompliziertheit. Einige wenige Beispiele genügen, um dies zu zeigen:

Bei den *Planarien* (Strudelwürmern) sind es zwei Bewegungsphänomene, die dem Beobachter sofort auffallen, das Vorwärtskriechen durch eine eigenartige Wellenbewegung der Sohle und das Umdrehen aus der Rückenlage (Lagereflex), das mit einer Umkrempelung der Sohle an mehreren Stellen des Randes seinen Anfang nimmt, aber bald zum Überwiegen einer dieser Stellen führt. Schneidet man das Kopfende mit dem einzigen größeren Ganglion ab, so läuft der Tierrest bei manchen Arten weiter, als wäre nichts geschehen, und der Lagereflex geht bei allen untersuchten Arten in der alten Weise vor sich[1]. Man kann aber viel weiter in der Zerstückelung gehen. *Beliebige Bruchteile* eines Thysanozoon, die nicht größer als $1/20$ oder $1/30$ des ganzen Tieres sind, *zeigen den Lagereflex noch in vollkommen koordinierter Weise* — und zwar sofort nach der Operation —, falls sie aus dem Rande herausgeschnitten sind. Solche kleinen Tierstücke können sich bei Süßwasser-Planarien auch noch fortbewegen, und zwar immer mit dem Vorderende voran.

Die Bewegungen der *Medusen* sind nervösen Ursprungs. Schneidet man alle Randkörper ab, so hören die rhythmischen Bewegungen des Schirmes auf. Bleibt ein Randkörper erhalten, so dauern sie fort, gleichgültig, welcher es ist[2,3,4]. Die randkörperlose Meduse (auch dann, wenn die ganze Nervenring abgetrennt und nur noch das Nervennetz vorhanden ist) schlägt unter dem Einfluß von Dauerreizen wieder rhythmisch und koordiniert, und der Magenstiel führt noch bei Berührung der Subumbrella lokale Abwehrreflexe aus.

Weitere Beispiele:

Der wichtigste Reflex der *Actinien* (Seeanemonen) besteht in der Ergreifung des Futters durch die Tentakeln, die dasselbe dem Munde zuführen. *Ein abgetrenntes Tentakel* benimmt sich so, als befände es sich noch im Zusammenhang mit dem Körper: Es läßt Ungenießbares fallen, ergreift aber Fleischstücke und führt sie an die Stelle, wo sich früher der Mund befand (PARKER[5]). Beliebige aus einem Tentakel herausgeschnittene Stücke zeigen eine polare Reaktion, indem sich nur das aborale Ende zu einer Spitze zusammenzieht. Auch andre Bruch-

---

[1] LOEB, J.: Vergleichende Gehirnphysiologie. Leipzig: Barth 1899, S. 48, und eigene Beobachtungen.

[2] ROMANES, G.: Philos. Transact. **167**, 659 (1877).

[3] EIMER, TH.: Die Medusen usw. Tübingen 1878.

[4] BETHE, A.: Allgemeine Anatomie und Physiologie des Nervensystems, S. 408. Leipzig 1903 — Pflügers Arch. **127**, 219 (1909).

[5] PARKER, G. H.: Bull. Museum of coup. zool. et Harvard Coll. **29**, 112 (1896).

stücke des Actinienkörpers reagieren wie vorher, und willkürlich geführte Durchtrennungen der Körperwand ganzer Tiere lassen noch Koordination der Teile erkennen, solange sie noch durch ansehnliche Brücken zusammenhängen (PARKER und TITUS[1]).

*Seesterne* können sich mit Hilfe ihrer Ambulacralfüße fortbewegen und sich in koordinierter Weise aus der Rückenlage zur Bauchlage zurückdrehen (s. oben S. 1056). Teilstücke eines Seesterns, auch abgeschnittene Arme, ja selbst kleine Bruchstücke aus einem Arm besitzen dieselben koordinativen Fähigkeiten[2].

Kleine Stücke aus der Schale von *Seeigeln*, die weder Teile des Nervenringes noch der Radialnerven enthalten, weisen noch die gleichen sehr kompliziert erscheinenden Reflexe der Pedicellarien und der Stacheln auf, die am intakten Tier zu beobachten sind[3]. Besonders die Stacheln zeigen untereinander eine sehr deutliche Koordination, die je nach Art der zu verrichtenden Arbeit verschieden ist, und doch wird sie, wie v. UEXKÜLL klar bewiesen hat, nicht von bestimmten Stellen aus geregelt. Er selber sagt, daß die Suche nach einem Gangzentrum und einem Umdrehzentrum bei diesen Tieren vergeblich wäre. Jeder Stachel „weiß", was er unter den jeweils obwaltenden Umständen zu tun hat, und so kommt beim ganzen Tier wie beim kleinsten, noch Stacheln tragenden Bruchstück ein harmonisches Zusammenarbeiten aller Teile zustande, wie es vollkommener auch bei Tieren mit zentralisiertem Nervensystem kaum zu finden ist. —

Alle, hier als Beispiele aufgeführten Tiere besitzen ein Nervensystem, das den ganzen Körper netzartig durchzieht und das sich nur an einzelnen Stellen zu dichteren Massen zusammenzieht (Nervenring, Radialnerven, Randkörper usw.). Dieses anatomisch sehr einfach gebaute Nervennetz ist der wesentliche Vermittler zwischen Receptoren und Effektoren, und, da es fast überall zugegen ist, so haben diese Tiere *ubiquitäre* Reflexe, die sich untereinander wieder beeinflussen[4,5]. Die zentralisierteren Stellen dieses Nervensystems spielen natürlich eine Rolle im Leben des intakten Tieres (und diese Rolle ist vielfach auch nachgewiesen), aber Sitz der eigentlichen Koordination sind diese Stellen sicher nicht. Jeder kleine Teil des Netzes wäre im Sinne der Zentrenlehre zugleich primäres „Reflexzentrum" und (in bezug auf die Nachbarteile) „Koordinationszentrum". Mit anderen Worten: *Die Koordination hat überall und nirgends ihren Sitz!* Es handelt sich um Tiere, die man mit einem glücklichen Wort v. UEXKÜLLs als *Reflexrepubliken* bezeichnen kann; es sind Tiere, bei denen Zentren im bisherigen Sinne nicht auffindbar sind.

Man wird sich fragen dürfen, ob dieser Begriff der Reflexrepublik nicht viel weiter auszudehnen ist und ob nicht auch die Tiere mit zentralisiertem Nervensystem ganz ähnlichen Gesetzen unterworfen sind. An manchen ihrer Organe ist dies zweifellos der Fall, denn der Darm, der Magen, der Ureter und andere innere Organe der Wirbeltiere, deren Bewegungen durch periphere Nervennetze reguliert werden, zeigen ganz das gleiche Verhalten, wie es eben besprochen wurde. Hier gibt es keine Koordinationszentren, sondern der geregelte Ablauf der Bewegungen solcher Organe kommt sicher durch eine recht einfache gegenseitige Beeinflussung kleinster Abschnitte des Nervennetzes zustande. —

Werfen wir jetzt einen Blick auf die nervösen Verrichtungen, die durch ein *zentralisiertes* Nervensystem vermittelt werden: Wie ich vor längerer Zeit zu

---

[1] PARKER u. TITUS, zitiert bei v. BUDDENBROCK: Vergl. Physiol., S. 177 u. 201.
[2] MANGOLD, E.: Pflügers Arch. **189**, 73 (1921). — WOLF, E.: Z. vergl. Physiol. **3**, 209 (1925).
[3] UEXKÜLL, J. v.: Z. Biol. **34**, 298 (1896); **37**, 334 (1899); **39**, 73 (1900).
[4] BETHE, A.: Allgem. Anat. u. Physiol. d. Nervensystems, S. 96. Leipzig 1903.
[5] S. auch E. BRÜCKE: Ds. Handb. **9**, 797 und H. JORDAN, Allgemeine u. vergleichende Physiologie der Tiere. Berlin 1929.

zeigen versucht habe[1], sind die zentralisierten Nervensysteme so entstanden zu denken, daß sich in dem ursprünglich diffusen Nervennetz, wie wir es jetzt noch etwa bei den Polypen antreffen, lange Bahnen mit Anhäufungen von Nervennetz ausgebildet haben. Dieses Zwischenstadium ist nach meiner Auffassung noch heute bei vielen niederen Würmern und zahlreichen Mollusken realisiert. Je mehr das periphere, diffuse Netz in seiner Entwicklung und so auch in seiner physiologischen Bedeutung zurücktritt, um so mehr nähern wir uns *den* Tieren, bei welchen die animalischen Funktionen fast ausschließlich durch das zentralisierte (d. h. auf einen kleinen Raum zusammengezogene) Nervensystem vermittelt werden (die Wirbeltiere und noch mehr die artikulaten Würmer und die Arthropoden).

Soweit nun das Zentralnervensystem dieser Tiere einen ausgesprochen segmentalen Bau zeigt, soweit erinnern die Ergebnisse partieller Zerstörung desselben oder der queren Durchtrennung der ganzen Tiere noch sehr lebhaft an das, was man bei Tieren mit diffusem Nervensystem beobachten kann: Fast niemals geht eine Funktion (außer solchen, die an den Besitz bestimmter, nur einem oder wenigen Segmenten zukommender Rezeptionsorgane gebunden ist) nach querer Durchtrennung ganz verloren; ja sehr häufig zeigen ziemlich beliebige Teilstücke dieselben Koordinationen wie das ganze Tier. Daß sich an jedem Segment noch die primären Reflexe auslösen lassen, daß also z. B. nach Isolierung eines Thorakalganglions beim Flußkrebs Kneifen eines der beiden zusammengehörigen Beine Reflexe in diesem und auch im gekreuzten Bein hervorruft, hat nichts Verwunderliches an sich und widerspricht nicht der alten Zentrenlehre. Wohl aber ist es mit der Annahme von Koordinationszentren nicht vereinbar, daß bei querer Durchtrennung der Ganglienkette, an welcher Stelle sie auch geschehen mag, die noch miteinander in Verbindung stehenden Beine vor wie hinter der Durchschneidungsstelle koordinierte Gangbewegungen, Putzbewegungen usw. zeigen. Nur sind die Bewegungen am Vordertier geschickter und bei den Gangbewegungen geeigneter, das Tier von der Stelle zu bringen, als am Hintertier[2]. Das hängt aber im wesentlichen damit zusammen, daß am Vordertier noch die höheren Receptoren vorhanden sind, durch die alle Bewegungen sehr wesentlich beeinflußt werden.

Sehr viel prägnanter als bei Crustaceen sind in bezug auf die intersegmentale Koordination die Verhältnisse bei vielen artikulaten Würmern, bei Myriapoden (Tausendfüßlern) und bei Schmetterlingsraupen, während hier die Erscheinungen der primären Reflexe und der segmentalen Koordination wegen des Mangels oder der geringen Ausbildung der Extremitäten unansehnlicher sind:

Teilt man eine geeignete Annelide in mehrere Stücke, so zeigt jedes derselben die charakteristische Fortbewegung des ganzen Tieres, mag diese nun in wellenförmigen Kriechbewegungen auf dem festen Boden[3], in Bohrbewegungen im Sande oder in Schwimmbewegungen im freien Wasser bestehen[4,5]. Wesentlich ist dabei, daß die *Koordination zwischen den einzelnen Segmenten unverändert ist*, und daß die *Bewegungen an einer nicht absolut, sondern relativ bestimmten Stelle ihren Anfang nehmen*. So beginnen beim normalen Blutegel (Hirudo)[4] die Schwimmbewegungen immer am Kopfende. Wird dieses abgeschnitten, so beginnen sie am jetzigen Vorderende; wird dieses wieder abgeschnitten, so tritt

---

[1] BETHE, A.: Allgem. Anat. u. Physiol. d. Nervensystems, S. 100. Leipzig 1903.
[2] BETHE, A.: Pflügers Arch. **68**, 449 (1897). — BUDDENBROCK, W. V.: Vergl. Physiol., S. 235. Berlin 1928.
[3] LOEB, J.: Vergl. Gehirnphysiol., S. 57. Leipzig 1899.
[4] UEXKÜLL, J. v.: Z. Biol. **46**, 372 (1904) und eigene Beobachtungen.
[5] BETHE, A., u. A. SALMONSON: Pflügers Arch. **226**, 751 (1931).

das neue Vorderende an seine Stelle. Das gleiche zeigt ein beliebiges Mittelstück genügender Länge. Das jeweils vorderste Ende bildet den Ausgangspunkt der Wellenbewegung! Bei anderen Würmern ist es eine weit nach hinten gelegene, aber je nach der Durchschneidungsstelle des Bauchmarks wechselnde Stelle, von der die Kontraktionen ihren Ausgang nehmen (Sipunculus). UEXKÜLL hat dieser Erscheinung den Namen „Tonustal" gegeben[1].

Ein sehr typisches Beispiel dieser Art hat, wenn ich mich recht erinnere, S. MAXWELL vor einer Reihe von Jahren an einem Ringelwurm beschrieben: Schneidet man ihn an irgendeiner Stelle durch, so kriecht das Vorderende ruhig weiter, während sich das Hintertier auf der Stelle scheinbar „schmerzhaft" hin und her krümmt. Durchschneidet man beide Teile nochmals, so kriecht von jedem das vordere Teilstück weiter, während das caudalere Teilstück sich noch krümmt bzw. in krümmende Bewegungen verfällt.

Auch bei Myriapoden und Schmetterlingsraupen läßt sich kein bestimmter Ort als Ausgangspunkt für die lokomotorischen Bewegungen und für einige andere koordinierte Reflexe angeben. — Über die beiden Reihen der zahlreichen Beine der Tausendfüßler[2, 3, 4] laufen bei der Fortbewegung regelmäßige Wellen, die am Hinterende ihren Ausgang nehmen. Schneidet man ein Tier der Quere nach in zwei oder mehrere Teile, so zeigt jeder Teil wieder dieselben koordinierten Wellenbewegungen der Beine und immer laufen sie vom jeweiligen Hinterende zum jeweiligen Vorderende.

Die Präzision der motorischen Wellen läßt weder an Mittelstücken noch an Hinterstücken viel zu wünschen übrig. Die einen Kopf tragenden Teilstücke haben nur das vor ihnen voraus, daß sie beim Laufen fast nie umfallen und besser vorwärtskommen. Das ist aber ohne prinzipielle Bedeutung, und es ist nicht wesentlich, daß es Myriapodenarten[5] gibt, bei denen an Hintertieren eine Koordination der Beinbewegungen vermißt wurde.

Größer sind die Störungen der lokomotorischen Bewegungen, welche bei zerteilten Schmetterlingsraupen[6] zur Beobachtung kommen. Bei den Vordertieren setzen die Gangbewegungen wie am intakten Tier am *jeweiligen Hinterende* ein. Aber Hintertiere zeigen nur Andeutungen von Gangbewegungen, die KOPEĆ, wie mir scheint mit Unrecht, als etwas von den normalen Bewegungen dieser Art ganz Verschiedenes ansehen möchte. Er ging eben auf die Suche nach Zentren, und so verlegt er das Bewegungszentrum in das Unterschlundganglion, weil nach dessen Zerstörung, nicht aber nach Fortnahme des Oberschlundganglions die gleichen Störungen auftreten. An Mittel- und Endstücken konnte er aber noch koordinierte Umdrehreflexe, Abwehrreflexe und Anheftungsreflexe feststellen, so daß er sich gezwungen sah, wenigstens für diese die Annahme fest lokalisierter Zentren aufzugeben.

Nahm man früher in allen diesen Fällen nach den Beobachtungen am intakten Tier und unter Zugrundelegung der Zentrenlehre die Existenz eines Lokomotionszentrums an, so kam man nach den Beobachtungen am zerstückelten Tier in die größte Verlegenheit, wo man dieses hinverlegen sollte. Am Vorderende (im „Gehirn"), wo man es vermutet hatte, kann es nicht liegen, am Hinterende ebensowenig und auch nirgends in der Mitte der Ganglienkette. *Entweder muß dieses Koordinationszentrum im Bauchmark allgegenwärtig sein oder es existiert überhaupt nicht.* Die erstere Annahme ist absurd, denn sie würde zu dem Schluß führen, daß etwas als unteilbar Gedachtes teilbar wäre, und sie würde es unverständlich lassen, warum die Lokomotionsbewegungen von einer willkürlich bestimmbaren Stelle ihren Ausgang nehmen. Dagegen würden alle beobachteten Tatsachen einigermaßen verständlich erscheinen, wenn man die Annahme eines Lokomotionszentrums fallen ließe und die Koordination der Teile untereinander als ein unter den jeweiligen Umständen sich selbständig ordnendes Geschehen

---

[1] UEXKÜLL, J. v.: Z. Biol. **44**, 269 (1903).
[2] CLEMENTI, A.: Zool. Jb., Abt. f. allg. Zool. **31**, 279 (1912).
[3] LÖHNER, L.: Z. allg. Physiol. **16**, 392 (1914).
[4] BETHE, A., u. SALMONSON: Pflügers Arch. **226**, 752 (1931).
[5] CARLSON: J. of exper. Zool. **1**, 287 (1904).
[6] KOPEĆ, ST.: Zool. Jb., Abt. f. allg. Zool. **36**, 453 (1918).

ansähe. Die Gesetzmäßigkeit ihres Ablaufs in einer bestimmten, für die Tierart charakteristischen Richtung[1] würde sich dann daraus erklären, daß die Erregbarkeit des Systems in eben dieser Richtung von Stelle zu Stelle geringer würde, jede Stelle aber beim Fehlen einer erregbaren Stelle Ausgangspunkt des Bewegungskomplexes werden könnte.

Für solche Unterschiede in der Erregbarkeit funktionell zusammenhängender Teile haben wir so viele Belege, daß wir mit ihnen als einer allgemeinen Erscheinung rechnen können. Es sei nur an die Verhältnisse beim Herzen der Wirbeltiere und der Tunicaten[2] und an die Bewegungen der Medusen[3] erinnert. Fortnahme des natürlichen Ausgangspunktes der Bewegungen lassen den bleibenden Rest in langsamerem Rhythmus schlagen, weil jeder Teil die Fähigkeit zur Rhythmuserzeugung, wenn auch in geringerem Maße, in sich trägt. Erhöhung der Erregbarkeit eines beliebigen Teiles des intakten Systems läßt daher die Bewegungen von diesem ausgehen, sowie hier die Erregbarkeit über die des normalen Ausgangspunkts gesteigert wird. Ähnlich liegen die Verhältnisse beim Darm der Wirbeltiere[4] und bei den pulsierenden Gefäßen der Würmer[5].

Kehren wir zum Zentralnervensystem der Wirbeltiere zurück: Auch hier liegen die Verhältnisse im allgemeinen nicht anders als bei den segmental gebauten Wirbellosen, die sich in ihrem Verhalten wieder nur graduell von den Tieren und Organen mit diffusem Nervennetz unterscheiden. Nur tritt bei den Wirbeltieren die Dominanz der vorderen Teile des Zentralnervensystems deutlicher in Erscheinung.

In eindrucksvoller Weise hat VAN RYNBERK[6] diese Verhältnisse in seiner Studie „Bausteine zu einer Segmentalphysiologie" beleuchtet. Auf der Basis eines sorgfältigen Quellenstudiums schildert er, wie sich die Lehre von der Vorherrschaft besonderer, meist in die vorderen Teile des Zentralnervensystems verlegter Zentralteile in der Mitte des vorigen Jahrhunderts erst *allmählich* im Anschluß an die Arbeiten von LEGALLOIS und FLOURENS entwickelt hat, obwohl deren Zeitgenossen MAQUIN-TANDON und DUGÈS, ebenfalls auf Grund experimenteller Untersuchungen, schon die Ansicht vertreten hatten, *daß die nervösen Gesamtvorgänge* segmentierter Tiere und somit auch der Wirbeltiere *als die Summe von Segmentalfunktionen aufzufassen seien*.. Dieser ganz anders gearteten und leider in Vergessenheit geratenen Auffassung sucht VAN RYNBERK wieder Geltung zu verschaffen, indem er aus dem weitzerstreuten, bis zum Jahre 1912 vorliegenden Versuchsmaterial zahlreiche Tatsachen zusammenstellt, die geeignet erscheinen, die Ansicht von der Existenz fest verankerter und streng lokalisierter Koordinationszentren zu vernichten. Den letzten Schritt, das Vorhandensein solcher Zentren ganz in Zweifel zu ziehen, tut er allerdings nicht; vielmehr scheint er der Ansicht zu sein, daß über die in Frage kommenden Segmente einander gleichwertige Koordinationszentren zerstreut sind, die nach noch unerforschten Regeln zusammenarbeiten. Die beachtenswerte Studie VAN RYNBERKS, die der Ausgangspunkt einer neuen Richtung der Physiologie des Nervensystems hätte werden können, hat auf den Fortgang der Wissenschaft kaum einen Einfluß ausgeübt; vielmehr wurde von der Mehrzahl der Physiologen, die sich mit dem

---

[1] Die Richtung ist häufig nicht unabänderlich und kann, meist durch äußere Einflüsse, invertiert werden. So laufen z. B. die Wellen bei Myriapoden für kurze Zeit in umgekehrter Richtung, wenn sie vorn einen Reiz erfahren. Ähnliches ist ja auch vom Cilienschlag der Infusorien bekannt.
[2] Siehe ds. Handb. **7**, 44 (1926).   [3] BETHE, A.: Pflügers Arch. **127**, 219 (1909).
[4] Ds. Handb. **3**, 398 (Beitrag KLEE) u. 452 (Beitrag P. TRENDELENBURG) (1927).
[5] Ds. Handb. **6**, 47 (1926).
[6] RYNBERK, G. VAN: Erg. Physiol. **12**, 660 (1912). — S. auch J. LOEB: Einleitung in die vergl. Gehirnphysiologie. Leipzig 1899.

Zentralnervensystem beschäftigten, und besonders von den Neurologen die Zentrenlehre immer weiter ausgebaut und spezialisiert.

Nicht unerwähnt darf es bleiben, daß FLOURENS selbst, der auf die Entwicklung der Zentrenlehre einen so großen Einfluß ausgeübt hat, bei *einem* Zentralorgan, dem Großhirn, alle Teile im Prinzip für gleichwertig angesehen hat. Hierin ist ihm später GOLTZ[1] unter dem Widerspruch fast aller Zeitgenossen gefolgt. Wohl erkannte GOLTZ an, daß die Effekte der Zerstörung verschiedener Rindenregionen nicht gleichartig wären, aber er führte dies darauf zurück, daß die einzelnen Rindenprovinzen zu tieferen Teilen des Zentralnervensystems bald stärkere, bald geringere anatomische Beziehungen hätten. Es gäbe aber keine Stelle des Großhirns, deren Zerstörung nur *eine einzige* Funktion schädigte, wie es die Zentrenlehre verlangte. Immer würden alle Funktionen des Großhirns in Mitleidenschaft gezogen. — Vielleicht kamen FLOURENS und GOLTZ der Wahrheit doch wesentlich näher als diejenigen, die bis in die Einzelheiten jede Verrichtung des Großhirns nicht nur in bestimmte Regionen der Rinde, sondern sogar in einzelne Rindenzellen zu verlegen suchten. Für die Richtigkeit der GOLTZschen Ansicht sprechen insbesondere ausgedehnte Versuche von LASHLEY[2] an Ratten, welche vor oder nach Exstirpation verschiedener Großhirnteile dressiert wurden. Danach ist der Verlust an bereits Gelerntem bzw. die Lernfähigkeit in weiten Grenzen unabhängig vom Ort der Zerstörung und im wesentlichen abhängig von der Ausdehnung des zerstörten Gebiets. Nur gewisse Funktionen (z. B. „Bilderkennen") sind ortsgebunden[3]. Aber auch bei blinden Ratten rufen Verletzungen der „Sehsphäre" z. T. noch dieselben Störungen hervor, wie bei nichtgeblendeten Tieren.

Im Grunde bleibt bei den Wirbeltieren nur eine Funktion übrig, die schlagartig bei Zerstörung einer bestimmten Stelle des Zentralorgans verschwindet und vielleicht noch die Annahme eines echten Koordinationszentrums rechtfertigen könnte; das ist die *Regulierung der Atembewegungen*. Genügt dieser eine Fall, um eine Annahme aufrechtzuerhalten, die mit so vielen anderen Beobachtungen im Widerspruch steht, oder läßt sich nicht auch die Koordination der Bewegungen der Atemmuskeln, die bei den höheren Wirbeltieren von so zahlreichen Segmenten aus innerviert werden, ohne die Annahme eines spezifischen Atemzentrums verstehen ?

Diese Frage wurde in der Form, ob es nicht auch *spinale* „Atemzentren" gäbe, schon bald nach der Auffindung des noeud vital aufgeworfen und ist je nach der sonstigen Stellung der Autoren zur Zentrenlehre bald in bejahendem, bald in verneinendem Sinne beantwortet worden[4]. Unbestritten ist die Richtigkeit der Angabe von LANGENDORFF[5], WERTHEIMER[6] u. a., daß junge, aber auch ältere Hunde, Kaninchen und Katzen nach hoher Durchschneidung des Rückenmarks beim Aussetzen der künstlichen Atmung besonders auf reflektorische Reize hin, aber auch spontan richtige Atembewegungen zeigen[7]. Wenn solche Atembewegungen nach reizloser Unterbrechung der Leitung zwischen Medulla und Rückenmark[8] ausbleiben, so wird damit gegen das Vorhandensein spinaler Automatie — und Koordinationsmöglichkeiten in bezug auf die Atembewegungen nichts bewiesen. Ob diese spinalen Fähigkeiten bei der normalen Atmung eine Rolle spielen oder nicht, ist für die theoretische Seite der Frage ohne Bedeutung. Das Auftreten von Atembewegungen nach Abtrennung des Rückenmarks von der Medulla genügt, um zu beweisen, daß auch im Rückenmark die Fähigkeit der Rhythmuserzeugung und der koordinierten Steuerung vorhanden ist. Dazu kommt, daß bei Arthropoden[9], für welche die Zentrenlehre doch auch gelten müßte, nach Durchtrennung der Ganglienkette im Bereich der Stigmen (Insekten) resp. der Atemfüße (Xiphosuren) nur Allorhythmie, aber keine Sistierung der Atembewegungen auftritt.

Die Ausdehnung des medullären Atemzentrums der Säugetiere, die ursprünglich als sehr engbegrenzt angenommen wurde, hatte schon durch die Untersuchungen von MIS-

---

[1] EWALD, R.: Nachruf auf Fr. Goltz. Pflügers Arch. **94**, 1 (1903).
[2] LASHLEY, K. S.: Brain mechanisms and intelligence. Chicago 1929.
[3] LASHLEY, K. S.: Massaction in cerebral function. Science (N. Y.) **1**, 245 (1931).
[4] ROSENTHAL, J., in Hermanns Handb. d. Physiol. **4 II**, 244 (1882).
[5] LANGENDORFF, O.: Arch. f. (Anat. u.) Physiol. **1880**, 518.
[6] WERTHEIMER: Arch. l'Anat. et Physiol. **22**, 458 (1886); **23**, 567 (1887).
[7] Siehe auch ARTOM, C.: Arch. internat. Physiol. **31**, 433 (1929).
[8] Literatur bei G. BAYER: Ds. Handb. **2**, 234 (1925).
[9] Ds. Handb. **2**, 35 (1925).

LAWSKY, GAD[1] u. a. an Umfang zugenommen, und hat sich durch die Arbeiten von LUMBSDEN[2] noch mehr erweitert. Was nun aber besonders deutlich aus den Versuchen dieses Autors hervorgeht, ist der langsame Abbau der Atemtätigkeit bei fortschreitender querer Durchtrennung der Medulla in der Richtung von vorn nach hinten. Wenn sich dabei scheinbar qualitative Änderungen des Atemtypus zeigen, so berechtigt dies nach meiner Meinung durchaus nicht zu der Annahme verschiedenartiger getrennter Atemzentren, die LUMBSDEN mit besonderen Namen belegt hat, sondern es zeigt nur, daß die Koordination der Atembewegungen *keinen einheitlichen Sitz* hat und je nach dem, was von zentralen und peripheren Einflüssen ausgeschaltet ist, in verschiedener Weise abgeändert werden kann.

Nach alledem wird man daher dem Gedanken nicht aus dem Wege gehen können, daß auch bei den Wirbeltieren rhythmische Antriebe für die Atemmuskulatur nicht nur von einem recht weiten Bereich der Medulla, sondern auch vom Rückenmark ausgehen können, daß aber die Gegend in der Medulla in ihrer Erregbarkeit so sehr dominiert, daß die rhythmischen und koordinativen Fähigkeiten der caudaleren Teile des Zentralnervensystems ohne sie kaum zum Vorschein kommen. Bei den niederen Wirbeltieren[3] scheint die Vorherrschaft der medullären Gegend überraschender Weise noch größer zu sein als bei den Säugern. Wenn sich dies bestätigt — und nach unveröffentlichten Versuchen von THORNER aus unserm Institut scheint dies der Fall zu sein —, dann lägen ähnliche Verhältnisse vor wie beim Herzen der Wirbeltiere. Dort ist ebenfalls bei den niederen Formen die Vorherrschaft des Sinus so groß, daß das Herz nach Abtragung desselben zum Stillstand kommt, während es bei den Säugern verlangsamt weiterschlägt und hier sogar die isolierte Kammer noch spontan zu pulsieren vermag.

## II. Die Lehre von den nervösen Zentren und die Plastizitätserscheinungen.

Führt uns, wie im vorigen Kapitel gezeigt, bereits die vergleichend physiologische Betrachtung zu kaum überwindbaren Einwänden gegen die Zentrenlehre (insbesondere gegen die Auffassung, daß die Koordination von bestimmten Stellen aus nach einem festen Schema geregelt wird), so müssen die letzten Stützen dieser Hypothese vor dem ins Wanken geraten, was uns die Plastizitätserscheinungen lehren.

Wie die Zentrenlehre bei ihren verschiedenen älteren und neueren Vertretern *im einzelnen* aussieht oder aussah, ist sehr schwer zu sagen, da sich nur sehr wenige Autoren klar über ihre Vorstellungen ausgesprochen haben. Aber es besteht beim cerebrospinalen Nervensystem der Wirbeltiere und auch beim Nervensystem wirbelloser Tiere wohl Übereinstimmung aller oder der meisten in folgenden Punkten:

1. *Die primären Endstellen der receptorischen Nerven und die Ursprungskerne der effektorischen Nerven* (letzte gemeinsame Strecke SHERRINGTONs und Repräsentanten v. UEXKÜLLs) *besitzen eine Spezifität für die durch sie vermittelte Funktion.* Diese Spezifität kann sich im receptorischen wie im effektorischen Gebiet durch die Einschaltung sekundärer, tertiärer und noch weiterer Stationen oder Zentren noch verstärken. Sie kommt auf receptorischem Gebiet in der Lehre von den spezifischen Sinnesenergien zum Ausdruck, auf effektorischem Gebiet in der Annahme von Zentren, welche der „letzten gemeinsamen Strecke" den Charakter ihrer Verwendung bei bestimmten Reflexen erst

---
[1] S. ds. Handb. **2**, 230 (1925).
[2] LUMBSDEN, TH.: J. of Physiol. **57**, 153 u. 354 (1923). — Siehe auch SCHOEN, R., Arch. f. exper. Path. **135**, 155 (1923).
[3] KAHN, R. H.: Arch. (Anat.) u. Physiol. **29** (1902). — Siehe auch BABACK in Wintersteins Handbuch I/2, 265 (1921).

Die Lehre von den nervösen Zentren und die Plastizitätserscheinungen. 1185

aufprägen, Gedankengänge, die besonders klar von SHERRINGTON[1] zum Ausdruck gebracht sind.

2. *Zwischen receptorische und effektorische Orte des Zentralnervensystems sind Koordinationszentren verschiedenen Grades eingeschaltet* (und den eingeschalteten zum Teil wieder übergeordnet), *in welchen* nach einem festen, wenn auch in gewissen Grenzen variierbaren Schema, *die für die Tierart charakteristischen Folgeerscheinungen der verschiedenartigen* und von verschiedenen Stellen der Peripherie kommenden *Erregungen vorgebildet sind.*

3. *Receptorische Orte und Koordinationszentren sowie Koordinationszentren und effektorische Orte sind durch lange Bahnen (Assoziationsfasern) miteinander verbunden, welche Träger der durch sie vermittelten Spezifitäten sind.*

*Alle drei Sätze erweisen sich* nach den Ergebnissen der Plastizitätsforschung *als nicht zutreffend.*

Ad 1. *Daß die* eigentlichen *effektorischen Orte* des Zentralnervensystems *keine spezifischen Qualitäten besitzen*, ergibt sich aus den Versuchen der Nervenkreuzung und der Sehnenvertauschung. Wenn z. B. zwei Stellen des Zentralnervensystems, von denen früher die eine mit einer Beugergruppe, die andere mit der zugehörigen Streckergruppe in Zusammenhang stand, nach Kreuzung der Nerven oder der Endsehnen der Muskeln sich so den neuen Innervationsbezirken anpassen, daß diese sich wieder in die Koordination des Ganzen einfügen, dann können die Leistungen der Ursprungskerne antagonistischer Muskeln nicht auf einer Spezifität — zum mindesten nicht auf einer unabänderlichen Spezifität — dieser Kerne beruhen[2]. Man kann aber, wie oben[3] an Beispielen gezeigt, noch viel weiter gehen und Nerven der rechten und linken Seite miteinander kreuzen und die Innervation von Skeletmuskeln aus weit abgelegenen Segmenten holen; auch dann kann sich die Funktion noch in erheblichem Maße wieder herstellen. Es gibt also weder eine festgelegte, segmentale noch eine unabänderliche Rechts-Links-Spezifität. Nicht einmal cerebrospinales und autonomes Nervensystem (und in diesem wieder sympathisches und parasympathisches System) sind so grundverschieden, daß nicht auch hier eine weitgehende Funktionsumstellung möglich wäre[4]. Können doch z. B. die Hypoglossuskerne (oder ihre Umgebung) die Aufgabe der Vaguskerne übernehmen und Vagus und Sympathicus mit funktionellem Erfolg miteinander vertauscht werden[5].

Was für die effektorischen Orte der Zentralorgane gilt, trifft in gleicher Weise für die *receptorischen Orte* zu. Auch hier kann eine unabänderliche Spezifität nicht angenommen werden, da nach Nervenvertauschung richtig lokalisiert werden kann. Das geht nicht nur aus den erwähnten Befunden am Menschen hervor, sondern auch aus Tierversuchen[6]. Es bezieht sich auch nicht nur auf

---

[1] SHERRINGTON, CH.: Integrative action of the nervous system. London 1908. 2. Aufl. 1908 — Ergebn. Physiol. **4**, 797 (1905).

[2] Der Mangel an spezifischen Qualitäten der Beuger- und Streckerkerne geht ja eigentlich schon aus dem normalen Spiel der zusammengehörigen Muskeln hervor, da viele derselben unter bestimmten Bedingungen aus Antagonisten zu Synergisten werden. (Siehe oben S. 1056.) Die Reflexe, bei denen sie sich als Antagonisten erweisen, können z. B. bei leichter Strychninvergiftung ins Gegenteil umschlagen [SHERRINGTON, CH.: J. of Physiol. **36**, 185 (1907/08)]; aber auch unter normalen Verhältnissen kann etwas Derartiges eintreten. (Siehe oben S. 1053.)

[3] Siehe weiter oben S. 1092.   [4] Siehe oben S. 1101.

[5] Die Spezifität der sympathischen und parasympathischen Nerven, die früher so ausgesprochen zu sein schien, hat durch neuere Befunde eine starke Einbuße erlitten; zeigen uns doch vielfältige Versuche, daß ihre Reizung nur unter bestimmten Bedingungen einen einheitlichen und stets gleichen Erfolg nach sich zieht, während sie unter anderen Umständen in das Gegenteil umschlagen kann. Siehe hierüber die Zusammenfassung von KROETZ (ds. Handb. **16 II**, 1729 u. f.).

[6] Siehe oben S. 1100.

die Lokalisation peripherer Hautreize, indem die *richtigen* Reflexe von bestimmten, *falsch innervierten* Hautbezirken aus hervorgerufen werden können, sondern auch auf die (auch beim Menschen unbewußte) Lokalisation propriozeptiver Reize. Träte dies nicht ein, dann würden die Reflexe bei veränderten Innervationsbeziehungen nicht richtig ablaufen können. Ja es liegt sogar der Schluß nahe, daß es gerade die veränderten propriozeptiven Bedingungen sind, die zur Umstellung des nervösen Ablaufs den Anlaß geben.

Nach all dem ist anzunehmen, daß der Ablauf der zentralen Vorgänge vielmehr durch die peripheren, effektorischen und receptorischen Endorte der zugehörigen Nerven bedingt wird als durch die anatomischen Verhältnisse in den Zentralorganen selbst.

Ad 2. *Die Annahme* festgelegter und *spezifischer Koordinationszentren* verliert schon durch *die* Versuche sehr an Boden, welche gegen das Vorliegen einer Spezifität der effektorischen Orte angeführt wurden. Wie sollte es bei der Existenz fester Koordinationszentren ausreichend erklärt werden können, daß sich z. B. die Augen wieder koordiniert bewegen, nachdem entgegengesetzt wirkende Muskeln des einen Auges miteinander vertauscht sind[1], oder daß die Hand wieder richtig dem Willen folgt, nachdem die Streckmuskeln durch einen Teil der Beugemuskeln ersetzt sind[2]? Die Erklärung, daß eine allmähliche "Umgewöhnung" zugrunde liegt, kann für eine Reihe derartiger Befunde keine Geltung haben, da sehr häufig das neue Geschehen schon frühzeitig in Erscheinung tritt. Gegen die Existenz in ihrer Funktionsweise festgelegter Koordinationszentren sprechen aber alle *die* Versuche in noch viel höherem Maße, in denen sofort nach manchen akuten peripheren Verstümmelungen eine vollkommen andere Koordination zustande kommt. Der Versuch, derartige Umstellungen in der Weise zu erklären, daß von vornherein Schaltmechanismen im Zentralnervensystem vorgesehen seien, welche sofort nach eingetretener Verstümmelung automatisch in Aktion träten, scheitert daran, daß die Zahl solcher präformierter Reservekoordinationszentren und der zugehörigen Umschaltungsvorrichtungen von unannehmbarer Größe sein müßte. So sahen wir (s. oben S. 1067), daß die Zahl der Koordinationsänderungen, welche nach Amputation von einem oder mehreren Beinen auftreten, von der Zahl ($n$) der vorhandenen Beine abhängig ist und schon bei nur einer Gangart $2^n - 2$ erreicht, bei 8 beinigen Tieren also 254, bei 10 beinigen 1022 beträgt. Dabei ist noch zu beachten, daß es sich hierbei nicht nur um Änderungen in der Reihenfolge, in der die Gliedmaßen bewegt werden, sondern auch um Änderungen ihrer Stellung und des Ausmaßes und der Richtung ihrer Bewegungen handelt. Auch das komplizierteste Reflexschema kann über diese Schwierigkeiten nicht hinweghelfen, solange daran festgehalten wird, daß jeder Ort des Zentralorgans nach einer bestimmten Schablone arbeitet.

Die Versuche mit peripheren Verstümmelungen beweisen zunächst nur, daß ein fester Koordinationsmechanismus im Zentralnervensystem nicht vorhanden sein kann und daß das, was uns als Koordination am normalen Menschen und Tier oft in scheinbar so typischer Form entgegentritt, nur aus dem augenblicklichen Zusammenwirken peripherer und zentraler Umstände, also der Gesamtsituation, resultiert. Trotzdem könnte es Koordinationszentren, d. h. anatomisch festgelegte Orte geben, in denen sich für jeden Geschehenskomplex die Koordination nach *Maßgabe der gegebenen Verhältnisse formt*.

*Aber auch dies ist nicht wahrscheinlich*; ja in manchen Fällen konnte der Nachweis erbracht werden, *daß dies nicht der Fall sein kann*. Gibt es doch, wie

---

[1] Siehe oben S. 1108.   [2] Siehe oben S. 1106.

oben (S. 1176) ausgeführt wurde, kaum einen einzigen Koordinationsvorgang, der schlagartig nach Zerstörung eines bestimmten Zentralteils verschwindet, sondern immer findet ein allmählicher Abbau statt, wenn das Nervensystem von vorn nach hinten schrittweise verkürzt wird. Hier besteht zwar immer noch die Möglichkeit, daß die vorderen Teile des zentralen Nervensystems mit all diesen Koordinationen inniger verknüpft wären als die hinteren, da die Verkürzung in umgekehrter Richtung auf die vorderen Innervationsgebiete einen viel geringeren Einfluß ausübt. Wir kennen aber schon jetzt eine ganze Reihe von Fällen (siehe oben S. 1178), in denen bestehende Koordinationen des ganzen Tieres in beliebiger Weise *unterteilt* werden können, so daß es unmöglich ist, einen Ort im Nervensystem ausfindig zu machen, an dem man ein Zentrum für die betreffende Koordination anatomisch unterbringen könnte.

*Man wird also versuchen müssen, auf die Annahme von Koordinationszentren sowohl im Sinne einer funktionellen wie im Sinne einer anatomischen Festlegung zu verzichten* und die Koordination aus dem Zusammenspiel der jeweils gegebenen peripheren und zentralen Verhältnisse zu begreifen.

Ad 3. Wenn es zutrifft, daß es weder effektorische und receptorische Orte mit spezifischen Eigenschaften noch Koordinationszentren gibt, so *kann es logischerweise auch keine Fasersysteme geben, die spezifisch und unveränderlich Qualitäten von einer Stelle des Zentralnervensystems zu einer anderen hinleiten* (Assoziationsfasern im bisherigen Sinne). Die Art der Erregungen, welche solche vorhandenen, langen Bahnen vermitteln, wird immer davon abhängig sein müssen, was in den ihnen zugeordneten Anfangs- und Endstellen vor sich geht, in welchen Verbindungen mit anderen peripheren und zentralen Orten diese selber stehen und welche anderen langen Bahnen noch sonst vorhanden sind. Mit anderen Worten: Die Richtigkeit der in den beiden vorhergehenden Abschnitten aufgestellten Thesen zugegeben, können die langen Bahnen schon a priori keine spezifischen Funktionen haben. Sie stellen nur, wie ich schon vor längerer Zeit einmal ausgeführt habe[1], bequemste und kürzeste Verbindungen zwischen verschiedenen Teilen des Zentralorgans dar, die auch sonst noch auf vielen anderen, aber weniger gangbaren Wegen miteinander in Verbindung stehen. Denn im Grunde muß man wohl das ganze Nervensystem als ein nach allen Richtungen verbundenes Nervennetz ansehen, in welchem jede irgendwo einlaufende Erregung zu jedem beliebigen Ort mehr oder weniger schnell und mit größerem oder geringerem Dekrement hingelangen kann. Hierfür spricht die Tatsache, daß nichts in einem Innervationsgebiet geschieht, was nicht Rückwirkungen auf alle anderen ausüben kann. Das tritt schon unter normalen Verhältnissen oft sehr deutlich zutage, ganz besonders aber dann, wenn durch Wegräumung dämpfender Hindernisse (Strychnin, Tetanustoxin usw.) jeder an beliebigem Ort angesetzte Reiz zu allgemeinen Konvulsionen, also zum Aufhören jeder Koordination führt[2].

Experimentell ließ sich die Unspezifität der langen Bahnen schon in vielen Fällen zeigen: Wird eine lange Bahn durchtrennt, so zeigen sich zwar häufig, aber durchaus nicht immer, Beeinträchtigungen einer oder mehrerer Funktionen, aber nie vollkommener Ausfall, und auch diese funktionellen Einbußen können weiterhin immer mehr zurücktreten (siehe oben S. 1127). Andere lange Bahnen oder, wenn solche fehlen, diffuse, netzartige Verbindungen haben im Sinne einer naheliegenden Deutung die Funktionen der unterbrochenen Bahnen übernommen.

---

[1] BETHE, A.: Allgem. Anat. u. Physiol. d. Nervensystems, S. 96 u. f. Leipzig 1903.
[2] SHERRINGTON, Ch.: Proc. roy. Soc. B. **76**, 269 (1905). — OWEN, A. W. and SHERRINGTON, Ch.: J. of Physiol. **43**, 232 (1911/12).

## III. Ansätze zu einem Neuaufbau der Lehre vom nervösen Geschehen.

Das alte, oftmals durch Hilfshypothesen geflickte Gebäude der Zentrenlehre liegt in Trümmern. Geblieben sind die tausendfältigen Beobachtungen und experimentellen Befunde, aus denen die Zentrenlehre hervorgegangen ist und für die sie das verbindende, gedankliche Band bildete. Hinzugekommen sind im Laufe der letzten Jahrzehnte alle die Tatsachen, die mit ihr nicht vereinbar waren und die zur Aufgabe dieses langbewährten Hypothesenkomplexes zwingen.

Wir haben nicht Zeit, dem Gestürzten nachzutrauern, und werden den Nichtüberzeugbaren den — wie mir scheint, vergeblichen — Versuch überlassen müssen, der alten Lehre durch immer neue Hypothesen und Hilfsannahmen zu neuem Leben zu verhelfen. Unsere erweiterte Tatsachenkenntnis drängt vielmehr dazu, mit dem Alten ganz zu brechen und neue leitende Ideen zu finden, die wieder Ordnung in dieses übergroße Material von Einzelbeobachtungen bringen, Ideen, die wenigstens für den Augenblick ein Verständnis für die Grundvorgänge im Nervensystem zu geben versprechen. Eine Reihe von Ansätzen hierfür sind bereits vorhanden; aber es wird vieler neuer, experimenteller Arbeit bedürfen, bis wir wieder ein so befriedigendes schematisches Bild vom nervösen Geschehen erhalten, wie es vielen Forschern und Ärzten die Zentrenlehre durch eine lange Reihe von Jahren gegeben hat. *Dieses neue Bild wird vermutlich weniger anschaulich sein als das alte*, denn es muß von vornherein darauf verzichten, das Nervensystem mit den gebräuchlichsten und einfachsten menschlichen Übermittlungsapparaten zu vergleichen[1].

Tatsachen bleiben Tatsachen! Was sich ändert — und sich beim Auftauchen neuer Gesichtspunkte ändern *muß* —, ist die Auffassung, wie die gemachten Beobachtungen und Versuche einheitlich im Rahmen einer Hypothese (oder, wenn die Vorstellungen fester begründet sind, einer Theorie[2]) verbunden werden können. Die verzweifelten Bemerkungen, die ich gelegentlich, besonders von Klinikern, habe äußern hören, es stürzte ja alles zusammen und jede neurologische Diagnose wäre unmöglich, wenn es keine Zentren mehr gäbe, gehen daher von einer ganz falschen Voraussetzung aus. Die Symptome, die etwa ein Tumor im Rückenmark oder im Großhirn hervorruft, müssen natürlich gänzlich unabhängig von den Vorstellungen sein, die sich der Diagnost vom Zustandekommen der beobachteten Störungen macht. Ob die Symptome auf der Zerstörung in der betreffenden Region vorhandener Zentren beruhen oder auf der Unterbrechung wichtiger Verbindungen, ist für die Stellung einer Diagnose über den Sitz der Schädigung ohne Belang.

Ebenso unberechtigt wie diese depressive Einstellung ist ein revolutionärer Standpunkt, den man schon jetzt bisweilen von solchen äußern hört, welche alles Neue mit Begeisterung erfassen, — ein Standpunkt, der dahin zielt, auch wohlbegründete Befunde und Vorstellungen ohne gewissenhafte Prüfung in Zweifel zu ziehen. Die früheren Beobachtungen bleiben! Sie müssen nur anders eingeordnet werden. Was noch gut und brauchbar von alten Vorstellungen ist, darf ebenfalls nicht leichtsinnig über Bord geworfen werden.

Neben der Fähigkeit der „Nerventiere", sich weitgehenden Veränderungen in den anatomischen und funktionellen Beziehungen zwischen den receptorischen, effektorischen und zentralen Organen anzupassen, *muß das neu zu findende Bild vom nervösen Geschehen vor allem noch zwei allgemeine Tatbestände berücksichtigen*: Die dauernden, *regulierenden* und verändernden *Einflüsse*, welche die

---

[1] Z. B. mit einer elektrischen Klingelanlage oder (um einen noch banaleren Vergleich zu wiederholen) mit einem komplizierten Automaten, der je nach dem Loch, durch welches das Geldstück eingeworfen wird, Schokolade, Drops, Briefmarken oder noch etwas anderes hergibt.

[2] Mit dem Wort „Theorie" wird neuerdings wieder ein erheblicher Mißbrauch getrieben, und es werden vage Ideen, die kaum die Bezeichnung Hypothese verdienen, von ihren Urhebern so bezeichnet. Nicht einmal die Neuronen- und Zentrenlehre war je so durchbildet, daß sie auf die Bezeichnung „Theorie" mit Recht Anspruch erheben durfte.

*Peripherie auf die zentralen Vorgänge ausübt*, und *den Kampf der Erregungen um das zentrale Feld*. Diese beiden Grundprinzipien fließen in den im Augenblick so häufig benutzten „Ganzheitsbetrachtungen" zusammen, ja man könnte auch die „Plastizität" — selbst ihre extremsten Formen — in den Begriff der „Ganzheit" miteinbeziehen.

Sicher war es notwendig, in einer Zeit, die vorzugsweise dem Spezialstudium von Einzelfunktionen und isolierten Organen und Geweben gewidmet ist, wieder darauf hinzuweisen, daß jeder Organismus ein *einheitliches Ganzes* darstellt und daß sein Wesen nicht allein aus dem Geschehen in losgelösten Bruchstücken zu verstehen ist. Diese — an sich selbstverständlichen — „Ganzheitsbetrachtungen" sind aber bereits bei manchen Autoren zu einem reinen Schlagwort geworden und führen dann in der Hand des Unkritischen zu Scheinerklärungen und zur Verwässerung aller Begriffe. Erst in der Synthese, kaum aber in der Analyse, sind solche Betrachtungen von Wert.

Die beiden neben der „Plastizität" genannten Grundprinzipien des nervösen Geschehens sind nicht neu, und wiederholt ist versucht worden, sie in das Schema einzelner, nebeneinanderstehender Reflexe, wie sie die Zentrenlehre vorsieht, hineinzuarbeiten. Sie widersprechen dieser Lehre nicht. Aber sie sind ihr unbequem! — Auf diese beiden Grundprinzipien soll hier zunächst eingegangen werden.

## Rückwirkungen der Peripherie auf das nervöse Geschehen.

Noch bis in das letzte Viertel des vorigen Jahrhunderts hinein war die Ansicht weitverbreitet, daß mit dem Einbrechen der Erregung in das Zentralnervensystem auf dem Wege einer zentripetalen Bahn der reflektorische Erfolg bestimmt sei[1]. Ebenso sollte bei willkürlichen Akten der Willensimpuls über das periphere Geschehen allein entscheiden.

Der erste, der einer solchen Auffassung auf Grund von Beobachtungen und theoretischen Überlegungen entgegentrat, war wohl der Philosoph und Physiker E. MACH[2]. Er postulierte, daß jedes vom Zentralorgan angeregte periphere Geschehen unter dem Einfluß von der Peripherie zurückgeleiteter Nachrichten eine dauernde Kontrolle und Korrektur erfahre. Jedes effektorische Organ müßte also Receptoren enthalten, die über den jeweiligen Zustand desselben im Zentralorgan gewissermaßen berichteten. Damals war dies eine neue Erkenntnis; heute wird es jedem Studenten als eine Selbstverständlichkeit gelehrt, und er erfährt, daß SHERRINGTON[3] diese propriozeptiven Elemente für die Skeletmuskeln in den Spindelfasern auffand und daß vielfache experimentelle und pathologische Befunde die Richtigkeit des MACHschen Postulats beweisen.

Viel länger bekannt, weil in der täglichen Erfahrung, ist die Tatsache, daß beim Menschen und vielen eigentlichen „Sehtieren" die meisten Bewegungen, besonders die feineren, der äußeren Kontrolle durch das Auge bedürfen und daß andererseits die „Riechtiere" und „Hörtiere" ihre Bewegungen neben anderen Rezeptionen nach Geruchs- und Gehörrezeptionen abstufen.

Eine sehr wichtige, weitere Quelle regulatorischer Rezeptionen ist durch die Entdeckung der „statischen" Funktionen des Ohrlabyrinths (und der Statocysten) erschlossen, und EWALD hat als erster gezeigt, wie durch die vom Labyrinth ausgehenden Erregungen die gesamte Skeletmuskulatur in ihrer Spannung und

---

[1] Ähnliche Anschauungen galten bis vor kurzem auch für den Energieumsatz im Muskel; aber selbst für dieses einfache Gebilde konnte HILL zeigen, daß das Geschehen durch die eingetretene Erregung noch nicht eindeutig definiert ist. [Proc. roy. Soc. Lond. B. **107**, 115 (1930).]

[2] MACH, E.: Grundlinien der Lehre von den Bewegungsempfindungen. Leipzig 1875. — Analyse der Empfindungen. Jena 1885 (2. Aufl. 1900).

[3] SHERRINGTON, C. S.: J. of Physiol. **17**, 211 (1894).

ihren Bewegungen dauernd beeinflußt wird. Hinzu kommen noch die vielfachen von UEXKÜLL, SHERRINGTON, MAGNUS, GOLDSTEIN, M. H. FISCHER und anderen aufgezeigten Beeinflussungen des Geschehens in *einem* Muskelgebiet durch das Geschehen in anderen, oft weit entlegenen[1].

Auf diese Weise ist fast immer der Erfolg einer peripheren Reizung von zahlreichen, äußeren und inneren Umständen abhängig, und der regelmäßige und oft überraschend gleichartige Erfolg bei den üblichen Reflexuntersuchungen an Menschen und Tieren rührt meist nur daher — worauf besonders GOLDSTEIN in neuerer Zeit wiederholt hingewiesen hat —, daß solche Reflexversuche immer unter ganz bestimmten und gleichbleibenden Bedingungen angestellt werden. Ändern wir die Bedingungen, so nimmt in den meisten Fällen auch der Reflex eine andere Form an (s. oben S. 1053) und nur ganz wenige Reflexe bleiben von den äußeren Umständen ziemlich unbeeinflußt (Pupillenreflex, Lidschlußreflex usw., ganz besonders aber die Reaktionen vieler ,,reflexarmer Tiere"[2], wie z. B. der Siphonenreflex der Ascidien). Aber auch dort, wo ein bedeutender Einfluß der augenblicklichen Umstände festzustellen ist, darf angenommen werden, daß der Erfolg jedes wirksamen Reizes zwangmäßigen Charakter besitzt[3], so daß er getrost noch mit dem Namen ,,Reflex" belegt werden kann.

Diese Rückwirkungen der Peripherie auf das Gesamtgeschehen sind längst bekannt und spielen auch in den Betrachtungen derjenigen neueren Forscher auf dem Gebiet des Nervensystems eine große Rolle, welche noch auf dem Boden der Zentrenlehre stehen (so bei SHERRINGTON, v. UEXKÜLL, MAGNUS, GRAHAM BROWN u. a., am wenigsten bei PAWLOW und seiner Schule).

MAGNUS[4] drückt diese Zusammenhänge treffend mit folgendem Wort aus: ,,Wir erfahren, daß das Rückenmark gleichsam in jedem Moment ein anderes ist und in jedem Moment die Lage und Stellung der verschiedenen Körperteile und des ganzen Körpers widerspiegelt. Jeder Körperhaltung entspricht eine bestimmte Verteilung der Erregbarkeiten und der leichtest zugänglichen Bahnen im Zentralnervensystem. Der Körper stellt sich selbst sein Zentralorgan in der richtigen Weise ein."

Der Unterschied zwischen der neuen und der alten Auffassung vom nervösen Geschehen liegt nicht in der mehr oder weniger ausgesprochenen Berücksichtigung dieser Tatsachen, sondern in der Art, wie sie theoretisch verwertet werden. Während alle die genannten großen Förderer der Physiologie des Zentralnervensystems die immer wieder wechselnden und zu neuen Konstellationen Anlaß gebenden Einflüsse der Peripherie bald mit größerer, bald mit geringerer Bestimmtheit zurückführen auf komplizierte Schaltungen zwischen anatomisch festgelegten Zentren, leugnen die Vertreter der neuen Auffassung mit gutem Recht die Existenz solcher Zentren und müssen daher nach einer anderen Erklärung auf die Suche gehen.

Dieser Einfluß der innervierten peripheren Organe und Gewebe auf das schließliche Geschehen ist aber viel größer, als es beispielsweise MAGNUS noch annahm, und man kann nach den vielfachen Versuchen mit Nervenkreuzung und Muskelvertauschung sagen, daß die Peripherie das zentrale Geschehen geradezu beherrscht: *Nicht das Zentralorgan bestimmt, was an der Peripherie geschehen soll, sondern die Peripherie bestimmt, wie das Zentralorgan sich einzustellen hat.*

---

[1] S. hierzu: Ds. Handb. **11**, 767 u. f. (1926); **15**, 29 u. f. (1930).
[2] JORDAN, H.: Z. vergl. Physiol. **7**, 85 (1907); **8**, 222 (1908).
[3] Selbst ein Forscher wie H. S. JENNINGS, der immer mit Nachdruck auf die Bedingtheit tierischer Reaktionen hingewiesen hat, gibt den zwangsmäßigen Charakter derselben zu. [J. comp. Neur. a. Psychol. **19**, 332 (1909).]
[4] MAGNUS, R.: Körperstellung, S. 35. Berlin 1924.

Die Peripherie gestaltet sich das Zentralorgan nach ihrem Bestand, ihren Zuständen und den in ihr ablaufenden Vorgängen; sie bildet sich im Zentralorgan, wenn man will, „Zentren", die bald relativ langsam und allmählich zustande kommen (z. B. bei Nervenkreuzungen und Muskelvertauschungen), bald plötzlich und unvermittelt neue Funktionen annehmen (Auftreten ganz veränderter Koordinationen bei Verlust von Gliedmaßen usw.). Über die Funktion einer Stelle des Zentralnervensystems entscheidet daher weniger ihre topographische Lage und ihr histologischer Aufbau, als vielmehr ihre unmittelbaren Beziehungen zur Peripherie durch Vermittlung peripherer Nerven und ihre mittelbaren Beziehungen durch ihre zentralen Anschlüsse. *Beide Arten von Beziehungen können aber verändert werden, und diesen Veränderungen müssen die Zentralteile folgen!*

Wenn daher jede Tierart ihre charakteristischen Reaktionen zeigt, so liegt das im wesentlichen daran, daß sie ihre besonderen Receptoren und Effektoren mitbringt und daß zwischen diesen und den einzelnen Teilen des Zentralnervensystems und in diesem selbst vererbte Verbindungen bereits vorhanden sind. Die Verbindungen zwischen den peripheren Organen und dem Zentralnervensystem können wir experimentell leicht verändern, die Verbindungen im Zentralorgan aber nicht; wir können sie nur zerstören. Daher ist es verständlich, daß z. B. auf die Vertauschung peripherer Nerven häufig nicht unmittelbar eine vollständige Umstellung der Funktion folgt, sondern daß hierzu in den meisten Fällen eine gewisse Zeit erforderlich ist.

Daß das sog. „Sehzentrum" der Großhirnrinde mit dem Sehen etwas zu tun hat, liegt nach dieser Auffassung nicht daran, daß ihm von vornherein bestimmte Qualitäten innewohnen, sondern daran, daß es durch die in der Entwicklung vorgesehene „Sehstrahlung" mit den Endstellen des Nervus opticus verbunden ist. Würde dieser Teil der Großhirnrinde durch frühzeitige Blendung seiner natürlichen Bestimmung entzogen, so würde er nach einer — experimentell noch nicht geprüften — Vermutung von GOLTZ in andere Funktionen miteinbezogen werden. Am klarsten wird der hier vertretene Standpunkt vielleicht durch die Umkehr eines bekannten Paradoxons von DU BOIS REYMOND: Gelänge es, den Nervus opticus und den Nervus acusticus miteinander kreuzweise zu verheilen, so würde man nicht (oder wenigstens nicht für immer) „den Blitz als scharfen Knall hören und den Donner als langes Wetterleuchten sehen", sondern man würde — wenigstens nach einer gewissen Zeit — den Blitz wieder sehen und den Donner wieder hören. Die Reflexe, die auf beide Erregungen hin eintreten, würden aber vermutlich noch für längere Zeit ungeordnet sein, und sich erst allmählich wieder richtig einspielen, weil eben das Corpus geniculatum — beispielsweise zu den Augenmuskelkernen — ganz anders geartete, angeborene Verbindungen aufweist als die Acusticuskerne.

Gegen die Auffassung, daß im wesentlichen die Peripherie das Geschehen bestimmt und nicht die „Zentren", könnte man einwenden, daß es nervös erzeugte Tätigkeiten gibt, die ziemlich weitgehend von peripheren Einflüssen unabhängig sind: Auch nach Durchtrennung der wesentlichsten receptorischen Bahnen gehen die Atembewegungen, wenn auch verändert, weiter[1]. Eine Taube kann noch koordiniert fliegen, wenn die hinteren Wurzeln des einen Flügels durchschnitten sind[2]. Hunde und Katzen mit durchschnittenem Rückenmark können noch Pendelbewegungen (Stepping) zeigen, wenn die Hinterbeine ihrer receptorischen Innervation vollkommen beraubt sind[3]. Derartige Katzen schwitzen an den Pfoten, wenn die Körpertemperatur steigt[4]. Bei einigen dieser Fälle (Atmung, Schweißsekretion usw.)

---

[1] Siehe ds. Handb. **2**, 239 (1925).
[2] TRENDELENBURG, W.: Arch. f. (Anat. u.) Physiol. **1906**, 1.
[3] GRAHAM BROWN, T.: J. of Physiol. **48**, 18 (1914) — Erg. Physiol. **15**, 689 (1916).
[4] LUCHSINGER, B.: Pflügers Arch. **14**, 378 (1877).

handelt es sich nur um scheinbare Ausnahmen, indem hier nach allgemeiner Auffassung zentral ansetzende Erregungen einen viel größeren Einfluß auf die Tätigkeit der Effektoren ausüben als die Erregungen, welche die peripheren Receptoren treffen. In anderen Fällen sind die natürlichen, peripheren Erregungen entweder nicht vollständig ausgeschaltet (Fliegen von Tauben nach *einseitiger* Durchschneidung der hinteren Wurzeln), oder sie sind durch künstliche Reizung des Zentralnervensystems selbst ersetzt (Pendelbewegungen). Denn darüber besteht wohl kaum ein Zweifel, daß bei Ausschaltung sämtlicher peripherer und zentraler Erregungen alle zentralen Vorgänge zum Stillstand kommen[1].

Derartigen Tatsachen stehen andere, ebenso bekannte Erscheinungen gegenüber, die den Einfluß der receptorischen Peripherie auf das nervöse Geschehen in überraschend klarer Weise vor Augen führen. Alles das, was EXNER[2] unter dem Namen der Sensomobilität[3] zusammengefaßt hat, wäre hier zu nennen. Wenn ein Esel nach beiderseitiger Durchschneidung des receptorischen Nervus infraorbitalis die Oberlippe nicht mehr bewegen kann, wenn beim Pferd die einseitige Durchschneidung des N. laryngeus sup. eine einseitige Lähmung des Kehlkopfes herbeiführt und wenn beim Menschen sogar schon eine unvollständige Lokalanästhesie des hinteren Mundraums das Schlucken unmöglich macht, so zeigt das, wie in manchen Fällen die „Zentren" schon durch Ausschaltung nur eines der zugehörigen Rezeptionsfelder zur vollkommenen Untätigkeit verurteilt werden.

Zwischen diesem Extrem, bei welchem die Rezeptibilität bestimmter und engbegrenzter, peripherer Bezirke die Gesamtfunktion beherrscht, und dem anderen, nur relativen Extrem, bei welchem die zentripetalen Erregungen eine zwar vorhandene, aber nicht ausschlaggebende Rolle spielen, gibt es alle Zwischenstufen, welche sich in den vielgestaltigen, peripher (aber auch zentral) erzeugbaren Ataxien äußern.

## Der Kampf der Erregungen um das zentrale Feld.

Ob nun, wie ich es für wahrscheinlich halte, alle Teile des zentralen und peripheren Nervensystems in einem kontinuierlichen, anatomischen Zusammenhang miteinander stehen oder ob Unterbrechungen (Synapsen) eingeschaltet sind, — diese Frage zu entscheiden, muß so lange dem Gefühl des einzelnen überlassen bleiben, als die histologische Forschung keine bindenden Beweise für das eine oder das andere erbracht hat. Von der Entscheidung dieser histologischen Frage wird aber die Tatsache nicht berührt, daß bei normalen Tieren ein *funktioneller Zusammenhang* zwischen allen innervierten Organen des Körpers — bald ziemlich unmittelbar, bald auf größeren Umwegen — vorhanden ist.

Bei den Tieren mit diffusem Nervensystem (bei den Cölenteraten, Echinodermen, niedrigen Würmern und z. T. auch noch bei den Mollusken) geben schon die direkten Beobachtungen, vor allem aber die vielfach ausgeführten Verstümmelungsversuche für diese Behauptung genügend Beweismaterial. Die Erregungen pflanzen sich meist mit großem Dekrement fort — daraus erschlossen, daß der Erfolg eines lokalen Reizes sich um so weiter ausbreitet, je stärker er ist. Wie auch immer ein trennender Schnitt durch das Nervennetz gelegt wird, stets bleibt ein funktioneller Zusammenhang zwischen den Teilen bestehen, solange noch eine vom Nervennetz durchzogene Brücke vorhanden ist. Das Dekrement wird aber um so größer, je schmaler diese Brücke ist!

Auch bei den Tieren mit zentralisiertem Nervensystem ist der Zusammenhang aller Teile schon unter normalen Verhältnissen meist evident. Nur selten — und wohl auch nur scheinbar — bleibt der Einfluß einer lokalen Erregung auf eine bestimmte Region des Körpers beschränkt; in der Regel lassen sich Effekte auch an weit entfernten Körperstellen nachweisen — Effekte, die sich in Bewegungen, Sekretionen usw. oder auch nur in einer veränderten oder vermehrten Anspruchsfähigkeit dieser Stellen äußern. Und wo noch Zweifel an der Möglichkeit einer allgemeinen Ausbreitung jeder Erregung vorhanden sind, da schwinden sie vor dem Erfolg krampferzeugender Gifte: Jeder wirksame Reiz setzt alle motorischen Apparate in tetanische Erregung. Jede Koordination fehlt und die Regeln der reziproken Innervation[4] sind aufgehoben. Andererseits läßt sich bei Tieren mit zentralisiertem Nervensystem (gerade so wie bei denen mit diffusem Nervennetz) zeigen, daß die Unterbrechung von Leitungswegen die funktionellen Zusammenhänge einzelner Körperteile

---

[1] Siehe z. B. A. BICKEL: Pflügers Arch. **65**, 231 (1896) — Münch. med. Wschr. **1898**, Nr 6.
[2] EXNER, S.: Entwurf zu einer Erklärung der psychischen Erscheinungen, S. 124. Leipzig u. Wien 1894.
[3] KREIDL, A.: Ds. Handb. **9**, 763 (1929).
[4] SHERRINGTON, CH.: J. of Physiol. **36**, 185 (1907/08).

so lange nicht zu vernichten imstande ist, als noch irgendwelche nervösen Verbindungen zwischen ihnen vorhanden sind (s. oben S. 1127)[1].

Alle diese Dinge sind allgemein bekannt, und es wäre nicht nötig, besonders auf sie hinzuweisen, wenn man es nicht immer wieder so dargestellt fände, als gäbe es einzelne, isolierte Reflexe und Handlungen, aus deren mosaikartiger Zusammensetzung das Gesamtverhalten der Tiere und des Menschen sich aufbaute. Solche isolierten Reflexe und Handlungen gibt es höchstens dort, wo ein kleiner Teil des Zentralnervensystems (etwa ein halbes Ganglion eines Arthropoden) im Verein mit den zugehörigen Receptoren und Effektoren aus dem Zusammenhang des Ganzen herausgelöst ist.

Dieser funktionelle Zusammenhang aller innervierten Teile des Organismus und die dadurch gegebene Möglichkeit der gegenseitigen Beeinflussung ist von allen einsichtvollen Forschern der neueren Zeit berücksichtigt worden. Was aber häufig nicht genügend beachtet worden ist, sind alle die Tatsachen, welche für ein *exklusives Geschehen im Nervensystem* sprechen. Diese Exklusivität zeigt sich darin, daß sich nicht beliebig viele Vorgänge gleichzeitig im Zentralnervensystem abspielen können, sondern daß deren Zahl beschränkt ist und in extremen Fällen auf die Einzahl herabgedrückt wird.

Jede Erregung, welche an beliebiger Stelle in das Zentralorgan einbricht, beeinflußt das *ganze System*, und so, wie sie auf der einen Seite einen Vorgang fördern oder hervorrufen kann, so vermindert oder unterdrückt sie andere, die entweder bereits bestanden oder — auf gleichzeitig an anderer Stelle einbrechende Erregungen — im Entstehen begriffen waren.

Dieser „*Wettstreit der Erregungen im Zentralnervensystem*" oder „*Kampf um das zentrale Feld*", wie man ebensogut sagen kann, wird naturgemäß dort am deutlichsten hervortreten, wo eine große Leistungsgeschwindigkeit der nervösen Verbindungswege und das Vorhandensein zahlreicher langer Bahnen den schnellen Ausgleich der Erregungen begünstigt. Bei Tieren oder Organen (z. B. Darm), deren Nervensystem im wesentlichen aus einem diffusen peripheren Netz besteht, vermissen wir daher häufig Zeichen eines solchen Wettstreits der Erregungen, sowie die Einbruchstellen derselben nur einigermaßen weit voneinander entfernt sind, oder der Wettstreit ist nur angedeutet. So kann man bei Seeigeln fast regelmäßig beobachten, daß Pedicellarien, Stacheln und Saugfüße nicht nur an weitentfernten, sondern auch an ziemlich dichtbenachbarten Körperstellen scheinbar unabhängig voneinander ihre Arbeit verrichten. Sie handeln fast wie selbständige Individuen, und es bedarf schon außergewöhnlicher, äußerer Erregungen, um eine ausgesprochene gegenseitige Abhängigkeit zu erweisen[2].

Anders verhalten sich schon die Medusen, deren Nervennetz viel schneller und mit geringerem Dekrement leitet, besonders diejenigen, welche einen gutbeweglichen Magenstiel besitzen (z. B. Carmarina). Wird irgendwo die Subumbrella berührt, so fährt der Magenstiel dorthin, ändert aber schon auf dem Wege seine Bewegungsrichtung, wenn gleich darauf ein anderer Punkt gereizt wird, und bleibt in Ruhe, wenn ringförmig viele Punkte der Subumbrella zu gleicher Zeit berührt werden[3].

Der Erregungsablauf auf den ersten Reiz wird durch den zweiten Reiz abgebrochen, und zwar nicht nur dann, wenn der zweite der stärkere war. Dies würde nicht der Fall sein können, wenn für das ganze System das „Alles-oder-Nichts-Gesetz" gültig wäre. Tritt aber auf den Reiz eine Schwimmbewegung (Kontraktion der Schwimmuskulatur) ein, so bleibt in der Regel die Mitbewegung des Magenstieles aus, und ein schnell darauffolgender zweiter Reiz bleibt auf die Schirmmuskulatur wirkungslos, denn für *diese gilt* das „Alles-oder-Nichts".

---

[1] Die funktionellen Zusammenhänge, welche sich noch nach Aufhebung aller nervösen Verbindungen auf dem Wege mechanischer (auch hydrodynamischer) und hormonaler Übertragungen manifestieren, können bei diesen Betrachtungen unberücksichtigt bleiben.

[2] Siehe die Arbeiten von UEXKÜLL: Zitiert auf S. 1179.

[3] NAGEL, W.: Pflügers Arch. **57**, 495 (1894). — BETHE, A.: Allgem. Anat. u. Physiol. d. Nervensystems, S. 386 (1903).

Da kaum ein Grund zu der Annahme vorliegt, daß die Erregungen zu beiden Muskelsystemen auf verschiedenen Bahnen geleitet werden, so sprechen auch solche Beobachtungen wieder gegen die Annahme, das „Alles-oder-Nichts" sei eine allgemeine Eigenschaft der nervösen Gebilde. — Besonders instruktiv ist das Verhalten der Meduse gegenüber kleinen, schnellbeweglichen Krebsen, die auf ihrer Subumbrella parasitisch leben. Bald sucht die Carmarina sie durch Hinfahren mit dem Magenstiel zu entfernen, bald sie durch wilde Schwimmbewegungen abzuschütteln. Treten Schwimmbewegungen auf, so hängt der Magenstiel schlaff herab, setzt die Abwehr mit dem Magenstiel ein, so hören die Schwimmbewegungen auf. — Mehr oder weniger voneinander unabhängige Reflexe kann man dagegen an den Tentakeln erzielen, deren Nervennetz ein größeres Dekrement besitzt.

Von den beiden Hauptreaktionsweisen unserer Meduse (Schwimmbewegungen und Magenstielbewegungen) *schließt jede die andere aus*. Beide Handlungen spielen sich in verschiedenen Muskelsystemen, aber durch Vermittlung des gleichen Nervensystems ab. Also Wettstreit der Erregungen im zentralen Feld!

Ganz ähnliche Erscheinungen kommen auch bei den meisten wirbellosen Tieren höherer Organisation zur Beobachtung. So sieht man zwar bei der großen Meeresschnecke Aplysia, daß die kleineren Reizreaktionen des Hautmuskelschlauchs ziemlich unabhängig voneinander ablaufen können, daß sich aber die großen gemeinsamen Handlungen gegenseitig fast vollkommen ausschließen. Die Kriechbewegungen hören auf und die Kriechsohle nimmt eine andere Gestalt an, sowie sich die Flügel zu Schwimmbewegungen ausbreiten; umgekehrt werden die Schwimmbewegungen wieder aufgehoben, wenn die Sohle eine Wand berührt und sich dort anheftet. Die Kriechbewegungen werden aber auch gehemmt, wenn das Tier auf Futter stößt und Freßbewegungen auftreten. An deren Stelle beginnen wieder Kriech- oder Schwimmbewegungen, wenn der Vorrat verzehrt ist oder starke äußere Reize zur Einwirkung gelangen. — Höhere Mollusken (Cephalopoden) und ganz besonders die dekapoden Krebse zeigen alle diese Erscheinungen der gegenseitigen Ausschließung einheitlicher Handlungen in noch vollkommener Weise — zum Teil wohl deswegen, weil die Erregungsübertragung schneller erfolgt. Hier beobachtet man aber schon häufig, daß Reize, die nur ganz geringfügige Reflexe auslösen, Hemmungen an anderen Stellen bewirken.

Alles dies mag banal und vom teleologischen Standpunkt aus betrachtet selbstverständlich erscheinen, denn es wäre ja sinnlos und im allgemeinen höchst unzweckmäßig, wenn zwei miteinander schlecht vereinbare Handlungen zu gleicher Zeit ablaufen würden, wenn also z. B. ein Tintenfisch Fluchtbewegungen durch kräftige Zusammenziehungen der Mantelmuskulatur ausführte, sich dabei aber mit den Saugfüßen seiner Arme an einem Stein festklammerte. Aber derartige Unvereinbarkeiten liegen durchaus nicht in jedem Fall vor, abgesehen davon, daß die Frage der Zweckmäßigkeit kein Erklärungsprinzip darstellt.

Manche Reflexe und Handlungen könnten sehr gut nebeneinander bestehend gedacht werden, sowie zu ihrer Ausführung nicht die gleichen Effektoren gebraucht werden[1], und doch sehen wir bei allen höheren Tieren fast niemals diesen Fall eintreten. (Auch die vorher genannten Beispiele wirbelloser Tiere waren so ausgewählt, daß eine gleichzeitige Aktion durchaus denkbar wäre.) Ja, Tätigkeiten, welche ruhig weiterlaufen könnten und sollten, wie der Herzschlag und die Atmung, werden fast durch jeden wirksamen Reiz irgendwie beeinflußt, bald gehemmt und sogar vorübergehend zum Stillstand gebracht oder beschleunigt, dies aber bereits, ehe die durch den Reiz hervorgerufene Aktion eine Veränderung dieser Tätigkeiten nötig machen könnte. Oft sind diese Einflüsse auf Kreislauf

---

[1] Sehr schöne Beispiele dieser Art hat SHERRINGTON wiederholt [z. B.: Erg. Physiol. **4**, 797 (1905)] an der Beinmuskulatur beschrieben: Kratzreflex, Pendeln, Beugereflex, Streckreflex usw. schließen sich gegenseitig aus, weil sie dieselben „letzten gemeinsamen Strecken" zu ihrem Zustandekommen nötig haben.

und Atmung sogar die einzigen äußerlich erkennbaren Zeichen, daß ein angesetzter Reiz sich in den Zentralorganen ausgewirkt hat[1]. Innerlich mag die Erregung beim Menschen zu gleicher Zeit psychische Vorgänge angeregt haben, die nicht selten als Ursache der genannten somatischen Vorgänge angesehen worden sind, die aber ebensogut Begleitvorgänge sein können.

Die schlagendsten Beweise für den Wettstreit der Erregungen im Zentralnervensystem hat die „Sinnesphysiologie" und die „Experimentelle Psychologie" erbracht. Seitdem BESSEL (1822) zur Aufstellung des Begriffs der „persönlichen Differenz" und der „persönlichen Gleichung" gelangte[2], ist die Frage, ob der Mensch imstande sei, gleichzeitig zwei verschiedene Reize wahrzunehmen, ungezählte Male geprüft worden. Bei weitem die meisten Experimentatoren sind zu dem Resultat gekommen, daß dies nicht möglich ist. Von zwei gleichzeitig einwirkenden Reizen (z. B. einem optischen und einem akustischen Reiz) wird immer der eine früher als der andere empfunden, und, um sie als gleichzeitig zu beurteilen, muß einer derselben um einen kleinen Bruchteil einer Sekunde früher angesetzt werden[3]. Nicht einmal mit dem gleichen Receptor werden gleichzeitige Reize gleichzeitig empfunden, wie zuerst MACH[4] für das Auge nachgewiesen hat. (An der Tatsache ist nicht zu zweifeln; nur über die Deutung läßt sich streiten[5].)

Man kann also wohl in erster Annäherung sagen, daß nicht zwei Dinge zu gleicher Zeit in unserem Bewußtsein Platz haben. Alles „Nebeneinander" und alles „Gleichzeitig" ist nur scheinbar und in Wirklichkeit ein zeitliches „Nacheinander", denn jede in unser Bewußtsein eindringende Erregung verdrängt die andere oder läßt sie erst zeitlich später oder alternierend[6] zur Wirkung kommen.

An diesem Prinzip des dauernden Wettstreits der Erregungen in unserem Bewußtsein ändert sich auch dann nichts, wenn einige neuere Autoren[7] damit recht haben, daß die „Enge des Bewußtseins" etwas geringer ist, als es nach den Untersuchungen anderer neuerer Forscher[8] den Anschein hat.

Was für das Sensorium zutrifft, ist in gleichem Maße für intendierte (und sogar sehr einfache) Handlungen gültig. Auch hierfür liegen ungezählte Versuche vor[9].

Wohl ist es z. B. möglich, gleichartige oder einander zugeordnete Bewegungen mit beiden Händen oder mit einer Hand und einem Fuß genau gleichzeitig auszuführen; sowie beide Bewegungen aber verschiedenartig oder einander nicht zugeordnet sind, läßt uns unser Nervensystem im Stich. Das kommt schon bei einfachen Bewegungen zum Ausdruck: Wohl sieht es so aus, als könnte man die eine Hand langsam horizontal hin und her bewegen, die andere aber gleichzeitig in schnellem Tempo senkrechte Schläge ausführen lassen; in Wirklichkeit stellt sich dabei aber immer eine zeitliche Beziehung derart her, daß die eine Bewegung ein gerades Vielfaches der anderen ist und die langsamere die Tendenz zeigt, die schnellere Bewegung mitzumachen. Dieser Wechsel der Intentionen kann aber sehr schnell erfolgen, so daß bei komplizierten Handlungen (z. B. beim Klavier- und Geige-

---

[1] Siehe hierüber u. a. H. BERGER: Körperliche Äußerungen psychischer Vorgänge. **1** (Jena 1904); **2** (1907). — WEBER, E.: Der Einfluß psychischer Vorgänge auf den Korper. Berlin 1910.

[2] Siehe WUNDT, W.: Grundzüge der physiologischen Psychologie. 4. Aufl., **2**, 320, 402.

[3] Siehe die Lehrbücher der experimentellen Psychologie. Die Geschichte der Frage von der „Enge des Bewußtseins" findet sich bei A. MAGER, Münch. Studien z. Psychol. u. Philosoph. **1**, H. 5, 497—657, Stuttgart 1920, dargestellt.

[4] MACH, E. (u. DOVORAK): Sitzgsber. böhm. Ges. Wiss., S. 65. Prag 1872.

[5] Siehe hierzu u. a. A. BETHE: Pflügers Arch. **121**, 1 (1907). — TSCHERMAK, A.: Ds. Handb. **12 I**, 421 (1929). — KOHLRAUSCH, A.: Ds. Handb. **12 II**, 1588 (1931).

[6] Hierhin gehört z. B. der „Wettstreit der Sehfelder". Siehe ds. Handb. **12 II**, 916 (1931).

[7] SCHULZE, H.: Unters. Psychol. usw. (Göttingen) **7**, H. 3. Göttingen 1929. — ACH, N.: Arch. f. Psychol. **74**, 261 (1930).

[8] MAGER, A.: a. a. O. — PAULI, R.: Arch. f. Psychol. **74**, 201 (1930).

[9] Literatur in den Lehrbüchern der Psychologie und bei A. MAGER: a. a. O.

spielen) der Eindruck der Gleichzeitigkeit verschiedenartiger Bewegungen erweckt wird[1]. — Neuerdings, um ein weiteres Beispiel zu nennen, hat VOGEL[2] gezeigt, daß der optokinetische Nystagmus von der Einstellung der Aufmerksamkeit abhängt. Eintritt desselben schließt andre Reaktionen (Änderung der Körperstellung usw.) aus und umgekehrt.

Alle diese Tatsachen drängen zu dem Schluß, daß *sich im Zentralorgan (wenigstens der höheren Tiere) zu ein und derselben Zeit immer nur ein wesentlicher Vorgang abspielen kann.* Alles andere wird zurückgedrängt. Wenn gar nicht so selten mehrere Vorgänge miteinander vereint ablaufen, so stehen sie in irgendeinem Zusammenhang miteinander, sind also koordiniert, oder es handelt sich bei dem einen oder dem anderen um mehr oder weniger von dem zentralen Geschehen unabhängige Vorgänge (Herzschlag, Darmbewegungen usw.) oder schließlich um primitive rhythmische Aktionen, wie z. B. das Gehen, Laufen usw.[3]. Aber auch solche primitiven Bewegungen (Prinzipalbewegungen) können durch andere zum Teil reflektorische, zum Teil „willkürliche" Vorgänge zum Stillstand gebracht werden, worauf EXNER besonders aufmerksam gemacht hat.

So ist es für das Pferd unmöglich, während der Fortbewegung zu urinieren; die Defäkation unterbricht dagegen das Laufen nicht. Bei vielen anderen Tieren, z. B. beim Hund, schließt aber sowohl das Urinieren wie das Defäzieren die Fortbewegung aus.

Die Exklusivität des nervösen Geschehens ist wieder nur verständlich unter der Annahme, daß das gesamte Nervensystem ein einheitliches Ganzes bildet[4], in welchem *jeder* Vorgang *jeden* anderen bald in höherem, bald in geringerem Maße derart beeinflußt, daß ein gemeinsames Handeln resultiert. Was sich in das Ganze nicht einfügt, wird ausgelöscht. *Nicht Einzelreflexe setzen sich zur Gesamthandlung mosaikartig zusammen* (sonst müßten viele Reflexe unabhängig voneinander und zur gleichen Zeit nebeneinander auftreten können), *sondern jedes Geschehen im Nervensystem stellt eine Gemeinsamkeit dar, die neben sich — wenigstens in vielen Fällen — keinen anderen von ihm unabhängigen nervösen Vorgang zuläßt.*

Wenn man daher zu neuen Vorstellungen über das Wesen des Nervensystems gelangen will, so wird man versuchen müssen, auf folgende Grundannahmen aufzubauen, zu denen die im Augenblick bekannten Tatsachen zu nötigen scheinen.

1. Es gibt im Zentralnervensystem weder Bezirke mit festgelegter Spezifität (Zentren im bisherigen Sinne) noch Leitungswege von unabänderlicher Funktion.

2. Bestimmend für die Rolle zentraler Bezirke sind ihre anatomischen Beziehungen zu den peripheren Organen (Effektoren und Receptoren) und zu

---

[1] Die Versuche einiger moderner Gymnastikschulen, die Glieder des Körpers in verschiedenem Rhythmus zu bewegen, sind im Grunde unphysiologisch und können immer nur zu einem Scheinerfolg führen.

[2] VOGEL, P.: Pflügers Arch. **228**, 510 (1931).

[3] Man kann während des Gehens sich unterhalten, lesen, kleine Hantierungen vornehmen usw. (Ähnlich beim Stricken und einigen anderen erlernten Verrichtungen.) Inwieweit auch hierbei das Grundphänomen, z. B. das Gehen, auf die Rhythmik des anderen, gleichzeitigen Vorganges zurückwirkt und umgekehrt, ist meines Wissens nicht untersucht.

[4] Da auch das sympathische Nervensystem in vielfachen Verbindungen mit dem cerebrospinalen System steht, so ist es nicht verwunderlich, *daß sympathische Erregungen auf die Vorgänge im cerebrospinalen System einen unmittelbaren Einfluß gewinnen können;* man durfte sogar annehmen, daß dies wahrscheinlich ist [HESS, W. R.: Schweiz. Arch. Neur. **15**, 260 (1924); **16**, 36 u. 285 (1925)]. Wenn manche solche Einflüsse erst in neuerer Zeit durch ORBELI [Festschrift für PAVLOW, S. 434 (russisch). Leningrad 1924. — Siehe auch Referat BRÜCKE, Klin. Wschr. **6**, 703 (1927); Naturwiss. **16**, 923 (1928)], BRÜCKE [Pflügers Arch. **228**, 267 (1931)] u. a. an den peripheren und besonders durch ACHELIS [Pflügers Arch. **219**, 411 (1928); **226**, 212 (1930)] an zentralen Erfolgsorganen nachgewiesen sind, so liegt das wohl daran, daß die hier zugrunde liegenden anatomischen Beziehungen nicht sehr intensiv sind.

anderen Teilen des Zentralnervensystems. Diese Beziehungen sind zwar ontogenetisch in charakteristischer Weise angeordnet, so daß es beim normalen höheren Tier den Anschein hat, als stände jeder Zentralteil einer bestimmten Funktion vor; diese Beziehungen können aber nach dem Willen des Experimentators verändert werden, und mit diesen Veränderungen der Beziehungen ändern sich auch die Funktionen der betroffenen zentralen Bezirke.

3. Alle Teile des Nervensystems sind in leitender Verbindung miteinander; somit steht auch jeder periphere Ort mit jedem anderen in näherem oder fernerem Zusammenhang. Dadurch werden Wechselwirkungen zwischen allen innervierten Organen nicht nur möglich, sondern werden auch dauernd betätigt. (Wenn wir bisweilen auf einen Reiz hin einen Effekt nur an einem circumscripten Ort beobachten, so liegt dies daran, daß die übrigen Effekte sich nicht immer erkennbar machen. Isolierte Reflexe am intakten Tier gibt es nicht.)

4. Was auf eine einbrechende Erregung hin geschieht, hängt infolge dieser Wechselwirkungen vom augenblicklichen Zustande des gesamten nervösen Apparats und somit auch von der Gesamtlage in der Peripherie ab.

5. Brechen mehrere Erregungen gleichzeitig in den Organismus ein oder bestehen schon Erregungszustände (was meist wohl dauernd der Fall ist), so tritt ein Wettstreit um das zentrale Feld ein, der bei höheren Tieren in der Regel nur *eine*, oft sehr komplexe, aber einheitliche Handlung zuläßt (Exklusivität).

6. Koordination beruht nicht oder nur in sehr beschränktem Maße auf vorgebildeten zentralen Einrichtungen, sondern sie ergibt sich aus dem Zusammenspiel der jeweiligen äußeren und inneren Bedingungen. (Ein normaler Hund läuft nicht deswegen in einem bestimmten Rhythmus auf vier Beinen, weil er ein besonderes Koordinationszentrum hat, in welchem die Reihenfolge der Bewegungen vorgezeichnet ist, sondern deswegen, weil er vier gesunde Beine hat.)

## Neue Erklärungsversuche für das nervöse Geschehen.

Einige Ansätze sind vorhanden, um wieder zu einem Verständnis der nervösen Vorgänge zu gelangen, nachdem sich die alten Vorstellungen als zu primitiv und zu automatenhaft erwiesen haben. Es sind nur Ansätze, tastende Versuche, die aber der Erwägung wert zu sein scheinen.

Das erscheint sicher: Keine dieser Vorstellungen ist für sich allein imstande, alle die Forderungen zu erfüllen, die am Ende des vorigen Kapitels aufgestellt wurden. Aber vielleicht wird man durch Zusammenfassung mehrerer dieser Vorstellungen weiterkommen. Möglich auch, daß man noch andere Erklärungsprinzipien hinzunehmen oder daß man ganz andere, bisher noch nicht beschrittene Wege einschlagen muß, um ein Verständnis anzubahnen. Alles das läßt sich heute noch nicht übersehen, und nur das eine ist sicher, daß der bisherige Weg in eine Sackgasse geführt hat.

Was an diskutablen Ideen vorliegt, soll hier besprochen werden.

### 1. Die Resonanzhypothese.

Der Gedanke, die einzelnen Bezirke des Zentralnervensystems seien untereinander und außerdem mit den peripheren Organen nach dem Prinzip der Resonatoren aufeinander eingestellt, ist nicht neu. Er ist wohl zuerst von dem ideenreichen MORITZ SCHIFF[1] ausgesprochen worden, und zwar zu einer Zeit, zu der unsere Kenntnisse von den Resonanzerscheinungen über das Gebiet der Akustik noch kaum hinausgekommen waren. SCHIFF wurde zu einer solchen

---

[1] SCHIFF, M.: Gesammelte Beiträge zur Physiologie 3, 251—254. Lausanne 1896.

Annahme durch die Resultate der Durchtrennung von Faserbahnen des Rückenmarks gedrängt: Welche Bahnen auch immer durchschnitten werden, stets bleiben bestimmte funktionelle Zusammenhänge zwischen dem Vordertier und dem Hintertier, z. B. die „Schmerzleitung" (diese häufig sogar mit einem Lokalzeichen behaftet), bestehen, so lange noch irgendwelche anderen Longitudinalstränge erhalten sind[1]. Die Funktion könnte daher nicht an eine *bestimmte* anatomische Verbindung geknüpft sein, und es bliebe nur die Annahme übrig, daß jede überhaupt vorhandene Nervenbahn die verschiedenartigen Erregungen übertragen könne. Eine vollständige Erklärung der beobachteten Tatsachen sei daher nur möglich, wenn bestimmte Bezirke der vorderen Teile des Zentralnervensystems und caudalere Teile desselben (oder die von hier aus innervierte Peripherie) nach Art der Resonatoren aufeinander abgestimmt seien.

Dieselbe Idee der gegenseitigen Abstimmung zwischen peripheren Organen und zentralen Bezirken und dieser unter sich taucht später bei LOEB[2], wohl unabhängig von SCHIFF, wieder auf, wird aber hier nicht in die Einzelheiten verfolgt. Es fehlt bei ihm auch an einer experimentellen Begründung.

Weder die Gedankengänge von SCHIFF noch die Anregungen LOEBs fanden einen Widerhall bei den Theoretikern auf dem Gebiet des Nervensystems. Dazu waren sie einer dynamischen Theorie des nervösen Geschehens zu fern und zu sehr in den „histologisch-corpusculären Vorstellungen der Zentrentheorie", wie LOEB sich ausgedrückt hat, befangen. So gerieten diese beachtenswerten Ansätze in Vergessenheit, bis PAUL WEISS[3] vor fast 10 Jahren durch seine Extremitätentransplantationen an Salamanderlarven von neuem zu ähnlichen Vorstellungen geführt wurde.

Die Tatsache, daß eine eingepflanzte, überzählige Extremität[4] genau dieselben Bewegungen ausführt wie die benachbarte, am richtigen Ort befindliche normale Extremität, war mit den herrschenden Vorstellungen über die Beziehungen zwischen Zentrum und Peripherie unvereinbar. Dieses Phänomen würde sich aber sehr leicht erklären lassen, wenn das Zentralorgan und die peripheren Effektoren, wie WEISS annimmt, so aufeinander abgestimmt wären, daß auf jede der angenommenen spezifischen Erregungswellen immer nur bestimmte Muskeln in Aktion träten. Wäre die Annahme richtig, daß das Zentralnervensystem eine Summe verschiedenartiger Erregungswellen auf den vorhandenen Nervenbahnen zur Peripherie aussendet, auf welche jeder Muskel nach seiner Eigenart in Resonanz gerät, dann müßte ein transplantierter Muskel, gleichgültig mit welchem Nerven derselben Gegend er in Verbindung gebracht wurde, immer dann in Erregung geraten, wenn die für ihn charakteristische Erregungsform vom Zentralorgan ausgesandt würde. Die von WEISS zur Prüfung angestellten Versuche ergaben in der Tat ein Resultat, das seiner These durchaus günstig war[5].

Bei der Kühnheit der WEISSschen Vorstellungen ist es nicht zu verwundern, daß die Wichtigkeit und Größe seiner Konzeption anfangs von vielen nicht voll erkannt wurde und daß seine Ansichten besonders von seiten der Morphologen einen heftigen Widerstand erfuhren. Heute wird man sagen dürfen, daß es für die von WEISS gefundenen Tatsachen zur Zeit keine andere irgendwie plausible Erklärungsmöglichkeit gibt.

---

[1] Siehe weiter oben S. 1129.
[2] LOEB, J.: Einleitung in die vergleichende Gehirnphysiologie, S. 163, 191 und an anderen Stellen. Leipzig 1899.
[3] Über die Tatsachenbestände und die Literatur s. weiter oben S. 1119.
[4] In dem von VERZAR und WEISS [Pflügers Arch. **223**, 671 (1930)] beschriebenen Naturspiel waren es sogar zwei Extremitäten.
[5] WEISS, P.: Pflügers Arch. **226**, 600 (1931).

Zu prüfen ist, ob mit der SCHIFF-LOEB-WEISSschen Resonanzhypothese auch für die Erklärung anderer bekannter Tatsachen etwas gewonnen wird, und weiterhin, ob es Beobachtungen gibt, die einer anderen Grundvorstellung bedürfen oder sogar mit dieser Hypothese in Widerspruch stehen.

Wenn das Resonanzprinzip das nervöse Geschehen beherrschte, dann wäre es verständlich, daß nur irgendwelche, aber nicht bestimmte leitende Verbindungen zwischen einzelnen Zentralteilen unter sich und mit den verschiedenen peripheren Organen vorhanden sein müßten, um die Funktionen zu ermöglichen. Um die Tatsache zu erklären, daß bei abnormen, anatomischen Innervationsverhältnissen (Durchschneidung einzelner Rückenmarksstränge, ungeordnete Neurotisation von Extremitätenmuskeln) noch eine physiologisch richtige Innervation zutage tritt, wurde ja die Resonanzhypothese von SCHIFF sowohl wie von WEISS erdacht. Sie ließe sich ohne weiteres auf die Befunde bei der gewöhnlichen Nervenregeneration, wie auch bei der Regeneration nach kreuzweiser Vernähung zweier Nerven übertragen. Gar nicht oder nur in geringem Umfang finden sich, wie als feststehend betrachtet werden darf, die früher zusammengehörigen Nervenfasern wieder zusammen, und doch kann sich die Funktion effektorisch wie receptorisch wieder herstellen[1].

Auch entwicklungsgeschichtlich würde uns manches verständlich: Immer ist es verwunderlich erschienen, daß die Nervenfasern, wenn sie wirklich vom Zentralnervensystem auswachsen, die „richtigen" peripheren Orte erreichen können. HENSEN hat immer an ihrem Auswachsen gezweifelt und hat daher primäre Verbindungen zusammengehöriger Orte (auch intrazentral) angenommen. Aber seit den Untersuchungen HARRISONS ist an dem wirklichen Auswachsen der Nervenfasern nicht mehr zu zweifeln. Nun erfolgt zwar die Innervation der einzelnen Wirbeltiermuskeln und Hautbezirke mit einer gewissen Regelmäßigkeit durch ungefähr dieselben spinalen Wurzeln, aber es gibt doch schon grob anatomisch eine ganze Menge von Varianten, die auch physiologisch feststellbar sind[2]. Es erscheint daher wahrscheinlich, daß sich eine viel größere Variationsbreite (auch zentral) ergeben würde, wenn man imstande wäre, statt grober Bündel einzelne Fasern anatomisch und physiologisch zu verfolgen. (Daß die groben Bündel — wenigstens in der Peripherie — ungefähr den richtigen Weg bei der Entwicklung nehmen, läßt sich leicht aus dem segmentalen Aufbau des Wirbeltierkörpers verstehen.) Die Resonanzhypothese als zutreffend vorausgesetzt, würden sich derartige entwicklungsgeschichtliche Schwierigkeiten von selbst lösen. Die nervösen Verbindungen brauchen sich dann eben nicht nach einem strengen Schema auszubilden, wie es die Zentrenlehre verlangen müßte, sondern es käme nur darauf an, daß überhaupt Verbindungen da sind.

Eine (wenn auch nicht unüberbrückbare) Schwierigkeit für die Resonanzhypothese ergibt sich aber bereits aus den Versuchen mit Überkreuzung eines linken und eines rechten Nerven:

Um beim normalen Individuum die Koordination zwischen rechten und linken Extremitäten zu erklären, müßte diese Hypothese neben der spezifischen Erregung für den einzelnen Muskel (z. B. den Gastrocnemius) auch noch ein Unterscheidungszeichen für den rechten und linken Muskel der gleichen Art annehmen. Diese Rechts-Links-Spezifität müßte sich aber partiell *umkehren*, wenn z. B. die Ischiadici, nicht aber die Femorales vertauscht sind. Da jedes Bein nach dieser Operation als Ganzes bewegt wird[3], so würden die Unterschenkel-

---

[1] Siehe weiter oben S. 1089.
[2] SHERRINGTON, CH.: J. of Physiol. **13**, 621 (1892).
[3] Siehe weiter oben S. 1092.

muskeln den gekreuzten, die Oberschenkelmuskeln (wie bisher) den gleichseitigen Erregungswellen gehorchen müssen[1]!

Sowie man die hier schon herangezogene Hilfshypothese zuläßt, daß die Resonanz zwischen einem zentralen und dem zugehörigen peripheren Ort nicht fest, sondern umstimmbar ist, dann lassen sich noch einige weitere Schwierigkeiten beheben. Von diesen liegt eine der größten in der Beobachtung, daß sich nach Vertauschung der Endsehnen zweier Muskeln, die physiologisch richtige Funktion oft überraschend schnell herstellt[2]. Dies wäre nach der Resonanzhypothese nur möglich, wenn der Muskel $A$ sich auf die Periode für den Muskel $B$ umstellt (und umgekehrt) oder wenn die entsprechende Umstimmung zentral zustande käme.

Irgendeine Umstellung muß zur Erklärung dieses Phänomens angenommen werden, und es bereitet unserer Vernunft keine geringeren Schwierigkeiten, dies wie bisher in etwas noch ganz Unbekanntem zu suchen als in der Umstimmung von Resonatoren. Wie nun bei der Umstellung (oder, wenn wir der Resonanzhypothese folgen, bei der Umstimmung) „das Richtige" getroffen wird, ist ebenso rätselhaft wie etwa die Regeneration einer Salamanderextremität, bei der sich das morphologische Geschehen (wie dort das physiologische) in den Plan des Organismus in überraschender Weise einpaßt.

Können wir über das „Wie" der Umstellung nichts sagen, so können wir doch über das „Warum" bestimmte Vermutungen anstellen:

Bei der Vertauschung von Muskel-Endsehnen kommt eine veränderte mechanische Kopplung zustande, welche durch die propriozeptiven Elemente auf das Zentralorgan zurückwirkt. Es liegt daher die Annahme durchaus im Sinne einer jeden regulatorischen Fähigkeit des Organismus, daß diese Rückwirkungen einen dauernden Anstoß zur Umstellung geben. Ob wir diese Umstellung in der peripheren oder zentralen Umstimmung von Resonatoren oder in einem noch ganz unbekannten Vorgang erblicken, ist zur Zeit an sich gleichwertig. Die erstere Annahme bietet aber vielleicht Aussichten auf eine experimentelle Prüfung, während uns die zweite weiter im Dunkeln tappen läßt.

Wenn zur Umstimmung äußere Anregungen notwendig sind, dann ist es verständlich, daß die „Resonanzerscheinungen" in den WEISSschen Versuchen (und bei dem Frosch von WEISS und VERZAR) so deutlich hervortreten: Diese überzähligen Extremitäten erreichten den Boden nicht, waren unnütze Anhängsel des Körpers, für die gar kein Zwang bestand, sich in den Gesamtbetrieb des Körpers einzupassen. Daher konnten sie den ausgesandten Impulsen unbeeinflußt folgen. Das gleiche gilt von den transplantierten und neurotisierten Muskeln der neuesten WEISSschen Versuche, die infolge ihrer Lagerung gar nicht in den Betrieb des Organismus hineingezogen werden konnten[3].

Eine weitgehende Umstimmung hat sich bei den BRAUSschen Überpflanzungen von Vorderbeinanlagen an die Stelle von Hinterbeinknospen gezeigt[4]. Wenn hier das Vorder-

---

[1] Derartige Umstellungen nach Nervenüberkreuzung bereiten auch der an und für sich recht plausiblen Hypothese von GRAHAM BROWN [zusammengefaßt in: Erg. Physiol. **15**, 601 (1916)] unüberwindbare Schwierigkeiten, nach welcher die Koordination beim „stepping" durch das Hin- und Herpendeln der Erregung zwischen zwei rechts und links orientierten Halbzentren zustande kommen soll.

[2] Siehe weiter oben S. 1105.

[3] Ich möchte annehmen, daß sie bei längerem Zuwarten ihre Erregbarkeit verloren hätten. Hierfür sprechen z. B. Beobachtungen, die ich vor längerer Zeit an einem Taschenkrebs mit ausgebildetem Schreitbein am Abdomen machen konnte [A. BETHE: J. Mar. biol. Assoc. U. Kingd. **4**, 144 (1896) — Arch. Entw.mechan. **3**, 301 (1896)]. Dieses Bein, das sicher einige Jahre alt war, hatte ausgebildete Muskeln und war gut innerviert. Trotzdem zeigte es keine Motilität (bei erhaltener Rezeptibilität!), wie ich meine deshalb, weil diese bei dem Sitz des Beins hinderlich gewesen wäre.

[4] Siehe weiter oben S. 1117.

bein nach seiner Ausbildung die Bewegungen des ihm gegenüberstehenden, normalen Hinterbeins beim Sprung mitmachte, dann müssen sich seine Muskeln während ihrer Reifung auf Impulse eingestellt haben, auf die sie normalerweise nach der Resonanzhypothese nicht hätten ansprechen dürfen.

Die Resonanzhypothese hat sehr viel Ansprechendes, denn sie ist geeignet, eine Reihe von Erscheinungen verständlich zu machen. Außerdem hat sie den Vorzug der Anschaulichkeit, denn sie benutzt Vergleiche, die im Zeitalter der Radiotelegraphie auch jedem Laien verständlich sind. Daß in ihr nicht der Schlüssel zum Verständnis aller Geheimnisse des Zentralnervensystems verborgen liegt, werden auch die nicht gemeint haben, deren Kopf sie entsprungen ist. Sicher handelt es sich um einen Gedankenkomplex, der ernsteste Beachtung verdient, und diejenigen, die diese Hypothese von vornherein ablehnen, haben ihren Sinn wohl nicht verstanden.

Allein mit Resonanzerscheinungen und ohne Hilfsannahmen und weitere Grundhypothesen wird man nicht zum Ziel kommen. Neben der Umstimmbarkeit würde man z. B. eine gewisse segmentale Disposition der zentralen Masse für die zugehörigen Außenbezirke annehmen müssen. Hierfür sprechen einerseit die Versuche von DETTWILER[1] und andererseits die Resultate, welche z. B. bei künstlicher Innervierung des Facialisgebietes durch den Accessorius gewonnen wurden[2]. Wäre nicht eine solche Disposition des segmentalen Nerven für sein Endgebiet vorhanden, so könnten nicht anfangs nach Eintritt der Regeneration Mitbewegungen der Gesichtsmuskulatur bei Schulterbewegungen zustande kommen; die Gesichtsmuskeln müßten vielmehr bei voller Gültigkeit des Resonanzprinzips *sofort* auf ihren „zentralen Anruf" antworten. —

Recht gut würde sich die Resonanzhypothese mit der „Exklusivität der nervösen Phänomene" vereinigen lassen[3]. Hilfsannahmen würden aber wieder alle die Tatsachen erfordern, welche eine dauernde Rückwirkung der peripheren Vorgänge und Zustände auf das zentrale Geschehen beweisen[4]. Diese Rückwirkungen kommen am deutlichsten in den Umstellungen der Koordination zum Ausdruck, welche sich schlagartig bei Eingriffen an den Extremitäten einstellen[5]. Über diese Schwierigkeiten können vielleicht Phänomene hinweghelfen, die in den nächsten Kapiteln zu besprechen sind.

Den schwerwiegendsten Einwand gegen die Resonanzhypothese als Grundprinzip des nervösen Geschehens sehe ich darin, daß sie wieder die Existenz präformierter und spezifischer zentraler Werkstätten, also Zentren, zur Voraussetzung hat. Wenn nach dieser Hypothese das einheitliche Zusammenarbeiten vieler Effektoren, etwa bei einem komplizierten Reflex, dadurch zustande kommen soll, daß vom Zentralorgan je nach Umständen eine Schar verschiedenartiger Erregungswellen auf dem Wege der Nerven ausgesandt wird, von denen jeder Effektor nur auf „seine Welle" anspricht, dann müssen im Zentralorgan recht komplizierte Einrichtungen angenommen werden, welche als „Sender" dienen. Zahlreiche Beobachtungen sprechen aber dafür, daß solche spezifischen Apparate fehlen[6]. Noch ist der Weg nicht zu sehen, der über diese Schwierigkeit hinweghilft.

Keinen Einwand gegen die Resonanzhypothese kann ich aber darin erblicken, daß wir wenig Anhaltspunkte dafür haben, daß in den Nerven Impulse von sehr verschiedener Form fortgeleitet werden. Was wir über die Erregungsleitung wissen, fließt im wesentlichen aus den Beobachtungen über die Aktionsströme. Daß aber hier das ganze große vorliegende Material in Wirklichkeit

---

[1] Siehe weiter oben S. 1117.   [2] Siehe weiter oben S. 1096.
[3] Siehe weiter oben S. 1193.   [4] Siehe weiter oben S. 1189.
[5] Siehe weiter oben S. 1077.   [6] Siehe weiter oben S. 1185.

nur armselige Anfänge darstellt, wird kaum jemand leugnen wollen, ganz abgesehen davon, daß der Aktionsstrom ja nur ein Symptom der wirklichen Vorgänge im Nerven ist. Wohl aber könnte man darin einen Einwand gegen die Resonanzhypothese sehen, daß bisher noch nie Aktionsströme in einem motorischen Nerven beobachtet wurden, ohne daß der zugehörige Muskel gleichzeitig in Erregung geriet.

## 2. Die Uexküllschen Regeln.

Während die Resonanzhypothese von der fast allgemein angenommenen Vorstellung ausgeht, daß die nervösen Erregungsvorgänge Prozesse oszillatorischer Natur seien (die nach der herrschenden Meinung in den Aktionsströmen ein sichtbares Äquivalent finden), verzichtet J. v. Uexküll bewußt auf jede Anlehnung an die herrschenden Ansichten der Biophysiker (und auch der Biochemiker). Für ihn ist die Biologie, wie *er* sie versteht, eine selbständige Wissenschaft, die ihre Schlüsse nur aus dem zu ziehen hat, was sie selber beobachtet.

In der Tat klafft ja ein breiter Spalt zwischen den eintönigen Untersuchungsergebnissen der Elektrophysiologen an herauspräparierten oder freigelegten Nerven[1] und dem außerordentlichen Reichtum wechselvoller Erscheinungen, die dem Beobachter ganzer oder in ihrem Bestand nur mäßig geschädigter Tiere vor Augen treten. Jede Brücke, die man zwischen beiden Erscheinungsgebieten zu schlagen versucht, ist aus zahlreichen Hypothesen und unbeweisbaren Annahmen aufgebaut[2]. Es kann daher durchaus nützlich sein, wenn jeder zunächst seinen Weg unbeirrt weiter verfolgt, in der Hoffnung, daß man sich vielleicht irgendwo zusammenfindet.

Solange die Lehre von den bioelektrischen Erscheinungen noch in den ersten Anfängen stand, haben sich die großen Erforscher des Zentralnervensystems *auch* nicht um das bekümmert, was drüben vor sich ging, und sind doch zu so vielen und schönen Entdeckungen gekommen. Der Erfolg entscheidet! So auch hier: Gerade weil v. Uexküll ganz unabhängig von den Nachbardisziplinen seinen Weg verfolgte, hat er die Lehre vom zentralen Geschehen in einem Maße bereichert wie nur wenig Andere.

Uexkülls Grundanschauung, zu der er schon durch seine ersten Arbeiten über das Zentralnervensystem gelangte, geht dahin, daß sich die *Erregung im Nervensystem ähnlich wie eine Flüssigkeit* in einem allseitig, netzartig verbundenen Röhrensystem *ausbreitet*. Die Erregung wird bei ihm zur Substanz, erhält den Namen Tonus und bewegt sich nach hydrodynamischen Gesetzen. Dieses Bild — mag es richtig sein oder falsch — war von großer heuristischer Bedeutung, denn die mit diesem leitenden Gedanken aufgefundenen Tatsachen haben einen bleibenden Wert bekommen und haben anregend auf die Untersuchungen vieler anderer gewirkt.

Uexküll selbst hat seine Gedankengänge in diesem Handbuch[3] zusammengefaßt, so daß es unnötig ist, sie hier zu wiederholen; nur einige Punkte sollen herausgegriffen werden, die für unsere Betrachtungen von besonderer Wichtigkeit sind.

---

[1] Manchmal sind es ja auch freigelegte Teile des Zentralnervensystems.
[2] Ich will damit nicht etwa bestreiten, daß der Versuch berechtigt ist, die auf dem Wege der elektrischen Untersuchung gewonnenen Resultate zu theoretischen Vorstellungen über die zentralen Prozesse zu verwerten. Nur soll man nicht behaupten, daß allein auf dieser Linie das Ziel erreicht werden könne.
[3] Uexküll, J. v.: Ds. Handb. **9**, 741, 753 (1929). — In diesen Artikeln zieht v. Uexküll — das soll hier hervorgehoben werden — die oszillatorische Erregungsform mit in den Kreis seiner Betrachtungen.

### a) Das Gesetz der gedehnten Muskeln.

Man kann diese auch an Wirbeltieren oft bestätigte Regel etwa so zusammenfassen:

Von zwei einem Reizort annähernd gleich eng verknüpften Muskeln (oder Muskelsystemen) fließt die Erregung demjenigen zu, der im Augenblick der gedehntere ist. Es gibt aber auch Fälle, in denen sich die Regel noch unter Muskeln als zutreffend erweist, die in ihrer Innervation gar keine sehr nahen Beziehungen haben. Die reflektorische Erregbarkeit der Muskeln zeigt sich hier also in einer sehr einfachen Abhängigkeit von *peripheren* Zuständen und der Weg, den die Erregung einschlägt, als nicht beherrscht durch bestimmte vorgebildete anatomische Verhältnisse im Zentralorgan.

v. UEXKÜLL und nach ihm SHERRINGTON und besonders MAGNUS[1] haben bereits gezeigt, daß eine Reihe von koordinierten Bewegungen, auch solche komplexerer Natur, schon allein durch diese so einfache Gesetzmäßigkeit unserem Verständnis näherrücken[2]. Im Rahmen der hier behandelten Fragen erlangt das Gesetz der gedehnten Muskeln dadurch eine besondere Bedeutung, daß es geeignet erscheint, noch mehr als für die Koordination an sich, für die *Umstellung der Koordination*, wie wir sie z. B. nach Amputation von Gliedmaßen, aber auch unter vielen anderen Umständen eintreten sehen, ein Verständnis anzubahnen. Bereits v. BUDDENBROCK hat gelegentlich seiner Versuche an Dixippus[3] hierauf hingewiesen, und KÜHL[4] hat diese Idee bei der Besprechung seiner Krebsversuche weiter ausgeführt. Der Sinn ihrer Überlegungen ist etwa folgender:

Wie erinnerlich, verläuft der Gangrhythmus der Arthropoden normalerweise im wesentlichen so, daß sich gegenüberliegende Beine immer in entgegengesetzter, gekreuzt zueinander stehende Beine in gleicher Bewegungsphase befinden. Benachbarte Beine derselben Seite werden daher abwechselnd gestreckt und gebeugt. Dieser Koordinationstypus bleibt bestehen, wenn eine oder mehrere Extremitäten amputiert werden!

Dieses Verhalten kann auf der Basis des Gesetzes der gedehnten Muskeln etwa so verstanden werden: Die im Nervensystem sich ausbreitende Erregung trifft beim schon in der Fortbewegung begriffenen Tier die Extremitäten teilweise in Beugestellung, teilweise in Streckstellung. Wenn das „Gesetz der gedehnten Muskeln" hier seine Gültigkeit hat, dann wird die Erregung bei den gestreckten Beinen in die gedehnten Beugemuskeln fließen; diese Beine werden sich also krümmen und auf den Boden setzen. Bei den gebeugten Beinen aber wird die Erregung in die gedehnten Streckmuskeln strömen; diese Beine werden sich also vom Boden abheben und strecken müssen. (Der Kontakt oder Nichtkontakt spielt hierbei, wie KÜHL gezeigt hat, eine große Rolle.) Wird nun ein Bein, z. B. ein mittleres, ausgeschaltet, so wird dieses sofort übersprungen, weil hier an der anatomisch normalen Stelle ein Korrelat fehlt, und die Erregung fließt in das nächste vorhandene Bein der gleichen Seite. Mit anderen Worten: Die Koordination stellt sich automatisch um. In der gleichen Weise läßt es sich verständlich machen, daß sich auch dann der typische Kreuzgang wiederherstellt, wenn zwei benachbarte, sonst abwechselnd bewegte Beine nach dem Vorgehen von KÜHL fest aneinander gekoppelt werden. Beide Beine müssen sich jetzt aus mechanischen Gründen in gleicher Phase bewegen. Die Erregung trifft daher entweder

---

[1] MAGNUS, R.: Körperstellung, S. 24 u. f. Berlin 1924. Hier auch Literatur.
[2] Daß diese und einige andere Forscher der Erscheinung selbst recht komplizierte und doch wohl nur bildlich gemeinte zentrale Einrichtungen (Schaltungsmechanismen) zugrunde legen, ist hier nicht von Interesse.
[3] Siehe weiter oben S. 1076.
[4] Siehe weiter oben S. 1086.

ihre Streckmuskeln oder ihre Beugemuskeln in gedehnterem Zustand und ordnet so die resultierenden Bewegungen in das allgemeine Schema ein.

Voraussetzung für die Gültigkeit dieser Überlegungen ist, daß sich die jeweils vorhandenen Beine schon beim Beginn der Laufbewegungen in verschiedenen Stellungen befanden. Das ist häufig der Fall, und man sieht z. B. Taschenkrebse (gleichgültig, ob mit voller oder reduzierter Beinzahl) in der Ruhe mit Beinstellungen dasitzen, die gewissermaßen eine zum Zustand gewordene Gangphase darstellen. Gar nicht selten befinden sich aber beim ruhenden Tier alle Beine in der gleichen (dann meist halb gebeugten oder fast gestreckten) Stellung. Der den Gang auslösende Reiz bringt sofort eine mehr oder minder typische Stellungsänderung der Beine zustande; bestand er in der Berührung eines Beines, so geht dieses und das übernächste der gleichen Seite in Beugestellung, das nächst gegenüberliegende in Streckstellung, womit bereits ein Anfang zur Betätigung des „Gesetzes der gedehnten Muskeln" gemacht ist. Soweit ich sehe, sind dann aber die ersten Schritte immer unregelmäßig. Die Koordination muß sich erst einspielen (wieder ein Zeichen, daß sie nichts Festes ist), und nur dann ist sie von vornherein vollkommen, wenn noch durch eine Reststellung früherer Gangbewegungen gewissermaßen eine Gangbereitschaft vorhanden war[1].

Nimmt man noch die regulierenden und z. T. auslösenden Einflüsse des Kontaktes mit dem festen Boden hinzu, so lassen sich die vielen verschiedenen Beinkombinationen einigermaßen verstehen, die wir bei vielbeinigen (z. B. achtbeinigen) Tieren nach Amputation von einem bis zu sechs Beinen auftreten sehen. Die Erregung kreist[2] gewissermaßen im Körper und wird immer dort wirksam, wo sie das eine Mal auf gedehnte Beugemuskeln, das andere Mal auf gedehnte Streckmuskeln trifft. Wird schließlich auch das vorletzte Bein fortgenommen, so geraten wir mit diesem Deutungsprinzip noch nicht in Schwierigkeiten. Die kreisende Erregung findet dann nur noch das eine Bein vor, bald mit gedehnten Beugemuskeln, bald mit gedehnten Streckmuskeln, und ein alternierendes Beugen und Strecken muß die Folge sein.

Wenn uns das „Gesetz der gedehnten Muskeln" bei den Umstellungen der Koordination und bei manchen anderen Erscheinungen weiter hilft, so läßt es bei der Erklärung anderer Phänomene mehr oder weniger im Stich[3], und es gibt Reaktionen, bei denen die sich kontrahierenden Muskeln nicht die gedehnten, sondern die verkürzten sind. Beispiele für solche Ausnahmen haben bereits MAGNUS[4] und andere angeführt. An einige weitere zum Teil allgemein bekannte Ausnahmen sei hier erinnert:

Viele dekapoden Krebse gehen mit gestreckten und erhobenen Scheren besonders dann, wenn eine Gefahr droht. Nähert sich ihnen ein bewegter großer Gegenstand, so tritt der Aufbäumreflex ein, d. h. die Scheren werden *noch* mehr gehoben und maximal gestreckt. Die Erregung fließt also in die bereits kontrahierten und nicht in die gedehnten Muskeln. Hebt man einen männlichen Taschenkrebs am Rückenschild hoch, so spreizt er sämtliche Extremitäten unter maximaler Streckung, auch diejenigen, welche bereits mehr oder weniger gestreckt waren.

Versucht man einem in Kopulation befindlichen Krebs oder Frosch das Weibchen zu entziehen, so nimmt die Umklammerungsreflex (Beugereflex) noch zu. Ebenso wird das bereits eingezogene Auge eines Krebses noch fester angezogen, wenn man es berührt oder herauszuziehen versucht, und das geschlossene Auge eines Säugetieres wird noch fester geschlossen, wenn das Lid irgendwie gereizt wird. Das gleiche finden wir beim Versuch, den Mund, den Anus oder andere Körperöffnungen gewaltsam zu erweitern.

Ein halb zusammengerollter Igel rollt sich ganz ein, wenn man ihn anfaßt, ein Schnellkäfer (Elateride) zieht die Beine vollends ein, wenn man ihn hochhebt, und der „schuldbewußte" Hund kneift den Schwanz noch mehr ein, wenn man ihn schilt.

---

[1] Solche Bereitschaftsstellungen kennen wir auch von höheren Tieren und selbst vom Menschen, wenn ein Bewegungsantrieb zu erwarten ist (Startstellung).

[2] Für das „Kreisen von Erregungen" haben wir genügend viele Beispiele, um damit als mit einer Tatsache rechnen zu dürfen. (Kreisen der Kontraktion an einem aus einer Meduse oder einem Herzen geschnittenen Ring, Kreisen der aktivierten Stelle beim LILLIEschen Eisenring usw.) Voraussetzung für das Zustandekommen desselben ist die Existenz eines Refraktärstadiums, das ja dem Zentralnervensystem in hohem Maße eigen ist. Dieses muß beendet sein, wenn die Erregung wieder an dieselbe Stelle gelangt ist.

[3] So unterstützen zwar nach den Untersuchungen von SHERRINGTON [J. of Physiol. **40**, 28 (1910)] die Dehnungsverhältnisse der Muskeln die Pendelbewegungen der Beine des Hundes mit durchschnittenem Rückenmark, sind aber nicht deren Ursache.

[4] MAGNUS, R.: Körperstellung, S. 45. Berlin 1924. Siehe auch weiter oben S. 1190.

Die Zahl der Beispiele ließe sich ins Ungemessene ausdehnen. Aber alle diese Ausnahmen, deren Zahl vielleicht größer ist als die der zutreffenden Fälle, sagen gegen die Gültigkeit der Gesetzmäßigkeit nichts. Niemals hat v. UEXKÜLL behauptet, daß die Erregung unter allen Umständen in die gedehnten Muskeln fließt; vielmehr hat er nur das ausgesagt, daß bei der Konkurrenz zwischen einem reflexauslösenden Reiz und dem Zustand, in dem sich die Muskeln im Augenblick befinden, die Erregung auch dann in die gedehnten Muskeln hineinfließen kann, wenn sie bei gleichem Reizort und bei symmetrischen Verhältnissen in ihre Antagonisten gehen würde. Es sind eben noch andere Faktoren wirksam, welche — um mit UEXKÜLL zu sprechen — „den Tonus anziehen". Zu diesen gehören der Einfluß der Reizstärke (starker und schwacher Reflex) und die Erscheinung des Tonustals.

### b) Starker und schwacher Reflex.

Die Tatsache, daß durch ein und dieselbe Reizart unter sonst gleichen Umständen entgegengesetzte Reizerfolge erzielt werden können, wenn der Reiz in sehr verschiedener Stärke am selben Ort angesetzt wird[1], ist zwar schon lange bekannt, wurde aber erst durch v. UEXKÜLL in ihrer Bedeutung voll erkannt[2]. Die Analyse seiner wichtigsten Objekte, der Seeigel, führte ihn zu dem Resultat, daß die Muskeln, die beim „schwachen Reflex" in Kontraktion geraten, beim „starken Reflex" erschlaffen und daß sich ihre Antagonisten umgekehrt verhalten.

Von älteren Beobachtungen derselben Art seien hier folgende erwähnt: Ein dekapitierter Aal oder eine geköpfte Schlange neigt sich einem schwachen Reiz zu und wendet sich von einer starken Reizquelle ab[3]. — Ein schwacher elektrischer Reiz bringt die Hand des Säuglings und die Schere eines Krebses zum Schließen; ein starker öffnet sie. — Der kühle Fuß eines erwachsenen Menschen schmiegt sich der heißen Bettflasche zunächst an, um weiterhin plötzlich zurückgezogen zu werden. Dieser reflektorische Vorgang ist von dem subjektiven Gefühl begleitet, daß die anfängliche Wärmeempfindung unvermittelt in ein schmerzhaftes Brennen umschlägt. Daß es sich hier um einen Reflex handelt, geht aus Beobachtungen von KAUFFMANN und STEINHAUSEN[4] an Hemiplegikern hervor.

In diesen wie in den von UEXKÜLL untersuchten Fällen handelt es sich um entgegengesetzte, auf einen kleinen Bereich beschränkte Antworten auf lokale Erregungen. Ihr Zustandekommen konnte v. UEXKÜLL sich nur so erklären, daß der Tonus durch eine zentrale Umschaltung in eine andere Bahn gelenkt würde. Es gibt nun aber Vorgänge, welche sich phänomenologisch von den genannten nicht unterscheiden, bei welchen aber weder der auslösende Reiz noch die auftretende, veränderte Reaktion einen lokalen Charakter besitzen.

Die bekanntesten hierhergehörigen Fälle finden wir bei den Tropismen[5]: Die positive Reaktionsweise kann hier sehr häufig durch Verstärkung des Reizes zum Umschlagen in die negative gebracht werden. Der „Reiz" ist fast immer ein ganz allgemeiner und trifft nicht eine einzelne Stelle, sondern die ganze Oberfläche, oder er ist sogar geeignet, tief ins Innere des Körpers vorzudringen (z. B. Wärme). Dieser Umschlag der Reaktion beim Verstärken des Reizes ist auch nicht an den Besitz eines Nervensystems gebunden, denn er findet sich auch bei Protozoen und Protophyten, und er kann unter Umständen auch ohne Veränderung der Reizstärke durch Änderungen des Milieus oder durch innere Veränderungen des Organismus (Wachstumserscheinungen, hormonale Änderungen usw.) hervorgebracht werden.

---

[1] Statt ein und derselben Reizart in verschiedener Abstufung können auch zwei verschiedene Reize von verschieden starker Wirksamkeit zur Anwendung kommen.

[2] UEXKÜLL, J. v.: Ds. Handb. **9**, 753 (1929).

[3] EXNER, S.: Erklärung der psychischen Erscheinungen, S. 113. Leipzig 1894.

[4] KAUFFMANN, FR., u. W. STEINHAUSEN: Pflügers Arch. **190**, 23 (1921).

[5] Ds. Handb. **11** (1926).

Alles dies legt den Gedanken nahe, daß es sich — wenigstens bei diesen Formen des „starken und schwachen Reflexes" — gar nicht um eine „Umschaltung", sondern um eine „Umstimmung" des Organismus handelt, die auf eine ganz andere, vielleicht primitivere Weise als durch einen „Schaltmechanismus" zustande kommt. Diesen Gedankengang auf die Reflexumkehr bei *lokaler* Reizung zu übertragen, liegt um so näher, als es ähnliche Umstimmungserscheinungen infolge einer zunehmenden Zustandsänderung oder im Anschluß an Milieuänderungen auch bei höheren Organismen gibt. Wir kennen viele solcher Umkehrungen der Reaktionsweise im Bereich des autonomen Nervensystems[1]; es sind aber ähnliche Vorgänge auch beim cerebrospinalen System bekannt.

Bei diesen Umkehrungen der Reaktionsweise handelt es sich zum Teil um nur langsam sich entwickelnde Änderungen. Als Fälle dieser Art wären zu nennen die Umkehr der weiblichen Begattungsreflexe in männliche und der männlichen in weibliche bei maskulinisierten und feminisierten Ratten[2], der vollständige Stimmungsumschlag bei Cyclotomien und die oft so ausgesprochene Veränderung von Stimmung und Verhalten bei der Menstruation.

Als Beispiel für einen schnellen Umschlag sei das Verhalten der Winterschläfer genannt: Das Herabsinken der Außentemperatur bewirkt zunächst Eintritt und dann Zunahme des schlafähnlichen Zustandes bei sinkender Körpertemperatur. Geht aber die Abkühlung unter einen bestimmten Grad herunter, so erwacht das Tier und gerät in lebhafte Bewegungen, während zu gleicher Zeit die Körpertemperatur schnell zu steigen beginnt[3]. Man könnte hierher z. B. auch die Erscheinung rechnen, daß Menschen, Hunde und manche andere Tiere sich eine Zeitlang einer Reizfolge gegenüber ganz friedlich verhalten, um plötzlich bei ihrer Fortdauer in maßlose Wut zu geraten. Der Volksausdruck: „ihm ist die Geduld gerissen", entspricht durchaus dem Bild einer plötzlichen „Umschaltung".

Bei einem Teil der genannten Erscheinungen wird die Umstimmung selbst durch eine Änderung des inneren Milieus bewirkt, denn man darf sie zweifellos auf hormonale Einflüsse zurückführen. In solchen Fällen können die Reize, die das umgekehrte Verhalten zur Auslösung bringen, *gleicher Natur und von gleicher Stärke* sein wie vor der Umstimmung. In den übrigen Fällen ist es meist *die Verstärkung oder die Fortdauer eines Reizes*, die den *Umschlag bewirkt und zugleich auslöst*. Das schließt nicht aus, daß auch hier eine Veränderung des inneren Milieus zugrunde liegt.

Umschläge in der Reaktionsweise sind nicht auf die lebenden Organismen beschränkt! Wir finden (manchmal recht schroffe) Wendepunkte der Reaktionskurve auch bei zahlreichen physikalischen, physikalisch-chemischen und chemischen Vorgängen. Es sei nur an die Kurven der Erstarrung und Umwandlung binärer Salzgemische in Abhängigkeit von der Temperatur, an die Gleichgewichte zwischen Wasser und anderen Lösungsmitteln einerseits und anorganischen wie organischen Stoffen andererseits und an das Verhalten kolloidaler Stoffe zu beiden Seiten des isoelektrischen Punktes erinnert.

Ebensogut wie man sich vorstellen kann, daß eine Veränderung der H-Ionenkonzentration im Gewebe bei Überschreitung des isoelektrischen Punktes zu einer Umkehr des polaren Erregungsgesetzes führen wird[4], ebensogut ist es denkbar, daß Änderungen des inneren Milieus den ganzen Organismus oder, wenn sich diese Veränderung auf bestimmte Teile beschränkt, nur diese Teile

---

[1] Siehe ds. Handb. **10**, Beitrag SPIEGEL, S. 1048, und Beitrag FROEHLICH, S. 1095; **16**, Beitrag KROETZ, S. 1729.

[2] STEINACH, J.: Pflügers Arch. **144** (1912).

[3] Siehe L. ADLER, Ds. Handb. **17**, 110 (1926).

[4] BETHE, A.: Pflügers Arch. **163**, 173 (1916).

in ihrer Reaktionsweise vollkommen umstimmt. Wir sind daher durchaus nicht gezwungen, mit Uexküll anzunehmen, daß eine Reflexumkehr, wie sie sich uns am typischsten im starken und schwachen Reflex zeigt, einen *Umschaltungsmechanismus* (der immer *sehr kompliziert* sein müßte!) erfordert. Wir können vielmehr die Möglichkeit in Betracht ziehen, daß sich unter dem Einfluß eines verstärkten Reizes (auch wenn er lokal ist) *das innere Milieu* gewisser Teile *derart ändert*, daß sich die auftretenden effektorischen Reaktionen überall oder nur an bestimmten Teilen umkehren[1].

Die Reflexumkehr unter dem Einfluß der Reizsteigerung können wir uns also, wie ich meine, verständlich machen, ohne auf das Uexküllsche Schema der Erregungsverteilung zurückgreifen zu müssen. Hier führt uns die Idee eines nach Art einer Flüssigkeit sich ausbreitenden Tonus nicht weiter, weil sie viel zu komplizierte Einrichtungen voraussetzen würde. Ganz anders verhält es sich mit der Aufstellung des Begriffs des Tonustals.

### c) Das Tonustal.

An einer Reihe von Beispielen sowohl von Evertebraten wie von Vertebraten läßt sich zeigen, daß ein Reiz entgegen der gewöhnlichen Regel seine Wirksamkeit zunächst nicht im Bereich des gleichen Innervationsbezirkes entfaltet, sondern an einer weit entfernten Stelle des Körpers zur Wirksamkeit kommen kann. Die Erregung fließt in solchen Fällen von der primär erregten Stelle an diese andere Stelle gerade so, als ob sich hier ein Tal befände[2]. Wird diese Stelle durch Verkürzung des Nervensystems ausgeschaltet, so staut sich die Erregung an einer früheren Stelle auf und nun entfaltet sie zunächst hier ihre Wirksamkeit.

Dieses Prinzip des Tonustals bringt uns über eine Reihe von Schwierigkeiten hinweg, welche die alte Zentrentheorie nicht beheben konnte. Wir brauchen bei manchen Nacktschnecken, bei zahlreichen Würmern, bei Myriapoden, bei Schmetterlingsraupen und anderen Articulaten nicht mehr nach einem allgemeinen, die Bewegungen regulierenden Zentrum zu suchen, denn die Tatsache, daß bei allen diesen Tieren auch noch Teilstücke die normale Bewegungskoordination aufweisen[3], wird durch die Annahme der Idee des Tonustals besser erklärt, als es vordem durch die Annahme bestimmt lokalisierter (aber nicht auffindbarer) Koordinationszentren von kompliziertem Aufbau möglich war.

Die Anschauung, daß sich die Erregung oder, um mit Uexküll zu sprechen, der Tonus wie eine Flüssigkeit im Nervensystem bewegt und je nach den Bedingungen bald hierhin, bald dorthin fließt, wird durch zahlreiche andere Erscheinungen gestützt, die teils von Uexküll selbst beschrieben wurden, teils an ältere und auch neuere Beobachtungen anknüpfen.

Die prägnanteste Erscheinung dieser Art, der „*Tonusfang*", besteht darin, daß man die „Erregung" (bisher allerdings nur bei einigen wenigen Objekten[4]) gewissermaßen einsperren kann, indem Muskeln, die sonst nach kurzer Zeit wieder erschlaffen würden, im kontrahierten Zustand verharren, wenn die zuführenden Nerven durchschnitten werden.

---

[1] Ebenso wie hier Rückschlüsse aus den hormonal bedingten, meist langsam erfolgenden Reaktionsumkehrungen auf die meist schnell eintretenden Reflexumkehrungen gezogen wurden, ebenso kann man wieder aus diesen auf die ersteren Rückschlüsse machen. Sehen wir beim starken und schwachen Reflex keine Wahrscheinlichkeit dafür, daß sich strukturell etwas im Nervensystem ändert, dann ist es z. B. auch nicht nötig, bei der Maskulinisierung und Feminisierung an einen *Umbau des Nervensystems* zu denken.
[2] Siehe die Zusammenfassung von J. v. Uexküll in ds. Handb. **9**, 756.
[3] Siehe weiter oben S. 1179.
[4] Siehe hierüber J. v. Uexküll: Ds. Handb. **9**, 743.

Vielleicht ist der Tonusfang eine weitverbreitete Erscheinung und nur in der speziellen, durch UEXKÜLL beschriebenen Form auf wenige, besonders geeignete Objekte beschränkt. Ohne besonderen Zwang könnte man eine ganze Reihe kataleptischer Phänomene[1] hierher rechnen: Zahlreiche Tiere verfallen auf gewisse und nicht einmal besonders starke Reize (manchmal braucht man sie ja nur vom Boden aufzuheben oder auf den Rücken zu legen) in einen Zustand allgemeiner, hochgradiger Muskelstarre, die den auslösenden Reiz oft lange überdauert. Bei kräftigen Männchen von Carcinus Maenas sind die Muskeln im „Starrkrampfreflex" so gespannt, daß die gestreckten Beine bei passiver Beugung eher zerbrechen, als daß ihre Muskeln nachgeben. Bei diesen und vielen anderen Tieren ist es unmöglich, während des kataleptischen Zustandes irgendeinen Reflex auszulösen. Auch die stärksten Reize bleiben wirkungslos, vermehren höchstens den Starrezustand. Es ist so, als wäre nach dem Eintritt der Muskelverkürzung ein Riegel vorgeschoben, der sich nur ganz langsam und scheinbar von selbst wieder lockert. — Die Muskeln weisen in diesem Starrezustand passive Kräfte auf, die sie sonst nicht besitzen. Das zeigt sich häufig auch bei katatonischen und hypnotischen Zuständen des Menschen, indem während langer Zeit Spannungen von einer solchen Größe aufrechterhalten werden, wie sie willkürlich überhaupt nicht oder nur für ganz kurze Zeit erzeugt werden können.

Ferner sieht es so aus, als könnte der Tonus an Menge sich verändern — sich vermehren, indem die „Tonusreservoire" sich auffüllen, und andererseits sich langsam aufzehren oder auch sich plötzlich vermindern (Tonussturz[2]).

Alle diese Erscheinungen sind mit der zur Zeit noch herrschenden Lehre, daß die Erregung, nichts weiter als ein oszillatorischer Vorgang sei, schwer zu vereinigen, ja dem Phänomen des Tonusfangs, wie er uns im Sipunculuspräparat entgegentritt, steht die Elektrophysiologie vollkommen ratlos gegenüber: Nichts geschieht, was immer von neuem Aktionsströme anregen könnte, und doch bleibt der im Kontraktionszustand vom Zentralnervensystem abgetrennte Muskel zusammengezogen, während er sich bei Abtrennung im schlaffen Zustand wie jeder andere Muskel verhält. Bei den zum Vergleich herangezogenen kataleptischen Zuständen kann sich die herrschende Lehre damit helfen, daß sie im Zentralnervensystem, angeregt durch den auslösenden Reiz, langandauernde, oszillatorische Vorgänge entstehen läßt; dort aber liegt für eine solche Annahme nicht der geringste Grund vor, denn ein Zentralorgan ist ja nicht mehr vorhanden.

Aber auch bei den kataleptischen Zuständen kann eine zureichende Erklärung in der Annahme zentral erzeugter Aktionsströme nicht gesehen werden. Wohl mag sich die Natur auch hier des „Aktionsstromes"[3] als Hilfsmittel zur Aufrechterhaltung des Zustandes bedienen — nachgewiesen ist es nicht —, aber es bleibt unklar, warum in einem Fall auf einen *einmaligen* Reiz oft langanhaltende, rhythmische Bewegungen (Fortlaufen oder Fortfliegen), im anderen Fall jener nur langsam schwindende Starrezustand eintritt. Viel plausibler als die Annahme zentral immer wieder neu erzeugter Aktionsströme erscheint das Bild eines „Tonus" (über dessen Wesen zur Zeit nichts Bestimmtes ausgesagt werden kann), der im einen Fall — einmal in Bewegung gesetzt — vom Zentralorgan zur Peri-

---

[1] Siehe R. W. HOFFMANN: Ds. Handb. **17**, 690 u. f.

[2] Als „Tonusauffüllung" wird z. B. die stark tonisierende Wirkung des Lichtes, die bei vielen Tieren und auch beim Menschen so deutlich ist, angesehen. [Eine Menge neuer Beobachtungen und die Literatur über den Lichttonus finden sich bei E. METZGER, Graefes Arch. **127**, 296 (1931)]. Auch klimatische Einflüsse spielen eine große Rolle (O. KESTNER: Ds. Handb. **17**). Die Ausschaltung mancher Zentralteile wirkt ausgesprochen tonussteigernd, während die Fortnahme anderer einen starken Tonusfall herbeiführen kann. Der Tonusfall kann häufig auch durch allgemeine periphere Erregungen bewirkt werden. Ein gutes Beispiel hierfür gibt die Meerschnecke Aplysia. Schüttelt man die Tiere, so werden sie vollkommen schlaff. Nimmt man ihnen die Ganglien des Schlundringes fort, so geraten sie auf den gleichen Reiz in kurzer Zeit (aber auch spontan in etwas längerer Zeit) in einen starken, nur durch Gifte lösbaren Tonus.

[3] Gemeint ist hier überall der dem Aktionsstrom zugrunde liegende unbekannte Vorgang.

pherie und von der Peripherie zum Zentralorgan kreist[1], im anderen Fall sich festgefangen hat. Zur Erklärung eines solchen Kreislaufs der Erregung wird man zwar auch auf die Erzeugung neuer Anstöße zurückgreifen müssen, aber sie wird nicht dem Zentralorgan allein, sondern einer Wechselwirkung zwischen diesem und den Vorgängen an der Peripherie zugeschrieben, indem das eine Geschehen das andere und das andere das eine immer wieder anregt. Es erscheint doch so sehr unwahrscheinlich, daß ein einmaliger äußerer Anstoß eine lange, lange Reihe von Bewegungen, wie solche so häufig auftreten[2], aus rein zentralen Quellen herausholen soll. Das Bild des kreisenden „Tonus" ist hier so viel anschaulicher.

Der „Tonus" als etwas, was sich wie eine Flüssigkeit verhält, ist nur ein Bild, das sich aber auf gut beobachtete Tatsachen stützt. Aufgabe ist es, nach einer Form zu suchen, die es ermöglicht, dieses Bild in unsere sonstigen Vorstellungen vom Lebensgeschehen einzufügen. Die Ausgestaltung, die v. UEXKÜLL seinerzeit diesem Bild gegeben hat, erscheint wenig dazu geeignet, denn es werden komplizierte maschinelle Einrichtungen zum Vergleich herangezogen, zu welchen im Lebensbetrieb mögliche Parallelvorgänge kaum auszudenken sind. Diese Einrichtungen setzen auch eine erhebliche Spezifität voraus, die mit der großen Wandelbarkeit des nervösen Geschehens kaum zu vereinbaren ist.

Beim Suchen nach einer neuen Form des UEXKÜLLschen Tonusbildes wird man zweckmäßigerweise auf eine weitgehende Anlehnung an die Ergebnisse der Elektrophysiologie verzichten, und diese nur dort zur Erklärung heranziehen, wo sie sich ungezwungen in das Gesamtbild einfügen. *Das ganze nervöse Geschehen von oszillatorischen Vorgängen abzuleiten, scheint zur Zeit unmöglich.* Daß die Aktionsströme oder vielmehr die ihnen zugrunde liegenden Prozesse in diesem Geschehen voraussichtlich eine beträchtliche Rolle spielen, soll nicht bestritten werden; wohl aber ist die noch jetzt herrschende Ansicht abzulehnen, daß alle nervösen Vorgänge von solchen oszillatorischen Prozessen abgeleitet werden *müssen.*

Nicht die Neurobiologen haben die Aufgabe, die von ihnen gefundenen viel gestaltigen Tatsachen mit den Ergebnissen der Elektrophysiologen in Einklang zu bringen, sondern diese haben zuzusehen, wie sie die von jenen gemachten Beobachtungen auf Grund ihrer eigenen Kenntnisse und Dogmen erklären können. „Der Wahrheitsbeweis muß der anderen Seite zugeschoben werden", gerade so wie es auch die Chemiker den Atomphysikern überlassen, die Theorie vom Atombau so lange zu modeln, bis sie mit der unendlichen Fülle der chemischen Tatsachen harmonieren.

Alle bisherigen physiologischen Befunde sprechen zwar dafür, daß die Nervenfasern der stark differenzierten Tiere nur noch die Aufgabe haben, Erregungen aufzunehmen und weiterzuleiten. Man darf aber nicht vergessen, daß diese Gewebselemente phylogenetisch höchstwahrscheinlich aus einem wenig differenzierten „Protoplasma" durch Arbeitsteilung entstanden sind und sich ontogenetisch immer wieder aus einem mit tausend Eigenschaften ausgestatteten Ei entwickeln. Sollen wir wirklich annehmen, daß von den vielen Fähigkeiten des „Protoplasmas" *nur die eine* im Nerven übriggeblieben sei, elektrische Potentialunterschiede von einem Ort zum anderen zu übertragen, eine Fähigkeit, die möglicherweise im primitiven protoplasmatischen Lebewesen (etwa in einer Amöbe) nur eine nebensächliche Rolle spielt?

---

[1] Belege für die Existenz solcher kreisenden „Erregungen" sehe ich in den schon oben erwähnten, umlaufenden Kontraktionsvorgängen am Medusen- und Herzringpräparat.

[2] Der Stich eines Insekts ins Bein läßt vielleicht ein Reh nur mit dem Bein ausschlagen, während der energetisch so viel geringwertigere Reiz, den es durch die Witterung eines Menschen erfährt, das Tier weit in den Wald hinein flüchten läßt.

Das, was wir von den Nerven wirklich wissen, ist nichts weiter als die Tatsache der Erregungsleitung und eines damit zeitlich verbundenen elektrischen Vorganges[1]. Diese zeitliche Verbundenheit ist bisher auch nur bei schroffen Prozessen (nämlich bei direkten und indirekten Erregungen, die zu Zuckungen oder reflektorischen und auch willkürlichen Tetani führen) festgestellt worden, noch nie aber bei den sanften tonischen Veränderungen, die auch an Wirbeltieren (allerdings nicht durch künstliche Reize!) hervorgerufen werden können[2]. Was im Nervensystem (sowohl im peripheren wie im zentralen) bei diesen und vielen anderen langanhaltenden Zustandsänderungen vor sich geht, was bei den sehr variablen Hemmungserscheinungen, was beim Tonusfang, bei der Tonussteigerung, beim Tonusfall usw. geschieht, das entzieht sich noch vollkommen unserer Kenntnis. Und wenn auch überall hier Potentialänderungen oszillatorischer oder nichtoszillatorischer Natur nachgewiesen würden — warum sollten solche auch nicht auftreten? —, so würde uns das in keiner Weise hindern können, daneben noch andere Vorgänge anzunehmen, die sich elektrisch nicht äußern.

Unserer Phantasie ist vorläufig noch ein weiter Spielraum gelassen, und manche älteren und neueren Befunde deuten darauf hin, daß neben den Vorgängen, die einen elektrischen Ausdruck finden, noch mancherlei anderes im Nervensystem vor sich geht!

### 3. Erklärungsversuche auf der Basis chemischer Vorgänge.

Die Auffassung, daß jeder Organismus eine „chemische Kraftmaschine" darstellt, hat sich in der Neurobiologie nur wenig geltend gemacht. In der Regel werden die durch Vermittlung des Zentralnervensystems zustande kommenden Reaktionen lediglich beschrieben und durch Ausschaltungs- und Reizversuche analysiert, aber über das „Wie" macht man sich meist nicht viel Kopfzerbrechen. Wo sich Betrachtungen darüber finden, auf welche Grundphänomene die vielgestaltigen, nervösen Erscheinungen zurückzuführen sind, da wird der Anschluß in der Mehrzahl der Fälle auf dem Boden physikalischer, insbesondere elektrophysiologischer Vorstellungen, gesucht[3].

---

[1] Hinzu kommen noch einige sehr mühsam erarbeitete, aber wenig sichergestellte Kenntnisse über grobe chemische und thermische Veränderungen, von denen noch gar nicht feststeht, ob sie mit der Erregungsleitung direkt etwas zu tun haben [s. H. WINTERSTEIN: Pflügers Arch. **224**, 749 (1930) und J. v. LEDEBOUR: Ebenda **227**, 344 (1931)].

[2] Siehe z. B. G. A. JÄDERHOLM: Pflügers Arch. **114**, 248 (1906).

[3] Besonders charakteristisch sind hier Hypothesen, welche zur Erklärung der Hemmungserscheinungen aufgestellt sind und die E. TH. BRÜCKE in diesem Handbuch [**9**, 645 u. f. (1929)] sehr klar geschildert hat. Die „Interferenz" spielt bei denselben eine wichtige Rolle, und wenn dies oft auch nicht direkt ausgesprochen wird, so hat man dabei doch wohl eine Interferenz der Aktionsstromwellen im Auge. Daß man mit einer solchen Hypothese, für die BRÜCKE selbst die besten Grundlagen geschaffen hat, nicht überall durchkommt, wird auch von BRÜCKE anerkannt. Für alle langdauernden Hemmungen geben sie keine Erklärung. Einige Beispiele seien hier aufgeführt: Beim Quakfrosch wird der Quakreflex bereits unterdrückt, wenn ein leichter Hautreiz (z. B. Umwicklung eines Beines mit einem Faden) einwirkt. — Ein Frosch, dem man eine hypertonische Kochsalzlösung in den Rückenlymphsack gespritzt hat, bleibt minutenlang vollkommen reflexlos; sogar die Atmung kann stillstehen. — Niesen und Husten wird beim Menschen während eines Konzerts oder einer Theatervorstellung für lange Zeit gehemmt. — In allen diesen Fällen kann man sich kaum vorstellen, daß der hemmende Reiz bzw. die hemmende Situation zu andauernden Aktionsströmen führt, die mit den durch den reflexogenen Reiz hervorgerufenen Oszillationen interferieren könnten. — Auch bei den Summationsphänomenen, wie sie sich z. B. in der Verschiedenheit der Reflexzeit manifestieren [s. W. STEINHAUSEN: Ds. Handb. **9**, 666 u. f. (1929)], liegen die sich summierenden Erregungen oft so weit auseinander, daß an eine Superposition von „Aktionsströmen" schwer gedacht werden kann.

Viel seltener begegnet man der Vermutung, daß sich neben dem Ablauf flüchtiger, in den Aktionsströmen sich äußernder Vorgänge auch mehr oder weniger langanhaltende, substantielle Veränderungen im Nervensystem, besonders in den Ganglienzellen, etablieren müßten[1]. Welcher Art diese sein könnten und wie sie zustande kommen sollten, blieb noch dunkel. Im allgemeinen wird wohl angenommen, daß solche substantielle Veränderungen durch eben die Prozesse hervorgerufen würden, in denen man das Wesen der Erregung und der Erregungsleitung sah, nämlich durch „Aktionsströme".

Nun kann es nach unserem heutigen Wissen zu Potentialänderungen in Leitern zweiter Klasse nur auf der Basis ionaler Verschiebungen an der Grenze zweier Substanzen kommen, in denen die relative Wanderungsgeschwindigkeit der Ionen verschieden ist[2]. Es gibt aber chemische Vorgänge genug, bei denen es zu keiner Störung des Ionengleichgewichts kommt oder bei denen eine eintretende Störung sich nach außen hin nicht auswirkt. Außerdem gleichen sich ionale Konzentrationsänderungen in klein-dimensionierten Gebilden schnell wieder aus. Einen nach außen ableitbaren, elektrischen *Vorgang* werden wir daher immer nur bei solchen Prozessen erhalten können, bei denen relativ plötzlich Ionenverschiebungen auftreten (Potentialdifferenzen zwischen zwei verschiedenen Stellen können dagegen lange anhalten). Es ist daher durchaus die Möglichkeit gegeben, daß sich nicht nur in den Zentralorganen, sondern auch im peripheren Nerven lang- oder kurzdauernde, chemische und kolloidale Veränderungen abspielen, die für das Geschehen von Wichtigkeit sind, die aber bei der elektrischen Untersuchung verborgen bleiben.

Erst durch die Annahme solcher Vorgänge würden alle die vielen langandauernden Reaktionen und Änderungen der Reaktionsweise verständlich, die wir oft nach relativ kurzdauernden oder schwachen Erregungen auftreten sehen. Wenn wir solche substantiellen Änderungen annähmen, würden wir uns auch einigermaßen ein Bild davon machen können, wie sich ein zentraler Bezirk auf ganz veränderte Innervationsbeziehungen umstellen kann.

Das Auftreten solcher substantiellen Veränderungen im Nervensystem wird mit direkten Methoden in den meisten Fällen kaum zu beweisen sein, denn es wird sich dabei nur ganz selten um sichtbar zu machende Struktur- oder Reaktionsänderungen handeln. Man wird ihr Vorhandensein meist auf indirektem Wege erschließen müssen. Anhaltspunkte für ihre Existenz sind aber wohl schon jetzt vorhanden.

Den größten Eindruck haben in dieser Beziehung die Entdeckungen Lövis und seiner Mitarbeiter von der Existenz eines Vagus- und Sympathicusstoffes gemacht, die nicht nur für das Herz, sondern auch für andere autonom innervierte periphere Gebiete Geltung zu haben scheinen[3]. Auf der Basis dieser Entdeckungen hat dann SHERRINGTON die Hypothese aufgestellt[4], daß auch in den Zentralorganen entgegengesetzt wirksame Stoffe — ein Hemmungsstoff und ein

---

[1] Anlaß zu solchen Vermutungen gaben sehr verschiedenartige Beobachtungen und Erwägungen. Teilweise entsprangen sie den Fortschritten der histologischen Untersuchung, indem z. B. bei Arbeit, Reizung, Schlafverhinderung usw. Zellveränderungen gefunden wurden [Literatur bei H. G. CREUTZFELD: Ds. Handb. **9**, 461 (1929)]. Andererseits zwang eine Reihe psychologischer und physiologischer Tatsachen zu derartigen Annahmen (das lange Nachwirken mancher Erregungen, besonders auch solcher hemmender Natur, die Gedächtniserscheinungen usw.). Schließlich trugen auch allgemeine Betrachtungen über das Lebensgeschehen zur Ausbildung derartiger Anschauungen bei, so bei E. HERING und M. VERWORN.

[2] Siehe M. CREMER: Ds. Handb. **8 II**, 999 (1928).

[3] Siehe weiter oben S. 1059.

[4] SHERRINGTON, CH., siehe auch weiter oben S. 1059.

Erregungsstoff — gebildet würden, eine Hypothese, die geeignet erscheint, manche Erscheinungen zu erklären[1,2].

Alle Autoren, welche sich dahin geäußert haben, daß bei diesem und jenem nervösen Vorgang Hormone mit im Spiel sind, nehmen an, daß diese Substanzen an den Endstellen der erregten Nerven im innervierten Organ selbst bzw. im Zentralnervensystem an den „Synapsen" gebildet werden. Wenn ich recht verstehe, würde es sich also im Anschluß an einen oszillatorischen, im Nerven fortgeleiteten Vorgang um eine Art Sekretion oder um die Aktivierung einer schon vorhandenen unwirksamen Vorstufe handeln. Diese Anschauung entspricht der herrschenden Vorstellung vom Wesen der Nervenleitung, die ja nur oszillatorische Prozesse im Nerven kennt.

Man wird bei den innervierten Organen, bei denen bisher die Bildung solcher Hormone erwiesen oder wahrscheinlich gemacht ist (Herz, Darm usw.), diese Annahme so lange als zutreffend ansehen dürfen, als nicht neue Befunde dagegen sprechen. Man wird aber besonders im Zentralnervensystem (evtl. auch in peripheren Gebieten) eine andere Erklärung als möglich diskutieren können, nämlich die, daß die Erregungsleiter selbst an solchen Prozessen beteiligt sind.

Vor einer Reihe von Jahren habe ich Versuche beschrieben[3], welche darauf hindeuten, daß an den Neurofibrillen eine färberisch darstellbare Substanz haftet, die ich wegen ihrer Eigenschaften Fibrillensäure genannt habe. Diese Substanz existiert, die Richtigkeit meiner Deutungen vorausgesetzt, in einer freien und einer locker gebundenen Form und ferner in einer durch Säuren aktivierbaren festgebundenen Form oder Vorstufe[4,5]. Sie erweist sich außerdem im Zentralnervensystem (mit Ausnahme der im weiteren Verlauf heraustretenden Fasern) als sehr viel lockerer an den Fibrillen haftend als in den peripheren Nerven[6], ist aber auch hier als festgebundene, direkt nicht färbbare, wohl aber aktivierbare Form in reichlicher Menge vorhanden. Die Bindungsform der Fibrillensäure hängt aber in hohem Maße vom augenblicklichen Zustand des Nervengewebes ab.

Nun beruht nach dieser Vorstellung die Färbbarkeit der Neurofibrillen (und der Nervenfasern, Dendriten und Ganglienzellen) mit der Ehrlichschen vitalen Methylenblaufärbung darauf, daß sich nur die freie (höchstens noch die locker gebundene) Fibrillensäure mit dem Farbstoff verbindet. Bei der vitalen Methylenblaufärbung (und auch bei der Golgischen Silberimprägnation) fiel von jeher auf, daß sich *immer nur wenige* Elemente tingieren. Unter geeigneten Versuchsbedingungen färben sich dagegen *nach* der Abtötung die Neurofibrillen *aller* Fasern und Zellen mit geeigneten basischen Farbstoffen „primär". Die Deutung ging dahin, daß bei der Abtötung überall Fibrillensäure aus der festgebundenen in die locker gebundene oder freie Form überginge. Die färbbare Form der Fibrillensäure im überlebenden Präparat entspräche demnach einem bestimmten, noch nicht definierbaren Funktionszustand. Hierfür spricht, daß sich bei Tieren mit sehr symmetrischem Aufbau und symmetrischer Reaktionsweise fast regelmäßig auf beiden Seiten eines Ganglions *ganz identische*

---

[1] Siehe auch E. Th. Brücke: Ds. Handb. **9**, 666 (1929).

[2] *Anmerkung bei der Korrektur:* Neuerdings ist Sherrington von dieser Hypothese wieder abgerückt (Eccles, J. C., u. Ch. Sherrington, Proc. roy. Soc. London B. **107**, 597 (1931).

[3] Bethe, A.: Allgem. Anat. u. Physiol. d. Nervensystems, S. 125. Leipzig 1903.

[4] Bethe, A.: Vortrag gehalten in der Versammlung der Deutschen Physiologischen Gesellschaft zu Marburg 1905 [Zbl. Physiol. **19**, Nr 10 (1905)].

[5] Lugaro, E.: Arch. Anat. e Embriol. **5**, 77 (1906).

[6] Bethe, A.: Anat. Anz. **32**, 337 (1908). — Ich habe nach dieser Veröffentlichung die Bearbeitung dieser Dinge aufgegeben. Außer auf seiten einiger weniger Neurohistologen (Lugaro, Auerbach, Bartels) fanden meine Beobachtungen keine Beachtung. Die Physiologen standen ihnen vollkommen interesselos gegenüber, und auf der Versammlung in Marburg war Verworn der einzige, der sich die aufgestellten Präparate wenigstens etwas genauer ansah. Vielleicht wird jetzt — bald 30 Jahre nach ihrer ersten Veröffentlichung — der Boden für die Aufnahme dieser Dinge etwas günstiger sein.

Nervenelemente färben, worauf zuerst APATHY[1] aufmerksam gemacht hat. Diese sich färbenden Elemente sind nicht etwa durch ihre topographische Lage bevorzugt. Sie gehören sehr verschiedenen Tiefenschichten an, und es sind meist von Fall zu Fall *verschiedene* Elemente. Durch Vergiftung, veränderte Temperatur usw. kann man die Zahl der sich vital färbenden Elemente bis zu einem gewissen Grade vermehren oder vermindern.

Die Bedeutung dieser primär färbbaren Substanz geht weiterhin daraus hervor, daß das Verschwinden der „primären Färbbarkeit" das erste histologisch sichtbare Zeichen der Nervendegeneration (nach Durchschneidung eines Nerven) ist[2] und daß bei stattgefundener Regeneration immer erst dann Erregbarkeit nachgewiesen werden kann, wenn auch die primäre Färbbarkeit wiedergekehrt ist. Am wichtigsten erscheint aber, daß sich die „Fibrillensäure" unter dem Einfluß des konstanten Stromes im Nerven von der Anode zur Kathode verschiebt (Polarisationsbild[3,4,5]). Meine Erklärung dieses Befundes ging dahin, daß sich die Haftung der „Fibrillensäure" an dem Fibrillensubstrat unter dem Einfluß des „Anelektrotonus" lockert, unter dem Einfluß der Kathode aber festigt[6].

Nach unveröffentlicht gebliebenen Versuchen schien es mir nun wahrscheinlich, daß sich die färbbare Substanz auch bei langdauernder Reizung verschiebt, und zwar nicht nur in der Gegend der Reizstelle, sondern im ganzen Verlauf des Nerven. Es wurde dies daraus erschlossen, daß sich die Färbbarkeit der Achsenzylinder in der Nähe einer Schnittstelle nach langdauernder, weit entfernter Reizung erhöht zeigte. Der Befund wurde aber nicht mit genügender Regelmäßigkeit erhoben, um ihn als gesichert hinstellen zu können[7].

Zu den bisher geschilderten Befunden und ihrer Deutung fügte ich noch die Hypothese, daß im Zentralnervensystem in der Nähe der Fibrillen eine zweite Substanz vorhanden sei, der ich den Namen „Konkurrenzsubstanz" gab. Diese sollte mit der Fibrillensäure um die „Bindungsvalenzen" des eiweißartigen Fibrillensubstrats in Konkurrenz stehen[8].

Das sich hieraus ergebende Hypothesengebäude entfernt sich an vielen Stellen weit von den Tatsachen; es erscheint mir aber kaum problematischer als die im Wesen ähnlichen Ideengänge von SHERRINGTON[9]. Wenn die „Fibrillensäure" etwas mit der Erregungsleitung zu tun hat, was ich für recht wahrscheinlich halte, und wenn hierbei ihre Bindungs- oder Haftungsverhältnisse eine Rolle spielen, wofür einiges spricht, und wenn schließlich eine mit ihr konkurrierende, zum Leitungsvorgang aber ungeeignete Substanz vorhanden ist, was rein hypothetisch ist, so wird eine Reihe physiologischer Tatsachen besser verständlich: Die Summation, die Bahnung, die Hemmung, der Umschlag vom schwachen in den starken Reflex und manches andere.

---

[1] Von APATHY mitgeteilt und demonstriert auf dem internationalen Physiologenkongreß in Wien (1910), aber meines Wissens sonst nicht publiziert. Beobachtet und gezeichnet wurde diese Erscheinung schon vorher von RETZIUS und von mir, aber in ihrer Bedeutung nicht erkannt. [BETHE, A.: Arch. mikrosk. Anat. 44, 579 (1895). Siehe Tafel 24 und 25, Abb. 5. Auch in Abb. 6 stammen die symmetrischen Elemente aus dem gleichen Präparat.]

[2] BETHE, A.: Allgem. Anat. u. Physiol. d. Nervensystems, S. 161. Leipzig 1903. — LUGARO: Zitiert auf S. 1212.

[3] BETHE, A.: Allgem. Anat. u. Physiol. d. Nervensystems, S. 277. Leipzig 1903.

[4] PÉTERFI, T.: Ds. Handb. 9, 146 (1929).

[5] KLINKE, J.: Pflügers Arch. 227, 715 (1931). Hier werden die zuletzt von KATSURA gemachten Einwände gegen meine Angabe, das Polarisationsbild des Nerven sei an den lebenden Zustand gebunden, entkräftet.

[6] Ob man hierbei an eine lockere chemische Verbindung oder an eine Adsorption denken will, scheint mir zur Zeit ohne Bedeutung.

[7] *Anmerkung bei der Korrektur:* H. P. BOUMAN [Arch. néerl. Physiol. 16, 168 (1931)] fußt auf der Annahme einer Verschiebung der „Fibrillensäure" und sucht damit den Unterschied in der Chronaxie bei erhaltenem und aufgehobenem Zusammenhang der Nerven mit dem Zentralorgan zu erklären.

[8] BETHE, A.: Allgem. Anat. u. Physiol. d. Nervensystems, S. 352. Leipzig 1903.

[9] Siehe weiter oben S. 1210.

Sollte sich außerdem die Beobachtung bestätigen, daß die „Fibrillensäure" ihren Ort im Anschluß an Erregungen ändern, d. h. sich längs der Fibrillen verschieben kann, dann würden wir dem Bild des v. UEXKÜLLschen Tonus eine Form geben können, welche sich mit unseren sonstigen Kenntnissen vom Lebensgeschehen gut vereinigen läßt. Die sehr anschauliche Vorstellung, daß der „Tonus" von einer Stelle zur anderen „fließt", würde einer wirklichen (wenn auch sehr langsam erfolgenden) Substanzverschiebung entsprechen, das Tonustal würde verständlich und der Tonusfang eine konkretere Gestalt annehmen!

Im einzelnen dies auszumalen, erscheint zwecklos, denn jedes Ins-Detail-Gehen bei Ideen, die in wesentlichen Teilen noch ganz in der Luft schweben, artet zu leicht zur Farce aus. Jeder, der solchen Spekulationen eine gewisse Sympathie entgegenbringt, wird seine eigene Phantasie walten lassen müssen. Die anderen mögen darüber lächeln! Immerhin glaube ich, daß auch solche Gedankengänge zum Auffinden neuer Tatsachen führen können, wenn sie schon durch einige Befunde gestützt werden. Etwas anderes ist ja auch nicht ihr Zweck.

Der Weg, den ich suchte, war der, von der Vorstellung loszukommen, daß das ganze nervöse Geschehen allein durch oszillatorische Prozesse zustande kommen soll. Solche Prozesse bestehen; aber neben ihnen müssen noch anders geartete vorhanden sein! Die Notwendigkeit einer solchen Annahme können nur die ganz erfassen, die ihren Blick über das Nerv-Muskel-Präparat des Frosches hinaus in das Zentralnervensystem, besonders in dasjenige wirbelloser Tiere, gelenkt haben.

## 4. Das Prinzip der gleitenden Kopplung.

Wenn ein Hund, ein Käfer, eine Spinne oder ein Krebs auf einer ebenen Fläche läuft, so werden die 4, 6, 8 und 10 Beine so gesetzt, daß sie alle vom Körper praktisch den gleichen Abstand haben. Haben die Laufflächen aber Unebenheiten, so machen die Beine, die auf die „Berge" zu stehen kommen, früher Halt und diejenigen, die auf die „Täler" treffen, strecken sich mehr als sonst. Die Beine passen sich schnell und in stetem Wechsel dem Boden an. Die Augen — und meistens auch die vorderen Teile des Nervensystems — spielen hierbei keine Rolle.

Umklammert ein männlicher Frosch oder Krebs ein Weibchen der gleichen Art, so schmiegen sich beim Frosch die Vorderbeine, beim Krebs alle 10 Beine dem Körper des anderen Tieres vollkommen an, gleichgültig ob es groß oder klein ist. Das Gehirn spielt hierbei keine Rolle.

Faßt ein Mensch oder ein Affe einen Gegenstand mit der Hand, so paßt sie sich dessen Form, wie sie auch sein mag, auch bei geschlossenen Augen in vollständiger Weise an. Die Zahl der vorkommenden Stellungen ist unbegrenzt und oft je nach der Situation des übrigen Körpers wieder verschieden. Die gleiche Fähigkeit besitzt die Hand schon beim Säugling, und auch der einseitig großhirnlose Affe ergreift mit der gekreuzten Hand eine Stange anders als eine Nuß, eine Kugel oder eine Scheibe.

Diese Erscheinungen sind uns so geläufig, daß wir das Wunderbare dieser Anpassungsfähigkeit gar nicht mehr bemerken und erst so recht darauf aufmerksam werden, wenn wir versuchen, die gleichen Bewegungen in einem mechanischen Spielzeug oder einem Automaten nachzuahmen. Hier hat (in der Regel) jede Bewegung ihr bestimmt festgesetztes Ausmaß, und der mit Hilfe eines Uhrwerks laufende künstliche Käfer stößt an kleine Erhebungen in der Laufebene an und tappt leer über Vertiefungen hinweg.

Die alte Zentrenlehre in ihrer starren Form, die jedem kombinierten Bewegungsimpuls eine bestimmte Größe und durch ein Koordinationszentrum festgelegte Reihenfolge zuschrieb, stand dieser Vielfältigkeit ratlos gegenüber. Die Aufdeckung dauernder Rückwirkungen der peripheren Vorgänge auf das Gesamtgeschehen (durch die propriozeptiven Elemente usw.)[1] ließ zwar die Wege erkennen, auf denen eine solche Anpassung zustande kommen kann, vermochte aber nicht, den Vorgang selbst aufzuklären. Wohl war es für die Zentrenlehre einigermaßen verständlich, daß ein Glied, das vorzeitig auf den Boden auftrifft, in diesem Augenblick gehemmt wird (d. h. die ,,Entladung" des zugehörigen ,,Zentrums" abgebremst wird); aber es wurde nicht verständlich, warum andere Glieder oder Gliedteile in einem bestimmten, von den äußeren Bedingungen abhängigen Verhältnis über das intendierte Maß hinaus in ihrer Bewegungsrichtung weiter bewegt werden. Denn es ist ja z. B. beim Laufen nicht so, daß die Beine so lange gestreckt werden, bis sie auf den Boden auftreffen oder ihre maximale Entfernung vom Körper erreicht haben. Vielmehr ist auch da eine (je nach den Umständen verschiedene) Grenze gesetzt, ohne daß die Gangkoordination in Unordnung geraten müßte, wenn ein Bein den Boden nicht erreicht.

Nun ist die Koordination, wie früher gezeigt wurde[2], überhaupt nichts Festes. Sie richtet sich nicht nur nach den Verhältnissen außerhalb des Tieres, von denen eben die Rede war, sondern auch nach den Verhältnissen *im* und *am* Tier selbst, denn jedes Tier ändert seine Koordinationen, wenn im inneren oder äußeren Körperbestand Veränderungen vorgenommen werden. Zwar sind bei den Bewegungen des normalen Tieres die dauernden Abweichungen vom Durchschnittstypus viel geringer und weniger auffallend als die weitgehenden Umstellungen, die wir etwa nach Amputation einer oder mehrerer Gliedmaßen auftreten sehen, aber diese Unterschiede scheinen doch mehr quantitativer als qualitativer Natur zu sein. Daher wird man versuchen müssen, alle diese Anpassungserscheinungen auf eine allgemeine Grundeigenschaft des ganzen Systems zurückzuführen.

Am allgemeinsten kann man die Tatbestände, die ich hier angedeutet habe, etwa so zusammenfassen: *Receptoren und Effektoren stehen nicht* (wie fast allgemein angenommen wurde) *durch Vermittlung des Zentralnervensystems in einem festen Kopplungsverhältnis zueinander, sondern diese Kopplung ist gleitender Natur.*

Dieses Prinzip der ,,gleitenden Kopplung" oder ,,gleitenden Steuerung" ist der Technik nicht fremd, wenn es dort auch nur in verhältnismäßig seltenen Fällen der festen Kopplung vorgezogen wird. In seiner Anwendung auf die Konstruktion künstlicher Hände finden wir ein Beispiel, das uns besonders naheliegt, weil dabei das Ziel verfolgt wird, gerade die vielseitige Anpassungsfähigkeit der Hand nachzuahmen. Um Mißverständnissen vorzubeugen, sei gleich hier bemerkt, daß die Heranziehung eines mechanischen Beispiels nur bildlich gemeint ist!

Meines Wissens ist die gleitende Kopplung für Zwecke der künstlichen Hand zuerst von STODOLA angewandt worden, von dem ich sie für meine eigene Konstruktion[3] übernommen habe. Das Prinzip dieser Einrichtung ist aus Abb. 384 zu ersehen: Ein auf den Draht $Z$ ausgeübter Zug greift nicht unmittelbar an den vier zu bewegenden Teilen *1—4* an, sondern durch Vermittlung des langen Wagebalkens $W$ und der beiden kurzen Wagebalken $w_1$ und $w_2$. Wenn die Widerstände ($S_1$—$S_4$), die zur Bewegung der Hebel *1—4* zu überwinden sind, gleich groß sind, so drehen sich alle vier Hebel beim Zug bei $Z$ um den gleichen Winkelbetrag. Trifft aber einer der Hebel frühzeitig auf einen *äußeren* Widerstand, so kommt dieser Hebel zum Stillstand und die anderen drehen sich weiter, bis auch sie gleichzeitig oder nacheinander an der weiteren Drehung verhindert werden. Erst jetzt wird sich ein weiterer Zug in vermehrtem Druck gegen die äußeren Widerstände, und zwar von seiten aller vier Hebel in etwa gleichem Maße geltend machen.

---

[1] Siehe weiter oben S. 1189.  [2] Siehe weiter oben S. 1051.
[3] BETHE, A.: Münch. med. Wschr. **1917**, 1625.

1216    A. BETHE: Plastizität und Zentrenlehre.

Werden die vier Hebel entsprechend den anatomischen Verhältnissen wieder dreigliedrig unterteilt und so in Finger umgewandelt, so entsteht bei geeigneter Anordnung eine künstliche Hand von vielseitiger Anpassungsfähigkeit. Obwohl in der von mir konstruierten

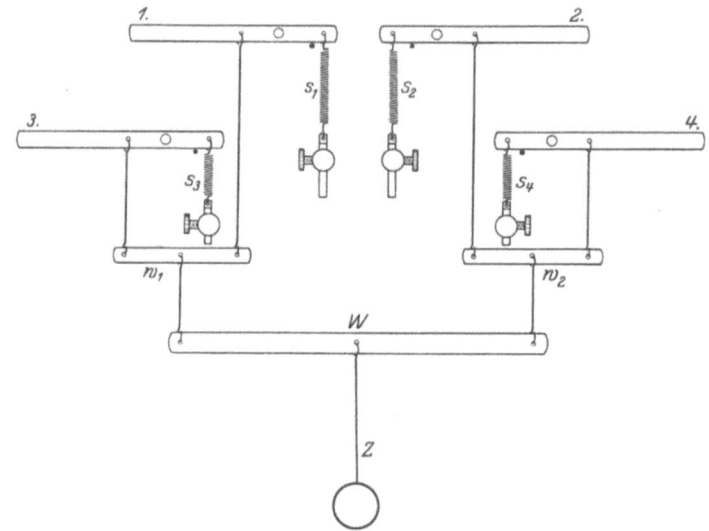

Abb. 384. Modell zur Demonstration einer gleitenden Kopplung.

Hand nur *ein* Wagebalken angebracht ist, besitzt sie doch unter Hinzunahme einer einfachen und selbsttätigen Umschaltung ein recht beträchtliches Vermögen, sich automatisch sehr verschieden geformten Körpern anzuschmiegen, wie dies die Abb. 385 zeigt. Bald schlagen

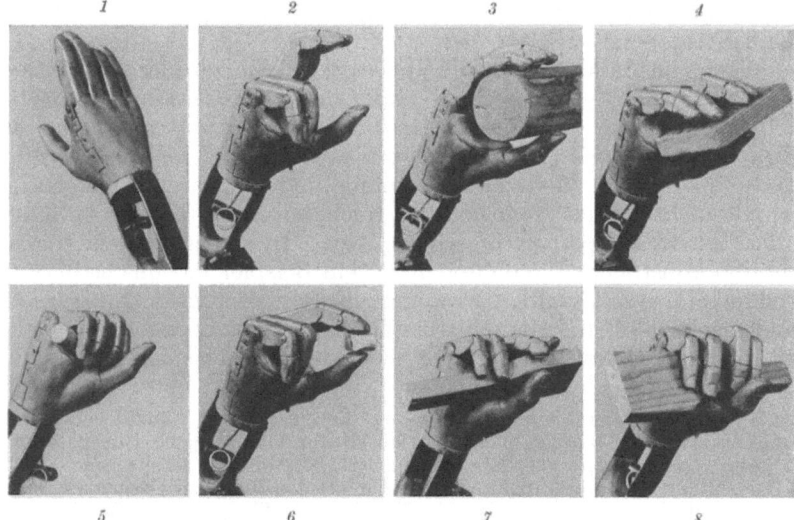

Abb. 385. Verschiedenartige Griffstellungen einer künstlichen Hand mit gleitender Kopplung, die durch immer denselben Zug an dem unten sichtbaren Ring bewirkt wurden.
1 Ruhestellung, 2 Bereitschaftsstellung für ,,Spitzgriff'' *(6)*. Die übrigen Bilder zeigen die Anpassung an verschiedene Gegenstände bei Beteiligung aller Finger (,,Breitgriff'').

sich nur zwei Finger, bald alle vier ein, bald rollen sie sich zusammen, bald bleiben sie gestreckt. Diese *ganze Vielseitigkeit* wird aber *durch einen einzigen* und immer gleichen *Impuls* zustande gebracht. Der Erfolg wird lediglich durch die äußeren Widerstandsverhältnisse bedingt.

Die natürliche Hand ist vielseitiger als die künstliche Hand mit gleitender Kopplung, aber es wäre nur eine Frage der Geduld, auch diese so umzumodeln, daß sie etwa dieselbe Anpassungsfähigkeit erreichte. Handelt es sich nun hier nur um eine *äußere Ähnlichkeit oder* liegt bei der Steuerung der natürlichen Hand ein *ähnliches Grundprinzip* vor wie bei der mechanischen Konstruktion? Mir scheint, daß das Prinzip das gleiche ist und daß nur die Mittel verschieden sind, durch die es sich auswirkt.

Beim Ergreifen eines Gegenstandes mit der Hand wird in ihre vielen Muskeln nur der *generelle Impuls der Schließung* hineingesandt. Jeder den Gegenstand berührende Finger macht Halt und die übrigen bewegen sich weiter, bis auch sie auf Widerstand stoßen. Im einen Fall ist es eine rein mechanische und direkte Kopplung, welche einen oder mehrere Finger bremst und die anderen weitergehen läßt, im anderen eine biologische und indirekte Kopplung, indem durch receptorische Rückwirkung auf das Zentralorgan die Bremsung der zugehörigen Muskeln zustande kommt, der Impuls aber in den anderen weiter wirkt, bis auch sie abgebremst werden. Um wieviel mehr jeder folgende Finger sich vorwärts bewegen muß, regelt sich im einen wie im anderen Fall von selbst.

Nun sind zwar Wagebalken, Hebel und Gelenke Konstruktionsprinzipien, zu denen irgendwelche Analogien im Zentralnervensystem nicht vorausgesetzt werden können (dies Beispiel der künstlichen Hand wurde auch nur seiner Anschaulichkeit halber gewählt); es lassen sich aber *gleitende Kopplungen* viel besser und vielseitiger *auf hydraulischem Wege* erreichen. In der hydraulischen Form läßt sich aber der Vergleich mit den physiologischen Verhältnissen weit besser durchführen, denn die Vorstellung, daß sich die Erregungen ähnlich wie eine Flüssigkeit im Nervensystem ausbreiten und hin und her bewegen, hat sich bei den Neurobiologen seit den Untersuchungen von UEXKÜLL vielfach eingebürgert[1].

Das Bild der gleitenden Kopplung läßt sich nicht allein auf das Beispiel der greifenden Hand (und des Umklammerungsreflexes) anwenden, es hilft uns auch bei den *Laufbewegungen* die Anpassung der Beinstellung und Beinlänge an die Unebenheiten des Terrains verstehen. Wir können aber mit der Anwendung dieses Prinzips noch weitergehen und versuchen, auf dieser Basis ein Verständnis für die *Umstellungen der Koordination* nach äußeren Schädigungen (vor allem nach Beinamputationen) zu gewinnen; allerdings müssen wir dabei schon auf andere Hilfsannahmen zurückgreifen, für deren Richtigkeit im vorhergehenden Wahrscheinlichkeitsgründe angeführt wurden:

Man erinnert sich, daß der Schwimmkäfer Dytiscus normalerweise nur mit den beiden (*gleichzeitig* und *gleichsinnig* bewegten) Hinterbeinen schwimmt[2]. Wird eines dieser Beine amputiert, so tritt sofort vicariierend das gleichseitige Mittelbein an seine Stelle. Wir können nun unter Anwendung des Prinzips des Tonustals annehmen, daß die Erregung im freien Wasser leichter in die Hinterbeine fließt als in die Mittelbeine und hierin wieder leichter als in die Vorderbeine[3]. Fehlt jetzt ein Hinterbein, so ergießt sich die Erregung auf dieser Seite in das Mittelbein, dessen Erregbarkeit dabei zuzunehmen scheint. (An dem Modell der Abb. 384

---

[1] Eine Art Demonstration der gleitenden Kopplung könnte man in Versuchen von H. JORDAN [Zusammenfassung in Erg. Physiol. **16**, 87—227 (1918)] erblicken, in welchen er die Hälften eines Schneckenfußes nur durch das Nervensystem in Verbindung ließ. Belastung der einen Hälfte rief vicariierende Tonusänderungen in der anderen Hälfte hervor. Nach neueren Versuchen von K. HERTER [Z. vergl. Physiol. **15**, 261 (1931)] liegen aber die Verhältnisse nicht so schematisch, wie es anfangs schien.

[2] Siehe oben S. 1076.

[3] Bei Berührung der Beine mit dem festen Boden ist dagegen kein Beinpaar bevorzugt, denn es nehmen alle drei Paare an den Laufbewegungen teil.

lassen sich diese Verhältnisse durch leichte Veränderungen in der Gegenspannung [S] der Hebel nachahmen.)

Der Begriff des Tonustals und der gleitenden Kopplung fließen hier unmerklich ineinander über!

In ganz ähnlicher Weise lassen sich die vielen Abänderungen des Lagereflexes beim Taschenkrebs (Carcinus) einigermaßen verständlich machen[1]. Auch hierbei sind immer nur zwei Beine tätig, und zwar die *jeweilig* caudalsten.

Sogar für die weitgehenden und zahlreichen Umstellungen in der Koordination der Gangbewegungen, die wir bei allen vielbeinigen Tieren nach (an Zahl und Ort willkürlich gesetzten) Beinamputationen auftreten sehen, läßt sich nach dem Prinzip der gleitenden Kopplung ein gewisses Verständnis gewinnen — besonders dann, wenn wir es zusammen mit dem „Gesetz der gedehnten Muskeln" zur Anwendung bringen. Es ist nicht schwer, dies im einzelnen auszuführen, aber wie schon an anderer Stelle gesagt, hat es wenig Sinn, über die Andeutung solcher Ideen weit hinauszugehen, solange man nicht über Versuche verfügt, die der speziellen Anwendungsform festeren Boden verschaffen.

Gewagt mag es erscheinen, das Prinzip der gleitenden Kopplung auch noch mit der „*Exklusivität des nervösen Geschehens*"[2] in Zusammenhang zu bringen. Wenn wirklich alle Teile des Nervensystems miteinander in leitender Verbindung stehen — eine Annahme, zu der wir allen Anlaß haben —, dann sind auch alle Receptoren und Effektoren irgendwie miteinander verkoppelt. Wenn nun diese Kopplung durch das ganze Nervensystem hindurch den Charakter der *gleitenden* Kopplung hat, dann muß jedes Geschehen an einem Ort Rückwirkungen auf alle anderen Orte ausüben; d. h. *jedes Geschehen muß sich mit jedem anderen in Beziehung setzen*. Wenn dies aber in aller Strenge zutrifft, dann ist es ausgeschlossen, daß *zwei Dinge zu gleicher Zeit geschehen*, die nicht in einem inneren Zusammenhang miteinander stehen.

Inwieweit sich nun nervöse Geschehnisse wirklich gegenseitig ausschließen, wird von der Entfernung des Ortes ihrer Entstehung, der Gangbarkeit ihrer Verbindungen untereinander und der Geschwindigkeit des Erregungsflusses abhängen. Denn wenn es so etwas wie Erregungsfluß in irgendeinem physikalischen oder chemischen Sinn gibt, dann wird dem leitenden Substrat die Eigenschaft der „Elastizität" (diese im weitesten Sinne gefaßt) nicht abgehen. Was an einem Ort geschieht, kann daher auf einen anderen Ort nur dann zurückwirken — hier etwas hervorrufen oder etwas verhindern —, wenn die Übertragung genügend schnell und genügend stark von einem zum anderen Ort gelangt. So ist es verständlich, daß die „Exklusivität" bei Nervensystemen mit großem Dekrement und geringer Ausbreitungsgeschwindigkeit der Erregung fast fehlt und uns am deutlichsten dort entgegentritt, wo das Umgekehrte der Fall ist. Da die Überleitungsbedingungen zwischen anatomisch dicht benachbarten Teilen des Zentralnervensystems im allgemeinen besonders günstig sind, so ist es nicht zu verwundern, daß uns die gleitende Kopplung nirgends so deutlich vor Augen tritt wie bei der Innervation antagonistischer Muskeln und antagonistischer Gliedmaßen[3]. Hier macht es ja geradezu den Eindruck, als würden die Bewegungen durch einen Wagebalken gesteuert (reziproke Innervation, Pendelbewegungen usw.). Die Möglichkeit zur *synergischen* Innervation ist aber, wenn dazu die geeigneten äußeren (oder inneren) Bedingungen vorhanden sind, durchaus schon im Wesen der gleitenden Steuerung enthalten.

---

[1] Siehe weiter oben S. 1082.   [2] Siehe weiter oben S. 1193.

[3] Entgegengesetzt bewegt werden ja in der Regel die einander gegenüberliegenden Beine des gleichen Segments und die gleichseitigen Beine einander unmittelbar benachbarter Segmente. Fehlt ein Bein, so macht sich, wie oben plausibel gemacht wurde, der gleiche Einfluß im nächsten Segment geltend.

## Schlußwort.

Eine Reihe von Tatsachen nötigen uns nach meiner Meinung, den bisherigen Begriff des Zentrums, d. h. zentraler Einrichtungen mit spezifischen und unveränderlichen funktionellen Eigenschaften, fallen zu lassen. Nicht einmal die primären Kerne der effektorischen (und wohl auch der receptorischen) Bahnen besitzen eine Spezifität, für die von ihnen aus innervierten Organe, denn sie übernehmen andere Funktionen, wenn sie auf dem Wege der Nervenkreuzung mit anderen Organen in Verbindung gebracht werden. Im funktionellen Sinn muß der Begriff „Zentrum" fallen, im topographischen Sinne kann er beibehalten werden.

Die Koordination kann nicht in einer anatomisch im einzelnen festgelegten Organisation ihren Sitz haben, denn sie kann sich beim Wechsel äußerer oder innerer Bedingungen schlagartig (oder auch langsam) verändern und vollständig umstellen; ja sie ist schon unter normalen Verhältnissen in einem dauernden Wechsel begriffen. Alles spricht dafür, daß die Koordination keinen festen Sitz hat, sondern eine funktionelle Erscheinung ist, die sich auf einem ziemlich primitiven und wenig geordneten System von Leitungswegen zwischen Receptoren und Effektoren abspielt. Diesen Leitungswegen haften Eigenschaften an, die nur erst zum kleinen Teil erforscht sind; es liegt aber zur Zeit wenig Grund dafür vor, diese Eigenschaften auf sehr verschiedene Orte zu verteilen.

Die besonderen Charaktere der Gesamtorganisation eines Tieres scheinen mehr von den Eigenschaften und der Anordnung der peripheren Organe abzuhängen als von den Qualitäten, die das Zentralnervensystem mit sich bringt. Damit soll aber durchaus nicht behauptet werden, daß nicht auch die Eigenschaften des Zentralnervensystems — vor allem seine Masse und der Reichtum schon vorhandener Verbindungsmöglichkeiten — eine sehr wesentliche Rolle im Gesamtgeschehen spielen. Es soll nur hervorgehoben werden, daß man die Fähigkeiten des Zentralnervensystems überschätzt und seine einzelnen Teile in zu hohem Maße mit besonderen Eigenschaften ausgestattet gedacht hat.

Was bisher an Ideen zusammengetragen ist, um mit dem vermehrten und veränderten Tatsachenmaterial fertig zu werden, habe ich versucht, in den vorhergehenden Kapiteln kritisch zu schildern. Neue Wege, wieder zu einem Bild vom nervösen Geschehen zu gelangen, sind genügend vorhanden und manche alten Vorstellungen können ohne weiteres hineingearbeitet werden. Nur wenige der geäußerten Ideen schließen sich gegenseitig aus; aber keine allein ist imstande, all die vielen allgemeinen Phänomene verständlich zu machen, die uns die Beobachtung von Mensch und Tier offenbart. Es ist auch kaum wahrscheinlich, daß ein einzelnes Grundprinzip gefunden werden kann, aus dem sich alle nervösen Erscheinungen werden erklären lassen. Wie man durch Kombination mehrerer Erklärungsmöglichkeiten diese und jene allgemeine Erscheinung verständlich machen kann, wurde an verschiedenen Stellen angedeutet.

Befunde, die mit der alten Zentrenlehre nicht zu vereinigen waren, sind schon seit Jahrzehnten bekannt; aber erst in den letzten Jahren haben sie sich gehäuft. Daher ist es verständlich, daß die theoretische Verarbeitung dieses riesengroßen Materials noch nicht sehr weit vorangeschritten ist. Immerhin glaube ich, daß das Bild, das hier vom nervösen Geschehen entworfen wurde, ebensoviel Einsicht gewährt, wie die Zentrenhypothese in ihren gesichertsten Zeiten zu geben vermochte. Nur deckt sich dieses neue Bild mit den heute bekannten Tatsachen besser, als dies bei dem alten Bild vor etwa zwanzig Jahren mit den damals bekannten Tatsachen der Fall war.

Auch diese neuen Vorstellungen, in denen das Nervensystem in viel höherem Maß, als dies früher geschah, zu einem Teilgebiet einer höheren funktionellen Einheit wurde, werden voraussichtlich nur einen provisorischen (im Augenblick aber heuristischen) Wert haben. Über kurz oder lang und vielleicht noch früher, als sie zu einer wirklichen Theorie zusammengeschweißt und ausgebaut wurden, werden sie anderen Ideen weichen müssen. Wie könnte es auch bei einem Wissensgebiet solcher Kompliziertheit anders sein! Sehen wir doch, daß sich auch auf viel durchsichtiger erscheinenden Gebieten der Physiologie, ja selbst in manchen Teilen der Chemie und Physik, die Anschauungen oft in wenigen Jahren unter dem Zwang neuer Tatsachen und Erwägungen weitgehend wandeln müssen.

# Stimme und Sprache
## (J. VII.).

.

# Stimm- und Musikapparate bei Tieren und ihre Funktionsweise.

Von

ERNST SCHARRER

München.

Mit 17 Abbildungen.

### Zusammenfassende Darstellungen.

GRÜTZNER, P.: Physiologie der Stimme und Sprache. Handb. d. Physiologie. Herausg. von L. HERMANN. **1 II**, 136—153 (Leipzig 1879). — HAECKER, V.: Der Gesang der Vögel. Jena 1900. — HESSE, R., u. F. DOFLEIN: Tierbau und Tierleben **1**, 390—392, 485—488 (1910); **2**, 371, 438 (1914). Leipzig u. Berlin. — LANDOIS, H.: Tierstimmen. Freiburg i. Br. 1874. — MEISENHEIMER, J.: Geschlecht und Geschlechter. **1**, 414—435 (Jena 1921). — PROCHNOW, O.: Die Lautapparate der Insekten. Guben 1907 — Die Organe der Lautäußerung. Handb. d. Entomologie. Herausg. von CHR. SCHRÖDER. **1**, 61—75 (Jena 1912). — WEISS, O.: Die Erzeugung von Geräuschen und Tönen. Handb. d. vergl. Physiol. **3 I**, 1. Tl, 249—318 (Jena 1914).

## Einleitung.

Das Vorkommen und die Ausbildung von Stimm- und Musikapparaten hängen von der Organisationshöhe und den durch die Lebensweise gegebenen Bedürfnissen der Tiere ab. So besitzen Protozoen und Cölenteraten keine Einrichtungen zur Erzeugung von Lauten. Auch bei den Würmern finden wir nur Begleitgeräusche, denen wohl keine besondere Bedeutung zuzumessen ist. Das gleiche gilt für Mollusken und Echinodermen. Dagegen zeigen unter den Arthropoden, besonders bei den Insekten, eine ganze Anzahl von Ordnungen hochentwickelte Lautapparate. Bei den Wirbeltieren begegnen wir allen Entwicklungsstufen der Lautäußerung von den primitiven Geräuschen, wie sie von Fischen hervorgebracht werden können, bis zu einer artikulierten Lautsprache beim Menschen. Eine gute Ausbildung von Stimmapparaten finden wir also bei den höchstentwickelten Tierklassen, den Insekten und den Wirbeltieren.

In der Hauptsache sind zwei Möglichkeiten, Laute zu produzieren, verwirklicht: durch gegenseitige Reibung, durch Schütteln und Aufeinanderschlagen von Körperteilen einerseits und durch Membranschwingungen, welche entweder durch Muskelkontraktion oder durch den Strom der Atemluft zustande gebracht werden, andererseits. Auf gegenseitiger Reibung von Körperteilen beruhen die mannigfaltigen Stridulationsorgane vieler Tiere, z. B. der Insekten. Gegenüber der weiten Verbreitung dieser Einrichtungen treten Formen der Schallproduktion, wie wir sie im Schnabelklappern des Storches, im Rasseln der Klapperschlangen usw. finden, zurück. Tonerzeugung durch Membranschwingungen treffen wir in dem eigenartigen Stimmapparat der Zikaden und vor allem beim Kehlkopf der Wirbeltiere an. Neben diesen Hauptformen von Lautapparaten, die in allen erdenklichen Variationen immer wiederkehren, treten uns in der Tierreihe allenthalben „Spezialisten" entgegen, die, ohne eigentliche Lautapparate zu besitzen, auf verschiedene und nicht selten ungewöhnliche Art und Weise sich bemerkbar machen, wie z. B. die Bombardierkäfer. Auch auf charakteristische Begleitgeräusche, wie den Flugton vieler Insekten u. ä., sei hingewiesen.

Alle diese Stimmapparate treten unter den verschiedensten Bedingungen in Funktion. Vor allem in der Erregung, die wohl den ursprünglichsten Anlaß jeder tierischen Stimmäußerung darstellt. Soweit äußere Reize dabei in Betracht kommen, kann man mit HERTER die Lautäußerungen als „unorientierte Bewegungsäußerungen" auffassen. Bekannt ist das Schreien vieler Tiere, wenn sie ergriffen und festgehalten werden. Auch Tiere, welche sonst stimmlos sind, wie Molche, Schlangen, Geckonen usw., geben in diesem Falle ihrer Erregung Ausdruck. Selbst einfache Berührungsreize kommen als auslösende Momente in Betracht; so wird das Grillenmännchen durch sanftes Streichen über den Rücken zum Zirpen und der großhirnlose Frosch ebenso reflektorisch zum Quaken veranlaßt[1].

Vielfach hat das Schreien, Zischen usw. den Erfolg, daß ein ergriffenes Tier von seinem Feind wieder losgelassen wird. So bekommt die Lautproduktion den Charakter eines Abwehr- und Verteidigungsmittels, dessen Wirksamkeit indessen wohl in den meisten Fällen zu hoch veranschlagt wird. Im Gegenteil, die Lautgebung kann bisweilen dazu führen, daß räuberische Tiere dadurch erst auf ihre Beute aufmerksam werden, wie z. B. die Wolfspinnen durch den Brummton der Fliegen beim Erjagen ihrer Opfer geleitet werden[2]. Aus der geschlechtlichen Erregung leiten sich andererseits alle mit dem Fortpflanzungsleben zusammenhängenden Stimmäußerungen ab, wie der Gesang und die Paarungsrufe der Vögel, das Zirpen der Heuschrecken usw. In manchen Fällen mag durch Laute auch eine gegenseitige Verständigung zustande kommen. Vor allem die Warn- und Lockrufe der Vögel und die Töne, mit denen ihre Jungen um Futter betteln, sowie die Laute der in Schwärmen fliegenden Vögel, die dadurch in Fühlung untereinander bleiben, können als Mittel zur Verständigung betrachtet werden. Zu einer eigentlichen Sprache aber kommt es trotz der Fähigkeit mancher Vögel (Papagei, Spottvögel), andere Laute nachzuahmen, bei keinem Tier[3].

Ein gegenseitiges Anlocken, Warnen oder Verständigen mit Hilfe von Stimmlauten hat zur Voraussetzung, daß sie von den betreffenden Tieren auch gehört werden. Die Frage nach den Gehörorganen ist ja bei vielen Tieren umstritten, und da sie oft in Zusammenhang mit den stimmlichen Äußerungen erörtert wird, erscheint auch hier ein kurzer Hinweis angebracht. So spricht z. B. nach EGGERS[4] die Verbreitung der Tympanalorgane im Zusammenhang mit dem Vorkommen von Stimmapparaten für die Auffassung dieser Organe als Gehörorgane. Andererseits führt die Feststellung eines Gehörsinnes bei Tieren (z. B. bei den „stummen" Fischen) zu der Frage, ob seinen Leistungen auch entsprechende Lautäußerungen gegenüberstehen[5].

---

[1] HERTER, K.: Tastsinn, Strömungssinn und Temperatursinn der Tiere und die diesen Sinnen zugeordneten Reaktionen. S. 67. Berlin 1925.

[2] HENKING, H.: Die Wolfspinne und ihr Eicocon. Zool. Jb. Abt. System. 5, 206 (1890/91).

[3] Den Tieren kommt dafür vielfach ein Mitteilungsvermögen ohne Stimmäußerungen zu, welches auch als „Sprache" bezeichnet wird. (Tänze der Bienen, Fühlersprache der Ameisen u. ä.) Vgl. BASTIAN SCHMID: Die Sprache und andere Ausdrucksformen der Tiere. München 1923 — Von den Aufgaben der Tierpsychologie. Abh. theor. Biol. (Herausg von J. SCHAXEL). S. 35—40. Berlin 1921. — SCHRÖDER, CHR.: Handb. d. Entomol. 2, 1187 bis 1189 (Jena 1929). — Vgl. ferner die tierpsychologische Literatur (C. K. SCHNEIDER, HEMPELMANN u. a.).

[4] EGGERS, F.: Die stiftführenden Sinnesorgane. S. 306. Berlin 1928.

[5] Über die vergl. Physiologie des Gehörs siehe die Abhandlung von A. KREIDL in ds. Handb. 11 — Rezeptionsorgane 1, 754—766 (1926).

Aus den einleitenden Bemerkungen ergibt sich von selbst, daß eine schematische Einteilung des Stoffes nicht angebracht wäre. Wenn wir unter Berücksichtigung der Hörleistungen uns zunächst den Lautäußerungen zuwenden, die von den Tieren ohne spezielle Organe hervorgebracht werden, dann zum Stimmapparat der Zikaden und den Stridulationsorganen bei den Arthropoden übergehen, um schließlich die Verhältnisse bei den Wirbeltieren zu schildern, so ergibt sich von selbst ein Aufsteigen vom Einfacheren zum Komplizierteren und von niederorganisierten Tiergruppen zu höheren.

# A. Wirbellose.
## I. Lauterzeugung ohne besondere Apparate.

Bei Protozoen, Cölenteraten, Mollusken[1] und Echinodermen finden wir keine Lautäußerung. Auch von Würmern ist in dieser Hinsicht wenig bekannt. So berichtet nur MANGOLD[2], daß Regenwürmer rhythmische Schmatzlaute von sich geben. Es ist nicht entschieden, ob der Pharynx dabei als Stimmorgan funktioniert oder ob die Töne, die mit den Lauten da, de, di, do, du und drrrt verglichen werden, durch Öffnen und Schließen der Mundöffnung bei vergrößertem Pharynxlumen entstehen. Eine besondere biologische Bedeutung dürfte aber einer solchen Lautproduktion wohl schwerlich zukommen. Auch sonst finden wir im Tierreich vielfach Zufallstöne und Begleitgeräusche, wie z. B. die knipsenden Geräusche, welche die Schnellkäfer (Elateridae) beim Emporschnellen aus der Rückenlage durch das Einschnappen eines Dornfortsatzes am Prosternum in eine Vertiefung am Mesosternum erzeugen, oder das dem Rauschen eines Hagelschauers vergleichbare Geräusch, das die Schwärme der Wanderheuschrecken (Pachytylus migratorius L.) durch das Schwirren ihrer Flügel und die Bewegungen der Mandibeln hervorrufen (LANDOIS).

Auch der Flugton ist als ein Begleitgeräusch zu werten[3]. Doch ist er für manche Insektenarten so charakteristisch, daß es sich verlohnt, etwas näher darauf einzugehen. Der Flugton hängt von der Zahl der Flügelschläge in der Sekunde ab. Bekannt ist der tiefe, brummende Flugton mancher Käfer und der Hummel, während viele Fliegen, besonders die Mücken, hohe Flugtöne hören lassen. Schmetterlinge führen zu wenig Flügelbewegungen aus, als daß ein für uns wahrnehmbarer Ton zustande käme. So macht nach PROCHNOW[4] der Kohl-

---

[1] LANDOIS geht bei der Schilderung der Geräusche, welche die Kammuscheln (Pecten) beim Zusammenklappen ihrer Schalen hervorrufen, auf ARISTOTELES zurück. Ferner berichtet er über Laute, welche entstehen, wenn bei den Lungenschnecken beim Zurückziehen in die Schale oder beim Atemholen der Limnäen die Luft durch das Atemloch strömt. Neuere Angaben liegen nicht vor.

[2] MANGOLD, O.: Beobachtungen und Experimente zur Biologie des Regenwurms. I. (Lauterzeugung, Formsinn und chemischer Sinn.) Z. vergl. Physiol. **2**, 57—81 (1924).

[3] Bei den Culiciden und Chironomiden soll der Flugton nach MEISENHEIMER (Geschlecht und Geschlechter. **1**, 425) bei der gegenseitigen Auffindung der Geschlechter eine Rolle spielen. Vgl. hierzu EGGERS (Stiftführende Sinnesorgane. S. 340). Sicher hat der Flugton eine Bedeutung für die Bildung von Schwärmen bei den Stechmücken [EGGERS, F.: Zur Kenntnis der antennalen stiftführenden Sinnesorgane der Insekten. Z. Morph. u. Ökol. Tiere **2**, 259—349 (1924)]. Dagegen ist der Flugton ohne Bedeutung für die Verständigung der Bienen. Vgl. L. ARMBRUSTER, Arch. Bienenkde **4**, 221—259 (1922). — FRISCH, K. v.: Zool. Jb. Abt. Allg. Zool. u. Physiol. **40**, 150—157 (1923/24). — HANNES, F.: Biol. Zbl. **46**, 129 bis 142, 563—564 (1926). — KRÖNING, F.: Ebenda **45**, 496—507 (1925).

[4] PROCHNOW, O.: Die Lautapparate der Insekten. Guben 1907. — Außer den unter Anm. 3 angeführten Arbeiten über den Flugton der Biene vgl. auch H. PRELL: Über den Flugton der Hornis. Verh. dtsch. Zool. Ges. **27**, 98—100 (1922). (Zit. nach BISCHOFF.)

weißling (Pieris brassicae L.) 9, die Hummel (Bombus agrorum L.) dagegen 220, die Stechmücke (Culex pipiens L.) sogar 596—660 Schwingungen in der Sekunde. Einen eigenartigen Flugton stellt das Schnarren der Klapperschrecke (Psophus stridulus L.) dar. Nach PROCHNOW[1] entsteht es beim Auffliegen durch Ein- und Ausstülpen der Flügelfalten durch den bald von oben, bald von unten wirkenden Luftdruck. Auch das eigenartige Tüten und Quaken der jungen Bienenköniginnen kommt nach ARMBRUSTER[2] durch Vibrationsbewegungen der Flügel zustande. Dem Tüten ähnliche Töne vernahm ARMBRUSTER bei verfolgten Arbeitsbienen, bei der Sandwespe Ammophila sabulosa L. und bei pollensammelnden Hummelarbeiterinnen. Viele Dipteren und Hymenopteren bringen außer ihrem Flugton noch höhere Töne hervor, die von früheren Autoren auf die Schwingungen von Blättchen in den Stigmenöffnungen zurückgeführt wurden. Diese vor allem von LANDOIS[3] vertretene Ansicht fand Widerspruch und PROCHNOW[1] schließt sich der Meinung GRÜTZNERS[4] an, daß dieser sog. Stimmton der Insekten als eine Folge der Eigenschwingungen der Thoraxwand anzusehen ist, die durch die Kontraktionen der Flügelmuskeln ausgelöst werden.

Im Dienste der Fortpflanzung stehen die Klopfgeräusche, die das Männchen des Klopfkäfers (Anobium, mehrere Arten) hervorbringt, indem es mit dem Kopf gegen das Holz schlägt. Über die Art der Bewegung und die Stellung des Tieres beim Klopfen gehen die Angaben auseinander. Das Weibchen antwortet ebenfalls durch Klopfen und das gegenseitige Auffinden der Partner wird so erleichtert. Ob die Tiere dabei durch ein eigentliches Hören geleitet werden, ist fraglich; vielleicht vernehmen sie mittels des Tastsinnes nur die Vibrationen des Holzes. Durch Aufschlagen des Kopfes auf die Unterlage bringen auch Käfer der Gattung Bostrychus Geoffr. Klopflaute hervor. Holzläuse (Psocidae[5]) bringen ähnliche Töne zustande wie die Klopfkäfer und werden wie diese im Volksmund als Totenuhr bezeichnet. SOLOWIOW[6] zeigte, daß die Tiere dabei nicht mit dem Kopf, wie man bisher glaubte, auf die Unterlage schlagen, sondern mit dem Abdomen und zwar soll nach PEARMAN[7] die Fähigkeit zu klopfen nur den Weibchen zukommen, denn nur diese besitzen bei der untersuchten Art Clothilla pulsatoria Linn. auf der Ventralseite eine knopfartige Erhebung, mit der die Tiere wahrscheinlich auf die Unterlage aufschlagen. Die Lautproduktion soll bei der Paarung der Tiere eine Rolle spielen. Ein feines Knarren erzeugt das Männchen von Pisaura mirabilis (Arachnoidea), indem es mit der Hinterleibsspitze gegen ein dürres Blatt trommelt (PRELL[8]). In gleicher Weise macht sich das Männchen von Meconema varium (Locustidae, Laubheuschrecken), das kein Stridulationsorgan besitzt, durch Trommeln mit der Hinterleibsspitze gegen die Unterlage bei der Werbung um das

---

[1] PROCHNOW, O.: Zitiert auf S. 1225. Ähnlich erklärt STÄGER das Zustandekommen des Flugtones von Stauroderus morio [STÄGER, R.: Beiträge zur Biologie einiger einheimischer Heuschreckenarten. Z. Insektenbiol. **25**, 36—41, 53—70 (1930)].

[2] ARMBRUSTER, L.: Über Bienentöne, Bienensprache und Bienengehör. Arch. Bienenkde **4**, 221—259 (1922).

[3] LANDOIS, H.: Tierstimmen. Freiburg i. Br. 1874.

[4] GRÜTZNER, P.: Physiologie der Stimme und Sprache. Handb. d. Physiol. Herausg. von L. HERMANN. **1 II**, 152. Leipzig 1879.

[5] Es kommen 2 Arten in Frage, über deren Benennung die Systematiker sich noch nicht einig zu sein scheinen. PEARMAN (s. Fußnote 7) führt sie an als Liposcelis (= Troctes = Atropos) divinatorius Mull. und Clothilla (= Trogium = Atropos) pulsatoria Linn.

[6] SOLOWIOW, P.: Biologische Beobachtungen über Holzläuse (Atropos pulsatorius L.). Zool. Anz. **59**, 238—240 (1924) — Zool. Jb. Abt. Syst. **50**, 270 (1925).

[7] PEARMAN, J. V. On sound production in the psocoptera and on a presumed stridulatory organ. The Entomologist's Monthly Mag., **64** (III. s. **14**), 179—186 (1928).

[8] PRELL, H.: Über trommelnde Spinnen. Zool. Anz. **48**, 61—64 (1917).

Weibchen bemerkbar (GERHARDT[1]) und die Roßameisen (Camponotus herculeanus L.) verständigen sich bei ihren Kämpfen durch zitterndes Aufklopfen des Abdomens auf den Boden (EIDMANN[2]). Auch die Termiten geben sich Lautsignale, indem sie „mit ihren Köpfen rasch hintereinander zitternd auf die Unterlage aufschlagen". Die Soldaten von Capritermes schlagen in der Erregung ihre langen, asymmetrisch gewundenen Kiefer zusammen und ebenso bringen die Soldaten von Microtermes saltans ein knackendes Geräusch hervor, wenn sie ihre langen stangenförmigen Mandibeln rasch schließen (ESCHERICH[3]). Einen scharfen Knall vermag nach ALCOCK[4] Gonodactylus chiragra L., eine Crustacee aus der Gruppe der Stomatopoden, durch plötzliches Öffnen der Schere hervorzubringen. Von den Krebsen produzieren auch die Langusten und Alphaeiden knarrende und knipsende Geräusche. Eine richtige Explosion vollends vermögen Käfer der Gattung Brachynus (Bombardierkäfer) zu bewirken. Sie schrecken ihre Verfolger ab durch das Sekret ihrer Analdrüsen, welches an der Luft mit einem puffenden Geräusch explodiert. Der Knall soll bei tropischen Arten recht kräftig sein. Ein eigentümlich knackendes Geräusch bringt der Gelbrandkäfer (Dytiscus marginalis L.) bei der Begattung hervor. „Ein spezifischer Lautapparat ist beim Gelbrand nicht vorhanden. Der Knack- oder Ticklaut kommt dadurch zustande, daß der energisch nach hinten und unten geführte Femur den ihm vom Trochanter entgegengesetzten Widerstand überwindet und mit seinem Hinterrand die scharfe Vorderkante des Schenkelringes überspringt, um bei der Rückbewegung allmählich und ohne Tonerzeugung in die Normallage zurückzugleiten. Diese Klopftöne sind vielleicht als akustisches Reizmittel aufzufassen" (BLUNK[5]).

Schließlich ist vom Totenkopffalter (Acherontia atropos L.) bekannt, daß er bei Reizung einen flötenden Ton von sich geben kann; wahrscheinlich gerät dabei eine Falte des Schlundkopfes in Schwingungen, wenn Luft aus dem Abdomen hervorgepreßt wird[6]. Dies ist auch bei der Puppe, welche sich ebenfalls bemerkbar machen kann, möglich. Für die Raupe aber nimmt man an, daß sie ihren Ton durch die Reibung von Chitinplatten beim Zurückziehen des Kopfes erzeugt.

## II. Erzeugung von Tönen durch besondere Stimmapparate.

Im Gegensatz zu den eben angeführten Beispielen, bei denen wir nicht mit Sicherheit bestimmte Organe, die der Lauterzeugung dienen, feststellen können, haben wir im Stimmapparat der Zikaden und den Stridulationsorganen zahlreicher Arthropoden Organe vor uns, deren ausschließliche Aufgabe die Erzeugung von Tönen ist.

---

[1] GERHARDT, U.: Kopulation und Spermatophoren von Grylliden und Locustiden. II. Zool. Jb. Abt. Syst. **37**, 15—16 (1914).

[2] EIDMANN, H.: Zur Kenntnis der Biologie der Roßameise (Camponotus herculeanus L.). Z. angew. Entomol. **14**, 229—253 (1928).

[3] ESCHERICH, K.: Die Termiten oder weißen Ameisen. S. 28. Leipzig 1909. — Ferner E. GOUNELLE: Sur des bruits produits par deux espèces américaines de Fourmis et de Termites. Bull. Soc. Ent. France **1900**, 168—169.

[4] Zitiert nach H. BALSS: Über Stridulationsorgane bei dekapoden Crustaceen. Naturwiss. Wschr. **20**, 697—701 (1921).

[5] BLUNK, H.: Das Geschlechtsleben des Dytiscus marginalis L. 1. Tl. Die Begattung. Z. Zool. **102**, 201 (1912).

[6] Außer PROCHNOW vgl. A. JAPHA: Über tonerzeugende Schmetterlinge. Schr. phys. ökonom. Ges. Königsberg **1905**, 132—136. — AIGNER-ABAFI, L. v.: Acherontia atropos L. III. Die Stimme. Illustr. Z. Entomol. **4**, 289—290, 337—341, 355—356 (1899). — PRELL, H.: Die Stimme des Totenkopfes (Acherontia atropos L.). Zool. Jb. Abt. Syst. **42**, 235—272 (1920).

## 1. Der Stimmapparat der Zikaden.

Der Stimmapparat der Zikaden[1] befindet sich beiderseits am 1. Abdominalsegment. Er besteht im wesentlichen aus einer ovalen elastischen Chitinhaut, der sog. Trommelhaut oder Schallplatte (Abb. 386), welche durch einige Rippen versteift wird und durch die Kontraktionen eines mächtigen V-förmigen Muskels in Schwingungen versetzt werden kann. Dieser Tonmuskel setzt mit einem chitinigen Sehnengriffel an der Trommelhaut an. Die Schallplatten liegen entweder offen oder sie werden von einem schuppenförmigen Fortsatz des 2. Ab-

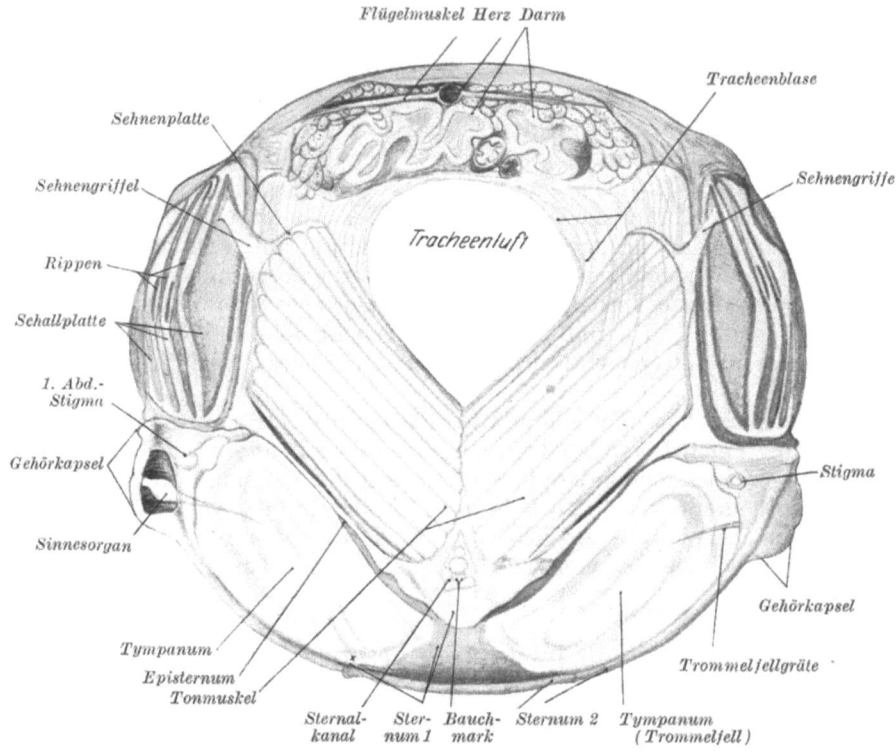

Abb. 386. Stimmapparat von Tibicina haematodes Scop. o. Blick von vorn auf das vom Thorax abgetrennte Abdomen. (Nach VOGEL.)

dominaltergums überdeckt, der bei manchen Arten mit dem Hinterrand des Metathorax verwächst, wodurch die Schallplatten in eine Höhle zu liegen kommen (VOGEL[2]). Das Abdomen ist zum großen Teil hohl und mit Luft gefüllt; es verstärkt den Schall durch seine Resonanz.

Mittels dieses Apparates bringen die Zikaden einen lauten zirpenden Ton hervor, der nach LANDOIS[3] z. B. bei der Bergzikade (Cicadetta montana Scop.) in der Höhe des „$e^2$" (662 Schwingungen) liegt. Die verschiedenen Arten zirpen,

---

[1] Über die Vorstellungen von RÉAUMUR, LEPORI, LANDOIS usw. siehe PROCHNOW u. O. WEISS. — Vgl. ferner PAUL MAYER: Der Tonapparat der Zikaden. Z. Zool. **28**, 79—92 (1877). — WEBER, H.: Biologie der Hemipteren. S. 81—87. Berlin 1930.

[2] VOGEL, R.: Über ein tympanales Sinnesorgan, das mutmaßliche Hörorgan der Singzikaden. Z. Anat. **67**, 190—231 (1923).

[3] LANDOIS, H.: Tierstimmen. S. 35. Freiburg i. Br. 1874.

wie dies beispielsweise an 11 Arten in Neuseeland festgestellt wurde[1], sehr verschieden und charakteristisch für jede Spezies; besonders in Bezug auf Strophenlänge sowie Tonhöhe und Tonstärke. Indessen ist nicht der Stimmapparat bei den einzelnen Arten abweichend gebaut, sondern durch Unterschiede in den Bewegungen usw., durch die der Musikapparat in Tätigkeit versetzt wird, sowie infolge ihrer verschiedenen Körpergröße bringen die verschiedenen Arten mit einem prinzipiell gleichen Instrument einen jeweils charakteristischen Gesang zustande. Manche Zikaden sind durch eine außergewöhnlich laute Stimme ausgezeichnet und nach dem übereinstimmenden Urteil aller Beobachter sollte statt von einem Gesang besser von Lärm gesprochen werden. Der Umstand, daß der Stimmapparat in der Hauptsache auf die Männchen beschränkt ist, denn nur bei einigen tropischen Arten besitzen die Weibchen einen unvollkommen ausgebildeten Tonapparat (VOGEL[2]), und daß in beiden Geschlechtern Gehörorgane vorkommen (VOGEL[2]), spricht dafür, daß die Stimme zur Anlockung der Weibchen dient. Außer Gelegenheitsbeobachtungen, die ebenfalls in diesem Sinne gedeutet werden können, liegen aber keine eingehenden Untersuchungen vor[3].

## 2. Die Stridulationsorgane.

Sehr weit verbreitet und im Prinzip ziemlich gleichartig gebaut sind die Stridulationsorgane der Krebse, Spinnen, Tausendfüßer und Insekten. Meist wird die Kante eines Flügels, Beines u. dgl. gegen eine geriefte Ader oder Platte, eine Reihe von Zähnen, Körnern oder steifen Haaren gerieben, wodurch ein Ton wie bei der SAVARTschen Zahnradsirene entsteht. Von den Insekten besitzen außer den meisten Orthopteren auch sehr viele Käferfamilien Stridulationsorgane. Unter den übrigen Ordnungen finden wir solche Organe vor allem bei Schmetterlingen, Hautflüglern und Schnabelkerfen. Die biologische Bedeutung der Lauterzeugung ist in manchen Fällen klar; eingehende physiologische Untersuchungen liegen über Geradflügler vor. Im folgenden sollen vor allem die Ergebnisse von Arbeiten berücksichtigt werden, die seit den zusammenfassenden Darstellungen von PROCHNOW und WEISS[4] erschienen sind.

### a) Crustaceen.

Über die Stridulationsorgane der dekapoden Crustaceen liegen zahlreiche Angaben vor (von HILGENDORF, WOOD-MASON, BARROIS, ORTMANN, CALMAN, PEARSE, ANDERSON, ALCOCK usw.), die bei ORTMANN[5], HANSEN[6] und

---

[1] MYERS, I., and J. G. MYERS: The sound-organs and songs of New Zealand Cicadidae. Rep. Meeting Australasian Ass. Adv. Sci. Wellington 1923 **16**, 420—430 (1924). — Vgl. auch TH. KRUMBACH: Zur Naturgeschichte der Singzikaden im roten Istrien. Zool. Anz. **48**, 241 bis 250 (1917).

[2] VOGEL, R.: Über ein tympanales Sinnesorgan, das mutmaßliche Hörorgan der Singzikaden. Z. Anat. **67**, 190—231 (1923).

[3] Hier sei auch auf eine dem Stimmapparat der Zikaden vielleicht vergleichbare Einrichtung der Bienen hingewiesen. Nach N. E. MCINDOO [The auditory sense of the honeybee. Anat. Rec. **20**, 182—183 (1920/21)] finden sich Membranen an der Vorderflügelbasis, welche durch Muskeln in Vibration versetzt werden können. Damit sollen die piependen Töne hervorgebracht werden, welche die Bienen von sich geben, wenn sie z. B. zerdrückt werden.

[4] PROCHNOW, O.: Die Lautapparate der Insekten. Guben 1907 — Die Organe der Lautäußerung. Schröders Handb. d. Entomologie **1**, 61—75 (1912). — WEISS, O.: Die Erzeugung von Geräuschen und Tönen. Wintersteins Handb. d. vergl. Physiol. **3 I**, 1. Tl, 262—281 (1914). — Bezüglich der Einteilung der Stridulationsorgane auf Grund der an ihrer Bildung mitbeteiligten Körperteile sei auf die Arbeiten von BAIER (zitiert auf S. 1232, Anm. 3) und LENGERKEN (zitiert auf S. 1237, Anm. 4) verwiesen.

[5] ORTMANN, A. E.: Bronns Klassen u. Ordnungen des Tierreiches **5**, Abtl II. Crustaceen. 2. Hälfte, Malacostraca. S. 1245—1249. 1901.

[6] HANSEN, H. J.: Studies on Arthropoda. I. On stridulation in Crustacea Decapoda. S. 56—65. Kopenhagen: Gyldendalske Boghandel 1921.

BALSS[1] erwähnt werden. Die folgenden Ausführungen schließen sich in der Hauptsache der Darstellung von BALSS an.

Von landlebenden Einsiedlerkrebsen (Paguriden) vermögen Coenobita rugosus M. E. und C. perlatus M. E. ein lautes Zirpen hervorzubringen, indem sie mit einer scharfen Leiste auf der Unterseite des Dactylus des zweiten linken Schreitfußes über eine Körnerreihe an der Außenseite der großen Schere streichen. Von Bewohnern des Süßwassers besitzen vier afrikanische Arten der Gattung Potamonautes einen Lautapparat an den Coxen der Schreitbeine, über dessen Funktion aber keine Beobachtungen vorliegen. In der Gattung Ocypoda kommt allen Arten, soweit sie tropische Küstenbewohner sind, mit Ausnahme einer einzigen, ein Stridulationsorgan zu. Die große Schere dieser Tiere zeigt auf ihrer Innenseite eine Reihe von Punkten oder Querleisten, die über eine glatte Längsleiste am Ischium des gleichen Scherenfußes gerieben wird. Die damit erzeugten Töne werden mit dem tiefen Ton einer Baßgeige oder auch mit dem Quaken der Frösche verglichen. Bei Uca musica, einer Art aus der Gattung der Winkerkrabben, bewegt das Männchen eine Schrilleiste auf seiner großen Schere gegen eine Crista auf der Vorderseite des ersten Schreitfußes. Auch die verwandten Krabbengattungen Dotilla und Myctiris produzieren knirschende Geräusche, wenn die Femoralglieder ihrer Beine sich am Körper reiben. Für die zu den Anomuren gehörige Thalassina anomala Hbst. wird ebenfalls Lautproduktion angegeben.

Von Tiefseebewohnern ist nur wenig über Stridulationsorgane bekannt. HANSEN[2] beschreibt bei der zu den Oxystomata gehörenden westindischen Krabbe Acanthocarpus Stimps. eine Reihe feiner Querlinien auf der Innenseite der Scheren. Beim toten Tier läßt sich ein hoher Ton erzeugen, wenn diese Leiste über einen gefurchten Kiel an der Unterseite des Carapax gerieben wird. Auch bei Psopheticus stridulans W. M. ist der Lautapparat, der aus einem Dorn am Scherenfuß und einem Knopf unter dem Auge besteht, nicht in Funktion am lebenden Tier beobachtet worden.

Einen im Prinzip gleichartigen Bau zeigen trotz der Mannigfaltigkeit im einzelnen die Stridulationsorgane, die bei verschiedenen Gattungen der Viereckskrabben (Catometopa) vorkommen. Auf beiden Seiten unterhalb der Augen findet sich eine Bogenreihe von Körnern. Laute werden produziert, indem eine Hornleiste auf dem Merus des Scherenfußes darübergestrichen wird. Interessanterweise besitzen meist nur die Männchen diese Einrichtungen, so daß eine Beziehung der Tonerzeugung zur Fortpflanzung, ähnlich wie in vielen Fällen bei den Insekten, wahrscheinlich ist. Unter den Krabben verdient auch die Gattung Matuta hervorgehoben zu werden. So kann Matuta miersii wie eine Grille zirpen, und von M. victor Fabr. wird berichtet, daß sie bald die eine, bald die andere Schere gegen die Pterygostomialgegend reibt und dadurch Töne hervorbringt. Bezüglich einer Anzahl weiterer Arten von marinen Krabben, die sich im Bau ihrer Stridulationsorgane an die geschilderten Formen anschließen, sei auf die Arbeit von BALSS[1] verwiesen.

Erwähnenswert ist schließlich noch das Stridulationsorgan, das bei einigen Penaeopsisarten vorkommt und aus einer Körnerreihe an der Hinterseite des Carapax, welche gegen die Vorderkante des ersten Hinterleibssegments reibt, besteht. Ferner besitzt Gebia issaeffi Balss am ersten Schreitfuß einige Reihen von Leisten, die wohl als Lautapparate aufzufassen sind. Bei Isopoden (Asseln) sind ebenfalls Stridulationsorgane bekannt geworden, jedoch ohne daß bis jetzt bei dieser Gruppe eine Lauterzeugung beobachtet wurde[3]. Über einen Gehörsinn der Crustaceen ist nichts bekannt.

---

[1] BALSS, H.: Über Stridulationsorgane bei dekapoden Crustaceen. Naturwiss. Wschr. **20**, 697—701 (1921).

[2] HANSEN: Zitiert auf S. 1229, Anm. 6.

[3] VERHOEFF, K. W.: Über Isopoden. Androniscus n. g. Zool. Anz. **33**, 129—148 (1908). — STROUHAL, H.: Bemerkungen zu einigen Androniscusarten (Isop. terr.). Ebenda **85**, 69—75 (1929).

## b) Arachnoideen.

Auf ganz ähnlichem Wege, wie bei den Crustaceen, werden auch bei den Arachnoideen[1] Töne hervorgebracht; so z. B. bei den Familien der Theraphosidae[2], Sicariidae, Linyphiidae, Attidae[3] u. a., meist durch Aneinanderreiben von Kiefertaster und Chelicere. M. E. SIMON[4] berichtet von Sicarius, daß sie sich leicht greifen läßt, ohne Fluchtversuche zu machen, dabei aber mit ihrem Stridulationsapparat wie eine Biene summt. SIMON sieht die Bedeutung dieser Tonproduktion, zu der beide Geschlechter befähigt sind, in der Abschreckung von Feinden. Bei anderen Spinnen besitzen nur die Männchen Stridulationsorgane. Dies ist z. B. der Fall bei zwei Vertretern der Familie der Theridiidae[5], Steatoda bipunctata und castanea, die E. MEYER[6] genau untersucht hat. Die Lautapparate treten als sekundäre Sexualmerkmale erst mit der letzten Häutung der Männchen auf.

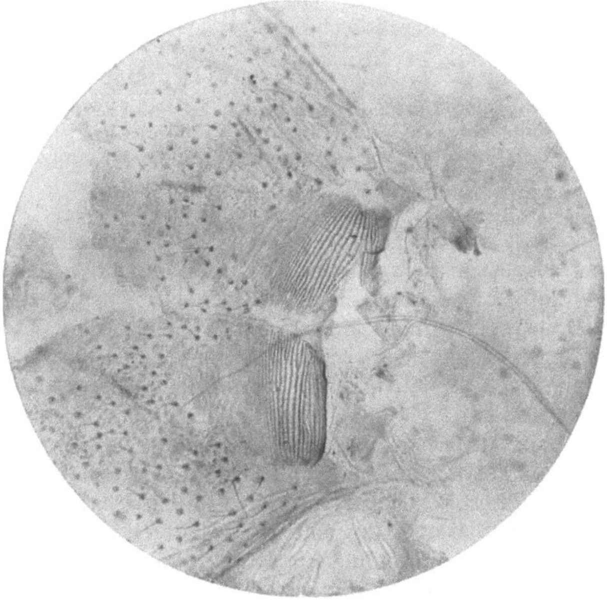

Abb. 387. Chitinleisten am Hinterende des Cephalothorax von Steatoda castanea Cl. (Nach MEYER.)

Die Töne werden erzeugt, indem bei vertikaler Bewegung des Abdomens gegen den Cephalothorax eine am Vorderende des Abdomens liegende starke Chitinleiste über eine Anzahl von Leisten am Hinterende des Cephalothorax (Abb. 387) streicht und dabei in Schwingungen gerät. Auf diese Weise bringt das

---

[1] SIMON, E.: Histoire naturelle des Araignées 1, 40—41 (1892). — GERHARDT, U.: Araneina, in Schulzes Biologie der Tiere Deutschlands 20, 3 (1923).

[2] Bei einigen Vertretern der Theraphosidae werden starke klöppelförmige Haare an den Kiefertastern beim Reiben gegen einige kraftige Haare oder Zapfenreihen an den Cheliceren (bzw. an der Coxa oder dem Trochanter des 1. Beinpaares) in Vibrationen versetzt, wodurch Töne produziert werden. [Näheres bei R. J. POCOCK: Musical boxes in spiders. Natur. Science 6, 44—50 (1895). — HIRST, A. S.: On a new type of stridulating organ in Mygalomorph spiders, with the description of a new species belonging to the suborder. Ann. Mag. Nat. Hist., II. s., 8, 401—405 (1908).

[3] Das ♂ von Stridulattus stridulans Petrunk. (Attidae) besitzt an der Basis des Femurs des Kiefertasters einen Höcker mit Borsten, die beim Stridulieren gegen Rillen der Cheliceren reiben [PETRUNKEVITCH, A.: Spiders from the Virgin Islands. Trans. Conn. Acad. 28, 74—78 (1926)].

[4] SIMON, M. E.: Ann. Soc. Entomol. France 62 — Bull. d. séances. IV. Séance du 14 juin 1893. (Vortragsbericht.)

[5] LANDOIS bringt ebenfalls bereits eingehende Beschreibungen der Stridulationsapparate der Theridiiden. Neuerdings beschreibt PETRUNKEVITCH den Stridulationsapparat von Argyrodes nephilae Taczanowski ♂ [PETRUNKEVITCH, A.: The spiders of Porto Rico II. Trans. Conn. Acad. 30, 181 (1930)] und erwähnt einen solchen auch bei Arg. caudatus Tacz. ♂ (ebenda S. 183), Arg. americanus Tacz. ♂ (ebenda S. 185) und Arg. obtusus Cambridge ♂ (ebenda S. 188).

[6] MEYER, E.: Neue sinnesbiologische Beobachtungen an Spinnen. Z. Morph. u. Ökol. Tiere 12, 1—61 (1928). — Vgl. auch die bei MEISENHEIMER (Geschlecht und Geschlechter. Jena 1921) zitierten älteren Autoren (CAMPBELL, PICKARD-CAMBRIDGE, POCOCK).

Männchen von Steatoda bipunctata bei der Werbung um das Weibchen einen Ton von 325—345 Schwingungen, also etwa in der Höhe des „$e^1$", hervor, während das Männchen von Steatoda castanea, dessen Schrillapparat fast gleich wie bei der erstgenannten Art gebaut ist, „$a^1$" (435 Schwingungen) hören läßt. Solange das Männchen vom Weibchen isoliert ist und während der Kopulation tritt das Stridulationsorgan nicht in Tätigkeit. Möglicherweise unterscheiden die Weibchen die verschiedenen Töne, die bei beiden Arten infolge von Verschiedenheiten in der Zahl und Länge der Chitinleisten auch verschieden stark sind, oder ihr Gehörorgan ist wenigstens auf den Ton des artgleichen Männchens abgestimmt. Die Lage des Gehörorgans der Weibchen, dessen Vorhandensein ja sehr wahrscheinlich ist, konnte jedoch noch nicht festgestellt werden.

### c) Myriapoden.

Unter den Tausendfüßern besitzt Sphaerotherium[1] aus der Ordnung der Oniscomorpha Stridulationsorgane. Nach VERHOEFF[2] kommen den Männchen dieser Ordnung (anscheinend immer) Stridulationsorgane an dem zu Telopoden umgewandelten 22. und 23. Beinpaar zu.

### d) Insekten.

Fast in jeder Ordnung der Insekten kommen Arten mit Stridulationsorganen vor. Es kann nicht die Aufgabe der folgenden Ausführungen sein, jedes Insekt, bei dem solche Beobachtungen gemacht wurden, zu nennen; vielmehr sollen nur die Gruppen eingehender besprochen werden, bei denen die Lautproduktion besonders charakteristisch ist und bei denen auch Untersuchungen über die biologische Bedeutung der Stimmäußerungen angestellt wurden wie bei den Geradflüglern, Käfern, Hautflüglern und Schnabelkerfen[3]. Auf die mehr vereinzelten Angaben über Stridulation bei Libellen (Odonaten[4]), Termiten (Corrodentien[5]) Panorpa (Skorpionfliege, Mecopteren[4]), Moskitos (Diptera[6]) und Flöhen (Aphaniptera[7]) sei hier nur kurz hingewiesen.

**Orthopteren.** Experimentelle Untersuchungen liegen vor allem bei Geradflüglern vor: eine eingehende Schilderung ihrer Stridulationseinrichtungen erscheint deshalb am Platze. Bei den Acridiern, den Feldheuschrecken, besteht der Stridulationsapparat in der Regel aus einer Zahnleiste beiderseits am Oberschenkel des dritten Beinpaares (Abb. 388a u. b), die in zitternder Bewegung über eine stark vorspringende Ader der Flügeldecken geführt wird. Bei Pneumora und den meisten Eremobiinen streichen die Hinterschenkel über eine gerillte Leiste am Abdomen (REGEN[8]), während die Vertreter der Gattung Acrydium (Tettix) die glatten Hinterbeine an einer gesägten Kante am Rande des in einen spitzen Fortsatz auslaufenden Pronotums reiben (PETRUNKEWITSCH und

---

[1] SAUSSURE, H. DE., et L. ZEHNTER: Myriapodes de Madagascar. C. r. Soc. Helvét. Sci. Natur. Genève. 85. sess. 1902 (zit. nach MEISENHEIMER).

[2] VERHOEFF, K. W.: Die Diplopoden Deutschlands. S. 20. Leipzig.

[3] Außer PROCHNOW, WEISS, HESSE, MEISENHEIMER usw. vgl. auch H. LANDOIS: Die Ton- und Stimmapparate der Insekten in anatomisch-physiologischer und akustischer Beziehung. Z. Zool. **17**, 105—186 (1867). — SWINTON, A. H.: The vocal and instrumental music of Insects. Zoologist., IV. s. **12**, 376—389 (1908); **13**, 17—25, 145—153 (1909); **14**, 299—306, 426—432 (1910); **15**, 14—24 (1911). — BUGNION, E.: Handb. d. Morphol. d. wirbellosen Tiere. Herausg. von LANG-HESCHELER. 4 (Arthropoda), 530—532 (1921). — BERLESE, A.: Gli insetti **1**, 700—709 (Milano 1909); **2**, 478—483 (Milano 1925). — BAIER, LEO J.: Contribution to the physiology of the stridulation and hearing of insects. Zool. Jb. Abt. Allg. Zool. u. Physiol. **47**, 151—248 (1930). (Literaturverzeichnis auch älterer Arbeiten, die im folgenden nicht zitiert werden.)

[4] BERLESE, A.: Gli insetti **1**, 701, 705.

[5] ESCHERICH, K.: Die Termiten oder weißen Ameisen. S. 28. Leipzig 1909.

[6] SHIPLEY, A. E., and E. WILSON: On a possible stridulating organ in the mosquito (Anopheles maculipennis Meig.). Trans. roy. Soc. Edinburgh **40**, Tl. II, Nr 18, 367—372 (1902).

[7] ENDERLEIN, G.: Über den Lautapparat der Flöhe. Tr. 4. intern. Congr. Ent. **2**, 771 bis 772 (1929).

[8] REGEN, J.: Neue Beobachtungen über die Stridulationsorgane der saltatoren Orthopteren. Arb. zool. Inst. Wien **14**, 359—422 (1903).

v. GUAITA[1]). Diese Einrichtung besitzen beide Geschlechter, im allgemeinen ist aber bei den Acridiern der Stimmapparat der Weibchen, wenn ihnen ein solcher überhaupt zukommt, weit schwächer ausgebildet als derjenige der Männchen und reicht meist nur aus, um schwache zirpende Geräusche hervorzubringen. Im übrigen zeigt der Stimmapparat der Acridier mannigfache Modifikationen bei den verschiedenen Arten, auf die hier nicht eingegangen werden kann.

Nach REGEN[2] bewegen die meisten Acridier beim Zirpen ihre beiden Schenkel gleichzeitig und in gleicher Richtung. Nur Chorthippus (Stenobothrus) lineatus Panz. streicht die beiden Elytren nacheinander an, indem der eine Schenkel etwas verzögert in Bewegung gesetzt wird. Dieses Verhalten ist aber nur für den gewöhnlichen Lockruf charakteristisch; denn wenn das zirpende Männchen ein Weibchen antrifft, so beginnt es mit beiden Beinen gleichmäßig zu geigen, „sanft und leise schmetternd" (REGEN[2]). Überhaupt zeichnen sich die Feldheuschrecken dadurch aus, daß die Vertreter einer Art, je nach dem Zustand, in dem sie sich befinden, verschieden zirpen können. So beobachtete beispielsweise FABER[3] bei Chorthippus (Stenobothrus) parallelus Zett. sieben verschiedene Singweisen. Die Laute, welche diese Art bei der

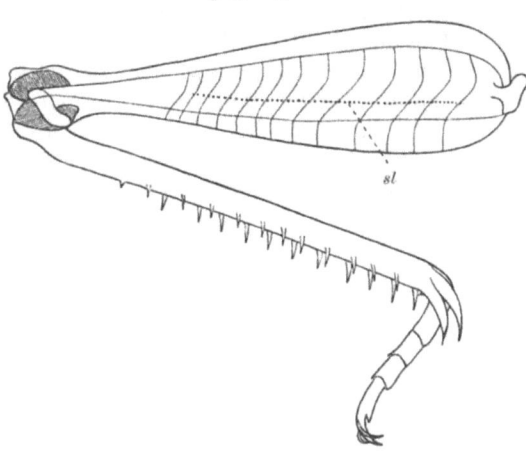

Abb. 388a. Hinterbein von Stauronotus maroccanus ♂, von der Innenseite mit der Schrilleiste (sl).
(Nach PETRUNKEWITSCH und v. GUAITA.)

Paarung von sich gibt, können sehr wohl von denen unterschieden werden, die von den Männchen bei der Wahrnehmung eines Rivalen oder bei der Werbung um ein Weibchen erzeugt werden. Der Werbegesang ist vor allem sehr viel schwächer als die übrigen Laute. Bei Stauroderus (Stenobothrus) mollis Charp. konnte gegenseitiges Antworten rivalisierender Männchen beobachtet werden. Indessen sind diese Laute nicht etwa als Mitteilungs- oder Lockrufe der Männchen untereinander aufzufassen. Sie sind lediglich ein Ausdruck der gesteigerten Erregung, und bei den drei untersuchten Chorthippusarten stellte FABER

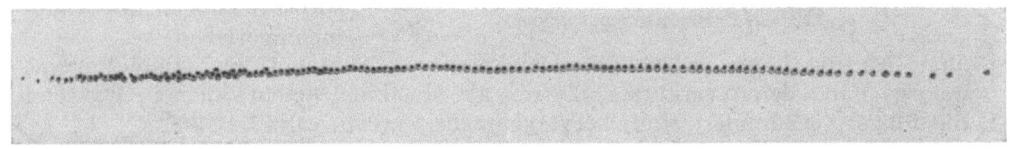

Abb. 388b. Schrilleiste von Chorthippus montanus Charp. ♂. Vergr. 28fach. (Nach FABER.)

fest, daß die Männchen gegenseitig auf ihre Rivalenlaute antworten. Der Gehörsinn reicht also für die Unterscheidung der Rivalenlaute der gleichen Art von denen verwandter Arten nicht aus.

Die Zirporgane der Locustiden (Laubheuschrecken) liegen an der Basis der Vorderflügel, durch deren gegenseitige Bewegungen die Laute produziert werden (Abb. 389). In der Regel verläuft auf der Unterseite der linken Flügeldecke die

---

[1] PETRUNKEWITSCH, A., u. G. v. GUAITA: Über den geschlechtlichen Dimorphismus bei den Tonapparaten der Orthopteren. Zool. Jb. Abt. Syst. Geogr. u. Biol. d. Tiere **14**, 291 bis 310 (1901).
[2] REGEN: Zitiert auf S. 1232, Anm. 8.
[3] FABER, A.: Die Lautäußerungen der Orthopteren (Lauterzeugung, Lautabwandlung und deren biologische Bedeutung sowie Tonapparat der Geradflügler). Vgl. Untersuchungen 1 — Z. Morph. u. Ökol. Tiere **13**, 745—803 (1929) — Die Bestimmung der deutschen Geradflügler (Orthopteren) nach ihren Lautäußerungen. Z. Insektenbiol. **23**, 209—234 (1928). — Vgl. auch STÄGER: Zitiert auf S. 1226, Anm. 1.

Schrillader als beweglicher (tangierender) Teil des Musikinstrumentes. Sie trägt bei Tettigonia (Locusta) viridissima L. etwa 70—100 feine Chitinplättchen (PROCHNOW[1]) und streicht beim Zirpen über eine scharfe Chitinkante (Schrillsaite). am inneren Rande des rechten Flügels, der in der Regel unter dem linken liegt. Der Schall wird durch die Resonanz des Spiegels, eines durchsichtigen, in einem Chitinrahmen straff ausgespannten Häutchens, das sich an der rechten Flügeldecke findet, verstärkt. Die Schrillader des rechten Flügels ist sehr viel schwächer ausgebildet und tritt wohl nie in Funktion. Bei einigen Arten aber ist gerade umgekehrt die Schrillader auf dem rechten, der Spiegel auf dem linken Flügel zur Ausbildung gekommen, wie z. B. bei Plagioptera cincticornis (PETRUNKEWITSCH und v. GUAITA[2]). Auch den Weibchen kommt ein meist schwach ausgebildeter Tonapparat bei einer Reihe von Arten zu. Bei den Ephippigerarten besitzen beide Geschlechter einen gleichwertigen Tonapparat. Aber während beim Männchen wie bei den übrigen Locustiden die aktive Schrillader sich an der Ventralfläche des linken Flügels und die Saite an der Dorsalseite des rechten Flügels befindet liegt die aktive Schrillader beim Weibchen auf der Dorsalseite des rechten und die Chitinsaite an der Ventralfläche des linken Flügels. In beiden Geschlechtern überdeckt aber die linke Flügeldecke die rechte (PETRUNKEWITSCH und GUAITA[2]). Bei flügellosen Formen werden die Hinterbeine gegen Chitinverdickungen des Abdomens gerieben.

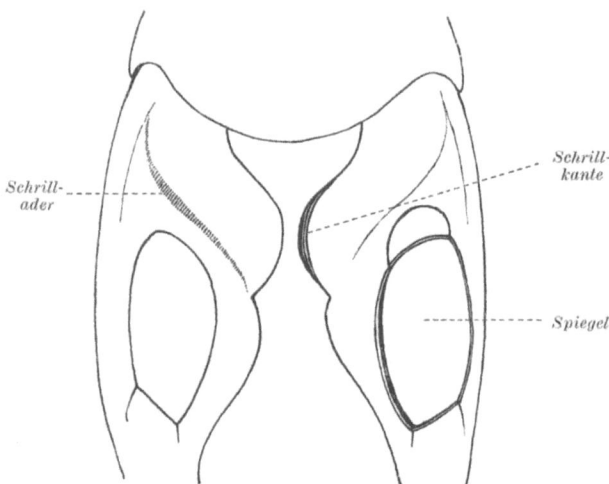

Abb. 389. Stimmapparat der Locustiden, schemat. (Mit Benutzung von Abb. von REGEN und SCHOENICHEN.)

Über die Laute, welche beispielsweise von Thamnotrizon (Pholidoptera) apterus Fab., deren verkürzte Elytren als Musikinstrumente dienen, während die Flügel verkümmert sind, hervorgebracht werden, sagt REGEN[3]:

„Die Stridulation der Männchen von Thamnotrizon apterus Fab. setzt sich aus einzelnen Perioden, diese aus einzelnen Zirplauten zusammen. Die einzelnen Zirplaute ein und derselben Periode werden in der Regel durch scharf abgemessene kurze Pausen voneinander getrennt, den einzelnen Perioden folgen längere Pausen. Jeder Zirplaut erschallt stets wie ein kurzes, ziemlich scharfes ‚Zrr'. Der Stridulationsschall von Thamnotrizon ist ein Gemisch von verschiedenen Tönen und Geräuschen, woraus ein Ton, der annähernd $h^5$ entspricht, für das menschliche Gehörorgan besonders hervortritt. Größere Individuen erzeugen entsprechend den größeren Dimensionen der einzelnen Bestandteile ihrer Stridulationsapparate etwas tiefere Zirplaute als kleinere."

Die Männchen von Thamnotrizon apterus Fab. zeigen weiterhin die Eigentümlichkeit, daß sie mit ihren Zirplauten regelmäßig untereinander abwechseln,

---

[1] PROCHNOW, O.: Die Organe der Lautaußerung. Handb. d. Entomologie. Herausg. von CH. SCHROEDER. **1**, 61—75 (1912).

[2] PETRUNKEWITSCH, A. u. v. GUAITA: Zitiert auf S. 1233.

[3] REGEN, J.: Untersuchungen über die Stridulation und das Gehör von Thamnotrizon apterus Fab. Sitzgsber. Akad. Wiss. Wien, Math.-physik. Kl. I **123**, 853—892 (1914).

wenn zwei oder mehr Männchen beisammen sind. REGEN[1] benutzte dieses Verhalten, um das Gehör der Tiere zu untersuchen, da zwei Männchen nur dann mit ihren Zirplauten alternieren können, wenn sie einander hören. Die Tiere vernehmen dabei die durch die Luft übertragenen Schallwellen; denn in den Versuchen REGENS alternierten auch zwei Männchen, die er in Ballonen langsam in die Höhe steigen ließ, wobei die Schallübertragung auf keinen Fall durch den festen Boden erfolgen konnte. Ferner alternierten die Tiere auch mit einem künstlichen Zirpapparat sowie mit Tönen und Geräuschen, deren Klangfarbe von ihrem eigenen Zirpton verschieden war.

Auch bei den Achetiden (Grabheuschrecken) liegt der Schrillapparat an der Basis der Deckflügel (Abb. 390). In gleicher Ausbildung sowohl am rechten wie am linken Flügel findet sich auf der Unterseite die Schrillader mit zahlreichen feinen Chitinzähnchen (130—150 bei der Feldgrille). Beim Zirpen streicht für gewöhnlich die Schrillader der rechten Flügeldecke, welche über der linken getragen wird, über eine scharfe Kante am inneren Winkel des linken Flügels. Obwohl im Bau der Zirporgane beider Flügel kein Unterschied besteht, benutzen die Tiere sie doch nicht abwechselnd, wie immer wieder behauptet wird, obwohl REGEN[2] langst durch seine Beobachtungen diese Behauptung als unrichtig erwiesen hat. Der Schrillton von Liogryllus campestris ♂[3], wie er in der warmen Jahreszeit beobachtet wird, hat etwa 4190 Schwingungen (also etwas höher als „$c^5$"). Bei Liogryllus campestris kommt, wie bei den meisten übrigen Grillen, nur dem Männchen ein Zirpapparat zu, während bei der Maulwurfsgrille, Gryllotalpa gryllotalpa, beide Geschlechter zur Lautproduktion befähigt sind. Doch unterscheidet sich das Gezirpe der Gryllotalpaweibchen sowohl durch den Rhythmus als auch durch die Starke von dem des Männchens.

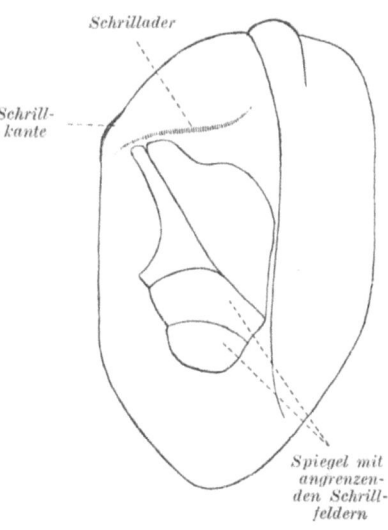

Abb. 390. Stimmapparat der Achetiden, schemat. (Mit Benutzung einer Abb. von REGEN.)

Für Liogryllus campestris wurde durch Versuche nachgewiesen, daß die Weibchen durch die Zirplaute der Männchen angelockt werden. Dies zeigte REGEN[4] sehr elegant, indem er ein Männchen vor einem Mikrophon zirpen ließ und in einem davon entfernten Raum ein Grillenweibchen durch die telephonisch übertragenen Zirplaute anlocken konnte. Auch in Freilandversuchen konnte REGEN[5] zeigen, daß die Weibchen von den zirpenden Männchen angelockt werden. Männchen, deren Stridulationsorgane außer Funktion gesetzt werden, üben keine Anziehungs-

---

[1] REGEN, J.: Über die Beeinflussung der Stridulation von Thamnotrizon apterus Fab. ♂ durch künstlich erzeugte Töne und verschiedenartige Geräusche. Sitzgsber. Akad. Wiss. Wien, Math.-naturwiss. Kl. I **135**, 329—368 (1926). — BAIER (zitiert auf S. 1232, Anm. 3) wiederholte die Versuche REGENS und konnte ihre Ergebnisse voll bestätigen.

[2] REGEN, J.: Neue Beobachtungen über die Stridulationsorgane der saltatoren Orthopteren. Arb. zool. Inst. Wien **14**, 359—422 (1903).

[3] KREIDL, A., u. J. REGEN: Physiologische Untersuchungen über Tierstimmen. I. Mitt. Stridulation von Gryllus campestris. Sitzgsber. Akad. Wiss. Wien, Math.-naturw. Kl. III **114**, 57—81 (1905).

[4] REGEN, J.: Über die Anlockung des Weibchens von Gryllus campestris L. durch telephonisch übertragene Stridulationslaute des Männchens. Pflügers Arch. **155**, 193—200 (1913/14).

[5] REGEN, J.: Über die Orientierung des Weibchens von Liogryllus campestris L. nach dem Stridulationsschall des Mannchens. Sitzgsber. Akad. Wiss. Wien, Math.-naturw. Kl. I **132**, 81—88 (1923).

kraft mehr aus. Die Stridulationsorgane sind also von hoher Bedeutung für die Fortpflanzung dieser Tiere[1].

Schließlich sei noch Mantis religiosa L., die Gottesanbeterin (Mantodea), erwähnt, welche in der Kampfstellung ein zischendes Geräusch hervorbringt. Dieses entsteht durch Reiben der Cerci am Flügelgeäder der Hinterflügel (STÄGER[2]). Bei Pulchriphyllium crurifolium Serv. (Phasmodea) wurde ein Stridulationsorgan an den Antennen weiblicher Tiere festgestellt. Das 3. Glied jeder Antenne trägt eine scharfe Kante und eine Reihe von Körnern, wodurch bei gegenseitiger Reibung der Antennen ein sehr feiner Ton erzeugt wird (HENRY[3]).

**Lepidopteren.** Eine große Anzahl von Angaben liegen über lauterzeugende Schmetterlinge vor[4]. Indessen handelt es sich häufig um ältere Gelegenheitsbeobachtungen, die in den wenigsten Fällen nachgeprüft sind. Von neueren Mitteilungen seien hier nur die von JORDAN[5] und KRÜGER[6] angeführt. JORDAN berichtet, daß die Männchen bei manchen Noctuiden und Agaristiden im Fluge weithin vernehmbare Geräusche hervorbringen, indem sie einen der Tarsen gegen eine bestimmte Stelle der Flügel reiben. Von dem Stridulationsapparat der Motte Musurgina laeta ♂ gibt JORDAN folgende Beschreibung. Auf der Unterseite des Vorderflügels findet sich ein quergeripptes Feld (Abb. 391a) ohne Schuppen. Es spielt die Rolle des Resonanzbodens wie der Spiegel am Locustidenflügel. Mitten hindurch geht eine kräftige geriefte Ader, gegen die bei der Tonproduktion die oberseits ebenfalls quergerieften Hintertarsen (Abb. 391b) gerieben werden. Verwandte Arten besitzen ähnliche Einrichtungen, doch liegen über die damit produzierten Laute keine eingehenderen Untersuchungen vor. Nach KRÜGER besitzen auch die Männchen der Nonne, Lymantria monacha L. und des Weidenspinners Stilpnotia salicis L. einen Stridulationsapparat am 2. Abdominalsegment. Die damit hervorgebrachten Töne werden durch das mit Luft gefüllte Abdomen so verstärkt, daß sie auch für den Menschen hörbar sind.

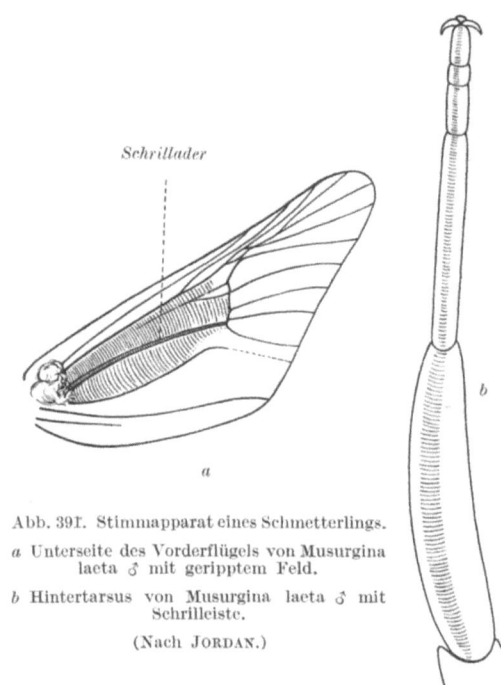

Abb. 391. Stimmapparat eines Schmetterlings.
a Unterseite des Vorderflügels von Musurgina laeta ♂ mit geripptem Feld.
b Hintertarsus von Musurgina laeta ♂ mit Schrilleiste.
(Nach JORDAN.)

---

[1] Über die Gehörorgane dieser Tiere siehe EGGERS: Zitiert auf S. 1224.
[2] STÄGER, R.: Mantis religiosa L. als Musikerin. Z. Insektenbiol. **23**, 162—164 (1928). (Zit. nach Ber. wiss. Biol. **9**, 362.)
[3] HENRY, G. M.: Stridulation in the Leaf-Insect. Spolia Zeylan. **12**, 217—219 (1924).
[4] Die Untersuchungen von HAMPSON, SWINTON, STAINTON u. a. sind bei O. WEISS (s. S. 1) zitiert. Weitere Literaturangaben bei L. v. AIGNER-ABAFI: Acherontia atropos L. III. Die Stimme. Illustr. Z. Entomol. **4** (1899). — JAPHA, A.: Über tonerzeugende Schmetterlinge. Schr. phys. ökon. Ges. Königsberg **46**, 132—136 (1905). — HERING, M.: Biologie der Schmetterlinge. S. 190—192. Berlin 1926.
[5] JORDAN, K.: On the replacement of a lost vein in connection with a stridulating organ in a new Agaristid moth from Madagascar, with descriptions of two new genera. Novitates Zoologicae **28**, 68—74 (1921).
[6] KRÜGER, P.: Über das Stridulationsorgan und die Stridulationstöne der Nonne (Lymantria monacha L.). Zool. Anz. **41**, 505—512 (1913).

Weitere Beobachtungen über Lautproduktion von Faltern, wie Vanessa io und antiopa, Arctia caja, Parnassius apollo, einigen Sphingiden, Noctuiden, Agaristiden usw., sind bei PROCHNOW, WEISS und MEISENHEIMER angeführt. Das Zustandekommen der knarrenden Geräusche beim Fliegen, wie es z. B. PETER[1] bei der Arctiide Endrosa aurita var. ramosa beschreibt und das auch von manchen tropischen Faltern bekannt ist, ist noch nicht geklärt. Wahrscheinlich handelt es sich aber dabei nicht um Stridulation. Die Lautproduktion dient wohl auch bei den Schmetterlingen in gleichem Grade zum Erkennen wie zur Erregung der Geschlechter (MEISENHEIMER[2]). Dafür sprechen Beobachtungen über das Hörvermögen mancher Schmetterlinge sowie das häufige Vorkommen von Tympanalorganen[3].

**Coleopteren.** Außerordentlich verbreitet sind Stridulationsorgane auch bei den Käfern[4]. Beinahe an jeder Körperstelle, wo zwei Teile gegeneinander beweglich sind, kann auf dem einen eine scharfe Kante oder eine Reihe von Zapfen u. dgl. angeordnet sein, die dann über eine gerillte oder geriefte Fläche am anderen Teil geführt wird. Als Träger von Tonapparaten finden wir so Mandibeln und Maxillen, Prosternum und Mesosternum, Elytren und Metatibien, Mesocoxa und Metatrochanter usw. Bei den Familien der Passaliden, Lucaniden und Scarabaeiden (Abb. 392) sind auch die Larven zur Tonproduktion befähigt.

Aus der übergroßen Anzahl von Angaben über Stridulation bei Käfern sollen im folgenden nur einige Beispiele angeführt werden, in der Hauptsache im Anschluß an die Darstellung von LENGERKEN[4]. So lassen aus der Familie der Carabiden die Elaphrusarten ein feines Zirpen hören, wenn sie im Wasser schwimmen, wobei sie zwei gezähnte Querleisten an den Seiten des vorletzten Abdominaltergits gegen eine längsgeriefte Partie an der Unterseite der Elytren reiben. Einen ähnlichen Stridulationsapparat besitzt auch Cychrus rostratus L. Von den Hygrobiidae erzeugt Hygrobia tarda Hrbst. laute Knarrtöne, wenn das letzte Abdominalsegment unter den Elytren hin- und hergeschoben wird.

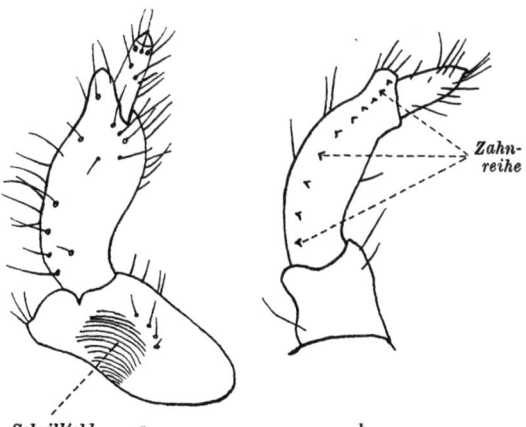

Abb. 392. Lautapparat der Larve von Geotrupes silvaticus L. *a* Schrillfeld an der Außenfläche des Mesotrochanters. *b* Zahnreihe an der Innenseite des Metafemurs. Zur Erzeugung des Tones wird die Zahnreihe über das Schrillfeld gestrichen. (Nach LENGERKEN.)

Die Lautproduktion von Dytiscus wurde bereits in anderem Zusammenhang erwähnt. (S. S. 1227.) Dytiscus besitzt keinen Stridulationsapparat. Auch bei den Necrophorusarten (Silphidae) beruht das Zirpen auf der Reibung von Leisten auf der Dorsalseite des Abdomens gegen eine Kante an der Unterseite der Elytren. Mit mancherlei Modifikationen finden wir diesen Typus auch bei einigen Vertretern der Hydrophiliden, so bei Hydrous, Berosus und Spercheus. Einige Angaben finden sich über Stridulationsorgane bei Arten aus den Familien der Nitiduliden, Heterociden, Anobiiden und Tenebrioniden. Bekannt ist die Lautproduktion der Bockkäfer (Cerambycidae), welche bei Reizung, beispielsweise, wenn man sie in die Hand nimmt, durch nickende Bewegungen

---

[1] PETER, K.: Über einen Schmetterling mit Schallapparat, Endrosa (Setina) aurita var. ramosa. Mitt. Naturw. Ver. Neuvorpommern u. Rügen **42**, 24—31 (1910).

[2] MEISENHEIMER, J.: Geschlecht und Geschlechter. S. 418. Jena 1921.

[3] Vgl. K. PETER: Versuche über das Hörvermögen eines Schmetterlings (Endrosa var. ramosa). Biol. Zbl. **32**, 724—731 (1912). — EGGERS, F.: Das thorakale bitympanale Organ einer Gruppe der Lepidoptera Heterocera. Zool. Jb. Abt. Anat. u. Ontog. **41**, 273—376 (1920). — Weitere Literatur: Die stiftführenden Sinnesorgane. S. 323—327. Berlin 1928.

[4] Die Arbeiten von ARROW, BROCHER, BUHK, DUDICH, FIEDLER, KLEINE, REEKER, SCHOLZ, VERHOEFF, WICHMANN u. a. sind zitiert bei H. v. LENGERKEN: Coleoptera. IV., in Biologie der Tiere Deutschlands. Herausg. von P. SCHULZE. Liefg 24, Tl 40, S. 179 bis 194. Berlin 1927. — Vgl. ferner C. J. GAHAN: Stridulating organs in Coleoptera. Trans. Ent. Soc. Lond. **1900**, 433—452. — SCHAUFUSS, C.: 6. Auflage von Calwers Käferbuch. S. 20 bis 21. Stuttgart 1916. — SCHENKLING, S.: Die Lautäußerungen der Käfer. Illustr. Wschr. Entomol. **2**, 273—280 (1897).

mit dem Prothorax, wobei der zwischen Vorder- und Mittelrücken liegende Stridulationsapparat in Tätigkeit tritt, eigenartige Zirplaute hervorbringen. Sie geben diese Töne vielleicht auch sonst in Erregung oder bei der Paarung von sich. Außerordentlich verbreitet sind Stridulationsapparate von verschiedenem Bau bei den Chrysomeliden und besonders den Curculioniden (Rüsselkäfer[1]). Besonders die letzteren produzieren bisweilen auch auf Entfernung von einigen Metern deutlich hörbare Töne. Von den zahlreichen Arten der Ipidae, bei denen Stridulationsorgane festgestellt wurden, seien hier nur die Scolytusarten erwähnt, die an der Unterseite ihres Kopfes eine gerieft Partie besitzen, mit der sie bei ihren nickenden Kopfbewegungen gegen eine Chitinkante an der Innenfläche des Prosternums reiben. Verschieden in Lage und Bau sind die Lautapparate der Scarabaeiden, bei denen in manchen Arten auch die Larven stridulieren. Die letzteren reiben dabei Mandibel gegen Maxille, während bei den Imagines entweder das Abdomen gegen die Elytren bewegt wird (Polyphylla fullo L.) oder das Prosternum gegen das Mesosternum (Serica) usw.

Die biologische Bedeutung der Lautproduktion bei den Käfern wird vielfach, aber nur zum Teil mit Recht, in der Anlockung der Weibchen gesehen. Denn gegen diese Auffassung spricht der Mangel von Tympanalorganen, die als Gehörorgane in Betracht kommen könnten, sowie die Fähigkeit beider Geschlechter, zu stridulieren. Die Angaben, nach denen bei Käfern nur das eine Geschlecht zirpt, sind mit wenigen Ausnahmen nicht als verbürgt zu betrachten (siehe F. EGGERS: Die stiftführenden Sinnesorgane. S. 306, Anm. Berlin 1928).

Die Larven der Passaliden reiben das umgebildete 3. Beinpaar an dem Hüftring des mittleren Beinpaares und verständigen sich durch die damit hervorgebrachten Zirplaute mit den Eltern, von denen sie gefüttert werden, da sie infolge der Rückbildung ihrer Mundwerkzeuge nicht imstande sind, sich selbst zu ernähren (OHAUS[2]). Wozu aber die einzeln im Mist lebenden Geotrupeslarven stridulieren, ist ganz unklar. Vielleicht sollen irgendwelche Feinde dadurch abgeschreckt werden[3]. Eine derartig abschreckende Wirkung konnte OHAUS[4] bei den Larven von südamerikanischen Rutelidenarten (Lamellicornier) beobachten. „OHAUS setzte die Larve einer Rutelide auf ein Aststück, das im Innern von Larven der gleichen Art besetzt war. Sofort, nachdem die aufgesetzte Larve begonnen hatte, sich einzubohren, fingen die Larven im Innern an zu zirpen, worauf der Hinzukömmling eiligst den Ast verließ. Bei erneutem Hinaufsetzen der Larve auf den Ast wiederholte sich stets der gleiche Vorgang. Die genannten Larven sind sehr bissig und beißen sich unbarmherzig gegenseitig tot, sobald sie sich ins Gehege kommen."

**Hymenopteren.** Unter den Hymenopteren sind die Bienenameisen (Mutilliden) in beiden Geschlechtern zur Produktion von Tönen befähigt (LANDOIS, BISCHOFF[5]). Auch einige Familien der Formicidae, besonders die Stachelameisen (Ponerinae) und Knotenameisen (Myrmicidae) besitzen Stridulationsapparate, mittels deren feine Töne hervorgebracht werden können (JANET[6]). Nach SHARP[7] besteht das Stridulationsorgan der Poneriden und Myrmiciden aus einer feilenartigen Reihe von Chitinlinien in der Mitte des 3. Abdominaltergums (4. nach JANET bei Myrmica rubra), über welche eine Kante am hinteren Rand des vorhergehenden Segmentes geführt wird, wenn die Abdominalringe sich gegeneinander verschieben (Abb. 393). So beschreibt auch EMERY[8] das Organ bei Para-

---
[1] MARCU, O.: Beiträge zur Kenntnis der Stridulationsorgane der Curculioniden. Zool. Anz. **87**, 283—289 (1930) — Ein neuer Beitrag zur Kenntnis der Geschlechtsunterschiede der Stridulationsorgane einiger Curculioniden. Ebenda **91**, 75—81 (1930); **95**, 331—333 (1931).

[2] Zitiert nach P. SCHULZE: Die Lautapparate der Passaliden Proculus und Pentalobus. Zool. Anz. **40**, 209—216 (1912). Die Beobachtungen von OHAUS sind nach HEYMONS unrichtig [HEYMONS, R.: Über die Biologie der Passaluskäfer. Z. Morph. u. Ökol. Tiere **16**, 74—100 (1929). — Hier auch Zitate der Arbeiten von LECONTE (1878), BARB (1901), SHARP (1904), KOLBE (1910), WHEELER (1925) u. a.].

[3] v. LENGERKEN: Zitiert auf S. 1237.

[4] Zitiert bei F. EGGERS: Die stiftführenden Sinnesorgane. S. 339. Berlin 1928.

[5] LANDOIS, H.: Tierstimmen. Freiburg 1874. — BISCHOFF, H.: Biologie der Hymenopteren. S. 164, 480. Berlin 1927.

[6] JANET, CH.: Note sur la production des sons chez les Fourmis et sur les organes qui les produisent. Ann. Soc. Entomol. France **62**, 159—168 (1893) — Sur l'appareil de stridulation de Myrmica rubra L. Ebenda **63**, 109—117 (1894).

[7] SHARP, D.: On stridulation in ants. Trans. Entomol. Soc. Lond. **1893**, 199—213.

[8] EMERY, C.: Zirpende und springende Ameisen. Biol. Zbl. **13**, 189—190 (1893).

ponera- und Pachycondylaarten. Doch zeigen die verschiedenen Arten, wie sie SHARP beschreibt, mannigfache Variationen im Bau ihrer Stridulationsorgane. Er konnte auch bei einigen Arten (Atta, Dinoponera grandis, Paltothyreus commutatus, Pseudomyrma) die Stridulationsapparate an den toten Tieren künstlich in Tätigkeit versetzen und so hörbare Töne erzeugen. In den meisten Fällen sind die Stridulationstöne der Ameisen für das menschliche Ohr nicht hörbar, was PROCHNOW auf den Mangel von Resonanzapparaten zurückführt. Nur bei Messor barbarus minor André beobachtete KRAUSSE-HELDRUNGEN[1] in Sardinien die Produktion von sehr lauten Tönen. Auch Messor barbarus Wasmanni Krausse und Messor structor L. konnte er sehr deutlich hören, während Aphaenogaster testaceopilosa spinosa Em. nur leise Töne hervorbrachte. Ferner berichtet WROUGHTON (zit. nach WASMANN[2]) über deutlich wahrnehmbare zischende Laute der indischen Art Cremastogaster Rogenhoferi, und WASMANN[2] vernahm bei Myrmica ruginodis, von denen er eine größere Anzahl in einem leeren Glasgefäß hielt, ebenfalls Stridulationstöne. Die Bedeutung des Schrillens bei den Ameisen ist vielleicht, wie WHEELER[3] annimmt, in einer gegenseitigen Verständigung zu suchen.

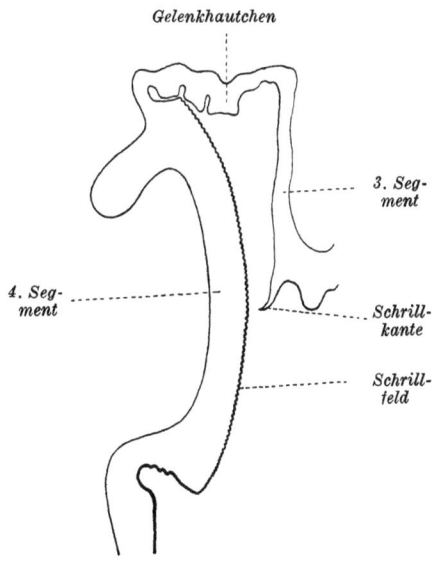

Abb. 393. Stridulationsapparat von Myrmica rubra laevinodis Nyl. im Schnitt. (Vereinfacht nach JANET.)

**Rhynchoten.** Schrillapparate finden sich auch bei Wanzen. Die Schreitwanzen (Reduviiden) und einige verwandte Familien zirpen durch Reiben des Saugrüssels über eine feine gerifte Längsrinne am Thorax zwischen den Coxen des ersten Beinpaares. Dieser Zirpapparat ist bei Männchen und Weibchen gleich gut entwickelt, und seine Bedeutung sieht HANDLIRSCH[4] eher in der eines Verteidigungs- als eines sexuellen Anlockungsmittels, da sich die Tiere stets vernehmen lassen, wenn sie erschreckt werden. Eine analoge Bedeutung dürfte das Zirporgan der Schildwanzen (Scutelleriden) haben. Es besteht aus einer fein gerillten Fläche jederseits an der Ventralseite des Abdomens, welche sich über das 4., 5. und einen Teil des 6. Segmentes erstreckt und über welche die Tibien der Hinterbeine geführt werden[5]. Unter den Wasserwanzen produzieren die männlichen Vertreter der Gattung Corixa und verwandter

---

[1] KRAUSSE-HELDRUNGEN, A. H.: Über Stridulationstöne der Ameisen. Zool. Anz. **35**, 523—526 (1910).

[2] WASMANN, E.: Lautäußerungen der Ameisen. Biol. Zbl. **13**, 39—40 (1893).

[3] WHEELER, W. M.: Ants, their structure, development and behavior. S. 513. New York 1910.

[4] HANDLIRSCH, A.: Zur Kenntnis der Stridulationsorgane bei den Rhynchoten. Ann. Naturhist. Hofmus. Wien **15**, 127—141 (1900). (Mit ausführlicher Besprechung der Literatur.) — Ferner A. HANDLIRSCH: Neue Beiträge zur Kenntnis der Stridulationsorgane bei den Rhynchoten. Verh. Zool.-Bot. Ges. Wien **50**, 555—560 (1900). — Die Arbeiten von MUIR (Tesseratoma), SHARP (Phyllomorpha), BUENO und HUNGERFORD (Ranatra), FRISCH, SWINTON (Naucoris), WEFELSCHEID (Plea minutissima), BARE, HUNGERFORD (Buenoa), REDFERN und THOMPSON (Corixa), BRYANT (Sigara), HARVEY (Pedinocoris) sind ihrem Inhalt nach zu finden bei H. WEBER: Biologie der Hemipteren. S. 73—81. Berlin 1930.

[5] Als Beispiele für die Mannigfaltigkeit in der Ausbildung der Stridulationsorgane der Rhynchoten seien noch zwei Beispiele anhangsweise erwähnt. So besteht das Zirporgan der Rübenblattwanze [SCHNEIDER, H.: Über das Zirporgan von Piesma quadrata Fieb. Zool. Anz. **75**, 329—330 (1928)] aus einer reibeisenartigen Schrilleiste von 0,3 mm Länge an der Unterseite der Hinterflügel, die gegen zwei Chitinhöcker rechts und links am 1. Dorsalsegment gerieben wird. Einen ganz anders gebauten Stridulationsapparat beschreibt Ekblom bei

1240 E. Scharrer: Stimm- und Musikapparate bei Tieren und ihre Funktionsweise.

Gattungen einen hohen Ton, meist 4—5 mal hintereinander in regelmäßigen Intervallen, indem sie eine Zahnleiste auf der Innenseite der Tarsen der Vorderbeine über eine gerillte Fläche auf dem vorletzten Glied des Saugschnabels reiben (Abb. 394). Die Intervalle entstehen nach Hagemann[1] dadurch, daß die Tiere die Tarsen heben, um sie wieder gleichzeitig über den Rüssel zu führen. Hagemann konnte auch abwechselndes Reiben beider Tarsen beobachten, wobei ein zarterer singender Ton von derselben Höhe ohne Intervalle entstand[2]. Interessanterweise besitzen die Männchen von Corixa noch einen zweiten Stimmapparat am Hinterrand der 6. Dorsalplatte des Abdomens. Hier findet sich bald auf der rechten, bald auf der linken Seite ein elliptisches Feld mit neun gleichmäßig angeordneter Chitinstäbchen, über welche der nach unten gebogene Außenrand der Flügeldecken gleitet. Wahrscheinlich entsteht dadurch ein mit dem Geräusch des Messerwetzens vergleichbarer Ton, der bei Corixa außer dem eigentlichen Zirpen beobachtet wurde. Ähnlich wie bei Corixa sind die Verhältnisse auch bei Sigara. Das Zirpen der Corixen ertönt besonders zur Paarungszeit in den Abend- und Nachtstunden und dient wohl dem Anlocken des Weibchens. Die Tiere besitzen auch Tympanalorgane.

Auch bei den Singzikaden, deren Stimmorgan bereits beschrieben wurde (S. 1228), finden sich Schrillapparate. So beschreibt Jakobi[3] eine derartige Einrichtung bei den Gattungen Tettigades, Chonosia und Babras. Beiderseits findet sich an einem Vorsprung des Mesonotums neben der Wurzel der Vorderflügel ein Leistenfeld, über das eine Schrillkante an einem lappenförmigen Fortsatz des Vorderflügels geführt werden kann. Am toten Tier läßt sich durch Nachahmung dieser Bewegung ein zirpendes Geräusch erzeugen. Es handelt sich vielleicht um eine Lautproduktion, die als Schreckmittel dienen soll.

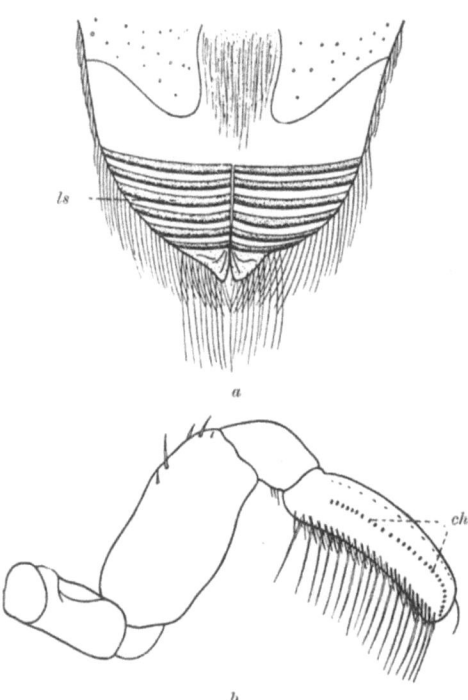

Abb. 394. Stridulationsapparat des Männchens von Corixa geoffroyi: a Rüsselspitze mit Querleisten (ls), b Vorderbein mit Chitinzäpfchenreihe (ch) auf dem Tarsus. (Nach Handlirsch.)

## B. Wirbeltiere.

Bei den Wirbeltieren ist die Stimmbildung in der Hauptsache an die Atmungsorgane gebunden. Hand in Hand mit der Höherentwicklung der psychischen Fähigkeiten steigert sich auch die Bedeutung der Stimme als Ausdruck seelischer Vorgänge und je nach der Lebensweise können die Laute auch der gegenseitigen Verständigung dienen. Im übrigen aber beobachten wir wie bei den Wirbellosen stimmliche Äußerungen auch in der Erregung als Ab-

---

Nabis flavo-marginatus Scholz., der nur dem ♂ zukommt und deshalb bei der Paarung eine Rolle spielen könnte. Das ♂ biegt beim Stridulieren den Hinterleib, an dessen Ende beiderseits eine Reihe von Borsten steht, nach einer Seite und reibt mit der Tibia des Hinterbeines schnell darüber. [Ekblom, T.: Morphological and biological studies of the Swedish families of Hemiptera-Heteroptera. Tl. I. Zool. Bidrag fr. Uppsala 10, 79—80 (1926).]

[1] Hagemann, J.: Beiträge zur Kenntnis von Corixa. Zool. Jb. Abt. Anat. u. Ontog. 30, 373—426 (1910).

[2] E. A. Butler (A Biology of the British Hemiptera-Heteroptera. S. 575—576. London 1923) führt bei Corixa panzeri Fieb. die Beobachtungen über die Stridulation dieser Art von G. E. Hutchinson an. Darnach werden nicht die Palae in der von Handlirsch und Hagemann angegebenen Weise über die Seiten des Rostrums geführt, sondern eine gerieftе Platte an der Innenseite der Femora des ersten Beinpaares. (Vgl. auch G. E. Hutchinson: A revision of the Notonectidae and Corixidae of South Africa. Ann. South African Museum 25, Tl. 3, 421.)

[3] Jakobi, A.: Ein Schrillapparat bei Singzikaden. Zool. Anz. 32, 67—71 (1908).

wehrreaktion sowie in Verbindung mit der Fortpflanzungstätigkeit. Bisweilen spielen auch Geräusche, wie sie beim Fliegen oder durch Klappern mit dem Schnabel u. dgl. entstehen, eine Rolle.

### 1. Fische.

Es gibt etwa 40 Gattungen von Fischen, von denen einzelne oder mehrere Arten Töne erzeugen. Am bekanntesten ist Trigla, der Knurrhahn, der an der Luft (wenigstens wurde die Lautproduktion bisher im Wasser nicht sicher beobachtet) einen grunzenden Ton von sich gibt, dessen Entstehung noch nicht klar ist. Überhaupt sind die Meinungen über die Stimmbildung bei den Fischen nach der ausführlichen Darstellung von O. WEISS[1] sehr geteilt. Meist führt man sie auf gegenseitige Reibung der Kiemendeckelknochen oder Schlundknochenzähne oder auf Schwingungen des Gases in der Schwimmblase zurück. Als Stimmapparat fungiert so die Schwimmblase bei dem kalifornischen Sängerfisch Porichthys notatus (GREENE[2]). Sie besteht aus zwei zusammenhängenden, nur teilweise durch ein Diaphragma geschiedenen Kammern, an denen jederseits ein kräftiger, vom Nervus vagus innervierter, quergestreifter Muskel ansetzt (Abb. 395). Wenn diese durch plötzliche Kontraktion einen Druck auf das Gas in der Schwimmblase ausüben, so gerät das Diaphragma in Schwingungen und man vernimmt ein grunzendes Brummen. Die Tiere lassen sich vor allem, wenn sie gereizt werden, aber auch sonst, wenn sie friedlich zusammen im Aquarium umherschwimmen, hören.

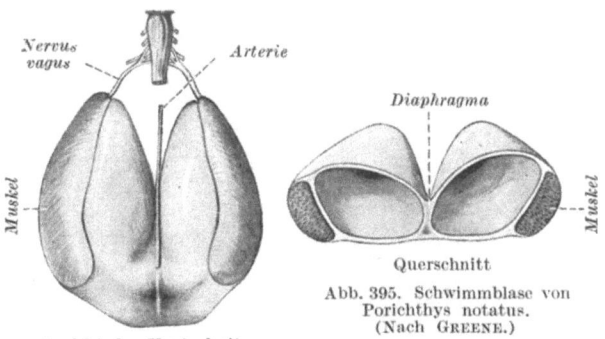

Abb. 395. Schwimmblase von Porichthys notatus. (Nach GREENE.)

Ein weit hörbares Trommelgeräusch erzeugen tropische Vertreter der Sciaeniden durch Kontraktionen eines beiderseits an der Schwimmblase ansetzenden Muskels[3]. Da die Tiere sich besonders zur Laichzeit vernehmen lassen, hat diese Lautbildung wahrscheinlich etwas mit der Fortpflanzung zu tun[4]. Diese Meinung wird auch dadurch gestützt, daß bei manchen Arten nur das Männchen den Trommelmuskel besitzt, so daß es wahrscheinlich wird, daß durch das Trommeln die Weibchen angelockt werden sollen. Dies ist sehr wohl möglich, da den Fischen nach neueren Untersuchungen[5] eine hohe Empfindlichkeit für akustische Reize zukommt.

### 2. Amphibien.

Die Stimme der Frösche und Kröten wird im Kehlkopf gebildet (Abb. 396). Durch stoßweise Exspiration werden die Stimmbänder, welche beim Frosch aus

---

[1] WEISS, O.: Die Erzeugung von Geräuschen und Tönen. Wintersteins Handb. d. vergl. Physiol. 3 I, 1. Tl, 3, 305—312 (1914). — Ferner W. MARSHALL: Anmerkungen zu GARNER: Die Sprache der Affen. S. 183—188. Leipzig 1900.
[2] GREENE, C. W.: Physiological reactions and structure of the vocal apparatus of the California singing fish, Porichthys notatus. Amer. J. Physiol. 70, 496—499 (1924).
[3] SMITH, H. M.: The drumming of the drum-fishes. Science N. S. 22, 376—378 (1905).
[4] Vgl. HESSE-DOFLEIN: Tierbau u. Tierleben 2, 438 (Knurrlaute von Ctenops vittatus beim Liebesspiel und von Fundulus gularis).
[5] STETTER, H.: Untersuchungen über den Gehörsinn der Fische, besonders von Phoxinus laevis L. und Amiurus nebulosus Raf. Z. vergl. Physiol. 9, 339—477 (1929). (Mit ausführlichem Literaturverzeichnis.)

elastischem Knorpel bestehen, in Schwingungen versetzt. Die Stimme der Männchen des Wasserfrosches (Rana esculenta), des Laubfrosches (Hyla arborea) u. a. wird durch Schallblasen, Ausstülpungen des Mundhöhlenbodens, welche beim Quaken aufgeblasen werden und als Resonatoren wirken, verstärkt[1]. Bei Pipa americana besteht das Stimmorgan nach JOHANNES MÜLLER[2] aus je einem knorpeligen Stäbchen an jedem Bronchus, das durch die ausströmende Luft in Schwingungen versetzt wird.

Die Frösche quaken mit geschlossenem Mund, was wohl den eigenartigen Tonfall mitbedingt[3]. Auch Molche und Salamander quaken leise, wenn sie berührt werden, sowie abends und nachts zur Paarungszeit. Die oft laute Stimme der Anurenmännchen dient der Anlockung der Weibchen[4]. Außer den Quaklauten werden aber bei den Amphibien auch mannigfache andersartige Stimmäußerungen beobachtet. So mag hier nur an das Angstgeschrei der Spring- und Grasfrösche, zumal wenn sie von Schlangen verfolgt werden, an das Pfeifen des nordamerikanischen Aalmolches und das Geschrei des japanischen Riesensalamanders erinnert[5] werden.

### 3. Reptilien.

Der Kehlkopf der Schlangen ist zur Lautgebung nicht geeignet. Das Zischen, das die meisten Schlangen im gereizten Zustand hervorbringen, entsteht, indem die Tiere die Luft mit Gewalt durch die Kehlkopfritze hindurchpressen, wozu sie sich nicht selten vorher mit Luft förmlich aufblähen. Auch manche Eidechsen[6] und Krokodile bringen fauchende und zischende Geräusche hervor, doch kommen bei beiden Gruppen auch Stimmäußerungen in Form von Pfeiftönen u. dgl. vor[7].

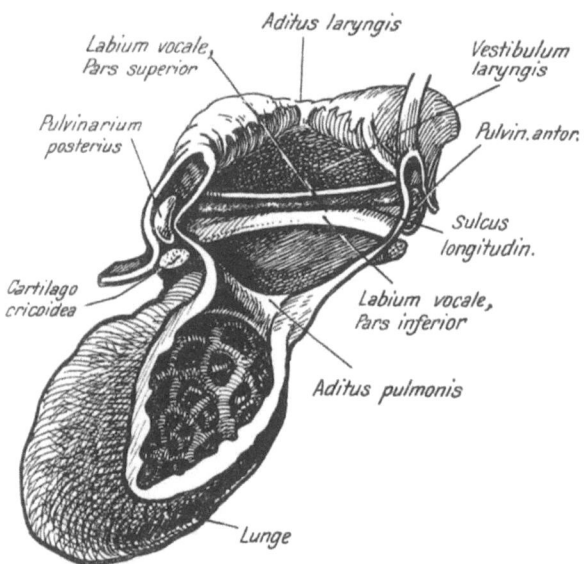

Abb. 396. Laryngo-trachealer Sack und Lunge von Rana, geöffnet. (Nach GAUPP u. KRAUSE, aus IHLE, NIERSTRAK usw. Vgl. Anat.)

---

[1] Die Schallblasen von Rana esculenta L. liegen hinter der Mundspalte, von Rana mascareniensis Dum. medialwärts vom Unterkiefer und sind paarig. Unpaarige Schallblasen besitzen Hyla arborea L. und Bufo calamita Laur. Die inneren Schallblasen von Rana temporaria L. und Bombinator igneus Laur. wölben beim Quaken die Kehlhaut nur wenig vor. (WERNER, F.: Amphibia. In Handb. d. Zool. **1931**, 49.)

[2] MÜLLER, JOHANNES: Zitiert nach O. WEISS S. 1255.

[3] Das Quaken des Wasserfrosches (Rana esculenta L.) ist nach Intensität und Tonart individuell verschieden und besitzt ein charakteristisches Vokalgepräge [SCHJELDERUP-EBBE, TH.: Aus der Soziologie des Wasserfrosches (Rana esculenta L.). Arb. z. biol. Grundlegung d. Soziologie **2**, 139 (Leipzig 1931) Forsch. z. Völkerpsychol. u. Soziol. **10 II**].

[4] Vgl. S. A. COURTIS: Response of toads to sound stimuli. Amer. Naturalist **41**, 677 bis 682 (1907). — Ferner die Untersuchungen von YERKES über das Hören des Frosches [J. comp. Neur. **14**, 124 (1904); **15**, 279 (1905) — Pflügers Arch. **107**, 207 (1905)].

[5] Brehms Tierleben, Lurche und Kriechtiere **1**, 16.

[6] ZANG, R.: Die Stimme der deutschen Lazerten. Zool. Anz. **26**, 421—422 (1903).

[7] Leises Pfeifen wurde auch bei der Sumpfschildkröte, Emys europaea, beobachtet. [BÖKER, H.: Lautäußerungen der Sumpfschildkröte. Bl. Aquar. Terrar. Kd. **37**, 399—400 (1926)]. Weitere Angaben bei HESSE-DOFLEIN, Tierbau u. Tierleben **2**, 439.

Eine laute Stimme wird von den Beobachtern den Krokodilen zugeschrieben, deren Kehlkopf dazu geeignet ist, da er verstellbare Stimmbänder enthält. Auch einige Arten von Chamaeleo[1] sind zur Stimmäußerung befähigt; sie besitzen wie die Geckoniden elastische Stimmbänder.

Sehr eigenartig ist die Stimmerzeugung bei den Klapperschlangen. Das Schwanzende besteht aus einer Anzahl lose ineinander geschachtelter Horngebilde (Abb. 397; CZERMAK[2]), die beim Aufschlagen des Schwanzes auf dem Boden ein rasselndes Geräusch erzeugen. Es ist vielleicht als Warn- oder Schrecklaut aufzufassen; der gegenseitigen Verständigung dürfte es kaum dienen, zumal die Klapperschlangen nach den Untersuchungen von MANNING[3] so gut wie taub sind. Ferner entstehen bei manchen Schlangen Töne durch gegenseitige Reibung gezähnter Schuppen, die also eine Art von Stridulationsgeräuschen darstellen.

Beziehungen der Lautäußerungen zum Geschlechtsleben bestehen bei den Reptilien nur in sehr untergeordnetem Maße (MEISENHEIMER[4]). Reaktionen auf Gehörreize wurden bei Lacertiliern und Krokodilen festgestellt[5].

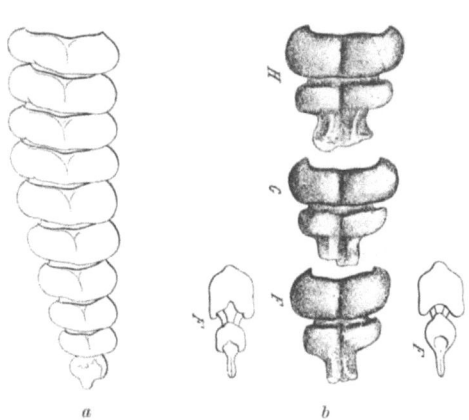

Abb. 397. Endglieder des Schwanzes der Klapperschlange. *a* Klapper im ganzen. *b* Drei Glieder (*H*, *G*, *F*) auseinandergenommen. (Nach CZERMAK.)

## 4. Vögel.

### a) Bau und Innervation des Stimmapparates der Vögel.

Die Vögel besitzen einen oberen Kehlkopf (Larynx), der dem Kehlkopf der übrigen Wirbeltiere entspricht, durch das Fehlen von Stimmbändern zur Lauterzeugung aber nicht geeignet ist[6], und einen unteren Kehlkopf (Syrinx) am Übergang der Trachea in die Bronchien, der das Stimmorgan darstellt. Er liegt gewöhnlich an der Bifurkation der Bronchien und wird von den untersten Trachealringen, die sich zur sog. Trommel zusammenschließen (Abb. 399) und von den obersten Bronchialringen gebildet (Syrinx tracheobronchialis). Bei einigen wenigen Vögeln besteht der Syrinx nur aus Bronchialringen, wie bei Strix, Asiobrachyotus, Cuculus und einigen anderen (Syrinx bronchialis), oder nur aus Trachealringen, wie bei den Formicarinae, Dendrocolaptinae u. a. (S. trachealis). Eigenartige Bildungen stellen die zu asymmetrischen Pauken oder Labyrinthen aufgeblasenen knöchernen Trommeln mancher Vögel dar (Abb. 398). Sie kommen besonders bei den Lamellirostres vor und dienen vielleicht der Verstärkung der

---

[1] Vgl. G. TORNIER: Bau und Betätigung der Kopflappen und Halsluftsäcke bei Chamaleonen. Zool. Jb. Abt. Anat. **21**, 1—40 (1905).

[2] CZERMAK, J.: Über den schallerzeugenden Apparat von Crotalus. Z. Zool. **8**, 294 bis 299 (1857).

[3] MANNING, F. B.: Hearing in rattlesnakes. J. comp. Psychol. **3**, 241—247 (1923).

[4] MEISENHEIMER, J.: Geschlecht und Geschlechter. S. 428. Jena 1921.

[5] BERGER, K.: Experimentelle Studien über Schallperzeption bei Reptilien. Z. vergl. Physiol. **1**, 517—540 (1924). (Dort auch weitere Literaturangaben.)

[6] Unter bestimmten Umständen ist aber bei sonst stimmlosen Tieren wie beim Schwan nach MILNE-EDWARDS [Leçons sur la Physiologie et l'Anatomie comparée de l'homme et des animaux **12** (1876/77); zitiert nach RÉTHI] auch im oberen Kehlkopf die Bildung von Stimmlauten möglich. — In manchen Fällen vermag dieser auch die im unteren Kehlkopf gebildete Stimme zu modifizieren. Vergl. MYERS, J. A.: Studies on the syrinx of Gallus domesticus. Journ. of Morph. Vol. 29, S. 165—215 (1917).

**Stimme**[1]. Bei den Enten, wo sie sich nur bei den Männchen finden, verleihen sie diesen nach HILZHEIMER[2] eine ganz andere, aber durchaus nicht lautere Stimme als den Weibchen, und HEINROTH[3] bemerkt, daß desto weniger Töne produziert werden können, je ausgebildeter die Knochentrommel ist. Vielleicht ist auch die eigentümliche Rauhigkeit der Stimme der männlichen Enten auf diese Bildungen zurückzuführen.

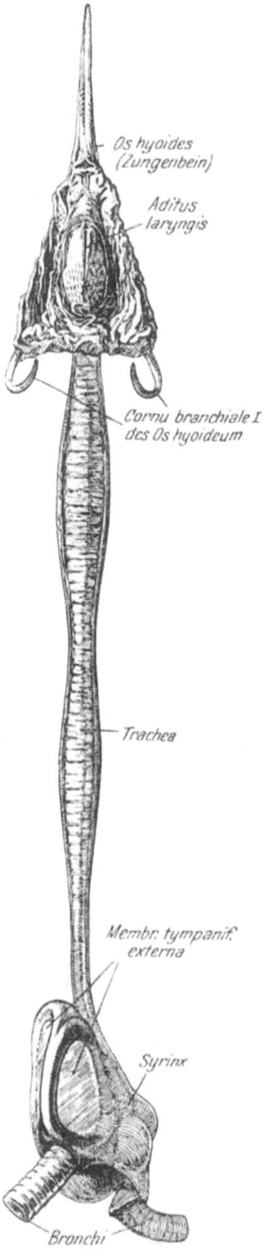

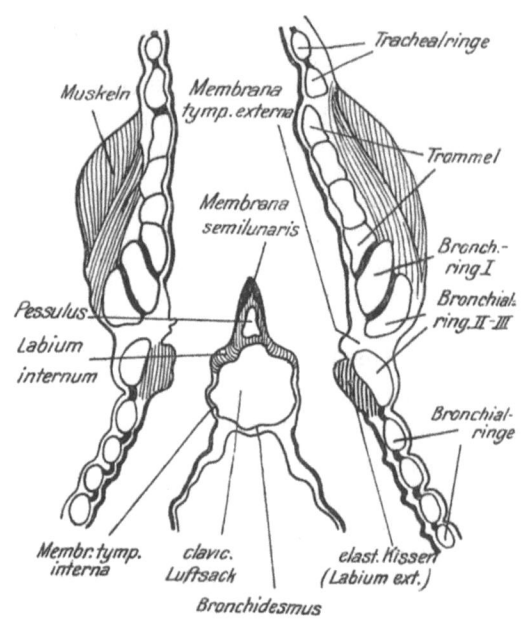

Abb. 399. Langsschnitt durch den Syrinx von Turdus. (Nach HAECKER aus IHLE, NIERSTRASS usw. Vgl. Anat.)

Abb. 398. Trachea, Syrinx und Pauke von Mergus. (Nach IHLE, VAN KAMPEN NIERSTRASS, VERSLUYS.),

Die Stimme wird erzeugt durch Membranen, welche die obersten Bronchialringe untereinander verbinden und welche beim Vorbeistreichen der Atemluft in Schwingungen geraten. An der lateralen Kehlkopfseite findet sich zwischen dem 2. und 3. Bronchialring die Membrana tympaniformis externa (Abb. 399). Sie besteht aus lockerem Bindegewebe. Anschließend nach unten an der Innenseite des 3. Bronchialhalbringes wird das Labium externum von einem Polster elastischen Gewebes gebildet. Diese äußere Stimmlippe bildet mit dem Labium internum, einer elastischen Fasermasse zu beiden Seiten des knöchernen Steges, je eine Stimmritze. Über dem Steg erhebt sich die aus elastischem Gewebe und einer dicken Schleimhautschicht bestehende Membrana semilunaris, welche nur wenigen Vögeln, wie den Enten und Gänsen, fehlt. Unter dem Labium internum spannt sich in der medialen Wand des Bronchus die Membrana tympaniformis

---

[1] GADOW, H., u. E. SELENKA, Vögel in Bronns Klassen u. Ordnungen des Tierreichs IV **6**, 721—723 (Leipzig 1891).

[2] HILZHEIMER, M.: Handb. d. Biologie der Wirbeltiere. S. 462. Stuttgart 1913.

[3] HEINROTH, O.: Lautäußerungen der Vögel. J. f. Ornithol. **72**, 223—244 (1924).

interna bis zum Bronchidesmus (Ligamentum interbronchiale), einer elastischen Verbindung beider Bronchien, aus. Steg und innere Stimmlippen fehlen beim Papagei, bei dem die beiden äußeren Stimmlippen zusammen eine einzige Stimmritze bilden (RÉTHI[1]). Werden diese Paukenhäute und Stimmbänder angeblasen, so entsteht ein Ton, dessen Höhe von ihrer Spannung abhängt.

Die Syrinxmuskeln, im Gegensatz zu den visceralen Larynxmuskeln Abkömmlinge der Parietalmuskulatur[2], welche die Spannung und Entspannung der Bänder und Membranen besorgen, setzen außen am Kehlkopf an. Manchen Vögeln, wie dem afrikanischen Strauß, den Enten, Hühnern und Tauben, fehlen Syrinxmuskeln überhaupt. Sie besitzen nur ein Paar Mm. sternotracheales. Viele, wie die Raubvögel, Spechte, Möwen, Reiher, Wasserhühner, Schnepfen, Kiebitze, Eisvögel u. a., besitzen nur ein Paar bronchotracheale Muskeln, durch deren Kontraktion die Knorpelringe des Kehlkopfes einander genähert und dadurch die Stimmembranen in ihrer Spannung verändert werden. Eine wirkliche Sangesfertigkeit ist aber an eine höhere Zahl und Ausbildung der Syrinxmuskeln gebunden, und so finden sich auch bei den Schrei- und Singvögeln (Passeres) 3—7 Paar Syrinxmuskeln. Man kann nach RÉTHI eine oberflächliche Muskelgruppe, die Mm. tracheo-bronchiales oder langen Muskeln, von einer tieferliegenden, den Mm. syringei oder kurzen Muskeln, unterscheiden. Ihre Ansatzpunkte finden sie teils an den Membranae tympaniformes externae und den Bronchialhalbringen, teils an Trachea und Trommel. Ihr Antagonist ist der M. mylohyoideus, durch dessen Kontraktion die Trachea gehoben wird, wodurch die Paukenhäute gespannt werden. Die Stimmbänder aber besitzen zum Unterschied vom Kehlkopf der Säugetiere keine Muskulatur. Sie werden durch die Annäherung und Entfernung der Bronchialhalbringe, wozu die Syrinxmuskeln dienen, gespannt und entspannt. Bei den Männchen der Singvögel ist die Syrinxmuskulatur nicht selten stärker ausgebildet als bei den Weibchen. Bei der Amsel trifft dies nach HAECKER auch für die Stimmlippen zu, die außerdem beim Männchen auch eine andere Anordnung der elastischen Fasern als beim Weibchen zeigen. Daß aber außer der Zahl und Ausbildung der Muskulatur für die Sangestüchtigkeit auch noch andere Momente, vor allem psychischer Natur, hereinspielen, zeigt der Umstand, daß die Muskulatur des Kehlkopfes der Drosseln weniger differenziert ist als die der bei weitem weniger stimmbegabten Rabenvögel.

Die Innervierung der Syrinxmuskulatur wird vor allem von Elementen des Hypoglossus besorgt. Der Hypoglossuskern ist deshalb auch als Kern der Syrinxmuskulatur aufzufassen. Seine Ausbildung steht in direkter Parallele zur Zahl der vorhandenen Muskeln (GROEBBELS[3]). Die Hypoglossusfasern verlaufen in dem aus dem Plexus cervicalis hervorgehenden Ramus cervicalis descendens superior und innervieren die Syrinxmuskeln zusammen mit cervicalen Fasern. Ferner beteiligt sich der R. recurrens n. vagi an der Innervation (CONRAD[4]). Ein Ramus cervicalis descendens inferior findet sich außer bei den Corviden auch bei anderen Familien, wie den Passeres (HAECKER[5]).

---

[1] RÉTHI, L.: Untersuchungen über die Stimme der Vögel. Sitzgsber. Akad. Wiss. Wien, Math.-naturw. Kl. III **117**, 93—109 (1908).
[2] HAECKER, V.: Über den unteren Kehlkopf der Singvögel. Anat. Anz. **14**, 521—532 (1898).
[3] GROEBBELS, F.: Der Hypoglossus der Vögel. Zool. Jb. Abt. Anat. u. Ontog. Tiere **43**, 465—484 (1922).
[4] CONRAD, R.: Untersuchungen über den unteren Kehlkopf der Vögel. I. Zur Kenntnis der Innervierung. Z. wiss. Zool. **114**, 532—576 (1915).
[5] HAECKER, V.: Über den unteren Kehlkopf der Singvögel. Anat. Anz. **14**, 521—532 (1898) — Über die Innervierung der Vogelsyrinx. Z. Morph. u. Anthropol. **24**, 47—58 (1924).

Von besonderem Interesse ist die Frage, welche Bedeutung dem Großhirn bzw. bestimmten Gebieten desselben für das Sprechen der Papageien zukommt. KALISCHER[1] kommt bei seinen Untersuchungen über das Sprechzentrum der Papageien auf Grund von Exstirpations- und Reizversuchen zu dem Ergebnis, daß „die wesentlichste Bedeutung für den Sprechakt dem Mesostriatum zukommt, und zwar einem Bezirke, welcher, dicht vor der sylvischen Furche gelegen, die lateralste Partie des Kopfes des Mesostriatums bildet". Einseitige Läsion dieser Stelle führt nur zu vorübergehenden Störungen der Sprechfunktion, während doppelseitige Schädigung dauernde motorische Sprechstörungen zur Folge hat.

### b) Physiologie der Vogelstimme.

Stimme und Gesang der Vögel werden im Syrinx erzeugt. Wenn die Trachea allein zur Stimmbildung dient, so können nur Geräusche hervorgebracht werden. Der untere Kehlkopf der Vögel wirkt nach den Untersuchungen von RÉTHI[2] als Zungenpfeife. Die Höhe der Töne wird bedingt durch die jeweilige Spannung der schwingungsfähigen Membranen und die Stärke des Luftstromes, mit dem sie angeblasen werden. Welche Rolle dabei die Länge des Ansatzrohres spielt, konnte nicht experimentell geprüft werden. Eine Verstärkung des Tones wird nicht selten durch Verlängerung der Trachea erzielt. Diese legt sich dann während ihres Verlaufes in der Höhle des Brustbeinkammes in Windungen, z. B. bei den Lamellirostres, Pelargi, Grues, Limicolae, Rasores und einigen Passeres. Ja, bei einigen Vertretern der Sturnidae, z. B. Baryta kerandrenii (Abb. 400), bildet die Trachea unter der Haut vor dem Sternum eine spiralig gewundene Schleife. Auch sonst können mannigfache Abänderungen im Bau der Trachea, wie Erweiterungen (besonders bei männlichen Enten) oder Längsscheidewände (bei Spheniscidae und Tubinares) vorkommen, welche natürlich auch die Stimme beeinflussen.

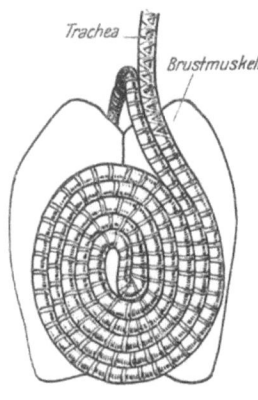

Abb. 400. Trachea von Baryta kerandrenii. (Nach HILZHEIMER und HAEMPEL.)

Die Tonstärke hängt nicht zuletzt von der Dehnungsfähigkeit der Trachea ab. So ist z. B. die Stimme unserer Singvögel oft deshalb nicht sehr laut, weil bei ihnen die Trachealringe verknöchert sind. Für die Dauer der Stimmäußerung, die sowohl bei Inspiration als auch bei Exspiration erfolgen kann, sind neben den Lungen vor allem die Luftsäcke, besonders die Sacci claviculares und diaphragmatici als Reservoire für das beim Gesang benötigte Luftquantum von Bedeutung.

Für die Hervorbringung eines reinen Tones ist es nötig, daß beide Kehlköpfe gleichmäßig eingestellt werden. „Die ganze, im allgemeinen symmetrische Bauart des Apparates, der Zusammenhang beider Teile durch die inneren Paukenhäute und die Innervierung scheinen zu bewirken, daß in der Mehrzahl der Fälle die beiden Kehlköpfe in gleicher Weise eingestellt werden und so gleich starke und gleich hohe Töne liefern" (HAECKER[3]). Das an Dissonanzen reiche Geschrei der Gänse und Enten wird deshalb wohl mit Recht von GRÜTZNER[4]

---

[1] KALISCHER, O.: Das Großhirn der Papageien in anatomischer und physiologischer Beziehung. Abh. preuß. Akad. Wiss., Physik.-math. Kl. Anhang IV **1905**, 1—105.

[2] RÉTHI, L.: Untersuchungen über die Stimme der Vögel. Sitzgsber. Akad. Wiss. Wien, Math.-naturw. Kl. III **117**, 93—109 (1908). — Vgl. auch K. DEDITIUS: Beitrag zur Akustik des Stimmorgans der Sperlingsvögel. J. f. Ornithol. **50** (V. F. **9**), 101—113 (1902).

[3] HAECKER, V.: Der Gesang der Vögel. S. 17. Jena 1900.

[4] GRÜTZNER, P.: Physiologie der Stimme und Sprache. Hermanns Handb. d. Physiologie **1 II**, 144 (Leipzig 1879).

auf eine verschiedene Einstellung der beiden Kehlköpfe zurückgeführt, und auch SCHMID[1] fand bei seinen phonetischen Untersuchungen die Krählaute des Haushahns aus zwei verschiedenen Klängen zusammengesetzt.

c) **Die Stimmäußerungen der Vögel und die sie beeinflussenden Faktoren.**

Die Stimme der Vögel äußert sich in den mannigfaltigen Lock-, Warn-, Angstrufen usw. So ist z. B. der Warnruf des Haushahns ein verschiedener, je nachdem es sich um Gefahr von oben oder von unten handelt (HEINROTH[2]). Oft sind die Laute der Vögel, wenn wir an das Geschmetter der Kraniche oder an den Gesang angeschossener oder gegriffener Vögel denken, nur der Ausdruck der Erregung (VOIGT[3]). Sie können aber auch als Mittel zur gegenseitigen Verständigung dienen und kommen als solche meist beiden Geschlechtern in gleicher Weise zu. Besonders die Jungvögel, auch von solchen Arten, die im erwachsenen Zustand stimmlos sind, verfügen über Laute zum Herbeirufen der Eltern, welche die in Gefangenschaft aufgezogenen Tiere bisweilen auch ihrem Pfleger gegenüber weiter beibehalten, um Futter zu erbetteln. Während manche Arten völlig stumm sind (Kuttengeier, Raben- und Truthahngeier, der weibliche afrikanische Strauß und der weibliche Nandu, die kleineren Pelikanarten nach HEINROTH[2]), bringen es die Singvögel zu hoher Ausbildung ihrer Stimmittel. Im allgemeinen verfügen einzeln lebende Vögel meist über wenig oder keine Laute, während gesellige Arten dagegen sehr verschiedenartige Stimmäußerungen zeigen.

Der Gesang der Singvogelmännchen ist als sekundäres Geschlechtsmerkmal aufzufassen. Das drückt sich vor allem im Bau des Stimmorgans aus, das beim Weibchen ein geringeres Volumen, weniger differenzierte Skeletstücke und schwächere Muskulatur aufweist[4]. Zwar lernt auch das Weibchen des Dompfaffs Lieder singen, und beim Weibchen von Kanarienvogel, Rotkehlchen und Amsel wurde Gesang beobachtet[5]. Doch ist dieser Gesang nie so ausgestaltet wie beim Männchen und wohl nur als eine Äußerung des Nachahmungstriebes aufzufassen. BÖKER[6] betrachtet den Gesang überhaupt nicht als sekundäres Geschlechtsmerkmal, da er beim Buchfink keinen Zusammenhang zwischen dem funktionellen Zustand des germinativen Hodenanteils und dem Gesang fand. Gegen diese Auffassung, die im übrigen vereinzelt steht, wenden sich GROEBBELS[5], CHRISTOLEIT[7] u. a. Die von den meisten Autoren vertretene Meinung, daß die Sing-

---

[1] SCHMID, BASTIAN, Sichtbarmachung tierischer Laute. Biol. Zbl. **48**, 513—521 (1928).

[2] HEINROTH, O.: Lautäußerungen der Vögel. Betrachtungen und Fragen. J. f. Ornithol. **72**, 223—244 (1924). — Vgl. auch C. L. MORGAN: Instinkt und Gewohnheit. Übersetzt von M. SEMON. S. 100—104. Leipzig 1909. — VERWEY, J.: Die Paarungsbiologie des Fischreihers. Zool. Jb., Abt. Allg. Zool. u. Physiol. **48**, 1—120 (1930). — Über Drohlaute als Despotiezeichen vgl. TH. SCHJELDERUP-EBBE: Die Despotie im sozialen Leben der Vögel. Arb. z. biol. Grundlegung d. Soziologie **2**, 128 (Leipzig 1931) Forsch. z. Völkerpsychol. u. Soziol. **10** II.

[3] VOIGT, A.: Exkursionsbuch zum Studium der Vogelstimmen. Leipzig 1924. — Ferner F. BRAUN: Über Gesangsäußerungen kranker und sterbender Vögel. Ornithol. Mber. **25**, 1—4 (1917). — HAGEN, W.: Über die Bedeutung des Gesanges und der nächtlichen Wanderrufe der Vögel. Ornithol. Mber. **27**, 119—125 (1919).

[4] Dies gilt aber z. B. nicht für das Brown-Leghorn-Huhn. Nach F. W. APPEL [Sex dimorphism in the syrinx of the fowl. J. Morph. a. Physiol. **47**, 497—517 (1929)] stimmt der Syrinx der krähenden Vögel (Hähne und ovariektomierte ♀) mit dem normaler ♀ anatomisch überein.

[5] GROEBBELS, F.: Die Vogelstimme und ihre Probleme. Biol. Zbl. **45**, 231—252 (1925). — SCHÜRER, J.: Der extranuptiale Gesang der Vögel. Ornithol. Mschr. **31**, 148—153 (1906).

[6] BÖKER, H.: Die Bedeutung des Gesanges der Vögel in biologisch-anatomischer Behandlung. Naturwiss. **11**, 820—824 (1923) — Der Gesang der Vögel und der periodische Ablauf der Spermiogenese. J. f. Ornithol. **71**, 169—196 (1923).

[7] CHRISTOLEIT, F.: Der Vogelgesang kein wesentlicher Bestandteil des Fortpflanzungsgeschäfts? J. f. Ornithol. **72**, 108—113 (1924). — Vgl. auch F. BRAUN: Anm. 3. — HARMS, J. W.: Körper und Keimzellen **2**, 533 (Berlin 1926).

stimmung der Vögel mit dem Zustand der Keimdrüsen und der Hormonbildung zusammenhängt, wird ferner durch die Beobachtung SCHWANS[1] unterstützt, der fand, daß sich die Reizempfindlichkeit gegen die Helligkeit zur Zeit der Brunst ändert und daß der Frühgesang bei einer geringeren Helligkeit als normalerweise einsetzt. So erklärt sich nach GROEBBELS[2] auch der Herbstgesang der jungen männlichen Vögel als eine Erscheinung der Maskulinisierung des Organismus. Ebenso liegt dem Sing- und Balzflug die Geschlechtsfunktion zugrunde. Der Wintergesang mancher Arten ist dagegen von der Brunstperiode unabhängig. Lieder, welche außer der Brunstzeit vorgetragen werden, sind vielfach als Äußerungen des Spieltriebes der Tiere anzusehen. So bringt es sogar der Feldsperling (Passer montanus L.) nach den Beobachtungen von BRAUN[3] in spielerischer Übung im Herbst zu wohltönenden Lautreihen, während er im Frühjahr nur ein kunstloses Getöne hören läßt. Als ein weiterer Faktor, der den Gesangestrieb beeinflußt, spielt die Mauser eine wichtige Rolle. Nach SCHWAN[1] läßt zur Zeit der Mauser die Sangesfreudigkeit nach und ist nicht mehr wie sonst an eine bestimmte Helligkeit gebunden.

Unter den äußeren Faktoren, welche beim Zustandekommen des Gesanges mitspielen, stehen meteorologische Einflüsse an erster Stelle[4]. So setzt der Frühgesang unserer Singvögel vor Sonnenaufgang in Abhängigkeit von der Helligkeit, bei der die Tiere erwachen, ein. Diese Weckhelligkeit ist für Individuen der gleichen Art ziemlich dieselbe (HAECKER[5], SCHWAN[1], DORNO[6]). Die Reihenfolge, in der die Vögel erwachen und sogleich mit dem Gesang beginnen, ist in einem bestimmten Beobachtungsgebiet annähernd die gleiche. So teilt ZIMMER[7] folgende Reihenfolge mit: Wiesenschmätzer, dann zu gleicher Zeit Lerche und Wachtel, dann Garten- und Hausrotschwanz, $1/4$ Stunde später Amsel und Drossel, bald darauf der Kuckuck. Weiter Grasmücken und Goldammer. Die Krähen lassen sich meist nach dem Kuckuck hören, sind aber unregelmäßig. Manche Vögel, wie die Nachtigall, singen auch bei Nacht. Ebenso die Wachtel, bei der jedoch nach ZIMMER der Nachtgesang zeitlich vom Morgengesang durch eine Ruheperiode geschieden ist. Außer dem Sonnenlicht regt vielleicht auch der Mondschein die Vögel zum Singen an: wenigstens konnte DORNO[6] dies in Davos bei dem starken Mondlicht des Hochgebirges feststellen. In der Ebene scheint das Licht des Mondes keine Wirkung auszuüben. Der Abendgesang beginnt bei stärkerer Helligkeit als der Morgengesang[8] und der Schluß des Abendgesanges erfolgt bei höherem Sonnenstand als der Anfang des Morgengesanges[6].

---

[1] SCHWAN, A.: Über die Abhängigkeit des Vogelgesanges von meteorologischen Faktoren, untersucht auf Grund physikalischer Methoden. Dissert. Halle 1922.

[2] GROEBBELS: Zitiert auf S. 1247, Anm. 5.

[3] BRAUN, F.: Die biologischen Aufgaben des Vogelgesanges. Naturwiss. **7**, 889—895 (1919).

[4] Nach den Beobachtungen von BOUBIER an Parus major hat die Witterung nur geringen Einfluß auf den Gesang [BOUBIER, M.: Le chant de la mésange charbonnière et ses charactères avec une étude critique de l'influence présumée des conditions météorologiques sur son intensité. Bull. Soc. zool. Genève **3**, 5—20 (1924). — Vgl. dagegen SCHWAN, Anm. 1.

[5] HAECKER, V.: Reizphysiologisches über Vogelflug und Frühgesang. Biol. Zbl. **36**, 403—431 (1916).

[6] DORNO, C.: Reizphysiologische Studien über den Gesang der Vögel im Hochgebirge. Pflügers Arch. **204**, 645—659 (1924). — Vgl. H. A. ALLARD: The first morning song of some birds of Washington D. C.: Its relation to light. Amer. Naturalist **64**, 436—469 (1930). (Enthält eine Zusammenstellung von Arbeiten über dieses Thema auf Grund von Beobachtungen an der nordamerikanischen Vogelwelt.)

[7] ZIMMER, C.: Der Beginn des Vogelgesanges in der Frühdämmerung. Verh. Ornithol. Ges. in Bayern **14**, 152—180 (1919).

[8] HAECKER, V.: Reizphysiologisches über den Abendgesang der Vögel. Pflügers Arch. **204**, 718—725 (1924).

Im übrigen ist die Sangesfreudigkeit der Vögel nach den Untersuchungen von SCHWAN[1] vielfach vom Wetter abhängig. Das Verhalten der verschiedenen Arten ist aber dabei nicht gleichartig. Von den bisher untersuchten meteorologischen Faktoren sind Feuchtigkeitsgehalt der Luft, Wind, Luftdruck und besonders die Wärme von bedeutendem, Bewölkung und elektrische Leitfähigkeit der Luft von geringem Einfluß auf den Gesang der Vögel. So sind wohl auch die Unterschiede im Gesang der Vögel verschiedener Landstriche nicht zuletzt auf die verschiedenen klimatischen Bedingungen zurückzuführen. ,,Gleiche Arten singen im Gebirg anders als in der Ebene, wenn auch nur ein Kenner den Unterschied herausfühlt" (BREHM[2]). Lebenslage und Futter beeinflussen ebenfalls den Gesang[3].

Allgemein bekannt ist ja auch die verschiedene Sangesfreudigkeit der Vögel zu verschiedenen Jahreszeiten. Im Frühjahr beginnen nach VOIGT[4] zuerst alle überwinternden Kleinvögel mit ihrem Gesang, wie Meisen, Goldhähnchen, Baumläufer, Kleiber, Zaunkönig, Amsel, Haubenlerche, Goldammer usw. Sie versuchen ihre Lieder schon an sonnigen Februartagen, während Finken und Hänflinge erst im März beginnen. Dann beginnt ja mehr oder minder für alle Vögel die Zeit, sich hören zu lassen. Das Fortschreiten der Jahreszeit bedingt dann auch, zumal wenn die Fortpflanzungsperiode vorüber ist und die Mauser naht, das Aufhören des Sommergesanges. Nach ZIMMER[5] verstummt als erster der Kuckuck, dann folgen Singdrossel, Hausrotschwanz, Amsel, Lerche, Wachtel, Goldammer. Der Herbst- und Wintergesang mancher Arten wurde oben schon kurz im Zusammenhang mit der Bedeutung der Brunstperioden erwähnt.

Vielfach finden wir auch, daß sich die Vögel selbst gegenseitig in ihrer Gesangstätigkeit beeinflussen. So wirkt z. B. nach HOFFMANN[6] die Nähe des Weibchens wahrscheinlich veredelnd auf das Balzlied des Täubers, während bei der Amsel im Gegenteil der Sänger durch die Nähe des Weibchens verwirrt wird. Wichtiger ist in diesem Zusammenhang die Frage, ob der Gesang dem Vogel angeboren ist oder erst von den Artgenossen gelernt werden muß. Zwar ist CHRISTOLEIT[7] der Ansicht, daß der artgemäße Gesang stets angeboren sei, aber nach HEINROTH[8] verhalten sich die Singvögel durchaus verschieden. Viele, besonders solche, deren Gesang nicht allzu kompliziert ist, singen artgemäß, ohne daß sie je ein Vorbild hatten. Bei anderen aber lernen die Jungvögel den Gesang von den Alten, wenigstens in seinen Hauptteilen. So werden nach HEINROTH[9] Drosselgesänge auch ohne Vorsänger hervorgebracht, während sogar der so viel einfachere Finkenschlag gelernt werden muß. Auch HOFFMANN[10] stimmt mit HEINROTH darin überein, daß manche Gesänge durch Verhören von artgleichen Vorsängern von den jungen Männchen gelernt werden. Werden solche

---

[1] SCHWAN, A.: Zitiert auf S. 1248. — BRAUN, F.: Zitiert auf S. 1247.
[2] Brehms Tierleben (Vögel), 4. Aufl., **1**, 25.
[3] DOTTERWEICH, H.: Die Variabilität der Vogelstimmen. Mitt. Vogelwelt **24**, 25—30 (1925).
[4] VOIGT, A.: Exkursionsbuch zum Studium der Vogelstimmen. Leipzig 1924.
[5] ZIMMER, C.: Zitiert auf S. 1248.
[6] HOFFMANN, B.: Das Balzlied unserer Turteltaube. Verh. Ornithol. Ges. Bayern **17**, 176—179 (1927).
[7] CHRISTOLEIT, F.: Muß der Vogel seinen Gesang lernen? Beitr. Fortpflanz.biol. d. Vögel **3**, 147—152 (1927).
[8] HEINROTH, O.: Lautäußerungen der Vögel. Betrachtungen und Fragen. J. f. Ornithol. **72**, 223—244 (1924).
[9] HEINROTH, O.: Muß der Vogel seinen Gesang lernen? Beitr. Fortpflanz.biol. d. Vögel **3**, 184—186 (1927).
[10] HOFFMANN, B.: Muß der Vogel seinen Gesang lernen? Beitr. Fortpflanz.biol. d. Vögel **4**, 124—129 (1928). — Vgl. ferner F. BRAUN: Über die erblichen und individuell erworbenen Bestandteile der Vogelgesänge. Ornithol. Mber. **23**, 120—124 (1915).

Vögel von Jugend auf mit solchen anderer Arten zusammengehalten, so ahmen sie deren Gesang mehr oder minder nach. Überhaupt sind die Vögel, besonders die als Spötter bekannten Arten, zur Nachahmung gehörter Töne fähig. Würger, Star, Braunkehlchen, Gartenrotschwanz, Spottdrossel, Gartenlaubvogel und andere ahmen nach HAECKER[1] die Rufe und Strophen anderer Arten gerne nach. Bekannt ist ja auch, daß Stare, Rabenvögel und Papageien durch Dressur menschliche Worte u. dgl. lernen und auch sonst, wenn sie beispielsweise eingesperrt sind und sich langweilen, auf alle möglichen Töne achten und sie nachahmen.

Eine eingehendere Betrachtung des Vogelgesanges vom psychologischen Standpunkt aus kann hier, so reizvoll eine solche wäre, nicht durchgeführt werden[2]. Ebenso verdienten die künstlerischen Elemente des Vogelgesanges gewürdigt zu werden. Auch hier muß der Hinweis auf die ausführliche Darstellung von HOFFMANN[3] genügen.

#### d) „Instrumentalmusik" der Vögel.

Gar nicht selten sind schließlich bei den Vögeln Lautäußerungen, die nicht mit dem Stimmapparat hervorgebracht werden. So können Kehltaschen oder -säcke und schlauchartige Erweiterungen des Oesophagus, die mit Luft gefüllt werden, der Hervorbringung mannigfacher Laute dienen. Auch der brüllende Paarungsruf der Rohrdommel (Botaurus stellaris) wird „nicht durch den beinahe funktionslos gewordenen Syrinx erzeugt, sondern durch den mit Luft vollgepumpten Oesophagus. Ein komplizierter ösophagealer Stimm-Muskelapparat und verschiedene, teilweise muskulöse Ventile, welche das ganze Organ unten und oben abschließen, sind bei dem Verschlucken und Ausstoßen der Luft wirksam" (HAECKER[1]). Ferner klappern die Störche, indem sie die beiden Schnabelhälften gegeneinander schlagen. Vor dem Klappern, das nur dem weißen Storch, Ciconia ciconia, und seinem östlichen Verwandten, C. boyciana, zukommt und das ebenso eine freundliche wie auch eine ärgerliche Äußerung sein kann, legt der Storch, nach HEINROTH[4], wohl zum Herunterziehen des Zungenbeins wegen der Schallverstärkung durch den dann aufgetriebenen Kehlsack, den Schnabel auf den Rücken.

Die Spechtmännchen trommeln, um die Weibchen anzulocken, indem sie einen dürren Ast mit dem Schnabel bearbeiten und ihn so in Schwingungen versetzen. Ein rasselndes Geräusch erzeugt der radschlagende Pfau und Puter; Silberfasan und andere lassen ihre Flügel geräuschvoll auf dem Boden schleifen. Nach HEINROTH besitzen zahlreiche Vögel auch besondere schallerzeugende Federn, die stets beim Fliegen in Tätigkeit treten. Dies ist z. B. bei den ausgefärbten Männchen der Trauerente (Oidemia nigra) und der Schellente (Bucephala clangula) der Fall. Da solche Schallschwingen auch sonst bei einer Reihe von Arten vorkommen, wie bei den Tukanen, Baumhühnern u. v. a., so haben sie wohl auch eine Bedeutung. Wahrscheinlich sind es Formen, welche während des Fluges stumm sind, so daß durch das Fluggeräusch eine Stimmfühlung bei Gesellschaftsflügen erzielt wird. Zu den Fluggeräuschen gehört auch das Flügelklatschen der Tauben, Ziegenmelker und vieler Eulen sowie das Meckern der Bekassinen. Das letztere kommt zustande, wenn das Männchen mit fächerartig ausgebreiteten Schwanzfedern seinen Flug durch einen Absturz unterbricht, wobei die Schwanzfedern durch die vorbeistreichende Luft in Schwingungen versetzt werden. Der dadurch entstehende surrende Ton wird durch die zucken-

---

[1] HAECKER, V.: Zitiert auf S. 1246, Anm. 3.
[2] GROOS, K.: Die Spiele der Tiere. S. 293—304. Jena 1907.
[3] HOFFMANN, B.: Kunst und Vogelgesang. Leipzig 1908.
[4] HEINROTH, O.: Zitiert auf S. 1249, Anm. 8.

den Flügelschläge in ein meckerndes Geräusch verwandelt[1]. Wie der Gesang der Singvögel, hängen auch diese und ähnliche Lautäußerungen vielfach mit dem Geschlechtsleben zusammen.

## 5. Säugetiere.

Am besten ist naturgemäß die Stimmbildung beim Menschen untersucht. Doch soll hier nur in manchen Punkten darauf Bezug genommen werden. Im übrigen wird auf die folgenden Kapitel, in denen der Stimmapparat des Menschen gesondert bearbeitet wird, verwiesen.

Bei der Mehrzahl der Säugetiere finden wir den Kehlkopf in einer ähnlichen Ausbildung wie beim Menschen. Als unpaare Skeletteile sind also Cartilago thyreoidea, cricoidea und epiglottica vorhanden, mit denen als paarige Knorpel

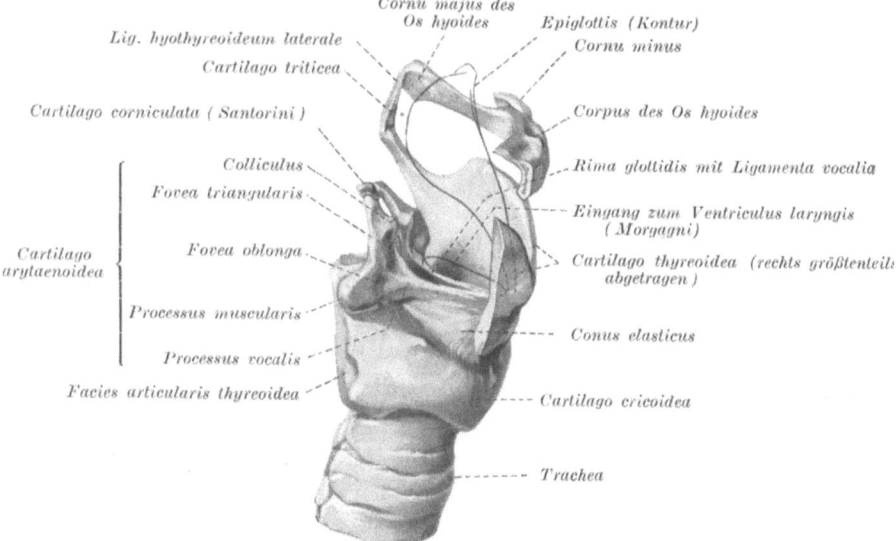

Abb. 401. Kehlkopfskelet des Menschen. Die rechte Schildknorpelplatte und die rechte Hälfte des Zungenbeines sind weggenommen. Kehldeckel nur als Kontur. Eingang zur Morgagnischen Schleimhauttasche an der linken Seite als Kontur eingetragen. (Aus BRAUS: Anatomie II.)

die Cartilagines arytaenoideae, corniculatae (Santorini) und cuneiformes (Wrisbergi) verbunden sind. Ihre Lagebeziehungen werden aus Abb. 401 klar. Die Cartilagines arytaenoideae, kurz meist Aryknorpel genannt, sind am Cricoidknorpel beweglich befestigt. An ihrem Processus vocalis setzt sich beiderseits das Stimmband (Ligamentum vocale) an. Die Spannung der beiden Stimmbänder und ihre gegenseitige Annäherung oder Entfernung, also die Weite der Stimmritze, ist vor allem von der Stellung der Aryknorpel abhängig. Die dafür in Betracht kommenden Muskeln, besonders der M. cricoarytaenoideus posterior, setzen an den Processus muscularis der Aryknorpel an. Wird durch ihre Kontraktion der Muskelfortsatz der Aryknorpel nach hinten gezogen, so bewegt sich die Ansatzstelle der Stimmbänder nach außen, die Stimmritze wird erweitert.

Über den sog. echten Stimmbändern liegen ein Paar falscher Stimmbänder, die Taschenbänder (Plicae ventriculares). Sie spielen keine Rolle bei der Stimmerzeugung. Zwischen den echten und den falschen Stimmbändern finden sich beiderseits die Ventriculi Morgagni, Nischen mit schmalen Eingängen, welche unter die Plicae ventriculares hinaufreichen. Von ihnen gehen meist die Appendices

---

[1] ROHWEDER, J.: Über das Meckern der Bekassine. Ornithol. Mschr. 25, 75—82 (1900).

ventriculi laryngis aus, Blindsäcke, die beim Menschen wohl ohne große Bedeutung sind, bei einer Anzahl von Tieren aber eine mannigfaltige Ausbildung erfahren und eine Rolle für die Verstärkung der Stimme spielen können.

So finden sich bei Affen der Appendix der MORGAGNIschen Tasche entsprechende große Kehlkopfsäcke, welche beim Orang-Utan über Hals und Brust bis in die Achselhöhlen reichen können[1]. Auch bei den Perissodactylen kommen vergrößerte Ventriculi Morgagni vor. Unpaare mediane Ausstülpungen der Schleimhaut wurden bei Artiodactylen[2], Bartenwalen, Affen[3] und Halbaffen festgestellt. Beispielsweise besitzen die Brüllaffen (Mycetes[4]) neben ihren lateralen Larynxsäcken einen großen medianen unpaaren Sack, der im aufgeblasenen Corpus hyoideum liegt (Abb. 402). Auch sonst kommen am Kehlkopf bei einer Reihe von Tieren, wie Dachs, Marder, Murmeltier u. a. mit Luft erfüllte Hohlräume vor. Bei anderen, z. B. Elefant, Hammel, Rind usw., fehlen die Taschenbänder und die MORGAGNIschen Taschen völlig oder wenigstens die Taschenbänder, wie beim Hasen und Kaninchen. Daß die Stimmbänder aber kein unbedingtes Erfordernis für die Möglichkeit, Laute hervorzubringen, darstellen, wird aus den Verhältnissen bei den Cetaceen (Wale) er-

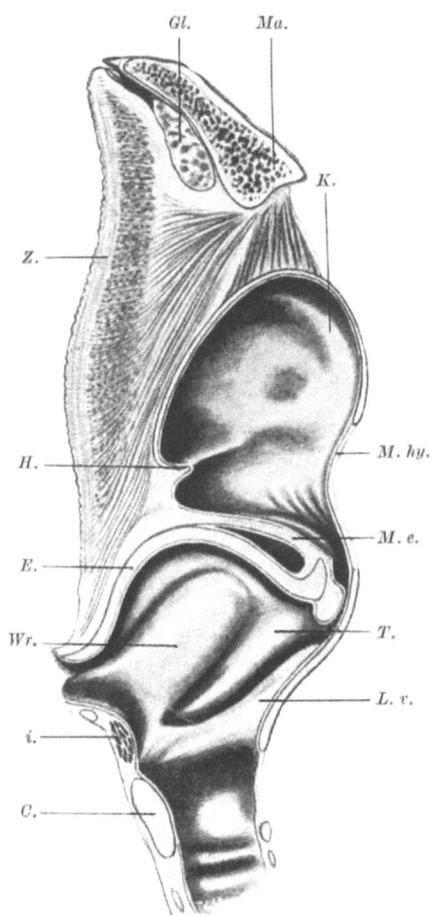

Abb. 402. Medialer Schnitt durch den Zungenbein-Kehlkopfapparat eines Brüllaffen (Mycetes seniculus).
*Gl.* Sublingualdrüse; *Ma.* Mandibula; *K.* Knochenblase; *M. hy.* Membrana hyo-thyreoidea; *M. e.* Membrana hyo-epiglottica; *T.* Taschenband; *L. v.* Stimmband; *C.* Ringknorpel; *i.* Musc. interarytaenoideus; *r.* Wrisbergscher Wulst; *E.* Epiglottis; *H.* Hyoid; *Z.* Zunge. (Nach NÉMAI.)

[1] Es ist fraglich, ob die Kehlsäcke des Orangs als Stimmverstärker aufzufassen sind. So wurde die Ansicht ausgesprochen, daß der Schädel auf dem geblähten Sack wie auf einem gefüllten Luftsack ruht und so die Nackenmuskulatur beim aufrechten Gehen entlastet wird. Vgl. hierzu E. MEYER: Über die Luftsäcke der Affen und die Kehlkopfdivertikel beim Menschen. Arch. f. Laryng. **12**, 1—26 (1902). (Mit ausführlichen Literaturangaben.) — FICK [Sitzgsber. preuß. Akad. Wiss., Physik.-math. Kl. **17**, 553 (1929)] hält die Kehlsäcke für Schreckmittel.

[2] LÖNNBERG, E.: Zur Kenntnis des Kehlsackes beim Renntier. Anat. Anz. **21**, 467 bis 474 (1902).

[3] Nach LAMPERT besitzen alle Westaffen mit lauter Stimme Schallblasen von sehr verschiedener Ausbildung [LAMPERT, H.: Zur Kenntnis des Platyrrhinenkehlkopfes. Gegenbaurs Jb. **55**, 607—654 (1926); zit. nach Zool. Ber. **11**, 23. — Vgl. ferner H. BERNSTEIN: Über das Stimmorgan der Primaten. Abh. Senckenberg. Naturforsch. Ges. **38**, H. 1, 107—128 (1923)]. Enthält Zitate der Arbeiten von MAYER (1851), FURBRINGER (1875), RÜCKERT (1882), KÖRNER (1884), ALBRECHT (1896), GÖPPERT (1901), KATZENSTEIN (1903) u. a.

[4] NÉMAI, J.: Das Stimmorgan der Primaten. Z. Anat. **81**, 657—672 (1926).

sichtlich, denen die Stimmbänder größtenteils völlig fehlen, welche aber trotzdem über eine laute Stimme verfügen (Otaria). In diesem Falle werden die Laute wohl durch Schwingungen der übrigen Teile des Larynx erzeugt. Auch bei Affen sind die Stimmbänder oft schwach entwickelt.

Der geschilderte Stimmapparat funktioniert nach Art einer Zungenpfeife. Dabei schwingen aber die Stimmbänder, welche die Rolle von membranösen Zungen spielen, nicht nur nach oben und unten, sondern auch nach außen und innen. Die Luft, durch deren Stöße die Töne erzeugt werden, wird von den Lungen geliefert. Trachea und Mundhöhle spielen die gleiche Rolle wie das Ansatzrohr bei der Pfeife[1].

Was die Innervation des Kehlkopfes betrifft, so finden wir im Prinzip stets zwei Vagusäste, den Nervus laryngeus superior, der mit einem Ramus externus die Musculi cricothyreoidei versorgt, mit einem Ramus internus aber die sensiblen Nerven des Kehlkopfs liefert, während alle übrigen Kehlkopfmuskeln durch den Nervus laryngeus inferior (recurrens) innerviert werden. Darüber hinaus sind bei den verschiedenen Säugetieren mannigfache Abwandlungen festgestellt worden. Da sich aber keine Beziehungen zur Art der Lautbildung finden ließen, haben diese Befunde hier wenig Interesse und können wohl übergangen werden. Auch auf eine Darstellung der zentralen Innervation des Kehlkopfes bei Säugetieren durch Rindengebiete und subcorticale Teile des Zentralnervensystems kann in diesem Zusammenhang verzichtet werden[2].

Gegenüber den Vögeln ist die Stimmbildung bei den Säugern ziemlich einförmig und in ihrem Umfang beschränkt. Nur beim Gibbon (Hylobates agilis) erstreckt sie sich über eine Oktave[3]. Die besondere Ausbildung der Stimme von Hylobates ist durch den Bau des Kehlkopfes, besonders des Stimmbandapparates, bedingt[4]. Im allgemeinen verfügen die männlichen Säuger über eine stärkere Stimme, welche besonders zur Brunstzeit zur Geltung kommt, wie z. B. beim Hirsch. Sie hat jedoch nicht die Aufgabe, die weiblichen Tiere anzulocken, vielmehr folgt beispielsweise der Rehbock dem Ruf der Rehgeiß. Im übrigen finden wir bei den Säugetieren entsprechend ihrer hohen psychischen Entwicklung den stimmlichen Ausdruck von Angst und Zorn und Erregungen aller Art[5]. Bei gesellig lebenden Arten leiten Warnrufe u. dgl. zu einem Mitteilungsvermögen über. Doch hat sich bei keinem Säuger außer dem Menschen eine artikulierte Sprache entwickelt[6]. Zwar wissen wir über die Modulationsfähigkeit der Säuger-

---

[1] Vgl. hierzu J. KATZENSTEIN u. R. DU BOIS-REYMOND: Über stimmphysiologische Versuche am Hunde. Arch. f. Physiol. 1905, 551—552. Weitere Literatur bei O. WEISS.

[2] Es sei hier auf Bd. 10 ds. Handb. sowie auf das folgende Kapitel über zentrale Apparate der Stimme und Sprache in diesem Bande verwiesen.

[3] HILZHEIMER, M.: Handb. der Biologie der Wirbeltiere, S. 656. Stuttgart 1913. — Schilderungen der Gibbonstimme bei F. MOTT: A study by serial sections of the structure of the larynx of Hylobates syndactylus (Siamang Gibbon). Proc. Zool. Soc. London 1924, S. 1162.

[4] NÉMAI, J.: Das Stimmorgan des Hylobates. Z. Anat. 81, 673—685 (1926). — Dem Gibbon sowohl wie einer Maus (Hesperomys cognatus) soll nach älteren Angaben (zit. bei K. GROOS: Die Spiele der Tiere. S. 292—293. Jena 1907) das Vermögen, einzelne Laute mit deutlich musikalischem Ton zu singen, zukommen.

[5] Vgl. das „Wörterbuch der Pferdesprache" von v. MADAY (zit. nach F. HEMPELMANN: Tierpsychologie. S. 542—543. Leipzig 1926].

[6] Die Angaben von GARNER (GARNER, R. L.: Die Sprache der Affen. Übers. u. herausg. von W. MARSHALL. Leipzig 1900), der bei Affen bestimmte Worte für bestimmte Begriffe festgestellt zu haben glaubte, bedürfen der Nachprüfung. YERKES und LEARNED (YERKES, R. M., and B. W. LEARNED: Chimpanzee intelligence and its vocal expressions. S. 53—56. Baltimore 1925) beobachteten bei ihren Schimpansen keine derartigen Sprachaußerungen. — Vgl. auch J. A. BIERENS DE HAAN: Animal language in its relation to that of man. Biol. Rev. Cambridge philos. Soc. 4, 249—268 (1929).

stimme, über die Vokale und Konsonanten, aus denen sie sich zusammensetzt, noch wenig[1], aber wahrscheinlich ist der Hauptgrund dafür, daß die Säuger die zur Ausbildung einer Sprache nötige Intelligenzstufe nicht erreichen und keine Begriffe zu bilden vermögen. Das Fehlen von bestimmten Stimmlauten spielt demgegenüber eine geringere Rolle[2]. Von Bedeutung dürfte dagegen sein, daß Säugetiere nicht zur Nachahmung gehörter Töne neigen. Bemühungen, Schimpansen zum Nachsprechen einfacher Laute zu veranlassen, schlugen fehl[3].

---

[1] Vgl. R. SOKOLOWSKY: Zur Kenntnis der Sprachlaute bei Tieren. Katzensteins Arch. f. exper. u. klin. Phonetik **1**, 9—10 (1913/14). — FRÖSCHELS, E.: Einige phonetische Beobachtungen an einem sprechenden Hunde. Wien. med. Wschr. **1917**, 1771—1773. — SCHMID, BASTIAN: Sichtbarmachung tierischer Laute. Biol. Zbl. **48**, 513—521 (1928) — Übr die Phonetik der Tiersprache. Zool. Anz. Suppl.-Bd. **3** Verh. dtsch. zool. Ges. München **1928**, 89—96.

[2] HEMPELMANN, F.: S. 547. Zitiert auf S. 1253, Anm. 5.

[3] YERKES, R. M., and B. W. LEARNED: Chimpanzee intelligence and its vocal expressions. S. 53—56. Baltimore 1925. GARNER (zit. auf S. 1253, Anm. 6) berichtet einen Fall von Lautnachahmung bei Affen.

# Stimmapparat des Menschen.

Von

O. WEISS

Königsberg i. Pr.

Mit 66 Abbildungen.

**Zusammenfassende Darstellungen.**

MULLER, J.: Von der Stimme und Sprache. Handbuch der Physiologie des Menschen. 2, 133—245 (1840). — MERKEL, C. L.: Anatomie und Physiologie des menschlichen Stimm- und Sprachorgans (Anthropophonik). Leipzig 1857. — HARLESS, E.: Stimme. Wagners Handwörterbuch der Physiologie 4, 505—706. Braunschweig 1853. — GRÜTZNER, P.: Physiologie der Stimme und Sprache. L. Hermanns Handbuch der Physiologie 1, 2. Leipzig 1879. — ROUSSELOT: Principes de phonétique expérimental. Paris 1897—1901. — EWALD, J. R.: Die Physiologie des Kehlkopfes und der Luftröhre, Stimmbildung. P. Heymanns Handbuch der Laryngologie und Rhinologie 1, 165—226. Wien 1898. — NAGEL, WILIBALD A.: Physiologie der Stimmwerkzeuge. Nagels Handbuch der Physiologie 4, 691—792. Braunschweig 1909. — BARTH, E.: Einführung in die Physiologie, Pathologie und Hygiene der menschlichen Stimme. Leipzig 1911. — MUSEHOLD, A.: Allgemeine Akustik und Mechanik des menschlichen Stimmorgans. Berlin 1913. — v. SKRAMLIK, E.: Physiologie des Kehlkopfes. Denker und Kahlers Handbuch der Hals-, Nasen-, Ohrenheilkunde I 1, 551—680. Berlin 1925. — GUTZMANN, H.: Physiologie der Stimme und Sprache. 2. Aufl. Braunschweig 1928.

## I. Kehlkopf.
### 1. Allgemeiner Aufbau.

Das Stimmorgan des Menschen und der Saugetiere liegt etwa 20 mm caudalwärts von der Kommunikationsöffnung des Respirationskanales mit der Mundhöhle. Den wesentlichsten Bestandteil des Stimmorganes bilden zwei Falten, die Stimmlippen oder Stimmbänder, deren jede an der Seitenwand des Respirationsrohres von der vorderen Mittellinie bis zur hinteren ansitzt und fast horizontal in das Lumen desselben vorspringt. Der Zwischenraum wird Stimmritze oder Glottis genannt.

Die vorderen und hinteren Enden dieses Faltenpaares sind an Knorpeln befestigt. Diese bilden einen Teil des Knorpelgerüstes, das die Stütze des Stimmorganes ausmacht, und außerdem dadurch, daß die einzelnen Knorpel miteinander gelenkig verbunden sind, eine Variation der Spannung und des Abstandes jener beiden Falten ermöglicht.

Als Grundlage des Knorpelgerüstes kann man den *Ringknorpel*, Cartilago cricoidea, auffassen, den LUDWIG deshalb Grundknorpel genannt hat.

Er hat die Form eines Siegelringes. Der vordere Teil, der sogenannte Bogen, nimmt etwa den vierten Teil der Peripherie des ganzen Ringes ein. Ihm gegenüber, den unteren Teil der hinteren Wand des Kehlkopfes bildend, liegt die Platte, in die der Bogen durch steiles Ansteigen seines oberen Randes übergeht, während der untere Rand sich fast horizontal in den unteren Rand der Platte fortsetzt. An den Seitenflachen des Ringknorpels finden sich zwei grubenförmige Vertiefungen, in denen mittels zweier zylindrischer Fortsatze der Schildknorpel, Cartilago thyreoidea, artikuliert. Dieser Knorpel nimmt die vordere Wand und die beiden Seitenwände des Kehlkopfes ein; er bildet eine nach der Höhe des Kehlkopfes abgebogene, beim männlichen Geschlecht in der Mittellinie geknickte Platte, die daher wie aus zwei im Winkel vereinigten Stücken zusammengesetzt erscheint. Sie deckt den Kehlkopf wie ein Schild. Ihre Seitenwände sind nach oben außen geneigt, so daß der Eingang des Kehlkopfes trichterförmig erweitert ist. Die hinteren Rander des Knorpels laufen oben und unten in je ein paar zylindrische Fortsatze aus, die oberen und unteren Hörner. Die unteren artikulieren mit den obenerwahnten Gelenkflächen des Ringknorpels, die oberen sind durch Ligamente mit den hinteren Enden der großen Zungenbeinhörner verbunden. Im Inneren des Knickes findet sich eine Verdickung, welche aus Faserknorpel besteht. Es ist die Ansatzstelle des Stimmbandes. Sie ist von GERHARDT und KATZENSTEIN[1] genau untersucht worden und wird uns noch näher

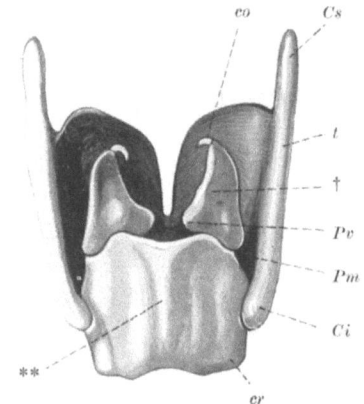

Abb. 403. Kehlkopfknorpel (ohne die Cart. epiglottica) von hinten. *co* Cart. corniculata. *t* Cart. thyreoidea. *cr* Cart. cricoidea. *Cs, Ci* Cornu sup. et inf. cartilaginis thyreoid. *Pm, Pv* Process. muscularis und vocalis cart. arytaenoideae. (Aus HENLE: Handb. der Eingeweidelehre des Menschen.)

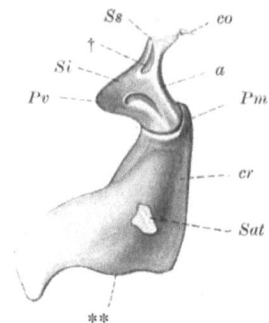

Abb. 404. Cart. cricoidea (*cr*) mit der Cart. arytaenoidea (*a*) und corniculata (*co*), Profil. *Sat* superficies articularis thyreoidea. *Pm, Pv* Proc. muscularis und vocalis cart. arytaen. *Ss, Si* Spina sup. und inf. derselben. (Aus HENLE: Handb. der Eingeweidelehre des Menschen.)

beschaftigen. Nach ihrer Annahme wirken die Züge $aa'$, $dd'$, die im Bogen verlaufen, einer Verbreiterung, die mehr geraden Züge $bb'$, $cc'$, $ee'$, $ff'$ einer Verlängerung des Knorpels entgegen.

Auf dem oberen Rande der Platte des Ringknorpels artikulieren auf beiden Seiten die Stellknorpel, Cartilagines arytaenoideae. Sie stellen schmale, dreiseitige Pyramiden dar, die so mit der Basis auf dem oberen Rande des Ringknorpels aufsitzen, daß eine vordere Ecke (Processus vocalis) in die Höhle des Kehlkopfes vorspringt und die laterale Ecke (Processus muscularis) über den Rand des Ringknorpels rückwärts ragt. Auch dieser Processus vocalis posterior besteht aus elastischem Knorpel.

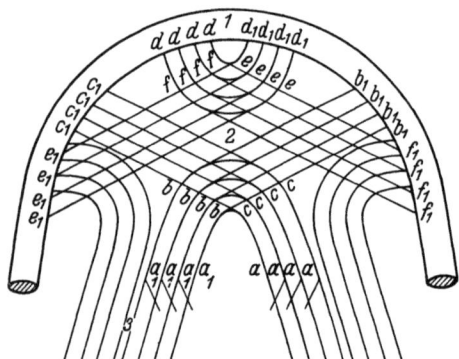

Abb. 405. Verlauf der elastischen Fasern im knorpeligen Proc. vocalis anterior. (Nach KATZENSTEIN.)

Von den Flächen des Stellknorpels ist die mediale eben, die hintere konkav um eine vertikale, die laterale konkav um eine horizontale Krummungsachse und durch eine Leiste (Crista arcuata) verstärkt. In die Höhlung der hinteren Fläche inseriert der Musculus arytaenoidus, in den unteren Teil der Höhlung der Lateralfläche, welche durch die Crista in zwei Teile geteilt wird, der M. vocalis.

Nach vorn oben ist der Kehlkopfeingang durch einen Knorpel überragt, die Cartilago epiglottica, den Kehldeckel. Er ist ein platter, sehr biegsamer Faserknorpel von der Form eines in die Länge gezogenen Kartenherzens. Seine Lage zeigt die schematische Abbildung. Wie man sieht, ragt der obere Teil frei in den Rachenraum hinaus, er wird Pars pharyngea genannt. Der übrige Teil, Pars laryngea, bildet die obere vordere Wand des Kehlkopfes. Näheres über die Anordnung des Knorpels s. S. 1259.

## 2. Gelenke und Bewegungsmöglichkeiten.

Die beschriebenen Knorpel sind durch Bänder und durch Muskel miteinander verbunden. Von den Bändern interessieren hier nur, welche die Gelenkflächen umschließen.

---

[1] GERHARDT u. KATZENSTEIN: Arch. f. (Anat. u.) Physiol. **1901**, 263 — Arch. f. Laryng. **13**, 329 (1903).

### a) Articulatio cricothyreoidea.

Das Gelenk zwischen Ring- und Schildknorpel ist ein Kugelgelenk von flacher Wölbung; die Gelenkfläche ist auf- und lateralwärts geneigt, aufwärts konkav. Die Gelenkpfanne wird zum Teil vom Ringknorpel, zum Teil von der Kapselmembran gebildet; der Gelenkkopf ist das untere Ende des Hornes des Schildknorpels. Die Gelenkkapsel umschließt das Gelenk so, daß sich alle ihre Bänder spannen, wenn man das Horn des Schildknorpels nach der Seite abzubiegen versucht. Dagegen gestattet das Gelenk Drehungen des Schildknorpels um eine transversale Achse, die durch beide Ringschildknorpelgelenke geht. Ferner kann sich, wenn auch in sehr geringem Umfange, der Schildknorpel gegen den Ringknorpel auf- und abwärts sowie vor- und rückwärts bewegen.

### b) Articulatio cricoarytaenoidea.

Das Gelenk zwischen Ring- und Stellknorpel ist das funktionell Wichtigste und Beweglichste. Sein Bau ist aber nicht nur individuell sehr verschieden, sondern auch bei demselben Individuum auf beiden Seiten[1]. In seltenen Fällen bildet es eine Artikulation mit zwei ebenen Flächen. Nach HENLE[2] ist es in der Regel ein Sattelgelenk. Die Artikulationsebene ist in einem der Medialebene ungefähr parallelem Durchschnitt stark aufwärts konvex; in einem zu dieser Durchschnittsebene senkrechten, den Flächen des Ringknorpels parallelen Durchschnitt ist sie leicht aufwärts konkav. Beide Gelenkflächen sind elliptisch, aber die längeren Durchmesser beider stehen im rechten oder spitzen Winkel gekreuzt, der längere Durchmesser der Gelenkfläche der Cartilago cricoidea entlang dem Rande dieses Knorpels, der längere

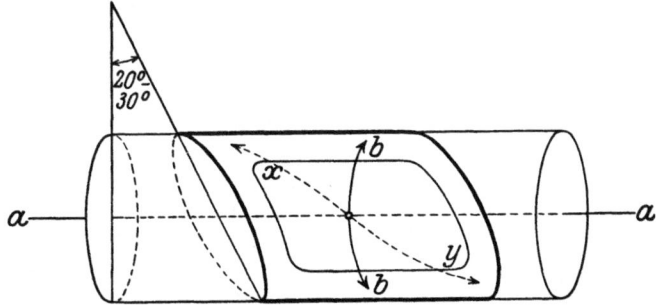

Abb. 406. Schema für die Ringknorpelfläche der Articulatio cricoarytaenoidea. (Aus ELZE: Handb. der Hals-, Nasen- und Ohrenheilkunde. I.)

Durchmesser der Gelenkfläche der Cartilago arytaenoidea parallel dem Dickendurchmesser des Ringknorpels. Daher läßt der Stellknorpel in jeder Stellung einen Teil der Gelenkfläche des Ringknorpels unbedeckt.

Spätere Autoren definieren das Gelenk als ein Zylindergelenk (STIEDA[3] und WILL[4]). Nach diesen Autoren liegt die zylindrische Gelenkfläche so schräg auf dem Ringknorpel, daß die Achsen der beiden Zylindergelenke sich hinten oberhalb der Gelenkflächen in der Mediane schneiden. Jede Achse bildet mit der horizontalen einen Winkel von 50—60°. Ebenso groß ist etwa der Kreuzungswinkel der beiden Gelenkachsen (vgl. Abb. 407, $aa'$).

FICK[5] und ROSCHDESTWENSKI[6] kommen dagegen wieder im wesentlichen auf die Form eines Sattelgelenkes zurück. Neuerdings findet sich in ELZES[7] Darstellung im Handbuche der Hals-, Nasen- und Ohrenheilkunde wieder die Meinung vertreten, daß es sich um ein Zylindergelenk handelt. Die Begrenzungsebenen der Zylinderflächen des Gelenkes sollen nicht senkrecht auf der Zylinderachse stehen, sondern beim Ringknorpel mit dieser Vertikalebene einen Winkel von 20—30° bilden, beim Stellknorpel von 100—110°. Man erhält ein Bild von der Gelenkfläche des Ringknorpels, wenn man sich auf die Oberfläche eines massiven Zylinders einen Rhombus aufgeklebt denkt, von welchem zwei gegenüberliegende Seiten der Oberfläche des Zylinders parallel gerichtet sind (Abb. 406).

---

[1] BILANCIONI: Zbl. Laryng. **1921**, 50 (Referat).
[2] HENLE: Handbuch der Eingeweidelehre. Braunschweig 1866.
[3] STIEDA: Verh. anat. Ges. **1897**, 15.
[4] WILL: Inaug.-Dissert. Königsberg 1895. (Hier die ältere Literatur.)
[5] FICK: Handbuch der Anatomie und Mechanik der Gelenke **2**. Jena 1910.
[6] ROSCHDESWENSKI: Verh anat. Ges. **1912**.
[7] ELZE: Handbuch der Hals-, Nasen- und Ohrenheilkunde S. 240ff.

Eine vollkommen abweichende Anschauung von der Form des Gelenkes vertritt von MEYER[1], der in dem Verbindungsmechanismus der beiden Knorpel eine „Rutschbahn in dem Sinn wie die Artikulation der Patella auf dem Femur" erblickt. Wenn man die Bewegungen der beiden Knorpel gegeneinander beobachtet, so hat diese Anschauung nichts Paradoxes; denn auch die Autoren, welche das Gelenk als ein Zylindergelenk ansehen, schreiben ihm die Fähigkeit, sowohl Scharnier- als auch Gleitbewegungen, erstere um die Zylinderachse, letztere in ihrer Richtung, zuzulassen, als auch unter Preisgabe des Flächenschlusses, d. i. der Gelenkeigenschaft, Drehbewegungen um andere Achsen.

Die Gelenkkapsel ist von einer schlaffen, dünnen Bindegewebsmembran gebildet, nur an der medialen Ecke des Gelenkes ist sie durch ein festes Band verstärkt (Ligamentum crico-arytaenoideum posticum). Dieses entspringt vom medialen Rande der Gelenkfläche am Ringknorpel und geht, sich fächerförmig ausbreitend, an die mediale und hintere Fläche des Stellknorpels. Dieses Band spannt sich an, wenn der Stellknorpel auf den lateralen Teil der Gelenkfläche des Ringknorpels rückt, so daß es also eine Hemmung dieser Bewegung bewirkt. Es bildet also einen Fixpunkt am Ringknorpel.

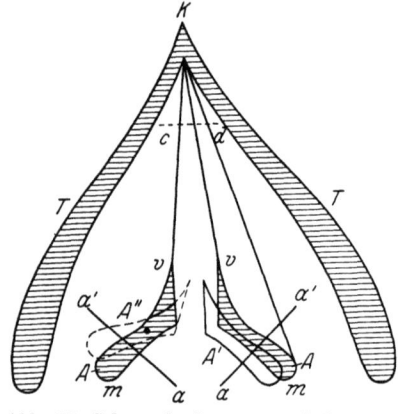

Abb. 407. Schema der Bewegungsmöglichkeiten des Stellknorpels.
A Stellknorpel; v Proc. vocalis; m Proc. muscularis; T Schildknorpel.
(Aus HERMANN: Lehrbuch der Physiologie.)

Aus den vielen Bewegungsmöglichkeiten, die durch die beschriebene Gelenkverbindung sich ergeben, können folgende Typen hervorgehoben werden: Der Ringknorpel werde als feststehend angenommen. Dann kann sich der Stellknorpel um seine Achse $aa'$ bewegen, die von unten außen vorn nach oben innen hinten gerichtet ist. Der Processus vocalis beschreibt dabei einen Kreisbogen, je nach der Richtung seiner Bewegung nähert er sich dem Stimmfortsatz der anderen Seite (Bewegung nach unten) oder entfernt sich von ihm (Bewegung nach oben). Mit der Bewegung nach unten ist eine Medianwärtsbewegung verbunden, mit der Bewegung nach oben eine nach außen (LUDWIG, STIEDA). Diese Bewegungsform ist auch am Menschen im Leben durch REHN[2] nachgewiesen. Die zweite Bewegung des Stellknorpels besteht in einem Gleiten parallel der genannten Achse, also von außen unten nach innen oben oder umgekehrt (von Stellung $A$ in Stellung $A'$). Die dritte Möglichkeit der Bewegung ist eine Rotation um die Längsachse des Stellknorpels (von Stellung $A$ in Stellung $A''$). Von Interesse ist vor allem, wie die genannten Bewegungen auf die Stimmritze und die Stimmlippen wirken. Durch die erste Art der Bewegung werden die Processus vocales $v$ bei ihrer Bewegung nach unten einander genähert; demnach muß hierdurch die Stimmritze verengert werden. Durch die entgegengesetzte Bewegung wird sie mithin erweitert. Ausgiebiger wirkt in analogem Sinne die zweite Art der Bewegung. Wie die Abbildung zeigt, wird durch die Bewegung nach innen oben (Stellung $A$) der Stimmfortsatz beträchtlich nach der Mediane hin verschoben. Weitaus am wirksamsten ist die Ab- und Adduction des Stimmfortsatzes aber durch die dritte Art der Bewegung. Hierdurch werden nicht nur die Stimmfortsätze, sondern auch die inneren Flächen der Stellknorpel stark einander genähert, während die Stimmlippen mit ihren Innenrändern sich aneinanderlegen.

### 3. Innere Bänder und Gelenkbänder des Kehlkopfes.

Von den ligamentösen Einrichtungen des Kehlkopfes kommen hier hauptsächlich die inneren in Frage. Unter der Kehlkopfschleimhaut findet sich eine elastische Faserlage,

---

[1] von MEYER: Arch. f. Anat. (u. Physiol.) **1889**, 427.
[2] REHN: Arch. f. Laryng. **32**, 338 (1920).

welche hier zart, dort mächtig, hier enger, dort lockerer mit der Schleimhaut verbunden ist. Wo sie verdickt ist, bleibt sie nach Entfernung der Schleimhaut oder der Schichten, die sie äußerlich decken, in Form besonderer Haftbänder zurück. Die Verdickungsschichten setzen sich an bestimmten Stellen mit dem Perichondrium der Kehlkopfknorpel in Verbindung, und solche Stellen können als Ursprungsstätten der Haftbänder betrachtet werden, doch ist dabei nicht zu übersehen, daß diese Bänder mit den elastischen Elementen des gesamten Schleimhauttractus ein Kontinuum bilden, daß deshalb ihre Begrenzungen nicht scharf und nur einigermaßen willkürlich bestimmbar sind (HENLE).

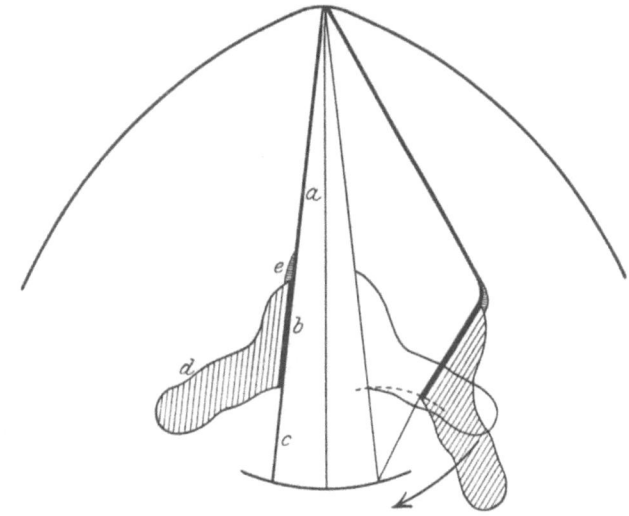

Abb. 408. Schema zur Darstellung der Wirkung des Ligam. cricoarytaenoideum auf die Bewegung des Stellknorpels. (Aus ELZE: Handb. der Hals-, Nasen- und Ohrenheilkunde. I.)

*a* Lig. vocale; *b* Medialfläche des Stellknorpels; *c* Lig. cricoarytaenoideum; *d* Stellknorpel; *e* Spitze des Proc. vocalis, aus elastischem Knorpel bestehend.

Besonders interessiert das Bindegewebe der Stimmlippenschleimhaut. Hier bildet es im allgemeinen eine gleichmäßig dünne, elastische Faserschicht. Massivere Streifen elastischen Gewebes treten, sich deutlich vom übrigen abhebend, am freien Rande der Stimmlippen auf. Die Mächtigkeit dieses Ligamentum thyreoarytaenoideum internum beträgt an einem Frontalschnitt der Stimmlippe gemessen 0,6 mm.

Die Hauptmasse dieses elastischen Bandes entspricht aber nicht dem Rande der Stimmfalte, sondern liegt vielmehr in der unteren Fläche dieser Falte in der Nähe des Randes, während der Rand selbst von einer leicht veränderlichen und in verschiedenen Richtungen verstreichbaren, mit den tieferliegenden Teilen nur sehr locker zusammenhangenden Schleimhautfalte gebildet wird. Diese elastische Membran wird Stimmband, Ligamentum vocale', genannt. Sie hat ihren einen Fixpunkt vorn am Processus vocalis des Schildknorpels, den zweiten am Processus vocalis des Stellknorpels. Als weitere Fortsetzung nach hinten kann man die mediale Fläche des Stellknorpels selber und daran anschließend das Ligamentum cricoarytaenoideum posticum betrachten. Diese Art der Verbindung wird durch die Abb. 409 in der Seitenansicht von innen illustriert.

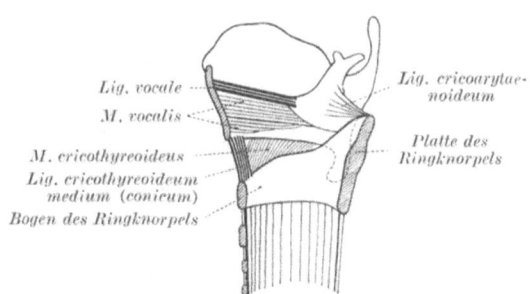

Diese Art der Einschaltung des Stellknorpels zwischen die beiden Bänder, Ligamentum vocale und Cricoarytaenoideum, ermöglicht eine Drehung des Stellknorpels um den Anheftungspunkt des letzteren

Abb. 409. Schema des Spannapparates. (Aus ELZE: Handb. der Hals-, Nasen- und Ohrenheilkunde. I.)

Bandes als Achsenpunkt, wie es Abb. 408 zeigt. Bei dieser Bewegung gleitet zugleich mit einer Außendrehung des Processus vocalis der ganze Stellknorpel nach außen und hinten und unten. Die Abduction des Processus vocalis geschieht hauptsächlich durch die oben beschriebene Scharnierbewegung. Der Effekt dieser Bewegung besteht in einer Winkelbildung im geradlinigen System Stimmband, mediale Stellknorpelfläche, Ligamentum cricoarytaenoideum posticum, wobei der Scheitel des Winkels am Processus vocalis des Stellknorpels liegt. Über die Bänder der Kapsel des Cricothyreoidgelenkes ist oben bereits das Nötige gesagt worden.

## 4. Äußere Bänder des Kehlkopfes.

Eine eingehende Beschreibung der äußeren Ligamente des Kehlkopfes liegt nicht im Rahmen dieser Abhandlung. Bereits erwähnt ist die ligamentöse Verbindung der oberen Schildknorpelhörner mit den hinteren Enden der großen Hörner des Zungenbeines. Nach vorn von diesen beiden soliden Bandmaßen, Ligamenta thyreohyoidea lateralia sind Zungenbein und oberer Rand des Schildknorpels durch eine blattartige Bandmasse verbunden, das Ligamentum thyreohyoideum medium.

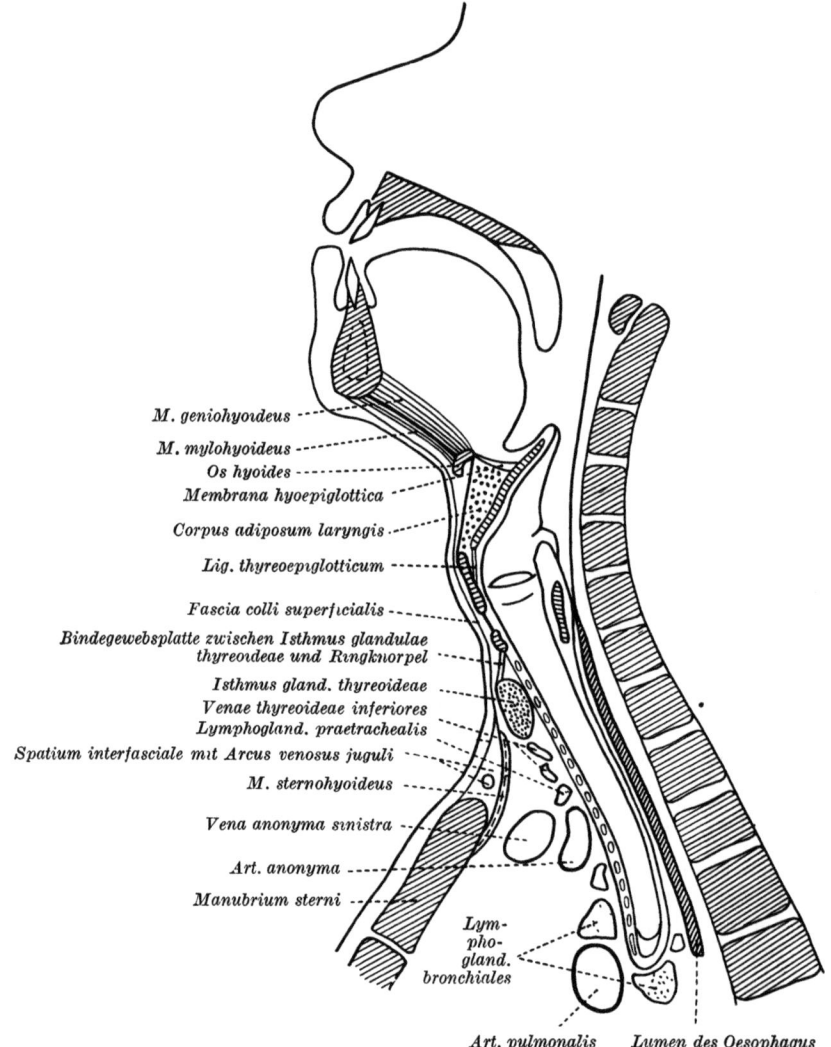

Abb. 410. Halbschematischer Sagittalschnitt durch den Hals. (Unter Benutzung einer Abbildung aus TOLDTS Anat. Atlas.) (Aus ELZE: Handb. der Hals-, Nasen- und Ohrenheilkunde. I.)

In ähnlicher Weise ist die Lücke zwischen Schildknorpel und Ringknorpel durch das Ligamentum cricothyreoideum ausgefüllt. Nach hinten bilden zwei Bänder die Befestigung des Kehlkopfes am Pharynx, ein unpaares, das vom oberen Rande des Ringknorpels zwischen den Stellknorpelartikulationen entspringt und in die Pharynxwand ausstrahlt gegen einen Punkt, der im Niveau der Mitte der Stellknorpel liegt; zwei paarige, die von der Spitze der Stellknorpel entspringend eben dahin ausstrahlen. Die Funktion dieser beiden Bänder (Ligamentum cricopharyngeum und Ligamenta corniculo-pharyngea) besteht offenbar in Beschränkung der Verschiebungen zwischen Kehlkopf und Pharynxschleimhaut.

Der Kehldeckel ist durch das Ligamentum hyoepiglotticum mit Körper und vorderem Teil des großen Hornes des Zungenbeines verbunden, durch das Ligamentum glossoepiglotticum mit dem Fleisch der Zungenwurzel und endlich durch das Ligamentum thyreoepiglotticum mit der Innenfläche des Schildknorpels in der Nähe der Incisur. Dieses Band ist das mächtigste. Alle 3 Bänder liegen im Bereiche der Fettmasse, welche vorn vor dem Kehldeckel liegt. Diese Masse ist hinten von der Pars laryngea der Epiglottis begrenzt, welche durch das Ligamentum thyreoepiglotticum mit dem Schildknorpel verbunden ist, vorn von dem Schildknorpel, der Membrana hyothyreoidea, oben vom Ligamentum hyoepiglotticum in breiter Ausdehnung. Ihr Raum läuft nach unten spitz zu (s. Abb. 410). Wenn der Schildknorpel durch Muskelzug (Hyothyreoideus), z. B. beim Schluckakt, dem Zungenbein genähert wird, so wird die Höhe des keilförmigen Fettkissens vermindert, die Dicke vermehrt. Hierdurch drückt das Polster den laryngealen Teil des Kehldeckels nach hinten unten (EYKMAN). Es leuchtet ein, daß dieser Mechanismus dem Schutze des Kehlkopfes dient. Die Pars pharyngea epiglottidis kann unabhängig von dieser Veränderung gebogen werden.

## II. Muskulatur des Kehlkopfes.

Die Muskulatur des Kehlkopfes spielt sowohl bei der Atmung als auch bei der Stimmbildung eine Rolle. Es liegt natürlich durchaus im Bereiche der Möglichkeit, daß bei beiden Vorgängen die Kombination der Bewegungen der einzelnen Muskeln sehr verschieden ist. In der Tat fehlt es besonders in der neueren Zeit nicht an Stimmen, welche beim Atmen und Phonieren eine sehr verschiedene Mechanik für die Bewegungen am und im Kehlkopf annehmen. Im folgenden soll zunächst zusammengestellt werden, was über die Wirkung der einzelnen Muskeln, die am Kehlkopf angreifen, bekannt ist. Jede Analyse synergischer Muskelwirkungen hat von den Aktionen der einzelnen Muskeln zu kombinierten Wirkungen fortzuschreiten. Daher ist das Interesse an der Wirkung jedes einzelnen Kehlkopfmuskels wohl begreiflich. Freilich sind wir noch weit entfernt davon, die wirklichen Bewegungsvorgänge am Kehlkopf vollkommen aus Einzelaktionen seiner Muskeln komponieren zu können. Das ist schon aus dem Grunde unmöglich, weil man die Aktion der einzelnen Kehlkopfmuskeln nicht durch eine einfache Formel definieren kann; denn jede Einzelaktion ist abhängig von der jeweiligen Konfiguration der Kehlkopfknorpel, die ja in mannigfacher Weise gegeneinander verschieblich sind. Man kann daher kein völlig klares Bild erwarten, sondern lediglich eine Skizze. Eine gewisse Klärung der Verhältnisse könnte vielleicht das Studium der Aktionsströme bringen. Die bisher von AMERSBACH[1] in dieser Richtung an Hunden erzielten Ergebnisse sind noch zu unvollkommen, um eine Verwertung zu gestatten.

Die Muskelwirkungen am Kehlkopf drängen ohne weiteres zu einer Betrachtung nach zwei Richtungen: Die eine umfaßt die äußeren Kehlkopfmuskeln, die vorwiegend dazu dienen, den Kehlkopf in toto zu bewegen oder festzustellen, die zweite die inneren Kehlkopfmuskeln, deren Aufgabe die Bewegung der Skeletteile des Kehlkopfes gegeneinander ist.

### 1. Äußere Muskeln des Kehlkopfes.
#### a) Bewegungen des Kehlkopfes in toto.

Die Betrachtung beginne mit den Bewegungen des Kehlkopfes in toto.

Der menschliche Kehlkopf ist in vertikaler Richtung in einer röhrenförmigen Gleitbahn verschieblich, welche von lockerem Bindegewebe erfüllt ist. Sie ist vorn von Haut begrenzt, unter der sich ein Schleimbeutel befindet, hinten von der Wirbelsäule und der tiefen Halsfascie, an der Seite von Muskulatur. Die bewegenden Kräfte können nur im Sinne von Verschiebungen des Larynx nach oben

---

[1] AMERSBACH: Z. exper. Med. **28**, 122.

und unten, sowie nach vorn und hinten wirksam werden. Bewegungen in seitlicher Richtung sind nur passiv möglich.

Nach oben können Verschiebungen des Kehlkopfes passiv stattfinden, als Folge von Veränderungen der Lage des Zungenbeines. Mit diesem Knochen ist er durch das Ligamentum hyothyreoideum und das Ligamentum hyoepiglotticum

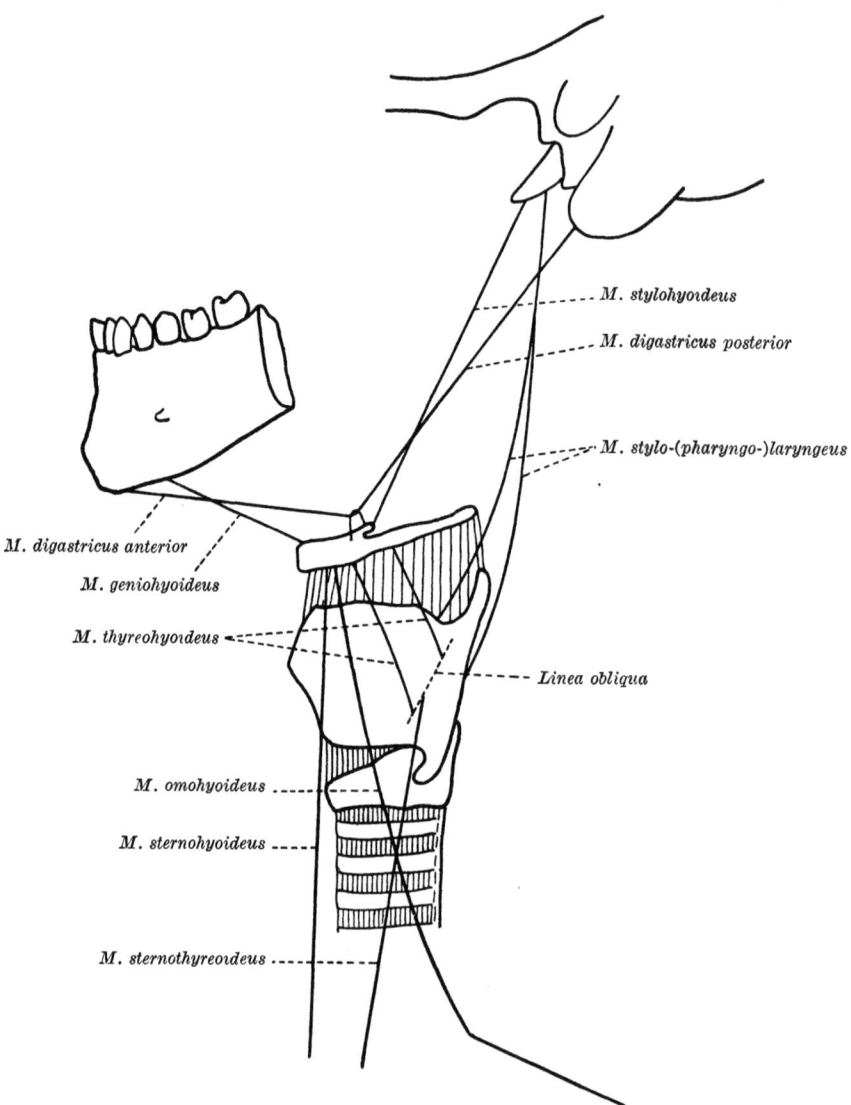

Abb. 411. Schema des Bewegungsapparates von Zungenbein und Kehlkopf. Schraffiert die passiven elastischen Anteile: Membr. hyothyreoidea, Membr. cricothyreoidea, Membr. elastica tracheae. (Aus ELZE: Handb. der Hals-, Nasen- und Ohrenheilkunde. I.)

bindegewebig verbunden. Außerdem stellt der Musculus hyothyreoideus eine muskulöse Verbindung dar. Die Zungenbeinlage ihrerseits ist nicht fest, vielmehr kann sie sich unter dem Antriebe der Zungenbeinmuskeln beträchtlich ändern. Die Musculi geniohyoideus, mylohyoideus und digastricus anterior ziehen es nach vorn und aufwärts; die aufwärtsbewegende Komponente hängt von der Lage des Kinnes ab, je mehr es erhoben ist, um so größer wird sie, mit zunehmender Senkung des Kinnes nimmt sie zunehmend ab. Nach hinten und aufwärts ziehend wirken der Musculus digastricus posterior und der Stylohyoideus. Es ist klar und an der Hand des nebenstehenden Schemas leicht zu ersehen, daß die vor- und rückwärtsziehenden Muskeln antagonistische Paare darstellen, sowie, daß ihre hebenden Wirkungen sich summieren. Wieweit die hebende Komponente zur Wirkung kommt, hängt, wie oben auseinandergesetzt, von der Lage des Kinnes ab.

Entsprechend den Zungenbeinbewegungen müssen infolge der bindegewebigen und muskulären Verbindungen beider Organe analoge Bewegungen des Kehlkopfes stattfinden. In der Tat folgt der Kehlkopf dem Zungenbein. Unterstützt wird seine Bewegung durch den Musculus hyothyreoideus, der hebend und vorwärtsbewegend und durch den Musculus stylopharyngeus, dessen Kehlkopfanteil hebend und rückwärtsziehend wirkt, und ebenso durch den Musculus thyreopharyngeus.

Die geschilderten Muskelmechanismen sind auch befähigt, den Kehlkopf nach oben hin zu fixieren. Nach unten wirken, als ihre Antagonisten, der Omohyoideus und der Sternothyreoideus sowie der Trachealzug im Sinne MINKs, d. i. die Elastizität der bindegewebigen Verbindungen der Trachea. Als Resultat aller dieser elastischen Wirkungen durch Muskelkräfte und Bindegewebselastizität ergibt sich die Möglichkeit, den Kehlkopf im Bereiche der überhaupt aus anatomischen Gründen zulässigen Lagen in jeder Stellung vollkommen fixiert zu halten.

In Wirkung treten diese Einrichtungen beim Schluckakt, beim Husten und bei der Phonation. Die beiden ersteren Bewegungen sind an anderer Stelle abzuhandeln, von den phonatorischen Kehlkopfbewegungen wird später die Rede sein. An der Aufklärung der beschriebenen Muskelwirkungen sind wesentlich beteiligt von älteren Autoren PASSAVANT[1], von neueren EYKMAN[2], SCHEIER[3], KÜPFERLE[4] und MINK[5].

### b) Bewegungen der Kehlkopfteile gegeneinander.

Sowohl die eben aufgeführten, von außen an den Kehlkopf angreifenden Muskeln, als auch die Muskulatur, welche die Knorpel des Kehlkopfes untereinander verbindet, vermögen Verschiebungen der Teile des Kehlkopfes gegeneinander auszuführen. Zuerst sei von den äußeren Muskeln die Rede.

Diese Muskelwirkungen, welche die Knorpel des Kehlkopfes bewegen, interessieren vor allem aus dem einen Gesichtspunkte, wie sie auf die Stimmlippen wirken. Die Betrachtung hat demnach mit der Beschreibung des Verlaufes dieser Muskeln zu beginnen, und dabei ist die Wirkung der einzelnen Muskeln abzuhandeln; schließlich muß ihr Zusammenwirken betrachtet werden.

*Der Musculus sternothyreoideus* entspringt von der Innenfläche des Brustbeines und setzt sich an der Seitenflache des Schildknorpels an. Seine Fasern verlaufen zum Teil hinter die Articulatio cricothyreoidea.

Der Muskel dreht den Schildknorpel um eine transversale Achse, welche durch die beiden Schildknorpelgelenke geht. Damit wirkt er verlangernd und spannend auf die Stimmlippen, indem er ihre Ansatzpunkte voneinander entfernt.

Mittels der zweiten Fasergruppe allein würde der Schildknorpel im gleichen Gelenke, aber in entgegengesetztem Sinne gedreht, so daß seine vorderen Teile sich heben. Die Stimmbander müßten bei dieser Bewegung erschlaffen, weil die Insertion derselben am Schildknorpel durch die Drehung dem Processus vocalis genahert wird.

---

[1] PASSAVANT: Virchows Arch. **104**, 444 (1886).
[2] EYKMAN: Pflügers Arch. **99**, 513 (1903).
[3] SCHEIER: Arch. f. Laryng. **22**, 175 (1909) — Fortschr. Röntgenstr. **18** (1911/12).
[4] KUPFERLE: Pflügers Arch. **152**, 579 (1913).
[5] MINK: Physiologie der oberen Luftwege. Leipzig 1920.

Die Bedeutung dieses Muskels als Stimmlippenspanner ist bisher vielleicht unterschätzt worden. Gewürdigt hat sie in der früheren Zeit von diesem Gesichtspunkte MERKEL[1], neuerdings MINK[2].

*Der Musculus hyothyreoideus entspringt vom seitlichen Drittel des unteren Zungenbeinrandes und dem angrenzenden Teile des großen Hornes des Zungenbandes. Er inseriert an derselben Stelle wie der Sternothyreoideus.*

Außer der oben beschriebenen hebenden Wirkung des Muskels bei feststehendem Zungenbein und fixiertem Kehlkopfskelet vermag er bei fixiertem Zungenbein den vorderen Teil des Schildknorpels in der gleichen Weise zu heben wie die hinteren Partien des Sternothyreoideus und dadurch die Stimmbänder zu entspannen. Diese Bewegungen treten bei der Reizung des Muskels wirklich ein.

In der Regel wirkt er aber stimmbandspannend, weil mit seiner Kontraktion gleichzeitig das Zungenbein gehoben und weit nach vorn gezogen wird. Dadurch wird der Schildknorpel nach vorn übergekippt, was zu einer Spannung der Stimmlippen führt. Bei der Katze hat VIERORDT[3] dies experimentell wahrscheinlich gemacht. Die Höhe des Stimmtones sinkt nämlich bei diesem Tiere um 3—4 Töne, wenn der Muskel durchschnitten ist. Ferner wird die Stimmritze nicht mehr so eng wie vorher. Auch eine Beobachtung von STEINER[4] spricht dafür. Er hat gesehen, daß nach Lähmung aller inneren Kehlkopfmuskeln bei Kaninchen das Phonieren noch möglich ist, „wenn entweder der Hyothyreoideus oder die Constrictoren normal innerviert werden. Lähmt man auch einen von diesen beiden Muskeln, so ist die Stimmbildung nicht mehr möglich". Der erste und der zweite Satz scheinen mir im Widerspruch miteinander zu stehen.

*Dem Laryngeopharyngeus* schreibt GRÜTZNER[5] außer dem Festhalten des Kehlkopfes an der Wirbelsäule die Wirkung zu, bei biegsamen Kehlkopfknorpeln eine Verbiegung des Schildknorpels herbeizuführen, so daß die Platten desselben sich einander nähern. Das würde eine Spannung der Stimmlippen bedeuten. Für diese letztere Möglichkeit führt GRUTZNER den Versuch STEINERS an.

## 2. Eigene Muskeln des Kehlkopfes.

Die vom Kehlkopfknorpel zu Kehlkopfknorpel verlaufenden Muskeln erfüllen die Aufgabe, Weite der Stimmritze und Spannung der Stimmlippen zu verändern oder konstant zu halten. Eine Analyse ihrer Wirkungen wird von dem Zustande des Larynx auszugehen haben, welcher der Ruhelage dieser Muskeln entspricht.

### a) Weite der Stimmritze.

#### α) In der Ruhe.

Im Ruhezustand, d. h. entsprechend der Wirkung der nichtcontractilen elastischen Elemente und dem Ruhetonus der Muskulatur zeigt die Glottis eine mittlere Weite, etwa wie es Abb. 423 zeigt.

#### β) In der Leiche.

Man sollte erwarten, daß die Weite der Stimmritze in der Leiche dauernd dieser Stellung entsprechen würde. Das ist aber nicht der Fall, sondern Weite und Form der Glottis sind nach dem Tode sehr wechselnd. Hierüber geben die Untersuchungen von FEIN[6] und von

---

[1] MERKEL: Anthropophonik. Leipzig 1857.
[2] MINK: Zitiert auf S. 1263.
[3] VIERORDT: Grundriß der Physiologie, S. 536. 1877.
[4] STEINER: Zitiert nach GRÜTZNER: Hermanns Handbuch der Physiologie **1 II**, 43 (1879).
[5] GRÜTZNER: Hermanns Handbuch der Physiologie **1 II**, 44 (1879).
[6] FEIN: Arch. f. Laryng. **11**, 21 (1901) — Dtsch. med. Wschr. **1921**, H. 21, 591.

einer Reihe anderer Autoren[1] Auskunft. Man ist deshalb geneigt, die alte Bezeichnung von ZIEMSSEN[2] fallen zu lassen, welcher die Ruhestellung der Stimmlippen als Kadaverstellung bezeichnet hat. Die Berechtigung einer Änderung der Nomenklatur ist aber zweifelhaft. Unmittelbar nach dem Tode zeigt die Glottis in der Tat die Ruhestellung, wie auch FEIN[3] gefunden hat. Mit zunehmender Zeit nach dem Tode ändert sich Weite und Form der Stimmritze. Sie wird hier abhangig von dem Verhältnis der Krafte, welche die Lage der Stimmlippen bestimmen. Daß dieses Kräfteverhältnis im Tode dauernd geandert wird, ist selbstverständlich. Zunàchst wirken die Änderungen der Elastizität der Muskeln infolge der Erstarrung. Hierbei überwiegen anfangs die Faktoren, welche glottiserweiternd wirken: die Stimmritze erweitert sich. Diese Regel gilt ganz allgemein. Für spatere Phasen läßt sich keine Gesetzmäßigkeit angeben. Da man die Änderungen der mechanischen Bedingungen, unter denen die Stimmritze dann steht, nicht kennt, muß man annehmen, daß sie keinem bestimmten Gesetz gehorchen. Es spielen hier vermutlich die Entstehung und Lösung der Totenstarre, die ja zeitlich bei verschiedenen Muskeln sehr verschieden abläuft, sowie kadaveröse Veränderungen durch Autolyse und Fäulnis eine Rolle. Zahlreiche Untersuchungen[4] über die zeitliche Folge des Absterbens der Kehlkopfmuskeln und ihre Bedeutung für die Konfiguration des Kehlkopfbildes haben zu keinem einheitlichen Ergebnis geführt. Diese Frage bedarf neuer Untersuchungen.

*γ) Weite der Glottis bei der Atmung.*

Die Weite der Stimmritze kann gegen die Ruhestellung verringert oder vergrößert sein. Eine Erweiterung findet bei tiefer Inspiration statt (s. Abb. 420), Verengerung bis zum Schluß der Glottis erfolgt bei der Stimmgebung.

Für die Ausführung dieser Bewegungen kommen im wesentlichen folgende Muskeln zur Wirkung: Für den Stimmritzenschluß der Cricoarytaenoideus lateralis, der Thyreoarytaenoideus externus, der Arytaenoideus transversus et obliquus; für die Erweiterung der Glottis der Cricoarytaenoideus posticus.

Neben diesen Bewegungen der Stimmlippen laufen in der Regel Änderungen ihrer Spannung parallel. Für diese Funktion kommen außer den S. 1263 aufgeführten Muskeln, deren Ursprung am Sternum und am Zungenbein liegt, vor allem die Cricothyreoidei und der Musculus thyreoarytaenoideus internus s. vocalis in Frage.

Verlauf und Wirkungsweise dieser Muskeln wird im folgenden zu betrachten sein.

Das Studium der Wirkungsweise der inneren Kehlkopfmuskeln verfügt über folgende Hilfsmittel: 1. Ableitung der Funktion aus dem anatomischen Verlauf des Muskels, 2. Wirkung der Reizung, 3. Folgen der Lähmung des Muskels. Besonders für den letzteren Punkt sind klinische Beobachtungen an Menschen von Bedeutung. Sie können im folgenden aber nur in sehr beschränktem Maße herangezogen werden, weil die Darstellung in das entsprechende Kapitel des pathologischen Teiles gehört.

## b) Musculus cricothyreoideus.

Dieser Muskel zerfällt in zwei Abteilungen, die als Rectus und Obliquus unterschieden werden.

---

[1] KRAUSE, H.: Virchows Arch. **98**, 294 (1884). — SEMON, F., u. V. HORSLEY: Dtsch. med. Wschr. **1890**, 672. — GROSSMANN, M.: Pflügers Arch. **73**, 184 (1898). — GOTTSTEIN: Die Krankheiten des Kehlkopfes. 1893. — BURGER, H. H.: Die laryngealen Störungen der Tabes dorsalis. Leyden 1891. — SEUFFER: Med. Klin. **1920**. — NEUMAYER, W.: Arch. f. Laryng. **4**, 323 (1896).
[2] ZIEMSSEN: Handbuch des Respirationsapparates **1**, 428 (1876).
[3] FEIN: Zitiert auf S. 1264.
[4] JEANSELME, E., u. M. LERMOYEZ: Arch. de physiol. norm. et pathol. **6**, 109 (1885). — SEMON u. HORSLEY: Zitiert unter 1. — BURGER: Berl. klin. Wschr. **1892**, 806. — ONODI: Ebenda **1892**, Nr 32. — JELENFFY: Pflügers Arch. **7**, 17 (1873). — EWALD, J. R.: Heymanns Handb. d. Laryngol. 1898. — GRÜTZNER, L.: Breslauer arztl. Zeitschr. **5**, 190 (1883). — CHAUVEAU: C. r. Acad. Sci. Paris **87** I, 138 (1878).

Der Rectus entspringt vom unteren Rande des Bogens des Ringknorpels dicht neben der Mittellinie und zieht mit lateral aufwärts divergierenden Fasern zum unteren Rande des Schildknorpels, an dessen medianer Kante die Insertion beginnt und von hier sich seitwärts erstreckt.

Der Obliquus entspringt mit einer Anzahl glatter Zacken von der Außenfläche des Ringknorpelbogens. Er verläuft lateral rückwärts aufsteigend und inseriert sich am unteren Rande des Schildknorpels vom Winkel dieses unteren Randes an und am ganzen vorderen Rande des unteren Hornes. Der Ansatz reicht an der inneren Fläche des Schildknorpels weiter aufwärts als an der äußeren.

Die Funktion der Muskeln ist einfach zu übersehen. Wenn man den Ringknorpel als feststehend[1] annimmt, so wird durch die Verkürzung der beiden Muskeln der vordere Teil des Schildknorpels dem Bogen des Ringknorpels genähert, es findet also eine Drehung des Schildknorpels um die frontale Achse der Schildringknorpelgelenke (d. i. die Verbindungslinie derselben) statt. Durch diese Bewegung werden, wie oben angegeben, die Stimmlippen gespannt, indem ihre Insertionspunkte am Schildknorpel sich vom Stimmfortsatz der Stellknorpel entfernen. Dieser wird zugleich relativ zum vorderen Ansatzpunkte der Stimmlippen gehoben.

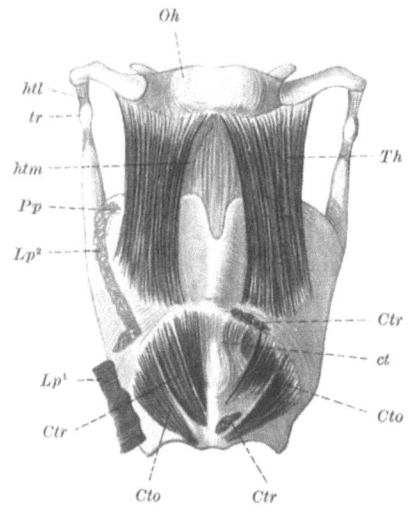

Abb. 412. Zungenbein (*Oh*) und Kehlkopf von vorn. *htl* Lig. hypothyreoid. laterale. *tr* Cart. triticea. *htm* Lig. hyothyreoid. med. *ct* Lig. cricothyreoid. *Pp* Unteres Ende des M. palatopharyngeus. *Lp*¹, *Lp*² Ursprungszacken des M. laryngopharyngeus. *Th* M. thyreohyoideus. *Ctr* M. cricothyreoid. rect., rechterseits bis aus Ursprung und Insertion entfernt. *Cto* M. cricothyreoideus obliquus. (Aus HENLE: Handbuch der Eingeweidelehre des Menschen.)

Nimmt man umgekehrt an, daß der Schildknorpel feststehe, so erfolgt bei der Kontraktion der Muskeln eine Drehung des Ringknorpels im Schildknorpel-Ringknorpelgelenk. Der Effekt dieser Bewegung ist eine Entfernung des Stimmfortsatzes von der Insertion der Stimmlippen am Schildknorpel, also wiederum eine Spannung der Stimmlippen. Auch hierbei findet eine Hebung des Processus vocalis statt.

Außer dieser drehenden Wirkung hat der Obliquus wenigstens in seinen hinteren Partien eine in sagittaler Richtung erfolgende Wirkung. Hierdurch wird der Schildknorpel nach vorn gezogen, soweit das Gelenk es gestattet, und dazu an den Ringknorpel fest angepreßt. Beide werden dadurch aneinander fixiert, die Stimmlippen gespannt.

Eine dritte Komponente des Obliquus verläuft frontal; durch sie können vielleicht die Platten des Schildknorpels unter gleichzeitiger Durchbiegung gegen das Kehlkopflumen hin an den Ringknorpel herangezogen werden (COHEN-TERVAERT[2]). Der Effekt einer solchen Biegung wäre eine Verlängerung des sagittalen Durchmessers des Kehlkopfes, mithin eine Spannung der Stimmlippen.

Daß der Muskel auch eine Adduction der Stimmlippen erzeugen kann, ist mindestens zweifelhaft. Es kommt höchstens bei Kombination seiner Aktion mit dem Cricoarytaenoideus posticus und dem Arytaenoideus transversus eine derartige Wirkung in Frage.

GRÜTZNER[3] hat versucht, die obengenannten drei Wirkungen an sich selber durch Druck auf den Kehlkopf nachzuahmen. Hebung des Ringknorpels gegen den Schildknorpel, Schiebung des Ringknorpels nach hinten, Kompression des

---

[1] Über diese Frage s. S. 1267.
[2] COHEN-TERVAERT: Internat. Zbl. Laryng. **1886**.
[3] GRÜTZNER: Zitiert auf S. 1264.

Schildknorpels durch Druck auf die Seiten desselben haben, wenn sie erfolgen, während ein Ton gesungen wird, eine Erhöhung dieses Tones zur Folge. Das spricht für eine Verstärkung der Spannung der Stimmlippen.

Über die Funktion des Cricothyreoideus liegt auch eine Reihe von Experimenten an Tieren vor. LONGET[1] hat am Hunde den äußeren Ast des Laryngeus superior, der diesen Muskel innerviert, durchschnitten. Danach wurde die Stimme rauh, was er auf die Entspannung der Stimmlippen zurückführt. Analoge Resultate an Hunden und Katzen haben SCHMIDT[2] und SCHECH[3] erhalten, welche den Muskel teils durch direkte Durchschneidung, teils durch Resektion des Nerven lähmten. Wenn derartige Eingriffe beiderseitig gemacht worden waren, so waren die Erscheinungen intensiver. LONGET hat durch künstliche Annäherung des Ringknorpels an den Schildknorpel die beschriebene Rauhigkeit der Stimme beseitigen können. Durch Reizung des Laryngeus superior konnte er den Ringknorpel gegen den Schildknorpel heben. JELENFFY[4] nimmt an, daß die normale Funktion des Muskels beim Menschen in einer solchen Hebung bestehe.

In den Versuchen von SCHMIDT und von SCHECH an Hunden war die Stimmlippe der operierten Seite länger als die andere und wurde leichter durch den Luftstrom bewegt.

MARTEL[5] hat die Bewegungen der Scheitelpunkte des Schildknorpels und des Ringknorpels aufgezeichnet und gefunden, daß Schild- und Ringknorpel bei der Atmung keine Bewegung gegeneinander zeigen. Man vergleiche hiermit die unten wiederzugebenden Ausführungen von MINK[6], die gerade von der entgegengesetzten Beobachtung ausgehen. Bei der Stimmgebung hebt sich nach MARTEL der Ringknorpel gegen den Schildknorpel, was auf Kontraktion der Cricothyreoidei zurückgeführt wird. HOOPER[7] konnte bei Hunden auf Reizung des Laryngeus superior die Kontraktion der Cricothyreoidei direkt beobachten und sah dabei eine Hebung des Ringknorpels, eine Feststellung, die bereits MAGENDIE gemacht hat. Auch nach Untersuchungen von JURASZ[8] und von KATZENSTEIN[9] ist der Schildknorpel der feste, der Ringknorpel der bewegliche Teil.

Eine Einwirkung auf die Weite der Stimmritze kommt dem Muskel nach R. WAGNER[10] zu, wenn der Recurrens durchschnitten ist (bei Katzen und Kaninchen). Die Stimmlippe der gelähmten Kehlkopfseite ist nach dieser Operation median gestellt, nach GRABOWER[11] infolge tonischer Cricothyreoideuskontraktion. Wird noch der Laryngeus superior durchschnitten, so zeigt sie dieselbe Stellung wie in der Leiche. Diese Angaben werden aber von KATZENSTEIN[12] bestritten, von MEHRING und ZUNTZ[13] dagegen bestätigt. Der Wegfall der Adduction der Stimmlippe nach Durchschneidung des Laryngeus superior tritt auch ohne diese Resektion ein, wenn der Kehlkopf cocainisiert wird. v. MEHRING und ZUNTZ halten die Medianstellung des Stimmbandes deshalb für bedingt durch einen Reflex von der Kehlkopfschleimhaut auf die ungelähmten Muskeln der anderen Seite und auf die Constrictores pharyngis.

---

[1] LONGET: Traité de physiologie **2**, 730. Paris 1869.
[2] SCHMIDT: Die Laryngoskopie an Tieren. 1873.
[3] SCHECH: Z. Biol. **9**, 270.   [4] JELENFFY: Pflügers Arch. **22**, 50. (1880)
[5] MARTEL: Arch. de physiol. norm. et pathol. **1**, 582.
[6] MINK: Zitiert auf S. 1263.   [7] HOOPER: Jber. Physiol. **1884**.
[8] JURASZ: Arch. f. Laryng. **12**, 61 (1902).
[9] KATZENSTEIN: Passow-Schäfers Beitr. **3**, 291 (1909).
[10] WAGNER, R.: Virchows Arch. **120**, 437; **124**, 217; **126**, 271.
[11] GRABOWER: Arch. f. Laryng. **25**, 479—485 (1912).
[12] KATZENSTEIN: Arch. f. (Anat. u.) Physiol. **1892**, 162. — Virchows Arch. **128**, 48; **130**, 316.
[13] ZUNTZ: Arch. f. (Anat. u.) Physiol. **1892**, 163.

NEUMANN[1] vertritt die Ansicht, daß Reizung des Cricothyreoideus bei Hunden den Stimmfortsatz abwärts bewegt. Das soll durch gleichzeitige Rückwärtsdrängung und -senkung des Ringknorpels zustande kommen. Dabei sollen die Stimmlippen einander genähert werden. Ähnliches behauptet KRAUSE[2], der die Adduction der Stimmlippe während der Einatmung bei Recurrenslähmung durch konkomitierende Cricothyreoideuskontraktion erklären will.

KUTTNER und KATZENSTEIN[3] finden, daß beiderseitige Kontraktion des Muskels eine geringe Verschmälerung der Stimmritze bewirkt, einseitige Reizung eine Parallelstellung der Stimmlippen. Diese Wirkungen rühren nach den Autoren nicht von einer eigentlichen Adductionsbewegung her, sondern von einer Verschiebung der Stellknorpel und des Ringknorpels gegeneinander.

### c) Musculus cricoarytaenoideus posticus.

Der Muskel entspringt an der Hinterwand der Platte des Ringknorpels neben der medianen Firste dieser Platte an deren unterer Hälfte. Die seitwärts und aufwärts konvergierenden Fasern inserieren am hinteren Rande des Muskelfortsatzes des Stellknorpels. Man unterscheidet einen unteren vertikalen und einen oberen horizontalen Teil des Muskels. Die Fasern der vertikalen Abteilung sind doppelt so lang als die horizontalen Fasern.

Man hat zu erwarten, daß die Kontraktion dieses Muskels den Stellknorpel um eine vertikale Achse dreht, indem sich der Muskelfortsatz nach hinten innen, der Stimmfortsatz demgemäß sich nach vorn außen dreht[4]. Daher wird der Muskel die Stimmritze erweitern. Gleichzeitig wird er auch den Stellknorpel in toto nach hinten ziehen und hierdurch das Stimmband spannen. Diese Bewegungen kommen durch die kombinierte Aktion der beiden Abteilungen zustande. Die senkrechten Fasern drehen den Stellknorpel um eine vertikale Achse, bewirken daher eine Abduction und Hebung des Processus vocalis und eine Auswärtsneigung der medialen Stellknorpelfläche. Der Effekt der Kontraktion der waagerechten Fasern wird in geringerem Umfange ebenso sein; daneben wird gleichzeitig eine Gleitbewegung des Knorpels nach außen erfolgen. Von wesentlicher Bedeutung für den Ablauf dieser Vorgänge ist das Ligamentum cricoarytaenoideum, welches in Verbindung mit den vertikalen Fasern des Cricoarytaenoideus posticus eine Vorwärtsbewegung des Stellknorpels verhindert.

Diese Wirkungen kommen dem Muskel tatsächlich zu. Wie LONGET[5] durch elektrische Reizung des Muskels zeigen konnte, erweitert sich die Stimmritze bei seiner Kontraktion. Dementsprechend zeigen Versuche von SCHMIDT[6] und SCHECH[7], daß die Erweiterung der Stimmritze beim Einatmen auf einer Seite wegfällt, wenn der eine Muskel gelähmt ist. Sind beide Muskeln ausgeschaltet, so bleibt die Glottis auch bei der Einatmung geschlossen. Die Tiere leiden infolgedessen an hochgradiger Atemnot. Diese Erscheinung zeigt sich an der Katze, am Hunde waren sie in Versuchen von SCHECH nicht so ausgesprochen, obgleich die inspiratorische Erweiterung der Glottis auch hier fehlte. Nach KLEMPERER[8] ist dieser Muskel der hauptsächlichste Abductionsmuskel.

---

[1] NEUMANN: Zbl. med. Wiss. **1893**, 225, 273, 417, 433.
[2] KRAUSE: Arch. f. (Anat. u.) Physiol. **1899**, 77.
[3] KUTTNER u. KATZENSTEIN: Arch. f. (Anat. u.) Physiol. **1899**, 274 — Arch. f. Laryng. 8, 181 (1898).
[4] Literatur bei H. v. MEYER: Arch. f. Anat. u. Physiol. **1889**, 427. — NEUMANN, J.: Stud. a. d. anat. Inst. Budapest, S. 204. Wiesbaden 1895.
[5] LONGET: Zitiert auf S. 1267.
[6] SCHMIDT: Zitiert auf S. 1267.
[7] SCHECH: Zitiert auf S. 1267.
[8] KLEMPERER: Pflügers Arch. **74**, 272 (1899).

### d) Musculus cricoarytaenoideus lateralis.

Er entspringt von der ganzen Breite des oberen Randes des Ringknorpels dicht über dem Cricothyreoideus obliquus zwischen dem Ursprung des Thyreoarytaenoideus externus und der Gegend über der Articulatio cricothyreoidea. Die Fasern des Muskels verlaufen parallel dem Rande des Ringknorpels rück- und aufwarts. Sie inserieren an dem Processus muscularis und dem vorderen Rande der Gelenkflache des Stellknorpels.

Man sollte erwarten, daß die Aktion des Muskels, soweit er am Muskelfortsatz ansitzt, eine Rotation des Stellknorpels um eine vertikale Achse zur Folge hat, wobei sich der Muskelfortsatz nach vorn, außen und abwärts, der Stimmfortsatz also sich nach hinten innen und aufwärts bewegt. Der Muskel würde demnach antagonistisch gegen den Cricoarytaenoideus posticus wirken, indem er die Pars ligamentosa der Stimmritze schließt. Die Pars intercartilaginea bleibt dabei offen.

In der Tat zeigt sich an der Katze nach Durchschneidung des Muskels, daß die Stimmlippe der gelähmten Seite bei der Phonation sich nicht so weit der Mittellinie nähert, wie die der gesunden Seite, welche sogar über die Medianlinie hinausgeht. Sind die Muskeln beiderseits gelähmt, so kann die Stimmritze sich nicht mehr völlig schließen, vielmehr bleibt sie hinten offen, so daß eine Stimmgebung unmöglich wird.

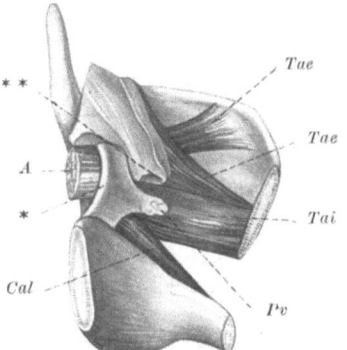

Abb. 413. Linke Kehlkopfhälfte von innen, die Schleimhaut bis zum hinteren Winkel des Ventriculus laryngis (**) und bis an die Spitze der Cart. aryt. wegpräpariert und zurückgeschlagen. *Pv* Proc. vocalis der Cart. arytaenoidea. * Innerer Winkel derselben. *A* M. arytaenoideus, median durchschnitten. *Cal* M. cricoarytaen. lateralis. *Tae, Tai* M. thyreoarytaen. ext. und int. (Aus HENLE: Handb. der Eingeweidelehre des Menschen.)

Von denjenigen Teilen des Muskels, welche am vorderen Rande der Gelenkfläche des Stellknorpels sich anheften (anterior), könnte man auch annehmen, daß sie den Stellknorpel nach vorn außen und abwärts ziehen, und von ihren medialen Teilen, daß sie den Processus vocalis nach außen ziehen und dementsprechend die Stimmritze erweitern. In der Tat ist von RÜHLMANN[1] eine solche Wirkung behauptet worden. Nach VON MEYER[2] dagegen hebt der Cricoarytaenoideus anterior den Processus vocalis und verlängert die Glottis.

### e) Musculus arytaenoideus transversus.

Der Arytaenoidmuskel verläuft zwischen den beiden Stellknorpeln. Seine Fasern haben eine transversale Richtung, sie entspringen an beiden Stellknorpeln an deren lateralen Kanten, die Muskelmasse füllt die Konkavität der hinteren Flächen dieser Knorpel vollständig aus.

Durch seine Kontraktion müssen sich die Stellknorpel aufeinander zu verschieben, besonders ihre hinteren unteren Teile. Die Bewegung wird daher zum Schlusse der sogenannten Glottis respiratoria s. intercartilaginea[3] beitragen. Die Ausschaltung des Muskels muß demnach zur Folge haben, daß diese Teile sich nicht mehr einander nähern können. Wie bereits VIERORDT beobachtet hat, stehen die Stellknorpel in der Einatmungsstellung wesentlich weiter auseinander als in der Ruhe. Bei der Phonation bleibt eine dreieckige Öffnung zwischen den Stellknorpeln, deren Basis nach hinten liegt. Eine Stimmbildung ist infolgedessen unmöglich. Analoge Verhältnisse zeigt die Beobachtung einer Lähmung dieses Muskels am Menschen, die von ZIEMSSEN herrührt. Die Ausfüllung der

---

[1] RÜHLMANN: Sitzgsber. Akad. Wiss. Wien, Math.-naturwiss. Kl. **69**, 257 (1894).
[2] VON MEYER: Arch. f. Anat. (u. Physiol.) **1889**, 427.
[3] Nach VON MEYER bewegt er den Processus vocalis nach unten und wirkt öffnend auf die Stimmritze.

beschriebenen Lücke ist eine der Hauptaufgaben des Muskels. Er nähert die vorderen Kanten des Stellknorpels bis zur Berührung. Der völlige Verschluß der Pars intercartilaginea soll durch Stauchung der Schleimhaut über den sich nicht berührenden Teilen erfolgen (ELZE)[1].

### f) Musculus arytaenoideus obliquus.

Der Muskel entspringt am Muskelfortsatz des Stellknorpels, zieht im Bogen an die Mitte des lateralen Randes des Stellknorpels der anderen Seite, wo er fest angeheftet ist. Von hier verlaufen seine Fasern zum Winkel des Schildknorpels.

Der Muskel hat häufig noch Fasern, die vom Processus muscularis zur Plica aryepiglottica und solche, die vom Winkel des Schildknorpels zu dieser Falte und zum Kehldeckel verlaufen. HENLE faßt alle diese Muskelfasern unter dem Namen Musculus thyreoaryepiglotticus zusammen. Vielfach wird er auch mit dem Arytaenoideus vereinigt.

Die Funktion dieses Muskels kann für die Stimmbildung von großer Bedeutung sein. Die erstgenannte Abteilung kann die Stellknorpel einander nähern, würde also analog dem Arytaenoideus wirken. Außerdem würde dieser Muskelteil als Antagonist des Musculus cricoarytaenoideus lateralis wirken können, indem er den Muskelfortsatz aufwärts zieht und unter Fixation der medialen hinteren Teile des Stellknorpels eine Drehung dieses Knorpels erzeugt, die den Vokalfortsatz abduziert, die Glottis also öffnet.

Der epiglottische Teil des Muskels könnte den Kehldeckel herabziehen und hierdurch den Eingang zum Kehlkopf verengern.

Die bisher abgehandelten Muskeln haben die Aufgabe, dem Kehlkopf eine je nach dem Bedürfnis wechselnde Form zu geben und diese Form festzuhalten. Hierdurch liefern sie das Gerüst, an dem sich die Wirkung der Stimmlippenmuskeln, der Thyreoarytaenoidei, abspielt. Ihre Wirkung setzt einen festen Rahmen geradezu voraus.

Die Hauptaufmerksamkeit richtet sich bei einer derartigen Betrachtung zunächst auf den Effekt der Muskelaktionen für die Lage der Stimmlippen. Wenn wir die Verhältnisse noch einmal kurz zusammenfassen, so ergibt sich folgendes: Durch die Cricoarytaenoidei postici werden die Muskelfortsätze der Stellknorpel nach der Mediane zu gedreht, die Vokalfortsätze lateralwärts, die Glottis wird also geöffnet, indem die hinteren Ansätze der Stimmlippen voneinander entfernt werden. Die Stimmritze nimmt dabei Rautenform an. Die gegenteilige Bewegung wird durch Kontraktion des Cricoarytaenoideus lateralis erzeugt. Vollkommen ist diese antagonistische Bewegung nur dann, wenn der Musculus interarytaenoideus und der Musculus interarytaenoideus obliquus ein Lateralwärtsgleiten der Stellknorpel verhindern. Es ist zu erwarten, daß das SHERRINGTONsche Gesetz von der antagonistischen Innervation auch bei diesen Aktionen gilt, daß also bei Kontraktion der Agonisten die Antagonisten nachgeben, indem sie an Tonus verlieren.

Nunmehr ist über die Bedeutung der Muskeln zu sprechen, welche in den Stimmlippen selber gelegen sind. Es ist sicher, daß auch sie eine Rolle für die Form der Glottis spielen. So wird z. B. der Thyreoarytaenoideus das Nachhintengleiten der Stellknorpel beim Glottisschluß verhindern können, wie sich im folgenden ergeben wird.

### g) Musculus thyreoarytaenoideus.

Seit HENLE unterscheidet man zwei Abteilungen dieses Muskels, den Externus und den Internus sive vocalis.

Der Externus entspringt in dem unteren Teile des Schildknorpelwinkels. Er besteht aus zwei Schichten, einer äußeren und einer inneren, die sich am Ursprunge decken. Die innere

---

[1] ELZE: Zitiert auf S. 1257.

## Musculus thyreoarytaenoideus.

Schicht verlauft sagittal, die äußere in aufsteigender Richtung von dem Ursprunge nach der Insertion an Höhe zunehmend. Der Muskel inseriert an den seitlichen Rand des Stellknorpels und an den vorderen oberen Teil des Muskelfortsatzes. Der Verlauf der Fasern dieses Muskels ist sehr mannigfaltig, wie GRÜTZNER[1] besonders deutlich durch Untersuchung von Serienschnitten feststellen konnte. Es zeigen sich neben vorwiegend sagittal gerichteten Fasern auch solche, die von oben nach unten gerichtet sind. Die Existenz solcher Fasern wird von ELZE[2] bestritten.

Durch die Kontraktion dieses Muskels wird mittels der Wirkung der Fasern, die sich am Muskelfortsatz ansetzen, dieser nach vorn außen und abwärts[3] bewegt. Demgemäß bewegt sich der Stimmfortsatz nach hinten innen und unten[3], die vorderen Kanten der Stellknorpel werden aneinandergelegt, die Stimmritze wird also geschlossen. Weiter trägt er zur Bildung der Stimmbänder beim Phonieren bei, indem er die dicke Schleimhautfalte durch seine Kontraktion dünner und spitzer macht.

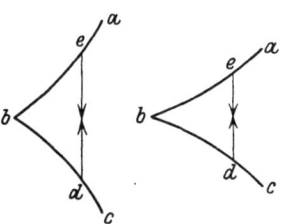

Abb. 414.
(Aus GRÜTZNER: Hermanns Handb. der Physiologie, 2. Tl.)

GRÜTZNER vergleicht diese Wirkung des Muskels treffend der Wirkung eines elastischen Bandes $de$, das zwischen zwei elastischen Platten $ab$ und $cb$ eingeschaltet ist (Abb. 414). Durch seine Zusammenziehung werden, wie die Abbildung zeigt, die Platten einander genähert und ihr Winkel spitzer gemacht. Diese Wirkung des Muskels treibt den Musculus vocalis nach oben und innen. Die elastischen Überzüge der Stimmlippen werden durch die Kontraktion dieses Muskels entspannt, wenn die Stimmlippen sich gleichzeitig verkürzen. Bleibt ihre Länge aber infolge von Fixation der Insertionspunkte konstant bei wechselndem Kontraktionsgrade des Stimmmuskels, so bleibt auch die Spannung des elastischen Überzuges unverändert. Sie wächst dagegen bei Verlängerung der Stimmbänder. Die Spannung dieses elastischen Gewebes spielt vielleicht bei der Phonation gar keine Rolle.

Der Internus oder Stimmuskel entspringt vom Winkel des Schildknorpels medianwärts vom Ursprung des vorigen und heftet sich am oberen Rande, an der Spitze und am unteren Rande des Stimmfortsatzes sowie dem unteren Teil der äußeren Fläche des Stellknorpels an. Die Gestalt des Muskels zeigt der Querschnitt in Abb. 415. Die Bündel des Muskels werden um so feiner, je näher dem Rande des Stimmbandes sie liegen, die dem Rande nächsten verlaufen vereinzelt zwischen den elastischen Strängen des Ligamentum thyreoarytaenoideum inferius, mit welchem sie sehr fest zusammenhängen; eine Anzahl endet in diesen elastischen Zweigen oder entspringt von ihnen.

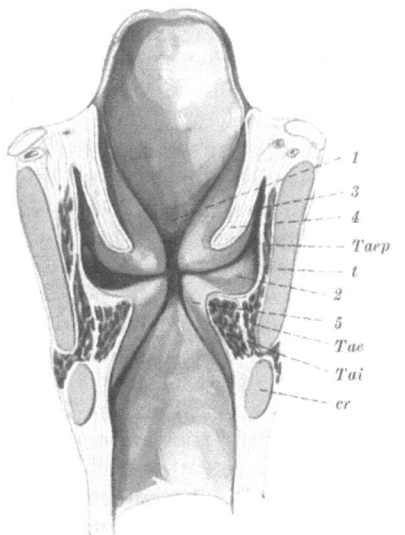

Abb. 415. Frontalschnitt des Kehlkopfes, vordere Hälfte, von innen. $t$ Cart. thyreoid. $cr$ Cart. cricoidea. 1 Wulst der Epiglottis. 2 Ventriculus laryngis. 3 Sinus desselben. 4 obere, 5 untere Plica thyreoarytaenoidea. $Taep$ M. thyreoaryepiglotticus. $Tae$, $Tai$ M. thyreoarytaenoid. ext. und int., Querschnitt.
(Aus HENLE: Handb. der Eingeweidelehre des Menschen.)

Außer Muskelbündeln, die in sagittaler Richtung verlaufen, hat der Muskel schräge, die von der medianen Fläche des Stimmbandes entspringen, von unten innen und vorn nach hinten außen und oben ziehen. Sie enden im falschen Stimmband, vielleicht noch höher.

---

[1] GRÜTZNER: Zitiert auf S. 1264.
[2] ELZE: Handb. d. Hals-, Nasen- und Ohrenheilk. 1, 251 (1925).
[3] VON MEYER: Zitiert auf S. 1269.

Außerdem gibt es noch schräge Fasern, die vom Processus vocalis von hinten, unten und außen nach vorn oben und innen ziehen.

Die Wirkung dieses Muskels besteht vor allem in einer Veränderung der Spannung der Stimmlippe. Wir können dabei absehen davon, wie der Muskel auf die Schleimhaut und das submuköse Gewebe wirkt, beides kann gewiß erschlaffen, wenn der Muskel sich kontrahiert und seine Ansatzpunkte sich dabei einander nähern. So viel ist jedenfalls klar, daß die überwiegende Hauptmasse der Stimmlippen durch diesen Muskel ihre Spannung erhält; je stärker also der Muskel gespannt ist, um so stärker ist die Stimmlippenspannung. Außer dieser Wirkung ist der Muskel noch an der Schließung der Stimmritze wesentlich beteiligt. Ihm fällt die Aufgabe zu, das Rückwärtsgleiten der Stellknorpel zu verhindern und ferner den inneren Rand der Stimmlippen gerade zu machen, so daß sich die Ränder beider Lippen berühren, eine der wesentlichsten Bedingungen für die Phonation.

Außer dieser Spannung und Geradestreckung des Stimmlippenrandes würde der Muskel, falls in ihm von oben nach unten verlaufende Fasern existieren, die Stimmlippe durch seine Kontraktion abflachen[1]. Das würde also eine Änderung der Massenverteilung in den Stimmlippen bedeuten.

### h) Verhalten des Kehlkopfes bei der Atmung.

In der obigen Darstellung ist versucht worden, ein Bild von den Wirkungsmöglichkeiten der einzelnen Kehlkopfmuskeln zu geben. Es ist nun zu untersuchen, in welcher Art ihre Wirkung bei physiologischen Vorgängen sich in Wirklichkeit äußert.

Den Ausgangspunkt der Betrachtung bildet eine Diskussion über den Zustand des Kehlkopfes bei vollkommener Muskelruhe, wie sie etwa die Leiche vor dem Eintritt der Totenstarre bietet. Im Leben können wir diesen Zustand nicht finden, höchstens kann man, wie schon ausgeführt, erwarten, daß die Kehlkopfstellung, welche in der Ruhe eingehalten wird, mit einem Minimum von Muskeltätigkeit verknüpft ist. Für die Beurteilung des Kehlkopfzustandes zeigt sich die Weite der Stimmritze wieder als geeignetes Kriterium. In der Tat findet man bei Lähmung aller Muskeln des Kehlkopfes (außer den Cricothyreoidei) eine Stellung der Glottis, die nur wenig von der bei ruhiger Atmung abweicht. In der Regel ist sie etwas enger (KUTTNER und KATZENSTEIN[2]).

Bei jeder Inspiration erweitert sich die Stimmritze (nach SEMON[3] nur bei 20% der Menschen), am stärksten bei tiefster Inspiration. Stärker als bei ruhiger Atmung ist die Erweiterung, wenn zum Sprechen eingeatmet wird.

Für diese Erweiterungen der Stimmritze muß man Muskelaktionen verantwortlich machen. Zu erwarten wäre eine Kontraktion der Muskeln, die den Stimmfortsatz des Stellknorpels nach außen bewegen: Cricoarytaenoideus posticus und lateralis (KUTTNER und KATZENSTEIN); dagegen eine Erschlaffung der Antagonisten, des Arytaenoideus und der Arytaenoidei obliqui sowie der Thyreoarytaenoidei. So ist es nach SEMON, der auch bei ruhendem Kehlkopf den Erweiterern der Stimmritze eine reflektorisch vom Vagus ausgelöste, tonische Erregung zuschreibt, den Verengerern dagegen nicht. Nach RÜHLMANN[4] beruht die Einatmungsstellung auf einem kombinierten Zuge des Cricoarytaenoideus lateralis und posticus, während Thyreoarytaenoideus externus und internus

---

[1] WOODS, H.: Journ. of anat. and of physiol. **27**, 431 (1893).
[2] KATZENSTEIN: Arch f. (Anat. u.) Physiol. **1898**, 274.
[3] SEMON: Proc. roy. Soc. **48**, 156, 409 (1890).
[4] RÜHLMANN: Sitzgsber. Akad. Wiss. Wien, Math.-naturwiss. Kl. **69**, 257 (1874).

sowie Cricothyreoideus und Arytaenoideus erschlafft sind. JELENFFY[1] läßt den Thyreoarytaenoideus die Stellknorpel in Mittellage halten, da der Internus nach innen, der Externus nach außen drehe. Nach KUTTNER und KATZENSTEIN[2] sind sowohl Adductoren des Processus vocalis wie die Abductoren desselben tonisch innerviert. Nach späteren Angaben von KATZENSTEIN kommt die respiratorische Änderung der Weite der Stimmritze nur bei der exspiratorischen Verengerung durch Muskelzug zustande.

GROSSMANN[3] kommt auf Grund folgender Beobachtungen an Hunden zu dem Schlusse, daß der Tonus der Adductoren bei der Inspiration herabgesetzt wird. Exstirpation des Cricoarytaenoideus posticus hebt die inspiratorische Erweiterung der Glottis nicht auf. Wird durch Resektion des Laryngeus superior noch der Cricothyreoideus gelähmt, so wird die inspiratorische Erweiterung der Stimmritze noch stärker. Hierbei würde es sich um eine Erschlaffung der Schließer sehr wohl handeln können.

Vollkommen anders funktioniert der Kehlkopf als Atmungsorgan nach MINK[4]:

Die inspiratorischen Vorgänge spielen sich nach ihm folgendermaßen ab. Bei der Inspiration entfernen sich Ringknorpel und Schildknorpel vorn voneinander. Bei der Exspiration nähern sie sich wieder. Auf diesen Vorgang schließt er aus den Bewegungen zweier Spiegel, welche er auf die Haut über dem Schild- und Ringknorpel aufgeklebt hatte. Die Ursache dafür sieht er in Änderungen der Anspannung der Trachea beim Einatmen. Dieser von ihm sogenannte Trachealzug rührt von dem Zuge der Lunge her, welcher wiederum durch den dauernden Zustand der Inspiration

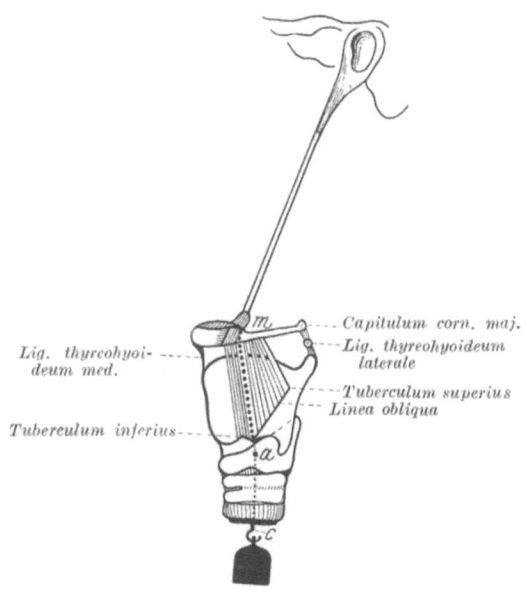

Abb. 416.
(Aus MINK: Physiologie der oberen Luftwege.)

bedingt ist. Letzterer besteht seit dem ersten Atemzuge und soll seinen Grund in der Ausbildung des Zwerchfelltonus haben. Durch ihn soll die Existenz der Reserveluft bedingt sein.

Der Trachealzug bewirkt 1. eine Verlängerung der elastischen Trachea, 2. eine Zugwirkung auf den Kehlkopf und die mit ihm verbundenen Organe.

Der Zug auf den Kehlkopf hat zur Folge, wenn man den Zug am Ringknorpel in $a$ der Abb. 416 wirksam annimmt, erstens eine Drehung des Ringknorpels im Cricothyreoidealgelenk, also Herabsinken des vorderen Teiles des Ringknorpels, zweitens ein Herabgezogenwerden des ganzen Ringknorpels.

Diese Bewegung pflanzt sich mittels der Cricothyreoidgelenke auf den Schildknorpel und von hier durch Vermittlung des Ligamentum thyreohyoideum laterale auf das Köpfchen des großen Zungenbeinhornes fort. Die Folge davon ist, daß das Capitulum herabgezogen wird und daher eine Drehung des Zungenbeines um das kleine Horn eintritt, welches vom Ligamentum stylohyoideum festgehalten wird. Da das kleine Horn mit dem Körper des Zungenbeines beweglich verbunden ist, hebt sich der Zungenbeinkörper. An ihm ist vorn das Ligamentum thyreohyoideum medium befestigt. Der Zug wirkt dadurch auf den Schildknorpel, dessen vorderer Teil gehoben wird.

---

[1] JELENFFY: Pflügers Arch. **22**, 50 (1880).
[2] KATZENSTEIN: Arch. f. Laryng. **8**, 181 (1898).
[3] GROSSMANN: Pflügers Arch. **73**, 184 (1898).
[4] MINK: Zitiert auf S. 1263.

Alle diese Wirkungen werden bei der Inspiration vergrößert. Es zeigt sich daher erstens ein Herabsteigen des Kehlkopfes in toto, zweitens vorn Hebung des Schildknorpels, drittens vorn Senkung des Ringknorpels.

Im gleichen Sinne wirken die beiden Portionen des Musculus thyreohyoideus auf den Schildknorpel; die Partie vor $am$ hebt den vorderen Teil des Schildknorpels, die Partie hinter $am$ zieht das große Zungenbeinhorn herab. Die Intervention des Muskels verbürgt eine größere Genauigkeit der Bewegungen als der Bandapparat allein.

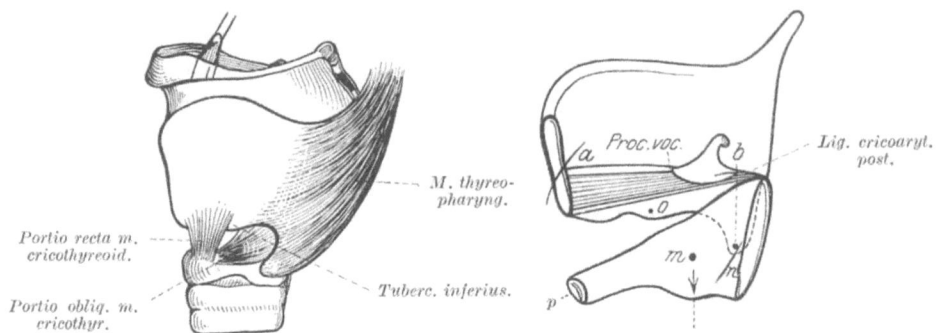

Abb. 417.
(Aus MINK: Physiologie der oberen Luftwege.)

Abb. 418. Schematischer Sagittalschnitt durch den Kehlkopf.
$m$ Angriffspunkt des Trachealzuges; $n$ Drehpunkt des Schild-Ring-Knorpelgelenks; $O$ Mitte des Tuberculum inf.
(Aus MINK: Physiologie der oberen Luftwege.)

Beim Nachlassen der Inspiration erschlafft der Muskel, und zugleich treten elastische Bandkräfte in Wirksamkeit, welche bei der Einatmung geweckt wurden. Diese sind einmal die Spannung der Aponeurose des Musculus thyreo-pharyngopalatinus, welche die hintere Schildknorpelhälfte nach oben zieht, zweitens die Spannung des Ligamentum cricothyreoideum sive conoideum, welche Schild- und Ringknorpel vorn einander wieder nähert.

Diese elastischen Kräfte werden durch Muskelkräfte verstärkt (s. Abb. 417). Der Thyreopharyngeus hebt die hintere Hälfte des Schildknorpels und damit auch des Ringknorpels. Der Cricothyreoideus anticus (Pars recta) hebt den Bogen des Ringknorpels und senkt die vordere Schildknorpelhälfte. Die Verstärkung des Trachealzuges bei der Einatmung wird (Abb. 416) den Winkel $cam$ und den Winkel $am$-Processus styloideus zu strecken suchen. $a$, d. h. der Ringknorpel wird nach

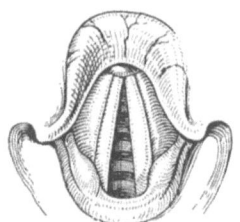

Abb. 419. Glottis bei tiefster Ausatmung.
(Aus MINK: Physiologie der oberen Luftwege.)

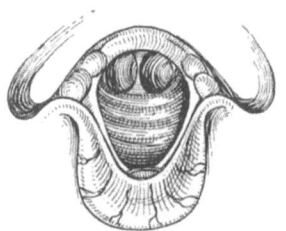

Abb. 420. Glottis bei tiefster Einatmung.
(Aus MINK: Physiologie der oberen Luftwege.)

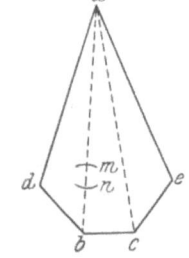

Abb. 421. Schema der Glottis bei Exspiration ($abca$) und bei Inspiration ($adbcea$).
(Aus MINK: Physiologie der oberen Luftwege.)

vorn, $m$ und mit ihm der Schildknorpel wird nach hinten verschoben. Die entgegengesetzte Wirkung hat der Musculus cricothyreoideus obliquus bei der Ausatmung auf Ring- und Schildknorpel.

Im Inneren des Kehlkopfes spielen sich nach MINK folgende Vorgänge ab (s. Abb. 418). Wenn $m$ sich durch Trachealzug abwärts bewegt, bei feststehendem $n$, so bewegt sich $b$ nach vorn im Bogen um $n$ als Mittelpunkt, mit $nb$ als Radius. Auch $p$ bewegt sich niederwärts um $n$ als Mittelpunkt. Die Größe der Bewegungen steht im Verhältnis der Radien $nb$ zu $np$. Da $n$ gleichzeitig herabrückt um $on$ als Radius, so muß $a$ um $oa$ als Radius aufwärts steigen. Die wesentliche Bewegung ist bei kleinen Inspirationen die von $b$. Zugleich mit $n$ steigt auch $b$ abwärts. Die Stimmlippe wird durch diese Bewegungen also verkürzt, vorn gehoben, hinten gesenkt. Es findet daher bei der Inspiration eine Verkürzung und damit Entspannung des Stimmbandes statt. Hierdurch wird die Änderung der Form der Stimmritze bei der Inspiration mittels Muskelzuges ermöglicht. Die Abb. 419 und 420 geben die Formen der Glottis bei tiefster Ausatmung und tiefster Einatmung wieder. Schematisch sind die beiden Formen der Glottis in Abb. 421 dargestellt. *abca* ist ein Schema der Glottis bei der Exspiration. *adbcea* ist ein Schema der Glottis bei der Inspiration. Um *mn* ist, wie die Abbildung lehrt, die Stimmlippe für die Inspirationsstellung zu kurz. Dies ist der Betrag, um den die beiden Stimmlippenansätze sich, wie oben beschrieben, nähern.

Die Bewegungen der Glottis geschehen, ohne daß infolge der Verkürzung wesentliche Widerstände vorhanden sind, durch Muskelwirkung des Cricoarytaenoideus posticus, welcher nach außen drehend auf dem Processus vocalis infolge der Einwärtsdrehung des Processus muscularis wirkt, und des Arytaenoideus transversus, indem er durch Zug an den medialen Rändern der Stellknorpel die gleiche Wirkung ausübt. Durch diese beiden Muskeln wird also die Stimmlippe in Spannung gehalten, ohne daß eine Dehnung stattfindet. Das sieht man an dem nach außen gekrümmten Rande der Stimmlippe. Eine wesentliche Rolle für die Form der Glottis schreibt MINK dem Thyreoarytaenoideus zu. Er zieht die Stimmlippe und den Stellknorpel nach auswärts, so

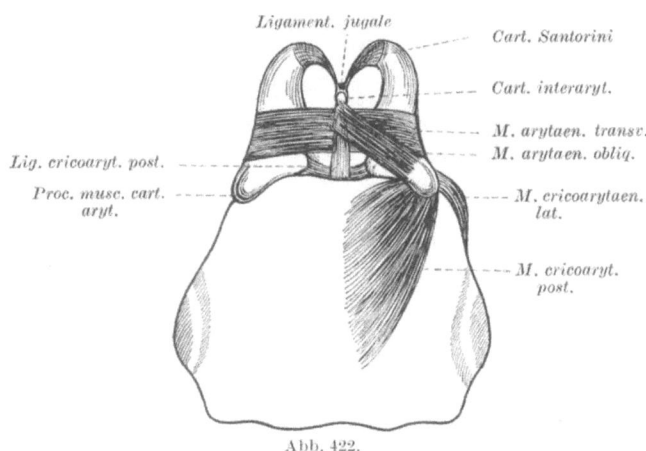

Abb. 422.
(Aus MINK: Physiologie der oberen Luftwege.)

daß die Lippe sich der Larynxwand anschmiegt. MINK sieht den Faserverlauf dieses Muskels gleich LUSCHKA im wesentlichen als von der Larynxwand zum Stimmlippenrand ziehend, nur ein kleines Bündel am Rande besteht nach ihm aus parallel von hinten nach vorn gerichteten Fasern.

Die Glottiserweiterung wird durch die Funktion des Musculus thyreoepiglotticus verstärkt, indem er eine Auswärtsbewegung des Ligamentum aryepiglotticum und damit des Santorinischen Knorpels bewirkt. Hierdurch spannt sich das Ligamentum jugale an, und die Rimula verbreitert sich. Zugleich tritt eine Senkung des Processus muscularis und Hebung des Processus vocalis ein, verbunden mit einer Gleitbewegung des Stellknorpels parallel der Längsachse über den Rand des Ringknorpels. Daher wird also die Glottis erweitert, der Processus vocalis auswärts bewegt (Abb. 422).

So kommt er zu dem Schluß, daß „wie ein Wärter" „die Trias posticus-internus-transversus zur immerwährenden Überwachung der Glottis aufgestellt" ist. „Dieses, durch elastisches Gewebe gebildete Lebenstor, welches, sich selbst überlassen, die Neigung hat, den Eingang zu verschließen, muß durch aktive Muskelkraft stets geöffnet gehalten werden. Dazu dient der Tonus, der diesen Muskeln, als im Dienste der Inspiration stehend, zeitlebens zu eigen ist. Mit dem bleibenden Trachealzug gehört die geöffnete Glottis daher zu den permanenten Lebenserscheinungen, und der Verlauf des Recurrens drückt diese Zusammengehörigkeit so-

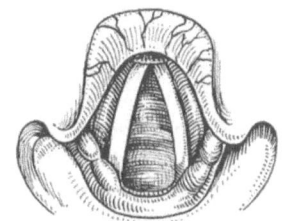

Abb. 423. Glottis in Mittelstellung.
(Aus MINK: Physiologie der oberen Luftwege.)

zusagen aus. Vom nämlichen Nervenzentrum beherrscht, geht eine Verstärkung des Trachealzuges immer einher mit einer proportionellen Tonuserhöhung der genannten Muskeltrias. Die Annäherung der Ansatzstellen der Stimmbänder, vom ersteren bewirkt, wird also sofort durch den letzteren benutzt zu einer angepaßten Erweiterung der Glottis. Damit werden die inspiratorischen Stimmbandbewegungen völlig erklärt."

Bei den Individuen, bei denen die Bewegungen der Stimmlippen bei gewöhnlicher Atmung fehlen, zeigt die Glottis eine Mittelstellung (Abb. 423).

Bei der Exspiration geht zuerst die tonische Kontraktion der Glottisverengerer zurück (Internus, Posticus, Transversus, Thyreoepiglotticus), so daß nunmehr die elastischen Kräfte frei werden. Infolgedessen steigt der Ringknorpel auf, das Zungenbein senkt sich, ebenso die vorderen Stimmlippenansätze (Schildknorpel) — alles eine Folge der verschwindenden inspiratorischen Dehnung der genannten Bänder. Hierdurch wird auch die Hebung des Ringknorpels ermöglicht (Ligamentum conideum). Dazu kommen Muskelkräfte. Der Musculus cricothyreoideus anticus (Portio recta) wirkt hebend auf den Ringknorpel: die hinteren Stimmbandansätze entfernen sich von den vorderen. Daher muß der Processus vocalis sich medianwärts bewegen. Ferner wirkt der Musculus cricoarytaenoideus lateralis ebenso mittels Vorwärtsbewegung des Processus muscularis; eine Medianwärts- und Abwärtsbewegung ist die Folge. Weiter zieht der Musculus arytaenoideus obliquus den Processus muscularis aufwärts und nähert die Santorinischen Knorpel einander: Verengerung der Rimula. Die Kontraktion der Fasern in den Ligamenta aryepiglottica verschmälert den Kehlkopfeingang.

### i) Verhalten des Kehlkopfes bei der Phonation.

#### α) Verengerung der Stimmritze.

Eine Verengerung der Stimmritze bis zum Verschwinden des Lumens erfolgt bei der Phonation. Hierbei schließt sich sowohl der Teil zwischen den Stellknorpeln, die sogenannte Pars respiratoria glottidis, als auch der von den Stimmlippen begrenzte, die Pars vocalis.

Für den Verschluß der Pars respiratoria kommt in Betracht die Kontraktion des Arytaenoideus, der die Stellknorpel einander nähert. Seine Wirkung bezieht sich aber nur auf die hinteren Teile der Stellknorpel, die Processus vocales bleiben bei der Zusammenziehung nur dieses Muskels abduziert. Für ihre Adduction müssen also besondere Muskeln wirken. Hierfür kommen in Frage die Thyreoarytaenoidei externus und internus. Bei beweglichem Schildknorpel würden diese Muskeln den Abstand des Schild- und Stellknorpels verringern. Dem kann entgegengewirkt werden durch Kontraktion der Cricothyreoidei, die Ring- und Schildknorpel gegeneinander feststellen können. Auf diese Weise kann durch die Aktion der genannten Muskeln die Stimmritze zum Verschluß gebracht werden. Die hier skizzierte Anschauung rührt von VIERORDT und LUSCHKA her, sie ist vielfach bestritten worden. Nach RÜHLMANN[1] wirken am Verschluß der Stimmritze auch die oberen, fast horizontal verlaufenden Fasern des Cricoarytaenoideus posticus mit. Für die Hauptspanner des Stimmbandes hält er die Cricothyreoidei. Hierin kann insofern etwas Richtiges liegen, als diese Muskeln für die Feststellung des Ringknorpels von Bedeutung sind. Diese Feststellung ist aber eine wichtige Bedingung für die Möglichkeit der Spannung des Stimmbandes. Wenn Ringknorpel und Schildknorpel frei gegeneinander beweglich sind, so liegt die Möglichkeit vor, daß der Stimmlippenmuskel bei seiner Kontraktion sich überwiegend verkürzt, ohne seine Spannung zu vermehren.

Eine Hebung der Stimmlippen findet nach Untersuchungen von NEUMANN[2] am Hunde nicht statt, ebensowenig wie bei Reizung des Thyreoarytaenoideus, dagegen eine geringfügige Senkung. Das geht auch daraus hervor, daß nach einseitiger Resektion eines Recurrens die gelähmte Stimmlippe höher steht als die ungelähmte.

Für die Phonation genügt beim Hunde die alleinige Erhaltung der Adductoren nicht (GROSSMANN[3]), vielmehr ist nötig, daß der Cricothyreoideus sich spannen kann. Aus Beobachtungen von KATZENSTEIN[4] geht hervor, daß sich bei der Verengerung der Glottis zugleich mit den wahren Stimmlippen die falschen einander nähern. Diese Annäherung kann so weit gehen, daß der Morgagnische Ventrikel sein Lumen völlig verliert. Die Ursache hierfür liegt darin, daß die elastischen Fasern beider Stimmlippen zusammenhängen.

---

[1] RUHLMANN: Zitiert auf S. 1272.
[2] NEUMANN: Zbl. med. Wiss. **1893**, 225—273, 417, 433.
[3] GROSSMANN: Zitiert auf S. 1273.
[4] KATZENSTEIN: Passow-Schaefers Beitr. **3**, 291 (1909).

β) **Änderungen der Länge und der Spannung der Stimmlippen.**

αα) *Wirkung der Cricothyreoidei.*

Im vorhergehenden ist hauptsächlich von den Formänderungen im Larynx und den Kräften, welche sie bewirken, die Rede gewesen. Es ist nun weiter zu bedenken, daß durch die Muskelaktionen die physikalischen Konstanten der bewegten Medien Änderungen erleiden, welche für die Phonation von der größten Bedeutung sind. Vor allem sind hier die von den Muskelkontraktionen bedingten Spannungsänderungen zu berücksichtigen. Bereits hingewiesen ist auf die Bedeutung der Änderungen der Länge der Stimmlippen und der hierdurch bedingten Veränderungen ihrer Spannung durch äußere Kräfte. Daneben ist von eminentem Gewicht die innere Spannungsänderung derselben. Diese ist eine Folge der wechselnden Konsistenz der Eigenmuskulatur der Stimmlippen, bewirkt durch ihren wechselnden Kontraktionszustand.

Es ist anzunehmen, daß beide Momente von großer Bedeutung für die Phonation sind, sowohl die Spannungsänderung der Stimmlippen, wie sie durch ihre Verlängerung bedingt ist, als auch die Elastizitätsänderung bei unveränderter Länge derselben. Die erste Änderung ist hauptsächlich eine Folge der Aktion der Musculi cricothyreoidei, die letztere wird durch isometrische Zusammenziehung der Vokalmuskulatur bewirkt. Im folgenden sind zunächst die Faktoren zu betrachten, welche Längenänderungen der Stimmlippen und hierdurch bedingte Spannungsänderungen erzeugen. Längenänderungen werden bewirkt durch Änderungen der Lage der Stell- und Ringknorpel zueinander, vor allem aber durch die Beziehung der Schildknorpel- zur Ringknorpellage.

Der ruhende Teil ist der Schildknorpel[1]. Das geht schon daraus hervor, daß alle Muskeln, welche den Kehlkopf in toto bewegen, hier ansetzen. Der Abstand seines unteren Randes vom Ringknorpel ist bei Phonationsruhe der Kehlkopfmuskeln durch den elastischen Zug der Luftröhre bedingt. Er wird also mit den Atembewegungen wechseln; bei der Inspiration entfernt sich infolge des Trachealzuges der vordere Bogen des Ringknorpels vom unteren Schildknorpelrande, bei der Exspiration nähert er sich wieder. Die Wirkung dieser Bewegung auf die Länge der Stimmlippen ist unbedeutend. Wesentlich größer sind die Längen- und Spannungsänderungen, welche durch die Zusammenziehung der Musculi cricothyreoidei bewirkt werden. Die Annäherung des Ringknorpelbogens an den unteren Schildknorpelrand haben JÖRGEN MÖLLER und FISCHER[2] im Röntgenbilde gemessen. Sie sind von der Beobachtung ausgegangen, daß die Spannung der Stimmlippen mit der Tiefe des Tones abnimmt, die Länge also zunimmt, und haben den erwähnten Abstand beim Singen von Tönen verschiedener Höhe fixiert. Er betrug bei einer Versuchsperson für die

Phonationsruhe . . . . . . 14,0 mm
Bruststimme $A$ . . . . . .  8,0 „
Bruststimme $a$ . . . . . .  6,5 „

Beim Falsettsingen verringerte sich der Abstand für den gleichen Ton gegenüber dem bei der Bruststimme. Diese Daten zeigen, wie bedeutend die Verlagerungen der beiden Knorpel gegeneinander sein können. Da mit der Annäherung des Ringknorpelbogens an den Schildknorpel eine Rückwärtsbewegung des oberen Randes der Ringknorpelplatte und damit der Stellknorpel, also eine Vergrößerung ihres Abstandes vom Schildknorpel, verknüpft ist, so ergibt sich damit die Bedeutung dieser Lageveränderung auf die Länge und damit auch die Spannung

---

[1] Siehe S. 1267.
[2] MÖLLER, JÖRGEN u. FISCHER: Arch. f. Laryng. **15**, 72 (1904).

der Stimmlippen. Je größer der Abstand, desto länger die Stimmlippen und desto größer ihre Spannung.

Mit Hilfe des Laryngoskopes kann man die Veränderung der Stimmlippen unter der Wirkung der Muskeln deutlich erkennen. Der Übergang aus der Ruhestellung in die Phonationsstellung beginnt mit dem Schluß der Pars intercartilaginea der Glottis, während die Pars interligamentosa noch spaltförmig ist. Die Ränder des Spaltes sind leicht geschwungen, sie fassen einen elliptischen Raum zwischen sich. Während der Phonation sind sie gerade, der Verschluß ist nun vollkommen.

### $\beta\beta$) Wirkung des Musculus vocalis.

Wenn durch die Muskelmechanismen des Kehlkopfes die Ansatzpunkte des Vokalmuskels fixiert sind, so kann durch die Kontraktion dieses Muskels die Spannung der Stimmlippen variiert werden. Je nach der Zahl und der Lage der Muskelfasern, welche in Kontraktion geraten, wird die Spannung und die Form der Stimmlippen verschieden sein müssen. Es ist klar, daß mit Änderung der Spannungen des Vokalmuskels die Belastung des Rahmens, in welchem er wirkt, zunimmt, daß daher auch entsprechende Spannungsänderungen derjenigen Muskeln erfolgen müssen, welche die Stabilität dieses Rahmens gewährleisten. Das sind vor allem die Cricothyreoidei, welche um so stärker gegenhalten müssen, je stärker der Vokalmuskel sich anspannt.

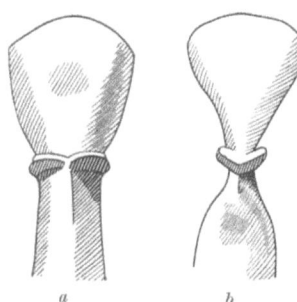

Abb. 424. Metallausgüsse des Kehlkopfhohlraumes: *a* bei Kontraktion der Musculi cricoarytaenoidei posteriores, *b* bei Kontraktion der Musculi cricothyreodei und der Musculi cricoarytaenoidei laterales. (Nach A. GERLACH.)

Eine große Rolle spielen offenbar die Spannungsverhältnisse dieses Muskels auch bei den verschiedenen Registern der Stimme. Im Brustregister sind die Stimmlippen dick, ihre freie Oberfläche ist konvex, vermutlich ist der größte Teil des Muskels in Kontraktion. Beim Falsettregister dagegen sind die Stimmlippen flach, sie haben einen dünnen Rand. Dabei ist die Glottis nicht vollkommen geschlossen. Nach MUSEHOLD[1] ist dieser mangelnde Schluß eine Folge der starken Spannung. Er vergleicht den Zustand mit der Erscheinung an zwei parallelen Gummistreifen, die sich bei mäßiger Spannung gerade berühren, bei starker aber auseinanderweichen.

Die Formänderungen des Kehlkopfinneren, wie sie durch die Aktion der Cricoarytaenoidei postici bedingt sind, hat A. GERLACH[2] festzulegen versucht, indem er an einer Leiche die Wirkung dieses Muskels durch Fadenzug nachzuahmen suchte und dabei einen Metallausguß des Kehlkopfes machte. Das Resultat gibt die Abb. 424, *a*. Analog ist er für die Bestimmung der Kehlkopfform bei gleichzeitiger Kontraktion der Cricothyreoidei und der Cricoarytaenoidei laterales verfahren (Abb. 424, *b*).

Wiederum eine abweichende Meinung vertritt MINK[3]. Nach ihm rücken die Stellknorpel bei der Phonation aus lateraler in mediale Lage. Hierzu muß der Winkel zwischen Stimmbandrand und lateralwärts ausgespannten Ligamentum cricoarytaenoideum posticum ausgeglichen werden. Dieses Band macht dazu um seine Ringknorpelinsertion eine kreisförmige Bewegung zur Medianlinie. Hierbei

---

[1] MUSEHOLD: Arch. f. Laryng. **7**, 1 (1898) — Allg. Akustik und Mechanik des menschlichen Stimmorganes. Berlin 1913.
[2] GERLACH, A.: Anat. H. **14**, 559 (1900).
[3] MINK: Zitiert auf S. 1263.

bewegt sich der Stellknorpel horizontal auf dem Oberrande des Ringknorpels. Auch der Processus muscularis bewegt sich medianwärts und wird gehoben. Durch diese Bewegung würde eine Erschlaffung der Stimmlippen eintreten müssen, weil ihre Ansatzpunkte einander genähert werden. Zum Ausgleich des Vorrückens des Processus vocalis am Stellknorpel entfernt sich der Processus vocalis am Schildknorpel. Hierfür läßt Mink den Musculus sternothyreoideus wirken, der durch seinen Zug den Schildknorpel nach vorn überkippt. Unterstützt wird diese Bewegung durch den Sternohyoideus, welcher das Zungenbein nach unten zieht und damit dessen Zug auf den Schildknorpel aufhebt.

## III. Innervation des Kehlkopfes.
### 1. Periphere Innervation.

Die Innervation des Kehlkopfes scheint bei den verschiedenen Säugetieren sehr verschieden zu sein und selbst für die gleiche Art nicht bei allen Individuen gleich. Folgende gemeinsame Grundzüge finden sich bei allen Säugetieren.

Der Kehlkopf wird von 2 Nerven versorgt, dem Laryngeus superior und dem Laryngeus inferior sive Recurrens. Der Recurrens innerviert die Muskulatur des Kehlkopfes mit Ausnahme der Criothyreoidei. Diese werden vom Laryngeus superior versorgt. Die sensible Innervation geschieht von eben diesen Nerven. Eine trophische Innervation anzunehmen, ist auch am Kehlkopf unberechtigt. Die Störungen seines Wachstums nach Ausschaltung seiner Nerven erklären sich nach von Elischer[1] durch den Wegfall der Funktion. Analoge Erscheinungen in der Atrophie werden auch an Erwachsenen nach Entnervung beobachtet.

Zwischen Superior und Recurrens kommen Anastomosen vor; beim Hunde findet sich häufig, aber nicht regelmäßig, ein Nervus laryngeus medius (Exner[2], Katzenstein[3]).

Der Recurrens hat seinen Namen daher, daß er nach Umschlingung des Aortenbogens bzw. der Arteria subclavia zum Kehlkopf geht. Bei Tieren mit sehr langem Halse, wie z. B. dem Lama, findet sich diese Umschlingung nicht (von Schumacher[4]). Über den Verlauf der Kehlkopfnerven beim Hunde und beim Menschen geben die folgenden Abbildungen Aufschluß.

#### a) Laryngeus superior.

Die oben geschriebenen Sätze über die Funktion der beiden Kehlkopfnerven finden ihre Bestätigung in Durchschneidungs- und Reizungsversuchen. Ausschaltung des Laryngeus superior vernichtet die Sensibilität des Larynx, was sich ohne weiteres an dem Verschwinden der Reflexe von der Kehlkopfschleimhaut zeigt.

Genaue Kenntnisse über die Sensibilität des Larynx besitzen wir nicht. Nach Iwanoff[5] sind die Empfindungsmodalitäten hier dieselben wie in der Haut. Die Druckempfindlichkeit ist nach ihm am größten an der Hinterwand des Larynx; es folgen: Rückseite der Epiglottis, Ränder der Stimmlippen, Taschenbänder, Plicae aryepiglotticae, Cartilagines arytaenoideae. Für Temperaturen unter 25° besteht Kälteempfindung, über 35° Wärmeempfindung, die bei 70° in Hitzeempfindung übergeht. Die Unterschiedsempfindlichkeit beträgt etwa 1°, bei über 60° nur 4—5°. Temperaturen zwischen 25° und 30° erzeugen keine Empfindungen.

---
[1] von Elischer: Pflügers Arch. **158**, 443 (1914).
[2] Exner: Pflügers Arch. **43**, 22 (1888).
[3] Katzenstein: Arch. f. Laryng. **10**, 288 (1900).
[4] von Schumacher: Anat. Anz. **28**, 156 (1906).
[5] Iwanoff: Z. Laryng. usw. **4**, 145 (1911).

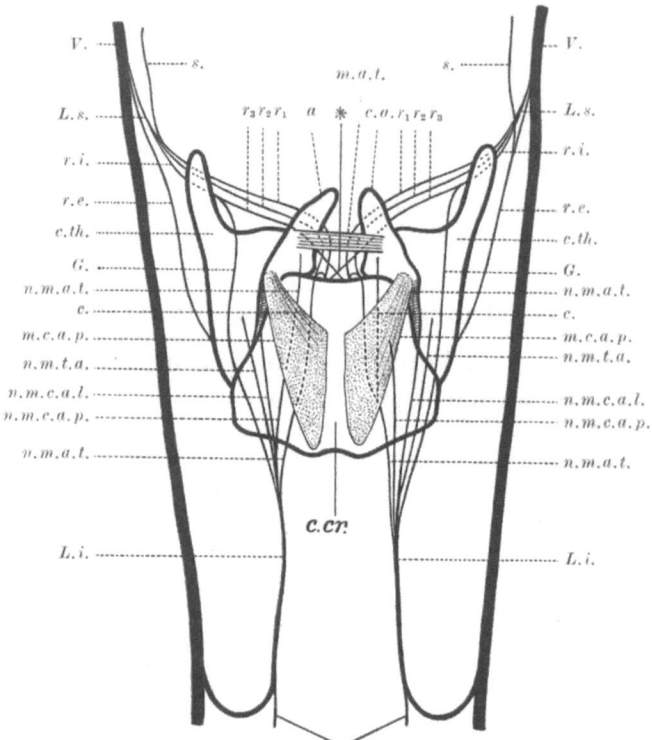

Abb. 425. Verlauf und Anordnung der motorischen und sensiblen Nerven des menschlichen Kehlkopfes. *V.* bedeutet Vagus; *L. s.* N. laryngeus superior; *r. i.* dessen Ramus internus; *r. e.* dessen Ramus externus; *s.* die Verbindung mit dem sympathischen Nervensystem; $r_1$, $r_2$, $r_3$ Schleimhautzweige des Laryngeus superior; *G.* GALENsche Schlinge; *c.th.* Schildknorpel; *c.a.* Giesbeckenknorpel; *c.cr.* Ringknorpel; *m.c.a.l.* Musculus cricoarytaenoideus lateralis; *m.c.a.p.* Musculus cricoarytaenoideus posterior; *m.a.t.* Musculus arytaenoideus transversus; *L. i.* N. laryngeus inferior; *n.m.a.t.* Nervenast zum Musculus arytaenoideus transversus; *c.* Verbindungszweig; *n.m.c.a.p.* Nervenast zum Musculus cricoarytaenoideus posterior; *n.m.c.a.l.* Nervenast zum Musculus cricoarytaenoideus lateralis; *n.m.t.a.* Nervenast zum Musculus thyreoarytaenoideus; *S.c.* Verbindung des N. laryngeus inferior mit dem Sympathicus; * Kreuzung der sensiblen Fasern. (Nach ONODI.)

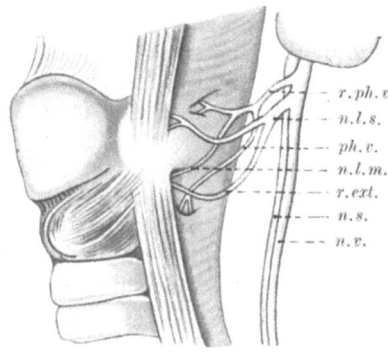

Abb. 426. Kehlkopf des Hundes mit seinen Nerven.
*r.ph.v.* bedeutet Ramus pharyngeus vagi; *n.l.s.* Nervus laryngeus superior; *ph.v.* ein zum unteren Teile der Pharynxmuskulatur gehender Ast des Ramus pharyngeus vagi; *n.l.m.* Nervus laryngeus medius; *r.ext.* Ramus externus nervi laryngei sup.; *n.s.* Nervus sympathicus; *n.v.* Nervus vagus.
(Nach S. EXNER.)

Neben den Sensibilitätsstörungen nach Durchschneidung des Laryngeus superior zeigen sich motorische. Die Stimme wird rauh, was seinen Grund in der Lähmung des Cricothyreoideus hat (vgl. das bei diesem Muskel Gesagte). Ausschaltung des Recurrens hebt die Bewegungen der Stimmbänder auf[1].

Für den Laryngeus superior verlaufen die motorischen Fasern im Ramus externus. Das ist von LONGET[2] und SCHMIDT[3] am Hunde bewiesen worden. Die Tiere bellen nach Resektion dieses Nerven heiser. Die Stimmlippe der Operationsseite ist schlaffer als die andere; ihr Bewegungsspiel ist unvollkommener. Auch

---

[1] Dieses Verhalten beobachtete VON NAVRATIL bei Hunden immer. Ung. Arch. f. Med. 2, 225 (1893).

[2] LONGET: Traité de physiol. 3, 730. Paris 1869.

[3] SCHMIDT: Zitiert auf S. 1267.

isolierte Lähmungen dieser Nerven, die am Menschen beobachtet worden sind, bestätigen diesen Befund (RIEGEL[1]). Reizung des Nerven bewirkt Kontraktion des Cricothyreoideus und stärkere Spannung der Stimmlippen. Die Innervations-

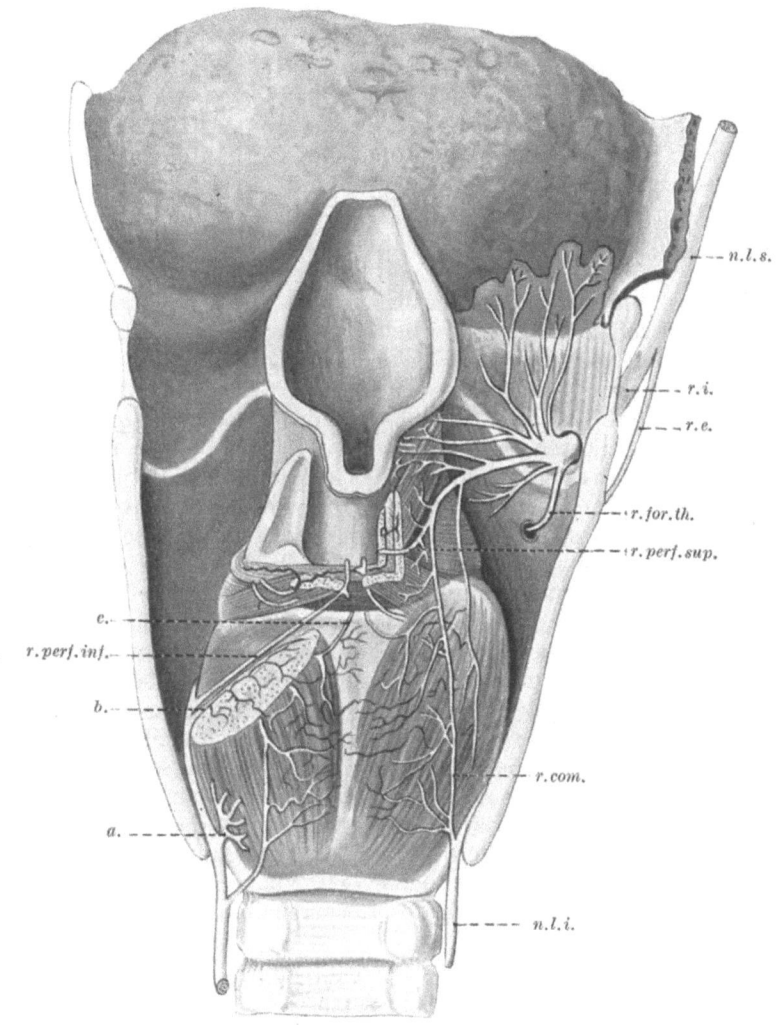

Abb. 427. Menschlicher Kehlkopf von hinten gesehen.
Die Verbreitung der Nerven ist in halbschematischer Weise angegeben. Um die innerhalb der Muskeln gelegenen Äste und Anastomosen zu zeigen, ist der M. cricoarytaenoideus post. und M. interarytaenoideus durchschnitten dargestellt. *n.l.s.* bedeutet Nervus laryngeus superior; *r.i.* dessen Ramus internus; *r.e.* dessen Ramus externus; *r.for.th.* Ramus foraminis thyreoideae; *r.perf.sup.* Ramus perforans superior; *r.com.* GALENsche Anastomose; *n.l.i.* Nervus laryngeus inferior; *r.perf.inf.* Ramus perforans inferior; *a.* Zweig des N. laryngeus inf., der sich vom Seitenrande aus in den M. cricoarytaenoideus begibt; *b.* Zweig desselben Nerven, der von vorn her in den Muskel eintritt; *c.* Ast des Ramus communicans, der gemeinschaftlich mit dem symmetrischen der anderen Seite dem M. interarytaenoideus und dem obersten Rande des Ringknorpels in die Schleimhaut der Kehlkopfhöhle dringt und der zur Bildung des oberen Bogens beiträgt. (Nach S. EXNER.)

verhältnisse des Laryngeus superior sind bei verschiedenen Tieren verschieden. Das hat seinen Grund darin, daß außer dem Superior und dem Recurrens noch der obengenannte Laryngeus medius den Kehlkopf innerviert. Hierdurch ist es

---

[1] RIEGEL: Dtsch. Arch. klin. Med. 7, 204.

zu erklären, daß nach MANDELSTAMM[1] der Musculus cricothyreoideus nach Durchschneidung des Laryngeus superior zuweilen nicht degeneriert. EXNER[2] hat hierauf zuerst hingewiesen. Der Laryngeus medius innerviert nämlich bei einer Reihe von Tieren einen Teil des Musculus cricothyreoideus, während der andere Teil vom Laryngeus superior versorgt wird. Der Befund ist, wie erwähnt, nicht regelmäßig. Es ist eine derartige Innervation beobachtet worden bei Kaninchen, Hunden, Katzen, Affen (EXNER[2], SIMANOWSKI[3], KATZENSTEIN[4], H. MUNK[5], ONODI[6], LIVON[7]). Beim Pferde scheint meistens die Innervation der Cricothyreoidei nicht vom Laryngeus superior bewirkt zu werden (BREISACHER und GÜTZLAFF[8], EXNER[9], PINELES[10], MUNK[11], MÖLLER[12]). Der häufig vorkommende Ramus communicans zwischen Laryngeus superior und inferior ist nach HOWELL und HUBER[13] ein sensibler Nerv; denn Reizung seines oberen Endes erzeugt Blutdruckanstieg und Atemhemmung, Reizung des unteren Endes ist dagegen ohne Wirkung.

Durch diese anatomischen Verhältnisse, die vielfache Variationen auch bei derselben Tierart zeigen, ist es begreiflich, daß Durchschneidungen des Laryngeus superior nicht immer den gleichen Effekt haben. Hierauf ist die Aufmerksamkeit besonders durch Untersuchungen von EXNER und seiner Schule gelenkt worden, EXNER[14] beobachtete, daß nach Durchschneidung des Superior beim Pferde die vom Recurrens innervierten Muskeln degenerieren, ein Befund, den MÖLLER[12] bestätigt hat. Ferner sah er eine Lähmung der Kehlkopfmuskulatur nach der Durchschneidung. Dagegen degenerierte in Versuchen von MANDELSTAMM[15] der Musculus cricothyreoideus. H. MUNK[16] und BREISACHER[17] stellten dieselben Versuche an, fanden aber eine Atrophie der Kehlkopfmuskeln. Derselbe Autor konnte zusammen mit GÜTZLAFF[18] auch keine Lähmung konstatieren. Von EXNER ist die strittige Frage schließlich dahin aufgeklärt worden, daß die beschriebenen Atrophien und Lähmungen zweifellos beobachtet werden können, aber nicht regelmäßig. Die Lähmung ist nach EXNER[19] eine Folge des Ausfalles der sensiblen Erregungen (sensomotorische Lähmung), die vom Laryngeus superior herrühren. Daß die Kehlkopfmuskeln durch solche Erregungen in Tätigkeit versetzt werden können, zeigt sich bei künstlicher Reizung des zentralen Superiorstumpfes. Die Glottis schließt sich dabei. Analoge Erscheinungen sind auch an anderen Muskelgebieten beobachtet worden (Lähmung der Oberlippe des Pferdes nach Durchschneidung ihrer sensiblen Nerven). Die Atrophie sieht EXNER als Inaktivitätsatrophie an; sie ist nach Untersuchungen von PINELES[20] ganz verschieden von der Degeneration, die nach Ausrottung des Recurrens eintritt.

---

[1] MANDELSTAMM: Sitzgsber. Akad. Wiss. Wien, Math.-naturwiss. Kl. III, **85**, 83 (1882).
[2] EXNER: Pflügers Arch. **43**, 22 (1888).   [3] SIMANOWSKI: Pflügers Arch. **42**, 104 (1888).
[4] KATZENSTEIN: Virchows Arch. **128**, 48; **130**, 316; **136**, 209 — Arch. f. (Anat. u.) Physiol. **1892**, 162.
[5] MUNK, H.: Arch f. (Anat. u.) Physiol. **1894**, 42.
[6] ONODI: Ung. Arch. f. Med. **3**, 72. — Zbl. med. Wiss. **1888**, 51.
[7] LIVON: Arch. d. physiol. et de pathol. gén. **1891**, 198.
[8] BREISACHER u. GÜTZLAFF: Zbl. Physiol. **5**, 273. — Zbl. med. Wiss. **1889**, 760.
[9] EXNER: Zbl. Physiol. **2**, 629; **3**, 115; **4**, Nr 24; **5**, 273.
[10] PINELES: Pflügers Arch. **48**, 17 (1891).
[11] MUNK: Arch f. (Anat. u.) Physiol. **1891**, 175.
[12] MÖLLER: Das Kehlkopfpfeifen der Pferde. Stuttgart 1888.
[13] HOWELL u. HUBER: J. of Physiol. **12**, 5 (1891).
[14] EXNER: Sitzgsber. Akad. Wiss. Wien, Math.-naturwiss. Kl. III **89**, 63 (1884) — Zbl. Physiol. **2**, 629; **3**, 115.
[15] MANDELSTAMM: Sitzgsber. Akad. Wiss. Wien, Math.-naturwiss. Kl. III **85**, 83 (1882).
[16] MUNK: Arch f. (Anat. u.) Physiol. **1891**, 175, 542.
[17] BREISACHER: Zbl. inn. Med. **1899**.   [18] GÜTZLAFF: Zbl. Physiol. **5**, 273 (1892).
[19] EXNER: Pflügers Arch. **48**, 592.   [20] PINELES: Pflügers Arch. **48**, 17 (1891).

Daß Lähmung und Atrophie nicht immer eintritt, hat wohl seinen Grund in individuellen Verschiedenheiten in der Kehlkopfinnervation. Vielleicht spielt hierbei eine Rolle das Übergreifen der Versorgungsgebiete des einen Nerven auf das der anderen Seite. Da in den Versuchen der Kontrolle wegen nur der Nerv einer Seite durchschnitten war, könnten eventuelle Unregelmäßigkeiten in der Ausbreitung des Nerven auf die Gegenseite sehr wohl der Grund für die verschiedenen Ergebnisse der Beobachter sein.

Reizung des Laryngeus superior oder seines Ramus externus, der den Musculus cricothyreoideus versorgt, hat eine Kontraktion dieses Muskels zur Folge. Der Effekt beiderseitiger Reizung besteht in einer geringen Veränderung der Glottis (KUTTNER und KATZENSTEIN[1]). Sie ist die Folge der Medianverschiebung der beiden Stellknorpel gegeneinander, welche die Anspannung der Stimmlippen durch Vergrößerung des Abstandes zwischen Vokalfortsatz und Schildknorpelwinkel bewirkt. Einseitige Reizung erzeugt lediglich parallele Stellung beider Stimmlippen infolge der Vermehrung ihrer Spannung. Physiologische Erregungen auf der Bahn des Laryngeus superior können auch Verengerung der Glottis bewirken; das zeigt sich daran, daß nach vorausgegangener Durchschneidung des Recurrens eine Resektion des Laryngeus superior die Glottis erweitert (VON MERING und ZUNTZ). Diese Erscheinung beruht auf dem Wegfall reflektorischer Erregungen von beiden Seiten der Larynxschleimhaut. Deren Cocainisierung wirkt ebenso wie eine Resektion des Laryngeus superior.

### b) Laryngeus inferior.

Über die Resultate der Durchschneidung beider Recurrentes liegt eine ausgedehnte Literatur vor. Bei erwachsenen Tieren hat diese Operation keine Wirkungen, die das Leben direkt gefährden. Wie bereits gesagt, ist die gesamte Kehlkopfmuskulatur mit Ausnahme der Cricothyreoidei danach gelähmt. Bei jungen Tieren kann diese Lähmung den Erstickungstod zur Folge haben. LEGALLOIS[2] hat das zuerst bei jungen Hunden beobachtet. Ähnlich verhalten sich junge Katzen, vor allem aber Pferde, wie GÜNTHER[3] gefunden hat. Die Ursache des Erstickungstodes liegt in der Enge der Stimmritze, die nach der Operation dieselbe Weite wie in der Leiche hat (MASINI[4]). Für gesteigertes Atembedürfnis besonders beim Schreien reicht diese Weite nicht aus, so daß bei stärkeren körperlichen Anstrengungen auch erwachsene Tiere zugrunde gehen können. Bei jungen Tieren kommt zu der mangelhaften Weite der Stimmritze noch die große Nachgiebigkeit des Kehlkopfes, die zur Folge haben kann, daß bei starker Inspiration der Kehlkopf wie ein Ventil zusammenklappt. Die Cricothyreoidei, die ja bei Resektion der Recurrentes nicht mit gelähmt werden, können die Stimmritze durch ihre Kontraktion bei der Inspiration noch mehr verengern, so daß also für die Atmung durch die Recurrensausschaltung eine ganze Reihe schädlicher Momente geschaffen wird.

Resektionen einzelner Zweige des Recurrens hat MASINI[4] ausgeführt. Er gibt an, daß die Durchschneidung der Zweige für den Cricoarytaenoideus posticus Phonationsstellung der Stimmlippe zur Folge habe.

Die Frage, ob der Nervus recurrens rein motorisch ist, oder ob er auch sensible Fasern führt, ist nicht von allen Autoren gleich beantwortet worden. Von

---

[1] KUTTNER u. KATZENSTEIN: Arch. f. Laryng. 8, 181 (1898).
[2] LEGALLOIS: Expériences sur le principe de la vie. Paris 1812 — Oeuvres 1, 169. Paris 1824.
[3] GÜNTHER: Z. ges. Tierheilk. **1834**.
[4] MASINI: Arch. di Biol. 14, 106.

einer Reihe von Forschern[1] wird angegeben, daß der Nerv ausschließlich motorische Fasern führe, von anderen[2] hingegen, daß in ihm sowohl motorische als auch sensible Fasern vorkämen.

Beim Hunde hat der Recurrens nach Réthi[3] sensible Fasern, die aus dem Ramus communicans stammen. Resektion dieses hebt die reflektorischen Reizeffekte vom Recurrens auf. Katzenstein[4], P. Schultz und Dorendorff[5] konnten zeigen, daß bei Kaninchen, Katzen, Ziegen und Affen der Recurrens sensible Fasern enthält. Sie stellten dies durch die Wirkung der Reizung seines zentralen Endes auf den Blutdruck fest. Die Blutdrucksteigerung kann beim Hunde und bei der Ziege nur vom oberen Teile des Nerven ausgelöst werden; sie verschwindet nach Resektion des Laryngeus superior oder des Nervus communicans. Dieser Ast hat nach Sluder[6] beim Hunde nur zentripetale Fasern, die vom Laryngeus superior zum Recurrens ziehen, ihn aber bald wieder verlassen (Réthi[7]). Wie die Verhältnisse beim Menschen liegen, ist unbekannt.

Die motorischen Nervenfasern des Kehlkopfes scheinen nicht alle gleichwertig zu sein. Wie Grützner[8] beobachtet hat, bewirkt Reizung des Halsvagus mit Induktionsströmen bei Kaninchen in schwacher Äthernarkose mit zunehmender Reizstärke zuerst Verengerung der Glottis, danach Erweiterung, schließlich bei sehr starker Reizung wieder Verengerung. Grützner hat daraus geschlossen, daß die Verengerer reizbarer sind als die Erweiterer der Glottis. Diese Erscheinung findet ihre Analogie in dem Ritter-Rolletschen Phänomen der größeren Erregbarkeit der Beuger gegenüber den Streckern am Froschschenkel. Die Grütznerschen Versuche sind von Simanowski[9], Hooper[10], Livon[11], Burger[12], Neumann[13] und Russell[14] erweitert worden. Hooper hat gefunden, daß bei Hunden in schwacher Äthernarkose durch schwache Reize Erweiterung der Stimmritze, durch mittelstarke Reize bald Erweiterung, bald Verengerung, durch starke Reize Schließung der Stimmritze erzeugt wird. Bei den meisten Tieren, mit Ausnahme der Katze, fand er bei Reizung des Recurrens in mäßiger Narkose Schließung der Stimmritze. Auf den Effekt hat nach seinen Beobachtungen auch der Grad der Narkose Einfluß. Bei stark narkotisierten Hunden ergab Reizung des Recurrens Erweiterung, bei schwach narkotisierten Verengerung der Stimmritze. Außer der Reizstärke und dem Grade der Narkose hat noch die zeitliche Folge der Reize einen Einfluß. Beim normalen Tier erzeugen schwache Reize bei lang-

---

[1] Semon u. Horsley: Dtsch. med. Wschr. **1890**, Nr 31. — Burger: Berl. klin. Wschr. **1892**, Nr 30. — Luc: Les neuropath. laryngées, S. 33. Paris 1892. — Grossmann: Z. klin. Med. **32**. — Onodi: Berl. klin. Wschr. **1893**, Nr 27 ff. — Schmidt, M.: Krankheiten der oberen Luftwege 1897, S. 79.

[2] Valentin: Lehrbuch der Physiologie **1**, 2 (1847) — Longet: **3**, 514. Zitiert auf S. 1280. — Rosenthal: Hermanns Handb. d. Physiol. **4**, 283. — Burkhardt: Pflügers Arch. **1**, 107 (1868). — Krause: 62. Vers. Ges. dtsch. Naturforsch. **1869**. — Masini: Sulla fisiopatol. delle ricorrente. Genève 1893. — Leischer: Z. Biol. **35**, 2. — Trifiletti: 11. internat. med. Kongr. Rom 1894. — Kokin: Pflügers Arch. **63**, 622 (1896). — Schrötter: Vortr. über Krankh. des Kehlkopfes. — Réthi: Sitzgsber. Akad. Wiss. Wien, Math.-naturwiss. Kl. III **107**. — Katzenstein: Arch. f. Laryng. **10**, 2.

[3] Réthi: Zitiert unter Anm. 2.      [4] Katzenstein: Zitiert unter Anm. 2.

[5] Dorendorff: Arch. f. Laryng. **15** (1904).

[6] Sluder: Sitzgsber. Akad. Wiss. Wien, Math.-naturwiss. Kl. III **107**, 7 (1898).

[7] Réthi: Sitzgsber. Akad. Wiss. Wien, Math.-naturwiss. Kl. III **108**, 15 (1898).

[8] Grützner: Breslauer ärztl. Zeitschr. **5**, 190 (1883).

[9] Simanowski: Internat. Zbl. Laryng. **1886**.

[10] Hooper: N. Y. State J. Med. **1885, 1887, 1888**.

[11] Livon: Arch. d. physiol. norm. et path. **1890**, 587.

[12] Burger: Onderzoek. Physiol. Lab. Utrecht. V. reeks **1**, 268 — Arch. f. Laryng. **9**, 203 (1899).

[13] Neumann: Zbl. med. Wiss. **1893**, 225, 273, 417, 433.

[14] Russell: Proc. roy. Soc. **51**, 102 (1893).

samer Folge Öffnung, bei schneller Folge Schließung der Stimmritze. Starke Reize erzeugen stets Schließung der Stimmritze. NEUMANN hat HOOPERS Angaben bestätigt. Auch LIVON und BURGER haben dasselbe beobachtet. RUSSELL hat die erweiternden und verengernden Nerven im Recurrens getrennt. Leider finden sich keine Angaben darüber, wie er das gemacht hat.

Außer diesen Unterschieden in der Wirkung bei wechselnder Reizstärke scheinen auch die Reizeffekte von der Tierart abzuhängen. So fanden LESBRE und MAIGNON[1] als Effekt der Reizung eines Recurrens auf die Stimmritze des Pferdes: einseitige Verengerung, des Rindes: beiderseitige Verengerung, des Schweines: beiderseitige Verengerung, des Hundes: entweder beiderseitige Verengerung oder einseitige Erweiterung. Wenn die Wirkung beiderseitig ist, so ist sie auf der Reizseite meistens intensiver. Die Versuche zeigen auch, daß an der Versorgung der beiden Seiten des Kehlkopfes jeder Recurrens beteiligt ist.

Auch Schädigungen gegenüber scheinen die verschiedenen motorischen Nervenfasern des Kehlkopfes sich verschieden zu verhalten. ROSENBACH[2] hat am Menschen bei einem Falle von beiderseitiger Recurrenslähmung beobachtet, daß zuerst die Erweiterer der Stimmritze, danach die Verengerer von der Lähmung befallen werden. LAZAR[3] hat einen analogen Fall beschrieben. Ganz besonders wurde von SEMON[4] auf diese Tatsachen hingewiesen, und zwar an der Hand eines großen Materiales. Die Beobachtung wird deshalb wohl auch unter dem Namen des ROSENBACH-SEMONschen Gesetzes beschrieben. Die erste Ausfallserscheinung bei Schädigungen des Recurrens ist die Beschränkung der Auswärtsbewegung der Stimmlippen, ihre sogenannte Medianstellung, wie sie sich nach Lähmung des Cricoarytaenoideus posticus findet. Die Stimmlippe steht in diesem Stadium in der Ruhe adduziert, das hintere Ende etwa 2 mm von der Medianlinie entfernt. Die Adductionsbewegung bei der Stimmbildung ist normal. Im zweiten Stadium der Lähmung steht die Stimmlippe in Adductionsstellung, folgt aber weder Respirations- noch Phonationsimpulsen (sekundäre Adduction). Im letzten Stadium, der vollkommenen Lähmung des Recurrens entsprechend, steht die Stimmlippe in einer Mittelstellung, die etwa der Stellung in der Leiche entspricht.

Man nimmt zur Deutung dieser Erscheinungen an, daß im ersten Stadium der Lähmung nur der Posticus gelähmt sei, im zweiten eine Kontraktur der Adductoren sich ausbilde und daß im dritten Stadium alle vom Recurrens versorgten Muskeln gelähmt sind. Auf die ausgedehnte Literatur über diesen Gegenstand kann hier nicht eingegangen werden.

*Verschiedenheiten der Kehlkopfmuskeln zeigen sich auch beim Absterben.* Die Angaben über diesen Punkt zeigen aber untereinander keine völlige Übereinstimmung.

JEANSELME und LERMOYEZ[5] haben an Choleraleichen beobachtet, daß $^3/_4$ Stunden nach dem Tode die Cricoarytaenoidei postici bereits unerregbar gegen Reize, die Thyreoarytaenoidei jedoch noch erregbar waren. Dasselbe haben SEMON und HORSLEY[6] an Hunden, Katzen, Kaninchen und Affen beobachtet, die gewaltsam durch verschiedene Mittel getötet wurden. Auch ONODI[7] hat das gleiche an Hunden gefunden. Zu demselben Resultat ist auch BURGER[8] gekommen. Zur Erklärung der Erscheinungen nimmt JELENFFY[9] an, daß der Posticus sich schneller abkühle und deshalb schneller seine Reizbarkeit verliere. ONODI[7]

---

[1] LESBRE u. MAIGNON: C. r. Soc. Biol. Paris **64**, 52 (1908).
[2] ROSENBACH: Breslauer ärztl. Zeitschr. **2**, 14 (1880).
[3] LAZAR: Über doppelseitige Lähmung der Glottiserweiterer. Dissert. Breslau 1879.
[4] SEMON: Arch. of Laryngol. **2** (1881).
[5] JEANSELME u. LERMOYEZ: Arch. d. physiol. norm. et pathol. **1885**.
[6] SEMON u. HORSLEY: Brit. med. J. **1886**.
[7] ONODI: Die Anatomie und Physiologie der Kehlkopfnerven. Berlin 1902.
[8] BURGER: Zitiert auf S. 1284.
[9] JELENFFY: Berl. klin. Wschr. **1888**.

hat diese Vermutung geprüft, indem er den Posticus künstlich warm hielt. Dabei verlor er seine Reizbarkeit schneller als ein nichterwärmter. ONODI lehnt deshalb die Erklärung JELENFFYS ab.

Es ist hier zu bemerken, daß auch Beobachtungen vorliegen, nach denen der Posticus nicht das Primum moriens unter den Kehlkopfmuskeln ist. So hat H. KRAUSE[1] beobachtet, daß zuerst der Cricothyreoideus abstirbt. CHAUVEAU[2] und GRÜTZNER[3] sahen an ausgeschnittenen Kehlköpfen verschiedener Schlachttiere die Postici länger reizbar als die Thyreoarytaenoidei. Analoge Beobachtungen machte BONHÖFFER[4], der den Eintritt der Totenstarre untersucht und gefunden hat, daß der Posticus nicht zuerst erstarrt. Das sollte man nach der ersten Reihe von Beobachtungen erwarten, denn gemeinhin erstarren die Muskeln um so schneller, je schneller sie ihre Erregbarkeit verlieren. Versuche, durch Beobachtungen der Stimmritze bei der Erstarrung einen Aufschluß zu erhalten, ob ihre Schließer oder Öffner früher absterben, haben MEIROWSKY[5] zu keinem Resultat geführt. Die Frage ist deshalb noch offen. Vermutlich wird ihre Lösung nicht für alle Tiere das gleiche Resultat ergeben. Dies ist nach Versuchen von KATZENSTEIN[6] wahrscheinlich, der gefunden hat, daß Hunde und Katzen auf gleichartige Reizung des Recurrens sehr verschieden reagieren. Bei ersteren findet sich Verengerung, bei letzteren Erweiterung der Stimmritze.

Auch für die Nerven allein werden Unterschiede in ihrem Widerstande gegen Schädigungen angegeben. Die Fasern des Recurrens, welche Erweiterung der Stimmritze auslösen, verlieren nach FRÄNKEL und GAD[7] bei Abkühlung des Nerven ihre Funktion vor den Erweiterern. ONODI bestätigt diese Beobachtung.

Endlich ist hier noch des Einflusses zu gedenken, den das Labyrinth wie auf alle Muskeln, auch auf die des Kehlkopfes hat. In der Tat geben EWALD[8] für Tiere, STERN[9] für den Menschen Störungen in der Präzision der Kehlkopfeinstellung an, die durch Veränderungen im Labyrinth erzeugt wurden.

## 2. Zentrale Innervation.

Die Herkunft der motorischen Kehlkopffasern scheint bei verschiedenen Tieren verschieden zu sein.

Nach Untersuchungen von GRABOWER[10], durch die ältere Untersuchungen von SCHECH[11] bestritten werden, stammen bei Hunden und Katzen alle motorischen Kehlkopfnerven aus dem Vagus, und zwar aus den 4—5 untersten Wurzelfäden. Der Accessorius hat bei diesen Tieren nichts mit der motorischen Innervation des Kehlkopfes zu tun, wie SCHECH[11] angegeben hatte. Diese Befunde sind von GROSSMANN[12], ONODI[13], RÉTHI[14], VON NAVRATIL[15] u. a. bestätigt worden.

Beim Schwein hingegen stammen alle motorischen Fasern des Kehlkopfes vom Accessorius, wie LESBRE und MAIGNON[16] durch Reizungs- und Degenerationsversuche festgestellt haben, der Vagus kommt bei diesem Tiere für die motorische Innervation des Kehlkopfes nicht in Frage.

Bei den Tieren, deren motorische Kehlkopfinnervation vom Nervus vagus besorgt wird, liegt der Ursprung der motorischen Fasern im Nucleus ambiguus nervi vagi, aus dessen großen multipolaren Ganglienzellen die motorischen Neuriten hervorgehen (GRABOWER[10], GROSSMANN[17]). Von hier strahlen sie gegen den dorsalen Vaguskern aus, biegen, ohne ihn zu er-

---

[1] KRAUSE, H.: Berl. klin. Wschr. **1888**.
[2] CHAUVEAU: C. r. Acad. Sci. Paris **87**, 138 (1878).
[3] GRÜTZNER: Erg. Physiol. **1902 II**, 473.
[4] BONHÖFFER: Pflügers Arch. **47**, 125 (1890).
[5] MEIROWSKY: Pflügers Arch. **78**, 64 (1899).
[6] KATZENSTEIN: Arch. f. Laryng. **10**, 288 (1900).
[7] FRÄNKEL u. GAD: Zbl. Physiol. **3**, 49 (1890).
[8] EWALD: Pflügers Arch. **63**, 521 (1896).
[9] STERN: Pflügers Arch. **60**, 124 (1895).
[10] GRABOWER: Zbl. Physiol. **3**, 505 (1889).   [11] SCHECH: Zitiert auf S. 1267.
[12] GROSSMANN: Sitzgsber. Akad. Wiss. Wien, Math.-naturwiss. Kl. III **98**, 385 (1889/90).
[13] ONODI: Zitiert auf S. 1285.
[14] RÉTHI: Sitzgsber. Akad. Wiss. Wien, Math.-naturwiss. Kl. III **108** (1898).
[15] VON NAVRATIL: Ungar. Arch. f. Med. **2**, 225 (1893).
[16] LESBRE u. MAIGNON: C. r. Soc. Biol. Paris **64**, 21, 52 (1908).
[17] GROSSMANN: Z. klin. Med. **32**, 219, 501 (1897).

reichen, lateralwärts nach vorn um und vereinigen sich mit den Fasern des dorsalen Kernes, mit denen sie gemeinsam das Areal des Trigeminus durchziehen. Im Nucleus ambiguus hat man versucht, die verschiedenen Muskeln des Larynx zu lokalisieren. Es scheint, daß der proximale Kernteil der Ursprungsort für die Innervation der Cricothyreoidei, der distale

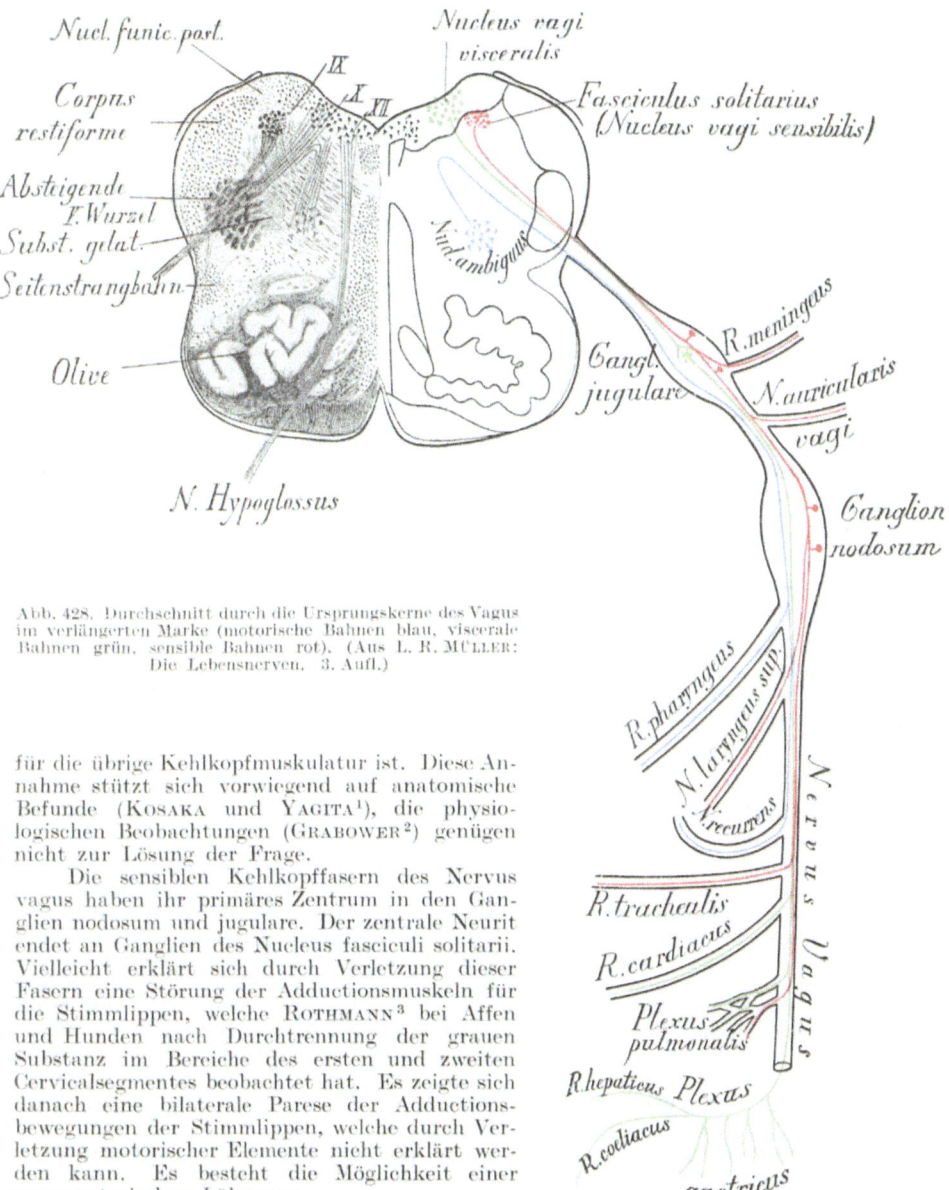

Abb. 428. Durchschnitt durch die Ursprungskerne des Vagus im verlängerten Marke (motorische Bahnen blau, viscerale Bahnen grün, sensible Bahnen rot). (Aus L. R. MÜLLER: Die Lebensnerven. 3. Aufl.)

für die übrige Kehlkopfmuskulatur ist. Diese Annahme stützt sich vorwiegend auf anatomische Befunde (KOSAKA und YAGITA[1]), die physiologischen Beobachtungen (GRABOWER[2]) genügen nicht zur Lösung der Frage.

Die sensiblen Kehlkopffasern des Nervus vagus haben ihr primäres Zentrum in den Ganglien nodosum und jugulare. Der zentrale Neurit endet an Ganglien des Nucleus fasciculi solitarii. Vielleicht erklärt sich durch Verletzung dieser Fasern eine Störung der Adductionsmuskeln für die Stimmlippen, welche ROTHMANN[3] bei Affen und Hunden nach Durchtrennung der grauen Substanz im Bereiche des ersten und zweiten Cervicalsegmentes beobachtet hat. Es zeigte sich danach eine bilaterale Parese der Adductionsbewegungen der Stimmlippen, welche durch Verletzung motorischer Elemente nicht erklärt werden kann. Es besteht die Möglichkeit einer sensomotorischen Lähmung.

Im Kopfmark von Carnivoren haben SEMON und HORSLEY[4] von getrennten Stellen durch Reizung bilaterale Bewegungen im Kehlkopf auslösen können.

[1] KOSAKA u. YAGITA: Jb. Psychiatr. **24**, 50 (1903).
[2] GRABOWER: Berl. klin. Wschr. **1911**, 664.
[3] ROTHMANN: Verh. d. physiol. Ges. Berlin 3. XI. 1911 — Neur. Zbl. **31**, 274 (1912).
[4] SEMON u. HORSLEY: Philos. Trans. roy. Soc. Lond. **5**, 181 (1890).

Adduction beider Stimmlippen bis zum Schluß der Glottis sahen sie bei Reizung des oberen Randes des Calamus scriptorius und des Randes der hinteren Pyramide. Abduction beider Stimmlippen dagegen ergab ihnen die Reizung der Ala cinerea etwas oberhalb des eben beschriebenen Feldes. Den gleichen Erfolg haben sie bei Reizung in der Höhe des Acusticusursprunges beobachtet, der maximale Effekt ließ sich etwa 2 mm lateralwärts von der Mediane erzielen. Bei Katzen bewirkte Reizung des oberen Abschnittes des Bodens des vierten Ventrikels dauernde Glottisöffnung bei erhaltener rhythmischer Atmung.

Die genannten Autoren haben eine einseitige Adduction der Stimmlippen der gleichen Seite beobachtet, bei Reizung einer Stelle des Corpus restiforme, die unmittelbar vor dem Fokus für die bilaterale Adductionsbewegung liegt. SEMON diskutiert die Möglichkeit einer direkten Reizung der motorischen Kehlkopfnerven, die hier verlaufen.

Die Befunde von SEMON und HORSLEY sind von R. DU BOIS-REYMOND und KATZENSTEIN[1] bestätigt worden. Auch diese Autoren beobachteten bei Reizung der genannten Gebilde Schluß und Öffnung der Glottis. Nicht bestätigen konnten sie die Möglichkeit, durch Reizung mehr cerebralwärts gelegener Teile beiderseitige Abduction der Stimmlippen zu erzeugen. Sie fanden entweder gleichseitige oder gekreuzte Abduction.

Auch die Atembewegungen des Kehlkopfes haben ein Zentrum im Kopfmark. Beim Kaninchen liegt dieses Zentrum nach Durchschneidungsversuchen von GROSSMANN[2] in der Höhe des breitesten Teiles der Rautengrube oder tiefer.

Auch ein subcorticales Zentrum für die Phonation glaubt ONODI[3] in den hinteren vier Hügeln annehmen zu müssen. Er findet Durchschneidung des Hirnstammes dicht oberhalb derselben ohne Einfluß auf die Phonation, 8—12 mm unterhalb dieses Schnittes hebt die Durchschneidung hingegen die Phonation auf. Atemstörungen zeigen sich dabei nicht.

Die Angaben ONODIS werden von VON BECHTEREW[4] bestätigt, von KLEMPERER[5] und GRABOWER[6] bestritten. IWANOW[7] konnte durch Reizung der hinteren Vierhügelgegend denselben Effekt erzielen wie durch Reizung des KRAUSEschen Zentrums in der Hirnrinde (s. S. 1289). Dagegen hat KANASUGI[8] nach Entfernung auch der hinteren Vierhügel keine Störung der Phonation beobachten können.

Die Frage nach subcorticalen Phonationszentren ist also nicht geklärt.

Ebenso ist es mit der Frage nach einer zentralen Beeinflussung der Phonation durch das *Kleinhirn.*

Nach Beobachtungen von LEWANDOWSKI[9] können bei Hunden nach umfangreichen experimentellen Zerstörungen und nach BONHÖFFER[10] bei krankhaften Defekten des Kleinhirns am Menschen Phonationsstörungen auftreten. Experimentelle Arbeiten von KATZENSTEIN und ROTHMANN[11] schienen diese Funde zu bestätigen. Diese Autoren haben bei Hunden nach Ausrottungen charakteristische Ausfallserscheinungen und nach Reizung ebenfalls charakteristische Erregungssymptome beobachtet. Einseitige Durchtrennung der vorderen Verbindungen des Kleinhirns hat eine Parese der gleichseitigen Stimmlippe zur Folge, beiderseitige Operation macht beide Stimmlippen paretisch, die Adduction erfolgt unter Zittern, die Abduction in Absätzen und weniger vollkommen als normalerweise. Zugleich tritt ein Verlust des Tonus der Kiefer- und Lungenmuskeln auf. Diese Störungen bilden sich bald zurück, besonders nach nur einseitiger Operation. Hier dauern sie nur Tage an, bei beider-

---

[1] BOIS-REYMOND, R. DU, u. KATZENSTEIN: Arch. f. (Anat. u.) Physiol. **1901**, 513.
[2] GROSSMANN: Zitiert auf S. 1286.
[3] ONODI: Neur. Zbl. **1894** — Berl. klin. Wschr. **1894**.
[4] VON BECHTEREW: Neur. Zbl. **1895**.
[5] KLEMPERER: Arch. f. Laryng. **2**, 329 (1895).
[6] GRABOWER: Arch. f. Laryng. **6**, 42 (1897).
[7] IWANOW: Neur. Zbl. **1899**.
[8] KANASUGI: Arch. f. Laryng. **21**, 334 (1908).
[9] LEWANDOWSKI: Arch. f. (Anat. u.) Physiol. **1903**, 174.
[10] BONHÖFFER: Mschr. Psychiatr. **24**, 379 (1908).
[11] KATZENSTEIN u. ROTHMANN: Passow-Schaefers Beitr. **5**, 380 (1912).

seitiger dagegen Monate, doch soll das Gebelle dauernd weniger sonor und in höherer Tonlage als wie zuvor erklingen. Ähnliche Symptome und Rückbildungserscheinungen treten nach Ausrottung des Lobus anterior auf.

Reizungsversuche haben Bewegungen des ganzen Kehlkopfes, besonders Hebung desselben sowie Glottisschluß oft nach vorausgegangener Öffnung ergeben. Wenn die genannten Autoren die Kleinhirnausrottungen mit Zerstörung der corticalen Zentren im Großhirn (s. S. 1290) kombinierten, so verstärkten sich die Ausfallserscheinungen, nur die Absätze in den Bewegungen waren weniger ausgesprochen. Alle Ausfallserscheinungen verschwanden aber auch nach dieser kombinierten Operation im Verlaufe einiger Monate.

Die beschriebenen Versuche konnte GRABOWER[1] nicht bestätigen, die Ausfallserscheinungen führt er zum Teil auf Narkosewirkung, die Reizerfolge auf ordinäre Stromschleifen zurück. Wie sehr dieses Moment bei Reizungen eine Rolle spielen kann, selbst bei Objekten, an denen die Bedingungen für eine Ausbreitung des Reizstromes viel ungünstiger sind als am Gehirn, zeigen Untersuchungen von HALPERN[2].

Mehr gesichert sind unsere Kenntnisse über die *Innervation des Kehlkopfes von der Großhirnrinde aus.* H. KRAUSE[3] hat ein Rindenzentrum entdeckt, ein zweites KATZENSTEIN[4]. Das KRAUSEsche Zentrum liegt beim Hunde im Gyrus praecrucialis sive praefrontalis. Seine Reizung hat eine Adductionsbewegung beider Stimmbänder zur Folge. Außerdem treten Schluckbewegungen, Hebung des Gaumensegels, Kontraktion des Constrictor pharyngis superior sowie der Muskulatur des Zungenrückens und Hebung des Kehlkopfes auf. Sind die Nerven der Adductoren reseziert, so hat die Rindenreizung, wie RUSSELL[5] beobachtet hat, Abduction der Stimmbänder zur

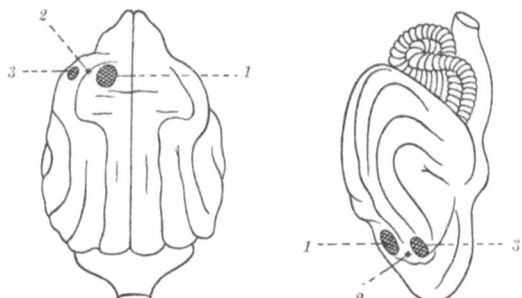

Abb. 429. Die Kehlkopfzentren im Hundegehirn. *a* Ansicht von oben, *b* Ansicht von der Seite.
*1* KRAUSEsches Kehlkopfbewegungszentrum; *2* neues Rindenfeld für die gleichzeitige Hälfte der Zunge, den Lippenwinkel und den weichen Gaumen; *3* neues Reflexbewegungszentrum in der zweiten Windung. (Nach KATZENSTEIN.)

Folge. Bei der Katze tritt diese Wirkung auch ohne die Resektion jener Nerven ein (SEMON und HORSLEY[6]). Wird das Zentrum ausgerottet, so finden sich degenerierende Nervenfaserzüge, die durch das Corpus mamillare verlaufen. Die Phonation ist nach der Exstirpation des Zentrums beim Hunde wohl vorübergehend, aber nicht dauernd aufgehoben (GOLTZ, KATZENSTEIN, ONODI). Abscesse, die in der Gegend des Zentrums künstlich erzeugt werden, haben nach Beobachtungen von KLEMPERER[7] keinen Einfluß auf die Phonation. Über die Existenz dieses Zentrums liegt eine ausgedehnte Literatur vor. Man vergleiche noch die Untersuchungen von MOTT[8] und BROECKAERT[9].

Besonders lebhaft ist die Frage nach bilateralen Wirkungen bei einseitiger Reizung diskutiert worden. Durch genauere Umgrenzung des gereizten Feldes und vorsichtige Bestimmung der Reizschwellen ist es MASINI und später KATZENSTEIN gelungen, auch lediglich kontralaterale Kehlkopfbewegungen auszulösen. Hiermit steht auch in Einklang die Beobachtung KATZENSTEINS an einem Gaukler, der einseitige Bewegungen am Kehlkopf ausführen konnte. KATZENSTEIN

---

[1] GRABOWER: Zitiert auf S. 1287.   [2] HALPERN: Pflügers Arch. **225**, 49 (1930).
[3] KRAUSE, H.: Arch. f. (Anat. u.) Physiol. **1884**, 203.
[4] KATZENSTEIN: Arch. f. (Anat. u.) Physiol. **1905**, 398.
[5] RUSSELL: Proc. roy. Soc. **58**, 237 (1895).
[6] SEMON u. HORSLEY: Dtsch. med. Wschr. **1890** — Proc. roy. Soc. **48**, 341 — Philos. Trans. roy. Soc. B **181**, 187 (1890).
[7] KLEMPERER: Arch. f. Laryng. **2** (1895).
[8] MOTT: Brit. med. J. **1890**.   [9] BROECKAERT: Flandr. méd. **2** (1895).

berichtet auch, daß bei bilateraler Adduction der Stimmlippen die gekreuzte mit größerer Kraft adduziert wurde. Nach Ausrottung eines Zentrums schlotterte bei Reizung des anderen die gleichseitige Stimmlippe.

Das KATZENSTEINsche Zentrum liegt in der Nähe des KRAUSEschen in der Hirnwindung, die außen an den Gyrus praecrucialis angrenzt, von der Längsincisur gerechnet die zweite Windung. Seine Lage entspricht der des BROCAschen Sprachzentrums beim Menschen. Über die Lage der Zentren beim Hunde geben die Abb. 429a und b Aufschluß. Für die willkürliche Innervation der Stimmlippen vermutet ROSSBACH[1] ein Zentrum in der Insel.

Rindenreizungen im Bereiche des KATZENSTEINschen Feldes hatten folgende Wirkungen: bei Reizung des vorderen Gebietes der linken Seite Adduction der rechten Stimmlippe, danach auch der linken, bei Reizung mehr lateralwärts Adduction der linken Stimmlippe. Von Bedeutung war der Zustand der Stimmlippen im Augenblicke der Reizung. Bei adduzierten Stimmlippen erfolgte vielfach Adduction, bei abduzierten Adduction der rechten Stimmlippe.

Zwischen den beiden Zentren finden sich Rindenfelder für Zunge, Gaumen und Lippenbewegungen. Von einer Region, die etwas oberhalb des KRAUSEschen Zentrums liegt, konnte KATZENSTEIN[2] einen Fokus nachweisen, von dem aus durch Reizung Inspiration mit nachfolgender tiefer Exspiration hervorgerufen wurde. Die Ausatmungsbewegung endete häufig in einer tetanischen Kontraktion der Exspirationsmuskulatur.

Wie zu erwarten, hat auch Ausrottung des KATZENSTEINschen Zentrums keine Lähmungen zur Folge. Es zeigen sich gewisse Koordinationsstörungen, die lange Zeit erhalten bleiben; nach KATZENSTEIN sind sie noch 80 Tage nach der Exstirpation nachweisbar. Die lebenswichtigen, der Atmung synergischen Bewegungen bleiben unverändert. Neben den motorischen Störungen zeigen sich auch vorübergehend sensible.

Nach vollständiger Entfernung des Großhirns sahen GOLTZ und ROTHMANN[3] bei Hunden keinerlei Bewegungsstörungen der Kehlkopfmuskulatur. Die Stimmbildung blieb intakt.

Durch *Reizung der menschlichen Hirnrinde* hat FOERSTER[4] von den untersten Teilen der vorderen Zentralwindung Adduction beider Stimmbänder, vom ventralsten und oralsten Teil des Operculum centrale Stimmgebung unartikulierter Laute erzeugen können. Analoge Resultate erhielten GRÜNBAUM und SHERRINGTON beim Menschenaffen vom untersten Teile der vorderen Zentralendung.

Bei *sprechenden Papageien* endlich ist von KALISCHER[5] im Kopfe des Mesostriatum ein Phonationszentrum entdeckt worden. Beiderseitige Ausrottung hat dauernde hochgradige motorische Sprachstörungen zur Folge, nur wenige Worttrümmer bleiben erhalten. Einseitige Operation hat nur vorübergehende Störung zur Folge, sie vernichtet die Fähigkeit, neue Worte zu lernen, nicht.

Über die zentrale sensorische und motorische Organisation der menschlichen Sprache mehr als im vorhergehenden zu sagen, ist hier nicht der Ort. Man vergleiche die betreffenden Kapitel in ds. Handb. **10**.

## Kehlkopfreflexe.

Hier ist der Ort, ganz kurz die Reflexe abzuhandeln, die am Kehlkopf zu beobachten sind. Vom Kehlkopfinneren aus bewirkt jede Reizung der Schleim-

---

[1] ROSSBACH: Dtsch. Arch. klin. Med. **46**, 140 (1890).
[2] KATZENSTEIN: Arch. f. Laryng. **20**, 500 (1907).
[3] GOLTZ u. ROTHMANN: Verh. physiol. Ges. Berlin, 3. XI. 1911.
[4] FOERSTER: Dtsch. Z. Nervenheilk. **14**.
[5] KALISCHER: Anhang z. d. Abh. der Königl. Preuß. Akad. d. Wiss. **1905**.

haut oberhalb der Stimmbänder Schluß der Stimmritze. Wirken die Reize intensiv oder verbreiten sie sich über die Stimmbänder hinaus nach der Luftröhre zu, so ist Husten der Effekt des Reizes. Die afferente Bahn des Reflexes ebenso wie die efferente verlaufen in Vagus. Die Reizempfindlichkeit der Kehlkopfschleimhaut ist groß und sehr andauernd. In der Narkose verschwindet der Hornhautreflex vor den genannten Kehlkopfreflexen (SEMON und HORSLEY[1]). Die Reflexe werden leichter von der hinteren Wand des Kehlkopfes ausgelöst, die empfindlicher als die vordere ist (STOERK[2], SEMON und HORSLEY[1], SEMON[3]).

Vom Schlunde und Rachen aus wird durch den herabgleitenden Bissen oder Schluck ein Reflex ausgelöst, an dem auch der Kehlkopf beteiligt ist. Er besteht in einem Verschluß der Stimmritze, kombiniert mit den auf S. 1263 beschriebenen Bewegungen.

Von den synergischen Bewegungen der Stimmbänder bei der Atmung ist bereits wiederholt die Rede gewesen. Sie werden vom Atemzentrum dirigiert, in der Apnoe hören sie auf.

Von dem normalen Typus können auch Abweichungen vorkommen. So konnten GROSSMANN[4] beim Kaninchen, KREIDL[5] beim Kaninchen und Affen bei künstlicher Atmung inspiratorische Adduction und exspiratorische Abduction erzeugen. DU BOIS-REYMOND und KATZENSTEIN[6] fanden dies auch am Hunde. Vagusresektion hebt diesen Reflex auf.

Durch Kompression des Thorax konnten dieselben Autoren bei Inspirationsstellung desselben Erweiterung, bei Exspirationsstellung Verengerung der Glottis erzeugen. Der Reflex trat auch bei reseziertem Vagus und kollabierten Lungen ein; erst Durchschneidung des unteren Halsmarkes hebt ihn auf.

Bei reflektorischer Auslösung von Stimmbandbewegungen sieht man vielfach Beschränkung der Bewegung auf die Reizseite. So konnte SLUDER[7] durch Reizung des zentralen Endes des Laryngeus superior reflektorisch Adduction des gleichseitigen Stimmbandes auslösen. Denselben Effekt sah KRAUSE[8] bei zentraler Reizung des Recurrens (bestritten von BURGER[9], bestätigt von BURKHARD[10]). KATZENSTEIN[11] beobachtete am mäßig cocainisierten Kehlkopfe bei einseitiger Berührung der Kehlkopfschleimhaut gleichseitige Adduction des Stimmbandes. Diesen Reflex fand er unabhängig von der Gehirnrinde.

## 3. Sympathische Innervation.

In diesem Kapitel sind die Fragen zu erörtern, ob der Sympathicus an der motorischen und sekretorischen Innervation des Kehlkopfes beteiligt ist, und welcher Art seine vasomotorischen Funktionen sind.

Die Beantwortungen der ersten Frage sind keineswegs übereinstimmend.

In makroskopisch-anatomischen Untersuchungen an Menschen hat RAUBER[12] Anastomosen zwischen dem Ganglion cerv. sup. und dem N. laryng. sup. und ebenso zwischen diesem Nerven und dem Grenzstrang des Sympathicus sowie dem Plexus pharyngeus gefunden.

---

[1] SEMON u. HORSLEY: Brit med. J. **1886**.
[2] STOERK: Wien. med. Wschr. **1876**, Nr 25.
[3] SEMON: Mschr. Ohrenheilk. **1879**, Nr 6.
[4] GROSSMANN: Sitzgsber. Akad. Wiss. Wien, Math.-naturwiss. Kl. III **98** (1888).
[5] KREIDL: Sitzgsber. Akad. Wiss. Wien, Math.-naturwiss. Kl. III (1897).
[6] DU BOIS-REYMOND u. KATZENSTEIN: Arch. f. Laryng. **14**.
[7] SLUDER: Sitzgsber. Akad. Wiss. Wien, Math.-naturwiss. Kl. III **107**, 7 (1898).
[8] KRAUSE: Berl. klin. Wschr. **1892**, Nr 20.
[9] BURGER: Berl. klin. Wschr. **1892**, Nr 30.
[10] BURKHARD: Berl. klin. Wschr. **1892**, Nr 39.
[11] KATZENSTEIN: Arch. f. (Anat. u.) Physiol. **1905**, 396.
[12] RAUBER-KOPSCH: Lehrb. d. Anatomie d. Menschen **5**, 327. 10. Aufl.

Analoge Befunde hat BROEKAERT[1] erhoben. Bei Tieren beobachteten ELLENBERGER und BAUM[2] Verbindungen zwischen Recurrens und Sympathicus. ONODI[3] konnte bei Hunden, Katzen und Kaninchen Verbindungen zwischen beiden N. laryngei und Sympathicus, beim Pferde zwischen Recurrens und Sympathicus beobachten. Damit stimmen Befunde von HEINRICH SCHULTZE[4] an Katzen, Hunden und Affen überein, an denen Anastomosen des oberen Halsganglions mit dem Laryngeus sup. nachgewiesen wurden. Dasselbe hat BROEKAERT[1] am Hunde gefunden in Form von Verbindungen des Halssympathicus mit beiden Laryngeis.

Negativ sind die Befunde von PAUL SCHULTZ[5] sowie von GROSSMANN[6]. Auch die Befunde des jüngsten Autors KAKESHITA[7] an Katzen, Hunden und Kaninchen sind völlig negativ. Der letztere hat lediglich Anastomosen zwischen Vagusstamm und Sympathicus im Niveau der beiden Halsganglien gefunden.

Mit diesen letzteren Befunden stimmt gut überein, daß weder MÜLLER[8] im Recurrens des Menschen, noch KAKESHITA in beiden Laryngeis der obengenannten Tiere marklose Fasern gefunden haben. Diese Untersuchungen wurden mit WEIGERTS Eisenhämatoxylinmethode ausgeführt. KAKESHITA schließt aus seinen Beobachtungen, daß bei Vorkommen von Anastomosen zwischen Sympathicus und Laryngeis die sympathischen Fasern jedenfalls diese Nerven vor dem Eintritt in die Kehlkopfmuskeln wieder verlassen haben.

Da das Problem der sympathischen Innervation des Kehlkopfes mit morphologischen Methoden, wie man sieht, nicht befriedigend gelöst worden ist, wird es von Interesse sein, zu sehen, was experimentell ermittelt worden ist.

Wenn nach den anatomischen Befunden es auch wenig wahrscheinlich ist, daß sympathische Elemente an der musculomotorischen Innervation des Kehlkopfes beteiligt sind, so liegt die Entscheidung dieser Frage doch im Experiment.

ONODI[9] reizte den Grenzstrang zwischen unterem Hals- und oberem Brustganglion und ebenso die Kommunikation zwischen Grenzstrang und Plexus brachialis. Er fand dabei Bewegungen des gleichseitigen Stimmbandes. Analoge Beobachtungen — Medianstellung des gleichseitigen Stimmbandes — fand BROEKAERT[10] bei Reizung des Halssympathicus. Nach Resektion desselben beobachtete er auf Reizung des zentralen Endes Adduction des gleichseitigen Stimmbandes. Da die Durchschneidung ohne Effekt auf die Motilität des Kehlkopfes blieb, hält er die Wirkungen der Sympathicusreizung für reflektorisch.

Diese Beobachtungen können PAUL SCHULTZ[5] und ebenso GROSSMANN[11] nicht bestätigen, sie führen die beschriebenen Wirkungen auf Stromschleifen zurück, eine Ansicht, der auch KAKESHITA sich anschließt. Nach ihm hat die Resektion des Sympathicus keinerlei Einfluß auf den Hustenreflex, es liegt also kein Grund zur Annahme sensorischer Kehlkopffasern im Sympathicus vor.

Atrophien der Kehlkopfmuskeln nach alleiniger Resektion des Sympathicus konnten weder BROEKAERT noch KAKESHITA beobachten. Dagegen findet der letztere nach Resektion der Laryngei Atrophien in der Kehlkopfmuskulatur, die bereits zwei Wochen nach der Resektion sichtbar werden. Ein trophischer Einfluß des Sympathicus auf die Kehlkopfmuskeln scheint demnach nicht zu existieren.

Auch die Frage, ob der Sympathicus einen Einfluß auf den Tonus der Kehlkopfmuskulatur habe, scheint nach Untersuchungen von KAKESHITA verneint

---

[1] BROEKAERT: Internat. Zbl. Laryng. **23**, 343.
[2] ELLENBERGER u. BAUM: Lehrbuch.
[3] ONODI: Die Anatomie und Physiologie der Kehlkopfnerven. Berlin 1902.
[4] SCHULTZE, HEINRICH: Arch. f. Laryng. **16**, 1.
[5] SCHULTZ, PAUL: Arch. f. Laryng. **16**, 1 (1904).
[6] GROSSMANN, M.: Arch. f. Laryng. **18**, 394.
[7] KAKESHITA, T.: Pflügers Arch. **215**, 22 (1927).
[8] MÜLLER, L. R.: Die Lebensnerven. Berlin 1924.
[9] ONODI: Zitiert auf S. 1285.
[10] BROEKAERT: Zitiert auf S. 1289.
[11] GROSSMANN: Zitiert auf S. 1291.

werden zu müssen. D'ONOFRIO hat zwar nach Resektion des periarteriellen Sympathicusgeflechtes bei Kaninchen Stimmbandparesen beobachtet. Dagegen konnte KAKESHITA weder am Nervmuskelpräparat des Cricothyreoideus-Laryngeus sup. der Katze einen Einfluß der Sympathicotomie oder -reizung auf die Muskellänge nachweisen, noch am intakten Muskelapparat des Kehlkopfes. In den letzteren Versuchen wurde ein Verfahren[1] angewendet, das in der Aufzeichnung der Atembewegungen der Stimmbänder mittels einer zwischengeschalteten Pelotte besteht, deren Volumschwankungen durch Luftübertragung aufgezeichnet wurden. Ausschaltung selbst beider N. sympathici ändert an der normalen Atembewegung der Stimmlippen nichts, wohl aber Resektion des Vagus.

Negativ waren auch die Versuche von DUCCHESCHI und CAMPANARI[2], die den Halsvagus resezierten und nach Degeneration der Vagusfasern den Recurrens der gleichen Seite reizten, ebenso den Halssympathicus und den Plexus caroticus, ohne irgendeinen Effekt zu beobachten.

Zum Zwecke weiterer Klärung dieser Frage hat KAKESHITA[3] noch beide Laryngei bei Kaninchen reseziert und nach 2 Monaten den M. cricothyreoideus und den M. posticus nach der Rongalitweißmethode von R. MÜLLER auf akzessorische Nervenelemente untersucht. Der Befund war positiv, so daß KAKESHITA die Annahme einer Beteiligung des Sympathicus an der motorischen Innervation der Kehlkopfmuskulatur für widerlegt hält.

Ebensowenig ist KAKESHITA es gelungen, die Annahme von HEINRICH SCHULTZE[4] zu bestätigen, daß der Sympathicus sekretorische Fasern für den Kehlkopf führt. Zwar ist die Angabe SCHULTZES richtig, daß Reizung des Vagosympathicus beim Hunde Sekretion der Kehlkopfschleimhaut zur Folge hat. KOKIN[5] hat zeigen können, daß die sekretorischen Fasern im Laryngeus superior verlaufen. Sie stammen aber nicht aus dem Sympathicus, wie aus Reizungsversuchen von KAKESHITA erhellt, die völlig negativ ausfielen. Dagegen zeigte dem gleichen Autor Laryngeusreizung deutliche Sekretion.

Gute Übereinstimmung herrscht bei den Autoren über die Rolle des Sympathicus bei der vasomotorischen Innervation des Kehlkopfes. Die Vasomotoren lassen sich im periarteriellen Carotidengeflecht nachweisen. Zerstörung desselben erzeugt nach D'ONOFRIO[6] Anämie des Stimmbandes der gleichen Seite und der Innenfläche der Epiglottis. Reizung des Geflechtes erzeugt bei starken Reizen Ischämie, bei schwachen das gleiche oder Hyperämie. Vom Halssympathicus aus ist die Wirkung des Reizes geringer.

KAKESHITA hat beide Cricothyreoidei isoliert und mit Thermoelementen versehen, um die Wirkung des Sympathicus auf die Temperatur des Muskels zu studieren. Er findet, daß einseitige Resektion den gleichseitigen Muskel wärmer macht.

Es unterliegt nach allen diesen Versuchen kaum einem Zweifel, daß der Sympathicus Vasomotoren für den Kehlkopf führt. Nach HEINRICH SCHULTZE gelangen sie durch beide Laryngei in das Organ. Die Constrictoren sollen im Laryngeus inferior, die Dilatatoren im superior überwiegen. Das Zentrum der ersteren liegt im oberen Brustmark, die Dilatatoren haben ihr Zentrum im Vaguskern (HÉDON[7]).

---

[1] KAKESHITA, T.: Pflügers Arch. **215**, 19 (1927).
[2] DUCCHESCHI, V., u. C. CAMPANARI: Arch. di fisiol. **23**, 79 (1925).
[3] KAKESHITA, T.: Pflügers Arch. **215**, 22 (1927).
[4] SCHULTZE, HEINRICH: Zitiert auf S. 1292.
[5] KOKIN, P.: Pflügers Arch. **63**, 622 (1896).
[6] D'ONOFRIO, F.: Zitiert nach Ber. Physiol. **29**, 641 (1925) — Arch. ital. Otol. **35**, 129 (1924).
[7] HÉDON: C. r. Soc. Biol. Paris **73**, 267 (1896) — ebenda **1906 I**, 952—955.

## IV. Atembewegungen bei der Phonation.

Die große Mannigfaltigkeit der Einrichtungen, welche zu den Lautäußerungen der Tiere und des Menschen in Gang gesetzt werden, stehen augenscheinlich unter einer zentralen Leitung. Durch einen Generalimpuls wird das verwickelte Spiel der Atemmuskeln, der Kehlkopfmuskulatur, der Motorik des Ansatzrohres, ja des Mienenspieles und der allgemeinen Gebärden des Rumpfes und der Glieder synergistisch in Gang gesetzt. Willkürlich ist dabei nur der Impuls, sozusagen das Kommando für den gesamten Bewegungskomplex, alle einzelnen Muskelbewegungen und die zeitliche Folge der koordinierten Bewegungen geschieht vollkommen maschinell ohne direkte Wirkung von Willensimpulsen. Dieses Moment muß besonders betont werden, weil in der Literatur die Meinung weitverbreitet ist, der Wille habe auf einzelne Muskeln des Phonationsapparates Einfluß, auf andere nicht. Besonders tritt diese Ansicht bei der Beschreibung der Muskelmechanismen hervor, welche das Volumen des Thorax erweitern. Die Bewegung des Rippenkorbes soll dem Willen unterworfen sein, die Zwerchfellbewegung dagegen nicht. Hierauf wird noch zurückzukommen sein. Wie im allgemeinen, so gilt auch hier der Satz, daß einzelne Muskeln dem Willen nicht unterworfen sind. Alle Willküraktion erzeugt synergische Bewegungen, deren einzelne Komponenten dem Willen nicht unterliegen. Daß es manchem Experimentator gelingt, durch Übung einzelne Muskeln zu beherrschen, ändert an der generellen Gültigkeit obigen Satzes nichts. Die Modifikationen der Motilität des Phonationsapparates durch Sprech- und Singschulung geben lediglich eine Illustration dafür, daß angeborene Synergismen modifizierbar sind, ebenso wie angeborene Reflexe.

Die bewegende Kraft des Phonationsapparates ist der Druck des Stromes der Exspirationsluft. Mit der Atmung insbesondere bei der Phonation haben wir uns daher zu beschäftigen.

Solange der Körper im Ruhezustand sich befindet, geht die Atmung in gleichmäßiger Weise vor sich. Durch ein Rohr von gegebener Weite streicht der Luftstrom bei der Einatmung in die Lungenalveolen und bei der Ausatmung in umgekehrter Richtung aus den Alveolen in die atmosphärische Luft zurück. Die Dauer von Einatmung und Ausatmung ist nur wenig verschieden, die Einatmung gewöhnlich von etwas kürzerer Dauer. Der Weg der Luft geht durch die Nase bei geschlossenem Munde, die Stimmritzenöffnung hat, wie beschrieben, die Form eines gleichschenkligen Dreieckes; sie ist bestimmt durch die Mittelstellung der Stimmlippen, die zwischen maximaler Abduction und Adduction liegt. Der Luftstrom bewegt sich im ganzen Respirationsapparat, ohne daß unmittelbar wahrnehmbare Reibungsgeräusche entstehen.

Die Menge der ventilierten Luft beträgt im Mittel etwa 500 ccm. Die fördernde Kraft dieses Luftquantums ist die Muskulatur des Rippenkorbes und das Zwerchfell. Sie erweitern den Brustkasten, schaffen hierdurch ein Vakuum, welches die Lunge unter dem Drucke der Atmosphäre ausfüllt. Schon frühzeitig ist man bestrebt gewesen, den Anteil dieser beiden Mechanismen an der Ventilation der Lunge zu messen. Während die Muskulatur des Rippenkorbes den Brustraum vorwiegend in sagittaler und transversaler Richtung vergrößert, wirkt das Zwerchfell in vertikaler. Eine exakte Messung des Anteiles, welchen das Zwerchfell an der Ventilation der Lunge hat, ist mit den bisherigen Methoden kaum möglich; man ist daher auf indirekte Verfahren angewiesen, deren Fehler natürlich größer sind als bei direkten Messungen. Bei solchen Bestrebungen ist auch zu berücksichtigen, daß der Anteil des Zwerchfelles an der Erweiterung des Brustraumes nicht nur aktiv ist; denn jede Erweiterung der unteren Thoraxapertur übt auf das Zwerchfell einen Zug aus und dehnt es daher, was zu einer Abflachung führen könnte. Im wesentlichen interessiert daher der Effekt der Summe der bewegenden Kräfte auf die Weite der Brusthöhle.

Man kann ihn nach zwei Methoden bestimmen:

Entweder schließt man den Körper bis zum Halse in ein starres Gefaß ein, das mit Luft gefüllt ist. Bei jeder Inspiration wird die Luft in dem Gefäß verdichtet und bei der Exspiration wieder entspannt. Bei bekanntem Luftvolumen kann man aus den Druckschwankungen die Volumschwankungen des Brustkorbes und damit die Menge der ventilierten Luft berechnen. Diese Methode ist zuerst von E. HERING[1] angegeben.

Die zweite Methode besteht in der Messung des ein- und ausgeatmeten Luftvolumens. Sie ist besonders von HUTCHINSON[2] ausgearbeitet worden. Man verwendet das Prinzip des Glockengasometers zur Messung der Volumina. Zweckmäßigerweise wird das Gewicht der Glocke so gering wie möglich gehalten.

Beide Methoden hat HULTKRANZ[3] kombiniert und dabei für die Ruheatmung gut übereinstimmende Werte erhalten. Er hat auch versucht, den Thorax- und Zwerchfellanteil an der Ventilation zu trennen, indem er das oben angeführte Gefäß in zwei Abteilungen teilte, deren Grenze am unteren Thoraxrande gelegen war. Auf diese Weise hat er, bei ruhiger Atmung und bei einer gesamten Ventilationsgröße von 490 cm$^3$, 170 cm$^3$ zurückgeführt auf die Thoraxerweiterung durch das Zwerchfell in den übrigen Durchmessern, den Rest auf die Erweiterung. Die Summen der Ventilationsgrößen, die mittels der beiden Abteilungen bestimmt waren, stimmten bis auf etwa 1% mit der direkt gemessenen Gesamtventilation überein.

Die Methode von HULTKRANZ hat sich bei den Phonetikern nicht einbürgern können. In der phonetischen Literatur wird das gewöhnlich mit ihrer Umständlichkeit motiviert. Es scheint aber, daß die Methode der getrennten Messung von Zwerchfellwirkung und Thoraxwirkung die gestellte Aufgabe nicht zu erfüllen vermag; denn der untere Abschnitt des Gefäßes unterliegt nicht nur der Wirkung des Zwerchfelles, sondern auch der des unteren Thoraxabschnittes. Dazu kommt, daß Verschiebungen der Grenzfläche beider Abteilungen sich zugunsten derjenigen auswirken müssen, nach der die Verschiebung erfolgt. Das wird im allgemeinen die obere sein, so daß der thorakale Anteil der Ventilation hierdurch auf Kosten des diaphragmatischen vergrößert erscheinen wird. Die Summe der beiden Größen wird durch diesen Umstand nicht verändert; denn der Fehler wirkt sich in beiden Abteilungen in entgegengesetztem Sinne aus. So kann es auch nicht wundernehmen, daß die direkte Messung des gesamten Atemvolumens mit der Summe der wie geschildert bestimmten harmoniert.

Angesichts der Unvollkommenheit der Methodik für Differenzierung zwischen thorakaler und diaphragmatischer Atmung ist es begreiflich, daß beim Studium der Phonationsatmung eine möglichst vielseitige Erforschung der Volumänderungen der Brusthöhle angestrebt worden ist. In neuerer Zeit hat besonders SCHILLING[4] sich eingehend mit der Atmung beim Sprechen und Singen beschäftigt. Bei der Unsicherheit pneumographischer und stethographischer Methoden für die Beurteilung der Änderung des Umfanges von Brust und Bauch hat er eine direkte Meßmethode unter Verzicht auf graphische Aufzeichnung angewendet:

Mit Hilfe eines Bandmaßes hat er an drei Stellen den Rumpfumfang in einer Reihe von Einzelbeobachtungen gemessen und das Mittel aus den Versuchen errechnet. Gewählt worden sind für den oberen Thoraxabschnitt die Mitte des Corpus sterni, etwa dem oberen Rande der Mamilla entsprechend; für die untere Brust- bzw. Flankengegend, das ist der Bereich,

---

[1] Vgl. KNOLL, S.: Sitzgsber. Akad. Wiss. Wien, Math.-naturwiss. Kl. III **68**, 245 (1873).
[2] HUTCHINSON: Med. Chir. Trans. **29**, 137 (1846).
[3] HULTKRANZ: Skand. Arch. Physiol. (Berl. u. Lpz.) **2**, 70 (1891).
[4] SCHILLING: Mschr. Ohrenheilk. **59**, 51, 134, 313, 454, 581, 643 (1925).

der etwa dem Ansatz des Zwerchfelles entspricht, hat er die Mitte des Epigastriums gewählt; die Änderungen des Bauchumfanges hat er im Niveau des Nabels gemessen. Im Bereiche des Manubrium mußte er sich mit stethographischer Methode begnügen wegen der Behinderung bei der Bandanlegung durch die Achselhöhlen. Die Bewegungen des Zwerchfelles hat er auf orthodiagraphischem Wege beobachtet und die maximale Vertikalexkursion desselben gemessen.

Vielfach bedarf es bei den Untersuchungen absoluter Werte nicht. Wenn es lediglich auf die zeitliche Folge der Atemzüge oder auf das Verhältnis der Inspirationsdauer zur Exspirationsdauer ankommt, so genügen die üblichen Methoden der Pneumographie vollkommen.

Da der Druck der Exspirationsluft die treibende Kraft bei der Phonation ist, so hat man zu erwarten, daß bei dauerndem Lautgeben die Exspiration gegenüber der Inspiration zeitlich in den Vordergrund tritt. In der Tat zeigt sich das beim Sprechen und beim Singen. Die Dauer der Ausatmung kann die der Einatmung um ein Vielfaches übertreffen. Bei gewöhnlicher Rede ist das Verhältnis 7 zu 1 bis 6 zu 1, es kann bis 12 zu 1 zunehmen, aber auch bei brüsken Phonationsstößen auf 0,7 zu 1 abnehmen (PANCONCELLI-CALZIA[1]). Beim Singen kann das Verhältnis auf 50 zu 1 steigen (NADOLECZNY).

Gegenüber der normalen Atmung sind folgende Änderungen besonders ins Auge fallend: Die Wege der Atemluft werden bei der Einatmung bedeutend erweitert, der Widerstand gegen die Einatmung also entsprechend verringert. Äußerlich ist diese Veränderung daran erkennbar, daß nicht durch die Nase geatmet wird wie bei der Ruheatmung, sondern durch den Mund. Diese Eigentümlichkeit ist angeboren, die Inspiration für den ersten Schrei des Neugeborenen erfolgt bereits durch den Mund.

Auch die zweite Möglichkeit einer Erweiterung des Atemweges, die Erweiterung der Stimmritze, wird bei der Einatmung entsprechend wirksam. Sie ist maximal, charakterisiert durch den Knick ihrer Konturlinie an dem Processus vocales der Stellknorpel. Hierdurch gewinnt sie die Gestalt eines Fünfecks (s. S. 1274). Da der Widerstand gegen die Strömung der Atemluft in der Nasenhöhle erheblich größer ist als im Munde, so passiert die inspirierte Luft im Hauptanteile den Mund.

Während der Phonation wird der Druck des exspiratorischen Luftstromes zur Erzeugung von Schall verbraucht. Da vor allem im Kehlkopf infolge der Verengerung der Stimmritze beim Lautgeben ein erheblicher Widerstand gegen das Ausströmen der Atemluft erzeugt wird, so ist klar, daß sie langsamer strömt als bei der Inspiration und daß das Druckgefälle nicht kontinuierlich ist, sondern im Niveau der Stimmritze einen Sprung zeigt; lungenwärts ist der Druck hoch, mundwärts gering.

Die geschilderten Verhältnisse sind aus allen Registrierungen der Atembewegungen ersichtlich (vgl. Abb. 430). Gemeinsam ist allen Respirationsbewegungen beim Phonieren der kurz dauernde Inspirationsvorgang und die verlängerte Exspiration. Im einzelnen ist aber der Ablauf der Exspiration, den man erwarten muß, sehr verschieden. Rede und Gesang pflegen nicht gleichmäßig dahinzufließen, sondern in Absätzen, durch Pausen von verschiedener Länge unterbrochen. Es ist das eines der Mittel, um der Rede Ausdruck zu verleihen. Auch der Wechsel in der Betonung der Worte wirkt modifizierend auf den Luftverbrauch. Aus diesen Umständen ergibt sich, daß das Bild der Atmung bei der Phonation außerordentlich wechselnd ist. Es wird bedingt durch zentrale Impulse ganz komplexer Natur, von denen der auf den Atemapparat nur ein Teil ist; denn auch das Muskelspiel des Stimmapparates und des Ansatzrohres, ja des Mechanismus der Gebärden wird entsprechend modifiziert. Von einer *direkten* Einwirkung des Willens auf die einzelnen Komponenten des Vor-

---

[1] PANCONCELLI-CALZIA: Vox **1919**, 186.

ganges kann nicht die Rede sein. Man kann daher auch nicht sagen, daß der sinnlose Sprechvorgang des kontinuierlichen Zählens eine besondere charakteristische Form der Sprechatmung liefere. Er bedingt die Form der Atmung, bei der ohne Ausdrucksbewegung die Inspiration in regelmäßigen Intervallen von beliebiger Dauer vor sich gehen kann. Da hierbei der Luftverbrauch besonders gleichmäßig ist, so werden auch die Atembewegungen rhythmisch sein. Das kann aber nicht bedeuten, daß dieser Modus für das Sprechen deshalb besonders charakteristisch sei, im Gegenteil bedeutet er einen Ausnahmetyp; denn die gewöhnliche Rede gleicht durchaus nicht dem temperamentlosen Zählmechanismus. Man kann daher LEHMANN[1] wohl zustimmen, daß keine Sprechweise durch besondere Einheitlichkeit ausgezeichnet sei. Im Durchschnitt findet man beim

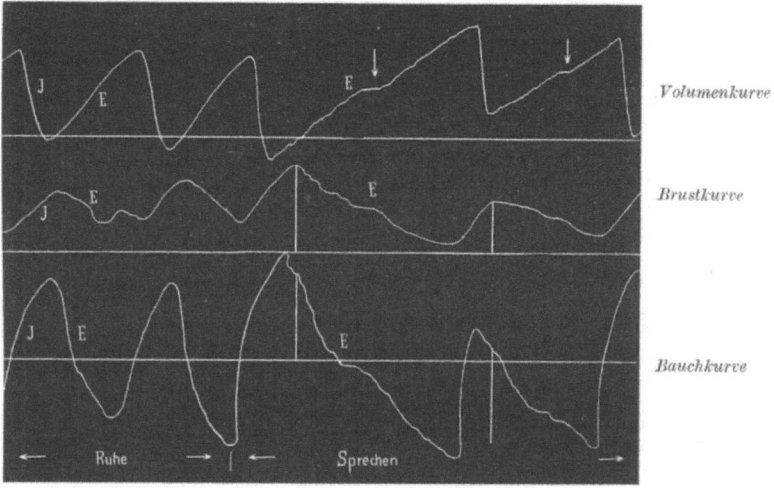

Abb. 430. Verlauf der Atembewegungen in der Ruhe und beim Sprechen. J Inspiration, E Exspiration. (Aus GUTZMANN: Physiol. der Stimme und Sprache.)

Sprechen 12 Atemzüge in der Minute, beim Lesen von Poesie und Prosa 16—21, bei fortlaufendem Zählen 12, bei wiederholendem Zählen 7—9.

Es ist zu erwarten, daß der Ausatmungsvorgang bei der Phonation nicht kontinuierlich erfolgt, sondern in Absätzen, je nach Lautfolge und Lautstärke beim Sprechen.

*Tonhöhe und Stärke beim Singen.* Am markantesten ist die Diskontinuität bei den Cäsuren der Rede und des Gesanges.

Entsprechend der Herabsetzung der Atemfrequenz beim Phonieren steigt die ventilierte Luftmenge des einzelnen Atemzuges. Sie beträgt in der Ruhe etwa 500 ccm, bei der Phonation 1500—2400 ccm.

Von Interesse sind die zeitlichen Beziehungen der Aktionen der Atemmuskeln. Vor allem wird hier der Synergismus von Zwerchfell und Thoraxmuskulatur zu untersuchen sein. Wenn man unvoreingenommen überlegt, welche Antwort auf diese Frage man erwarten sollte, wird man zu dem Resultat kommen, daß gleichzeitiges Wirken der inspiratorischen Kräfte und ebenso der exspiratorischen Kräfte das Natürliche ist. Die Resultate der Versuche scheinen dem zu widersprechen.

---

[1] LEHMANN: Vox **1922**, 97.

1298  O. WEISS: Stimmapparat des Menschen.

Wie schon erwähnt, herrscht unter den Autoren seit langem Übereinstimmung darüber, daß bei gewöhnlicher Atmung Inspiration und Exspiration von nahezu gleicher Dauer sind. Beide Bewegungen verlaufen ziemlich genau synchron an den verschiedenen Orten ihrer Aufzeichnung. Diese Orte sind oben bereits angegeben worden; auch die Druckschwankungen der Atemluft an der Nasenöffnung verlaufen zeitlich in Harmonie mit den Bewegungen am Thorax und Abdomen. Nur die abdominale Exspirationsbewegung kann nach RIEGEL und GUTZMANN[1] der thorakalen etwas vorangehen. Wesentlich ausgesprochener wird diese Erscheinung beim Phonieren, hier soll sie nach GUTZMANN die Regel bilden, so daß dieser Autor von einem normalen Asynchronismus der Sprech- und Sing-

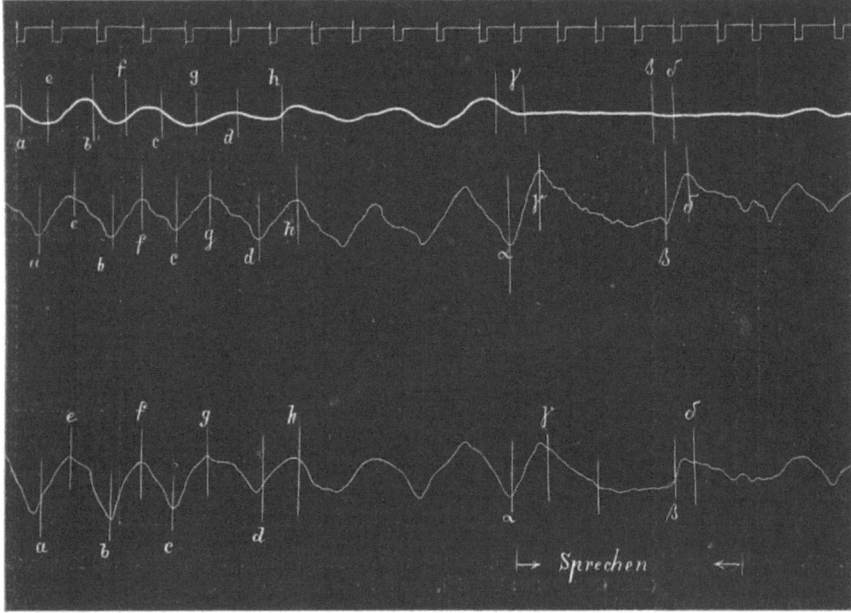

Abb. 431. Ruhe- und Sprechatemkurve von einem normal sprechenden vierjährigen Mädchen. (Nach GUTZMANN.)
$a$—$h$ Ruheatmung. $\alpha$—$\delta$ Sprechatmung.

atmung spricht. Zur Illustration diene die Abb. 431. Hierzu kommt, daß die Zunahme der Volumänderungen im Bereiche des Thorax wesentlich stärker ist als im Bereiche des Abdomens. Man hat hieraus gefolgert, daß die respiratorischen Muskeln des Thorax über die abdominalen das Übergewicht gewönnen (GUTZMANN[1]), und fand das durchaus begreiflich in der Annahme, daß die Brustatmung mehr dem Einfluß seelischer Erregungen gehorche (ZONEFF und MEUMANN[2]). Wie schon oben erwähnt, geschieht die Atembewegung im allgemeinen ohne direkte Beeinflussung der Atemmuskeln durch den Willen. Jedenfalls wird die Atmung durch Willkür nur vorübergehend geleitet werden können und nicht Atemzug für Atemzug. Der geschilderte Typ spielt sich aber über lange Zeiträume ab. Er muß also seine Ursache in unwillkürlichen Impulsen haben. Könnte man die Inkongruenz mechanisch erklären? Die Atembewegungen der Bauchwand hängen von zwei Faktoren ab, deren Wirkung gegensätzlich ist:

---

[1] GUTZMANN: Verh. 20. Kongr. f. inn. Med. Wiesbaden 1902. — BAGLIONI: Arch. néerl. Physiol. **7**, 484 (1922).
[2] ZONEFF u. MEUMANN: Wundts philos. Studien **18**, 1 (1903).

Von den Kontraktionszuständen des Zwerchfelles und der Bauchmuskulatur einerseits und den Bewegungsverhältnissen des Brustkastens andererseits. Wenn der Einfluß beider Momente sich die Waage hält, wird die Bauchwand keinerlei Bewegungen zeigen. Überwiegt die Brustbewegung, so sinkt die Bauchwand während der Inspiration und steigt während der Exspiration. In extremer Form würde das bei einer Lähmung des Zwerchfelles der Fall sein.

Es können nun auch die beiden Faktoren während ein und desselben Atemzuges ihr Stärkeverhältnis wechseln. In diesem Falle kann eine zeitliche Inkongruenz zwischen der Gesamtexkursion der Bauchwand und dem Gange der Ein- und Ausatmung eintreten.

Auch die Bewegungen der Brustwand müssen nicht notwendig in Hebung bei der Inspiration und Senkung bei der Exspiration bestehen. Wenn die Muskulatur des Thorax bei der Einatmung in Ruhe bleibt oder sich nur wenig kontrahiert, so kann die Brustwand während der Inspiration kollabieren, besonders im oberen Umfang. Andererseits kann sie unter dieser Bedingung bei der Ausatmung sich heben.

Wechselt während eines Atemzuges der Anteil der Brustmuskulatur an der Atembewegung, so kann Hebung und Senkung der Brustwand während der Inspiration und Exspiration miteinander abwechseln.

Aus dieser Überlegung ergibt sich, wie verwickelt der Ablauf der Brust- und Bauchbewegungen bei der Atmung sein kann, und wie vorsichtig man in der Deutung von respiratorischen Thorax- und Abdominalhebungen und -senkungen sein muß, wie man sie mit dem Stethographen oder Pneumographen aufzeichnet. Um so mehr ist das angezeigt, als nach Mosso[1] die eben erörterten Möglichkeiten wirklich beobachtet worden sind.

Auch die Untersuchungen von SCHILLING[2] weisen darauf hin, daß die Resultate der Registrierungen keine zuverlässige Auskunft über das muskuläre Geschehen geben. Er hat zeigen können, daß im Gegensatz zu dem Vorangehen der Bauchbewegung bei der Exspiration, wie sie die registrierten Kurven aufweisen, das Zwerchfell seinen Stand noch nicht merklich geändert hat, wenn die thorakalen Mechanismen der Atmung schon in voller Exspiration sich befinden. Besonders zeigt sich das bei geschulten Sängern. Bauchbewegung und Zwerchfellbewegung sind also nicht identisch.

Es ist hier noch zu bemerken, daß KLARA HOFFMANN[3] den obenbeschriebenen Asynchronismus der Thorax- und Bauchdeckenbewegungen nicht bestätigen konnte.

Der Atemtypus beim Singen ist im wesentlichen der Sprechatmung identisch. Bei Kunstsängern wird dieser Atemtyp durch Übung modifiziert, die erlernten Bewegungskomplexe werden danach zu Reflexen. Dieser erworbene Atemtypus weicht von der Sprechatmung einmal durch die Änderung der Inspiration ab, die schneller und tiefer wird, und zweitens durch eine dieser Vertiefung entsprechende Verlängerung der Exspiration (MERELLI[4]). Dieser Bewegungskomplex wird so eng mit dem Akt des Singens assoziiert, daß die bloße Vorstellung des Singens (inneres Singen) genügt, um den Atemtyp der Singatmung zu erzeugen.

Es zeigt sich bei der Singatmung die Tendenz, den Exspirationsakt, der ja der Stimmgebung dient, möglichst zu verlängern, also eine möglichst große Ökonomie im Luftverbrauch walten zu lassen. Hierzu dienen die sogenannten

---

[1] Mosso: Arch. f. (Anat. u.) Physiol. **1878**, 441.
[2] SCHILLING: Zitiert auf S. 1295.
[3] HOFFMANN, KLARA: Vox **1919**, 121.
[4] MERELLI: Vox **1922**, 46.

Stützbewegungen der Atmung (Abb. 432), das sind kurzdauernde Verlangsamungen der Ausatmungsbewegungen; die inspirierte Luft wird nicht in einem Zuge ausgeatmet, indem die exspiratorischen Mechanismen kontinuierlich und gleichmäßig fungieren wie bei der gewöhnlichen Atmung, sondern in die Ausatmungsbewegung brechen inspiratorische Impulse hinein, so daß es zu einer Diskontinuität des Ausatmungsablaufes kommt (s. Abb. Brustkurve). Die inspiratorischen Bewegungsantriebe wirken dabei verlangsamend auf die Ausatmung. Es leuchtet ein, daß dieser „Atemstützen" (appogiare la voce) genannte Vorgang der Ökonomie des Luftverbrauches beim Singen dient.

Übertriebenes Atemstützen wird als „Atemstauen" bezeichnet. Hierbei kommt es zu einer ansehnlichen Hebung des Thorax bei gleichzeitig geschlossener Stimmritze. Der Druck in den Lungen ist dabei vermindert, die Zwerchfellbewegung ist geringer als bei normaler Singatmung. Dazu kommt eine Einziehung des Bauches. Offenbar spielen bei dieser Erscheinung inspiratorische und exspiratorische Impulse gleichzeitig in ziemlich intensiver Form (SCHILLING[1]). Man kann daher wohl verstehen, daß diese Art der Atemführung für die Stimmgebung nicht günstig ist.

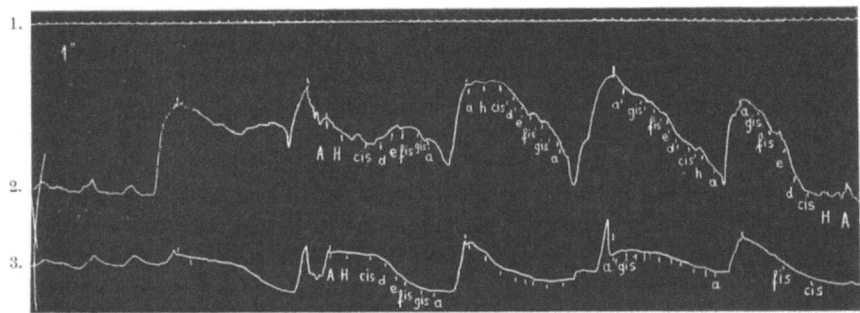

Abb. 432. Kurven der Atembewegung bei den vier A-Dur-Tonleitern Vokal o (Tenor von Weltruf, jedoch nicht mit einwandfreier Technik). (Aus NADOLECZNY: Handb. der Hals-, Nasen- und Ohrenheilkunde 1.) 1. Zeitschreibung: 1 Sek. 2. Brustatmung. 3. Bauchatmung. Zuerst drei Ruheatemzüge, dann eine aufsteigende Tonleiter ohne Tonbezeichnungen. Hierauf dieselbe mit Tonbezeichnungen, an der Brustkurve a b d (Registerübergang) Stützbewegungen. An der Bauchkurve der ersten absteigenden Tonleiter bei a¹ Einstellbewegung.

Vor dem Beginne der Intonation und entsprechend beim Vorstellen von Tönen zeigen sich bei manchen Sängern vorbereitende Bewegungen des Kehlkopfes und der Atemmuskeln, die von NADOLECZNY[2] zuerst beschrieben und von ihm als „Einstellbewegungen" bezeichnet worden sind. Sie bestehen am Kehlkopf darin, daß seine geringen Schwankungen um die Ruhelage, welche die Atmung begleiten, aufhören; oder der Kehlkopf zeigt Änderungen seiner Lage, bei tiefen Tönen rückt er gewöhnlich ziemlich plötzlich nach vorn und unten, bei mittleren nach vorn, bei hohen nach vorn und oben, um allmählich oder nach kurzem Stillstand mit einer deutlichen Abstellbewegung zur Ruhelage zurückzukehren und den Atembewegungen wieder zu folgen. Es kommen aber auch unregelmäßige Bewegungen des Kehlkopfes und Bewegungen, die von den eben geschilderten Typen abweichen, ausnahmsweise vor.

Mit diesen Änderungen gehen Veränderungen des Atemablaufes einher, die sich am Beginne der Ausatmung zeigen. Sie bestehen in einer Beschleunigung des Beginnes der Ausatmung, der eine Verlangsamung folgt oder gar eine erneute Korrektur der schnellen Ausatmung durch eine Inspirationsbewegung. Die Erscheinung pflegt geringfügig zu sein (s. Abb. 432).

---

[1] SCHILLING: Z. Hals- usw. Heilk. 1, 314 (1922).
[2] NADOLECZNY: I. internat. Kongr. f. exp. Phonetik. Hamburg 1914 — Untersuchungen über den Kunstgesang, S. 77. Berlin 1923.

Auf Grund von graphischen Aufzeichnungen der Bewegungen des Thorax und des Bauches werden für die Singatmung folgende 3 Typen unterschieden: 1. Die costo-abdominale Tiefatmung, 2. die costale Atmung, 3. die costale Atmung bei absteigenden Tonfolgen, abdominale bei aufsteigenden (Typus SEWALL und POLLARD). Typus 1 und 3 gelten als die bei geübten Kunstsängern vorwiegend vorkommenden. Für den dritten Typ gibt die Abb. 433 eine Illustration. Wenn auch für die Deutung der registrierten Kurven die obengemachten Bemerkungen gelten, so kann es doch keinem Zweifel unterliegen, daß entsprechend der obigen Klassifizierung der Singatmungstypen entsprechende Unterschiede in der Beteiligung der Atemmuskeln beim Singen vorliegen. Genaues über die Beteiligung der einzelnen Muskeln ist zur Zeit nicht bekannt, es ist aber anzunehmen, daß bei jedem Atemtyp alle Atemmuskeln in Tätigkeit sind, und zwar für die verschiedenen Typen in verschiedenem Stärkeverhältnis.

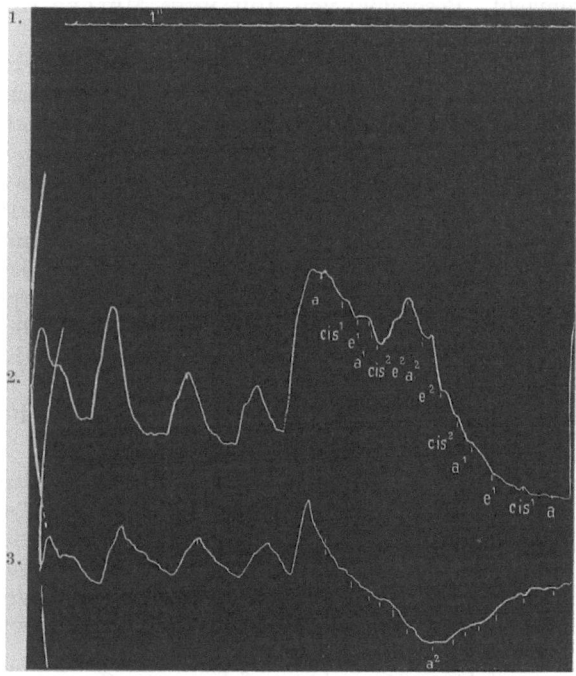

Abb. 433. Atembewegungen beim Auf- und Abwärtssingen des A-Dur-Dreiklangs, Vokal o (ausgebildete Sopranstimme). 1. Zeitschreibung: 1 Sek. 2. Brustatmung. 3. Bauchatmung, Typus SEWALL und POLLARD; beim Übergang zur Kopfstimme große Stützbewegung der Brust, Umkehrung der Bauchkurve bei $a^2$. (Aus NADOLECZNY: Untersuchungen über den Kunstgesang.)

## V. Bildung der Stimme.

Die Stimmbildung vollzieht sich bei allen Säugetieren sowie bei den Vögeln, den Amphibien und Reptilien nach demselben Prinzip. Sie wird durch Schwingungen der Stimmlippen erzeugt. Über die Art, wie die Stimmlippenschwingungen vor sich gehen, sind zahlreiche Untersuchungen an Menschen angestellt worden; an Tieren ist das Beobachtungsmaterial geringer, es ist aber nicht zu bezweifeln, daß die Bewegungen der Stimmlippen nach demselben Typus wie beim Menschen sich abspielen.

Zur Untersuchung der Stimmbildung hat man sich zuerst der Beobachtung ausgeschnittener menschlicher Kehlköpfe bedient, nach der Erfindung des Kehlkopfspiegels durch GARCIA hat dieses Instrument weitere wichtige Aufschlüsse über die Funktion des Kehlkopfes gegeben. Die Beobachtungen haben gezeigt, daß die Stimmlippen beim Tönen des Kehlkopfes schwingen.

Der erste, der das Tönen eines *Leichenkehlkopfes* beschrieben hat, war FERREIN[1]. Im Kinderspiel ist es an Gänse- und Schweinekehlköpfen wohl seit alters her geübt. FERREIN näherte die Stimmbänder eines Hundekehlkopfes einander und blies in die Luftröhre. Das Tönen des Kehlkopfes führte er auf das Schwingen der Stimmbänder zurück, die nach seiner Vorstellung gleich den

---

[1] FERREIN: Mém de l'acad. d. sciences **1741**.

Saiten eines Instrumentes ihre Energie an die Luft abgeben und diese dadurch in Mitschwingungen versetzen. Später haben besonders LISCOVIUS[1] und JOHANNES MÜLLER[2], auch HARLESS[3] und MERKEL[4] Versuche am ausgeschnittenen Kehlkopf gemacht. Besonders von JOHANNES MÜLLER rührt eine große Zahl messender Versuche am Leichenkehlkopfe her.

Die treibende Kraft für die Stimmlippenschwingungen ist der Druck im Windraum, d. h. in den Lungen und in der Luftröhre. Die Erzeugung dieses Druckes bewirken die Atemmuskeln. Von Bedeutung ist, daß deren Innervation eine Erzeugung gleichmäßigen Druckes ermöglicht; wie wichtig das ist, zeigt sich bei Störungen dieser Innervation, die stets schwere Sprachstörungen bedingen. Hier kann auf diese Verhältnisse nicht näher eingegangen werden. Die Hauptaufgabe des Windrohres, das zum Kehlkopf führt, liegt jedenfalls in der Erzeugung dieses richtigen Winddruckes.

### Bewegungen der Stimmlippen.

Die Schwingungen der Stimmlippen hat JOHANNES MÜLLER beobachtet und verschiedene Einflüsse auf ihre Bewegungen untersucht. Er bediente sich dazu der Einrichtung, die in Abb. 434 wiedergegeben worden ist:

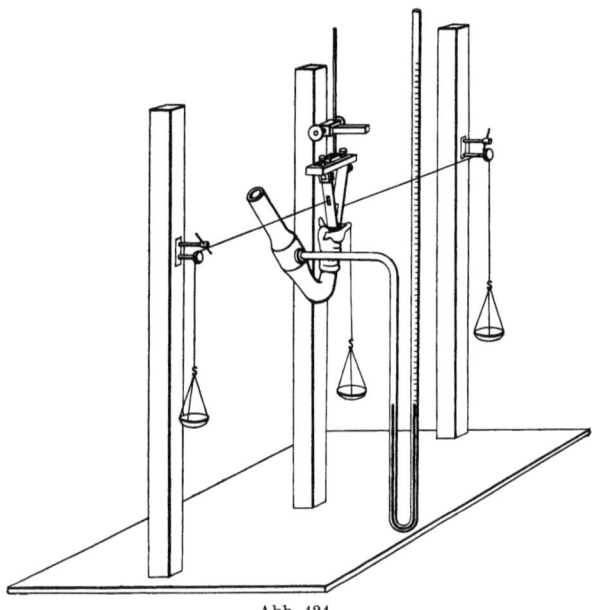

Abb. 434.
(Aus GUTZMANN: Physiologie der Stimme und Sprache.)

Zunächst wurden die beiden Stellknorpel mit ihren Innenflächen aneinandergeheftet. MÜLLER verfuhr so, daß er durch diese Knorpel einen Pfriemen steckte und dann durch gekreuzte Schnüre die Knorpel gegeneinander befestigte. Weiter wurde dann der Pfriemen durch Schnüre an einem Brette befestigt. Auf demselben Brett wurde auch die Rückwand des Ringknorpels befestigt. Auf diese Weise bilden also die Ansätze der Stimmlippen an die Stellknorpel einen festen Punkt.

Um die Spannung der Stimmlippen variieren zu können, zog MÜLLER durch den Winkel des Schildknorpels, da, wo die Stimmlippen sich ansetzen, einen Faden, der über eine Rolle geführt mit einer Waagschale armiert wurde. Auf diese Weise konnte er den Stimmlippen durch verschiedene Belastung verschiedene Spannung geben. In die Luftröhre wurde eine Kanüle eingebunden, die ein seitenständiges Manometer trug. So konnte auch der Druck im Windrohr gemessen werden. Die Resultate dieser Messung werden unten mitgeteilt werden.

MÜLLER hat bei seinen Versuchen gefunden, daß mit der Zunahme des spannenden Gewichtes der Ton des Kehlkopfes in die Höhe geht. Die Zunahme der Schwingungszahl der erzeugten Töne ist nicht proportional der Quadratwurzel aus den spannenden Gewichten, sondern bleibt hinter der erwarteten zurück. Es ist von vornherein zu vermuten, daß man hier nicht dieselbe Gesetzmäßigkeit wie bei belasteten Saiten finden wird; denn bei diesen bleibt die Länge der Saite unverändert, während ihre Spannung allein sich ändert. In den MÜLLERschen Versuchen ändert sich auch die Länge. Die Verlängerung der Stimmlippen

---

[1] LISCOVIUS: Physiologie der menschlichen Stimme. Leipzig 1846.
[2] MÜLLER, JOHANNES: Handbuch der Physiologie des Menschen 2 I. Koblenz 1837.
[3] HARLESS: Wagners Handwörterbuch 4.   [4] MERKEL: Anthropophonik.

bei der Spannung muß daher die Erhöhung des Tones durch die Spannungsvermehrung etwas abschwächen. Die Resultate MÜLLERS sind in der folgenden Tabelle vereinigt:

| Spannende Gewichte | Töne | Spannende Gewichte | Töne |
|---|---|---|---|
| $1/2$ Lot | ais | 8 Lot | $cis_2$ |
| 1 „ | h | $8^1/_2$ „ | $d_2$ |
| $1^1/_2$ „ | $c_1$ | $9^7/_{10}$ „ | $dis_2$ |
| 2 „ | $cis_1$ | $10^7/_{10}$ „ | $e_2$ |
| $2^1/_2$ „ | $d_1$ | $11^7/_{10}$ „ | $f_2$ |
| $2^8/_{10}$ „ | $dis_1$ | 13 „ | $fis_2$ |
| 3 „ | $e_1$ | 15 „ | $g_2$ |
| $3^1/_2$ „ | $f_1$ | 17 „ | $gis_2$ |
| 4 „ | $fis_1$ | 19 „ | $a_2$ |
| $4^1/_2$ „ | $g_1$ | 22 „ | $ais_2$ |
| 5 „ | $gis_1$ | 25 „ | $h_2$ |
| $5^1/_2$ „ | $a_1$ | 28 „ | $c_3$ |
| 6 „ | $ais_1$ | 31 „ | $cis_3$ |
| $6^1/_2$ „ | $h_1$ | 35 „ | $d_3$ |
| 7 „ | $h_1-c_2$ | 37 „ | $dis_3$ |
| $7^1/_2$ „ | $c_2$ | | |

Weiter hat MÜLLER gefunden, daß die Stärke des Anblasens von der größten Bedeutung für die Höhe des Tones ist. Es genügte eine Vermehrung des Anblasedruckes auf das Fünf- bis Achtfache, um den Ton um eine Oktave in die Höhe zu treiben. Wollte man denselben Effekt durch Zunahme der Spannung erreichen, so müßte man diese um das Dreizehn- bis Vierzehnfache erhöhen. Zur Erhöhung des Tones um eine Quart bedarf es eines zwei- bis dreifachen Luftdruckes, aber einer fünf- bis achtmal höheren Spannung.

Auch über die absoluten Werte der Höhe des Anblasedruckes hat JOHANNES MÜLLER Versuche angestellt. Dabei hat er festgestellt, daß es für die Erzeugung tiefer Töne (Piano) in der Luftröhre eines Druckes von 13—26 mm bedurfte, für hohe Töne (Fortissimo) 80—135 mm Wasser. Von diesen Resultaten, die am Leichenkehlkopf gewonnen worden sind, weichen Beobachtungen von CAGNIARD-LATOUR[1] und GRÜTZNER[2] ab, die an Menschen mit Luftröhrenfisteln Beobachtungen anstellen konnten. Der erstere beobachtete an einem Wassermanometer, wenn der Kranke laut seinen Namen rief, einen Druck von 945 mm, beim Singen eines Tones in bequemer Lage 160 mm, in höherer Lage 200 mm, beim Flüstern 30 mm. GRÜTZNER beobachtete beim Singen des Tones $c_1$ an einem jungen Manne Drucke von 140—240 mm Wasser, je nach der Intensität des Tones. Bei sehr starken Tönen stieg das Manometer bis auf 270—405 mm. Ferner beobachtete GRÜTZNER eine Abhängigkeit des Druckes von der Höhe des gesungenen Tones. So betrug der Druck bei gleicher Tonstärke für a im Mittel 142 mm, für $c_1$ (eine Terz höher) 154 mm, für $f_1$ (eine Quart höher) 191 mm Wasser. Der Druck steigt also mit wachsender Tonhöhe.

Umfängliche Versuche hat ROUDET[3] angestellt. Er fand, daß mit zunehmender Intensität der Stimme der Druck im Windrohr zunimmt. So zeigte sich beim Singen des Vokales A auf die Note e bei schwacher Stimme ein Druck von 8,15 mm Hg, bei mittlerer von 10,4 mm, bei starker von 14,08 mm bei gleichbleibender Tonstärke, aber wechselnder Tonhöhe zeigte sich mit steigender Tonhöhe eine Abnahme des Winddruckes; der Vokal A wurde nacheinander auf die Noten c, e, g gesungen, die entsprechenden Drucke waren 14,44 mm, 12,90 mm, 9,26 mm Hg. Auch für die verschiedenen Vokale zeigen sich Unterschiede im Winddruck,

---

[1] CAGNIARD-LATOUR: L'Institut **5**, 394 (1837) — Ann. des Sci. natur. **7**, 180 (1837); **8**, 319.
[2] GRÜTZNER: Hermanns Handb. d. Physiol. **1 II**. Leipzig 1879.
[3] ROUDET: La parole **1900 II**, 599.

wie die folgende Tabelle zeigt, deren Vokale auf die Note e gesungen bzw. geflüstert wurde.

| Vokal | gesungen (Note e) | geflüstert |
|---|---|---|
| O | 9,82 mm Hg | 6,67 mm Hg |
| A | 9,82 ,, ,, | 6,67 ,, ,, |
| E | 10,75 ,, ,, | 7,41 ,, ,, |
| U | 11,11 ,, ,, | 7,86 ,, ,, |
| I | 12,60 ,, ,, | 8,89 ,, ,, |

Analoge Resultate haben GUTZMANN und LOEWY erhalten. Sie fanden dazu für das Brustregister höhere Werte als für das Falsettregister. Auch SCHILLING[1] verdanken wir eine Reihe sorgfältiger Messungen über den Druck im Windrohr bei der Phonation, speziell bei der Vokalbildung.

| Sprachlaut | Art der Erzeugung und Druck in mm Hg | |
|---|---|---|
| gesprochen | gehauchter Einsatz | weicher Einsatz |
| i | 12,0 | 7,0 |
| u | 12,5 | 12,5 |
| o | 12,5 | 10,0 |
| a | 14,0 | 16,0 |
| e | 13,5 | 12,0 |
| ö | 15,5 | 16,5 |
| ü | 18,0 | 20,0 |
| gesungen | | |
| i | 110 | 9,5 |
| u | 13 | 12 |
| o | 12 | 11 |
| a | 14 | 12 |
| e | 14 | 13 |
| ü | 16 | 13 |

| geflüsterte Vokale | leise gesprochen | mit maximaler Kraft gesprochen |
|---|---|---|
| a . . . . 3,5 mm Hg | a . . . . 5,5 mm Hg | a . . . . 29 mm Hg |
| e . . . . 3,5 ,, ,, | ä . . . . 5,5 ,, ,, | i . . . . 34 ,, ,, |
| i . . . . 3,5 ,, ,, | ü . . . . 6,5 ,, ,, | o . . . . 24 ,, ,, |
| o . . . . 3,5 ,, ,, | ö . . . . 6,5 ,, ,, | e . . . . 32 ,, ,, |
| u . . . . 3,0 ,, ,, | | u . . . . 33 ,, ,, |
| ö . . . . 4,0 ,, ,, | | ö . . . . 39 ,, ,, |
| ü . . . . 1,5 ,, ,, | | ü . . . . 32 ,, ,, |

Aus den Beobachtungen ergibt sich eine Skala der Druckhöhen für die verschiedenen Sprachlaute:

geflüstert . . . . . . . . . . ü u e i o ö
leise gesprochen . . . . . . . a ä a ö i
mittelstark gesprochen . . . . i o u a e ö ü
laut gesprochen . . . . . . . o a e ü u o i ö

Das Verhältnis geflüstert zu leise zu mittel zu stark ist: 1 : 2 : 4 : 10. Nach GUTZMANN ist das Verhältnis leise zu laut: 1 : 3.

In den Registern der Stimme fand SCHILLING:

| Vokal A (getrennt) | | Vokal A (gebunden) | |
|---|---|---|---|
| Brustregister | Falsett | Brustregister | Falsettregister |
| Ton d | Ton b | B | b |
| 17 mm Hg | 6,4 mm Hg | 20,2 mm Hg | 12,1 mm Hg |
| Verhältnis | | Brust zu Falsett | |
| 8 : 3 | | 5 : 3 | |

Es ist von Interesse, mit diesen Druckwerten bei der Phonation die Druckwerte im Windrohr bei gewöhnlicher Atmung zu vergleichen. So hat DONDERS[2] in ein Nasenloch ein Manometer eingeführt und bei Atmung durch das andere

---
[1] SCHILLING: Zittiert auf S. 1295.
[2] DONDERS: Over de tongwerktuigen van het Stem- en Spraakorgaan.

Nasenloch bei der Einatmung — 1 mm Hg, bei der Ausatmung + 2 bis + 3 mm Hg Druck beobachtet. Nach VALENTIN[1] ist die Druckschwankung 4—10 mm Hg. KRAMER[2] hat am Pferde den intratrachealen Druck bei der Einatmung gleich — 1 mm Hg, bei der Ausatmung gleich + 2 bis + 3 mm Hg gefunden. Versuche von ARON[3] am tracheotomierten Menschen haben den subglottischen Seitendruck der Luftröhre gemessen. Es hat sich ergeben:

Versuchsperson 1 . . . . . −3,49 mm Hg bei der Einatmung
       +3,17 ,, ,, ,, ,, Ausatmung
 ,,   2 . . . . . −2,08 ,, ,, ,, ,, Einatmung
       +1,23 ,, ,, ,, ,, Ausatmung
 ,,   3 . . . . . −6,65 ,, ,, ,, ,, Einatmung
       +6,29 ,, ,, ,, ,, Ausatmung

SCHILLING hat an Trachealfisteln gefunden:

| Bei Mundatmung | | Nasenatmung | | Tiefatmung | |
|---|---|---|---|---|---|
| Einatmung | Ausatmung | Einatmung | Ausatmung | Einatmung | Ausatmung |
| −1,65 | +1,60 | −3,53 | +3,43 | − 6,5 | + 6,67 |
|  |  |  |  | −13,51 | +13,9 |

Während wir am Leichenkehlkopf über den Einfluß des Winddruckes und der Stimmlippenspannung auf die Stimme durch die oben geschilderten Versuche einigermaßen orientiert sind, fehlt am Lebenden eine exakte Kenntnis über den Einfluß des Spannungszustandes der Stimmlippen auf den Stimmton, speziell über die Beziehungen zwischen Anblasedruck und Stimmlippenspannung. Wir wissen also nicht, wie JOHANNES MÜLLERS Gesetz von der „Kompensation der physischen Kräfte am menschlichen Stimmorgan" sich am Lebenden präsentiert. Sicher ist nur MÜLLERS Ergebnis am Leichenkehlkopf, bei dem die Tonhöhe mit dem Anblasedruck steigt und fällt und ebenso mit der Stimmlippenspannung. Modellversuche von EWALD und NAGEL, in denen ein künstlicher Kehlkopf angeblasen wurde, dessen Stimmlippen aus Froschmuskeln hergestellt waren, haben ergeben, daß Reizung der Muskeln eine Tonerhöhung zur Folge hatte, auch Verstärkung des Anblasedruckes trieb den Ton in die Höhe. Analoge Resultate hat EWALD an seinen Polsterpfeifen-Kehlkopfmodellen (s. unten) gewonnen, während nach WETHLO die Tonhöhe mit der Steigerung des Winddruckes sinken soll. Die Frage bedarf einer experimentellen Klärung.

Ohne weiteres ist natürlich klar, daß die Spannung der Stimmlippen im herausgeschnittenen Kehlkopf stets eine Verlängerung zur Folge haben muß, während der lebende Kehlkopf vermöge des Musculus vocalis über einen Spannapparat in der Stimmlippe selber verfügt. Auch diese Frage, wie sich Länge und Spannung der Stimmlippen bei der Phonation im lebenden Kehlkopf zueinander verhalten, habe ich nirgends experimentell behandelt gefunden. GRÜTZNER[4] sagt darüber: „Daß die tönenden Stimmbänder bei verschiedenen hohen Tönen verschiedene Längen haben, also lang bei hohen und kurz bei tiefen Tönen sind, ist sichergestellt und scheint, soweit wenigstens meine Erfahrungen reichen, sich namentlich bei Bassisten mit großen Kehlköpfen und langen Stimmbändern zu finden."

Nach WOODS reicht die Spannung und Längenänderung der Stimmlippen nicht aus, um die Höhenmodulation der Stimme zu erklären. So müßte beispielsweise die Spannung, um die zweite Oktave des tiefsten Tones zu erreichen, auf das Sechzehnfache gesteigert werden. Da WOODS das nicht annehmen will und außerdem die Änderungen der Länge für bedeutungslos hält, so denkt er, daß die

---

[1] VALENTIN: Lehrb. d. Physiol.    [2] KRAMER: Haezers Arch. **1847**, 321.
[3] ARON: Arch. f. pathol. Anat. **1892**, 129.
[4] GRÜTZNER: Erg. Physiol. **1902 II**, 483 — J. of Anat. a. Physiol. **27**, 431 (1893).

schwingende Masse der Stimmlippen durch geeignete Kontraktionsprozesse im Musculus thyreoarytaenoideus verändert und hierdurch die Tonhöhe bestimmt werde.

Daß auch die Länge der Stimmlippen eine wichtige Rolle für die Höhe des erzeugten Tones spielt, geht schon daraus hervor, daß die Männerstimme mit ihrer tiefen Lage durch längere Stimmlippen hervorgebracht wird als die Frauenstimme. Die mittlere Länge der Stimmlippen wird von JOHANNES MÜLLER[1] für Männer gleich 18,25 mm, für Frauen gleich 12,6 mm angegeben. Man sollte, wenn man das Saitengesetz in erster Annäherung zugrunde legt, erwarten, daß die tiefsten Töne beider Stimmen sich umgekehrt wie die Längen der Stimmlippen, also etwa wie 2 : 3, verhalten, also ungefähr um eine Quinte voneinander abstehen, was annähernd zutrifft (vgl. das Schema auf S. 1317). Zu erwähnen ist in diesem Zusammenhange auch der Einfluß, den eine Änderung der Masse der Stimmlippen auf ihre Schwingungsfrequenz haben könnte. Es ist, wie WOODS ausgeführt hat, durchaus denkbar, daß die Kontraktion der Stimmlippenmuskeln die Verteilung der schwingenden Masse ändern und damit die Tonhöhe beeinflussen könnte. Man vergleiche auch die Bemerkungen auf S. 1278.

Wie die aufgeführten Faktoren aber im lebenden Kehlkopfe bei der Phonation wirken, ist direkt nicht erforscht. Wir wissen aber aus Untersuchungen von JÖRGEN MÖLLER[2], daß beim Singen mit zunehmender Tonhöhe der Abstand des Ringknorpelbogens von dem Rande des Schildknorpels abnimmt. Diese Abnahme kann im Maximum 6 mm betragen. Nach den Betrachtungen auf S. 1277 würde diese Abnahme eine Verlängerung des Abstandes des Processus vocalis von der Insertion der Stimmlippe am Schildknorpel, also eine Verlängerung bedeuten.

Die Beobachtungen haben, wie bereits erwähnt worden ist, gezeigt, daß der Kehlkopfschall durch das Schwingen der Stimmlippen zustande kommt und daß diese Schwingungen durch den Luftstrom erzeugt werden. Im allgemeinen schwingen die beiden Stimmlippen symmetrisch. Über alternierendes Schwingen derselben berichten KOSCHLAKOFF[3] und SIMANOWSKI[4].

Die nun zu lösende Frage ist, *wie der Luftstrom die Schwingungen erzeugt.* Wenn wir uns unter den Apparaten umsehen, mittels deren ein Luftstrom Schwingungen verursachen kann, so kann man diese in zwei Gruppen einteilen.

Bei der einen Reihe von Instrumenten werden die Luftschwingungen infolge von Unterbrechungen eines Luftstromes durch eine Kraft erzeugt, die unabhängig von dem Luftstrom ist. Hierher gehören die Sirenen, welche aus einer rotierenden, löchertragenden Scheibe bestehen, gegen deren Löcher ein Luftstrom gerichtet wird. Die Zahl der Unterbrechungen ist bei einer derartigen Einrichtung unabhängig von der Intensität des Luftstromes. Bei der zweiten Art von Instrumenten hat die Stärke des Luftstromes einen Einfluß auf die Zahl der Unterbrechungen, also auf die Tonhöhe. Die Sirenen, bei denen der Luftstrom die Lochscheibe antreibt, gehören hierher. Je stärker der Druck des Luftstromes ist, um so schneller rotiert die Scheibe und um so höher wird daher der Ton.

Auch die Blasinstrumente, wenigstens soweit sie mit membranösen Zungen ausgestattet sind, muß man in diese Kategorie rechnen. Bei den Blasinstrumenten mit metallischen Zungen dagegen hat die Stärke des anblasenden Luftstromes, wenn überhaupt, nur einen geringen Einfluß auf die Zahl der Unterbrechungen.

Läßt sich der Kehlkopf unter die aufgezählten Instrumente einreihen?

Bei oberflächlicher Betrachtung würde man den Kehlkopf mit seinen Stimmlippen unter die Pfeifen mit membranöser Zunge rechnen. Wir hätten also zunächst deren Mechanismus zu betrachten. Hierfür sind einige physikalische

---

[1] MÜLLER, JOHANNES: Zitiert auf S. 1302.  [2] MÖLLER, JÖRGEN: Zitiert auf S. 1277.
[3] KOSCHLAKOFF: Pflügers Arch. **38**, 428 (1886).
[4] SIMANOWSKI: Klin. Wschr. **1887**, Nr 26. (Russisch.)

Vorbemerkungen über Zungenpfeifen nötig. Unter einer Zunge versteht man eine elastische Platte, durch deren periodische Bewegung der Durchtritt eines Luftstromes von einem Raume in einen anderen periodisch erlaubt und unterbrochen wird. Die Platte wird in einem Rahmen befestigt. Die Art, wie diese Befestigung ausgeführt wird, ist vierfach. Wenn sich die Platte im Sinne des Luftstromes hinter dem Rahmen befindet, so verschließt sie bei ihrer Vorwärtsbewegung den Rahmen und heißt einschlagend (A). Man vgl. Abb. 435. Ist die Zunge vor dem Rahmen befestigt, so öffnet sich derselbe beim Vorschwung der Zunge, sie heißt ausschlagend (B). Beide Arten von Zungen sind etwas kleiner als die Öffnung des Rahmens, man nennt sie deshalb durchschlagende Zungen, weil sie sich frei im Rahmen bewegen. Älter als diese durchschlagenden Zungen, die gegen das Ende des 18. Jahrhunderts von

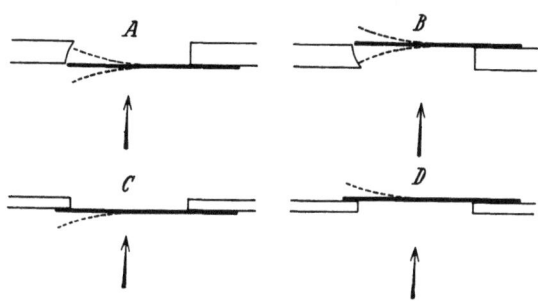

Abb. 435. Zungenpfeifen in schematischer Darstellung. A einschlagend durchschlagend. B ausschlagend durchschlagend. C einschlagend aufschlagend. D ausschlagend aufschlagend gestellte Zunge. Der Luftstrom ist stets von unten nach oben gerichtet zu denken. (Aus EWALD: Handb. der Laryngol. 1.)

KRATZENSTEIN erfunden worden sind, sind die aufschlagenden. Bei diesen ist die Zunge etwas größer als der Rahmen. Man unterscheidet einschlagende aufschlagende (C) und ausschlagende aufschlagende (D) Zungen.

Es zeigt sich, daß die durchschlagenden Zungen sehr leicht ansprechen, wenn sie einschlagend sind, viel schwerer oder gar nicht, wenn sie ausschlagend sind. EWALD erklärt diesen Unterschied aus dem Prinzip des hydraulischen Widders von Montgolfier. Bei den einschlagenden Zungen entstehen durch den plötzlichen Verschluß der Öffnung beim Vorschwunge eine antreibende positive und eine antreibende negative Stoßwelle. Bei den ausschlagenden Zungen käme es während des Rückschwunges zu einer hemmenden positiven und zu einer hemmenden negativen Stoßwelle.

Bei den aufschlagenden Zungen tritt der Unterschied, ob sie einschlagend oder ausschlagend gestellt sind, nicht in dem gleichen Grade hervor, wenngleich auch hier die einschlagenden Zungen leichter ansprechen als die ausschlagenden. Bei beiden Stellungen wirken aber die Stoßwellen treibend auf die Bewegung, vorausgesetzt, daß die Zungen in günstiger Weise angebracht sind. Bei der einschlagenden Zunge (C) muß die bei dem Verschluß entstehende Stoßwelle die Zunge noch etwas weiter zur Öffnung hintreiben können, was am einfachsten erreicht wird, wenn sich die Zunge ein wenig in die Öffnung hinein durchbiegen läßt. Auf dem Rückschwunge kommt ihr dann die erhöhte Kraft, mit der sie sich vom Rahmen abhebt, zugute. Bei den ausschlagenden Zungen (D) muß möglichst mit dem Moment des Verschlusses auch bereits der Vorschwung beginnen. Die Stoßwelle wird dann treibend auf den Vorschwung wirken. Es ist für diese Art Pfeifen daher günstig, wenn der Verschluß ganz besonders plötzlich zustande kommt, was nur bei sehr steifen Zungen möglich ist. Alle bisher besprochenen Bedingungen für den Anspruch der Pfeifen werden nun wesentlich komplizierter, wenn sich das Zungenwerk nicht, wie wir annehmen, in einer Wand zwischen zwei großen Lufträumen, sondern am Ende oder in der Mitte einer längeren Röhre befindet. Dann werden ziemlich alle Luftwellen, die Stoßwellen sowohl wie die durch den Austritt der Luft bedingten, an den Enden der Röhre reflektiert, und der Anspruch der Zunge wird dann davon abhängig, ob die reflektierten Wellen mit dem primär erzeugten koinzidieren oder nicht. Sowohl das Windrohr wie das Ansatzrohr können den Anspruch der einschlagend gestellten Zunge verhindern, wie auch den der ausschlagend gestellten ermöglichen. Bei den gleich zu besprechenden Membranpfeifen spielt die Länge der Röhre dagegen keine große Rolle. Daher denn auch der natürliche Kehlkopf die verschiedensten Töne leicht angibt, ohne daß die Länge von seinem Wind- oder Ansatzrohr jedesmal der Tonhöhe entsprechend verändert werden müßte.

Die membranösen durchschlagenden Zungen gleichen im Prinzip der metallischen. Von jenen interessieren hier besonders diejenigen, welche als künstliche Kehlköpfe bezeichnet werden. Solche sind von JOHANNES MÜLLER und von HELMHOLTZ[1] abgebildet worden. Sie gehören zu den aufschlagenden Zungen. Die Abbildung 436 zeigt eine Röhre, deren Enden schräg abgestutzt und mit Gummimembranen überzogen sind. Die Pfeife spricht leichter an, wenn sie in der Richtung der Pfeile, als wenn sie in umgekehrter Richtung angeblasen wird; d. h. also, der künstliche Kehlkopf spricht leichter an, wenn die Luft durch die Stimmritze eintritt, als wenn sie aus ihr austritt. Das wäre also ein Verhalten, das dem des natürlichen Kehlkopfes gerade entgegengesetzt ist. Auch die Schwingungen der Stimmbänder des Modelles weichen von denen gewöhnlicher Zungen ab, indem sie nicht in der Richtung des Luftstromes, sondern wesentlich senkrecht dazu schwingen.

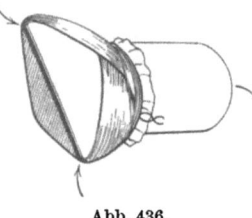

Abb. 436.
(Aus HELMHOLTZ: Tonempfindungen.)

EWALD hat zuerst auf diese Verhältnisse aufmerksam gemacht und zugleich die Frage aufgeworfen, ob denn der Kehlkopf einer solchen Pfeife vergleichbar sei. Er bemerkt, daß die Dicke der Stimmlippen und ihre Form, die der Frontalschnitt der Abb. 437 zeigt, sie sehr ungeeignet zu Schwingungen mache, die in der Richtung des Luftstromes erfolgen. Ferner zeigt er, daß die beobachteten Weiten der Stimmritze zu groß seien, als daß sie durch derartige Schwingungen erzeugt sein könnten.

Eine wichtige experimentelle Stütze haben diese Sätze EWALDs durch Versuche von MUSEHOLD[2] erhalten. Er hat Photographien des Kehlkopfspiegelbildes hergestellt, teils bei schwingenden Stimmlippen, teils bei scheinbar ruhenden. Die scheinbare Ruhe wurde mit Hilfe einer stroboskopischen Vorrichtung erzielt, wie sie OERTEL[3] zuerst angewendet hat. MUSEHOLD hat gefunden, daß die Schwingungen der Stimmlippen nicht vorzugsweise in der Richtung des Luftstromes erfolgen, wie bei einer durchschlagenden oder aufschlagenden Zunge, sondern daß sie im wesentlichen senkrecht zur Richtung des Luftstromes schwingen. Er hat die richtige Betrachtung angestellt, daß die unteren Flächen der Stimmlippen steil medianwärts ansteigen (s. Abb. 415).

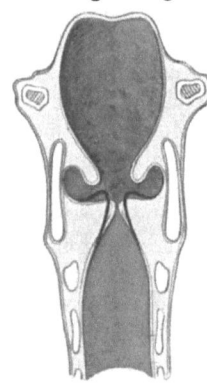

Abb. 437. Stimmlippenschwingung (halbschematisch).
(Aus BARTH: Einführung in die Physiol., Pathol. u. Hygiene der menschlichen Stimme.)

Nähern sie sich einander, so liegt zwischen ihnen ein keilförmiger Raum. Wenn auf die schrägen Flächen dieses Raumes ein Luftstrom wirkt, der parallel der Luftröhrenachse sich bewegt, so wird eine seiner Komponenten senkrecht zur unteren Fläche der Stimmlippe wirken. Hierdurch wird die Masse derselben nicht nur nach oben, sondern auch zur Seite getrieben. Die zweite Komponente wirkt parallel der Fläche, ist also unwirksam.

---

[1] HELMHOLTZ: Lehre von den Tonempfindungen. Braunschweig 1863.
[2] MUSEHOLD: Arch. f. Laryng. 7, 1 (1898).   [3] OERTEL: Med. Zbl. 1878, 81, 99.

Daß es möglich ist, Pfeifen zu konstruieren, die derartig wirken, hat EWALD gezeigt. Seine Polsterpfeifen, von denen Abb. 438 und Abb. 439 eine Vorstellung geben, sind folgendermaßen konstruiert. Zwei Polster stehen sich in einer Röhre gegenüber und bilden zwischen sich die Stimmspalte. Der Luftstrom erweitert letztere, indem er die Polster nach der Seite drängt. Dies wird dadurch möglich, daß entweder die Polster selbst elastisch sind, oder auf nachgiebigen Wänden aufsitzen, oder daß, wie es wahrscheinlich im natürlichen Kehlkopf der Fall ist, beides zugleich stattfindet. Sind nur die Polster elastisch, so müssen sie auf der Windseite abgeschrägt sein, damit die Luft eine Angriffsfläche findet. Je ausgedehnter diese Abschrägung ist, desto leichter spricht die Pfeife von dieser Seite aus an. Der natürliche Kehlkopf spricht ebenfalls leichter exspiratorisch an, welcher Unterschied sich außerordentlich bei den hohen

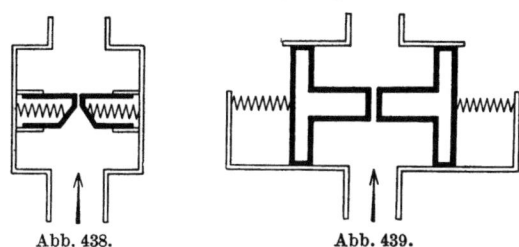

Abb. 438. Abb. 439.
Polsterpfeifen in schematischer Darstellung.
Bei Abb. 438 ist nur das Polster elastisch, bei Abb. 439 ist das unelastische Polster mit der elastischen Wand fest verbunden. Die beweglichen Teile sind in beiden Abbildungen schwarz ausgezogen. Die Pfeife der Abb. 438 kann nur von unten, die der Abb. 439 aber von beiden Seiten angeblasen werden.
(Aus EWALD: Handb. der Laryngol. 1.)

Tönen (Falsett) steigert. Sind aber nur die Wände elastisch, auf denen die Polster befestigt sind, so kann die Luft auf diese wirken, und die Polster brauchen dann nicht abgeschrägt zu sein."

Daß wirklich derartige Schwingungen bei der Produktion der Bruststimme vorkommen, geht aus den Beobachtungen von MUSEHOLD hervor, die von NAGEL[1]

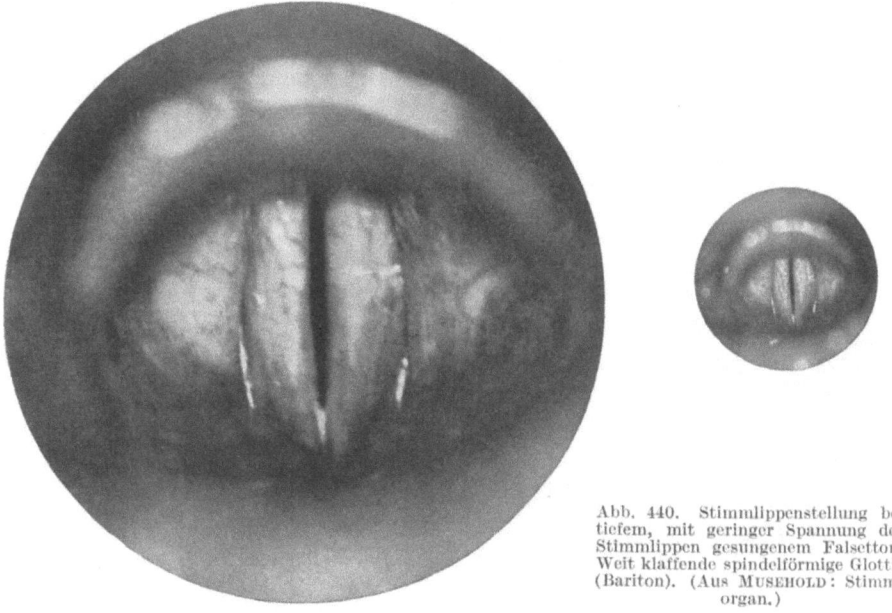

Abb. 440. Stimmlippenstellung bei tiefem, mit geringer Spannung der Stimmlippen gesungenem Falsetton. Weit klaffende spindelförmige Glottis (Bariton). (Aus MUSEHOLD: Stimmorgan.)

bestätigt worden sind. Wenn der normale Kehlkopf während der Stimmgebung beobachtet wird, so sieht man, daß die Stimmritze $1/4$—$1/2$ mm weit ist. Natürlich sind ihre Begrenzungen unscharf. Betrachtet man nun die Stimmritze stro-

---

[1] NAGEL: Zbl. Physiol. **21**, 782 (1908).

boskopisch, was zuerst OERTEL[1] getan hat, indem man die Zahl der Lichtblitze gleich der Schwingungszahl des Tones macht, so sieht man die Stimmritze, je

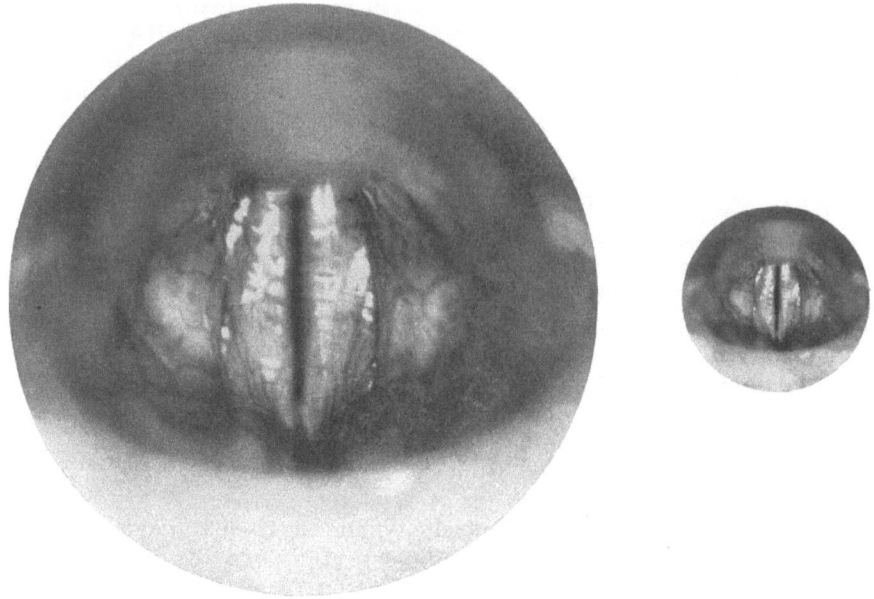

Abb. 441. Stimmlippen im Falsettregister (Bariton). Glottis offen, schwarz. Die schwingenden Stimmlippenränder grau verwaschen. Auf der abgeflachten Oberfläche ordnet sich der Schleim an der Grenze der Randschwingungen streifenförmig an. (Aus MUSEHOLD: Stimmorgan.)

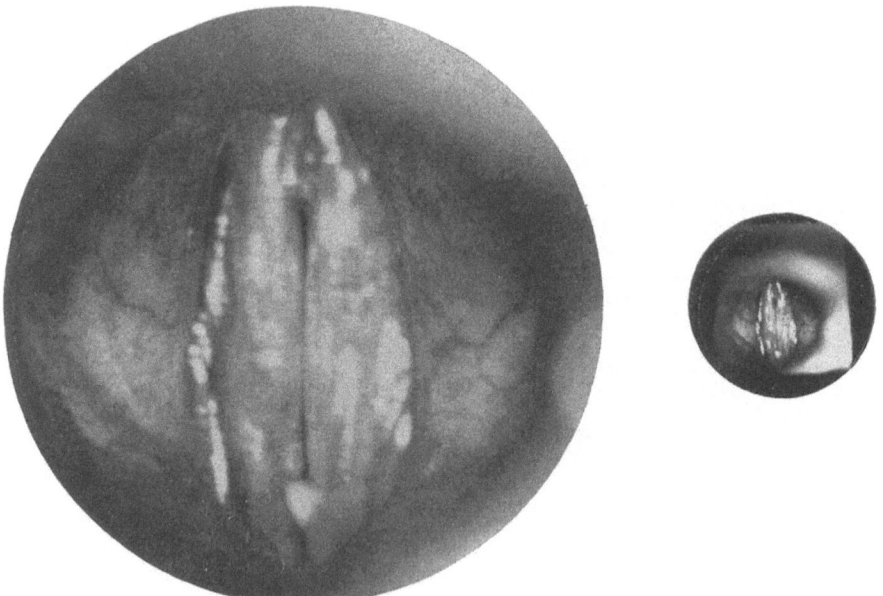

Abb. 442. Stroboskopische Photographie der Stimmlippen beim Brustton $c^1$. Phase des Glottisschlusses. Die Stimmlippen zeigen wulstige Oberflächen und sind wie Mundlippen fest aneinandergepreßt (Bariton, forte). (Aus MUSEHOLD: Stimmorgan.)

---

[1] OERTEL: Zbl. med. Wiss. **16**, 81, 99 (1878) — Beitr. Biol. — Festschr. f. Bischoff **1882**, 25.

Bildung der Stimme.

nach der Phase, die sich der Beobachtung darbietet, fest geschlossen oder 1 bis 1,5 mm weit geöffnet. Die nebenstehenden Abbildungen von MUSEHOLD zeigen stroboskopische Aufnahmen der Stimmlippe.

Wie NAGEL[1] durch Rechnung gezeigt hat, ist eine derartige Öffnung nur möglich, wenn die Ränder der Stimmlippen senkrecht zur Achse der Luftröhre auseinander weichen. In der Abb. 443 sollen $AB$ und $CD$ die oberen Flächen der Stimmlippen sein. Wenn die Schwingungen so erfolgten wie bei einer Zungenpfeife, so müßten die Ränder in der Richtung der schwarzen gebogenen Pfeile auf- und abschwingen. Nimmt man nun die Länge $AB$ und $CD$ je gleich 10 mm und die Schwingungsweite gleich 4 mm, so beträgt nach NAGELS Rechnung der Abstand der beiden Stimmlippen im Momente des weitesten Ausschwingens weniger als $1/4$ mm. Der beobachtete Abstand von 1 bis 1,5 mm ist also auf diese Weise nicht zu erklären. Nimmt man an, daß die Schwingungen nach dem Gegenschlagsmechanismus in der Richtung der strichpunktierten Pfeile erfolgen, so würde die beobachtete Glottisweite sehr leicht zu verstehen sein.

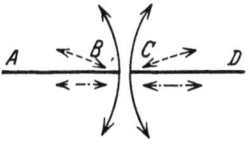

Abb. 443.
(Aus NAGEL: Physiol. IV, 2)

Schwingungen, die nur in der Richtung dieser Pfeile erfolgen, sind bei den abgebildeten Polsterpfeifen, deren schwingende Teile eine Führung haben, wohl möglich. Für die Stimmbänder können wir sie nicht annehmen. Wie bereits EWALD bemerkt, handelt es sich bei den Bewegungen der Stimmlippen vermutlich um eine Kombination von Höhen und Querschwingungen. Auch NAGEL ist derselben Meinung. Eine einfache Betrachtung lehrt, daß der Luftstrom, der in der Richtung der Luftröhrenachse auf die unteren Stimmbandflächen auftrifft, die Stimmbänder nach oben und nach der Seite treiben muß. Wie aus der Abb. 444 hervorgeht, kann man den Luftstrom $ab$, der aus der Trachea gegen die Unterfläche des Stimmbandes drückt, in zwei Komponenten zerlegen. Ist $ab$ gleich $bc$ die Größe des Druckes, den dieser Luftstrom ausübt, so ist die Komponente $bm$ derjenige Teil, der das Stimmband in Bewegung setzt. Sie ist $ab\cos\alpha$, wenn $\alpha$ der Winkel ist, unter dem die obere und untere Fläche der Stimmlippe zusammenstoßen. Die Komponente ist um so stärker, je kleiner der Winkel $\alpha$ ist. Ihre Richtung ist aus der Abbildung ersichtlich, sie ist nach oben und außen gerichtet. In derselben Weise, wie es in der Abbildung die punktierten Pfeile zeigen. Die Stimmlippe wird um so mehr nach außen getrieben, je kleiner $\alpha$ ist. Man sollte also erwarten, daß diese Richtung der wirklichen Schwingungsrichtung der Stimmlippen entspricht. Ob das wirklich der Fall ist, d. h. ob es erlaubt ist, dem Winkel $\alpha$ den Wert zu geben, den er am Präparat hat, ist nicht experimentell festgestellt, es ist aber nicht unwahrscheinlich. An Beobachtungen über die Form der Stimmlippen bei der Phonation fehlt es zur Zeit noch; diese Kenntnis ist zum vollen Verständnis der Verhältnisse notwendig.

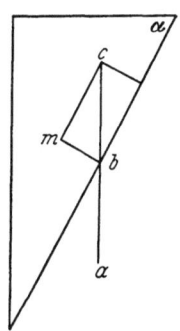

Abb. 444.

Für den Schwingungsvorgang der Stimmlippen ist auch von Bedeutung, daß der statische Druck der Luft im engen Bereich der Stimmlippen geringer ist als in ihrer Umgebung oberhalb und unterhalb. Hierdurch wird der Schwingungsprozeß begünstigt. Für die Stimmlippen hat TONNDORF[2] diesen Faktor zuerst betont.

---

[1] NAGEL: Zitiert auf S. 1309.
[2] TONNDORF: Verh. Ges. dtsch. Hals- usw. Ärzte **1925**, 241—245 — Z. Hals- usw. Heilk. **22**, 412—423 (1929).

MUSEHOLD[1] hat bei seinen stroboskopischen Versuchen festgestellt, daß die Stimmlippen bei einigermaßen laut gesungenen Tönen nicht nur bis zur Berührung gegeneinanderschwingen, sondern daß sie sich aneinander durch den kräftigen Zusammenstoß abplatten. Daher nimmt den größten Teil der Phase diese Berührung der Stimmbänder ein. Man hat also bei stroboskopischer Untersuchung des tönenden Kehlkopfes am meisten Chancen, gerade die Phase der Berührung der Stimmlippen zu Gesichte zu bekommen. Dagegen findet TONNDORF[2], daß in allen Stimmregistern ein vollkommener Glottisschluß in jeder Schwingungsperiode stattfindet.

Wie die Bewegung der Stimmlippen am Lebenden im einzelnen verläuft, ist noch nicht sicher festgestellt. EWALD[3] vermutet, daß es sich um eine komplizierte Kombination von Höhen- und Querschwingungen handele. NAGEL[4] hat den Eindruck gewonnen, als ob der Hin- und Rückschwung nicht auf dem gleichen Wege erfolge, sondern daß die Schwingungsbahn eine gestreckte Ellipse oder Schleife sei.

Analysen der Schwingungen membranöser Zungen und des Leichenkehlkopfes sind von GRÜTZNER[5] und KOSCHLAKOFF[6] ausgeführt. Hier kann darauf nur verwiesen werden.

Wenn der Mechanismus der Stimmlippenschwingungen nach dem Prinzip der Polsterpfeifen erfolgt, so ist es leicht verständlich, warum der menschliche Kehlkopf am leichtesten durch den Exspirationsluftstrom anspricht.

Inspiratorisches Sprechen ist aber auch möglich, wie bereits VAN KEMPELEN[7] beobachtet hat. Später haben REINKING, GUTZMANN, PANCONCELLI-CALZIA[8] darauf hingewiesen. Auch inspiratorisches Singen kann man beobachten (SEGOND[9]).

MUSEHOLD[1] hat die Schwingungen der Lippen bei einem Trompetenbläser stroboskopisch untersucht, indem er sich eines durchsichtigen Mundstückes bediente. Auch hier konnte er beträchtliches Klaffen der Lippenspalte und völligen Verschluß derselben beobachten. Die Schwingungen der Lippen sind, wie NAGEL[4] bemerkt, auch hier nicht rein senkrecht zur Richtung des Luftstromes. Wir hätten also in den Lippen des Trompeters ein Analogon zu dem Kehlkopf des Sängers.

Die bisher beschriebene Art des Schwingens der Stimmlippen ist vielleicht nicht die einzig mögliche. Bei der Falsettstimme kommt nach Untersuchungen von MUSEHOLD die Stimmritze während der Phonation nicht vollkommen zum Verschluß. Bereits im Jahre 1835 hat LEHFELDT[10] angegeben, daß bei der Falsettstimme nur die Ränder der Stimmbänder schwingen. Danach haben JOHANNES MÜLLER, OERTEL, KOSCHLAKOFF, RÉTHI, MUSEHOLD, STOERK, KATZENSTEIN Beobachtungen über die Form der Stimmlippenschwingungen bei der Falsettstimme angestellt. Zu einer definitiven Lösung des Problems ist es dabei nicht gekommen. OERTEL[11], der den Kehlkopf stroboskopisch untersuchte, beschreibt eine bogenförmige Linie auf den Stimmlippen beim Falsettsingen, durch die jede Stimmlippe in eine äußere und eine innere Abteilung geteilt wird. OERTEL faßte diese Linie auf als Ausdruck einer Knotenlinie, die dadurch erzeugt wird, daß die Stimmlippe in Partialschwingungen gerät. Man müßte demnach zu

---

[1] MUSEHOLD: Zitiert auf S. 1255.   [2] TONNDORF: Zitiert auf S. 1311.
[3] EWALD: Zitiert auf S. 1255.   [4] NAGEL: Zitiert auf S. 1309.
[5] GRÜTZNER: Zitiert auf S. 1305.   [6] KOSCHLAKOFF: Zitiert auf S. 1306.
[7] VAN KEMPELEN: Mechanik der menschlichen Sprache, S. 104. Wien 1791.
[8] REINKING, GUTZMANN u. PANCONCELLI-CALZIA: Z. Ohrenheilk. **56**, 240 (1908) — Mschr. Ohrenheilk. Suppl.-Bd. **1**, 1201 (1921) — Arch. néerl. Physiol. **7**, 402 (1922).
[9] SEGOND: Arch. gén. de méd. **17**, 200 (1848).
[10] LEHFELDT: Nonnulla de vocis formatione. Dissert. Berlin 1835.
[11] OERTEL: Zbl. med. Wiss. **1878** — Arch. f. Laryng. **3** (1894) — Zbl. Physiol. **10**, 597 (1896).

beiden Seiten dieser Knotenlinie einen Schwingungsbauch erwarten. Das ist aber nach Untersuchungen von RÉTHI[1] nicht der Fall, der den Kehlkopf mittels mikroskopischer Beobachtung von Metallpulver untersuchte, das auf die Stimmbänder aufgestäubt worden war. Vorher hat schon KOSCHLAKOFF[2] das Vorhandensein einer derartigen Knotenlinie nicht konstatieren können, obwohl er ihre Existenz für sicher hielt. Er berichtet, daß es ihm ebenso an lebenden Kehlköpfen möglich war, sich von den entgegengesetzten Bewegungen zu beiden Seiten der Knotenlinie zu überzeugen, wie an toten Kehlköpfen. Auch MUSEHOLD konnte von einer Knotenlinie nichts nachweisen. Er fand nur eine Schleimlinie. Diese läßt er dadurch zustande kommen, daß bei der Falsettstimme nur die inneren Ränder der Stimmlippen schwingen, wie es zuerst LEHFELDT und JOHANNES MÜLLER beschrieben haben.

Neuere Autoren haben das bestätigt.

Endgültigen Aufschluß kann hier vielleicht die Serienphotographie bringen. Schon im Jahre 1914 haben PANCONCELLI-CALZIA und HEGENER auf dem Phonetikerkongreß in Hamburg stroboskopische Serienaufnahmen der Stimmlippenschwingungen demonstriert. RÉTHI und FRÖSCHELS[3] hatten Gelegenheit, einen Sänger, dessen Stimmumfang fünf Oktaven betrug, in analoger Weise zu untersuchen. Sie haben gefunden, daß bei den tiefsten Tönen Pars ligamentosa und Pars intercartilaginea offen bleiben, daß sich bei den hohen Tönen die hinteren Teile der inneren Stimmlippenränder aneinanderpressen und an den Schwingungen nicht teilnehmen. Nur der vordere Teil der Stimmlippen vibriert bei der Phonation und hierbei nicht etwa die ganze Masse derselben, sondern nur die medialen Randpartien.

Leider kann man aus Tierversuchen, die leichter anzustellen sind, keine bindenden Schlüsse für den Menschen ziehen, zumal wir aus Untersuchungen von HOLZLÖHNER und MITSUMOTO[4] wissen, daß der Vokalmuskel bei Tieren, z. B. bei Kaninchen, vollkommen fehlen kann.

Eine neuere Diskussion über die Frage des Typus der Stimmlippenschwingungen — ob nach dem Prinzip des Schwingens von membranösen Zungen oder dem Polsterpfeifenprinzip — zwischen WEST[5] und METZGER[6] scheint zugunsten des Polsterpfeifenprinzips entschieden zu sein.

Den Druck, welchen die Stimmlippen bei der Phonation aufeinander ausüben, hat KAKESHITA[7] zu messen versucht, indem er einen Hohlkörper aus Gummi beim Hunde zwischen die Stimmlippen brachte, dessen Binnendruck von einem Quecksilbermanometer angezeigt wurde. Er fand beim Schreien Werte von 400 mm Hg.

Es ist nunmehr nötig, einiges über die Versuche zu sagen, die JOHANNES MÜLLER über die Falsettstimme am ausgeschnittenen Kehlkopf angestellt hat. Er konnte durch Anblasen desselben zwei Arten von Klängen erzeugen, deren eine der Bruststimme, deren zweite der Falsettstimme entsprach, und fand, daß bei den Falsettönen nur die freien Ränder der Stimmlippen, bei den Brusttönen die ganzen Stimmlippen schwingen. Wenn MÜLLER die Stimmlippen stark spannte, so ging der Brustton in den Falsetton über. Er konnte dies verhindern, wenn er die schräg nach unten und außen abfallenden unteren Flächen der Stimmlippen einander näherte. Dann konnte er alle Töne im Brustregister angeben.

---

[1] RÉTHI: Sitzsber. Akad. Wiss. Wien, Math.-naturwiss. Kl. III **105**, 197 (1896).
[2] KOSCHLAKOFF: Pflügers Arch. **38**, 428 (1886).
[3] RÉTHI u. FRÖSCHELS: Pflügers Arch. **195**, 333 (1922).
[4] HOLZLOHNER u. MITSUMOTO: Z. Biol. **83**, 571 (1925).
[5] WEST: Quart. J. speech. id. **12**, 244 (1926).
[6] METZGER: Quart. J. speech. id. **14**, 29 (1928) — Psychologic. Monogr. **38**, 82 (1928).
[7] KAKESHITA: Pflügers Arch. **215**, 19 (1926).

So kommt MÜLLER zu dem Resultat, daß die Brusttöne durch Schwingen der Stimmlippen in toto, die Falsettöne durch Schwingen ihrer Ränder erzeugt werden.

Wie die grundlegenden EWALDschen Versuche und Ideen für die Untersuchung der Bildung der Bruststimme überaus befruchtend gewirkt haben, so auch für die Erforschung der Form der Stimmlippenschwingungen bei der Falsettstimme. Wenn hier das Verständnis zur Zeit weniger weit gekommen ist als bei der Bruststimme, so liegt es vor allem daran, daß bei der Falsettstimme die Stimmritze in allen Schwingungsphasen geöffnet bleibt. Wenn diese Beobachtung richtig ist, so macht die Vorstellung, daß der Kehlkopf auch unter dieser Bedingung als Polsterpfeife wirkt, Schwierigkeiten. Andererseits ist ein Schwingen der Stimmlippen nach Art der Bänder in Membranpfeifen nicht recht verständlich, weil diese bei solcher Art des Baues nicht ansprechen. Über die Art, wie die Stimmbänder bei der Falsettstimme schwingen, läßt sich daher zur Zeit nichts Sicheres sagen. Die Stimmlippen scheinen im Falsett ihre Form zu ändern. MUSEHOLD findet ihren oberen, sichtbaren Rand zugeschärft. STOERK[1] hat bei Beleuchtung des Kehlkopfes von unten außen gefunden, daß die Fransparenz der Stimmlippen im Falsett erheblich zunimmt. Demnach scheint es, daß bei der Falsettbildung eine bandartige Verdünnung der Stimmlippen eintritt. Eine Lösung des Problems bringen aber diese Beobachtungen auch nicht, ebensowenig wie Beobachtungen der sichtbaren Fläche der Stimmlippen, über die RÉTHI und MUSEHOLD berichten. Wir gehen hierauf deshalb nicht näher ein.

Nach Untersuchungen von KATZENSTEIN arbeiten bei der Falsettstimme die Schließmuskeln der Glottis wenig, die Spanner (Cricothyreoidei) stark. Die Stimmlippen sind verlängert und verschmälert, die oberen Stimmbänder gespannt. Mit steigender Tonhöhe nähern sie sich den wahren und legen sich schließlich auf. Die Glottis wird nicht völlig geschlossen. Die freien Ränder schwingen am intensivsten.

In dem vorliegenden Kapitel hat vielfach der Unterschied zwischen den Brust- und Falsettönen berührt werden müssen. Die Darstellung ist hier nur so weit gegangen, als es für die Betrachtung der Stimmlippenschwingungen nötig war. Näher wird auf diese Verhältnisse im Abschnitt VIII einzugehen sein.

Bei der Untersuchung der Stimmlippenbewegungen des Menschen ist man auf Beobachtungen vom Munde her mittels des Kehlkopfspiegels angewiesen. Hierbei findet im Vergleich zur normalen Phonation eine Änderung der Verhältnisse statt, indem der Weg zur Beobachtung durch Anziehen der Zunge freigemacht werden muß. Bei Betrachtung der Stimmlippen von unten her wird dagegen die Lage des Kehlkopfes nicht geändert. Eine Methode hierfür hat R. DU BOIS-REYMOND[2] angegeben. Die Luftröhre wird einige Zentimeter unterhalb des Kehlkopfes durchschnitten. Der Kehlkopf von außen durch die Halswand mittels einer Glühlampe durchleuchtet und die Stimmlippen von unten her beobachtet. In den oberen Teil der Trachea hat der gleiche Autor eine Glasröhre eingebunden und die Stimmlippen angeblasen. Es zeigte sich am Hunde beim Blasen unter mäßigem Druck (20 cm Wasser) kein Ton, außer wenn das Blasen mit der Exspiration zusammenfällt. Reizung der beiden Recurrensnerven erzeugt einen Ton, der durch Steigerung des Anblasedruckes oder durch Verstärkung der Nervenreizung um eine Quinte in die Höhe getrieben werden kann. Werden noch beide Laryngei superiores gereizt, so tritt eine weitere Tonerhöhung um eine Quarte ein. Werden die Laryngei superiores allein gereizt, so entsteht

---

[1] STOERK: Klin. d. Krankh. d. Kehlk. 1876.
[2] DU BOIS-REYMOND, R.: Arch. f. Physiol. **1905**, 551.

ein pfeifender Ton, der dem „Miefen" ähnlich ist. Wird der Kehlkopf seitlich komprimiert, so macht bei Reizung der Nerven das Anblasen eine Aufblähung der MORGAGNIschen Taschen.

### Luftverbrauch.

Über den Luftverbrauch bei der Phonation geben Versuche von GUTZMANN und LOEWY[1] Auskunft. Die Autoren haben beobachtet, daß der Luftverbrauch der Tonstärke und der Tonhöhe proportional steigt, bei der Flüsterstimme fanden sie bei niederem Trachealdruck einen hohen Luftverbrauch. Beim andauernden Halten von Tönen in gleicher Intensität schwankt der Luftverbrauch im forte bei geübten Sängern in der Zeiteinheit nur um 8—9%, im piano um 7%.

Vom Luftverbrauch in der Zeiteinheit wird die Zeitdauer abhängen, während deren ein Ton gehalten werden kann. Bei einer Vitalkapazität der Lungen von 5,2 l haben die Autoren in 40—50 Sekunden einen Luftverbrauch von 3—3,8 l gefunden. Ihre Versuchsperson sang die Vokale O oder U in der Tonlage a von 144 Schwingungen. Analoge Werte werden auch für Kunstsänger angegeben (Baltasar Ferri 50 Sek., Adelina Patti 60 Sek.).

## VI. Stimmeinsatz.

Unter Stimmeinsatz oder Toneinsatz ist die Art der Bewegung zu verstehen, mit welcher die Stimmlippen aus ihrer Atemstellung in die Phonationsstellung übergehen. Dies kann sich auf drei verschiedene Weisen vollziehen. Man unterscheidet demgemäß einen harten, einen weichen und einen gehauchten Stimmeinsatz. Abweichend vom üblichen bezeichnen BUKOFZER, IMHOFER und RÉTHI den Einsatz als Ansatz und wollen unter Einsatz das zeitliche Erklingen eines bestimmten Tones in einer Tonfolge verstanden wissen.

1. Harter Stimmeinsatz (Glottisschlag, coup de glotte, spiritus lenis). Die Stimmlippen legen sich fest aneinander, die Stellknorpel berühren sich mit ihren inneren Flächen. Durch den Luftstrom wird dieser Verschluß gesprengt. Daher geht der Phonation ein hörbares Explosionsgeräusch voraus. Dieses Geräusch kann man mittels Auskultation des Kehlkopfes nachweisen (GUTZMANN), selbst wenn es sehr schwach ist. Beim Singen wird der harte Einsatz im staccato verwendet, beim Sprechen dient er dem Ausdruck der Verachtung und der Ungeduld wie im Ausruf Ah oder Ach nein. Das Schreien der Säuglinge bedient sich ebenfalls des harten Stimmeinsatzes (Unlusteinsatz).

2. Weicher Stimmeinsatz. Die Stimmlippen werden einander schnell nur um so viel genähert und angespannt, als es zur Bildung des beabsichtigten Tones nötig ist. Der Stimmklang beginnt ohne Geräuschvorschlag. Beim Phonieren wird dieser Einsatz verwendet beim Lallgesang der Kinder bei gehobener Stimmung. z. B. beim bewundernden Ah! (Lusteinsatz.)

3. Gehauchter Stimmeinsatz (Spiritus asper). Die Stimmbänder nähern sich erst einander, wenn der Luftstrom bereits fließt. Daher hört man vor dem Ton ein hauchendes Geräusch.

Die verschiedenen Stimmeinsätze kann man sowohl auskultatorisch als auch laryngoskopisch voneinander unterscheiden. Beim harten Einsatz sieht man deutlich, daß vor dem Beginn der Stimmlippenschwingungen und der Glottisöffnung die aneinandergepreßten Stimmlippen sich öffnen. Beim weichen Einsatz kann man die Spaltform der Glottis vor dem Phonationsbeginn und beim gehauchten den Übergang aus der dreieckigen Form in die Spaltform beim Beginn der Lautgebung beobachten. GUTZMANN[2] und danach NADOLECZNY[3] haben eine graphische Analyse der Vorgänge bei den verschiedenen Stimmeinsätzen versucht. Die Resultate sind in den Kurven der folgenden Abb. 445 wiedergegeben. Registriert worden sind der gehauchte Einsatz *I*, der weiche *II* und der harte *III*. Kurve *1* gibt die Bewegung im Luftraum, in der die Schallschwingungen enthalten sind, Kurve *2* die Vor- und Rückwärtsbewegungen des Kehlkopfes, Kurve *3* Sekundenmarken, Kurve *4* die Auf- und Abbewegungen des Kehlkopfes, Kurve *5* die Brustatmung, Kurve *6* die Bauchatmung.

Die Kurven ergeben, daß beim harten Einsatz *III* die Luftraumkurve sich steil erhebt und starke Schwingungen aufweist. Beim weichen Einsatz nehmen die Luftraumschwingungen, welche mit der Exspiration beginnen, allmählich an Amplitude zu, beim gehauchten

---

[1] GUTZMANN u. LOEWY: Pflügers Arch. **180**, 111 (1920).
[2] GUTZMANN: Mschr. ges. Sprachheilk. **1906**.     [3] NADOLECZNY: Zitiert auf S. 1300.

1316   O. WEISS: Stimmapparat des Menschen.

Einsatz endlich beginnt die exspiratorische Phase der Atemkurve vor den Schwingungen im Luftraum. Die Bauchatmung beginnt hier zeitlich vor der Brustatmung.

Analoge Resultate haben MARBE[1] und SEEMANN[2], ersterer mit seiner Rußringmethode, letzterer mit einer FRANKschen Kapsel, erhalten. Er konnte zeigen, daß beim weichen Einsatz die Glottisöffnung $1/100 - 1/60$ Sekunde vor der Vokalschwingung beginnt, beim gehauchten Einsatz $1/4$ Sekunde.

Die Bewegungen des Kehlkopfes sind, wie zu erwarten, am ausgiebigsten beim harten, am geringsten beim gehauchten Einsatz, der weiche liegt in der Mitte. Am markantesten sind sie beim Vokal I.

Über den Luftverbrauch bei den verschiedenen Stimmeinsätzen sind die Angaben nicht übereinstimmend. RÉTHI[3] hat im piano und beim mezzoforte beim harten Einsatz den doppelten Luftverbrauch wie beim weichen gefunden, im forte war das Verhältnis 3:2.

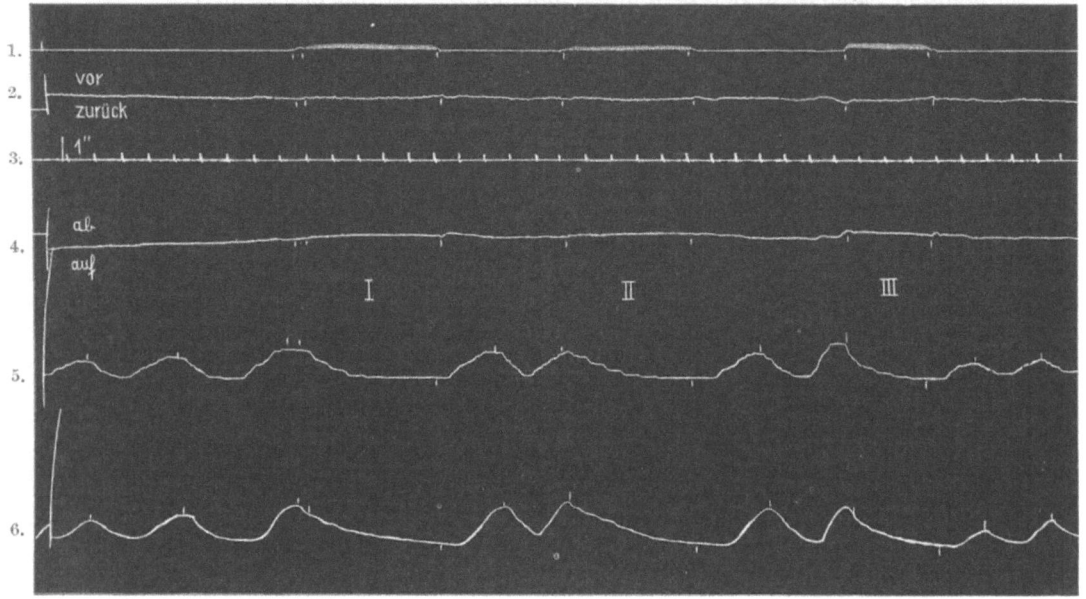

Abb. 445. Graphische Aufnahme der drei Stimmeinsätze bei leise gesummten Tonen. 1. Kurve der Mundluft, in der die Vibrationen wegen der langsamen Bewegung der Aufnahmetrommel als Verdickungen erscheinen. 2. Vor- und Ruckwärtsbewegung des Kehlkopfs, aufgenommen mit ZWAARDEMAKERS Laryngograph. 3. Zeitkurve 1 Sekunde. 4. Ab- und Aufwartsbewegung des Kehlkopfs (aufgenommen wie 2.). 5. Kurve der Brustatmung. 6. Kurve der Bauchatmung. Aufwarts Einatmung, abwärts Ausatmung. Von links nach rechts: Zwei Ruheatmungen, dann: I gehauchter Einsatz; eine Ruheatmung, dann. II leiser Einsatz; eine Ruheatmung, dann: III harter Einsatz; am Schluß zwei Ruheatmungen. In der laryngographischen und in der Brustatemkurve werden pulsatorische Bewegungen sichtbar. Die synchronen Punkte sind durch kleine Striche bezeichnet.
(Aus NADOLECZNY: Handb. der Hals-, Nasen-, Ohrenheilkunde 1.)

Der Unterschied nimmt mit zunehmender Tonhöhe zu. Analoge Resultate hat R. HAHN[4] erhalten, ebenso ZWAARDEMAKER[5]. Dagegen hat SCHILLING[6] beim staccato stets einen geringeren Luftverbrauch als beim legato gefunden. Seine Druckmessungen im Windrohr haben folgende Werte ergeben:

| Stimmeinsatz | Vokal gesprochen | | | Vokal gesungen |
|---|---|---|---|---|
| gehaucht . | a 7,9 mm Hg | i 8,3 mm Hg | o 7,0 mm Hg | a 9,5 mm Hg |
| leise . . . | a 7,5 ,, ,, | i 9,5 ,, ,, | o 10,5 ,, ,, | a 11,7 ,, ,, |
| hart . . . | a 12,6 ,, ,, | i 12,7 ,, ,, | o 17,5 ,, ,, | a 19,3 ,, ,, |

Eine Reihe von Autoren und Gesangsmeistern ist der Meinung, daß für Sänger der weiche Einsatz der günstigste sei, weil er weder mechanische Schädigungen des Kehlkopfes erzeugen könne, was dem harten nachgesagt wird, noch wie der gehauchte mit der Atemluft zu verschwenderisch umgeht. Diese Meinung wird jedoch bestritten, die experimentellen Erfahrungen rechtfertigen sie nicht.

[1] MARBE: Physik. Z. **7**, 543.   [2] SEEMANN: Z. biol. Techn. u. Methodik **1**, 10 (1908).
[3] RÉTHI: Wien. med. Wschr. **1913**, Nr 9.   [4] HAHN, R.: Arch. ital. Otol. **25**, 369 (1914).
[5] ZWAARDEMAKER: Vox **1913**, 7.   [6] SCHILLING: Zitiert auf S. 1295.

## VII. Umfang der menschlichen Stimme.

Siehe auch SOKOLOWSKY, *Stimme und Geschlecht*. S. 1360.

Der Tonbereich, den die Stimme umfaßt, ist verschieden nach Geschlecht und Alter. Entsprechend diesen Unterschieden findet man tiefgehende Differenzen in der Beschaffenheit des Kehlkopfes.

Der Larynx des neugeborenen Kindes bildet ein rundliches „plumpes" Hohlgebilde (MERKEL), die Glottis respiratoria hat fast dieselbe Weite wie die Glottis vocalis, die Stellknorpel sind noch rudimentar. Er wächst langsam bis zur Pubertätszeit, dann erreicht er schnell durch Wachstum seine endgültige Form.

Dabei wird der männliche Kehlkopf in allen Richtungen größer als der weibliche, vor allem im sagittalen Durchmesser, was sich auch äußerlich im sog. Adamsapfel äußert. Der sagittale Durchmesser schwankt nicht unbedeutend. Kleine männliche Kehlkopfe haben zwischen Stimmbandansatz am Schildknorpel und Platte des Ringknorpels einen Abstand von 26—27 mm, große von 32—37 mm. Entsprechend ist die Länge der Stimmlippen 19 bis 22 und 26—29 mm, im Mittel beträgt sie nach J. MÜLLER[1] 18,2, nach HARLESS[2] 17,5 mm.

Der weibliche Kehlkopf wächst um die Zeit der Pubertat vorwiegend im vertikalen Durchmesser. Seine Knorpel bleiben mehr abgerundet und weicher als beim Manne. Die Stimmlippen haben eine Länge nach MÜLLER von 12,6 mm, nach HARLESS von 13,5 mm. Die Längen der weiblichen und männlichen Stimmlippen verhalten sich also wie 3:2.

Zu der Körpergröße haben die Dimensionen des Kehlkopfes keine direkte Beziehung.

Entsprechend diesen anatomischen Unterschieden zeigen sich, wie zu erwarten, auch Unterschiede in der Funktion. Die Stimme der Männer klingt tiefer als die Frauenstimme. Das prägt sich auch im Umfang der Singstimme aus. Der Bereich der Töne, die ein Mensch durch Singen erzeugen kann, umfaßt etwa 2 Oktaven, doch kommen auch Stimmumfange von 3 Oktaven nicht selten vor, ja selbst $3^1/_2$ Oktaven sind beobachtet worden (Sängerin Catalani).

Bei beiden Geschlechtern gibt es eine tiefe und eine hohe Stimmlage. Man bezeichnet die tiefe beim Manne als Baß, die hohe als Tenor; bei der Frau wird die tiefe Alt, die hohe Sopran genannt. Zwischen diesen beiden gibt es noch Individuen mit mittlerer Stimmlage, die man bei Männern als Bariton, bei Frauen als Mezzosopran bezeichnet.

Über die Tonbereiche gibt die folgende Skala JOHANNES MÜLLERS Auskunft:

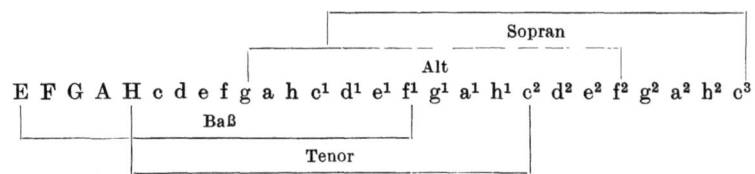

Nach GUTZMANN ist die Verteilung etwas anders[3]:

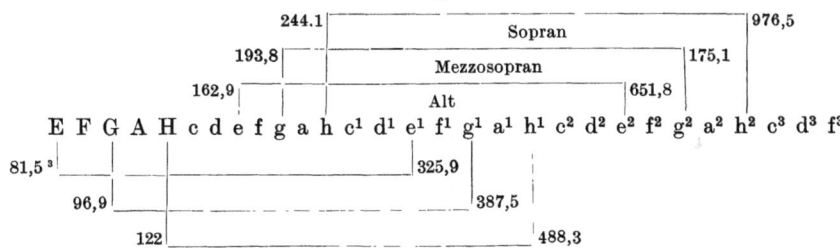

Gemeinsam ist danach den Stimmen etwa ein Bereich von einer Oktave ($e-e^1$).

---

[1] MÜLLER, JOHANNES: Zitiert auf S. 1302.
[2] HARLESS: Zitiert auf S. 1302.
[3] Die Ziffern bedeuten Schwingungszahlen.

Ausnahmsweise ist von einer Baßstimme das Kontra-$C_1$ mit 32,33 Schwingungen, vom Diskant das $e^4$ (2560 Schwingungen), im höchsten Pfeifton der Kinder das $g^4$ (3100 Schwingungen) erreicht worden. Das Stimmorgan kann also bis zu $6^{1}/_{2}$ Oktaven umgreifen. Von Künstlerinnen wird $f^3$ (z. B. in der Zauberflöte singt es die Königin der Nacht) verlangt. Lucrezia Agujari hatte einen Umfang von $g—c^4$, der Kastrat Farinelli einen Umfang von $3^{1}/_{2}$ Oktaven. Russische Bässe sollen oft bis in die Mitte der Kontraoktave reichen.

Eine umfassende Untersuchung an Kunstsängern hat NADOLECZNY[1] angestellt. Er fand unter Hinzurechnung der Töne, die piano rein erklangen, sowie der Pfeiftöne und der Fisteltöne bei Männern folgendes: Von 55 Sopranistinnen erreichte eine das $h^2$, 10 das $c^3$, 8 das $cis^3$, 8 das $d^3$, 2 das $dis^3$, 6 das $e^3$, 7 das $f^3$, 4 das $fis^3$, 4 das $g^3$, eine das $gis^3$, 2 das $a^3$ und 2 das $c^4$. In der Tiefe reichten von diesen Stimmen eine bis c, 3 bis d, 16 bis e, keine weniger tief als a. Mezzosopran- und Altstimmen erreichten in der Höhe noch über das $c^3$, in der Tiefe teils bis zu c oder bis H und A. Die Tenöre (29) erreichten meist das hohe $c^2$, auch $e^2$, mit Fisteltönen $a^2$ und $c^3$. Bariton und Baß reichten in der Tiefe bis zu D oder C, sogar $H_1$ oder $A_1$, in der Fistel bis $a^2$, einmal bis $c^3$. Die Stimmlage dieser Kunstsänger lag bei höheren Stimmen um c bzw. $c^1$, bei tieferen um Gis, A bzw. gis und a. Sie passen sich im großen und ganzen der Stimmgattung an. Den maximalen Umfang der Singstimme gibt das beistehende Schema.

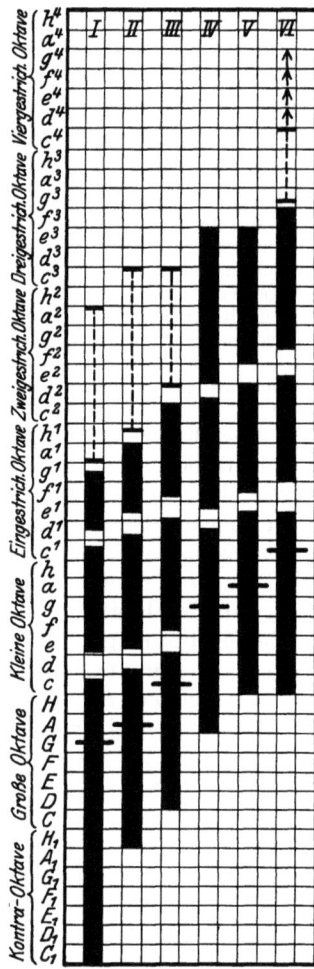

Abb. 446. Graphische Darstellung der maximalen Stimmumfänge für *I* Baß, *II* Bariton, *III* Tenor, *IV* Alt, *V* Mezzosopran, *VI* Sopran mit Berücksichtigung der Kunstsänger.

Die punktierten Strecken bezeichnen das Falsettregister, beim Sopran das Pfeifregister; die Pfeile ↑ bezeichnen die Pfeiftöne der Kinder. Den weißen Unterbrechungen entsprechen die Registergrenzen, den schwarzen Querstrichen die ungefähre Sprechstimmlage.
(Aus NADOLECZNY: Handb. der Hals-, Nasen- und Ohrenheilkunde 1.)

Der Stimmumfang nimmt im Laufe der Jahre ab; das hat seinen Grund in der Veränderung der Elastizität der Kehlkopfgewebe, vielleicht auch in der Abnahme der Muskelkraft. Im allgemeinen wird die Männerstimme mit dem Alter höher, die Frauenstimme tiefer. Zugleich ändert sich ihre Klangfarbe, sie wird leerer und heiserer. Vielfach wird sie zittrig, vielleicht wegen Abnahme der Fähigkeit, die Muskeln dauernd zu kontrahieren (BARTH[2]). In dem Altern der Stimme zeigen sich gewaltige individuelle Unterschiede. Es hat Sänger und Sängerinnen gegeben, die noch im Alter von 60 und 70 Jahren Hervorragendes geleistet haben.

Die Stimme der Kinder hat mit der Frauenstimme die Höhenlage gemeinsam, unterscheidet sich aber von ihr tiefgehend durch die Klangfarbe.

Das Geschrei des Säuglings liegt nach GARBINI[3] in den ersten zwei Monaten zwischen $f^2$ und $f^3$, vom zweiten bis achten Monat zwischen $c^2$ und $c^3$. Nach FLATAU und GUTZMANN[4] sowie NAGEL schreien von Säuglingen zwei Drittel in der Tonlage zwischen $h^1$ und $a^1$, anfangs mit leisem, nach der fünften Woche mit hartem Stimmeinsatz. Ein Drittel schrie vorwiegend in der zweigestrichenen Oktave. Außer exspiratorischen Tönen kommen auch inspiratorische vor, ferner

---

[1] NADOLECZNY: Zitiert auf S. 1300.   [2] BARTH: Zitiert auf S. 1255.
[3] GARBINI: Mem. dell' acad. d'agr. arti e comm. Verona **68**, 3 (1892).
[4] FLATAU u. GUTZMANN: Arch. f. Laryng. **18**, 139—151 (1907).

hohe, flötenartige Töne von „glashellem hartem Klangcharakter". Sie gehören der dreigestrichenen Oktave an.

Der Umfang der Stimme ist nach der Geburt klein. Etwa 2—3 Halbtöne bei zwei Dritteln der Kinder, bei einem Drittel bis zu einer Quinte. Bald umfaßt er 6 halbe Töne. In der 14. bis 15. Woche hat der Lallgesang nach GUTZMANN[1] den Umfang einer Terz $g^1$ bis $e^1$, im 10. Monat $d^1-f^1$, im 12. eine Quinte $cis^1-gis^1$; nach GARBINI[2] $h^1-e^2$. Nach demselben Autor ist der Umfang im 3. und 4. Jahr $d^1-a^1$, im 4. und 5. $d^1-b^1$.

Nach Beobachtungen des Gesanglehrers ENGEL[3] an 1600 Kindern variiert der Stimmumfang von 3 ganzen Tönen bis zu 2 vollen Oktaven. Die Mädchen sind den Knaben überlegen. Ähnliche Angaben macht PAULSEN[4], der über die Untersuchung von 5000 Kindern durch den Gesanglehrer GÄNGE berichtet. Im 6. Jahre findet er eine Oktave, im 11. Jahre 2 Oktaven Stimmumfang. Die Knabenstimme erreicht ihren größten Umfang im 14., die Mädchenstimme im 13. Jahr. Weitere Literatur über diese Frage findet sich bei VIERORDT[5], NAGEL, TREITEL[6], FLATAU, GUTZMANN, WEINBERG, FRÖSCHELS. Die Befunde dieser Autoren stimmen gut mit denen von PAULSEN überein. Letzterer hat seine Befunde in der nachstehenden Darstellung übersichtlich zusammengefaßt.

Für Gesanglehrer hat die Kenntnis dieser Umfange praktische Bedeutung.

Alter: 0  1—2  2  3  4—5  6  7  8  9  10  11  12  13  14  15

Durchschnittliche Stimmumfänge der Kinder.
(Die halben Noten: Knaben, die viertel Noten: Mädchen.)
(Aus NADOLECZNY: Handb. der Hals-, Nasen- und Ohrenheilkunde 1).

Über die *Tonhöhe der Sprechstimmen* haben HIRSCHFELD[7], PAULSEN[8], BARTH[9] und GUTZMANN[10] Untersuchungen angestellt. PAULSEN hat gefunden, daß die natürliche Sprechstimme vom 3. bis 7. Jahre zwischen a und $fis^1$ liegt, vom 8. bis 14. Jahre zwischen a und $e^1$, bei Knaben vom 12. bis 14. Jahre zwischen as bis $e^1$. Die untere Grenze rückt bei Knaben bis zum Stimmwechsel auf e herunter. Nach der Mutation liegt die Männerstimme bei ruhiger Unterhaltung zwischen E—G und e. Bei Mädchen bis zum 20. Jahre ist die untere Grenze g oder f, beim Deklamieren liegt die Mädchenstimme zwischen h bis g und $h^1$ bis $g^1$. Nach BARTH liegt die Höhe der Sprechstimme meist in den Tönen des C-Dur-Akkordes. Bei Männern sind die Noten c, g, $c^1$, bei Frauen $c^1$ und $g^1$ bevorzugt. Im wesentlichen war über diese Verhältnisse schon DIONYS VON HALIKARNASS orientiert.

Um die Zeit der Mannbarkeit erfolgt eine Veränderung der Stimme, der *Stimmbruch*. Beim Manne ändert sich die Höhenlage und Klangfarbe, bei der Frau die Klangfarbe. Besonders augenfällig sind die anatomischen Veränderungen des Kehlkopfes beim Manne. Sie sind von FOURNIÉ[11] laryngoskopisch untersucht. Die Stimmlippen sind gerötet infolge erhöhter Blutzufuhr. Die Veränderung des Inneren beim Wachstum vollzieht sich unter verschiedenen Bildern. Hier kann nicht darauf eingegangen werden. Die Stimme kann dabei rauh und heiser werden und zum Umkippen neigen; jedoch ist das nicht immer der Fall.

---

[1] GUTZMANN: Zitiert auf S. 1255.
[2] GARBINI: Zitiert nach NADOLECZNY auf S. 1300.
[3] ENGEL: Über den Stimmumfang mehrjähriger Kinder. Hamburg 1889.
[4] PAULSEN: Pflügers Arch. **61**, 407 (1895).
[5] VIERORDT: Physiologie des Kindesalters, S. 449. Tübingen 1881.
[6] TREITEL: Zbl. Physiol. **5**, 415 (1891).
[7] HIRSCHFELD: Zitiert nach NADOLECZNY auf S. 1300.
[8] PAULSEN: Pflügers Arch. **74**, 560 (1898).
[9] BARTH: Klang und Tonhöhe der Sprechstimme. 1906. Hier Literatur.
[10] GUTZMANN: Stimmbildung und Stimmpflege. Wiesbaden 1881.
[11] FOURNIÉ: Physiologie de la voix et de la parole, S. 542.

Wird das Individuum vor dem Eintritt der Pubertät der Geschlechtsdrüsen beraubt, so erfolgt der Stimmbruch nicht; die Stimme bleibt wegen des Ausbleibens des mächtigen Kehlkopfwachstums beim Manne auf Höhe und Umfang der Knabenstimme stehen. Bei der Frau hat die Kastration vor der Pubertätszeit einen weniger augenfälligen Einfluß. Die Stimmlage sinkt hier nur um eine Terz, während sie beim Manne um eine Oktave tiefer wird. Auch soll bei der Frau der Stimmbruch früher als beim Manne eintreten und schneller verlaufen. Über den zeitlichen Ablauf des Stimmwechsels beim männlichen Geschlecht hat PAULSEN[1] eine umfängliche Untersuchung angestellt und die Befunde für die Singstimme tabellarisch zusammengefaßt.

| Der Untersuchten | | Knabenstimmen | | Unfähig zu singen | Mannerstimme |
| --- | --- | --- | --- | --- | --- |
| Alter | Zahl | ohne Anzeichen der Mutation | unter dem Einflusse der Mutation | | |
| 12 | 254 | 251 = 98,8% | 3 = 1,2% | — | |
| 13 | 256 | 229 = 89,5% | 13 = 5,1% | 14 = 5,5% | |
| 14 | 291 | 196 = 67,4% | 29 = 10% | 66 = 22,7% | |
| 15 | 327 | 134 = 41 % | 40 = 12,2% | 131 = 40,1% | 22 = 6,7% |
| 16 | 217 | 10 = 4,6% | 49 = 22,6% | 47 = 21,7% | 111 = 51,2% |
| 17 | 212 | | 23 = 10,9% | 30 = 14,2% | 159 = 75 % |
| 18 | 167 | | 2 = 1,2% | 21 = 12,6% | 144 = 86,2% |
| 19 | 63 | | | 4 = 6,3% | 59 = 93,7% |

Die Tabelle lehrt, daß der Stimmbruch sich über eine Zeitspanne von acht Jahren verteilt. Vom 11. bis zum 20. Lebensjahre kommen die Erscheinungen der Mutation vor, nach dem 20. Jahre ist vielfach die Männerstimme erst ausgebildet. Es kommt vor, wenn auch nicht allzu häufig, daß Mutierende mit Männerstimme singen und mit Knabenstimme sprechen und umgekehrt.

Eine feste Beziehung zwischen den Stimmlagen vor und nach der Mutation besteht nach BARTH nicht, nach BERNSTEIN[2] müssen auf Grund der Vererbungsregeln Knabenstimmen aus Sopran in Männerstimmen im Baß, Mezzosopran in Bariton und Alt in Tenor übergehen.

Über das Verhältnis der Stimmlagen von Kindern und Erwachsenen haben BERNSTEIN und SCHLÄPER[3] an Natursängern ermittelt, daß Baß:Tenor sich wie Sopran:Alt wie 1:5 verhält. Die halbe Zahl der Baritonisten und auch der Mezzosopranisten soll gleich der Quadratwurzel aus dem Produkt der Zahl der Bässe und Tenöre bzw. Soprane und Alte sein. Diese Regel trifft auch innerhalb der Familien zu.

Es ist nun noch kurz auf die Mittel einzugehen, mit denen die Tonhöhe der Stimme eines und desselben Individuums abgestuft wird.

Es ist auffallend, daß mit zunehmender Tonhöhe bei Natursängern der Kehlkopf in die Höhe steigt. GRÜTZNER sieht darin einen zweckmäßigen Vorgang, da hierdurch die Wände des Windrohres, der Luftröhre wie des Ansatzrohres stärker gespannt werden und somit für die Resonanz günstigere Bedingungen geschaffen werden. Außerdem scheint ihm durch die Hebung des Kehlkopfes ein Vornüberbeugen des Schildknorpels und dadurch eine Anspannung der Stimmbänder bewirkt zu werden. GRÜTZNER nimmt deshalb an, daß die grobe Regulierung der Stimmbandspannung durch diesen Mechanismus bewirkt werde, die feinere Abstufung aber durch die intralaryngealen Muskeln.

Dagegen haben Versuche von FLATAU und GUTZMANN[4] gezeigt, daß der Kehlkopf beim Singen verschiedener Tonhöhen seine Stellung nicht wesentlich

---

[1] PAULSEN: Zitiert auf S. 1319.
[2] BERNSTEIN: Nachr. Ges. Wiss. Göttingen, Math.-physik. Kl. **1923**.
[3] BERNSTEIN u. SCHLÄPER: Sitzgsber. preuß. Akad. Wiss., Physik.-math. Kl. **5** (1922).
[4] FLATAU u. GUTZMANN: Arch. f. Laryng. **16**, 11 (1904).

ändert, vielmehr sich der Indifferenzlage nähert. Unter Indifferenzlage ist die Stellung zu verstehen, welche der Kehlkopf beim ruhigen Atmen einnimmt.

Für die Erzeugung verschiedener Tonhöhen stehen folgende Mittel zur Verfügung: 1. Änderung der Spannung der Stimmbänder, 2. Verkürzung der Stimmbänder, 3. Veränderung ihrer Dicke, 4. Verschmälerung und Verbreiterung der schwingenden Ränder, 5. Veränderung des Anblasedruckes. Auf die meisten dieser Momente ist bereits im vorigen Kapitel eingegangen worden, so daß wir hier uns mit dem Hinweise begnügen können.

Messungen liegen vor über die Länge der Stimmbänder bei verschieden hohen Tönen. MERKEL fand bei seinen Stimmbändern für Töne, die ihm bequem (um die Note f) lagen, eine Länge von $6^1/_2$ Linien. Ging er mit der Stimme abwärts bis F oder E, so betrug die Länge nur etwa 5 Linien. Ging er hinauf bis $f^1$, so verlängerten sich die Stimmbänder um etwa eine Linie. Analoge Beobachtungen hat ROSSBACH gemacht.

Wesentlich anders lauten die Angaben von GARCIA und von GRÜTZNER. Diese Beobachter geben an, daß bei ihnen selbst die Stimmbänder samt den Processus vocales bei den tiefen Tönen schwingen. Je mehr die Tonhöhe ansteigt, um so mehr legen sich die Stellknorpel zusammen, und zwar verkürzen sich die schwingenden Bänder um so mehr, je höher der Ton ansteigt. Dieselben Beobachtungen hat auch BATTAILLE[1] an Frau Seiler gemacht.

Demnach scheint es, daß der Kehlkopfmechanismus denselben Effekt auf verschiedene Weise erreichen kann. Es ist möglich, durch Verkürzung der Stimmlippen bei gleichzeitiger Entspannung die Tonhöhe herabzusetzen, und andererseits kann Verkürzung der Stimmlippen unter gleichzeitiger Spannungszunahme den Ton in die Höhe treiben. Die Verfolgung dieser Frage wäre von Interesse. Nach Untersuchungen von KATZENSTEIN[2] gibt es noch eine weitere Möglichkeit der Änderung der Tonhöhe. Wie bereits erwähnt, spannen sich infolge des Zusammenhanges der elastischen Fasern die falschen Stimmbänder gleichzeitig mit den wahren. Dabei wird der MORGAGNIsche Ventrikel flacher und kann bei starker Spannung ganz verschwinden. Durch dieses Auflagern der falschen Stimmbänder auf die wahren sollen die hohen Töne nach Art der Flageolettöne entstehen, dadurch daß die Stimmbänder nur mit einem Teil ihrer Breite schwingen.

## VIII. Der Klang der Stimme, die Stimmregister.

Siehe auch SOKOLOWSKY, *Einfluß von Änderungen der physiologischen Resonanzverhältnisse auf Stimme und Sprache*, S. 1360, sowie *Besondere Stimmarten*, S. 1366.

Betrachtungen über den Klang der Stimme haben sich nach 2 Richtungen zu bewegen. Erstens sind die Verschiedenheiten des Klanges der Stimme verschiedener Individuen zu untersuchen und weiter die Verschiedenheiten der Stimmklange in den Stimmregistern eines und desselben Individuums.

Über die Differenzen des Klanges der Stimme verschiedener Stimmgattungen liegen analytische Untersuchungen von BERNSTEIN[3] und INTRAU[4] vor, die durch Analyse der Stimmklangkurven Unterschiede im Intensitätsverhältnis der Partialtöne festzustellen suchten. Sie haben mit dem ROUSSELOTschen Sprachzeichner gearbeitet. Gesungen wurde der Vokal A auf die Note f. Abgesehen vom Formanten fanden sie bei Bassisten kein weiteres Verstärkungsmaximum, beim Bariton ein weiteres, beim Tenor zwei weitere Maxima, deren eines mit dem des Baritons übereinstimmte.

---

[1] BATTAILLE: Gaz. Sci. méd. Bordeaux **1868**, Nr 20.
[2] KATZENSTEIN: Passow-Schaefers Beitr. **3**, 291 (1909).
[3] BERNSTEIN: Nachr. Ges. Wiss. Göttingen, Math.-physik. Kl. **1923**.
[4] INTRAU: Experimentell statistische Singstimmenuntersuchung. Dissert. Göttingen 1924.

Von sehr wesentlicher Bedeutung für die Klangfarbe sind die äußeren Muskeln des Kehlkopfes. Sie sind imstande, das ganze Organ vor- und rückwärts sowie ab und auf zu bewegen. Durch die letztere Art der Bewegung wird das Windrohr, das ist die Trachea mit den Bronchien, verlängert und verkürzt und entsprechend das Ansatzrohr, die über dem Larynx liegenden Räume, verkürzt und verlängert. Beides ist von Einfluß auf die Funktion des Kehlkopfes. Von der Länge des Windrohres hängt das Ansprechen der Pfeife, von den Dimensionen des Ansatzrohres ihre Klangfarbe ab. Hierüber siehe S. 1329.

Die angeführten Bewegungen kommen bei der Phonation wirklich vor. Bei den meisten Sängern steigt und sinkt der Kehlkopf mit steigender und sinkender Tonhöhe in Stufen, die den Änderungen der Tonhöhe folgen. Zugleich mit dem Emporsteigen findet ein Nach-vorn-rücken des Larynx statt. Die Verhältnisse werden durch Abb. 447 erläutert.

Je besser geschult eine Stimme ist, um so kleiner sind die Bewegungen des Kehlkopfes, ja besonders bei tiefen Stimmen kann der Kehlkopf Bewegungen von entgegengesetztem Typus ausführen, also mit steigender Tonhöhe sinken. Hierfür gibt Abb. 448 einen Beweis.

Diese Umkehrung des Bewegungstypus ist mit der sog. gedeckten Singweise verbunden. Das Decken der Gesangstöne geschieht vor allem am Übergangsgebiet der Mittel- in die Kopfstimme. Die Klangfarbe der ungedeckten Töne ist in dieser Höhenlage grell, durch die geschilderte Änderung der Kehlkopfstellung werden die Töne weicher und dumpfer und verlieren den Eindruck des Gequälten. Das Decken erleichtert nach SCHILLING[1] auch die Erhaltung des Vokalcharakters. Es tritt bei U und I in tieferen Lagen ein als bei O und E und A (PIELKE[2]). Beim Decken tritt nach SCHILLINGs Röntgenaufnahmen der Kehlkopf nach vorn unten. Nach PIELKE und MUSEHOLD ist diese Lageänderung eine Folge der plötzlichen

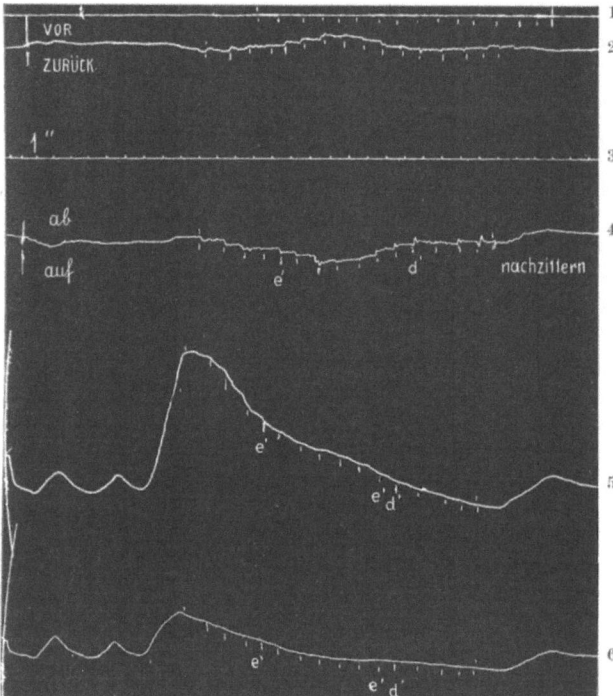

Abb. 447. Atem- und Kehlkopfbewegungen beim Auf- und Abwärtssummen der Tonleiter a–a¹ in einem Atem (Sopranistin).
1. Nasale Stimmkurve (aufgenommen mit der Kapsel eines Kehltonschreibers); 2. Horizontalbewegung des Kehlkopfs; 3. Zeitschreibung: 1 Sekunde; 4. Vertikalbewegung des Kehlkopfs; 5. Brustatmung. 6. Bauchatmung. Die laryngographische Kurve ist mit dem Apparat von ZWAARDEMAKER aufgenommen. Es bedeutet ein Ausschlag nach oben in der Horizontalkurve (2) eine Vorwärtsbewegung, in der Vertikalkurve (4) eine Abwärtsbewegung des Kehlkopfs; ein Ausschlag nach unten in der Horizontalkurve eine Rückwärtsbewegung, in der Vertikalkurve eine Aufwärtsbewegung des Kehlkopfs. Registerübergänge in der aufsteigenden Tonleiter bei e¹, in der absteigenden bei d¹.
(Aus NADOLECZNY: Untersuchungen über den Kunstgesang.)

verstärkten Aktion der äußeren Spannmuskeln vor allem der Cricothyreoidei. Die Stimmritzenform ist dabei die gleiche wie im Brustregister. Nach GUTZMANN und PIELKE ist im gedeckten Gesang der Grundton dominierend, im ungedeckten auch seine erste Oktave.

Etwas mehr wissen wir über die Verschiedenheiten der Stimmart bei einem und demselben Individuum. Man bezeichnet die verschiedenen Stimmen hier als Stimmregister.

Das Wort Register hat seine Bedeutung im Laufe der Zeiten geändert. Ursprünglich verstand man darunter den Stab — registrum — an der Orgel, durch dessen Herausziehen der Wind aus dem Blasebalg in die Windlade der Pfeifen gelangen kann. Später wurde dann der Name Register auf die Pfeifen selber übertragen. Da nun stets durch Ausziehen eines

---

[1] SCHILLING: Arch. exper. u. klin. Phonetik **1914**, 129.
[2] PIELKE: Beitr. Anat. usw. Ohr usw. **5**, 215–231 (1911).

Registers eine Anzahl von Pfeifen zum Tönen vorbereitet werden, die alle gleiche Klangfarbe haben, so ist die Bezeichnung Register eine Bezeichnung für die Klangfarbe geworden. In diesem Sinne wird es auch für die menschliche Stimme und die Stimmen der Tiere gebraucht. Man versteht also unter Stimmregistern die verschiedenen Klangfarben, die die Stimme ein und desselben Individuums annehmen kann.

Eine ausgezeichnete Definition des Begriffes Register gibt GARCIA: „Wir verstehen unter Register eine Reihe von aufeinanderfolgenden homogenen, von der Tiefe zur Höhe aufsteigenden Tönen, die durch die Entwicklung desselben mechanischen Prinzips hervorgerufen sind und deren Natur sich durchaus unterscheidet von einer Reihe von ebenfalls aufeinanderfolgenden homogenen Tönen, die durch ein anderes mechanisches Prinzip hervorgerufen sind. Alle demselben Register angehörigen Töne sind indessen von einerlei Natur, gleichviel welche Modifikationen sie hinsichtlich des Klanggepräges oder der Stärke erleiden können. Die Register decken einander in einem Teile ihres Gebietes, so daß die in einer gewissen Region vorhandenen Töne zu gleicher Zeit zwei verschiedenen Registern angehören können und daß die Stimme dieselben, sei es im Sprechen, sei es im Singen, angeben kann, ohne sie miteinander zu verwechseln."

GARCIA hat drei Register unterschieden, ein tiefes, ein mittleres und ein hohes. Das tiefe Register wird heute allgemein als Brustregister bezeichnet, abweichende Benennungen, wie Unterregister, Knorpelstimme, Vollregister, haben sich nicht eingebürgert. Das Mittelregister ist in seiner Bezeichnung ebenfalls viel umstritten, es scheint, daß die Bezeichnung Mittelstimme sich einzubürgern beginnt. Auch das hohe Register ist viel umstritten. Im allgemeinen wird es als Kopfstimme bezeichnet. (Man vgl. Abb. 449.)

Außer diesen im Kunstgesang vorkommenden Registern gibt es noch homogene Tonfolgen tieferer Lage und höherer Lage als die eben genannten; in der Tiefe das Stroh- oder Kehlbaßregister, das bis in die Kontraoktave hinabreicht, in der Höhe das Fistelregister beider Geschlechter und bei Frauen und Kindern das Flageolett- oder Pfeifregister, welches bei $d^3$, $e^3$, $f^3$ beginnt. Beim Manne findet es sich selten.

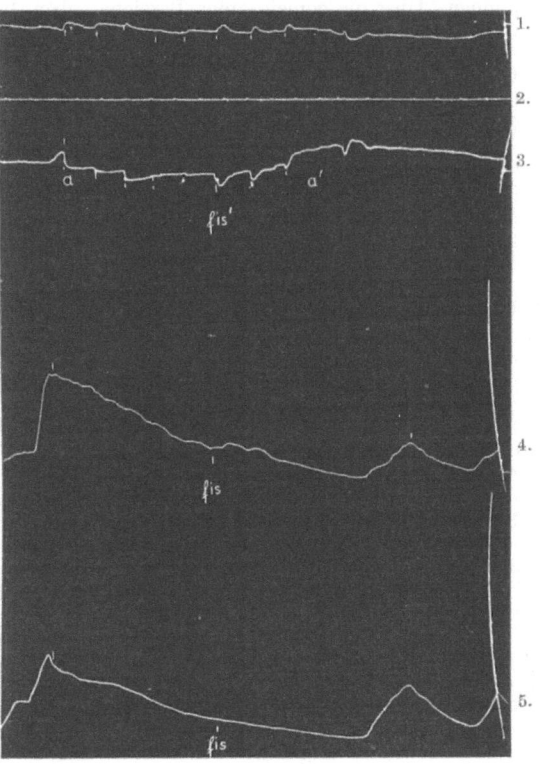

Abb. 448. Atem- und Kehlkopfbewegungen beim Aufwärtssingen der Tonleiter $a-a^1$ (Konzertsopran) mit gedeckter Klanggebung. Vokal o.
1. Horizontalbewegung des Kehlkopfs; 2. Zeitschreibung: 1 Sekunde; 3. Vertikalbewegung des Kehlkopfs; 4. Brustatmung; 5. Bauchatmung. Der Kehlkopf sinkt ab $fis^1$, Stutzbewegung an der Brustatmung an gleicher Stelle.
(Aus NADOLECZNY: Handb. der Hals-, Nasen- und Ohrenheilkunde 1.)

Das Strohbaß- und das Pfeifregister werden im allgemeinen im Kunstgesang nicht verwendet. Der Strohbaß hat einen orgelartigen Klang, er wird von russischen Kirchensängern angewandt, das Flageolett hin und wieder von Koloratursängerinnen in der höchsten Höhe gebraucht. Die Berechtigung der Abgrenzung der verschiedenen Register gegeneinander ist auch heute noch viel umstritten. Auf die ausgedehnte Literatur darüber kann hier nicht eingegangen werden.

Erwähnt sei nur, daß bei der Männerstimme nach vielen Autoren (SOKOLOWSKY[1] u. a.) physiologisch nur zwei Register nachweisbar sind, das Brust- und das Kopf- oder Fisteloder Falsetregister; wenigstens soll das gewöhnlich bei Natursängern so sein. Dagegen verfügt eine Reihe von Sängern — namentlich Kunstsänger und unter diesen wiederum vor-

---

[1] SOKOLOWSKY: Passow-Schaefers Beitr. **6**, 75 (1912).

nehmlich Tenöre — über einige Töne an der oberen Grenze ihres Brustregisters, deren Klangfarbe sich weder in das Brust- noch in das Kopfregister einreihen läßt. Eher ähneln sie der Bruststimme, nur daß ihnen das Volumen dieses Registers fehlt. Die Bezeichnung „Voix mixte" für diese wenigen Töne, die nur in den seltensten Fällen von Natur vorhanden sind und sonst durch Studien erlernt werden, erscheint durchaus angebracht.

Läßt man einen Sänger die Skala der ihm zur Verfügung stehenden Töne singen, so geht er bei einer bestimmten Tonhöhe in der Regel aus einem Register ins andere über. Es ist nun nicht etwa so zu verstehen, daß oberhalb der Grenze nur das Register höherer Tonlage ausschließlich verwendet werden könnte und unterhalb des Bruches das Register der tieferen Tonlage; vielmehr gibt es einen Tonbereich, in dem beide Register verwendet werden können. Über die gemeinsamen Bereiche geben die Intervalle in dem beistehenden Schema (Abb. 449) Auskunft.

Das Hauptgebrauchsregister der Frauen ist das Mittelregister, dieses hat etwa 1 Oktave Umfang. Bemerkenswert ist es, daß die Stelle der Registerbrüche fast immer dieselbe ist, gleichgültig, ob es sich um eine Alt- oder Sopranstimme handelt (vgl. hierzu die Ansicht NADOLECZNYS). Die Stellen der Brüche liegen mit geringen Abweichungen bei $e^1$ und $e^2$. SOKOLOWSKI fand z. B. in einer Versuchsreihe 23mal $e^1$, 9mal $dis^1$, 4mal $d^1$, 3mal $f^1$ für die Grenze zwischen Brust- und Mittelstimme; 22mal $e^2$, 11mal $dis^2$, 3mal $d^2$, 3mal $f^2$ für die Grenze zwischen Mittel- und Kopfstimme. Ähnlich ist es auch mit den Registern des Mannes. Das Schema der Abbildung zeigt diese Verhaltnisse deutlich. Beim Bassisten liegen die Registerbruchstellen um c und um $c^1$ oder $e^1$, beim Bariton um d und um $c^1$, meist um $e^1$ oder $f^1$, beim Tenor um d und um $c^1$, häufiger um $e^1$ und $f^1$.

Der Bruch zwischen der Kopfstimme und dem Flageolettregister der Frau liegt nach FLATAU bei $e^3$ oder $fis^3$.

Etwas von den obigen abweichende Resultate hat NADOLECZNY in Untersuchungen über die Registerbruchstellen an mehr als 100 Sängern gewonnen. Die Analyse wurde nach dem Gehör vorgenommen. Eine Tonleiter wurde durch zwei Oktaven hindurch leise aufwärts gesungen. Meist auf den Vokel A oder Ae. Er fand den Bruch zwischen Brust- und Mittelstimme bei Bassisten bei H—dis, meist bei c—d; bei Baritonsängern bei H—fis, meist bei d—e; bei Tenören bei dis—fis, meist bei e—f; bei Altstimmen bei $cis^1$—$fis^1$, meist bei $d^1$ bis $e^1$. Bei Mezzosopranen bei $dis^1$—$fis^1$, meist bei $d^1$—$f^1$; bei Sopranen bei $dis^1$—$g^1$, meist bei $g^1$—$f^1$. Der Bruch zwischen Mittel- und Kopfstimme lag beim Baß bei $c^1$—$dis^1$; beim Bariton zwischen $c^1$ und fis^1, meist bei $d^1$ und $e^1$; beim Tenor zwischen $dis^1$ und $fis^1$, meist bei $e^1$ und $fis^1$; beim Alt zwischen $d^2$ und $f^2$, meist bei $dis^2$ und $e^2$; beim Mezzosopran zwischen $dis^2$ und $f^2$; meist bei $dis^2$ und $e^2$; beim Sopran zwischen $dis^2$ und $fis^2$, meist bei $e^2$ und $f^2$. Zwischen Flageolettregister und Kopfstimme lag der Bruch verschieden, entweder bei $cis^3$ bis $d^3$ oder bei $dis^3$—$e^3$ oder bei $fis^3$—$g^3$.

Aus den Zusammenstellungen ergibt sich, daß die Registergrenzen nicht scharf sind; sie lassen sich willkürlich noch mehr verschieben, besonders können Männer leicht das Brustregister in die Höhe und Frauen das Mittelregister in die Tiefe ausdehnen. Auf Grund seiner Beobachtungen kommt NADOLECZNY zu dem Resultat, daß die Registergrenzen der Stimmlage entsprechen. In seinem Schema (Abb. 446) kommt das auch zum Ausdruck, wenn gleich auch danach gesagt werden muß, daß die Differenzen gering sind.

Zu den Kriterien für die Existenz verschiedener Register, wie sie eben in den Wahrnehmungen eines objektiven Beobachters dargelegt sind, kommen noch subjektive Merkmale der Sänger selber. Sie können, ohne in der Lage zu sein, präzise ihre Empfindungen zu definieren, nicht nur hören, sondern auch fühlen, in welchem Register sie singen. „Ich höre drei verschiedene Register und ich fühle sie auch stimmlich, trotzdem' meine Tonskala und die meiner ausgebildeten Schüler durchaus glatt und ohne jeden Druck erklingt", gibt A. LANKOW[1] an.

Objektiv haben sich Verschiedenheiten in den Vibrationen des Thorax, des Larynx und des Schädels bei den verschiedenen Registern ergeben[2]. H. STERN[3] fand die Thoraxvibrationen vom Brust- zum Kopfregister abnehmend. Die Vibrationen am Schädel dagegen waren im Brustregister geringer als im Mittel- und Kopfregister. Die entgegengesetzte Beobachtung machte ZIMMERMANN[4] für die Kopfresonanz. Diese Abweichung will STERN[5] dadurch erklärt wissen, daß ZIMMERMANN keine Kopftöne, sondern Fisteltöne beobachtet hätte. Nach FLATAU[6] liegt beim Flageolettregister der Frau ein starker Vibrationsbezirk am Hinterhaupt und Nacken. SCHULTZ hat beim Pfeifregister des Mannes keinerlei Vibrationen nachweisen können.

---

[1] LANKOW, A.: Zitiert nach NADOLECZNY: Handb. der Hals-, Ohren-, Nasenheilk. von DENKER u. KAHLER **1**, 646 (1925).
[2] ROSSBACH: Physiol. u. Pathol. der menschl. Stimme. Würzburg 1869.
[3] STERN, H.: Mschr. Ohrenheilk. **1911**, 374.     [4] ZIMMERMANN: Stimme **5**, 193 (1911).
[5] STERN: Mschr. Ohrenheilk. **46**, 337 (1912).     [6] FLATAU: Stimme (1914).

Der Klang der Stimme, die Stimmregister.

GIESSWEIN[1] hat bei Bassisten zwei Vibrationsmaxima feststellen können, das eine um A herum (108 Schwingungen), das zweite um a (216 Schwingungen). Das entspricht dem Eigenton des Luftraumes in den Bronchien. Hiermit stimmen Versuche von MARTINI[2] gut überein, der den Eigenton der Lunge bei Erwachsenen zwischen G und c fand (95—130 Schwingungen).

Eine weitere Frage ist, welche Differenzen in der Funktionsweise des Kehlkopfes bei den verschiedenen Registern nachzuweisen sind. Hierüber ergeben am Menschen Versuche von JÖRGEN MÖLLER und FISCHER[3] Aufschluß, die mittels Röntgenaufnahmen angestellt worden sind. Die Forscher haben gefunden, daß beim Übergange von der Bruststimme in die Falsettstimme die Distanz zwischen Ring- und Schildknorpel sich verringert. Sie betrug, gemessen vom unteren vorderen Rande des Schildknorpels zum oberen vorderen Rande des Ringknorpels bei ruhendem Kehlkopfe 14 mm; wurde mit Bruststimme die Note A gesungen, so ging der Abstand auf 8 mm, für a auf 6,5 mm herunter. Wurde die Note $e^1$ in Bruststimme angegeben, so betrug der Abstand 8,5, wenn $e^1$ in Falsettstimme gesungen wurde, nur 8 mm. Diese Beobachtungen weisen darauf hin, daß im Brust- wie im Falsettregister der Musculus cricothyreoideus sich kontrahiert, stärker aber ceteris paribus beim Falsetton. Dasselbe hat KATZENSTEIN[4] beobachtet.

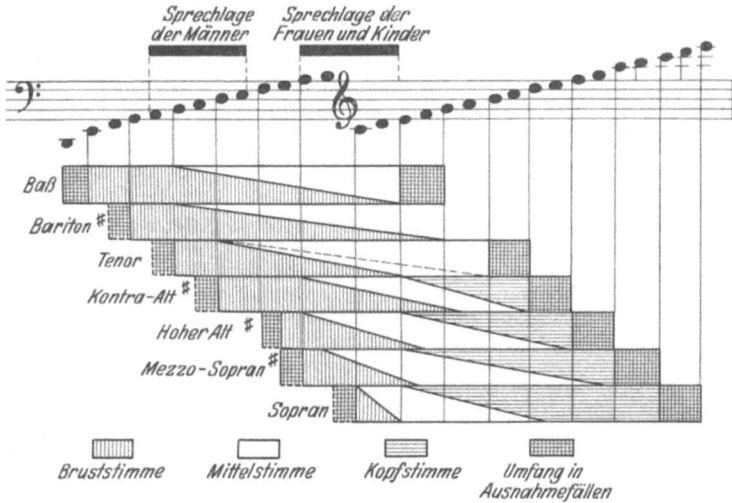

Abb. 449. Übersicht der Stimmarten und ihres Umfanges nach STOCKHAUSEN-SPIESS.

Von anatomischen Unterschieden zwischen Brust- und Fistelstimme sei angeführt, daß der Kehlkopf bei der Bruststimme der Natursänger tiefer steht als bei der Falsettstimme. Bei dieser ist er nach hinten oben gezogen. Beim Kunstsänger steht dagegen nach KATZENSTEIN der Kehlkopf im Falsett etwas unter der Indifferenzlage. Nach NADOLECZNY sind beim Natursänger die Kehlkopfbewegungen ausgiebiger als beim Kunstsänger. Am höchsten steht der Kehlkopf im Flageolettregister der Frau.

Sehr markant sind die Unterschiede in den Bewegungen der Stimmlippen bei den verschiedenen Registern. LEHFELDT[5] war der erste, welcher behauptet hat, daß im Brustregister die Stimmlippen in toto, bei der Falsettstimme nur ihre Ränder schwingen. In anderen älteren Beobachtungen von SEGOND[6], KILIAN[7] u. a. wird die Meinung vertreten, daß sich die Ränder der falschen Stimmbänder aneinanderlegen und durch ihre Schwingungen die Fistelstimme erzeugen. Nach MANDL und STOERK[8] legen sich beim Bilden der Kopfstimme die falschen Stimmbänder auf die wahren, so daß der schwingungsfähige Teil verkleinert wird. Auch nahm man an, daß durch diese Berührung parallel dem Rande der Stimmbänder Knotenlinien entstünden, die Töne analog den Flageolettönen entstehen lassen.

---

[1] GIESSWEIN: Verh. Ges. dtsch. Hals- usw. Ärzte Nürnberg **1921**, 87.
[2] MARTINI: Studien über Perkussion und Auskultation. München 1922.
[3] MÖLLER, JÖRGEN, u. FISCHER: Arch. f. Laryng. **15**.
[4] KATZENSTEIN: Passow-Schaefers Beitr. **4**, 271 (1910).
[5] LEHFELDT: Zitiert auf S. 1312.   [6] SEGOND: Arch. gén. méd. **1848/1849**.
[7] KILIAN: Pflügers Arch. **9**, 244 (1874).
[8] STOERK: Zitiert auf S. 1314.

OERTEL[1] zeigte aber, daß man diese Knotenlinien mit dem Kehlkopfspiegel sehen kann, daß also die Stimmbänder nicht bedeckt sein können.

Einen wesentlichen Fortschritt haben die stroboskopischen Beobachtungen von MUSEHOLD[2] gebracht, der zeigen konnte, daß im Fistelregister die Ränder der Stimmlippen stärker schwingen als im Brustregister, und daß sich im Gegensatz zum Brustregister die Glottis nicht vollkommen schließt. Über die Mittelstimme sind wir weniger sicher unterrichtet (KATZENSTEIN[3], TER KUILE[4]). Beim Pfeifregister konnte SCHULTZ[5] keine Vibrationen der Stimmlippen beobachten. Er nimmt deshalb an, daß der Kehlkopf hier wie eine Lippenpfeife wirke.

Man hat auch versucht, in Tierversuchen Aufschluß über die Funktion des Kehlkopfes bei den verschiedenen Registern zu erhalten. In Experimenten an Hunden konnten KATZENSTEIN und R. DU BOIS-REYMOND[6] zeigen, daß Reizung der Recurrentes Brusttöne erzeugte, wenn gleichzeitig der Kehlkopf angeblasen wurde. Gleichzeitige Reizung der Laryngei superiores erhöhte den Ton um eine Quart. Alleinige Reizung der Laryngei superiores dagegen erzeugte einen Ton, der dem „Miefen" der Hunde gleich war. Die Stimmlippen waren dabei in dorsoventraler Richtung gespannt, sie hatten am hinteren Ende einen Zwischenraum von 1,5 mm. Analoge Versuche konnten die beiden Autoren am ausgeschnittenen Kehlkopf machen. Längsspannung des Kehlkopfes erzeugte hohe miefende Töne, quere Zusammendrückung dagegen Brusttöne. Die falschen Stimmbänder legten sich beim „Miefen" auf die wahren. Dasselbe hat KATZENSTEIN[7] auch am Menschen bei der Produktion hoher Falsettöne gefunden. MARAGE[8] hat auch beim Menschen gefunden, daß beim Übergehen aus dem Brustregister in das Falsettregister die Musculi cricothyreoidei sich kontrahieren.

Nach den Versuchen scheint es also, als ob die „miefenden" Töne, die dem Falsett analog gesetzt werden, bei passiv gespannten Stimmbändern ertönen können, wenn gleichzeitig die ausgiebige Annäherung der Stimmlippen durch die Stimmlippenmuskeln selber aufgehoben ist.

Der Luftverbrauch ist bei den verschiedenen Stimmregistern sehr verschieden. Bei der Bruststimme ist er nach Messungen von GARCIA[9] etwa um ein Viertel geringer als bei der Falsettstimme. MERKEL hat ebenfalls gefunden, daß Töne, die sowohl mit Brust- als Falsettstimme gesungen werden können, weniger Luft verbrauchen, wenn sie mit Bruststimme gesungen werden. Hohe Falsettöne können nach ihm wesentlich länger ausgehalten werden, als Brusttöne. Dagegen hat neuerdings KATZENSTEIN[10] gefunden, daß bei Kunstsängern im Gegensatz zu Natursängern im ganzen Falsettbereich der Luftverbrauch geringer ist als bei der Bruststimme. Diese Angabe bestätigt NADOLECZNY[11], äußert aber das Bedenken, ob die Stimmstärke in beiden Registern wirklich gleich war. Über das Verhalten des subglottischen Druckes s. S. 1304.

Die Unterschiede im Klange der menschlichen Stimme müssen sich bei getreuer Aufzeichnung der Schallkurven der Stimme in Unterschieden dieser Kurven zeigen. DONDERS hat zuerst versucht, solche Unterschiede aufzufinden. Nach seinen Untersuchungen, wie nach den neueren KATZENSTEINs, nähern sich die Stimmklänge des Falsettes einfachen Tönen, während die Bruststimme viel reicher an Obertönen ist. Die Mittelstimme steht in der Mitte. In einer Untersuchung der Register der Frauenstimme mit Hilfe des Phonographen nach der HERMANNschen Methode hat SOKOLOWSKY[12] gefunden, daß für dieselben Töne ($e^1$, $fis^1$, $g^1$) die Bruststimme im Vergleich zur Mittelstimme reicher an Obertönen ist. Dagegen gleichen die Klänge der Mittelstimme nicht einfachen Sinusschwingungen, sondern sind reicher an Obertönen als die Kopfstimmen. Es scheint danach, daß von der Bruststimme über die Mittelstimme zur Falsettstimme die Obertöne mehr und mehr zurücktreten.

# IX. Die Genauigkeit der Stimme.

Eine der merkwürdigsten Eigenschaften des Stimmapparates ist die Genauigkeit, mit der man ihn einstellen kann. Über den Grad der Präzision, mit der eine

---

[1] OERTEL: Arch. f. Laryng. 3, 1 (1895).      [2] MUSEHOLD: Zitiert auf S. 1255.
[3] KATZENSTEIN: Passow-Schaefers Beitr. 4, 271 (1910).
[4] TER KUILE: Pflügers Arch. 153, 581 (1913).
[5] SCHULTZ: Arch. f. (Anat. u.) Physiol. 1902, Suppl. 323—332.
[6] KATZENSTEIN u. R. DU BOIS-REYMOND: Arch. f. Physiol. 1905, 551.
[7] KATZENSTEIN: Schaefer-Passows Beitr. 3, 291 (1909).
[8] MARAGE: C. r. Acad. Sci. Paris 148, 110 (1909).
[9] GARCIA: Gaz. méd. de Paris 9, 270 (1841).
[10] KATZENSTEIN: Passow-Schaefers Beitr. 4, 271 (1910).
[11] NADOLECZNY: Zitiert auf S. 1309.
[12] SOKOLOWSKY: Schaefer-Passows Beitr. 6, 75 (1912).

Die Genauigkeit der Stimme.

gegebene Klanghöhe durch die Stimme nachgeahmt wird, liegen einige Untersuchungen vor.

Der erste Forscher, der systematische Versuche darüber anstellte, wie genau ein gegebener Ton nachgesungen werden kann, war KLÜNDER[1].

Er bestimmte die Zahl der Schwebungen zwischen einem bekannten gegebenen und dem nachgesungenen Ton. Hierzu verwendete er eine KÖNIGsche Flamme mit 2 Ansatzröhren: in die eine wurde der Ton einer Orgelpfeife geleitet, in die zweite der nachgesungene Ton. Die Bestimmung der Differenzen der Schwingungszahlen geschah durch Auszählung der Schwebungen.

Auf diese Weise erhielt KLÜNDER im Mittel beim Singen

von c (128 Schwingungen) einen Fehler von 0,761 %
„ g (192      „           )   „      „      „  0,434 „
„ c¹(256      „           )   „      „      „  0,257 „

Die Prozentzahlen bedeuten die Größe der Abweichung auf 100 Schwingungen berechnet.

Später bediente sich KLÜNDER[2] einer graphischen Methode, indem er beide Töne, den gegebenen und den nachgesungenen, zu je einer Membran leitete und deren Schwingungen gleichzeitig auf eine rotierende Trommel aufzeichnete. Durch Vergleichung der beiden Schwingungskurven bestimmte er den Fehler. Er fand beim Nachsingen

von G ( 96 Schwingungen) einen Fehler von 0,342 %
„ c (128      „           )   „      „      „  0,364 „
„ g (192      „           )   „      „      „  0,323 „
„ c (256      „           )   „      „      „  0,230 „

Im Durchschnitt betrug der Fehler in den KLÜNDERschen Versuchen 0,357 %, d. h. auf je 100 Schwingungen eines Tones $1/3$ Schwingung.

Aus demselben Jahre stammt auch ein Verfahren von HENSEN[3] selbst. Er betrachtete eine angesungene KÖNIGsche Flamme in einem vertikalen Spiegel, der in der Horizontalen am Arm einer Stimmgabel oszillierte. Bei genauem Einklang des gesungenen und Stimmgabeltones sieht man im Spiegel ein ruhendes Flammenbild. Abweichungen des gesungenen Tones von dem der Stimmgabel dokumentierten sich in gesetzmäßigen Verzerrungen des Flammenbildes

Aus späterer Zeit gibt es ein Verfahren von v. GRÜTZNER[4], das eine Modifikation des HENSENschen ist. Er singt eine Membran an, die einen Spiegel trägt. Sonnenlicht fällt auf den Spiegel der Stimmgabel und den senkrecht zu diesem schwingenden Membranspiegel. Auf diese Weise entstehen auf einer Wand LISSAJOUsche Figuren, deren Form Aufschluß über die Töne des Nachsingens gibt. Das Festhalten einer Note gelingt besser, wenn man die Figur im Auge hat und besser auf den Vokal U als auf A.

Die letzten Untersuchungen über diesen Punkt hat SOKOLOWSKY[5] mit Hilfe einer von WEISS angegebenen Methode ausgeführt. Der Standardton wurde mit Hilfe eines Mikrophons dem EINTHOVENschen Saitengalvanometer, der nachgesungene dem WEISSschen Phonoskop zugeleitet. Die Versuche wurden an Berufssängern und -sängerinnen angestellt.

Über ihre Resultate gibt die folgende Tabelle Auskunft.

Tabelle 1.

|  | Orgelpfeifenton Schwingungen | Stimmton Schwingungen | Fehler Schwingungen | Fehler in Proz. | |
|---|---|---|---|---|---|
| 1. Frl. V. . . . . . | 288 | 287½ | ½ | 0,17 | zu tief |
| 2. Frl. O. a) . . . | 277 | 275½ | 1½ | 0,53 | zu tief |
| b) . . . | 296 | 295 | 1 | 0,33 | zu tief |
| 3. Frl. U. . . . . | 280 | 282¼ | 2¼ | 0,8 | zu hoch |
| 4. Frl. C. . . . . . | 288 | 288½ | ½ | 0,17 | zu hoch |
| 5. Herr M. . . . . | 208 | 207½ | ½ | 0,24 | zu tief |
| 6. Herr W. . . . . | 209 | 207½ | 1½ | 0,71 | zu tief |
| 7. Herr H. . . . . | 165 | 164 | 1 | 0,6 | zu tief |

[1] KLÜNDER: Ein Versuch, die Fehler zu bestimmen, welche der Kehlkopf beim Halten eines Tones macht. Inaug.-Dissert. Marburg 1872.
[2] KLÜNDER: Arch. f. Physiol. **1879**, 119.
[3] HENSEN: Arch. f. Physiol. **1879**, 155.
[4] v. GRÜTZNER: Zbl. f. Stimme und Tonbild **1907**, Sep.-Abdr., 13 S.
[5] SOKOLOWSKY: Passow-Schaefers Beitr. **5**, 204 (1911).

Die Betrachtung dieser Resultate gibt ein Bild von der außerordentlich großen Genauigkeit der Einstellung der Tonhöhe. Abstrahiert man noch davon die Fehler, die das Ohr in der Tonhöhenbeurteilung macht, so muß die Genauigkeit der Kehlkopfeinstellung als überraschend groß bezeichnet werden.

In den acht Kurven beträgt der größte Fehler 0,8% (Frl. U.), dagegen ist zweimal ein Fehler von nur 0,17% erreicht worden (1. Frl. V. und 4. Frl. C.).

Zweimal wurde zu hoch und sechsmal zu tief gesungen.

Weiter hat SOKOLOWSKY untersucht, wie groß die Genauigkeit des Singens von Intervallen zu einem gegebenen Ton ist. Hierbei zeigt sich die Genauigkeit als wesentlich geringer, wie die Tabelle 2 zeigt.

### Tabelle 2.

| Sänger | Grundton der Orgelpfeife | Schwingungszahl des Orgeltones | Schwingungszahl des Stimmtones | Schwingungszahl soll betragen | also Fehler | Fehler in Proz. | |
|---|---|---|---|---|---|---|---|
| 1. Frl. V. . . . | $e^1$ | 287 | $342^3/_4$ | 344,4 | 1,65 | 0,57 | zu tief |
| 2. Frl. V. . . . | $e^1$ | 290 | $349^1/_4$ | 348 | 1 | 0,43 | zu hoch |
| 3. Frl. C. . . . | $e^1$ | 288 | $349^1/_2$ | 345,6 | 3,9 | 1,35 | zu hoch |
| Große Terz (4:5): | | | | | | | |
| 1. Frl. O. . . . | $e^1$ | 304 | 375 | 380 | 5 | 1,64 | zu tief |
| 2. Frl. U. . . . | $e^1$ | 290 | 367 | $362^1/_2$ | $4^1/_2$ | 1,52 | zu hoch |
| 3. Herr M. . . | $c^1$ | $237^1/_4$ | $298^1/_2$ | $296^1/_2$ | 2 | 0,84 | zu hoch |
| 4. Herr W. . . | $c^1$ | 234 | $289^1/_2$ | $292^1/_2$ | 3 | 1,70 | zu tief |
| 5. Herr W. . . | $c^1$ | 234 | 288 | $292^1/_2$ | $4^1/_2$ | 1,92 | zu tief |
| 6. Herr H. . . | $c^1$ | 162 | 199 | $202^1/_2$ | $3^1/_2$ | 2,16 | zu tief |
| 7. Herr H. . . | $c^1$ | 167 | $207^1/_2$ | $208^3/_4$ | $1^1/_4$ | 0,74 | zu tief |
| Quarte (3:4): | | | | | | | |
| 1. Frl. V. . . . (obere Quarte) | $e^1$ | 257 | $341^1/_4$ | 342,6 | 1,35 | 0,52 | zu tief |
| 2. Herr M. . . (untere Quarte) | $c^1$ | 219 | $160^1/_2$ | $164^1/_4$ | $3^3/_4$ | 1,21 | zu tief |
| 3. Herr W. . . (untere Quarte) | $c^1$ | 234 | $172^1/_2$ | $175^1/_2$ | 3 | 1,28 | zu tief |
| 4. Herr W. . . (untere Quarte) | $c^1$ | 234 | 172 | $175^1/_2$ | $3^1/_2$ | 1,49 | zu tief |
| Quinte (2:3): | | | | | | | |
| 1. Frl. C. . . . | $e^1$ | 298 | $440^1/_2$ | 447 | $6^1/_2$ | 2,18 | zu tief |
| 2. Herr M. . . | $c^1$ | 195 | $290^3/_4$ | $292^1/_2$ | $1^3/_4$ | 0,89 | zu tief |
| 3. Herr H. . . | $c^1$ | 172 | $248^1/_2$ | 258 | $9^1/_2$ | 5,52 | zu tief |
| 4. Herr H. . . | $c^1$ | 165 | 239 | $247^1/_2$ | $7^1/_2$ | 4,54 | zu tief |
| Sexte (5:8): | | | | | | | |
| 1. Herr M. . . | $c^1$ | $227^3/_4$ | 140 | $142^1/_4$ | $2^1/_4$ | 0,98 | zu tief |
| 2. Herr W. . . | $c^1$ | 220 | $133^1/_4$ | $137^1/_2$ | $4^1/_4$ | 1,93 | zu tief |
| Oktave (1:2): | | | | | | | |
| 1. Frl. U. . . . (obere Oktave) | $e^1$ | 280 | $563^1/_2$ | 560 | $3^1/_2$ | 1,25 | zu hoch |
| 2. Frl. O. . . . (obere Oktave) | $e^1$ | 305 | 609 | 610 | 1 | 0,32 | zu tief |
| 3. Frl. C. . . . (obere Oktave) | $e^1$ | 291 | 587 | 582 | 5 | 1,71 | zu hoch |
| 4. Herr M. . . (untere Oktave) | $c^1$ | 229 | $112^1/_4$ | $114^1/_2$ | $2^1/_4$ | 0,98 | zu tief |
| 5. Herr W. . . (untere Oktave) | $c^1$ | 225 | 110 | $112^1/_2$ | $2^1/_2$ | 1,12 | zu tief |
| 6. Herr H. . . (obere Oktave) (Falsett) | $c^1$ | 171 | $339^1/_4$ | 342 | $2^3/_4$ | 1,60 | zu tief |

bei der kleinen Terz im Mittel einen Fehler von . . . . . . . . 0,783%
„ „ großen Terz einen mittleren Fehler von . . . . . . . . . 1,502„
„ „ Quarte einen mittleren Fehler von . . . . . . . . . . 1,25 „
„ „ Quinte  „   „   „   „   . . . . . . . . . . 3,282„
„ „ Sexte  „   „   „   „   . . . . . . . . . . 1,005„
„ „ Oktave „   „   „   „   . . . . . . . . . . 1,163„

SOKOLOWSKY meint, daß die große Diskrepanz zwischen dem Unisonosingen und dem Intervallsingen zum Teil auch darin seinen Grund hat, daß die Sänger ihre Studien am temperiert gestimmten Klavier machen. Dieses Moment hat zuerst HELMHOLTZ erwähnt, der das temperierte Klavier für die Unreinheit des Kunstgesanges verantwortlich macht. Wird z. B. einem Sänger als Begleitung ein Dur-Akkord angegeben, so bleibt es seiner Stimme überlassen, je nachdem sie sich mit der Quarte oder der Quinte oder der Terz dieses Akkordes in Einklang setzt, um fast ein Fünftel eines Halbtones „herumzuirren", ohne gerade die Harmonie besonders zu verlassen. Kombinieren sich nun die Fehler, die der Sänger durch die Art seines Studiums am temperierten Klavier zu machen gewohnt ist, mit denen, die in der Schwierigkeit überhaupt liegen, ganz reine Intervalle zu singen, und die ja naturgemäß nach Maßgabe des musikalischen Gehörs individuell verschieden ist, so erscheint die erhebliche Differenz zwischen den Unisono- und den Intervallkurven verständlicher.

Analoge Versuche haben auch KERPPOLA und WALLE[1] angestellt. Sie fanden folgende Fehler:

Proz. Abweichung
beim Grundton . . . . . . . . . . . . . . 0,3—1,3
bei der kleinen Terz . . . . . . . . . . . 1,2—1,8
„ „ großen „ . . . . . . . . . . 0,4—2,0
„ „ Quarte . . . . . . . . . . . . . 0,6—1,3
„ „ Quinte . . . . . . . . . . . . . 0,1—2,7
„ „ Sexte . . . . . . . . . . . . . . 1,1—2,1
„ „ Oktave . . . . . . . . . . . . . 0,1—2,0

Die Resultate stimmen mit den SOKOLOWSKYS befriedigend überein.

Untersuchungen über die Genauigkeit des Nachsingens von KROCK[2] und SCHÖN[3] haben prinzipiell Neues nicht ergeben.

Für die Frage nach der Genauigkeit, mit der die Einstellung des Kehlkopfes auf Tonhöhen geschieht, sind die Intervallversuche nicht ohne weiteres zu verwenden. Sie geben nur Zeugnis davon, wie genau der Sänger ein Intervall zu schätzen vermag. Die Größe der Fehler, die beim Singen dieses geschätzten Tones gemacht werden, ist durch die erste Versuchsreihe gegeben. Strenggenommen gehört also diese Frage gar nicht hierher.

# X. Bildung der Sprachlaute.

Unter normalen Verhältnissen wird der Schall, den die Schwingungen der Stimmlippen erzeugen, das Ansatzrohr der Pfeife — in diesem Falle Pharynx, Mund- und Nasenhöhle — passieren müssen. Somit ist die Möglichkeit gegeben, daß der Kehlkopfschall durch das Ansatzrohr verändert wird. Diese Möglichkeit ist von JOHANNES MÜLLER[4] geprüft worden. Er hat, wie oben bereits geschildert, einen menschlichen Kehlkopf angeblasen, bei dem die MORGAGNIschen Ventrikel die falschen Stimmbänder und der Kehldeckel entfernt worden waren. Der Schall, welcher dabei entstand, kam „den Tönen der menschlichen Stimme sehr nahe", in seiner Klangfarbe unterschied er sich nicht von dem Schall, der entsteht, wenn die eben erwähnten Teile erhalten sind. Im allgemeinen fand er die Phonation künstlich angeblasener weiblicher Kehlköpfe höher.

Das Ansatzrohr hatte in MÜLLERS Versuchen auf die Tonhöhe des Kehlkopfschalles keinen Einfluß, wohl aber auf die Klangfarbe. Dieser Einfluß ist es, welcher die Stimme zur Sprache werden läßt, er wird im folgenden zu behandeln sein.

---

[1] KERPPOLA u. WALLE: Skand. Arch. Physiol. (Berl. u. Lpz.) **33**, 1 (1925).
[2] KROCK: Psychol. Magaz. **31**, 102 (1922).
[3] SCHÖN: Psychol. Magaz. **31**, 230 (1922).
[4] MÜLLER, JOHANNES: Handb. d. Physiol. d. Menschen **2 I**, 184ff. Koblenz 1837.

Eine gewissen Einfluß des Ansatzrohres auf die Tonhöhe hat MÜLLER insofern beobachtet, als durch Herabdrücken des Kehldeckels der Ton etwas vertieft wurde. Der Grund hierfür ist vermutlich derselbe, der für die Vertiefung eines auf m gesummten Tones wirkt, wenn ein Nasenloch zugehalten wird (SPIESS[1]). BUKOFZER[2] hat gezeigt, daß die Abnahme des Winddruckgefälles infolge der Verengerung der Ausflußöffnung die Ursache für die Vertiefung ist.

MÜLLERS Bestrebungen, den reinen Schall des Kehlkopfes zu untersuchen, sind später von KATZENSTEIN[3] wieder aufgenommen worden. Auch er arbeitete an Leichenkehlköpfen und suchte den Einfluß des natürlichen Ansatzrohres dadurch auszuschalten, daß er ein starres Rohr bis etwas oberhalb der Stimmlippen einführte. Der Autor kommt auf Grund graphischer Versuche zu der Annahme, daß der Schall im Brustregister eine reine Sinusschwingung darstelle, daß aber bei den Falsettönen „ein leises Mitschwingen der Oktave statthabe".

Nunmehr erhebt sich die Frage, auf welche Weise durch den Einfluß des Ansatzrohres der Stimmklang in den Sprachlaut verwandelt wird; denn es unterliegt keinem Zweifel, daß dem Ansatzrohr diese Aufgabe zufällt. Schon JOHANNES MÜLLER hat zeigen können, daß ein Leichenkopf, in der Art wie es Abb. 450 zeigt, hergerichtet, Sprachlaute zu erzeugen vermag, die den im Leben erzeugten vollkommen gleichen.

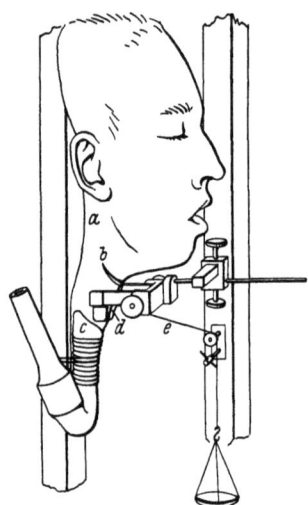

Abb. 450.
(Aus GUTZMANN: Physiol. d. Stimme und Sprache.)

Eine kurze anatomische Beschreibung des Ansatzrohres und ein kurzer Überblick über die Sprachlaute, die es zu bilden vermag, wird der Betrachtung seiner physikalischen Wirkung vorauszuschicken sein. Wie die Abb. 451 zeigt, hat die Atemluft zwei Wege, auf denen sie aus dem Kehlkopf ins Freie gelangen kann: Einmal durch den Mund, und zweitens durch die Nase. Diese beiden Wege können entweder gleichzeitig gangbar sein, oder einer von den beiden kann verschlossen werden, während der andere wegsam bleibt. Den Regulator der Richtung des Luftstromes bilden Gaumensegel und Lippen. Das Gaumensegel vermag die Nasenöffnung zu verschließen. Die Lippen versperren den Mund. Wenn der Luftstrom ausschließlich durch den Mund passieren soll, so wird das Gaumensegel gehoben und rechtwinklig geknickt, wie es die Abbildung zeigt. Hierdurch wird der Nasenrachenraum luftdicht verschlossen. Die Muskeln, welche diesen Verschluß erzeugen, sind nach PASSAVANT[4] der Levator palati und der Constrictor pharyngis superior. Durch deren gleichzeitige Wirkung tritt der horizontal gehobene Teil des Gaumensegels etwa 5 mm oberhalb seines freien Randes in Berührung mit dem vortretenden Wulst der hinteren Schlundwand (PASSAVANTscher Wulst). Und damit ist der Verschluß gegeben. Diese Bewegung des Gaumensegels ist von GUTZMANN[5] an Menschen mit reseziertem Oberkiefer gesehen worden und im Modell festgehalten. SCHEIER[6] hat die PASSAVANTschen Angaben in Röntgenstudien bestätigt. Die Kraft des Verschlusses ist beträchtlich, sie kann bis zu 100 mm Hg betragen (BIEBENDT[7]). Bei gehobenem Gaumensegel

---

[1] SPIESS: Internat. Zbl. Laryng. Febr. 1902.
[2] BUKOFZER: Arch. Ohrenheilk. **61**, 104—115 (1904).
[3] KATZENSTEIN: Passow-Schaefers Beitr. **3**, 291 (1909).
[4] PASSAVANT: Zitiert auf S. 1263 u. 1333.
[5] GUTZMANN: Zitiert nach GUTZMANN auf S. 1255.
[6] SCHEIER: Zitiert auf S. 1263.
[7] BIEBENDT: Über die Kraft des Gaumensegelverschlusses. Inaug.-Dissert. 1908.

besteht das Ansatzrohr aus dem Raum über dem Larynx, der Mundrachenhöhle und der Mundhöhle. Fast alle Teile haben muskulöse Wände, deren Muskeln in Aktion oder Erschlaffung die Räume verengern, erweitern oder in ihrer Form ändern können. Vor allem kommen folgende Abteilungen in Betracht: 1. Kehldeckel und Hinterwand des Rachens, 2. Zungengrund und Hinterwand des Rachens, 3. Zunge und weicher Gaumen, 4. Zunge und harter Gaumen, 5. Zunge und Zähne, 6. Ober- und Unterkieferzähne, 7. Ober- und Unterlippen, 8. Lippen und Zähne. Wir werden im folgenden sehen, daß bei der Bildung der Sprachlaute alle diese Möglichkeiten verwirklicht sind.

Wenn die Mundhöhle vorn geschlossen ist und das Gaumensegel herabhängt, so geht der Luftstrom an der hinteren Rachenwand durch die Nasenhöhle ins Freie. Das Ansatzrohr besteht nunmehr aus dem Raum über dem Kehlkopf, der geschlossenen Mundhöhle, dem Nasenrachenraum und der Nasenhöhle. Die Weite dieser Räume ist 1. unveränderlich in der Nasenhöhle, 2. veränderlich zwischen Kehldeckel und Hinterwand des Rachens, 3. veränderlich zwischen Zunge und Gaumensegel bis zum Verschluß, 4. veränderlich zwischen Zunge und hartem Gaumen, ebenfalls bis zum Verschluß.

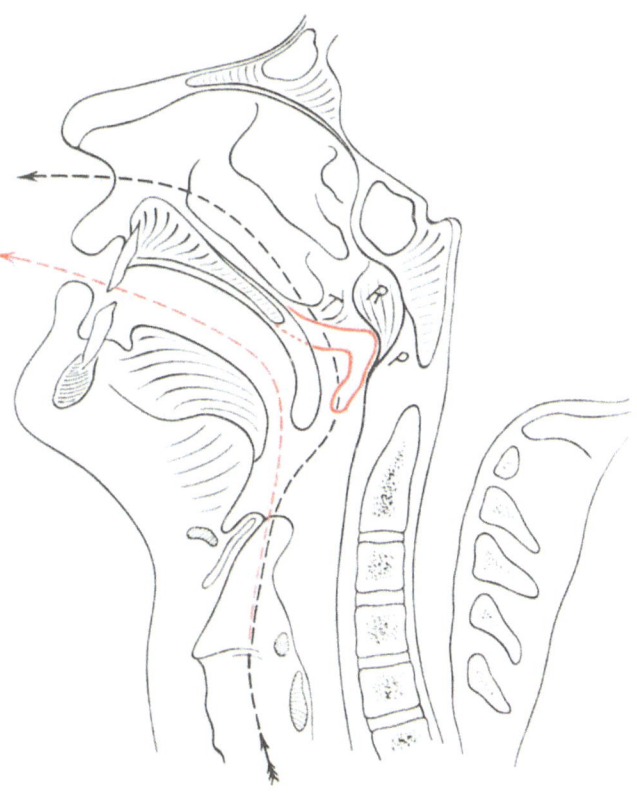

Abb. 451. Halbschematischer Sagittalschnitt. (Aus NADOLECZNY: Handb. der Hals-, Nasen-, Ohrenheilkunde 1.)
Das Gaumensegel (schwarz) in Respirationsstellung und (rot) in Phonationsstellung. Rot: der Phonationsweg, schwarz: der Respirationsweg. P PASSAVANTscher Wulst. R Rachentonsille. T Tubenlippe.

Wenn beide Wege offen sind, so ergeben sich durch Muskelaktionen zahllose Möglichkeiten der Gestaltänderung aller genannten Räume. Es leuchtet ein, daß dadurch die Form des Ansatzrohres vielseitigster Variation befähigt ist und daß das Ansatzrohr, wenn wir es mit GIESSWEIN[1] als weichwandigen, sich gabelnden Schalltrichter auffassen, dessen Wände streckenweise veränderliche resonatorenähnliche Hohlräume bilden, daß dann die Resonanzverhältnisse ebenso variabel sein müssen wie die Form der Resonatoren. Die hierdurch gegebenen Phonationsmöglichkeiten müssen nahezu unbegrenzt sein, und in der Tat gibt es kaum eine Schallqualität, die das menschliche Sprachorgan nachzuahmen nicht imstande wäre.

---

[1] GIESSWEIN: Zitiert auf S. 1325.

Durch Muskelwirkung nicht veränderlich in ihrer Form sind außer der Nasenhöhle selber ihre Nebenhöhlen. Diese spielen nach GIESSWEIN für die Sprache keine Rolle.

Dagegen gibt BILANCIONI[1] an, daß sie bei Tieren resonatorische Bedeutung haben.

Vor der Untersuchung, auf welche Weise der Stimmschall im Ansatzrohr in Sprachlaute umgewandelt wird oder wie der Luftstrom ohne Stimmschall Sprachlaute erzeugt, wird es nötig sein, einen kurzen Überblick über die Sprachlaute zu geben.

## Sprachlaute.

Bei Menschen und Tieren dient die Sprache dazu, vom Individuum Mitteilungen an seine Umgebung gelangen zu lassen. Alle Säugetiere, die überhaupt einer Lautgebung fähig sind, bedienen sich ihrer, um sich mit ihresgleichen oder mit anderen zu verständigen. Der Zweck dieser Verständigung kann sehr verschieden sein. Lockrufe, Bittrufe, Warnrufe, Schreckrufe stehen zahlreichen Säugetieren zur Verfügung, so daß wir mit Recht von einer Tiersprache reden können. Am weitesten entwickelt ist aber die Fähigkeit, zu sprechen, beim Menschen. Hier ist die Lautgebung auch am häufigsten und gründlichsten untersucht worden. Mit der menschlichen Sprache beschäftigt sich daher die folgende Darstellung. Über die Lautgebungen der Tiere verweise ich auf meine Darstellung im Handbuche der vergleichenden Physiologie.

## Einteilung der Sprachlaute.

Die menschliche Sprache setzt sich aus einer Reihe von Lauten zusammen, die sowohl nach ihrem Klange, als auch nach der Art, wie sie von den sprachbildenden Vorrichtungen erzeugt werden, verschieden sind. Zu einer Gruppierung der Sprachlaute könnte man daher gelangen, indem man die akustischen Unterschiede der einzelnen Laute zum Ausgangspunkt macht, oder indem man die Art der Entstehung der Einteilung zugrunde legt. Eine Einteilung nach dem ersten Prinzip hat man nicht gewählt, wohl hauptsächlich deshalb, weil die akustischen Differenzen einer großen Reihe von Sprachlauten nicht prägnant genug sind, um als Grundlage für eine Einteilung dienen zu können. Ich folge deshalb dem Vorgange der Phonetiker und teile die Sprachlaute nach der Art ihrer Entstehung ein.

Es ergibt sich die Einteilung in zwei große Gruppen in Laute, die mit Stimmklang, und solche, die ohne Stimmklang erzeugt werden.

## 1. Vokale.

Wir beginnen mit der ersten Hauptgruppe der Stimmlaute, den Vokalen. Als Haupttypen dieser kann man A, I, U hinstellen, wenn man den Eindruck, den die Vokalklänge auf unser Ohr machen, in den Vordergrund stellt. Man bringt dies nach dem Schema von LEPSIUS[2] in folgender Form zur Darstellung. Durch die Anordnung in Form eines Dreieckes

---

[1] BILANCIONI: Stomatologia **1925**, 9.
[2] LEPSIUS: Das allgemeine linguistische Alphabat. Berlin 1855 — Standard-Alphabet. London u. Berlin 1863.

soll gesagt werden, daß zwischen den Lauten Übergänge möglich sind. Diese Übergänge hat F. H. DU BOIS-REYMOND[1] folgendermaßen in das Schema eingeordnet:

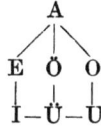

### a) Entstehung der Vokale.

Ein anderes Einteilungsprinzip ist das nach der Genese der Vokale. Für die Entstehung eines jeden Vokales nimmt der stimmgebende Apparat eine ganz bestimmte Form an. Das war bereits VAN KEMPELEN bekannt. Die Vokale A, O, U erhält man der Reihe nach, wenn man beim Phonieren die Zunge auf dem Boden der Mundhöhle festhält und die zuerst weit geöffneten Kiefer allmählich nähert. Läßt man die Kiefer geöffnet und hebt nun die Zunge von hinten her an den harten Gaumen heran, so werden beim Phonieren der Reihe nach die Vokale A, E, I erzeugt.

*Form des Ansatzrohres.* Näher untersucht sind diese Mundstellungen bei den Vokalen von BRÜCKE[2], SCHUH[3], MERKEL[4], CZERMAK[5], PASSAVANT[6], GRÜTZNER[7], später mit Hilfe der Röntgenphotographie von BARTH und GRUNMACH[8], namentlich mit großer technischer Vollkommenheit von SCHEIER[9]. Von diesem Autor sind auch die Stellungen des Kehlkopfes für die verschiedenen Vokale untersucht, was vorher bereits EIJKMAN[10] getan hatte.

Die Untersuchungen haben folgendes ergeben:

### α) Die Grundpfeiler des Vokalsystems A U I.

*Vokal A.* Bei der Erzeugung des Vokales A hat die Mundhöhle die Gestalt eines nach vorn sich erweiternden Trichters. Die Zunge liegt am Boden der Mundhöhle, der mittlere Teil des Zungenrückens ist mäßig gehoben, es können auch die seitlichen Zungenteile stärker gehoben sein als der Rücken, die Lippen sind weit geöffnet. Das Zungenbein steht wie in der Ruhe, der Kehlkopf ist etwas gehoben. Das Gaumensegel ist gehoben, erreicht aber nicht die Höhe der Ebene des harten Gaumens. Während es im Ruhezustande schlaff herunterhängt, bogenförmig gewölbt ist und gegen den harten Gaumen einen Winkel bildet, ist es jetzt durch die Wirkung des Levator veli palatini nach vorn geknickt. Dadurch zerfällt es in einen oberen, der Horizontalen sich nähernden Teil, und einen unteren, mehr senkrechten. Der horizontale Teil legt sich mit seiner hinteren Fläche an die hintere Rachenwand an, während der vertikale nicht so weit herantritt, sondern schräg nach vorn herabhängt, so daß zwischen unterem Gaumensegelrand und Rachenwand ein Zwischenraum bleibt. Die Anlagerungsstelle des Segels an der Rachenwand liegt gegenüber der tiefen Einbuchtung, die man an der

---

[1] DU BOIS-REYMOND, F. H.: Kadmus oder allgemeine Alphabetik. Berlin 1862.
[2] BRÜCKE: Grundzüge der Physiologie und Systematik der Sprachlaute. Wien 1856.
[3] SCHUH: Wien. med. Wschr. **1858**, Nr 3.
[4] MERKEL: Zitiert auf S. 1255.
[5] CZERMAK: Sitzgsber. Akad. Wiss. Wien, Math.-naturwiss. Kl., 3. Abt. **24**, 4 (1857); **28**, 575 (1858).
[6] PASSAVANT: Über die Verschließung des Schlundes beim Sprechen. Frankfurt a. M. 1863 — Virchows Arch. **46**, 1 (1869).
[7] GRÜTZNER: Zitiert auf S. 1255.
[8] BARTH u. GRUNMACH: Arch. f. (Anat. u.) Physiol. **1907**, 372 — Arch. f. Laryng. **19** (1907).
[9] SCHEIER: Arch. f. Laryng. **22**, 175 (1909).
[10] EIJKMAN: Fortschr. Röntgenstr. **7** — Ondersoek. Physiol. Lab. Utrecht 5 Reeks **2**. 202 (1905).

vorderen Fläche des Gaumensegels etwas oberhalb der Basis der Uvula sieht. Analoge Beobachtungen über die Lage des Gaumensegels hat auch GUTZMANN[1] gemacht.

*Vokal U.* Die Mundhöhle hat beim U die Gestalt einer geräumigen Flasche mit kurzem engem Halse, der nach vorn gelegen ist. Die Lippen sind vorgeschoben, in Falten gelegt

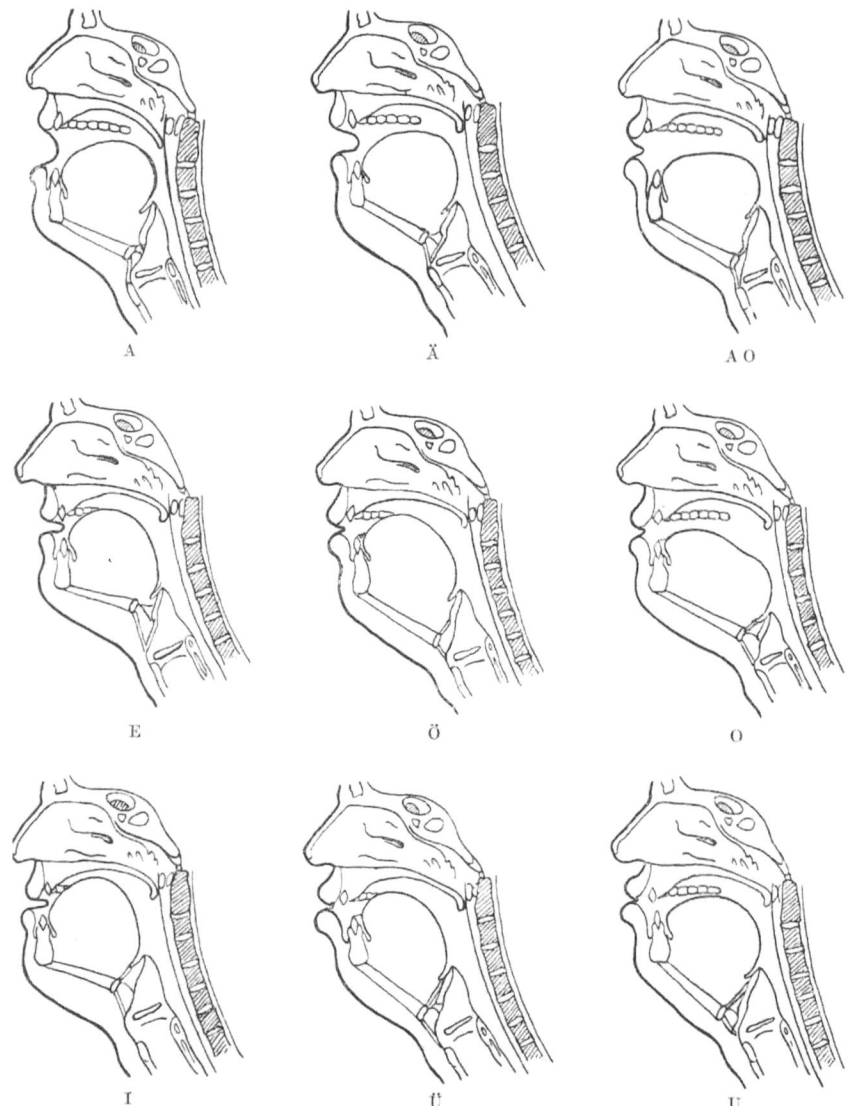

Abb. 452. Die Form des Ansatzrohres bei den verschiedenen Vokalen (schematisch).
(Aus BARTH: Physiologie, Pathologie und Hygiene der menschlichen Stimme.)

und bis auf eine kleine Öffnung geschlossen. Die Masse des Zungenfleisches ist über dem Zungenrücken zusammengezogen und liegt im weichen Gaumen ziemlich nahe an, der vordere Teil der Zunge ist niedergedrückt. Der Kehlkopf steht von allen Vokalen beim U am tiefsten; daher ist das Ansatzrohr hier am längsten. Das Gaumensegel steht wesentlich höher als beim Vokal A.

---

[1] GUTZMANN: Zitiert nach SCHEIER auf S. 1333.

*Vokal I.* Bei I hat die Mundhöhle die Form einer bauchigen Flasche mit sehr langem Halse, der nach vorn gelegen ist. Die größte Masse des Zungenfleisches ist in der Mitte zusammengezogen und in Form eines großen Wulstes dem harten Gaumen stark genähert. Die Lippen sind zurückgezogen und die Mundhöhle vorn durch die Zähne begrenzt. Der Kehlkopf ist beim I von allen Vokalen am stärksten gehoben, das Ansatzrohr daher am kürzesten. Das Gaumensegel steht noch höher als bei U und erreicht damit den höchsten Stand für alle Vokale, indem es weit über der Horizontalen steht.

### β) Die übrigen Vokale.

*Vokal O.* Die Form der Mundhöhle ist ähnlich wie beim U. Indem die Lippen dichter an die Zähne herantreten, wird der Hals der Flasche kürzer und weiter als beim U. Der Kehlkopf steht etwas höher als beim U, daher ist das Ansatzrohr etwas kürzer. Der Wulst des Zungenrückens steht weiter vom weichen Gaumen ab als bei U; das Gaumensegel ist etwas weniger gehoben als beim U.

*Vokal E.* Der Vokal E gleicht dem I, nur daß der Zungenwulst dem harten Gaumen nicht so stark genähert, der Hals der Flasche also weiter ist. Der Kehlkopf steht höher als bei A, aber tiefer als bei I. Das Gaumensegel steht höher als bei A, aber tiefer als bei O.

*Umlaut Ü.* Bei Ü steht der Kehlkopf etwas tiefer als bei I. Die Mundhöhle zerfällt in zwei Räume, einen hinteren, den Kehlraum (Brücke), und einen vorderen, den Mundhöhlenraum. Der Kehlraum ist kleiner als bei I und größer als bei E. Der vordere Mundhöhlenraum ist eng, er wird durch die zugespitzten Lippen verengert.

*Umlaut Ä.* Der Kehlraum hat bei Ä etwa dieselbe Weite wie bei E. Die Verengerung zwischen der vorderen Hälfte der Zunge und dem harten Gaumen ist etwas geringer als bei E.

*Umlaut Ö.* Der Kehlraum ist bei Ö kleiner als bei Ä. Er geht nach vorn in eine mäßig weite Spalte über, die zwischen dem harten Gaumengewölbe und dem medialen Teil der Zunge gelegen ist. Sie wird die vorgestülpten Lippen verlängern. Die Entfernung zwischen Zungenrücken und weichem Gaumen ist kleiner als bei Ä.

Die Dimensionen des Kehlraumes, d. h. des Raumes zwischen Zungenwurzel, hinterer Rachenwand, Kehlkopf und Gaumensegel, sind von SCHEIER[1] nach Tiefe und Höhe gemessen worden. Eine Messung der Breitendimension ist an den Röntgenbildern nicht möglich.

Die größte Weite des Kehlraumes, von vorn nach hinten gemessen in der Höhe der Epiglottis etwas unterhalb ihres oberen Randes, betrug bei zwei Versuchspersonen, einer männlichen a und einer weiblichen b, für:

|   | a | b |
|---|---|---|
| A | 10 mm | 4 mm |
| U | 40 „ | 20 „ |
| I | 48 „ | 22 „ |
| O | 11 „ | 14 „ |
| E | 17 „ | 11 „ |
| Ü | 32 „ | — |
| Ä | 14 „ | — |
| Ö | — | 14 „ |

Der Kehlraum ist also bei A am engsten, nimmt zu bei O, E, U und ist bei I am weitesten. SCHEIER konnte die von GRUNMACH[2] angegebenen Unterschiede in der Weite des Kehlraumes, der bei geschulten Sängern weiter sein sollte, nicht bestätigen.

Außer den Vokalen und Umlauten hat SCHEIER die Form der Mundhöhle und des Kehlraumes von den nasalierten Vokalen beim französischen On untersucht. Es hat sich gezeigt, daß das Gaumensegel dabei nahezu in seiner Ruhelage verharrt, höchstens mäßig gehoben wird, so daß also der Nasenrachenraum weit und offen ist und mit dem Kehlkopf in Verbindung steht. Ähnlich steht das Gaumensegel bei den Resonanten M, N, Ng.

### b) Wesen des Vokalklanges.

Die verschiedene Form und Größe der Länge des Ansatzrohres bei den verschiedenen Vokalen ist deshalb einer so eingehenden Behandlung unterzogen worden, weil sie die Grundlage bildet für das Verständnis des Wesens der Vokale. Es ist klar, daß die Dimensionen des Ansatzrohres die Höhe seines Eigentones bestimmen müssen. Daß für das Wesen des Vokales ein Ton von bestimmter

---

[1] SCHEIER: Zitiert auf S. 1333.
[2] GRUNMACH: Zitiert auf S. 1333.

Höhe eine Bedeutung haben müsse, ist eine Meinung, die schon in den ersten Studien über das Wesen der Vokale auftaucht.

Schon im Jahre 1619 hat REYHER[1] diese Töne, die in den Vokalen stecken, gehört. Seine Vokaltonleiter legt Zeugnis davon ab.

Auch HELLWAG[2] hat analoge Beobachtungen gemacht: Si vocales secundum scalam naturalem ... successive pronuncientur, etiam ordo susurrorum cum ordine tonorum in scala musica mire concordabit ita ut U respondeat tono gravissimo, A medio, I acutissimo: U, O, Å, A, Ä, E, I. Dieselbe Erkenntnis hatte auch VAN KEMPELEN: „Mir scheint, wenn ich verschiedene Selbstlaute auch in dem nämlichen Ton ausspreche, so haben sie doch so etwas an sich, das mein Ohr täuscht und mich glauben läßt, als liege eine Melodie darin, die doch, wie ich sehr wohl weiß, durch nichts anderes als die Veränderung der Töne in höhere oder tiefere hervorgebracht werden kann. Wenn ich eine Reihe derselben, in einem gewissen, von meinem Maßstabe des Zungenkanals hergeholten Verhältnisse auf die nämliche Linie des Notenpapieres setze und sie alle in einer und der nämlichen Höhe oder Tiefe ausspreche, so scheinen sie mir doch immer eine Art von Gesang auszumachen, oder wenigstens werde ich wider Willen verleitet, diejenigen Buchstaben, welche nach dem Maßstabe eine größere Öffnung haben, tiefer, und die, welche eine minder große Öffnung haben, höher anzustimmen."

Die beistehende Notenlinie gibt den Versuch VAN KEMPELENS wieder.

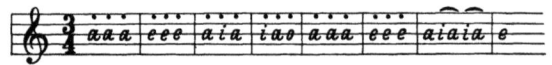

Abb. 453. (Aus GRUTZNER: Hermanns Handb. der Physiol. 2. Teil.)

Die genannten Autoren haben aber in den Vokalen nicht nur Töne von bestimmter Höhe gehört, sondern bereits versucht, aus dieser Erkenntnis heraus die Vokale künstlich nachzubilden. Hierzu bedienen sich VAN KEMPELEN sowohl wie KRATZENSTEIN[3] einer Zungenpfeife, der sie für die verschiedenen Vokale Ansatzrohre für die verschiedenen Dimensionen geben. Es weisen diese Beobachtungen und zahlreiche spätere darauf hin, daß die akustischen Eigenschaften des Ansatzrohres für die Bildung des Vokales von entscheidender Bedeutung sind.

Entscheidende Auskunft über diese Frage geben Untersuchungen von WILLIS[4], der gesetzmäßige Beziehungen zwischen den akustischen Eigenschaften des Ansatzrohres und des Vokales aufdeckte. Er bedient sich einer Pfeife mit durchschlagender Zunge, auf die er zylindrische Ansatzrohre von verschiedener Länge aufsetzt. Er findet, daß eine kurze Röhre den Zungenklang zum I macht. Mit der Verlängerung der Röhre wird der Vokalklang zu E, A, O, U. Daß die Eigentöne der Ansatzröhren höher sein müssen als der Zungenklang, wenn der Vokalcharakter zustande kommen soll, ist eine wichtige Beobachtung, die WILLIS bei diesen Versuchen gemacht hat, auf die wir später noch zurückkommen werden. Die Versuche sind von BRÜCKE[5] bestätigt worden.

WILLIS findet für die einzelnen Vokale die in folgender Tabelle angegebenen Töne des Ansatzrohres.

---

[1] REYHER: Matheris mosoica. Kiel 1619.
[2] HELLWAG: Dissertatio physiologo-medica de formatione loquelae. Tübingen 1780.
[3] KRATZENSTEIN: Observations sur la physique dédiées à Mgr. le comte d'Artois et Paris. 1782.
[4] WILLIS: Ann. Physik **24**, 100 (1832).
[5] BRÜCKE: Grundzüge der Physiologie und Systematik der Sprachlaute. Wien 1856.

| Vokal | Wie im englischen Worte | Eigenton des Ansatzrohres | |
|---|---|---|---|
| I . . . . . . . | see | $g^5$ | 6336 Schwingungen |
| E . . . . . . . | pet | $c^5$ | 4224 ,, |
| E . . . . . . . | pay | $d^4$ | 2376 ,, |
| A . . . . . . . | paa | $f^3$ | 1408 ,, |
| A . . . . . . . | past | $des^2$ | 559 ,, |
| Å . . . . . . . | paw | $g^2$ | 792 ,, |
| Å . . . . . . . | nought | $es^2$ | 627 ,, |
| O . . . . . . . | no | $c^2$ | 528 ,, |
| U . . . . . . . | | unbestimmt | |

## c) Entstehung der geflüsterten Vokale.

*Subjektive Analyse.* Nach diesen Betrachtungen wenden wir uns zu den Untersuchungen, die am menschlichen Stimmapparat im Anschluß an die bahnbrechenden Beobachtungen von WILLIS angestellt worden sind. DONDERS[1] war der erste, welcher die Eigentöne des Ansatzrohres des menschlichen Kehlkopfes bestimmt hat, indem er den Stimmklang des Kehlkopfes durch Flüstern der Vokale ausschaltete.

Die Mundhöhle wird beim Flüstern wie eine Orgelpfeife angeblasen, die nicht den vollen Ton gibt. Dadurch tritt nur dieselbe Verstärkung des Luftgeräusches ein wie bei einer Pfeife, die wegen falscher Stellung der Lippe oder mangelnder Stärke des Luftstromes nicht anspricht.

DONDERS hat für die verschiedenen Vokale aus dem Geräusch des Flüsterns verschiedene Tonhöhen herausgehört, die in der folgenden Tabelle wiedergegeben sind.

Die dominierenden Töne haben nach DONDERS' Beobachtungen bei Kindern, Frauen und Männern dieselbe Höhe. Wie GRÜTZNER[2] später gezeigt hat, kann man sich von der Richtigkeit dieser DONDERSschen Angabe leicht überzeugen, wenn man den Mund auf einen Vokal, z. B. A, einstellt, und versucht, flüsternd in die Höhe zu singen. Es ist unmöglich, das zu tun, ohne gleich darauf den Vokalcharakter zu ändern. Höchstens bei U gelingt es, einige Töne in die Höhe zu gehen, ohne daß sich der Vokalcharakter[3] ändert. Dieselbe Beobachtung hat GRABOW[4] gemacht.

HELMHOLTZ[5] hat die Beobachtungen von DONDERS wiederholt und außerdem die Eigentöne der Mundhöhle bei den verschiedenen Vokalen dadurch bestimmt, daß er die Mundhöhle nach dem Vorgange von WHEATSTONE[6] als Resonator benutzte, der einen Stimmgabelton verstärkt, oder endlich, indem er die Mundtöne in Pfeiftöne überführte. Auch seine Resultate finden sich in der Tabelle.

Wie HELMHOLTZ gefunden hat, gibt es auch Vokale, bei denen zwei Mundhöhlentöne nachweisbar sind. Wie im vorhergehenden auseinandergesetzt ist, hat die Mundhöhle bei E, I, Ö, Ü die Form einer Flasche, deren Hals nach vorn gelegen ist. Nach HELMHOLTZ findet man bei Resonanzräumen, welche die Form einer Flasche mit engem Hals haben, leicht zwei Eigentöne, von denen der eine angesehen werden kann als Eigenton des Bauches, der andere als solcher des Halses der Flasche. In Übereinstimmung hiermit hat HELMHOLTZ für die genannten Vokale und Umlaute zwei Mundhöhlentöne gefunden. Sie sind in der vorstehenden Tabelle aufgeführt worden. HELMHOLTZ gibt außerdem eine Übersicht in der folgenden Notenskala (Abb. 454).

---

[1] DONDERS: Arch. f. d. holländ. Beitr. z. Natur- u. Heilkunde **1**, 157 (1857).
[2] GRÜTZNER: Zitiert auf S. 1255.
[3] Nach HELMHOLTZ läßt die Klangfarbe des U Schwankungen des Eigentones in der Breite fast einer Oktave zu.
[4] GRABOW: Die Musik in der deutschen Sprache. Leipzig 1879.
[5] HELMHOLTZ: Lehre von den Tonempfindungen. Braunschweig 1863.
[6] WHEATSTONE: The London and Westminster Review **1837**, 27.

R. König[1] hat durch einen starken Luftstrom die Mundhöhle bei den Vokalstellungen angeblasen und so die Tonhöhe der charakteristischen Vokaltöne bestimmt.

Mit seinen Ergebnissen stimmen Beobachtungen von Rousselot[2] überein, die mit dem Stimmgabelverfahren angestellt sind.

Weitere analoge Untersuchungen können hier nicht näher erörtert werden. An ihnen sind vorwiegend beteiligt: Lloyd[3], Hensen[4], ferner Auerbach[5], welcher die Töne des Ansatzrohres dadurch zu bestimmen suchte, daß er den Schildknorpel perkutierte, nachdem er der Mundhöhle die entsprechenden Vokalstellungen gegeben hatte.

Nach zwei verschiedenen Methoden hat Abraham[6] die charakteristischen Töne der Mundhöhle für ihre verschiedenen Vokalstellungen zu ermitteln versucht. Einmal hat er verschiedene Gegenden des Kopfes beklopft (Stirn- und Scheitelbein, Wange, Mundöffnung, der ein Plessimeter vorgehalten wurde). Für jeden Vokal konnte er auf diese Weise charakteristische Tonhöhen ermitteln, die an allen beklopften Teilen gleiche Höhe hatten. Ferner hat er die Mundhöhle angeblasen und hierbei Töne erzeugt, welche mit den perkutierten übereinstimmten.

Abb. 454. Eigentöne der Mundhöhle für verschiedene Vokale.
(Aus Helmholtz: Tonempfindungen.)

Anblaseversuche gleich denen Abrahams hatte schon vor ihm Gutzmann[7] angestellt, indem er mittels einer Pfeife die Mundhöhle anblies. Vermöge der Interferenzmethode, die von Grützner und Sauberschwarz[8] zuerst für die Vokalanalyse angewendet wurde, haben Stumpf[9] und später Garten[10] die charakteristischen Töne zu ermitteln versucht.

Alle diese Versuche haben als gemeinsames Resultat ergeben, daß bei jeder Vokalstellung ein oder mehrere charakteristische Töne durch Erregung des Ansatzrohres zu erzeugen sind. Im einzelnen weichen die Angaben der Autoren über die charakteristische Tonhöhe jeder Vokalstellung voneinander ab. An der fundamentalen Tatsache, daß der Eigenton des Ansatzrohres für jeden Vokal in einem oder mehreren charakteristischen Höhenbereichen liegt, ändern diese Abweichungen aber nichts.

Die vorhergehenden Betrachtungen machen keinen Anspruch darauf, die vorliegende Literatur über die Ermittlung der Eigentöne der Mundhöhle erschöpfend wiederzugeben, hierüber muß auf das Kapitel Analyse der Sprachlaute verwiesen werden. Ganz übergangen werden konnten die obigen Versuche in meiner Darstellung nicht, ohne daß darunter das Verständnis der folgenden Ausführungen gelitten hätte. Ebensowenig kann vermieden werden, auf die Resultate der physikalischen Analyse des Klanges gesungener und geflüsterter Vokale ganz kurz hinzuweisen und ebenso auf die Versuche, Vokale künstlich darzustellen.

---

[1] König, R.: C. r. Acad. Sci. Paris **25**, 4 (1870).
[2] Rousselot: C. r. Acad. Sci. Paris **137**, 40 (1903).
[3] Lloyd: Some researches into the nature of vowel-sound. Thesis. London 1890 — Phonetische Studien **3**, 251; **4**, 37, 183, 275, 189.
[4] Hensen: Siehe auch Pipping: Z. f. franz. Sprache u. Literatur **15**, 157 (1894). — Lloyd: Ebenda **15**, 201 (1894).
[5] Auerbach: Ann. Physik, N. F. **3**, 152 (1878). [6] Abraham: Z. Psychol. **74**, 220 (1916).
[7] Gutzmann: Verh. d. Ver. Dtsch. Laryngol. **1911**, 476.
[8] Grützner u. Sauberschwarz: Pflügers Arch. **61**, 1 (1895).
[9] Stumpf: Sitzgsber. preuß. Akad. Wiss., Physik.-math. Kl. **17**, 333 (1918).
[10] Garten und Garten u. Kleinknecht: Abh. math.-physik. Kl. sächs. Akad. Wiss. **38**, Nr 7, 8, 9 (1921).

Geflüsterte Vokale sind graphisch registriert worden von O. Weiss[1] mit dem Seifenlamellenphonoskop. Die Kurven tragen den Charakter von Geräuschkurven; ihre Geräuschnatur zeigt sich einmal in der Unregelmäßigkeit der Gruppierung der Schwingungen und in dem Wechseln der Amplitudenhöhen. Wie die beigegebenen Kurven vom Vokal A und Vokal I zeigen, treten die Schwingungen (Abb. 455 und 456) in Gruppen auf,

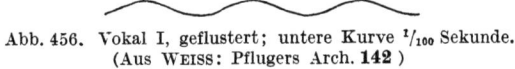

Abb. 455. Vokal A, geflüstert; untere Kurve $^1/_{100}$ Sekunde. (Aus Weiss: Pflugers Arch. **142**.)

die durch schwingungsfreie Intervalle getrennt sein können. Außerdem zeigt sich innerhalb der Gruppen von Schwingungen, daß die Amplituden keine konstante Höhe haben, sondern anschwellen und wieder abschwellen.

Auch von Garten[2] sind mit seinem Schallschreiber geflüsterte Vokale aufgenommen worden, und zwar A und I. Für A hat er Werte von 1000 bzw. 981 Schwingungen erhalten, für I im Mittel 2897 Schwingungen.

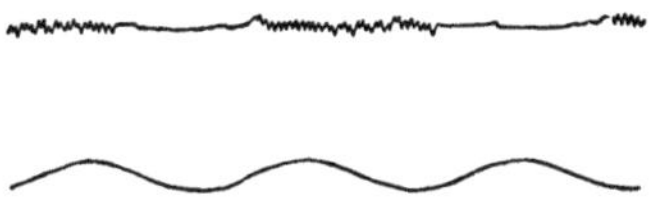

Abb. 456. Vokal I, geflüstert; untere Kurve $^1/_{100}$ Sekunde. (Aus Weiss: Pflugers Arch. **142**)

Die Ergebnisse der Bestimmungen der charakteristischen Töne für die Vokale, soweit sie durch Beobachtungen der geflüsterten Vokale gewonnen worden sind, sind in der nebenstehenden Tabelle vergleichend zusammengestellt.

Wie man sieht, stimmen die von Helmholtz beobachteten Werte mit den durch objektive Registrierung gewonnenen am besten überein.

Die Ursachen für die Differenzen der subjektiven Bestimmungen liegen nach Helmholtz darin, daß man sich bei der Vergleichung von Tönen mit solchen anderer Klangfarbe leicht in der Oktave irrt.

Aus den bisher beschriebenen Versuchen geht hervor, daß für jeden Vokal das Ansatzrohr des Kehlkopfes eine ganz bestimmte Form hat, und daß es dementsprechend auf eine bestimmte Tonhöhe,

| | | | | | | Beobachter | | | | | | | |
|---|---|---|---|---|---|---|---|---|---|---|---|---|---|
| | Donders | | Helmholtz | | König | | Hensen | | Auerbach | | Weiss | | Garten | |
| Vokal | Tonhöhe | Schwingung | Tonhöhe | Schwingung | Tonhöhe | Schwingung | Tonhöhe | Schwingung | Tonhöhe | Schwingung | Tonhöhe | Schwingung | Tonhöhe | Schwingung |
| U | $f^1$ | 352 | $f(f^1)$ | 176 (352) | b | 235 | $f^1$ | 352 | $f_1$ | 352 | $g^1$–$d^2$ | 450 | | |
| O | $d^1$ | 297 | $b^1$ | 470 | $b^1$ | 470 | $c^2$–$d^2$ | 550 | $a_1$ | 440 | $cis^2$–$f^2$ | 610 | | |
| A | $b^1$ | 470 | $b^2$ | 940 | $b^2$ | 940 | $a^2$–$d^2$ | 968—1088 | $f_2$ | 704 | $f^2$–$gis^2$ | 760 | $h^2$ | 981 |
| Ö | $g$ | 198 | $cis^3$ | 1119 | | | | | $gis$–$a^1$ | | | | | |
| Ü | $a^1$ | 440 | $g^3$–$as^3$ | 1584—1676 | $b^3$ | 1881 | | | $e^1$–$f_1$ | | | | | |
| E | $cis^3$ | 1119 | $b^3$ | 1881 | | | | | $g^1$–$a^1$ | 396–440 | $cis^4$–$e^4$ | 2500 | | |
| Ä | | | $f^3$–$as^3$ | 1584—1676 | | | | | $c^1$–$d^2$ | | | | | |
| I | $f^4$ | 1408 | $d^4$ | 2376 | $b^4$ | 3762 | | | $f^1$ | 352 | $dis^4$–$gis^4$ | 2900 | $fis^4$ | 2897 |

---

[1] Weiss, O.: Zbl. Physiol. **21**, Nr 19 (1907) — Pflügers Arch. **142**, 567 (1911).
[2] Garten: Zitiert auf S. 1338.

bei E, I, Ä, Ö, Ü auf zwei verschiedene Tonhöhen, abgestimmt ist. Diese charakteristischen Töne hat HERMANN[1] als die Formanten des Vokales bezeichnet.

### d) Entstehung von Vokalen mit Stimmklang.

In guter Übereinstimmung mit diesen Befunden stehen die zahllosen Analysen der Kurven von Vokalen, die mit Stimme erzeugt wurden. Auch hier haben sich für jeden Vokal charakteristische Formanten ergeben. Da es in der Natur der mathematischen Analyse liegt, daß sie nur Schwingungen ergibt, welche zum Grundton harmonisch sind, so offenbaren sich bei den Analysen die Formanten als charakteristische Tonbereiche, deren Lage in der Tonskala unabhängig von der Höhe des Grundtones ist. Hierüber s. S. 1387.

Nunmehr ist die Frage zu untersuchen, auf welche Weise der Luftstrom des Larynx den Vokal erzeugt. Hierfür gibt es zwei verschiedene Vorstellungen: die Resonanztheorie von HELMHOLTZ[2] und die Anblasetheorie[3] von L. HERMANN[4]. Die Resonanztheorie nimmt an, daß der Vokalklang durch eine erzwungene Eigenschwingung des Ansatzrohres im Rhythmus der Periode des Stimmklanges gegeben ist, die Anblasetheorie dagegen läßt ihn durch kontinuierliche Einwirkung des Luftstromes entstehen, welche erst durch den beeinflußten Raum des Ansatzrohres in eine von seinen Eigenschaften abhängige Periodik verwandelt wird.

Zur Entscheidung zwischen diesen beiden Theorien ist viel Scharfsinn aufgewendet worden. Vor allem hat man versucht, aus der Analyse von Vokalkurven und aus Versuchen, durch Synthese künstliche Vokale zu erzeugen, Klarheit zu gewinnen.

Aus den letzteren Versuchen über die Erzeugung künstlicher Vokale geht hervor, daß jede Erzeugung desselben Schwingungsvorganges, der in einer korrekt aufgezeichneten Vokalkurve wiedergegeben ist, für das Ohr den Charakter des Vokales ergibt. Das zeigt sich auch in den Registrierungen künstlicher Vokalklänge, die ähnliche Kurven ergeben wie die natürlichen (HERMANN). Die Reproduktionen der Vokale bieten so zwar eine sehr wertvolle Kontrolle für die Treue, mit der die Kurven aufgezeichnet worden sind. Dagegen genügt das Material der Synthesen der Vokale nicht, um die Frage zu entscheiden, ob die Vokale durch resonatorische Verstärkung eines Partialtones des Stimmklanges oder durch Anblasen der Mundhöhle entstehen. Denn sowohl HELMHOLTZ hat, von seiner Theorie ausgehend, schöne künstliche Vokale erzeugen können, und die Versuche HERMANNS, die vom Standpunkte der Anblasetheorie entstanden, sind nicht minder erfolgreich gewesen. Alle diese Versuche stützen wirksam die Annahme, daß der Vokalcharakter bedingt ist durch einen für jeden Vokal charakteristischen Ton von gegebenem Lagebereich in der Skala, den Formanten. Aber alle Analysen und Synthesen genügen zu einer Entscheidung zwischen den beiden Theorien nicht. Es ist das auch nicht verwunderlich; denn jede synthetische Vorrichtung, welche denjenigen Schwingungsvorgang zu erzeugen gestattet, der den Vokal liefert, ergibt einen Klang von Vokalcharakter; die mathematische Analyse der Kurve dieses Klanges nach FOURIER ergibt aber nur harmonische Partialtöne. Man kann eben aus den Klangkurven nicht feststellen, wie sie entstanden sind. Die wesentlichsten Bedenken, welche der HELMHOLTZschen Resonanztheorie entgegenstehen, hat HERMANN, dem wir folgen, zusammengestellt.

---

[1] HERMANN: Phonophotogr. Unters. Pflügers Arch. **45**, 582 (1889); **47**, 42, 347 (1890); **53**, 1 (1892); **58**, 255 (1894).
[2] HELMHOLTZ: Zitiert auf S. 1337.
[3] Ebenso gemeint ist wohl die Pufftheorie von SCRIPTURE.
[4] HERMANN: Pflügers Arch. **141**, 1—62 (1911).

„1. In den Kurven des Vokales I, auf eine Baßnote gesungen, sieht man die Schwingungen des Formanten, der hier etwa bei $d^4-g^4$ liegt, in ungemein kräftigen Zacken. Diese Note entspricht dem 21. bis 29. Partialton. Wenn der Kehlkopf für sich einen Klang liefert wie irgendein musikalisches Instrument, so kann dieser Klang einen Partialton von so hoher Ordnungszahl nicht in merklicher Vertretung regelmäßig enthalten. Was aber nicht vorhanden ist, kann auch nicht verstärkt werden. Dieser Einwand genügt schon allein, um die Theorie umzustoßen.

2. Wenn die Verstärkungstheorie begründet ist, so muß jeder Vokal auf bestimmte Noten auf bestimmten kurze Notenstrecken ganz besonders vollkommen produziert werden. Diese Konsequenz der Theorie ist denn auch von HELMHOLTZ in der ersten Ausgabe seines Werkes ausdrücklich gezogen worden, und als Bestätigung führt er eine Anzahl Beobachtungen an. In der vierten Auflage von 1877 dagegen ist die betreffende Stelle vollständig weggelassen, offenbar weil HELMHOLTZ sich unterdessen von ihrer Unhaltbarkeit überzeugt hatte. In der Tat ist, wenn ein Sänger oder eine Sängerin einen Vokal die Tonleiter hindurch singt, nicht das mindeste davon zu merken, daß der Vokal auf gewisse Noten besser oder anders klingt als sonst.

3. Zur Beseitigung der großen Schwierigkeit für die Verstärkungstheorie, daß jeder Vokal gleich gut auf jede Stimmnote produziert werden kann, ist es schwer, einen Weg zu finden. Der Gedanke, daß etwa die Mundhöhle der Kehlkopfnote insofern Rechnung trägt, als sie sich auf einen Partialton der letzteren einstellt, würde an sich noch weniger unmöglich erscheinen, als der v. WESENDONK ausgesprochene entgegengesetzte, daß der Kehlkopf je nach dem Vokal seine Schwingungsform ändern könne. Es bleibt daher für die Verstärkungstheorie nichts anderes übrig als die Annahme, daß der Mundresonator gleich gut angesprochen werde, möge er mit einem Partialton des Stimmklanges übereinstimmen oder in beliebigem Abstande zwischen zwei solche fallen. Der bei dieser Ansicht den Resonatoren zuzuschreibende Dämpfungsgrad müßte sehr groß sein, höher, als nach allen bisherigen Messungen anzunehmen ist.

4. Die Anhänger der Verstärkungstheorie erklären das schwebungsartige Aussehen der Vokalkurven, namentlich für A, daraus, daß der Mundresonator zwei ihm naheliegende Partialtöne des Stimmklanges verstärkt; hiergegen läßt sich nichts Wesentliches einwenden. Aber hierdurch wird offenbar dem Mundresonator eine sehr feste Stimmung zugeschrieben, und es ist ja auch zweifellos, daß er bei aller unbeschadet des Vokalklanges erlaubten und wirklich vorkommenden Variationsbreite im gegebenen Augenblick eine ganz bestimmte Stimmung haben muß. Dann muß es doch zweifellos sehr oft vorkommen, daß dieser Resonator zufällig genau mit einem Partialton des Stimmklanges übereinstimmt; in solchen Fällen müßte die Vokalkurve im wesentlichen zu einer Kurve des Mundtones werden; denn seine Amplitude müßte ganz außerordentlich über alle anderen übrigen Partialtonamplituden hinausragen. Solche Kurven sind niemals vorgekommen. Auch dieser Umstand genügt allein, um die Verstärkungstheorie als gänzlich unhaltbar zu erweisen.

5. Die Kurven vieler Vokale, auf tiefe Noten, z. B. c, gesungen, zeigen Perioden, in welchen die Formantschwingung nur einen kurzen Teil erfüllt, während sie im übrigen oft ganz schwingungsfrei sind. Es ist vollkommen undenkbar, daß solche Kurven mit der Verstärkungstheorie in Einklang zu bringen seien, während sie die intermittierende Anblasung jedem Unbefangenen unmittelbar demonstrieren."

Auch diese Argumente HERMANNs haben die Diskussion nicht beenden können, wie die Arbeiten von STUMPF[1], GARTEN[2], GARTEN und KLEINKNECHT[2], F. TRENDELENBURG[3] und RIEGGER[3] zeigen, deren tatsächliche Ergebnisse wesentlich Neues nicht gebracht haben. Es ist offenbar nötig, von den Vorgängen im Sprachorgan mehr kennenzulernen, als es durch die angeführten Untersuchungsmethoden möglich ist. Die Aufzeichnungen von Vokalkurven und ihre Analyse, die Bestimmungen der Eigentöne des Ansatzrohres und die Interferenzversuche an Vokallauten sowie die Kombination und Diskussion der drei Methoden und ihrer Resultate genügt zur klaren Erkenntnis offenbar nicht.

Vielfach ist auch, wie besonders LULLIES[4] ausführt, die Fragestellung gar nicht an den Divergenzpunkt der beiden Theorien herangekommen. Das gilt für alle die Untersuchungen, die annehmen, daß eine Schwingung auf die Mund-

---

[1] STUMPF: Zitiert auf S. 1338.
[2] GARTEN und GARTEN u. KLEINKNECHT: Zitiert auf S. 1338.
[3] TRENDELENBURG, F., u. RIEGGER: Naturwiss. **13**, 772 (1925) — Z. techn. Physik **7**, 187 (1926).
[4] LULLIES: Pflügers Arch. **211**, 373 (1926).

höhle als schwingungsfähiges System einwirkt. In diesem Sinne ist also auch der Puff SCRIPTURES[1] und der Luftstoß, den BRÖMSER[2] für die Entstehung des Vokales annimmt, durch die HELMHOLTZsche Vorstellung mit umfaßt; denn auch die gedämpfte Eigenschwingung der Mundhöhle, welche dadurch erzeugt wird, läßt sich durch die Resonanzgleichung vollständig darstellen. BRÖMSER hat versucht, durch Rechnung zu ermitteln, wie eine Schwingung beschaffen sein müßte, die auf die Mundhöhle als schwingungsfähiges System wirkt, um einen bestimmten Vokal zu erzeugen. Er findet für A zwei stoßartige Schwingungsvorgänge, deren zeitlicher Abstand gleich der halben Schwingungsdauer des Formannten ist, für U einen gedehnteren. Für E und J müßte der Stimmbandton wieder eine andere Form haben, so daß man schließlich für jeden Vokal eine besondere Form der Stimmbandschwingung annehmen müßte. Für eine solche Annahme liegen aber keine Gründe vor, ja, es ist unwahrscheinlich, daß der Kehlkopf die Fähigkeit hat, von sich aus so verschiedene Schwingungsformen zu erzeugen.

Gegen die HERMANNsche Anblasetheorie ist vor allem geltend gemacht worden, ein periodisches Anblasen, wie es HERMANN für die Vokalbildung fordert, sei theoretisch unmöglich.

Diese Frage ist einer experimentellen Prüfung zugänglich. Sie ist zuerst von O. WEISS[3] in Angriff genommen worden. Er hat, von der Fragestellung ausgehend, wie eine Zungenpfeife beschaffen sein muß, um zur Erzeugung von Vokalen geeignet zu sein, alle experimentell erfaßbaren Vorgänge zunächst an einer Pfeife mit metallischer, durchschlagender Zunge optisch registriert. Aufgezeichnet wurden 1. die Druckschwankungen im Windrohr der Pfeife, 2. die Bewegungen der Zunge, und 3. die Schwingungen im Luftraum. Die Untersuchungen haben ergeben, daß der Schall im Luftraum sehr wesentlich von den Eigenschaften des Ansatzrohres der Pfeife abhängig ist, daß aber der zweite Partialton der Grundschwingung stets dominiert neben den Partialtönen, welche dem Eigenton des Ansatzrohres entsprechen. Eine Pfeife mit durchschlagender Zunge ist also für Studium der Entstehung der Vokale ungeeignet.

Mehr Aussicht auf Erfolg bot die Analyse der Vorgänge in einer Pfeife mit aufschlagender Zunge. Wie oben auseinandergesetzt, wird die Glottis in jeder Schwingungsperiode nur einmal geöffnet und geschlossen, also ganz wie bei den Schwingungen einer aufschlagenden Zunge der Zungenrahmen in jeder Periode einmal geschlossen und geöffnet wird. An demselben Pfeifenkörper, welcher zu den oben geschilderten Versuchen benutzt worden ist, hat LULLIES[4] die Analyse der Vorgänge in einer Pfeife mit aufschlagender metallischer Zunge durchgeführt. Die Versuchsanordnung war gegen die WEISSsche insofern vervollkommnet, als es möglich war, sowohl die Vorgänge im Windraum, als auch die im Luftraum und dazu die Zungenschwingungen gleichzeitig zu registrieren, während in den oben geschilderten Beobachtungen nur je zwei Vorgänge gleichzeitig aufgenommen werden konnten, entweder die Windraum- und Zungen-, oder die Zungen- und Luftraumschwingungen. Die Versuche von LULLIES haben die Aufgabe gelöst. Sie ergeben — an der Hand des Schemas der Abb. 457 erörtert — folgendes Resultat: Die schwingende Zunge läßt aus der Zungenöffnung einen Luftstrom austreten, dessen Geschwindigkeit zwischen Null beim Aufschlagen der Zunge ($a$) und einem Maximum, das in der Regel bei maximal weiter Zungenöffnung liegt,

---

[1] SCRIPTURES: Researches in experim. phonetics. The study of speach-curves. Washington 1906.
[2] BRÖMSER: Die Bedeutung der Lehre von den erzwungenen Schwingungen in der Physiologie. Habilit.-Schrift. München 1918.
[3] WEISS, O.: Arch. f. experim. u. klin. Phonetik 1, 3 (1913).
[4] LULLIES: Zitiert auf S. 1341.

periodisch schwankt. Hat die Geschwindigkeit des Luftstromes innerhalb einer solchen Periode eine gewisse Höhe erreicht, so schlägt die gleichmäßige Strömung in Wirbelbildung um (b). Es tritt eine plötzliche Drucksteigerung im Windraum (b—c), eine Drucksenkung im Luftraum ein. Diese letztere gibt den Anstoß zu Schwingungen im Luftraum, die ihrerseits die weiteren Wirbelablösungen in derselben Weise wie bei einer Lippenpfeife steuern und durch diese aufrechterhalten werden, solange die Strömungsgeschwindigkeit der Luft noch zur Wirbelbildung ausreicht. Da die Zungenöffnung sich rasch verkleinert, der Anblasestrom dementsprechend schnell abnimmt, kommt es je nach der Anblaseintensität und der Eigenfrequenz des Luftraumes nur zu 1—2 Wirbelablösungen und einer entsprechenden Anzahl von Luftraumschwingungen entsprechend der Intensität, worauf die Luftraumschwingungen fast unbeeinflußt als freie, gedämpfte Schwingungen abklingen, um in der nächsten Periode von neuem in gleicher Weise zu entstehen. Zur

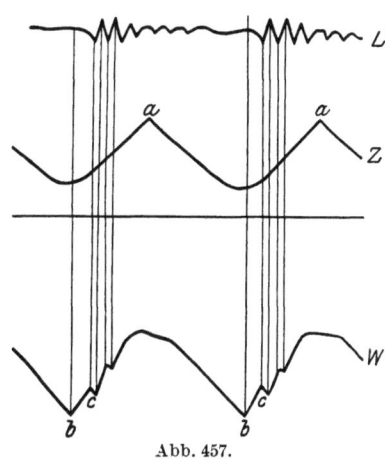

Abb. 457.
$L$ Luftraum; $Z$ Zunge; $W$ Windraum; $a$ Aufschlagen der Zunge; $b$—$c$ plötzlicher Anstieg des Windraumdruckes (Wirbelbildung). (Aus LULLIES: Pflugers Arch. **211**.)

Erläuterung seien in Abb. 458 und 459 noch zwei Originalkurven beigegeben.

Die Kurven der Abb. 461 geben die Luftraumschwingungen, wie sie bei Veränderungen des Ansatzrohres ablaufen. Es ergibt sich, daß für die Frequenz der Luftraumschwingungen die Eigenschaft des Luftraumes selbst bestimmend ist.

Die Analogie dieser Kurve zu Vokalkurven leuchtet ohne weiteres ein, ebenso wie die Analogie des Schwingungsvorganges der Zunge zur Glottis-

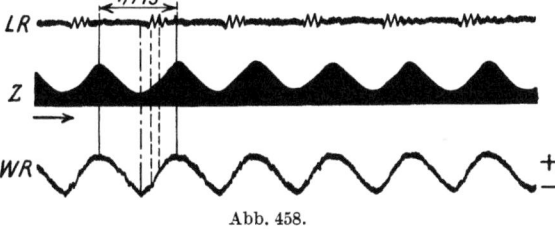

Abb. 458.
$LR$ Luftraum; $Z$ Zungen; $WR$ Windraumschwingungen. (Aus LULLIES: Pflugers Arch. **211**.)

bewegung. Die Versuche zeigen, daß ein Anblasen von Lufträumen, wie es HERMANN für die Entstehung der Vokale angenommen hat, tatsächlich in einer Pfeife vor sich geht, deren Funktion der des menschlichen Sprachapparates sehr ähnlich ist.

Eine analoge Analyse am Stimmorgan des Menschen durchzuführen, würde auf erhebliche technische Schwierigkeiten stoßen. An einem ausgeschnittenen Kalbskehlkopf hat O. WEISS[1] sie durchzuführen versucht. Der Kehlkopf wurde auf einem T-Rohr so angebracht, daß die Glottis von unten her mittels parallel-

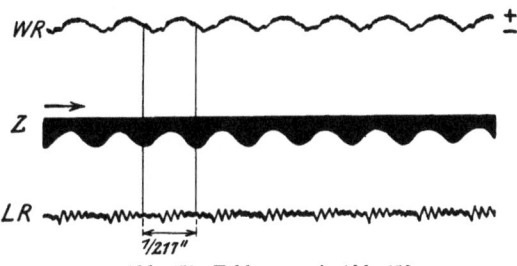

Abb. 459. Erklarung wie Abb. 458. (Aus LULLIES: Pflügers Arch. **211**.)

strahligen Lichtes durchleuchtet werden konnte. Durch den seitlichen Ansatz wurde Luft aus einem Blasebalg dem Kehlkopf zugeleitet, mittels deren er an-

---

[1] WEISS, O.: Arch. f. experim. u. klin. Phonetik **1**, 350 (1914).

geblasen wurde. Die Rohröffnung, welche der Lichtquelle zugewandt ist, wurde durch eine planparallele Glasplatte verschlossen, das Bild der Glottis auf den Spalt eines Photokymographions so projiziert, daß Spalt des Kymographen und Glottisspalt einen rechten Winkel bildeten. Auf diese Weise sind die Figuren der Abb. 462 gewonnen worden. Die schwarzen Figuren der oberen Reihe markieren die Zeit der Glottisöffnung, die hellen Intervalle den Glottisschluß. Der

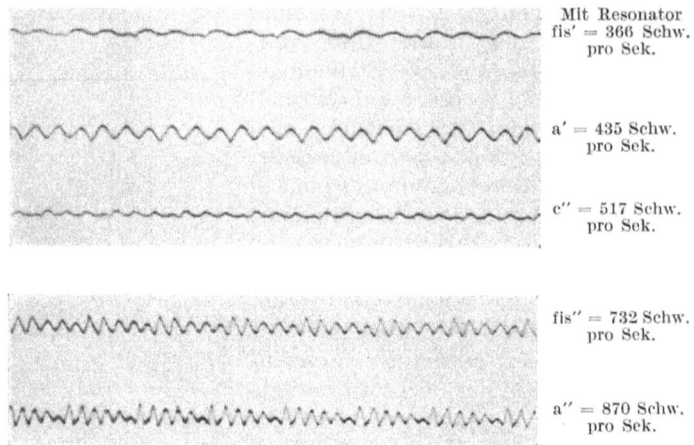

Abb. 460. Luftraumschwingungen nach Aufsetzen von Resonatoren auf eine Pfeife mit aufschlagender Zunge. Grundton d mit 145 Schwingungen pro Sekunde. (Aus LULLIES: Pflügers Arch. 211.)

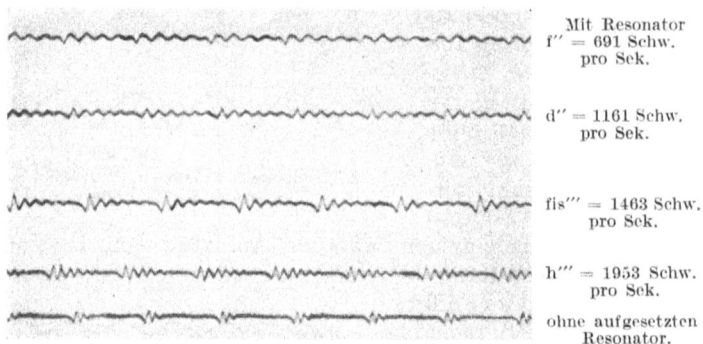

Grad der Öffnung der Glottis ist durch die Vertikaldimensionen der schwarzen Figuren gegeben. Es leuchtet ohne weiteres ein, daß durch eine Bewegung der Stimmlippen, wie sie aus den Figuren hervorgeht, periodische Luftstöße erzeugt werden müssen. Der untere Kurvenzug gibt die Druckschwankung im Blasebalg wieder, die Abb. 463 die Luftraumschwingung. Auch hieraus ersieht man, daß ein Luftstoß die Glottis passiert, dem eine lange Pause folgt. Die folgende Abb. 464, welche Glottisbewegungen wiedergibt, bei denen die Stimmritze dauernd geöffnet war, zeigt dagegen, daß bei dieser Schwingungsweise der Vorgang an den Zungen den Bewegungen der starren aufschlagenden Zunge näherkommt, wie sie in den Versuchen von LULLIES aufgezeichnet worden sind. Auch die obenerwähnten Untersuchungen von KATZENSTEIN haben als Stimmlippenschwingungen analoge Schwingungsformen ergeben. Es wäre von Interesse, wenn diese Versuche am Kehlkopf, die nur Anfänge darstellen, weitergeführt würden.

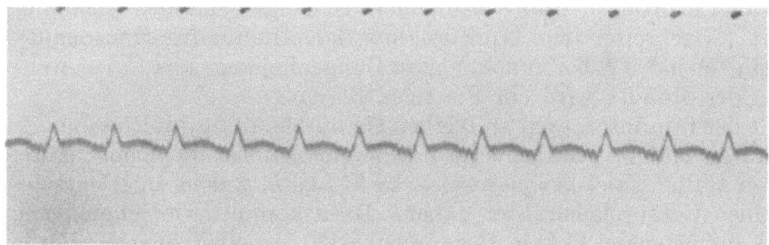

Abb. 462.

Durch die Untersuchungen von LULLIES dürfte auch die Frage, ob in einem Klange der Grundton unbedingt dominieren muß[1], ihre Beantwortung in negativem Sinne gefunden haben.

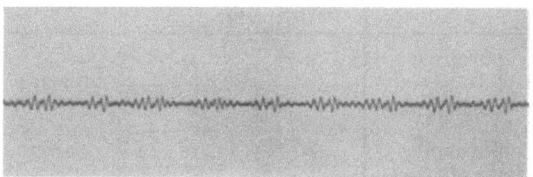

Abb. 463.

Die Ausführungen haben ergeben, daß die Theorie von HELMHOLTZ, wenn sie auch die einfachste Möglichkeit der Entstehung des Vokalklanges aufzeigt, wie LULLIES richtig sagt, doch im Stimmapparat des Menschen nicht verwirk-

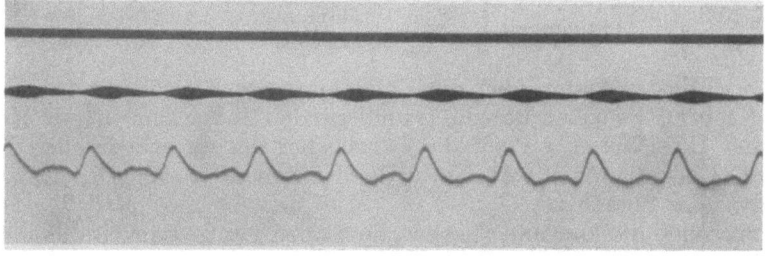

Abb. 464.

licht werden kann, wie HERMANN zuerst erkannt hat. Seine Auffassung der Vorgänge im menschlichen Stimmapparat wird heute mehr denn je allen bekannten Tatsachen gerecht. Eine mathematische Formulierung der Vorgänge ist bisher nicht gegeben worden. Sie stößt auf erhebliche Schwierigkeiten.

---

[1] PIPPING: Mschr. Ohrenheilk. **62**, 866 (1928) — Stud. i nordisk filologi **18**, 5 (1928). — KAŇKA: Rozpr. česk. akad. věd a umění. **3**, H. 63 (1927). — TRENDELENBURG, F.: Z. Sinnesphysiol. **59**, 381, 385 (1928). — SCRIPTURE: Ebenda **59**, 382 (1928).

## II. Die Konsonanten.

Eine scharfe Trennung von Vokalen und Konsonanten gibt es nicht, somit auch keine völlig klare Definition der beiden Schallqualitäten. Daß Übergänge von Vokalen in Konsonanten vorkommen, ist lange bekannt. Aus dem Vokal U wird mit fortschreitendem Lippenschluß der stimmhafte Konsonant W. Aus I wird ein tönendes J bei zunehmender Zungenhebung, aus Ü bei weiterer Verengerung des Mundes wird ein F-artiges Blasen.

Fällt der Stimmton weg, so bleiben Geräusche übrig, welche die eigentlichen Konsonanten bilden. Andererseits rechnet man unter die Konsonanten die sogenannten Halbvokale, beispielsweise die L-Laute, welche im Deutschen wenigstens keinen Geräuschcharakter haben. Dazu kommt, wie schon bemerkt, daß auch die geflüsterten Vokale Geräuschcharakter neben dem Vokalton tragen, sie sind Eigentöne der Mundhöhle, begleitet von einem Reibegeräusch der Glottis. Es ist somit begreiflich, daß eine einheitliche Klassifizierung der Konsonanten nicht existiert. Eine der Einteilungsmöglichkeiten ist die nach der Art ihrer Bildung. Ein Beispiel liefere die folgende Tabelle.

| Bildungsstelle | | Verschlußlaute | Reibelaute | Zitterlaute | L-Laute | Nasenlaute |
|---|---|---|---|---|---|---|
| Lippen oder Unterlippe und Oberzähne I | Stimmlos | p | f | Lippen-r | | |
| | Stimmhaft | b | w | | | m |
| Vorderzunge und Zähne II | Stimmlos | t | ss | | | |
| | Stimmhaft | d | s | | | n |
| Zunge u. Vordergaumen III | Stimmlos | t | vorderes ch, sch | Zungen-r | | |
| | Stimmhaft | d | j sch | | l | n |
| Zunge und Hintergaumen IV | Stimmlos | k | hinteres ch | Gaumen-r | | |
| | Stimmhaft | g | hinteres ch | | ll | ng |

Die wichtigsten Daten über die Entstehung der Konsonanten seien im folgenden gegeben. Es sollen nur die grundlegenden Tatsachen mitgeteilt werden, wegen aller Einzelheiten sei auf die Lehrbücher der experimentellen Phonetik verwiesen. Über die akustische Natur der Konsonanten siehe das Kapitel über die Analyse der Sprachlaute.

Zuerst sollen die kontinuierlichen phonischen Laute, danach die kontinuierlichen phonischen Laute mit begleitendem Geräusch, weiter die Zitterlaute und endlich die aphonischen Laute kurz behandelt werden.

### 1. Kontinuierliche phonische Laute.

Die kontinuierlichen phonischen Laute gliedern sich in zwei Gruppen. Die erste Gruppe umfaßt die Laute, bei denen die Luft durch Mund oder Nase oder durch beide zugleich entweicht. Hierher gehören die L-Laute, die Resonanten M, N, Ng. In die zweite Gruppe gehören die Blählaute (PURKINJE): B, D, G. Bei ihnen ist die Mundhöhle durch das Gaumensegel, die Zunge oder die Lippen abgeschlossen. Der Verschluß wird durch den Exspirationsstrom gesprengt.

Kontinuierliche phonische Laute. 1347

## Erste Gruppe.

Zu der ersten Gruppe gehören auch die Vokale, welche bereits ausführlich abgehandelt worden sind. Es bleiben übrig die L-Laute, die nasalierten Vokale und die Resonanten.

### a) Die L-Laute.

Das L, ein sogenannter Halbvokal, kommt dadurch zustande, daß die Zunge in der Mitte und an den Rändern dem Gaumen anliegt; auf beiden Seiten bleiben

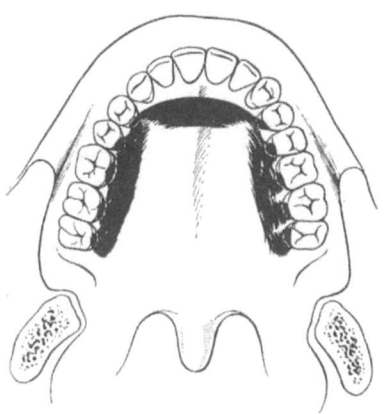

Abb. 465. Die Artikulation des L. Die tiefschwarzen Stellen bezeichnen die Gegenden, an welche sich die Zunge anlegt.
(Aus GRÜTZNER: Handb. der Physiologie der Bewegungsapparate, 2. Teil.)

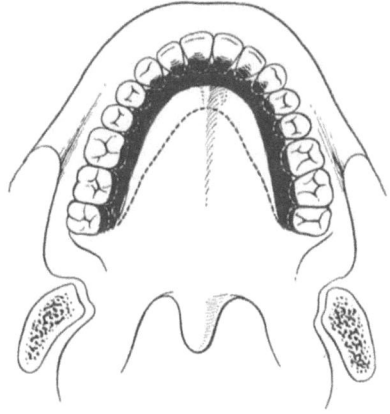

Abb. 466. Der vordere punktierte Saum ist die Artikulationsstelle des R, die punktierte Linie die Grenze, bis zu welcher bei der Artikulation des T sich die Zunge anzulegen pflegt.
(Aus GRÜTZNER: Handb. der Physiologie der Bewegungsapparate, 2. Teil.)

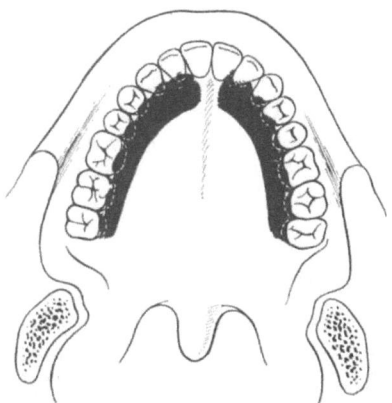

Abb. 467. Die Artikulation des S. Sehr häufig ist die Spalte an den Schneidezähnen noch schmäler.
(Aus GRÜTZNER: Handb. der Physiol. der Bewegungsapparate.)

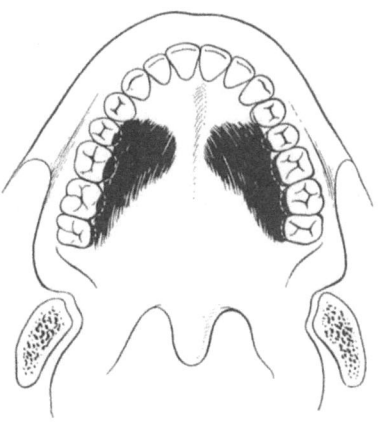

Abb. 468. Die Artikulation des Sch.
(Aus GRÜTZNER: Handb. der Physiol. der Bewegungsapparate.)

etwa in der Gegend des ersten Prämolarzahnes enge Räume für den Austritt der Luft. Diese Art der Entstehung des L hat GRÜTZNER festgestellt, indem er die Zunge mit Carmin bestrich und nach Bildung des L feststellte, an welchen Stellen des Gaumens sie angelegen hatte. Es kommt indessen auch vor, daß die Luft nur auf einer Seite entweichen kann (NAGEL[1], JESPERSEN[2]).

Nach SCHEIER[3] stemmt sich beim L die Zungenspitze hinter die obere Zahnreihe; das Gaumensegel legt sich weit entfernt vom Zungenrücken an die hintere Rachenwand.

Das L kann mit und ohne Stimme produziert werden. Akustisch hat es mit dem I eine sehr große Ähnlichkeit. Sein Formant liegt bei $cis^3$ bis $fis^3$.

### b) Die Resonanten M, N, Ng.

Alle Resonanten werden mit Stimme gebildet. Die Luft nimmt dabei ihren Weg nicht allein durch den Mund, sondern auch durch die Nase. Bei M ist der Mundverschluß durch die Lippen bewirkt, die Zunge liegt auf dem Mundboden, das Gaumensegel ist schlaff[3]. Bei N sind die Lippen mäßig geöffnet, die Zunge oberhalb der Oberzähne an den Alveolarfortsatz angelegt, so daß die Mundhöhle auf diese Weise abgeschlossen ist. Das Ng entsteht dadurch, daß die Zunge entweder an den hinter den Partien des harten oder denen des weichen Gaumens anliegt und dadurch die Mundhöhle abschließt.

SAENGER[4] gibt an, daß eine Resonanz der Nasenhöhle bei der Bildung dieser Laute nicht statthabe, da sie auch bei verschlossener Nasenhöhle gebildet werden können, wenn man durch die Mundhöhle ein Glasrohr in den Rachenraum einführt. ZWAARDEMAKER[5] findet dagegen, daß der Charakter der Resonanten sich durch Abschluß der Nasenhöhle sehr wesentlich ändert. Nach seinen Untersuchungen ist neben der Resonanz des Cavum pharyngonasale die Resonanz des Mundhöhlenteiles von Bedeutung, der hinter dem Verschluß der Mundhöhle liegt. Alle drei Resonanten haben charakteristische Formanten, sie liegen für M und N bei $h^3$ bis $cis^4$.

Die französischen nasalierten Vokale unterscheiden sich von den Resonanten dadurch, daß bei ihnen der Luftstrom zum kleinen Teile auch durch die Mundhöhle geht. Das Näseln beruht nach SAENGER[6] auf Mittönen des Cavum pharyngonasale.

### Zweite Gruppe.

Die Blählaute B, D, G kommen dadurch zustande, daß bei B der Verschluß des Mundraumes durch die Lippen, bei D und G durch die Zunge, und zwar bei D vorn, bei G weiter hinten hergestellt wird. Dabei ist das Gaumensegel gehoben. Die Sprengung dieses Verschlusses geschieht mit Stimme und erzeugt den Blählaut. Bei allen drei Konsonanten sind der Stimmperiode Schwingungen ausgesetzt, die zwischen einer Tonhöhe von $d^3$ und $a^3$ liegen.

## 2. Kontinuierliche phonische Laute mit begleitendem Geräusch. W, S.

Die Laute entstehen, indem der Luftstrom durch eine Verengerung im Ansatzrohr streicht. Beim W wird die Enge durch Unterlippe und Oberzähne (im Süddeutschen durch die beiden Lippen) gebildet. Beim S wird die Zunge den oberen Alveolarfortsätzen angelegt, ihre Spitze an die beiden mittleren unteren Schneidezähne. Mitte der Zunge und Gaumen bilden eine sagittale Röhre, durch

---

[1] NAGEL: Zitiert auf S. 1255.
[2] JESPERSEN: Lehrb. d. Phonetik, S. 41. Leipzig u. Berlin 1904.
[3] SCHEIER: Arch. f. Laryng. **22**, 175 (1909).
[4] SAENGER: Pflügers Arch. **63**, 201 (1896).
[5] ZWAARDEMAKER: Arch. néerl. Physiol., II. s., **2**, 241 (1898).
[6] SAENGER: Pflügers Arch. **76**, 467 (1897).

welche der Luftstrom gegen die Schneiden der beiden unteren Zähne geblasen wird. Hier wird das von hohen Tönen begleitete Reibegeräusch erzeugt. Die Oberlippe ist dabei gehoben, die Unterlippe gesenkt.

### 3. Die Zitterlaute R.

Die R-Laute entstehen entweder durch periodische Unterbrechung des Lippenverschlusses oder des Zungenverschlusses oder des Gaumensegelverschlusses oder endlich des Kehlkopfverschlusses. In der Sprache der Kulturvölker werden nur das Zungen-R und das Gaumen-R gebraucht. Die Rhythmik der Unterbrechungen liegt zwischen 20 und 40 in der Sekunde. Auf diese Periodik ist eine frequentere aufgesetzt, die für R-linguale der Note $h^2$, für R-gutturale dem zweiten Teil der dritten Oktave entspricht.

### 4. Die aphonischen Laute.
#### a) Hauchlaute H, Ch.

Das H ist das Reibungsgeräusch, das die Exspirationsluft beim Streichen durch Kehlkopf und Mundhöhle verursacht. Die beiden Ch, das vordere und das hintere, entstehen dadurch, daß im hinteren Teile des Mundes durch Heben der Zunge eine Enge entsteht, durch welche die Luft so hindurchgetrieben wird, daß sie an dem harten Gaumen sich bricht.

Im vorderen Ch-Laut, wie im ach, liegt ein Ton von der Note $b^2$ bis $d^3$, $e^3$ bis $f^3$, im hinteren Ch-Laut, wie in ich, ist die Tonhöhe in dem Bereiche des$^3$, $d^4$, $f^4$.

#### b) Reibe- und Zischlaute.

Die Entstehung von F und S ohne Stimme ist analog der oben bei W und S geschilderten. Sch wird in ähnlicher Weise erzeugt, nur liegt bei ihm die Enge weiter hinten als beim S. In dem Konsonanten F sind Töne von $f^3$ bis $g^3$, $a^4$ bis $c^4$; im S finden sich Frequenzen bis zu 6000 und mehr pro Sekunde (WEISS[1] bestätigt von GARTEN[2] und F. TRENDELENBURG[3]). Im Sch hat WEISS[1] Töne von 4500 Schwingungen pro Sekunde, GARTEN[2] von 2900 gefunden. Analoge Zahlen gibt auch WIERSCH[4] an.

#### c) Explosivgeräusche G, K (gutturale), D, T (linguale), B, P (labiale).

Die Explosivgeräusche entstehen wie die der zweiten Gruppe auf S. 1448 geschilderten, nur ohne Stimme. Sie sind reine Geräusche.

---

[1] WEISS: Zbl. Physiol. **21**, Nr 19 (1907) — Pflügers Arch. **142**, 567 (1911).
[2] GARTEN: Ann. Physik (4) **48**, 273 (1915) — Z. Biol. **56**, 41 (1911).
[3] TRENDELENBURG, F.: Wiss. Veroff. a. d. Siemens-Konzern 3, 2 (1924).
[4] WIERSCH: Ann. Physik (4) **17**, 999 (1905).

# Pathologische Physiologie des Stimmapparates des Menschen.

Von

R. SOKOLOWSKY

Königsberg i. Pr.

## I. Einfluß von Änderungen der physiologischen Resonanzverhältnisse auf Stimme und Sprache.

### 1. Beeinflussung des Stimmklanges durch Veränderung der resonatorischen Vorgänge in der Nase und im Nasenrachenraum.

#### A. Näseln (Rhinolalia).

Die hauptsächlichen hierher gehörigen Klangänderungen werden unter dem Sammelnamen „Näseln"[1] (*Rhinolalia*) zusammengefaßt. Man unterscheidet:

1. *Geschlossenes, verstopftes Näseln* (*Rhinolalia clausa, Hyporhinolalie-Fröschels*). Diese Klangveränderung kommt dann zustande, wenn der *normale Nasendurchschlag* vom Rachen durch die Nase gehindert ist. Dabei ist naturgemäß in erster Linie die regelrechte Bildung der Nasenlaute (m, n, ng) gestört; weiterhin sind aber auch die Vokale, die unmittelbar in Verbindung mit diesen Nasenlauten gesprochen werden, in ähnlicher Weise in Mitleidenschaft gezogen. Dadurch erhält die Sprache einen veränderten, ganz charakteristischen *klangarmen, dumpfen, toten* oder *holzigen* Klang; sie „fernt" nicht.

Ist das geschlossene Näseln ein *vollkommenes*, so werden die Nasenlaute m, n, ng ersetzt durch den PURKINJEschen Blählaut mit anschließendem b, d, g; ist der Abschluß *nicht vollkommen*, so geht der resonierende Klangcharakter der Nasenlaute zum großen Teil verloren und es entstehen Zwischenlaute zwischen m und b, n und d, ng und g.

Je nach dem Sitze des Hindernisses für den physiologischen Nasendurchschlag sind zwei Arten der Rhinolalia clausa zu trennen: *Rhinolalia clausa anterior*, wenn die Nasenhöhlen selbst durch pathologische Prozesse (Polypen, Muschelhypertrophien, Septumdeviationen) verlegt sind, und *Rhinolalia clausa posterior*, wenn die Ursache der Störung im Nasenrachenraum (adenoide Vegetationen, Tumoren, Verwachsungen von Velum und Pharynx usw.) oder am Velum allein zu finden ist, das gelegentlich in seiner Funktion durch gewohnheitsmäßige Dauerkontraktionen während des Sprechaktes gehindert ist (*Rhinolalia clausa posterior functionalis*). Für die funktionelle Rhinolalia clausa glaubt FRÖSCHELS[2] auf Grund experimenteller Untersuchungen neuerdings *außer* der intensiven Hebung des Gaumensegels auch noch andere ungewohnte Kontraktionszustände von Muskeln im Ansatzrohr verantwortlich machen zu müssen, durch die ab-

---

[1] Die ältere Literatur über „Näseln" — etwa bis 1900 — ist in GUTZMANNS: Von den verschiedenen Formen des Näselns. Halle 1901 zusammengestellt.

[2] FRÖSCHELS, E.: Über die Rhinolalia clausa functionalis und die Schalleitung durch Muskel. Z. Hals- usw. Heilk. **11**, 142 (1925).

norme Reflexionsverhältnisse geschaffen werden und die Form des Ansatzrohres verändert wird (starke Senkung des Zungenrückens und dadurch Druck auf die Epiglottis).

In Anbetracht der Verschiedenheit der mechanischen Verhältnisse ist es verständlich, daß auch die klangliche Veränderung bei den beiden Formen der Rhinolalia clausa bis zu einem gewissen Grade eine verschiedene sein muß. Denn bei der Rhinolalia clausa anterior gelangt der tönende Luftstrom bei der Bildung der Nasenlaute bis an die vorn in der Nase befindlichen Hindernisse, so daß der ganze Nasenrachenraum noch resonatorisch beteiligt ist; das fällt bei der Rhinolalia clausa posterior natürlich fort.

2. *Offenes Näseln* (*Rhinolalia aperta, Hyperrhinolalie-Fröschels*) kommt dann zustande, wenn bei der Lautbildung der *notwendige Abschluß* zwischen Mund und Nase aufgehoben ist. Das offene Näseln ist also die Folge eines ungenügenden Abschlusses des weichen Gaumens (z. B. bei Insuffizienz oder Lähmung des Gaumensegels) oder einer pathologischen Kommunikation zwischen Mund- und Nasenhöhle (geschwüriger Zerfall, angeborene Gaumenspalte): *Rhinolalia aperta organica*. Dadurch kommt der Tonstrom, der ja normalerweise bei allen Sprachlauten (mit Ausnahme der Nasenlaute) durch die Mundhöhle nach außen gelangt, auch in die Nasenhöhlen, die dadurch zu übermäßiger Resonanz gelangen, und erzeugt so den charakteristischen *offen-genäselten Klang*, der, im Gegensatz zu dem hölzernen, klangarmen bei der Rhinolalia clausa, sehr viel *klangreicher* ist.

Die Stärke dieses näselnden Beiklanges ist abhängig einmal von der Weite des Zugangs zur Nase von hinten und zweitens von der Enge der Mundöffnung bei der Lautbildung (NADOLECZNY[1]).

So werden also von den Vokalen am meisten genäselt u und i, weniger o und e; am reinsten wird noch das a erklingen. Die Konsonanten — außer m, n und ng — sind stark verändert und fehlen ganz. Ng wird bei Gaumenspalten häufig durch n ersetzt; p, t, k sind anscheinend häufig vorhanden, bei genauerem Hinhören bemerkt man jedoch, daß sie im Kehlkopf vermittelst des harten Stimmeinsatzes („Kehlkopfdrucksen", GUTZMANN[2]) hervorgebracht werden. Für b und d tritt m und n, für g häufig n oder ein schlechtes k ein. Bei den Reibelauten, die ja naturgemäß am stärksten leiden, suchen die Patienten durch Bewegung der Nasenflügel den Nasenausgang zu verengern. Es entstehen näselnde Schnüffelgeräusche, so als Ersatz für w und f, gelegentlich auch für s. Das sch gelingt stets besser wegen der verhältnismäßig weiten Abflußöffnung, ebenso das l. R fehlt häufig ganz oder wird durch einen ch-ähnlichen Reibelaut ersetzt.

Bei der *Rhinolalia aperta functionalis* ist das Gaumensegel gut gebildet und gut beweglich, wird aber beim Sprechen *nicht in Tätigkeit gesetzt*. Meistens wird sie durch *Nachahmung* erworben. Kinder nehmen leicht das organische offene Näseln von anderen Kindern, meistens älteren Geschwistern mit Gaumenspalte, an. — Bekannt ist auch eine andere Form der Rhinolalia aperta functionalis, nämlich das *willkürliche* offene Näseln, das „*affektierte*" Näseln, das stets auf die Vokale beschränkt ist. Ferner gibt es eine *postoperative Form* des funktionellen offenen Näselns, die gelegentlich nach der Operation der adenoiden Vegetationen auftritt. Zuweilen liegt das an der brüsken, mit Verletzungen der Weichteile einhergehenden Art des operativen Vorgehens, das das Kind dazu bringt, aus Furcht vor Schmerzen das Gaumensegel stillzustellen. Aber auch nach rite ausgeführten Adenotomien kann diese unerfreuliche Situation auftreten. Die Kinder haben sich eben infolge der — in diesen Fällen wohl recht großen — Rachenmandel gewöhnt, das sonst bei der Sprache vorhandene abwechslungsreiche Spiel des Gaumensegels auszuschalten; ein Verhalten, das auch nach der

---

[1] NADOLECZNY, M.: Sprachstörungen. Handb. Denker-Kahler **5**, 1076 (1929).
[2] GUTZMANN, H.: Von den verschiedenen Formen des Näselns. Halle: C. Martold 1901.

Entfernung der Rachenmandel mehr oder weniger bestehen bleibt und nunmehr das offene Näseln bedingt. Diese unangenehme Operationsfolge läßt sich jedoch meist durch eine sachgemäße Übungstherapie in kurzer Zeit beheben.

Zu erwähnen ist noch, daß es auch ein *partielles, offenes, funktionelles* Näseln gibt, wobei nur ganz bestimmte Laute nasaliert werden; so bei dem sog. *Sigmatismus nasalis*, wo der Luftstrom nicht wie bei der physiologischen Bildung der S-Laute auf die Mitte der unteren Zahnreihe gerichtet ist, sondern seinen Weg durch die Nase nimmt. So entsteht statt des S-Lautes ein charakteristisches schnarchendes Geräusch, während alle übrigen Laute vollständig regelrecht gebildet werden.

3. *Rhinolalia mixta* entsteht durch *Vermischung* der beiden Näselarten (clausa und aperta). Sie kommt dann zustande, wenn beim Offenbleiben des Gaumensegelabschlusses (offene oder submuköse Gaumenspalte, Insuffizienz oder Parese des Gaumensegels) die Nase oder der Nasenrachenraum durch krankhafte Veränderungen (Muschelhyperplasien, Rachenmandel usw.) abgeschlossen ist. Das Resultat ist eine Klangveränderung, die *beide* Komponenten des Näselns (geschlossenes und offenes) enthält. Es ist klar, daß die beiden Formen sich gelegentlich bis zu einem gewissen Grade aufheben und so einen annähernden Ausgleich des Sprachfehlers ergeben können. Typische Beispiele: *Angeborene Gaumenspalte + starken Muschelschwellungen* (*Rhinolalia mixta anterior*) oder *Gaumenspalte* oder *Insuffizienz des Gaumensegels + Rachenmandel* (*Rhinolalia mixta posterior*).

Aus den *experimentellen Untersuchungen* zur Feststellung des *Mechanismus der Nasalität* läßt sich zunächst eine Gruppe herausheben, bei der die Experimentatoren beim Menschen die Nasalität *künstlich* zu erzeugen versuchten. So z. B. SAENGER, indem er an verschiedenen Stellen des Ansatzrohres Verstopfungen anbrachte (Rhinolalia clausa), oder PASSAVANT und MORITZ SCHMIDT, die durch kleine Röhrchen das Gaumensegel an einer vollständigen Anlegung an die Pharynxwand hinderten (Rhinolalia aperta) und sodann feststellten, bei welcher Lumenweite des Röhrchens deutliches Näseln auftrat. Auf die Einzelheiten der Untersuchungen dieser und anderer Autoren (LISKOVIUS, CZERMAK, BRÜCKE, WINTRICH, MERKEL, SCHMALZ, GRÜTZNER, ZWAARDEMAKER u. a.) kann an dieser Stelle nicht eingegangen werden. Hervorzuheben wäre das Resultat WINTRICHS, das wohl unseren heutigen Anschauungen über das Näseln (aber *nur das offene* Näseln) entspricht: „Wir erhalten sonach das Näseln, sobald der Nasenkanal der weitaus vorwiegende Fortpflanzungskanal mit sehr starken Vibrationen seiner Wände geworden ist, und die reine Stimme, wenn die Mundhöhle und der Schlundkopf diese Rolle übernehmen."

Eine andere Gruppe von Autoren suchte den Mechanismus der Nasalität durch *graphische Methoden* festzustellen.

Meistens wurden die Nasenhöhlen vermittelst einer Olive und Gummischlauch mit einer Schreibkapsel verbunden, und auf diese Weise konnte dann der Luftdruck bei normalen und genäselten Vokalen auf einem Kymographion zur Darstellung gebracht werden (ROUSSELOT[1], GUTZMANN[2], SCRIPTURE[3], PANCONCELLI-CALZIA, POIROT[4] u. a.).

Es ist klar, daß dabei sowohl der fehlerhafte Durchschlag bei der Rhinolalia aperta als auch die Unbeweglichkeit der Luft bei der kompletten Rhinolalia

---

[1] ROUSSELOT: Principes de phonétique experimentale. 2 Bde. Paris 1897—1909.
[2] GUTZMANN, H.: Untersuchungen über das Wesen der Nasalität. Arch. f. Laryng. **27**, H. 1 (1913).
[3] SCRIPTURE: Elements of experimental phonetics. New York 1902.
[4] POIROT, J.: Die Phonetik. In Tigerstedts Handb. der physikal. Methodik **3**, 6 (1911).

clausa deutlich zum Ausdruck kommen wird. Verbindet man nach dem Vorschlage von GUTZMANN durch Olivenansatz und Schlauch die Nase nicht nur mit der Schreibkapsel, sondern durch eine Abzweigung gleichzeitig mit einem KRÜGER-WIRTHschen Kehlkopfschreiber, so läßt sich graphisch sehr gut die physiologische *normal* fortgeleitete Resonanz der Nasenhöhlen vom *pathologischen Näseln* trennen; ein Unterschied, auf dessen Wichtigkeit schon GRÜTZNER präzise hingewiesen hat („*Nasenstimme*" und „*näselnde Stimme*"). Bemerkenswert sind im Gegensatz hierzu die Untersuchungen von RABOTNOFF[1], der beim Kunstgesange einen vollständigen Abschluß der Mundhöhle von der Nasenhöhle und vom Nasenrachenraum verlangt, so daß bei den besten Sängern die Nase mit ihren Nebenhöhlen und dem Nasenrachen überhaupt „keinen Teil des Stimmapparates beim Singen der Vokale und der Konsonanten (außer den Nasalen) darstellt".

Um die verschiedenen Näselgrade auch *auskultatorisch* festzustellen, sind von GUTZMANN und FRÖSCHELS[2] „Nasenhorrohre" angegeben worden. GUTZMANN verwandte einen einfachen Gummischlauch, dessen eines Ende mit einem Ansatz für das Ohr, dessen anderes Ende mit einer Olive für die Nase versehen war; FRÖSCHELS führte einen geradegebogenen Ohrkatheter, der mit einem Höhrschlauch verbunden war, durch die Nase bis in den Nasenrachenraum vor.

Ein überaus einfaches Verfahren, um auch *ohne jede instrumentelle Hilfe* selbst geringste Grade des offenen Näselns festzustellen, ist die von GUTZMANN[3] angegebene *A-I-Probe*, die eben ihrer Einfachheit wegen eine große praktische Bedeutung gewonnen hat. Läßt man die beiden Vokale A-I mehrmals hintereinander sprechen, und zwar so, daß man dabei dem Sprechenden abwechselnd die Nase zuhält und wieder öffnet, so wird bei dem normal Sprechenden kein Klangunterschied eintreten: das A-I klingt bei geschlossener Nase genau so oder fast genau so wie bei offener Nase. Bei der Rhinolalia aperta tritt jedoch sofort bei zugehaltener Nase eine charakteristische Klangveränderung, eine „*Verdumpfung*" der Laute ein, die um so stärker bemerkbar wird, je mehr von der tönenden Luft fehlerhafterweise in die Nase geleitet wird.

Ein weiteres Verfahren zur Feststellung des offenen Näselns ist die *Spiegelprobe*. Man legt der Versuchsperson einen gewöhnlichen Spiegel waagerecht zwischen Mund und Nase an die Oberlippe. Ist die Sprache regelrecht, so wird der Spiegel nur bei den Lauten m, n, ng in der charakteristischen Schmetterlingsform beschlagen, dagegen nicht (oder erst später, NADOLECZNY[4]) beim Aussprechen der Laute a, e, i, o, u oder pa, pe, pi, po, pu. Besteht dagegen eine Rhinolalia aperta, so beschlägt der Spiegel sofort beim Sprechen von allen Lauten.

Schließlich kann man noch durch *Betastung der Nase* eine vorhandene Rhinolalia aperta erkennen. Palpiert man während der Lautgebung die Nasenwände, so fühlt man beim Normalsprechenden beim m, n, ng starke Vibrationen der Nasenwände, nicht aber oder nur sehr wenig beim Sprechen der Vokale. Besteht Rhinolalia aperta, so treten starke Vibrationen auch bei den Vokalen — insbesondere beim u und i — auf; sie werden noch stärker beim Zuhalten der Nase (A-I-Probe).

Mehrfach ist auch eine *objektive Klanganalyse* der nasalierten Laute vorgenommen worden. Wir übergehen hierbei die grundlegenden klanganalytischen Untersuchungen der *Resonanten* (L. HERMANN), die ja an und für sich keinen

---

[1] RABOTNOFF: Über die Funktion des weichen Gaumens beim Singen. Z. Hals- usw. Heilk. **11**, 546 (1925).
[2] FRÖSCHELS, E.: Über die verschiedenen Formen des Näselns. Wien. med. Wschr. **1911**.
[3] GUTZMANN, H.: Sprachheilkunde. 1—3. Aufl. Berlin: Fischer 1893—1923.
[4] NADOLECZNY, M.: Lehrbuch der Sprach- und Stimmheilkunde. Leipzig: Vogel 1926.

näselnden Charakter zu haben brauchen. KATZENSTEIN[1] hat vermittelst des MARTENS-LEPPINschen Apparates die Vokale a, e, o und u zunächst bei nasaler Aussprache (Rhinolalia aperta) klanganalytisch untersucht, dann bei festem Verschluß des Nasenrachenraumes mittels eines gegen das Gaumensegel gedrückten Handobturators und endlich bei geschlossener Nase. Bei den gewonnenen Kurven zeigten sich die größten Differenzen beim a, geringere beim o und e und fast gar keine beim u. Aus den *Resultaten* ist hervorzuheben, daß bei offen genäselten Vokalen im allgemeinen die weniger hohen Teiltöne den anderen gegenüber verstärkt erscheinen, während bei zugehaltener Nase die niederen Teiltöne mehr zurücktreten. Es würde also daraus ganz allgemein zu schließen sein, daß die Nasenhöhle durch ihre Resonanz die *niederen* Teiltöne hervorruft.

Zu *entgegengesetzten Resultaten* gelangte im großen ganzen GUTZMANN bei seinen Untersuchungen am *Lioretgraphen*. Er fand bei offenem Näseln der Vokale in der Klanganalyse gerade einen Hinweis auf hohe Partialtöne, während bei der Rhinolalia clausa wiederum die hohen Teiltöne fehlten; außerdem zeigte sich dabei eine erhebliche Verstärkung des Grundtones, so daß alle übrigen Partialtöne stark zurücktraten. Bei den Untersuchungen von SOKOLOWSKY[2], die vermittelst eines von O. WEISS angegebenen Schallschreibers ausgeführt wurden, ergab die Analyse des offen genäselten a eine auffallend geringe Grundtonamplitude sowie einen großen Mangel an Obertönen, gleichsam als wenn die ganze Energie des Klanges vom Formanten aufgeschluckt worden wäre. Vergleichen wir mit diesen sehr divergenten Resultaten noch die HELMHOLTZsche Feststellung, daß ein Klang dann einen näselnden Charakter annimmt, wenn in ihm zwar viele, aber nur ungeradzahlige Obertöne enthalten sind, so sehen wir, daß wir von der *klanganalytischen* Lösung dieses Problems *noch sehr weit entfernt sind*.

### B. Änderung der Tonhöhe durch Verschluß bzw. Verengerung der Nase.

In einer anderen Richtung bewegen sich die Untersuchungen, die sich an die Beobachtung von SPIESS[3] anschließen, daß ein bei geschlossenem Munde gesungener Ton sich in dem Augenblick vertiefe, in dem man die eine Nasenhälfte verschließt *und* die andere verengt. Nach A. BARTH[4] beruht dieser SPIESSsche Versuch auf einer irrigen Beobachtung, auf einer Verwechslung von Klangfarbe und Tonhöhe. Es handelt sich also dabei nach den Untersuchungen von BARTH gar nicht um eine *Vertiefung* des Tones, sondern lediglich um eine *Änderung der Klangfarbe*, die gelegentlich eine Veränderung der Tonhöhe vortäuscht. Demgegenüber vertreten GUTZMANN, JÖRGEN MÖLLER[5] und BUKOFZER[6,7] die Ansicht, daß bei dem SPIESSschen Versuch der Ton tatsächlich hinsichtlich seiner

---

[1] KATZENSTEIN, J.: Über Probleme und Fortschritte in der Erkenntnis der Vorgänge bei der menschlichen Lautgebung nebst Mitteilung einer Untersuchung über den Stimmlippenton und die Beteiligung der verschiedenen Räume des Ansatzrohres an dem Aufbau der Vokalklänge. Passow-Schäfers Beitr. **3** (1910).

[2] SOKOLOWSKY: Versuch einer Analyse fehlerhaft gebildeter Gesangstöne. Arch. exper. u. klin. Phonetik **1**, H. 4 (1913).

[3] SPIESS: Eine stimmphysiologische Anfrage. Internat. Zbl. Laryng. **1902**, H. 2. Daselbst in H. 3 Antworten von A. BARTH und H. GUTZMANN, in H. 4 von JÖRGEN MOLLER und H. 6 von BUKOFZER.

[4] BARTH, A.: Über Täuschungen des Gehörs in bezug auf Tonhöhe und Klangfarbe. Arch. Ohrenheilk. **57** (1903).

[5] MÖLLER, JÖRGEN: Kritische Bemerkungen zum Aufsatze des Herrn Prof. A. Barth über Täuschungen des Gehörs in bezug auf Tonhöhe und Klangfarbe. Arch. Ohrenheilk. **59** (1903).

[6] BUKOFZER, M.: Über den Einfluß der Verengerung des Ansatzrohrs auf die Höhe des gesungenen Tones. Arch. Ohrenheilk. **61** (1904).

[7] BUKOFZER, M.: Über Beziehungen des Ansatzrohres zur Höhe des gesungenen Tones. Stimme (Berl.) **1** (1906).

Schwingungszahl und nicht nur hinsichtlich seiner Obertöne eine Änderung erfährt. Daran kann wohl namentlich nach dem Ergebnis der BUKOFZERschen objektiv-graphischen Untersuchungen nicht mehr gezweifelt werden.

Da es sich bei den SPIESSschen Versuchen nur um eine Verengung des Ansatzrohres handelt, so konnte BUKOFZER — nach dem Vorgange von BARTH — das Experiment, unbeschadet seiner Deutlichkeit, vom Naseneingange nach der für Versuche bequemeren Mundöffnung verlegen; dabei mußte natürlich ein Abschluß der Mundhöhle vom Nasenrachen durch das Gaumensegel oder aber ein Verschluß beider Nasenöffnungen stattfinden. BUKOFZER brachte dann die der Mundhöhle entströmende Luft mit Röhren von verschiedenem Lumen zusammen (Y-Rohr mit einem weiten und einem engen Schenkel) und konnte nunmehr die durch das verschiedene Lumen der Röhren bedingte Tondifferenz graphisch darstellen.

Eine Erklärung des Phänomens — des Tieferwerdens des Tones — ist wohl in der durch die Verengerung des Ansatzrohres bedingten Stauung und in der damit verbundenen Verlangsamung des Exspirationsstromes gegeben; es wird dadurch die Luftmenge, die während der Zeiteinheit die Stimmritze passiert, verringert und damit auch diejenige Spannung der Stimmlippen, die von dem Exspirationsdrucke abhängig ist. Das gleichzeitig dabei beobachtete Tiefertreten des Kehlkopfes (GUTZMANN, SPIESS) läßt sich mit dieser Erklärung gut in Einklang bringen.

## C. Beeinflussung des Stimmklanges durch Resonanz der Nebenhöhlen der Nase.

In diesem Zusammenhange sind auch die experimentellen Untersuchungen von GIESSWEIN[1], über die „Resonanz" der Nasenräume, insbesondere der *Nebenhöhlen der Nase* zu erwähnen, deren Bedeutung für die menschliche Stimmgebung bis dahin vielfach außerordentlich überschätzt worden ist. Eine Verstärkung des menschlichen Stimmklanges seitens dieser Räume wäre wohl nur im Sinne hartwandiger HELMHOLTZscher Resonatoren anzunehmen. Diese Auffassung vertritt schon VOLTOLINI, da „die Nebenhöhlen ganz die Bedingungen von Resonatoren erfüllen: kleine Eingangsöffnungen in einem großen Hohlraume".

Theoretisch betrachtet kann die Luft in diesen Höhlen auf drei Arten zum Tönen gebracht werden: 1. durch direkte Erregung (*Anblasen*), 2. durch Erregung durch Luftleitung (*Antönen*) und 3. durch Erregung durch *Wand- und Knochenleitung.* — GIESSWEIN machte seine Untersuchungen an einem in Formalin fixierten, vom Rumpfe abgetrennten Schädel, der in der Sagittalebene durchgesägt und bei dem die natürliche Öffnung der Oberkieferhöhle im mittleren Nasengange freigelegt war. Es ergab sich nun zu 1, daß der zum *Anblasen* nötige Luftstrom die in den mittleren und oberen Nasengängen mündenden Öffnungen der Nebenhöhlen nicht in genügender Stärke treffen kann. Ein noch so starker durch die Nase gejagter Luftstrom vermag den Nebenhöhlen keinen Ton zu entlocken. 2. Nicht viel günstiger steht es mit dem *Antönen* seitens der durch die Luft fortgeleiteten Tonwellen des im Kehlkopfe erzeugten Stimmtones. Die versteckte Lage der Mündungen der Nebenhöhlen und vor allem ihre geringe Größe, die praktisch genommen aus den Nebenhöhlen in sich geschlossene Resonatoren macht, zu denen also die Tonwellen keinen Zutritt haben würden, lassen auch die „Annahme, die Nebenhöhlen könnten als regelrechte Resonatoren aus dem Gesamtklange Töne herausheben und verstärken, im höchsten Grade unwahrscheinlich werden". Dem entspricht auch die klinische Erfahrung, daß bei Vereiterung der Nebenhöhlen keine Beeinträchtigung des Stimmklanges eintritt, die nicht in anderen Verhältnissen (z. B. Einengung der Nasenhöhlen durch die stark geschwollenen Schleimhäute) ihren Grund hätte. 3. Die beim Singen und Sprechen auftretenden *Erschütterungen der Knochen und Weichteile*

---

[1] GIESSWEIN, M.: Über die Resonanz der Mundhöhle und der Nasenräume, im besonderen der Nebenhöhlen der Nase. Passow-Schaefers Beitr. **4** (1911).

*des Schädels* kommen dadurch zustande, daß die stehenden, kräftigen Tonschwingungen der menschlichen Stimme die Wandungen des Ansatzrohres in Vibration versetzen. Sie sind also lediglich als *Folgeerscheinungen* des Stimmklanges anzusprechen und sind daher nicht — wie vielfach angenommen wurde — gleichzusetzen einer *Resonanz* der Kopfknochen nach Art eines Resonanzkastens der Saiteninstrumente. Somit ist also den Erschütterungen der Schädelknochen *keinerlei* wesentliche und somit praktische Bedeutung als verstärkende Faktoren der menschlichen Stimme und Sprache beizumessen.

## 2. Beeinflussung des Stimmklanges durch Veränderung der resonatorischen Vorgänge in den übrigen Teilen des Ansatzrohres [Mundhöhle, Rachen (außer Nasenrachenraum)] und Kehlkopf oberhalb der Stimmlippen.

### A. Beeinflussung des Stimmklanges durch Ausschaltung des Ansatzrohres.

*Vollständige oder annähernd vollständige Ausschaltung* des Ansatzrohres bei der Stimmbildung des lebenden Menschen konnte KATZENSTEIN[1] erreichen, indem er sich selbst ein bei der Bronchoskopie gebräuchliches starres Rohr bis dicht oberhalb der Stimmlippen einführen ließ. Zunächst konnte er dabei nur Brusttöne, nach einiger Übung auch Falsettöne hervorbringen, beide ohne jeden Vokalcharakter, aber viel voller als bei dem bekannten Experiment am ausgeschnittenen Kehlkopf. Dieser von den Stimmlippen allein erzeugte Ton — der *Stimmlippenton* — wurde vermittelst des MARTENS-LEPPINSCHEN Apparats *klanganalytisch* untersucht. Das Resultat war eine fast reine Sinuskurve; höchstens zeigte sich im Falsett ein leises Mitschwingen der Oktave. — Bei diesen Untersuchungen ist jedoch zu beachten, daß es sich im Grunde genommen gar nicht um den reinen Stimmlippenton handelt; denn auch das eingeführte starre Rohr muß doch bis zu einem gewissen Grade ebenfalls als „Ansatzrohr" wirken.

### B. Dunkel- und Hellfärbung der Stimme.

Die Klangveränderung in der Stimme kommt namentlich auch in einer *Dunkel-* und *Hellfärbung* der Stimme zum Ausdruck. Je mehr sich die Form des Ansatzrohres der Stellung beim Vokal U nähert, desto *dunkler* wird die Klangfarbe der Stimme. Dabei ist das Ansatzrohr durch Tiefertreten des Kehlkopfes verlängert, die Mundöffnung ist verengt. Solche Töne haben infolge Fehlens der hohen Obertöne den charakteristischen *dumpfen* (obertonarmen) Klang. Im Gegensatz dazu ist bei der *hellen* Klangfarbe (etwa wie bei den offen gebildeten Vokalen A und E) das Ansatzrohr infolge Höhertretens des Kehlkopfes verkürzt, der Mund ist weiter geöffnet, die Mundwinkel sind mehr zurückgezogen; solche Töne sind durch die Anwesenheit zahlreicher Obertöne ausgezeichnet. SOKOLOWSKY[2] fand *klanganalytisch* bei besonders offen und hell („plärrend") gesungenen Tönen einen auffallenden Reichtum an — namentlich hohen — Obertönen; ein Analogon zu der HELMHOLTZschen Annahme, daß die Blechinstrumente ihren charakteristischen „schmetternden" Klang ihren hohen Obertönen verdanken.

In diesem Zusammenhange sind die Untersuchungen von PIELKE[3,4] über „*offen* und *gedeckt*" *gesungene Vokale* zu erwähnen. Unter „*Decken*" ist ein gesangstechnisches Hilfsmittel zu verstehen, das dazu dient, den Übergang von

---

[1] KATZENSTEIN: Zitiert auf S. 1354.   [2] SOKOLOWSKY: Zitiert auf S. 1354.
[3] PIELKE, W.: Über den Ausgleich des Stimmbruchs durch die sog. Deckung. III. Internat. Laryngologenkongreß. Berlin 1912.
[4] PIELKE, W.: Über „offen" und „gedeckt" gesungene Vokale. Passow-Schaefers Beitr. **5** (1912).

den tieferen nach den höheren Lagen — namentlich bei der Männerstimme — angenehmer und wohllautender zu machen; der Ton wird durch das Decken *dunkler* gefärbt und klingt *weicher* und *edler*. Werden gewisse Töne (bei einer mittleren Männerstimme etwa von c aufwärts) nicht „gedeckt", sondern „offen" gesungen, so erhalten sie — vorausgesetzt, daß der Sänger nicht ins Falsett umkippt — einen eigentümlichen, *unedlen, ordinären, plärrenden* Klang.

PIELKE hat mit Hilfe des MARTENS-LEPPINSCHEN Apparates die „offen" und „gedeckt" gesungenen Vokale *klanganalytisch* untersucht. Er fand bei den „offenen" Tönen ein auffallend starkes Hervortreten des zweiten Partialtones, während bei den „gedeckten" der Grundton besonders stark vertreten war. Hinsichtlich der höheren Obertöne war das Resultat nicht ganz einheitlich: bei den meisten Vokalen wiesen die „gedeckten" Töne einen größeren Reichtum an hohen Obertönen auf als die „offenen", beim A war das Umgekehrte der Fall. Nur der letzte Befund würde mit den Ergebnissen von SOKOLOWSKY[1] in Einklang zu bringen sein.

Der *Mechanismus* der Deckung des Gesangstones scheint in der Hauptsache durch die Stellung des *Kehldeckels* bedingt zu sein (PIELKE[2], SCHILLING[3]). Im großen und ganzen pflegt sich die Epiglottis bei der gedeckten Tongebung deutlich aufzurichten, so daß die Stimmlippen im Kehlkopfspiegel bis weit nach vorn sichtbar werden, während beim offen gesungenen Ton der Kehldeckel meistens gesenkt ist und dadurch den Einblick in den Aditus laryngis mehr oder weniger verdeckt. Damit ist fast stets ein Tiefertreten des Kehlkopfes, ein Heben des weichen Gaumens sowie ein leichtes Ansteigen des hinteren Teils der Zunge verbunden.

## C. Beeinflussung des Stimmklanges durch unzweckmäßige Mitbewegung.

Eine wesentliche Änderung des Stimmklanges kann *durch unzweckmäßige Mitbewegung von Muskeln* innerhalb des Ansatzrohres bedingt werden; es werden also gelegentlich nicht nur diejenigen Muskeln in Tätigkeit gesetzt, die für die intendierte stimmliche Leistung erforderlich sind, sondern darüber hinaus noch benachbarte Muskelgruppen, deren Tätigkeit dabei entbehrlich oder sogar schädlich ist. Eine solche unzweckmäßige Mitbewegung tritt namentlich bei dem sog. „*Knödeln*" in Erscheinung.

Der „*Kloßton*" oder „*Knödelton*" hat einen ganz charakteristischen, überaus häßlichen Klang; man hat den Eindruck, als wenn der Sänger oder Sprecher einen kloß- oder knödelförmigen Körper im Halse hätte, der den Ton im freien Ausströmen aus dem Munde hindere. Man kann diese Knödelstimme auch *künstlich* von außen hervorrufen, indem man während der Stimmgebung einen Druck am Halse in der Gegend des Zungenbeins von vorn schräg nach hinten oben ausübt und auf diese Weise den Zungengrund der hinteren Rachenwand nähert. GARZIA pflegte auf solche Art seinen Schülern diese fehlerhafte Lage des Ansatzrohres (timbre guttural) zu Bewußtsein zu bringen. In der Tat beruht auch der *Mechanismus* des Knödeltones auf einer unzweckmäßigen Mitbewegung derjenigen Muskeln, die eine übermäßige Annäherung des Zungengrundes an die hintere Rachenwand bewirken. So entsteht für den aus dem Kehlkopf kommenden Tonstrom ein Engpaß, eine Art Stauung, welche den charakteristischen Knödelton im Gefolge hat. SOKOLOWSKY[4] hat den Kloßton *klanganalytisch* untersucht. Er fand — was wohl von vornherein zu erwarten war —, daß diese Klänge an Obertönen ganz besonders arm waren. Denn ein solcher Knödelton klingt — bei aller Unschönheit für unser Ohr — *dumpfer* und tatsächlich auch *weicher* als der normal gebildete Ton; eine Eigenschaft, die ja durch Obertonarmut bedingt zu sein pflegt.

Auf einer Änderung der resonatorischen Vorgänge im Ansatzrohr beruht im wesentlichen auch die sog.

## 3. Bauchrednerstimme.

Die Kunst des sog. „Bauchredners" beruht in seiner Fähigkeit, durch einen ganz besonderen Gebrauch des Stimmapparates seine eigentliche Stimme so zu verändern, daß der Hörer die Stimme einer ganz anderen Person zu hören glaubt, die zuweilen noch aus größerer Entfernung zu ihm zu sprechen scheint. Diese

---

[1] SOKOLOWSKY: Zitiert auf S. 1354.   [2] PIELKE: Zitiert auf S. 1356.
[3] SCHILLING: Über den Mechanismus der Deckung des Gesangstones. Stimme (Berl.) **6**, H. 1.
[4] SOKOLOWSKY: Zitiert auf S. 1354.

Täuschung gelingt noch vollkommener, wenn der Bauchredner abwechselnd mit seinem normalen und mit dem veränderten Stimmklange spricht, und wenn er noch durch gewisse *äußere* Mittel diese Täuschung unterstützt. So ist es ein beliebter Trick des Bauchredners, sich mit einer Puppe, die er auf dem Schoß hält, zu „unterhalten"; dadurch lenkt er auch gleichzeitig die Aufmerksamkeit des Zuhörers von seinem eigenen Artikulationsorgan ab, was — wie wir gleich sehen werden — für das Gelingen seiner Darbietungen von großer Bedeutung ist.

Mit dem Mechanismus der Bauchrednerstimme hat sich im vorigen Jahrhundert — und auch schon früher — eine Reihe von Autoren beschäftigt (v. HELMONT, JOH. MÜLLER, LISKOVIUS, MERKEL, GRÜTZNER, BRÜCKE, SOMMERBRODT). Ihre Beobachtungen widersprechen sich außerordentlich; nicht einmal über die wichtige Frage, ob die Bauchrednerstimme inspiratorisch oder exspiratorisch gebildet wird, herrscht Einigkeit. Erst die von FLATAU und GUTZMANN[1] (1894) an 6 Bauchrednern vorgenommenen systematischen Untersuchungen sowie spätere Untersuchungen von NADOLECZNY[2], PANCONCELLI-CALZIA[3] und HUIZINGA[4] haben in diese widersprechenden Beobachtungen Klarheit gebracht. Aus den Ergebnissen ist folgendes hervorzuheben.

Der *Stimmfremitus*, der bei der gewöhnlichen Stimme an der Wand des Schildknorpels, der Trachea und am Thorax zu fühlen ist, scheint bei der Bauchrednerstimme zu fehlen, gleichgültig, ob sie laut oder leise angeschlagen wird. Im Gegensatz zu FLATAU und GUTZMANN konnte NADOLECZNY allerdings bei 2 Bauchrednern Vibrationen an Hals und Brust wahrnehmen.

Die *Stellungsveränderungen* des Kehlkopfes bieten gegenüber denen bei gewöhnlicher Stimme nichts Charakteristisches; sie sind jedenfalls für die Erzeugung der Bauchrednerstimme nicht durchaus notwendig.

Die *Gaumenbögen* sind außerordentlich straff gespannt, stärker jedenfalls als bei der Brust- und Fistelstimme, und laufen in einem nahezu spitzen Winkel nach oben. Je höher mit der Bauchrednerstimme gesungen wird, desto spitzer wird dieser Winkel zwischen den vorderen Gaumenbögen, und schließlich wird die Vorderfläche des weichen Gaumens zu einer deutlichen Mulde, wie man es bei der gewöhnlichen Stimme niemals zu sehen bekommt. Das Zäpfchen ist meistens stark kontrahiert.

Das *laryngoskopische* und *laryngophotographische* Kehlkopfbild zeigt, daß beim Bauchreden die Stimmlippenstellung einen *Übergang* (*Mittelstellung*) bildet von der Phonationsstellung bei der Fistelstimme zu der Verschlußstellung beim Husten und Pressen. Die dabei regelmäßig zu beobachtenden Veränderungen dienen zum Teil dazu, eine stärkere Verengerung der Stimmritze herbeizuführen. Das wird erreicht durch eine besondere Art des Verschlusses ihrer hinteren Partie, durch kräftige Aneinanderlegung der Basen der Gießbackenknorpel, indem die Stimmlippen gleichzeitig stärker aneinandergelegt und gespannt werden. — Die *Taschenbänder* sind einander bei der Intonation sehr stark genähert, so daß die vorher bei der Fistelstimme frei sichtbaren Stimmlippen mindestens um die Hälfte schmäler erscheinen. Sie sollen in der Hauptsache eine dämpfende Vorrichtung sein. „Ihr Verhalten erinnert durchaus an die Abdämpfung einer schwingenden, etwa über ein Rohr gespannten Membrane durch einen seitlich aufgelegten Finger." — Der *Kehldeckel* ist stets stark rückwärts gelagert; diese

---

[1] FLATAU u. GUTZMANN: Die Bauchrednerkunst. Leipzig: Ambr. Abel 1894.
[2] NADOLECZNY, M.: Physiologie der Stimme und Sprache. Handb. Denker-Kahler **1**, 621 (1925).
[3] PANCONCELLI-CALZIA: Objektive Untersuchungen an einem Berufsbauchredner. Vox **1925**, H. 1.
[4] HUIZINGA, E.: Über Bauchreden. Arch. Ohrenheilk. **127**, 77 (1930).

Rückwärtslagerung scheint jedoch zum Hervorbringen der Bauchrednerstimme nicht unbedingt erforderlich zu sein, da sie durch Übung überwunden werden kann (z. B. beim Kehlkopfspiegeln), ohne daß eine Änderung im Charakter der Bauchrednerstimme wahrzunehmen ist.

Die *musikalische Höhe* der Bauchrednerstimme bewegt sich eine Oktave über dem Brustregister (auch von HUIZINGA bestätigt); ihr *Umfang* ist im Anfang sehr gering und erstreckt sich nur über einige wenige Töne, kann aber durch Übung wachsen und schließlich über eine Oktave umfassen. — NADOLECZNY fand bei dem bekannten Bauchredner H. Blank einen ziemlich großen Stimmumfang von cis—$c^2$ für Ventriloquenztöne neben einem normalen Umfang von $B_1$—$c^1$.

Die *Artikulation* des Bauchredners muß insofern eine Veränderung erfahren, als die normalen Artikulationsbewegungen — um die Illusion nicht zu zerstören — nach Möglichkeit unsichtbar bleiben müssen. Dabei wird es naturgemäß in der Hauptsache darauf ankommen, die Bewegungen im Gebiete der *ersten* Artikulationsstellen (b, p, w, f, m) möglichst auszuschalten. Dazu nimmt der Bauchredner häufig eine ganz ungezwungen aussehende Mundstellung an derart, daß die Unterlippe den oberen Schneidezähnen stark genähert ist, während der Unterkiefer etwas vorgerückt steht. In dieser für f und w charakteristischen Stellung werden dann die Laute der ersten Artikulationsstellen deutlich hervorgebracht, ohne daß — besonders in einiger Entfernung — durch die leisen Vibrationen der Unterlippe der Eindruck artikulatorischer Bewegungen hervorgerufen wird. Vielfach wird vom Bauchredner auch eine Profilstellung eingenommen, so daß er dann die artikulatorischen Bewegungen mit der dem Zuschauer abgewandten Lippenhälfte ausführen kann. — Ein von HUIZINGA untersuchter niederländischer Bauchredner ging von einer bestimmten Mundstellung aus, die etwa dem i entsprach, von der aus durch geschickte Verwendung der verschiedenen Hilfsmuskeln die anderen Selbstlaute deutlich ausgesprochen wurden. Im Gegensatz zu FLATAU und GUTZMANN wurden in seinem Falle die Lippenlaute nicht durch Anlegen der Unterlippe gegen die obere Zahnreihe gebildet, sondern es wurde m durch n, p durch th und b durch d ersetzt.

Der *phonatorische Luftverbrauch* ist bei der Bauchrednerstimme wesentlich geringer als bei der normalen Stimme. — Hinsichtlich der *Atembewegungen* ist bei der *Brustatmung* eine Abweichung von der normalen nicht festzustellen. Dagegen zeigt sich bei den *Bauchkurven* — also bei der Ausatmung —, daß eine *absteigende* Bewegung des Zwerchfelles und somit eine der Verkleinerung des Brustkorbes entgegengesetzte Bewegung stattfindet. Damit ist auch die Erklärung gegeben, warum von einer Reihe von Autoren angenommen wurde, daß die Bauchrednerstimme inspiratorisch gebildet wird. Diese paradoxe Zwerchfellbewegung, die die Ökonomie des Atemverbrauchs außerordentlich begünstigt, konnte auch von NADOLECZNY bestätigt werden, der darin eine merkwürdige Ähnlichkeit der Staustellung der Sänger mit der Bauchrednerstellung sieht.

Eine ähnliche Abweichung von der normalen Bauchatmung scheint auch PANCONCELLI-CALZIA[1] bei einem von ihm untersuchten Bauchredner gefunden zu haben; allerdings war in seinem Falle neben der Bauchatmung auch die Brustatmung in gleicher Weise verandert. Die Ausatmung erfolgte „bei starker Kontraktion und Steifheit der in Betracht kommenden Muskulatur". Bemerkenswert war bei seinem Bauchredner noch, daß er neben der normalen Stimme und der Bauchrednerstimme noch eine dritte Stimme hervorbringen konnte, die von dem Bauchredner selbst als „Puppenstimme" oder „polyphonische Stimme" bezeichnet wurde. Sie war näselnd, scharf, hoch, aber von großer Fülle und Tragweite und „jedenfalls frei von jener der vox ventriloqua anhaftenden Pressung und Dünne".

*Klanganalytische Untersuchungen* der Bauchrednerstimme scheinen bisher nicht vorgenommen worden zu sein.

---

[1] PANCONCELLI-CALZIA: Zitiert auf S. 1358.

## II. Stimme und Geschlecht.
### 1. Störungen des normalen Ablaufs des Stimmwechsels (Mutationsstörungen).

Die *physiologischen* Veränderungen der Stimme zur Zeit der *Geschlechtsreife* erfahren gelegentlich gewisse *Störungen*, die wir als *Mutationsstörungen* bezeichnen.

Früher herrschte die Ansicht vor, daß diese Störungen in der Hauptsache das *männliche* Geschlecht betreffen; neuere Untersuchungen (NADOLECZNY[1,2], FELLENZ[3]) haben jedoch ergeben, daß auch das *weibliche* Geschlecht erheblich daran beteiligt sein kann. Es können folgende Formen der Mutationsstörungen unterschieden werden.

#### A. Verlängerter Stimmwechsel (Mutatio prolongata).

Während physiologisch die Umwandlung der Kinderstimme in die Frauenstimme bzw. Männerstimme in einigen Monaten beendigt zu sein pflegt, können bei der *Mutatio prolongata* die bekannten Erscheinungen des Stimmbruches sich über längere Zeit, gelegentlich sogar über Jahre hin erstrecken. Offenbar vermag sich in solchen Fällen die Kehlkopfmuskulatur dem gelegentlich außerordentlich raschen Wachstum des laryngealen Knorpelgerüstes nicht anzupassen, und so kann dann Jahre hindurch das charakteristische Umschlagen der Stimme aus der Bruststimme in die Fistel bestehen bleiben. Die damit häufig verbundene Heiserkeit sowie ein sehr starkes Räusperbedürfnis pflegen von dem Betroffenen recht unangenehm empfunden zu werden, zumal das dauernde Umschnappen der Stimme ihn häufig genug der Lächerlichkeit preisgibt.

Das alles bezieht sich im wesentlichen auf das männliche Geschlecht, kann jedoch auch bei Mädchen beobachtet werden, die dann namentlich über Räusperbedürfnis und Störungen der Singstimme klagen (NADOLECZNY).

Naturgemäß bleiben auch die *laryngoskopisch* sichtbaren Veränderungen der Mutation weiter bestehen; meistens klafft die Stimmritze bei der Stimmgebung im hinteren Drittel, also im Sinne einer Parese der Mm. transversi („Mutationsdreieck"), gelegentlich aber auch der Mm. laterales und interni: also eine nicht ganz ausgesprochene Hauchstellung der Glottis (SILBIGER[4]). In anderen Fällen steht eine mehr oder weniger ausgesprochene Internusinsuffizienz im Vordergrunde. Häufig sind damit gewisse Reizzustände an den Stimmlippen und an den Schleimhäuten des Kehlkopfeinganges verbunden, die leicht einen „Katarrh" vortäuschen können.

Übrigens pflegt in den meisten Fällen eine regelrechte Stimmbehandlung (wie auch bei der persistierenden Fistelstimme, s. unten) die Umwandlung in die normale, dauernde Bruststimme zu erzielen. Wo die Behandlung (übrigens ganz vereinzelt) versagt, pflegt es sich um Fälle zu handeln, die *inkretorischer* Natur sind (s. unten).

#### B. Persistierende Fistelstimme (eunuchoide Stimme).

Das Charakteristische dieser Störung liegt — wie schon der Name sagt — darin, daß es bei den davon betroffenen Individuen *überhaupt nicht zur Bildung*

---

[1] NADOLECZNY: Lehrbuch der Sprach- und Stimmheilkunde. Leipzig: Vogel 1926.
[2] NADOLECZNY: Physiologie der Stimme und Sprache. Handb. Denker-Kahler **1**, 621 (1925).
[3] FELLENZ: Über Mutationsstörungen der Stimme bei beiden Geschlechtern. Z. Hals- usw. Heilk. **16**, 426 (1926).
[4] SILBIGER: Zur Charakteristik der Mutation. Z. Laryng. usw. **6**, 151 (1928).

*einer normalen Bruststimme kommt,* sondern daß sie *dauernd mit der Fistelstimme* sprechen, also *durchschnittlich eine Oktave höher* als in der normalen Sprechtonlage. Diese Störung ist wirtschaftlich für den Träger von größter Bedeutung, weil sie ihn von einer Reihe von Berufen ausschließt; außerdem ist sie für ihn auch häufig genug eine Quelle schwerster seelischer Leiden. Schon die Bezeichnung „Eunuchenstimme", der man häufig im Publikum für die persistierende Fistelstimme begegnet, kennzeichnet, welchen Verdächtigungen und welchem Spott solche Kranke im gesellschaftlichen Leben ausgesetzt sind. — Die Störung kann bis in das späteste Alter bestehen bleiben. In einem mir bekannten Falle behielt der Betreffende seine Fistelstimme bis zu seinem etwa im 65. Lebensjahre erfolgten Tode.

Die Ursache für diese Störung ist darin zu suchen, daß die *Spannung* der Stimmlippen bei der Stimmgebung in der Hauptsache durch den M. cricothyreoideus bewirkt wird, während der M. thyreoarytaenoideus internus dabei mehr zurücktritt. Bei dem stürmischen Wachstum des Kehlkopfes in der Mutationsperiode kommt der Stimmlippenmuskel (M. internus) gewissermaßen nicht mit, er versagt und wird funktionell durch den M. cricothyreoideus ersetzt, der ja die Bildung der Fistoltöne bewirkt. Wird nun die verstärkte Tätigkeit des M. cricothyreoideus und die mangelhafte des M. internus habituell, so wird auch die Fistelstimme habituell. — Nur in ganz seltenen Fällen ist die persistierende Fistelstimme eine Folge geschlechtlicher Unterentwicklung und ist dann als *echte Eunuchenstimme* (s. unten) zu bezeichnen.

Zu bemerken ist noch, daß nach den Untersuchungen von DALMA[1], MOSES[2] und SILBIGER[3] gewisse Beziehungen zwischen der persistierenden Fistelstimme und einer *schizoiden Konstitution* zu bestehen scheinen.

In diesem Zusammenhange ist noch diejenige Fistelstimme zu erwähnen, die durch künstliche Aufhebung der Geschlechtsfunktion — die *Kastration* — entsteht: *die echte Kastratenstimme oder* **Eunuchenstimme**. Man unterscheidet *Spätkastrate* (Kastration *nach* der Pubertät) und *Frühkastrate* (Kastration *vor* der Pubertät).

*1. Spätkastration.* Bereits im frühesten Altertum finden wir die barbarische Maßnahme der Kastration zur Bestrafung und zur Vertilgung (Unfruchtbarmachung) des besiegten Feindes. Später wurde die Kastration ein religiöser Brauch: so unterzogen sich in Griechenland die Priester der Diana zu Ephesus der Kastration, und noch heute finden wir diesen Brauch bei einer russischen religiösen Sekte, den Skopzen. In späteren Jahren war es wohl der Wunsch, ungefährliche Diener und Wächter der Frauen zu schaffen, der das Eunuchentum begünstigte.

Die Folgen der Spätkastration auf die Stimme sind im ganzen sehr viel weniger tiefgehend als die der Frühkastration. Immerhin wird allgemein als hauptsächliches Merkmal *ein erhebliches Höherwerden* der Stimme angegeben.

Weit einschneidender ist jedoch der Einfluß der

*2. Frühkastration.* Das allgemeine Wachstum des Körpers wird zwar nicht unterbrochen, aber der Körper wächst mehr nach Art wachsender Knaben; so ist der ausgewachsene Kastrat kein Mann, sondern ein alter, geschlechtsloser Knabe. Der männliche Bartwuchs fehlt, es kommt zu starken Fettablagerungen am ganzen Körper: die Kastraten sind meist „dick und fett wie Kapaune, mit

---

[1] DALMA: Zitiert bei MOSES.
[2] MOSES: Über persistierende Fistelstimme bei einem Sänger. Z. Hals- usw. Heilk. **1926**, 447.
[3] SILBIGER: Zitiert auf S. 1360.

Hüften, Armen und Hälsen wie Weiber" (MÖBIUS[1]). Um so auffallender ist es dann, wenn aus diesen Kolossen eine *Kinderstimme* ertönt; die Stimme bleibt *knabenhaft, sopranartig.*

Die Ursache liegt in der mangelhaften Entwicklung des Kehlkopfes, der in seinen Größenverhältnissen dem weiblichen ähnlich verbleibt, so daß die Stimmlippen nur um weniges, etwa nur um 1 mm, die Länge der weiblichen übertrifft; auch die Knorpel bleiben dünner und weicher als beim männlichen Kehlkopf. Ihr Umfang beträgt nach HABÖCK[2] etwa $2-2^{1}/_{2}$ Oktaven, von c bis $c^3$ oder $f^3$; der berühmte Kastrat *Farinelli* verfügte über $3^{1}/_{2}$ Oktaven, nämlich A bis $d^3$. Dabei haben sich aber die Lungen geweitet, so daß der Brustumfang jenen von gesunden Männern übertrifft; die Mundhöhle ist größer geworden, so daß die Resonanzbedingungen sehr viel besser geworden sind als bei der weiblichen Stimme, die von der Kastratenstimme vielfach an Kraft, Glanz und Ausdauer (langer Atem!) übertroffen wird. Das mag wohl auch mit ein Grund sein für die große Befähigung der Kastratenstimme zur künstlerischen Ausbildung; dazu kommt noch, daß bei den Frühkastraten — da keine Mutation stattfindet — schon sehr früh mit der Ausbildung begonnen werden kann (bei dem berühmten Farinelli z. B. schon im 8. Lebensjahr, während beim normalen Sänger die Ausbildung erst *nach* der Pubertät einsetzen soll).

Tatsache ist jedenfalls, daß die Kastratenstimme, ganz besonders in Italien, dem klassischen Lande des Gesanges, namentlich im 17. und 18. Jahrhundert unerhörte Triumphe feierte; in unzähligen Berichten wird von der unübertrefflichen Schönheit, Kraft und Süße der Stimme, von der großen Gesangskunst geschwärmt. Papst Clemens VII. berief als erster männliche Soprane in den Kirchenchor, wie denn überhaupt im 18. Jahrhundert auch die meisten weiblichen Bühnenrollen für Kastraten geschrieben und von ihnen gesungen wurden. Die größten unter ihnen (Farinelli, Bernacchi, Senesino, Caffarelli, Velluti, gest. 1861 (!) u. a.) waren europäische Berühmtheiten und bezogen unerhörte Honorare. Namentlich der letzte Umstand mag wohl der Grund gewesen sein, daß sich immer wieder neue Anwärter für die Kastration fanden.

Beim *weiblichen Geschlecht* scheint die Kastration vor Eintritt der Geschlechtsreife (*Frühkastration*) zwecks Erzeugung einer besonderen Stimme nicht vorgenommen worden zu sein. Bei denjenigen Fällen, wo geschlechtsreife Frauen aus irgendwelchen Gründen ihrer Ovarien verlustig gingen (*Spätkastration*), war ein nachteiliger Einfluß insbesondere auf die Stimmbildung nicht festzustellen. MOURE[3] fand einmal nach Oophorektomie ein Tieferwerden der Stimme: aus einer Sopranstimme wurde fast eine Altstimme. SEEMANN[4,5] gibt ebenfalls an, daß die Frauenstimme durch Vernichtung der Ovarialtätigkeit tiefer wird; gleichzeitig soll sie auch an Klang verlieren und rauh werden. Diese letzte Angabe finde ich weder durch das Schrifttum noch durch eigene Erfahrungen bestätigt, so daß Berufssängerinnen im allgemeinen eine Gefährdung ihres Berufes wohl kaum zu befürchten haben.

## C. Unnatürlicher Stimmwechsel (perverse Mutation).
### 1. Beim weiblichen Geschlecht.

Es sind zweifellos Fälle beobachtet worden, bei denen der weibliche Kehlkopf während der Mutation ein ungewöhnliches Wachstum zeigt, so daß eine

---

[1] MÖBIUS: Über die Wirkungen der Kastration. Halle: Marold 1906.
[2] HABÖCK: Die Eunuchenstimme und ihre künstlerische Verwendung. Wien. med. Wschr. **1918**, Nr 34 u. 35.
[3] MOURE: Der Einfluß der Oophorektomie auf die Stimme. N. Y. State J. Med. **1894**.
[4] SEEMANN: Geschlechtsfunktion und Stimme. Čas. lék. česk. **1930** — II. Festschrift für Prof. CISLER — Refer. Internat. Zbl. Ohrenheilk. **32**, 234 (1930).
[5] SEEMANN: Les fonctions sexuelles et la voix. Otolaryngologia slav. **2** (1930) — Refer. Zbl. Hals- usw. Heilk. **16**, 853 (1931).

der Männerstimme ähnliche, tiefe und etwas rauhe Stimme zustande kommt. Einwandfrei ist in dieser Beziehung der Fall von SCHEIER[1]. Das Mädchen, das früher eine schöne Sopranstimme gehabt hatte und bei welchem im 14. Lebensjahre die Menstruation eingetreten war, bekam eine wirkliche und tiefe Baßstimme. Die Stimmlippen waren ungewöhnlich lang, der Kehlkopf erschien äußerlich größer als sonst, der Adamsapfel sprang stark hervor; dabei durchaus normale weibliche Genitalien, geistige Eigenschaften und Neigungen einer weiblichen Person. Der Stimmumfang reichte über 4 Oktaven von C bis $h^3$. Es lag also eine deutliche Wachstumsveränderung des Kehlkopfes vor, und damit im Zusammenhang bestand der Tonumfang eines männlichen Bassisten. Auffallend war dabei, daß die Stimme aber auch ihre ursprüngliche Sopranlage nicht verloren hatte, sondern nunmehr über 4 Oktaven reichte.

Einen ähnlichen Fall hat HEYMANN beobachtet, während der Fall von HORSFORD[2] nicht einwandfrei zu sein scheint (von SEMON angezweifelt), wie denn überhaupt in der Beurteilung der publizierten Fälle eine gewisse Skepsis am Platze ist; einmal in der Richtung, daß gelegentlich bei Frauen *ohne Untersuchung des Genitalapparates* Männerstimmen festgestellt werden. So wurde mir ein 16jähriges junges Mädchen wegen ihrer tiefen und ausgesprochen männlichen Stimme zur Untersuchung überwiesen. Der Kehlkopf zeigte durchaus männliche Züge: stark vorspringender Adamsapfel, auffallend breite und lange Stimmlippen. Die auf diesen Befund hin von mir veranlaßte Genitaluntersuchung brachte die Klärung: es handelte sich nicht um ein Mädchen, sondern um einen geschlechtlich mißbildeten Mann — um ein Hypospadäus. Ganz ähnlich liegen die Verhältnisse in zwei von BERTHOLD[3] und von SCHEIER mitgeteilten Fällen. — Aber auch in anderer Richtung kommen Irrtümer vor. Das sind die sog. „weiblichen Tenöre", die immer wieder in der Literatur auftauchen und mit großem Aplomb auch von autoritativer Seite vorgestellt werden. Ich habe selbst einen solchen „weiblichen Tenor" genau durchuntersucht und in dem Verein für wissenschaftliche Heilkunde in Königsberg[4] vorgestellt; ich habe damals einwandfrei nachweisen können, daß die Tenorstimme nichts anderes war als das besonders gut entwickelte und stark in die Höhe geschraubte *Brustregister*, neben dem — wenn auch schwächer ausgebildet — ein Mittel- und Kopfregister (Registerdreiteilung der weiblichen Stimme) deutlich nachweisbar war. Ähnlich beurteilt auch NADOLECZNY[5] zwei von ihm beobachtete Fälle.

Eine *andere* — seltene — *Form des gestörten Stimmwechsels beim Mädchen* kann dadurch zustande kommen, daß die Muskeln in der Mutationsperiode — wie beim Knaben — den Dienst versagen. Der M. internus wird nicht genügend angespannt, die Stimmlippen bleiben schlaff, so daß durch stärkeres Anblasen entsprechend der geringen Spannung eine sehr *tiefe Stimme* (GUTZMANN[6], NADOLECZNY[7]) — eine Art *Strohbaß* — zustande kommen kann. GUTZMANN sah ein 13jähriges Mädchen, bei dem die tiefe Baßstimme fortwährend mit der normalen

---

[1] SCHEIER: Vorstellung eines Falles von tiefer Baßstimme bei einem jungen Mädchen. Berl. laryngol. Ges. **1908** (20. III.).
[2] HORSFORD: Genuine Baritonstimme bei einem 17jährigen Mädchen. Sitzung der laryngol. Sektion der Royal Society of Medicine zu London am 7. II. 1908. Zbl. Laryngol. **1909**, 176.
[3] BERTHOLD: Ein Fall von Hermaphrodismus masculinus. Arch. f. Laryng. 4.
[4] SOKOLOWSKY: Patientin mit Sopran- und Tenorstimme. Verein für wissensch. Heilkunde. 28. XI. 1910. Dtsch. med. Wschr. **1911**, Nr 11.
[5] NADOLECZNY: Zitiert auf S. 1360.
[6] GUTZMANN, H.: Die funktionellen Störungen der Stimme und Sprache. Handb. der inneren Medizin. Berlin: Julius Springer 1926. 2. Aufl. bearbeitet von NADOLECZNY.
[7] NADOLECZNY: Zitiert auf S. 1360.

Frauenstimme wechselte wie beim Stimmbruch der Knaben. — Die meisten der beobachteten Fälle sind im Laufe der Zeit in die normale Sprechstimme übergegangen. Es kann aber auch vorkommen, daß die tiefe Stimme gewohnheitsmäßig bleibt ebenso wie gelegentlich die persistierende Fistelstimme beim Manne.

Endlich ist noch zu erwähnen, daß *frühzeitiges Tieferwerden der Stimme* als Zeichen von *Pubertas praecox* mehrfach beobachtet worden ist, so von NADOLECZNY (beschrieben von HERZOG[1]) bei einem 3jährigen Mädchen mit vorzeitiger Geschlechtsentwicklung und einer Stimmlage von Gis bis c; dann mehrfach von FRÖSCHELS[2,3], darunter bei einem 6jährigen Mädchen mit einer tiefen, rauhen, heiseren Männerstimme, die sich durchschnittlich in der großen Oktave, also in der Stimmlage des erwachsenen Mannes bewegte.

In diesem Zusammenhange muß daran erinnert werden, daß es *Tumoren* (insbesondere der Keimdrüsen) gibt, welche die Eigenschaft besitzen, den *Geschlechtscharakter der Trägerin zu ändern*; durch Entfernung des Tumors kann dann wieder eine rücklaufige Entwicklung erzielt werden. Sehr instruktiv ist in dieser Hinsicht ein von E. STRASSMANN[4,5] beobachteter Fall. Bei einer 24jährigen Frau, die seit $1^1/_2$ Jahren ihre Periode verloren hatte, stellten sich während dieser Zeit ausgesprochene Symptome „der Vermännlichung" ein: starker Bartwuchs, Fettschwund, Abflachung der Brüste, Verschärfung der Gesichtszüge. Am Kehlkopf sprang der Adamsapfel deutlich vor, die Stimme wurde zum ausgesprochenen *Bariton*. Es wurde ein rechtsseitiger Ovarialtumor festgestellt. Vier Wochen nach der Operation waren sämtliche Symptome „der Vermannlichung" geschwunden und die Patientin war wieder verweiblicht. Ähnliche Fälle sind auch von NEUMANN[6], SELLHEIM und WAGNER[7] beobachtet worden.

## 2. Beim männlichen Geschlecht.

Wenn wir von den *Frauenstimmenimitatoren* (echte Männerstimmen — meistens Baritone und Bässe — mit besonders gut ausgebildetem *Falsettregister*) absehen, so scheint *echte Frauenstimme beim Manne* bisher einwandfrei nur einmal, und zwar von ERBSTEIN[8], beobachtet worden zu sein. Es handelt sich um ein 24jähriges Individuum mit einer eigentümlichen Durcheinandermischung der Geschlechtszeichen, das jedoch unbedingt als dem *männlichen* Geschlecht zugehörig betrachtet werden muß. Denn von männlichen Zügen waren vorhanden: normale männliche Geschlechtsorgane, normale Verteilung der Behaarung am Körper, normales männliches Becken und das Vorhandensein von Spermien. Dagegen fand sich von weiblichen Zügen: fehlende Behaarung im Gesicht, weibliche Psychik, weibliche Erotik und vor allen Dingen ein *weiblicher Kehlkopf* und eine *weibliche Stimme*, und zwar ein echter Sopran mit einem Umfang von $c^1$ bis $c^3$ und mit einem besonderen Wohllaut der hohen und höchsten Töne. Die hier vorliegende Störung der *inneren Sekretion* der männlichen Geschlechtsdrüsen bei vollkommener Erhaltung ihrer *äußeren Sekretion* glaubt ERBSTEIN auf eine Funktionsstörung der *Thymusdrüse* zurückführen zu müssen (Thymus persistens), die in diesem Falle, gegenüber der normalen, nicht atrophiert war.

---

[1] HERZOG: Ein Fall von allgemeiner Behaarung mit heterologer Pubertas praecox bei einem dreijährigen Mädchen. Münch. med. Wschr. **1915**, 6, 7.

[2] FRÖSCHELS: Sprachheilkunde. Leipzig u. Wien: Deuticke 1931.

[3] FRÖSCHELS: Zur Klinik der Mutationsstörungen. Z. Hals- usw. Heilk. **23**, 340 (1929).

[4] STRASSMANN, E.: Vermännlicht und wieder verweiblicht. Dtsch. med. Wschr. **1929**, Nr 46.

[5] STRASSMANN, E.: Schwangerschaft und Geburt nach Vermännlichung und Wiederverweiblichung. Dtsch. med. Wschr. **1931**, Nr 13.

[6] NEUMANN, H. O., bei STRASSMANN.

[7] WAGNER: Über Vermännlichung durch bestimmte Ovarialtumoren. Dtsch. med. Wschr. **1931**, Nr 27.

[8] ERBSTEIN: Ein seltener Fall von Androgynie (Sopranstimme beim Mann). Mschr. Ohrenheilk. **1928**, 783.

## 2. Sonstige Beziehungen zwischen Geschlecht und Stimme.
### A. Stimme im Klimakterium und im Greisenalter.

Wie der *Beginn* der Geschlechtsfunktion in der Pubertät, so ist auch ihr *natürliches Erlöschen im Alter* nicht ohne *Einfluß auf die Stimme*.

Bei der Frau erlischt die Zeugungsfähigkeit mit dem Aufhören der Menstruation, bei dem Manne pflegt sie länger erhalten zu bleiben. Dementsprechend ist im allgemeinen die Stimme des Mannes dauerhafter als die der Frau. Das schließt nicht aus, daß wir häufig genug von Sängerinnen trotz des Klimakteriums höchste und reinste Kunstleistungen zu hören bekommen, häufiger jedoch von Männern. Noch im 73. Lebensjahre war *Battistini* stimmlich und künstlerisch kaum zu übertreffen. Zweifellos spielen in solchen Fällen die gute Schule und die zweckmäßige Behandlung der Stimme eine große Rolle.

Im allgemeinen treten jedoch bei den *Frauen* im Klimakterium merkliche Veränderungen der Stimme auf; der Umfang wird kleiner, namentlich nach der Höhe zu, Wohllaut und Rundung der Stimme pflegen nachzulassen, die Töne werden leicht scharf. Gelegentlich kann man eine auffallende Vertiefung der Stimme feststellen, offenbar *Veränderungen der inneren Sekretion*, namentlich wenn sich gleichzeitig Haarwuchs an Oberlippe und Kinn bemerkbar machen.

Beim *Manne* steht die *Abnahme der Intensität* der Stimme im Vordergrunde; besonders pflegt die Bruststimme nachzulassen, während die Kopfstimme besser davonkommt.

Die im *späteren Greisenalter* noch mehr hervortretenden Veränderungen der Stimme sind weniger auf geschlechtliche als auf allgemeine körperliche Involution zurückzuführen. Sie finden in den anatomischen Veränderungen ihre Erklärung. Mit der abnehmenden Vitalkapazität und dem verringerten Atmungsdruck wird auch die Stimmkraft immer geringer. Infolge Atrophie der elastischen Gewebe des Kehlkopfes samt der Muskulatur können die Stimmlippen nicht präzise eingestellt und gespannt werden. Die Stimme wird leise, dünn, schwach und zittrig (tremolierend), häufig zu hoch, namentlich beim Sprechen. Beim Singen wird stark detoniert und tremoliert.

### B. Stimme und Menstruation.

Häufig schon in den Tagen *vor* Eintritt der Menstruation, noch häufiger aber *während* der Menstruation pflegen sich gewisse Störungen des Stimmklanges bemerkbar zu machen. Hauptsächlich machen die hohen Töne beim Singen Mühe, außerdem pflegt eine Neigung zum Detonieren zu bestehen. Diese Symptome, welche auf eine Herabsetzung der Kraft der phonischen und respiratorischen Muskulatur schließen lassen, finden vielleicht ihre Erklärung in einer veränderten Blutversorgung, vielleicht auch in einer nervösen Depression (BARTH[1,2]). Mehrfach sind Stimmlippenblutungen dabei beobachtet worden (IMHOFER[3], NADOLECZNY[4], SEEMANN[5]), ebenso stärkere menstruelle Durchblutung des Kehlkopfes (BAYER bei NADOLECZNY); gelegentlich erscheinen die Stimmlippen glänzend, geschwellt, succulent. Ich habe eine Zeitlang eine Sängerin (Sopranistin) beobachten können, die an typischen kleinsten Stimmbandknötchen litt, die sich aber funktionell in keiner Weise bemerkbar machten. Nur jedesmal zur Zeit der Menstruation wurden die Knötchen etwas größer, und damit war auch eine

---

[1] BARTH, E.: Einführung in die Physiologie, Pathologie und Hygiene der menschlichen Stimme. Leipzig: Thieme 1911.
[2] BARTH, E.: Geschlecht und Stimme. Z. Hals- usw. Heilk. **1923**, 96.
[3] IMHOFER: Über Stimmlippenblutungen bei Sängern. Z. Laryng. usw. **10** (1921).
[4] NADOLECZNY: Zitiert auf S. 1360.   [5] SEEMANN: Zitiert auf S. 1362.

Reihe von Störungen verbunden, die ihr das Singen in diesen Tagen unmöglich machten. Demgegenüber muß ich allerdings bemerken, daß ich zahlreiche Sängerinnen kenne, die stimmlich nicht nur vollkommen frei von irgendwelchen Erscheinungen während der Menstruation waren, sondern die noch ausdrücklich spontan angaben, daß sie in dieser Zeit besonders „frei und leicht" singen.

### C. Stimme und Schwangerschaft.

Im allgemeinen scheint die Gravidität — namentlich in den ersten Monaten — auf die Stimme *ohne sonderlichen Einfluß* zu sein. NADOLECZNY[1] hat gelegentlich ein Tieferwerden der Stimme feststellen können. Anders ist es in der vorgerückten Schwangerschaft; dann kann die Beeinträchtigung der Atembewegung eine künstlerische Betätigung der Stimme unmöglich machen.

## III. Besondere Stimmarten.

Einige besondere Stimmarten, z. B. *Näseln, Dunkel-* und *Hellfärbung der Stimme, Bauchrednerstimme* sind beim Kapitel „*Resonanz*" behandelt worden, da sie ja in der Tat hauptsächlich durch Änderungen der Resonanzbedingungen zustande kommen. Die *Kastratenstimme* ist des Zusammenhanges wegen beim Kapitel „*Pubertät*" besprochen worden.

*Andere* außergewöhnliche Stimmarten sind

### 1. Inspiratorische Stimme.

Die Stimme kann nicht nur *exspiratorisch*, sondern gelegentlich auch *inspiratorisch* hervorgebracht werden. Denn wie der *Ausatmungsstrom* die einander genäherten Stimmlippen in tönende Schwingungen versetzt, so vermag das — unter gewissen Bedingungen — auch der *Einatmungsstrom*. Man braucht also bei der Einatmung die Stimmritze nur so weit zu öffnen wie beim Singen oder Sprechen, so wird auch bei der Inspiration Stimme ertönen.

Bei *Tieren* kommt die inspiratorische Stimme nicht selten vor; sie wird vom Pferde beim Wiehern und vom Esel beim Schreien angewendet. Beim i—a des Esels wird i mit inspiratorischer und a mit exspiratorischer Stimme hervorgebracht (GRÜTZNER[2,3]). Auch die Katze miaut inspiratorisch (BARTH[4]).

Die inspiratorische Stimme des *Menschen* klingt im allgemeinen rauh und häßlich, oft auch eigentümlich *schluchzend*, wie das Schluchzen ja überhaupt auf der Produktion inspiratorischer aber unwillkürlicher Laute beruht. Für den Ungeübten ist es nicht ganz leicht, den inspiratorischen Ton in der beabsichtigten *Tonhöhe* hervorzubringen; im allgemeinen wird er einige Tonstufen *höher* gebildet als ein vorangegangener exspiratorischer Ton, wie denn überhaupt der inspiratorische Laut schwerer anspricht als der normal gebildete.

Gewöhnlich ist auch der *Umfang* der inspiratorisch gebildeten Stimme ein recht beschränkter; bevorzugt wird dabei — nach meinen Erfahrungen — das *Falsettregister*. Im Gegensatz dazu hat NADOLECZNY[5] beobachtet, daß die Sprech-

---

[1] NADOLECZNY: Zitiert auf S. 1360.
[2] GRUTZNER, P.: Physiologie der Stimme und Sprache. In Hermanns Handb. d. Physiologie.
[3] GRUTZNER, P.: Stimme und Sprache. Ergebnisse der Physiologie (ASCHER und SPIRO). Wiesbaden: Bergmann 1902.
[4] BARTH, E.: Einführung in die Physiologie, Pathologie und Hygiene der menschlichen Stimme. Leipzig: Thieme 1911.
[5] NADOLECZNY: Physiologie der Stimme und Sprache. Handb. Denker-Kahler 1, 621 (1925).

stimmlage beim inspiratorischen Sprechen tiefer liegt als beim exspiratorischen. Es ist jedoch durchaus möglich, durch Übung den Umfang zu erweitern und die Töne kräftiger zu gestalten, so daß sogar inspiratorisch mit durchaus schönem und reinem Stimmklang gesungen werden kann (SEGOND[1]). Allerdings dürften wohl derartige Leistungen zu den Ausnahmen gehören. — Bemerkenswert ist die von MERKEL[2] gemachte, von GUTZMANN[3,4] bestätigte Beobachtung, daß man bei der Inspiration durch die *Nase* leichter inspiratorische Stimme bilden kann als bei der Inspiration durch den Mund. Unter *normalen* Verhältnissen wird die inspiratorische Stimme vom Menschen *nicht* angewendet; nur bei sehr *geschwätzigen* Menschen fand KEMPELEN[5] schon, ,,daß sie, um ja keinen Augenblick zu verlieren, unter dem Atemholen ganze Redensarten hineinwärts'' sprechen.

Auch bei einer Reihe von Naturlauten findet die inspiratorische Stimme Verwendung (MERKEL[2], GRÜTZNER[6]). Abgesehen von dem schon erwähnten *Schluchzen*, lachen auch manche Menschen inspiratorisch. Außerdem gibt es eine eigentümliche Art von *Weinen*, die sich durch die Unterbrechung mittels kurzer, stoßender Töne auszeichnet, wobei sich das Zwerchfell schnell zusammenzieht; ähnlich wie beim *Singultus* ist es ,,ein Zusammenzucken, wie wenn man, so lautet die provinzielle Bezeichnung, vom Bocke gestoßen wird'' (GRÜTZNER[6]).

Es gibt auch *Sprachlaute*, die inspiratorisch gebildet werden (GUTZMANN[3,4]), die sog. *Schnalzlaute* oder *Klixe*, die wir allerdings in unserer Sprache nicht als Sprachlaute, sondern als Ausdrucksbewegungen verwenden. Hierher gehört das *Zungenschnalzen* und auch der stets inspiratorische Schnalzlaut des *Kusses*. Bei diesen Lauten kommt es jedoch zu keiner Inspirationstätigkeit der Lunge bzw. der Brust, so daß sie z. B. auch während des exspiratorischen Summens ausführbar sind (PANCONCELLI-CALZIA[7]). Sie verdanken ihre Entstehung lediglich einer Inspirationsbewegung des *Mundes*, die der *Saugbewegung* gleich ist. Es handelt sich also eigentlich mehr um *Sauglaute* als um Inspirationslaute. — Solche Schnalzlaute und Klixe werden namentlich auch von den kleinen Kindern in der *Lallperiode* gern hervorgebracht, wo sie offenbar mit dem Saugen zusammenhängen.

Aber auch *wahre Inspirationsstimme* wird von kleinen und großen *Kindern* gelegentlich in spielerischer Absicht angewandt (GUTZMANN[3,4]) und führt — bei längerer und mehr gewohnheitsmäßiger Anwendung — zu Heiserkeit, die sich durch außerordentliche Hartnäckigkeit auszuzeichnen pflegt. Objektiv findet man in solchen Fällen meistens Rötung und Schwellung der Stimmlippen, zuweilen aber auch Knötchenbildung — Laryngitis nodosa.

Gelegentlich kommt es auch bei *Erwachsenen* unter gewissen Umständen zu einer inspiratorischen Sprechweise. So finden wir sie bei manchen Formen des *Stotterns*. Der betreffende Stotterer hat dann — meistens zufällig — entdeckt, daß ihm gewisse Worte, die er exspiratorisch nicht aussprechen kann, inspiratorisch ganz leicht gelingen, und wird sich daher in Zukunft bei derartigen Worten mit Vorliebe der inspiratorischen Sprechweise bedienen. — Etwas

---

[1] SEGOND: Arch. Gén. de Méd. **17**, Nr 2, 200 (1848).
[2] MERKEL: Anthropophonik. Leipzig 1857.
[3] GUTZMANN: Über die verschiedenen Formen der inspiratorischen Stimme. Mschr. Ohrenheilk. **1921**, 1201.
[4] GUTZMANN: Über die verschiedenen Formen der inspiratorischen Stimme. Verh. Ges. dtsch. Hals- usw. Ärzte in Nürnberg **1921**.
[5] KEMPELEN: Mechanismus der menschlichen Sprache. Wien 1791.
[6] GRÜTZNER: Zitiert auf S. 1366.
[7] PANCONCELLI-CALZIA: Über inspiratorische Phonation. Extrait des Arch. néerl. Physiol. **7**, 402 (1922).

Ähnliches finden wir gelegentlich auch bei der sog. *spastischen Dysphonie*, wenn der Kranke den exspiratorischen Spasmus der Glottisschließer, der ihn am Weitersprechen hindert, vermeiden will. Es handelt sich also im wesentlichen um *funktionell* Erkrankte, die die inspiratorische Stimme dazu benutzen, um den Schwierigkeiten, die mit der spastischen und exspiratorischen Stimme verbunden sind, zu entgehen.

Dagegen finden sich in einigen *Eingeborenensprachen normalerweise* vereinzelte inspiratorische Laute mitten in Gruppen von exspiratorisch gebildeten (PANCONCELLI-CALZIA[1]).

*Kymographische* Untersuchungen über die *Atembewegungen* beim inspiratorischen Sprechen und Flüstern liegen von WITT[2] vor. Er fand 1. eine Zunahme an Dauer beim Inspirium, 2. eine Abnahme an Dauer beim darauffolgenden Exspirium, 3. eine Verringerung des Verhältnisses von Inspiration zu Exspiration, 4. eine Abnahme an Dauer der ganzen Respiration, 5. eine Zunahme an reiner Phonationsdauer und 6. eine Zunahme an costaler und eine Abnahme an abdominaler Ausdehnung. Nach den Untersuchungen von PANCONCELLI-CALZIA[1] ist die Phonation nach vorherigem inspiratorischem Sprechen oder Flüstern um ein Drittel kürzer um die Hälfte kürzer als nach normaler Einatmung.

*Klanganalytische* Untersuchungen über die Inspirationsstimme liegen bisher nicht vor; in einigen vorläufigen klanganalytischen Aufnahmen des Verfassers scheinen in den Klangaufnahmen wesentliche Unterschiede zwischen der exspiratorischen und der inspiratorischen Stimme nicht zu bestehen.

## 2. Triller, Tremolo, Vibrato.

### A. Triller.

Der *Triller* findet namentlich im Koloraturgesange seine Verwendung und ist fast immer das Resultat einer guten gesangstechnischen Ausbildung. Da der Koloraturgesang in früheren Jahren viel mehr gepflegt wurde als in der heutigen Zeit, scheint sich auch die ältere Literatur besonders ausführlich mit dem Triller beschäftigt zu haben (s. bei NADOLECZNY[3,4]).

Eine genaue Kenntnis der Vorgänge beim Triller verdanken wir den exakten, experimentell-phonetischen Untersuchungen NADOLECZNYs[5].

Danach entsteht der Triller durch eine fortlaufende, durch Rückstoß gebundene Schüttelbewegung des Kehlkopfes während der Stimmgebung in vertikaler und horizontaler Richtung (nach oben vor- und unten rückwärts). Diese Kehlkopfbewegungen werden von gleichartigen Mitbewegungen der Zunge und des weichen Gaumens begleitet.

Die gebräuchlichste Form des Trillers ist die rasche Aufeinanderfolge eines *tieferen*, akzentuierten Tones (*Hauptnote*) und eines um einen halben oder einen ganzen Ton höher liegenden unbetonten *Nebentones* („der von unten nach oben geschlagene Triller"); seltener scheint der umgekehrte Fall zu sein („der von oben nach unten geschlagene Triller", bei dem also mit dem höheren, lauteren Tone begonnen wird).

Ein gewisses Kriterium für die Güte des Trillers ist die Zahl der *Trillerschläge* in der Sekunde, die sog. *Schlagzahl*. Eine verhältnismäßig hohe Schlagzahl ist wohl ein sicheres Zeichen eines geschulten Trillers. GARZIA hat die Trillerschläge mit einem Metronom be-

---

[1] PANCONCELLI-CALZIA: Z. Eingeborenensprachen **11**, 3 (1921).

[2] WITT: Kymographische Untersuchungen über Atembewegungen beim inspiratorischen Sprechen und Flüstern. Vox **1929**, 4—5.

[3] NADOLECZNY, M.: Untersuchungen über den Kunstgesang. Berlin: Julius Springer 1923.

[4] NADOLECZNY, M.: Über den Triller im Kunstgesang. Verh. Ges. dtsch. Hals- usw. Ärzte in Nürnberg **1921**, 82.

[5] NADOLECZNY, M.: Experimentell-phonetische Untersuchungen über das Tremolieren der Singstimme. Sitzgsber. Ges. Morph. u. Physiol. München **38**, 88 (1928).

stimmt, und zwar mit nur 3,3 pro Sekunde; NADOLECZNYS Sänger erreichten gelegentlich eine Schlagzahl von 8—8.5 pro Sekunde, wobei der Autor es für sehr leicht möglich hält, daß die Versuchspersonen durch die laryngographische Aufnahmetechnik (Druck der Pelotte, nach hinten gerichtete Kopfhaltung) am schnelleren Trillern gehindert worden sind. Je *häufiger* also, aber auch je *gleichmäßiger* unter sich diese Trillerschläge ablaufen, desto geschulter ist der Sänger, desto besser klingt der Triller.

Ferner ergaben die Untersuchungen NADOLECZNYS, daß die Schlagzahl in den höheren Stimmlagen absolut größer ist als in den tieferen; das würde auch mit der bekannten Tatsache übereinstimmen, daß der Triller den höheren Stimmgattungen besser liegt als den tiefen.

Bemerkenswert sind die Ergebnisse der pneumographischen Untersuchungen hinsichtlich der *Atembewegungen beim Trillern*. Es fanden sich namlich nicht nur bei ungeschulten, sondern häufiger auch bei sehr gut geschulten Sängern *Trillerbewegungen der Atemmuskulatur* an den pneumographischen Kurven vor. Allerdings sind diese Bewegungen bei dem echten Koloratursopran sehr selten. Diese Ergebnisse dürften in einem gewissen Gegensatz zu MERKELS[1] Vorschrift stehen, „der exspirative Luftstrom müsse beim Triller ganz gleichmäßig gegeben werden". Dagegen würde sich bis zu einem gewissen Grade eine Übereinstimmung mit der Forderung von PIELKE ergeben, der beim Koloraturgesang in den höchsten Sopranlagen „ein Lockerlassen der Bauchstütze" empfiehlt.

## B. Tremolo.

Mit dem Triller darf nicht das *Tremolo* verwechselt werden. Das Tremolo entsteht häufig infolge seelischer Erregung — Angst (sog. Lampenfieber), Wut, Schmerz; dann als sog. „*habituelles Tremolieren*" (FLATAU[2]), als Ausdruck einer funktionellen Stimmschwäche der Sänger (Phonasthenie), infolge der verschiedenartigsten Fehler der Stimmbildung. — NADOLECZNY[3] fand das Tremolieren häufig bei Gesangsschülern, namentlich bei schwierigen Leistungen (beim Übergang zu hohen Kopftönen, bei Schwelltönen, im Forte bzw. im Dekrescendo). Aber auch bei ausgebildeten Stimmen von berühmten Sängern kommen gelegentlich bei schwierigen Stellen Tremolierbewegungen vor.

Das Tremolo der Singstimme beruht auf einer *Kontinuitätstrennung* der Gesangstöne infolge von Innervationsschwankungen der gesamten Phonationsmuskulatur bzw. eines Teiles derselben (NADOLECZNY[4]). Es kann also außer der *regelmäßig* befallenen Fixationsmuskulatur des Kehlkopfes noch die Artikulationsmuskulatur, die Muskulatur der Nasenflügel und die gesamte Atemmuskulatur betroffen sein. So kommt es also zu *stoßweisen Zitterbewegungen* der betreffenden Muskelpartien.

Die *Stoßzahl* der groben, sichtbaren Tremolierbewegungen schwankt nach NADOLECZNY zwischen 4—8 pro Sekunde, scheint aber unabhängig von der Stimmgattung zu sein.

Zur Feststellung der erwähnten Zitterbewegungen an den verschiedenen Muskelpartien benutzte NADOLECZNY den GUTZMANNschen Pneumographen und den ZWAARDEMAKERschen Laryngographen; die Stimmschwankungen selbst wurden durch Klangaufnahme vermittelst des FRANKschen Apparates (Kapsel mit Glimmermembran, Eigenschwingung: ca. 1300 Schwingungen pro Sekunde) festgestellt.

Aus den *laryngographischen* Aufnahmen ergibt sich, daß die Bewegungen meistens tatsächlich *stoßweise* und nicht undulierend vor sich gehen.

Die *Klangkurven* zeigen wiederum, daß die *Tonhöhenschwankungen* recht erheblich sind (meistens über $1/2$ Ton). In schwereren Fällen finden sich auf der Kurve dieser groben Tonhöhenschwankungen noch zahlreiche kleine Zacken aufgesetzt, so daß die Stimme nicht nur mit der Stoßzahl der äußerlich sichtbaren Bewegungen schwankt, sondern — in kleineren Breiten — auch noch inner-

---

[1] MERKEL: Antropophonik. 1857.
[2] FLATAU, TH.: Das habituelle Tremolieren der Singstimme. Berlin: A. Stahl 1903.
[3] NADOLECZNY: Zitiert auf S. 1368. [4] NADOLECZNY: Zitiert auf S. 1368.

halb derselben. — Ebensowenig gleichmäßig verläuft auch die Kurve der *Tonstärken*; auch hier finden sich kleine Schwankungen, die den gröberen Stößen aufgesetzt sind.

Bemerkenswert ist, daß *Tonhöhenschwankungen und Tonstärkenschwankungen* nicht immer parallel zu gehen brauchen; es kann also vorkommen, daß einer Abschwächung des Tones eine Tonerhöhung entspricht.

FRÖSCHELS[1] hat das Tremolo bei zwei stimmkranken Sängerinnen experimentell-phonetisch untersucht. Er fand 9—12 An- und Abschwellungen pro Sekunde und Tonhöhenschwankungen um etwa einen halben Ton.

Zusammenfassend läßt sich nach den NADOLECZNYschen Untersuchungen sagen, daß der *Triller sich vom Tremolo durch feste Intervalle,* klare *Rhythmisierung* und *deutliche Unterscheidung von Haupt- und Nebenton unterscheidet.*

In diesem Zusammenhange muß auch das *pulsatorische Tremolo der Stimme* erwähnt werden. Rhythmisch und synchron mit den Herzschlägen tritt in den Luftwegen beim Ein- und Ausatmen sowie bei ruhigem Anhalten der Atmung eine zuerst von BUISSON und dann von VOIT beobachtete Luftbewegung auf, die von LANDOIS als *kardiopneumatische Bewegung* bezeichnet wurde. Durch diese kardiopneumatischen Bewegungen werden Druckschwankungen in den Luftwegen bewirkt, die zu rhythmischen Schwankungen der Stimmstärke führen: sog. „*pulsatorisches Tremolo der Stimme*". — N. STEWART[2] hat wohl zuerst (1898) diese Erscheinung beschrieben und darauf hingewiesen, daß sie namentlich bei Ermüdung der Stimme auftritt und daß sie von geschulten Sängern selbst bei langen Pianotönen ausgeglichen wird, bis auch ein empfindliches Ohr sie nicht mehr vernehmen kann.

Nach TOSHIHIKO FUJITA[3] beträgt die Druckschwankung bei Phonation wie bei ruhiger Atmung etwa 2—5 mm $H_2O$; die Druckerhöhung tritt mit der Kontraktion des Herzens ein. Er fand ferner das pulsatorische Tremolo besonders deutlich gegen Ende der Ausatmung bei leisen Tönen, ebenso bei Ermüdung. Außerdem geht nach FUJITA mit der pulsatorischen Intensitätssteigerung der Stimme auch eine *Erhöhung* derselben einher.

NADOLECZNY[4,5] hat seine Untersuchungen über das pulsatorische Tremolo der Singstimme mit dem Atemvolumschreiber von GUTZMANN-WETHLO angestellt und dabei gefunden, daß der Mehrverbrauch an Luft während des Pulsstoßes bei tiefen Pianotönen für die Männerstimme rund 0,5—1,5 ccm beträgt.

BECK[6] fand bei seinen experimentellen Untersuchungen — im *Gegensatz* zu FUJITA —, daß Tonhöhe und pulsatorisches An- und Abschwellen der Stimme meist *entgegengesetzt* gehen; wo also in den Kurven infolge des Pulses ein oft erhebliches Ansteigen der Amplitude zutage trat, sank die Tonhöhe unter den Mittelwert, und umgekehrt. Das stimmt gut mit den Untersuchungsergebnissen von WETHLO[7] an Polsterpfeifen überein, scheint aber — wenigstens für den *lebenden* Kehlkopf — im Gegensatz zu stehen zu dem bekannten Gesetz von JOHANNES MULLER über die Beziehungen von Anblasedruck und Stimmlippenspannung.

---

[1] FRÖSCHELS, E.: Vorläufige Ergebnisse der Wiener Enquete zur Vereinheitlichung der Nomenklatur der in Gesangskunst und Stimmpädagogik gebrauchten Begriffe. Mschr. Ohrenheilk. **1929**, H. 7.

[2] STEWART, C. N.: Der Einfluß der kardiopneumatischen Bewegungen auf die Stimme und Stimmgebung. Arch. f. Physiol. **1912**, 460.

[3] FUJITA, TOSHIHIKO: Der Einfluß der kardiopneumatischen Bewegung auf die Stimme und Stimmgebung. Arch. f. Physiol. **1912**, H. 1/2, 46.

[4] NADOLECZNY, M.: Untersuchungen mit dem Atemvolumschreiber über das pulsatorische Tremolo der Singstimme. Z. Hals- usw. Heilk. 4, H. 1 (1922).

[5] NADOLECZNY, M.: Pulsatorische Erscheinungen an laryngographischen und pneumographischen Kurven. I. internat. Kongr. f. experiment. Phonetik Hamburg 1914.

[6] BECK, JOSEPH: Beeinflussung der Stimme durch den Puls. Z. Laryng. usw. 18, 174 bis 182 (1929).

[7] WETHLO: Versuche mit Polsterpfeifen. Passow-Schaefers Beitr. 4 (1913).

## C. Vibrato.

Während wir das *Tremolo* beim Sänger als *unschön*, als einen Fehler seiner Tonbildung empfinden, wirkt das sog. *Vibrato* — in gewissen Grenzen angewendet — auf unser Ohr durchaus angenehm und vermittelt ihm den Eindruck einer „warmen", „beseelten" Stimme.

Ganz allgemein kann also zunächst gesagt werden, daß auch das Vibrato auf *Schwankungen der Tonhöhe und der Tonstärke* beruht, die zwar deutlich hörbar sind, die aber — im Gegensatz zum Tremolo — unserem Ohre die eben erwähnten wohltuenden Empfindungen vermitteln.

Die *physikalischen Vorgänge* beim Vibrato sind gerade in letzter Zeit mehrfach *experimentell* untersucht worden (NADOLECZNY[1], SCHOEN[2], KWALWASSER[3], WEISS[4]). Alle diese Untersuchungen stoßen unserer Ansicht nach von vornherein auf eine *kaum zu beseitigende Schwierigkeit*. Denn die Feststellung, ob bei dem zu untersuchenden Sänger noch ein Vibrato oder schon ein Tremolo vorliegt, ist doch zunächst eine *psychologisch-ästhetische* und dürfte dementsprechend gelegentlich von den verschiedenen Untersuchern auch verschieden beantwortet werden. So fand z. B. NADOLECZNY[1] bei dem Vibrato eines von ihm untersuchten berühmten Tenors noch eine Tonhöhenschwankung bis zu $1/3$ Ton. Das scheint reichlich hoch und dürfte sich doch schon bedenklich dem Tremolo nähern.

Die Untersuchungsergebnisse der genannten Autoren scheinen zunächst darin übereinzustimmen, daß es sich beim Vibrato um *regelmäßige, gleichzeitige Schwankungen von Tonhöhe und Tonstärke handelt*; nach SCHOEN besteht das Vibrato aus 6—7 Schwebungen in der Sekunde. Dagegen gehen die Ansichten über das *Verhältnis von Tonhöhenschwankung zu Tonstarkenschwankung* weit auseinander. Nach den Untersuchungen von SCHOEN entspricht einer Verstarkung stets eine Erhöhung. WEISS fand genau das Gegenteil, so daß nach seinen Ergebnissen einer Tonverstärkung stets eine Tonvertiefung entspricht, und umgekehrt. KWALWASSER hat wiederum verschiedene Typen beobachtet; er spricht von einem *Parallelvibrato*, bei dem beide Faktoren in gleichem Sinne verlaufen, und von einem *Gegenvibrato*, bei dem eine Frequenzerhohung bei Intensitatsverminderung stattfindet, und umgekehrt. Daneben fand er noch ein reines *Intensitätsvibrato* (nur Schwankungen der Tonstärke) und ein reines *Frequenzvibrato* (nur Schwankungen der Tonhöhe).

Wir sind also zur Zeit von einer restlosen Beantwortung der Frage nach den *physikalischen* Vorgängen beim Vibrato — besonders was das Verhältnis von Tonhöhenschwankung zu Tonstärkenschwankung angeht — noch recht weit entfernt.

Die *physiologische* Ursache des Vibratos kann nach WEISS sowohl in einer periodischen Spannungsschwankung der Stimmlippen, als auch in der Tatsache gelegen sein, daß die Lungen ihren Luftgehalt infolge Kampfes der In- und Exspiratoren mit periodisch wechselnder Geschwindigkeit entleeren. WEISS gibt der letzteren Deutung den Vorzug.

Vom *Tremolo* dürfte sich das *Vibrato* also durch *geringere* und *gleichmäßigere Schwankungen* der *Tonhöhe* und der *Tonstärke* unterscheiden.

---

[1] NADOLECZNY: Zitiert auf S. 1370.
[2] SCHOEN, M.: An experimental Study of the Pitsch Factor in Artistic Singing. Univ. Jowa Stud. Psychol. Nr 8.
[3] KWALWASSER, J.: The Vibrato. Psychologic. Monogr. **36**, Nr 1 (1926) — Univ. Jowa Stud. Psychol. Nr 9 — Ref. in Z. Experimental-Phonetik **1**, H. 1, 43 (1930).
[4] WEISS, DESIDER: Untersuchungen über das Vibrato. Wien. med. Wschr. **1930**, Nr 35.

## 3. Änderungen des Stimmklanges infolge Lähmungen der Kehlkopfmuskeln[1].

*Teilweiser* oder *vollständiger Ausfall* einzelner oder mehrerer an der Stimmbildung beteiligter Muskeln kann die verschiedenartigsten *Störungen des Stimmklanges* zur Folge haben. Bei weitem am häufigsten handelt es sich dabei um *neuropathische Lähmungen*: es ist die Funktion derjenigen Muskeln herabgesetzt bzw. ganz aufgehoben, die von den geschädigten Nerven versorgt werden. Reine *myopathische Lähmungen* sind nur ganz vereinzelt beobachtet worden, so infolge Trichinose (NAVRATIL[2]) und bei Lungentuberkulose („wächserne Degeneration" der betreffenden Muskeln, EUGEN FRAENKEL[3]); es ist ohne weiteres klar, daß die durch diese Prozesse bedingte Funktionshemmung der Schließmuskeln ebenfalls eine Schwäche und Unsicherheit des Stimmklanges bewirken kann.

Auf die verhältnismäßig häufig auftretenden überaus mannigfachen Stimmstörungen, wie sie bei der *funktionellen Stimmschwäche* (*Phonasthenie*) als Folgeerscheinungen *muskulärer Insuffizienzen* beobachtet werden, kann an dieser Stelle nur hingewiesen werden.

Häufig genug wird indessen — wie schon v. ZIEMSSEN[4] hervorgehoben hat — infolge der Subtilität und räumlichen Gedrängtheit der hier in Frage kommenden Muskeln und Nerven eine scharfe Abgrenzung der neuropathischen und myopathischen Pathogenesen unmöglich sein; man wird daher verhältnismäßig selten in die Lage kommen, eine *reine* myopathische Affektion nachzuweisen und neben der Schädigung der Muskelsubstanz eine Mitbeteiligung der sie versorgenden bzw. in ihr verlaufenden Nervenzweige auszuschließen. Aus diesem Grunde *verzichten* wir bei den hier zu besprechenden Stimmstörungen auf die a priori gegebene *Einteilung nach den Lähmungen* der in Betracht kommenden *Nerven*, sondern bezeichnen die Paresen — mit Ausnahme des *gesamten* N. recurrens — kurzweg nach den befallenen *Muskelgruppen*.

### A. Störungen des Stimmklanges infolge Ausfalls des M. cricothyreoideus.

Isolierte — einseitige sowie doppelseitige — Lähmungen dieses vom N. laryng. sup. versorgten Muskels sind zwar selten, aber einwandfrei beobachtet worden. MYGIND[5] hat allein im Laufe von 4 Jahren 4 Fälle gesehen; die gleiche Anzahl hat LUBLINSKI[6] beobachtet. Vielleicht sind diese Lähmungen häufiger, als man im allgemeinen annimmt und werden nur wegen der nicht ganz leichten Deutung öfters übersehen. Das wird namentlich für die leichten Paresen des M. cricothyreoideus zutreffen sowie für diejenigen Fälle, wo infolge einer gleichzeitig bestehenden Internuslähmung (s. unten) der Ausfall des Cricothyreoideus nicht erkannt wird.

---

[1] Die ältere Literatur über Stimmbandlähmungen — etwa bis 1898 — ist bei SEMON (Die Nervenkrankheiten des Kehlkopfs. Handb. der Laryng. u. Rhinologie 1. Wien 1898) zusammengestellt.

[2] NAVRATIL: Fall von Kehlkopflahmung infolge von Trichinose. Berl. klin. Wschr. **1876**, Nr 22.

[3] FRÄNKEL, E.: Über patholog. Veränderungen der Kehlkopfmuskeln bei Phthisikern. Virchows Arch. **71** (1877).

[4] v. ZIEMSSEN: Die Krankheiten des Kehlkopfs. Handb. der spez. Pathol. u. Therapie **4** (1879).

[5] MYGIND, HOLGER: Die Paralyse des Musc. cricothyreoideus. Arch. f. Laryng. **18**, 403 (1906).

[6] LUBLINSKI: Gibt es eine isolierte Lähmung des M. cricothyreoideus? Münch. med. Wschr. **1901**, 1053.

Der Cricothyreoideus ist der *Stimmlippenspanner*. In ausgesprochenen Fällen erscheint daher infolge des Ausfalls der Spannung der freie Rand der gelähmten Stimmlippe *erschlafft* und zeigt eine unregelmäßige, *wellenförmige* Kontur. In den obenerwähnten leichteren Fällen bildet die Glottisspalte keine scharfe Linie, sondern ist leicht unregelmäßig und ein wenig geschlängelt.

*Die Störungen des Stimmklanges* finden ebenfalls in dem Ausfall der physiologischen Muskelwirkung ihre Erklärung. So wird also eine vollständige *Aphonie nicht* zum Bilde dieser Lähmung gehören; nicht einmal stärkere Heiserkeit wird dabei anzutreffen sein. Wo solche Störungen in der Literatur beschrieben sind, handelt es sich entweder um Beobachtungsfehler oder um Verbindung mit anderen Lähmungsformen. Denn die Stimmlippen können ja geschlossen, aber nur nicht energisch genug gespannt werden. Dementsprechend erhält die Sprechstimme im allgemeinen einen etwas *unreinen* und *rauhen* Beiklang. Dazu kommt dann — ebenfalls infolge Fortfalls der Spannung — eine *Einschränkung* in der Bildung der *hohen Töne*. Dadurch rückt die Sprechtonlage herunter, die Stimme wird *tief* und — da sie nach oben nur wenig moduliert werden kann — *monoton*. Weiterhin ist häufig noch eine schnell einsetzende *Ermüdung* bei der Intonation zu beobachten: ein angegebener Ton kann nur ganz kurze Zeit ausgehalten werden.

## B. Störungen des Stimmklanges infolge Ausfalls des M. thyreoarytaenoideus internus (Internuslähmung).

Die Internusparese ist die am häufigsten beobachtete Lähmung, besonders in ihrer doppelseitigen Form. Laryngoskopisch ist sie bei der Phonation durch Verschmälerung der gelähmten Stimmlippe und Exkavation des Stimmlippenrandes gekennzeichnet, so daß also die Glottis bei der häufigeren — doppelseitigen — Form *spindelförmig, elliptisch* erscheint.

*Die Störungen des Stimmklanges* sind von der Intensität der Lähmung abhängig. *Vollständige Aphonie* kann eintreten bei hochgradiger Paralyse, wenn die Stimmlippenränder so weit voneinander entfernt sind, daß die Stimmlippen nicht mehr in Schwingungen geraten. Bei geringeren Lähmungsgraden ist die Stimme mehr oder weniger *heiser, hauchig* und pflegt auch *weniger laut* zu sein, weil der Exspirationsstrom infolge der Exkavation der Stimmlippen nicht vollkommen unterbrochen wird. — Bei dem Bestreben, durch verstärkten Exspirationsdruck eine lautere Sprechstimme zu erzielen, tritt baldige *Ermüdung* ein, die sich um so schneller einstellt, je ausgesprochener die Schlußunfähigkeit ist. — Einseitige Internuslähmung pflegt dementsprechend alle diese Symptome in weit geringerem Maße aufzuweisen; meistens ist der Stimmklang dabei nur leicht unrein.

Die leichten Insuffizienzen der Interni spielen namentlich bei den *funktionellen Stimmerkrankungen* der Berufssänger eine große Rolle; sie können das ganze Heer der Stimmstörungen im Gefolge haben (Intonationsstörungen, Tremolo, Ausfall von Tonbezirken usw.), die ja für die Gesangsstimme von allergrößter Bedeutung sind, auf die aber an dieser Stelle nicht im einzelnen eingegangen werden kann.

Zu erwähnen sind noch die ebenfalls auf doppelseitiger Internusparese beruhenden sog. *habituellen Stimmlippenlähmungen* (GUTZMANN[1]); es sind das Paresen, die nicht selten im Kindesalter anzutreffen sind, und die aus einer gewissen Gewöhnung an die Anwendung der heiseren Stimme nach vorhergehendem Katarrh entstehen. In diesen Fällen pflegt die *Heiserkeit* sich nur auf die Sprechtonlage zu beschränken, während z. B. Schreitöne und Falsettstimme ganz rein klingen.

---

[1] GUTZMANN, H.: Therapie der Neurosen der Stimme. Handb. der Nervenkrankheiten. Jena: G. Fischer 1916.

## C. Störungen des Stimmklanges infolge Ausfalls des M. arytaenoideus transversus (Transversuslähmungen).

Die isolierte Transversuslähmung ist eine verhältnismäßig seltenere Lähmungsform. Im Kehlkopfspiegel findet man bei der Phonation ein Klaffen des knorpligen Glottisanteils. Während also der ligamentöse Anteil in normaler Weise geschlossen ist, bildet der knorplige Teil ein offenes, *gleichschenkliges Dreieck*.

Die Funktionsstörung kommt häufig in einer vollständigen *Aphonie* zum Ausdruck, die bei der Untersuchung um so mehr überrascht, als ja der bei weitem größte Teil der Glottis (bis auf den kleinen knorpligen Anteil) fest abgeschlossen ist. In anderen Fällen kommt es nur zu einer starken *Heiserkeit*. Hier tritt auch bis zu einem gewissen Grade das Symptom der *phonatorischen Luftverschwendung* in Erscheinung, die bei anderen Lähmungsformen (s. unten) im Vordergrunde steht.

Ebenso wie die obenerwähnten Internusinsuffizienzen können auch die leichteren Schlußunfähigkeiten der Transversi zu empfindlichen Störungen der Gesangstimme führen, ohne daß die Sprechstimme irgendwelche klangliche Veränderungen aufzuweisen braucht.

Da die Ätiologie für das Auftreten der Transversuslähmung sehr häufig die gleiche ist wie für die Parese der Interni, so findet man nicht selten die *beiden Lähmungsformen kombiniert*. Das laryngoskopische Bild bei der Phonation setzt sich dementsprechend aus den beiden Lähmungsformen zusammen; die Glottis zeigt dabei die typische *Sanduhrform*: vorn die ligamentöse Glottis als Oval und hinten der knorplige Anteil als gleichschenkliges Dreieck, beide Öffnungen getrennt durch die einander genäherten Proc. vocales. In solchen Fällen pflegt vollkommene *Aphonie* oder wenigstens starke *Heiserkeit* vorhanden zu sein.

## D. Störungen des Stimmklanges infolge Ausfalls des M. cricoarytaenoideus lateralis.

*Isolierte einseitige* Lähmungen dieses Muskels sind bisher nicht mit Sicherheit beobachtet worden; denkbar wäre eine solche z. B. bei Trichinose, bei gummösen Prozessen, bei Verletzungen usw. In solchen Fällen wäre wohl infolge mangelhaften Glottisschlusses eine mehr oder weniger ausgesprochene Störung des Stimmklanges zu erwarten. — Dagegen findet man gelegentlich *doppelseitige* Lateralisinsuffizienzen *funktioneller* Natur; sie spielen bei den Störungen der Gesangstimme eine ähnliche Rolle wie die obenerwähnten Internus- und Transversusinsuffizienzen.

## E. Störungen des Stimmklanges infolge Ausfalls des M. cricoarytaenoideus posticus (Posticuslähmung).

Da es sich bei der isolierten Posticuslähmung um einen Ausfall des Glottiserweiterers handelt, so ist es von vornherein klar, daß die Stimmbildung dabei sehr häufig *wenig* oder *gar nicht behindert sein wird*. Namentlich bei der einseitigen — reinen — Posticuslähmung kann sowohl Sprechstimme wie Singstimme *normal* und *ungestört* sein. Wenn die gelähmte Stimmlippe sich in der „Zwischenstellung" (FEIN[1]) zwischen Median- und Auswärtsstellung befindet („*Intermediärstellung*", BROECKAERT[2]; die ursprüngliche — v. ZIEMSSENsche[3] — Bezeichnung „*Kadaverstellung*" wird trotz ihrer Einbürgerung jetzt vielfach abgelehnt, da die Weite der Glottis sowie die Stimmlippenstellung in cadavere

---

[1] FEIN, J.: Die Stellung der Stimmbänder in der Leiche. Arch. f. Laryng. **11**, 21 (1901).
[2] BROECKAERT, J.: Über Recurrensparalyse. Passow-Schaefers Beitr. **3**, 443 (1909).
[3] v. ZIEMSSEN: Zitiert auf S. 1372.

nicht unerheblich schwankt), so kann sie bei der Phonation ohne weiteres in die Medianstellung gebracht werden; in einem späteren Stadium steht sie ohnedies in Medianstellung, so daß durch Anlegung der gesunden Stimmlippe der notwendige Stimmbandschluß ermöglicht wird. So geschieht es, daß auch der akustisch gut geschulte Laryngologe zuweilen durch die Entdeckung einer einseitigen Posticuslähmung vollkommen überrascht wird. — Andererseits ist auch mehr oder weniger starke *Heiserkeit* dabei beobachtet worden; in solchen Fällen ist die Ursache der Stimmstörung nach SPIESS[1] in dem *verschiedenen Niveau* der Stimmlippen zu suchen, und zwar pflegt dann meistens die gelähmte Stimmlippe *tiefer* als die gesunde zu stehen. Dieser Befund ist auch von SEEMANN[2,3] durch *stroboskopische* Untersuchungen bestätigt worden.

Gelegentlich ist über den Verlust der hohen und höchsten Töne bei Berufssängern berichtet worden. Die Regel ist das sicher nicht, Bekannt sind — neben vielen anderen — die genauer von SEMON beschriebenen Fälle; darunter ein Tenorist, dessen Stimmumfang bzw. Stimmklang sich trotz jahrelang bestehender Medianstellung der linken Stimmlippe in keiner Weise geändert hatte. Ferner ein italienischer Gesanglehrer mit hochgradiger *doppelseitiger* Posticuslähmung, der sowohl hohe Brusttöne wie auch Falsettöne mühelos sang. In ähnlicher Weise berichtet auch GROSSMANN[4] über einen Schauspieler des Wiener Burgtheaters.

Das Bild ändert sich, wenn — nicht selten — zu der Lähmung des Glottiserweiterers eine solche des *korrespondierenden M. thyreoarytaenoideus internus* hinzutritt. Wir finden dann laryngoskopisch die typische Exkavation und Verschmälerung der unbeweglich in der Medianstellung verharrenden gelähmten Stimmlippe. In solchen Fällen pflegt der Stimmklang *unrein* zu sein; die Stimme ist *schwach* und klingt — bei dem Versuch, die Stimmkraft zu erhöhen — *gepreßt*. Außerdem rückt zuweilen die ganze *Stimmlage* in die Höhe und kippt häufig in die *Fistelstimme* um.

Auch bei der *doppelseitigen* — isolierten — Posticuslähmung kann der Stimmklang als solcher trotz schwerer und schwerster *Dyspnoe* normal oder annähernd normal bleiben, soweit eben nicht die Atemstörungen den Fluß der Rede durch häufige, zuweilen *jauchzende* und *heulende Einatmungen* unterbrechen.

### F. Störungen des Stimmklanges bei totaler Recurrenslähmung.

Ohne an dieser Stelle auf die Kontroverse über die Gültigkeit des „SEMON-ROSENBACHschen *Gesetzes*" einzugehen, ist doch wohl mit Sicherheit anzunehmen, daß in einer großen Zahl von Fällen — das „Gesetz" sagt allerdings in *allen* — die *Glottiserweiterer* zuerst erkranken und ausfallen. So bildet also die im vorigen Abschnitt besprochene *Posticuslähmung* in den meisten Fällen nur das *Anfangsstadium* der sich allmählich entwickelnden *totalen Recurrenslähmung*. Sehr viel seltener sind die Fälle, wo die Recurrenslähmung gleich von Anfang an eine vollständige ist, also dort, wo eine plötzliche, totale Durchtrennung des Nerven erfolgt (Selbstmordversuch, Verwundungen, Operationen).

Bei der *einseitigen totalen Recurrenslähmung* — also Lähmung der Öffner *und* Schließer — steht die gelähmte Stimmlippe sowohl bei der Respiration als auch bei der Phonation in der „Zwischenstellung" (*Intermediärstellung*, „Kadaver-

---

[1] SPIESS, G.: Die Stimme bei der einseitigen Posticuslähmung. Arch. f. Laryng. **32**, 299 (1919).

[2] SEEMANN, M.: Die phonetische Behandlung bei einseitiger Recurrenslähmung. Arch. f. Laryng. **32**, 299 (1919).

[3] SEEMANN, M.: Laryngostroboskopische Untersuchungen bei einseitiger Recurrenslähmung. Mschr. Ohrenheilk. **55**, 1621 (1921).

[4] GROSSMANN, M.: Heilmethoden zur Verbesserung der Stimme bei einseitiger Stimmbandlähmung. Mschr. Ohrenheilk. **50**, 123 (1916).

*stellung*" s. oben); ihr innerer Rand ist meistens leicht ausgebuchtet, sie erscheint im ganzen etwas schmäler und kürzer als die gesunde Stimmlippe. Bei der Phonation wird es also zwischen der in die Mittellinie tretenden gesunden und zwischen der gelähmten Stimmlippe zu einem mehr oder minder starken *Klaffen* der Glottis phonatoria kommen; und es wird die dabei auftretende Stimmstörung um so größer und auffallender sein, je unvollkommener der Glottisschluß, d. h. also je größer die Entfernung der gelähmten Stimmlippe von der Mittellinie ist. Von den meisten Autoren wird der gesunden Stimmlippe die (von GROSSMANN[1] bestrittene) Fähigkeit zugesprochen, durch erhöhte Leistung ihrer Adductoren die Mittellinie zu überschreiten und durch Annäherung an die gelähmte Stimmlippe die Glottis phonatoria zu verengern. Nach neueren experimentellen Untersuchungen und kinematographischen Aufnahmen von STUPKA[2] muß eine solche Kompensationstätigkeit der gesunden Stimmlippe als erwiesen angesehen werden. Es entsteht dann also eine Art seitlich verschobener, schräger Stimmritze.

Nach dem oben Gesagten ist es also klar, daß die Symptome der *Stimmstörung* außerordentlich *variabel* sein können. Angefangen von einer fast vollständigen *Aphonie* bis zu ganz *geringen*, kaum wahrnehmbaren Veränderungen der gewöhnlichen Sprechstimme (nicht Singstimme, die wohl stets merklich beeinträchtigt ist), kann die ganze Skala der Störungen des Stimmklanges mit allen Übergängen bei der totalen einseitigen Recurrensparese angetroffen werden. — Ein Symptom, das wir in ausgesprochenen Fällen wohl kaum je vermissen werden, ist die *phonatorische Luftverschwendung*. — Sehr häufig ist auch ein eigentümliches *Flattern* des Tones, die sog. *Flatterstimme*, die zuweilen schon *vor* der laryngoskopischen Untersuchung eine Recurrenslähmung vermuten läßt.

SEEMANN[3] hat den Flatterton mit dem Phonographen aufgenommen und die Glyphen unter dem Mikroskop mit Hilfe des BOELCKEschen Apparates ausgemessen und aufgezeichnet. Danach hat der „Flatterton" sehr ungleiche Perioden und er ist daher in phonatorischem Sinne kein Ton mehr, sondern „ein Geräusch mit Toncharakter". SEEMANN hat in einigen Fällen eine Schwingungszahl von 90—100 berechnet, also etwas unter dem gewöhnlichen Sprechton. NADOLECZNY[4,5] glaubt, mit dem Gehör und Vergleich mit tiefen Stimmgabeln noch wesentlich tiefere Lagen festgestellt zu haben.

In anderen Fällen hat die Stimme ihr Timbre eingebüßt, sie ist *heiser, unrein, kratzend, krächzend*. Der Stimmumfang ist dann erheblich eingeengt, wodurch eine ganz charakteristische *Monotonie* und geringe Modulationsfähigkeit des Organs zustande kommt. Nicht selten kippt die Stimme ins *Falsett* um oder bewegt sich auch dauernd in einem unreinen Falsett; andererseits ist zuweilen wiederum die Kopfstimme vollständig verlorengegangen, auch bei solchen Kranken, die anfänglich nur mit heiserer Falsettstimme gesprochen hatten (NADOLECZNY). Die eigentümlichen raschen Durchschläge zwischen Brust- und Kopfstimme sind so charakteristisch, daß ihnen von manchen Autoren die Bezeichnung „*Recurrensstimme*" beigelegt worden ist (andere verstehen allerdings darunter die *plötzlichen*, z. B. während der Operation auftretenden Aphonien oder Heiserkeiten). Zuweilen hat man den Eindruck, als wenn im Kehlkopf zwei Töne gleichzeitig entstehen, und zwar ein hoher und ein tiefer (*Diplophonie*). SEEMANN erklärt — im Gegensatz zu anderen Autoren — diese Diplophonie nach dem Ergebnis seiner stroboskopischen Untersuchungen mit dem überaus

---

[1] GROSSMANN: Zitiert auf S. 1375.
[2] STUPKA, W.: Passow-Schaefers Beitr. **21**, 63 (1924).
[3] SEEMANN: Zitiert auf S. 1375.
[4] NADOLECZNY: Ergebnisse der Übungsbehandlung bei Halbseitenlähmung des Kehlkopfes. Versammlung der Gesellsch. Deutscher Hals-, Nasen- und Ohrenärzte. Kissingen 1923. Z. Hals- usw. Heilk. **6**, 552 (1923).
[5] NADOLECZNY: Lehrbuch der Sprach- und Stimmheilkunde. Leipzig 1926.

raschen Wechsel zwischen Brust- und Kopfstimme. Der Durchschlag erfolgt eben so schnell, daß der akustische Eindruck der Diplophonie entsteht. Ein ähnlicher Vorgang wie beim sog. Doppelpfeifen.

Überhaupt ist bei ein und demselben Kranken der Stimmklang vielfach Änderungen unterworfen; namentlich kann durch systematische Übungsbehandlung vielfach weitgehende Besserung, und nicht selten — namentlich soweit es sich um die gewöhnliche Sprechstimme handelt — völlige Wiederherstellung erzielt werden. SEEMANN[1] unterscheidet, besonders nach dem Ergebnis seiner stroboskopischen Untersuchungen *drei* Stadien der Stimmstörung: 1. *Stadium der Aphonie*. Hierher gehören namentlich die sog. akuten Fälle der Recurrenslähmung, also die Fälle nach Traumen, die postoperativen Lähmungen sowie die Nervenlähmungen toxischer Natur nach Infektionskrankheiten. Diese totale Aphonie pflegt nicht lange zu bestehen; bald beginnen — entweder spontan oder als Folge der Übungsbehandlung — sich mehr und mehr geräuschartige, unreine Töne beizumengen, und allmählich kommt es zum 2. *Stadium der vollentwickelten Stimmstörung*, das die überaus zahlreichen, oben schon erwähnten Variationen des Stimmklanges umfaßt. Während nun im Stadium 1 bei der Stroboskopie einen *deutlichen Stillstand* der gelähmten Stimmlippe findet, schwingen im Stadium 2 schon beide Stimmlippen. Allerdings ist der Schwingungsmodus der gelähmten Stimmlippe vielfach verändert. Meistens in dem Sinne, daß sie in ihrer Exkursion zurückbleibt. Nicht selten bietet sich aber im Stroboskop das interessante Bild, daß die gesunde Stimmlippe in normaler Weise in transversaler Richtung — *gegenschlagend* —, die gelähmte aber in vertikaler Richtung — also *durchschlagend* — schwingt (KATZENSTEIN, SEEMANN). Solche unregelmäßigen, flottierenden Bewegungen der gelähmten Stimmlippe sind namentlich bei der *Flatterstimme* zu finden. 3. *Stadium des Stimmausgleichs*. Hierher gehören diejenigen Fälle von Recurrenslähmung, die wir *stimmlich* — sei es ohne, sei es nach phonetischer Behandlung — als geheilt betrachten müssen, namentlich soweit die gewöhnliche Sprechstimme in Betracht kommt. Bei starkerer Inanspruchnahme — Singen, Rufen, Schreien — werden sich allerdings meistens noch Mängel herausstellen. Stroboskopisch ist in diesem Stadium kaum noch eine Änderung im Schwingungsmodus nachweisbar; in anderen Fällen findet man nur noch einen leichten Wechsel in den Amplituden der Schwingungen. In diesem Stadium — nach Schwinden des Flattertons — bleibt häufig eine verhältnismäßig *hohe Sprechtonlage* zurück (NADOLECZNY[2]), sie liegt meistens am oberen Ende der Bruststimme, in der unteren Mittelstimme, gelegentlich sogar im Gebiet der Fistelstimme. Beim weiblichen Geschlecht pflegt die Sprechtonlage nicht wesentlich erhöht zu sein. Dabei ist der *Stimmumfang* bei beiden Geschlechtern häufig stark eingeschränkt, und zwar an den oberen *und* unteren Stimmgrenzen[3].

*Die doppelseitige Recurrenslähmung* ist sehr selten beobachtet worden, und zwar in der Hauptsache wohl aus dem Grunde, weil die Kranken häufig dem Grundleiden erliegen, ehe die Lähmung auf beiden Seiten zur vollständigen Ausbildung gekommen ist. Infolge der Fixation beider Stimmlippen in der Intermediärstellung besteht neben der starken *phonatorischen Luftverschwendung* noch ausgesprochene *totale Aphonie*, dabei fehlt aber die *Dyspnoe* (v. ZIEMSSENsche Symptomentrias).

## 4. Stimme und Sprache nach Resektion der Stimmlippen; Stimme und Sprache ohne Kehlkopf.

### A. Stimme und Sprache nach Resektion der Stimmlippen.

Nach *Resektion* größerer oder kleinerer Teile der *Stimmlippen* (auf endolaryngealem Wege oder durch Laryngofissur) können zunächst einmal die — unversehrten — *Taschenlippen* vicariierend die Lautgebung übernehmen. Diese *Taschenbandstimme* klingt *rauh*, gepreßt und ist wenig *modulationsfähig*.

Ferner kann aber die operierte Stimmlippe durch *Narbenbildung* ersetzt werden, und zwar — was Farbe und Form angeht — in einer *Vollkommenheit*, daß man bei der laryngoskopischen Untersuchung häufig kaum noch die narbige Natur der neugebildeten Stimmlippe zu erkennen vermag. — Weniger erfreulich

---

[1] SEEMANN: Zitiert auf S. 1375.   [2] NADOLECZNY: Zitiert auf S. 1376.
[3] Eine Arbeit von BECK: „Zur Phonetik der Stimme und Sprache Laryngektomierter" soll demnächst in der Z. Laryng. usw. erscheinen.

ist es um die *Funktion* dieses Narbengebildes bestellt. Wenn auch die gewöhnliche *Umgangssprache* meistens vollkommen ausreicht und nur gelegentlich eine leichte Heiserkeit und ein rascheres Ermüdungsgefühl besteht, so pflegt die *Singstimme* stets erheblich gestört zu sein. In drei genauer untersuchten Fällen (2 Frauen, 1 Mann) konnte ich folgendes feststellen:

Bei beiden Frauen (Resektion einer Stimmlippe nach Laryngofissur) war die *Sprechstimme* auffallend *tief*; sie bewegte sich an der unteren Grenze der normalen Sprechtonlage oder unterschritt dieselbe: die Frauen sprachen auf f—gis bzw. auf gis—a. Eine erhebliche Störung zeigte die *Singstimme*. Bei beiden Frauen war die Gesangstimme aus einem früheren Sopran nach der Tiefe gerückt und hatte jetzt einen Umfang von nur einer Oktave e—e$^1$ bzw. fis—e$^1$; *sie schloß genau mit der Bruststimme ab, bei vollkommenem Ausfall der Mittel- und Kopfstimme*. Im Gegensatz dazu war bei dem untersuchten Manne (doppelseitige Stimmlippenresektion nach Laryngofissur) die *Sprechtonlage* sehr *hoch* e—g. Das Singen war fast unmöglich, Umfang etwa e—d$^1$ in einer Art Falsettregister. Die Verschiedenartigkeit der Befunde bei den beiden Frauen einerseits und bei dem Manne andererseits läßt sich wohl aus der Tatsache herleiten, daß im ersten Falle nur eine Stimmlippe operativ behandelt war, während im zweiten Falle der Eingriff beide Stimmlippen betraf. Denn auch in einem von FRÖSCHELS[1] beschriebenen Falle (26jähriger Mann mit operativer Entfernung *einer* Stimmlippe) war die Stimme außerordentlich *tief*, also wie bei den beiden von mir beobachteten Frauen mit einseitiger Resektion. — *Stroboskopisch* konnte ich auf der operierten Seite eine *Ungleichmäßigkeit* der Schwingungen feststellen in dem Sinne, daß die Ersatzstimmlippe abwechselnd anscheinend stillstand oder weniger ausgiebig schwang, gelegentlich aber auch ausgiebige Schwingungen bis zur vollständigen Berührung mit der gesunden Seite zeigte.

## B. Stimme und Sprache ohne Kehlkopf.

CZERMAK hat bereits 1859 über ein 18jähriges Mädchen berichtet, bei dem der Kehlkopf unterhalb der Glottis vollkommen verwachsen war, und das daher durch eine unterhalb des Kehlkopfverschlusses in die Trachea eingelegte Kanüle atmete; trotzdem war es imstande, eine zwar nicht sehr klare, aber immerhin verständliche Sprache hervorzubringen. Die Mitteilungen über ähnliche Fälle mehrten sich in der Folgezeit, namentlich als die Totalexstirpation des Kehlkopfes von den Chirurgen häufiger ausgeführt wurde. Bekannt ist der Fall von H. SCHMID in Stettin (1887), der dann von STRÜBING und LANDOIS physiologisch genau durchuntersucht wurde. Über einen außergewöhnlichen funktionellen Erfolg konnte GOTTSTEIN bei einem von MIKULICZ operierten Falle berichten, der mit modulationsfähiger Stimme ein ganzes Lied singen konnte. Heute kann eine sorgfältig ausgebildete Übungsbehandlung noch viel schönere Resultate aufweisen, so eine bis auf 200 m verständliche Sprache oder einen Stimmumfang über 2 Oktaven (GUTZMANN SEN.[2] und JUN.[3], BURGER und KAISER[4], STERN[5,6], SCHILLING[7]). Manche Kranke erlernen das durch Intelligenz und großen Fleiß auch *ohne* Übungsbehandlung; in seltenen Fällen kann aber auch diese nicht zum Ziele führen, und solche Kranke verbleiben dann bei einer *tonlosen Artikulation*, der sog. *Mundstimme, Konsonantensprache* (SEEMANN) oder *Pseudoflüstersprache* (STERN).

Von den zur Bildung der normalen Stimme und Sprache notwendigen drei Apparaten (Atemapparat, Kehlkopf, Artikulationsorgan) hat der Laryngekto-

---

[1] FRÖSCHELS: Lehrbuch der Sprachheilkunde. Leipzig u. Wien 1931.
[2] GUTZMANN, SEN.: Stimme und Sprache ohne Kehlkopf. Z. Laryng. usw. **1** (1908).
[3] GUTZMANN, JUN.: Über die Oesophagusstimme der Laryngektomierten. Dtsch. med. Wschr. **1925**, Nr 13.
[4] BURGER, H., u. C. KAISER: Speech without a Larynx. Acta oto-laryng. (Stockh.) **8**, 90 (1925).
[5] STERN, H.: Beiträge zur Kenntnis des Stimm- und Sprachmechanismus Laryngektomierter. Z. Laryng. usw. **12**, 196 (1923).
[6] STERN, H.: Hand. Denker-Kahler **5** (Berlin 1929).
[7] SCHILLING u. BINDER: Experimentalphonetische Untersuchungen über die Sprache ohne Kehlkopf. Arch. Ohr- usw. Heilk. **115**, 235 (1926).

mierte zwei verloren. Ihm fehlt nicht nur der Kehlkopf, sondern auch der Antrieb des Luftdruckes aus den Lungen, da die Lungenluft entweder durch die Kanüle oder — was heute weit häufiger der Fall ist — durch die in die vordere Halswand eingenähte Trachea entweicht (Tracheostoma). Es muß also sowohl für den *luftdruckgebenden* als auch für den *stimmgebenden Apparat* Ersatz geschafft werden.

1. Den *fehlenden Luftdruck* aus den Lungen ersetzt der Laryngektomierte dadurch, daß er einen *vicariierenden Luftkessel* im Magen, im Oesophagus oder im Hypopharynx (Schlund) bildet. Nach den Untersuchungen von STERN[1] ist der Sitz dieses behelfsmäßigen Luftkessels sehr häufig der *Magen*, in den der Kranke die notwendige Luft *hineinschluckt*. Gelegentlich kommt es im weiteren Verlaufe der Übungen zu einem „*Wandern*" dieses Luftkessels nach oben in die Speiseröhre oder auch in den Hypopharynx. — Andere Kranke sammeln von *vornherein* gleich die Luft in *Oesophagus* oder im *Schlund* (SEEMANN[2, 3]), und zwar nicht nur durch *Schlucken*, sondern auch durch *Einsaugen* (GUTZMANN JUN.[4], FRÖSCHELS[5]). Nach BURGER und KAISER[6] kann es durch Dehnung des Brustkorbes zu einem *Lufteinziehen in den Magen* kommen, wobei der Oesophagusmund und die Kardia offen bleiben.

Zur Bildung der neuen Stimme wird nun die im Luftkessel gesammelte Luft meistens plötzlich durch *Aufstoßen* (Ructus) ausgepreßt. Gewandtheit und Intelligenz spielen natürlich dabei eine große Rolle, wo es sich darum handelt, das verhältnismäßig geringe Luftquantum auf eine möglichst große Silbenzahl zu verteilen. FRÖSCHELS[7] konnte in einem Falle die wohl ganz vereinzelt dastehende Beobachtung machen, daß der Kranke auch *inspiratorisch* sprach und „dadurch seine Rede während des Einziehens der Luft nicht unterbrach".

2. Den *fehlenden stimmgebenden Apparat* ersetzt der Laryngektomierte durch Bildung einer *Pseudoglottis*. Er benutzt dazu einen über dem Windkessel befindlichen Engpaß, in dem irgendwelche Gewebsfalten in Schwingungen versetzt werden können. Solch eine Pseudoglottis kann zustande kommen zwischen Zungengrund und hinterer Rachenwand oder zwischen Zungenrücken und dem stark gespannten Gaumensegel oder zwischen den beiden stark kontrahierten hinteren Gaumenbögen oder durch starke Zusammenziehung des unteren Schlundschnürers oder endlich zwischen der erhaltenen Epiglottis und zwei seitlich von der Schlundmuskulatur gebildeten Falten (*Pharynxsprache*). Ferner kann die Ersatzglottis gebildet werden durch den Oesophagusmund oder durch die äußere Falte des Oesophagus (*Oesophagussprache*, SEEMANN[2]; *Röhrstimme*, GUTZMANN JUN.[4]). Endlich hat noch STERN[1] darauf hingewiesen, daß es in manchen Fällen überhaupt nicht zur Bildung einer vicariierenden Glottis kommt, sondern daß der Ructus in Verbindung mit der Artikulation für das Entstehen einer lauten Ersatzsprache bzw. Ersatzstimme genügt (*Magensprache*, STERN[1]).

*Welche Art* der *Pseudostimme* zustande kommt, ist abhängig von der durch die Operation geschaffenen Form des Ansatzrohres, von den anatomischen Verhältnissen des Oesophagus und gelegentlich auch — worauf NADOLECZNY[8] mit Recht hinweist — von einer gewissen Zufälligkeit beim Auffinden der ersten Lautbildung.

---

[1] STERN: Zitiert auf S. 1378.
[2] SEEMANN, M.: Experimentelle und physiologische Studien zur Entstehung der Sprache ohne Kehlkopf. Čas. lék. česk. **1924**.
[3] SEEMANN, M.: Registrierung oesophagealer Phonationsbewegungen. Vox **1927**, 9.
[4] GUTZMANN, JUN.: Zitiert auf S. 1378.   [5] FRÖSCHELS: Zitiert auf S. 1378.
[6] BURGER und KAISER: Zitiert auf S. 1378.   [7] FRÖSCHELS: Zitiert auf S. 1378.
[8] NADOLECZNY: Lehrbuch der Sprach- und Stimmheilkunde. Leipzig 1926.

Nach den Untersuchungen von SCHILLING[1] scheinen sich dabei — neben zahlreichen Übergangs- und Mischformen — zwei Haupttypen herauszuheben:

Der *Typus I* (*Rachenstimme*) umfaßt vielfach Fälle von *Kanülenatmern mit vollständigem Kehlkopfverschluß* nach Syphilis oder Diphtherie (Beobachtungen von SCHILLING[1], SCRIPTURE[2], NADOLECZNY[3]). Hier sind infolge des noch *vorhandenen Kehlkopfgerüstes* und seiner muskularen Verbindungen nach oben und unten die Bedingungen gegeben für die Ausbildung eines selbständigen und leistungsfähigen Pumpwerkes, dessen Tätigkeit von der *Lungenatmung unabhängig* bleibt. Die neue Glottis liegt dann im Artikulationsgebiet (in den Fällen SCHILLING und SCRIPTURE zwischen Zungengrund und weichem Gaumen). Da dieser Windkessel im SCHILLINGschen Falle etwa 50—60 ccm Luft enthielt und die Ränder der Pseudoglottis im Sinne einer Gegenschlußpfeife schwingen konnten, so ergab sich eine gute Modulationsfähigkeit der Stimme und ein sehr großer Stimmumfang von $2^1/_2$ Oktaven (im Falle SCRIPTURE ca. 1 Oktave), so daß auch gute Singleistungen zustande kamen. Dagegen war die Artikulation und die Deutlichkeit der Aussprache durch Inanspruchnahme der Zunge bei der Glottisbildung etwas behindert. — *Typus II* (*Oesophagusstimme*) wird dort zustande kommen, wo die zur Ausbildung eines selbständigen Pumpwerkes notwendigen Muskelmassen nicht mehr vorhanden sind. Hier übernehmen die Muskeln der Lungenatmung die Hauptfunktion für den Luftantrieb der Pseudoglottis (auch SEEMANN[4], BURGER[5], FRÖSCHELS[6] — „Speiseröhrenatmung"), die unterhalb des Artikulationsgebietes etwa in der Höhe der früheren Glottis im Oesophagusmund (SCHILLING, BURGER) oder an einer stenotischen Stelle oberhalb liegt. Die Stimmlage ist hier in der Regel tiefer, der Stimmumfang und die Modulationsfähigkeit der Stimme meist geringer.

STERN[7] hat bei seinen pneumographischen Untersuchungen ebenfalls — neben zahlreichen Übergangs- und Mischformen — zwei Haupttypen unterscheiden können. Beim ersten wird mit jedem neuproduzierten Worte, manchmal auch mit jeder neuen Silbe, neu eingeatmet; hier ist die Koordination zwischen Sprechen und Atmen noch nicht gelöst. Bei dem zweiten Typus verläuft die Atmung fast normal, nur daß sie zuweilen flacher und gelegentlich explosiver erfolgt. In einer Reihe von Fällen ändern sich die Sprechatemtypen im Laufe der Zeit und zeigen erst nach Jahren eine gewisse Stabilität.

*Klanganalytische Untersuchungen*, die von SCHILLING[1] in einem Falle mittels des FRANKschen Apparates gemacht wurden, ergaben — abgesehen von einer *kontinuierlichen Veränderung der Periodenlängen* — die bemerkenswerte Tatsache, daß die einzelnen Perioden nur am Anfang und am Ende deutlichen *Vokalcharakter* zeigten, während in der Mitte meist reine Sinusschwingungen vorhanden waren.

## 5. Stimme und Sprache der Schwerhörigen, Ertaubten und Taubstummen.

Die Tätigkeit des menschlichen Stimmapparates wird in der Hauptsache durch das *Gehör* überwacht; es ermöglicht den Vergleich der eigenen stimmlichen und sprachlichen Produktion mit der eines Fremden und regelt so unter fortwährenden Korrekturen die akustische Qualität — namentlich *Tonhöhe, Stärke* und *Klangfarbe* — der stimmlichen Leistung.

Es ist klar, daß bei teilweisem oder gänzlichem Ausfall eines so wichtigen Kontrolleurs und Regulators, wie ihn das Gehör darstellt, die stimmliche Produktion mehr oder weniger beeinträchtigt sein wird. Hierbei wird es von Bedeutung sein, ob das betreffende Individuum bei Eintritt des Gehörverlustes *bereits im Besitze der Sprache gewesen war* oder ob es im Zeitpunkte der Ertaubung *die Sprache noch gar nicht erworben hatte*. Die *erste* Kategorie umfaßt somit die in einem *späteren Lebensalter Ertaubten* sowie die hochgradig *schwerhörig Gewordenen*; die *zweite* Gruppe bilden die *Taubgeborenen* und die *sehr frühzeitig*

---

[1] SCHILLING: Zitiert auf S. 1378.
[2] SCRIPTURE, G. W.: Speech without using the Larynx. J. of Physiol. **1916**, 398.
[3] NADOLECZNY: Zitiert auf S. 1378.   [4] SEEMANN: Zitiert auf S. 1379.
[5] BURGER: Zitiert auf S. 1378.   [6] FRÖSCHELS: Zitiert auf S. 1378.
[7] STERN: Zitiert auf S. 1378.

*Ertaubten*, bei denen es in der Regel überhaupt zu keiner sprachlichen Entwicklung kommt — mit anderen Worten also die *Taubstummen*.

Wichtig ist die Tatsache, daß Kinder, die zwar mit normalem Gehör geboren wurden und das Sprechen regelrecht erlernt hatten, mit Eintritt der Ertaubung oder hochgradigen Schwerhörigkeit die Sprache wieder vollständig verlieren und taubstumm werden können. Dieser Fall wird natürlich um so eher eintreten, je *früher* es zum Verlust des Gehörs kommt, je weniger also die Sprache des Kindes befestigt ist. Bis zum 5. Lebensjahre wird das wohl die Regel sein. Nach diesem Zeitpunkte — etwa bis zum 7. Jahre — gelingt es zuweilen, durch systematische Übungen dem Kinde die Sprache zu erhalten. Darüber hinaus ist der Verlust schon selten.

## A. Stimme und Sprache der Schwerhörigen und Ertaubten.

Das auffallendste Kennzeichen ist der *Mangel an Wohllaut und Modulation;* der Stimmklang wirkt rauh, eintönig, flach, *monoton*.

Dieser Eindruck der *Monotonie* wird namentlich darauf zurückgeführt, daß die Sprache des *Wechsels von Stärke und Schwäche (dynamischer Akzent)* und auch von *Höhe und Tiefe (musikalischer Akzent)* entbehrt; also der normalerweise hörbaren Änderungen der einzelnen Stimmklänge, die in der Hauptsache die sog. *Sprechmelodie* bedingen.

Soweit es sich um den *fehlenden Intensitätswechsel (dynamischer Akzent)* handelt, trifft diese Annahme ohne weiteres zu. Es ist bekannt, daß die Schwerhörigen sich häufig einer *gleichmäßig lauten*, oft schreienden Sprechweise bedienen. Zuweilen ist allerdings auch das Gegenteil — eine auffallend leise Sprache — anzutreffen.

Anders verhält es sich mit den *Tonhöheschwankungen (musikalischer Akzent)*, mit dem Wechsel von Höhe und Tiefe, deren Fehlen in erster Linie für den gleichbleibend eintönigen Stimmklang der Schwerhörigen und Ertaubten verantwortlich gemacht wird. Neue experimentelle Untersuchungen (ISSERLIN[1], GÖPFERT[2], SCHÄR[3]) haben nämlich die immerhin etwas überraschende Tatsache ergeben, daß der Stimmumfang tatsächlich gar nicht wesentlich kleiner ist als der der normalen Sprechstimme, und daß die Tonhöheschwankungen im großen ganzen denen der Normalhörenden gleich sind. Es ist also die Sprache der Taubstummen und in dieser Beziehung auch der Ertaubten und Schwerhörigen *objektiv gar nicht monoton*, wenn man als hauptsächliche Vorbedingung der sprachlichen Monotonie eine wesentliche Verminderung oder gar ein Fehlen der Tonhöhebewegungen annimmt. Andererseits unterliegt aber die *subjektive Empfindung von der Monotonie* der Schwerhörigen- und Taubstummensprache keinem Zweifel, die durch das Fehlen des Intensitätswechsels allein gewiß nicht zu erklären ist. Tatsächlich *wissen wir also nicht sicher*, wodurch die Sprache auf unser Ohr monoton wirkt. Nach den ISSERLINschen Untersuchungen könnte das bis zu einem gewissen Grade darauf zurückgeführt werden, daß bei Taubstummen Tonhöhen- und Tonstärkenbewegungen im wesentlichen zusammenfallen (*Parallelismus von Tonhöhe und Tonstärke*); es fehlt also die Differenzierung zwischen Melodie und Intensität, die nach ISSERLIN für die Ausdrucksfähigkeit von großer Wichtigkeit ist. — Vielleicht wird dieser monotone Eindruck zum Teil auch bedingt durch eine eigentümliche klangliche Beschaffenheit der *Einzel*-

---

[1] ISSERLIN: Psychologisch-phonetische Untersuchungen. Allg. Z. Psychiatr. **75**, 9.
[2] GÖPFERT: Stimmaufnahmen mit dem Marbeschen Sprachmelodieapparat. Vox **1920**, 116.
[3] SCHÄR: Untersuchungen über die Tonhöhenbewegung in der Sprache der Taubstummen. Vox **1921**, 62.

*laute* der Sprache, also durch eine *besondere Anordnung der Obertöne*, wodurch eine gewisse einförmige Leere, eine — wenn man so sagen darf — *Monotonie des Einzelklanges* zustande kommt, die dann im Zusammenhange den obengenannten Gesamteindruck hervorruft. Das sind zunächst Vermutungen, deren Richtigkeit nur durch systematische klanganalytische Untersuchungen erwiesen werden könnte (SOKOLOWSKY[1]).

Neben den geschilderten *Veränderungen des Stimmklanges* findet man bei den Schwerhörigen und Ertaubten nicht selten noch eine *verwaschene, fehlerhafte Bildung der einzelnen Sprachlaute*, wodurch namentlich die Deutlichkeit der Sprache erheblich leiden kann:

Die *Vokale* werden infolge des Fortfalls der akustischen Kontrolle nicht mehr mit der gewohnten Präzision gebildet; namentlich diejenigen, die eine extrem starke Lippenbewegung erfordern, also u, aus dem mehr ein o wird, und i, das häufig mehr wie e klingt. Andererseits werden nicht selten o und u durch einen verwaschenen, undeutlichen, dem ö bzw. dem ü ähnlichen Laut ersetzt. BRUNNER und FRUHWALD[2] fanden allerdings bei den Röntgenaufnahmen der Mundhöhlen taubstummer Kinder, daß gerade die Extremlaute (i, u, a) im allgemeinen richtig, dagegen die dazwischen liegenden Laute (e, o) unrichtig gebildet wurden. Von den *Konsonanten* werden besonders gern Reibelaute mit Verschlußlauten verwechselt; so wird w in b und f in p verwandelt, statt s wird ein t- oder d-artiger Laut gebildet. Gelegentlich sind die Grenzen zwischen Mediae und Tenues unscharf; meist in dem Sinne, daß die Mediae mehr wie Tenues ausgesprochen werden. Unter der allgemein mangelhaften und schlaffen Artikulation können zuweilen auch die Bewegungen des Gaumensegels leiden; die Folge davon ist meistens ein *offenes Näseln* (*Rhinolalia aperta*). In anderen Fällen besteht wiederum infolge dauernder Kontraktionen des Gaumensegels ein *geschlossenes Näseln* (*Rhinolalia clausa functionalis*).

## B. Stimme und Sprache der Taubstummen.

Das *taubstumme* Kind, das auf alle akustischen Eindrücke der Sprache sowie aller Laute der Umgebung verzichten muß, wird — ohne systematische Taubstummenschulung — in den allermeisten Fällen auf der Stufe des *spontanen Lallens* stehenbleiben. Aber auch *trotz regelrechten Unterrichtes* erreicht der Taubstumme nur selten eine wirklich wohlklingende und deutliche Sprache; es sei denn, daß *Hörreste* eine gewisse Kontrolle durch das Ohr ermöglichen und die Ausbildung wesentlich unterstützen und vervollkommnen.

Zunächst finden wir auch hier die *Fehler des Stimmklanges*, die bei der Sprache der Schwerhörigen und Ertaubten erwähnt worden sind: Mängel der sprachlichen Akzente, Fehlen der Sprachmelodie führen auch hier häufig zu einer gleichförmigen, eintönigen *monotonen* Sprechweise. Dabei bleibt es aber selten; meistens weist die Taubstummensprache noch *weit häßlichere* Abweichungen auf.

Die Schwierigkeiten der Artikulation kann der Taubstumme nur mit einem recht erheblichen Maß von *Anstrengung* überwinden; dadurch erhält seine Aussprache etwas *Übertriebenes, Scharfes, Stoßendes*. Überdies wird sie infolge der unzweckmäßigen Sprechatmung (s. unten) *zerhackt* und *schwerfällig*. Dazu kommt infolge einer gewissen *Unfähigkeit, den Ton festzuhalten*, die ausgesprochene Neigung, von dem zuerst angenommenen Sprechton aus nach der Höhe oder Tiefe zu gleiten. Die Folge davon ist dann eine *heulende, jaulende* Sprechstimme. — Gelegentlich kann der Taubstumme seine Bruststimme überhaupt nicht finden, sondern spricht alles in *Fistelstimme*; wie denn überhaupt eine durchweg sehr *hohe Sprechtonlage* zu den häufigeren Befunden gehört.

---

[1] SOKOLOWSKY: Stimme und Sprache der Schwerhörigen, Ertaubten und Taubstummen. In Denker-Kahlows Handb. Berlin 1927.
[2] BRUNNER u. FRUHWALD: Untersuchungen über die Vokalbildung bei taubstummen Kindern. Z. Hals- usw. Heilk. **6**, 156 (1923).

Nicht selten ist ein *rauher*, auch *heiserer* Stimmklang. SOKOLOWSKY und BLOHMKE[1] fanden in solchen Fällen stets organische Veränderungen am Kehlkopf, die sich mit dem deckten, was man *objektiv bei vollsinnigen Phonathenikern* in der Regel zu finden pflegt (Parese der Stimmlippen, Stimmlippenknötchen usw.); sie stellten daher das Bild der *Taubstummenphonasthenie* auf. BRUNNER und FRÜHWALD[2] konnten die Häufigkeit der Stimmlippenparesen bei taubstummen Kindern bestätigen; gleichzeitig machten sie die bemerkenswerte Beobachtung, daß der unvollkommene Glottisschluß *stets* durch ungenügende Adduction der *linken* Stimmlippe hervorgerufen war. Sie schlossen daraus — gestützt auf die Untersuchungen von MASINI und KATZENSTEIN —, daß der linke M. vocalis sich bezüglich seiner zentralen Innervation anders verhält als der rechte, und daß daher „die Vorstellungen für die richtige Bewegung des linken Stimmbandes bei der willkürlichen Phonation leichter verlorengehen, demnach im Gehirn weniger fest haften als die Vorstellungen für die Bewegungen des rechten Stimmbandes". Diese von BRUNNER und FRÜHWALD gefundene Gesetzmäßigkeit ist bisher von anderer Seite anscheinend noch nicht bestätigt worden, wenn auch ein Überwiegen der linken Seite auch von anderen Autoren hierbei und bei ähnlichen Zuständen beobachtet worden ist (SOKOLOWSKY und BLOHMKE, MALJUTIN[3]).

Diese Mängel des Stimmklanges der Taubstummensprache gehen fast stets mit einer *fehlerhaften, übertriebenen, verwaschenen Artikulation* einher.

Die *Atmung* der sprachlich ausgebildeten Taubstummen läßt sehr häufig die richtige Koordination mit den Sprechbewegungen vermissen. Am auffallendsten ist in den Pneumographenkurven die *vermehrte Frequenz der Inspirationen*, die gleichzeitig auch außerordentlich *flach* zu sein pflegen; dementsprechend sind auch die *Exspirationen wenig ergiebig*, so daß auf jede Exspiration nur eine ganz minimale Silbenzahl kommt.

Die Untersuchung der *Kehlkopfbewegungen* bei der Sprache der Taubstummen ergibt, daß *fast alle* in Betracht kommenden Möglichkeiten *fehlerhafter* Kehlkopfstellungen sowie Bewegungen dabei gefunden werden (GUTZMANN SEN.[4,5]). Besonders häufig wird abnormer Hochstand des Kehlkopfes beobachtet, seltener ein exzessiver Tiefstand; in anderen Fällen sieht man auch, daß der Kehlkopf bei jeder Silbe, die gesprochen wird, auf und ab tanzt.

Im Zusammenhange mit den Anomalien der Kehlkopfbewegungen zeigen auch die *Artikulationsbewegungen*: Lippen-, Unterkiefer- und Mundboden-Zungenbewegung häufig erhebliche *Abweichungen* von der Norm. Sie sind vielfach *übermäßig stark* und *übertrieben*.

## 6. Jodeln.

Das *Jodeln* erfordert plötzliche Tonsprünge aus der Bruststimme in die Kopfstimme, und umgekehrt. Dieser schnelle Wechsel zwischen den beiden Registern gelingt um so besser, je *größer* das gesungene *Intervall* ist. Denn der Registerübergang zwischen zwei *benachbarten* Tönen ist naturgemäß nicht leicht und setzt meist eine gewisse technische Schulung voraus. Daher ist das Jodeln auch vorzugsweise Eigentum der sog. Natursänger.

## 7. Pfeifen.

Die mit dem *Munde* hervorgebrachten *Pfeiftöne* entstehen nach dem Prinzip des Jägerpfeifchens von SAVART. Dieses ist ein kurzer, kleiner Hohlzylinder,

---

[1] SOKOLOWSKY u. BLOHMKE: Über Stimmstörungen bei Taubstummen. Arch. exper. klin. Phonetik **1**, H. 4 (1914).

[2] BRUNNER u. FRÜHWALD: Studien über die Stimmwerkzeuge und die Stimme der Taubstummen. Z. Hals- usw. Heilk. **1**, 46, 469 (1922) — Mschr. Ohrenheilk. **1924**, 876.

[3] MALJUTIN: Colleg. Oto-rhino-laryngolog. 1930. Internat. Zbl. Ohrenheilk. **33**, 259 (1930).

[4] GUTZMANN SEN.: Über die Sprache der Schwerhörigen und Ertaubten. Dtsch. med. Wschr. **1902**, 323.

[5] GUTZMANN SEN.: Über die Sprache der Taubstummen. Med. Klin. **1905**, 156.

dessen Basen in ihrer Mitte je ein kleines Loch haben. Nimmt man diesen Apparat zwischen die Lippen und bläst quer durch denselben hindurch, so hört man pfeifende, zwitschernde Töne (GRÜTZNER[1]).

v. KEMPELEN[2] hat für seine Untersuchungen über die Entstehung der Pfeiftöne bereits 1791 ein ganz ähnliches Instrument angefertigt, das er jedoch nicht zwischen die Lippen nahm, sondern an die Lippen legte.

Durch Verstärkung des Luftstromes kann der Ton bis zu zwei Oktaven erhöht werden; ferner ist auch die Größe des Kästchens sowie die der Öffnungen von Einfluß auf die Tonhöhe. Nach SAVART reißt der durch das Kästchen streichende Luftstrom die Luft aus dem Kästchen mit sich nach außen und erzeugt dadurch eine Verdünnung im Innern desselben. Nun dringt von außen Luft in das Kästchen hinein, verdichtet die in ihm enthaltene Luft so lange und so stark, bis durch den andauernden Luftstrom wieder eine Verdünnung erzeugt wird usw.

In gleicher Weise entstehen auch die mit dem Munde erzielten Pfeiftöne; die Ausatmungsluft wird durch einen von Zunge und Lippen gebildeten Hohlraum hindurchgeblasen, der vorn und hinten je eine enge Öffnung besitzt. Die eine Enge wird zwischen Zungenrücken und hartem Gaumen, die andere zwischen den zugespitzten Lippen gebildet. Die Änderungen der *Tonhöhe* kommen durch sehr fein abgestufte Hebungen und Senkungen des vorderen Zungenteils und zum Teil auch durch Wechsel der Lippenstellung zustande, wodurch der Luftraum sowohl im vertikalen wie auch im sagittalen Durchmesser verändert wird. — Mit diesen Bewegungen geht auch eine *Senkung und Hebung des Kehlkopfes* einher, und zwar ist nach den Röntgenaufnahmen von HEINITZ[3] die Kehlkopflage bei den tieferen Tönen tiefer als bei den höheren; gleichzeitig erleidet sie aber auch in horizontaler Richtung Veränderungen. — Die Pfeiftöne haben gewöhnlich einen Umfang von 2—3 Oktaven, und zwar nach GRÜTZNER $c^2$ bis $c^5$, nach HERMANN $c^2$ bis $c^4$. — Das Pfeifen gelingt ebensogut exspiratorisch wie inspiratorisch.

Eine andere Art des Mundpfeifens ist das Pfeifen *mit geöffneten Lippen*. Hierbei wird die vordere Enge zwischen Zunge und Zähnen gebildet. Nach NADOLECZNY[4] ist diese Pfeifart am leichtesten bei erheblicher pathologischer Prognathie.

Bemerkenswert ist noch ein von BAUMM[5] beschriebener und von mir seinerzeit mituntersuchter Fall von *echtem Mundpfeifen in zwei Stimmen*. Die Zunge wurde dabei so zwischen die Lippen gelegt, daß in jedem Lippenwinkel eine Öffnung von Erbsengröße blieb. Dadurch, daß an jeder Seite die Bewegungen der Zunge willkürlich und verschieden verändert werden konnten, war es möglich, zweistimmig zu pfeifen. Die Größe der Intervalle bei gleichzeitigem Pfeifen war bis zur Septime vollkommen deutlich.

Nach den Untersuchungen von LOEWY[6] und KICKHEFEL[7] wird bei zunehmendem atmosphärischem Druck das Pfeifen erschwert bzw. unmöglich; die Ursache ist in der ungenügenden Innervation der Exspirations- und Lippenmuskulatur sowie in der gestörten Koordination beider Muskelgruppen zu suchen.

Endlich ist noch darauf hinzuweisen, daß auch im *Kehlkopf* gelegentlich — namentlich von Kindern — sehr hohe, der viergestrichenen Oktave angehörige

---

[1] GRÜTZNER: Physiologie der Stimme und Sprache. In Hermanns Handb. der Physiologie.
[2] v. KEMPELEN: Mechanismus der menschlichen Sprache. Wien 1791.
[3] HEINITZ: Experimentelle Untersuchungen über Kehlkopf- und Zungenbeinlage beim Singen und beim Pfeifen. Vox **1916**, 36.
[4] NADOLECZNY: Lehrbuch der Sprach- und Stimmheilkunde. Leipzig 1926.
[5] BAUMM: Über Mundpfeifen in zwei Stimmen. Arch. f. ges. Physiol. **148**, 222.
[6] LOEWY: Über die Bedingungen der Tonerzeugung und das Pfeifen im luftverdichteten Raume. Arch. f. Anat. **1899**.
[7] KICKHEFEL: Untersuchungen über die Exspiration und über das Pfeifen im luftverdichteten Raume. Arch. f. Laryng. **32**, 495 (1919).

Pfeiftöne (*Pfeiftonregister*) erzeugt werden können (SEMON, GUTZMANN und FLATAU[1]). SCHULTZ[2] hat bei einem 23jährigen Manne solche laryngeale Pfeiftöne mit einem Umfange von fast zwei Oktaven ($g^2$—$fis^4$) beobachtet, die sowohl bei offenem wie bei geschlossenem Munde gebildet werden konnten.

Das laryngeale Pfeifen scheint nach dem gleichen Prinzip zustande zu kommen wie das Mundpfeifen (SCHULTZ): der Hohlraum wird von dem Kehlkopfinnern gebildet über den Stimmlippen bis zum Rande der aryepiglottischen Falten; die beiden Engen werden einerseits von den Stimmlippen, anderseits von den aryepiglottischen Falten dargestellt. Die *Form der Glottis* bei den laryngealen Pfeiftönen kann eine verschiedene sein: z. B. spindelförmig bei lang ausgezogenen Stimmlippen oder mit einem winzigen dreieckigen Spalt am hinteren Ende u. a. Nach den *stroboskopischen Untersuchungen* von SCHULTZ ist es jedenfalls sicher, daß die Stimmlippen selbst weder Schwingungen noch sonst eine Bewegung dabei ausführen.

## 8. Flüstern.

Werden die Stimmlippen aus der Hauchstellung nur so weit einander genähert, daß ein *Reibegeräusch*, aber kein tönender Laut erklingt, so bezeichnen wir das als *Flüstern*. Die Flüsterstimme ist also ein *Geräusch*; sie ist einer Änderung der *Klangfarbe* nicht fähig. Ihre *Intensität* ist abhängig von der Stärke des Ausatmungsdruckes bzw. von dem Grade der Annäherung der Stimmlippen; ihre *Tonhöhe* wird durch die Form des Ansatzrohres bestimmt (geflüsterte Vokale). DELEAU hat schon 1829 die Flüsterstimme *künstlich* ohne Mitwirkung des Kehlkopfes erzeugt, indem er von außen vermittelst eines Gummischlauches durch ein Nasenloch das Ansatzrohr anblies und der Mundhöhle die nötige Stellung gab.

Die *Form der Glottis* ist beim Flüstern keine einheitliche, sondern ist bei den einzelnen Individuen eine verschiedene; gelegentlich ändert sie sich auch bei demselben Individuum, je nachdem laut oder leise geflüstert wird. In vielen Fällen sieht man die Stimmritze vorn (Glottis phonatoria) geschlossen, während die Glottis cartilaginea in Form eines kleinen Dreiecks offen bleibt (*Flüsterdreieck*). In anderen Fällen bleibt die Stimmritze in ihrer ganzen Länge offen und bildet ein gleichschenkliges Dreieck mit mehr oder weniger breiter Basis. Ebenso verschieden ist auch die Stellung der Taschenlippen und des Kehldeckels. Die Taschenlippen können in ihrer normalen Lage verharren, sie können einander aber auch genähert werden, gelegentlich sogar bis zur Berührung. Kommt dann in manchen Fällen noch ein Zurücksinken des Kehldeckels hinzu, so kann die laryngoskopische Betrachtung auf große Schwierigkeiten stoßen.

## 9. Summen.

Unter *Summen* verstehen wir Stimmgebung bei *geschlossenem Munde* auf den Konsonanten m; *Tonhöhe* und *Tonstärke* können verändert werden. — Über die SPIESSsche Beobachtung, daß ein gesummter Ton durch Verschluß bzw. Verengerung der Nase sich vertieft, s. unter Kapitel „Resonanz".

## 10. Heulen.

Beim *Heulen* wird eine Reihe aufsteigender bzw. absteigender Töne gebildet, wobei jedoch — und das ist das Charakteristische — die einzelnen Töne ineinander übergehen ohne Einhaltung eines bestimmten musikalischen Intervalls (BARTH[3]).

---

[1] GUTZMANN u. FLATAU: Die Singstimme des Schulkindes. Arch. f. Laryng. **25**, 327 (1911).
[2] SCHULTZ: Über einen Fall von laryngealem Pfeifen. Arch. f. Anat. **1902** (Suppl.-Bd.).
[3] BARTH, E.: Physiologie, Pathologie und Hygiene der Stimme. Leipzig 1911.

## 11. Schreien.

Der *Schrei* wird willkürlich oder reflektorisch hervorgebracht. Er ist gekennzeichnet durch *erhöhte Intensität und gesteigerte Tonhöhe* des produzierten Klanges. Da die Schreitöne zahlreiche unharmonische — meist sehr hohe — Obertöne enthalten, sind sie eigentlich eher den Geräuschen als den Klängen zuzuzählen (BARTH). Aus diesem Grunde bezeichnen wir auch die zwar sehr laute aber viele unharmonische Obertöne enthaltende Stimmgebung eines Sängers als „schreien". Der reflektorische Schrei kann eine Folge der verschiedensten Affekte sein (Freude, Schreck, Wut, Angst); dementsprechend ist auch die akustische Qualität des reflektorisch hervorgebrachten Schreis eine unterschiedliche (BARTH[1]).

## 12. Weinen, Schluchzen.

*Weinen* ist eine Affektäußerung, die nicht nur mit sekretorischen (Tränendrüsen), sondern auch mit mimischen und respiratorischen bzw. stimmlichen Ausdrucksbewegungen einhergeht. Die Tränensekretion wird gewöhnlich von kurzen und tiefen Inspirationen und *langgezogenen* Exspirationen begleitet (BARTH).

Das *Schluchzen*, als Folge länger fortgesetzten oder unterdrückten Weinens, wird bedingt durch stoßweise Zwerchfellkontraktionen, durch die der Einatmungsstrom mehrfach krampfartig unterbrochen wird. Dabei werden die Stimmlippen gegeneinander geschlagen, und es entsteht ein eigentümliches *inspiratorisches* Geräusch: das *Schluchzen* (s. auch unter inspiratorische Stimme).

Den Ausdrucksbewegungen des *Seufzens* und *Stöhnens* geht eine tiefe Inspiration voraus; darauf folgt eine *gedehnte* Ausatmung mit — meist der tieferen Tonlage angehörenden — klagenden Lauten.

## 13. Lachen.

*Lachen* ist ebenfalls eine Affektäußerung, und zwar eine Ausdrucksbewegung des heiteren Affekts. Sein Mechanismus ähnelt dem des Schluchzens; nur wird beim Lachen — nicht wie beim Schluchzen — der Einatmungsstrom, sondern der *Ausatmungsstrom* stoßweise und meist rhythmisch unterbrochen. Nach BARTHs pneumographischen Untersuchungen erschlafft jedoch das Zwerchfell während dieser Exspirationsstöße nicht, sondern macht ebenfalls kurze, krampfhafte Kontraktionen, so daß der Inhalt der Bauchhöhle beim Lachen sowohl seitens der Bauchmuskulatur wie seitens des Zwerchfells zusammengedrückt wird. Mit diesen Zwerchfellkontraktionen sind meistens Schließungen und Öffnungen der Glottis verbunden, wodurch „die für das Lachen charakteristischen abgesetzten, meist hohen Klänge erzeugt werden".

---

[1] BARTH: Zitiert auf S. 1385.

# Die physikalische Analyse der Stimm- und Sprachlaute[1].

Von

W. SULZE

Leipzig.

Mit 13 Abbildungen.

### Zusammenfassende Darstellungen.

GRÜTZNER, P.: Physiologie der Stimme und Sprache, in Hermanns Handb. der Physiologie **1 II**. Braunschweig 1879. — NAGEL, W.: Physiologie der Stimmwerkzeuge, in Nagels Handb. der Physiologie des Menschen **4 II**. Braunschweig 1909. — POIROT, J.: Phonetik, in Tigerstedts Handb. der physiologischen Methodik **3 VI**. Leipzig 1911. — GRÜTZNER, P.: Stimme und Sprache. Erg. Physiol. **1 II**, 466 (Wiesbaden 1902). — GUTZMANN, H.: Physiologie der Stimme und Sprache. Braunschweig 1909. — STUMPF, C.: Die Sprachlaute. Berlin 1926. — TRENDELENBURG, F.: Physik der Sprachlaute — Akustische Meßmethoden, in Geiger-Scheels Handb. der Physik **8**. Berlin 1927. — WAETZMANN, E.: Akustik, in Müller-Pouillets Lehrb. der Physik **1 III**. 11. Aufl. Braunschweig 1929. — FLETCHER, H.: Speech and Hearing. London 1929.

Sinn und Wert der physikalischen Analyse der Stimm- und Sprachlaute glaube ich am besten dadurch kennzeichnen zu können, daß ich die Entgegnung L. HERMANNS[2] auf einen Einwand anführe, den F. AUERBACH gegen die „objektive Methode" der Untersuchung der Stimm- und Sprachlaute erhoben hatte. Nach AUERBACH löst diese Methode „zwar ein gewisses Problem sehr elegant, aber nicht das gestellte. Denn gefragt ist nach der physikalischen Natur der Vokale, wie sie vom menschlichen Ohre gehört werden; die objektive Methode zeigt, wie sie auf mechanische Systeme besonderer Art wirken und eine Entscheidung darüber, inwieweit die Angaben dieser Apparate mit den Empfindungen meines Ohres übereinstimmen, kann natürlich wieder nur unter Mitwirkung des Ohres gegeben werden". Dem hält HERMANN Folgendes entgegen: „Hier muß man doch sagen: ‚die physikalische Natur' eines Vorganges kann nichts damit zu tun haben, wie er auf ein Sinnesorgan wirkt; der Vokal ist eine Art der Schallbewegung, die wir mit denselben Mitteln und nach denselben Gesichtspunkten zu zergliedern suchen wie jeden anderen Schall. Die Darstellung eines Schalls als eine Schwingung oder eine Summe von Schwingungen ist keineswegs nur eine Feststellung, wie dieser Schall auf besondere Apparate wirkt, sondern erschöpft alles, was naturwissenschaftlich über diesen Schall festgestellt werden kann und woraus alles andere folgt. Und so ist denn die Darstellung der Vokale durch eine Kurve, vorausgesetzt, daß diese *treu* ist, d. h. den zeitlichen Verlauf der Schallbewegung richtig wiedergibt, die erschöpfende Lösung des Problems." Ein begründeter Einwand gegen diese Sätze wird sich schwerlich erheben lassen.

---

[1] Manuskript abgeliefert Sommer 1925, nochmals durchgesehen Sommer 1931.

[2] HERMANN, L.: Neue Beiträge zur Lehre v. d. Vokalen und ihrer Entstehung. Pflügers Arch. **141**, 19ff. (1911).

Daß die Feststellung des physikalischen Schwingungsvorganges in praxi vielfach nur ein Mittel zum Zweck ist und daß zur Erreichung dieses Zweckes die Mitwirkung des Gehörs unter Umständen nicht entbehrt werden kann, das ist eine Sache für sich. Die nächste Frage, die sich erhebt, wenn man die Form des Schwingungsvorganges erkannt zu haben glaubt, wird meistens lauten: welche Eigenschaften des Schwingungsvorganges sind für den Charakter des betreffenden Lautes als wesentlich zu betrachten, welche sind nebensächlich und vielleicht nur zufällig vorhanden. Über diese Frage kann selbstverständlich nur das Ohr entscheiden. Ganz verfehlt muß aber der Versuch erscheinen, wie FRANK[1] mit Recht betont hat, bei der graphischen Registrierung des Stimmklanges den Aufnahmeapparat so auszugestalten, daß er die den Schall auffangenden und fortleitenden Gebilde in unserem Ohr möglichst getreu nachahmt. Abgesehen davon, daß dieser Versuch immer sehr unvollkommen bleiben wird, kann bei der Schallanalyse nur der eine Grundsatz maßgebend sein, möglichst einwandfrei festzustellen, wie der Schwingungsvorgang abläuft, „woraus dann alles andere folgt"[2].

Nun ist die Konstruktion eines Apparates, der ein treues Abbild eines Schwingungsvorganges von der Art der Stimm- und Sprachlaute zu liefern vermag, ein Problem, das erst in allerletzter Zeit als einigermaßen gelöst betrachtet werden kann. Die zahlreichen älteren Verfahren haben sich alle, mindestens bei der Wiedergabe der Laute, die sehr rasche Teilschwingungen enthalten, mit einer mehr oder weniger groben Annäherung begnügen müssen. Wegen dieser Unvollkommenheit der Registrierung haben es manche Forscher vorgezogen, auf graphische Methoden ganz zu verzichten und sich auf das bloße Heraushören von Teilschwingungen zu beschränken. An sich muß ja auch dieses Verfahren als eine Schallanalyse betrachtet werden, insofern es uns über den unmittelbar wahrgenommenen Gehörseindruck hinausgehend ein Bild von der Zusammensetzung der Schallschwingung zu geben vermag. Indessen ist eine solche Analyse rein subjektiv, und die Ergebnisse, die ein Beobachter damit erzielt, müssen auf Treu und Glauben hingenommen werden, wobei eingestandenermaßen die Unterscheidung der Oktaven sehr schwierig, vielfach wohl unmöglich ist und die Schätzung der objektiven Intensität der einzelnen herausgehörten Komponenten bei der starken Abhängigkeit der subjektiv empfundenen Schallstärke von der Tonhöhe und anderen Faktoren vollends ganz unsicher ist. Auch die Methoden, bei denen das Gehörorgan durch Resonatoren unterstützt wird oder die Stärke des Mitschwingens von Stimmgabeln oder Saiten mit dem Gehör geschätzt wird, werden für die Erreichung einer physikalischen Analyse der Sprachlaute immer nur als Notbehelf gelten können.

## 1. Die graphische Registrierung der Sprachlaute.

Das ideale Verfahren zur Erlangung der Kurve einer Schallschwingung wäre es natürlich, die Luftbewegung selbst sichtbar bzw. photographisch registrierbar zu machen.

Als ein erster Schritt auf dem Wege zu diesem Ziele ist eine Experimentaluntersuchung von RAPS[3] zu betrachten. Auf einer Idee von BOLTZMANN fußend, hat RAPS auch von der menschlichen Stimme Schallkurven auf folgende Weise gewonnen: Ein Lichtstrahl wird durch Reflexion an Vorder- und Hinterfläche einer schräg zur Strahlenrichtung gestellten

---

[1] FRANK, O.: Die Membran als Registriersystem. Z. Biol. **60**, 358 (1913).
[2] Auf welche Weise man versucht hat, objektiv aufgezeichnete Schallkurven durch Umformung der subjektiven Schallempfindung anzugleichen, darüber wird später (S. 1402f.) berichtet werden.
[3] RAPS, A.: Über Luftschwingungen. Ann. Physik, N. F. **50**, 193 (1893).

planparallelen Glasplatte in zwei Bündel zerlegt. Das eine Bündel geht durch einen von einer starkwandigen Metallröhre eingeschlossenen Luftraum, das andere geht außen an dieser Röhre vorbei. Wird die Außenluft z. B. durch die menschliche Stimme in Schwingungen versetzt, so geht der letztere Strahl durch schwingende Luft, der andere Strahl durch die unbewegt bleibende Luft im Inneren des Metallrohres. Die Dichtigkeitsänderung in der äußeren Luft bewirkt einen Gangunterschied in beiden Lichtstrahlen und dadurch Interferenzstreifen, die photographisch aufgezeichnet werden können. Leider ist das Verfahren nicht empfindlich genug, um Einzelheiten der Schwingungsform der menschlichen Stimme wiederzugeben.

Sobald man einen schwingungsfähigen Körper in den Weg der Luftwellen bringt, um die Mitbewegungen dieses Körpers zu registrieren, muß die Luftschwingung sich ändern. Der mitschwingende Körper kann infolgedessen den Schwingungsvorgang nicht völlig genau wiedergeben. In welcher Weise ein komplizierter Schwingungsvorgang dabei entstellt wird, läßt sich nicht ohne weiteres übersehen. Man kann die Entstellung aber rechnerisch ermitteln, falls es sich um einen streng periodisch verlaufenden Vorgang handelt und die physikalischen Konstanten des mitschwingenden Systems bekannt sind. Vorausgesetzt wird bei der Berechnung, daß die periodische Einwirkung auf den schwingungsfähigen Körper schon so lange angedauert hat, daß stationäre Verhältnisse eingetreten sind.

Um eine Vorstellung von dieser Berechnung zu gewinnen, denken wir uns zunächst die umgekehrte Aufgabe gestellt, aus der als bekannt vorausgesetzten Kurve eines Schwingungsvorganges mit Hilfe der ebenfalls bekannten physikalischen Konstanten des mitschwingenden Körpers die Kurve der Mitbewegung zu ermitteln. Dazu wird zunächst einmal die einwirkende Schwingung vermittels der Fourieranalyse in ihrer harmonischen Komponente zerlegt. Man betrachtet dann jede einzelne der so erhaltenen Sinusschwingungen als das Abbild der zeitlichen Veränderung einer Kraft, die auf den schwingungsfähigen Körper einwirkt. Die jeder einzelnen Teilkraft entsprechende Komponente der Mitbewegung hat die gleiche Zeitdauer wie die Teilkraft, beginnt jedoch verspätet und hat eine andere Amplitude. Phasenverschiebung und Amplitudenänderung lassen sich aus den physikalischen Konstanten des mitschwingenden Körpers berechnen, und es ergibt sich dabei eine neue FOURIERsche Reihe, die zwar Glied für Glied dieselben Schwingungsfrequenzen aufweist wie die ursprüngliche Reihe, aber infolge der von Glied zu Glied sich ändernden Phasenverschiebung und Amplitudenfälschung eine ganz andere resultierende Kurve liefert. Freilich müßte sich theoretisch aus dieser Kurve der erzwungenen Schwingung auch rückwärts die Kurve der erzwungenden Schwingung ableiten und somit eine Korrektur der Entstellung durchführen lassen. Da jedoch bei der Berechnung gewisse Vereinfachungen nicht zu vermeiden sind, so ist eine befriedigende Kurvenkorrektur für größere Entstellungen des zu registrierenden Vorganges nicht zu erreichen. Es muß also dafür gesorgt werden, daß diese Entstellung so gering wie möglich ausfällt[1].

Die Bedingungen, die hierfür maßgebend sind, ergeben sich ebenfalls aus der Theorie der erzwungenen Schwingungen. Auf ihr beruht die Kritik der Registrierinstrumente, wie sie von FRANK und anderen durchgeführt worden ist[2].

---

[1] FRANK, O.: Die Prinzipien der Schallregistrierung. Z. Biol. **64**, 125 (1914).
[2] FRANK, O.: Z. Biol. **44**, 445; **46**, 516; **53**, 429; **60**, 358; **64**, 125. — BROEMSER, PH.: Ebenda **57**, 81; **63**, 377; **68**, 391; **71**, 281 — Habilitat.-Schrift. München 1918. — SCHRUMPF, P., u. H. ZÖLLICH: Saiten- u. Spulengalvanometer zur Aufzeichnung der Herztöne. Pflügers Arch. **170**, 553 (1918). — ZÖLLICH, H.: Prüfung von Meßgeraten auf Aufzeichnung sich rasch verändernder Größen. Wiss. Veroff. a. d. Siemens-Konzern **1** (1920).
*Zusammenfassende Darstellungen:* ORLICH, E.: Aufnahme und Analyse von Wechselstromkurven. Braunschweig 1906. — FRANK, O.: Hämodynamik, in Tigerstedts Handb. der physiol. Methodik **2 II**. — DITTLER, R.: Allgemeine Registriertechnik, in Abderhaldens Handb. der biol. Arbeitsmeth. Abt. V, Tl 1, 1. — BROEMSER, PH.: Anwendung mathematischer Methoden auf dem Gebiete der physiol. Mechanik. Ebenda S. 81. — STRAUB, H.: Bestimmung d. Blutdruckes usw. Ebenda Abt. V, Tl 4, 135.

Die Leistungsfähigkeit eines Registrierinstrumentes für Bewegungsvorgänge ist nach FRANK ganz allgemein bedingt durch drei Eigenschaften: seine Empfindlichkeit, seine Eigenschwingungszahl und seine Dämpfung. Dabei ist von der Rückwirkung des Instrumentes auf den zu registrierenden Vorgang abgesehen. Die Empfindlichkeit wird definiert als der durch die Registrierung aufgezeichnete Ausschlag, den das Instrument unter der (dauernden) Einwirkung der Krafteinheit gibt (statische Konstante des Instruments). Eigenschwingungszahl und Dämpfung bestimmen gemeinsam eine Größe, die FRANK sehr anschaulich mit dem Auflösungsvermögen des Mikroskopes vergleicht. Reicht das Auflösungsvermögen für den zu untersuchenden Vorgang nicht aus, so hat das zur Folge, daß Einzelheiten des Schwingungsvorganges bei der Wiedergabe nicht gesondert herauskommen. Die Theorie lehrt, daß für die hinreichend getreue Wiedergabe von Schwingungen die Eigenfrequenz des registrierenden Apparates jedenfalls größer sein muß als die der zu registrierenden Schwingung. Wieweit sich das Verhältnis der beiden Frequenzen dem Werte 1 nähern darf, ohne daß der Vorgang bei der Wiedergabe eine praktisch in Betracht kommende Entstellung erfährt, das hängt von der Größe der Dämpfung ab. Eine genauere Erörterung der Bedeutung der Dämpfung für die getreue Wiedergabe periodischer Vorgänge würde hier zu weit führen. Es möge der Hinweis genügen, daß nach einer von BROEMSER[1] durchgeführten Berechnung bei unteraperiodischer Dämpfung, bei der also der Registrierapparat die Endeinstellung nicht asymptotisch erreicht, sondern noch Eigenschwingungen auszuführen vermag, eine praktisch amplitudengetreue, mit konstanter Phasenverschiebung behaftete Kurve *dann* aufgezeichnet werden kann, wenn die Eigenperiode des Registrierinstrumentes *etwa halb so lang* ist wie die Periode der kürzesten zu registrierenden Teilschwingung. Man würde also unter diesen Bedingungen ein in sich unverzerrtes Abbild des Vorganges gewinnen.

HERMANN[2] hat es noch im Jahre 1913 für undenkbar erklärt, daß dieser Forderung für die in der viergestrichenen Oktave liegenden Teiltöne der Sprachlaute genügt werden könnte. Er hat deshalb zu zeigen versucht, unter welchen Bedingungen man auch mit langsamer schwingenden Registrierinstrumenten brauchbare Vokalkurven erhalten kann. Auf die Phasenverschiebung brauche keine Rücksicht genommen zu werden, weil sie für die physiologisch-akustische Wirkung der Schallschwingungen keine Bedeutung hat. Die Amplitudenfälschung erfolge auch bei verhältnismäßig tiefen Eigentönen des Apparates *dann* nach einer sehr einfachen Gesetzmäßigkeit, wenn man sehr hohe, überaperiodische Dämpfungsgrade anwende. Dann ergäbe sich nämlich praktisch hinreichend genau eine lineare Abhängigkeit der Amplitudenverkleinerung von der Schwingungszahl des zu registrierenden Teiltones, so daß die Amplituden der Teiltöne im Verhältnis ihrer Ordnungszahlen verkleinert wiedergegeben würden, die Oktave mit der halben Amplitude des Grundtones, die Doppeloktave mit einem Viertel der Amplitude usw. Gegen HERMANNs Überlegungen hat sich FRANK[3] gewandt und die Meinung ausgesprochen, daß die Verhältnisse bei überaperiodischer Dämpfung sehr schwer zu übersehen seien, so daß der rechnerische Vorteil, der sich dabei für die Bestimmung der richtigen Amplitudenwerte vielleicht ergeben könnte, durch anderweitige Schwierigkeiten illusorisch gemacht würde.

---

[1] BROEMSER, PH.: Die Bedeutung der Lehre v. d. erzwungenen Schwingungen in der Physiologie. Habilitat.-Schrift. München 1918.
[2] HERMANN, L.: Die theoretischen Grundlagen für die Registrierung akustischer Schwingungen. Pflügers Arch. **150**, 92 (1913).
[3] FRANK, O.: Die Prinzipien der Schallregistrierung. Z. Biol. **64**, 125 (1914).

Für eine wirklich einwandfreie Kurvenschreibung muß man also doch versuchen, die Eigenschwingungszahl und damit das Auflösungsvermögen des Registrierinstrumentes zu steigern. Dabei ergibt sich die Schwierigkeit, daß neben dem Auflösungsvermögen auch die Empfindlichkeit des Instrumentes hinreichend groß sein muß. Auflösungsvermögen und Empfindlichkeit bestimmen nach einem von FRANK eingeführten Ausdruck die „Güte" des Registrierinstrumentes, die nach FRANK dem Produkt aus dem Quadrat der Schwingungszahl multipliziert mit der Empfindlichkeit gleichzusetzen ist. Von der Dämpfung ist bei dieser Definition abgesehen. Eine Erhöhung der Schwingungszahl z. B. durch Änderung der elastischen Eigenschaften oder Verringerung der Dimensionen einer registrierenden Membran verringert aber im allgemeinen die Empfindlichkeit. Die Bestrebungen, für die Schallregistrierung brauchbare Instrumente zu schaffen, laufen meist darauf hinaus, die Eigenfrequenz des mitschwingenden Systems durch möglichst weitgehende Verringerung seiner Masse zu steigern und die dadurch bedingte Verkleinerung des Ausschlages durch starke Vergrößerung bei der optischen Registrierung unter Zuhilfenahme des Mikroskopes wieder wettzumachen[1].

Als eine Annäherung an das Ideal, die Luftschwingungen selbst sichtbar zu machen, kann das von GEHLHOFF[2] ausgearbeitete Verfahren betrachtet werden, bei dem sogar die Hilfsmittel der Ultramikroskopie angewandt werden. GEHLHOFF läßt in einer würfelförmigen Kammer von etwa 1 cm Kantenlange Paraffinöltröpfchen von etwa 4 μ Durchmesser[3] fallen, deren Bahn mikroskopisch mit Dunkelfeldbeleuchtung vergrößert und auf lichtempfindliches Papier projiziert wird. Er berechnet theoretisch, daß derartige Tröpfchen bei Schwingungen

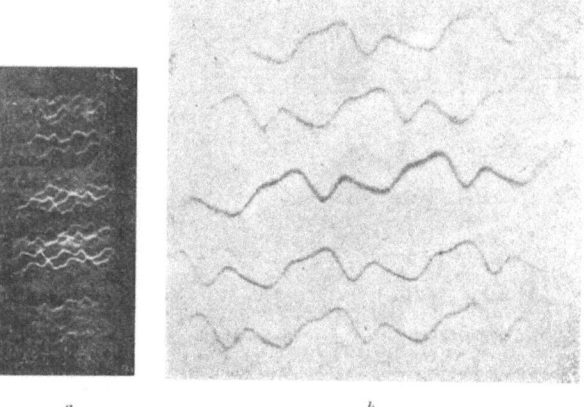

Abb. 469. Vokal A, Grundton 217 Hertz, aufgenommen nach dem Verfahren von GEHLHOFF. a Wiedergabe einer Originalplatte; b andere Aufnahme, unter gleichen Bedingungen gemacht, $3^1/_2$ mal vergrößert. (Nach GEHLHOFF, 1920.)

von 2000 Hertz bis auf 1% genau den Luftschwingungen folgen und daß bei Schwingungen von 20000 Hertz die Amplitude noch im Verhaltnis 0,64:1 wiedergegeben wird. Die von ihm mitgeteilten Kurven sind an sich überraschend klar (Abb. 469). F. TRENDELENBURG[4] bemängelt jedoch, daß sie nicht die „Feinstruktur" zeigen, die er selbst mit seinem spater zu erwähnenden Schallschreiber erhalten hat und meint, daß die Paraffintröpfchen zu trage wären, um den raschesten Teilschwingungen der Vokalklange zu folgen.

Zu einem Schallschreiber von hoher Eigenfrequenz hat EINTHOVEN[5] den vom Saitengalvanometer her bekannten versilberten Quarzfaden dadurch gemacht, daß er sehr feine

---

[1] Über die in jüngster Zeit stark in den Vordergrund getretenen Verfahren, bei denen die Vergrößerung der Ausschläge nicht mit optischen, sondern mit elektrotechnischen Mitteln erreicht wird, vgl. weiter unten S. 1393 f.
[2] GEHLHOFF, K.: Über die Aufnahme von Schallkurven ohne Membran. Z. Physik 3, 330 (1920).
[3] Bei noch kleineren Tröpfchen macht sich die BROWNsche Molekularbewegung störend bemerkbar.
[4] TRENDELENBURG, F.: Objektive Klangaufzeichnung mittels des Kondensatormikrophons. Wiss. Veröff. a. d. Siemens-Konzern 3, H. 2, 43 (Berlin 1924); 4, H. 1, 1 (1925) — Zur Physik der Klänge. Naturwiss. 12, 661 (1924).
[5] EINTHOVEN, W., u. S. HOOGERWERFF: Der Saitenphonograph. Pflügers Arch. 204. 275 (1924).

Saiten von nur $2 \cdot 10^{-10}$ g Gewicht benutzte. Die Grenze, bis zu der eine gute Abbildung des Saitenschattens möglich ist, ist dabei noch nicht erreicht[1]. Wird eine solche Saite so weit entspannt, daß sie als frei in der umgebenden Luft schwebend betrachtet werden kann, so folgt sie, wie eine Berechnung von EINTHOVEN und HOOGERWERFF zeigt, einer Luftschwingung von der Frequenz 20000 Hertz noch mit einer Amplitude, die sich zur Amplitude der Luftschwingung wie $\frac{1}{\sqrt{2}} = 0{,}7:1$ verhält. Bei geringeren Frequenzen wird die Amplitude noch getreuer wiedergegeben. Wird die Saite stärker gespannt, so ergeben sich besondere Verhältnisse, die sich daraus erklären, daß die Ausschläge der Saitenmitte größer sein können als die Ausschläge der ganzen Saite sein würden, wenn sie frei in der Luft schwebte. Bei der Einwirkung der Luftschwingungen auf die Saite kommt nämlich jetzt der Saitenmitte derjenige Bruchteil der Schwingungsenergie zugute, der sonst die Enden der frei schwebenden Saite in Bewegung gesetzt haben würde. So kommt es, daß das Gebiet, innerhalb dessen die Amplitude von der Saitenmitte verstärkt wiedergegeben wird, ganz gewaltig ausgedehnt ist. EINTHOVEN und HOOGERWERFF zeigen, daß die Saitenmitte im Falle der Resonanz die Amplitude im Verhältnis $4/\pi$, also etwa 1,3:1 vergrößert wiedergibt. (Die Eigenschwingungszahl der Saite ist dabei auf das Schwingen im luftleeren Raum bezogen.) Durch Änderung der Saitenspannung läßt sich mit der Eigenfrequenz der Saite auch die Breite des Gebietes weitgehend verändern, in dem die Saite mit größerer Amplitude schwingt als die umgebende Luft. Während bei einer Spannung der Saite von gegebener Länge, bei der sie im luftleeren Raum 2000 Schwingungen in der Sekunde machen würde[2], die beiden Punkte, an denen das Amplitudenverhältnis = 1 wird, bei etwa 100 und bei 40000 Schwingungen liegen, das Gebiet der Verstärkung also mehr als 9 Oktaven umfaßt, ist dieses Gebiet für die gleiche Saite, wenn sie bis zu einer Eigenschwingungszahl von 32000 gespannt wird, wobei sie in Luft eben periodisch schwingt, auf weniger als 2 Oktaven eingeschränkt. Man hat es also in der Hand, durch Regulierung der Saitenspannung ein Instrument zu erhalten, das entweder die Schwingungsamplituden über ein großes Frequenzbereich in praktisch dem gleichen Maßstabe verzeichnet oder das nur auf einen verhältnismäßig engen Bezirk anspricht. Die Lage dieses Bezirkes richtet sich bei gegebener Länge nach der Dicke der Saite.

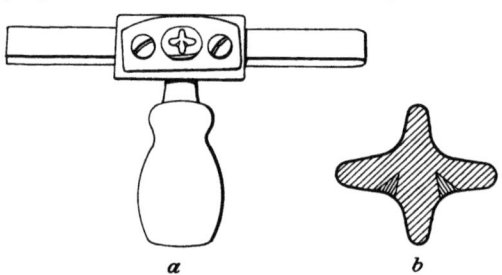

Abb. 470. Seifenmembran-Schallschreiber.
(Nach GARTEN, 1915.)
*a* Der Apparat in etwa 1,2facher Vergrößerung.
*b* Umriß des Diaphragmas in 10facher Vergrößerung. Die beiden aus der Tiefe aufragenden Spitzen der Polschuhe des Elektromagneten sind rechts und links der Mitte angedeutet.

Über die zahlreichen Schallschreiber, bei denen das Mitschwingen einer Membran registriert wird, gibt der eingangs angeführte Artikel von POIROT erschöpfende Auskunft. Seit dem Erscheinen dieser Übersicht (1911) hat man sich planmäßig bemüht, die Masse der mitschwingenden Teile immer weiter zu vermindern. Als besonders leichte Membranen bieten sich die Seifenhäutchen dar, die durch Verwendung passend zusammengesetzter Glycerinseifenlösung verhältnismäßig gut haltbar gemacht werden können. Bei dem Phonoskop von WEISS[3] setzt die schwingende Seifenlamelle einen feinen, versilberten Glashebel in Bewegung, dessen eines Ende durch Adhäsion an die Seifenblase gekoppelt ist. Der Schatten dieses Hebels wird durch ein Projektionsmikroskop stark vergrößert auf einen lichtempfindlichen Film geworfen. Das Gesamtgewicht des schwingenden Systems beträgt nach den Berechnungen von WEISS nur 0,0535 mg. Doch wird der Apparat noch überboten durch den GARTENschen Schallschreiber[4], den Abb. 471 in etwa 1,2facher Vergrößerung zeigt. Die Flache der Seifenmembran, die beim WEISSschen Phonoskop einen Kreis von 1 cm Durchmesser bildet, ist

---

[1] EINTHOVEN, W.: Über die Beobachtung und Abbildung dünner Fäden. Pflügers Arch. **191**, 60 (1921). — Vgl. auch R. ROSEMANN: Registrierung von Vokalkurven mit dem Kathodophon und dem Saitengalvanometer, in Abderhaldens Handb. der biol. Arbeitsmeth. Abt V, Tl 7, H. 7 (1930).

[2] Beim Schwingen in Luft wären die Saitenbewegungen stark überaperiodisch gedämpft.

[3] WEISS, O.: Registrierung und Reproduktion menschlicher Herztöne usw. Pflügers Arch. **123**, 341 (1908) — Die Seifenlamelle als schallregistr. Membran im Phonoskop. Z. biol. Techn. u. Meth. **1**, 49 (1908).

[4] GARTEN, S.: Über die Verwendung der Seifenmembran zur Schallregistrierung. Z. Biol. **56**, 41 (1911) — Ein Schallschreiber mit sehr kleiner Seifenmembran. Ann. Physik, IV. F. **48**, 273 (1915).

hier noch bedeutend kleiner. Der Umriß hat eine von der regelmäßigen Kreisform stark abweichende Gestalt erhalten, um möglichst zu vermeiden, daß die Membran einen bestimmten Resonanzton mit stark vergrößerter Amplitude wiedergibt. Die Membran verschließt eine Öffnung einer metallenen Kammer von sehr kleinen Abmessungen. Dieser Öffnung gegenüber liegt eine zweite, durch ein Deckglas verschließbare Öffnung zum Durchlaß des Lichtes. In eine dritte Öffnung ist ein Ansatzrohr zur Zuleitung des Schalles eingeschraubt. Die Schwingungen der Membran werden dadurch registrierbar gemacht, daß ein feines Eisenfeilspänchen in der Mitte der Membran festgehalten wird durch die Wirkung der beiden Polschuhe eines Elektromagneten, die als feine Spitzen vom Inneren der Kammer her rechts und links bis dicht an die Membran heranreichen. Die Membran wird unter einem Winkel von 45° in den Weg der Lichtstrahlen gestellt, so daß das Einwärts- und Auswärtsschwingen des Eisenstäubchens in der Projektion auf die senkrecht zu den Lichtstrahlen stehende Registrierfläche als Auf- und Abwärtsbewegung erscheint. Die Fehler in der Fokusierung bei der Mikroprojektion, die durch die in die Richtung der Lichtstrahlen fallende Komponente der Membranbewegung erzeugt werden, sind zu geringfügig, als daß die Abbildung dadurch unscharf werden könnte, wie die mit dem GARTENschen Schallschreiber aufgenommenen Kurven der Abb. 471 beweisen mögen. Das Gewicht des verwendeten Eisenstäubchens wird von GARTEN auf im Mittel 0,000154 mg berechnet, die Eigenschwingungszahl der Membran wurde durch Eichung zu etwa 2000 Hertz bestimmt. Die Empfindlichkeit genügt für viele Aufgaben der Sprachregistrierung.

Noch höhere Eigenfrequenzen des Schallschreibers bei hinreichender Empfindlichkeit sind in jüngster Zeit dadurch erhalten worden, daß die mechanischen Schwingungen nach dem Prinzip der Radioübertragung in Frequenz- und Amplitudenmodulationen hochfrequenter elektrischer Schwingungen umgesetzt und diese dann registriert wurden. FERD. TRENDELENBURG[1] verwendet als Schallempfänger ein Kondensatormikrophon nach H. RIEGGER. Die Schallschwingungen werden bei diesem Instrument, dessen Eigenfrequenz 6000 Hertz beträgt, von einer äußerst dünnen Aluminiumfolie aufgenommen. Die Folie bildet die eine Belegung eines Kondensators, die andere Belegung wird durch eine vor der Folie gelegene und von ihr durch eine Luftschicht getrennte durchlöcherte Metallplatte dargestellt, gegen welche gesprochen wird. Die Änderung der Kapazität dieses Kondensators, die sich aus den Schwingungen der Aluminiumfolie ergeben, verändert die Frequenz eines hochfrequenten elektrischen Schwingungskreises. Die Frequenzmodulationen werden mit Hilfe eines besonderen Ver-

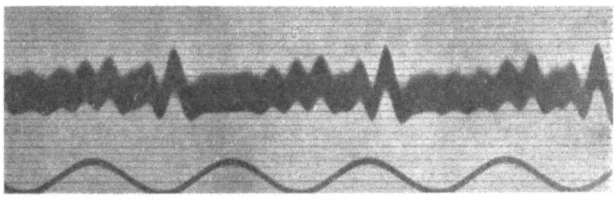

*a*

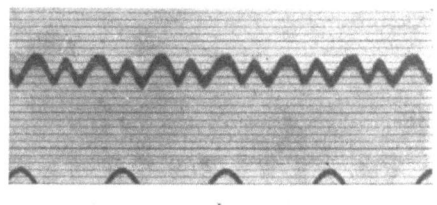

*b*

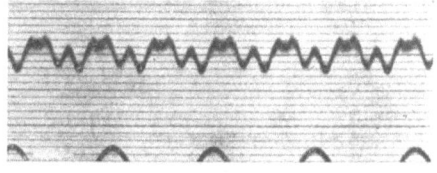

*c*

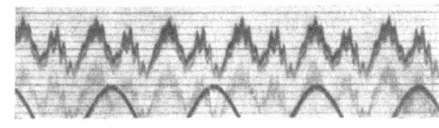

*d*

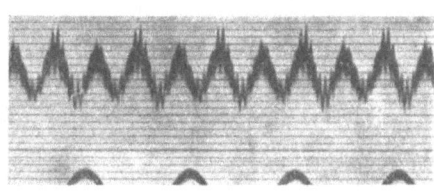

*e*

Abb. 471. Mit dem GARTENschen Schallschreiber aufgenommene Vokalkurven. Die Kurven sind von rechts nach links zu lesen.
*a* Vokal A, Grundton 95 Hertz; *b* Vokal O, Grundton 235 Hertz; *c* Vokal U, Grundton 239 Hertz; *d* Vokal E, Grundton 203 Hertz; *e* Vokal I, Grundton 185 Hertz. [Aus GARTEN (1915).]

---

[1] TRENDELENBURG, F.: Zitiert auf S. 1391.

fahrens der Hochfrequenzverstärkung, dessen Schilderung hier zu weit führen würde, mit stark vergrößerter Amplitude auf einen Oszillographen übertragen, dessen Empfindlichkeit bis zu etwa 4000 Hertz hinreichend konstant bleibt. Abb. 472 bietet eine Probe der mit dieser Anordnung durch den Oszillographen aufgezeichneten Vokalkurven.

Von amerikanischen Forschern (CRANDALL u. SACIA u. a.) ist als Schallempfänger das Kondensatormikrophon von WENTE benutzt worden. Eine Übersicht über diese Unter-

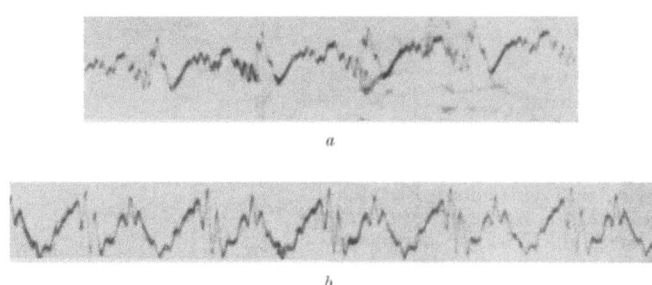

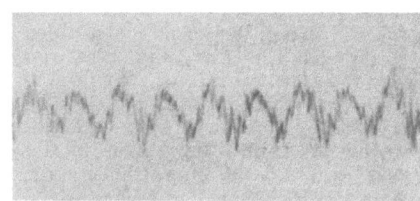

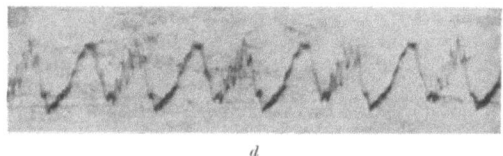

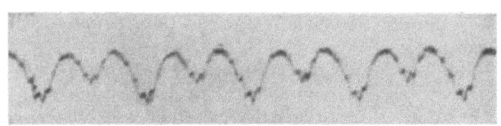

Abb. 472. Vokalkurven, aufgenommen mit Kondensatormikrophon und Oszillograph. [Nach F. TRENDELENBURG: Wiss. Veröff. a. d. Siemenskonzern **3**, H. 2 (1924).]

*a* Vokal A, Grundton 204 Hertz; *b* Vokal E, Grundton 201 Hertz; *c* Vokal I, Grundton 165 Hertz; *d* Vokal O, Grundton 200 Hertz; *e* Vokal U, Grundton 198 Hertz.

suchungen gibt FLETCHER in seinem Buch „Speech and Hearing". Die benutzten Untersuchungsmethoden sind kurz dargestellt von F. TRENDELENBURG in Geiger-Scheels Handb. der Physik **8** (1927) sowie ausführlicher in Abderhaldens Handb. der biologischen Arbeitsmethoden [„Elektrische Methoden zur Klanganalyse" Abt. V, Tl 7, H. 6 (1929)]. Außerdem sei hier darauf aufmerksam gemacht, daß F. TRENDELENBURG in der Zeitschrift für Hochfrequenztechnik fortlaufend über neu ausgearbeitete Methoden der Klangforschung und die damit erzielten Ergebnisse berichtet.

## 2. Die Auswertung der Schallkurven.

Aus den durch graphische Registrierung erhaltenen Kurven kann man zunächst allgemeine Schlüsse auf die Dauer, Tonhöhe und relative Stärke bestimmter Sprachlaute ziehen. SCRIPTURE[1] nennt diese Art der Untersuchung die qualitative Analyse der Sprachlaute. Um jedoch tiefer in das Wesen dieser Laute einzudringen, bedarf es einer *quantitativen* Analyse. Das Mittel hierzu bietet die harmonische Analyse nach FOURIER[2]. Voraussetzung für ihre Durch-

---

[1] SCRIPTURE, E. W.: Researches in experim. Phonetics, S. 39. Washington 1906.

[2] Über Theorie und Praxis der Fourieranalyse in ihrer Anwendung auf die Phonetik orientieren in aller Ausführlichkeit: POIROT, J.: Phonetik in Tigerstedts Handb. der phys. Methodik **5 II**, 155. — BUDDE, E.: Mathematisches zur Phonetik. Abderhaldens Handb. d. biol. Arbeitsmethoden. Abt. V, Tl 7, 147. — Kürzere Darstellungen bei J. KATZENSTEIN: Methoden zur Erforschung der Tatigkeit des Kehlkopfes usw. Ebenda H. 3, 400. — GUTZMANN, H.: Physiologie der Stimme und Sprache, S. 96ff. 1. Aufl. Braunschweig 1904.

führbarkeit ist, daß die Kurve aus genau sich wiederholenden Perioden besteht. Es herrscht Übereinstimmung unter allen Untersuchern darüber, daß diese Voraussetzung für die Kurven gesungener Vokale als erfüllt gelten kann. Auf das Verhalten der gesprochenen und geflüsterten Vokale und der Konsonanten wird spater zurückzukommen sein.

Welche Bedeutung den durch die FOURIERsche Analyse ermittelten sinusförmigen Teilschwingungen für die Erkenntnis des untersuchten Schwingungsvorganges zukommt, darüber erscheinen die Ansichten auch in der neueren Literatur noch keineswegs geklärt[1]; es muß deshalb etwas näher darauf eingegangen werden. Nach HERMANNS[2] Ansicht ist die harmonische Analyse bei der Untersuchung von Vokalkurven überhaupt fehl am Ort. HERMANN erklärt bekanntlich die Entstehung der Vokalklänge so, daß das Ansatzrohr durch den Kehlkopfton intermittierend angeblasen werde. Es würde demnach der Ton des Ansatzrohres innerhalb jeder Grundtonperiode einmal „anaperiodisch" erklingen und seine Schwingungen, die rasch abklingend unter Umständen nur den Anfangsteil einer Grundtonperiode erfüllen, brauchten nicht notwendig harmonisch zum Grundton zu sein. Diese auf den Stimmbandklang aufgesetzten Eigentöne des Ansatzrohres, die für das Zustandekommen des Vokalcharakters von ausschlaggebender Bedeutung sein sollen, werden von HERMANN bekanntlich als „Formanten" bezeichnet. Durch die Fourieranalyse würde nun der ganze Vorgang in lauter zueinander harmonische Teilschwingungen zerlegt und das Vorhandensein eines unharmonischen Formanten völlig verdeckt. Die harmonische Analyse würde also nicht das mindeste von der eigentlichen Natur einer solchen aus abklingenden Wellenzügen und Pausen zusammengesetzten Kurve verraten.

Demgegenüber muß genau festgestellt werden, was die harmonische Analyse für die Erkenntnis der „eigentlichen Natur" eines Schwingungsvorganges leisten kann und was nicht. Daß das Auge nach der unanalysierten Kurve den Verlauf des Vorganges unter Umständen leichter zu beurteilen vermag, als mit Hilfe der harmonischen Komponenten, das ist ohne weiteres zuzugeben. Auch soll nicht behauptet werden, daß etwa durch die harmonische Analyse die Bestandteile auseinandergelegt würden, die in dem Vorgange „wirklich" enthalten sind in dem Sinne, daß diese Bestandteile selbständig für sich — also etwa an verschiedenen Stellen des die Sprachklänge erzeugenden Apparates — entstanden wären. Das Bestehen dieser Möglichkeit braucht nicht erörtert zu werden, da sie auch für die *physikalischen* Konsequenzen, die sich aus der Fourieranalyse ergeben, keinerlei Bedeutung hat. Die Ergebnisse der harmonischen Analyse haben nämlich durchaus nicht nur eine rein formale, sondern stets auch eine praktische oder, wie sich HELMHOLTZ ausdrückt, eine „reelle" Bedeutung, indem die gemeinsame physikalische Wirkung aller harmonischen Komponenten auf irgendein schwingungsfähiges System gleich ist der physikalischen Wirkung des unanalysierten Vorganges selber. Mit anderen Worten: es läßt sich auch *physikalisch* nicht entscheiden, ob der vorliegende Schwingungsvorgang für sich allein betrachtet, als eine Summe harmonischer Schwingungen angesehen oder irgendwie anders gedeutet werden muß. Voraussetzung ist dabei freilich, daß es sich um einen streng periodischen Vorgang handelt und daß die Wechselwirkung zwischen

---

[1] Anm. bei der Durchsicht: Dieser Satz kennzeichnet den Stand der Dinge beim Abschluß des Manuskripts (1925). Inzwischen ist, vor allem durch die Veröffentlichungen von STUMPF und F. TRENDELENBURG, neues Material zur Klärung der Frage beigebracht worden (vgl. z. B. Geiger-Scheels Handb. der Physik 8, Kap. 10, Ziff. 11). Eine Änderung des Textes ist dadurch nicht nötig gemacht worden.
[2] HERMANN, L.: Phonophotographische Untersuchungen. III. Pflügers Arch. 47, 347 (1890) — Neue Beitrage zur Lehre von den Vokalen usw. Ebenda 141, 18 (1911).

Schwingungsvorgängen nur insoweit in Betracht kommt, als dabei stationäre Verhältnisse eingetreten sind.

Ist nun aber die Anwendung der harmonischen Analyse, wenn wir die HERMANNsche Anschauung von dem Zustandekommen der Vokalklänge annehmen, nicht deshalb sinnlos, weil die erregende Schwingung impulsartig wirkt und ein schwingendes System in Eigenschwingungen versetzt, die zu den harmonischen Komponenten, in die sich die erregende Schwingung zerlegen läßt, gar keine Beziehung mehr haben? Besonders anschaulich wird diese Frage durch einen von HERMANN gebrauchten Vergleich: eine Glocke wird rhythmisch in genau gleicher Weise angeschlagen. Die Pausen zwischen den einzelnen Schlägen sind so groß, daß die Eigenschwingungen der Glocke zwischen zwei Schlägen praktisch vollkommen abklingen können. Offenbar braucht der Rhythmus der Klöppelschläge zu dem Rhythmus der Eigenschwingungen der Glocke nicht notwendig in einem rationalen Verhältnis zu stehen. HERMANN begründet auf das Auftreten derartiger Eigenschwingungen, die anaperiodisch mit jeder neuen Grundtonperiode wieder von neuem einsetzen, den grundsätzlichen Unterschied, den er zwischen dem Mitschwingen in Resonanz und dem Anblasen eines Resonators machen zu müssen glaubt. Er schreibt darüber[1]: „Zuweilen ist mir gesprächsweise eingewendet worden, daß beides wesentlich auf das gleiche hinauslaufe. Das ist aber ganz irrig. Bei der Beanspruchung auf Resonanz schwingt der Resonator, wie die mathematische Theorie ergibt, in seinem Eigenton nur in rapide abnehmendem Grade, permanent dagegen in der ihm aufgezwungenen *fremden* Periodik; beim Anblasen aber schwingt er stets in seinem *Eigenton*, solange die Anblasung fortgesetzt wird; die Resonanz ist eine ‚erzwungene Schwingung' im Tempo einer fremden oszillierenden Kraft, die Anblasung erfolgt durch eine kontinuierliche Einwirkung, welche erst der beeinflußte Gegenstand in eine von *seinen* Eigenschaften abhängige Periodik verwandelt."

Aus einer von BROEMSER[2] durchgeführten theoretischen Untersuchung ist nun aber zu entnehmen, daß der hier von HERMANN aufgestellte Gegensatz zwischen „erzwungener Schwingung" und „Schwingung im eigenen Rhythmus" für die Charakterisierung des Schwingungsvorganges selber keinerlei Bedeutung hat. BROEMSER zeigt, zunächst einmal formal rechnerisch, daß die Theorie der erzwungenen Schwingungen auch von dem Auftreten von Eigenschwingungen sehr wohl Rechenschaft zu geben vermag.

Wie oben (S. 1389) bereits auseinandergesetzt, wird zur Berechnung des Verlaufs einer erzwungenen Schwingung die aufgedrückte Kraft in ihre harmonische Komponenten zerlegt, und diese Komponenten werden sämtlich nach Amplitude und Phase in einer Weise verändert, die sich aus Eigenschwingungszahl und Dämpfungsgrad des mitschwingenden Systems berechnen läßt. BROEMSER legt die Annahme zugrunde, daß die Eigenschwingungen, die nach dem klassischen Ansatz von HELMHOLTZ am Beginn der Einwirkung einer periodisch veränderlichen Kraft auf ein schwingungsfähiges System stets auftreten, bereits völlig abgeklungen seien[3]. Er nimmt weiterhin an, daß die Kurve der erregenden Kraft einen Knick aufweise, also z. B. eine trapezförmige oder rechteckige Gestalt habe. Dann ist zu erwarten, daß bei geringer Dampfung des mitschwingenden Systems an dem Knickpunkt, an dem der aufsteigende Ast der Kurve in die horizontale Richtung übergeht, Eigenschwingungen des Systems auftreten, auf das die Kraft einwirkt. Konstruiert man nun nach den oben kurz angedeuteten Regeln die Kurve der erzwungenen Schwingung, so zeigt sie in der Tat an der zu erwartenden Stelle abklingende Wellen, die der Eigenfrequenz des mitschwingenden Systems entsprechen und bei bestimmten Eigenfrequenzen und Dämpfungsgraden dieses Systems grob unharmonisch zur Grundtonschwingung sein können. „Das Auftreten dieser Eigenschwingungen ist formell darin begründet, daß die Glieder, für welche das Schwingungs-

---

[1] HERMANN, L.: Neue Beiträge usw. Pflügers Arch. **141**, 43 (1911).
[2] BROEMSER, PH.: Beitrag z. Lehre v. d. erzwungenen Schwingungen. Z. Biol. **63**, 377.
[3] BROEMSER, PH.: Die Bedeutung der Lehre von den erzwungenen Schwingungen in der Physiologie. Habilitat.-Schrift, S. 15. München 1918.

verhältnis wesentlich größer als 1 ist, überhaupt nicht, dagegen die in der Nähe der Resonanz mit besonders stark veränderter Phase und Amplitude wiedergegeben werden" (BROEMSER[1]).

Vergegenwärtigt man sich nun, daß die hier formal-rechnerisch durchgeführte Umformung ein Bild von der mechanischen Wirkung der erzwingenden Schwingung gibt, so kann man sagen: auch wenn man die HERMANNsche Vokaltheorie in vollem Umfange anerkennt, muß man doch die Fourieranalyse als theoretisch einwandfreies Verfahren gelten lassen, um die funktionellen Beziehungen zwischen Kehlkopf und Ansatzrohr bei der Entstehung der Vokalklänge darzustellen.

BROEMSER[2] hat denn auch einen Versuch gemacht, diese Beziehungen nach der Theorie der erzwungenen Schwingungen zu behandeln. Da die Kurve der erzwingenden Schwingung, also hier des Kehlkopfklanges, nicht bekannt ist (die Schallkurven, die KATZENSTEIN[3] bei der Phonation mit teilweise ausgeschaltetem Ansatzrohr erhalten hat, können hierfür keine hinreichend sichere Grundlage bieten), so entfällt die Möglichkeit, erzwingende und erzwungene Schwingungen unmittelbar miteinander zu vergleichen. Es müßte aber möglich sein, aus der Kurve des Vokalklanges die Kurve des Kehlkopfklanges zu berechnen, wenn man das Ansatzrohr als ein einfaches schwingungsfähiges System betrachten könnte, dessen Eigenschwingungszahl und Dämpfungsgrad bekannt wären. BROEMSER hat diese Berechnung durchgeführt, freilich in einer Weise, die eben auch nur als eine Demonstration des Verfahrens bewertet werden kann, der wenigstens vorläufig keine praktische Bedeutung für die Erforschung des Zustandekommens der Sprachlaute zukommt. Er geht nämlich von der *Voraussetzung* aus, daß die in der Vokalkurve hervortretenden Teilzacken ausschließlich auf Eigenschwingungen der Ansatzrohrluft zu beziehen seien. Das bedeutet aber: die HERMANN-SCRIPTUREsche ,,Pufftheorie" der Vokalentstehung soll in vollem Umfange gültig sein. Er bestimmt nun durch direkte Messung aus dem Abstande der Teilzacken die Schwingungsfrequenz[4] und aus der Amplitudenabnahme der beiden größten Teilzacken den Dämpfungsgrad des ,,schwingungsfähigen Nasenrachenraumes". Mit Hilfe der so gewonnenen Werte formt er weiterhin die aus der Vokalkurve durch Fourieranalyse ermittelten harmonischen Komponenten nach den Regeln der Theorie der erzwungenen Schwingungen um und gewinnt so aus der Kurve des Vokalklanges die Kurve der Kraft, welche auf die Mundhöhlenluft eingewirkt haben muß, schließt also von der Kurve des Stimmklanges rückwärts auf die Kurve des Kehlkopfklanges. Er findet für die letztere eine steil verlaufende zweiphasige Schwingung, die am Maximum und Minimum spitzwinklig umbiegt und dann in ein fast gradlinig verlaufendes Kurvenstück übergeht. Die Kurvenform entspricht also einem plötzlichen Luftstoß (,,Puff"), wie es nach den gemachten Voraussetzungen nicht anders sein kann.

Bei einer den tatsächlich bestehenden Verhältnissen angepaßten theoretischen Behandlung der Frage des Zusammenwirkens von Kehlkopfklang und Ansatzrohr müßte außerdem noch die Rückkopplung in Betracht gezogen werden, von der BROEMSER völlig abgesehen hat. Verhältnismäßig gut erforscht sind diese Erscheinungen für das Tönen der Lippenpfeifen, das ja bei allem Unterscheidenden auch manche Vergleichspunkte mit der Stimmbildung beim Menschen bietet. Aus der interessanten kritischen Besprechung der hierfür aufgestellten Theorien, die LUTZ[5] gegeben hat, kann man ersehen, in welche tatsächlich unüberwindlichen Schwierigkeiten man geraten würde, wenn man die von HERMANN geforderte Trennung

---

[1] BROEMSER, PH.: Habilitat.-Schrift.
[2] BROEMSER, PH.: Habilitat.-Schrift, S. 41ff.
[3] KATZENSTEIN, J.: Über Probleme und Fortschritte in der Erkenntnis der Vorgänge bei der menschlichen Lautgebung usw. Passow-Schaefers Beitr. **3**, 291 (1910).
[4] In welcher Weise der Unregelmäßigkeit dieser Abstände bei der Messung Rechnung getragen wurde, wird nicht angegeben.
[5] LUTZ, P.: Über die Tonbildung in den Lippenpfeifen. Passow-Schaefers Beitr. **17**, 1 (1921).

zwischen Stoßerregung und Mitschwingen in Resonanz an diesem praktischen Beispiel durchführen wollte[1].

Wenn nun auch die BROEMSERsche Berechnung über die wirkliche Form der Stimmbandschwingung nichts aussagen kann, da das Ergebnis der Rechnung bei der Festlegung der physikalischen Konstanten des Ansatzrohres stillschweigend schon vorausgesetzt war, so verdient der BROEMSERsche Versuch doch insofern Interesse, als er den einzigen Weg zeigt, der von der Vokalkurve aus zu theoretisch einwandfreien Feststellungen über das Zusammenwirken von Kehlkopfklang und Ansatzrohr führen könnte. Freilich müßte man dazu vorher auch Schwingungszahl und Dämpfungsgrad des Ansatzrohres einwandfrei festgestellt haben. Der Eigenton der Mundhöhle bei der zur Hervorbringung bestimmter Vokale erforderlichen Einstellung ist mit Hilfe des Gehörs auf verschiedene Weise ermittelt worden[2]. Für eine genauere Untersuchung des Mundhöhlentones ist es aber auch wieder unerläßlich, ihn in Kurvenform aufzuzeichnen. Das ist zuerst von WEISS[3], später mit vollkommenerer Methodik von GARTEN[4] mit Hilfe seines Schallschreibers durchgeführt worden. Seine Untersuchungen haben zu Ergebnissen geführt, die für die Beurteilung der ganzen Frage bedeutungsvoll sind.

Die Mundhöhlentöne wurden entweder durch den Knall eines vor dem Munde überspringenden elektrischen Funkens oder durch Anblasen der Mundhöhle mit einer Schlitzsirene oder endlich durch Flüstern hervorgerufen. Mit allen drei Methoden ergaben sich übereinstimmend Eigenfrequenzen, die für den Vokal A etwas, für die Vokale O und U sogar recht erheblich über der aus den Kurven gesungener Vokale erschlossenen Höhe der betreffenden Formanten lagen. GARTEN erörtert die Frage, wie die Verschiedenheit der Tonhöhe der Formanten beim gesungenen Vokale und des Mundhöhlentones beim bloß intendierten Aussprechen eines Vokales zu erklären sei. Er hält folgende Erklärung für die wahrscheinlichste: bei der Phonation ist, wenigstens bei der Verwendung der Bruststimme, die Glottis nur für ganz kurze Perioden geöffnet, und dann auch nur mäßig weit. Beim ruhigen Atmen dagegen steht sie dauernd mehr oder weniger weit offen. Das muß eine Erhöhung des Eigentones des Ansatzrohres zur Folge haben, gleichviel, ob man die Wirkung des Ansatzrohres der eines Resonators oder der einer angeblasenen Pfeife vergleicht. Die Versuchspersonen hatten offenbar während des Versuches die Glottis nicht in Phonationsstellung gebracht. Auch quantitativ stimmen die Ergebnisse der Untersuchung zu dieser Annahme insofern, als die Erhöhung des Tones durch die Eröffnung der Glottis um so beträchtlicher sein muß, je kleiner die zweite Öffnung des ganzen Hohlraumes, nämlich die Mundöffnung, gemacht wird. Daher ist der Unterschied gegenüber den Formanten des gesungenen Vokals bei A am geringsten, bei U am größten.

GARTEN wirft weiterhin die Frage auf, ob es überhaupt angängig ist, von einem festen, für den betreffenden Vokal charakteristischen Mundhöhlenton zu reden, da ja doch beim Tönen der Stimme die Stimmritze während jeder Grundtonperiode ihre Weite ändert. Dementsprechend müßte sich auch der Eigenton des Ansatzrohres während jeder Grundtonperiode ändern.

GARTEN hat auch den Dämpfungsgrad der Mundhöhlenschwingung festzustellen versucht, indem er auf den Kurven die senkrechten Abstände der

---

[1] Vgl. hierzu L. HERMANN: Neue Beiträge usw. Pflügers Arch. **141**, 45 (1911).
[2] ABRAHAM, O.: Töne und Vokale der Mundhöhle. Z. Psychol. **74**, 220 (1916).
[3] WEISS, O.: Die Kurven der geflüsterten und leise gesungenen Vokale usw. Pflügers Arch. **142**, 567 (1911).
[4] GARTEN, S.: Beiträge zur Vokallehre. II. Abh. sächs. Akad. Wiss., Math.-phys. Kl. **36**, Nr 8 (1921).

Gipfel zweier aufeinanderfolgender Halbwellen von der Abszisse maß. Er betont jedoch, daß diese Messungen mit großen Unsicherheiten behaftet sind. Die Kurven des Mundhöhlentones sind „weit davon entfernt", eine regelmäßige, gedämpfte Schwingung darzustellen. Nicht nur wechselt das Dämpfungsverhältnis oft von Schwingung zu Schwingung, es kommt sogar vor, daß eine vorübergehende Zunahme der Amplituden auftritt.

Diese Versuche, die mechanischen Konstanten des Ansatzrohres zu bestimmen, dürften kaum dazu ermutigen, auf Grund derartiger Feststellungen die Einwirkung des Kehlkopfklanges auf das Ansatzrohr nach der Theorie der erzwungenen Schwingungen eines Systems von *einem* Freiheitsgrad rechnerisch zu behandeln. Dazu kommt überdies, daß man den komplizierten Verhältnissen in dem Ansatzrohre schwerlich mit Hilfe der Theorie der erzwungenen Schwingungen in der hier angedeuteten einfachen Form wird gerecht werden können. Von „der" Eigenschwingungszahl und „dem" Dämpfungsgrad eines so unregelmäßig gebauten Hohlraumes, in dem, wie GARTEN hervorhebt, Reflexionen und Interferenzen von Schallwellen eine große Rolle spielen dürften, wird, auch abgesehen von der wechselnden Weite der Glottis, nicht wohl zu reden sein[1]. Außerdem ist anzunehmen, daß die Schwingungen der Ansatzrohrluft auf die Schwingungen im Bereiche des Kehlkopfes zurückwirken. Welche Rolle diese Rückkoppelung bei der Phonation spielt, läßt sich aber vorläufig nicht übersehen.

Angesichts dieser schier unüberwindlich scheinenden Schwierigkeiten, die sich einer wirklich exakten Behandlung der Frage des Zusammenwirkens von Kehlkopfklang und Ansatzrohr entgegenstellen, möchte man vielleicht geneigt sein, sich damit zu begnügen, nach einer der von HERMANN[2], PIPPING[3] und SCRIPTURE[4] vorgeschlagenen Methoden die Lage des Eigentons der Mundhöhle aus den Vokalkurven wenigstens angenähert zu erschließen. Es werden bei diesen Methoden auf Grund bestimmter Annahmen über die Entstehung der Vokalklänge eine Anzahl der durch die Fourieranalyse gefundenen Teilschwingungen nach Analogie einer Schwerpunktsbestimmung zu einem Mittelwerte zusammengefaßt. Für die physikalische Charakterisierung des Schwingungsvorganges selber kann jedoch eine solche Zusammenfassung von Partialschwingungen zu einer neuen Einheit keinerlei Bedeutung haben, denn physikalisch ist der Klang durch seine harmonischen Teilschwingungen erschöpfend gekennzeichnet, und es muß vom Standpunkt der physikalischen Akustik aus als eine Inkonsequenz erscheinen, die durchgeführte Fourieranalyse nachträglich teilweise wieder rückgängig zu machen. Über das Zustandekommen des Klanges vermag ein solches Verfahren selbstverständlich nichts auszusagen, da es vielmehr eine bestimmte Art des Zustandekommens bereits voraussetzt. Die Willkürlichkeit des Verfahrens geht schon daraus hervor, daß die drei genannten Autoren drei verschiedene Rezepte dafür angegeben haben.

Auch das durch HERMANN eingeführte Verfahren der „Proportionalmessung" und Auszählung der Teilzacken, bei dem die Schwingungszahl der „Teilschwingungen" einfach dadurch bestimmt wird, daß der Abstand der auf der Kurve

---

[1] Vgl. hierzu die Modellversuche, bei denen ein Klang durch zwei oder mehr miteinander kommunizierende Resonatoren verschiedener Abstimmung geleitet wurde: ZWAARDEMAKER, H.: Multiple Resonantie. Nederl. Tijdschr. Geneesk. **1913**, 647. — PARIS, E. T.: On the determination of the frequencies of the resonant tones of some compound resonators etc. Philosophic. Mag. (5) **48**, 769 (1924).
[2] HERMANN, L.: Phonophotographische Untersuchungen. Pflugers Arch. **47**, 359 (1890); **53**, 1 (1893); **58**, 255 (1894). — BOEKE, J. D.: Mikroskopische Phonogrammstudien. Ebenda **50**, 297 (1891).
[3] PIPPING, H.: Zur Lehre von den Vokalklangen. Z. Biol. **31**, 553 (1895).
[4] SCRIPTURE, E. W.: Researches in experim. Phonetics. Kapitel XI, S. 137.

hervortretenden Teilzacken direkt ausgemessen und in Zeitmaß umgerechnet wird, beruht auf der Voraussetzung, daß in den direkt sichtbaren Teilzacken das Ausschwingen der stoßweise angeblasenen Mundhöhlenluft rein zum Ausdruck kommt, was natürlich erst noch zu beweisen wäre. In dem Beispiel der rhythmisch angeschlagenen Glocke (s. S. 1396) wird freilich das Kurvenbild zu der Annahme drängen, daß es sich um das Ausschwingen eines rhythmisch erschütterten Körpers handelt, und die große Wahrscheinlichkeit dieser Hypothese wird auch ohne nähere Kenntnis des die Schwingung erzeugenden Vorganges dazu berechtigen, die Schwingungszahl des Körpers aus der Kurve direkt abzulesen. Es wäre damit für diesen Fall ein klar definiertes Prinzip für die Kurvenanalyse gegeben: Grundperiode und „Teilschwingungen" können jedes für sich betrachtet werden, da ein innerer Zusammenhang zwischen beiden nicht angenommen zu werden braucht[1]. So einfach liegen aber die Verhältnisse bei den Vokalkurven bei weitem nicht. Die Kurvenbilder mit ihren meist sehr unregelmäßig geformten Nebenzacken erlauben wohl eine Abschätzung der Ordnungszahl des einen oder anderen in dem Klange enthaltenen Teiltones, die Schwingungszahl und Amplitude mit einer der Genauigkeit der Fourieranalyse entsprechenden Sicherheit durch einfache Streckenmessung festzustellen, ist jedoch — mit einer gleich zu erwähnenden Ausnahme — meist ganz unmöglich. GARTEN[2], der bei seinen Versuchen, die Höhe des Formanten aus der Kurve direkt zu bestimmen, diese Schwierigkeit ebenfalls empfunden hat, hat sich damit geholfen, daß er „die erste sichtbare, zugleich meist steilste Teilschwingung einer Grundtonperiode in ihrem Längenabstand von Wellental zu Wellental" ausmaß. Er erhielt dabei für einen und denselben Vokal ziemlich konstante Werte, die er aber selbst nicht ohne weiteres als Maß für die Schwingungszahl des hypothetischen Formanten nehmen möchte.

Noch gewagter erscheint der Versuch SCRIPTURES[3], die aus der Kurve herausgelesenen abklingenden Schwingungen auf ungedämpfte Schwingungen umzurechnen. Zu der Unsicherheit bei der Bestimmung der Schwingungsdauer kommt hier noch die weitere Schwierigkeit hinzu, daß auch die aus der Kurve entnommene Amplitudenänderung, die der Berechnung zugrunde gelegt werden muß, keineswegs einen einfachen, gesetzmäßigen Verlauf zu zeigen pflegt. Während also die harmonische Analyse eine sichere Grundlage für weitere Schlußfolgerungen bietet, führen alle Versuche, aus den Kurven unmittelbar eine von den harmonischen Teilschwingungen abweichende Periodik herauszulesen, ins Ungewisse.

Nur bei den Vokalen E und I ergibt das von HERMANN zuerst geübte Auszählen der feinen, regelmäßigen, der Grundtonschwingung aufsitzenden Zäckchen die Schwingungszahl eines bestimmten hohen Obertones mit befriedigender Genauigkeit, und ganz neuerdings hat F. TRENDELENBURG[4] nicht nur die Dauer, sondern auch die Amplitude dieser Teilschwingungen durch direkte Messungen zu bestimmen gesucht, da bei dieser Kurvenform die Fourieranalyse auf besonders große technische Schwierigkeiten stößt. Nun hat es aber bei so hohen Teiltönen offensichtlich keinen Sinn, darüber zu streiten, ob sie zum Grundton harmonische oder anaperiodisch-unharmonische Wellenzüge darstellen, da die größte Differenz

---

[1] Wie sich der Fall darstellt, wenn nicht rückwärts auf die Entstehung des Klanges geschlossen werden soll, sondern die Art der Einwirkung eines gegebenen Schwingungsvorganges auf ein schwingungsfähiges System vorausgesagt werden soll, davon wird im Abschnitt 3 (S. 1401 ff.) zu reden sein.

[2] GARTEN, S.: Beiträge zur Vokallehre 1, 11 — Abh. sächs. Akad. Wiss., Math.-phys. Kl. 38, Nr 7 (1921).

[3] SCRIPTURE, E. W.: Researches etc. Kapitel XI, S. 137.

[4] TRENDELENBURG, F.: Objektive Klangaufzeichnung usw. — Wiss. Veröff. a. d. Siemens-Konzern 3, H. 2, 43 (1924).

der Schwingungszahlen, die sich bei der Gegenüberstellung dieser beiden Annahmen ergeben könnte, schon beim 10. Oberton nur etwa einen Halbton betragen würde. HERMANN[1] hat denn auch selber hervorgehoben, daß für die hohen Formanten der Vokale E und I die Unterscheidung zwischen der von ihm angenommenen Anblasung des Ansatzrohres und der von HELMHOLTZ angenommenen Resonatorenwirkung gegenstandslos wird, vorausgesetzt, daß man überhaupt das Auftreten so hoher Partialtöne im Kehlkopfklang für möglich halten könnte, was von HERMANN allerdings bestritten wird, jedoch mit Unrecht, wie neuere Untersuchungen (STUMPF) ergeben haben. Man kann also hier die Auszählmethode schlechthin als einen Ersatz für die harmonische Analyse betrachten. In diesem Sinne ist sie auch von F. TRENDELENBURG angewandt worden.

### 3. Klanganalyse und akustische Wirkung.

Nach alledem kann die Rücksicht auf die *Entstehungsweise* der Sprachlaute keinen Anlaß dazu bieten, nach Verfahren zur Kurvenanalyse zu suchen, die an Stelle der Fourieranalyse treten oder über sie hinaus führen sollen. Aber vielleicht erweist sich die Fourieranalyse *dann* als ein Irrweg, wenn es sich darum handelt, zu einem tieferen Verständnis der *Auffassung der Sprachlaute durch das Ohr* vorzudringen? In der Tat hat HERMANN auch *diesen* Grund gegen die Anwendung der harmonischen Analyse auf die Sprachlaute ins Feld geführt. Von der Ansicht ausgehend, daß das Ohr jede Art von Periodik als Ton aufzufassen vermöge, hat er es auch für die physiologisch-akustische Charakterisierung der Vokalklänge für wesentlich gehalten, etwa vorhandene zum Grundton unharmonische Wellenzüge aus dem Kurvenbild herauszuheben. Die Frage, ob dem Ohr eine solche Fähigkeit zugeschrieben werden muß, braucht hier nicht erörtert zu werden[2]. Sieht man aber von jeder speziellen Hypothese über die Verarbeitung der Klänge durch das Gehörorgan im weitesten Sinne ab, so wird man unter allen Umständen mit der Tatsache rechnen müssen, daß schwingungsfähige Gebilde im Ohre durch den Schall in erzwungene Schwingungen versetzt werden. Für die exakte Untersuchung dieses Mitschwingens wird aber auch wieder erst durch die Fourieranalyse die notwendige Grundlage geschaffen werden, soweit eine solche exakte Untersuchung überhaupt möglich erscheint, d. h. soweit es sich um einen periodisch verlaufenden Klang handelt. Auf jeden Fall wird dabei wieder die Wirkung der Summe der harmonischen Komponenten auf das schwingungsfähige Gebilde identisch sein mit der Wirkung der (unanalysierten) Gesamtschwingung selber.

Freilich ist hier eine kleine Einschränkung zu machen, die aber nicht die bei den Sprachlauten gegebenen Verhältnisse berührt: denken wir noch einmal an den HERMANNschen Vergleich mit der angeschlagenen Glocke zurück, so drängt sich uns der Einwand auf, daß dabei ja nur der Glockenton gehört wird und die „Grundperiode", nämlich der Rhythmus der Klöppelschläge, gar nicht als Teilton empfunden wird. Für das Verständnis der Wirkung auf das Ohr hat hier also die unter Einbeziehung des Anschlagsrhythmus durchgeführte harmonische Analyse keine Bedeutung. Obgleich diese „Grundperiode" an sich auch physikalisch ebenso „reell" ist wie die Schwingungen der Glocke selber, wird es also für den speziellen Fall offenbar zwecklos sein, die beiden Perioden in dasselbe System harmonischer Teilschwingungen einzuspannen, und das gleiche wird häufig da gelten, wo Grundton- und Obertonfrequenz von ganz verschiedener Größenordnung sind. BROEMSER[3] weist darauf hin, daß MACH zur Überwindung der Schwierigkeiten, die das Auftreten freier Schwingungen der Erklärung durch die Theorie der erzwungenen Schwingungen zu bieten schien, ganz allgemein

---
[1] HERMANN, L.: Neue Beiträge usw. Pflügers Arch. **141**, 29.
[2] Vgl. hierzu das Kapitel „Hörtheorien" im 11. Bande ds. Handb.
[3] BROEMSER, PH.: Beiträge zur Lehre von den erzwungenen Schwingungen. Z. Biol. **63**. 367 (1913).

an den Unstetigkeitspunkten in der Kurve der einwirkenden Kraft die Zeit von neuem beginnen ließ und so in seine Gleichungen jedesmal die Anfangsbedingungen wieder einführte. BROEMSER erklärt dies für einen ungangbaren Ausweg. Mir scheint jedoch, daß die Entscheidung über die Zulässigkeit dieses Hilfsmittels letzten Endes davon abhängt, in welcher Weise die Ergebnisse der Analyse auf den vorliegenden Fall praktisch anzuwenden sind.

Einen Spezialfall des Mitschwingens legt HELMHOLTZ seiner Hörtheorie zugrunde. Er nimmt an, daß infolge der besonderen Beschaffenheit der mitschwingenden Membran die harmonischen Komponenten der erzwingenden Schwingung gewissermaßen räumlich auseinandergelegt werden. Da es sich aber auch bei den Schwingungen der CORTIschen Membran um erzwungene Schwingungen handelt, so muß auch die Wirkung eines Klanges auf die ,,Schneckenklaviatur'' unter allen Umständen als Summe der Wirkung der harmonischen Komponenten des Klanges streng darstellbar sein. Ganz allgemein läßt sich also sagen: bei der Erklärung der Vorgänge im Ohre findet die harmonische Analyse ihre Anwendung soweit, als es sich um ein *mechanisches Mitschwingen* handelt. Was jenseits der anatomischen Grenze vor sich geht, bis zu der diese Annahme gültig ist, das wissen wir nicht, und es muß daher mindestens vorläufig als zwecklos bezeichnet werden, nach nicht scharf definierten und physikalisch nicht begründeten Prinzipien irgendwelche Wellenzüge aus den Vokalkurven heraus (oder in sie hinein) zu analysieren, bloß der Hypothese zuliebe, daß gerade *diese* Wellenzüge für die Erkennung der Vokale durch das Ohr maßgebend wären.

Nun erleidet freilich der Schall auf dem Wege von der Stelle, an der wir ihn graphisch registrieren, bis zum CORTIschen Organ sicher noch mancherlei Veränderungen, die wir nicht genau genug beurteilen können[1]. Um aber doch eine etwas besser begründete Beziehung zwischen aufgezeichneter Klangkurve und Reizwirkung auf die Gehörsnerven herzustellen, hat man bisweilen die aus der Klangkurve ermittelten *Teilamplituden* auf *Schwingungsintensitäten* (Druckschwankungen) umgerechnet. Man ließ sich dabei von der Vorstellung leiten, daß, wie immer auch die Einwirkung auf die nervösen Elemente zustande kommen möge, jedenfalls dabei nicht die Schwingungsamplitude, sondern die Schwingungsenergie bzw. die Leistung (Energie pro Zeiteinheit) als die der Stärke der subjektiven Empfindung zugeordnete objektive Größe anzusehen sei. Die zur Ermittlung der Schallenergie der Sprachlaute vorgeschlagenen Methoden sind von GUTZMANN[2] einer sorgfältigen Kritik unterzogen worden. Eine gute Übersicht über das Problem und seine technische Behandlung bietet auch POIROT[3].

Zur exakten Beantwortung der Frage, wie eine in Kurvenform aufgezeichnete Schallschwingung auf das menschliche Gehörorgan wirken würde, müßte folgender Weg eingeschlagen werden: es müßten zunächst (durch Fourieranalyse) die Amplituden der einzelnen Teilschwingungen ermittelt, diese weiterhin auf Druckschwankungen umgerechnet und schließlich noch die in den verschiedenen Frequenzbereichen verschiedene Empfindlichkeit des Gehörorgans in Rechnung gestellt werden. Dazu sind in letzter Zeit verschiedene Ansätze gemacht worden. Für Sprachlaute haben amerikanische Forscher (CRANDALL und SACIA) die aus Schallkurven errechneten Druckamplituden der einzelnen Teiltöne durch Multiplikation mit der Empfindlichkeit des menschlichen Gehörorganes in dem betreffenden Frequenzgebiet auf ,,wirksame'' Druckamplituden zu reduzieren versucht. Dabei wird jedoch keine Rücksicht darauf genommen, daß die Empfindlichkeit des Ohres für eine bestimmte Frequenz, wenn diese als Teilton eines

---

[1] Vgl. hierzu das Kapitel ,,Hörschwellen und Hörgrenzen'' im 11. Bande ds. Handb. (insbes. S. 537).

[2] GUTZMANN, H.: Zur Messung der relativen Intensität der menschlichen Stimme. Passow-Schaefers Beitr. **3**, 233 (1910).

[3] POIROT, J.: Phonetik, in Tigerstedts Methodik **3 II**, 225.

Klanges auftritt, nicht ohne weiteres der Empfindlichkeit gleichzusetzen ist, die bei der Einwirkung dieser Frequenz für sich allein ermittelt wurde. Einen anderen Weg haben POSENER und F. TRENDELENBURG eingeschlagen, indem sie Herztöne und -geräusche vor der Registrierung eine Verstärkereinrichtung passieren ließen, die die einzelnen Teilschwingungen je nach ihrer Frequenz in einem verschiedenen, der Empfindlichkeit des menschlichen Ohres etwa parallel gehenden Ausmaße verstärkte (vgl. hierzu F. TRENDELENBURG in Geiger und Scheels Handb. der Physik 8).

## 4. Die unmittelbare Feststellung der in den Sprachlauten enthaltenen Teiltöne.

### (Automatische Analyse der Schallkurven.)

Infolge der technischen Fortschritte der graphischen Registrierung ist das in der Frühzeit exakter phonetischer Forschung fast ausschließlich geübte Verfahren, die Teiltöne unmittelbar durch ihre physikalische Wirkung auf mittönende Gebilde nachzuweisen, etwas in den Hintergrund getreten. Immerhin sind auch die auf diesem Prinzip beruhenden Methoden wertvoll zur Kontrolle und Ergänzung der mit der harmonischen Kurvenanalyse gemachten Feststellungen, da diese infolge technischer Schwierigkeiten oft nicht die gewünschte Genauigkeit erreichen. Daß der von HERMANN erhobene Einwand, daß die Klanganalyse mit Hilfe von Resonatoren nur harmonische Teiltöne liefern kann, keinen Anlaß bietet, dieses Hilfsmittel bei der Analyse der Sprachlaute zu verwerfen, ist, wie ich hoffe, aus dem früher Gesagten hinreichend klar hervorgegangen.

STUMPF[1] hat die Teiltöne der Vokalklänge dadurch festgestellt, daß er eine große Zahl von Resonanzgabeln benutzte und die Intensität des Mitschwingens der Gabeln mit dem Gehör abschätzte. Wurden damit auch keine objektiven Werte für die Amplituden der Teilschwingungen gewonnen, so erhielt man doch jedenfalls ein Bild davon, welche Teiltöne in dem Vokalklang enthalten sind und wie groß etwa ihre physiologisch-akustische Wirkung sein mag.

Als eine wenigstens partielle physikalische Vokalanalyse kann das Verfahren von BENJAMINS[2] bezeichnet werden, der durch Singen von Vokalen KUNDTsche Staubfiguren in Glasröhren erzeugte. Diese Staubfiguren geben ein Bild von der Wellenlänge des jeweils stärksten Teiltones, so daß dessen Schwingungszahl leicht berechnet werden kann.

Ein sinnreiches Verfahren zur Verstärkung sämtlicher Teiltöne eines Vokalklanges, soweit ihre Schwingungszahl nicht höher liegt als etwa bei 700 Hertz, haben GARTEN und KLEINKNECHT[3] angewandt. Sie lassen den Schall, ehe er zum GARTENschen Schallschreiber gelangt, einen annähernd kugelförmigen Hohlraum passieren, der durch einen stark geblähten dickwandigen Gummicondom umschlossen wird. Diese Gummiblase ist ihrerseits von einer gläsernen Hohlkugel umgeben. Gummiblase und Glaskugel tragen je ein Paar einander diametral gegenüberliegende Öffnungen bzw. Ansatze, durch welche die Schallwellen hindurch passieren. Der Zwischenraum zwischen Glaskugel und Gummiblase ist mit Glycerin gefüllt. Durch Öffnen eines Hahnes kann man mehr Glycerin aus einem Vorratsgefäß in diesen Zwischenraum fließen lassen und dadurch die gedehnte Gummiblase zum raschen Zusammenfallen bringen. Je nach seiner rasch wechselnden Eigenfrequenz wird dabei der Hohlraum bestimmte Teiltöne des durch ihn hindurchgehenden Klanges verstärken, falls diese mit dem Eigentone zusammenstimmen, den er im Augenblicke gerade hat. Singt man also einen Vokal in den kollabierenden Resonator hinein und zeichnet die Klangkurve fortlaufend auf, so erhält man an bestimmten Stellen der Kurve sehr kräftige Teilzacken innerhalb einer Grund-

---

[1] STUMPF, C.: Die Struktur der Vokale. Sitzgsber. preuß. Akad. Wiss., Physik.-math. Kl. **17**, 333 (1918).

[2] BENJAMINS, C. E.: Über den Hauptton des gesungenen oder laut gesprochenen Vokalklanges. Pflügers Arch. **154**, 515 (1913).

[3] GARTEN, S., u. F. KLEINKNECHT: Beiträge zur Vokallehre. III. Abh. sächs. Akad. Wiss., Math.-phys. Kl. **38**. Nr 9 (1921).

tonperiode, die ihrerseits meist noch deutlich ausgeprägt bleibt. Bisweilen sinkt die Amplitude der Teilzacken innerhalb der Grundtonperiode stark ab, um mit der neu einsetzenden Grundtonperiode wieder in voller Höhe zu erscheinen. Das wäre dann keine eigentliche resonatorische Verstärkung im gebräuchlichen Sinne des Wortes, denn es erfolgt nicht ein über mehrere Grundtonperioden fortgehendes Aufschaukeln des Teiltones bis zum Eintreten stationärer Verhältnisse. Wäre dies dagegen der Fall, so müßten notwendig die verstärkten Teiltöne harmonisch zum Grundton sein und der Apparat würde eigentlich erst dann den Namen eines „automatischen harmonischen Analysators" verdienen, der ihm von GARTEN und KLEINKNECHT gegeben wird. Wenn also GARTEN und KLEINKNECHT in ihren Kurven bisweilen stark hervortretende abklingende Wellenzüge finden, die augenscheinlich zum Grundton unharmonisch sind und diese, wenn auch mit allem Vorbehalt, als resonatorisch verstärkte „unharmonische Formanten" im Sinne HERMANNS ansprechen, so muß dem entgegengehalten werden, daß es sich jedenfalls nicht um eine reine resonatorische Verstärkung im eigentlichen Sinne handeln kann. Diese Kurvenbilder dürften vielmehr durch ein schwebungsartiges Interferieren der zugeleiteten Schwingungen mit den Eigenschwingungen des Resonators zustande kommen, wie es immer auftreten muß, wenn diese beiden Schwingungen nahe beieinanderliegende Frequenzen haben, ohne genau übereinzustimmen, und wenn noch keine stationären Verhältnisse eingetreten sind. Im übrigen ergeben die Kurven von GARTEN und KLEINKNECHT eine gute Bestätigung der mit anderen Methoden festgestellten Lage der für die einzelnen Vokale charakteristischen Teiltongebiete.

Wegen der in letzter Zeit konstruierten selbsttätigen Analysatoren, bei denen die Schallschwingungen in elektrische Schwingungen umgesetzt werden, sei auf die oben (S. 1394) erwähnten Artikel und Übersichtsreferate von F. TRENDELENBURG verwiesen.

## 5. Einige Ergebnisse der Analyse von Vokalen und Konsonanten.

Die physikalische Charakterisierung der Sprachlaute, soweit ihnen periodische Schwingungsvorgänge zugrunde liegen, ist erschöpfend durch Feststellung ihrer harmonischen Teiltöne nach Schwingungszahl, Amplitude und Phase gegeben. Die Phase pflegt bei physiologisch-akustischen Untersuchungen vernachlässigt zu werden, da sie als bedeutungslos für die Gehörsempfindung gilt. Eine anschauliche Vorstellung von der nach diesem Grundsatz betrachteten physikalischen Beschaffenheit gesungener Vokalklänge geben die in Abb. 473—476 dargestellten Kurven (nach K. W. WAGNER[1]). In ihnen bedeuten die Abszissen Schwingungszahlen, die Ordinaten Schwingungsenergien; die Kurven geben also die Verteilung der Schallenergie auf die einzelnen Teiltöne an. Die Teiltöne selbst sind auf der Kurve durch Punkte, der Grundton durch einen kleinen Kreis markiert. Die Kurven zeigen auf den ersten Blick die zuerst von HELMHOLTZ hervorgehobene und seither oft bestätigte Tatsache, daß bei jedem Vokal, unabhängig von dem Grundton, auf den er gesungen wird, und auch unabhängig davon, ob der Singende ein Kind oder ein Erwachsener ist, der Hauptanteil der Schwingungsenergie in ganz bestimmte, verhältnismäßig eng begrenzte Frequenzgebiete fällt, deren Lage für den betreffenden Vokal charakteristisch ist. Die auf den Vokal A bezügliche Kurvenschar zeigt insbesondere, daß dabei die Schwingungsintensität auf die verschiedenen in dieses Bereich fallenden Obertöne in wechselnder Weise verteilt sein kann. Der Grundton kann, wenn er weit unterhalb der Gebiete größerer Schwingungsenergie liegt, physikalisch außerordentlich schwach ausgebildet sein, ein Verhalten, das schon von HERMANN hervorgehoben worden ist. Der Grundton tritt nach den Beobachtungen von WEISS[2] relativ viel stärker hervor, wenn sehr leise gesungen wird. Nach SOKOLOWSKY[3] wird das Stärkeverhältnis zwischen Grundton und Obertönen auch durch die Anwendung der verschiedenen Stimmregister stark beeinflußt. Vgl. hierzu auch die Kontroverse

---

[1] WAGNER, K. W.: Der Frequenzbereich von Sprache und Musik. Elektrotechn. Z. **45**, 451 (1924).

[2] WEISS, O.: Die Kurven der geflüsterten und leise gesungenen Vokale usw. Pflügers Arch. **142**, 567 (1911).

[3] SOKOLOWSKY, R.: Analytisches zur Registerfrage. Passow-Schaefers Beitr. **6**, 75 (1912).

zwischen SCRIPTURE und F. TRENDELENBURG: Z. Sinnesphysiol. **59** (1928). Bei den hellen Vokalen, den E- und I-Lauten, sind *zwei* Gebiete größerer Schwingungsintensität ausgeprägt. Das tiefer gelegene Gebiet kommt dadurch zustande, daß hier der Grundton oder, wenn dieser sehr tief liegt, seine ersten Obertöne den Hauptanteil an der Schwingungsenergie liefern. Die nach oben folgenden Teiltöne sind nur außerordentlich schwach vertreten, bis dann weit oberhalb in der drei- und viergestrichenen Oktave ein weiteres Gebiet größerer Schwingungsenergie auftritt. Die in diesem Bereiche festgestellten Intensitäten sind für den Vokal I in Abb. 474 für sämtliche 10 Kurven gemeinsam über einer mittleren Abszisse eingetragen[1]. Die ungefähre Lage der Verstärkungsgebiete in Notenschrift zeigt Abb. 477.

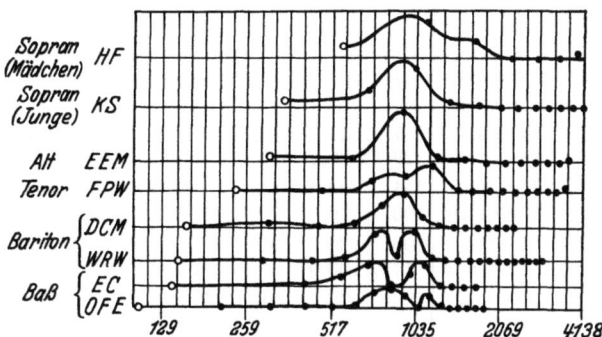

Abb. 473. Formantbereich des Vokals A in verschiedenen Tonlagen.

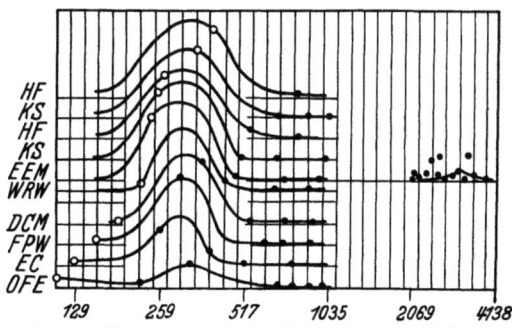

Abb. 474. Formantbereich des Vokals I in verschiedenen Tonlagen.
Der kleine Kreis am Anfang der Kurven bezeichnet den Grundton, die übrigen Punkte entsprechen den Obertonen. Abszisse: Schwingungsfrequenz; Ordinate: Schwingungsenergie. [Nach K. W. WAGNER (1924).]

Einige zahlenmäßige Angaben von F. TRENDELENBURG[2], bei denen die gemessenen Amplituden nicht auf Schwingungsenergien umgerechnet sind, sind auf S. 1406 in Tabellenform zusammengestellt. Es ist hier die Amplitude der jeweils stärksten Teilschwingung gleich 100 gesetzt, so daß also die einzelnen Amplituden in Prozenten der stärksten Teilschwingung ausgedrückt sind. Bemerkenswert erscheint bei den TRENDELEN-

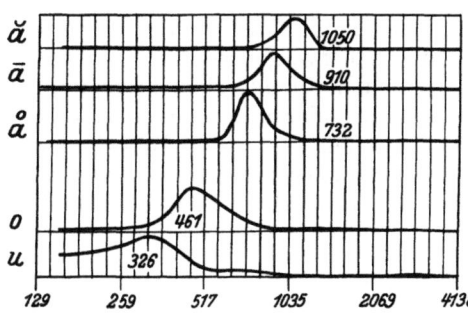

Abb. 475. Formantbereich der dumpfen Vokale.
[Nach K. W. WAGNER (1924).]

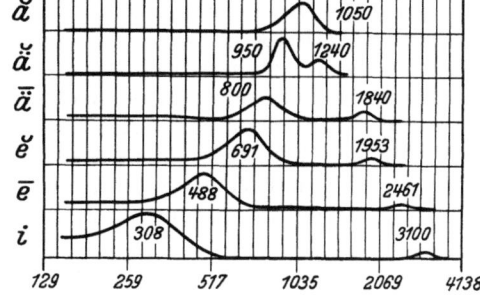

Abb. 476. Formantbereich der hellen Vokale.

---

[1] Diese Intensitäten erscheinen erstaunlich gering im Vergleich zu den Werten, die F. TRENDELENBURG für die Amplituden des 8. und 10. Partialtones eines auf den Grundton 351 gesungenen I gibt (s. die folgende Tabelle). Diese Obertöne würden nach Umrechnung auf Intensitäten den Grundton um mehrere hundert Prozent übertreffen.

[2] TRENDELENBURG, F.: Zitiert auf S. 1400.

### Die FOURIER-Koeffizienten der analysierten Vokalkurven.
(Nach F. TRENDELENBURG.)

| Vokal | | Ordnungszahl des Partialtones | | | | | | | | | |
|---|---|---|---|---|---|---|---|---|---|---|---|
| | | 1 | 2 | 3 | 4 | 5 | 6 | 7 | 8 | 9 | 10 | 11 |
| A | Frequenz | 204 | 408 | 612 | 816 | 1020 | 1224 | 1428 | 1632 | 1836 | 2040 | 2244[1] |
|   | Amplitude | 32,2 | 33,7 | 100,0 | 35,7 | 39,7 | 18,8 | 21,8 | 11,9 | 43,4 | 15,7 | 6,8 |
| E | Frequenz | 217 | 434 | 651 | 868 | 1085 | 1302 | 1519 | 1736 | 1953 | 2170 | 2387 |
|   | Amplitude | 29,1 | 90,2 | 42,2 | 16,3 | 30,3 | 16,3 | 26,8 | 100,0 | 33,4 | 73,7 | 43,1 |
| I | Frequenz | 351 | 702 | 1053 | 1404 | 1755 | 2106 | 2457 | 2808 | 3159 | 3510 | 3861 |
|   | Amplitude | 100,0 | 10,0 | 8,4 | 4,3 | 6,9 | 13,8 | 18,2 | 50,8 | 25,1 | 51,7 | 5,5 |
| O | Frequenz | 200 | 400 | 600 | 800 | 1000 | 1200 | 1400 | 1600 | 1800 | 2000 | 2200 |
|   | Amplitude | 17,5 | 100,0 | 20,6 | 31,6 | 30,3 | 4,2 | 18,7 | 10,3 | 20,9 | 9,45 | 8,0 |
| U | Frequenz | 198 | 396 | 594 | 792 | 990 | 1188 | 1386 | 1584 | 1782 | 1980 | 2178 |
|   | Amplitude | 50,9 | 100,0 | 8,4 | 11,0 | 8,3 | 2,6 | 10,0 | 6,1 | 14,4 | 4,6 | 12,0 |

BURGschen Aufnahmen der Nachweis eines mit erheblicher Amplitude vertretenen Obertones in der viergestrichenen Oktave beim A. Sein Vorhandensein war bereits von STUMPF[2] durch das Mitschwingen von Resonanzgabeln nachgewiesen worden. Sehr viel schwächer fanden sich ähnlich hohe Obertöne auch bei den Vokalen O und U (in der Tabelle nicht mit aufgeführt).

Abb. 477. Vokalformanten in Notenschrift.
[Nach K. W. WAGNER (1924).]

Bisher wurden nur gesungene Vokale berücksichtigt, bei denen die Schwingungen streng periodisch erfolgen. Von den gesprochenen Vokalen darf angenommen werden, daß sie sich von den gesungenen nicht grundsätzlich unterscheiden; ein Unterschied besteht jedenfalls nur insofern, als bei ihnen nicht eine bestimmte Grundtonhöhe festgehalten wird, sondern die Schwingungsfrequenz des Grundtones sich rasch gleitend ändert[3]. Dadurch werden natürlich der harmonischen Analyse große Schwierigkeiten bereitet, die durch die kurze Dauer der Klänge noch erhöht werden. Eine eigentliche physikalische Analyse der gesprochenen Sprache ist daher noch kaum in Angriff genommen worden und man ist hier über die „qualitative Analyse" (SCRIPTURE) noch kaum hinausgekommen[4].

Bei den Konsonanten macht sich in verschiedenem Maße das Fehlen einer strengen Periodik geltend. Während die phonisch hervorgebrachten Laute M, N, Ng und L sich akustisch von Vokalen nur durch Beifügung einer besonderen Klangfarbe unterscheiden — nach STUMPF[5] sind sie nichts anderes als ein in verschiedener Weise genäseltes U —, läßt sich bei den Zisch- und Reibelauten (F, Th [engl.], S, Sch, Ch palatale) höchstens die mittlere Frequenz eines Teiltones mit verhältnismäßig geringen Schwankungen durch Auszählen der Einzelzacken feststellen. In jüngster Zeit hat F. TRENDELENBURG[6] von den mit seinem

---

[1] Außerdem 14 = 2856 etwa 25% (ausgezählt und geschätzt).
[2] STUMPF, C.: Zitiert auf S. 1403.
[3] STUMPF, C.: Singen und Sprechen. Z. Psychol. **94**, 1 (1924). — Vgl. auch P. WENDELER: Z. Biol. **23**, 303 (1887).
[4] SCRIPTURE, E. W.: Researches etc. Kapitel III, S. 39. — EGGERT, B.: Untersuchungen über Sprachmelodie. Z. Psychol. **49**, 218 (1908). — Ein reiches Material an (unanalysierten) Kurven bietet FLETCHER, Speech and Hearing.
[5] STUMPF, C.: Zur Analyse der Konsonanten. Passow-Schaefers Beitr. **17**, 151 (1921).
[6] TRENDELENBURG, F.: Objektive Klangaufzeichnungen. II. Wiss. Veröff. a. d. Siemens-Konzern **4**, H. 1, 1 (1925).

Sprachzeichner geschriebenen Kurven der stimmhaft erzeugten Konsonanten L, M und N die Partialtöne nach FOURIER ermittelt, was bei einem Teil der Kurven ohne weiteres möglich war, da sie streng periodisch verliefen. Bei dem R dagegen war es nur ausnahmsweise möglich, eine, wenn auch kompliziertere Periodik — Sinuskurve mit schwankenden Amplituden — wenigstens annähernd aus der Kurve herauszulesen; meist waren die Kurven völlig unperiodisch.

## 6. Künstliche Nachahmung, Aufbau und Abbau von Sprachlauten.

Solange es nicht möglich ist, die Gehörsempfindungen als Funktion der objektiv gegebenen Schallschwingung darzustellen, wird die physikalische Untersuchung der Klänge immer der Ergänzung durch die subjektive Gehörswahrnehmung bedürfen. Das gilt in besonderem Maße für die Untersuchung der Sprachlaute, denn da diese besonders scharf definierte und jedermann wohlbekannte Empfindungen erwecken, erscheint es ganz natürlich, nach den besonderen Ursachen dieser charakteristischen Empfindungen zu fragen. Daher sind Untersuchungen über die Beziehungen der physikalischen Eigenschaften der Sprachlaute zur Gehörswahrnehmung so eng mit der eigentlichen physikalischen Analyse verknüpft, daß sie hier mit besprochen werden müssen.

Diese Beziehungen lassen sich auf verschiedene Weise prüfen. Man kann zunächst die Ergebnisse der harmonischen Kurvenanalyse dadurch in die physikalische Wirklichkeit umsetzen, daß man zueinander harmonische Sinusschwingungen erzeugt und aus ihnen den Vokalklang synthetisch aufbaut. Die Schwierigkeit besteht dabei in der Herstellung wirklich einfacher Töne, die ja für einen reinlichen Versuch gefordert werden müssen. Sie sind in dem berühmten ersten Versuch einer Vokalsynthese, den HELMHOLTZ[1] mit Hilfe elektromagnetisch betriebener Stimmgabeln mit vorgeschalteten Resonatoren durchführte, wohl nur unvollkommen erzielt worden. Viel näher sind diesem Ziele durch die Anwendung von Orgelpfeifen D. C. MILLER[2] und v. WESENDONK[3] gekommen. Besonders sorgfältig ist STUMPF[4] verfahren, der die durch Pfeifen erzeugten Klänge dadurch von Obertönen reinigte, daß er sie durch Interferenzröhren leitete, welche die in den Klängen noch vorhandenen Obertöne auslöschten. Durch bis zu 28 zueinander harmonische Töne, deren Stärke beliebig abgestuft werden konnte, gelang es, alle 8 Vokale der deutschen Sprache naturgetreu nachzubilden.

Läßt man die Voraussetzung gelten, daß den Vokalklängen streng periodische Schwingungsvorgänge zugrunde liegen, so kann kein grundsätzlicher Unterschied bestehen zwischen den durch Synthese aus zueinander harmonischen einfachen Tönen aufgebauten Vokalklängen und den Klängen, die man erhält, wenn man eine durch Schallregistrierung gewonnene Kurve auf irgendeine Weise in Schallschwingungen zurückverwandelt, ganz unabhängig davon, wie diese Vokalkurve im einzelnen beschaffen sein mag und in welcher Weise der registrierte Vokalklang selbst zustande gekommen sein mag. Denn jeder streng periodische Klang muß sich auch physikalisch stets aus einfachen Sinusschwingungen zusammensetzen lassen. Die Bemühungen HERMANNS[5], mit Hilfe von SEEBECKschen Loch-

---

[1] HELMHOLTZ, H. v.: Die Lehre von den Tonempfindungen. 5. Aufl., S. 631. Braunschweig 1896.
[2] MILLER, D. C.: The science of musical sounds. New York 1916. Zitiert nach K. v. WESENDONK: Über Vokalklänge. Verh. dtsch. physikal. Ges. **19**, 95 (1917).
[3] WESENDONK, K. v.: Über die Synthese der Vokale aus einfachen Tönen. Physik. Z. **10**, 313 (1909).
[4] STUMPF, C.: Die Struktur der Vokale. Sitzsber. preuß. Akad. Wiss., Physik.-math. Kl. **1918**, 333.
[5] HERMANN, L.: Phonophotographische Untersuchungen. III. Pflügers Arch. **47**, 385ff. (1890) — Über Synthese von Vokalen. Ebenda **91**, 135 (1902).

und Schlitzsirenen, SAVARTschen Zahnradsirenen und elektromagnetischen Sirenen vokalähnliche Klänge hervorzubringen, sind also im Grunde nur Versuche, auf direkterem Wege das gleiche Ziel zu erreichen, das mit der Synthese erstrebt wird. Nur läßt sich bei den Sirenenversuchen die Form der Schwingungskurve leichter beurteilen, und so wurde diese Methode von HERMANN benutzt, um die von ihm angenommene Abhängigkeit der Vokalempfindung von einer bestimmten Schwingungs*form* zu prüfen. Daß das Auftreten abklingender Wellenzüge einem Klange, ganz abgesehen von den harmonischen Teiltönen, in die er sich zerlegen läßt, ausgesprochenen Vokalcharakter verleiht, ist neuerdings wieder auf Grund experimenteller Beobachtungen von TER KUILE[1] behauptet worden. Ein solcher Einfluß der Schwingungs*form* auf die Gehörsempfindung wäre, wie bereits oben Abschn. 3 (S. 1401ff.) auseinandergesetzt wurde, nach dem Prinzip der Klanganalyse durch mechanisches Mitschwingen nicht zu erklären.

Zur genaueren Untersuchung dieses vermuteten Einflusses wäre es erforderlich, eine willkürlich konstruierte Kurve in Schallschwingungen umsetzen zu können. HERMANN[2] und EICHHORN[3] haben hierzu die von R. KÖNIG angegebene Wellensirene benutzt, bei der das Profil der Kurve in den Rand eines Blechstreifens eingeschnitten ist, der dann zu einem Zylindermantel zusammengebogen wird. Läßt man den Streifen um die Achse des Zylinders rotieren und blast ihn mit einem Rohr an, dessen Mündung einen zur Zylinderachse parallel gerichteten Spalt bildet, so kann man damit die Kurve wieder in Schallschwingungen zurückverwandeln, denn der Druck des Anblasestromes auf die hinter dem Blechstreifen gelegene Luft richtet sich nach der Höhe des Spaltteiles, der von der Blechkurve freigegeben wird. Die Übertragung der Kurvenform in Schallschwingungen würde vollkommen sein, wenn der Spalt unendlich schmal wäre und keine Wirbelbildungen und keine Nebengeräusche durch die auf das Blech auftreffende Luft entstünden. HERMANN[2] und EICHHORN[3] haben die KÖNIGsche Sirene auch zur akustischen Nachprüfung von Vokalkurven benutzt.

Der naheliegende Gedanke, einen willkürlich konstruierten Kurvenzug dadurch in Schallschwingungen umzusetzen, daß man ihn in eine Phonographenwalze einritzt und dann mit Hilfe des Reproducers abhört, ist mehrfach auszuführen versucht worden, wirklich befriedigende Ergebnisse scheinen aber damit bisher noch nicht erzielt worden zu sein.

Die verhältnismäßig beste Annäherung an das Ziel, eine gegebene Klangkurve zum Tönen zu bringen, dürfte mit Hilfe der Selenzelle erreicht worden sein. Aus der Eigenschaft des Selens, unter dem Einflusse einer Belichtung seinen elektrischen Widerstand zu vermindern, ergibt sich die Möglichkeit, Helligkeitsschwankungen in elektrische Stromschwankungen umzusetzen. Ist die Zelle in den Stromkreis eines Telephons eingeschaltet, so wird die Telephonmembran durch die den Helligkeitsänderungen entsprechenden Stromschwankungen in Bewegung gesetzt. Auf diese Weise kann eine in die Peripherie einer kreisförmigen Blech- oder Pappscheibe eingeschnittene Kurve, die nach Art eines Episkotisters einen schmalen Lichtstrahl durchschneidet, zum Tönen gebracht werden. Die Mängel des Verfahrens beruhen darauf, daß einmal die Widerstandsänderungen der Selenzelle den Helligkeitsschwankungen nur bei kleinen Helligkeitsunterschieden proportional zu setzen sind und daß zweitens vor allem auch die Schwingungen der Telephonmembran nicht sinusförmig verlaufen. Immerhin läßt sich eine für das Ohr befriedigende akustische Wiedergabe von Vokalkurven damit erreichen[4]. Das Verfahren ist zuerst von WEISS[5] angewandt worden.

JAENSCH[6] hat die Methode zu einer systematischen Untersuchung der Frage nach der Abhängigkeit des Vokalcharakters von der Kurvenform benutzt. Ausgehend von der einfachen Sinuslinie konstruierte er sich Kurven, bei denen die einzelnen Sinuswellen ungleiche Länge und zum Teil auch ungleiche Amplitude hatten, ferner Kurven, bei denen die regelmäßige Folge der Zacken durch glatte Strecken unterbrochen war, wobei die erste Zacke

---

[1] TER KUILE, E.: Neues zur Vokal- und Registerfrage. Pflügers Arch. 153, 581 (1913).
[2] HERMANN, L.: Über die Prüfung von Vokalkurven mittels d. Königschen Wellensirene. Pflügers Arch. 48, 574 (1890).
[3] EICHHORN, A.: Die Vokalsirene, eine neue Methode der Nachahmung von Vokalklängen. Ann. Physik, N. F. 39, 148 (1890).
[4] Inzwischen ist die Methode bekanntlich zur Verwendung im Tonfilm immer mehr vervollkommnet worden.
[5] WEISS, O.: Zwei Apparate zur Reproduktion von Herztönen usw. Z. biol. Techn. u. Methodik 1, 121 (1908) — Über künstliche Erzeugung von Sprachlauten. Med. Klin. 1910, Nr 38.
[6] JAENSCH, E. R.: Die Natur der menschlichen Sprachlaute. Z. Sinnesphysiol. 47, 219 (1913).

nach einer solchen Pause entweder die letzt vorhergegangene Schwingung mit richtiger Phase fortsetzte oder aber mit einem Phasensprung begann. Alle Kurven wurden aus dem rechtwinkligen Koordinatensystem auf ein Polarkoordinatensystem umkonstruiert und in den Rand von kreisförmigen Scheiben eingeschnitten, die dann in der beschriebenen Weise als Episkotister wirkten. JAENSCH kommt bei seinen Beobachtungen zu dem Schluß, daß, abgesehen von der absoluten Lage des Formanten, durch welche die Art des gehörten Vokales bestimmt wird, der spezifische Vokalcharakter dadurch zustande kommt, daß der regelmäßige Schwingungsvorgang durch irgendwelche Faktoren gestört wird, wobei nur die Bedingung erfüllt bleiben muß, daß die vorkommenden Schwingungszahlen einem Durchschnittswerte nahebleiben[1]. Damit wird aber offensichtlich eine der Fourieranalyse widerstrebende Charakterisierung der Vokalklänge eingeführt, und gegen die Annahme, daß diese Art der Charakterisierung für das Verständnis der akustischen Wirkung auf das Gehörorgan wesentlich sein soll, richten sich im vollem Umfang die bereits oben (s. S. 1402) gemachten Einwände.

Anstatt die Vokalklänge aus ihren harmonischen Komponenten aufzubauen, kann man auch den entgegengesetzten Weg einschlagen und mit Hilfe der QUINCKEschen Interferenzröhren in einem auf natürlichem Wege erzeugten Vokalklange bestimmte Teilschwingungen auszulöschen suchen[2]. Das Verfahren, das zuerst von GRÜTZNER und SAUBERSCHWARZ[3] für die Untersuchung der Sprachlaute herangezogen worden ist, hat seither mehrfach Anwendung gefunden. KÖHLER[4] hat versucht, mit seiner Hilfe die Frage nach dem Vorhandensein „unharmonischer Teiltöne" im Vokalklange zu entscheiden. Er argumentierte folgendermaßen: die Interferenzmethode kann nur harmonische Teiltöne vernichten. Sind unharmonische Teiltöne vorhanden, so müssen sie nach Auslöschung aller harmonischen Teiltöne rein für sich hervortreten. Gegen diese Überlegung ist einzuwenden, daß nach HERMANNs Vorstellung die zum Grundton unharmonischen Formanten streng rhythmisch mit jeder Grundtonperiode von neuem einsetzen. Unter diesen Umständen ist es aber unmöglich, harmonische und unharmonische „Teiltöne" als nebeneinander vorhanden anzunehmen, da man dabei den Klang zu gleicher Zeit nach zwei verschiedenen Prinzipien zerlegen würde, die einander ausschließen. Geht man von der Vorstellung aus, daß, wie bei dem oben (S. 1396) besprochenen Beispiele des rhythmisch sich wiederholenden Glockenschlages, abklingende Wellenzüge in dem Schwingungsvorgange auftreten, die zur Grundperiode unharmonisch sind, so kann man entweder diese Wellenzüge für sich allein betrachten, ohne Beziehung zur Grundperiode, und ihre Schwingungszahl bestimmen, oder man kann den ganzen Vorgang in harmonische Teilschwingungen auflösen. Hat man sich aber einmal für die zweite Zerlegungsweise entschieden, so muß man sie auch konsequent durchführen. Löst man eine harmonische Komponente aus der Kurve heraus, so wird dadurch das ganze Kurvenbild verändert, und auch die „unharmonische Teilschwingung" wird von dieser Veränderung mit betroffen. Man kann also den Vokalklang, auch wenn er „unharmonische Formanten" enthält, durch Auslöschen der reinen harmonischen Teiltöne genau ebenso stufenweise abbauen, wie er bei der Synthese aus einfachen Sinusschwingungen stufenweise aufgebaut wird. Diese Überlegung ist auch schon von HERMANN[5] gegen KÖHLERS Versuche geltend gemacht worden, worin ihm vollkommen beizustimmen ist. Nur bietet dieser Einwand noch keinen Anlaß, die Anwendung der Fourieranalyse auf Vokalkurven grundsätzlich zu verwerfen.

---

[1] Die Arbeiten JAENSCHs und seiner Schüler, in denen die oben kurz skizzierte Vokaltheorie dargelegt wird, sind gesammelt erschienen unter dem Titel: Untersuchungen über Grundfragen der Akustik und Tonpsychologie. Leipzig 1929.
[2] SCHAEFER, K. L.: Untersuchungsmethoden der akust. Funktionen des Ohres. Tigerstedts Handb. d. Physiol. Method. **3 III**, 204.
[3] SAUBERSCHWARZ, E.: Interferenzversuche mit Vokalklängen. Pflügers Arch. **61**, 1 (1895).
[4] KÖHLER, W.: Akustische Untersuchungen. II. Z. Psychol. **58**, 59 (1911).
[5] HERMANN, L.: Neue Beiträge usw. Pflügers Arch. **141**, 32 (1911).

Bei der praktischen Ausführung des Interferenzverfahrens muß man überdies mit der Tatsache rechnen, daß die Interferenzwirkung notwendig eine gewisse Breite haben muß, so daß es gar nicht möglich ist, eine bestimmte Schwingung durch Interferenz zu vernichten, ohne zugleich die Nachbartöne mit zu schwächen.

Dem QUINCKEschen Interferenzverfahren liegt bekanntlich folgendes Prinzip zugrunde: einem Rohr, durch das der Schall geleitet wird, ist unter rechtem Winkel ein Seitenrohr angesetzt, dessen Länge so eingestellt wird, daß sie *ein Viertel* der Wellenlange der auszulöschenden Schwingung beträgt. Die Schallwellen, die in dieses Seitenrohr eintreten, werden an dessen Ende zurückgeworfen und mischen sich dann, entsprechend einem Hin- und Hergang in dem Seitenrohr, mit einer Verzögerung von einer *halben* Wellenlänge den im Hauptrohr ablaufenden Wellen bei. Das gleiche Verhältnis gilt natürlich für alle Wellen, für die die Länge des Seitenrohres $^3/_4$, $^5/_4$ ..., allgemein $\frac{1+2n}{4}$ ihrer Wellenlange beträgt, wobei $n = 0$ oder eine beliebige ganze Zahl sein kann. In allen diesen Fällen trifft also ein Wellenberg der aus dem Seitenrohre zurückkehrenden Wellen mit einem Wellental der im Hauptrohr verlaufenden Wellen zusammen. Ändert sich das Verhältnis zwischen Seitenrohrlänge und Wellenlange um geringe Beträge im einen oder anderen Sinne, so fällt nicht mehr genau Berg auf Tal, aber doch nahezu; die Abschwächung durch Interferenz wird also allmählich geringer bis zu einem Minimum, das dann erreicht wird, wenn gerade Wellenberg auf Wellenberg fällt. Dieser Zustand tritt ein, wenn die Länge des Seitenrohres $\frac{1+n}{2}$ der betreffenden Wellenlänge beträgt. In diesem Falle kann das Seitenrohr vermöge seiner Resonatorwirkung sogar eine Verstärkung der betreffenden Teilschwingung bewirken. GARTEN[1] konnte experimentell zeigen, daß beim Anblasen eines Interferenzapparates durch eine rotierende Lochsirene hindurch oder bei Erschütterung der Luft in den Röhren durch Funkenknall in der Tat Schwingungen verstärkt bzw. erzeugt werden, deren Wellenlange zur Lange der eingeschalteten Seitenrohre im Verhältnis $1 : \frac{1+n}{2}$ steht. LEWIN[2], der diese Verhältnisse ebenfalls experimentell geprüft hat, kommt zwar zu dem Schlusse, daß die Verstärkung oder Erzeugung von Schwingungen durch das Interferenzröhrensystem beim bloßen Durchleiten eines Klanges nicht in Betracht komme. Doch findet auch er, daß die Auslöschung bestimmter Wellenzüge, abgesehen von der Wirkungsbreite der Interferenz, auch durch zahlreiche schwer übersehbare Komplikationen getrübt wird, die darauf beruhen, daß das Hauptrohr mit den Seitenröhren ein enggekoppeltes System bildet. Bei sehr hohen Tönen kommt noch als weitere Störungsursache hinzu, daß die Röhrenweite relativ groß im Verhältnis zur Wellenlange der auszulöschenden Schwingung ist[3].

Um die Komplikation zu beseitigen, daß bei der Ausschaltung einer bestimmten Teilschwingung auch ihre ungeradzahligen Obertöne mit vernichtet werden, hat STUMPF den Abbau von oben nach unten fortschreitend durchgeführt. Ist man sicher, daß die mitvernichteten höheren Teiltöne für den Klangcharakter bedeutungslos sind, so kann man auch Lücken- und Stichversuche machen, indem man bestimmte Teiltöne für sich ausschaltet und die Veränderung des Klangcharakters beobachtet.

Die Fortschritte in der Technik der telephonischen Übertragung der Sprachlaute haben in letzter Zeit zahlreiche Versuche hervorgerufen, die Auslöschung der Teilschwingungen dadurch herbeizuführen, daß die Schallenergie zunächst in elektrische Stromschwankungen umgesetzt wird, daß bestimmte Komponenten dieses Schwankungsvorganges abgedrosselt werden und dann der Rest durch ein Hörtelephon wieder in Schallenergie zurückverwandelt wird. Dieses Verfahren war bereits durch die Einführung des Telephons nahegelegt und ist in einfacher Form schon 1891 von HERMANN[4] ausgiebig verwendet worden. Er ließ Vokale gegen ein Telephon oder Mikrophon singen und hörte mit einem zweiten

---

[1] GARTEN, S.: Beiträge zur Vokallehre. I. Abh. sächs. Akad. Wiss., Math.-phys. Kl. **38**, Nr 7 (1921).

[2] LEWIN, K.: Über den Einfluß von Interferenzröhren auf die Intensität obertonfreier Töne. Psychol. Forschg **2**, 327 (1922).

[3] STUMPF, C., u. G. J. v. ALLESCH: Über den Einfluß der Röhrenweite auf die Auslöschung hoher Töne durch Interferenzröhren. Passow-Schaefers Beitr. **17**, 143.

[4] HERMANN, L.: Die Übertragung der Vokale durch das Telephon und das Mikrophon. Pflügers Arch. **48**, 543 (1891).

Telephon ab, auf welches das Aufnahmetelephon direkt oder unter Vermittlung eines Induktoriums einwirkte. Je nach der Größe der in dem ganzen Kreise vorhandenen Widerstände und des Eigenpotentials der Spulen lassen sich die Amplituden und Phasen der höheren oder der tieferen Teiltöne weitgehend verändern. Auf eine völlige Auslöschung bestimmter Teiltöne war es nicht abgesehen. HERMANN begnügte sich mit der Feststellung, daß der subjektiv wahrgenommene Vokalcharakter nicht nur durch Veränderung der *Phasen* der Teiltöne offenbar gar nicht beeinflußt wird, sondern auch gegen Veränderung der *relativen Amplituden* erstaunlich unempfindlich ist.

In jüngster Zeit hat die Untersuchung der Sprachlaute mit Hilfe der Umwandlung der mechanischen Schwingungen in elektrische durch die Entwicklung der Radiotechnik einen kraftigen Impuls erhalten, da einerseits zur Beurteilung der Anforderungen, die an die schallübertragenden Apparate gestellt werden müssen, eine moglichst genaue Kenntnis der physikalischen Natur der Sprachlaute erwunscht ist, andererseits durch die Ausbildung der Rundfunktechnik die hierfur zur Verfügung stehende Methodik vervollkommnet und bereichert wurde[1]. Man verfügt jetzt über Verfahren, die es erlauben, aus einem zusammengesetzten Klang alle Teilschwingungen auszulöschen, die oberhalb oder unterhalb einer nach Wunsch festgesetzten Frequenz gelegen sind. Es kann also das „Schallspektrum" eines Klanges von oben oder von unten her eingeengt werden. Im ersten Falle werden die elektrischen Schwingungen durch einen Satz passend gewählter Spulen geschickt, zu denen Kondensatoren im Nebenschluß liegen; im zweiten Falle werden umgekehrt die Schwingungen über eine Reihe von Kondensatoren geleitet und die Spulen liegen im Nebenschluß. Durch Verwendung einer WHEATSTONEschen Brückenanordnung wird es auch moglich, ein bestimmtes Tongebiet aus der Mitte des Schallspektrums auszulöschen, derart, daß eine bestimmte Schwingungsfrequenz völlig unterdrückt, die unmittelbar benachbarten in mit wachsenden Abstande der Tonhöhe abnehmendem Maße geschwächt werden[2]. Das Verfahren ist frei von der bei der QUINCKEschen Interferenzmethode storend auftretenden Komplikation, daß mit dem auszulöschenden Ton auch dessen ungeradzahlige Obertöne vernichtet werden und scheint berufen, unsere Kenntnis von den Beziehungen der physikalischen Struktur der Sprachlaute zur Gehorsempfindung zu vervollständigen[3].

Bei den älteren Untersuchern der Sprachlaute tritt vielfach die Neigung hervor, eine ganz bestimmte Eigenheit des Schwingungsvorganges für den spezifischen Vokalcharakter verantwortlich zu machen. Demgegenüber erscheint es mir bemerkenswert, daß STUMPF, der zur Zeit auf diesem Gebiete wohl die reichsten Erfahrungen besitzt, die Aufmerksamkeit auf die Tatsache gelenkt hat, daß eine scharfe Grenze zwischen dem, was für den Vokalklang wesentlich und was unwesentlich ist, sich nicht ohne Willkürlichkeit ziehen läßt. So beobachtete STUMPF[4], daß sich beim Wiederaufbau des Vokalklanges durch stufenweises Hinzufügen der vorher ausgelöschten Teiltöne der Vokalcharakter *allmählich* immer deutlicher ausprägte. Bei der Untersuchung der Flüstervokale mit der Interferenzmethode wurde die Beeinträchtigung des Vokalklanges beim Abbau von oben nach unten schon bei der Auslöschung verhältnismäßig hoher Teiltöne deutlich empfunden, während beim Wiederaufbau durch stufenweises Hinzufügen der ausgelöschten Teiltöne der Vokalklang bereits als fertig beurteilt wurde, wenn noch Teiltöne fehlten, die auf Grund der Abbauversuche als wirksam hätten gelten müssen.

Immerhin lassen sich bestimmte Teiltongebiete feststellen, deren Ausfall den Vokalcharakter besonders einschneidend verändert und die daher die Bezeichnung „Formantgebiete" verdienen. STUMPF unterscheidet bei den meisten Vokalen Haupt- und Nebenformanten. Letztere liegen bei den hellen Vokalen

---

[1] WAGNER, K. W.: Zitiert auf S. 1404. — Dazu zahlreiche Veröffentlichungen in englischer Sprache von G. W. STEWART, CRANDALL und MACKENZIE u. a.

[2] EISENBERG, K.: Auslöschversuche an Vokalklangen. Pflügers Arch. **212**, 574 (1926).

[3] Vgl. hierzu auch die auf S. 1394 angeführten Veroffentlichungen von F. TRENDELENBURG.

[4] STUMPF, C.: Zur Analyse geflüsterter Vokale. Passow-Schaefers Beitr. **12**, 234 (1919).

tiefer als die Hauptformanten, können also hier passend „Unterformanten" genannt werden. Auslöschung der Hauptformanten macht den Vokal völlig unkenntlich, aber auch die Unterformanten sind von wesentlicher Bedeutung, „sie stellen gleichsam Untermalungen dar" (STUMPF). Die Formanten haben, unabhängig von der Höhe des Grundtones, eine verhältnismäßig feste Lage, wenn sie auch mit dem Grundton um etwa eine kleine Terz steigen oder fallen können. Eine Ausnahme hiervon macht nach STUMPF das U, bei dem der Grundton selbst als Hauptformant zu betrachten ist. Der Hauptformant hat sonach hier keine feste Lage, sondern findet nur bei etwa 390 Hertz eine obere Grenze. Dieser bewegliche Formant ist zugleich Nebenformant für Ü und I, so daß es möglich ist, durch Auslöschung der höher gelegenen Hauptformanten diese Vokale in einen U-Klang zu verwandeln. Das U selbst hat noch einen Nebenformanten in der Gegend von 690 Hertz. Diese Verhältnisse sind von STUMPF in dem beistehend (Abb. 478) wiedergegebenen Schema dargestellt worden, in dem die Hauptformanten durch 2 Sterne, die Nebenformanten durch einen Stern bezeichnet sind; Beweglichkeit der Formanten ist durch einen abwärtsgerichteten Pfeil angedeutet.

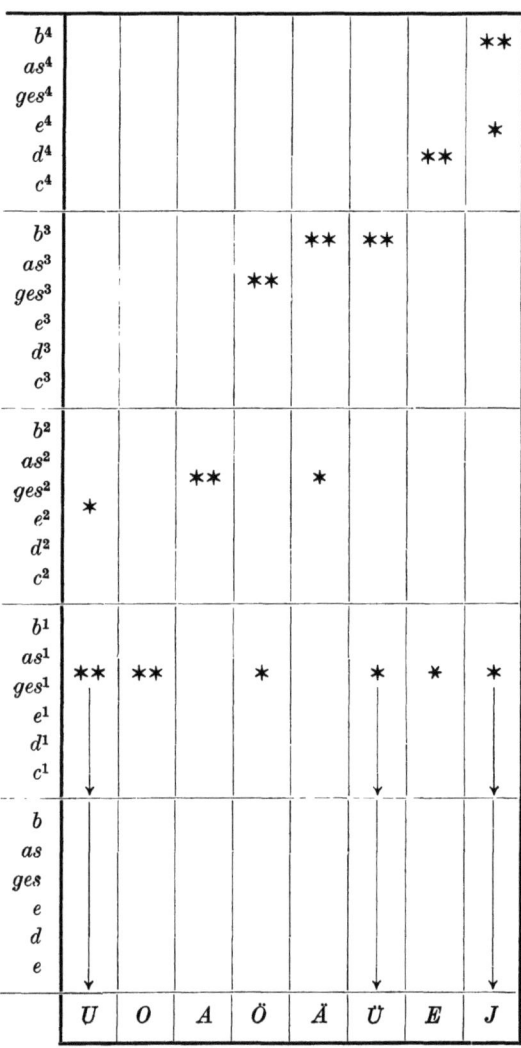

Abb. 478. Lage der Vokalformanten. (Nach STUMPF, 1918.) (Erklärung im Texte.)

v. BRÜCKE und GARTEN[1,2] haben bei Interferenzversuchen die Prüfung durch das Ohr mit der Kontrolle durch das Auge kombiniert, indem sie den gehörten Klang durch den GARTENschen Schallschreiber auch in Kurvenform aufzeichnen ließen. Abb. 479 zeigt nach GARTEN[2] die objektive Veränderung eines gesungenen A, das durch die Einwirkung des Interferenzapparates für das Ohr in einen O-ähnlichen Laut umgewandelt worden war. Man sieht, wie das Entstehen eines dumpferen Vokalklanges verbunden ist mit dem Nach-abwärts Wandern des Gebietes der größten Amplituden.

---

[1] BRÜCKE, E. TH. v., u. S. GARTEN: Über die Deformation von Vokalkurven. Pflügers Arch. **167**, 159 (1917).
[2] GARTEN, S.: Beiträge zur Vokallehre. Abh. sächs. Akad. Wiss., Math.-phys. Kl. **38**, Nr 7 (1921).

Nach STUMPFS Erfahrungen behalten die durch Abbau der Vokale von oben her erzeugten Klänge im allgemeinen Vokalcharakter, und jeder helle Vokal läßt sich so in charakteristischer Abfolge in dumpfere Vokale umwandeln. Die Tabellen (Abb. 480 und 481) geben in ohne weiteres verständlicher Weise Rechenschaft von dieser Vokalumwandlung. Sie zeigen vor allem die ausgedehnten „toten Strecken" bei den hellen Vokalen ü, e, i, in denen Auslöschung der (auch objektiv sehr schwachen) Teiltöne gar nichts am Vokalcharakter ändert. Der Vergleich beider Tabellen lehrt ferner, daß beim Singen auf den Grundton c das charakteristische Gebiet mehr in die Länge gezogen und gewissermaßen stärker differenziert ist als beim Singen auf $c_1$. Dem entspricht die Beobachtung,

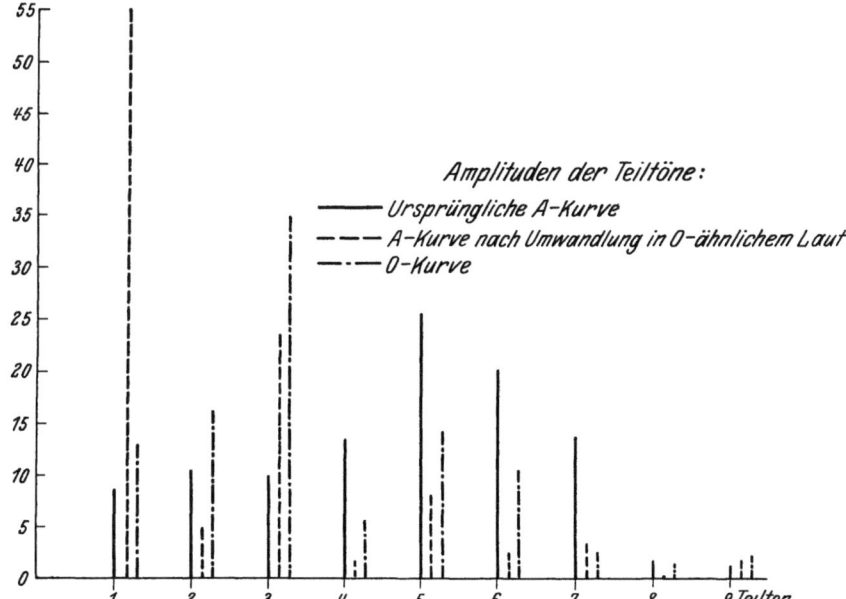

Abb. 479. Veränderung der Teiltonamplituden des auf c gesungenen Vokals A nach Umwandlung in einen O-ähnlichen Laut. Abszisse = Ordnungszahl des Teiltons; Ordinate = Amplitude in Prozenten der Gesamtamplitude (d. h. Summe aller Amplituden = 100 gesetzt). (Nach GARTEN, 1921.)

daß die dumpfen Vokale um so undeutlicher werden, je mehr der Grundton, auf den sie gesungen werden, in die Nähe des Formantengebietes rückt. Die Vokale müßten völlig unkenntlich werden, sobald der Grundton höher liegt als der Hauptformant. Das ist nach den Erfahrungen KÖHLERS[1] sowie nach den genauen, streng unwissentlich durchgeführten Versuchen STUMPFS[2] auch tatsächlich der Fall. Damit wäre die große Bedeutung des „absoluten Momentes", d. h. des überwiegenden Einflusses bestimmter Teiltonregionen von verhältnismäßig fester absoluter Tonhöhe erwiesen. Ein Vergleich der Abb. 478 mit den Abb. 480—481 zeigt die Beziehungen der für die Gehörswahrnehmungen bedeutsamen Teiltongebiete zu den Gebieten der objektiv stärksten Teiltöne, die in den Vokalklängen enthalten sind.

Besonders schlagend läßt sich die Bedeutung des absoluten Momentes durch den zuerst von HERMANN[3] hierzu benutzten Versuch aufzeigen, eine besprochene

---

[1] KÖHLER, W.: Akustische Untersuchungen. II. Z. Psychol. **58**, 59 (1911).
[2] STUMPF, C.: Zitiert auf S. 1407.
[3] HERMANN, L.: Phonophotograph. Unters. Pflügers Arch. **47**, 42 (1890); **53**, 8 (1892).
— Der Einfluß der Drehgeschwindigkeit auf die Vokale bei der Reproduktion derselben am Edisonschen Phonographen. Ebenda **139**, 1 (1911).

Phonographenwalze mit einer Geschwindigkeit ablaufen zu lassen, die von der Drehgeschwindigkeit bei der Schall*aufnahme* stark abweicht. Die Vokalklänge verändern sich dabei beträchtlich, was nicht der Fall sein dürfte, wenn das „relative Moment", das Intervallverhältnis der hervortretenden Teiltöne, für den Vokalklang maßgebend wäre.

Daraus darf jedoch nicht gefolgert werden, daß das Vorhandensein von Teiltönen in bestimmter absoluter Höhenlage für das Zustandekommen eines Vokalklanges allein genügte. Vielmehr spricht manches dafür, daß, bei verschiedenen Vokalen in verschiedenem Maße, auch noch andere Faktoren von Bedeutung sein können. Nach STUMPF ist der Hauptformant des U beweglich

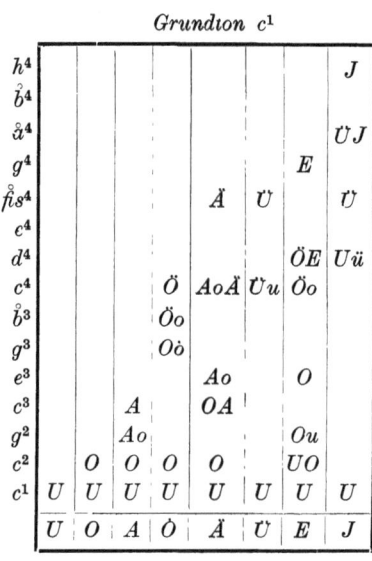

Abb. 480 und 481. Umwandlung der Vokalklänge durch von oben nach unten fortschreitende Auslöschung der Teiltöne. (Nach STUMPF, 1918.)

und die obere Grenze, bis zu der er aufsteigen kann, fällt mit dem festen Hauptformanten für das O zusammen. Es kann also ein U-Klang entstehen, wenn der O-Formant als Grundton auftritt, während er in Verbindung mit einem tieferen Grundton ein O erzeugt. HERMANN hat an den mit abnormer Geschwindigkeit ablaufenden Phonographenwalzen beobachtet, daß sich das A am wenigsten durch Veränderung der Umlaufsgeschwindigkeit beeinflussen ließ. Vielleicht hat bei ihm also doch das relative Moment eine gewisse Bedeutung.

Diese letztere Angabe ist neuerdings von ENGELHARDT und GEHRKE[1] bestätigt worden. Sie ließen Grammophonplatten, die mit den 5 Vokalen besprochen worden waren, mit wechselnder Umdrehungsgeschwindigkeit ablaufen (von 35—160 Umdrehungen pro Minute, wobei 80 Umdrehungen der Normalgeschwindigkeit entsprachen). Dabei blieb das A trotz Verdoppelung der Frequenz noch gut erkennbar, doch behielten auch die anderen Vokale (am wenigsten das I)

---

[1] ENGELHARDT, V., u. E. GEHRKE: Über die Abhängigkeit der Vokale von der absoluten Tonhöhe. Z. Psychol. **115**, 1 (1930).

in einem ziemlich weiten Bereich der Umdrehungsgeschwindigkeiten ihren Charakter bei.

STUMPF hat weiterhin mit der Interferenzmethode auch die Struktur der geflüsterten Vokale und Konsonanten eingehend untersucht. Die Befunde an Flüstervokalen bringen im allgemeinen eine Bestätigung der an den gesungenen Vokalen gemachten Feststellungen, nur waren bei den ersteren die Formantgebiete noch weniger scharf abzugrenzen als bei den letzteren. Die Konsonanten M, N, Ng und L sind beim Flüstern zu schwach, als daß sie mit der Interferenzmethode hätten untersucht werden können. Es wurde also hier die stimmhafte Erzeugung zu Hilfe genommen und der als phonischer Bestandteil in diesen Lauten enthaltene U-Klang dadurch eliminiert, daß die an den gesungenen Konsonanten erhaltenen Ergebnisse mit den Befunden am gesungenen U verglichen wurden. STUMPF schließt aus seinen Beobachtungen, daß sich auch bei den stimmlosen Konsonanten gewisse Formantgebiete feststellen lassen, deren Auslöschung den Konsonanten unkenntlich macht.

Alle diese Befunde sind zunächst von großer praktischer Bedeutung. Sie haben gezeigt, daß das für die Erzeugung verständlicher Sprachlaute benötigte Tonbereich von $g^1$ (388 Hertz), der oberen Grenze des Hauptformanten für U, bis an das Grenzgebiet zwischen vier- und fünfgestrichener Oktave (für die Konsonanten S, F und vorderes [palatales] Ch) hinaufreicht. Diese Erkenntnis findet ihre Anwendung nicht nur bei der Konstruktion von Apparaten zur Wiedergabe und Übertragung der Sprache, sondern auch, worauf STUMPF besonders hingewiesen hat, in der ohrenärztlichen Diagnostik bei der Beurteilung des Hörvermögens eines Patienten mit Hilfe laut oder flüsternd vorgesprochener Worte. Sie ermöglicht ein Urteil über die nach v. BEZOLD für das Sprachverständnis besonders wichtige „Sprachsext" $b^1$—$g^2$ (461—775 Hertz), das dahin lauten wird, daß zwar gewisse Vokale (A, O, auch ä und E) durch Ausfall *dieses* Teiltongebietes stark beeinträchtigt werden, andererseits aber insbesondere die Konsonanten größtenteils erhalten bleiben, und daß jedenfalls die Auslöschung anderer gleich großer Gebiete sicherlich die Sprache nicht weniger unkenntlich machen wird[1].

Mit der Untersuchung der Flüsterkonsonanten kommt man aber bereits an die Grenze des Gebietes, das einer eigentlichen physikalischen Analyse zugänglich erscheint, da hier die Unregelmäßigkeit des Schwingungsvorganges vielfach die Aufstellung irgendwelcher schärfer definierten Gesetzmäßigkeiten unmöglich machen wird. Ein lohnendes Feld der Untersuchung dürften dagegen noch die vielfach so außerordentlich charakteristischen Stimmlaute der Tiere bieten; hier ist man jedoch bisher über ganz bescheidene Anfänge nicht hinausgekommen[2].

---

[1] FRANKFURTHER, W., u. R. THIELE: Experimentelle Untersuchungen zur Bezoldschen Sprachsext. Z. Sinnesphysiol. **47**, 192 (1913). — STUMPF, C.: Über die Tonlage der Konsonanten und die für das Sprachverstandnis entscheidende Gegend des Tonreiches. Sitzgsber. preuß. Akad. Wiss., Physik.-math. Kl. **1921**, 636.

[2] SOKOLOWSKY, R.: Zur Kenntnis der Sprachlaute bei Tieren. Arch. f. exper. u. klin. Phonetik **1**, 9. — HARTUNG, H.: Einige Versuche der Registrierung von Tierstimmen. Inaug.-Dissert. Leipzig 1921. (Nicht gedruckt.) — SCHMID, BASTIAN: Tierphonetik, Z. vgl. Physiologie **12**, 760 (1930).

# Aphasie.

Von

ARNOLD PICK †

Prag.

Mit 2 Abbildungen.

Durchgesehen und mit Anmerkungen herausgegeben von

RUDOLF THIELE

Berlin.

## Vorbemerkungen des Herausgebers.

Das Manuskript dieses Artikels ist von ARNOLD PICK bei seinem am 4. April 1924 erfolgten Tode vollständig niedergeschrieben hinterlassen worden. OTTO SITTIG hat die Niederschrift, ohne Veränderungen des Textes vorzunehmen, für die Drucklegung fertiggestellt. Nachdem die Arbeit dann aus äußeren Gründen eine Reihe von Jahren liegen geblieben war, habe ich sie einer genauen Durchsicht unterzogen und mich dabei bemüht, formale Unebenheiten nach Möglichkeit auszugleichen, ohne die Eigenart der PICKschen Darstellungsweise anzutasten. Darüber hinaus und von manchen sachlichen Richtigstellungen abgesehen, erschien es mir nicht zulässig, den Text zu verändern. Ich habe daher die mir notwendig erscheinenden Ergänzungen in Form von Anmerkungen dem Artikel hinten angehängt. (Auf diese verweisen die fortlaufenden Nummern.) Ihrem Umfange nach hatten diese Anmerkungen sich dem Rahmen des Artikels anzupassen. Sie wurden im wesentlichen durch den Fortgang der Forschung bestimmt. Die wenigen kritischen Bemerkungen, die sich auf theoretische Stellungnahmen PICKs beziehen, beabsichtigen nichts weiter, als zur Verständigung über gewisse Punkte beizutragen, die manchen Leser stören und in seinen Augen den Wert der Darlegungen beeinträchtigen könnten, bezüglich derer mir aber eine Verständigung durchaus nicht unmöglich erscheint. Die Literaturnachweise sind entsprechend der Anlage und dem Zweck des Handbuchbeitrages ergänzt worden.     R. THIELE.

### Zusammenfassende Darstellungen.

FRÖSCHELS: Kindersprache und Aphasie. 1918. — HENSCHEN: Klinische und anatomische Beiträge zur Pathologie des Gehirns 5; 6; 7 (1920/22). — HEAD: Brain 43, 87, 190 (1920); 46, 355 (1923) — und bes. die große zweibändige Monographie: Aphasia and kindred disorders of speech. 1926. — FROMENT: J. Méd. Lyon 1921. — PIÉRON: La notion des centres coordinateurs cérébraux et le méchanisme du langage. Rev. philos. 46 (1921). — BARAT et CHASLIN: Kap. „Le langage" im Traité de psychologie. Publ. p. DUMAS. 1, 733 (1923). — GOLDSTEIN: Über Aphasie. Beih. z. Med. Klin. 6, 1 (1910) — Über Aphasie. Neurol. u. psychiatr. Abh. a. d. Schweiz. Arch. Neur. 1927, H. 6 — Topische Lokalisation der Hirnrinde. Handb. d. Physiol. 10. — v. MONAKOW: Gehirnpathologie. Nothnagels Handb. d. spez. Pathol. u. Therap. 9 (1905) — Die Lokalisation im Großhirn und der Abbau der Funktion durch corticale Herde. 1914. — THIELE: Aphasie, Apraxie, Agnosie. Handb. d. Geisteskrankh. Herausg. von BUMKE. 2 (1928). — ISSERLIN: Die pathologische Physiologie der

Sprache. 1. Teil. Erg. Physiol. 29 (1929). — Außerdem die Lehr- und Handbücher der Neurologie und Linguistik, unter den letzteren NOREEN: Wissenschaftliche Betrachtung der Sprache. Deutsch von POLLAK. 1923. — Vgl. auch die Referate und Einzelvorträge des diesjährigen Psychologen-Kongresses in Hamburg.

## Einleitung.

Eine Darstellung der Aphasie im Rahmen eines Handbuches der normalen und pathologischen Physiologie muß über die Beschreibung der krankhaften Erscheinungen und ihrer Vereinigung zu klinischen Typen hinaus, mehr als das bisher in zusammenfassenden Darstellungen der Fall gewesen, die *Vorgänge*, die sich dabei darstellen, zu erfassen suchen, um pathologisches und normales *Geschehen* auseinander verstehen zu lernen oder wenigstens die Gesichtspunkte schärfer herauszustellen, die zu einer solchen gegenseitigen Durchdringung förderlich sein können; Ziel muß ihr sein, durch eine zunehmend tiefer dringende Beschreibung der Erscheinungsformen allmählich zu einem Verständnis der pathologischen Vorgänge und ihrer Zusammenhänge vorzudringen. Der gegenwärtige Zeitpunkt gestattet nicht, ein derartiges Verständnis auf der Kenntnis der anatomischen, histologischen oder physiologischen Tatsachen zu fundieren, vielmehr sind wir darauf angewiesen, an der Hand der Erscheinungen selbst, also aus klinisch-psychologischen Gesichtspunkten heraus durch eine dem Optimum möglichst angenäherte Besonderung der Symptome eine Funktionslehre des Gebietes anzubahnen. Insofern ein nicht geringer Teil des zu Behandelnden tief im Seelischen gegründet, ein anderer dauernd mit ihm verknüpft ist, ist eine prinzipielle Stellungnahme zum Leib-Seele-Problem nicht zu umgehen. Es kommt hier der Parallelismus als brauchbare Arbeitshypothese in Anwendung, nicht bloß, weil dabei die notwendige Auseinanderhaltung und Abgrenzung von Körperlichem und Seelischem besser gelingt, sondern weil die etwa weiter gediehene Klarlegung der einen Seite, hier der psychischen, gleichzeitig auch der anderen zugute kommen muß.

Eine Schwierigkeit liegt in dem Stande des Problems selbst. Erst seit kurzem ist die klinisch zureichend erscheinende Fragestellung nach den Leistungen des Kranken bei bestimmter Läsion verlassen worden; an der Hand des Normalen geht man den Vorgängen in den gestörten *Funktionen* nach. Eine andere Schwierigkeit liegt in dem Ungenügen der speziellen Physiologie, die, in den hier zu betrachtenden Fragen ganz auf die menschliche Pathologie angewiesen, auf deren Standpunkt festgelegt, erst durch jene Änderung zu der ihr eigentümlichen Betrachtungsweise zurückgeführt erscheint. Ist deshalb eine nähere Erklärung aus den dabei beteiligten krankhaft veränderten Mechanismen selbst ausgeschlossen, stehen wir vorläufig noch im Stadium der Beschreibungshypothesen, so ist dadurch eine reichhaltige Beschreibung der Einzelerscheinungen um so mehr gerechtfertigt, als jede Besonderheit derselben neue Gesichtspunkte für jene eröffnet. Dazu kommt weiter eine Umgestaltung der psychologischen Forschung, die insbesondere durch die Feststellung eines anschauungslosen Denkens und die Aufnahme des Gestaltproblems die Betrachtung des hier zu behandelnden Problems wesentlich beeinflußt; doch kann das psychologische Material nicht vollständig verwertet werden, weil vorläufig die klinischen Parallelen öfters fehlen oder noch nicht aufgedeckt sind. Weiter zu berücksichtigen ist die jetzt zum Durchbruch gelangte Auffassung, daß, von den Sinnesempfindungen angefangen bis zu den höchsten, den psychischen Vorgängen, und deshalb auch für die Sprache zutreffend, es sich in der aufsteigenden Reihe der Funktionen um eine Übereinanderordnung von Mechanismen zu zunehmender Vereinheitlichung (Koordination, Integration) zu räumlich und zeitlich geordneten Abfolgen handelt, weiter daß die Vorgänge nicht in einer angenommenen Zusammenfassung von „Elementen" bestehen, sondern von Anfang ab einheitlich „gestaltete Strukturen" die Grundlagen für jene sich weiter vollziehenden Zusammenfassungen bilden und erst durch deren nachträgliche künstliche, auch durch pathologische Vorgänge veranlaßte Zerlegung die angenommenen „Elemente" zur Anschauung kommen.

Eine solche Neuorientierung gegenüber der alten, ganz vorwiegend mit „in den betreffenden Zentren niedergelegten Erinnerungsbildern" arbeitenden Aphasielehre erscheint auch gerechtfertigt durch die gleichen in Sprachpsychologie und Linguistik sich geltend machenden Anschauungen und weil auch Biologie und allgemeine Physiologie des Gehirns im Zuge der gleichen Neuorientierung stehen; den „Strukturen und Gestalten" jener kommen auch sie mit ihren „Schematen", „patterns" u. ä. entgegen.

Eine derartige funktionell begründete dynamische Auffassung soll unter Fernhaltung jeder dem Empirischen vorauseilenden Verabsolutierung der als richtig sich ergebenden Gesichtspunkte der Ausgangspunkt zu dem Versuche einer über die bisherigen hinausgehenden Darstellung der Aphasielehre sein. Dabei kann man sich nicht verhehlen, daß ein solcher Versuch nur in allergröbsten Umrissen Anlehnung an die anatomisch-physiologischen Korrelate, deren Kenntnis noch nicht soweit gediehen, finden kann. Der so mehr noch als früher hervortretende unfertige Stand der Materie zusammen mit der gebotenen Kürze der Darstellung und die Unmöglichkeit kritischer Auseinandersetzung mit widersprechenden Ansichten lassen ihn trotzdem gerechtfertigt erscheinen durch den offenen Nachweis der Mängel unseres Wissens und die vom Verständnis der erreichten Gesichtspunkte abzuleitende Notwendigkeit der so orientierten Weiterbildung der Lehre. Verschiedene spezielle, die Auffassung der Aphasie modifizierende Gesichtspunkte sollen in den anschließenden allgemeinen Ausführungen zur Darstellung kommen. Hier sei nur noch eine nomenklatorische Bemerkung angefügt. Wenn im folgenden von „Zentren" gesprochen wird, so soll damit nur die jeweils funktionell bevorzugteste, deshalb auch nicht scharf abgrenzbare Partie eines Systems von Strukturzusammenhängen bezeichnet sein, denen mit zunehmender Verfeinerung sich ausbildende Funktionsverbände entsprechen (nicht etwa der Sitz eines besonderen Vermögens, auch nicht im Sinne der Physiologie ein vorgebildeter, mit scharf umschriebenen Funktionen verbundener Apparat), durch deren (auch funktionelle) Läsion hervorstechendste, ihnen zugeordnete Leistungen am leichtesten geschädigt werden, aber auch andere funktionell damit vereinigte Verbände in verschieden abgestufter Weise mit gestört werden können. Damit ist auch schon gesagt, daß die in einem solchen Zentrum vereinigten Neuronenverbände und die diesen entsprechenden Funktionen auch isoliert erkranken können. Erscheint so die *Lokalisation der Funktion* angebahnt, so entfällt durch eine solche Auffassung die an der älteren Zentrenlehre gerügte Notwendigkeit, für jede Störung ein eigenes Zentrum zu kreieren. Deshalb wird auch die Aufstellung eines Schemas zum Verständnis der verschiedenen aphasischen Störungen vermieden, das, über die hier gegebene Darstellung hinausgehend, auch die noch nicht genauer zu erfassende Lokalisation der dem Psychischen entsprechenden Parallelvorgänge und die uns vielfach ebenso unbekannten als dazugehörig postulierten Verbindungswege zwischen den Zentren zu fixieren hätte. Alle derartigen Versuche systematischer Erklärung täuschen über die Kompliziertheit des Tatsächlichen, der ein zutreffendes, dabei aber doch durchsichtiges Schema nicht gerecht werden könnte. In dieser Hinsicht ist es bemerkenswert, daß gerade bisher für feststehend Gehaltenes, im Schema Fixiertes, scheinbar Geklärtestes als am dunkelsten sich herausgestellt hat und erst von den scheinbar unwichtigeren und oft besser aufgehellten anderen Gebieten aus der Klärung entgegengeführt werden muß **(1)**.

## Definitorische Abgrenzung.

Entsprechend der Doppelnatur der Sprache als einer Folge von Klängen und Geräuschen (bzw. der ihnen entsprechenden Schriftzeichen) zum *geformten* Ausdrucke für Geistiges, trennen wir von den primären Störungen der Motilität (in Stimme, Artikulation [Anarthrie] und Schreiben) wie von den hierhergehörigen Störungen des Gehörs und Gefühls die als aphasische zusammengefaßten; es sind diejenigen, die, auch nicht durch geistige Störung im engeren Sinne des Wortes bedingt, die Sprache in ihren Funktionen als geistige Ausdruckstätigkeit, das Gesprochene, Gehörte, Gesehene als Zeichen für Gedachtes und Gefühltes, die „facultas signatrix" KANTS, die Formulierung in Sprachzeichen (Symbolen) treffen. In das gleiche Gebiet gehören auch die Funktionen der Gestik und, in gewissem Abstande, die der Mimik und Musik, von deren Störungen hier nebenbei gleichfalls zu sprechen sein wird.

Die hier gegebene Abgrenzung entspricht auch der neuerlich in der Sprachwissenschaft geltenden: 1. Lautlehre (Phonologie), 2. Bedeutungslehre (Semiologie [NOREEN], Semasiologie oder auch Semantik) und 3. Morphologie; ist diese letzte die Lehre von den Formen, in denen das Lautmaterial zum Zwecke der Bedeutungsdarstellung gestaltet ist, so ist damit festgestellt, daß die Aphasielehre die Pathologie sowohl der Semiologie wie der Morphologie umfaßt, aber auch der Phonologie nicht ganz entraten kann, insoweit ihr angehörige Funktionen auch an der Sinngebung beteiligt sind. Begreiflicherweise ist die pathologische Morphologie relativ am besten durchgearbeitet; die Lücken unserer Kenntnisse sind ganz besonders im Gebiete der Semiologie deutlich. Es sei als Wink für weitere Studien darauf hingewiesen, daß dieser Mangel zum nicht geringen Teil dem zuzuschreiben ist, daß das zum Studium der semantischen Störungen besonders geeignete Stadium der Besserung bzw. äußerlichen Heilung der verschiedenen Aphasien, in denen die Störungen des Stils, nicht mehr getrübt von solchen des Sprechens oder Schreibens, besonders deutlich sind, für unsere Zwecke noch sehr wenig verwertet worden ist, nicht zum wenigsten deshalb, weil jene Störungen zu Unrecht als nicht mehr in den Rahmen der Aphasien gehörig angesehen wurden.

Entgegen dieser scharfen Abgrenzung nach der motorischen, sensoriellen und psychischen Seite werden bei dem engen Zusammenhange der in Betracht kommenden Funktionsgebiete Störungen auch dieser im Rahmen der Aphasien vielfach nicht fehlen und wegen der Unschärfe der diagnostischen Hilfsmittel oft Schwierigkeiten sich ergeben, nicht zum wenigsten deshalb, weil Störungen eines Gebietes nicht selten erst in den Funktionen eines anderen, ihm nachgeordneten, zur Auswirkung kommen. Nach der psychischen Seite kommt in Betracht, daß sowohl beim Vollzug des impressiv angeregten wie des zum Ausdruck sich bereitenden Denkens Störungen dieses letzteren sich darstellen, während andererseits eine scharfe Grenze zwischen Empfindung und Wahrnehmung, namentlich bei Störungen derselben, empirisch kaum zu ziehen ist. Hinsichtlich der Abgrenzung nach der psychischen Seite hat neuerlich besonders HEAD betont, daß gewisse Formen aphasischer Störungen nur eine Teilerscheinung weiter verbreiteter, über die Versprachlichung hinausgehender Denkstörungen sind (2). Diesen Umständen entspricht es auch, daß die reinen Fälle des „Schemas" immer seltener werden, die zunehmend vertiefte Forschung immer öfter auch feinere differente Auswirkungen an klinisch scheinbar gleichartigen Verhaltungsweisen aufdeckt und dadurch praktische und wissenschaftliche Beurteilung im Einzel falle oft auseinandergehen. Dem entspricht es auch, daß die herkömmlichen Bezeichnungen — Aphemie, Agraphie, Worttaubheit — den Erscheinungen nur mehr im allergröbsten, klinisch allenfalls zureichenden Maße gerecht werden.

Dem zusammenhängenden Systeme von Sprachmitteln, die zum Ausdruck des Psychischen zur Verfügung stehen, entspricht eine Fülle von physiologischen Funktionen, zu deren Ausführung ein System von Hirnorganen sich ausgebildet hat, die miteinander in integrativer Beziehung stehen; sie bilden anatomisch das **Sprachfeld,** das, zusammen mit dem ihm funktionell eng verbundenen Gebiete der musikalischen Funktionen, den größeren Teil der Umgebung der Sylvischen Spalte einschließlich des größeren Teiles der Insel umfaßt (s. Abb. 482); ein zweites, dieses zum Teil umsäumendes, namentlich den Schläfenlappen einnehmendes Gebiet, dessen genauere Abgrenzung noch aussteht, darf als jenen Funktionen zugeordnet angesehen werden, die den Zusammenhang mit dem Psychischen im engeren Sinne vermitteln (3). Inwieweit, wie wahrscheinlich, für gewisse motorische Sprachanteile (Rhythmus, Akzent u. a.) analog den anderen Bewegungsformen auch striäre und cerebellare Funktionen in Betracht kommen, ist noch vollständig ungeklärt (4).

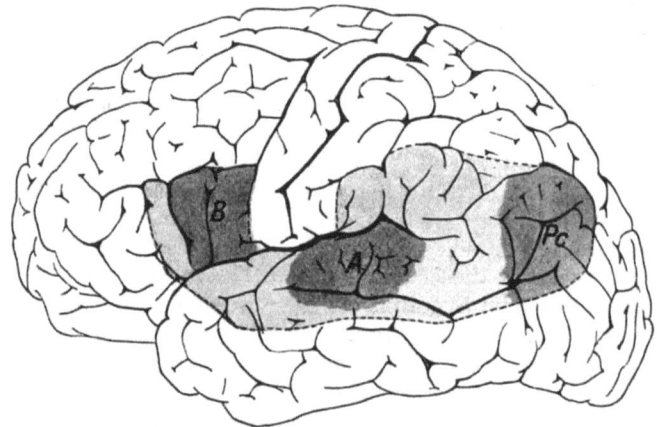

Abb. 482. Die Sprachzone. B = Brocasche Windung. A = Wernickesche Windung. Pc = Gyrus angularis. (Aus DÉJÉRINE, Sémiologie du système nerveux. 1914.)

Der Tatsache, daß die expressiven Funktionen des Sprachfeldes ganz vorwiegend seinem frontalen Abschnitte eingeordnet, die impressiven, sensorischen in seinem temporalen Anteile lokalisiert sind, entspricht die *Teilung der Aphasien* in *frontale* und *temporale*, die letztere Bezeichnung besser als die alte der „sensorischen", weil bei diesen vielfach sensorische Störungen fehlen (oder jedenfalls stark zurücktreten) können und die im Expressiven sich ergebenden Störungen doch ihre Grundlagen in temporalen Läsionen haben.

## Entwicklung der Sprache beim Kinde.
### Zusammenfassende Darstellungen.

BÜHLER, K.: Die geistige Entwicklung des Kindes. 5. Aufl. 1929. — STERN, CL. u. W.: Die Kindersprache. Monogr. üb. d. seel. Entwickl. d. Kindes. 4. Aufl. 1928. — Für die Auffassung der Erscheinungen KOFFKA: Die Grundlagen der psychischen Entwicklung. Eine Einführung in die Kinderpsychologie. 2. Aufl. 1925. — PICK: Über den Sprachreflex als Grundlage der kindlichen und pathologischen Echolalie. Fortschr. Psychol. 4, 1 (1916). — ACH: Über die Begriffsbildung. S. 333. 1921. — MEUMANN: Die Entstehung der ersten Wortbedeutung beim Kinde. 2. Aufl. 1908.

Die Kenntnis der Sprachentwicklung ist für das Verständnis zahlreicher Tatsachen der Pathologie unentbehrlich. Sie nimmt normalerweise ihren Ausgang — nachdem ein gewisser Grad von Intelligenzentwicklung erreicht ist — vom

Vorhandensein der normalen Fortentwicklung der beiderseitigen akustischen Zentren und ebensolcher psychisch-motorischer für das Sprechen, welch letztere, vielleicht schon in der Anlage präformiert, sicher aber auf dem Wege eines *bedingten Reflexes* zwischen den beiden sich weiter entwickeln. Die Entwicklung der sprachlichen Wahrnehmung, der die des Sprechens in einem gewissen, nur durch die Differenz in den Resultaten scheinbar größeren Abstande nachfolgt, läßt sich zusammenfassend folgendermaßen charakterisieren: Aus dem ganz diffusen, den verschiedenartigsten Sinneseindrücken entstammenden Bewußtseinshintergrund des Neugeborenen heben sich allmählich, veranlaßt durch sie begleitende Gefühle, gewisse akustische Eindrücke ab, unter denen aus diesem Grunde und wegen ihrer außerordentlichen Persistenz in pathologischen Fällen als besonders alt angelegt erweislich in erster Linie gewisse musische Elemente der Sprache (Sprachmelodie, Akzent) stehen. Ihnen reihen sich allmählich in durch erziehliche Dressur verstärkter Heraushebung aus den noch immer breit zusammengefaßten akustischen Gesamtsituationen die einzelnen für das Kind affektuös hervorstechendsten Teilinhalte an. Die diesen entsprechenden akustischen Totaleindrücke (akustischen Strukturen) umfassen zunächst noch ganze Sprachgruppen, Sätze, denen sich dann, in allmählicher Heraussonderung der phonetisch bedeutsam hervortretenden Teile solcher, die Wörter (als Einwortsatz) anschließen, während erst wesentlich später, zum Teil mit dem Schulunterricht zusammenfallend, die in ihre Einheit eingehenden Einzelphoneme, durchschnittlich etwa 60 an Zahl, isoliert zur Auffassung kommen. Im Gleichschritt damit bahnt sich unter allmählicher Besonderung von Einzeleindrücken, insbesondere auch der optischen, aus den in gleicher Weise auch auf den übrigen Sinnesgebieten bis dahin vorhandenen diffusen Gesamteindrücken an der Hand der regelmäßigen durch Dressur gefestigten Verbindung solcher mit den zugehörigen Lauteindrücken allmählich die Auffassung der letzteren und ihrer Bezeichnungen an. Aus dieser Phase ist, weil für das Verständnis gewisser Tatsachen der amnestischen Aphasie aufklärend, hervorzuheben, daß die Bezeichnungen für Zweck und Gebrauch der Gegenstände dem Gebrauch ihrer Namen vielfach vorangehen (5). (Das hängt vielleicht mit dem besseren Bewegungssehen zusammen; vgl. auch die onomatopoetischen Bezeichnungen. Manche Linguisten datieren auch die Sprachentwicklung vom Sehen und Hören bewegter Dinge.) Im Frühstadium der expressiven Sprachentwicklung leiten die instinktiven, zunächst ganz undifferenzierten motorischen Auswirkungen der verschiedenartigsten Empfindungen und Gefühlseindrücke die in der *Schrei- und Lallperiode* zusammengefaßten Entäußerungen ein, die, in ihren Erfolgen lustbringend und deshalb zur Wiederholung anregend, als Probierbewegungen gleichzeitig auch der Vorübung und Ausbildung der Sprachwerkzeuge in der Richtung motorischer Strukturbildungen dienen. Ihre vorwiegend interjektionelle Form macht auch hier die führende Bedeutung der musikalischen Sprachanteile verständlich, ebenso wie ihre spätere Festigkeit gegen Schädigungen (6). Gewiß schon da einsetzend, aber augenfällig erst in der darauffolgenden *Phase der kindlichen Echolalie* zutage tretend, kommt es auf dem Wege eines aus den instinktiven Entäußerungen entwickelten bedingten Reflexes zu einer zunehmend sich verfeinernden Übertragung der im Aufnahmeorgan entwickelten akustischen „Strukturen" auf den Sprechapparat, der entsprechend in diesem ebensolche motorische Strukturen, „Bewegungsmelodien", als Reproduktionsgrundlagen zur Ausbildung kommen in der Reihenfolge, daß den musikalischen dann die anderen phonetischen Anteile entsprechend folgen; zuerst in Verbindung mit den noch reflektorisch sich vollziehenden Affektäußerungen, das einzelne Wort als Ausdruck der ganzen Situation. So wird aus den *Ausdruckslauten* allmählich die *Mitteilungslautfolge*. Die Übung des sprachlichen Exekutivapparates an der Hand jener Übertragung besteht auch in der sich zunehmend verbessernden Modifikation der aus den akustischen Gesamteindrücken übernommenen motorischen Strukturen zum Zwecke der Überführung in die Sukzession der motorischen Impulse und deren zunehmend sich präzisierender Automatie für die verschiedenartigst modifizierten Abfolgen im willkürlichen Sprechen.

Während dieser Phasen vollzieht sich die Ausbildung der dem bisher wirksam gewesenen Reflexbogen übergeordneten, den höheren geistigen Funktionen entsprechenden Stationen, von denen aus die jetzt *willkürliche* Aktivierung der entwickelten motorischen Sprachmechanismen erfolgt und denen mit dem Erstarken und der *Kohärenz* ihrer Funktionen auch die einer *Hemmung* gegenüber jenem Reflex zukommt, der, von da ab in der Norm nur ausnahmsweise noch erkennbar, bei gewissen Störungen jener enthemmt in allergröbster Weise zum Vorschein kommt. Die mit den Zielobjekten verbundenen Lustgefühle zusammen mit der an die zunehmende Verbesserung der willkürlich eingeleiteten Sprachbewegungen geknüpften Funktionslust führen zu einer Verbindung der beiden und zu einer allmählichen Automatisierung des ganzen Vorganges. Der Ausbildung des bis zur Erfassung der Bezeichnungen des Satzsinnes gediehenen Sprachverständnisses schließt sich die gleichgeartete Entwicklung im Expressiven an (willkürlicher Gebrauch des Ein- und Zweiwortsatzes, später zunächst affektuös geregelte Aneinanderreihung ungebeugter Worte; zuletzt, aber noch ohne Schule an der Hand des aus Analogie entwickelten Sprachgefühles für die übliche Wortstellung, für Wortbiegung und Satzbildung, die *Grammatisierung der Rede*).

Dem weiter entwickelten, jetzt schon mehrseitig dispositionell verbundenen akustisch-motorischen Übertragungsapparate gliedern sich mit der später erfolgenden Ausbildung des *Lesens* und *Schreibens* noch die speziell dazu dienenden optischen Strukturen und motorischen Mechanismen an und entsprechen in Zusammenfassung mit ihnen dem, was man als „innere Sprache" bezeichnet, innerhalb der, der Entwicklung entsprechend, der akustisch-motorische Übertragungsapparat auch weiterhin für gewöhnlich die führende Rolle spielt. Als Grundlagen derselben werden wir den schon erwähnten Strukturen entsprechende funktionelle Gruppierungen, Neuronenverbände mit einer allmählich entwickelten allerfeinsten Abstimmung derselben aufeinander anzunehmen haben. Dadurch erscheint die Möglichkeit isolierter Gebrauchsfähigkeit von den verschiedenen Seiten her und in immer neuen Modifikationen in der Zusammensetzung der schon erworbenen dynamischen Zusammenfassungen besser verständlich als durch die Annahme einer Übertragung von Engrammen und auch einer Neubildung von Zentren oder gar Bahnen (7). Die Höhe der so sich darstellenden kindlichen Leistungen wird verständlich aus der ebenso außerordentlichen Plastizität des kindlichen Gehirns.

Die Darstellung der Sprachvorgänge an der Hand eines Aufbaues über einem primären Reflexbogen bietet die Handhabe zu weiterer Entwicklung dieses Gedankens auf der Basis von SHERRINGTONS „gemeinsamer Strecke", der, wenn auch vorläufig nur angedeutet, schon durch eine derartige Eingliederung eine aussichtsreichere Bearbeitung der physiologischen Grundlagen ermöglicht als die bisher festgehaltenen Standpunkte. Der zum Teil alte Vergleich des Sprachapparates mit einem Klavier und seinen Registern und Pedalen erscheint jetzt besser in Einklang mit der Physiologie der motorischen Rindenzentren, die von den verschiedenen „Meistern" zuführender Funktionen spricht, die auf dem Cortex spielen, und auch schon spezielle nervöse Anordnungen für die Bewegungen der Sprachmuskulatur kennt (GRAHAM BROWN).

Für die Frage des *Lesenlernens* ist auseinanderzuhalten das Lautlesen an sich und das verständnisvolle Lesen. Mag das erstere buchstabierend oder besser phonetisch, den Zusammenhang wenigstens des Wortes berücksichtigend, erfolgen, so hat es zunächst den Erfolg der Ausbildung gedächtnismäßiger Fixierung anfänglich einzelne Worte, später ganze Wortgruppen umfassender Sehgestalten und deren Zuordnung zu den schon vorhandenen und sich noch weiter ausbildenden, ebenso einheitlichen sprachmotorischen Gestalten, wobei die dem Hören des Vorgesagten entsprechenden teils schon bekannten, teils dabei entwickelten Hörgestalten die Vermittlung entsprechend ihrer bei der Sprachentwicklung dargestellten Wirkung übernehmen; dem entspricht die prinzipiell bedeutsame Tatsache, daß Geschriebenes (Gedrucktes) Sprache „zweiter Hand" ist (8). Allerdings wird diese Zuordnung durch das vielfach noch geübte buchstabierende Lesen dabei insofern aufgehalten, als dadurch die bis dahin akustisch schon einheitlich erfaßten und ebenso sprechend produzierten Worte und Wortgruppen in sprachpsychologisch künstliche Einheiten (Buchstaben und Silben) zerlegt werden, und erst mit der darüber hinausgehenden Zusammenfassung der Phoneme in Worte vollzieht sich die restlose Angleichung an die schon von früher her geübten akustischen und sprachmotorischen Strukturen. Das Buchstabieren hat aber insofern förderliche Bedeutung, als dadurch die in den automatisierten Sprachmelodien vereinigten Phoneme aus ihren Verbindungen herausgelöst und damit zu neuen Verknüpfungen mobilisiert werden. Die Zerlegung der Worte in Silben ist jedoch nur Sache der Schule oder der Forschung.

Mit der dann rasch sich vollziehenden Automatisierung jener Zuordnungen und der immer weiter ausgreifenden Ausbildung sowohl der optischen wie motorischen Strukturen tritt die Hilfe, die das Hören dabei ausübt, immer mehr zurück. Mit dem Lesenlernen wird das Verständnis des Gelesenen eingeübt; soweit es „Gegenstände" betrifft, wird es bei schon Bekanntem durch das begleitende Wort, sonst durch optische oder anders geartete sinnliche Vorführung vermittelt. Das Satzsinnverständnis, wesentlich auf die Sachverhältnisse gerichtet, vollzieht sich an der Hand dessen, was davon schon beim sinnvollen Sprechen und hörendem Verstehen geläufig geworden ist.

Entspricht es diesem Entwicklungsgange, daß beim Geübten vom optisch Erfaßten und Verstandenen unmittelbar, ohne für gewöhnlich bewußte Mithilfe des Wortklanges die Sukzession der Lautabfolgen ausgelöst wird, so wird es daraus auch verständlich, daß der weniger Geübte auch weiterhin das laute oder unhörbare Mitlesen für das Verständnis des Gelesenen beibehält und ebenso auch bei ihm und noch deutlicher beim Aphasischen der Wortklang der inneren Sprache als „Hilfe", sein Verlust bei dem Kranken als schwer störendes Moment in die Erscheinung tritt.

Das *Schreibenlernens* beginnt mit der vom Sprechen begleiteten Nachahmung der gesehenen Schriftzeichen und endet mit der Ausbildung der entsprechenden motorischen Strukturen, deren Ausführung, soweit die Motilität selbst in Betracht kommt, von den sich dabei ergebenden kinästhetischen Zusammenfassungen (auch hier Schemata) kontrolliert wird. Anfänglich unter Einsatz der Willkür für jede Einzelbewegung sich vollziehend, kommt es rasch zur Ausbildung und Automatisierung der sich zunehmend festigenden motorischen Strukturen und damit zur gestalteten Zusammenfassung nicht bloß des Wortes, vielmehr geht diese namentlich bei gewissen Beschäftigungen (Maschinenschreiben, Telegraphieren) deutlich nachweisbar selbst über den Satz hinaus. Als ein letzter Spätererwerb tritt schließlich noch die Rechtschreibung hinzu. Mit erfolgter Ausbildung tritt beim Geübten auch für das Spontanschreiben die Bedeutung des anfänglich wirklich, später in der Vorstellung gesehenen Buchstabenbildes ganz zurück, und das gleiche ist auch der Fall mit der innersprachlichen Lautkomponente, von der aus zunächst die Umsetzung des Gedachten in die Sukzession der Schreibbewegungen erfolgt ist. (Auch hier die Tatsache, daß Schreiben Sprache „zweiter Hand" ist.)

Von der verschiedenen Höhe der Ausbildung wird es abhängen, inwieweit dieses Zurücktreten der anfänglich führenden Hilfen erfolgt. In pathologischen Fällen wird der Rückschlag auf die kindliche Stufe oft ganz offenbar; doch darf der Kranke, namentlich in Rücksicht seiner Lernweise mit Hilfe der ihm gebliebenen Restfunktionen, nicht einfach dem Kind gleichgestellt werden (!).

Das sinnvolle Schreiben des Satzes entwickelt sich an der Hand des in dieser Beziehung schon weit vorausgeeilten sprachlichen Ausdruckes, wobei sein volles Hören und Lesen unterstützend mitwirken. Der Höhepunkt dieser Ausbildung erscheint mit der zunehmend automatisierten Zuordnung der dem Sinne entsprechenden und deshalb unmittelbaren Schreibbewegungen und der damit auf ein Minimum reduzierten, ihm zuzuwendenden Aufmerksamkeitskomponente erreicht. Daß dieser letzte Gesichtspunkt mit seiner Konsequenz, daß damit das Wesentliche der Aufmerksamkeit dem Sinne der Rede, des zu Schreibenden oder Gelesenen zugewendet bleibt, in gleicher Weise auch für den Erwerb und die Übung der anderen sprachlichen Funktionen gilt, sei hier gleichzeitig angemerkt.

## Die frontalen aphasischen Störungen der Spontansprache. Die sog. motorische Aphasie.

### Zusammenfassende Darstellungen.

BROCA: Bull. mém. Soc. anat. Paris **6**, 330, 398 (1861) — Bull. Soc. Anthrop. Paris **2**, 235 (1861) — Mém. sur le cerveau de l'homme et des primates. Publ. p. POZZI. 1888 (S. 1 bis 162 d. gesamm. Abh. üb.: Siège de la faculté du langage articulé). — BERNHEIM, F.: L'aphasie motrice. Thèse de Paris 1900. — DEJERINE: Presse méd. **1906**, Nr 55 u. 57 — L'Encéphale. S. 471. 1907 — Sémiol. du système nerv., in BOUCHARDS Pathol. gén. **5** (1901). — v. MONAKOW et LADAME: Observation d'aphémie pure (anarthrie corticale). L'Encéphale. S. 193. 1908. — MOUTIER: L'aphasie de Broca. Thèse de Paris 1908. — LEYSER: Die zentralen Dysarthrien und ihre Pathogenese. Klin. Wschr. **2**, 2176 (1923).

Die jetzt folgende Darstellung der Störungen ist entsprechend dem Zwecke des Handbuches nicht nach klinischen Zusammenhängen orientiert; der dadurch bedingten Trennung zusammengehöriger Symptomengruppen wird durch die in der Erklärung sich notwendigerweise ergebenden Hinweise auf entsprechende Zusammenfassungen begegnet.

Die Erscheinungen des gestörten spontanen Sprechens, das sich seiner allgemeinen Natur nach wie symptomatologisch in ein initiatives, reaktives und imitatives differenziert, unterscheiden sich je nach dem Sitze der Läsion im erweiterten, den Fuß von $F_3$ sowie den vorderen Teil der Insel in sich fassenden frontalen (expressiven) Anteil des Sprachfeldes oder im („sensorischen") temporalen Anteil desselben, der als erweitertes Feld außer $T_1$ den hinteren Abschnitt der Insel und den überwiegenden Teil von $T_2$ und $T_3$ in sich faßt; man spricht dieser Differenzierung entsprechend von *motorisch-aphasischen, frontalen* Störungen, bei denen die quantitativen Defekte überwiegen, während bei den *„sensorisch"-aphasischen, temporalen* die qualitativen den Charakter bestimmen.

Bei den ersteren kann die Spontansprache so gestört sein, daß der Kranke überhaupt keinen Laut herausbringt (Aphonie, sehr selten) oder nur einzelne Sprachlaute (z. B. nur Vokale oder einzelne Konsonanten). Viel häufiger sind die Fälle, wo etwas später einzelne Silben (si, djon) oder unsinnige Silbenfolgen, der eigene oder sonst ein Name, das Ja und Nein oder auch nur eines davon alles

Die frontalen aphasischen Störungen der Spontansprache. Die sog. motorische Aphasie. 1425

bilden, was dem Kranken, vielfach auch nicht willkürlich oder nicht in richtiger Anwendung, zur Verfügung steht, oder wo später auch eine wahlweise und dann korrekt betonte und rhythmisierte Verwendung der ungeändert gebliebenen Sprachreste möglich ist (Aphemie). Das Sprechen ist auch später noch verlangsamt, stockend, mit abgehackter Betonung, und im Frühstadium begleiten den Versuch willkürliche Mundstellungen, wobei insbesondere über die Sprechmuskulatur sich verbreitende Mitbewegungen die artikulatorische Struktur der einzelnen Worte bis zur Unverständlichkeit entstellen können (9). Gleichzeitig finden sich nicht selten apraktische Erscheinungen in dem entsprechenden Gebiete, Unfähigkeit, die Zunge, die Zähne zu zeigen und ähnliches[1].

Daneben finden sich, insbesondere in jenem ersten Stadium, neben der gelegentlich schlechten Artikulation bestimmter Laute, z. B. der Kehlkopflaute, auch Störungen der Stimmbildung und Atmung. Daneben ist es bemerkenswert, daß auch späterhin die Phoneme oder Stücke des jedesmal richtig produzierten Wortes oft einzeln nicht zustande gebracht werden (auch Vor- und Zuname zusammen, aber der letztere nicht einzeln). Zuweilen gelingt aber auch schon im Frühstadium dieser Form die ganze oder wenigstens stückweise richtige Wiedergabe eines Liedertextes an der Hand einer mehr oder weniger richtigen, vom Kranken selbst ausgeführten oder etwa nachgesungenen Melodie, und ebenso gelingt bei Polyglotten auch in diesem Stadium korrektes Sprechen in einer von mehreren früher geübten Sprachen (meist der Muttersprache). Im Gegensatz zu diesen schweren, nicht selten dauernd stationären Störungen stehen einerseits die Fälle, in denen sich, gelegentlich sogar auffällig rasch, nicht selten durch ein früh einsetzendes Stadium des im folgenden zu beschreibenden Agrammatismus hindurch, die Rückbildung vollzieht (in traumatisch oder operativ veranlaßten nach 8 bis 10 Tagen); andererseits solche, in denen das Ganze sich über lange Zeit, Jahre hinaus erstreckt und doch noch langsam bessert. In diesen beiden Verlaufsformen, in der ersteren namentlich unter zunehmend richtiger Aussprache der sich bald vergrößernden Zahl der möglichen Wörter, kommt es zunächst zur Anwendung dieser in Form des Einwortsatzes. Dann zuweilen auch alsbald zu meist der syntaktischen Norm entsprechender Aneinanderreihung der unerläßlichen Bestandstücke des Gedankens, der nicht gebeugten Ding- und Vorgangswörter unter Fortfall der mitgedachten oder mitgefühlten Beziehungswörter bei oft korrekter Satzmodulation, was entsprechend der auf der motorischen Störung beruhenden Genese als motorischer Agrammatismus (Telegrammstil, Negersprache) bezeichnet wird. Zuweilen finden sich auch Beimischungen von mangelhafter Grammatisierung, falscher Gebrauch von Präpositionen und ähnliches; ganz selten scheint falsche Syntaxierung (etwa das Verb ans Satzende) zu sein; zuweilen zwingt die Unfähigkeit, das richtige Wort herauszubringen, zur Änderung der schon eingeleiteten Satzkonstruktion. Gelegentlich finden sich diese den beiden Formen des expressiven Agrammatismus zukommenden Störungen auch deutlich getrennt nebeneinander vor: beim Spontansprechen die Sprachnot des Depeschenstils, bei der Wiedergabe von Gelesenem oder Gehörtem diese durch Nachwirkung gebessert, aber aus ungenügendem Sprachgefühl die verschiedensten Paragrammatismen (bez. dieser s. S. 1471 ff).

---

[1] Über Agrammatismus s. später. — Über Hörstummheit FRÖSCHELS: Kindersprache und Aphasie. S. 34 ff. 1918. — PICK: Über Spiegelsprache und ihr nahestehende Erscheinungen. Z. Neur. **42**, 325 (1918). — Über sprachlichen Infantilismus PICK: J. abnorm. a. soc. Psychol. **50** (1906). — HASKOVEC: Rev. neur. **1906**. — v. STAUFFENBERG: Klinische und anatomische Beiträge zur Kenntnis der aphasischen, agnostischen und apraktischen Symptome. Z. Neur. **39**, 90 (1918). — PICK: Über Änderung des Sprachcharakters als Begleiterscheinung aphasischer Störungen. Ebenda **45**, 230 (1919) — Sprachpsychologische und andere Studien zur Aphasielehre. Schweiz. Arch. Neur. **12**, 105, 179 (1923).

Auch in den chronisch verlaufenden Fällen stellt sich ein solcher Agrammatismus ein, doch beherrschen die meist vorhandenen motorischen Störungen (Verlangsamung des Ansatzes, Umsetzungen von Buchstaben bis zu stotterähnlichen Formen) das Bild, mit gelegentlicher in auffälligem Gegensatz zu der sonst ungestörten Sprachmelodie stehender Monotonie oder auch ständiger falscher Betonung. Die Sprachintention solcher Kranken hängt im allgemeinen von dem Grade der Sprachbehinderung ab, ist aber selbst in den gebesserten Fällen meist eine herabgesetzte. In den durch die Erschwerung bedingten Pausen kommt es zur Bildung von Flickworten und Bruchstücken solcher. In progressiven Fällen können schleppende Sprache, leichtes Stottern die Einleitung zu den schwereren Erscheinungen bilden. In günstig verlaufenden Fällen bilden sich allmählich auch die Erscheinungen mangelhafter Syntaxierung und Grammatisierung unter Abnahme der Verlangsamung und Erschwerung des ganzen Vorgangs zurück, so daß es zu vollständiger Restitution mit gelegentlichen, nur dem Kranken selbst oder der näheren Umgebung merkbaren, leichten Stildefekten oder Erschwerung der sonst nicht auffälligen Leistung kommt. Selten ist bleibendes Stottern als einzige Resterscheinung. Als reaktiv sind die Fälle von Sprechen zu bezeichnen, wo der sonst vollständig aphonische Kranke namentlich in affektuös beeinflußter Situation bestimmte Formeln im Fluch oder auch einen situationsgemäßen ganzen Satz produziert, der willkürlich nie herausgebracht wird. Hierher gehört auch die zuvor berichtete Erscheinung des produzierten Liedertextes an der Hand der vom Untersucher eingeleiteten Melodie, und das bildet den Übergang zu den zuweilen selbst bei hochgradig gestörter Willkürsprache mehr oder weniger oft vollständig intaktem Reihensprechen (darüber s. später).

Anhangsweise zu erwähnen ist als seltenere Erscheinung die seit COEN als *Hörstummheit* bezeichnete Störung, dadurch charakterisiert, daß bei normaler Hörfähigkeit, ungestörten Sprechorganen und genügender Intelligenz das Sprechen nicht zur Entwicklung gekommen oder sehr mangelhaft geblieben ist. Als „*Spiegelsprache*" ist einer seltenen Erscheinung, auch bei nicht-aphasischen funktionellen Störungen beobachtet, zu gedenken; sie besteht darin, daß der Kranke gedachte oder richtig geschriebene Worte regelmäßig oder durch längere Zeit in der Weise verkehrt spricht, daß entweder die Buchstaben der ganzen Wörter oder silbenweise in umgekehrter Reihenfolge aufeinanderfolgen. Es handelt sich in diesen Fällen wahrscheinlich um Verlagerungen motorischer Art, wie sie sich auch unter verschiedenen anderen Formen (s. dazu unter Spiegelschrift), auch als Sehstörung darstellen. Einzelne Worte betreffend kommt etwas derartiges nicht selten bei typischer motorischer Aphasie vor. Noch wesentlich seltener ist die als *sprachlicher Puerilismus* (vielleicht besser Infantilismus) bezeichnete Sprachstörung, die entweder das ganze Sprechen oder nur Stücke desselben betrifft, dadurch charakterisiert, daß die Aussprache der Buchstaben sich der der kindlichen Lallperiode in ausgesprochenen Fällen vollständig angleicht. Andeutungen davon finden sich auch sonst bei motorischer Aphasie. Es bildet das den Übergang zu gleichfalls sehr seltenen Fällen, die als *Änderung des Sprachcharakters* bezeichnet werden können und dadurch charakterisiert sind, daß die z. B. tschechische Sprache polonisiert, das frühere Französisch germanisiert erscheint. Dem gleichen Typus entsprechen die demgegenüber häufigeren Fälle, in denen die Sprache des Aphasischen einen dialektischen oder sonstigen Beiklang aufweist, etwa dem entsprechend, den der Betreffende vor dem Erwerb der später gesprochenen Sprache gezeigt hatte (z. B. das Englisch eines Deutschen, der es vor seiner Erkrankung perfekt gesprochen, zeigt nachher einen deutschen Akzent).

Die Besprechung der hier behandelten Störungen wird auszugehen haben von den reinen Fällen mit nachweislich nicht wesentlich gestörter Artikulation; die Deutung ihrer Abhängigkeit von der sie veranlassenden Läsion wird ausgehen von der Darstellung der Sprachentwicklung und des *Weges vom Denken zum Sprechen*.

Wir haben gesehen, wie auf dem Wege über die Brocastelle an der Hand des allmählich entwickelten innersprachlichen Übertragungsapparates die der simultanen Bewußtheit des sinnvollen, innersprachlich formulierten Gedankens entsprechenden physischen Vorgänge in die Vielheit der dem Betonungsschema entsprechend modulierten motorischen Abfolgen überführt werden.

Das wird erzielt durch eine sukzessiv erfolgende Angleichung der im Exekutivorgane als unbewußte Bewegungsgewohnheiten entwickelten motorischen Strukturen (10) mittels der „inneren Sprache", als eine Art Koordination der motorischen Zentren durch das ihnen übergeordnete motorische Sprachzentrum, während für die Regulierung der artikulatorischen Vorgänge im motorischen Exekutivorgan selbst hauptsächlich die aus den kinästhetischen Empfindungen entwickelten Schemata wirksam sind. Bedarf es des motorischen Sprachzentrums zur Auslösung und zum weiteren geordneten Ablaufe jener Abfolgen in den motorischen Zentren der untersten Partie von Ca, dann wird die Läsion der Brocastelle (und zwar nach dem zuvor Gesagten für gewöhnlich in der linken Hemisphäre) jene Überführung unmöglich machen oder den geordneten Ablauf schwer schädigen; der Kranke ist, wie man sagt, motorisch aphasisch.

Betrachtet man zunächst ganz unvoreingenommen von irgendwelchen theoretischen Konstruktionen die in Betracht kommenden Störungen, dann gliedern sie sich in zwei Gruppen: erstens diejenigen, in denen das spontane, in schweren Fällen auch das automatische Sprechen aufgehoben ist, ganz oder bis auf wenige Reste (11), und zweitens die Fälle, in denen es mehr oder weniger erschwert ist (wobei auf die mit komplizierender Anarthrie bzw. Dysarthrie keine Rücksicht genommen wird), und es wird sich weiter darum handeln, inwieweit jene Störungen an der Hand der hier dargestellten Ansicht vom Sprechvorgange gedeutet werden können.

Für den ersten Formenkreis ergibt sich, daß die wesentliche Störung die Auslösung und Weiterführung der Vorgänge im Exekutivorgan betrifft, und da in der Überzahl der Fälle ein Rest von automatischer Auslösung noch nachweisbar, wird man den Willkürakt dabei bzw. die Störung der *willkürlichen* Auslösung und Weiterführung des Sprechaktes als das Wesentliche dieser Formen ansehen dürfen. Das wird durch verschiedene in ihnen nachweisbare Erscheinungen erwiesen. Zunächst durch den von den Kranken selbst bemerkten besonders häufigen Gegensatz zwischen der relativen Leichtigkeit des unwillkürlichen Sprechens gegenüber den Schwierigkeiten beim Willensimpulse dazu; sie klagen über die Unfähigkeit, die gekannten Worte in Laute umzusetzen. Weiter durch die Beobachtung, daß der sonst ausbleibende Ansatz zu einem Worte durch die Mobilisierung an der Hand des hergesagten Alphabetes, durch ein eingeschaltetes gewohnheitsmäßiges Flickwort (Embolophasie), besonders aber durch die häufig zu machende Feststellung, daß der ganze Sprechakt durch begleitendes Singen oder auch durch Nachsprechen in Gang gebracht werden kann.

Um dieselbe Grundlage handelt es sich auch in denjenigen Fällen, wo der Kranke die ganzen Worte spricht, aber nicht bestimmte Stücke davon oder auch umgekehrt; der Kranke kann in diesen Fällen die den Worten entsprechenden Bewegungsstrukturen nicht wie in der Norm zum Zwecke der Bildung ähnlicher Worte und Wortzusammensetzungen willkürlich teilen und wieder vereinigen, überhaupt entsprechend modifizieren (12), ähnlich der später beim

Reihensprechen zu erwähnenden Erscheinung, daß er die ganze Reihe abschnurrt, aber sie, falls unterbrochen, vom Absatze aus nicht fortsetzen kann, sondern von vorn beginnen muß.

Im gleichen Sinne spricht auch der erwähnte Gegensatz von richtigem Spontansprechen und willkürlich nicht gelingendem buchstabierenden Sprechen; bei welch letzterem freilich auch die auf den Akt gerichtete Aufmerksamkeit die Aktion noch verschlechtert.

In Fällen von Polyglottie, wo z. B. neben Aphemie für die eine später erlernte eine zweite, die Muttersprache, erhalten geblieben, kann neben dem Momente der größeren Automatie im Gebrauche der Muttersprache vielleicht auch das Moment der gestörten Einstellung auf die andere eine Rolle spielen, was darin zum Ausdruck kommt, daß dieses Hindernis durch eines der eben berichteten Aushilfsmittel zur Mobilisierung überwunden werden kann.

Alle diese und analoge andere Tatsachen, die prinzipiell auf den Gegensatz zwischen Willkür und Automatie zurückgehen, zeigen auch, daß es sich dabei nicht um eine Störung eines (von LIEPMANN angenommenen) „Bewegungsentwurfes" handelt (13); vielmehr beweisen die eben vorgeführten Tatsachen, daß in diesen Fällen die aus der Übung des Sprechens entwickelten motorischen Strukturen und die ihnen entsprechenden Neuronenverbände nicht selbst gestört sind, sondern, nach Ausweis anderer ungestörter Funktionen, z. B. des Lautlesens, Nachsprechens, Schreibens, bei vorhandener innerer Sprache, nur die ihnen zugeordneten Einstellungen seitens des Übertragungsapparates und die diesen entsprechenden Abläufe. Da Erinnerungen an Bewegungen nicht aufbewahrt werden können (14), wird man das in Frage kommende Moment des Gedächtnisses in dem Sinne deuten, daß sich Strukturen reaktiver Dispositionen entwickelt haben, die auf eine Sukzession von Reizen her mit entsprechend geordneten Reaktionsabläufen antworten, und dieser Vorgang ist der hier gestörte.

Die hier versuchte Deutung des Hauptteiles der Störungen kann freilich den Einwand nicht ganz beseitigen, daß in dem Zeitpunkte, in dem die dazu benützten Vorgänge nachweisbar sind, auch schon die „andere" Hemisphäre in die Restitution mit eingegriffen hat. Doch gibt es Fälle, in denen das hier verwertete gegensätzliche Verhalten zwischen Willkür und Automatie von Beginn ab nachweisbar ist, so daß es gerechtfertigt erscheint, für die Fälle, wo das erst später der Fall ist, die anfänglichen Diaschisiswirkungen dafür verantwortlich zu machen. Daß die Argumentation für solche Fälle ebenso zutrifft, wo auch die rechte Brocastelle von Haus aus beim Sprechakt mitwirkt, ist ohne weiteres klar.

Im übrigen darf als unterstützend für die hier versuchte Deutung auch der Umstand angeführt werden, daß die gleichen Anschauungen bezüglich des Gegensatzes zwischen Willkür und Automatie jetzt auch zur Erklärung gewisser Bewegungserscheinungen an gelähmten Extremitäten dienen.

Man hat, um den hier dargelegten Gegensatz zwischen Willkür und Automatie mit den anatomischen Tatsachen in Einklang zu bringen, zu der Annahme gegriffen (H. JACKSON, neuerlich HENSCHEN), daß das automatische Sprechen eine Funktion der rechten Hemisphäre (bei Rechtshändern) sei. Diese Annahme wird einerseits den verschiedenen zeitlichen Modalitäten des hier dargestellten klinischen Verhaltens nicht gerecht, andererseits liegt nichts in der Pathologie der rechten Hemisphäre vor, was ihr irgendwie zu Hilfe käme, und schließlich spricht nichts von dem, was wir von dem allgemeinen Verhältnis zwischen Willkür und Automatie in Rücksicht der entsprechenden motorischen Organe wissen, für eine derartige Zweiteilung.

Den zweiten Formenkreis von Störungen, die den Ablauf des möglichen und nur quantitativ und qualitativ gestörten Redens betreffen, wird man gleichfalls aus Störungen des besprochenen Übertragungsapparates, der die Beziehungen zwischen sinngebendem und Exekutivapparat in Gang bringt, erklären können, wobei es hier eben die Herstellung geordneter Verläufe in der fortgesetzten sukzessiven Übertragung auf den letzteren ist, die in Frage kommt; nicht bloß das richtige Nacheinander der Worte, sondern auch das der Buchstaben hängt von der richtigen Abfolge der Einzelvorgänge im Übertragungsapparat ab. Das dient auch besser zum Verständnis der von BONHOEFFER als litteral-paraphasische bezeichneten derartigen Störungen als das von ihm angenommene Fehlen des Bildes vom feineren Gefüge des Wortbaues.

Als allgemein erschwerend wird hier auch in Betracht kommen, daß das früher beim normalen Sprechen genügend abgekürzte, rudimentäre „stationäre" Wollen jetzt infolge der erschwerten Ausführung einer Vielheit von Antrieben zu den noch erschwerten Ansätzen Platz machen muß.

Etwas Bestimmteres über den genaueren Sitz und die Art dieser Störungen läßt sich kaum aussagen. Bezüglich der später zu besprechenden temporal bedingten paraphasischen Erscheinungen ist zu bemerken, daß, abgesehen von dem ausschlaggebenden differentiadiagnostischen Momente des Tempos — hier stark verlangsamt, dort gewöhnlich beschleunigt — es sich um Ähnlichkeiten des Produzierten handelt, die die Folge der Schwierigkeit beim Aussprechen desselben sind.

Man hat (insbesondere DEJERINE) zum Verständnis der motorisch-aphasischen Störungen auf den Nachweis vom Vorhandensein oder Fehlen der „inneren Sprache" großes Gewicht gelegt und diesen Gesichtspunkt differentialdiagnostisch verwerten wollen; abgesehen von der Unsicherheit eines solchen Nachweises ist erwiesen, daß in durchaus typischen Fällen jeweils die innere Sprache vorhanden ist oder auch fehlt, demnach darin nicht das für alle Fälle zutreffende und als ursächlich anzusehende Moment gefunden werden kann. Gewiß werden der Verlust, Störungen der Strukturzusammenhänge der inneren Sprache, oder die gestörte, sonst so feine Abstimmung der Angleichung zwischen innerer Sprache und motorischem Exekutivapparat ebenso schädigend einwirken wie die fehlende Auslösung der Funktion des letzteren. Die Tatsache, daß Polyglotte das Sprachverständnis für eine Sprache, die sie bei korrektem Sprechen der anderen nicht sprechen können, doch behalten haben und demnach die entsprechende innere Sprachkomponente bei ihnen vom Gehör aus emporgehoben wird, beweist, daß nicht der Verlust der inneren Sprache die Ursache des Nichtsprechenkönnens ist, sondern die Unfähigkeit zur Auslösung der entsprechenden motorischen Strukturen, zuweilen bloß die zur entsprechenden *willkürlichen* Funktion. Die jeweils verschiedene Mitbeteiligung der inneren Sprache demonstriert sich in den die Sprachstörung begleitenden Störungen des Lesens und Schreibens, die bei isolierter Störung des motorischen Effektorganes fehlen müssen.

Im übrigen wird sich die Entscheidung, ob es sich um Fehlen oder Störungen der Strukturzusammenhänge der inneren Sprache oder um solche der Abstimmung und Angleichung zwischen dieser und dem motorischen Exekutivapparat handelt, vielfach nicht leicht gestalten; für das erstere spricht z. B. der Fall, wo der Kranke selbst sich über die Stellung der Buchstaben im Worte nicht klar ist.

Die Annahme einer Mitbeteiligung des motorischen Exekutivorganes in Ca bei an- und dysarthrischen Komplikationen erscheint durch entsprechende anatomische Befunde erwiesen (Herd im Mark bei Unfähigkeit, einen Laut zu produzieren, dabei leisestes Flüstern mit deutlicher Störung der Labialen); ähnlich, aber funktionell zu deuten sind auch Fälle, wo nach Rückgang vollständiger Aphemie beim erneuten Sprechenlernen offenbar anfänglich überdeckte dysarthrische Erscheinungen hervortreten.

Der Umstand, daß von dem geordneten Funktionieren des angenommenen Übertragungsapparates auch die entsprechende Ordnung der artikulatorischen Momente abhängig ist, macht es verständlich, daß, abgesehen von echten dysarthrischen Störungen, auch durch Störung der besprochenen Übertragung diesen ähnliche Störungen zustande kommen können (LIEPMANN spricht von ,,pseudodysarthrischen''). Für gewöhnlich zeigen die Fälle auch gleichartige Erscheinungen der inneren Sprache: schlechtes Buchstabieren und Schreiben. Dementsprechend wird für die rein aphasischen Störungen und deren anatomisches Substrat eine Mitbeteiligung (bzw. Lokalisation) der zur Regulierung der motorischen Vorgänge im Sprechapparat anzunehmenden kinästhetischen Empfindungen und ihrer Schemata als nur für das motorische Effektsbild bedeutsam abgelehnt.

Gegen die Deutung auch der rein motorisch-aphasischen Störungen als dysarthrische (P. MARIE) spricht die unter verschiedenen Bedingungen (Reihensprechen, Gesang mit Text, bei Vorsetzen eines automatisierten Wortes vor das sonst unmögliche Willkürwort) sich einstellende vollständig korrekte Artikulation von sonst schlecht oder überhaupt nicht produzierten Worten und Sätzen, ebenso das gelegentliche korrekte Lesen bei fehlender Spontansprache und endlich bei Polyglotten das korrekte Sprechen einer Sprache bei vollständiger Aphemie für eine andere.

Die gelegentlich, besonders im Initialstadium beobachteten, später meist verschwindenden Erscheinungen faciolingualer Apraxie können gleichfalls als Nachbarschaftswirkungen auf die entsprechende (unterste) Partie von Ca bezogen werden, doch mag dabei, ebenso wie bei den sich zu derselben Zeit darstellenden weit verbreiteten Mitbewegungen in dem gleichen Gebiete als einer Art Übermaß von Anstrengung, die Unmöglichkeit willkürlicher Auslösung der motorischen Strukturen im Exekutivapparat und die davon abhängige Verbreitung der Bewegungen in Frage kommen.

Die gelegentliche Störung der Betonung, seltener falsche Akzentuierung, die nicht seltene Monotonie des Gesprochenen, alles Ausdruck einer Störung des Betonungsschemas, sprechen, als dem Gebiete der Phonologie angehörend, für die Mitbeteiligung der erweiterten Brocastelle. Die relative Seltenheit solcher Störungen erklärt sich daraus, daß insbesondere der Sprachakzent ein allerältester, dem artikulierten Sprechen nachgewiesenermaßen vorangehender und deshalb besonders automatisierter Erwerb ist; er ist auch schon an sich, weil dem Affektleben entstammend, etwas Primitiveres.

Die Störungen der Sprachmelodie, insbesondere der Betonung, können wohl auch Folge der Erschwerung und Verlangsamung des Sprechens überhaupt sein; aber für die gelegentlich bis in die Zeit besseren Sprechens hinein bleibenden derartigen Störungen wird man annehmen dürfen, daß die musischen Elemente der Sprache und speziell die Betonungsstruktur gelitten haben.

Für eine Zahl der bei schwerer Aphemie immer gleichmäßig isoliert wiederkehrenden Restformeln (Hilfe! Gott im Himmel!) hat H. JACKSON es wahrscheinlich gemacht, daß diese dem im Moment des Schlaganfalles ausgestoßenen Affektsatze entstammen; man könnte denken, daß die sonst so plastische Anlage des Übertragungsapparates dabei zu einer starren geworden und dieser jetzt nur auf eine einzige Sprachformel reflexartig eingestellt bleibt; wie ja auch sonst der Mangel an Plastizität des Motorisch-Aphasischen sich in der Schwierigkeit, von einer einmal festgelegten Formel loszukommen, demonstriert. Etwa ähnlich liegt die Erscheinung, daß eine Handlung, ein Satz, durch eine selbst längere Bewußtseinspause unterbrochen, dort fortgesetzt werden, wo sie abgeschnitten hatten **(15)**.

In gewissem Sinne als sekundär wird man auch jenen Anteil der Störungen bezeichnen können, bei dem der Verlust jener Momente in Frage kommt, die wir zuvor als Wirkungen der Übung kennengelernt haben; daß sie hier besonders deutlich werden, liegt an der besonders hohen, auf Abkürzung und Zusammenfassung eingestellten Übung, die dem Sprechen eignet. Dementsprechend sehen wir, um nur das Wichtigste hervorzuheben, den Motorisch-Aphasischen zurückgeworfen auf die verlassenen Umwege und Nebenprozesse, auf den Verlust der Mechanisierung zahlreicher Vorgänge und die damit verbundene Notwendigkeit vervielfältigter Impulse zu ihrer Aktivierung. Das hat zur weiteren Konsequenz die Erhöhung der dem motorischen Ablauf zugewendeten Bewußtseinskomponente mit der Verminderung der den übrigen Teilfunktionen verbleibenden Quote desselben. Sofern normalerweise der Hauptanteil dem Sinn des Gesprochenen zugewendet ist, wird jetzt u. a. die dem Sprechen parallel gehende, meist vorauseilende gedankliche Formulierung dadurch schwer benachteiligt. Man könnte unter dem hier entwickelten Gesichtspunkte den Motorisch-Aphasischen mit einem zum Anfänger degradierten Klavierspieler vergleichen, der (entsprechend der Unterscheidung von Inhalts- und Tätigkeitsbewußtsein), nicht wie der geübte, sich der Automatie seiner Bewegungen überlassende, ganz dem Sinne des Stückes und der Wiedergabe seiner feinsten Intentionen zugewandt bleiben kann, vielmehr ganz auf das Motorische gerichtet, zu jedem Schlag, zu jeder Komponente eines solchen bewußt überlegend ausholen muß, was natürlich nicht ausschließt, daß gewisse Strukturen der Leistung beim Motorisch-Aphasischen, so die der Satzform, der Betonung etwa, schon vom Beginne der Störung ab erhalten geblieben sind. Zu der gestörten Verteilung der Bewußtseinsvorgänge tritt noch hinzu die bei unseren Kranken herabgesetzte Merkfähigkeit für Worte, was seinerseits das Behalten des zu Sagenden schwer beeinträchtigt; zieht man dabei noch in Betracht, daß auch der Bewußtseinsspann verringert ist, so wird man erst recht die Wirkung der gestörten Verteilung der Bewußtseinsvorgänge ermessen. Man wird endlich zur Annahme berechtigt sein, daß alle diese Momente rückwirkend auch die sprachliche und selbst die gedankliche Formulierung schädigend beeinflussen werden, wie darauf auch die erschwerte Wortfindung und die dadurch oft notwendig werdende Rekonstruktion des Satzes, das Aufsuchen von Umwegen bezogen werden können.

Auch sonst noch finden sich sekundäre Störungen der intellektuellen Anteile des Sprachvorganges, so das „Verlieren des Fadens" in der Rede infolge Versagens des virtuell zur Überleitung durch die Brocastelle vorhandenen Satzgedankens, wobei vielleicht die der Erschwerung des Sprechens entsprechende stärkere Einstellung auf das Motorische das wesentliche schädigende Moment sein wird. In ähnlicher Weise können auch die Intention bei der zusammenfassenden Darstellung des Gedankens, das Festhalten des Sachverhalts, die Richtung des Gedankenganges gestört sein. Inwieweit derartige Störungen primärer Art (semiologische, semantische) in Betracht kommen, läßt sich vorläufig nicht sagen; ihre Annahme wird wahrscheinlich gemacht z. B. durch vereinzelt bis in die Zeit der Besserung hinein sich erhaltende — demnach nicht durch falsche Übertragung ins Motorische bedingte — Verwechslung von Ja und Nein, wobei allerdings auch das Moment des Versprechens und nicht genügende Beachtung des selbst Gesprochenen mitwirken könnten; doch ist die Erscheinung gelegentlich zu gleichmäßig, als daß man jene Annahme verwerfen müßte.

In gleichem Sinne als sekundär wie hier entwickelt stellt sich auch der sog. motorische Agrammatismus dar, der aus der Sprachnot des Motorisch-Aphasischen sich ableitet (darüber ausführlicher S. 1471ff).

Entsprechend den engen innersprachlich geschaffenen Beziehungen der einzelnen im Sprachfelde vereinigten Funktionen ziehen Störungen des Sprechens nicht selten sekundär auch solche der übrigen nach sich, die nicht bloß als Nachbarschaftswirkungen des etwaigen Herdes gedeutet werden können, was berechtigterweise für die initialen Stadien anzunehmen ist. So findet sich bei Frontalaphasischen, aber durchaus nicht ständig, eine meist leichte Störung des Wort- und insbesondere des Satzverständnisses; das letztere ist wohl meist Folge der allgemeinen Funktionsherabsetzung des Gehirnes, ungenügenden Festhaltens längerer Sprachgebilde, vielleicht infolge nicht genügender psychischer Einstellung. Die Lautauffassung kann gestört sein durch das aufgehobene Sprechen, insofern gelegentlich, in der Norm sowohl wie beim Worttauben, das Mitartikulieren bei ihr mithilft; für den Grad der hier in Betracht kommenden Störungen werden Differenzen des Sprachtypus bedeutsam sein **(16)**. Folge der gestörten Merkfähigkeit ist es, wenn längere Aufträge nicht behalten werden.

Die Bedeutung des gewöhnlich nachweisbaren Mitlesens beim verständnisvollen Lesen, des Mitsprechens beim Schreiben erklärt das Auftreten entsprechender Störungen bei solchen des Sprechens, doch können sie von Anfang ab auch ganz fehlen; sie sind nachweisbar bei Unterlassung des Mitlesens oder in dem schädigenden Einflusse von Sprachfehlern und gehen auch parallel der Sprachstörung zurück. Hier wird vor allem der erreichte Grad von Übung der betreffenden Funktionen, vielleicht auch der Sprachtypus maßgebend sein.

Bezüglich der schweren Formen der sog. *Hörstummheit*, die man schon früher als angeborene Aphasie bezeichnet hatte, wurde es später[1] durch den Nachweis anderer auf doppelseitige Läsionen hinweisender Erscheinungen wahrscheinlich gemacht, daß eine beiderseitige Affektion der Brocastelle vorliege, was dann durch GIANULLI[2] als tatsächlich erwiesen wurde. Es steht das in gutem Einklang zu der Tatsache, daß einseitige im Kindesalter erworbene Läsion dieser Stelle wegen der beiderseitigen Beteiligung derselben am Sprechakte in diesem Alter nicht zu motorischer Aphasie führt, bzw. daß diese sich rasch ausgleicht. Zum Unterschiede von diesen organisch bedingten Formen sind andere Fälle in einer mangelhaften Entwicklung der akustischen Erweckbarkeit beim Kinde begründet und können durch entsprechende Behandlung dieses Defektes beseitigt oder weitgehend gebessert werden.

Kurz zu gedenken ist der seltenen Erscheinungen des *sprachlichen Puerilismus* und der *Änderung des Sprachcharakters*. Für den ersteren, der direkt als Ausfluß einer vorläufig noch nicht genauer umschriebenen, aber wohl der Totalaphasie nahestehenden akuten Läsion des Sprachfeldes beobachtet ist und dem wohl auch ähnliche Erscheinungen der senilen Hirnatrophie nahestehen, erscheint es durch den anscheinend immer damit verbundenen Agrammatismus erwiesen, daß es sich dabei um einen Rückschlag auf eine kindliche Entwicklungsstufe handelt, deren Ausdruck dem in seiner Funktionsstärke beträchtlich herabgesetzten Organ durch Lautwandel noch möglich ist (Ökonomie der Leistung). Bei der Änderung des Sprachcharakters (in einem dieser bisher sehr seltenen Fälle war auch Agrammatismus dabei), der gleichfalls z. T. durch Lautwandel, z. T. durch Änderung der Akzentuierung bedingt ist, liegt vielleicht etwas Ähnliches vor. Für die beiden hier besprochenen Erscheinungen wird man sich dementsprechend vor Augen zu halten haben, daß es sich dabei um Störungen aus dem Bereiche der Phonologie handelt, deren Zusammenvorkommen mit aphasischen sich aus

---

[1] PICK: Prag. med. Wschr. **1891**, SA., 8.
[2] GIANULLI: Riv. sper. Freniatr. **40**, 145 (1914).

der Nähe der betreffenden corticalen Organe erklärt. Bei der erwähnten Dialektfärbung der aphasischen Sprache kommt die Ribotsche Regel zur Geltung.

Als *temporale Wortstummheit* bezeichnet man im ganzen seltene Fälle von Aphemie bei ausgedehnter einseitiger Schläfenlappenläsion; in der Mehrzahl derselben kommen Komplikationen durch kleine Herde in der Brocastelle, der Insel, der inneren Kapsel in Betracht. Ferner liegen Fälle vor, in denen eine beiderseitige ausgedehnte Schläfenlappenzerstörung mit gelegentlicher Beteiligung des Occipitallappens die gleiche Erscheinung dauerhaft erzeugt hat. Die Annahme, daß der Fortfall der akustischen und optischen Anregungen die Ursache dafür sei, wird widerlegt durch Fälle corticaler Taubheit mit erhaltener Sprache, und der Einwand, daß der angenommene Verlust der „Klangbilder" infolge beiderseitiger Läsion der Wernickestelle hierfür verantwortlich sei, erledigt sich durch die Möglichkeit andersartiger zentral bedingter Anregung zum Sprechen. Inwieweit ein besonders ausgeprägter akustischer Sprachtypus dabei eine Rolle spielt, bleibt dahingestellt; jedenfalls handelt es sich nicht um bloße Sprachstörung, sondern um Akinesie psychischer Art[1]; dafür spricht auch der ganz auffällige Gegensatz zu dem sonstigen sprachlichen Verhalten bei temporalen Läsionen, wie es sich in der folgenden Vorführung darstellen wird (17).

Zusammenfassend läßt sich an der Hand des Pathologischen die Funktion der Brocastelle dahin präzisieren, daß sie ein in höherem Sinne koordinatorisches Organ ist, in dem aus vielfältigen Quellen kommende, hier in geordneten Akten zusammengeschlossene Reize zu im motorischen Erfolgsorgan gleich geordneten motorischen Abfolgen führen. Damit ordnet sich dieses Hirnorgan jenen allgemeinen Prinzipien ein, die SHERRINGTON für die Funktion des Zentralnervensystems im allgemeinen formuliert hat.

BROCA hat die Störung dahin formuliert, daß der Kranke „le souvenir du procédé, qu'il faut suivre pour articuler les mots" verloren hat. Gewiß geben einzelne genesene Kranke selbst an, sie hätten nicht gewußt, wie die einzelnen Buchstaben oder Silben zu sprechen sind; aber eine solche Beschreibung entspricht durchaus dem, was hier bezüglich des Gegensatzes von *willkürlicher* und automatischer Auslösung des ganzen Vorganges und seiner Teile und ihrer Störung in der motorischen Aphasie gesagt worden, ohne daß man nötig hätte, auf ein Gedächtnis für die motorischen Strukturen zu rekurrieren, wie es nach BROCA auch später noch geschehen ist (18).

Die Frage nach dem Verhältnis zwischen Schwere der Störung und Ausdehnung der Läsion, verdunkelt durch die oft unlösbare Frage der Nachbarschaftswirkungen, erledigt sich für gewöhnlich dahin, daß schon eine relativ kleine, entsprechend lokalisierte Läsion vollständige Aphemie nach sich zieht, und daß die Unsicherheit bezüglich der Ausdehnung des in Betracht kommenden „Zentrums" dabei mitspielt, sei noch besonders betont.

# Sprachverständnis, der Weg vom Sprechen zum Denken.

## Zusammenfassende Darstellungen.

BÜHLER, K.: Über das Sprachverständnis vom Standpunkt der Normalpsychologie aus. Ber. üb. d. 3. Kongr. f. exper. Psychol. **1909**, 94 — Über Gedankenzusammenhänge. Arch. f. Physiol. **12**, 1 (1908). — PICK: Über das Sprachverständnis vom Standpunkte der Pathologie aus. Ber. üb. d. 3. Kongr. f. exper. Psychol. **1909**, 59. Auch abgedruckt in: Über das Sprachverständnis. 3 Vortr. 1909. — FISCHER, S.: Über das Entstehen und Verstehen von Namen, mit einem Beitrag zur Lehre von den transcorticalen Aphasien. Arch. f. Psychol. **42**, 335; **43**, 32 (1922). — HENSCHEN: Beitr. **7**, 129 (1922).

---

[1] LIEPMANN: Zbl. Neur. **1908**, 294. — QUENSEL: Mschr. Psychiatr. **26**, 286. — HENSCHEN: Beitr. **6**, 86 (1920).

Der Darstellung und Deutung der aphasischen Erscheinungen als der Störungen der die geistigen Inhalte vermittelnden Sprachapparate muß noch eine ausführlichere der dabei in Betracht kommenden intakten Funktionen vorangehen. Wenn diese eine vorwiegend psychologische ist, so ist dies bedingt durch die bessere Kenntnis dieser Seite der Vorgänge, die es ihrerseits ermöglich, an der Hand einer so präzisierten psychologischen Lokalisation eine solche, über das bisher nur im allergröbsten Bekannte hinausgehende, der entsprechenden physiologischen Vorgänge in cerebro anzubahnen. Wenn einer derartigen Betrachtungsweise zuweilen klinische Beziehungen entgegengehalten werden, die nicht mit ihr im Einklang stehen, so kann eine solche Divergenz als prinzipielle ebensowenig zugegeben werden, wie eine solche zwischen normaler und pathologischer Physiologie möglich ist; der Fehler liegt auf der einen oder anderen Seite, seine Klarstellung muß jene Divergenz beseitigen.

Zwei Hauptgebiete kommen für jene Darstellung in Betracht, einmal dasjenige, in welchem sich die Überführung der geistigen Inhalte in deren sprachlichen Ausdruck vollzieht, also der Weg vom Denken zum Sprechen, andererseits der Weg vom Gesprochenen zum Denken, der jene Reihe von Umsetzungen darstellt, die das Gehörte im Zuhörer bis zum Verständnis durchzumachen hat.

Betrachten wir zunächst das Zustandekommen dieses letzteren, so ist erste Voraussetzung für die Diagnose einer in das Bereich der Aphasie fallenden Störung ein genügendes Hörvermögen; als unzutreffend abzulehnen ist aber in diesem Sinne die Annahme bezüglich der sog. „Sprachsext", derzufolge das ungestörte Funktionieren eines bestimmten, dieser Stimmgabelreihe entsprechenden Abschnittes des Gehörorganes als Vorbedingung der Differentialdiagnose gemacht werden sollte (19).

Unsere Kenntnis von den Vorgängen des Sprachverständnisses ist über die ältere Annahme einer zweistufigen Gliederung desselben (WERNICKES „primäre Identifikation": Erkennen des akustischen Ausdrucks als solchen, „sekundäre Identifikation": Verständnis desselben als Zeichen für Vorstellungen) weit hinausgekommen, aber über die Zahl und Art der einander dazu übergeordneten Mechanismen und Vorgänge wissen wir recht wenig und müssen uns mit nicht immer allseitig anerkannten Nachweisen der auf den einzelnen Stufen feststellbaren Ergebnisse von „Inhalten" begnügen, als Leitfaden zum Verständnis der Störungen in den einzelnen Phasen, der allerdings seine Grundlagen vielfach wieder der Pathologie selbst entlehnt.

Die Wahrnehmungsgrundlagen der Sprachlautauffassung sind die zeitlich gegliederten Komplexe von Klang- und Geräuschempfindungen, die unter Modifikation durch Sprachmelodie zu einer Gesamtform als „Gestaltetes" zusammengefaßt erscheinen. Den Beginn (20) ihrer Wahrnehmung stellt das Bemerken dar als die Heraushebung des Sprachlichen aus dem diffusen akustischen Gesamteindrucksbilde; daran schließt an die allmähliche Differenzierung des zunächst nur undifferenziert wahrgenommenen Wortes, vorbereitet aus der Situation, an der Hand einer auf Grund der Erinnerungsgrundlagen sich vollziehenden mehr oder weniger weitgehenden Erkennung desselben als phonetischer Einheit, als „Hörgestalt" (was bei kurzen Worten im allgemeinen leichter sich vollzieht als bei längeren), als Bestandteil einer Sprache überhaupt und darauf als einer besonderen Sprache zugehörig; schon in der zweiten dieser Phasen kommt es zu richtiger Auffassung der musikalischen Anteile der Sprache, also auch zum Erkennen der Sprache als der einer bestimmten Person, wobei auch die „Bekanntheitsqualität" eine Rolle spielen dürfte. Ähnlichkeiten der Hörgestalten können das Verständnis stören. Die Hörgestalten können auch trotz ungenügender Auffassung einzelner Phoneme in ihrer Gesamtheit zum Verständnis genügend richtig wahrgenommen werden. Über die Einzelvorgänge dabei und ob ihnen tatsächlich differente anatomisch-physiologische (etwa schichtenweise in der Rinde angeordnete) Substrate entsprechen, wissen wir nichts, weil neben der experimentell einzig versuchten, anscheinend allein möglichen Herabsetzung der Funktion (21) gewiß auch andere Störungsformen in Betracht kommen.

Gefördert wird in diesem Stadium die Auffassung des *Wortlautes* durch die als Rest des infantilen akustisch-motorischen Sprachreflexes zurückgebliebene Einstellung des sprachlichen Exekutivapparates auf das Gehörte, die bei stärkerer Enthemmung dieser Restfunktion bis zu lautem Nachahmen des Gehörten und damit zur Verbesserung des Verständnisses gehen kann; entsprechend der oben erwähnten Phase der Auffassung der musikalischen Sprachelemente werden gelegentlich diese isolierter nachgeahmt. Ähnlich fördernd auf das Lautverständnis wirken andere sensorische Hilfen, z. B. das Objekt. Auch das weiterhin folgende Wortsinnverständnis der bereits gehörten Worte wirkt ähnlich unterstützend auf das Wortlautverständnis der später gehörten Worte, und ebenso wirkt ganz besonders die Situation mit der aus ihr resultierenden affektiven und sachlichen Einstellung, deren Bedeutung in der Wahrnehmungsanalyse im allgemeinen jetzt nachgewiesen ist[1].

Noch viel komplizierter als dieser mit der reaktiven Emporhebung der Erinnerungsgrundlagen vollendete Vorgang und deshalb auch psychologisch noch weniger geklärt ist das *Wort-* und *Satzsinnverständnis* vor allem deshalb, weil der Satz, der dem Zusammenhange hintereinander gehörter Worte erfahrungsgemäß entspricht, nicht bloß eine Summe vom Sinn der einzelnen Worte ist; auch dieser wird übrigens von dem der übrigen Worte als Resultante maßgebend beeinflußt. Es war demnach irrtümlich, anzunehmen, daß dieses Problem durch die Annahme einer Verbindung oder Assonanz von Wort und Vorstellung bzw. Begriff erledigt sei; das vollzieht sich vielmehr zunächst durch Auftauchen eines allgemeinen Bedeutungsbewußtseins („Sphärenbewußtsein", MESSER), dem dann die verschiedenen Merkmalskomplexe nachfolgen, wobei auch ein allgemeines Richtungsbewußtsein, eine Intention führend wirkt. Dabei spielt auch die Neigung mit, auch sinnlosen Worten einen Sinn beizulegen. So wird das Wort gegenständlich bestimmt, wobei auch Vorstellungen oder Teile solcher Träger der Bedeutung sein können oder auch nur das Verständnis illustrieren. Daran schließt sich die Auffassung der Wortkategorie und der grammatischen Form des Wortes. Mit dem Verständnis der ersten gehörten Worte leitet sich das Satzverständnis durch eine Art Vorkonstruktion (K. BÜHLER) ein (wobei der Umstand mitwirkt, daß zwei nacheinander gehörte Worte unwillkürlich in Zusammenhang gebracht werden auf Grund der Tendenz zur Zusammenfassung), aufgebaut auf dem aus den gehörten musikalischen Anteilen sich entwickelnden Betonungsschema und der von ihm emporgehobenen syntaktischen Leitform. Diese spielt eine Rolle bei der Differenzierung der Wörter in Ding- und Vorgangswörter, als entscheidender Träger der Satzbedeutung und zum Verständnis einfacher Sätze genügend, gegenüber denen die beziehungausdrückenden Wörter in einem solchen Falle als weniger wesentlich unbeachtet bleiben können und bleiben. Für gewöhnlich entwickelt sich auf dem Wege vielfach erlebter Analogiebildung entsprechend dem in der Mitteilung sich ausprägenden Gedankenschema des Sprechers ein ähnliches Sachverhaltsschema im Hörer mit seiner Ausfüllung durch die anschließenden Wortbedeutungen, deren gelegentliche Vieldeutigkeit durch den Satzsinn entsprechend reduziert wird. Die Entwicklung des Gedankens im Hörer kann erfolgen durch Erfüllung

---

[1] KLEMM, O.: Wahrnehmungsanalyse in Abderhaldens Handb. d. biol. Arbeitsmeth. **6**, H. 1.

des syntaktischen Schemas durch das Bezeichnete, oder an diesem kommt der Sachverhalt zur Ausprägung[1] bzw. es liegt eine Mischung der beiden Arten vor. So kommt es allmählich zur genaueren Einordnung des Gesprochenen und dadurch erzeugten Gedankens oder Gedankenkomplexes in die dem Sprecher und Hörer gemeinsame geistige Situation als einem das Verständnis in hohem Maße mitbestimmenden Gestaltfaktor, wobei auch Mimik und Gestik eine wichtige unterstützende Rolle spielen (z. B. ersetzt die hinweisende Gebärde ein Stück des Satzes).

Beim Verständnis zusammengesetzter Sätze spielen auch die von BÜHLER sog. Zwischenerlebnisbeziehungen eine wichtige Rolle (s. den Weg vom Denken zum Sprechen), insofern sie die Einheitlichkeit der in den Teilen ausgesprochenen Bewußtseinsinhalte (den „Faden" der Rede) sichern, wobei natürlich das *Behalten* des Vorangehenden als primär nötig vorausgesetzt ist.

Bezüglich der hier gegebenen Darstellung der Stufen des sich vollziehenden Sprachverständnisses ist einschränkend beizufügen, daß sie auch schon in der Norm nicht immer alle und gradlinig durchlaufen werden, sich vielmehr durcheinander verschränken (das Wortsinnverständnis setzt schon bei den ersten gehörten Worten ein), so daß der Wortsinn erfaßt sein kann, noch ehe das Wortlautverständnis vollständig vollzogen ist oder der Satzsinn vor dem aller Worte (22). Auch wird das Verfahren ein verschiedenartig verkürztes sein, jenachdem das Gesprochene der Kundgabe, Anzeige oder Darstellung zu dienen hat. In den beiden ersteren Fällen ist es ihre hauptsächlich affektuös gerichtete Form, deren gefühlsmäßige Erfassung an der Hand der musikalischen Elemente der Sprache den Vorgang erleichtert und abkürzt, weil hier und auch sonst weniger wichtig scheinende Worte überall kaum beachtet werden; besonders verkürzt ist auch der Vorgang bei den häufigen gebräuchlichen Wendungen und Phrasen, die das gewöhnliche Reden beherrschen. Dieser ganzen Darstellung von den Vorgängen beim Wort- und Satzverständnis ist endlich beizufügen, daß dabei gewiß noch Vorgänge mitkonkurrieren, die, weil nicht bewußt, vorläufig wenigstens auch nicht erfaßbar sind.

## Der Weg vom Denken zum Sprechen.
### Zusammenfassende Darstellungen.

BÜHLER, K.: Über Gedanken. Arch. f. Psychol. **9**, 297 (1907). — PICK: Die agrammatischen Sprachstörungen. Studien zur psychologischen Grundlegung der Aphasielehre. I. Teil. 1913 (mit vollständiger Darstellung der Frage auch seitens der Linguistik). — ERDMANN, B.: Die psychologischen Grundlagen der Beziehungen zwischen Sprechen und Denken. Arch. f. system. Philos. **2**, 355 (1896); **3**, 31ff. (1897); **7**, 147ff. (1901). — POPPELREUTER: Über den Versuch einer Revision der psychophysiologischen Lehre von der elementaren Assoziation und Reproduktion. Mschr. Psychiatr. **37**, 278 (1915). — BÜHLER, CH.: Über Gedankenentstehung. Z. Psychol. **80**, 129 — Über die Prozesse der Satzbildung. Ebenda **81**, 181. — SELZ: Zur Psychologie des produktiven Denkens und des Irrtums. S. 336ff., 367. 1922. — Die im 1. Kapitel zitierten Arbeiten von HEAD. — FRÖSCHELS: Kindersprache und Aphasie. S. 150. 1918.

Die Betrachtung des Weges vom Denken zum Sprechen zeigt gleichfalls, daß auch ihm eine Reihe von Stufen zukommt, in denen die als am weitesten ausgreifend anzusehenden dem Denken entsprechenden Vorgänge in zunehmender Verdichtung auf gemeinsamer Strecke dem motorischen Exekutivorgan zugeführt werden. Wenn hier die Zahl der verständlich zu machenden Stationen des gesamten Vorganges sich größer darstellt als im impressiven Teile, so liegt das an der weiter gediehenen psychologischen Auseinanderlegung dieser Seite der

---

[1] BÜHLER: Psychol. Forschg **3**, 294 (1923).

Sprache, ebenso wie an der größeren Vielfältigkeit der dazu in den pathologischen Erscheinungen erkennbaren Anhaltspunkte. Wie schon die Formulierung des Themas zeigt, gehen wir dabei von der jetzt ziemlich allgemein akzeptierten Annahme aus, daß Denken und Sprechen nicht identisch sind, auch nicht parallel, wenn auch öfter nachweislich in engen Beziehungen nebeneinandergehend.

Die den Weg vom Denken zum Sprechen konstituierenden, zum Teil noch nicht präzise gefaßten Etappen lassen sich in zwei Gruppen zusammenfassen, die der *gedanklichen* und die der *sprachlichen Formulierung*. Doch ist gleich hier, ähnlich wie beim impressiven Vorgang, zu sagen, daß ihre Folge für gewöhnlich durchaus nicht vollständig und auch nicht immer in der darzustellenden Reihe durchlaufen wird, vielmehr auch hier, je nach dem Zwecke der Rede und den ihm etwa zugrunde liegenden affektuösen Momenten, die dann unmittelbar die ihnen gewohnheitsmäßig zugeordneten syntaktischen und grammatischen Konstruktionen provozieren, es auch schon in einer früheren Station zu stückweiser Versprachlichung als ,,Kundgabe" oder ,,Auslösung" (BÜHLER) kommt; aber auch bei der Versprachlichung als ,,Darstellung" kommt es oft zu einer Verschiebung der Vorgänge der gedanklichen und sprachlichen Formulierung gegeneinander.

Recht häufig setzt auch das Denken schon sprachlich innerlich formuliert ein, ebenso wie sich das alltägliche Sprechen fertiger Wortfolgen, Redewendungen und Sätze bedient. Doch liegen gewiß auch diesem Vorgange festgelegter Zuordnung gedanklicher und sprachlicher Verknüpfungen, wenn auch in noch viel gekürzterer und mehr automatisierter Anwendungsform, die zu besprechenden Vorgänge zugrunde. Je mehr so in Worten gedacht wird, um so mehr rückt an der Grenze zwischen intuitivem und diskursivem formulierten Denken natürlich die Möglichkeit echter aphasischer Störungen gegen das Denken hin weiter als sonst.

Besonders wichtig ist es schließlich, daß nicht alles Gedachte und im Denken des Hörers wieder Auszulösende im gewöhnlichen Verkehr auch sprachlich zum Ausdruck kommt, vielmehr sich als ein aus der objektiven und subjektiven *Situation* heraus durch *Mimik* und *Gebärde* bedeutsam ergänztes gesprochenes Stenogramm darstellt, was namentlich für die Beurteilung von Differenzen zwischen Laboratorium und Verkehr wichtig ist, insofern die erwähnten Momente weitgehendste Ökonomie sowohl der geistigen wie der motorischen Leistung gestatten. Die gedankliche Formulierung des oft ungegliedert auftauchenden und allmählich sich entfaltenden, vielfach unanschaulichen oder von Vorstellungen, Vorstellungsfragmenten begleiteten Gedankens vollzieht sich unter zunehmender Klärung des ihn umfassenden Bewußtseinsbestandes an der Hand seiner aus Erleben, Wissen und Erkenntnis herstammenden Quellen in der Weise, daß seine gegenständlichen Teilinhalte unter Erfassung der zwischen ihnen bestehenden objektiven und der im Sprecher begründeten subjektiven Beziehungen in eine Gegenstandsordnung, eine Art Gedankenschema gebracht werden. Diese Vorbereitung zur prädikativen Gliederung erfolgt entweder durch Zerlegung eines Tatbestandes oder Sachverhaltes oder durch Zusammenfügung ihrer Glieder.

An der Hand dieser Strukturierung des Gedankens vollzieht sich nun die *zweite Etappe* des Weges, entweder, wenn die sprachliche Formulierung noch während des Vollzuges der gedanklichen Gliederung einsetzt, als sukzessive Formulierung oder nach Abschluß derselben als nachträgliche an der Hand der in den verschiedenen Sprachen verschiedenartigen *Sprachmittel*, wie Tonhöhe, Betonung, Tempo, Wortstellung und Grammatisierung. Die Reihenfolge ihres Wirksamwerdens ist derart, daß, je nachdem es sich um Kundgabe, Auslösung oder Darstellung handelt, zunächst ein *Betonungsschema* und daran anschließend ein *Satzschema* sich entwickelt, an dessen Bildung besonders die aus dem

*Gedankenschema* herstammende Gegenstandsordnung und die davon sich ableitenden Formalgefühle, also zunächst besonders solche der Wortstellung (Syntaxierung) teilhaben, wie überhaupt das aus Analogien noch vor der Schule entwickelte, vom Hören und dem danach gerichteten Sprechen sich ableitende Sprachgefühl dabei eine wichtige Rolle spielt, der gegenüber die später erlernten grammatischen Reihen beim gewöhnlichen Sprechen ganz zurücktreten, zumal man weiß, daß jede Regel feinere Anpassung der Versprachlichung an den Gedanken direkt stört.

Bezüglich des Betonungsschemas ist noch zu bemerken, daß es, wie die verschiedenen in dasselbe eingehenden Akzente und deren isolierter Verlust beweisen, nichts Einheitliches, sondern ebenfalls eine Summe von Vorgängen darstellt.

Daran schließt sich der Vorgang der für gewöhnlich automatisch sich vollziehenden *Wortfindung* und die Einordnung der Worte in das Satzschema, zunächst der sinntragenden, den Gegenständen (auch Geschehnissen) des Gedankenschemas entsprechenden Worte, ein insofern komplizierterer Vorgang, als erst ihre aus gegenseitiger Beeinflussung resultierenden Bedeutungen den Sinn des Satzes entstehen lassen; dem schließt sich dann die Einsetzung der Formwörter und die ihr gleichgeartete *Grammatisierung* der dem Satzschema entsprechend eingesetzten Inhaltswörter als Ausdruck der Sachverhältnisse an; auch bei diesem Vorgange sind den zuvor erwähnten Formalgefühlen analoge mit wirksam.

Bei längerem Sprechen kommen noch in Betracht die von Bühler sogenannten Zwischenerlebnisbeziehungen[1] der Gedanken untereinander, zur Aufgabe, zu den anderen aktuellen Aufgaben, sowie die des Redenden zum Inhalt. Fehlt es namentlich am ersten Teil derselben, dann leidet die Einheitlichkeit und die Kontrolle, es geht der „Faden" leicht verloren.

An der Hand der der erzielten innersprachlichen Gliederung entsprechenden physischen Strukturverbände vollzieht sich jetzt die sukzessive Auslösung der entsprechenden Vorgänge im sprachlichen Exekutivorgan, wobei der bei der Sprachentwicklung skizzierte Übertragungsapparat in Funktion tritt.

Die Annahme der Übertragung irgendwie fester Engramme auf den motorischen Exekutivapparat erscheint schon durch die während des Prozesses wirksam werdenden Teile des Betonungsschemas völlig ausgeschlossen, abgesehen von anderen gegen eine solche Deutung sprechenden Argumenten, die das Wort als dynamisches Gebilde erweisen. Zum Verständnis der bei dieser Übertragung wirksamen Funktionen und ihrer Störungen ist auch zu beachten, daß vor ihr der komplexe Inhalt nur in summarischer, verdichteter Form virtuell vorhanden ist. An der Hand der Differenzierung (Explikation) seiner aufeinanderfolgenden Einzelheiten kommt es auf dem Wege mehr oder weniger automatisierter Sprechimpulse zur sukzessiven Auslösung der entsprechenden Strukturen.

Haben wir bei der Sprachentwicklung die zunächst führende Rolle des Klangbildes kennengelernt, so wird es mit der zunehmenden Automatisierung dieser zum Sprechen führenden Auslösung bald ganz entbehrlich, und erst bei Schwierigkeiten, die sich dabei einstellen, macht sich seine Notwendigkeit auch schon in der Norm wieder geltend (entsprechend dem, was wir später dem psychologischen Experiment über den Wegfall von Umwegen, Ausfall von Teiltätigkeiten bei zunehmender Übung entnehmen werden).

Als den Knotenpunkt der gemeinsamen Strecke für die Übertragungsvorgänge können wir die zuerst von Broca nachgewiesene, im hinteren Anteil der ersten Frontalwindung (links) gelegene Stelle bezeichnen, ohne genauer präzi-

---

[1] Bühler, K.: Über Gedankenzusammenhänge. Arch. f. Psychol. **12**, 1 (1908).

sieren zu können, wieviel von ihrer Umgebung noch dabei mit wirksam ist. Der Umfang und die Verfeinerung der entsprechenden Funktionen machen die Größe dieser dem in der untersten Partie von Ca zu lokalisierenden motorischen Exekutivorgan übergeordneten und anatomisch vorgelagerten Zentralstelle verständlich.

Die Störungen dieser Übertragungsvorgänge werden wir am besten an der Hand der vom Studium des Maschinenschreibens und Telegraphierens hergenommenen Feststellung verstehen, daß sich mit der zunehmenden Automatisierung eine Hierarchie von Gewohnheiten ausbildet, sichtlich entsprechend der hier dargelegten Stufenfolge der Vorgänge.

Von einem umfassenderen Standpunkte gesehen, stellen sich die beiden in der Broca- und Wernickeschen Stelle zentrierten Apparate als eine höhere Art von Umwandler und Rückwandler, wie man beim Fernsprechapparat sagt, dar.

# Die innere Sprache, die Übertragungsapparate, ihre anatomische Lokalisation.

### Zusammenfassende Darstellungen.

SAINT-PAUL, G.: Le Langage intérieur et les paraphasies (la fonction endophasique). 1904. — MARTY: Untersuchungen zur Grundlegung der Sprachphilosophie 1, 146 (1908). — PICK: Die agrammatischen Sprachstörungen. Kap. 6. — EGGER: La parole intérieure. 1904. — BALLET: Die innerliche Sprache und die verschiedenen Formen der Aphasie. Deutsch von BONGERS. 1890. — Ferner GOLDSTEIN: Die auf S. 1416 zitierten Arbeiten und: Die zentrale Aphasie. Neur. Zbl. **1912**, 739.

Im Zentrum der hier skizzierten Übertragung steht jene als „inneres Wort", besser, entsprechend dem Primat des Satzes, als „innere Sprache" bezeichnete virtuelle Synthese von Mechanismen, die, mit dem bei der Sprachentwicklung dargestellten akustisch-motorischen Reflexapparat anhebend, in der Weise zustande gekommen ist, daß einerseits die gedanklichen, andererseits die von den gehörten, später auch gelesenen Worten aus entwickelten Wahrnehmungsstrukturen untereinander und mit den von ihnen aus entwickelten motorisch-phonetischen Strukturen in so enge durchstrukturierte Beziehungen von Bereitschaft gesetzt sind, daß beim Anklingen auch nur eines Teilstückes des Verbandes die entsprechenden motorischen Strukturen in Funktion gesetzt werden und, in verschiedenem Grade abgestuft, auch die übrigen mit anklingen. Dabei steht für gewöhnlich, entsprechend ihrer genetischen Priorität, in erster Linie die akustische Komponente, deren Anklingen ebensowohl beim Denken wie auch beim Lesen und Schreiben, auch schon automatisch, zur Auslösung der den, wie früher dargestellt, vorbereiteten Spracheinheiten entsprechenden motorischen Abfolgen im Effektsorgan führt. Aus diesen vielseitigen Zusammenhängen erklärt sich der klinisch bedeutsame Umstand, daß von irgendwelcher Stelle des Sprachfeldes aus Störungen anatomischer oder funktioneller Art die innere Sprache ganz oder teilweise, auch in ihrer funktionellen Beteiligung an anderenorts lokalisierten Mechanismen, schädigen werden. Doch ist die Differenzierung der Sprache „zweiter Hand" (der Schriftsprache) insofern von Bedeutung, als von dieser ein störender Einfluß auf das ältere Klangbild nicht oder nur in unwesentlichem Maße zu erwarten ist. Aus dem dargestellten Zusammenhange erklärt sich die auch therapeutisch bedeutsame Tatsache, daß beim Fortfall der einen oder anderen Komponente dieses für gewöhnlich zusammenarbeitenden Verbandes sofort und ganz automatisch eine andere als „Hilfe" eintritt, ebenso wie auch schon beim Normalen unter verschiedenen Bedingungen jeweils verschiedene Komponenten zur Verwendung kommen, wobei ebensowohl Anlage (Denk- und

Sprachtypen), Höhe der geistigen Entwicklung, Art der Erlernung und späteren Übung der einzelnen Komponenten, selbst Zufall, entscheidend mitwirken, was für die klinischen Erscheinungen im Einzelfalle nicht ohne Bedeutung sein wird. Dementsprechend ist es nicht zutreffend, etwa ein bestimmtes, für immer und für jeden gleichmäßig identisches Schema des Sprachvorganges auf jenem für gewöhnlich zutreffenden Primat des akustischen Anteiles der inneren Sprache aufzubauen. Als die „innere" Sprache des einzelnen wird man die bei ihm habituell gewordene Form von Auslösung des Sprechmotoriums bezeichnen; es ist, wie gesagt, gewöhnlich die akustisch-motorische. Von einer motorischen hat man gesprochen in Fällen, wo die reflektorische Auslösung des Motorischen sich besonders intensiv in das Bewußtsein des Betreffenden vordrängt, so daß sie als Bewegungstendenz oder auch wirkliche Bewegung empfunden wird **(23), (24)**.

Die hier dargestellte Übertragung erfährt aber nach zwei Richtungen hin eine überwachende Beeinflussung: einmal derart, daß die motorischen Resultate der Auslösung dem Inhalte und der Form des Gedachten angepaßt sind (insbesondere die musischen Elemente der Sprache betreffend), wobei übergeordnete, dem Psychischen entsprechende Prozesse entscheidend sein werden; und ebensolche sind auch dabei regulierend wirksam, daß die besonders eingeübten Vorgänge, besonders des Denkens, aber auch des Schreibens, in ihrer Automatisierung nicht Schaden leiden.

Beide diese Regulationen nehmen ihren Weg über die als Orte der Übertragung auf die expressiven Funktionen angesehenen Zentren (für das Sprechen die Brocastelle in $F_3$, für das Schreiben der Fuß von $F_2$ **(25)**). Daraus wird verständlich, daß mit dem durch Läsion dieser Zentren erfolgten Ausfall der Übertragung auch diese Regulationen ausfallen, ihre Funktion durch jene überdeckt erscheint.

Während wir über die der ersten Gruppe derselben nur das wenige wissen, was davon gesagt worden, sind wir bezüglich der anderen durch psychologische Untersuchungen amerikanischer Autoren besonders über Maschinenschreiben, Telegraphieren weitgehend unterrichtet; einer Zusammenfassung[1] ist folgende Reihe von Momenten zu entnehmen, die sich bei der Analyse der Übung als wirksam für die Beschleunigung der Ausführung erwiesen haben[2]: Ausfallen von Umwegen und Nebenprozessen, Verschiebung der Aufeinanderfolge der Prozesse, Herabminderung des Bewußtseinsgrades mit zunehmender Mechanisierung, Verschmelzung mehrerer Akte zu einer von einem Willensimpulse ausgelösten Gesamttätigkeit (Satz und Satzgruppen), das Früherlegen der Aktivierungsreize.

Analog dem Brocaschen Zentrum hat sich *mit der verfeinerten Ausbildung der Schrift als Ausdruck von Gedanken* ein „Zentrum" in der den in Betracht kommenden motorischen Zentren vorgelagerten Partie von $F_2$ ausgebildet, von dem für das Schreiben im wesentlichen, nur entsprechend modifiziert, das zuvor von der Brocastelle Gesagte gilt.

Die hier gegebene Deutung der psychischen Regulationen beseitigt alle jene Einwände gegen dieses „Schreib"-Zentrum (nur uneigentlich so genannt), die anscheinend nicht ohne Berechtigung gemacht wurden. (Wegen der Möglichkeit, auch mit dem Kopfe, den Beinen oder sonstwie zu schreiben, die angebliche Notwendigkeit, für jede solche Tätigkeit ein besonderes Zentrum anzunehmen.) Gleich den hier auf der expressiven Seite festgestellten Zentren finden sich solche im impressiven Anteil; von dem für das hörende Verstehen ist schon gehandelt

---

[1] LEWIN: Psychol. Forschg **2**, 126 (1922).
[2] BOOK: The Psychology of Will 1908.

worden; ein Gleiches hat sich in der Gegend des Gyr. angular. ausgebildet, in welchem die Schriftzeichen als eine besondere Art optischer Wahrnehmungen aufgefaßt und von da aus dem Verständnis als Zeichen für Gedanken zugeführt werden. Aus verständlichen Gründen sind wir bezüglich der Vorgänge in diesen im Impressiven fungierenden Zentren wesentlich schlechter informiert als bezüglich der auf der expressiven Seite vorhandenen; die hervorragende Bedeutung der Willkür bei diesen, die bei den impressiven Vorgängen weit dagegen zurücktritt, spielt insofern eine auch klinisch wichtige Rolle, als dadurch die letzteren, als wesentlich leichtere Funktionen, auch dementsprechend leichter sich restituieren (26).

Anhangsweise ist hier noch der von PROUST-LICHTHEIM-DEJERINE angegebenen Methode zu gedenken, sich durch die Angabe Motorisch-Aphasischer über die Zahl der Buchstaben oder Silben der unaussprechbaren Worte über den Zustand der inneren Sprache zu informieren. Ganz abgesehen von den in der Krankheit selbst gelegenen Schwierigkeiten ist diese durchaus lebensfremde Probe deshalb ungenügend, weil sie, vom Geschriebenen hergenommen, mit Unrecht annimmt, daß Phoneme und Buchstaben, Silben und Sprachgruppen zusammenfallen; jene Abgrenzung ist auch linguistisch nicht haltbar (isolierte Lautbilder gibt es nicht) und unsicher, überdies etwas in der Schule spät Erlerntes und für gewöhnlich nicht lange Behaltenes; sie rechnet auch nicht mit den stummen Buchstaben; daß dabei auch zu beachten ist, inwieweit beim Lesenlernen die „Gestalt" des ganzen Wortes maßgebend war, ergibt sich von selbst. Überhaupt muß bezüglich dieser und anderer sinnreich ausgeklügelter Untersuchungsmethoden auf die auf den Struktur- und Gestaltbegriff zurückgehende Feststellung des psychologischen Experimentes (LEWIN: Zit. auf S. 1440) von der Unfähigkeit zu einer Teilhandlung, die im Rahmen einer anderen Handlung eingeübt ist, verwiesen werden. Man versuche eine Übertragung ähnlicher Methoden auf das doch analoge Gebiet der Apraxie, um die Haltlosigkeit derselben vor Augen gestellt zu bekommen (27).

# Überwertigkeit der linken Hemisphäre. Bedeutung der rechten.

## Zusammenfassende Darstellungen.

LONG: Un cas d'aphasie par lésion de l'hémisphère gauche chez un gaucher. L'Encéphale. S. 520. 1913. — MENDEL, K.: Über Rechtshirnigkeit bei Rechtshändern. Neur. Zbl. **1912**, 156; **1914**, 291. — GOLDSTEIN: Die transcorticalen Aphasien. Erg. Neur. **1914**, H. 3 — Die Topik der Großhirnrinde in ihrer klinischen Bedeutung. Dtsch. Z. Nervenheilk. **77**, 43 (1923). — STIER: Untersuchungen über Linkshandigkeit und die funktionellen Differenzen der Hirnhälften. 1911. — Ferner die Monographien von v. MONAKOW und von HENSCHEN.

Wenn bisher vom Sprachapparat als einer Einheit die Rede war, ohne Rücksicht auf die anatomisch-physiologische Tatsache von der Zwillingsnatur des Großhirns, so ist jetzt der wichtige für den gesamten Formenkreis der Aphasien gültige Umstand zu besprechen, daß für gewöhnlich beim rechtshändigen Menschen es die linke Hemisphäre ist, deren entsprechend angeordnete Läsionen zu aphasischen Störungen führen, während solche rechts gelegene überhaupt keine oder nur in abgeschwächtem Maße zur Folge haben.

Bezüglich der Frage nach dem Grunde dieser Bevorzugung der linken Hemisphäre und worin diese besteht, läßt sich folgendes sagen: Die erstere fällt mit der auf etwa 90% berechneten Rechtsgliedrigkeit der Menschen zusammen; diese und das ihr entsprechende Überwiegen der linken Großhirnhemisphäre beruhen im wesentlichen auf einer ererbten anatomisch-physiologisch besseren Entwicklung der rechten Hand, die in der Menschheitsentwicklung (Affekt, Sprache, Gesten) wie im individuellen Leben zu einem stärkeren Gebrauch mit seinen Konsequenzen für die Entwicklung geführt hat, wobei die vorangehende und wahrscheinlich auch bessere Entwicklung der linken Hemisphäre die entscheidende Rolle gespielt haben dürfte. All das dürfte zusammenhängen mit dem schon im Normalen wirksamen (z. B. Einfluß der Situation auf den Umfang des sprachlich Auszudrückenden) Gesetz der Ökonomie in der Weise, daß die zwischen den Endstationen der Receptoren und Exekutivorgane eingeschalteten ,,höheren" geistigen Funktionen, wie wir z. B. bei der Übertragung der den Gedanken entsprechenden physischen Vorgänge durch die Brocastelle auf das Motorium gesehen, als ,,gestaltete" Einheiten eines lateralen Charakters überhaupt ermangeln und einer Verteilung in diesem Sinne unzugänglich sind.

Trotz der beiläufig symmetrischen Lage der den höheren psychischen Funktionen zugeordneten Rindenterritorien in den beiden Hemisphären wird man ihre Zusammenarbeit nicht in dem Sinne als doppelseitige deuten dürfen wie das für die expressiven und impressiven doppelseitig vorhandenen und symmetrisch arbeitenden Organe gilt; dementsprechend gibt es auch keine links- oder rechtsseitigen Gedanken (bzw. Teile solcher), und so kann auch ihre Versprachlichung, ebenso wie ihre Entwicklung aus den zunächst beiderseitig aktiven akustischen Aufnahmsorganen nur auf dem Wege eines einzigen Überleitungsorganes erfolgen. (Eine einfache Überlegung zeigt, daß der gleiche Gedankengang auch die analogen Verhältnisse bei den Agnosien und Apraxien, soweit die letzteren unmittelbar Ausdruck des Psychischen sind, verständlich macht.) Nebenbei bemerkt, verschwinden gegenüber dieser Anschauung die Schwierigkeiten, die sich der Frage gegenüberstellten, inwieweit auch beim Erwachsenen die Exekutivorgane symmetrisch zusammenarbeiten oder nicht.

Auch das hier schon betonte Primat des Satzes als der Einheit des Gedankens entsprechend erhält dadurch erst seine tiefere Begründung.

So muß es zu einer Vorzugsstellung der einen Hemisphäre kommen, die bei niederen Funktionen (siehe die instrumentalen Störungen in der Amusie) mehr und mehr zurücktritt. Dem kommt *unterstützend* auch das Schreiben mit der rechten Hand entgegen, gleichfalls als Übertragung geistiger Einheiten ins Motorische.

Neben dem typisch gegensätzlichen zu dem eben vom Rechtshänder geschilderten Verhalten bei Linkshändern gibt es noch wenig geklärte Fälle, in denen trotz Rechtshändigkeit doch auch rechts lokalisierte Läsionen die entsprechenden aphasischen Störungen nach sich ziehen (28), und endlich sind vereinzelt Fälle berichtet, in denen die entsprechenden Herde teils in der einen, teils in der anderen Hemisphäre gelagert sind. Diese wahrscheinlich auf Ambidexterität zu beziehende Erscheinung wird aus sich kreuzenden Einflüssen von Veranlagung (z. B. von Rechtshirnigkeit) und individueller (latenter) Linkshirnigkeit erklärt. Auch für die Möglichkeit nachträglicher Änderung des Typus, etwa unter dem Einflusse des Schreibunterrichtes, liegen Anhaltspunkte vor (29); die Präponderanz der linken Hemisphäre zeigen aber auch Analphabeten. Diese so für gewöhnlich führende Rolle der linken Hemisphäre schließt die Mitbeteiligung der rechten an den in Frage kommenden Vorgängen auch für den Erwachsenen nicht aus, vielmehr wird diese dadurch erwiesen, daß auch beim Rechtshänder entsprechend rechts lokalisierte Läsionen, namentlich im Bereiche der sprachlichen Exekutivorgane (30), von den gleichen, wenn auch kürzer dauernden Erscheinungen gefolgt sind. (Die Möglichkeit diaschisischer Wirkung in solchen Fällen bleibt freilich offen.) Die Mitarbeit der rechten Hemisphäre reicht aber für gewöhnlich nicht aus, daß sie allein die Sprachfunktionen dauernd aufrechthalte.

Im Kindesalter arbeiten die beiden Hemisphären, was schon aus der bilateralen Anordnung der normalerweise unausweichlich mittätigen Gehörorgane hervorgeht, zusammen. Damit glaubt man die meist rasche Ausgleichung der Aphasien bei Kindern erklären zu können, doch sind auch stationäre solche nach einseitiger Läsion bei ihnen festgestellt. Erst später mit der Ausbildung der den bei der Sprache tätigen Aufnahms- und Exekutivorganen übergeordneten Organe für das Geistige vollzieht sich entsprechend dem zuvor bezüglich seiner Einheit Gesagten die spätere initiatorische Präponderanz der linken Hemisphäre (ähnlich die gelegentlich einseitige Grundlage der Pseudobulbärparalyse). Die Sprachfelder sind beiderseitig erzogen, aber die Übertragung im Expressiven und die Auslösung im Impressiven erfolgt einseitig. Neben ihrer sichtlich praktischen (chirurgischen) Bedeutung hängen diese theoretischen Probleme eng mit der Frage der Ersatzfunktionen zusammen, wovon im Späteren gesprochen wird.

## Allgemeine für die Deutung des Pathologischen in Betracht kommende Gesichtspunkte.

### Zusammenfassende Darstellungen.

Die einschlägigen Kapitel der eingangs zitierten allgemeinen Darstellungen. Ferner SHERRINGTON: The integrative action of the nervous system. 1906. — HEAD: On release. Proc. roy. Soc. Lond. **92**, 184 (1921). — FROMENT et MONOD: L'épreuve de Proust-Lichtheim-Dejerine. Rev. Méd. **33**, 280 (1913) — Feestbundel aan C. Winkler. S. 312. 1918. (Zusammenfassung der Sprachstörungen bei cerebellaren Erkrankungen.)

Der Darstellung der aphasischen Störungen und dem daran anknüpfenden Versuche ihrer Deutung im einzelnen sind jetzt noch einige Gesichtspunkte voranzuschicken, die für diesen ganz allgemein von Bedeutung sind. Dabei kann es sich angesichts der Unmöglichkeit, die aphasischen Störungen schon jetzt aus den durch die Krankheiten gesetzten Abänderungen zu erklären, nur um eine mehr programmatische Darlegung der dabei bisher als wirksam erkannten Faktoren und der Art ihres Einflusses handeln. Wie in den Naturwissenschaften überhaupt, ist auch hier der *Entwicklungsgedanke* leitend; man spricht vom *Abbau der Hirnfunktionen*, der, ebenso wie der Wiederaufbau nach ihrer Zerstörung, ein führendes Analogon in ihrer Entwicklung habe. Man wird aber zwischen einem wirklichen Abbau, etwa durch einfache atrophisierende Prozesse, und Herdaffektionen mit ihren Bau und Funktion ganz unregelmäßig zerstörenden Wirkungen zu scheiden haben; und ähnlich different verhält sich deren Rückbildung im Gehirn des Erwachsenen von der Entwicklung des Kindes; nur in Fällen funktioneller Art wird sich die Rückbildung der oft nur ein Organ betreffenden Störung etwa ganz analog dem Aufbau stufenweise vollziehen.

Als unmittelbarer Ausdruck des Entwicklungsgedankens stellt sich die sog. *Ribotsche Regel* dar, derzufolge im ganzen Sprachfelde wie innerhalb seiner Teilgebiete die ältesten Funktionen dem wirklichen, also langsamen Abbau den stärksten Widerstand leisten, die jüngsten am frühesten unterliegen (für die akuten, wahllos zerstörenden Läsionen unmittelbar gilt die Regel selbstverständlich nicht bzw. nur für deren chronischen Folgeerscheinungen); aber gerade die Ausnahmen davon, begründet in einer zuweilen zufallsbedingten stärkeren Automatisierung etwa später erworbener Funktionen, beweisen, daß nicht das Alter an sich, sondern die davon abhängige Stärke des Automatischen die größere Widerstandsfähigkeit bedingt **(31)**.

Bezüglich ihrer organischen Grundlagen wird man an die durch *Übung* verbesserte Reaktionsbereitschaft, Durchstrukturierung der nervösen Elemente denken dürfen, vielleicht auch an die von einzelnen angenommenen Wachstumseinflüsse durch Übung[1].

Kritisch muß zu den als Ribotsche Regel durch die Literatur sich forterbenden Feststellungen bezüglich des sukzessiven Zugrundegehens der verschiedenen Wortklassen gesagt werden, daß sie nicht allgemein zutreffend sind und einer Revision dringend bedürfen, weil sie ohne Rücksicht auf funktionelle Differenzierungen der Kasuistik entnommen sind.

Ihren Grundlagen nach lassen sich die Störungen einteilen in *organische* und *funktionelle*, wobei zu beachten ist, daß auch die organisch begründeten nicht auf die durch die Läsion unmittelbar gesetzten beschränkt bleiben, sondern oft in weitem Umfange auch solche funktioneller Art nach sich ziehen (s. insbesondere die Lehre von der Diaschisis von v. MONAKOW).

Entsprechend dem empirisch bestätigten Satze, daß jeder durch grobe Läsion erzeugten Störung eine gleichgeartete funktionell bedingte entsprechen müsse, sind hier die ihrer Natur nach transitorischen funktionellen aphasischen Störungen gesondert zu erwähnen; sie werden bedingt durch Gicht, Morbus Brightii, Urämie, Diabetes, Insolation, Migräne, toxische (Tabak) und infektiöse Momente, Arteriosklerose und Arteriospasmus, geistige Übermüdung, epileptische, eklamptische und paralytische Anfälle. Endlich finden sich im Frühstadium organischer Läsion (Hirntumor, Gefäßwandveränderungen) ähnliche transitorische Erscheinungen, die noch als funktionelle zu deuten sind; umgekehrt ist für einen Teil der genannten Affektionen die funktionelle Natur zweifelhaft. Der Form nach — die ja für beide Kategorien die gleiche sein wird — gliedern sich die pathologischen Erscheinungen zunächst in Defekte und qualitative Funktionsstörungen. So einfach deren Feststellung erscheint, so kompliziert ist ihre Deutung, weil an ihrer Erscheinungsweise nicht bloß die sie unmittelbar veranlassenden und selbst auch noch recht mangelhaft bekannten Störungsmomente teilhaben, sondern die zahlreichen, später noch zu besprechenden Reparationsvorgänge, mit denen eben das Gehirn als Ganzes, wie der Sprachapparat als solcher, nicht minder auch seine Teile auf die Läsion und deren Wirkungen für die Funktion reagieren. Dazu tritt aber noch ein drittes Moment der Entstehung von Erscheinungen: wir wissen jetzt, daß Erscheinungen positiver Leistung Defekten ihre Entstehung derart verdanken können, daß sonst durch über- und nebengeordnete Funktionen gehemmte Vorgänge niederer Art bei Störung oder Ausfall jener, also durch *Enthemmung*, frei werden und so ihrerseits das Bild oft wesentlich modifizieren. Man weiß auch vom psychologischen Versuch, daß die ,,Aufgabe" hemmend auf Nebenleistungen wirkt.

An erkannter Bedeutung steht, vorläufig wenigstens, dieses Moment der Enthemmung noch weit zurück. Ihre Wirksamkeit läßt sich feststellen, wo die grobe Form der Erscheinungen direkt durch ihre zeitlich meßbare Hemmungslosigkeit darauf hinweist; sie wird auch dort anzunehmen sein, wo die Kranken selbst entsprechende Angaben über gegen ihren Widerstand sich vollziehende Vorgänge machen. Ist es in einzelnen Fällen die Kohärenz einer nebengeordneten Funktion, die normalerweise das Eintreten einer anderen ausschließt, so ist es in häufigeren Fällen das gleiche Moment einer übergeordneten, deren Fortfall oder Lockerung ihrer richtunggebenden Zusammenhänge eine ihr untergeordnete enthemmt (s. das später über Logorrhöe und Paraphasie Gesagte). Die näheren Umstände für die Dauer der Enthemmung sind noch unbekannt, nur das läßt sich sagen, daß die Wiederherstellung der hemmenden Vorgänge eine entscheidende

---

[1] VERWORN: Z. allg. Physiol. **6**, 118 (1907). — Vgl. auch COLLIER, W. D.: Über experimentelle Hypertrophie von Nervenzellen. J. med. Res. Boston **1920/21**, 439.

Rolle spielt. Gegenüber diesen groben, so deutbaren Erscheinungen ist vorläufig noch unbekannt, inwieweit auch Enthemmungen innerhalb der Einzelabschnitte funktioneller Zusammenhänge mitbeteiligt sind; aber entsprechend dem aus der allgemeinen Physiologie des Zentralnervensystems Bekannten wird man das auch hier als wirksam anzusehende *Gegenspiel von Reizung und Hemmung* bei Erklärungsversuchen immer in Betracht zu ziehen haben.

Danach kann es natürlich keinem Zweifel unterliegen, daß auch im *Impressiven* der Sprache ähnliche pathologische Enthemmungen eine Rolle spielen; wenn sie da nicht in die Erscheinung treten, so dürfte das in der der Willkür und der bewußten Kontrolle fast ganz entzogenen Art dieser sprachlichen Vorgänge gelegen sein.

Um etwas Hierhergehöriges, nach Analogie der Erscheinungen nach Sehhügelläsion zu Deutendes (HEAD) möchte es sich bei der bei Sprachtauben gelegentlich neben bedeutender akustischer Unerweckbarkeit vorkommenden akustischen Hyperästhesie handeln.

Einen anderen nicht minder wichtigen Gesichtspunkt müssen wir in der auch im Pathologischen überall hervorleuchtenden Tatsache vom *Gegensatze zwischen Willkür und Automatie* sehen, der sich hier bei den aufs höchste automatisierten Sprachvorgängen besonders stark geltend machen muß. Ganz allgemein läßt sich sagen, daß auch schon in der kindlichen Sprachentwicklung nachweisbar jeder schon automatisierte Akt für die willkürliche Einleitung und Weiterführung wesentlich schwieriger sich gestaltet, ja unmöglich werden kann, und daß jede solche Erschwernis des sonst schon unbewußt sich vollziehenden Vorganges sich im Bewußtsein als Störung geltend macht. Schon zuvor ist auf die verschiedenen, dem psychologischen Experiment zu entnehmenden Tatsachen hingewiesen worden, die bei der „Übung" als wirksam sich herausgestellt haben und hier für die Bewertung der gestörten Automatie in Frage kommen.

Im einzelnen läßt eine Vergleichung der Verfahrensweisen des Aphasischen mit denen des Normalen den Rückschlag auf die Stufe geringer oder fehlender Übung deutlich erkennen, ohne daß das einer speziellen Darlegung bedürfte. Nur eines sei hervorgehoben: mit dem Verluste der Automatie geht, nach Ausweis der die Wiederherstellung der Aphemie anfänglich begleitenden und später nachlassenden luxurierenden Mitbewegungen, auch alles, was an muskulärer und kontrollierender Vorbereitung diese Automatie einleitet, verloren und muß jetzt wieder neu aufgebaut und geübt werden, und dadurch leidet gerade die Einstellung auf den Bewegungsbeginn, der später (vgl. S. 1425) bei der motorischen Aphasie in den Vordergrund gerückt erscheint. Unter den gleichen Gesichtspunkt fällt auch der durch die Störung notwendig gewordene neuerliche Aufbau umfassender, erst allmählich wieder wegfallender Kontrollprozesse, die der Mechanisierung des Ganzen erst recht im Wege stehen.

Von den hier behandelten Umständen wird im Speziellen auch sonst vielfach Nutzanwendung gemacht werden können. Hier sei nur im allgemeinen angeführt, daß auch bei der Rückbildung des Willkürlichen zum Automatischen die Zweckmäßigkeit des Sich-Überlassens an dieses letztere klinisch deutlich nachweisbar ist.

Im Impressiven spielt, wie zuvor gesagt, die Willkür eine wenig deutliche Rolle, und dem entspricht es, daß dabei die aus ihrem Gegensatz zur Automatie abgeleiteten Folgen dort zu fehlen scheinen. Trotzdem wird man sagen dürfen, daß der durch die Läsion gesetzte Gegensatz zwischen verlorener höchster Automatie und sich anbahnender Herstellung eines gewissen Grades derselben nicht ohne Bedeutung sein wird, und das gilt wohl noch mehr für die kontrollierenden Funktionen.

Die Betrachtung der Erscheinungen und die davon abzuleitende Würdigung der für ihre Deutung in Betracht kommenden allgemeinen Momente wäre unvollständig, wenn nicht gleichzeitig auch der verschiedenen schon erwähnten, in den nicht progressiven Fällen deutlicher, meist schon sehr frühzeitig — nach Abklingen der den akuten Herdaffektionen folgenden Schockwirkungen — einsetzenden *reparatorischen Vorgänge* ausführlicher gedacht würde, deren komplizierte Einflüsse das Bild der Störungen in der verschiedensten Weise modifizieren. Man wird sie trennen in die *eigentlich reparatorischen*, je nach der Art der Läsion (funktionell oder grob-anatomisch), und eine rein funktionelle oder mit organischer Reparation der direkt betroffenen Partien gemischte, verschieden weitgehende *Restitution* der Funktionen einerseits dieser unmittelbar betroffenen, andererseits der indirekt durch die betroffenen Gebiete in Mitleidenschaft gezogenen weiteren. In zweiter Linie stehen die *Ersatzfunktionen* (Kompensationen) einerseits durch die unmittelbar angrenzenden oder mit dem lädierten Gebiete in funktioneller Beziehung stehenden Abschnitte (s. das bezüglich der „Hilfen" bei der inneren Sprache Gesagte), andererseits durch die dem betroffenen Gebiete symmetrische Partie der anderen Hemisphäre, die bei gleichem Bau, wie wir gesehen, zu gemeinsamer Arbeit erzogen und zum Teil jedenfalls auch weiterhin mit tätig war (deshalb auch hier zum Teil Restitution). Die Vielfältigkeit der so kategorisierten Momente zusammen mit dem, was wir schon bisher von den störenden Momenten gehört, gibt uns ein Bild von den Schwierigkeiten, ja der Unmöglichkeit, im einzelnen nur klinisch vorliegenden Falle für jedes derselben den ihm zukommenden Anteil festzustellen; doch behebt selbst der genauest erhobene Sektionsbefund vielfach nicht alle Zweifel, da er die funktionellen Fragen nur unsicher beantworten kann. Hier kann es sich nur darum handeln, die allgemeinen Gesichtspunkte dazu zu präzisieren.

Bei der Rückbildung der unmittelbar lädierten Partie werden es hauptsächlich die anatomischen sein, die in Betracht kommen. Soweit es sich um Reparationen seitens der ihr benachbarten Gebiete handelt, kann man es als feststehend ansehen, daß nur solche mit gleichartigem Bau auch zur gleichen Leistung befähigt sein werden; da, wo das nicht in Betracht kommt — und das ist wegen der Kleinheit der homogenen Rindenfelder meist der Fall — wird es sich ebenso wie bei der Mitwirkung funktionell mit dem lädierten Gebiete zusammenhängender anderer Teile nicht um echten, sondern funktionellen Ersatz auf „Umwegen" (Kompensation) durch „Hilfen" handeln, dessen Resultat bei grober Prüfung der intakten Funktion durchaus gleich sein mag, aber bei näherer Prüfung insbesondere seines Zustandekommens den Umweg erkennen und den Erfolg verstehen läßt **(32)**. Die Möglichkeit und der Zeitpunkt solchen Eintretens ist gebunden an die Nachbarschafts- und Fernwirkungen, ihre Beurteilung ist aber noch dadurch erschwert, daß solche Wirkungen auch in der Richtung der anderen Hemisphäre sich erstrecken.

Was nun die durch diese geleisteten Ersatzfunktionen betrifft, so ist dafür das früher über die normale Mitbeteiligung der „anderen" Hemisphäre, für gewöhnlich der rechten, an den Sprachfunktionen Gesagte in erster Linie mitbestimmend und im allgemeinen gültig, daß die receptorischen Leistungen, insbesondere das hörende Verstehen es sind, die, weil in höherem Maße beiderseitig mittätig und außerdem des sonst erschwerenden Momentes der Willkür ledig, auch den rascheren Rückgang der entsprechenden Störungen aufweisen.

Im allgemeinen nimmt man auch den rascheren Rückgang, natürlich cet. par., als Kriterium für das Eintreten der anderen Hemisphäre in Anspruch; aber man wird, mehr als bisher geschehen, dabei in Betracht zu ziehen haben das zuvor bezüglich des raschen und automatischen Einsetzens der „Hilfen" seitens funk-

Allgemeine für die Deutung des Pathologischen in Betracht kommende Gesichtspunkte. 1447

tionell zusammenhängender Gebiete Gesagte. Das Hauptmoment zur Entscheidung wird jedenfalls das Qualitative der Leistung bleiben und nur dort das Zeitliche zunächst in Betracht kommen, wo etwa nachweisliche Einflüsse der Erblichkeit in Frage kommen, z. B.: erbliche Linkshändigkeit, rechtsseitige Hemiplegie mit Aphasie, rasche Rückbildung der letzteren (als möglicher Ausdruck der normalen teilweisen Beteiligung *beider* Brocastellen am Sprechen).

Als bedeutsam ist schließlich auch hervorzuheben die Tatsache der *Überdeckung* der einen Funktionsstörung durch eine zweite in der Art, daß dadurch die eine nicht bzw. erst hervortreten kann, wenn die Überdeckung zurücktritt. So verdeckt naturgemäß eine schwere Funktionsstörung eine andere ihr gleichgerichtete leichtere, z. B. eine Agraphie die Störung der Orthographie, welch letztere mit dem Verschwinden der ersteren hervorkommt. Es kann aber auch ein schwerer Defekt eine anders geartete Störung zunächst verdecken; eine frontale Aphemie eine temporale Echolalie oder Paraphasie, die beim Zurückgehen jener erst hervortreten kann. Die Unterscheidung solcher Erscheinungen von den der Reparation zugehörigen ist ohne weiteres klar.

Eine schon erwähnte wichtige Rolle auch in Rücksicht des wissenschaftlichen Verständnisses spielen die jeder Herdaffektion, insbesondere den akut einsetzenden, zukommenden *Nachbar- und Fernwirkungen;* VON MONAKOW (in seiner Diaschisislehre) hat diesen mehr oder weniger diffus wirksamen Momenten auch noch weiter elektiv wirksame, anatomisch orientierte, organisch und funktionell wirksame Momente hinzugefügt, die mehr noch als in der Hirnpathologie im allgemeinen, hier, wo es sich um einen nicht bloß besonders feinen, sondern in seinen Funktionen nach außen sich kundtuenden Apparat handelt, von Bedeutung sind. Ihre Deutung als Hemmungen hat namentlich wegen der zeitlich überhaupt nicht zu präzisierenden derartigen Wirkungen Widerspruch erfahren; doch lassen gerade manche Tatsachen der Sprachpathologie diesen Gesichtspunkt in gewissem Umfange als berechtigt erscheinen.

Natürlich ist dieses Moment und sind ebenso die mit seinem Verschwinden zusammenhängenden reparatorischen Vorgänge sowohl quantitativ wie qualitativ von dem *allgemeinen Zustande des jeweils betroffenen Gehirnes* abhängig. Zur Klarstellung dieses Umstandes genügt es, hinzuweisen auf den Gegensatz des jugendlichen oder noch vollkräftigen normalen Organes und seiner Möglichkeiten vollständiger funktioneller Restitution trotz umschriebenen Dauerdefekts und des etwa schon seneszierenden Gehirns, das nicht bloß die geringeren Chancen der Ersatzleistung, sondern auch die leichtere Erschöpfbarkeit mit ihren Folgen mit sich führt. Aber nicht bloß der Zustand des Gehirns, sondern auch das Allgemeinbefinden werden hinsichtlich der eben besprochenen Umstände von Bedeutung sein; das wird uns deutlich aus den Berichten von Meistermaschinenschreibern, daß die geringste Änderung desselben die Leistungen auf das intensivste beeinflußt. Daran schließt unmittelbar das Moment der *Ermüdung*, das ebenso allgemein wie organweise in die Erscheinung tritt.

Der jetzt folgenden Besprechung der *psychischen Momente* sei die Bemerkung vorangeschickt, daß natürlich auch ihnen Körperliches parallel geht, und daß nur unsere mangelhafte Kenntnis dieser Seite der Tatsachen die formale Abtrennung rechtfertigt. In diesen Bereich gehört die Tatsache des beim Aphasischen mehr als sonst beim Cerebralkranken *herabgesetzten Bewußtseinsspanns*. Es ist verständlich, wenn darunter insbesondere alle Funktionen leiden, welche der Zusammenfassung bestimmter Ordnungen und Einzelheiten zu einer Gesamtheit, zu einem Endziel dienen. Davon und von der Enge des Bewußtseins abhängig ist das wichtige, oft vom Kranken selbst als gestört herausgefühlte Moment der richtigen *Aufmerksamkeitsverteilung*, bei der die verschiedenartige

Erschwerung der Vorgänge mit ihrer dadurch bedingten Hinlenkung der Aufmerksamkeit auf diese besonders störend wirkt. Die Auswirkung dieses Momentes wird auch dadurch verständlich, daß nicht bloß die mit Herabsetzung des Bewußtseinsgrades einhergehende Mechanisierung der Manipulationsgewohnheiten geschädigt wird, sondern ebenso auch die damit gleichen Schritt haltenden Gewohnheiten der Kontrolle bzw. der Neuerwerb solcher, die ja in erster Linie auf ökonomischer Aufmerksamkeitsverteilung beruhen. Bei der Beurteilung dieses Momentes kommt auch sonst noch verschiedenes in Betracht. Zunächst, daß in jedem sprachlichen Produkt die Aussagelaute, ihr Sinn und der zugrunde liegende Sachverhalt zu scheiden sind und deshalb jede Störung der entsprechenden Aufmerksamkeitsverteilung zwischen den dreien das Produkt schwer schädigen kann, wozu noch die Vielheit dieser Momente selbst wieder dabei erschwerend wirkt; weiter das zeitliche Verhältnis zwischen Denken und Sprechen, das Vorauseilen des ersteren, endlich die Steigerung jeder Störung durch die auf den betreffenden, an sich vielleicht nicht wesentlich gestörten Akt stärker hingelenkte Aufmerksamkeit. Man darf annehmen, daß diese für die Exekutive nachgewiesene Tatsache doch auch für das Impressive gilt.

Die Bedeutung der Herabsetzung der *Merkfähigkeit* und des *Gedächtnisses* braucht hier nur angemerkt zu werden; insofern sie für die verschiedenen sprachlichen Komponenten verschieden gestört sein können, ergibt sich die Vielfältigkeit solcher Auswirkungen; doch sind wir dabei über allgemeine Feststellungen nicht hinausgekommen, wissen z. B. nicht, inwieweit Differenzen bezüglich des mechanischen und logischen Gedächtnisses in Frage kommen.

Zur Vermeidung von Mißverständnissen sei zum Schlusse noch ausdrücklich hervorgehoben, daß die hier und auch später erwähnten Momente der Aufmerksamkeit, des Bewußtseinsumfanges u. ä. nur deshalb in ihren Wirkungen besprochen werden, weil nur durch eine genaue klinische Herausarbeitung dessen, was nicht eigentlich als aphasisch zu deuten ist, der Umfang dessen genauer festgestellt werden kann, was berechtigterweise als solches anzusprechen ist.

Noch eines allgemein nachweisbaren Momentes, das eine Art Mittelstellung zwischen Psychischem und Somatischem einnimmt, ist hier zu gedenken. Wir werden insbesondere bei den expressiven Vorgängen relativ häufig das Gesetz der *Ökonomie* als wirksam nachweisen können. Tritt es hier deutlicher auf, so werden uns doch auch im Impressiven entsprechende Tatsachen entgegentreten. (Daß es sich dabei nicht um etwas bewußt in Wirksamkeit Tretendes handelt, sei zur Vorsicht noch speziell betont und auf sein Hervortreten schon in den Leistungen des frühen Kindesalters hingewiesen.)

In diesem Zusammenhange ist nochmals zu erwähnen die Bedeutung der *äußeren Situation*, die, sachlich und affektuös bestimmt, als das dem Sprecher und Hörer, Prüfer und Prüfling Gemeinsame deshalb zunächst von so großer Bedeutung ist, weil schon im gewöhnlichen Verkehr dieses Moment zu einer meist nicht beachteten, außerordentlichen Vereinfachung des Sprachlichen führt (angemerkt sei auch ihre Wirkung auf die Eindeutigkeit der sonst vielfach mehrdeutigen Bezeichnungen). Daraus erklärt sich auch die Differenz zwischen dem Verhalten des Kranken in der Häuslichkeit und im Laboratorium. Das geht auch zurück auf den Einfluß der Stimmung der Umgebung, der wieder zur *inneren Situation* hinüberführt mit dem begünstigenden Einflusse der Funktionslust und des Erfolges auf den Kranken selbst.

Zu gedenken ist auch der zuerst von v. KRIES beschriebenen „*Einstellung*" als Bezeichnung für gewisse nicht im Bewußtsein nachweisbare Vorgänge, die durch ihre Wirksamkeit die Verknüpfungsweise oder das Eintreten anderer cerebraler Vorgänge modifizieren oder erleichtern (konnektive und dispositive Einstellung; als Beispiel der Norm die Wirkung des musikalischen Schlüssels). Es liegt nahe, zum Verständnis der dispositiven Einstellung als Moment der Aufmerksamkeit die in den Sinnesbahnen nachgewiesenen zentrifugalen Fasern heranzuziehen, von welchem Mechanismus zur Deutung gewisser Erscheinungen im Rahmen der Worttaubheit Gebrauch gemacht werden kann (s. z. B. für die Frage der sinnlichen Erweckbarkeit). Es ist wahrscheinlich, daß auch im Bereiche der den höheren psychischen Vorgängen entsprechenden Territorien ähnliche kürzere derartige zentrifugale Bahnen vorkommen, die ihrerseits solchen Einstellungen dienen (Einstellung auf differente Sprachen, auf verschiedene Wortsphären und Gedankengänge) (33). Die Bedeutung der Situation als Einstellungsmoment ist ohne weiteres ersichtlich und ebenso wahrscheinlich, daß auch die „Hilfen" von diesem Gesichtspunkte aus betrachtet werden können.

Erwähnt sei noch, daß auch hier das vom Gegensatz zwischen Automatie und Willkür Gesagte in Frage kommt; die Einstellung als ein vorwiegend automatisch und unbewußt sich vollziehender Vorgang wird nur schwer und mangelhaft, wenn überhaupt, durch einen Willkürakt ersetzt werden können.

Als eines im Stadium der Rückbildung von Läsionen störend wirksamen Momentes ist noch der auch von der Norm her bekannten Schwierigkeit zu gedenken, einmal gewohnheitsmäßig festgelegte „schlechte" Strukturen — und das gilt nicht bloß für motorische — wieder rückgängig zu machen zugunsten besserer; es ist klar, daß das namentlich bei Heilungsversuchen durch Übung insofern bedeutsam ist, als erst wieder die Einübung die „guten" Strukturen durchsetzt.

Zu beachten ist schließlich der oft bedeutende *Wechsel in der Intensität der Störungen*, der ebensowohl im Allgemeinzustande des Gehirns wie in an sich noch dunkeln, die lädierten Partien selbst betreffenden Momenten, endlich in gleichfalls nicht immer durchsichtigen psychischen Momenten — einzelnes wurde erwähnt — begründet sein dürfte.

Es ist klar, daß bei der Vielheit der hier als mitwirksam nachgewiesenen Störungsmomente sich die Frage, welche in Betracht kommen, im Einzelfall nur ganz allgemein wird beantworten lassen, und daß man sich an der Hand der vom Normalen her gewonnenen Einsichten vielfach wird begnügen müssen mit der möglichst genauen Feststellung des Funktionsgebietes, in das sie fallen.

Ein Wort ist noch zu sagen über *Selbstbeobachtungen von Kranken*, die, wenn sie von geistig hochstehenden Personen stammen (aber auch solche einfacher Leute können aufklärend sein), gewiß außerordentlich belehrend sein werden, doch aber in jedem Falle einer theoretisch getragenen Kritik zu unterwerfen sind, auch schon deshalb, weil wir auch schon von Normalen vom psychologischen Experiment her wissen, daß Versuchspersonen bei falscher Leistung das Richtige geleistet zu haben glauben. Mit Hilfe solcher Beobachtungen wird man auch die Bedeutung der *Vorstellungs-* und *Sprachtypen* als Ausdruck individueller Differenz (34) besser würdigen lernen. Bezüglich dieser, deren Einfluß jetzt nicht mehr geleugnet werden kann, läßt sich im allgemeinen nur sagen, daß der für bestimmte Funktionen gewöhnliche Typus dann merkbar in Erscheinung tritt, wenn sich Schwierigkeiten der Leistung einstellen. Die Bedeutung der verschiedenen Typen wird natürlich je nach der Natur der in Betracht kommenden gestörten Funktion sich verschieden darstellen. Störungen des optischen Vorstellungstypus würden z. B. dort von Bedeutung insbesondere nach der Richtung der Semiologie sein, wo Beschreibungen in Frage kommen (vgl. dazu die Bedeutung der Anschauungsbilder für den Stil Jugendlicher[1]) oder auch bei der von FÖRSTER zuerst beschriebenen Orientierungsstörung.

Man hat es auch schon unternommen, den histologischen Aufbau der Rinde in den in Betracht kommenden Partien mit den ihnen zugesprochenen physiologischen Funktionen in Zusammenhang zu bringen und zur Deutung des Pathologischen zu verwerten, z. B. hinsichtlich der Hörsphäre. Aber diesen Konstruktionen fehlen die genügenden Parallelen aus wesentlich besser klinisch bekannten Gebieten (Sehrinde); schon deshalb erscheint ihre Anwendung auf das Pathologische vorläufig ausgeschlossen. Das gleiche gilt für die verschiedenen an den histologischen Bau der Nervenelemente anknüpfenden Deutungen der ihnen im allgemeinen zukommenden Vorgänge, die bisher über den Rahmen des Spekulativen nicht hinaus gediehen. Zu gedenken wäre mit Rücksicht auf den hier gemachten Gebrauch des Gedankens von gegenseitiger Abstimmung und Angleichung der in Betracht kommenden Neuronensysteme einer seither von PIÉRON[2] gegebenen Anregung, die Lehre von der Chronaxie von LAPICQUE in diesem Sinne zu verwerten; auch HENSCHEN[3] hat eine ähnliche der drahtlosen Telegraphie entsprechende Arbeitshypothese (schon JOLLY hatte etwas Derartiges angedeutet) aufgestellt. Es bleibt vollständig unklar, wie Derartiges mit den immer wieder postulierten Verbindungsbahnen zwischen den Zentren in Einklang gebracht werden kann.

Man hat neuerlich noch über das Pathologisch-Physiologische hinaus auch versucht, physikalische Begriffe[4], so die Energie und deren verschiedene Verteilungsformen, für die Deutung gewisser Erscheinungen heranzuziehen. Abgesehen von der die Deutung erschwerenden Vielfältigkeit[5] der im Einzelfalle zusammenwirkenden Faktoren mahnen vor allem zwei Momente zu besonderer Vorsicht: zunächst unsere geringe Kenntnis von dem Verhältnis zwischen den in Betracht kommenden physiologischen und physikalischen Vorgängen und weiter die Tatsache, daß gerade die besonders prompt sich vollziehenden Leistungen automatisiert sind, also mit einem Minimum von Energie vonstatten gehen. Auch wird man nicht übersehen dürfen, daß gleichartige oder ähnliche Leistungen auf psychologisch sehr verschiedenen Wegen zustande kommen können, was den Schluß auf die verbrauchte Energie sehr prekär macht (35); dem entspricht es auch, daß gelegentlich gemachte Versuche, die Leistungen der Kranken zahlenmäßig festzulegen, zu höchst wechselnden Resultaten führten, wobei allerdings auch der Einfluß der erwähnten somatischen Momente eine wichtige Rolle spielt. Als sicher auch für das Pathologische kann man nur hinstellen, daß jedes über das Gewöhnliche hinausgehende Plus von Funktion an einer Stelle schädigend oder wenigstens erschwerend auf die gerade im Ablauf befindlichen anderen einwirkt. Dementsprechend sind empirisch aus den Erscheinungen selbst abgezogene Erwägungen über die Schwierigkeit dieses oder jenes Teilvorganges durchaus gerechtfertigt.

All diesen Versuchen, auch schon die Art der Vorgänge selbst irgendwie zu erfassen, steht die Kompliziertheit und Dunkelheit der Erscheinungen störend entgegen; erst die weit über die jetzt angebahnte Zerlegung der groben Symptome der Aphemie, Alexie usw. gediehene klinisch-psychologische Betrachtung der Zusammenhänge in ihren Einzelheiten kann dem anatomisch-physiologischen Verständnis die Wege ebnen (36).

---

[1] KROH, O.: Subjektive Anschauungsbilder der Jugendlichen. S. 160ff. Göttingen 1922. — Zum Pathologischen vgl. a. PICK: Schweiz. Arch. Neur. **12**, 108.
[2] PIÉRON: Rev. philos. **46**, 271 (1921).
[3] HENSCHEN: J. Psychol. u. Neur. **22**, Erg.-Heft 3, 443.
[4] PÖTZL, O.: Med. Klin. **1923**, 10ff.
[5] ELIASBERG, W.: Schweiz. Arch. Neur. **12**, 201 (1923).

Wenn entgegen der von LIEPMANN[1] besonders durchgearbeiteten *Nahestellung der motorisch-aphasischen und agraphischen Störungen zur Apraxie* von den diese betreffenden Lehren hier und in der Folge kein unmittelbarer Gebrauch gemacht wird, so müssen dem einige Worte gewidmet werden. Selbst wenn man die Wesensgleichheit der beiderseitigen Erscheinungen zugeben wollte, was nur mit großen Einschränkungen der Fall sein könnte, so liegen die Verhältnisse doch so, daß die aphasischen trotz ihrer Kompliziertheit auch genetisch viel durchsichtiger sind und deshalb eher ihrerseits zur Aufklärung der apraktischen dienlich sein könnten. Die erwähnte Einschränkung betrifft hauptsächlich die Divergenz der „Zwecke"; beim Sprechen ist der Sinn des zu Sagenden der alleinige Zweck; der Bewegungserfolg liegt nicht einmal in den produzierten Lauten, sondern in der psychischen Wirkung derselben; bei den Handlungen ist dies nur in besonderen Fällen, die dann eben unter die Zeichensprachen fallen, so. Dazu kommt, daß von einem Bewegungsentwurf insbesondere beim Sprechen, selbst wenn man etwas Derartiges überhaupt zulassen wollte, nach dem bei der Sprachentwicklung Gehörten und anknüpfend daran Dargestellten ebensowenig die Rede sein kann wie von einem „akustischen" Entwurf, dessen Ablehnung gegenüber der grundlegenden Bedeutung des Satzes genügend motiviert ist (37).

Dementsprechend erscheint eine Aufklärung der aphasischen Erscheinungen durch eine Übertragung der in der Apraxielehre auf jene Grundlagen aufgebauten Deutungen wenig erfolgversprechend. Damit sollen natürlich die auch in den gemeinsamen ursächlichen Momenten begründete Verwandtschaft der beiden Erscheinungsreihen und das darin begründete häufige Nebeneinander derselben nicht geleugnet sein[1].

So kann, um nur eines anzuführen, kaum zweifelhaft sein, daß die hier verwerteten Begriffe des Gestalteten, der Strukturen u. ä. unmittelbar in der Apraxielehre Verwertung finden können, aber erst von einer neuerlichen Durcharbeitung derselben unter diesen Gesichtspunkten auch in Rücksicht der Willenshandlungen kann eine systematische Annäherung der beiden Gebiete erhofft werden. Ähnlich liegen die Verhältnisse auch bezüglich der Agnosien; obwohl kein Zweifel über die prinzipielle Zugehörigkeit der als Worttaubheit und Wortblindheit bezeichneten Störungen zu den hier gesondert behandelten Agnosien bestehen kann, insofern es sich hier wie dort um die in verschiedenem Stufenbau sich vollziehende Verarbeitung der verschiedenen Wahrnehmungen für die Zwecke psychischer Tätigkeit handelt. Besitzen wir doch noch keine genügende Kenntnis der Zusammenhänge, um diese irgendwie systematisch klarzulegen. Die Übergänge, die sich dafür insbesondere im Akustischen ergeben, sind entsprechend gewürdigt.

In diesem Zusammenhange ist noch eines Gesichtspunktes mehr als Richtlinie für eine künftige Betrachtung zu gedenken, der geeignet ist, die hier durchgeführte funktionelle, dynamische Betrachtungsweise der Erscheinungen besser mit den pathologisch-anatomischen Befunden in Einklang zu bringen, als dies bei der bisher meist geübten fokalen Deutung dieser letzteren der Fall war.

Es ist schon immer aufgefallen, daß, gerade für den Schläfenlappen mit seiner auf relativ engem Areale besonders gehäuften Fülle von Einzelerscheinungen besonders auffällig, die doch ebensowohl kleinen wie größeren Herde von anscheinend durchaus gleicher, auch durch Schnittserien bestätigter Ausdehnung in ihrer Symptomatologie oft auffällig differieren; und solche Differenzen sind natürlich um so auffälliger, wenn sie nach Abklingen der funktionell wirksamen Momente

---

[1] LIEPMANN: Referat: Motorische Aphasie und Apraxie. Mschr. Psychiatr. **34**, 1.

(Diaschisis) nicht bloß bestehen bleiben, sondern zuweilen noch stärker sich darstellen.

Zu ihrem Verständnis wird man nun die auf dem Gebiete der Rindenlokalisation für die Sensibilität und im Sehzentrum jetzt deutliche *Differenz zwischen fokaler und funktionaler Anordnung der betreffenden Zentren* heranziehen dürfen, die, wenn auch vorläufig noch für andere, insbesondere höhere, dem Geistigen nahestehende Funktionsgebiete nicht nachgewiesen, doch auch für diese als nebeneinander bestehend die wahrscheinlichste ist.

Gerade die genannten Tatsachen lehren aber, daß, je höher die funktionelle Stellung des betreffenden Organes oder Organteiles ist, um so mehr die funktionelle Anordnung dafür überwiegt bzw. sich herausbildet. Dem entsprechend wird man für den Schläfenlappen im Rahmen des Sprachfeldes eine ganz besonders hoch entwickelte funktionelle Lokalisation annehmen dürfen. Damit ist aber die zuvor erwähnte Schwierigkeit — weitgehende symptomatologische Differenzierung bei gleichem Herd — nicht erledigt, da bei sonst fester Lokalisation dem gleichen Herde auch die den gleichen Funktionszusammenhängen entsprechenden Neuronenverbände entsprechen. Diese Schwierigkeit wird behoben durch die Erwägung, daß die Funktion sich die Zusammenhänge auch dieser letzteren erst schafft, und zwar, wie auch schon in der Norm erweisbar, verschieden je nach der Art ihrer Entwicklung und auch quantitativ und qualitativ verschieden abgestuft. Unter Berücksichtigung dieses Gesichtspunktes, der auch die individuellen Momente einschließt, werden die Differenzen auch bei durchaus gleichem Befunde verständlich. Es ist auch deutlich, daß die funktionale Lokalisation eine Folgerung aus der Zuordnung von Neuronenverbänden zu den „Gestalten" und „Strukturen" darstellt.

Es kann nicht Aufgabe der vorliegenden Darstellung sein, diesen Gesichtspunkt in den verschiedenen Gebieten durchzuführen; es wird genügen, darauf hinzuweisen, daß sich ihm auch die Deutung der differenten Symptomenbilder der motorischen Aphasie anpaßt; ferner ist es ersichtlich, daß auch die Frage, inwieweit bei den höheren psychischen Funktionen die „ganze" Rinde oder nur in beschränktem Maße jeweils zur Verwendung kommt, von jenem Standpunkte aus einer präziseren Formulierung zugeführt erscheint.

## Paraphasie.

### Zusammenfassende Darstellungen.

OSBORNE: Dubl. J. med. and chem. Sci. **4**, 157 (1834). — JACKSON, H.: Brit. foreign med. rev. **1869**, 231. — WERNICKE: Der aphasische Symptomenkomplex. 1874. (Auch abgedr. in Ges. Aufs. u. krit. Ref. z. Pathol. d. Nervensyst. **1893**.) — KUSSMAUL: Die Störungen der Sprache. 4. Aufl. 1877. Herausg. von GUTZMANN. 1910. — PITRES: Études sur les paraphasies. Rev. Méd. **1899**, 337. — PICK: Über die Bedeutung des akustischen Sprachzentrums als Hemmungsorgan des Sprachmechanismus. Wien. klin. Wschr. **1900**, 823. — DUMORA: Paraphasie, jargonaphasie et démence. Thèse de Bordeaux 1905. — KEHRER: Beiträge zur Aphasielehre mit besonderer Berücksichtigung der amnestischen Aphasie. Arch. f. Psychiatr. **52**, 103 (1913). — PICK: Über das Sprachverständnis. S. 26. 1908 — Über das Verhältnis zwischen motorischer und sensorischer Sprachregion. Arch. f. Psychiatr. **56**, 810 (1916). — GOLDSTEIN: Die transcorticalen Aphasien. S. 459. 1915.

Der Darstellung und Deutung der *temporal bedingten Sprachstörungen* ist der schon zuvor erwähnte Satz vorauszuschicken, daß, obwohl man den temporalen Anteil des Sprachfeldes auch als den sensorischen anspricht, doch auch durch seine Läsion *Sprechstörungen* bei Fehlen sensorischer veranlaßt sein können, weil gewisse aus dem Sensorischen entwickelte Mechanismen auch beim Sprechen in Wirksamkeit treten, demnach ihre Störungen solche des letzteren nach sich ziehen müssen.

Den frontalen vorwiegend in Leistungsverminderung sich darstellenden Störungen der Spontansprache stehen solche gegenüber, in denen die *quantitative* Sprachleistung zunächst vermehrt oder nicht wesentlich geändert erscheint, daneben aber die *Qualität* derselben in überwiegendem Maße gelitten hat, was, wie gesagt, fast ausschließlich den temporal (sensorisch) begründeten Formen zukommt.

Es stellt sich das einmal als eine Art *Logorrhoe* dar, als nicht zu hemmender, kaum schriftlich zu fixierender Wortschwall (dem ordnet sich wohl auch die von OPPENHEIM beschriebene Wortüberstürzung ein[1]). In anderen Fällen bedarf es einer besonderen, dann aber regelmäßig dazu wirksamen Auslösung, z. B. durch Anrede. Bei leichten Graden der Störung, namentlich sich darstellend bei einer aus topischen Momenten erklärlichen Kombination mit Wortamnesie, wird die Logorrhoe zwischendurch unterbrochen von einem als Stocken sich darstellenden Suchen nach einem Worte oder einer Umschreibung desselben. Als dazu gehörig ist auch zu erwähnen eine abnorme Redseligkeit, nur durch gelegentlich eintretende sprachliche Entgleisungen an die im folgenden als Paraphasien zu besprechenden, der Logorrhoe besonders häufig zugeordneten Störungen erinnernd.

Mit der Zeit läßt das beschleunigte Tempo meist nach und das Ganze entspricht, wenn man von diesen formalen Störungen absieht, zuweilen einer wohlgesetzten Rede in einer fremden Sprache, was durch das meist erhaltene Betonungsschema leicht vorgetäuscht wird.

Während die Form dieses Redeflusses, soweit der motorische Akt selbst in Frage kommt, nicht gestört erscheint, ist er — abgesehen von der erwähnten Redseligkeit — qualitativ in der verschiedensten Art durch paraphasische Störungen verändert. Je nachdem das ganze Wort oder die Teile desselben betroffen sind, unterscheidet man eine *verbale Paraphasie* (als Wortverwechslung) und eine *litterale*, die *syllabäre* einschließend (als Wortentstellung); in der ersteren tritt an die Stelle des richtigen ein falsches Wort, das nicht selten der Sphäre des normalen entstammt, in anderen Fällen sind es lautähnliche, die statt des richtigen Wortes eintreten. Bei der anderen Form kommt es zu Umstellungen, Einschaltungen und Auslassungen von Silben oder Buchstaben, die in den höheren Graden von Wortverstümmlung in Form unentwirrbarer Buchstabenkonglomerate auch als „Jargonaphasie" bezeichnet werden. Sie gleichen zum Teil den von der motorischen Aphasie beschriebenen Folgen artikulatorischer Störungen, die deshalb auch als paraphasische bezeichnet worden sind; unterscheidend ist dabei das Tempo: hier die rasche und glatte ungehemmte „Entgleisung" mit vielfach fehlender Einsicht in das Pathologische des Ganzen, dort das mühselig tastende Danebengreifen mit dem ständigen Bewußtsein des unzureichenden Könnens. Beide Formen, die verbale und litterale, können vom Beginn ab nebeneinander, vermischt vorkommen; in leichteren Fällen mischen sich weniger gestörte Phrasen oder Buchstaben ein. Auch hier gliedern sich die Erscheinungen je nach der Schwierigkeit und Geübtheit des zu Sprechenden, und das leitet hinüber zur mehr oder weniger deutlichen Intaktheit eingeübter Reihen. Die Satzmelodie ist anscheinend immer erhalten. Zuweilen tritt die Paraphasie nur beim Benennen von Gegenständen hervor, während sie sonst beim Sprechen noch fehlt. In gleicher Weise als für die Erklärung der Erscheinungen bedeutsam ist zu erwähnen, daß selbst neben schwerer spontaner Paraphasie das Lesen zuweilen korrekt ausfallen kann und auch das gelingende Mitsingen, freilich

---

[1] OPPENHEIM: Lehrbuch der Nervenkrankheiten. 6. Aufl., S. 968 (1913).

nicht immer, die Paraphasie mildert. Richtiges Kopieren ändert nichts an der begleitenden litteralen Paraphasie.

Die Einsicht in die Störung seitens des Kranken ist verschieden; in leichteren Fällen gelegentlich deutlich durch evtl. auch gelingende Korrekturversuche markiert, häufig aber auch fehlend bis in das späte, nicht mehr beschleunigte Stadium, so daß der Kranke nur durch die mangelnde Wirkung des Jargons darauf hingelenkt wird. Das Bewußtsein der Störung führt dann zuweilen zu absichtlichem Schweigen. Klinisch und lokalisatorisch bedeutsam ist das gelegentlich anfallsweise Einsetzen paraphasischer Logorrhoe bei motorisch-aphasischen Erscheinungen, sichtlich eine Komplikation.

Als pathogenetisch den besprochenen Erscheinungen zugehörig, wenn auch scheinbar nur ein verändertes Nachsprechen darstellend, ist hier noch der sog. *Echolalie* zu gedenken[1]. Sie besteht als schwerste Form in einer wie „auf Anhieb" (WERNICKE) zwangsmäßig und unwiderstehlich, oft die feinsten artikulatorischen und musikalischen Details erfassenden Nachahmung alles Gesprochenen, auch Unverstandenen, Fremdsprachigen, langer chemischer Formeln oder sinnloser Buchstabenaneinanderreihungen (in frischen und schweren Fällen mit gelegentlich vollständiger Ausschaltung der Spontansprache); oder sie zeigt sich als partielles Echo, die letzten Wortbestandteile, seltener den Anfang des Gehörten betreffend; in mitigierter Form beim Nachlaß der Störungen erscheint sie zuerst beschränkt auf ein fragendes Wiederholen der Ansprache, später als Umstellung derselben auf die eigene Person, worauf dann von der so sich gegen den Zwang der Nachahmung durchsetzenden Sprechintention aus auch schon die Antwort auf die Anrede erfolgt, die namentlich im Beginn der Störung vielfach logorrhoisch und paraphasisch gestört erscheint. Mit der allmählich fortschreitenden Besserung ermäßigt sich auch das Tempo, das Zwangsmäßige, doch bleibt zuweilen noch für längere Zeit eine das willkürliche Sprechen deutlich beeinflussende gelegentliche Neigung zum Nachsprechen erkennbar. In selteneren Fällen bleibt auch weiterhin für einige Zeit ein langsames, dem willkürlichen Nachsprechen der ganzen Art nach ähnliches Echolalieren bestehen. In Fällen von Idiotie ist die Echolalie gelegentlich der Endausgang der sprachlichen Entwicklung. Indessen kann ein neben intakter Intelligenz bestehendes langandauerndes Echostadium doch noch überwunden werden, analog anderen Stillständen der Sprachentwicklung. Als für die Erklärung bedeutsam ist noch zu erwähnen das Echolalieren auch nicht sprachlicher Entäußerungen der Sprachwerkzeuge (musikalische Signale) und das Nebeneinander mit anderen Echoerscheinungen (Echographie, Echopraxie).

Die Deutung der Echolalie kann anknüpfen an die in der Sprachentwicklung bis auf gelegentlich zurückgebliebene, noch beim Normalen deutliche Reste des akustisch-motorischen Reflexes vollzogene *Hemmung* desselben durch die Willkürsprache und die anderen ihm übergeordneten höheren Prozesse; durch in der Regel bestimmt lokalisierte Läsion (im Schläfelappen meist mit, seltener ohne Einschluß der Wernickeschen Stelle) kommt es zu einer Ausschaltung dieser Hemmung und damit zur Enthemmung des Reflexes und zur Echolalie; die leichteren Formen derselben entsprechen einem allmählichen Wirksamwerden und Wiedererstarken der Hemmung bzw. einem Nachlaß der Enthemmung gegenüber der Initiative zum Sprechen, die als Kampf zwischen Zwang, der Enthemmung entsprungene und sich wieder meldende Sprachintention an den Sprachprodukten sich bemerklich macht. In den als selten erwähnten Fällen,

---

[1] PICK: Über das Verhältnis von Echolalie und Nachsprechen. Mschr. Psychiatr. **39**, 65 (1916). — LIEPMANN: Ein Fall von Echolalie. Neur. Zbl. **1900**, 389.

wo die restliche Echolalie den Charakter des willkürlichen Nachsprechens zeigt, scheint der Gedanke des Nachsprechenmüssens in bestimmten Situationen, dem Arzte gegenüber noch nachzuwirken, vielleicht kommt auch eine übungsmäßig erworbene Einstellung auf eine solche Reaktion unter bestimmten Bedingungen dabei in Frage. In denjenigen schweren Fällen, in denen nichts sprachlich Verständliches produziert wird, aber sichtlich Rhythmus und Betonung im Echolalierten erkennbar sind, liegt ein Rückschlag auf jenes vorsprachliche Stadium des Kindes vor, wo dieses die gehörte Sprachmelodie in sein Lallen übernimmt.

Auch die Logorrhoe muß, auch den eigenen Angaben der Kranken selbst nach, als eine Enthemmung, hier hauptsächlich das Tempo des sonst ungestört Produzierten betreffend, bezeichnet werden, während in Fällen solcher Störung die sehr häufige Kombination mit Paraphasie in erster Linie die Qualität der sprachlichen Produkte betroffen erscheinen läßt.

Die Erklärung der entsprechenden Störungen aus Enthemmung geht aus von der Scheidung ihrer Effekte in Wortverwechslung und Wortentstellung, die es von vornherein wahrscheinlich macht, daß diese Differenz durch das Einsetzen der Störung in differenten Stadien des Sprachvorganges gegeben ist. Im ersteren Falle wird man auf das der Wortwahl hingewiesen (ein wenig zutreffender Ausdruck, da der Vorgang ein automatischer ist), was auch klinisch durch das in leichteren Fällen (otitischer Schläfenlappenabsceß, primärer operativer Eingriff ebendort) häufige Neben- und Durcheinander, ja den am Kranken merkbaren Kampf amnestischer und verbalparaphasischer Erscheinungen bestätigt wird. Rein symptomatologisch genommen unterscheiden sich die ersteren, das Nichteinfallen des im Zuge der Rede zu produzierenden Wortes, von der verbalen Paraphasie durch eine bei der Wortamnesie vorhandene, in der Intention auf das bestimmte Wort begründete[1] Hemmung gegenüber dem unzutreffenden Worte, die im anderen Falle aber nicht mehr zureicht und in leichteren Fällen der letzteren Art zu einem noch im Zuge des Sprechens mit Bewußtsein der Störung einsetzenden Versuche einer Korrektur führt. (Etwas Derartiges kommt auch bei den funktionellen aphasischen Störungen bei Migräne vor.) Positiv formuliert: Bei diesem Falle *verbaler Paraphasie* ist das durch Gedanken und Satzschema determinierte Wort innerlich vorhanden oder ist wenigstens die Intention darauf gerichtet, aber diese sonst so straffe Determination ist gelockert, die Kohärenz nicht mehr so straff, daß die davon ausgehende Hemmung der dispositionell aus der Bedeutungssphäre aus parallelen Gedankengängen oder sonst wirr assoziativ anklingenden Worte genügend fungiert und es so zur Übertragung eines dieser unzutreffenden Worte auf den Sprechapparat kommt. Auch Ähnlichkeiten von Worten und Wortstücken können dabei eine Rolle spielen, ebenso wie auch Wortkombinationen in Betracht kommen. Die entsprechende Einwirkung der ungestörten Teile des Sprachvorganges (insbesondere Satzschemas) auf dieses falsche Wort ist zuweilen an diesem selbst noch nachweisbar als eine von dem richtigen Worte hergenommene, jetzt aber nicht zutreffende grammatische Modifikation desselben. Der Kranke erkennt in den hier als Ausgangspunkt der Deutung genommenen leichteren Fällen wie der Amnestische sofort das ihm gebotene richtige Wort und kann es dann auch einsetzen. Der gegebenen Deutung entspricht auch das beim Kranken oft nachweislich vorhandene Bewußtsein vom Zwangsmäßigen des ganzen Vorganges, der sich oft deutlich als ein förmliches Hervorschießen („Herausrutschen") des falschen Wortes mit nachträglicher Verlegenheit darstellt. Zuweilen wird der ganze Vorgang von dem Kranken selbst als zwangsartig und deshalb komisch wirkend herausgefühlt. Eine Rolle

---

[1] SELZ: Zur Psychologie des produktiven Denkens. S. 338. 1922.

wird dabei auch das schon normalerweise dem Sprechen voraneilende Denken in der Weise spielen, daß die gelockerte Komplexkohärenz das Überspringen auf einen anderen Komplex nicht wie in der Norm verhindert.

Daß diese Lockerung der Kohärenz nicht alle Teile des innerlich formulierten Satzes betrifft, zeigt, daß für gewöhnlich und in den nicht allzu schweren Fällen Satz- und Betonungsschema ungestört bleiben, die Lockerung also erst die diesen folgenden Stadien des Vorganges betrifft.

Der im Psychologischen hervorgehobenen Straffung durch die Determination wäre physiologisch etwa die Tonisierung von oben an die Seite zu stellen.

Auch für die Wortentstellung — eine rein deskriptive Bezeichnung — durch *litterale Paraphasie* wird man das Moment der Enthemmung als ursächlich wirksam ansehen dürfen; hier, wo die Störung sichtlich die Struktur der einzelnen Worte betrifft, wird man, da der motorische Apparat selbst intakt ist, die Störung einmal dorthin verlegen, wo die sukzessive Auslösung seiner Funktionen erfolgt, also in den Übertragungsapparat, dessen reguliertes Fungieren durch Enthemmung auch bezüglich der Lautfolge leiden muß.

Die einzelnen Formen der Störung lassen sich an der Hand des vom normalen Versprechen her Bekannten als Ante-, Meta-, Post- und Parazeption erklären[1]. Dazu kommen noch Kontamination und Perseveration. Das nicht seltene Nebeneinander von verbaler und litteraler Paraphasie entspricht vermutlich dem gleichzeitigen Einsetzen der Enthemmung in den beiden dafür in Betracht kommenden Abschnitten.

Dazu kommt noch ursächlich ein zweites Moment. In den schwereren Fallen mit kombinierter verbaler und litteraler Paraphasie, die dann meist auch Worttaubheit zeigen, wird diese letztere infolge der dabei vorhandenen Störung des akustischen Anteiles des inneren Wortes in der Weise ursächlich mit wirksam sein, daß entsprechend der für gewöhnlich beim Sprechen führenden Rolle jenes Anteils auch die Funktion des Übertragungsapparates beeinträchtigt wird, was eben in der litteralen Paraphasie und Jargonaphasie hervortritt.

In den so häufig mit Logorrhoe kombinierten Fällen dürfte endlich auch diese selbst ursächlich in Betracht kommen durch die Beschleunigung, und etwa auch in der zeitlichen Verschiebung zwischen Denken und Sprechen begründet. Dafür spricht auch das Vorkommen paraphasieähnlicher Störungen bei schwerer Ideen- und Redeflucht, wie ja schnelles Reden dem normalen Versprechen Vorschub leistet. In den genannten pathologischen Fällen sitzt die Enthemmung bzw. die ihr zugrunde liegende Kohärenzlockerung in einer früheren Stufe des Vorganges. Der Ausgangspunkt für die hier von dem Nebeneinander der paraphasischen und amnestischen Erscheinungen hergenommene Deutung wird auch dadurch als zutreffend erwiesen, daß die Besserung der paraphasischen zum Rückgang auf die Stufe der amnestischen führt: Stocken beim Fehlen des richtigen Wortes gegenüber dem früher hemmungslos hervortretenden falschen Worte. Daß dementsprechend das Fehlen des beschleunigten Tempos besonders in den späteren Stadien nichts gegen die hier gegebene Deutung aus Enthemmung beweist, sei noch besonders angemerkt.

Daß endlich auch unrichtige Aufmerksamkeitsverteilung eine Rolle dabei spielen dürfte, wird dadurch nahegelegt, daß Zerstreutheit, offenbar infolge des dadurch bewirkten Nachlassens der normalen Hemmungen, auch schon in der Norm häufig Versprechen nach sich zieht.

Die Richtigkeit der hier gegebenen Deutung der litteralen Form aus Enthemmung im Stadium der Wortbildung wird durch Beobachtung von Sprach-

---

[1] MERINGER, R., u. K. MAYER: Versprechen und Verlesen. 1895. Saint-Paul: Rev. philos. **1**, 606 (1909).

produkten in der Aura des epileptischen Anfalles („uf, uf, nek, jak, ef, jo, dol, ko") bestätigt, in der die Enthemmung wohl ihren höchsten Grad erreicht. Das gelegentlich anfallsweise Auftreten paraphasischer Erscheinungen bei epileptischen, namentlich nachweislich cortical und temporal bedingten Anfällen dient prägnant zur Unterstützung der hier von ihnen gegebenen Deutung. Die hier dargelegten Beziehungen der Logorrhoe und Paraphasie zu Vorgängen psychischer Art finden ihre lokalisatorische Grundlegung in der Tatsache, daß in den ganz vorwiegend temporal bedingten epileptischen „dreamy states" von H. JACKSON ideenflüchtige Zustände neben paraphasischen und amnestischen Erscheinungen recht häufig vorkommen.

Differenzen in der Selbstwahrnehmung der Störung, abgesehen von dem Bemerken des ausbleibenden Effekts der Rede, werden sich aus der verschiedenen Einstellung des Kranken im Zuge der Versprachlichung seiner Gedanken (Aussagegrundlagen oder deren Inhalt) erklären lassen.

Die ältere, schon von WERNICKE aufgestellte Deutung der Paraphasie ausschließlich nur aus dem Verluste einer seinem akustischen Sprachzentrum in $T_1$ zugesprochenen regulierenden Funktion für das Sprechen erscheint schon durch die Tatsache widerlegt, daß die Störung bei Schläfenlappenläsionen ohne jede Beteiligung jener Stelle vorkommt und auch feststeht, daß das Sich-selbst-Hören nicht die ihm früher zugewiesene kontrollierende Rolle besitzt, weil man für gewöhnlich seinem eigenen Sprechen nicht zuhört.

Eine andere ältere Deutung, hergenommen von der ungenügenden Aufmerksamkeit, abgeleitet von den Tatsachen des normalen Versprechens erscheint insofern z. T. berechtigt, als mangelhafte Aufmerksamkeit, unrichtige Verteilung derselben ein Nachlassen normaler Hemmungen nach sich ziehen kann, was nicht ausschließt, daß bei Paraphasischen die auf den Effekt gerichtete Aufmerksamkeit die Störung oft nur noch verschlimmert.

Die gestörte Aufmerksamkeit könnte aber im Rahmen der hier versuchten Deutung insofern von Einfluß sein, als durch sie die zuvor betonte Kohärenz mitgelockert werden könnte.

Daß die Paraphasie nicht eine der rechten Hemisphäre zukommende Ersatzfunktion für die ausgeschaltete linke ist (v. NIESSL), erscheint durch ihr Vorkommen bei beiderseitiger Läsion der Wernickeschen Stelle erwiesen.

LIEPMANN[1] deutet die einzelnen Formen von Störungen (Ante- und Postzeptionen, Verschmelzungen u. a.) bei der Paraphasie aus dem fehlerhaften „akustischen Entwurf", den er analog seinen Deutungen der Apraxie für das Sprechen annimmt; abgesehen von der Einwendung gegen einen solchen, der in der hier gegebenen Darstellung überhaupt nicht in Frage kommt, ist dagegen noch zu sagen, daß damit — es ist ja auch hier der akustische Anteil der inneren Sprache als beteiligt angenommen worden — wohl die Form der Erscheinungen verständlich gemacht wird, aber die Grundlagen damit nicht klargelegt erscheinen (38).

Das gelegentlich korrekte Reihensprechen neben Paraphasie erklärt sich daraus, daß durch Übung festgefügte motorische Strukturen auch nicht durch Enthemmung in ihnen übergeordneten Mechanismen leiden oder jedenfalls nicht ständig, was durch die zwischendurch doch wieder vorkommenden Entgleisungen dabei exemplifiziert wird. Gelegentlich korrektes Lesen oder Nachsprechen dabei wird verständlich aus der dabei den Entgleisungen entgegenwirkenden Einstellung auf das Gesehene beim Leser, das Gehörte im Hörer, auch durch eine Art Hemmung durch Stiftung einer dem Effekt dienlichen Kohärenz.

---

[1] LIEPMANN: Referat über Apraxie und Aphasie (Londoner internationaler Kongreß 1914). Mschr. Psychiatr.

In der gleichen Weise erklären sich auch leicht die nicht selten ausgesprochenen Divergenzen zwischen Paraphasie und Paragraphie; die sonst so feste Kohärenz zwischen innerlichem Sprechen und Schreiben ist gleichfalls gelockert und dadurch Gelegenheit gegeben zu neuen Entgleisungen auf diesem weiteren Wege; ähnlich liegt es bezüglich der Paralexie in Fällen, wo die durch das Sehen des Gedruckten gestiftete Kohärenz nicht genügend wirkt.

Das paraphasische Benennen bei Fehlen der gleichen Störung im spontanen Sprechen entspricht der größeren Schwierigkeit des ersteren, die eben die sonst latente Störung deutlich werden läßt, ein Verhältnis, das auch bei Paragraphie neben fehlender Paraphasie in Frage kommt.

Differentialdiagnostisch bezüglich des Entstehungsmodus ist hervorzuheben, daß sowohl Gedanken- wie sprachliche Kontamination zu den gleichartigen paraphasischen Störungen verbaler und litteraler Art führen können, was die Vermutung nahelegt, daß auch bei nicht-paraphasischen Störungen dieses Moment mitwirken könnte; auch des Umstandes ist zu gedenken, daß Merkfähigkeitsstörungen zu ungenügender Fortführung des begonnenen Satzes, sowohl inhaltlich wie konstruktiv, führen können.

Durch die hier in den Vordergrund gestellte Bedeutung der Enthemmung erscheint die Paraphasie in eine Reihe mit den anderen gleichfalls auf dieses Moment zurückgeführten Erscheinungen wie Echolalie und Logorrhoe gestellt.

Dieser Zusammenhang läßt sich etwa in der Weise fassen, daß als erste und schwerste Form die Echolalie auf Anhieb genommen wird, bei der die Willkür überhaupt ausgeschaltet erscheint, bzw. erst mit dem Nachlaß der Störung wieder als wirksam zu erkennen ist, als zweite die Logorrhoe, bei der in verschiedenartigen Modifikationen die Worte ungestört oder mit gelegentlichen verbalen Verwechslungen ungehemmt dahinströmen, und als dritte die verbale, als vierte die litterale Paraphasie mit ihren Wortentstellungen; also zunächst Enthemmung ohne wesentliche Störung des inneren Gefüges, die erst später zu höheren Graden anwächst. Die Differenzierung der verschiedenen Formen spricht sichtlich dafür, daß der Angriffspunkt der jeweils fehlenden Hemmungen eben ein verschiedener sein muß. Wenn trotzdem alle drei ganz vorwiegend bei Schläfenlappenläsionen (gewöhnlich linksseitigen) vorkommen, so wird das so zu deuten sein, daß die als die Träger der Hemmungsfunktionen in Betracht kommenden Mechanismen mit den entsprechenden differenten Sprachmechanismen an der genannten Stelle auf engstem Gebiete vereinigt sind und deshalb von dort gelegenen Läsionen am präzisesten und umfassendsten getroffen werden können. Daß ähnliche Effekte auch durch Läsionen jener (funktionell) über geordneten Territorien zustande kommen, hat zuvor Erwähnung und den Versuch einer Deutung gefunden.

Zum Verständnis dafür, daß die so bedingten analogen Erscheinungen meist leichtere sind, wäre es denkbar, daß die dabei als Ausgang der Hemmung in Betracht kommenden Gebiete so weit sind, daß bei umschriebenen Läsionen die Enthemmung nicht so wirksam ist, um klinisch deutlicher in die Erscheinung zu treten. Eine Stütze dieser Deutung ist die Tatsache, daß bei der vorläufig als funktionell gedeuteten Maladie des Tics ebenso wie bei als anatomisch begründet anzusehenden ähnlichen Symptomenkomplexen (z. B. nach Eklampsie) reichliche Enthemmungen auch in Form von Echopraxie, Echomimie und Echographie daneben vorkommen. Etwas Genaueres über die sonst in Betracht kommenden anatomischen Regionen läßt sich nicht sagen, doch ist anzumerken, daß auch das Stirnhirn als Hemmungsorgan in Anspruch genommen wird, eine Anschauung, die wenigstens für das Sprachfeld nicht zuzutreffen scheint, weil etwas den hier zusammengefaßten Formen von Enthemmung Gleichgeartetes isoliert bei Stirnhirnläsionen nicht beobachtet ist, bzw. wenn, was äußerst selten der Fall sein dürfte, dabei vorhanden, auf grobe oder funktionelle Mitbeteiligung des temporalen Anteils des Sprachfeldes deuten dürfte (39).

Anzumerken ist noch, daß die früher geltend gemachte Ansicht, daß bei den hier aus Enthemmung gedeuteten Erscheinungen Reizung ursächlich sei, jetzt ziemlich allgemein verlassen ist[1]. Hauptargument dagegen, neben der Typizität der Erscheinungen, ist das Fehlen der gleichen Störungen bei Läsion der Broca-Stelle.

Die Annahme einer Differenzierung der Echolalie von der Logorrhoe durch eine bei der ersteren noch hinzutretende Herabsetzung der Intention (GOLDSTEIN) erscheint durch das bei den mitigierten Formen der Echolalie aufgezeigte Verhalten derselben zur Enthemmung — sofortiges Hervortreten der Intention bei Nachlaß der letzteren — als überflüssig erwiesen und auch sonst in den Erscheinungen nicht begründet. Auch die Ausbreitung der Echoerscheinungen auf andere Effekte der Sprachwerkzeuge, musikalische Signale u. a. auch in späteren Stadien spricht gegen die Annahme, daß die Intention dabei eine Rolle spielt.

Die Feststellung, daß die hier besprochenen Formen von Enthemmung keine ganz regelmäßige Folge von Herden in der bezeichneten Gegend sind, ist vorläufig noch nicht erklärt, sie beweist aber, daß es sich dabei um funktionelle Auswirkungen der Herde handelt, neben denen die mehr oder weniger andauernden andersgearteten Störungen als Ausdruck der durch sie gesetzten Zerstörungen sich darstellen; dafür spricht auch das Zurückgehen der Enthemmungen: die Echolalie am ehesten, die anderen folgen nach, die Logorrhoe ist die dauerhafteste; und das entspricht der Deutung derselben als Ausdruck auch noch anderer neben der Enthemmung wirksamen Momente. Von diesem Gesichtspunkte aus ist noch folgendes in Rücksicht der Schläfelappenherde zu sagen: Es ist eine nicht seltene klinische Beobachtung, daß bei progressiven, dieses Gebiet betreffenden Läsionen, also z. B. bei Tumoren, die von der mittleren Schädelgrube aus nach oben in den Temporallappen wachsen, sich die Reihenfolge der Erscheinungen so darstellt: Wortamnesie, verbale Paraphasie mit gelegentlicher Logorrhoe, litterale Paraphasie und etwa zum Schlusse Worttaubheit. Auch dieser Gang der Enthemmungserscheinungen ist nur aus einer verschiedenartigen funktionellen Auswirkung der Herde zu erklären, während bezüglich der übrigen vorläufig noch ungeklärte anatomische Differenzen die entscheidende Rolle spielen dürften.

Worin die Differenz begründet ist, daß in einzelnen Fällen das Bewußtsein der Störung vorhanden ist, in anderen wieder fehlt, ist im allgemeinen nicht durchsichtig, gewiß spielen neben der Einsicht des fehlenden Effektes der Rede auch andere psychische Momente, endlich Selbsttäuschung durch das erhaltene Satz- und Betonungsschema dabei eine Rolle.

Bezüglich der von einzelnen angenommenen genetischen Zusammengehörigkeit von Paraphasie und sensorischem oder Paragrammatismus siehe eine Bemerkung später bei diesem.

Nur nebenbei ist hier einer, weil gleichfalls auf einer Enthemmung beruhend, mit der Echolalie früher zusammengeworfenen ähnlichen Erscheinung zu gedenken, der sog. *Palilalie;* sie besteht darin, daß entweder spontan, noch häufiger beim reaktiven und imitativen Sprechen dasselbe Wort, derselbe kurze Satz mehrfach bis zu 8 - und 10 mal fast explosiv nacheinander, oft zunehmend rasch

---

[1] OPPENHEIM: Lehrbuch der Nervenkrankheiten. 6. Aufl. 1913.

mit zunehmend gehobenem Tone echolalisch wiederholt wird. Es ist neuerlich[1] wahrscheinlich gemacht, daß es sich um eine Teilerscheinung striär bedingter Enthemmung handelt.

## Perseveration.

### Zusammenfassende Darstellungen.

PICK: Beiträge zur Lehre von den Störungen der Sprache. Arch. f. Psychiatr. **23**, 896 (1892). — v. SÖLDER: Über Perseveration, eine formale Störung im Vorstellungsablaufe. Jb. Psychiatr. **18**, 479 (1899). — HEILBRONNER: Studien über eine eklamptische Psychose. Mschr. Psychiatr. **17**, 277, 367, 425 (1905) — Über Haftenbleiben und Stereotypie. Ebenda **13**, Erg.-H., 293 (1905).

Gleich hier, weil auch pathogenetisch gleichartig, ist noch einer besonderen Störung zu gedenken, die, wenn auch im Rahmen anderer Funktionsformen (bis in das Gebiet der Apraxie hinein) nicht fehlend, doch gerade neben den zuletzt behandelten aphasischen Erscheinungen eine hervorragende Rolle spielt, was mit der Tatsache zusammenfällt, daß gerade bei den mit Schläfenlappenläsionen (linksseitigen für gewöhnlich) zusammenfallenden Störungsformen das ganz besonders hervortritt. Es handelt sich um die sog. Perseveration, das „Klebenbleiben", Haftenbleiben an einer Funktionsform, die im regelrechten Ablaufe schon von der ihr folgenden abgelöst ist, hier aber in gleicher Form noch weiter nachhält und wiederholt mehrfach zu dem gleichen Produkte, *Perseverat*, führt. Sie ist nicht zu verwechseln mit den Restformeln der Motorisch-Aphasischen, die dauernd und unveränderlich persistieren. Man nimmt an, daß es sich um eine Steigerung der der Norm zu entnehmenden Erscheinung handelt, daß z. B. ein gebrauchtes Wort auch weiterhin im Zuge des Satzes nachwirkt oder selbst neuerlich auftritt (nachzuweisen in den Erscheinungen des normalen Versprechens). Gerade in dieser Form tritt die pathologische Perseveration im Rahmen der hier besprochenen Störungen besonders hervor: bei der Wortamnesie als sich aufdrängende, oft mehrfache Wiederholung der gleichen Fehlleistung, das ganze Wort oder nur eine Silbe, einen Buchstaben betreffend, in gleicher Weise bei den Paraphasien als Wiederholung derselben Wortentstellung oder Wortverwechslung, als Fortwirken einer früher gebrauchten Satzkonstruktion oder Wortbiegung an unrichtiger Stelle und dadurch gelegentlich Agrammatismus vortäuschend; als Gegenstück dazu die richtige grammatische Konstruktion an dem perseverierenden Worte, perseverierende falsche Betonung eines richtigen Wortes, zum Beweise, daß die Störung nur ein Stück in einem sonst korrekt ablaufenden Vorgange betrifft. Der Nachweis dieses Verhältnisses ist natürlich oft schwer zu führen, da die Beurteilung nur am fertigen Perseverat möglich ist. Bis ins Psychische hineinreichend die Antwort 31 auf die Frage nach der Kinderzahl, hergenommen von der zuvorgestellten Frage nach der (auch 31 Jahre zurückliegenden), aber nicht besprochenen Heirat; auch sonst kann ein im Denken etwa anklingendes Wort als Perseverat auftreten; ein Kranker, dessen Gesundheitszustand vorher besprochen worden, bringt dann, nach Gegenständen gefragt, jedesmal dieses Wort unverändert vor. Gleichartige Erscheinungen finden sich auch beim Lesen und Schreiben, bei diesem letzteren als der schwereren Leistung auch da, wo sonst die Perseveration schon abgeklungen. Dabei auch vom Sprechen sich ableitende Perseveration (nach Spiel später „sbischbiel"). Ein Kranker schreibt „getoritito potogeto geriti".

Die Dauer dieser sichtlich funktionellen Störung erstreckt sich zuweilen über eine Reihe von Tagen selbst mit langen Zwischenpausen, so nach para-

---

[1] PICK: Die neurologische Forschungsrichtung in der Psychopathologie. Kap. 7. 1921.

lytischen und epileptischen Anfällen, bemerkenswerterweise besonders solchen, in denen aus den übrigen Erscheinungen erweislich das Schläfenlappengebiet mitbeteiligt ist; für gewöhnlich kommt das linksseitige Gebiet in Betracht, vereinzelt ist die Erscheinung auch bei rechtsseitigem Herd beobachtet, ohne nachweisbare Linkshändigkeit. Ihre Natur ist nicht mit Sicherheit klargelegt; während von der Norm her, wenigstens für einen Teil der Fälle, die Annahme (v. SÖLDER) berechtigt ist, daß etwa die durch besondere Aufmerksamkeit, Interesse, verstärkte Leistung der Grund ihres verstärkten Nachwirkens ist, scheint es in den pathologischen Fällen die Minderwertigkeit der übrigen Leistungen infolge von Ermüdung, herabgesetzter Bewußtseinshöhe zu sein, die das verstärkte Hervortreten der eben perseverierenden zur Folge hat. Dem entspricht auch das Paradigmatische der Erscheinung auch noch innerhalb der Norm in Zuständen herabgesetzter Leistungsfähigkeit, besonders aber schwerer Ermüdung.

Das häufige Nebeneinander von Perseveration und der durch Schläfenlappenläsion bedingten und auf Enthemmung zurückgeführten Paraphasie legt die Erwägung nahe, ob nicht die diese veranlassenden Momente auch bei der Genese der Perseveration in Frage kommen könnten. Man wird bejahen können; erfahrungsgemäß[1] führt starke Beschleunigung des Redens leicht und regelmäßig zu Perseveration, und die zur Deutung der Paraphasie angenommene Schwäche der Kohärenz und der Determination entspricht der zur Deutung der Perseveration angenommenen Minderwertigkeit der anderen, nicht mit der das Perseverat betreffenden zusammenfallenden Leistungen; die als Parallelfall in der Norm herangezogene Erscheinung der Ermüdung führt nach gelegentlichen Beobachtungen auch zu sprachlicher Enthemmung mit Paraphasie. Es ist gewiß kein Zufall, daß in beiden Fällen gerade bei der Wortfindung die Lockerung der Kohärenz zu so deutlicher Enthemmung führt; es wird dabei gewiß die relative Schwierigkeit der Leistung eine Rolle spielen.

Dazu kommt noch das schon erwähnte lokalisatorische Moment, das gleichfalls für jene Nahestellung spricht, die auch dadurch erwiesen ist, daß in seltenen organischen Fällen ganz akut Paraphasie und Perseveration ebenso nebeneinander auftreten, wie das in den zuvor erwähnten „Anfällen" gewöhnlich der Fall ist.

Als ein letztes Argument ist noch zu erwähnen ein gewisses Verhältnis zur Intensität der in Betracht kommenden Enthemmung: Perseveration bei leichter, Paraphasie bei stärkerer Enthemmung.

Da man kaum vermuten darf, daß die der Perseveration zugrunde liegende Störung eine einzig auf den Schläfelappen beschränkte sein wird, muß man annehmen, daß gerade die dort besonders deutlich erkennbaren Enthemmungen ihr Hervortreten bewirken. Auffallen freilich muß, daß die gleichfalls dort lokalisierten impressiven Vorgänge etwas der Perseveration Entsprechendes nicht erkennen lassen; das könnte freilich auch nur Schein sein, da die betreffenden Kranken darüber nichts aussagen können; wenn in gewissen Formen von Worttaubheit die Kranken angeben, daß ihnen alles Gehörte eintönig, gleichmäßig erscheint, wie „toterot" oder „drub-arub-drub", so könnte es sich um impressive Perseveration handeln.

# Nachsprechen.
### Zusammenfassende Darstellungen.
PICK: Über das Sprachverständnis. 1908 — Über das Verhaltnis von Echolalie und Nachsprechen... Mschr. Psychiatr. **39**, 65 (1916). — GOLDSTEIN: Die transcorticalen Aphasien. S. 459. 1915 — HEILBRONNERS Darstellung im Handb. d. Neurol. Herausg. von LEWANDOWSKY. **1**, 990.

---
[1] STRANSKY: Sprachverwirrtheit. 1905.

## Reihensprechen.

### Zusammenfassende Darstellungen.

PÎTRES: Études sur les paraphasies. Rev. Méd. **1899**, 549. — HEILBRONNER: Zur Frage der motorischen Asymbolie. Z. Psychol. **39**, 168 (1905) — Zur Rückbildung der sensorischen Aphasie. Arch. f. Psychiatr. **46**, 766 (1910). — v. DYMINSKI: Über Störungen im Hersagen geläufiger Reihen bei einem Aphasischen. Würzburger Diss. 1908. — LEWIN: Psychol. Forschg **2**, 121 (1922). — GUTZMANN: Über Gewöhnung und Gewohnheit... Fortschr. Psychol. **2**, 137 (1913). — HENSCHEN: Beitr. **7**, 317.

Das *willkürliche Nachsprechen* erfolgt entweder *ohne Beachtung des Sinnes* unmittelbar unter Ausnützung der Reste des früheren Sprachreflexes, die zu einer entsprechenden, das Nachsprechen erleichternden Bereitschaftsstellung der betreffenden motorischen Zentren führen, oder *auf dem Umwege über das mehr oder weniger deutlich anklingende Verständnis des Vorgesprochenen* (40); klinisch steht es für gewöhnlich mit der Qualität des spontanen Sprechens in engem Gleichgang. Bei der Aphemie fehlt häufig auch das Nachsprechen, selbst die Formeln können nicht nachgesagt werden; als Seltenheit dabei ist vollständig korrektes Nachsprechen zu registrieren; leichtere Störungen desselben sind dabei das Gewöhnliche; ähnlich ist, wie zuvor schon erwähnt, das Verhältnis bei Paraphasie. Bei freierem Spontansprechen ist das Nachsprechen als das Leichtere im allgemeinen auch besser, nicht immer aber frei von Variationen einzelner Buchstaben, vereinzelt auch falscher Betonung, und in Fällen mit Agrammatismus ist es ebenfalls meist agrammatisch; das Gegenteil, schlechteres Nachsprechen, gehört zu den Ausnahmen. Beim Nachsprechen längerer Worte und Sätze spielen Sinnverständnis und Merkfähigkeit eine oft entscheidende Rolle, jenes verbessernd, diese, wenn herabgesetzt, auch schädigend. Das Nachsprechen kann aber auch bei fehlendem Sprachsinnverständnis, von dem es ja nicht abhängt, erhalten sein, während natürlich fehlendes Lautverständnis das Nachsprechen intensiv stören muß. Hat das grammatische Sprachverständnis für Gehörtes gelitten, dann fällt evtl. auch ohne schon vorhandenen spontanen sprachlichen Agrammatismus die Wiedergabe von Gehörtem mangelhaft und agrammatisch aus; das letztere kann bei vollständig richtigem Vorsprechen auch die Folge einer mangelhaften Rekonstruktion des Gehörten sein.

Oft werden längere Worte besser als gleichlange Sätze und besser als einzelne Buchstaben oder Silben nachgesprochen. Die Wirkung des verschieden weit gediehenen Verständnisses macht sich, wenn auch nicht immer, in dem besseren Nachsprechen sinnvoller als sinnloser Worte geltend (41), ebenso bei dem Versuche, nicht sinnvoll wiederzugebende Sätze mit beiläufigem Sinnzusammenhange zu produzieren. Als Hilfe wirkt auch ähnlich das Ablesen vom Munde, das, von manchem Kranken rasch erlernt, die Prüfung günstiger erscheinen läßt.

Der Gleichgang der Qualität des Nachsprechens mit der des Sprechens überhaupt ist verständlich aus der gleicherweise eintretenden Wirkung der das Spontansprechen schädigenden Momente, die jedoch bei eng an das Gehörte anschließendem Nachsprechen durch die erwähnte motorische Einstellung auf das Gehörte gemildert werden. Die seltene Erscheinung des schlechteren Nachsprechens wird neben dem Verluste dieser Einstellung durch andere im Einzelfall verschiedene, nicht klar gelegte funktionelle Momente (unzweckmäßige Einstellung der Aufmerksamkeit vorwiegend auf den motorischen Akt selbst u. a.) bedingt sein. Als erschwerend könnte der Umstand in Betracht kommen, daß das Nachsprechen einen Willkürakt, eine Aufgabe darstellt, die direkt zum Aufpassen auf deren Erfolg veranlaßt, was bei mangelhaftem Gelingen erst recht verschlechternd wirkt. Daß Verstandenes in der Regel besser nachgesprochen wird als Unverstandenes, erklärt sich aus dem Plus, das die dem Sinne sowohl des Satzes wie der einzelnen Worte zugeordneten innersprachlichen Momente der Auslösung des Sprachapparates erleichternd hinzufügen.

Über die anatomischen Grundlagen des erhaltenen Nachsprechens bei gestörtem Sprachverständnis, partielle Läsion der Wernickeschen Stelle oder Läsion in ihrer Umgebung, ist etwas Sicheres nicht zu sagen. Zu beachten ist aber, daß das Nachsprechen ohne Verständnis eine durchaus lebensfremde und schon deshalb schwerere Leistung ist und daß die bei sinnlosen Worten aufgewendete Mühe zur Erzielung eines Sinnes die Leistung noch mehr schädigen wird. Dazu kommt noch, daß dem Gesprochenen normalerweise immer ein Sinn unterlegt wird, und deshalb wird die beim Prüfling eintretende, nicht immer bewußte Einstellung dazu den Akt des sinnlosen Nachsprechens weiter erschweren (42), (43).

Den hier beschriebenen Verschiedenheiten auch eine Differenzierung nach anatomischen Befunden an die Seite zu stellen, wie dies zuweilen geschieht, erscheint verfrüht, nicht bloß wegen der mangelhaften anatomischen Einsichten (intracorticale Bahnen), sondern ebenso wegen der Kompliziertheit der Verhältnisse (Beteiligung der rechten Hemisphäre?). Im allgemeinen kommt anatomisch für das Nachsprechen vor allem der Fasciculus arcuatus, daneben sonstige Assoziationsfasern zwischen $T$ und $F$ in Betracht.

Zu den durch die intensive Ausbildung über ganze Reihen sich erstreckender motorischer Strukturen besonders bevorzugten Formen des Sprechens (dieser Gesichtspunkt spielt auch beim gewöhnlichen Reden eine Rolle) gehört das sog. *Reihensprechen*, das Hersagen automatisierter Wort- und Satzfolgen, von Gebeten, Einmaleins, Wochentags- und Monatsnamen, Schulgedichten u. ä. Dies, worin schon das Altersmoment mit eingeschlossen (Jugenderwerb besser als später Erworbenes), stellt diese Sprachform in die Reihe der den verschiedenartig lokalisierten Störungen am intensivsten widerstehenden.

Das Tempo der Erscheinung ist je nach den sonstigen Störungen ein verschiedenes, aber nicht immer diesen gleichgeartetes (insofern bei selbst schwerer Aphemie das Reihensprechen flott sein kann. Die überragende Bedeutung der durch die Übung weit über das Gewöhnliche hinaus dabei gestifteten Funktionsverbände wird erwiesen durch die Unfähigkeit, die abgebrochene Reihe wieder fortzusetzen und die Notwendigkeit, die Reihe wieder von Anfang an zu beginnen, auch durch die Unfähigkeit, einen Fehler in der Reihe unmittelbar zu korrigieren. Auch da tritt uns der zuvor ausführlich dargelegte Gegensatz zwischen Willkür und Automatie verständlich ebenso entgegen wie in der Erscheinung, daß mitten im Reihensprechen plötzlich ein Stück Dialekt sich geltend macht. Das Verhalten bei Übung ist verschieden; zuweilen rasche Wiederherstellung, zuweilen hartnäckiges Versagen.

Als *Embolophasie* bezeichnet man die hierhergehörige Erscheinung, daß gewisse Flickworte sehr häufig, meist ohne daß der Kranke es merkt, in die Rede eingesetzt werden; es handelt sich dabei und auch in ähnlichen Fällen in der Norm um eine zufällig sich einstellende und dann automatisierte Formel, die manchmal bei sonst herabgesetzter Sprachfähigkeit ähnlich wie das Reihensprechen die Wirkung hat, daß ein sonst unmöglicher Satz im Gefolge des Flickwortes mobilisiert wird. In ähnlicher Weise die Reihe mobilisierend wirkt häufiger noch das Vorsprechen oder auch nur das Markieren des Ansatzes durch den Untersucher. Im Stadium der Besserung konstatiert man nicht selten, daß die Übung einer Reihe eine Zahl anderer ohne deren besondere Übung wieder in Gang setzt.

Das Reihensprechen stellt eine noch in höherem Maße automatisierte Form einer schon an sich stark automatisierten Funktion dar, und dementsprechend wird all das, was wir früher von den Wirkungen der Übung gesagt haben, zum Verständnis der größeren Widerstandsfähigkeit des Reihensprechens gegenüber dem spontanen Sprechen dienen. Dazu kommt noch die erleichterte Ansprechbarkeit der automatisierten und weit umfassenden motorischen Strukturen mit ihrer Verringerung der zur Anregung nötigen Willensimpulse. Aus dem festen Zusammenhange der durch die Übung gestifteten motorischen Strukturen erklärt sich die Unfähigkeit, etwa mitten drinnen zu beginnen, die Tatsache der Mobilisierung der Reihe oder eines Teiles durch ein eingeschaltetes Flickwort, das für sich mobil ist, durch Vorsagen, durch Singen oder Vorsingen. Bei dem letzteren kommt außer dem schon erwähnten Strukturzusammenhange auch noch in Betracht der durch Übung ausgebildete Zusammenhang zwischen den Strukturen des Gesanges und des Textes, von denen die erstere eine besonders feste ist (44).

Natürlich gelten entsprechend modifiziert die gleichen Gesichtspunkte auch für die Wiedereinübung nach gestört gewesener Funktion. Diese Momente, besonders aber der oft schroffe Gegensatz zwischen totaler Aphemie und gutem Reihensprechen sprechen für die hier versuchte Deutung der ersteren und vor allem gegen die Annahme einer Anarthrie. Auch die Tatsache der „Mitübung" anderer Reihen bei Übung einer spricht gegen die Annahme des Verlustes irgendwelcher Erinnerungsbilder. Es kann auch nicht bloß an der Bewegungsmelodie liegen, da ja jeder Reihe eine besondere zukommt, vielmehr werden dabei die gebesserte Mobilität der entsprechenden Neuronenverbände im allgemeinen und die Plastizität derselben eine Rolle spielen; wie ein Violinspieler, wenn gezwungen Klavierspieler geworden, jedenfalls sofort besser spielen wird als der, der niemals gespielt hat. Daß auch psychische Momente, die Erfolgslust u. a. dabei auch eine Rolle spielen, erscheint selbstverständlich.

## Wortamnesie.
### Zusammenfassende Darstellungen.

Pîtres: L'aphasie amnésique et ses variétés cliniques. 1898. (Hier die franz. Literatur bis 1898.) — Wolff, G.: Klinische und kritische Beiträge zur Lehre von den Sprachstörungen. S. 74, 97. 1904. — Pick: Zur Symptomatologie der linksseitigen Schläfenlappenatrophie. Mschr. Psychiatr. **16**, 378 (1904). — Goldstein: Zur Frage der amnestischen Aphasie und ihrer Abgrenzung gegenüber der transcorticalen und glossopsychischen Aphasie. Arch. f. Psychiatr. **41**, 911 (1906) — Die amnestische und die zentrale Aphasie (Leitungsaphasie). Ebenda **48**, 314 (1911). — Kehrer: Beiträge zur Aphasielehre mit besonderer Berücksichtigung der amnestischen Aphasie. Ebenda **52**, 103 (1913). — Stertz: Die klinische Stellung der amnestischen und transcorticalen motorischen Aphasie... Dtsch. Z. Nervenheilk. **51**, 239 (1914). — v. Stauffenberg: Z. Neur. **39**, 112 (1918). — Winkler: Op. omn. **5**, 337 (1918). — Henschen: Beitr. **6**, 87, 137, 201. — Lotmar: Zur Kenntnis der erschwerten Wortfindung und ihrer Bedeutung für das Denken des Aphasischen. Schweiz. Arch. Neur. **5**, 206 (1919); **6**, 1 (1920). — Ach: Über die Begriffsbildung. S. 286. 1921. — Lewandowsky: Über Abspaltung des Farbensinnes. Mschr. Psychiatr. **23**, 488 (1908). — Gelb u. Goldstein: Über Farbennamenamnesie nebst Bemerkungen über das Wesen der amnestischen Aphasie überhaupt und die Beziehung zwischen Sprache und dem Verhalten zur Umwelt. Psychol. Forschg **6**, 127 (1924) — Das Wesen der amnestischen Aphasie. Verh. Ges. dtsch. Nervenärzte Sept. **1924**, 132.

## Sog. optische Aphasie.
### Zusammenfassende Darstellungen.

Freund: Über optische Aphasie und Seelenblindheit. Arch. f. Psychiatr. **20**, 276 (1889). — Vorster: Beitrag zur Kenntnis der optischen und taktilen Aphasie. Ebenda **30**, 341 (1898). — Wolff, G.: Die oben zit. Abhandl.

Eine besondere Stellung nimmt jene Störung des Sprechens ein, die sich als Fehlen oder Nichteinfallen des entsprechenden Wortes beim Bezeichnen eines

Gegenstandes oder im Zuge eines Satzes darstellt. Lange Zeit als besondere klinische Form strittig, steht es jetzt fest, daß diese Störung, die *Wortamnesie*, als einzige Erscheinung durch lange Zeit bestehen kann und deshalb auch als *besondere Aphasieform*, die *amnestische*, neben die übrigen gestellt werden kann (45). Sie stellt sich so dar, daß das sinnentsprechende Wort nicht auftaucht und der Kranke, nachdem er seinem Unvermögen irgendwie Ausdruck gegeben, es durch Umschreibung, Angabe des Zweckes des zu bezeichnenden Objektes u. ä. zu ersetzen versucht; wenn es ihm auch nur stückweise dargeboten wird, es sofort als richtig erkennt und auch korrekt wiederzugeben weiß. Die Erscheinung tritt als Zeichen gradweiser Differenz schon auf beim Objektbezeichnen, während die Spontansprache noch nichts von Wortamnesie erkennen läßt. In schweren Fällen folgt dieser gelegentlich auch die Unfähigkeit, den Zweck des Objektes anzugeben. Das Sehen desselben erleichtert meist die Namensfindung, gelegentlich muß noch der Tastsinn unterstützend eintreten. Die Störung betrifft zunächst Substantiva, in erster Linie Eigennamen, Abstrakta, seltener Verba und Adjektiva, fast niemals die Beziehungs- und Formwörter (darüber s. unter Agrammatismus). Alle übrigen Teile des Sprachvorganges, insbesondere die Stadien der Formulierung, sind vollständig ungestört bis auf das Tempo, das bez. der übrigen Rede intakt und eher lebhaft, nur durch das Nichtfindenkönnen einzelner Worte ein Stocken erfährt. Bei Polyglotten ist es in der Regel die später erlernte Sprache, in der die Wortamnesie zuerst hervortritt.

Eine gewisse Analogie zu der Störung bildet die namentlich bei älteren Personen, aber auch allgemein nach Ermüdung oder in sonstigen Erschöpfungszuständen vorkommende Wortamnesie. Außer dieser reinen amnestischen Aphasie findet sich die gleiche Erscheinung auch neben anderen aphasischen Störungen, vor allem im Rahmen der sensorischen Aphasieformen, ein Zusammenhang, der darin klinisch hervortritt, daß nicht selten als Rest einer ausgesprochen sensorischen Aphasie eine reine oder fast reine amnestische Aphasie gelegentlich dauernd zurückbleibt. Umgekehrt kann die amnestische Aphasie in progressiven Fällen ein erstes Stadium einer später zunehmend deutlich die Symptome einer der sensorischen Aphasieformen aufweisenden Störung darstellen und ebenso kann sie der symptomatische Ausdruck eines Frühstadiums einer weiter verbreiteten diffusen Erkrankung der Rinde (Paralyse, senile Demenz) sein. Dabei spielt wohl die noch nicht klargelegte Feststellung einer besonders frühzeitigen Beteiligung des linken Schläfenlappens an den atrophischen Prozessen die Hauptrolle. Den sensorisch bedingten amnestisch-aphasischen gleichgeartete Erscheinungen finden sich, wenn auch viel seltener, als klinisch nachzuweisende Reste einer motorischen Aphasie, in welchen Fällen doch noch wenigstens angedeutet die dieser zukommenden motorisch sich ausprägenden Störungen des Sprechens nachweisbar sind.

Der Deutung der Erscheinungen ist zunächst die Bemerkung vorauszuschicken, daß es sich bei dem entsprechenden normalen Vorgang im Zuge der Rede nicht um ein wirkliches Suchen, Wählen oder Finden der nötigen Worte handelt, dieser vielmehr, wie wir gesehen, im gewöhnlichen Reden automatisch erfolgt, allerdings in wesentlich geringerem Maße als die übrigen Teile des Sprachvorganges, die ja ganz vorwiegend an der Hand des Sprachgefühls vonstatten gehen; darin liegen wichtige Momente für die Tatsache, daß die „Wortfindung" sich als eine wesentlich schwierigere Funktion den anderen gegenüber darstellt und dementsprechend besonders vulnerabel auch bei diffusen und funktionellen Prozessen ist.

Noch mehr gilt das für die im Krankenexamen verlangte Objektbezeichnung, die als eine lebensfremde Funktion bezeichnet werden kann, da sie nicht dem in der Wirklichkeit des Lebens vorkommenden Gebrauche eines isolierten Wortes gleichzustellen ist (Einwort*satz*); auch das ex abrupto einer solchen ohne jede sonstige Hilfe (Wörterbuch) verlangten Leistung macht ihre Schwierigkeit verständlich; es bedarf dazu noch einer besonderen Leistung der signifikativen Einstellung. Bei der Wortwahl im Satze handelt es sich eben nicht um eine einfache Zuordnung von Namen zum Objekt, sondern um einen Prozeß der Anpassung des zu wählenden Wortes an den Sinn des ganzen Satzes (ausgenommen natürlich den Gebrauch von geläufigen Formeln und Wendungen). Und noch komplizierter gestaltet sich die Leistung bezüglich der übrigen Wortkategorien.

Bei der Gegenstandsbezeichnung als Kundgabe handelt es sich häufig um eine geübte oder affektiv bedingte und dadurch erleichtert auszuführende Funktion; im Zuge einer Rede ergeben sich wieder aus dem Sinnzusammenhange des Satzes verschiedenartige Hilfen, zumal das logische Gedächtnis ungestört ist. Die Beschränkung der Störung auf bestimmte Wortkategorien beruht gleichfalls auf einer funktionellen Gruppierung dieser etwa nach der Schwierigkeit und Geläufigkeit der diesen Kategorien zugrunde liegenden psychologischen bzw. physiologischen Prozesse. Die Klärung dieser Frage kann nicht einfach generaliter gelöst werden, weil aus veränderten Funktionsbedingungen (verschiedene Etappen des Sprachvorganges) sich auch diesbezüglich Differenzen ergeben dürften, deshalb kann sie auch nicht durch isolierte Betrachtung der einzelnen Wortkategorien, wie dies noch vielfach bei der Ableitung der Ribotschen Regel gerade hier geschieht, gelöst werden.

Daß die Bezeichnung eher leidet als die Gebrauchsbestimmung des Objektes, liegt an der Entwicklungsdifferenz: jene ist jüngeren Datums, wie auch die Gebrauchsbezeichnung den Namen früher emporhebt als die direkte Frage nach diesem. Der Name ist etwas zu den Eigenschaften des Dinges Hinzugekommenes, nicht so Inhärentes wie sie. Damit hängt auch die Erscheinung zusammen, daß der Gegenstand bei gegebenem Namen leichter gefunden wird als der Name zu ihm. In einer ersten Stufe der Entwicklung sind Objekt und Gebrauch desselben synonym. (Priorität des Tätigkeitsbegriffes gegenüber dem Gegenstandsbegriffe bleibt. Ein Ding ist in erster Linie ein Anlaß zu Tätigkeit. Vgl. auch die Onomatopoetica, die, der Funktion entnommen, den Gegenstand unmittelbarer darstellen als der konventionelle Name.) **(46)**

SELZ[1] nimmt zur Erklärung der hier in Frage stehenden Tatsache an, daß, wenn die Gedächtnisdispositionen der Worte abgeschwächt sind, ihre Anregung vom Objekte oder der Vorstellung her versagt; das steht sichtlich in Einklang mit der älteren Deutung der amnestischen Aphasie aus einer allerleichtesten Herabsetzung der akustischen Erinnerungsbilder, stimmt auch mit der Lokalisation, gilt aber natürlich nur für Objektbezeichnungen, während für die anderen Wortkategorien andere Momente in Frage kommen müssen.

Die größere Schwierigkeit der Abstrakta gegenüber den Konkretis scheint darin begründet, daß jene nur durch Relationserlebnisse erfaßt oder in ihnen erlebt waren, während die anderen aus der Wahrnehmung bekannt sind. Die Relationen liegen viel weniger bereit als die bekannten Wahrnehmungselemente und müssen erst wenigstens teilweise hervorgerufen werden. Die ebenfalls leichter entfallenden Eigennamen entbehren der etymologischen Beziehungen zu anderen geläufigen Worten.

Der hier aus den Erscheinungen hergenommenen dynamischen Deutung entspricht auch das, was man über die ihnen zugrunde liegenden Vorgänge sagen kann. Die Kranken selbst bezeichnen den Defekt der akustischen innersprach-

---

[1] SELZ: Zur Psychologie des produktiven Denkens. S. 384. 1922.

lichen Komponente als solchen oder weisen hin auf die dadurch behinderte Auslösung der sprachmotorischen Vorgänge. Für die Beteiligung dieses letzteren Prozesses spricht die Tatsache des in schwereren Fällen gelegentlichen Vorkommens paraphasischer Erscheinungen (bez. dieses Zusammenvorkommens, s. unter Paraphasie), was die Annahme der Intaktheit der inneren Sprache bei der Wortamnesie zu stützen geeignet ist.

Das Nichtauftauchen des determinierten Wortes wird man als Ausdruck einer ungenügenden Reproduktionsbereitschaft jener Komponente vom Gedanken oder vom Objekt aus deuten dürfen; dem entspricht es, daß die Reaktionsbereitschaft dieser Komponente vom gehörten Worte prompt ausgelöst wird, weil in diesem Falle das reizauslösende Moment ihr am adäquatesten ist, insofern sie beide genetisch die ältesten sind und dadurch auch die Abstimmung zwischen den beiden die gleichartigste ist. Die Auslösung der akustischen Komponenten von anderen sprachlichen Vorgängen, vom Lesen aus, wird durch den Zusammenhang der in Frage kommen innersprachlichen Faktoren erleichtert. Der Grad der Störung ist ein verschiedenartiger; ein besonders leichter tritt uns darin entgegen, daß die dem fehlenden Worte entsprechende Konstruktionsform sich vollzieht, noch ehe es auftaucht. Gerade auch diese Tatsache spricht für die Festigkeit der Kohärenz der Vorgänge, deren Nachlaß zuvor als Ursache der paraphasischen Entgleisungen gedeutet wurde.

Entsprechend dem Umstande, daß die typische reine amnestische Aphasie sowohl an der Hand psychologischer Analyse der Reihenfolge der der Satzbildung entsprechenden Vorgänge wie auf Grund klinischer Gesichtspunkte ganz vorwiegend auf eine im sensorischen Anteil des Sprachfeldes gelegene Störung bezogen werden darf (in initialen Fällen ganz ausschließlich), hat sich in genügend zahlreichen Fällen, auch durch Sektionsbefunde bestätigt, nachweisen lassen; es hat sich gezeigt, daß ihr Herde in der 2. und 3. Schläfenwindung zugrunde liegen, für gewöhnlich linksseitige; für seltenere rechtsseitig gelegene ist eine funktionelle Einwirkung auf die entsprechende linksseitige Partie anzunehmen. In entsprechenden Fällen von diffuser Erkrankung der Hirnrinde ist eine stärkere Beteiligung der entsprechenden Abschnitte zuweilen deutlich nachgewiesen worden. Das spricht dafür, daß auch in solchen Fällen unter der Annahme einer von einzelnen behaupteten, aber dann wahrscheinlich durch andere Begleiterscheinungen gekennzeichneten Beteiligung eines sog. ,,Begriffsfeldes" (GOLDSTEIN) doch der Schläfenlappen dabei die Hauptrolle spielt. Die Frage, inwieweit auch etwa in den als Ausgang motorischer Aphasien erwähnten Fällen von mehr oder weniger reiner amnestischer Aphasie mit Rücksicht auf die hier zum Verständnis der amnestischen Aphasien herangezogenen Deutungen und Befunde eine funktionelle Einwirkung auf die dementsprechend lokalisierten Territorien im temporalen Anteil des Sprachfeldes angenommen werden darf, muß offen bleiben; es könnte sich dabei um eine Störung der Überleitung vom innersprachlichen Übertragungsapparat zum motorischen Sprachzentrum handeln. Für einzelne Fälle erscheint es wahrscheinlich, daß vielleicht, vom differenten Sprachtypus des Betroffenen abhängig, insbesondere für fremde Sprachen zutreffend, auch eine andere als die hier herangezogene typische, die akustische Komponente der inneren Sprache für die Schädigung der Wortfindung in Betracht kommt, woraus auch indirekt wirkende andernorts lokalisierte Läsionen verständlich würden.

Aus all dem Vorangehenden erhellt, daß es sich bei der Lokalisation der amnestischen Aphasie natürlich nicht um ein ,,Zentrum für Namen" handelt, sondern um die Bezeichnung jener Gegend, von der aus am leichtesten die Vorgänge beeinträchtigt werden, die den psychologisch dabei festgestellten parallel gehen. Die von GOLDSTEIN postulierte Mitbeteiligung des unteren Scheitelläppchens erscheint klinisch und pathologisch-anatomisch nicht genügend fundiert.

Als Anhang ist noch zweier z. T. hierher gehöriger Störungen zu gedenken. Zuerst der sog. *optischen Aphasie*, mit welcher Bezeichnung C. S. FREUND die Erscheinung bezeichnen wollte, daß der Kranke, bei dem das Sehen des Objektes das bezeichnende Wort nicht zum Auftauchen bringt, dieses beim Betasten oder sonstwie erregten Erkennen des Objektes sofort produziert, während in anderen Fällen auch auf diesem Wege (Hören oder Berühren des Gegenstandes) das entsprechende Wort nicht auftaucht; auch eine *taktile Aphasie* glaubte man annehmen zu dürfen, der Beobachtung entsprechend, daß das Abtasten die sonst produzierte Bezeichnung nicht auftauchen macht.

Es handelt sich hier (wenn wir von der etwaigen Schädigung des Erkennens, die gelegentlich zu Irrtümern Veranlassung gegeben, absehen) um Differenzen der Erregungsbereitschaft des akustischen Anteils der inneren Sprache gegenüber den verschiedenen Anregungen vom Objekt aus.

Wie immer es sich mit derartigen, jedenfalls seltenen Beobachtungen verhalten mag, darüber kann kein Zweifel sein, daß es sich dabei nicht um Krankheitsvarietäten, sondern um funktionell bedingte, nicht einer bestimmten Lokalität regelmäßig zuzuordnende Erscheinungen handelt, die neben anderen entsprechenden — soweit die optische Aphasie in Betracht kommt — auf das Grenzgebiet zwischen Schläfen- und Occipitallappen deuten.

Man wird aber ganz besonders hier das zuvor betreffs der Lebensfremdheit der Prüfungsmethoden Gesagte im Auge zu behalten haben (**47**).

In zweiter Linie ist der als „*Farbennamenamnesie*" (**48**) bezeichneten, bei amnestisch Aphasischen beobachteten Störung zu gedenken, darin bestehend, daß neben der Unfähigkeit der Farbenbezeichnung trotz nachgewiesen intaktem Farbensinn sich Störungen beim Sortieren von Wollproben zeigen, die, wenn nicht näher geprüft, den Eindruck einer Farbensinnstörung machen; auch haben die Betroffenen Schwierigkeiten, von vorgestellten Gegenständen die Farben anzugeben oder an Farbenproben zu zeigen. Es ist jetzt festgestellt, insbesondere durch den Nachweis der richtigen Umschreibungen (HEAD), daß die Erscheinung nicht etwa mit dem besseren oder schlechteren Vorstellen von Farben in Beziehung steht (GOLDSTEIN, HEAD). Im Anschluß an gleichgeartete Beobachtungen an Kindern (PETERS[1]) ist jetzt auch erwiesen, daß das Ganze davon abhängt, daß der *Name* der Farbe beim Sortieren, meist auch beim Suchen der Farbe des vorgestellten Objektes, die Vermittlerrolle spielt. Die Notwendigkeit der Sprache zu den hier genannten Funktionen erklärt die Störung als Folge der Amnesie für die Farbnamen, die, auch gehört und gelesen, schlecht verstanden werden. Gleichgeartete Schädigungen auch bei anderen Funktionen oder deren Versprachlichung als Folge einer Störung der semantischen Funktionen und in der durch die Läsionen notwendig gewordenen Zuhilfenahme des Sprechens hervortretend, hat HEAD nachgewiesen (**49**).

Als nur äußerlich hierher gehörig ist der Erscheinung zu gedenken, daß Kranke, die die Buchstaben richtig zu gebrauchen wissen, deren Bezeichnung nicht zu sagen wissen, sie aber, wenn vorgesprochen, sofort erkennen, was sich auch nicht bei Besserung im allgemeinen bessert. Auch da handelt es sich um den Gegensatz von guter automatischer Leistung infolge Erhaltensein der entsprechenden Strukturen und schlechter Leistung gegenüber den Stücken derselben.

---

[1] PETERS: Zur Entwicklung der Farbenwahrnehmung nach Versuchen an abnormen Kindern. Fortschr. Psychol. **3**, 150 (1915).

# Agrammatismus.

## Zusammenfassende Darstellungen.

BROADBENT: A case of peculiar affection of speech, with commentary. Brain **1**, 484 (1879). — HEILBRONNER: Über Agrammatismus und die Störungen der inneren Sprache. Arch. f. Psychiatr. **41**, 653 (1906). — PICK: Beiträge zur Pathologie und pathologischen Anatomie des Zentralnervensystems. 1898 — Die agrammatischen Sprachstörungen. 1913. — BONHOEFFER: Zur Kenntnis der Ruckbildung motorischer Aphasien. Mitt. Grenzgeb. Med. u. Chir. **10**, 203 (1902) — Zur Klinik und Lokalisation des Agrammatismus und der Rechts-Links-Desorientierung. Mschr. Psychiatr. **54**, 11 (1923). — KLIEST: Über Leitungsaphasie. Ebenda **17**, 503 (1905) — Über Leitungsaphasie und grammatische Störungen. Ebenda **40**, 118 (1916). — GOLDSTEIN: Über die Störungen der Grammatik bei Hirnkrankheiten. Ebenda **34**, 540 (1913). — SALOMON: Motorische Aphasie mit Agrammatismus und sensorisch-agrammatischen Störungen. Ebenda **35**, 181, 216 (1914). — MAAS: Über Agrammatismus und die Bedeutung der rechten Hemisphäre für die Sprache. Neur. Zbl. **1920**, 464, 495. — FORSTER: Agrammatismus (erschwerte Satzfindung) und Mangel an Antrieb nach Stirnhirnverletzung. Mschr. Psychiatr. **56**, 1 (1918). — ISSERLIN: Über Agrammatismus. Z. Neur. **75**, 332 (1922).

Im Rahmen der motorisch aphasischen Erscheinungen haben wir auch solche kennengelernt, die sich als Ausdruck des Verlustes oder von Störungen in der Anwendung derjenigen Sprachmittel darstellten, die, ganz allgemein gesprochen, der Grammatisierung der Rede dienen. Zusammen mit dieser Form sollen jetzt auch einige andere derartige Formen besprochen werden.

Die charakterisierenden Bezeichnungen, die diesen erst allmählich bekannt gewordenen, zunächst unter der Gesamtbezeichnung des Agrammatismus zusammengefaßten Einzelformen angeheftet wurden, sind teils von anatomischen, teils von funktionellen Gesichtspunkten hergenommen; zur Beseitigung der dadurch entstandenen Unklarheiten müssen einige nomenklatorische Bemerkungen vorausgeschickt werden.

Zunächst ganz allgemein für den gesprochenen, vermutlich frontal bedingten Agrammatismus gebraucht, wurde auf Grund der Feststellung seines Vorkommens als Folge einer Läsion des temporalen (sensorischen) Anteiles des Sprachfeldes von dem wegen seines Zusammenfallens mit motorischer Aphasie als *motorisch* bezeichneten Agrammatismus ein als *sensorisch* bezeichneter Agrammatismus abgetrennt; daran reiht sich die Feststellung, daß auch im *impressiven* Anteil der Sprache, im Sprachverständnis, auf mangelhaftem Erfassen der grammatischen Darstellung beruhende und deshalb zum Agrammatismus zu zählende Störungen vorkommen, denen mit mehr Recht die Bezeichnung sensorisch zukomme.

Das, zusammen mit der Erkenntnis, daß der temporal bedingte expressive Agrammatismus vorwiegend durch fehlerhafte grammatische Konstruktion (Paragrammatismen) charakterisiert ist, gegenüber dem frontalen mit seinem *Telegrammstil*, gab Veranlassung (KLEIST), den ersteren als *Paragrammatismus* zu unterscheiden.

Indem bezüglich der Symptomatologie des motorischen Agrammatismus auf die auf S. 1425 davon gegebene Darstellung verwiesen wird, soll jetzt dem Versuche, die im Expressiven sich darstellenden einschlägigen Störungen zusammengefaßt auf ihre Grundlagen zu untersuchen, eine solche des Paragrammatismus noch vorangeschickt werden (**50**).

Diese durch temporale Läsionen bedingte Form erscheint in reinen Fällen charakterisiert durch Störungen in der Anwendung der Hilfswörter, falscher Wortbiegungen, irrtümlicher Prä- und Suffixe, also aller derjenigen Sprachmittel, die zum Ausdruck der Gegenstands*beziehungen* dienen und in den verschiedenen Sprachen sehr verschieden — auch zahlenmäßig — sind. Entsprechend der ursächlichen Lokalisation finden sich in solchen Fällen anfänglich auch andere temporale Symptome, die später evtl. ganz zurücktreten können. Das Tempo der Rede ist im Gegensatze zum motorischen Agrammatismus nicht verlangsamt, eher zu Logorrhoe neigend, Satzschema und Betonung vollständig intakt; vereinzelt finden sich daneben, immer aber an Zahl zurücktretend, auch Erscheinungen, die der motorischen Form zukommen, Fortlassen der Flexionen, einfaches Aneinanderreihen der das Satzgerippe darstellenden Worte.

In seltenen bezüglich der übrigen Erscheinungen vollständig rückgebildeten Fällen, noch seltener als Einleitung in progressiven, stellt eine isolierte grammatische Störung das einzige Symptom dar: z. B. Verwechslung der Genera, mit anschließendem ausschließlichen Gebrauch der weiblichen Geschlechtsformel.

Der Kranke merkt nicht selten seine Fehler, ohne sie immer bezeichnen oder bewußt korrigieren zu können; gelegentlich gelingt die richtige grammatische Struktur an der Hand des durch teilweises Vorsagen angeregten Sprachgefühles. Auch der Einfluß von Affekten wirkt ähnlich, wie auch sonst, gelegentlich bessernd. Infolge des häufigen, lokalisatorisch bedingten Zusammenfallens des temporalen (expressiven) Agrammatismus mit Paraphasie kann es zu vollständig unverständlicher Sprache, aber auch sonst klassifikatorisch schwer zu beurteilenden Störungen der Sprache kommen. Die führende Rolle, die der sprachlichen Formulierung auch im Zuge der Vorbereitung des Schreibens zukommt, erklärt das gleichgeartete Vorkommen des Agrammatismus im Geschriebenen, dessen Erwähnung deshalb gleich hier angeschlossen wird. Als für die Beurteilung wichtig sei noch angemerkt, daß es linguistisch gerechtfertigte Agrammatismen gibt und auch in hoch ausgebildeten Sprachen (z. B. im Englischen) die Umgangssprache, mehr als man glaubt, sich ähnlich darstellt.

Der Versuch, die Störungen der beiden Formen von expressivem Agrammatismus verständlich zu machen, wird ausgehen von der klinischen Tatsache, daß es sich bei ihnen um einen Verlust oder die mangelhafte Beherrschung der grammatischen Sprachmittel (Syntax und Grammatik im engeren Sinne) handelt und zwecks präziser Abgrenzung festzustellen haben, inwieweit diese Erscheinungen allein durch Störungen in dem ihnen zugeordneten Gebiete des Sprachfeldes bedingt und dementsprechend zu deuten sind, oder etwa auch als sekundär infolge von Störungen in anderen Gebieten sich darstellen, wobei freilich über dieses letztere Verhältnis vorläufig sich nicht viel Bestimmtes aussagen lassen wird.

Erscheinen entsprechend der gegebenen Umgrenzung die den in Betracht kommenden Gebieten vorgeschalteten Prozesse der gedanklichen und innersprachlichen Formulierung an den hier behandelten Störungen zunächst unbeteiligt, so ergibt die durch Beobachtung bestätigte theoretische Erwägung, daß auch schon im Zuge der erwähnten Prozesse einsetzende Störungen die Syntax und Grammatik schädigend beeinflussen können. Größere Denkstörungen bei Verwirrtheit oder Dämmerzuständen wie leichte Ideenflucht, Gedankenkontamination bei manischen Zuständen können solche Wirkung haben. („Ich war tödlich Bronchialkatarrh gewesen", sagt eine Maniaca.) Ein tschechisches Dienstmädchen, im Deutschen wenig bewandert, schreibt (für das Geschriebene gilt das vom sprachlichen Agrammatismus Gesagte gleichfalls) im hysterischen Dämmerzustand: „Kuchařko! (Köchin). Ich bin (nachträglich eingeschaltet) Klinika (die Klinik Nominativ) Pick přijata (aufgenommen, ohne Biegung), chci vam (ich will Ihnen), durchstrichenes unverständliches Wort, wünschen a (und) isst (offenbar ist) zavřeli (sie haben eingesperrt)."

Die hier besprochenen Momente können sichtlich auch die Wortstellung verschiedenartig stören. Inwieweit das auch für organische, das Sprachgebiet selbst nicht treffende Läsionen gilt, ist noch Gegenstand des Studiums, das namentlich HEAD in die Wege geleitet hat; so ist es z. B. wahrscheinlich, daß Störungen der sprachlichen Darstellung räumlicher Verhältnisse in entsprechenden Störungen dieser letzteren selbst, der Orientierung, begründet sein können, was dann infolge mangelhafter Gedankenformulierung auch eine mangelhafte Anwendung der entsprechenden Hilfswörter nach sich zieht. Hierher zu rechnen ist auch die Erscheinung, daß der Kranke die etwa seinem Affektzustande entsprechenden sinngebenden Worte heraushebt und nicht die der Situation, wie sie dem Zuhörer sich darstellt, entsprechenden, wodurch die Rede für diesen unverständlich werden kann.

Neben diesen aus dem engeren Rahmen der Aphasie herausfallenden Momenten, bei denen sich nicht immer entscheiden läßt, ob ihre störende Wirkung nicht auch unmittelbar das hier in Betracht kommende Gebiet der Sprachvorgänge betrifft oder mitbeteiligt, kann es aber auch im engeren Rahmen der aphasischen Erscheinungen zu solchen kommen, deren veranlassende Momente doch auch schon in dem Vorgang der gedanklichen und innersprachlichen Formulierung wirksam sind; so die hier schon anderorts als oft wirksam erwiesenen Momente der Enge des Blickfeldes des Bewußtseins, die damit z. T. zusammenhängende unzweckmäßige Aufmerksamkeitsverteilung (die schon KUSSMAUL als alleinige Ursache des Agrammatismus ansah), Inkongruenzen zwischen gedanklicher und sprachlicher Formulierung (mit ihren Folgen von Gedanken- und Sprachkontaminationen). Es erscheint auch nicht ausgeschlossen, daß infolge andersgearteter Störungen des Sprachgebietes sekundär die hier behandelte Sprachleistung geschädigt würde; so kann gestörtes verbales Gedächtnis den syntaktischen Aufbau beeinträchtigen, insofern ein statt des fehlenden eingesetztes anderes Wort störend auf die Satzbildung einwirken kann.

Bezüglich des primär zustande kommenden sog. Telegrammstils, von dem im Rahmen des motorischen Agrammatismus berichtet worden ist und bei dem die Wortstellung für gewöhnlich nicht auffällig gestört erscheint, wäre zu erwähnen, daß vereinzelt Störungen derselben berichtet sind, die auf Divergenzen zwischen der normalen (Voranstellung des Bedeutsamen) gegenüber der grammatisch erforderten Stellung (Endstellung des Verbs wie beim Kind) beruhen; doch liegt bezüglich dieser Frage eine tiefergehende, auf Linguistik, Kinder-, Taubstummen- und Zeichensprache zu basierende Untersuchung noch nicht vor. Zugrunde liegt ihr, wie in der Norm, die auf den durch die Ding- und Vorgangswörter ganz vorwiegend ausgedrückten Sinn gerichtete Intention, dementsprechend diese das Satzgerippe darstellenden Teile herausgehoben werden, während die hinzugedachten oder -gefühlten Hilfswörter fortbleiben. Beweis dessen der gelegentlich nachweisbare Umstand, daß der Kranke mit Bestimmtheit die ausgelassenen Worte gesprochen zu haben glaubt. In Frage kommt bezüglich der Wortstellung auch der Einfluß des Affektes im Gegensatz zu dem des erhaltenen Sprachgefühles. Gewisse Störungen dieser Art (z. B. Zeitwort ans Satzende) stellen sich als Rückschlag auf kindliche Sprechweise dar. Für die Betrachtung der gestörten grammatisierenden Vorgänge im engeren Sinne des Wortes kommen die ihnen dienenden Präpositionen, die Wortbiegung (Prä- und Suffixe), die Artikel und Pronomina in Betracht sowie der schon erwähnte Umstand, daß ihre schon in die Vorschulzeit fallende Übung ein Sprachgefühl erzeugt, an der Hand dessen nach Analogie der so erworbenen Sprechtypenschemata gesprochen wird und das auch bei Gebildeten den Einfluß der späteren grammatischen Schulung weit übertrifft. (Die Beachtung dieser Differenz ist auch bei den einschlägigen Prüfungen wesentlich.) Das laboratoriumsmäßige Grammatisieren an der Hand gegebener Worte und das in der Rede (Grammatik und Sprachgefühl!) sind keineswegs dasselbe, wie sich auch klinisch darstellt. In diesem Zusammenhange ist auch zu erwähnen, daß der agrammatisch Sprechende nicht selten besser schreibt, wofür neben dem zeitlichen Moment der möglichen nachträglichen Formulierung auch die psychische Einstellung eine Rolle spielt, insofern das Schreiben bei den meisten eine überlegte Handlung darstellt. Die gleiche Differenz tritt auch zwischen Sprechen mit dem Arzte und im familiären oder kollegialen Kreise zutage. Daß das Moment der besseren Bildung ebenfalls nicht bedeutungslos ist, ist leicht ersichtlich.

Für gewisse Fälle von einschlägiger Störung wird man annehmen müssen, daß die einer bestimmten außersprachlichen Formulierung entsprechenden Hilfswörter, insbesondere Präpositionen, auch innersprachlich fehlen. Häufiger ist es nicht das Fehlen, sondern nur ihr mangelhaftes ungesichertes Anklingen, das der entsprechenden Störung zugrunde liegt.

Ähnlich liegt es auch in Rücksicht der Wortbiegung, die einmal, dem Gesetze der Ökonomie entsprechend, wegbleibt; es entspricht das dem gleichen Tatbestand auch in der Norm, wie ja die Tatsache wesentlich formloser, aber doch hochstehender Sprachen (z. B. das Englische) zeigt, daß die entsprechenden Formbestandteile in anderen Sprachen ein für die Verständigung überflüssiges Plus leisten (s. a. das normale Telegramm!). Die Wortbiegung bleibt aber andererseits auch fort, weil sie nicht genügend oder nicht entsprechend anklingt, was im letzteren Falle zu den entsprechenden Fehlern führt. Bei Polyglotten wird sich die entsprechende Störung entweder isoliert oder stärker ausgesprochen meist in der später erlernten Sprache kundgeben.

Bei der Prüfung mit einzelnen falsch konjugierten oder deklinierten Wörtern wird, abgesehen von der Bedeutung des einzelnen Wortes als Satz, vielfach übersehen, daß solche und ähnliche Prüfungen ganz vorwiegend eine solche des in der Schule erworbenen, meist außerordentlich kurzlebigen Wissens darstellen, was namentlich darin hervortritt, daß der dabei versagende Kranke in der Rede vielfach genügendes Sprachgefühl erkennen läßt. Nachweislich kann auch die ,,Reihenbildung" erhalten sein und die Wortbiegung doch falsch gebraucht werden.

Von dem bisher besprochenen Telegrammstil zu sondern ist die sog. ,,Negersprache", charakterisiert durch die einfache Aufeinanderfolge der *unflektiert* wiedergegebenen Sach- und Vorgangsworte; hat diese Form mit dem Telegrammstile das Fortbleiben der die Sachverhältnisse charakterisierenden Hilfswörter gemeinsam, so stellt sie sich durch den Ausfall der flexivischen Hilfsmittel (in gewissen Sprachen auch der Prä- und Suffixe) als ein noch weiter gediehener Rückfall auf die kindliche Sprachstufe dar; sie teilt mit ihm das Hinzu-, besser Vorausdenken der Sachverhältnisse, geht aber eben über den im Telegrammstil sich darstellenden Defekt noch weiter zurück **(51)**.

Für die Frage der *Entstehung* der beiden Formen des expressiven Agrammatismus wird man, zunächst bezüglich des *frontalen (motorischen)*, des *Depeschenstil-Agrammatismus*, auseinanderzuhalten haben das sofortige Eintreten desselben nach der Läsion von denjenigen Fällen, wo er sich erst mit der allmählich zunehmenden Vermehrung des Sprachschatzes langsam aus dem anfänglichen Einwortsatz entwickelt. In den letzteren Fällen vollzieht sich bei dem Kranken infolge seiner Sprachnot eine allmähliche Einstellung auf den bloß das Satzgerippe heraushebenden Sprachmodus; in den anderen Fällen kommen die zuvor besprochenen Momente, Auftauchen bloß des Satzgerippes evtl. schon bei der gedanklichen bzw. innersprachlichen Formulierung, Fehlen oder Mangelhaftigkeit der sonst automatisch hinzutretenden Beziehungswörter in Betracht. Daß der motorisch Agrammatische zuweilen tatsächlich nur das Satzgerippe hat, wird dadurch wahrscheinlich gemacht, daß er dabei die Beziehungswörter selbst nicht versteht und auch nicht zu schreiben weiß. Man wird auch daran denken können, daß die Einstellung auf den Telegrammstil, der ja die Beziehungswörter als überflüssig erscheinen läßt, allmählich auch die gedankliche Formulierung entsprechend beeinflussen wird. Für die Flexionslosigkeit der nebeneinandergestellten Worte mag die aus der Schwierigkeit der Sprachproduktion überhaupt resultierende Ökonomie der Sprachmittel wirksam sein, insofern die der Flexion zugewendete Energie ein Plus darstellt. Der Kranke sucht mit dem geringsten Aufwand von Arbeit und durch beste, aber doch automatische Anpassung seiner Sprachmittel das möglichst beste, der Verständigung dienlichste Resultat zu erzielen. Er hebt aus dem zur Übertragung auf den Exekutivapparat virtuell vorhandenen einheitlichen Gedanken nur die wesentlichen Bestandstücke hervor (es entspricht das einer pathologischen Steigerung dessen, was die Sprachpsychologie als ,,Brachylogie" bezeichnet [Rede, in der das Selbstverständliche fortbleibt]). Mitwirken wird die auf die erschwerte Sprachproduktion fixierte Aufmerksamkeit, die bei Nicht- oder mangelhaftem Anklingen der Beziehungswörter zur willkürlichen Produktion dieser nicht mehr zureicht (52).

Bestätigt wird dieser ganze Gedankengang durch die Tatsache, daß durch eine aphasische Störung eine schon normalerweise bestehende Neigung zu Agrammatismen beträchtlich gesteigert wird.

Der Satzrhythmus wird sich vielfach als ungestört erweisen in Fällen weiter gediehener Besserung, insofern dafür ja das erhaltene Satzgerippe entscheidend ist; ist er gestört, dann ist das wohl eine sekundäre Wirkung der mangelhaften Sprache, es ist aber nicht auszuschließen, daß dabei auch infolge Mitbeteiligung des entsprechenden Funktionsgebietes (des musischen) eine primäre Schädigung vorliegt.

Zur Ergänzung dessen, was zuvor bezüglich der Wortfolge gesagt wurde, ist noch darauf hinzuweisen, daß dabei die Situation, sowohl die Auffassung derselben seitens des Sprechers wie seine Beurteilung ihrer Auffassung durch den ihm Zuhörenden, von Einfluß sein wird; der Agrammatische macht von ihr, seiner Sprachnot entsprechend, einen weit über die Norm hinausgehenden Gebrauch. Das Verhältnis zwischen gesprochenem und geschriebenem Agrammatismus wird verschieden sein, es wird abhängen von der jeweiligen Einstellung: ob sich der Kranke in dem einen oder anderen mehr gehen läßt u. ä.; dementsprechend kann er beim Schreiben ganz fehlen trotz der größeren Schwierigkeit dieser Leistung.

Weiter kommen in Betracht die Schwierigkeiten, die sich aus einem Widerstreit zwischen noch wirksamem, aber nicht mehr durchgreifendem Sprachgefühl für die Satzform und der sich vordrängenden Wirksamkeit z. B. affektuöser Momente ergeben. Dieser Gegensatz von Nachahmung und Spontaneität entspricht den gleichen Erscheinungen in der Sprachentwicklung des Kindes.

Die einzelnen in der Anfangsperiode produzierten Worte wird man nur insofern als agrammatisch bezeichnen können, als sie wie in der Norm die Stelle eines Satzes einnehmen; das wird namentlich durch solche Beobachtungen bewiesen, in denen so sprechende Kranke die betreffenden wenigen ihnen zur Verfügung stehenden Worte nicht bloß durch den Akzent modifizieren, sondern auch artikulatorisch (lala, dada u. ä.) im Sinne differenter Gedanken.

Nur nebenbei sei bemerkt, wie in den hier der Unfähigkeit des Kranken zur sprachlichen Darstellung der Sachverhältnisse gewidmeten Bemerkungen deutlich hervortritt, wie die zunächst der Morphologie zugehörigen Störungen doch im Wesen auf solche der Semiologie (Semantik) zurückgehen.

Auch bei der Reedukation spielt das Sprachgefühl als Resultat langjähriger Übung eine Rolle, insofern an seine Reste angeknüpft werden kann; auch der da einsetzende grammatische Unterricht wirkt nicht im Sinne einer angenommenen Reihenbildung, sondern als Fort- oder Neubildung des Sprachgefühles.

Das Bewußtsein des eigenen Defektes fehlt nicht selten bei motorischem Agrammatismus, zunächst entsprechend der Tatsache, daß der Kranke, wie der Normale, auf den Sinn des Gesprochenen gerichtet ist; dementsprechend wird es auch verschieden sein, je nachdem er mehr auf das Sprechen eingestellt ist (was dieses wieder schädigen kann) oder sich seinem vermeintlich intakten Sprachgefühl überläßt, was ihn über die Fehler hinwegtäuscht. In manchen Fällen meldet sich nicht selten das Sprachgefühl auch schon im Zuge der anklingenden Funktion; der Kranke merkt seinen Fehler, zuweilen ohne ihn doch bestimmen zu können, in anderen schwankt er ohne sichere Entscheidung. Damit steht z. T. in Beziehung die Tatsache, daß der Kranke vor dem Arzte besser spricht als im gewöhnlichen Verkehr; hier überläßt er sich der festgelegten Automatie, dort wirkt der Antrieb zum Bessersprechen (53).

Das, was man als *infantilen* oder *nativen Agrammatismus* bezeichnet, ist ein Stillstand der Sprachentwicklung infolge mangelhafter Hirnentwicklung oder eines Cerebralleidens auf einer vorgrammatischen Stufe, der Erscheinungen der frontalen wie der temporalen Form nebeneinander zeigt. Es kommt bei dauerndem Stillstand, der auch als selbständige Störung ohne Begleitung anderer geistiger Defekte auftritt, nicht zur Entwicklung des entsprechenden Sprachgefühls, und dieser Defekt wird auch durch den späteren Schulbesuch nicht oder nur unvollkommen ausgeglichen. In Fällen von Komplikation mit geistigen Defektzuständen kann die Störung auch in der schon mangelhaften gedanklichen Formulierung begründet sein, indem das Kind nicht in das sog. „Relationsstadium" eingetreten ist, ihm die Sachverhältnisse nicht entsprechend zum Bewußtsein kommen.

Für die Beurteilung des *Paragrammatismus*, der *temporalen* expressiven Agrammatismusform, ist im Auge zu behalten, daß das, was man unter Grammatik zusammenfaßt, durchaus kein einheitlicher Vorgang ist, sondern eine Vielheit von Momenten enthält, dementsprechend auch diese verschiedenfältig isoliert oder gemeinsam geschädigt sein können. Bei dieser Form liegt die Störung eine Station tiefer und ist auch anders geartet als beim Telegrammstilsprechenden; während bei diesem die an dem emporgehobenen Satzgerippe sonst sich vollziehenden, der inneren konstruktiven Sprachform entsprechenden Funktionen ausbleiben — die Gründe dafür sind aufgezeigt worden —, vollzieht sich beim Paragrammatischen dieser bis zum allein wirksamen Sprachgefühl automatisierte Prozeß zwar, aber fehlerhaft, weil die einzelnen Vorgänge dabei entweder mangelhaft vor sich gehen oder überhaupt versagen. Das willkürliche Eingreifen in diese Vorgänge wird gewiß nach dem, was wir früher von dem Gegensatz zwischen Willkür und Automatie und von dem störenden Einflusse der auf eine Funktion gerichteten Aufmerksamkeit gehört haben, vielfach wenig förderlich sein, gelingt doch — wie gezeigt worden — auch in der Norm das einfach dem Sprachgefühl überlassene Grammatisieren oft besser als das willkürliche.

Daß es sich aber bei den verschiedenartigen Fehlleistungen in den Paragrammatismen auch um funktionell differenzierte Grade der Störungen bestimmter Leistungsformen handelt, wird deutlich erwiesen durch Beobachtungen wie den Fall von isolierter Verwechslung der Pronomina und noch präziser durch das nach der Erkrankung zurückgebliebene Duzen bei einem Kranken, der das offenbar in seiner Jugend dialektisch geübt hatte. Und ebenso erweisen solche Tatsachen — das Verwechseln von Haben und Sein, der Artikel —, daß es sich nicht um Störung irgendwelcher motorischer Leistung, sondern um mangelhafte Anwendung in der Norm automatisch gewordener nach Analogien vom Sprachgefühl her und nicht von der Kenntnis der entsprechenden grammatischen Reihen sich vollziehender Auslösungen motorischer Effekte handelt, wobei gewiß auch übergeordnete geistige Vorgänge in Betracht kommen.

Die Differenz zwischen schlechterem, agrammatischem Sprechen und besserer Beurteilung vorgelegter ungrammatischer Sätze erklärt sich aus dem Gegensatz von mangelhaftem oder fehlendem Sprachgefühl bei spontaner Funktion und Provokation desselben durch die Vorlage, besonders deutlich darin, daß der Kranke das Dargebotene wohl als falsch erkennt, aber in der Grammatisierung versagt.

Das hier gegebene Beispiel einer dynamisch eingestellten Deutung läßt deutlich den Vorzug gegenüber einer extrem anatomisch auf die angenommenen „Elemente" oder Funktionen eingestellten Anschauung erkennen; bei der noch neuerlich von einzelnen angenommenen fixen Lokalisation einzelner Worte, ja Wortteile in den Nervenelementen müßte zur Erklärung einzelner hier besprochener Erscheinungen partielle Zerstörung ganz bestimmter Teile einer besonderen Art von Ganglienzellen durch den Herd angenommen werden.

Die Annahme, daß der temporale expressive Agrammatismus Ausdruck der unzureichenden Funktion der rechten Hemisphäre sei, ist für die Fälle mit geringgradiger Läsion unzutreffend und bedarf auch bezüglich der durch beiderseitige entsprechende Läsionen bedingten Störung der Einschränkung; Tatsache ist das Wiederauftreten bzw. die Verstärkung eines durch linksseitige Läsion bedingt gewesenen Agrammatismus bei Läsion der symmetrischen Partie der rechten Seite; inwieweit das gestörte Zusammenwirken der beiden Hemisphären in Frage kommt, steht dahin.

Die nach dem bisher Dargestellten sichtlich engen Beziehungen zwischen den bei der amnestischen Aphasie, der Paraphasie und dem sensorischen Agrammatismus gestörten Funktionen finden ihren damit übereinstimmenden Ausdruck sowohl in dem häufigen Zusammenvorkommen der drei Formen wie in der relativen Identität der ihnen zukommenden Lokalisation. Es bleibt ein Postulat feinerer klinischer und anatomischer Erforschung, die entsprechenden Zusammenhänge und Differenzierungen klarzulegen.

Eine genetische Zugehörigkeit zwischen sensorischem Agrammatismus und Paraphasie, die, von einzelnen angenommen, auch durch die entsprechenden lokalisatorischen Momente und ihr Nebeneinandervorkommen nahegelegt wird, erscheint nicht gesichert, da selbst in den schwereren Formen von Paraphasie die der Satzform zugehörigen Teilstücke als ungestört nachweisbar sind und Übergänge von den anscheinend ungrammatischen Stücken der Jargonaphasie zu solchen mit mehr dem echten temporalen Agrammatismus entsprechenden Defektbildungen nicht nachweisbar sind. Es erscheint deshalb wahrscheinlich, daß, ähnlich wie auch durch andere Störungen (Gedanken- und Satzkontamination) der Anschein eines Paragrammatismus hervorgerufen wird, dies auch hier infolge der dem Jargon zugrunde liegenden Enthemmungen, etwa unterstützt von Perseveration, der Fall ist. Natürlich schließt das topisch bedingte Zusammentreffen der beiden Symptomenkomplexe auch eine Durchdringung der beiden ein. Auch amnestische Momente, von der gleichen Lokalisation ableitbar, mögen als Fehlen des entsprechenden Wortes schädigend auf die dadurch verzögerte und zu modifizierende Formulierung störend einwirken (LOTMAR).

Einige allgemeine Bemerkungen und ihre Deutung betreffend die Lokalisation der verschiedenen Agrammatismen seien hier angeschlossen. Man wird bezüglich der expressiven Formen nicht etwa denken, daß die grammatischen Kenntnisse oder das Sprachgefühl an der entsprechenden Stelle lokalisiert sind, vielmehr sich das Verhältnis am ehesten so verständlich machen, daß die funktionell in Frage kommenden Gegenden jenen Etappen im Zuge der Versprachlichung entsprechen, in denen die der Angleichung des zu Sprechenden an das Gedankenschema dienenden syntaxierenden und insbesondere grammatisierenden Vorgänge sich vollziehen. Daß bei der Wortstellung das vorangehende Satzschema maßgebend ist, bei der Grammatisierung die Vorgänge erst am auftauchenden Worte sich vollziehen, sei speziell hervorgehoben. In gleicher Weise, nur dem Verlaufe der in Frage kommenden Vorgänge entsprechend modifiziert, wird das auch für den sensorischen Agrammatismus gelten. Das an sich zusammen mit der Tatsache der häufig sekundären Natur der Agrammatismen macht es klar, daß Läsion und Funktionsherd nicht zusammenzufallen brauchen, wenigstens soweit die bisher studierten großen Läsionen mit ihrer Fülle anderer Erscheinungen in Frage kommen.

Im speziellen wird sich, über die frontale bzw. temporale Lokalisation hinausgehend, nicht viel Sicheres sagen lassen. Für den motorischen Agrammatismus als einen sekundären wird an der kausalen Bedeutung der Brocaläsion festzuhalten sein. Bezüglich des temporalen Paragrammatismus wird man sagen können, daß die durch Läsion der Wernickeschen Stelle bedingte, meist schwere Paraphasie ihn naturgemäß überdeckt; sein Hervortreten bei deren Zurückgehen, die psychologische Feststellung von der klinischen gestützt, daß die Grammatisierung der Worte in engster Beziehung zu ihrer Findung steht, deuten auf das Areale der 2. und 3. Schläfewindung als den dabei vorwiegend in Betracht kommenden Funktionsherd. Damit stimmen vereinzelte Sektionsbefunde überein. Auch das Nebeneinander von Paragrammatismus und sensorischem Agrammatismus legt die Ansicht nahe, daß bei der Entstehung der Symptome beider die gleichen wirksamen Vorgänge bzw. Substrate in Frage kommen. Die Lokalisation der die entsprechenden Störungen auslösenden Herde in der 2. und 3. linken Schläfewindung (bei anders lokalisierten dürfte es sich um Auswirkung auf die gleichen Mechanismen handeln) legt die Vermutung nahe, daß es sich dabei einerseits um verschiedenartige Störungen des akustischen Anteils der inneren Sprache selbst in ihrer Mitwirkung bei den in der Grammatisierung der Rede zum Ausdruck kommenden Vorgängen handelt; andererseits dürfte es sich dabei, wenn es sich um Störungen übergeordneter psychischer Vorgänge handelt, um solche handeln, die auf dieser Station ihres Eingreifens darin behindert werden.

Natürlich kommen bei der gegebenen „Lokalisation" des Agrammatismus alle die Vorbehalte in Betracht, denen eingangs bei der Besprechung der „Zentren" Ausdruck gegeben wurde (54).

Jeder Versuch, die verschiedenen Formen in dieser Richtung verständlich zu machen, ist vorläufig ohne Aufhellung der bisher nicht bearbeiteten und für jene Fragen vielleicht überhaupt noch nicht reifen sprachpsychologischen Grundlagen als verfrüht zu bezeichnen.

Als Andeutung bezüglich der hier in Betracht kommenden Momente sei darauf verwiesen, daß z. B. das Auftreten bestimmter kleiner Redeteile wie: aber, weil, trotzdem u. ä. von einem Gefühlszustande abhängt und deshalb zu untersuchen wäre, warum diese Wörter fortbleiben oder es zu ihrer formalen Wirkung auf die Satzkonstruktion nicht kommt.

Müssen diese Erwägungen in vorsichtigen Grenzen gehalten sein, so geben sie doch den Ausgangspunkt für die weitere Erforschung dieses Zentralproblems der Aphasielehre.

Fassen wir die besprochenen Formen des expressiven Agrammatismus unter funktionellen und lokalisatorischen Gesichtspunkten ins Auge, so gliedert sich folgende Reihe: Paragrammatismus als erster im Zuge der an die Wortwahl anschließenden Vorgänge, mangelhafte Grammatisierung der Worte, 2. Fortfall dieser letzteren und je nach dem Grade der Sprachnot Telegrammstil oder Negersprache. Dem reiht sich der sprachliche Puerilismus an als noch höherer Grad der Sprachnot und dementsprechend auch die phonologische Seite des Sprechens mitschädigend (anscheinend bei regelmäßiger Mitbeteiligung der Grammatisierung). Es ist klar, daß diese Deutung auch mit dem, was wir bezüglich der Lokalisation der Formen im Schläfe- oder Stirnlappen wissen, in befriedigendem Einklage steht, ebenso wie mit dem, was sich bezüglich etwaiger gleichgearteter Auswirkungen von den höheren psychischen Zentren aus auf diese Apparate aussagen ließ.

Bezüglich des *sensorischen (impressiven) Agrammatismus* ist auf seine Darstellung im Rahmen der Worttaubheit zu verweisen.

## Wort-, Sprachtaubheit.
### Zusammenfassende Darstellungen.

WERNICKE: Der aphasische Symptomenkomplex. 1874. (Auch abgedruckt in Ges. Aufs. u. krit. Ref. zur Pathol. d. Nervensyst. 1893.) — KUSSMAUL: Die Störungen der Sprache. 1877. 4. Aufl. Herausg. von GUTZMANN. 1910. — MIRALLIÉ: De l'aphasie sensorielle. Thèse de Paris 1896. — PICK: Über das Sprachverständnis vom Standpunkte der Pathologie. Ref. Kongr. f. exper. Psychol. 1908. Wieder abgedr. in: Über das Sprachverständnis. 1909 (mit vollst. Lit.). — QUENSEL: Über Erscheinungen und Grundlagen der Worttaubheit. Dtsch. Z. Nervenheilk. **35**, 25 (1908). — FREUND: Labyrinthtaubheit und Sprachtaubheit. 1895. — LIEPMANN: Ein Fall von reiner Worttaubheit. Psychiatr. Abhandlg. Herausg. von WERNICKE. 1908 — Zum Stande der Aphasiefrage. Neur. Zbl. **1909**, 449. — HENSCHEN: Über die Hörsphäre. J. Psychol. u. Neur. Erg.-H. 3, **22** (1918) — Klinische und anatomische Beiträge zur Pathologie des Gehirns **6** (1920). — BEZOLD: Das Hörvermögen der Taubstummen. 1896 (vgl. dazu die a. S. 1516 [Anm. 19] angegebene Lit. z. sog. BEZOLDschen Sprachsext). — BALASSA: Zur Psychologie der Seelentaubheit. Dtsch. Z. Nervenheilk. **77**, 143 (1923). — FISCHER, S.: Über das Entstehen und Verstehen von Namen, mit einem Beitrage zur Lehre von den transcorticalen sensorischen Aphasien. Arch. f. Psychol. **42**, 335; **43**, 32 (1922). — MILLS: Zum impressiven Agrammatismus. J. amer. med. Assoc. **2**, 1914 (1904). (Weitere Literatur s. unter Agrammatismus.) — GOLDSTEIN: Die transcorticalen Aphasien. Erg. Neur. **1915**, H. 3, 568. — PÖTZL: Zur Klinik und Anatomie der reinen Worttaubheit. (Über die Beziehungen zwischen der reinen Worttaubheit, der Leitungsaphasie und der Tontaubheit.) Beih. z. Mschr. Psychiatr. **1919**, H. 7. — KLEIST: Gehirnpathologische und lokalisatorische Ergebnisse. III. Mitt. Über sensorische Aphasien. J. Psychol. u. Neur. **37**, 146 (1928) — Gehirnpathologische und lokalisatorische Ergebnisse über Hörstörungen, Geräuschtaubheiten und Amusien. Mschr. Psychiatr. **68**, 853 (1928). — STUMPF: Die Sprachlaute. 1926.

Indem wir jetzt zur Besprechung der den *Weg vom Sprechen zum Denken* treffenden Störungen übergehen, ist — weil für die allgemeine Beurteilung derselben bis in ihre letzten, auch anatomischen Konsequenzen entscheidend — noch einmal hervorzuheben, daß der Späterwerb aus der Schule an Buchstabenlauten durchaus nicht regelmäßig den wirklichen Phonemen entspricht, daß weiter der Wortlaut etwas einheitlich Erfaßtes und keineswegs aus Buchstaben und Silben Zusammengesetztes ist (wichtig zur Kritik entsprechender, so häufig geübter Prüfungsmethoden!), die Lautgruppen der Phonetik auch nicht mit den Silben zusammenfallen. Dem entspricht, daß auch schon normalerweise entsprechend dem Gesetze der Ökonomie beim hörenden Verstehen die einzelnen Phoneme und Lautgruppen nur insoweit beachtet werden, als es nötig ist, um ein Mißverstehen zu verhüten (das oft ausreichende Verstehen schwer dysarthrisch gestörter Sprache).

Aus dem Gesagten ergibt sich weiter dementsprechend, daß es auch keine besondere Lokalisation für Buchstaben- und Silbenklänge oder gar für Teile derselben geben kann. Rücksichtlich der Störungen der einzelnen im Zuge des Gesamtvorganges einander folgenden Etappen ist zu bemerken, daß, wie im Normalen, insbesondere wenn es sich um stereotype Wendungen und Sätze handelt, nicht immer die ganze Reihe derselben regelmäßig durchgemacht wird, was im Pathologischen namentlich unter dem Einflusse der anzunehmenden verschiedenen Ersatzleistungen vielleicht noch mehr statthat. Hier ist auch das Schematische der vorwiegend von den klinischen Erscheinungen und nicht von der Art der Störungen selbst hergenommenen Einteilung zu vermerken, da wir über diese nur indirekt und auch nur im Gebiete des Wortlautverständnisses Schlüsse ziehen können; wir sind auf diesem Gebiete, insbesondere soweit die pathologische Seite der Wahrnehmungsanalyse in Betracht kommt, noch ganz auf die „Bedingungen" angewiesen und bezüglich der Bestandteile noch ganz im dunkeln, zumal die dazu wichtigste Quelle, die der Selbstbeobachtung, nur selten gangbar ist.

Mit Rücksicht auf die hier meist angewandten Prüfungsmethoden ist endlich noch zu bemerken, daß die Hilfswörter, aber auch viele andere einzeln stehende Wörter, sofern sie nicht als Einwortsatz erkennbar sind, für sich überhaupt keinen Sinn haben, ferner, daß die nicht selten geübte Methode der Prüfung des Wortlautverständnisses durch Nachsprechen nur dann brauchbare Resultate ergibt, wenn dieses mit Sicherheit als intakt erwiesen ist. Deshalb sind auch Schlüsse aus solchen Resultaten auf die Art der Störungen, namentlich bei im Nachsprechen hervortretenden Störungen, nur mit großer Vorsicht zu ziehen.

Die hier zu besprechenden Störungen der das Sprachverständnis umfassenden Vorgänge sind unter der eingebürgerten sichtlich unzutreffenden Bezeichnung der „Worttaubheit" (KUSSMAUL) zusammengefaßt. Ihre Darstellung kann sich recht genau an die vom Normalen gegebene Darstellung anlehnen, weil diese selbst z. T. erst vom Pathologischen her ihre Grundlagen entnommen hat.

Als schwerste der Störungen tritt uns die *Unerweckbarkeit für Gesprochenes* (HEILBRONNER) bei nachgewiesener genügender Hörfähigkeit und ungetrübtem Bewußtsein entgegen (55), nicht selten verbunden mit einer solchen für Akustisches überhaupt in der Weise, daß der Kranke entgegen dem sonstigen Verhalten solcher Kranken, die selbst auf feinste Eindrücke prägnant reagieren, selbst durch intensivste Schallreize nicht berührt wird.

Die bisherigen Feststellungen zeigen, daß die Unerweckbarkeit bei anscheinend auch räumlich gleichgearteten Läsionen einmal eine dauernde, häufiger aber in der Weise wechselnde ist, daß ohne erkennbaren Grund, zuweilen von entsprechender Einstellung der Aufmerksamkeit unterstützt, Zeiten von Unerweckbarkeit mit solchen normaler Reaktion einander ablösen. Das beweist jedenfalls für diese Fälle, daß dabei funktionelle Momente eine vielleicht entscheidende Rolle spielen, entsprechend der beim Herausheben eines Höreindruckes aus dem indifferenten akustischen Gesamthintergrunde sich vollziehenden Bildung phänomenaler Strukturen. Dafür spricht auch das neben der sprachlichen Unerweckbarkeit nachweisbare Empfinden feinster Gehörseindrücke, das jede Annahme einer Zerstörung besonderer Elemente als unzutreffend erweist. Handelt es sich dabei, wie man den Analogien aus dem Normalen und den Angaben einzelner Kranken entnehmen kann, um Wirkungen der Aufmerksamkeit, denen der Annahme nach zentrifugale, auf dem Wege der zentrifugalen Fasern in den Sinnesbahnen sich vollziehende Vorgänge entsprechen, dann wird man für das wechselnde Verhalten entsprechende Differenzen in diesen heranziehen dürfen. Bei der Aufmerksamkeitsverteilung im Zuge eines Gespräches kann der Kranke so auf sein eigenes Sprechen eingestellt sein, daß er das vom anderen Gesprochene überall nicht beachtet. Der Umstand, daß auch die eben erwähnten beim Kinde sich vollziehenden akustischen Strukturbildungen unter dem Einflusse von Gefühlen sich vollziehen, darf hier als Unterstützung dieser Deutung angeführt werden. Daß das kein Überschätzen der affektiven Einstellung ist, wird durch die neuerlich diesem Momente in der normalen Wahrnehmungsanalyse zugeschriebene Bedeutung bewiesen[1].

Für andere derartige Fälle trifft das insofern zu, als die Erscheinung trotz sichtlicher Einstellung auf die Rede doch bestehen bleibt und eine vorhandene akustische Hyperästhesie bei gleichzeitigen Gehörshalluzinationen eine entschiedene Rolle gespielt hat. Für andere Fälle wird man auch an herabgesetzte Reaktionsbereitschaft der Empfindungselemente zu denken haben. Für diese Deutung sprechen auch Beobachtungen entsprechender Art an Kindern über mangelhafte, herabgesetzte Disposition zum Herausheben von Gehörseindrücken aus dem akustischen Hintergrund[2].

Damit allein aber erscheint die dauernde Unerweckbarkeit nicht erklärt; für sie bleibt wegen der Unzulänglichkeit der Beobachtungen die Frage offen, ob sich nicht erst allmählich eine Art Habitualzustand, wobei verschiedene Momente (ungenügende Anfangsfunktion, zunehmende Interesselosigkeit) mit wirksam gewesen sein mochten, herausentwickelt hat. Für diese Deutung könnte auch angeführt werden, daß aus der nächst leichteren Kategorie der Störung die Kranken bezüglich des akustisch Aufgefaßten einen auffällig gleichmäßigen Eindruck berichten; die Bedeutung des Interesses wird erwiesen durch das Erkennen des Geräusches eines *bestimmten* Wagens durch den Kranken.

Bezüglich der Lokalisation der in Frage kommenden Herde läßt sich nur sagen, daß die Erscheinung bei einseitiger wie doppelseitiger Läsion der Wernickeschen Stelle vorkommt; inwieweit etwa auch bloß funktionelle Mitbeteiligung des eigentlichen Hörzentrums, der Heschlschen Windungen, in Frage kommt, bleibt offen.

Das von den zentrifugalen Einflüssen Gesagte läßt auch die Möglichkeit noch weiter peripherisch sich geltend machender Auswirkungen — Sensibilisierung der Endorgane — als möglich erscheinen. Dementsprechend ist die Unterscheidung gegenüber Schwerhörigkeit zuweilen nicht leicht; das Verhören ist bei letzterer wesentlich häufiger.

Die nächste Stufe, gewiß eine Summe von Vorgängen umfassend, betrifft die *Störungen der Lautauffassung*, mit der sich aber auch schon solche des *Wortlautverständnisses* verbinden. Ihre Feststellung gelingt nur in einer Minderzahl von Fällen, weil die Kranken, die allein über das, was und wie sie hören, Aufschluß geben können, meist durch die damit verbundenen sonstigen Störungen der Sprache daran verhindert sind.

Man nahm früher an, daß sie das Gesprochene bloß als Geräusch oder wie eine fremde Sprache vernehmen; es hat sich das als irrtümlich herausgestellt und gerade die Mannigfaltigkeit der Erscheinungen beweist, daß auch die zugrunde liegenden Störungen sehr verschiedenartige sind. Zuweilen sprechen die Kranken von Lärm oder Geräuschen, vom lauten Sprechen einer Menschenmenge als die ihnen das Gesprochene erscheint; sie hören fortwährend „drub-arub" oder „toterotot"; sie unterscheiden zuweilen doch das Sprachliche von anderem Gehörten oder hören es auch als Worte, unterscheiden auch Vokale von Konsonanten, oft ohne sie richtig aufzufassen; auch die Intonation von sonst Unverstandenem wird isoliert richtig erfaßt (Drohungen, Flüche, Aufforderungen); damit hängt vielleicht zusammen, daß Männer- von Frauenstimmen oder sonst verschiedene Stimmen, selbst entfernte, unterschieden werden; sie unterscheiden Fremdsprachliches voneinander, Unsinniges von der unverstandenen eigenen Sprache, oder sie bezeichnen auch Unverstandenes als fremde Sprache, ver-

---
[1] KLEMM: Wahrnehmungsanalyse: in ABDERHALDENS Handbuch der physiologischen Methoden. 1921.
[2] FRÖSCHELS: Kindersprache und Aphasie. S. 38ff. 1918.

wechseln fremde Sprachen untereinander, erkennen aber Unverstandenes als schon gesprochen wieder, unterscheiden geringfügige Differenzen unverstandener Worte. Dementsprechend erkennen sie oft, daß mit ihnen gesprochen wird, sie sind aufmerksam und merken ihren Defekt.

Ein richtig fundiertes Verständnis der Störungen hätte auszugehen von den Eigenschaften der an den Hörphänomenen der Umgangssprache festgestellten Eigenschaften (56). Leider wissen wir davon noch zu wenig; aber die Schwierigkeit liegt, abgesehen von der mangelhaften Einsicht in die entsprechenden physiologischen Vorgänge, daran, daß die beiden Haupthilfsmittel zum Verständnis des Pathologischen, die Selbstbeobachtung und die damit festzustellenden Resultate der pathologischen Prozesse, hier versagen müssen, auch schon deshalb, weil mit diesen Störungen so häufig expressive Sprachstörungen (Paraphasie) verbunden sind. Entgegen der bisher meist festgehaltenen Ansicht von den hauptsächlich das Empfindungsmaterial betreffenden Störungen erscheinen nicht so sehr peripherische, wenn auch intracerebral gelegene Störungsbedingungen das Wichtigste, sondern das Hauptmoment scheint auf dem Gebiete der Wahrnehmung der akustischen Tongestalten gelegen. Doch läßt sich selbst betreffs der gröberen dabei in Betracht kommenden Vorgänge und ihres Sitzes vorläufig nichts halbwegs Befriedigendes aussagen und es erscheint nicht ausgeschlossen, daß auch noch in den Bereich des einfachen Hörens fallende Vorgänge eine Rolle spielen möchten; dafür sprechen die Erfahrungen bei optischer Agnosie und auch die Tatsache, daß entsprechend den vorhandenen Ähnlichkeiten mit Gehörsstörungen im engeren Sinne der Ausgangspunkt zu dem hier Besprochenen von historisch nachweisbar peripherisch Schwerhörigen genommen war (ARMAND). Übrigens zeigt die Klinik der hierher gehörigen sog. subcorticalen sensorischen Aphasie (reinen Worttaubheit) wenig scharfe Grenzen zwischen cerebralen und labyrinthären Störungen auf, die übrigens selbst durch den Nachweis des cerebralen Sitzes der entsprechenden Läsion in Rücksicht auf die hier besprochene Abgrenzung noch nicht sicher zu ziehen sind.

Die Seltenheit einschlägiger Fälle erklärt die Dürftigkeit präziser Feststellungen, die immerhin zu der Konstatierung genügen, daß innerhalb einer bestimmten Phase die Störungen Wahrnehmungsgleiches, nicht Regelloses bewirken. BALASSA will neuerlich in einem Falle Verlust der Tonqualität festgestellt haben. Neben der Herabsetzung der einzelnen Faktoren könnten auch noch Störungen des binotischen Hörens, der akustischen Akkommodation, endlich Nachbilder und Kontrasterscheinungen in Frage kommen. Es ist klar, daß wir ein wirkliches Verständnis der Lautverständnisstörungen erst dann erhoffen können, wenn wir, ähnlich wie die optischen Eindrücke, auch die akustischen in ihren „Erscheinungsweisen" kennen werden. Angesichts dieser kargen klinischen Daten erscheint jeder Versuch einer näheren anatomischen Fundierung als durchaus verfrüht, zumal wir etwas wirklich Befriedigendes über das dem Schichtenaufbau des Verständnisses entsprechende Anatomische nicht haben, wenn man sich nicht ins rein Spekulative verlieren will. Noch sind einige in Betracht kommende allgemeine Momente zu würdigen.

Die Bedeutung der *Situation* auch schon für die Wortlautauffassung tritt in dem Einflusse der davon ausgehenden *Einstellung* auf die dem ersten Worte folgenden hervor: der Einfluß auf das Wortsinnverständnis leuchtet ohne weiteres ein. Dazu ist zu bemerken, daß der Umfang der Reaktion dabei ohne erkennbaren Grund wechselt. Was eingangs bezüglich der Differenz zwischen Lauten, Silben und Worten gesagt worden, erklärt, daß in der Regel Worte besser aufgefaßt werden als ihre Lautkomponenten. Beim Erkennen des Gesprochenen als einer fremden Sprache angehörig spielen in erster Linie die dieser zukommenden *musikalischen Momente* eine Rolle, wie das Erkennen desselben als Sprache von der *Sprachmelodie* abhängt, die das Sprechen von anderen Geräuschen differenziert. Die *Akzentuierung* dürfte die Ursache sein, daß Fragen, Drohungen, wenn auch unverstanden, doch in ihrem Charakter erfaßt werden. Beim differenzierenden Erkennen verschiedener Stimmen ist wahrscheinlich die *Helligkeit des Hörphänomens* entscheidend. Was das gelegentliche Erkennen der Vokale als solcher ermöglicht, muß dahingestellt bleiben („Formanten"?). Daß Klangähnlichkeiten stören werden, braucht nur angemerkt zu werden. Der gelegentliche schädigende Einfluß individueller oder fremdländischer Sprechweise deutet darauf hin, daß die aus den verschiedenen individuellen Wortbildern abstrahierten *Wortschemata* in ihrer Ansprechbarkeit Schaden gelitten haben; daß kein Verlust von Wortklängen und ebensowenig eine Leitungsstörung, die man zur Erklärung der Erscheinungen überhaupt herangezogen hat, vorliegt, ist nach allem, was gesagt wurde, selbstverständlich. Das *Bekanntheitsgefühl* kann sich auf ein einzelnes oder mehrere im Zuge der Lautauffassung mitwirkende Momente beziehen (bekannte Sprache, Sprache eines Bekannten u. ä.). Inwieweit die auch normalerweise die Gestaltauffassung intensiv beeinflussende *Verteilung der Aufmerksamkeit* dabei in Frage kommt, muß offen bleiben. Gesichert erscheint der *Einfluß affektuöser Momente*, sichtlich physisch und psychisch fundiert. Über das Erkennen des eigenen Defektes wird später einiges zu sagen sein.

Das *Wortsinnverständnis* setzt natürlich ein zutreffendes Wortlauterfassen voraus, mindestens ein teilweises, weil, wie das Verstehen verstümmelter Worte und auch die Norm zeigt, das gehörte Wort an der Hand teilweiser Erfassung ergänzt wird.

Das Verhältnis zwischen beiden ist demnach verschieden; was dem Laute nach richtig erfaßt worden, wird auch richtig verstanden — sofern die Störung nicht höhere Stationen betrifft. Das Verständnis kann aber auch ganz fehlen, weil etwa die an sich richtig gehörten Worte nicht als die gewohnten fest organisierten Verläufe erfaßt werden. Besonders auffällig ist gelegentlich richtiges Wortsinnverständnis bei noch stark gestörtem Wortlautverständnis. Am besten erhalten bleibt meist der eigene Name, dann kommen einfache Worte, Zahlworte; kürzere und bekanntere Worte besser als längere oder wenig gebrauchte. Zuweilen bedarf es einer mehrfachen Wiederholung zum Verständnis. Klangähnlichkeiten führen zu falschem Verstehen. Der aufgefaßte Wortlaut hebt ein der gleichen Begriffssphäre angehöriges Wort empor (Augen, Ohren — Bergsons „dynamisches Schema", „Sphärenbewußtsein", MESSER[1]), entsprechend der Tatsache, daß das Bewußtsein der Gebietszugehörigkeit im Bedeutungsbewußtsein eine überragende Rolle spielt. Dem an die Seite zu stellen ist die Beobachtung, daß der Kranke Objektbezeichnungen noch nicht versteht, Umschreibungen derselben aber schon auffaßt. Bei Polyglotten überdauert in der Regel das Verständnis der Muttersprache das der später erlernten. Als Resterscheinung beobachtet man zuweilen die Schwierigkeit, dem Gespräche dritter Personen zu folgen. Die Betrachtung des besseren Wortverständnisses im Zusammenhange des Satzes führt hinüber zum *Satzsinnverständnis;* im Rahmen dieses werden auch die von der Dignität der verschiedenen Worte abhängigen Störungen des Verständnisses zur Sprache kommen. Im allgemeinen gilt ähnlich wie beim Reden, daß auch beim Verstehen der Satzsinn in erster Linie steht und erst in zweiter das Namensverständnis **(57)**. Die Grundstörung, die hier vorliegt, ist die fehlende Mobilisierung des Wortsinnes von dem genügend präzise aufgefaßten

---

[1] MESSER: Experimentelle psychologische Untersuchungen über das Denken. Arch. f. Psychol. 8, 17. — Ähnlich BERGSONS „dynamisches Schema" (Matière et mémoire. 1896), DELBRÜCKS „Begriffsgruppen" [Jena. Z. Naturwiss. **20**, 94 (1887)].

Wortlaute aus; das Relationsbewußtsein, die Struktur: Wort - Bedeutungsvorstellung oder vorstellungsloses Bedeutungsbewußtsein ist gestört; über die Momente, die bei diesem gewiß recht komplizierten Vorgange wirksam sind, wissen wir recht wenig, aber es genügt, um die ältere Annahme einer Abschwächung der Gedächtnisdisposition von Worten abzulehnen. Die Rolle, welche dabei die Erweckung der „Erinnerungsbilder" oder richtiger die Auslösung der Erinnerungsgrundlagen spielt, ist noch ganz dunkel; man wird nur sagen können, daß sie durch die infolge der Störung mangelhaften Empfindungsstrukturen eine mangelhafte ist, zumal auch jene nicht stückweise zusammengesetzt sind.

Eine Rolle wird die durch das am Beginne Gehörte eingeleitete *Vorkonstruktion* bei der Störung der synthetischen Auffassung spielen; damit stimmt überein, daß gelegentlich erst die letzten Worte verstanden werden. Rasches Verschwinden des Wortklanges als Ausdruck herabgesetzter Funktion wird bei raschem Sprechen das Verstehen schädigen. Die Kompliziertheit der einschlägigen Momente erhellt aus der Beobachtung, daß gelegentlich das Verständnis der Bezeichnungen der eigenen Körperteile, auch für die einfacheren und geläufigeren, schlechter ist als das sonstige Wortverständnis. Dabei sowie auch sonst kommt das erwähnte Sphärenbewußtsein in Betracht. Insofern dabei einerseits Sachvorstellungen, andererseits Wortvorstellungen, die nicht akustischen Anteile der inneren Sprache, mitwirken, erklärt sich daraus ein Teil der als *Hilfen* im Wortsinnverständnis nachweisbaren Erscheinungen. So die oft spontan sich einstellende, vom kindlichen Sprachreflex sich ableitende *motorische Einstellung auf das Gehörte* (leises Nachsprechen zur Hebung mangelhaften Verstehens, gelegentlich auch Schreibbewegungen); die Unterstützung desselben durch das Sehen des entsprechenden Objektes; bei diesen „Hilfen" handelt es sich um eine durch andere zentripetale Anregung verstärkte Inbereitschaftsetzung der akustischen Residuen, bzw. der entsprechenden Prozesse. Die *Sprachmelodie* dürfte in Frage kommen beim Erkennen verschiedener Stimmen und Sprachen. Bei der Wirkung aller dieser Hilfen spielt die *Hinwendung der Aufmerksamkeit auf den Sinn* eine wichtige Rolle. Das legt es nahe, daß die aus der Störung folgende, allzu intensive Einstellung derselben auf den Wortlaut wesentlich mitbeteiligt ist; im Hintergrunde dieses Momentes steht wieder die Einengung des Bewußtseinsspanns überhaupt. Die Bedeutung der *Affekte* für das Verständnis ihnen entsprechender Worte ist auch zu erwähnen. Tritt in den besprochenen Momenten auch schon die Bedeutung der *Situation* (auch der Affekt gehört zur psychischen Situation) als etwa störend oder unterstützend hervor, so zeigt sich das deutlicher in dem Versagen des schon vorhandenen Verständnisses bei unerwarteter Situationsänderung (Wechsel des Themas), was auch eines der Momente sein dürfte, die das wechselnde Verhalten der Störungen erklären können. Die mangelhafte Erfassung der Situation deutet auch an, wie auch *Defekte der höheren geistigen Prozesse* komplikatorisch den hier besprochenen Vorgang stören können. Der wichtige Beitrag, den die *musischen Elemente* zur Situation beibringen, macht die Bedeutung ihres fehlenden oder gestörten Verständnisses dabei verständlich. Daß das von den Kranken leicht erlernte Ablesen von den Lippen auszuschalten ist, sei hier angemerkt. Die sichtlich funktionelle Abstufung der beschriebenen Störungen beseitigt von vornherein jede auf Zerstörung bestimmter Elemente von Zentren hinauslaufende Deutung und stützt die auch hier zutreffende, daß es sich um verschiedenartige Störungen der dem Wortverständnisse entsprechenden Vorgänge handelt, die aber nicht in einem Wortsinnzentrum lokalisiert werden können, weil auch der Satzsinn nicht die Summe aus dem Sinne der einzelnen Worte ist. Dazu kommt noch, daß die Prüfung mittels isolierter Worte eine durchaus lebensfremde Methode darstellt, die namentlich dann versagen muß, wenn sie auch bezüglich der Hilfs- und Formwörter in Gebrauch gezogen wird, denen ein ihnen isoliert zukommender Sinn überhaupt fehlt; es fehlt ihnen die „Nennfunktion", die im Vordergrund des Interesses steht.

Das Satzsinnverständnis erweist sich namentlich bei kurzen Sätzen oft besser als das Wortverständnis, während es bei längeren, zumal wenn es sich um Abstraktes handelt, versagt. Rascheres Sprechen wirkt gelegentlich ebenfalls störend. Im ersteren Falle wirkt neben der leichteren Erfassung geläufiger Redewendungen offenbar das Sprachgefühl (als Niederschlag der in der Spracherlernung erworbenen Schemata, hier für Sätze) unterstützend, weil Umstellung des Satzes ihn leicht unverständlich macht. Aufträge, irgendwie kompliziert, werden langsam ausgeführt oder gar nicht verstanden, weil der Wert der an sich verstandenen Worte im Zusammenhange nicht erfaßt wird, falls dieser nicht ein ganz eindeutiger ist. Längere Sätze werden nur verstanden, wenn in kürzere zerlegt.

Zum Verständnis beider dieser Formen dient das, was wir von der Darstellung der Sachverhältnisse einerseits durch Wortstellung (Syntax), anderseits durch Grammatisierung im engeren Sinne wissen. Ist im ersterwähnten Falle das Verständnis der Wortstellung gestört (man kann von *impressiver Asyntaxie* sprechen), so liegt bei Störungen der zweiten Art das vor, was man als *sensorischen (impressiven) Agrammatismus* (im engeren Sinne) bezeichnet. Störung derjenigen Etappen des Satzsinnverständnisses, welchen eben die Grammatisierung des Satzes entspricht, insofern beide die Sachverhältnisse charakterisieren, wird das Verständnis der entsprechenden Sachverhältnisse verschiedengradig stören; dabei kommt auch der eventuelle Verlust des Wissens um die Satzform bzw. des ihm entsprechenden Sprachgefühles in Frage. Dieser letztere Defekt demonstriert sich auch in der Unfähigkeit, aus bereitgehaltenen Worten einen sinnvollen Satz zu bilden trotz nachweislich korrekter gedanklicher Formulierung; im Impressiven darin, daß der Zweck des Ganzen nicht erfaßt wird trotz vorhandenem Verständnis aller Einzelworte: das der Mitteilung zugrunde liegende sprachliche Schema wird nicht erfaßt. Präziser erfaßt und methodisch studiert hat zuerst E. SALOMON die hierher gehörigen Erscheinungen (58).

Klinische Erwägungen — das Nebeneinander von expressivem und sensorischem Agrammatismus — ebenso wie psychologische — die gleichen Vorgänge einmal zentrifugal, sodann zentripetal — haben, wie in den einleitenden Bemerkungen zum Kapitel Agrammatismus hervorgehoben, dazu geführt, daß auch die letztere Form mit den anderen zusammengefaßt behandelt wird. Andererseits hat die sichtliche Zugehörigkeit dieser Störung zu den Störungen der Satzsinnerfassung Veranlassung gegeben, den sensorischen Agrammatismus ausführlicher im Rahmen der Worttaubheit zu behandeln.

Hierher gehören Fälle, in denen nachweislich im Zuge der Rede gesprochene Präpositionen oder sonstige Hilfswörter sinnvoll nicht verstanden werden, ihre Bedeutung verwechselt wird; weiter die Erscheinung grammatikalischen Nichtverstehens, wenn, bei Vorhandensein dazu genügender Wortlautauffassung, Wortbiegungen oder ähnliche grammatikalische Modifikationen der Worte und damit nachweislich auch der Satzsinn nicht oder nicht genügend verstanden werden. (Natürlich wird eine mangelhafte lautliche Erfassung auch das Verständnis der wesentlich schwierigeren Lautgestaltung grammatischer Formulierung mehr oder weniger hindern.) Man wird auseinander zu halten haben das fehlende *Verständnis für die Grammatismen des richtig Gesprochenen* vom *mangelhaften Erkennen unrichtiger*. Im ersteren Falle fehlt dem Hörer das nach alterworbenen Analogien arbeitende Sprachgefühl für die grammatischen Strukturen der in Anwendung gekommenen Sprachmittel. Dann kann es auch nicht zur Entwicklung der dieser Struktur gewohnheitsmäßig zugeordneten gedanklichen Struktur kommen; der Kranke versteht den Satz nicht, weil die der Gedankenstruktur entsprechenden Sachverhaltsgrundlagen nicht erfaßt werden können und das, trotzdem er vielleicht jedes Wort für sich versteht. In diesem Zusammenhange ist auch gewisser Differenzen zu gedenken, die sich ergeben werden, je nachdem das Sprachverständnis jeweils die Objektbezeichnungen oder die syntaktischen Anweisungen zuerst ins Auge faßt. Geringere Grade der Störung werden Unsicherheit und Schwanken der Auffassung nach sich ziehen; das erhaltene Verständnis der Betonungsstruktur wird natürlich helfend mitwirken. Anders beim Nichterkennen prüfungsmäßig vorgelegter falsch grammatisierter Proben. Auch hier ist es das Sprachgefühl (die Schulkenntnisse treten weit zurück), das sich, an der Hand der automatisierten Analogiebildungen wirksam, in pathologischen Fällen nicht oder nicht genügend meldet, so daß der Vorgang nicht bis zur richtigen Korrektur gelangt; mit Reihenbildung motorischer Art hat das dementsprechend nichts zu tun.

Bei der Beurteilung einschlägiger Fälle wird Nachstehendes sehr zu beachten sein: Daß ein durchaus nicht dementer Kranker, der komplizierte Aufträge richtig ausführt, Sätze, wie z. B. „der Bäcker wird gebacken", „der Hund führt den Herrn an der Leine", ruhig hinnimmt und erst nach mehrfachen Fragen und Hinweisen vielleicht die falsche Konstruktion erkennt, liegt daran, daß (auch in der Norm) von der Form der den Satz bildenden Wörter ökonomischerweise nur soviel beachtet wird, als zur Erzielung eines Sinnes, der für jede Rede vorausgesetzt oder von der Kenntnis der Sachen und ihrer Verhältnisse hergenommen wird, notwendig ist. Das wird am besten verständlich an der Hand des Satzes: „Missionar Wilder fressen", bezüglich dessen trotz formaler Möglichkeit eines Mißverständnisses doch niemand auch nur einen Augenblick im Zweifel sein wird. So hat wohl manchmal auch der Kranke jene Sätze richtig verstanden und weiß nur etwa im Expressiven nicht Bescheid über die richtige Form zu geben (vgl. dazu auch die Tatsachen der Zeichen- und Taubstummensprache). Der Sinn des umkehrbaren Satzes ist so eindeutig und zwingend (logische Irreversibilität!), daß die Möglichkeit seiner Umkehrung für den Kranken überhaupt nicht in Frage kommt.

Bei der in der Darstellung des Normalen für das Satzverständnis herangezogenen Vorkonstruktion, die sich ja sowohl auf die Wortstellung wie auf die Grammatisierung der Worte bezieht, wird das recht häufig dabei vorhandene nicht laute *Mitsprechen* insofern von Bedeutung sein, als Störungen desselben auch diese Vorkonstruktion mit stören werden, etwa auch in der Weise, daß analog wie beim Sprechen, dadurch störende Korrekturen nötig werden. Die meist richtige Erfassung der *musikalischen Elemente* (Satzmelodie, Akzent), bewiesen durch entsprechende, nicht bloß rein echolalische Nachahmung bei nachweislich noch fehlendem sonstigen Verständnis des Gesprochenen, zeigt, daß neben dem Moment rein perzeptiver Störung auch noch solche die Dispositionsbereitschaft der „Residuen" betreffende eine Rolle spielen.

An die bisher besprochenen Störungen schließen sich nunmehr uneigentlich in das Gebiet pathologischen Sprachverständnisses gehörige an, jene höheren an das Satzverständnis anknüpfenden *intellektuellen Funktionen* betreffend, zu denen das Verstehen des Abstrakten hinüberleitet. So bei Kranken im Stadium der Besserung das Erkennen der Sinnlosigkeit sinnloser Sätze. Das gehört schon in die Betrachtung der auf die Aussagegrundlagen zurückgehenden Denkvorgänge jenseits der hier zur Diskussion stehenden. Dem Kranken fehlt das Verständnis der Worte im übertragenen Sinne, für Formeln, Sprichwörter, Wortwitze, Scherze. Als grundlegend für die hier in Betracht kommenden Momente ist die Tatsache anzusehen, daß das Satzsinnverständnis schlechter wird, wenn zwei oder mehrere an sich vielleicht verstandene kleinere Sätze in Zusammenhang zu bringen sind (s. die „zwischengedanklichen Beziehungen" BÜHLERS[1]). Daneben fehlt zuweilen auch das Verständnis anderer „semantischer Funktionen" (HEAD) (fraglich, ob auch isoliert), so für die Stellung der Zeiger an der Uhr, das aber auch isoliert bei anderen schweren Störungen erhalten sein kann.

Gewiß kommen dabei neben den angedeuteten noch die verschiedenartigsten anderen Momente in Betracht, deren Feststellung und Beurteilung deshalb so erschwert ist, weil das Fehlen als typisch erkannter entsprechender Störungsformen den Schluß auf Art und Form der Störungsmomente vorläufig nicht gestattet. Dazu kommen noch die rasch einsetzenden kompensatorischen „Hilfen" des cerebralen Apparates, die die Herausarbeitung der Störungsmomente verhindern oder erschweren (59). Man muß sich darauf beschränken, diejenigen herauszustellen, die als störend in Betracht kommen können, zumal gewiß nicht ein einzelnes, sondern immer mehrere beteiligt sein werden. Als wichtig ist hervorzuheben die entweder primär oder durch das mangelhafte Satzverständnis gestörte Einfühlung in die Situation, deren maßgebende Bedeutung für Sprechen und Verstehen wir kennengelernt haben. (Die unterstützende Bedeutung begleitender Zeichen und Mimik braucht nur erwähnt zu werden.) Weiter, namentlich bei irgendwie längeren Sätzen, die herabgesetzte Merkfähigkeit bzw. die dadurch gestörte Erfassung der Gedankenrichtung sowie die mangelhafte Vorkonstruktion im Zuge des Hörens, die Unfähigkeit, die „resultierende" Bedeutung der Worte zu erfassen; und ähnlich wirksam auch die verkürzte Nachdauer des Gehörten (besonders bei rascherem Sprechen) ebenso wie der beim Aphasischen so häufig herabgesetzte Bewußtseinsspann. Schließlich das wichtige Moment der richtigen Aufmerksamkeitsverteilung (z. B. Hinrichtung derselben auf den Wortlaut mit schwerer Schädigung der Erfassung des Wortsinnes). Das gleiche Moment ist, allerdings nicht im Zuge des Satzverständnisses, wirksam, wenn der Kranke bei der Ausführung einer verlangten Handlung einmal mehr auf das zu hantierende Objekt eingestellt ist. Dazu gehört z. T. auch die von HEAD betonte Tatsache der Erschwerung des Satzsinnverständnisses, wenn dasselbe eine Auswahl zwischen verschiedenen Möglichkeiten nötig macht.

All den hier aufgeführten Momenten ist zusammenfassend zu entnehmen, daß ihr Grundzug in der *gestörten Zusammenfassung der gehörten akustischen Abfolgen zu einem Ganzen* gelegen ist. Dem ist gegenüberzustellen das Kombinieren des Satzsinnes auf Grund der nur teilweise verstandenen Worte etwa bei gestörtem Wortlautverständnis.

Ähnlich wie wir im Normalen von Verkürzungen der Vorgänge des Verstehens gesprochen, so ist das gleiche auch hier im Pathologischen zu beachten, namentlich dann, wenn geübte Redewendungen auch schon die entsprechende Handlung fast reflektorisch auslösen (z. B.: „ein Auto!" — Beiseitespringen).

Das fehlende oder vorhandene *Verständnis für den eigenen Defekt* wird sich, abgesehen von dem für gewöhnlich entscheidenden Erfolge, verschieden verhalten bzw. je nach der Form verschieden zu erklären sein. Bei der Unerweckbarkeit sehen wir die Einstellung der Aufmerksamkeit von Bedeutung, in Fällen partiellen Wort- und Satzverständnisses wird das trotzdem gelingende Verständnis den partiellen Defekt verdecken. Die Angaben der Kranken sind jedenfalls genau zu prüfen, weil sie nicht selten Nichthören und Nichtverstehen verwechseln.

In diesem Zusammenhange ist noch des Umstandes zu gedenken, daß die meist raschere *Restitution* der gestörten akustisch-receptiven Prozesse die Frage nahelegt, worin dies und die darin sich ausprägende größere Leichtigkeit dieser

---

[1] BÜHLER: Über Gedankenzusammenhänge. Arch. f. Psychol. **12**, 1 (1908).

Prozesse (im klinischen Sinn) bedingt sein möchte. Dies wird vor allem darin begründet sein, daß besonders bei dem genannten impressiven Vorgang die Willkür und alles, was damit und mit der von ihr geleiteten Einübung der expressiven Vorgänge (vgl. dazu das zuvor über die Wirkung der Übung Gesagte) zusammenhängt, in Wegfall kommt bzw. wenn vorhanden, sich unbewußt vollzieht.

Zu gedenken ist zum Schlusse noch der *bei motorischer Aphasie beobachteten meist leichteren Worttaubheit*. Zu ihrem Verständnis dienen in erster Linie in frischen Fällen Nachbarschaftswirkungen des frontalen Herdes, weiter die Möglichkeit einer Totalaphasie mit erfahrungsgemäß bald abklingender sensorischer Komponente. Sonst kommt wohl hauptsächlich die erhöhte Enge des Bewußtseins in Betracht und die daraus resultierende Notwendigkeit, zum Verständnis längerer Sätze das an sich gestörte und deshalb dazu unzureichende Nachsprechen zu Hilfe zu nehmen (60).

Wenn wir die verschiedenen beim Sprachverständnis in Funktion gesetzten Vorgänge dahin zusammengefaßt haben, daß sie der Überführung und Zusammenfassung der sukzessive erfaßten Vielheit akustischer Eindrücke in die sinnvolle Einheit der Gedanken dienen, so erweist sich die Summe dieser Vorgänge durch ihre Beschränkung auf den Kreis des Konventionellen als Ausdruck für sinnvolle Rede dienender Phoneme als eine der akustischen Empfindung übergeordnete Funktionssphäre mit gesonderter Lokalisation ihrer anatomisch-physiologischen Mechanismen. Auch daraus folgt das Unzutreffende der Annahme gesonderter Zentren für Buchstaben, Silben und Worte und der in ihnen vermeintlich aufgespeicherten Erinnerungsbilder von solchen.

Für jene Lokalisation kommt die von WERNICKE zuerst festgestellte, dem Gehörzentrum in den (Heschlschen) Übergangswindungen vorgelagerte mittlere, z. T. hintere Partie der ersten Schläfenwindung in Betracht, für den musischen Anteil die Mitwirkung des nach vorn davon gelegenen Teiles jener Windung. Insofern auch Vorgänge der Überführung auf dem Psychischen zugeordnete Mechanismen in Frage kommen, wird man dafür eine „erweiterte Wernickesche Zone" annehmen dürfen, über deren Bereich sich etwas Bestimmteres noch nicht sagen läßt. Über das Ausmaß der Beteiligung des rechten Schläfelappens an diesen, jenseits des Gehörzentrums sich vollziehenden, für gewöhnlich vorwiegend dem linken Wernickeschen Zentrum zukommenden Funktionen wissen wir gleichfalls recht wenig, und dadurch erscheint auch die Deutung der Einzelheiten der beschriebenen Störungen behindert.

Im Laufe der Erörterungen ist der *Komplikation mit echten Hörstörungen* peripherischer und zentraler Genese gedacht worden. Das wird bezüglich der letzteren aus dem eben Erwähnten leicht verständlich. Differentialdiagnostisch werden in Frage kommen einerseits die den peripherischen Hörstörungen zukommenden Symptome, andererseits die die zentralen Störungen des Sprachverständnisses so häufig begleitenden expressiven Störungen; das letztere kommt besonders in Betracht in den recht seltenen Fällen isolierter, reiner (sog. subcorticaler) sensorischer Aphasie, wo eben die Auffassung des Gehörten allein geschädigt ist. Eine Zeitlang galt die Ansicht, daß die sog. Bezoldsche Hörstrecke von $b^1 - g^2$ es ist, deren Intaktheit das richtige Verstehen sichert (61); es hat sich durch den exakten Nachweis ihres Erhaltenseins in schweren Fällen von Worttaubheit ergeben, daß diese Ansicht unzutreffend war.

Man hat neuerlich auch eine *isolierte Geräuschetaubheit* beobachtet und will auch schon eine umschriebene Lokalisation der für sie verantwortlich zu machenden Läsionen annehmen[1] (in $T_3$ und $OT$); doch scheint, abgesehen von den

---
[1] KEHRER: Beiträge zur Aphasielehre. S. 169. 1913. — HENSCHEN: J. Psychol. u. Neur. **22**, H. 3, 440. — GOLDSTEIN: Z. Nervenheilk. **77**, 349 (1923) (62).

klinisch-anatomischen Bedenken, schon die Rücksicht auf die Tatsache, daß gesprochene Worte zu den Geräuschen gehören, andererseits die Sprachmelodie ebenso wie die anderen musischen Elemente der Sprache die verbindenden Glieder zwischen Sprache und Musik bilden, gegen die Gebundenheit der drei Leistungen an verschiedene Stellen der Hirnrinde zu sprechen.

# Alexie.

### Zusammenfassende Darstellungen.

GOLDSCHEIDER u. MÜLLER: Physiologie und Pathologie des Lesens. Z. klin. Med. **23**, 131 (1893). — ERDMANN u. DODGE: Psychologische Untersuchungen über das Lesen auf experimenteller Grundlage. 1898. — REDLICH: Über die sogenannte subcorticale Alexie. Jb. Psychiatr. **13**, 241 (1895). — WERNICKE: Der aphasische Symptomenkomplex. Die Deutsche Klinik am Eingange des 20. Jahrhunderts **6**, Abt. 1, 487 (1906). — DEJERINE: Sémiologie du système nerveux, in Bouchards Pathol. gén. **5** (1901) (2. Aufl. 1914). — GELB u. GOLDSTEIN: Psychologische Analysen hirnpathologischer Fälle **1** (1920). — SCHUSTER: Alexie und verwandte Störungen. Mschr. Psychiatr. **25**, Erg.-H., 349 (1909) — HENSCHEN: Klinische und anatomische Beiträge zur Pathologie des Gehirns **6** (1920). — GOLDSTEIN: Die Topik der Großhirnrinde. Dtsch. Z. Nervenheilk. **77**, 7 (1923). — BERLIN: Über eine besondere Art der Wortblindheit (Dyslexie). 1887. — NAVILLE: Mémoires d'un médecin aphasique... Arch. de Psychol. **17**, 1 (1918). — KRAMER: Beitrag zur Lehre von der Alexie und der amnestischen Aphasie. Mschr. Psychiatr. **68**, 346 (1928). — MISCH u. FRANKL: Beitrag zur Alexielehre. Ebenda **71** (1929). — HEIDENHAIN: Beitrag zur Kenntnis der Seelenblindheit. Ebenda **66**, 61 (1927).

Unter der Bezeichnung der Wortblindheit, Alexie, werden verschiedene das optische Erfassen und Verstehen der Schriftbilder und ihrer sinntragenden Einheiten (Worte und Satz) treffende Störungen zusammengefaßt, bei denen Defekte der Sehschärfe und des Gesichtsfeldes keine Rolle spielen. Stellt sich dementsprechend die Alexie als eine Varietät der optischen Agnosie dar, so reicht sie doch mit dem betonten Momente des Sinnerfassens größerer Einheiten über den Rahmen dieser letzteren weit hinaus in die Sphäre des Denkens.

Zerfallen für den einfachen Beobachter ihre Erscheinungen zunächst, wie diejenigen der Worttaubheit, in zwei Formen je nach dem Betroffensein der primären oder sekundären Identifikation, in Störungen der Wortform- und Wortsinnerfassung, so zeigt sich bei näherer Erforschung, daß es sich auch dabei schon, ganz abgesehen von dem auch hier nachweisbaren Primat des Satzes als Träger des Sinnganzen, um eine Reihe von Vorgängen handelt, deren Störung entsprechend sich auch die Erscheinungen vielfältig differenziert darstellen. Als prinzipiell bedeutsam für die Wortformerfassung ist die auch bezüglich der hörenden Erfassung gemachte Erfahrung hier einzuschalten, daß nicht die vollständige Buchstabengestalt in Frage kommt, sondern nur ihre charakteristischen Teile und ebenso auch für das Wort nicht immer alle Buchstaben (63).

Als schwerste Störung dabei stellt sich eine allerdings seltene Art von Unerweckbarkeit in der Weise dar, daß solche Kranke eine ihnen gerichtete Druckprobe nicht, wie das andere durchaus Alektische tun, in die richtige Position bringen. Dieses Nichterkennen der schwarzbedruckten Fläche und das vollständige Fehlen jeden Buchstabenerkennens, selbst der sonst fast immer verstandenen eigenen Unterschrift, bilden den Übergang zur optischen Agnosie. Andere erkennen Buchstaben (und Zahlen) als solche, verwechseln sie aber auch untereinander oder mit Noten, Ziffern. Buchstabenähnliche Zeichen werden entsprechend beurteilt; dann werden einzelne Buchstaben erkannt, etwa die kleinen bloß, oder der so geübte Anfangsbuchstabe des eigenen Namens, namentlich einfache (gelegentlich durch das Erfassen bloß des für den Buchstaben charakteristischen Teilstückes), zuweilen bei Unfähigkeit ihrer Bezeichnung;

charakteristische Handschrift wird von anderen unterschieden; Diphthonge, Konsonanten werden häufig schwerer erkannt; hierauf folgen kürzere Worte, die richtig gelesen werden, bei schlechterem Lesen der sie zusammensetzenden Buchstaben; ähnlich gestaltete Worte werden verwechselt, längere nicht oder langsam buchstabierend gelesen. Die hier zwischen Buchstaben- und Worterfassen aufgeführten Differenzen haben zu den Bezeichnungen „*litterale*" und „*verbale*" *Alexie* geführt, bei deren Wertung die Lebensfremdheit ins Gewicht fällt, die der Prüfung der ersteren zukommt, ebenso wie die Nichtberücksichtigung des Moments des Gestalterfassens beim Worte, das z. B. auch darin hervortritt, daß zuweilen lange Worte besser als kurze gelesen werden. Differenzen der Lesbarkeit der Schrifttypen, auch die zwischen Druck- und Schreibschrift, ebenso wie Gewohnheit haben entsprechenden Einfluß. Das Lesen von Formeln (Comp. u. dgl.) kann fehlen, andererseits werden einzelne sonst nicht gelesene Buchstaben als Sinnbild, Geschäftsformel zusammengefaßt, auch eine Zeitungsaufschrift kann richtig gelesen und auch verstanden werden. Zuweilen hilft das laute Lesen zum Erfassen, gelegentlich erst nach mehrfacher Wiederholung; zuweilen benützen die Kranken das Hersagen des Alphabetes, um den ihnen gezeigten Buchstaben zu erkennen. Beim Nichtverstehen gelesener Worte zeigt sich, daß auch das Vorsprechen den Sinn nicht emporhebt. Auch buchstabierendes Lesen hilft zuweilen bei längeren Worten, die der Kranke nicht wie in der Norm oder wie die kurzen als Ganzes auffaßt. Nicht selten wirkt aber das laute Lesen überhaupt erschwerend, als Plus von Leistung, besonders aber durch die stärkere Fesselung der Aufmerksamkeit durch den neuen motorischen Akt. Der gleiche Gesichtspunkt erklärt auch die gelegentliche Differenz zwischen lautem und leisem Lesen. (Die entsprechenden Bewegungen zuweilen bloß mit dem Kopfe ausgeführt oder in Augenbewegungen maskiert, auch ohne Vorlage.) Zuweilen zeigt sich, daß der Kranke schreibend das sonst nicht Gelesene erkennt (**64**); das betrifft nur Geschriebenes, da Gedrucktes früher niemals in der gleichen Form kopiert worden ist; doch versagen diese Hilfen leichter bei wenig belesenen Kranken. Auch optische Hilfen: gezeigte Objekte, Bilder, Farben unterstützen das entsprechende lesende Verstehen. Diese *Hilfen* bilden sich oft rasch heraus und sind geeignet, die Störung vollständig zu verdecken. Bei Besserung der Störung kommt auch das kombinierende Ergänzen unvollständig gelesener Worte in Betracht. Zuweilen betrifft die Störung bloß eine bestimmte Schreibart, Stenographisches bzw. nur eine bestimmte Sprache, beides gewöhnlich später Erlerntes betreffend (RIBOTsche Regel). Dabei werden die der erhaltenen Sprache entsprechenden Buchstaben der fehlenden Sprache in der erhaltenen gelesen (ein Beweis gegen die Annahme von irgendwie festen Engrammen und für die Bedeutung der Gestaltqualität). Zuweilen leiden alle Sprachen gleichmäßig. Die Betonung der nicht verstandenen Worte ist natürlich oft fehlerhaft, oder sie und die Rhythmisierung stellen sich, weil durch den Zusammenhang präzisiert, oft erst verspätet ein und stören damit das davon abhängige Sinnverständnis; doch kann der ganze Satz auch richtig betont gelesen werden bei fehlendem Verständnis, sichtlich auf Grund festgelegter Übung der erwähnten Faktoren. Die beschriebenen Störungen des Lesens, das auf dieser Stufe evtl. nur den Sinn des einzelnen Wortes erfaßt, werden natürlich auch das sinnvolle Erfassen des ganzen Satzes verschiedenartig stören und zum Erraten desselben Anlaß geben; dem entspricht es auch, daß das Sinnerfassen aus denselben Worten gegensätzlich formulierter Sätze gestört sein kann. Die allgemeinen Gesichtspunkte dafür entsprechen denjenigen, die wir beim akustischen Sprachverständnis kennengelernt. Die *Dauer der Störung* kann eine unbegrenzte, definitive sein; die *Intensität* zeigt oft die üblichen Schwankungen. Leichte, bei praktischer Prüfung nicht mehr nachweisbare Störungen enthüllt zuweilen erst der tachistoskopische Versuch an den verlängerten Zeiten. Speziell sei hervorgehoben, daß auch hier eine dem impressiven Agrammatismus beim Hören der Rede gleichartige Störung vorkommt. *Differentialdiagnostisch* kommen die durch Gesichtsfeldeinschränkung — besonders nach rechts hin, weil das zum Lesen nötige Voraussehen störend — bedingten Lesestörungen in Betracht; ebenso eine in Auslassungen und Stellenverwechslungen sich darstellende Lesestörung, der regellose Ausfälle in den das Lesen begleitenden Blickbewegungen zugrunde liegen sollen[1].

Zu gedenken ist auch der von BERLIN zuerst beschriebenen „Dyslexie", „Lesescheu", darin bestehend, daß der Kranke (bei Paralyse, arteriosklerotischem Hirnzustand) anfänglich korrekt liest, sehr bald aber unter Zeichen schmerzhafter Ermüdung damit aufhören muß, worauf sich nach kurzer Pause das gleiche wiederholt. Es handelt sich vielleicht um eine der Dysbasia angiosclerotica (intermittierendes Hinken) analoge Erscheinung in dem entsprechenden Hirngebiet (A. PICK[2]).

Zu gedenken ist noch der *durch Sprachstörung bedingten Paralexie*, die besser als „paraphasisches Lesen" zu bezeichnen wäre, für die sowohl symptomatologisch wie in Rücksicht auf die Erklärung alles das in Betracht kommt, was von der Paraphasie gesagt wurde und was von dem ihr entsprechenden normalen „Versprechen" (bzw. hier vom „Verlesen") zur Erklärung hergenommen werden kann. Gelingt es nicht, das mangelhafte Lesen als durch mangelhaftes Erfassen des Wortes bedingt nachzuweisen (durch anderweitige Beweise als das vielfach selbst dabei gestörte Schreiben [Zeigen, Umschreiben des Wortes!]), dann werden Tempo (meist rasch bei Paraphasie, Paragraphie) und andere Begleiterscheinungen die Differentialdiagnose gestatten. Das paraphasische Lesen kann auch das verständnisvolle Lesen beeinträchtigen, weil das „versprochene" Wort den Sinn des Gelesenen, der vom Gehörten hergenommen wird, ändert, namentlich dann, wenn dieses Wort ein wirklich oder scheinbar besonders bedeutsames ist.

Als *kongenitale* (häufig familiär vorkommende) *Wortblindheit*[3] oder *Leseschwäche* wird eine neben sonstigen Intelligenzdefekten, aber auch selbständig bei selbst sehr guter Intelligenz bei Kindern (auch herangewachsenen) nachgewiesene Störung bezeichnet, die in der Unfähigkeit zu lesen oder in derartig erschwertem Lesen selbst kurzer Worte besteht, daß ein ganz sinnloses Resultat produziert wird. Das Schreiben dabei stellt sich besser dar.

Der *Erklärung der Alexie* ist die allgemeine Bemerkung vorauszuschicken, daß es sich dabei um die Störung einer erst später erworbenen und deshalb leichter leidenden Spezialfunktion handelt. Das geschriebene (gedruckte) Wort ist ein einheitliches Zeichen für gesprochene, gehörte oder gedachte Zeichen, und deshalb ist das Lesen nicht bloß von der normalen optischen Wahrnehmung und ihrer weiteren Verarbeitung abhängig, sondern in gewissem Maße auch von der Intaktheit der Funktionen, die jenen sprachlichen Zeichen und dieser Zuordnung dienen. Entsprechend der beim Lesenlernen erworbenen und auch beim wenig geübten Leser weiter benützten, zum sinnvollen Lesen führenden optischakustisch-motorischen Einheitsfunktion wird man also auseinander zu halten haben die *primär optisch bedingten Störungen* von jenen anderen, in denen die aus anderweitigen Ursachen geschädigten Anteile jene Einheitsfunktion *sekundär*

---

[1] POPPELREUTER: Die psychischen Schädigungen durch Kopfschuß **1**, 260 (1917).
[2] PICK: Zur Lehre von der Dyslexie. Neur. Zbl. **1891**, 130. **(65)**
[3] RIGHETTI: Riv. Pat. nerv. **1900**. — PETERS: Münch. med. Wschr. **1908**, 1116. — BRISSAUD: Revue neur. **1904**, 101. — HINSHELWOOD: Letter-, word- and mindblindness. 1900. — PLATE: Münch. med. Wschr. **1909** (bei mehreren Geschwistern). — FILDES: Brain 44, 286 (1921). **(66)**

beeinträchtigen; so werden motorische oder akustisch-sensorische aphasische Störungen indirekt auch das Lesen schädigen können. Der Geübte, dessen sinnvolles Lesen für gewöhnlich der genannten Komponenten entraten kann, wird in solchen Fällen weniger geschädigt sein als derjenige, der auch später noch buchstabierend und lautierend liest und deshalb gegebenenfalls auch an seinem sinnvollen Lesen schwer leiden wird.

Auch hier ist als für alle Formen von Störung bedeutsam die Satz- und Worteinheit hervorzuheben, die letztere speziell im Gegensatz zu der sprachphysiologisch ungerechtfertigten, schulmäßig erlernten Zusammensetzung des Wortes aus Buchstaben und Silben. Kritisch ist schon hier auch des Einflusses allgemeinwirksamer Momente zu gedenken. Man hat früher angenommen[1], daß man buchstabierend lese und daß dementsprechend eine stark herabgesetzte Merkfähigkeit durch Vergessen der eben gelesenen Buchstaben schwer störend wirken müsse. Abgesehen von dem fehlenden Nachweis der Merkfähigkeitsstörung und der Feststellung eines vorwiegend andersartigen Lesens (sowohl Sukzession wie, in der Hauptsache, Simultaneität) haben sich als Ursache der Alexie andere Momente feststellen lassen. Bei diesen und speziell auch schon in der optischen Erfassung der Formen und ihrer Bedeutung spielen allerdings Merkfähigkeits- und Gedächtnisstörungen gewiß eine wichtige Rolle; noch mehr natürlich beim Satzsinnverständnis, das ja auch hier nicht eine Summierung des Sinnes der einzelnen Worte ist und zu dessen Zustandekommen auch die „Vorkonstruktion" aus dem schon Gelesenen mitwirkt, die, wenn gestört, das Ganze beeinträchtigt. Beides muß auch durch Erschwerung des Lesens insofern leiden, als die Aufmerksamkeit, vom Sinn des Gelesenen als dem Ziel abgelenkt, vorwiegend auf das Optische oder Motorische gerichtet bleibt; noch mehr muß das der Fall sein, wenn bei erschwertem Buchstabieren die Aufmerksamkeit nicht dem Worte als Ganzem, sondern dem einzelnen Buchstaben und seinem motorischen Gelingen zugewendet werden muß. Die hier in Betracht kommenden Einzelheiten: mangelhafte Überschaubarkeit infolge ungenügender diskreter Aufmerksamkeit, ungenügender Aufmerksamkeitsverteilung und Enge des Bewußtseinsspanns müssen einer speziellen Darstellung aus den Befunden selbst überlassen bleiben. Angemerkt sei, daß auch für die Alexie bei Polyglotten die RIBOTsche Regel (mit ihren Ausnahmen) zutrifft. Den Selbstberichten einzelner Kranker ist zu entnehmen der Verlust der optischen Buchstaben- und Wortvorstellungen, gelegentlich neben vollkommen erhaltenem Objektvorstellen. Der aphasisch gewesene Arzt (SALOZ) spricht vom „Verlöschen der innerlich gesehenen Buchstaben" (an deren Hand der Agraphische sonst häufig schreibt); das zuweilen dabei nachweisbare korrekte Erfassen der Schriftformen, bestätigt durch das Erkennen der Ziffern, was beides eine primäre Störung der Formauffassung ausschließt, legt im Zusammenhange mit jener Störung des optischen Vorstellens die Deutung nahe, daß eine Art der Alexie durch das so bedingte Nichterkennen der richtig aufgefaßten Schriftformen bedingt ist. In anderen Fällen liegt die Störung im Bereiche der Formerfassung derart, daß nur die einfachsten Formen, gröbste Umrisse, Teile der Buchstaben wahrgenommen werden (die Buchstaben erscheinen schief, verkehrt); den Angaben anderer Kranken sind Störungen der Richtungsvorstellungen zu entnehmen, auch Störungen im Bemerken von Richtungsunterschieden ließen sich nachweisen. Den Fehlreaktionen mancher Kranken ist das Vorhandensein von Verlagerungen, Verdichtungen optischer Art zu entnehmen; das erlaubt den Schluß, daß dem Kranken das Erfassen der optischen Gestalt

---

[1] GRASHEY: Über Aphasie und ihre Beziehungen zur Wahrnehmung. Arch. f. Psychiatr. **12**, 664 (1884). — GOLDSCHEIDER u. MULLER: Zitiert auf S. 1487. — Vgl. ferner bes. d. Anm. 63, S. 1521.

als einer in sich kohärenten Einheit verlorengegangen ist. Die Wörter und Sätze werden nicht mehr als geläufige fest organisierte Einheiten erfaßt und deshalb nicht richtig erfaßt. Die verschiedenartige Aufteilung derartiger Störungen ist wohl die Ursache, daß einzelne ein ganzes Wort richtig auffassen bei fehlendem Erfassen der es zusammensetzenden Buchstaben, wobei das Moment der Übung, des Ergänzens ebenso eine Rolle spielt wie die Bedeutung bestimmter Umrißformen, wie sie sich aus der Kombination der Buchstaben als Ober-, Mittel- und Unterzeiler ergeben, und das eingeengte Blickfeld der Aufmerksamkeit. Entspricht die Erfassung des Wortes als Ganzen der Norm, so scheint das Gegensätzliche, besseres Lesen der einzelnen Buchstaben, auf eine stärkere Nachwirkung der Schule zu beziehen zu sein; dem ersteren entspricht auch die Reihenfolge der Rückbildung: zuerst können wieder Ziffern, dann Worte, zuletzt Buchstaben gelesen werden. Die Bedeutung der „Gestalt" als Gesamtstruktur tritt greifbar auch darin hervor, daß zuweilen Kranke Buchstaben, die sie einzeln erkennen, in dem sie enthaltenden Worte nicht herauszufinden wissen. In leichteren Fällen spielen gewiß Verwechslungen aus Ähnlichkeiten mit.

Ohne weiteres verständlich (größere Übung) ist die nicht seltene Differenz des besseren Erkennens von Geschriebenem gegenüber Gedrucktem. Aber auch das Umgekehrte kommt vor. Die Differenzen in dem Verhalten der Kranken gegen Ziffern und Buchstaben können nicht gegen die Deutung der Störungen aus der Gestaltauffassung sprechen, weil nicht bloß die Gestalt als solche, sondern auch deren größere oder geringere Geübtheit (Buchstabengestalt wesentlich später erst durch künstliche Trennung erworben, Zifferngestalt etwas von Anfang ab Stationäres, linguistisch Älteres) in Betracht kommt.

Als Beweis für die Richtigkeit des hier vom Gestaltproblem gemachten Gebrauchs ist noch die Tatsache anzuführen, daß die im Japanischen neben den japanischen gebrauchten chinesischen ideographischen Charaktere offenbar ihrer Bildhaftigkeit wegen den Störungen besser standhalten als jene[1]. In dem Falle, wo Buchstaben nicht erkannt, aber doch von ähnlichen Zeichen unterschieden werden, könnte auch die „Bekanntheitsqualität" eine Rolle spielen. Ist die Auffassung der Buchstaben eine richtige, so kann das Verständnis gestört sein durch Fehlen der entsprechenden Beziehung zum Wortlaut (Phonem), obwohl die klangliche Reproduktion auch bei noch nicht optimaler Totalimpression des Optischen in genügendem Umfang erfolgen kann. Über die Art einschlägiger Störungen wissen wir nichts; bedeutsam dabei wird sein, daß die Buchstaben nicht mit den Phonemen, die Lautgruppen vielfach nicht mit den Silben zusammenfallen. Auch die aus der mangelhaften optischen Auffassung sich ergebenden Fehler bezüglich der musischen Elemente (Satzmelodie, Akzent u. a.) kommen in Betracht. Diese „*Hilfen*" vom Wortklangbild provozieren wieder die sprachlich-motorische und schreibmotorische Komponente des inneren Wortes, die ihrerseits ebenfalls als Hilfen beim Lesen in Betracht kommen, die letztere nicht bloß an den entsprechenden Bewegungen der Hand, sondern gelegentlich auch des Kopfes erkennbar. Besonders häufig ist die schon von der Norm her geläufige Hilfe durch eventuell leises Mitlesen.

Die Wirkung der verschiedenen „Hilfen" läßt sich einheitlich dahin zusammenfassen, daß die bei der Erlernung des Lesens und des meist damit vereinigten Schreibens gestifteten Strukturzusammenhänge, die die sozusagen erweiterte „innere Sprache" darstellen, mit dem Nachlassen oder den Störungen des durch Übung erreichten abgekürzten Verfahrens, wie wir früher gesehen, förmlich zwangsmäßig wieder in Funktion treten. Ihr Versagen, insbesondere das des für

---

[1] ASAYAMA: Über die Aphasie bei Japanern. Dtsch. Arch. klin. Med. **113**, 523 (1914).

den Ungeübten unerläßlichen Wortklanges, wird die Schwere der Erscheinungen vielleicht auch isoliert intensiv beeinflussen. In anderen Fällen schwerer Wortblindheit mit erhaltener optischer und akustischer Komponente der inneren Sprache und ungestörter Formerfassung der Schrift, deren Bestehen durch mögliches Nachschreiben erwiesen wird, liegt die Störung in dem gestörten Zusammenwirken der sonst das *Schriftverständnis* vermittelnden Funktionen. Dem entsprechen auch schon die Fälle, wo der Kranke selbst mehrere Worte des Gelesenen versteht, aber nicht den Sinn des Satzes.

Bezüglich des *Einflusses anderer aphasischer Störungen auf das verständnisvolle Lesen* (67) läßt sich sagen, daß die Sprachstörung des motorisch Aphasischen dieses insofern verschiedengradig stören wird, als, der Annahme gemäß, das buchstabierende Lesen des weniger Geübten dabei schwer beeinträchtigt ist, wenigstens bei längeren Worten, während kurze, als „Gestalten" eingeprägt, davon frei sind. Doch ist diese Deutung etwas zweifelhaft mit Rücksicht auf die bloß reflektorische Auslösung dieses Vorganges vom Akustischen aus und da genug Fälle bekannt sind, wo trotz Schädigung auch dieser Komponente das Lesen ungestört war (68). In frischen Fällen kommen jedenfalls Diaschisiswirkungen in Betracht; in seltenen Fällen soll die Wortblindheit die Sprachstörung überdauert haben (Komplikation mit entsprechend lokalisierter Läsion?). Dem zuvor Gesagten entspricht es, daß in solchen Fällen fremde Sprachen stärker leiden und daß mit der Besserung der motorischen Aphasie auch das Lesen sich wieder herstellt. Daß die Verlangsamung des Lesens, die Fesselung der Aufmerksamkeit durch den erschwerten Akt, daß selbst Defekte der Merkfähigkeit insbesondere das Satzsinnverständnis des Gelesenen beeinträchtigen müssen, ist deutlich. Eine vereinzelt beobachtete besonders schwere Störung des Leseverständnisses könnte in einer besonders starken sprachmotorischen Anlage begründet sein. Entsprechend der zweifellos großen Bedeutung des Wortklanges für das Lesen erschien die von temporalen Läsionen mit Sprachtaubheit hergenommene Ansicht von der gesetzmäßigen Abhängigkeit des gestörten Lesens von der Sprachtaubheit zunächst gerechtfertigt. Es hat sich aber gezeigt, daß diese Störungen des Lesens dabei evtl. sogar stärker als die Worttaubheit und durch die direkte oder indirekte (Nachbarschaftswirkung) Beteiligung des Funktionsareals der Alexie (Gyr. angul.) veranlaßt sein können.

Von diesen Fällen abgesehen wird, weil das Schriftwort eine sekundäre Anbildung eines Zeichens an das gehörte resp. gesprochene Wort ist, irgendeine Störung des Lautklanges, auch eine irgendwie sonst bedingte Unfähigkeit seines Hervorrufens, das Lesen ebenso beeinträchtigen wie eine Störung in der Verbindung zwischen Schriftwort und Lautwort (69). Für den Grad der Störung werden insbesondere die Momente der Schwere des zu Leistenden und die Übung des Lesens in die Wagschale fallen. Bei der sog. Totalaphasie wird das Lesen völlig fehlen, bei Rückgang ihrer Erscheinungen wird das Maß seiner Erholung sich als von den eben besprochenen Verhältnissen abhängig darstellen. Als sekundäre Störung ist auch die *bei der Seelenblindheit vorkommende Alexie* anzusehen, die, wenn als Frühsymptom auftretend, nur durch Nachbarschaftswirkungen von der engeren Sehsphäre oder ihren zuführenden Bahnen bedingt sein kann, in Dauerfällen aus einer Herabsetzung der Funktion der den speziellen optisch-sprachlichen Strukturen zugeordneten Neuronenverbände zu deuten ist. In Gegensatz zu dem eben Dargestellten steht der geringe Einfluß der Alexie auf die Funktionen der Lautsprache; es wird das verständlich aus der *sekundären Natur der Schrift;* die die Schriftblindheit gelegentlich doch begleitende Paraphasie ist wohl als Komplikation oder Diaschisiswirkung zu erklären. Auch Perseveration könnte bei Alexie in Frage kommen; doch wird man auseinanderzuhalten haben die im Motorischen hervortretende (am häufigsten) von derjenigen, die das Optische betrifft. Der Alektische merkt für gewöhnlich sehr bald das Fehlen jedes Verständnisses. Zuweilen liest er sinnlose Buchstabenzusammenstellungen sichtlich mit dem Gefühl des wirklichen Lesens bei vorher oder nachher vorhandenem Bewußtsein des Defektes. In ähnlichen Fällen werden durch das Falschlesen, namentlich bei begleitender Jargonaphasie, Gedankengänge ausgelöst, die der Kranke seiner vermeintlichen Lektüre unterlegt. Bezüglich des richtig aufgefaßten Wortbildes und des daran anschließenden Satzverständnisses kommt im wesentlichen unter Berücksichtigung der funktionellen und zeitlichen Differenzen zwischen Gehörtem und Gesehenem das in Betracht, was hinsichtlich der gleichen Vorgänge bei der Sprachtaubheit gesagt worden ist. Speziell hervorgehoben sei, daß, wie auch dort, insbesondere die funktionellen Allgemeinerscheinungen von großer Bedeutung sein werden. Der starke, oft ganz auffallende und regellose Wechsel der Defekte auch bezüglich derselben Aufgabe schließt die Deutung derselben durch Ausfälle bestimmter Bilder oder Residuen aus. Insofern beim verständnisvollen Lesen, soweit es den Wort- und Satzsinn betrifft, dieselben psychischen Prozesse vor sich gehen wie bei den gleichen Phasen des hörenden Verstehens, ist es von vornherein klar, daß, wie bei diesem, auch die analogen Störungen des syntaktischen und grammatischen Verständnisses, also impressiver Agrammatismus, sich werden nachweisen lassen, bezüglich deren Erklärung auf das darüber Gesagte verwiesen werden kann. Die dort betonten Kautelen bei der Deutung der Unfähigkeit, kompliziertere Aufträge auszuführen, gelten hier natürlich noch mehr (Merkfähigkeit!). Wenn wir vom normalen Lesen hören[1], daß die Beziehungselemente mehr aus dem grammatischen Gefühl *erschlossen* als wirklich gelesen werden, dann ist es sehr wahrscheinlich, daß ein entsprechender Defekt, insbesondere bei der Störung des Satzverständnisses, im Lesen eine Rolle spielt. Insofern beim Kinde das grammatische Gefühl sich erst entwickelt, dürfte das eben Erwähnte bei der sog. *kongenitalen Leseschwäche* und beim infantilen Agrammatismus als Defekt in Frage kommen. Bei der Beurteilung der einschlägigen Tatsachen wird man das natürliche stellvertretende Eintreten beiläufiger Konstruktionen nicht übersehen dürfen. Die angeborene Leseschwäche beruht auf einem schweren Defekt im Erfassen und Behalten optischer Formen, nicht selten neben der gleichartigen Störung im Akustischen, und in der Schwierigkeit der Herstellung einer Verbindung zwischen dem Zeichen (Buchstaben) und dem Namen; daneben findet sich auch eine Schwierigkeit im Behalten der gelesenen Worte. Die Differenz zwischen richtigem Erfassen der Buchstaben und fehlendem Lesen wird jedenfalls vor allem aus gestörtem Erfassen der Gestalten zu verstehen sein; auch könnte eine Störung der Überschaubarkeit in Frage kommen. Anatomisch-physiologisch handelt es sich wahrscheinlich um eine (erbliche) mangelhafte Anbildung der beim Lesen in Betracht kommenden Territorien und daraus sich ergebender Ausbildungsunfähigkeit der dabei zusammenwirkenden Funktionen.

Bei der Begriffsbestimmung der Alexie ist auch das Fehlen irgendwelcher das Sehen als solches beeinträchtigenden Störungen betont worden. Die Unmöglichkeit einer scharfen Abgrenzung der schon der Wahrnehmung zuzusprechenden Vorgänge von den noch als zur Empfindung zu zählenden mahnt, namentlich im Hinblick auf ähnliche in der Geschichte der Seelenblindheit bedeutsame Erfahrungen, zur Vorsicht hinsichtlich einer allzu scharfen Abgrenzung. Dem entspricht, was wir bezüglich der Störungen der Formauffassung gehört, wie

---

[1] MESSMER: Zur Psychologie des Lesens bei Kindern und Erwachsenen. Arch.f.Psychol. **2**, 190 (1904).

die Angabe einzelner Kranker, die Buchstaben seien ihnen „wie verschmiert" vorgekommen. Davon unberührt bleibt das Wesen der Alexie als Störung verschiedener in höherem Sinne koordinierender, integrierender Funktionen, ähnlich wie wir das bei der Worttaubheit als einer Störung der integrativen Funktionen der Wernickeschen Stelle kennengelernt haben.

Im übrigen gilt auch für die Alexie das bezüglich der *Bevorzugung der linken Hemisphäre* Gesagte, dem entsprechend bei Linkshändern die rechte Hemisphäre in Frage kommt; endlich sind auch seltene Fälle von sog. „gekreuzter Aphasie" bekannt, in welchen bei Rechtshändigkeit die der Alexie entsprechende Läsion in der rechten Hemisphäre lag.

Eine genauere Zuteilung des jeweiligen Anteils der einen und der anderen Hemisphäre an den Einzelvorgängen ist auch deshalb vorläufig ausgeschlossen, weil wir angesichts des erhaltenen Lesens selbst bei teilweiser Zerstörung der beiderseitigen Angularisgegend nicht bestimmen können, wieviel von diesen beiden Arealen dazu erhalten bleiben muß. Ein präzises Zusammenfallen des Angulargyrus mit einem homogen gebauten Rindenfelde erscheint schon im Hinblick auf die Summe der darin vereinigten Funktionen von vornherein unwahrscheinlich. Hinsichtlich der offenbar stufenweisen Anordnung der alektischen Störungen liegt die Annahme einer entsprechenden Gliederung ihrer physiologischen und anatomischen Substrate nahe, doch wird es noch reichlicher klinisch und anatomisch entsprechend studierter Fälle bedürfen, ehe die Möglichkeit einer feineren Lokaldiagnose gegeben sein wird. Die Buchstaben sind (nicht immer gerade einfache) Formen, die sich nur durch ihre konventionelle Festlegung als optische Zeichen für bestimmte Phoneme von anderen Zeichen unterscheiden, deshalb ist es nur diese letztere Beziehung, die eine lokale Abtrennung der dieser Vereinigung zugeordneten anatomisch-physiologischen Mechanismen von den dem übrigen optischen Formerkennen zugeordneten Abschnitten begreiflich macht. Daraus folgt das Unzutreffende der Bezeichnung eines „Wortlesezentrums" (und natürlich erst recht eines „Buchstabenzentrums") in dem Sinne, daß dort die entsprechenden Erinnerungsbilder niedergelegt sind. Man hat auch komplizierte Erwägungen angestellt über das Verhältnis der litteralen Alexie zur Seelenblindheit: Nichterkennen der Buchstaben gegenüber dem vollständigen Erkennen von Objekten, dabei aber den wichtigsten Umstand, daß die Buchstabenbilder an und für sich überhaupt weder Bestand noch Bedeutung haben, nicht genügend in Betracht gezogen.

Als den Sitz der jenen Vorgängen entsprechenden Neuronenverbände, dem optisch-motorischen und dem Sehzentrum vorgeschaltet und damit zwischen diese, das Wernickesche Areal und die psychischen Territorien eingeschaltet, kann man, ohne daß eine genauere Begrenzung zur Zeit möglich wäre, den Gyr. angularis bezeichnen.

Im Mark, in der Tiefe dieses Gyrus, liegen, abgesehen von der Sehstrahlung, einerseits die Bahnen vom Sehzentrum zu ihm und ebenso die von ihm zu den höheren dem Verständnis dienenden Zentren, und es läge nahe, außer der so erklärlichen häufigen begleitenden Hemianopsie den Versuch einer auf dieser Grundlage anatomisch zu fundierenden Differenzierung entsprechender Formen von Alexie (subcortical mit Erhaltensein des Wortbildes, dementsprechend reine Alexie, cortical bei Störung dieses mit allen Folgen davon) zu machen. Abgesehen von dem theoretisch irrtümlichen Ausgangspunkte hat sich das Ganze auch klinisch und anatomisch als nicht haltbar erwiesen. Als mehrfach festgestellt kann nur die Tatsache bezeichnet werden (DEJERINE, PÖTZL, BONVICINI), daß reine Alexie bei Läsion des Gyrus lingualis und fusiformis und ihres Markes nachgewiesen ist **(70)**.

# Agraphie.

## Zusammenfassende Darstellungen.

PITRES: Considérations sur l'agraphie (agraphie motrice pure). Rev. Méd. **1884**, 855. — WERNICKE: Isolierte Agraphie. Mschr. Psychiatr. **13**, 241 (1903). — VAN GEHUCHTEN et VAN GORP: Bull. Acad. Méd. Belg. März 1914. — HERRMANN u. PLÖTZ: Über die Agraphie und ihre lokaldiagnostischen Beziehungen. Abh. Neur. **1926**, H. 35.

Als Agraphie bezeichnen wir jene Störungen, die die Schrift als Zeichen für Geistiges betreffen, bei ungestörter Intelligenz und freier Motilität im engeren Sinne. Damit scheiden, analog wie bei der motorischen Aphasie die dysarthrischen, alle jene (motorischen und sensiblen, also auch kinästhetischen) Störungen aus, die primär nur den Akt der Ausführung im Exekutivorgan selbst betreffen, bzw. sie kommen entsprechend der Nähe der betreffenden Zentren (Fuß von $F_2$ und Handzentrum) nur als etwaige Komplikation in Betracht. Wenn also von ,,motorischer" Agraphie gesprochen wird, so soll damit nur die Grundlage jener Störungen bezeichnet werden, bei denen das der Brocastelle analoge Zentrum in $F_2$ in Frage kommt, im Gegensatz zu solchen, die durch Schädigung des optischen Zentrums im Gyr. angular. zustande kommen.

In den schwersten Fällen, in denen aber das (schon unmittelbar in das Gebiet der Praxie gehörige) Hantieren mit dem Schreibgerät ungestört ist, bringt der Kranke zuweilen überhaupt nichts zustande, gelegentlich seinen Namen als die zuhöchst automatisierte Leistung oder gleichartige Formeln. Dann macht der Kranke unsinnige Haken, aus denen etwa ein oder der andere Buchstabe herauszuerkennen ist; Buchstaben werden ausgelassen, verwechselt, verdoppelt; Worte gelingen zuweilen, deren Buchstaben einzeln nicht. Der Kranke schreibt für gewöhnlich langsam, überlegend, stückweise, öfter der Silbenteilung nicht entsprechend, Sinnloses oft schlechter als Sinntragendes. Neben sehr mangelhaftem sonstigen Schreiben kann besseres Briefschreiben möglich sein. Zwischendurch schreibt der Kranke zuweilen auffällig rasch, sichtlich, um die gefundene automatisierte ,,Schreibmelodie" nicht zu verlieren. In dieselbe Kategorie gehört auch der Gegensatz von erschwertem Schreiben aufgetragener Worte und leichtem Schreiben derselben Worte im Zuge eines Satzes.

In seltenen Fällen ist bloß das Schreiben mit der rechten Hand aufgehoben bei erhaltener Fähigkeit zum Kopieren (vgl. dazu Tatsachen aus der Apraxielehre und das von aphasisch gewordenen Taubstummen Berichtete). Zuweilen kann der Kranke das zu Schreibende auch nicht mit Druckbuchstaben zusammensetzen.

Bei Polyglotten betrifft die Störung, der Ribotschen Regel entsprechend, gewöhnlich nur oder in der Hauptsache die später erlernten Sprachen, zuweilen selbst bei korrektem Sprechen aller. *Kopieren* erfolgt oft ebenso schlecht wie die *Spontanschrift*, zuweilen ist es auch verständnislos erhalten für die gleiche Schriftart, aber vereinzelt auch richtiges Übertragen aus Druck- in Schreibschrift. Das Kopieren des eigenen Namens gelingt zuweilen schlechter als der spontane Namenszug (Gegensatz von Willkür und Automatie). Das Kopierte entspricht der sichtlich nachgemalten Vorlage (**71**) oder ist auch unabhängig von dessen Form. Das Kopieren ist im allgemeinen besser als das Spontanschreiben, ja gut bei sonst vollständiger Agraphie; doch ist es, abgesehen von dem zuvor Erwähnten, zuweilen auch umgekehrt. Es gelingt bei kurzen Worten oft glatt, bei längeren langsam, wird zum Nachmalen.

Das Behalten des Vorgeschriebenen kann mangelhaft sein, deshalb nach Wegnahme der Vorlage oft Verschlechterung des Resultats, Fehlen und Auslassen von Buchstaben. Entgegen dem Gewöhnlichen ist zuweilen das Schreiben besser als das Sprechen. Als Hilfen wirken Bewegungen des Kopfes, der Hand in der Luft (auch passive), letztere die Nachahmung unterstützend, ebenso wie das Vorzeigen der Buchstaben; ähnlich das eigene Vorsprechen des zu Schreibenden.

Eine besondere Form von Schreibstörung stellt die *Paragraphie* dar, dadurch charakterisiert, daß der Kranke bei sonst etwa ungestörtem Schreiben etwas oft durchaus anders Lautendes statt des Richtigen einsetzt, ähnlich der Paraphasie von verbaler und litteraler Störung bis zum Jargon gehend; oft entspricht das Paragraphische dem paraphasisch Vorgesprochenen, zuweilen gehen beide auseinander, der Kranke schreibt richtig Gesprochenes doch falsch; dabei gelingt Paraphasisches oft schlechter, auch kann neben Paraphasie korrektes Schreiben und umgekehrt bestehen. Mit der Paragraphie öfter verknüpft findet sich auch Perseveration.

*Störungen der Rechtschreibung* sind eine nicht seltene Begleiterscheinung verschiedenartiger Aphasieformen, vereinzelt sind sie die einzige Resterscheinung einer rückgebildeten, meist temporalen Aphasie.

Daß mangelhafte sprachliche Satzkonstruktion (Agrammatismus) auch bei sonst korrektem Schreiben sich in der gleichen Weise darstellen kann, ist, entsprechend dem von der sekundären Natur der Schriftzeichen Gesagten, selbstverständlich, es handelt sich dann eben um „geschriebenen Agrammatismus"; doch kann er auch, entsprechend den Differenzen zwischen Schreiben und Sprechen, im Geschriebenen fehlen oder gemildert sich darstellen. Das Verhalten des Kranken gegenüber seinen Fehlern ist verschiedenartig, nicht selten derart abgestuft, daß der Kranke seinen Fehler fühlt, ohne ihn sicher bestimmen oder auch korrigieren zu können.

Der Versuch, die agraphischen Störungen zu verstehen, wird drei grundlegende Momente in Betracht zu ziehen haben: erstens die Kompliziertheit dieser Sprachleistung, die sich darin darstellt, daß die Schrift, als ein Späterwerb der Menschheit wie des einzelnen, Zeichen für das gesprochene oder gehörte Wort ist, die schon ihrerseits Zeichen für Gedachtes sind; zweitens, daß auch für den Geübten die Auslösung und der Vollzug der entsprechenden Bewegungen nicht einen einfachen motorischen Akt, dessen Vervollkommnung an die betreffenden motorischen Zentren gebunden ist, darstellt, daß diese vielmehr, gleich wie wir das beim Sprechen gesehen, an eine Menge von Einflüssen gebunden sind, die von den diesen Zentren übergeordneten Tätigkeiten durch ein ihnen zu diesem besonderen Zwecke vorgelagertes integrierendes (nicht im motorischen Sinne koordinierendes) Zentrum auf diese übertragen werden; drittens die individuell verschiedengradige Höhe dieser Leistung beim Normalen. Macht dieses letzte Moment es verständlich, wie weit der Kranke die beim Schreibenlernen entwickelten, später mehr oder weniger abgelegten Hilfen als wieder notwendig von sich aus hervorzuholen oder zu entwickeln imstande ist, so ist das erste entscheidend für die Differenzierung der in der Bezeichnung der Agraphie oft unzutreffend zusammengefaßten Störungen in solche, die erst mit der Umsetzung der sprachlichen Zeichen in die geschriebenen einsetzen, und diejenigen, die sich im Rahmen der Verwertung der ersteren zum Ausdruck des Gedankens vollziehen und erst sekundär die geschriebenen notwendigerweise nach sich ziehen.

Dazu kommen noch die *allgemeinen Störungsumstände*, solche der Aufmerksamkeitsverteilung, der Enge des Bewußtseinsspanns, der Merkfähigkeit, die hier vielleicht noch mehr als bei anderen Fehlleistungen mit wirksam sein werden, insofern es sich um eine längere und kompliziertere Reihe von Leistungen handelt. Weder ist es tunlich, das etwa prinzipiell in all seinen Möglichkeiten aufzuweisen, noch im Einzelfalle möglich, diese Faktoren reinlich gegenüber den primären Schädigungsmomenten abzugrenzen. Bezüglich der Aufmerksamkeitsverteilung ist auch hier das in der normalen Hinrichtung der Aufmerksamkeit auf den Sinn des zu Schreibenden gegebene Moment ebenso wie das der durch die Schreibstörungen auf diese stärker sich beziehenden Konzentration der Aufmerksamkeit besonders hervorzuheben; bedeutsam dabei dürften auch pathologisch bedingte stärkere Verschiebungen in den zeitlichen Verhältnissen zwischen Denken, Sprechen und Schreiben sein. Das führt zu dem Hinweise, daß auch hier natürlich die früher erwähnten dem Übungsexperiment entnommenen Feststellungen von Bedeutung sind.

Nicht minder bedeutsam dürfte auch eine in den verschiedenen Stationen des Vorgangs möglicherweise einsetzende Herabsetzung der Merkfähigkeit sein (Auslassen von Buchstaben, Mängel der Satzkonstruktion u. a.). Beim Diktatschreiben Unfähigkeit, den Satz im Gedächtnis zu behalten. Von pathologischen Momenten spielt besonders bei temporal bedingten Störungen auch die Perseveration eine wichtige Rolle. Handelt es sich um die Wiederholung der gleichen Haken, Buchstaben usw., dann ist der Angriffspunkt der ihr zugrunde liegenden Störung im Schreibmotorischen zu vermuten; bei der Wiederholung derselben Worte liegt er vermutlich in einer den übergeordneten Stationen der Vorgangsreihe.

Auch die Ermüdung kommt in Frage. Sie macht sich bemerkbar z. B. in dem Hervortreten von Paraphasien und Perseveraten bei dem schwierigen Schreiben zu Zeiten, wo diese im Gesprochenen noch oder schon (Entwicklungs- und Rückbildungsstadium) fehlen. Dieses quantitativ wirksame Moment kann so auch diagnostisch bedeutsam werden in Fällen funktionell bedingter Störung (z. B. nach abgelaufenen epileptischen Anfällen). Daß auch hier nicht irgendwelche Erinnerungsbilder motorischer Art in Betracht kommen, beweist das Nebeneinander von korrektem automatischen und gestörtem willkürlichen Schreiben.

In gewissem Sinne den erwähnten Schädlichkeiten entgegen wirkt das Schreiben verglichen mit dem Sprechen, insofern bei jenem die dauernde Vorlage und die dadurch ermöglichte und erleichterte nachträgliche sprachliche Formulierung des zu Schreibenden ein günstiges Moment bildet.

Der zur Deutung motorisch-aphasischer Erscheinungen als besonders bedeutsam betonte Gegensatz zwischen Automatie und Willkür tritt beim Schreiben nicht so stark hervor, macht sich aber doch auch geltend; die entsprechenden Verhältnisse sind in analoger Weise zu beurteilen.

Sprachpsychologisch kommt endlich in Betracht, daß nicht, wie noch öfter angenommen wird, Buchstabe (als das vermeintliche Elementare) und Wort im Verhältnis von leichter und schwerer zueinander stehen, dieses Verhältnis vielmehr, je nach dem Festhaften an der Wortgestalt oder dem später erworbenen Buchtsabieren, sich durchaus verschieden darstellt.

Daß bei der Vielfältigkeit der hier mitwirkenden Momente auch die Anlage oder Ausbildung verschiedener *Sprach-* (und selbst *Vorstellungs-*)*typen* von vorläufig noch wenig durchsichtigem Einflusse auf die Formen der Störungen sein möchte, sei noch speziell vermerkt (stärkere Störung bei optischem Typus[1]).

Vom Gesichtspunkte der Entwicklung des Schreibens treten bei der Betrachtung der agraphischen Störungen zwei Momente als vor den anderen bedeutsam hervor: einerseits das beim Schreibenlernen führende, beim Geübten später zurücktretende Schriftbild, andererseits die Auslösung der zum Schreiben nötigen Bedingungen, die bei dem irgendwie geübteren Schreiber sich allmählich zu ganz automatisierten motorischen Strukturen (Bewegungsmelodien) entwickelt haben,

---

[1] PICK, A.: Sprachpsychologische und andere Studien zur Aphasielehre. Schweiz. Arch. Neur. 12, 108 (1923).

wie sich auch die Auslösung selbst als von überall und besonders vom Psychischen her möglich in hohem Maße automatisiert hat. Für das Schriftbild kommt als corticales Funktionsgebiet die bei der Alexie besprochene Partie des Gyr. angular. in Betracht; bezüglich des anderen Momentes nimmt man an, daß, gleich der Brocastelle bei der motorischen Aphasie, in der dem Handzentrum vorgelagerten, ihm funktionell übergeordneten Partie (Fuß von $F_2$), jene von den verschiedenen Seiten (vom Gedachten, Gehörten, Gelesenen) anregbare Übertragung des sprachlich formulierten, bis dahin einheitlichen Gedankens in das Schriftbild durch sukzessive Auslösung der entsprechenden Abfolgen im Handzentrum sich vollzieht.

Dementsprechend werden sich die Störungen scheiden in solche, bei denen primär entweder das Schriftbild oder die Auslösung von ihm aus versagt, und in solche, bei denen die anderen Teilfaktoren, die wir als Hilfen beim Kinde beim Schreibenlernen und beim Kranken kennengelernt, gestört sind und von denen aus die eben als grundlegend beim Schreiben bezeichneten indirekt geschädigt werden. Die erste Gruppe zerfällt nach dem Gesagten in eine als *optische* zu bezeichnende *Agraphieform* und diejenige, die man als primär *motorische* bezeichnen kann; in die andere Gruppe gehören diejenigen Störungen agraphischer Art, die als Begleiterscheinungen primär aufgetretener sprachmotorischer oder sensorischer, das Sprachverständnis treffender Störungen sich deshalb einstellen, weil das Schreiben als Ausdruck in sekundären Zeichen wegen des innigen Zusammenhanges der einzelnen innersprachlichen Komponenten von den Störungen der dabei unmittelbar betroffenen nicht unbeeinflußt bleiben kann.

So scharf die so aufgestellte Abgrenzung theoretisch sich darstellt, so wenig sind bisher die ihr entsprechenden und so wünschenswerten differentialdiagnostischen Tatsachen zur Entscheidung der Frage: gestörte Zuordnung der Schriftbilder oder der entsprechenden Bewegungsfolgen zu den Phonemen mit irgendwie befriedigender Sicherheit klargestellt. Das liegt bezüglich der aus Störungen der ,,Schreibmelodien' zu erklärenden Fälle in der relativen Seltenheit solcher pathologisch-anatomisch eindeutig belegter, klinisch reiner Fälle (so daß die klinische Feststellung dieser Varietät noch nicht die gleiche Sicherheit erreicht hat wie die der anderen), im allgemeinen aber für alle Formen an der Kompliziertheit der Erscheinungen, an der insbesondere die alsbald einsetzenden Ersatzfunktionen einen nicht geringen Anteil haben. Die Unsicherheit der ganzen Sachlage wird deutlich durch die gegensätzlichen Deutungen, die selbst identische Fälle auch jetzt erfahren.

Das tritt sofort in dem hervor, was sich bezüglich des scheinbar so einfachen, aber doch keine direkte Abhängigkeit (Agraphie nicht ständige Folge von Alexie!) ergebenden *Verhältnisses zwischen Alexie und Agraphie* sagen läßt, das ja in Fällen von erhaltenem Schreiben bei Wortblindheit so gedeutet wird, daß die Auslösung der motorischen Strukturen sich verselbständigt hat, zuweilen nur für die entsprechend geübte rechte Hand, vereinzelt auch für die offenbar mitgeübte linke. So wird z. B. angenommen, daß das Kopieren von Druckbuchstaben in Kurrentschrift für die Intaktheit der Buchstabenbilder spreche, und doch muß man im Hinblick auf die möglicherweise anders erfolgende Auslösung des richtigen Schreibens die Sicherheit dieses Schlusses bezweifeln entsprechend dem eben erwähnten, natürlich auch das Diktat betreffenden Sachverhalt. Es wird sich auch in Fällen, wo der Kranke Geschriebenes nur nachmalend kopiert, nicht immer sagen lassen, ob das alektisch bedingt ist oder durch die Unfähigkeit zur Auslösung der Schreibmelodie (man sagt dann, der Kranke ,,wisse nicht mehr, wie die Bewegungen des Schreibens ausgeführt werden"). Das letztere scheint vorzuliegen in Fällen, wo der Kranke weiterschreibt, wenn ihm der erste Buchstabe vorgeschrieben worden, doch ist auch da die Deutung einer Auslösung aus dem so emporgehobenen optischen Wortbild nicht auszuschließen. Dasselbe gilt für Fälle, wo der Kranke sich erst besinnen muß, ehe er schreiben kann. Dazu kommt noch, daß malendes und freies Kopieren nebeneinander vorkommen. Von einzelnen Kranken mit genügender Selbstbeobachtung hört man Berichte vom „Auslöschen" der optischen und innersprachlichen Komponente. Man wird in solchen Fällen auch auseinanderzuhalten haben das vielleicht auch nur beiläufige *Wissen* um die Form des zu Schreibenden und die Unfähigkeit, die Bewegungsform zur Ausführung zu bringen.

Der zuvor hervorgehobene Gegensatz zwischen Willkür und Automatie im Motorischen tritt auch darin hervor, daß das mit den Augen kontrollierte Schreiben oft schlechter ist als das automatische (selbst bei geschlossenen Augen).

Die Beurteilung, inwieweit die Störung in das Gebiet der *motorischen Form* gehört, wird erleichtert durch begleitende andere, als *apraktisch* zu bezeichnende Erscheinungen, die diese Form als eine besonders charakterisierte Teilerscheinung der Apraxie erweisen; so wenn Kranke Störungen der Handhaltung, des Manipulierens mit dem Schreibgerät zeigen (gelegentlich auch erklärlich aus sensiblen bzw. sensomotorischen Störungen).

In die gleiche Richtung (Störungen in der Übertragung der Bewegungsmelodien) deutet die unterstützende Wirkung des passiven Schreibens in der Luft, das auch bahnend als Übung wirkt (doch ist nicht ausgeschlossen, daß diese Manöver wieder das Auftauchen des Optischen unterstützen könnten). Prägnanter sind die Fälle, wo an der Hand anderer ähnlicher Bewegungen allmählich einschleichend wieder geschrieben werden kann; ebenso die, wo der einzelne Buchstabe nicht geschrieben werden kann bei korrekt geschriebenem Worte, oder wo der Name oder andere Zeichen automatisch geschrieben werden, der Kranke trotz ungestörtem Auffassen der Buchstaben sie aber doch nicht aus ihnen zusammensetzen kann. Auch wird für gewöhnlich bei dieser Art der Agraphie das Schreiben im allgemeinen gleichmäßig schlecht sein, während bei der optisch bedingten Abschreiben und Diktatschreiben besser sein können als das spontane. Doch sind auch da die Verhältnisse nicht eindeutig. Von zur Selbstbeobachtung fähigen Kranken wird angegeben, daß ihnen das innere Wort nicht fehle, daß sie es zu buchstabieren wissen, aber außerstande sind, es ins Schriftliche umzusetzen. Vereinzelt machen Kranke selbst die Angabe, daß ihnen aus der nötigen Konzentration auf das Buchstabenbild Schwierigkeiten erwachsen, das ganze Bild zu behalten.

Aus all diesen einzelnen Momenten ist der prinzipielle Schluß zu ziehen, daß es sich bei dem besprochenen Gegensatze meist nicht um ein schroffes aut-aut, sondern nur um ein sowohl-als auch handelt.

Indirekt wird natürlich das Fehlen jedes Zeichens von Alexie die Diagnose stützen. Das Nichtschreibenkönnen mit der linken Hand ist nicht ohne weiteres beweisend für die motorische Genese; es kann aber dazu dienen, festzustellen, ob die optische Komponente erhalten ist, insofern das Erlernen des Schreibens mit der Linken für gewöhnlich an jene gebunden sein wird. Man wird aber auch die geringe Übung der letzteren mit in Betracht ziehen müssen.

Das Plus der an sich schon schwierigeren Schreibverrichtungen erklärt auch das Auftreten der Paragraphie als Ermüdungserscheinung bei schon verschwundener Paraphasie; der gleiche Gesichtspunkt kommt auch dafür in Betracht, daß Störungen der Aufmerksamkeitsverteilung von unmittelbarer Wirkung für die Entstehung der Paragraphie sein dürften.

Der führende Einfluß des Akustisch-Motorischen auf die Auslösung des Schreibmotorischen macht die verbal-paragraphischen Entgleisungen unmittelbar verständlich, während ähnliche Störungen erst im Zuge der Auslösung der Schreibmotorik die mehr selbständige litterale Form erklären können.

Der enge klinische Zusammenhang der Paragraphie mit der Paraphasie deutet unmittelbar auf ein Abhängigkeitsverhältnis der ersten von dieser und damit auf ihre Zugehörigkeit zum Bereiche der als sekundär, von den sensorischen Aphasien abhängig bezeichneten agraphischen Formen; dem entsprechend kommt im allgemeinen zu deren Verständnis all das in Betracht, was wir bei der Paraphasie gehört.

Es sind zwei Formen auseinanderzuhalten: diejenige, wo das Geschriebene dem entspricht, was der Kranke sich laut oder unhörbar diktiert, und die, wo Geschriebenes und Selbst-Diktiertes auseinandergehen. Im ersten Fall ist die normale Kongruenz zwischen Sprechen und Schreiben erhalten, es liegt „geschriebene Paraphasie" vor. Im anderen Falle ist diese Kongruenz gestört, etwa durch Vorauseilen des formulierten Denkens, dabei Wegfall von Hemmungen, was zur Folge hat, daß die vom „Versprechen" abgeleiteten Tatsachen der Paraphasie, denen sich die beim normalen „Verlesen" beobachteten, als durchaus gleichartig darstellen, erst beim Schreiben zur Entwicklung kommen.

Das Erhaltensein der Schrift bei Alexie bzw. bei Fehlen des optischen Schriftbildes, dessen richtiger Nachweis allerdings oft besondere Schwierigkeiten macht, ist so zu erklären, daß das durch besondere Übung automatisierte Schreiben in solchen Fällen unmittelbar und nicht, wie beim Ungeübten, vom Schriftbilde ausgelöst wird. Die von DEJERINE gegen die Annahme eines „graphischen" Zentrums, in dem die „Erinnerungsbilder der Bewegungen" des Schreibens niedergelegt und bei Agraphie gestört sein sollten, angeführte Tatsache, daß der Motorisch-Aphasische den Text auch nicht mit Druckbuchstaben zusammensetzen kann, und zwar deshalb, weil die optischen Vorstellungen der Buchstaben fehlen, trifft die hier gegebene Deutung für jenes Zentrum nicht. Es ist übrigens nachgewiesen, daß bei sichergestelltem Fehlen der entsprechenden Vorstellungsbilder das Schreiben vollständig korrekt sein kann[1]. Neben dem Moment der größeren Übung spielt dabei wahrscheinlich auch der Sprachtypus (Motoriker) eine Rolle. Das gelegentlich schlechtere Kopieren in Fällen wie dem besprochenen erklärt sich aus der größeren Schwierigkeit des willkürlichen Vorganges gegenüber dem automatisierten. Kopieren von Falschem dabei erweist sich als bedingt durch das Schreiben von falsch Gelesenem. Richtiges Kopieren bei vorhandener Alexie kann ein einfaches Nachmalen sein, über dessen Charakter eine so erfolgende Anregung des automatischen Schreibens hinwegtäuscht.

Beim Ungeübten und zudem von Haus aus optisch Veranlagten kann die Störung des Schriftbildes entscheidend für das Auftreten von Agraphie sein.

Das Verhalten der Kranken gegenüber ihrem Defekte wird sich allgemein wegen der Vielfältigkeit der in Betracht kommenden Momente nicht erklären lassen, vielmehr ist jeder einzelne Fall daraufhin zu analysieren. In erster Linie kommt natürlich die etwa vorhandene Alexie in Betracht; Selbsttäuschungen in dieser Richtung könnten durch das Erhaltensein ähnlicher Bewegungsstrukturen bedingt sein.

Die vom Schreibenlernen herstammende und bei vielen auch weiter mitgeschleppte Abhängigkeit des Schreibens vom Sprechen macht es verständlich, daß für gewöhnlich jede motorisch-aphasische Störung des Sprechens auch das Schreiben in gleicher Weise, oft in gleichem Grade, auch noch im Gleichgang der beiden bei Rückbildung der Sprachstörung merkbar, schädigt. Das Verhältnis der beiden wird durch Fälle gegensätzlichen Verhaltens — motorische Aphasie

---

[1] GOLDSTEIN u. GELB: Zur Psychologie der optischen Wahrnehmungs- und Erkennungsvorgänge. Z. Neur. 41, 1 (1918).

ohne Agraphie vom Beginn ab — ins richtige Licht gesetzt; für solche Fälle darf man annehmen, daß die motorischen Schreibstrukturen sich vollständig von den Sprachmelodien emanzipiert haben, woran sich weiter der Schluß knüpft, daß die verschiedengradige Beeinflussung des Schreibens durch Aphemie von dem größeren oder geringeren Grade jener Abhängigkeit abzuleiten ist. Dieser Gesichtspunkt gilt natürlich erst recht für den Taubstummen, bei dem Zeichensprache und Schreiben noch enger zusammenhängen, dementsprechend in einem bekannt gewordenen Falle Agraphie als Folge motorischer Aphasie (sc. Störung der Gebärdensprache). Die gelegentlich überragend schwerere Störung des Schreibens bei motorischer Aphasie mag in einer individuell besonders ausgeprägten Abhängigkeit des Schreibens vom Sprechen oder in sonstigen allgemeinen Momenten begründet sein.

Von der Deutung agraphischer Erscheinungen bei Aphemie aus funktioneller Abhängigkeit scheiden natürlich die Fälle aus, wo entsprechend der Nähe zwischen sprachmotorischem und schreibmotorischem Zentrum dieses in die Erkrankung des ersteren entweder unmittelbar oder infolge von Nachbarschaftswirkungen einbezogen ist; hier ist die Agraphie einfach eine Komplikation der Aphemie.

Was eben bezüglich der Abhängigkeit des Schreibens vom Sprechen gesagt worden, könnte entsprechend modifiziert auch von dem Einflusse der akustischen innersprachlichen Komponente gelten, deren führende Rolle beim Sprechen wir kennen. Doch ist für das schon besprochene Verhältnis zwischen Paragraphie und Paraphasie die Abhängigkeit bloß vom gestörten Sprechen näherliegend; nimmt man hinzu, daß Worttaubheit nicht ständig von Agraphie begleitet ist, deren Vorhandensein in anderen Fällen von der infolge entsprechender Lokalisation der Läsion entstehenden Wortblindheit abhängig sein dürfte, dann muß der nur mittelbar mögliche Einfluß jener akustischen Komponente auf das Schreiben als wenig gesichert bezeichnet werden. Daß das Schreiben nach Diktat von Störungen dieser Komponente, von verschiedengradiger Sprachtaubheit entsprechend beeinflußt werden muß, ist selbstverständlich.

Noch mehr als für das eben als sekundär bedingt Erwiesene an Erscheinungen gilt das für alle jene Störungen, die wir früher als der innersprachlichen Übertragung vorangehend oder sie begleitend kennengelernt haben. Alle diese Störungen semiologischer und morphologischer Art werden sich natürlich auch im Geschriebenen wiederfinden, also die Störungen des Satzsinnes sowie der Grammatisierung (motorischer Agrammatismus aus Sprachnot, evtl. selbständig aus der Schreibnot, temporaler Paragrammatismus als Störung des Sprachgefühls). Verschiedenheiten in dieser Richtung zwischen Gesprochenem und Geschriebenem werden sich aus den zeitlichen und sonstigen, im Vorangehenden schon erwähnten Differenzen zwischen Sprechen und Schreiben verständlich machen lassen (besseres Schreiben bei noch starker Aphemie). Die auffällige Erscheinung von geschriebener Negersprache bei Diktat erklärt sich daraus, daß der Kranke den ganzen Satz, vom unmittelbaren Nachschreiben absehend, erfaßt und ihn dann seiner Sprachnot entsprechend gekürzt wiedergibt.

Daß die hier als sekundäre Wirkungen auf das Schreiben dargestellten semiologischen Störungen auch primär bei motorisch bedingter Agraphie auftreten können, sei als selbstverständlich angemerkt.

Von *amnestischer Agraphie* spricht man bei der amnestischen Aphasie, wo infolge des Nichtauftauchens des Wortes auch das Schreiben desselben fehlt. Von dieser scheidet GOLDSTEIN[1] als *amnestische Form der apraktischen Agraphie* jene, wo die Bewegungsmelodie mit dem Willensimpuls nicht auftaucht, was er

---

[1] GOLDSTEIN: Über eine amnestische Form der apraktischen Agraphie. Neur. Zbl. **1910**, 1252.

aus erschwerter Erweckbarkeit des Bewegungsentwurfes erklärt; im Sinne der den Bewegungsentwurf insbesondere bei so automatisierten Bewegungen wie Sprechen und Schreiben ablehnenden Deutung wird man von der Unmöglichkeit ihrer Auslösung, von erschwerter Erweckbarkeit der Bewegungsstrukturen sprechen.

Als ganz seltener Erscheinung ist der *Echographie* (PICK[1]) zu gedenken, die dadurch charakterisiert ist, daß der Kranke alles ihm schriftlich oder gedruckt Vorgelegte, auch Sinnloses, Fremdsprachiges peinlich genau kopiert, ohne irgendeinen Ansatz zur Beantwortung der etwaigen darin enthaltenen Fragen oder Ablehnung von Beschimpfungen zu machen. Es handelt sich um temporale Läsionen mit Agraphie und verschiedengradiger Worttaubheit. Es scheint eine evtl. isolierte Enthemmung vorzuliegen, ähnlich der Echolalie, eine Deutung, die darin eine Stütze findet, daß beide diese Erscheinungen neben anderen Echokinesien funktionellen oder organisch-funktionellen Charakters vorkommen.

In denjenigen sichtlich abgeschwächten Formen, wo das Echographieren nicht mehr den Eindruck des Zwangsmäßigen macht, sondern ihm schon ein gewisser Grad von Intention anhaftet, handelt es sich anscheinend, auch nach Angaben solcher Kranker mit Echokinesien, um die gedankenmäßige Nachwirkung des anfänglichen Zwanges, so tun zu müssen **(72)**.

Die *Spiegelschrift* als die normale (Abductions-) Schrift des Gesunden beim Schreiben mit der Linken ist auch das Gewöhnliche beim Aphasischen und deshalb ohne pathologische Bedeutung; ein gelegentlicher Wechsel zwischen ihr und der normal gerichteten, zuweilen selbst innerhalb desselben Wortes, ähnlich wie sich das auch bei schreibenlernenden Kindern findet, beruht offenbar auf einer ungenügenden Festigkeit der automatischen Einstellung gegenüber dem gelegentlichen Willensimpuls. In Momenten ungewöhnlicher Mitübung der Linken beim Schreiben mit der Rechten, vielleicht auch in anderen psychischen Momenten, z. B. der Aufmerksamkeit auf das Schreiben, scheint es begründet, daß, wie auch beim Gesunden, gelegentlich links nicht Spiegelschrift geschrieben wird. Zum Verständnis dieser Gegensätze dient eine Beobachtung von BYROM-BRAMWELL[2], in der die agraphische Kranke den eigenen Namen mit der Linken ganz leicht in Spiegelschrift, einige andere Worte mühsam in rechtsseitiger Abductionsschrift schreibt.

Als sehr seltene[3], der früher erwähnten „Spiegelsprache" entsprechende Erscheinung ist zu erwähnen die Tatsache, daß der Kranke die Buchstaben des richtig gesprochenen Wortes in verkehrter Reihenfolge schreibt.

Für das Verständnis der *Störungen der Rechtschreibung* kommen in Frage das genetische Moment und die in verschiedenen Sprachen ungleichen Schwierigkeiten, bedingt durch Differenzen zwischen phonetischer und orthographischer Schrift. Die Rechtschreibung als Spätererwerb wird dementsprechend auch leicht geschädigt. Die Gesondertheit der dabei in Frage kommenden Mechanismen wird durch die gelegentliche Isoliertheit der Störungen bei Rückgang der übrigen

---

[1] PICK: Sur l'échographie. Revue neur. **1900**, 822. — MARGULIES: Studien über Echographie (PICK). Mschr. Psychiatr. **22**, 479 (1907). — BERNARD: De l'aphasie et de ses diverses formers **2**, 117, 243 (1889). (Historische Fälle.) — HOBOEM: Mitt. Hamburg. Staatskrankenanst. **9** (1909).

[2] BYROM-BRAMWELL: Lectures on aphasia. Edinburgh med. J. **44**, 1 (1897).

[3] BUCHWALD: Spiegelschrift bei Hirnkranken. Berl. klin. Wschr. **1878**, 6. — WILKS: Guy's hosp. reports **24** (1879). — ERLENMEYER: Die Schriftgrundzüge, ihre Psychologie und Pathologie. Stuttgart 1879. — PERETTI: Über Spiegelschrift. Berl. klin. Wschr. **1882**, 477. — IRELAND: On mirror-writing and its relation to left-handedness and cerebral disease. Brain **4**, 361 (1882). — DUFOUR: Un cas d'écriture en miroir. Rev. méd. Suisse rom. **23**, 618 (1903).

nahegelegt. In dem gleichen Sinne spricht auch die Tatsache des gelegentlich isolierten Vorkommens mangelhafter Orthographie bei sonst geistig Hochstehenden als Folge (öfter familiär nachweisbarer) Unfähigkeit zum Erwerb dieser Funktion. Ihr Nebeneinander mit kongenitaler Leseschwäche (s. diese S. 1489) weist die Richtung der anatomisch-physiologischen Deutung an. Inwieweit auch höhere Funktionen, etwa das Verständnis der z. B. im Deutschen durch Dehnungszeichen gegebenen Differenzierung des Sinnes der Worte, in Frage kommt, steht aus; ebenso die Frage etwaiger Abhängigkeit differenter Erscheinungen von den typischen Aphasieformen.

Bezüglich der Lokalisation der in Frage kommenden Zentren ist schon ausgeführt worden, daß für die optisch bedingte Schreibstörung der Gyr. angular., für die im engeren Sinne des Wortes motorische der Fuß von $F_2$, beide für gewöhnlich links, in Betracht kommen; die Funktion dieses letzteren Zentrums ist eine derjenigen der Brocastelle analoge.

## Rechen- und Zahlenstörungen.

### Zusammenfassende Darstellungen.

SITTIG: Über Störung des Ziffernschreibens bei Aphasischen. Z. Pathopsychol. **3**, 298 (1917) — Störung des Ziffernschreibens und Rechnens bei einem Hirnverletzten. Mschr. Psychiatr. **49**, 299 (1921). — HENSCHEN: Klinische und anatomische Beiträge zur Pathologie des Gehirns 5 — Über Sprach-, Musik- und Rechenmechanismen und ihre Lokalisation im Großhirn. Z. Neur. **52**, 273 (1919). — PERITZ: Zur Psychopathologie des Rechnens. Dtsch. Z. Nervenheilk. **61**, 234 (1918). — KLEIST: Gehirnverletzungen, ihre Bedeutung für die Lokalisation der Hirnfunktionen. Z. Neur. **16**, 336 (1918). — POPPELREUTER: Die psychischen Schädigungen durch Kopfschuß im Kriege 1914/16. 1917. — BENARY: Studien zur Untersuchung der Intelligenz bei einem Fall von Seelenblindheit. Psychol. Forschg **2**, 209 (1922). — HERRMANN: Beiträge zur Lehre von den Störungen des Rechnens bei Herderkrankungen des Occipitallappens (Akalkulie, HENSCHEN). Mschr. Psychiatr. **70**, 193 (1928).

Schon im Vorangehenden ist uns gelegentlich die *Sonderstellung der Ziffern* entgegengetreten, was Veranlassung gibt, den Störungen dieser Art bedeutsamer Zeichen und der damit verbundenen geistigen Operationen einige zusammenfassende Bemerkungen zu widmen.

Das *Erkennen* von Ziffern kann in den verschiedensten Graden gestört sein: Zweistellige werden z. B. noch erkannt, mehrstellige nicht mehr. Das Benennen kann besser sein als das Suchen einer genannten Ziffer. Bei mehrstelligen Zahlen fehlt das Verständnis des Stellenwertes der Ziffern und dementsprechend werden sie beim Lesen in zwei oder drei Stücke zerteilt. Auch das *Schreiben* der Ziffern kann verschiedengradig gestört sein, formal (verkehrte Hakenbildung) und inhaltlich; gewisse Zahlen (Geburtsjahr) können geschrieben werden bei Fehlen jeder anderen. Arabische Ziffern werden erkannt und geschrieben, römische nicht, oder erst im Stadium der Besserung. Zweistellige werden mit den Einern begonnen. Das *akustische Verständnis* für Ziffern entspricht für gewöhnlich dem sonstwie angeregten; selten ist es schlechter als die sonstige Wortauffassung. Vereinzelt zeigt sich in der Rückbildung ein Voraufgehen des Ziffernverständnisses. Die *Rechnungszeichen* werden optisch anfänglich meist nicht erkannt, mit Buchstaben oder miteinander verwechselt oder einander gleichgestellt. Das *Zählen* kann erhalten sein, ohne Kenntnis der Ziffern oder der Bedeutung derselben als Bezeichnung einer Mehrheit, ebenso können andere Rechenoperationen möglich sein; von diesen gehen die leichteren für gewöhnlich voran. Das Addieren kann allein erhalten sein bei fehlender Kenntnis der Bedeutung der anderen Rechenoperationen; es kann auch gestört sein aus Unkenntnis der Richtung, in der es vonstatten gehen soll. Bei der Besserung der hier genannten Störungen tritt als „Hilfe" insbesondere das Zählen (im Kopfe oder mit den Fingern) in Funktion; eine Zahl wird verstanden, wenn bis zu ihr gezählt werden kann.

Als Anhang ist zu erwähnen das gestörte Bezeichnen richtig erkannter *Münzen* und als Ausdruck gestörter Semantik das fehlende Verständnis des relativen Wertes von Münzen (HEAD). (Selbstverständlich Beachtung etwaiger Sprachstörung, die Rechenfehler vortäuschen kann!) Etwas der Spiegelsprache (s. diese) Ähnliches zeigt sich darin, daß gelegentlich bei mehrstelligen Zahlen die richtigen Ziffern in entgegengesetzter Reihenfolge geschrieben werden. Zuweilen gelingt eine Rechenoperation (Multiplizieren) mit benannten Zahlen besser als mit reinen (sichtlich unterstützt durch den Halt am Objekt).

Eine Bewertung der hier besprochenen Erscheinungen wird davon auszugehen haben, daß Ziffern *ideographische Zeichen* für Einheiten, also festgeprägte Gestalten sind, was beides den Buchstaben insofern abgeht, als die Buchstabengestalt gegenüber der Gesamtgestalt der Worte doch beträchtlich zurücktritt; weiter kommt in Betracht, daß auch die Zahl der Ziffern gegenüber der der Buchstaben eine beträchtlich geringere ist. Ein weiterer Gegensatz zwischen Ziffern, Zahlen und Worten liegt in der gewöhnlichen Vieldeutigkeit der letzteren gegenüber der Eindeutigkeit der ersteren („monosem"). Alle diese Momente bewirken eine Vorzugsstellung der Ziffern nicht bloß gegenüber den Buchstaben, sondern auch den Worten. Dazu kommt gewiß als bedeutsam noch der Umstand, daß die Zahlwörter als Namen primitiver Begriffe (neben denen der Körperteile) zum ursprünglichen Wortschatz der Sprache gehören. Anders die Rechnungszeichen und die ihnen entsprechenden Operationen; jene haben für sich allein überhaupt keine Bedeutung, ähnlich den bloß mitbedeutenden Wörtern; auch sind beide phylo- und ontogenetisch ein Späterwerb, namentlich gegenüber dem Zählen. Diese Momente und nicht etwa eine dem Ziffernbilde als solchem zukommende Besonderheit gegenüber dem des Buchstaben machen die Sonderstellung der Ziffern als besonders *widerstandsfähiger* Teile bei aphasischen Störungen verständlich; die Sonderstellung des Einmaleins (auch beim Schreiben) erklärt sich aus dem Früherwerb desselben und seiner Funktion als Reihenleistung, deren Bedeutung früher (S. 1463f.) gewürdigt worden ist; dem entspricht seine Funktion als „Hilfe". Andere hierher gehörige Störungen als solche später erworbener Kenntnisse erklären sich aus diesem Umstande, so das Nichtverstehen des Stellenwertes innerhalb von Zahlen. Beim Auffassen gesehener Ziffern und Zahlen ebenso wie beim Schreiben derselben kommen Störungen der Gestaltsauffassung und Wiedergabe ebenso wie solche der Richtungsvorstellungen in Frage (Nachzeichnen führt gelegentlich zum Erkennen zusammengesetzter Zahlen). Die Umkehrung bei zweistelligen Zahlen erklärt sich aus dem Gegensatz zwischen sprachlichem und schriftlichem Ausdruck in einzelnen Sprachen; ist die dem letzteren entsprechende Vorstellung nicht die leitende, dann wird den ersteren entsprechend geschrieben, das wird bewiesen durch den korrigierenden Einfluß einer der schriftlichen angepaßten mündlichen Bezeichnung. Die Sonderstellung der Rechenoperationen zeigt sich auch in dem gelegentlichen Gegensatz: Benennen mehrstelliger Zahlen durch die Bezeichnung der einzelnen Ziffern bei gutem Verständnis und Rechnen.

Bei den vorwiegend auf Fehlen des Zahlbegriffs zurückgehenden Rechenstörungen handelt es sich um solche intellektueller Leistungen, bei denen entsprechend dem Umstande, daß sie besonders häufig bei temporo-occipitalen Läsionen, weniger bei frontalen vorkommen, in erster Linie das optische Vorstellen und Gestalterfassen in Frage kommt. Bei den frontal bedingten werden Störungen des Zählens das Wesentliche dabei sein. Eine wichtige Rolle dabei spielen auch Störungen der Merkfähigkeit (Vergessen der Art des Auftrages) und der distributiven Aufmerksamkeit, ferner Ablenkbarkeit, ungenügende Konzentration, Vergessen von Teiloperationen, von Teilresultaten, der Hauptaufgabe (verschiedenes Verhalten der Merkfähigkeit für verschiedene Funktionsgebiete, dadurch Möglichkeit von Ersatzfunktion).

Einer feineren psychologischen Analyse der verschiedenen Rechenoperationen, die die Grundlage für ein Verständnis ihrer Störungen bilden müßte, entbehren wir noch. Es läßt sich annehmen, daß auch die Pathologie selbst ihren Anteil an einer solchen bei genauerem Eingehen auf diese Fragen wird leisten können. Den Rechenoperationen entsprechen gewisse Sachverhältnisse; ihr fehlendes Verständnis als das Nichtauftauchen des Bewußtseins der mit ihnen bedeutungsmäßig verbundenen Sachverhältnisse läßt an die analoge Störung des sensorischen (impressiven) Agrammatismus denken, bei dem öfter gleichfalls die Bezeichnungswörter als Träger der Sachverhältnisse nicht verstanden werden. Ähnlich störend wirkt bei den sonst automatisierten Rechenoperationen auch die Notwendigkeit, die an sich gestörte sprachliche Komponente zu Hilfe zu nehmen: Kopfrechnen besser als schriftliches. Kleine Rechnungen können sich automatisch vollziehen, ohne daß der Patient die Sicherheit dafür hat. Das Zählen kann richtig sein trotz paraphasischen Versprechens. Entsprechend dem von Rechenkünstlern Bekanntem werden gerade hier Differenzen der Denktypen (Anschauungsbilder, optische oder andere Schemata) eine maßgebende Rolle spielen, aber auch individuelle Methoden (Mitsprechen, Hilfen von Anschauungsbildern) spielen dabei mit.

Aus all diesen Erörterungen erhellt die fehlende Notwendigkeit, für Ziffern und Zahlen besondere Zentren, etwa innerhalb der schon vorhandenen psychisch-optischen — entsprechende Zentren im WERNICKESCHEN oder BROCASCHEN Felde erscheinen ganz untunlich — anzunehmen; es handelt sich um grundsätzlich artgleiche Funktionen. Von einer Differenzierung der bei den verschiedenen Rechnungsoperationen in Betracht kommenden Funktionsterritorien, wenn es sich dabei überhaupt um etwas zu Umschreibendes handelt, kann vorläufig nicht die Rede sein. Dem von der größeren Bedeutung der linken Hemisphäre auch für sensorische Leistungen Bekannten entspricht die Feststellung, daß Rechenstörungen bei linksseitigen Läsionen, insbesondere des Angularisgebietes, häufiger zu sein scheinen.

## Die klinischen Formen.

Zum Zwecke der Anknüpfung des bisher Dargestellten an die noch immer, wenn auch nur in der Nomenklatur, schematisch eingestellte klinische Betrachtungsweise soll an der Hand des *Wernickeschen Schemas* (s. Abb. 483) eine kurze Betrachtung der klinischen Formen angeschlossen werden (**73**).

Sie zerfallen in die Gruppen der *motorischen (frontalen)* und der *sensorischen (temporalen) Aphasien*, wobei bezüglich der letzteren zu beachten, daß die eigentlich sensorischen Symptome in einem bestimmten Stadium auch ganz fehlen können.

Der volle Typus der ersteren ist die *Brocasche (corticale motorische) Aphasie*, *Aphemie*, mit all den auch für das Lesen und Schreiben aus diesen sich ergebenden Folgen. Ihr entspricht die Läsion der Pars opercular. von $F_3$, während bezüglich der Einbeziehung benachbarter Partien, insbesondere der Pars triangular., noch keine Sicherheit besteht. Die Nähe der Pars opercular. von Ca als dem Sitz der in Frage kommenden motorischen Zentren macht die Komplikation mit (funktionell oder anatomisch bedingten) dysarthrischen Störungen verständlich. Entsprechend der Annahme der Regelmäßigkeit der sekundären Folgeerscheinungen, die aus der Zerstörung der im corticalen Zentrum niedergelegten „motorischen Erinnerungsbilder" erklärt wurden, wurde die solche Folgeerscheinungen nicht aufweisende isolierte *reine Aphemie* dementsprechend *subcortical* lokalisiert. Sowohl die theoretischen Grundlagen dieser Deutung wie die postulierten pathologisch-anatomischen Folgerungen haben sich als unzutreffend erwiesen, vielmehr hängen die entsprechenden klinischen Differenzen von der Schwere und Ausdehnung der primären Läsion, ihren Diaschisiswirkungen wie von der Verselbständigung der sekundären Sprachelemente ab, wofür namentlich der Übergang der einen in die andere der beiden behandelten Formen spricht.

Das gilt auch für die dritte Form, die sog. *transcorticale motorische Aphasie* (transcortical in dem Sinne, daß die Läsion jenseits des corticalen Zentrums gelegen sein sollte). Charakteristisch für sie sollte, entsprechend der angenommenen Unterbrechung zwischen dem Begriffs- (psychischen) Zentrum und dem motorischen Sprachzentrum, das spontane Sprechen schwer geschädigt sein bei erhaltenem Nachsprechen. Es hat sich aber dieses gegensätzliche Nebeneinander einerseits bei typischer Brocaaphasie, andererseits als eine Phase in ihrer Rückbildung dargestellt.

Analoge Verhältnisse finden wir bei den sensorischen Formen: als gesicherten Besitz die typische *Wernickesche (corticale sensorische) Aphasie, Worttaubheit*, mit ihrer Folge der Paraphasie und den sekundären Auswirkungen für Lesen und Schreiben. Für diese kommt in Betracht die den HESCHLschen Windungen vorgelagerte Partie der 1. Schläfenwindung (fraglich, wie weit bis in die Mitte dieser reichend), der frontalwärts in dieser Windung sich das musikalisch-akustische Zentrum anschließt. Die Nähe der temporalen Quer-, sog. HESCHLschen Windungen als des eigentlichen Hörzentrums machen die Vortäuschung analoger Symptome durch partielle corticale Taubheit verständlich; dasselbe gilt auch bezüglich der labyrinthären Taubheit. Auch die „*reine*" *Worttaubheit, subcorticale sensorische Aphasie*, bei der gleichfalls die fehlenden sekundären Wirkungen für das Lesen und Schreiben aus subcorticaler Lokalisation (Nr. 2) erklärt wurden, hat sich als eine der Erfahrung nicht entsprechende Konstruktion herausgestellt (auch bei Rindenherden, selbst symmetrischen in beiden Schläfenlappen; Rückbildungsform typischer corticaler sensorischer Aphasie).

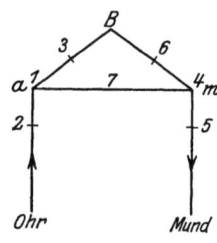

Abb. 483. Das WERNICKEsche Aphasieschema. *B* Begriffsfeld: die ganze Rinde außerhalb des Sprachfeldes. *1* Corticale sensor. Aphasie. *2* Subcorticale sensor. Aphasie. *3* Transcorticale sensor. Aphasie. *4* Corticale mot. Aphasie. *5* Subcorticale mot. Aphasie. *6* Transcorticale mot. Aphasie. *7* Leitungsaphasie.

Ähnlich die sog. *transcorticale sensorische Aphasie*, bei der dem Schema nach die Differenz gegenüber der corticalen in dem verschiedenartigen Verhalten des Nachsprechens gelegen sein sollte. Auch sie hat sich als durch partielle Aus- bzw. Rückbildung der corticalen Form mit entsprechender Lokalisation bedingt erwiesen.

Als ganz unhaltbar hat sich die letzte später von WERNICKE selbst verlassene schematische Konstruktion, die sog. *Leitungsaphasie* erwiesen (Nr. 7), deren Grundzug in der gestörten Übertragung zwischen den an sich wenig gestörten akustischen und motorischen Anteilen des Sprachvorganges durch Läsion einer in die Insel verlegten Bahn bestehen sollte; es handelt sich dabei vorwiegend um abgeschwächte Formen der corticalen sensorischen Aphasie; die Frage der Mitbeteiligung der Brocastelle ist eine offene. Neben die so allein als gesichert erscheinenden Formen der BROCAschen und WERNICKEschen Aphasie tritt mit dem gleichen Charakter auch die *Totalaphasie* infolge Läsion der beiden in Betracht kommenden Territorien (zeitliche Überdeckung der temporal bedingten Sprachstörung durch die schwereren frontalen, Aphemie, baldiges Zurücktreten der Sprachtaubheit). Klinisch gesichert erscheinen auch die Formen der *reinen*

*Alexie* und *Agraphie*, bezüglich deren auch in Rücksicht der Lokalisation auf das in der symptomatologischen Darstellung Gesagte verwiesen wird.

Als weitere gesicherte Form, obwohl im alten Schema überhaupt nicht oder nur durch künstliche Interpretation untergebracht, hat sich die *amnestische Aphasie* herausgestellt. Auch bezüglich ihrer und der ihr entsprechenden Lokalisation kann auf das Vorangehende verwiesen werden. Ihr häufiges Vorkommen als Begleiterscheinung bei sonstwie lokalisierten Herden spricht natürlich nicht gegen die dort klinisch-anatomisch und theoretisch-psychologisch gestützte Lokalisation, da das aus der leichten Mitbeteiligung des Schläfenlappens, aus der relativ schwierigen Leistung der Wortfindung verständlich wird.

Die hier den klinischen Typen angeschlossene Darstellung ihrer Lokalisation konnte nur ganz allgemein gehalten sein, da es kaum eine Einzelheit derselben gibt, über die ein Konsensus erzielt wäre wegen der Unmöglichkeit, selbst den mikroskopisch erhobenen Befund mit der Art und Ausdehnung der Störungen in befriedigenden Einklang zu bringen.

# Gebärdensprache.
### Zusammenfassende Darstellungen.

MAZURKIEWICZ: Störungen der Gebärdensprache. Jb. Neur. **19**, 524 (1900). — BONVICINI: Über bilaterale Apraxie der Gesichts- und Sprachmuskulatur. Ebenda **36**, 563 (1914). — WUNDT: Die Sprache. Völkerpsychologie. 3. Aufl., **1** (1911). — GUTZMANN: Psychologie der Sprache. Handb. d. vergleich. Psychol. Herausg. von G. KAFKA. **2**. — GRASSET: Aphasie de la main droite chez un sourd-muet. Progrès méd. **4**, 281 (1896). — FINKELNBURG: Vortrag über „Aphasie". Niederrh. Ges. d. Ärzte in Bonn 1870. Berl. klin. Wschr. **1870**, 449, 460. — GROSS, O.: Biologie des Sprachapparates. Z. Neur. **61**, 795 (1904). — KOGERER: Worttaubheit, Melodientaubheit, Gebärdenagnosie. Ebenda **92**, 469 (1924).

Wenn wir die Sprache als das phylo- und ontogenetisch aus dem Schrei entwickelte zuhöchst ausgebildete System von Ausdrucksmitteln bezeichnet und Mimik und Gestik als sie unterstützend und in gewissen Richtungen als unentbehrlich kennengelernt haben, so liegt es nahe, in entsprechend berücksichtigtem Abstande ihrer Entwicklung, die zeitlich weit vor die der Sprache zurückreicht, auch für diese Ausdrucksmittel eine *Pathologie* zu erwarten; dabei ist zu beachten, daß beide auch ontogenetisch dem Stadium der Versprachlichung vorangehen. Die *Mimik* scheidet, als im wesentlichen unwillkürlich als Ausdruck der Gefühle wirksam und an subcorticale Mechanismen gebunden, hier im großen ganzen aus; nur jenes Anteils ist hier gesondert zu gedenken, den die Mimik als mehr willkürliche Innervation zum Ausdrucke bedeutsamer Gesten, Kopfnicken und -schütteln als Bejahung und Verneinung u. ä., leistet; es wäre verfehlt, die Bedeutung der genannten Ausdrucksformen innerhalb der Sprache zu unterschätzen. Es ist schon früher der Differenzen in der Mimik Aphasischer gedacht worden; frühzeitig ist es auch aufgefallen, daß manche Aphasische auch das mimische Bejahen und Verneinen nicht zustande bringen oder sie verwechseln, also auch eine semantische Funktionsstörung, ähnlich dem Verwechseln des sprachlich produzierten Ja und Nein. Die vereinzelt daneben beobachteten Störungen willkürlicher Innervation der Gesichtsmuskulatur leiten hinüber auf das Gebiet der Apraxie, deren Erklärung gerade mit den hier angedeuteten Erscheinungen historisch einsetzt. Die Stellung der Mimik und Gestik im Rahmen der Aphasie erhellt auch daraus, daß in Fällen schwerer Aphemie sich nicht selten eine förmliche Hypertrophie derselben als Ersatz ausbildet. Das zweite schon zur Willkür entwickelte System von Ausdrucksmitteln, phylogenetisch der eigentlichen Sprache vorangehend, ist die *Zeichen-* oder *Gebärdensprache, die Sprache der Primitiven* und *der sprachlich nicht ausgebildeten Taubstummen;* sie bildet aber in ethnischer Differenzierung ein mehr oder weniger geübtes Begleitstück der gesprochenen Sprache. (Verlust der Gestik fand sich zuweilen neben Totalaphasie, auch bei motorischer Aphasie.) Als eine noch ungeklärte Erscheinung ist zu erwähnen eine im Stadium der Besserung hervortretende Ärmlichkeit der ganzen Zeichensprache, ja das Auftreten unverständlicher Zeichendarstellungen. Derartigen Störungen steht das Erhaltensein der *Affektmimik* und *Gestik* verständlich gegenüber. Als selten beobachtetes Gegenstück ist zu erwähnen das *fehlende Verständnis für Gesten* (74). Eine Darstellung der Einzelheiten der Gebärdensprache, gewiß eine Fundgrube für die pathologische Semiologie, erscheint nicht am Platze, da sich vorläufig daraus für die an sich höchst kärgliche Pathologie derselben nichts Spezielles ableiten läßt. Daß es sich dabei aber nicht etwa nur um konventionell entwickelte Äußerungen handelt, geht aus der ausgesprochenen Übereinstimmung der Gebärden von Wilden und Taubstummen hervor, die sie daher auch zu unmittelbarer Verständigung geeignet macht, und diesem Umstande der Primitivität dieser Sprache entspricht die Seltenheit einschlägiger Störungen bei Vollsinnigen (RIBOTS Regel). Die psychologische Analogie mit der Sprechsprache erscheint prinzipiell dadurch festgelegt, daß auch in ihr das Zeichen ursprünglich nicht dem einzelnen Worte, sondern dem Satze entspricht. Es ist klar, daß das Studium der Sprache von Taubstummen mit Schulbildung insbesondere zum Verständnis vieler Einzelheiten des expressiven motorischen Agrammatismus und der gleichartigen Störung der Sprachentwicklung dienen kann (Syntax der Zeichensprache), aber auch des sensorischen Agrammatismus (Sprachverständnis ohne Hilfswörter). Auch der nicht im Sprechen geschulte Taubstumme oder Taubstummblinde begleitet unwillkürlich sein formuliertes Denken mit oft sichtbaren Fingerbewegungen, und daraus entwickelt sich spontan und durch Unterricht ein zur Verständigung mit der Umgebung dienliches System von Zeichen, die in Bewegungen der oberen Extremitäten zum Ausdruck kommen, zu dem unterstützend, wie beim Normalen, die Mimik hinzutritt. Auch hier spielt die dem Kindesalter eigentümliche Nachahmung eine Rolle, wie Beobachtungen an Kindern Taubstummer gezeigt haben.

Vereinzelte, begreiflicherweise jetzt besonders seltene Fälle zeigen, daß nicht schulmäßig sprachlich ausgebildete Taubstumme (GRASSET, BURR), wie zu erwarten, durch linksseitige Hirnläsion (Sektionsbefunde liegen nicht vor) der von ihnen geübten Zeichensprache isoliert, also bei ungestörter Beweglichkeit der Finger, verlustig gehen können, und zwar auch nur derjenigen der rechten Hand. Auch der impressive Teil der Sprache scheint dabei ähnlich gestört; ein solcher Kranker konnte auch die Buchstaben des Taubstummenalphabetes mit der rechten Hand nicht lesen, während es mit der linken gelang. Man darf vermuten, daß die expressive Störung in solchen Fällen auf eine (nach Analogie mit der motorischen Aphasie und Agraphie) dem Handzentrum vorgelagerte Partie zu beziehen ist, deren Funktion der Analogie entsprechend gedeutet werden kann, mit der Einschränkung allerdings, daß es sich hier zwar um artgleiche, wohl aber wesentlich einfachere Vorgänge handelt, dieses Zentrum also räumlich mit dem im Fuß von $F_2$ zusammenfallen dürfte. Für die impressive Störung kommt wohl ein Teil des psychooptischen Gebietes (parieto-occipitale Region) in Betracht. Das gilt wahrscheinlich auch für das erwähnte Fehlen des Verständnisses von Gesten neben Aphasie.

# Amusie.

## Zusammenfassende Darstellungen.

KNOBLAUCH: Störungen der musikalischen Leistungsfähigkeit durch Gehirnläsion. Dtsch. Arch. klin. Med. **43**, 331 (1888) — [auch Brain **13**, 311 (1890)]. — EDGREN: Amusie (Musikalische Aphasie). Dtsch. Z. Nervenheilk. **6**, 1 (1895); **24**, 465 (1903). INGEGNIEROS: Le langage musical et ses troubles hystériques. 1907 [zum Teil aufgenommen in Nouv. Iconogr. de la Salpétrière **19**, 362 (1906)]. In beiden Abhandlungen Zusammenstellung der älteren Literatur. — HENSCHEN: Klinische und anatomische Beiträge zur Pathologie des Gehirns 5. — DUPRÉ-NATHAN: Le langage musical. 1911. — MANN, L.: Kasuistische Beiträge zur Hirnchirurgie und Hirnlokalisation. Mschr. Psychiatr. **4**, 369 (1898). — MANN, M.: Ein Fall von motorischer Amusie. Neur. Zbl. **1917**, 149. — MENDEL, K.: Motorische Amusie. Neur. Zbl. **1916**, 354. — PICK: Zur Analyse der Elemente der Amusie und deren Vorkommen im Rahmen aphasischer Störungen. Mschr. Psychiatr. **8**, 87 (1906). — QUENSEL u. PFEIFFER: Über reine sensorische Amusie. Z. Neur. **81**, 311 (1923). — MARKUS: Sensorische Paramnesie. Ein Beitrag zur Lokalisation des Musiksinnes. Ebenda **81**, 625 (1923). — ISSERLIN: Physiologisch-phonetische Untersuchungen. I. Allg. Z. Psychiatr. **75**, 1 (1919). II. Z. Neur. **94**, 437 (1925). — ALT: Über Melodietaubheit und musikalisches Falschhören. 1906. — KÖHLER: Akustische Untersuchungen. III. Z. Psychol. I **72**, 1 (1915). — FORSTER: Über Amusie. Allg. Z. Psychiatr. **71**, 529 (1914). — FOERSTER, R. H.: Ein Fall von motorischer Amusie. Neur. Zbl. **1918**, 437. — WÜRTZEN: Einzelne Formen der Amusie, durch Beispiele erläutert. Dtsch. Z. Nervenheilk. **24**, 465 (1903). — BALASSA: Zur Psychologie der Seelentaubheit. Dtsch. Z. Nervenheilk. **77**, 143 (1923). — FEIT: Gehirnpathologische und lokalisatorische Ergebnisse über Hörstörungen, Geräuschtaubheiten und Amusien. Mschr. Psychiatr. **68**, 853 (1928). — JOSSMANN: Die Beziehungen der Amusie zu den apraktischen Störungen. Ebenda **63**, 239 (1927). — HERRMANN: Zur Lehre von der motorischen Amusie. Z. Neur. **93**, 95 (1924). — TEUFER: Die Symptomenbilder der Amusie, ihre Psychologie und ihre Untersuchung. Passows u. Schaefers Beitr. **20**, 149 (1924). — ROHARDT: Ein Fall von motorischer Amusie. Neur. Zbl. **1919**, 6. — KLEIST: Gehirnpathologische und lokalisatorische Ergebnisse. 3. Mitt. Über sensorische Aphasien. J. Psychol. u. Neur. **37**, 146 (1928). — Für jede eingehendere Beschäftigung mit der Amusiefrage unentbehrlich ist die Monographie von FEUCHTWANGER: Amusie. Studien zur pathologischen Psychologie der akustischen Wahrnehmung und Vorstellung und ihrer Strukturgebiete besonders in Musik und Sprache. Monographien Neur. **1930**, H. 57.

Sprechen und Singen, phylogenetisch von gemeinsamer Entwicklung (zuerst Affektlaute, später erst Musik), bedienen sich zum größten Teil derselben peripherischen Exekutiv- und Aufnahmeorgane, und damit erscheint die wesentliche Differenz zwischen ihnen nur in Modifikationen derselben Funktion gelegen; die Grenze ist aber noch dadurch als fließend erwiesen, daß die Sprache, anders als die auf sich selbst gestellte Musik, musikalischer Elemente als wichtiger Ergänzung ihrer auch Affekte ausdrückenden Funktion nicht entbehren kann und durch deren Störung, wie wir gesehen, in verschiedener Weise leidet. Die volle Bedeutung der musischen Sprachanteile, besonders auch für den semiologischen Teil der Aphasielehre, werden wir ermessen, wenn wir in Betracht ziehen, daß in gewissen Sprachen (dem Chinesischen) durchaus gleichlautende Worte bei wechselnder Betonung einen ganz verschiedenen Sinn haben. Damit erscheint es a priori wahrscheinlich gemacht, daß auch die den beiden eigentümlichen cerebralen Apparate, wenn auch nicht identisch, doch in naher topischer Beziehung zueinander stehen werden. Bestätigt wird das schon durch das häufige klinische Nebeneinander, aber auch Getrenntsein dieser Störungen, die, wenn sie die musikalischen Vorgänge isoliert betreffen, als Amusie zusammengefaßt werden. Das häufige Zusammenvorkommen der beiden Reihen macht es neben den genannten Momenten verständlich, daß dieselben Kategorien, die wir von der Aphasie her kennen, auch im Rahmen der Amusie sich finden und daß sie zu den gleichen schematischen Aufstellungen wie bei jener geführt haben; sie finden ihre Grundlagen in den *Störungen der musikalischen Produktion (vokaler und instrumentaler), des musikalischen Verständnisses, der Fähigkeit des Lesens und Schreibens von Noten (Notenalexie* und *-agraphie).* Eine detaillierte Darstellung der Einzelheiten dieser sichtlich den aphasischen parallel laufenden Störungen, die alle an den Tönen zu unterscheidenden Faktoren (Höhe, Stärke, Klangfarbe), weiter Gang der Melodie, Rhythmus, Gefühlsausdruck, einzeln oder gemeinsam betreffen und ebenso in den Differenzen zwischen expressiven und impressiven Störungen (z. B. erhaltenes Singen bei Unfähigkeit des Notenlesens, analog der isolierten Alexie) hervortreten können, erübrigt sich gerade im Rahmen dieses Handbuches, da wir über die Vorgänge, die sich bei all diesen in Betracht kommenden Funktionsstörungen abspielen, und über die ihnen zugrunde liegenden anatomischen Veränderungen noch weniger wissen als bezüglich der gleichartigen aphasischen. Zudem ist ihr isoliertes Auftreten eine gegenüber ihren Kombinationen mit aphasischen Störungen verständlicherweise seltenere Erscheinung, und ist bezüglich dieser im vorangehenden das Wichtigste erwähnt. Nachgetragen sei, daß es auch im Rahmen der Amusie an den entsprechenden Parallelen zu den kongenitalen Defekten, die wir bei den Aphasien kennengelernt, nicht fehlt. Natürlich kann die theoretische Bedeutung einer Erforschung der amusischen Störungen nicht überschätzt werden, zumal die dazu zur Verfügung stehenden Methoden entschieden die der Aphasielehre an Exaktheit und Durchsichtigkeit weit übertreffen. Man kann sich andererseits nicht der Erwägung verschließen, daß ein Teil der in Betracht kommenden Erscheinungen (Tempo, Rhythmus, Modulation) Funktionen in ihren Bereich zieht, deren Mitbeteiligung (basale Ganglien, Kleinhirn) bisher noch kaum Beachtung gefunden (GUTZMANN, ISSERLIN). Das wird auch nahegelegt durch das Zusammenbestehen von Störung des musikalischen Taktes und des Tanzens[1]. Die deduktiv gewonnene Schlußfolgerung bezüglich der in Betracht kommenden cerebralen Territorien hat ihre Bestätigung durch anatomische Feststellungen gefunden. Das den expressiven vokalen Störungen entsprechende Zentrum liegt wahrscheinlich in $F_3$ nach vorn von der Brocastelle, das den instrumentalen entsprechende in $F_2$ in beiden Hemisphären, dasjenige des impressiven Anteils der Musik erscheint der WERNICKEschen Stelle in $T_1$ vorgelagert, während die Störungen des Notenlesens und -schreibens wahrscheinlich mit Läsionen im unteren Scheitelläppchen zusammenfallen. Auch bezüglich einzelner hier besprochenen Störungsformen (Tontaubheit) ist die führende Rolle der linken Hemisphäre erwiesen. Durch einzelne Fälle mit rechtsseitiger Hirnläsion erscheint die Lokalisation der musikalischen Ausdrucksfähigkeit in der rechten Hemisphäre wohl sichergestellt (**75**). Sie legen die Vermutung nahe, daß beim Singen beide Hemisphären mitbeteiligt sind, daß aber die Läsion auch nur einer es schädigt. Da, wie wir bei der kindlichen Sprachentwicklung gehört, die musischen Elemente der Sprache zu den erstentwickelten gehören und auch noch mehr automatisiert sind, was auch für das Singen zutrifft, bleibt dieses mehr mit beiden Hemisphären dauernd verknüpft als das Sprechen. Der fehlende Gleichgang zwischen Aphemie und motorischer Amusie spricht nicht ohne weiteres für eine Trennung der beiden Zentren, läßt sich vielmehr auch aus einer funktionellen Differenzierung eines gemeinsamen verständlich machen. Die bilaterale Anordnung scheint im umgekehrten Verhältnis zur Höhe der Ausbildung zu stehen[2]. Bei der instrumentalen Amusie ist natürlich die verschiedene Technik entscheidend, und beiderseits kommen Zentren im Fuße von $F_2$ und wahrscheinlich auch in $F_3$ in Betracht.

In diesem Zusammenhange wäre noch gewisser die sog. musischen Anteile der Sprache betreffender Momente zu gedenken, die, wenn auch der Phonologie

---

[1] EDGREN: Dtsch. Z. Nervenheilk. **24**, 467, 471.
[2] MARBURG: in Obersteiners Arbeiten **22** (1917).

angehörig, doch auch ein häufiges Teilstück aphasischer Störungen darstellen, insofern modulierte Rede — und das ist die gewöhnliche Sprache — eine solche mit musikalischer Begleitung ist. Zuerst des Umstandes, daß sie sowohl im Expressiven wie bezüglich des Impressiven gegenüber den übrigen sich als außerordentlich widerstandsfähig erweisen, was auf ihre (phylo- und ontogenetisch) zeitliche Vorzugsstellung und die davon abhängige stärkere Automatisierung zurückgeht. Beweis dessen der seltene und späte Verlust der Affektsprache. Dabei könnte auch in Betracht kommen, daß bei einzelnen dieser Momente (Tempo, Rhythmus, Intonation), sichtlich wegen ihrer affektuösen Grundlagen, andere anatomische Grundlagen (Basalganglien des Großhirns, das Kleinhirn, Beziehungen zum Schläfenlappen durch das TÜRCKsche Bündel) mitwirken. Nicht minder bedeutsam, insbesondere für lokalisatorische Fragen, wird es sein, in welchem Moment des ganzen Vorgangs beim Sprechen die einzelnen musischen Anteile in Wirksamkeit treten. Bezüglich der affektuös bedingten kommt gewiß schon das Stadium der gedanklichen Formulierung in Betracht, aus dem heraus sich das Betonungsschema entwickelt. Die in Betracht kommenden wichtigsten Einzelheiten sind bei der Darstellung der aphasischen Störungen mit berücksichtigt worden; zu erwähnen wäre die Bedeutung der Betonung für das richtige Verständnis auch des Gelesenen, wofür schon die Norm Anhaltspunkte gibt. Von Bedeutung wird neben der des individuellen Typus auch die ethnische Differenz sein, je nach der Sanglichkeit der einen oder anderen Sprache oder des Dialektes.

Die so sich darstellenden engen Beziehungen zwischen den beiden Erscheinungsreihen und die darin sich ausprägende Artgleichheit legten, wenn wir davon absehen, daß zum Singen die Motilität weiterer Organe als beim Sprechen in Anspruch genommen wird, die Annahme nahe, daß es sich nicht um scharf voneinander getrennte Funktionsverbände handelt, sondern um zum Teil identische Neuronenverbände, die zu den verschiedenen Tätigkeiten in verschiedenfältiger Weise sich miteinander verbinden. Man wird aber auch innerhalb der musischen Zentren keine scharfen topographischen Grenzen ziehen dürfen, also z. B. auch keine Veranlassung haben, ein besonderes Zentrum für Noten und Notenschlüssel anzunehmen. Daß die gleiche Deutung auch bezüglich der etwaigen Abtrennung besonderer instrumental-musischer Zentren von denen der sonstigen Praxie zutrifft, bedarf keines besonderen Nachweises. Die Annahme eines verschiedenartigen Aufbaues mehr oder weniger automatisierter Bewegungskombinationen wird dazu genügen (76).

Die gleiche Auffassung kann auch für die Beziehungen zwischen Musik-, Geräusch- und Worttaubheit geltend gemacht werden: verschiedenartige Störungen eines zum großen Teile einheitlichen Gebietes.

## Aphasie und Intelligenz.
### Zusammenfassende Darstellungen.

WERNICKE: Grundriß der Psychiatrie. 2. Aufl. 1906. — MARIE, PIERRE: Révision de la question de l'aphasie. Semaine méd. **1906**, 241, 493, 565 — Rectifications à propos de la question de l'aphasie. Presse méd. **1907**, 25. — PICK: Forensische Bedeutung der Aphasien. Handb. d. ärztl. Sachverständigentätigkeit 9 (1909) (mit Literatur). — HEAD: Die zu Kap. 1 zitierten Arbeiten. — BIANCHI: The mechanism of the brain. S. 242. 1922 — Ann. di Neur. **38** (1921) — Le sindrome parietale. Arch. ital. Otol. **37**, 293 (1926). — BRISSOT: Traité p. SERGEANT, RIBADAUD, DUMAS et BABONNEIX 8. (1921). — LOTMAR: Zur Kenntnis der erschwerten Wortfindung und ihrer Bedeutung für das Denken des Aphasischen. Schweiz. Arch. Neur. **5**, 206 (1919); **6**, 3 (1920). — NAVILLE: Mémoires d'un médecin aphasique. Arch. de Psychol. **17**, 1 (1918). — BENARY: Studien zur Untersuchung der Intelligenz bei einem Fall von Seelenblindheit. Psychol. Forschg **2**, 209 (1922). — FISCHER, S.: Verändrung psychischer Funktionen bei transcorticaler sensorischer Aphasie. Klin. Wschr. **2**, 870 (1923). — KUENBURG, Gräfin v.: Über das Erfassen einfacher Beziehungen von anschaulichem Material bei Hirngeschädigten, insbesondere bei Aphasischen. Z. Neur. **85**, 120 (1923). — BOUMAN u. GRÜNBAUM: Experimentellpsychologische Untersuchungen zur Aphasie und Paraphasie. Z. Neur. **96**, 481 (1925). — VAN WOERKOM: Über Störungen im Denken bei Aphasiepatienten. Ihre Schwierigkeiten beim Erfassen elementarer Beziehungen. Mschr. Psychiatr. **59**, 256 (1925). — GOLDSTEIN, GELB: Besonders die zu Kap. 1 zitierten Arbeiten. — DAVIDENKOFF: Revue neur. **1914**, Nr 12.

Die in der ganzen Darstellung hervorgetretenen engen, nirgends schärfer zu scheidenden Zusammenhänge zwischen Psychischem und Physischem legen es nahe, auch die praktisch nicht minder bedeutsame Frage nach der Intelligenz der Aphasischen kurz zu berühren und damit ein besonderes Gebiet der Erforschung psycho-physischer Zusammenhänge zu beleuchten.

Auch für die Anschauung von der Nichtidentität von Denken und Sprechen sind selbst für die grobe Erfassung des Problems besondere Schwierigkeiten darin gelegen, daß die Frage, ob *unmittelbarer Zusammenhang* oder bloß *Komplikation*, die Beurteilung der anatomisch-physiologischen Sekundärwirkungen selbst in stationären Fällen kaum jemals exakt zu erledigen ist. Aber selbst nach Erledigung dieser Seite des Problems ist es noch verdunkelt durch die auch im Einzelfalle nicht ein für allemal zu ziehende Abgrenzung zwischen worthaftem und nichtsprachlichem Denken. Die ganze hier aufgeworfene Frage wird sich in zwei Teile gliedern, je nachdem sie praktisch oder wissenschaftlich gestellt ist. Definiert man Intelligenz als die Fähigkeit der Anpassung an die sozialen Anforderungen, dann wird man im allgemeinen eine deutliche *Differenz zwischen Kranken mit frontalen und temporalen Aphasien* konstatieren können. Bei den ersteren erscheint, falls nicht eine Komplikation vorliegt, die geistige Kapazität im allgemeinen nicht geschädigt, sondern nur der Mechanismus, durch den bestimmte Seiten geistiger Tätigkeit, die der Versprachlichung dienen, in Aktion gesetzt werden. Die im Bereiche des Schläfenlappens sich abspielenden materiellen Vorgänge stehen sowohl in Rücksicht der expressiven wie der impressiven Sprache denjenigen näher, die den psychischen (im engeren Sinne) parallel gehen (zu denken ist etwa an die beim Sprachtauben so sehr erschwerte Auffassung der zwischen ihm und dem Redenden sich im Zuge des Sprechens entwickelnden *Situation* und an den störenden Einfluß, den das Ausbleiben dieser Entwicklung auf die intellektuelle Erfassung des in den gesprochenen Worten ausgedrückten Sachverhaltes ausübt). Dementsprechend sind besonders die sensorischen Formen, falls nicht eine entsprechende Rückbildung sich vollzieht, von schwereren Intelligenzstörungen begleitet; deshalb ist es auch nicht zufällig und etwa bloß durch die anscheinende (Sprach-) Verwirrtheit bedingt, wenn außerordentlich viel mehr solche Fälle auch jetzt noch den psychiatrischen Kliniken zugehen. Doch sind auch anatomisch sichergestellte derartige Fälle mit entsprechender Rückbildung von geistig hochstehenden Menschen bekannt, in denen selbst höheren Ansprüchen des praktischen Lebens Genüge geschehen konnte (**77**). Neuerlich wird sogar über einen Fall von Totalaphasie berichtet[1], in dem die Demenz nur eine scheinbare war. Ein auch praktisch verwertbares Kriterium bilden die in der vorangegangenen Darstellung erwähnten Tatsachen der jeweiligen Einstellung des Kranken zu seinem Defekte, insofern sie ja nach dem Grade dieses letzteren einen Schluß auf die Höhe seiner von der Gesamtpersönlichkeit ausgehenden Kritik gestatten; doch wird dieses Kriterium insofern mit Vorsicht zu gebrauchen sein, als eine volle Einstellung doch mit einem gewissen Sinken der früher hochstehenden geistigen Position vereinbar ist.

---

[1] VERNET et MERLAND: Bull. Soc. Clin. Med. Ment. **10**, 230 (1922).

Gleichfalls als nachweislich *sekundär* bedingt (Enge des Bewußtseinsspanns, Defekte der distributiven Aufmerksamkeit), aber in manchen Fällen wohl auch als primär wird man die Störungen deuten, die die Zusammenfassung einer Satzgruppe, ihre richtige Reihenfolge in der Wiedergabe und das dazu nötige Festhalten des „Fadens" und seines Endes betreffen. Bei *Störungen der inneren Sprache* wird namentlich das *unanschauliche, begriffliche Denken* leiden, werden also vor allem solche Leistungen betroffen sein, deren Gegenstand mangels eines sonstigen sinnlichen Inhaltes an den sie bezeichnenden Worten einen Halt findet; dem entspricht der Einfluß der amnestischen Aphasie (LOTMAR, ACH). ACH[1] hat andererseits an einzelnen Kranken gezeigt, daß sie der Begriffs*bildung* nicht verlustig gegangen waren, daß diese demnach unabhängig von dem der Sprachstörung entsprechenden Hirndefekt ist. Bei einem Polyglotten mit stark optischen Vorstellungstypus (CHARCOT, PICK[2]) erwies sich infolge einer durch Läsion in einem psychisch-optischen Areale gesetzten Schädigung des Typus auch das Denken in einer später erlernten Sprache (subjektiv) geschädigt (78).

In neuester Zeit endlich sind (S. FISCHER) bei Frauen mit transcorticaler sensorischer Aphasie auch *Charakterveränderungen* (eigenartige Ergebenheit und Höflichkeit) beschrieben worden; doch ist gerade bezüglich derartiger Veränderungen vorläufig die Frage, ob nicht etwa eine *Komplikatiou* vorliegt, kaum zu beantworten (79).

Viel schwieriger gestaltet sich die gleiche Frage vom wissenschaftlichen Standpunkt gesehen nicht zum wenigsten wegen der Dürftigkeit unserer Kenntnisse gerade der semiologischen Seite der Aphasien, die eine scharfe Abgrenzung gegen das Intellektuelle zunächst überall unmöglich macht und die Notwendigkeit eines genaueren Studiums dieser Seite als dringend erscheinen läßt (HEAD).

Besser bekannt, aber doch nur beispielsweise zu veranschaulichen sind die als *sekundär* zu deutenden *Rückwirkungen aphasischer Störungen*. Sie sind zunächst dadurch verständlich, daß die Sprachzeichen eine wichtige *Denkhilfe* bei verwickelteren begrifflichen Operationen darstellen. Es kann hier nicht näher ausgeführt werden, inwiefern Störungen des Werkzeuges der Intelligenz diese selbst beeinflussen, vielmehr nur auf einzelnes verwiesen werden. Im allgemeinen muß gesagt werden, daß die von der Norm her berichtete Einwirkung der sprachlichen Schemata auf die Gedankenentwicklung[3] etwas Analoges auch im Pathologischen erwarten läßt. Es hat sich gezeigt, daß, analog vereinzelten Beobachtungen in der Norm, überall dort, wo die Zuhilfenahme der gestörten sprachlichen Begleitung nötig ist oder in Anspruch genommen wird, ihr Defekt auf jene mehr oder weniger schädigend einwirkt (GOLDSTEIN, LOTMAR, HEAD). Demgegenüber konnte Gräfin KUENBURG feststellen, daß auch bei schwer motorisch oder sensorisch Aphasischen das Erfassen von Beziehungen ungestört ist und nur die Reproduktion gestört erscheint (80).

ISSERLIN[4] hat gezeigt, daß auch beim Neuerwerb von sprachlichem Gedächtnismaterial die objektiv kaum mehr erkennbare sprachmotorische Störung doch nachweislich störend wirkt („aphasische Gedächtnisstörung").

In diesem Zusammenhange ist auch zu erwähnen, daß im Zuge der besprochenen phasenweisen sprachlichen Formulierung des Gedachten der schon formulierte Teil den Gedankenfortschritt wesentlich beeinflußt und dadurch

---

[1] ACH, N.: Über Begriffsbildung. S. 285ff. 1921. Er nimmt aber eine Beeinträchtigung der Bildung von Objektvorstellungen bei motorischer Aphasie an.
[2] PICK, A.: Schweiz. Arch. Neur. **12**, 108 (1923). — Vgl. auch die Ausfuhrungen in der Agnosiemonographie von PÖTZL (TH.).
[3] SELZ: Zur Psychologie des produktiven Denkens. S. 360. 1922.
[4] ISSERLIN: Z. Neur. **85**, 87.

bei Störungen der Anschein eines weit über das Tatsächliche hinausgehenden psychischen Defektes hervorgerufen werden kann.

Angemerkt muß hier noch werden, daß die von P. MARIE aufgestellte Theorie, nach der Störungen der Intelligenz, wenn auch besonderer Art, die Grundlagen der aphasischen Erscheinungen bilden, ganz allgemein[1], außer von seiner Schule, abgelehnt worden sind.

## Schlußbemerkungen.

Im Voranstehenden ist der Versuch gemacht worden, womöglich alles, was an der Hand einer dynamischen Auffassung vorläufig zum Verständnis der Einzelerscheinungen und der Vorgänge dabei dienen kann, zusammenzutragen; dabei sind, soweit es die Zwecke des Handbuches zulassen, auch die verschiedenen Gesichtspunkte hervorgehoben worden, die den Zusammenhängen derselben, wie sie sich in den verschiedenen klinischen Formen darstellen, zugrunde liegen.

Mehr noch als die Klinik treten die Behandlungsmethoden aus dem Rahmen des Handbuches heraus; aber sofern ein Großteil derselben die Neuübung der ungestört gebliebenen oder sich restituierenden Funktionen sowie die Ausbildung der Ersatzfunktionen zum Ziele hat, darf die hier geübte funktionelle Betrachtungsweise auch als die entsprechende Grundlage für jene Methoden bezeichnet werden. Freilich hat die Darstellung fast noch mehr als den Umfang unseres Wissens die Menge des Fehlenden und Dunkeln vor Augen geführt. Erst nachdem diese Lücken an der Hand der als richtig erkannten methodischen Gesichtspunkte und auf Grund weiter vorgeschrittener anatomisch-physiologischer Feststellungen präziser ermessen und womöglich ausgefüllt sind, wird man an den Aufbau eines jetzt gewiß verfrühten Systems der rein endogenen, bloß durch Erkrankung des psychischen Sprachapparates bedingten aphasischen Störungen im Rahmen einer Psychophysiologie des Gehirnes herantreten können.

## Anmerkungen des Herausgebers.

(1) In dem Streit der Meinungen um die vielerörterten „Zentren" der Großhirnrinde wird man die PICKsche Formulierung als eine zugleich besonnen zurückhaltende und den Bedürfnissen der Darstellung wie der Forschung Rechnung tragende betrachten dürfen. Sie erscheint geeignet, einem wenig fruchtbaren und sachlich gewiß nicht begründeten Skeptizismus in lokalisatorischen Fragen wirksam zu begegnen, wie er in letzter Zeit vielfach laut geworden ist, allerdings wohl mehr das theoretische Räsonnement als das praktisch-klinische Handeln beherrschend. Die lokalisatorischen Bestrebungen der „Klassiker" auf dem Gebiete der Aphasielehre, deren hirnpathologische Gesichtspunkte und Fragestellungen weitgehend von einer atomistisch-assoziationspsychologischen Theorie bestimmt wurden und die dementsprechend in den „Zentren" und „Leitungsbahnen" des materiellen Substrates wiederzufinden glaubten, was der psychologischen Analyse an elementaren Inhalten und deren Zusammenhängen aufzuweisen gelungen schien, haben mit der Überwindung jener psychologischen Lehrmeinung allerdings ihre richtunggebende Bedeutung für die Forschung verloren. Schon die Kritik S. FREUDS an der überkommenen Doktrin (1891), seine Darlegung, daß die Unterscheidung zwischen Zentren und Leitungsbahnen in der üblichen unbedenklichen Art unzulässig sei, da die Zentren nur als „Verknüpfungspunkte" solcher Bahnen aufzufassen seien, war ein Weckruf zur Besinnung. Aber bei dieser Auffassung behalten die Verknüpfungsstellen doch — was auch FREUD durchaus nicht verkennt — die Bedeutung ausgezeichneter Lokalitäten der Hirnrinde, deren Läsion jedenfalls sehr viel schwerere Folgen nach sich ziehen muß als eine einfache Bahnunterbrechung; man wird sie also *in diesem Sinne* immer-

---

[1] DEJERINE: Presse méd. **1906**. — LOTMAR, F., u. CH. MONTET: Revue neur. **14**, Nr 22 (1906). — LIEPMANN: Neur. Zbl. **28**, Nr 9 (1909). — CHATELIN: Les blessures du cerveau. 1918. FOIX im Traité de Pathol. med. p. SERGENT, RIBADEAU-DUMAS u. BABONNEIX. **5** (1921).

hin als „Zentren" bezeichnen dürfen. Auch das „zentrale Assoziationsgebiet der Sprache", das „einheitliche Sprachfeld" GOLDSTEINS, hat die Bedeutung eines Zentrums, wenn man darunter nichts weiter verstehen will, als in der oben von PICK gegebenen Definition enthalten ist. Übrigens hat GOLDSTEIN niemals den Gedanken einer möglichen Hirnlokalisation im allgemeinen oder der aphasischen Störungen im besonderen verworfen oder selber zu einem derartigen Mißverstehen Anlaß gegeben, vielmehr nur das Problematische eines solchen Beginnens — das u. a. auch von G. WOLFF in fördernder Weise betont worden ist (Klinische und kritische Beiträge zur Lehre von den Sprachstörungen. 1904) — aufs neue hervorgehoben und dem Problem als solchem eine neue Fassung gegeben. Vor allem hat er die methodische Forderung aufgestellt und immer wieder eindrucksvoll vertreten, sich erst darüber klar zu werden, was sich eigentlich lokalisieren lasse, bevor man ans Lokalisieren geht. Daß HEAD, der sich dem Lokalisationsgedanken besonders abgeneigt zeigt, dennoch nicht umhin kann, im weiten Umfange umschrieben zu lokalisieren, wird aus seinen Ausführungen leicht ersichtlich. Kürzlich hat ISSERLIN das Problem der Hirnlokalisation unter kritischer Auseinandersetzung vor allem mit HEAD und GOLDSTEIN und unter Hervorhebung der unvergänglichen Einsichten, die wir den „Klassikern" verdanken, wieder in eindringender Weise erörtert. [Die pathologische Physiologie der Sprache. Erg. Physiol. **29**, 129 (1929).]

(2) HEAD findet sie insbesondere bei der von ihm so genannten „semantischen" Form der Aphasie, bei der der Patient außerstande ist, „die volle Bedeutung und Absicht von Worten und Sätzen über ihren direkten Inhalt hinaus zu erfassen", in den Details steckenbleibt, relevante Eindrücke nicht in einem einheitlichen geistigen Akt zu verbinden vermag. Hier leiden, nach HEAD, auch Funktionen, die mit der eigentlichen Verbalisation nichts zu tun haben; die „konstruktive Fähigkeit", sowohl bezüglich des begrifflichen Denkens wie des geordneten Handelns, ist in weitem Umfange herabgemindert.

Vor allem vertritt auch GOLDSTEIN entsprechend der von ihm geübten „Ganzheitsbetrachtung" die Auffassung, daß es sich bei den aphasisch Gestörten nicht um „Störungen irgendwelcher besonderen Fähigkeiten", hier also der sprachlichen, handle, sondern um „eine Veränderung des ganzen vor uns stehenden Menschen, die sich nur an bestimmten Leistungen desselben besonders deutlich zeigt" und die „sowohl als Veränderung des Verhaltens wie des physiologischen Geschehens verstanden werden muß". Zu vergleichen ist besonders die Darstellung, die GOLDSTEIN von den bei der amnestischen Aphasie anzutreffenden allgemeineren Störungen gibt, worauf noch zurückzukommen sein wird.

(3) Nach LIEPMANN umfaßt die „Sprachregion" die unteren und hinteren Teile der Konvexität des Stirnhirns, die Insel, den vorderen Teil des Operculums der vorderen Zentralwindung, das hintere Drittel des Schläfenlappens und einen Teil des unteren Scheitelläppchens. Besonders hinzuweisen ist auf die neueren detaillierten Feststellungen KLEISTS [J. Psychol. u. Neur. **37**, 146 (1928) — Mschr. Psychiatr. **68**, 853 (1928) — J. Psychol. u. Neur. **40**, 338 (1930)].

(4) Die Veränderungen der Stimmlage, die oft sehr ausgesprochene Störung der Sprachmelodie (Modulationsarmut, Monotonie), die Rhythmusstörungen, wie man sie bei amyostatischen Erkrankungen, besonders bei der Encephalitis epidemica in den späteren Verlaufsstadien, bekanntlich beobachtet, wird man durchaus auf strio-pallidare Affektionen beziehen dürfen.

(5) Die Beherrschung der „Nennfunktion" der Wörter ist ein relativ später Erwerb.

(6) Auf dem Wege des Abbauprozesses der sprachlichen Leistungen pflegen die musischen Charaktere der Sprache erst knapp vor der Mimik als dem „ultimum moriens" des Ausdrucks (PICK) zu verschwinden. Vgl. einen von VAN VALKENBURG publizierten Fall [Schweiz. Arch. Neur. **13**, 631 (1923)].

(7) Ein paar Worte zur Verständigung dürften hier am Platze sein. Wie auch andere neuere Autoren glaubt PICK die Annahme von „Engrammen" zur Erklärung mnestisch verwurzelter Vorgänge ablehnen zu müssen. Es kann wohl kaum einem Zweifel unterliegen, daß eine solche ablehnende Haltung sich mit gutem Grunde nur gegen die früher herrschende, der assoziationspsychologischen Mosaiktheorie des Seelenlebens entsprechende grobe Auffassung der materiellen Reproduktionsgrundlagen („die in den Ganglienzellen niedergelegten Erinnerungsbilder", „Stempel"), gegen die „Kästchentheorie" richten kann, aber auch gegen die zweifellos unrichtige, durch die Tatsachen des inneren Erlebens in keiner Weise gestützte Annahme, daß bei reproduktiven Vorgängen durchweg irgendwelche „Erinnerungsbilder" als Abbilder früherer Wahrnehmungen, noch dazu als „Vorstellungen" im Sinne der Elementenpsychologie, im Bewußtsein gegenwärtig seien. Daß z. B. LIEPMANN dem Moment vorhandener oder fehlender Bewußtseinsrepräsentanz „hinlänglich Rechnung getragen hat, insbesondere in der Lehre von den „Bewegungsvorstellungen" der älteren Psychologie durch die Unterscheidung von „kinästhetischem" und „innervatorischem" Gedächtnisbesitz, ist ja bekannt; ISSERLIN hat in der erwähnten Abhandlung die Bedeutung dieser Unterscheidung, auch in einem weiteren Zusammenhange, wieder hervorgehoben. Es bereitet keinerlei Schwierigkeit, sich zu vergegenwärtigen, daß der Begriff des „Engramms",

entsprechend interpretiert, sich auch mit einer dynamisch-strukturpsychologischen Betrachtungsweise, wie sie Pick vertritt, in Einklang halten läßt, ja daß auch eine solche Betrachtungsweise einen entsprechenden Begriff irgendwie fordert. Auch Pick macht davon selbstverständlich Gebrauch, soweit er Mnestisches als Erklärungsgrundlage heranzuziehen genötigt ist. Vgl. auch Goldsteins „lokalisierte Merksysteme", die, offenbar als materielle Substrate funktionell zusammengehöriger Leistungseinheiten gedacht, dem (entsprechend verstandenen) Begriff der materiellen Reproduktionsgrundlage entsprechen.

(8) Die Schriftwörter sind gegenüber den Lautwörtern, die die bezeichneten Gegenstände bzw. Gedankeninhalte unmittelbar symbolisch repräsentieren, als „symbols of symbols" (Hughlings Jackson) zu kennzeichnen.

(9) Vgl. Bonhoeffer [Mitt. Grenzgeb. Med. u. Chir. **10**, 203 (1902)], der diese Erscheinungen, auf die bereits Wernicke hingewiesen hatte, besonders im Stadium der Rückbildung motorischer Aphasien beobachtet hat.

(10) Man wird diese „unbewußten Bewegungsgewohnheiten", dieses motorische Können, unbedenklich dem „innervatorischen" Gedächtnis Liepmanns gleichsetzen dürfen; daß Pick auch die Annahme eines „kinästhetischen" Gedächtnisses zur Erklärung der Erscheinungen nicht entbehren kann, das beweisen die „aus den kinästhetischen Empfindungen entwickelten Schemata" (vgl. Anm. 7).

(11) Die Angabe Mingazzinis, daß solche Sprachreste *stets* vorhanden seien, entspricht nicht der allgemeinen klinischen Erfahrung.

(12) Hier ist auf die Feststellungen von Bouman und Grünbaum [Experimentellpsychologische Untersuchungen zur Aphasie und Paraphasie. Z. Neur. **96**, 481 (1926)] zu verweisen. Der von ihnen beobachtete Patient war nicht imstande, eine artikulatorische Einzelheit aus dem Ganzen einer „artikulatorischen Gestalt" herauszugreifen. Mehrsilbige Wörter konnten leichter ausgesprochen werden als einsilbige, weil offenbar die mehrsilbigen artikulatorischen Gestalten „prägnanter" sind als die einsilbigen. Wie die artikulatorische Analyse, so war auch die artikulatorische Synthese gestört. Es handelt sich bei dem Unternehmen der Autoren um den bemerkenswerten Versuch, den Sprechvorgang unter *gestalttheoretischen* Gesichtspunkten zu betrachten.

(13) Da für ausführliche kritische Erörterungen hier kein Raum ist, sei nur bemerkt, daß die Picksche Darstellung den Liepmannschen Anschauungen nicht gerecht werden dürfte. Vgl. dazu die Ausführungen Isserlins in der in Anm. 1 zitierten Abhandlung.

(14) Auch in dieser Aufstellung, die doch mindestens sehr diskutabel ist, kommt die schon oben kritisch beleuchtete Grundauffassung Picks über das Wesen der Mneme zum Ausdruck. Es sei aber nochmals betont, daß diese Differenzen in der theoretischen Stellungnahme keineswegs eine grundsätzliche Schwierigkeit für die Verständigung bilden können und jedenfalls die Tatsachendarstellung als solche unberührt lassen.

(15) Das psychologische Verständnis dieser eigenartigen, zuerst von Paget berichteten Erscheinung ist vor allem von Freud (Zur Auffassung der Aphasien. 1891) und von Pick selber (Zur Psychologie gewisser wiederkehrender Formeln bei Motorisch-Aphasischen, abgedr. i. Die neurol. Forschungsrichtg. i. d. Psychopathol. S. 167. 1921) gefördert worden. Die Patientin Picks hatte nach einem Insult nur noch einige Formeln aus einem Gebet zur Verfügung, das sie unmittelbar vor dem Eintritt der Sprachstörung gesungen hatte. Herschmann und Pötzl (Neur. Zbl. **1920**, 114) bringen eine ebenfalls hierher gehörige Beobachtung, ähnlich wie schon Freud, mit einer durch den Anfall unterbrochenen Sprachintention sowie mit perseveratorischen Momenten ursächlich in Verbindung. Vgl. ferner Kauders: Z. Neur. **122**, 651 (1929). — Pötzl: Z. Neur. **124**, 145 (1930).

(16) Die schwierige Frage der Störungen des Sprach*verständnisses* und sonstiger Alterationen der *impressiven* Sprachleistungen bei Frontalaphasischen, die in der Geschichte der theoretischen Auffassung der Aphasien eine bedeutsame Rolle spielt, wird hier von Pick nur gestreift. Es wird darauf noch zurückzukommen sein (s. Anm. 24 u. Anm. 60).

(17) Diesen Ausführungen Picks gegenüber verweist Isserlin (in der in Anm. 1 zitierten Abhandlung S. 204) auf den Sprachverlust der frühzeitig Ertaubten und gibt — u. E. durchaus mit Recht — der Überzeugung Ausdruck, daß jedenfalls für die meisten Menschen die Anregung vom Akustischen her für den Vorgang des Sprechens von großer Bedeutung sei.

(18) Vgl. Anm. 10.

(19) Frankfurther und Thiele [Experimentelle Untersuchungen zur Bezoldschen Sprachsext. Z. Psychol. II **47**, 192 (1912)] haben den der Bezoldschen Sprachsext ($b' - g''$) entsprechenden Defekt mittels des Interferenzverfahrens experimentell erzeugt und gezeigt, daß durch einen solchen Ausfall im Bereiche der akustischen Bedingungen des Sprachverständnisses dieses zwar in angebbarer Weise geschädigt, aber keineswegs aufgehoben oder auch nur wesentlich herabgesetzt wird. Vgl. dazu weiter Treitel: Arch. f. Psychiatr. **35**, 215 (1902). — Henschen: J. Psychol. u. Neur. Erg.-H. 3, **22**, 437 (1918). — v. Monakow: Lokalisation im Großhirn. S. 626. 1914. — Bross: Passows u. Schaefers Beitr. **9**, 70 (1916). — Vor allem Stumpf: Die Sprachlaute. Besonders S. 94, 133. 1926. Kürzlich hat F. G. Katz

[Passows u. Schaefers Beitr. **28**, 177 (1930)] die BEZOLDschen Thesen wieder nachgeprüft und ist dabei zu dem Ergebnis gekommen, daß sie für Taubstumme — aber nur für diese — Gültigkeit haben und daß die Folgerungen BEZOLDS, die seinen Thesen Bedeutung für die Normalphysiologie beilegen wollen, verfehlt seien.

**(20)** Die folgende Darlegung bezieht sich natürlich nicht auf die Zeitfolge der Entwicklung beim Erlernen des Sprachverstandnisses beim Kinde, sondern auf die sachliche Reihenfolge der Instanzen, die beim Sprachverstehen von Bedeutung sind (wie das z. B. beim Anhören einer Rede aus großer Entfernung deutlich wird, wo sich das Wortlautverständnis etwa entsprechend der angegebenen Stufenfolge in allmahlicher Explikation vollzieht).

**(21)** Auch *qualitative* Veränderungen sind experimentell erzeugt und in ihrem Einfluß auf die Wortlautauffassung genauer untersucht worden, so von FRANKFURTHER und THIELE, STUMPF (vgl. Anm. 19); auch an die bekannten Telephonversuche von GUTZMANN [Untersuchungen über die Grenzen der sprachlichen Perzeption. Z. klin. Med. **60**, 233 (1906)] ist zu erinnern.

**(22)** Hier möge ein Zitat aus der auf S. 1433 angefuhrten Abhandlung K. BUHLERS über das Sprachverständnis (S. 113) zur weiteren Erläuterung Platz finden: „Der Sinn eines Satzes setzt sich nicht einfach so zusammen, daß der Sukzessionsreihe der gehörten oder gelesenen Worte entsprechend sich Wortbedeutung an Wortbedeutung fügt und am Schlusse das Ganze fertig ist. Natürlich bilden die Wortbedeutungen die Grundlage, auf der sich der Satzsinn erhebt, aber sie bilden darum nicht alles. Der Satz besitzt eigene Ausdrucksmittel, deren Anweisungen der Hörer beim Aufbau des Satzsinnes befolgt. Dabei ist er nicht sklavisch an die Wortreihenfolge gebunden; man kann oft konstatieren, daß man einen gehörten Satz zunächst rein passiv hinnimmt, daß dann das Verstandnis sich im Anschluß an ein Wort zu bilden beginnt, das vielleicht am Schluß oder in der Mitte des Satzes steht, und daß schließlich, was die übrigen Wörter bedeuten, in bunter Reihenfolge in den Satzsinn aufgenommen wird. Was aber noch wichtiger ist, ist dies, daß die Wortbedeutungen selbst durch den sich aufbauenden Satzsinn modifiziert werden; von vielen Bedeutungen, die ein Wort haben kann, kommt im Satze nur eine oder wenige in Betracht, und aus der einen vielleicht nur eine besondere Seite."

**(23)** Vgl. besonders DODGE: Die motorischen Wortvorstellungen. Inaug.-Diss. Halle 1896.

**(24)** Den schwierigen und vieldeutigen, in der Literatur oft recht unbedenklich verwandten Begriff der „inneren Sprache", dem für das ganze Verständnis der aphasischen Störungen eine zentrale Bedeutung zukommt, wird man sich am besten an der Hand der historischen Entwicklung deutlich machen, die, anhebend etwa mit der letzten Fassung des „Wortbegriffs" bei WERNICKE [Der aphasische Symptomenkomplex. D. dtsch. Klin. am Eingange d. 20. Jahrh., **6 I**, 487 (1906)], über FREUD, STORCH, KLEIST, GOLDSTEIN führt. Das Bedürfnis nach einer einheitlichen Darstellung und Deutung des klinischen Tatbestände, vor allem die Schwierigkeit, den Mechanismus der Paraphasien und das besonders durch DEJERINE überzeugend nachgewiesene Vorkommen von Störungen des Sprachverständnisses bei motorischen Aphasien zu erklären, ferner die genauere Berücksichtigung der schriftsprachlichen Störungen bei den verschiedenen Aphasieformen — GOLDSTEIN spricht von den „identischen Plussymptomen" — ließen WERNICKE die im „Wortbegriff" angenommene Verbindung von „Wortklang"- und „Wortbewegungsvorstellung" als eine bis zu einem gewissen Grade „untrennbare Einheit" erkennen. Diese natürlich noch durchaus assoziationspsychologische Darstellung — auch LIEPMANN definiert das „innere Wort" noch als einen „Assoziationskomplex", als die innige Verbindung von Wortklangerinnerung und Wortbewegungserinnerung (Kap. Mnestisch-assoziative Störungen in CURSCHMANN-KRAMERS Lehrb. d. Nervenkrankh. 1925) — wird in den „Sprachvorstellungen" STORCHS und GOLDSTEINS den fortgeschrittenen psychologischen Anschauungen entsprechend modifiziert, wobei diese Sprachvorstellungen (in einer schwer faßlichen und, wie mir scheint, aus den Tatsachen nicht zu rechtfertigenden Weise) gänzlich entsinnlicht werden. Hand in Hand damit vollzieht sich die Fortbildung der Lehre von den getrennten Zentren der Sprache zur Annahme eines einheitlichen Sprachfeldes (schon bei FREUD 1891 sehr entschieden ausgesprochen), die allerdings durchaus nicht allgemeine Zustimmung gefunden hat (KLEIST hat diese früher durch ihn zu besonderer Prägnanz entwickelte Hypothese wieder aufgegeben). Vgl. dazu die Ausführungen in meinem auf S. 1416 zitierten Artikel in BUMKES Handb. d. Geisteskrankheiten, bes. S. 279 bis 283 und die sich in gleicher Richtung bewegenden Darlegungen ISSERLINS in der schon mehrfach genannten Abhandlung. Die PICKsche Darstellung wird, gerade weil sie von theoretischen Vorstellungen, insbesondere von dem „Zentrums"begriff, trotz betonter Überzeugung des Autors in diesem Punkte, tatsächlich nirgends einen *integrierenden* Gebrauch macht, als besonders tatsachennahe erscheinen.

**(25)** Die auch von manchen anderen Autoren dem Fuße der 2. Stirnwindung zugewiesene Bedeutung für das Schreiben wird man jedenfalls als hypothetisch zu beurteilen haben.

(26) Man wird in diesem Moment allerdings kaum den alleinigen Grund für die klinische Tatsache der besseren Restitutionsfähigkeit der sensorischen Aphasien gegenüber den motorischen erblicken können. Vgl. S. 1446.

(27) Trotz dieser Erinnerungen wird man daran festhalten dürfen, daß die „LICHTHEIMsche Probe" unter Umständen klinisch brauchbare Resultate liefert. Wenn es auch durchaus richtig ist, daß die „Phoneme" nicht mit den Buchstaben der Schriftsprache zusammenfallen, so ist doch die Fähigkeit des Buchstabierens und Syllabierens eine Funktion der „inneren Sprache" und das Vorhandensein oder Fehlen dieser Fähigkeit ein, wenn auch in seiner Bedeutung nicht zu überschätzender, Hinweis auf die bestehende oder mangelnde Integrität derselben.

(28) Z. B. haben ARDIN-DELTEIL, LÉVI-VALENSI und DERRIEU (Revue neur. **1923**, 14) einen Fall von BROCAscher Aphasie infolge Läsion der rechten Hemisphäre bei einer Rechtshänderin und einen weiteren von Aphasie mit rechtsseitiger Hemiplegie bei einer Linkshänderin publiziert.

(29) So in einem bekannten Falle OPPENHEIMS (Berl. klin. Wschr. **1909**, Nr 36).

(30) Sofern es sich um Läsionen im Bereiche der „Exekutivorgane" handelt, wird man allerdings nicht mehr von „aphasischen" Störungen sprechen dürfen.

(31) Von neueren auf diesen Sachverhalt bezüglichen Mitteilungen sind besonders interessant: REICHMANN und REICHAU: Zur Übungsbehandlung der Aphasien. Arch. f. Psychiatr. **60**, 1 (1918). — BYCHOWSKY: Über die Restitution der nach einem Schädelschuß verlorenen Umgangssprache bei einem Polyglotten. Mschr. Psychiatr. **45**, 183 (1919).

(32) Die Frage der „Umwegleistungen" hat durch GOLDSTEIN eine gründliche und ungemein aufschlußreiche Bearbeitung erfahren. S. bes. Schweiz. Arch. Neur. **13**, 287 (1923) — Dtsch. Z. Nervenheilk. **77**, 15ff. (1923).

(33) Diese Annahme wird man allerdings für sehr problematisch halten dürfen.

(34) Vgl. dazu insbesondere die von SAINT-PAUL gesammelten Tatsachen (Le langage intérieur et les paraphasies. Paris 1904).

(35) Ich möchte überhaupt diese ganze pseudoenergetische Betrachtungsweise, die allzu leicht in den alten Fehler verfällt, eine allenfalls zur Veranschaulichung geeignete Metapher für eine echte Analogie hinzunehmen, für abwegig halten.

(36) Das entspricht einer von GOLDSTEIN seit langem mit besonderem Nachdruck vertretenen Forderung.

(37) Vgl. demgegenüber die in Richtung LIEPMANNscher Gedankengänge sich bewegenden Ausführungen bei ISSERLIN in der in Anm. 1 zitierten Abhandlung, besonders S. 179ff. u. 188ff.

(38) Vgl. Anm. 3.

(39) Von einer Reihe von Autoren (QUENSEL, KLEIST, GOLDSTEIN, FORSTER u. a.) wird das Stirnhirn als Organ des sprachlichen Antriebs in Anspruch genommen, was in den Erfahrungen der Klinik hinreichend begründet erscheint.

(40) Von WERNICKE als „Nachsprechen über den Begriff" bezeichnet, das, im Gegensatz zu dem direkten (echolalischen) Nachsprechen, nach seiner Annahme bei der (auf einer Dissoziation der „Wortbegriffe" *in sich* beruhenden) „Leitungsaphasie" erhalten sein soll.

(41) Nach GOLDSTEIN wird durch eine Läsion der „Sprachvorstellungen" nicht nur die Reproduktion sinnloser Lautzusammenstellungen unmöglich gemacht, sondern auch das Nachsprechen sinnvoller, aber sprachlich schwierigerer Wörter erschwert. Es kann daher im konkreten Falle dahin kommen, daß der Patient Unverstandenes sogar besser nachspricht als Verstandenes, wenn nämlich ersteres sprachlich besonders einfach, letzteres besonders schwierig ist.

(42) Es ist bekannt, daß gesunde Personen der Aufforderung, Unverstandenes bzw. Sinnloses nachzusprechen, in der Regel Widerstand entgegensetzen, sofern sie nicht den besonderen Zweck der Aufgabe erfassen, was wohl bis zu einem gewissen Grade das Widerstreben der in ihrem Sprachverständnis geschädigten Kranken gegen derartige Nachsprechversuche erklärt. Jedenfalls wird nicht selten beobachtet, daß Kranke mit teilweise erhaltenem Sprachverständnis nur das nachsprechen, was sie dem Sinne nach verstanden haben.

(43) Interessant sind Fehlleistungen beim Nachsprechen, wie sie z. B. von HENNEBERG, MOHR, HEILBRONNER, KLEIST, GOLDSTEIN bei Aphasischen beschrieben worden und wohl am ehesten durch Verwechslungen innerhalb der „Sphäre", der die betr. Wortbedeutungen angehören, zu erklären sind; so wenn ein Patient HENNEBERGS beim Nachsprechen statt des geforderten „Krokodil" „Schildkröte", statt „Mikroskop" „Fernrohr" produziert u. dgl. Ähnlich zu beurteilen sind Verwechslungen von Gliedern einer Reihe (etwa „Montag" statt „Freitag", jeweils von Elementen der Buchstaben- und Zahlenreihe, wobei natürlich von den dabei häufig auftretenden Perseveraten abzusehen ist). Auch Fehlreaktionen im Sinne der assoziativen Ergänzung: „Schnecke" — „klein" u. ä. sind in diesem Zusammenhang anzuführen. Gelegentlich werden Kontaminationen (z. B. zwischen Buchstaben- und Zahlbezeichnungen) beobachtet.

Anmerkungen des Herausgebers.

**(44)** Gerade die Eindeutigkeit der rhythmischen Gliederung der Melodie und der darin liegende Impuls, in bestimmter Weise fortzufahren, dürfte dabei eine besondere Rolle spielen. Der Rhythmus erleichtert auf jeden Fall den Fortgang des einmal angestoßenen Ablaufes. Die Anregung des rhythmischen Schemas scheint im allgemeinen der Einsetzung der einzelnen Wörter voraufzugehen, und sein Vorhandensein wirkt offenbar fördernd auf die Evokation der Worte. Das Unvermögen, einen Reihenrhythmus zu produzieren, scheint eine besonders tiefe Abbaustufe des sprachlichen Ausdrucksvermögens anzuzeigen und schon den Störungen der Mienen- und Gebärdensprache nahezustehen.

**(45)** Vor allem sind GOLDSTEIN und KEHRER aus psycologischen und klinischen Gründen für die Selbständigkeit dieser Aphasieform eingetreten, während noch LIEPMANN sie als eine „verdünnte Form der transcorticalen motorischen Aphasie" bezeichnet.

**(46)** Die feineren psychologischen Charaktere der Störung sind besonders durch GOLDSTEIN und KEHRER klargelegt worden. GOLDSTEIN hat insbesondere auch die Beziehungen der Wortamnesie zum psychischen Gesamtverhalten der derart Geschädigten eingehend untersucht. Vgl. auch die experimentell-psychologischen Untersuchungen S. FISCHERS über die „Nennfunktion" der Worte [Arch. f. Psychol. **42**, 335; **43**, 32 (1922)].

**(47)** Nach der scharfsinnigen Kritik G. WOLFFs, der die Beweiskraft der einschlägigen Beobachtungen in Abrede stellt und gegen die versuchten Deutungen gewichtige Argumente vorbringt, und nach der gleichfalls ablehnenden Stellungnahme GOLDSTEINs und KEHRERS wird man an der Existenz dieser „einzelsinnlichen Aphasien" nicht festhalten können. KEHRER formuliert seinen Standpunkt in dieser Frage folgendermaßen: „Die einzelsinnlichen Aphasien sind zwischen einzelsinnlichen Agnosien einerseits und einer partiellen amnestischen Aphasie i. e. einer solchen nur für eine isolierte Gruppe einzelsinnlich angeregter Vorstellungen aufzuteilen" (S. 129 der auf S. 1464 zitierten Abhandlung).

**(48)** Die Kenntnis dieser Störung ist ganz besonders durch GOLDSTEIN gefördert worden. Die verschiedenen Möglichkeiten von Störungen im Verhalten zu Farben im Zusammenhange aphasischer und agnostischer Krankheitsbilder hat KEHRER in übersichtlicher Weise zusammengestellt (S. 140 der auf S. 1464 zitierten Abhandlung). Vgl. auch die auf diesen Gegenstand bezüglichen eindringenden Erörterungen bei PÖTZL [Die optisch-agnostischen Störungen. Handb. d. Psychiatr. Herausg. von ASCHAFFENBURG. Spez. Tl., 3. Abtl., 2. Hälfte, 2. Tl., **1** (1928)].

**(49)** Es sei besonders auf den interessanten und aufschlußreichen „Hand-Auge-Ohr-Test" von HEAD hingewiesen (ausführlich dargestellt und erörtert in seiner großen, auf S. 1416 zitierten Monographie), der die Bedeutung der „Verbalisation" und ihrer Störungen für die korrekte und sichere Ausführung gewisser Verrichtungen recht deutlich werden läßt. Der Patient, der vor seinen Augen ihm vorgeführte Bewegungen, z. B. Anlegen des rechten Zeigefingers an das linke Ohrläppchen, ohne Schwierigkeit nachzuahmen versteht, wenn er zusammen mit dem Beobachter vor einem Spiegel sitzt und die Bewegungen in diesem verfolgen kann, ist dazu nicht imstande, wenn er dem Beobachter gegenüber sitzt oder wenn ihm ein Kartenblatt in die Hand gegeben wird, auf dem der geforderte Bewegungsakt bildlich dargestellt ist, weil unter den beiden letztbezeichneten Umständen (jedenfalls bei einer großen Zahl von Personen) die Verbalisation der betreffenden Handlung durch die innerlich auftauchenden Worte „rechts", „links", „Auge", „Ohr" zwischen dem erhaltenen Befehl und der Ausführung der Handlung erfolgt bzw. notwendig ist, was die reine Imitation der Bewegung auf Grund des Spiegeleindrucks nicht erfordert. Allerdings dürfte die Bedeutung der Verbalisation von HEAD überschätzt werden.

**(50)** KLEIST unterscheidet „Agrammatismus" und „Paragrammatismus". „Agrammatismus (in diesem engeren Sinne) äußert sich in einer Vereinfachung und Vergröberung der mehrwortigen Ausdrucksweisen, die ihren höchsten Grad im sog. Depeschenstil erreicht. Beim Paragrammatismus ist dagegen die Fähigkeit zur Bildung von grammatischen Wortfolgen an sich erhalten, aber der Kranke vergreift sich in der Wahl der grammatischen Ausdrucksmittel; die Worte werden falsch gestellt, es werden unrichtige Konjugations- und Deklinationsformen gebildet, falsche Partikel und Pronomina gebraucht, verschiedene Wendungen und Sätze verquicken sich miteinander, Satzkonstruktionen werden nicht durchgeführt u. a."

**(51)** Nach PÎTRES, von dem die Unterscheidung stammt, spricht der die Erscheinung des „style nègre" darbietende Kranke „en se servant des substantifs et de quelques rares adverbes, adjectifs ou prépositions, qu'il est incapable de réunir sous la forme grammaticale", er gebraucht „les verbes à l'infinitif", während der „style télégraphique" durch die „réduction de la phrase à des mots essentiels" charakterisiert ist. Man wird KLEIST und ISSERLIN zustimmen müssen, daß diese Typisierung, bei deren Durchführung übrigens auch die französischen Autoren in Schwierigkeiten geraten, keineswegs scharf und für klinische Zwecke unzulänglich sei.

**(52)** BONHOEFFER hat auf die „geringe sprachliche Initiative" der die Erscheinung des Depeschenstil-Agrammatismus darbietenden Kranken hingewiesen und der Vermutung

Ausdruck gegeben, daß es mit der Erschwerung des Sprechaktes zusammenhänge, wenn sie sich bei der sprachlichen Mitteilung auf das eben Notwendigste, „gewissermaßen das Skelet des Gedankenganges", beschränken. Er hat aber gleichzeitig darauf aufmerksam gemacht, daß das Bestehen rezeptiver Störungen zur selben Zeit gegen die ausschließliche Bedeutung dieses rein funktionellen Momentes und für das Bestehen einer wirklichen Ausfallserscheinung spreche, eine Auffassung, der später HEILBRONNER und SALOMON sich angeschlossen haben. Auch FORSTER betrachtet die Störung der grammatischen Ausdrucksfindung als ein echtes Ausfallssymptom, das in seinem Falle sogar als selbständige, nicht durch sonstige aphasische Erscheinungen komplizierte Störung vorlag. ISSERLIN, gestützt auf ausgezeichnete Beobachtungen und eindrucksvolle Selbstschilderungen seiner Patienten, rückt das funktionelle Moment wieder stärker in den Vordergrund und erklärt den Depenschenstil als ein aus der „Sprachnot" entspringendes „Einstellungsphänomen". „Der Depenschenstil ist die Satzform der Gebärdensprache, er ist die Ausdrucksform der Primitiven, der Taubstummen, der Kinder auf bestimmten Entwicklungsstufen und der Normalen in bestimmten Situationen der Not, etwa bei mangelhafter Beherrschung einer fremden Sprache oder bei dem Zwang, mit ganz wenigen Worten Wichtiges sagen zu müssen (eben im Telegramm)." „In einer solchen Sprachnot befindet sich aber der motorisch Aphasische, welchem die geläufige Münze der Wendungen, Formeln, kleinen Redeteile nicht zur Verfügung steht. Für ihn ist in seinem Ringen um den Ausdruck das Telegramm eine immerhin korrekte und den meisten Erfordernissen auch genügend gerecht werdende Form der Rede." Es ist bemerkenswert, daß die Patienten für bestimmte Zwecke den Telegrammstil wählen, für andere Zwecke auf eine andere Ausdrucksweise einstellen. Ein Kranker ISSERLINs bedient sich in der Spontansprache stets des korrekten Depeschenstils, soll er aber Vorerzähltes oder Selbstgelesenes wiedergeben, so nähert er sich mehr der Ausdrucksweise des vorher Aufgenommenen an, wobei paragrammatische Bildungen auftreten. Auch kann, wie es in solchen Fällen die Regel, der schriftliche Ausdruck auf die korrekte Satzform angelegt sein, während bei mündlichem Ausdruck im Telegrammstil gesprochen wird.

(53) Umgekehrt kommt es aber auch nicht selten vor, daß die Besonderheit der Situation der ärztlichen Untersuchung die Sprachleistung verschlechtert.

(54) Die vielumstrittene Frage, ob agrammatische Störungen als Symptom von Läsionen des *Stirnhirns* (BROADBENT, BONHOEFFER [in seiner Publikation aus dem Jahre 1902], HEILBRONNER, SALOMON, FORSTER) oder des *Schläfenlappens* (PICK, KLEIST in früher mitgeteilten Fällen) aufzufassen seien, erscheint durch die schärfere Unterscheidung verschiedener klinischer Unterformen, wie sie in letzter Zeit immer mehr zur Anerkennung gelangt ist, einer Lösung jedenfalls nähergerückt. Die neuerdings besonders wieder von ISSERLIN aufgewiesenen Beziehungen des Depeschenstilagrammatismus zur motorischen Aphasie legen die Annahme einer Lokalisation dieser Störung in oder in der Nähe der motorischen Sprachregion nahe; das gleichzeitige Auftreten und die innere Verwandtschaft des impressiven Agrammatismus und der paragrammatischen Fehlleistungen im Sinne KLEISTs mit sensorisch-aphasischen Störungen lassen dagegen für diese Formen eine Schläfenlappenlokalisation als wahrscheinlich erscheinen, eine Auffassung, zu der sich auch BONHOEFFER in seiner letzten Agrammatismusstudie bekennt. FORSTER gelangt auf Grund der Analyse seines Falles, der eine Störung der grammatischen Ausdrucksfindung als isoliertes Ausfallssymptom darbot, und unter Berücksichtigung der Literatur zu dem Ergebnis, daß der expressive Agrammatismus auf eine Stirnhirnverletzung zu beziehen sei, und zwar komme dafür speziell die Gegend der 2. und 3. Stirnwindung in der Nähe der Brocastelle in Betracht. Er hält es, unter Ablehnung der Schläfenlappentheorie, für wahrscheinlich, daß auch die Störungen des grammatischen Verständnisses auf einer Stirnhirnläsion in der Nähe des Brocafeldes beruhen. Demgegenüber vertrat KLEIST, der ursprünglich das Zwischengebiet zwischen sensorischem und motorischem Sprachzentrum als Substrat für die agrammatischen Störungen in Anspruch genommen hatte, die Auffassung, daß sowohl die Störungen des grammatischen Verständnisses wie die Abweichungen im grammatischen Sprechen, und zwar nicht nur die Paragrammatismen, sondern auch die Agrammatismen im engeren Sinne (Telegrammstil) auf Verletzung des hinteren Schläfenlappens beruhen. In seiner letzten Publikation [J. Psychol. u. Neur. **40**, 338 (1930)], die sich vorwiegend auf Feststellungen an Kriegshirnverletzten stützt, gibt er dagegen an, daß „Satzstummheit" (Agrammatismus i. e. S.) schwerer und nachhaltiger Art sich nur nach Verletzungen und Herden der motorischen Sprachzone gefunden habe, und zwar solchen, die auch das tiefe Mark oder dieses vorwiegend betrafen. NIESSL V. MAYENDORF vor allem tritt mit Entschiedenheit für die Überzeugung ein, daß der Agrammatismus eine Leistung der rechten Hemisphäre darstelle und einmal als Folge einer Zerstörung der linken Hörsphäre, ein andermal der linken motorischen Sprachregion zustande komme.

(55) Die Erscheinung als solche ist schon von WERNICKE und von LICHTHEIM konstatiert worden.

(56) Bezüglich der normalpsychologischen Seite des ganzen Problemkreises ist hier vor allem auf die überaus wichtigen Untersuchungen STUMPFS (Die Sprachlaute. 1926)

hinzuweisen; ferner u. a. auf die experimentell-phonetischen Untersuchungen von ISSERLIN [Allg. Z. Psychiatr. **75**, 1 (1919) — Z. Neur. **94**, 437 (1925)] und von PETERS (Die Auffassung der Sprachlaute. 1924). Hervorragend aufschlußreich sind in diesem Zusammenhange auch die grundsätzlichen Bestimmungen und die mannigfachen tatsächlichen Feststellungen FEUCHTWANGERS in seiner kürzlich erschienenen Monographie (Amusie. Studien zur pathologischen Psychologie der akustischen Wahrnehmung und Vorstellung und ihrer Strukturgebiete, besonders in Musik und Sprache. 1930 [bes. S. 88ff. u. 176ff.]).

(57) Auch hier gilt, gerade wie auf dem Gebiet der expressiven Sprachleistungen, die Lehre vom „Primat des Satzes", deren Bedeutung für die Pathologie der Sprache erkannt zu haben, ein besonderes Verdienst PICKS ist. BONHOEFFER, ISSERLIN u. a. haben die PICKsche Betrachtungsweise aufgenommen und weiter ausgebaut.

(58) Auf das Vorkommen eines impressiven Agrammatismus hat BONHOEFFER bereits in der schon mehrfach erwähnten Abhandlung aus dem Jahre 1902 hingewiesen, wo er bei der Besprechung seiner Fälle von in der Restitution befindlichen Motorisch-Aphasischen bemerkt, daß „nicht allein der sprachliche Ausdruck der das Satzgefüge bildenden Worte fehle, sondern daß man in derselben Zeit auch das sprachliche Verstandnis für diese Begriffe fehlen sehe"; es scheine wenigstens, daß das defekte Verstandnis für komplizierte Sätze und Satzperioden in diesem Sinne aufzufassen sei. SALOMON hat dann gezeigt, daß das Verständnis grammatischer Formen in spezifischer Weise, ohne daß sonst nennenswerte Störungen des Sprachverständnisses vorliegen, gestört sein kann, wodurch der impressive („sensorische") Agrammatismus erst die Bedeutung einer Störung sui generis gewinnt. Fälle von FORSTER und von ISSERLIN lassen erkennen, daß Störungen der grammatischen Ausdrucksfindung ohne Störungen des grammatischen Verstandnisses vorkommen. Umgekehrt wird allerdings bei Schädigung des grammatischen Verstandnisses auch eine solche des grammatischen Ausdrucks in dem Umfange zu erwarten sein, wie Störungen der sprachlichen Eigenkontrolle und Korrekturfähigkeit ganz allgemein eine Verschlechterung des sprachlichen Formulierungsvermögens zur Folge haben. Dieser Auffassung gibt auch FORSTER Ausdruck und begründet sie so: „... der Weg von den nichtsprachlichen Vorstellungen zum grammatisch richtigen Sprechen führt zweifellos über die Klangbilder des grammatisch richtigen sprachlichen Ausdrucks, so daß, wenn diese nicht richtig geweckt werden können, auch eine grammatische Ausdrucksstörung zu erwarten ist". Die Bedeutung der „Klangbilder" in diesem Sinne ist nicht unbestritten; wenn man den Begriff durch „innere Sprache" („Wortbegriffe" in der Bezeichnung WERNICKES, „Sprachvorstellungen" nach der GOLDSTEINschen Terminologie) ersetzt, dürfte darüber allgemeines Einverständnis bestehen. ISSERLIN glaubt zwei verschiedene Arten (nicht Grade) von impressivem Agrammatismus unterscheiden zu können: „Es ist nicht das gleiche, wenn ein Kranker gelegentlich nicht weiß, ob die Zuordnung von Präposition und Kasus richtig ist, ob eine Deklination oder Konjugation stark oder schwach zu erfolgen hat, wenn sich die dargebotenen Produkte auch bei Falschbildungen noch im Rahmen gewohnter Formen bewegen, oder wenn ein anderer Kranker sich den schwersten klanglichen Verbildungen gegenüber hilflos verhält."

(59) Vgl. die Ausführungen GOLDSTEINs über „Umwegleistungen" in den mehrfach zitierten Abhandlungen.

(60) Diese Erklärung der bekannten, besonders von DEJERINE und seinen Schülern hervorgehobenen Tatsache, die für die theoretische Auffassung der „vollständigen" („corticalen") motorischen Aphasie von prinzipieller Bedeutung ist, erscheint nicht zureichend. WERNICKE hat sie, wie auch die Störungen der Schriftsprache bei dieser Aphasieform, auf eine Lasion der „Wortbegriffe", GOLDSTEIN auf eine Schädigung der „Sprachvorstellungen" zurückgeführt. Jedenfalls wird man bei der Erklärung dieser Erscheinungen ohne den (irgendwie näher zu präzisierenden) Begriff der „inneren Sprache" nicht wohl zum Ziele kommen.

(61) Vgl. Anm. 19.

(62) Ferner KLEIST: Gehirnpathologische und lokalisatorische Ergebnisse über Hörstörungen, Geräuschtaubheiten und Amusien. Mschr. Psychiatr. **68**, 853 (1928).

(63) Hier ist vor allem auf die bedeutsamen, in der Sprachpathologie lange Zeit nicht genügend gewürdigten Untersuchungen von ERDMANN und DODGE hinzuweisen, die den experimentellen Nachweis liefern, daß wir Wörter und kurze Sätze innerhalb gewisser Grenzen *simultan* lesen, und daß für das optische Erkennen der Wörter ihre „Gesamtform" — eine Bezeichnung, die dann sehr bald von SCHUMANN u. a. durch „Gestaltqualität" im Sinne v. EHRENFELS' ersetzt wurde — wesentlich maßgebend ist. „Daß wir uns optisch geläufige Schriftwörter unter Bedingungen erkennen, die jedes Erkennen der einzelnen Buchstaben ausschließen, hat seinen Grund in der typischen Gesamtform, die jedem Worte auch unter solchen Bedingungen bleibt." Daß im allgemeinen *nicht buchstabierend gelesen* wird, wie die älteren Autoren annahmen (vor allem unter dem Einfluß der Darlegungen GRASHEYS), sondern *wortweise* und gewöhnlich sogar *in größeren Verbänden*, darf jedenfalls als gesicherte Tatsache gelten.

**(64)** Sog. ,,schreibendes Lesen" (WESTPHAL, LISSAUER, MULLER, STORCH, V. STAUFFENBERG, POPPELREUTER, GOLDSTEIN und GELB).

**(65)** Die PICKsche Erklärung der dyslektischen Erscheinungen kann nach den neueren Untersuchungen von JOSSMANN (Ber. Jahresvers. Dtsch. Ver. f. Psychiatr. **1929** — Allg. Z. Psychiatr. **93**), der sie zutreffenderweise mit einer Störung der von ERDMANN und DODGE (zit. auf S. 1487) beim Normalen zuerst festgestellten rhythmischen Blickbewegungen in Zusammenhang bringt, nicht mehr für zulanglich erachtet werden. (Allerdings wäre noch die Frage zu klären, ob dieser Störung der Blickbewegungen nicht etwa wieder impressive bzw. gnostische Leistungsstörungen zugrunde liegen.) Vgl. auch die hierher gehörigen Ausführungen in dem PÖTZLschen Werk über die optischen Agnosien (näher zit. Anm. 48).

**(66)** Ferner PÖTZL: Die optisch-agnostischen Störungen (s. vor. Anm.). — RANSCHBURG: Die Lese- und Schreibstörungen des Kindesalters. Heilpad. u. Med. Herausg. von ELIASBERG. 1928. — GUNTHER: Beiträge zur Psychopathologie und Klinik der sogenannten kongenitalen Leseschwäche. Z. Kinderforschg **34**, 582 (1928). — ILLING: Über kongenitale Wortblindheit (angeborene Schreib- und Leseschwache). Mschr. Psychiatr. **71**, 297 (1929).

**(67)** Die von anderen aphasischen (lautsprachlichen) Störungen abhangigen Störungen des Lesens (überhaupt der Schriftsprache) wurden vielfach, nach dem Vorgange WERNICKES, als ,,verbale" den ,,literalen" gegenubergestellt. Wegen der Provenienz dieser Bezeichnungen aus der (als irrig erwiesenen) Annahme, daß das Lesen sich buchstabierend vollziehe, wird man sie als mißverständlich wohl besser vermeiden. Jedenfalls ist zu unterscheiden zwischen der ,,reinen" Schriftblindheit und denjenigen Formen von Lesestörungen, die sich als Folgeerscheinungen von Läsionen der Klangbilder oder richtiger der inneren Sprache überhaupt erweisen lassen oder die auf einer Schadigung der Beziehungen der Schriftbilder zur inneren Sprache (hypothetisch!) beruhen.

**(68)** Auch hier erscheint die Erklarung unzulänglich, und zwar aus denselben Gründen, die in der Anm. 60 geltend gemacht wurden.

**(69)** Vgl. Anm. 67.

**(70)** POTZL (in dem mehrfach genannten Agnosiewerk) betrachtet die reine Wortblindheit als eine Sonderform der optischen Agnosie und betont ihre klinische Zusammengehörigkeit mit der agnostischen Farbenstörung (bzw. deren abgeschwachtem Bilde, der optischen Aphasie für Farben). Das Syndrom lasse sich gegen alle sonstigen cerebralen Lesestörungen abgrenzen, gegen die *parietale Alexie-Agraphie* insbesondere durch das Hervortreten der Farbenstörung und das Fehlen oder die Geringfügigkeit der Schreibstörung. Die dem klinischen Komplex zugrunde liegenden Hirnherde seien vorwiegend subcortical lokalisiert und regelmaßig linksseitig gelegen. Es kommen vor allem Läsionen in der Nachbarschaft der basalen Anteile der Sehstrahlung und Sehsphare (tiefes Mark des Gyrus lingualis) in Betracht; konstant finde sich eine Unterbrechung im Balkensplenium von links her vor.

**(71)** Sog. ,,serviles Kopieren".

**(72)** Über zwei bemerkenswerte Falle von Echographie berichtet SITTIG [Mschr. Psychiatr. **68**, 574 (1928)]. Auch er faßt die Echographie als ein Enthemmungssymptom auf, bedingt durch die Ausschaltung übergeordneter Zentren. In dem einen Falle wurde im Rückbildungsstadium eine ganze Reihe von Zwischenstufen ,,mitigierter" Echographie durchlaufen, die, ebenso wie das PICK von den mitigierten Formen der Echolalie annimmt, auf einen ,,Kampf zwischen Automatismus und Intention" zurückgefuhrt werden.

**(73)** Dieser kurze Abriß der klinischen Formenlehre der Aphasie hält sich eng an die ,,klassische" Lehre, ohne die weitere Entwicklung der Forschung und Theorienbildung zu berücksichtigen, bezüglich deren Darstellung auf die klinischen Handbücher verwiesen werden muß.

**(74)** ,,Gebardenagnosie", u. a. von KOGERER beschrieben (zit. auf S. 1507).

**(75)** Zu dem bekannten älteren Fall von LUDW. MANN, der die Lokalisation dieser Störung in die rechte 2. Stirnwindung nahelegte, gesellen sich weiter die an Kriegshirnverletzten gemachten Beobachtungen von M. MANN, MENDEL, ROHARDT, R. H. FOERSTER sowie der von JOSSMANN mitgeteilte Fall, bei dem die Störung der musikalischen Ausdrucksfindung sich an eine rechtsseitige Carotisunterbindung anschloß. In allen Fällen handelt es sich um Rechtshänder. Daß aber auch bei entsprechender *links*seitiger Hirnläsion Störungen der musikalischen Expressivfähigkeit vorkommen, geht aus der Zusammenstellung HENSCHENS hervor; auch in dem von FEUCHTWANGER kürzlich mitgeteilten Falle einer Pianistin mit vorwiegend produktiven musikalischen Leistungsstörungen sprechen die Erscheinungen in ihrer Gesamtheit für einen Herd in der linken Hemisphäre.

**(76)** Nach JOSSMANN gliedern sich die bekannt gewordenen Falle von motorischer Amusie in ,,gliedkinetische" Apraxien (Tonstummheit) und ,,ideatorische" Apraxien (Melodiestummheit), eine Auffassung, die natürlich den gegen diese Einteilung der apraktischen Störungen generell erhobenen Einwänden unterworfen ist.

**(77)** Die von der neueren Psychologie, insbesondere von der ,,Gestaltpsychologie" ausgehenden Anregungen beginnen gerade hier in sehr beachtenswerter Weise wirksam zu werden, wie sich das vor allem in den Arbeiten von GOLDSTEIN und GELB, BOUMAN und GRÜNBAUM, VAN WOERKOM zeigt. Diese Autoren gelangen übereinstimmend zu der Überzeugung, daß in ihren Fallen die Störungen über das rein Sprachliche hinausgehen oder vielmehr, daß den aphasischen Symptomen eine allgemeinere, eine Mehrheit von psychischen Äußerungen umfassende Leistungsstörung zugrunde liege. BOUMAN und GRUNBAUM konstatieren, daß „auf allen Gebieten des Psychischen im allgemeinen und in der sprachlichen Psychomotorik im besonderen . . . formal eine und dieselbe Störung" vorlag, die sich als „ein Stehenbleiben des psychischen und des psychomotorischen Prozesses auf einer früheren Phase seiner normalen Entwicklung, und zwar in der Richtung von einem amorphen Gesamteindruck zu differenzierten und pragnanten Ausgestaltungen desselben" charakterisieren laßt. VAN WOERKOM fand bei seinen Fallen von motorischer Aphasie Störungen in der Erfassung elementarer Beziehungen (z. B. raumlicher Art), Störungen der analytischen Verarbeitung von Eindrücken und der Begriffsbildung, die den der sensorischen Gruppe zugehörenden Fallen fehlten.

Am großzugigsten hat GOLDSTEIN das Problem behandelt. Über seine Anschauungen orientiert am raschesten sein mehrfach erwahnter Züricher Vortrag aus dem Jahre 1927. Nur zur kurzen Veranschaulichung seiner Betrachtungsweise soll es dienen, wenn hier seine Auffassung von der der amnestischen Aphasie zugrunde liegenden allgemeinen Störung wiedergegeben wird. Diese Form der Aphasie ist nicht einfach durch eine erschwerte Ansprechbarkeit der Sprachdispositionen zu erklären, die Analyse hat vielmehr eine ganz andere Verursachung des Verhaltens dieser Kranken ergeben. „Es ergab sich zunächst, daß die Symptomatologie sich keineswegs in der erschwerten Wortfindung erschöpft, sondern daß noch eine Reihe anderer Symptome besteht, und daß sich alle Symptome auf eine Veranderung des gesamten Verhaltens der Kranken zuruckfuhren lassen, eine Beeintrachtigung der Fähigkeit zu begrifflichem, kategorialem Verhalten uberhaupt. Die Kranken sind konkreter, mehr in der Wirklichkeit wurzelnde Menschen geworden, und die Erschwerung der Wortfindung ist nur ein Ausdruck dieser Grundveranderung. Die Kranken haben die Worte nicht vergessen, sondern weil ihre Fahigkeit beeintrachtigt ist, Worte als Zeichen für Begriffe zu verwenden, stehen sie ihnen in solchen Situationen nicht zur Verfügung, wo ein solches Verhalten notwendig ist, so besonders bei der Gegenstandsbezeichnung im Versuch . . ." Es ist sehr interessant, wie diese Auffassung speziell an dem Verhalten Hirngeschadigter gegenüber Farben („Farbennamenamnesie") verifiziert bzw. aus ihm hergeleitet wird. GOLDSTEIN gelangt auf Grund seiner Untersuchungen, die nach seiner Überzeugung mit den Beobachtungen anderer Autoren in gutem Einklang stehen, zu der Auffassung, daß umschriebene Rindenherde niemals zu umschriebenen psychischen Veranderungen auf nur *einem* Gebiet führen, sondern daß „alle Symptome der Ausdruck ein und derselben Funktionsstörung" sind, die bei den verschiedenen Kranken der Art nach anscheinend überall die gleiche ist. „Die Leistungen sind undifferenzierter . . ., sie sind reizgebundener, primitiver, konkreter . . ." GOLDSTEIN spricht in diesem Zusammenhange von der „Figur-Hintergrundsbildung", die an Konstanz eingebüßt habe.

(78) Daß eine Einbuße spezifisch sprachlicher Fahigkeiten von geringerem Einfluß auf das psychische Gesamtverhalten und insbesondere auf die Denkvorgänge sein wird, wenn nur die tieferen Stufen sprachlicher Rezeptiv- und Expressivvorgange betroffen sind, als wenn es sich um eine Schädigung der „inneren Sprache" handelt, ist bei der hervorragenden Bedeutung, die die innere Sprache als Mittel zur Formulierung der Gedanken, besonders bei hoheren, abstrakten Denkleistungen, zweifellos besitzt, ohne weiteres zu erwarten. Zieht man weiter in Erwagung, daß die Verbalisation der Gedankeninhalte fur die Klarheit, die Differenzierung und den Fortgang des Denkens bei den verschiedenen Individuen offenbar eine verschiedene Rolle spielt, so besteht Grund zu der Annahme, daß eine Schädigung dieses Instrumentes des Denkens sich auch nach dieser Richtung in verschiedener Weise auswirken werde. Unlangst hat BIANCHI mit dem Hinweis auf die Bedeutung speziell der Schriftsprache und ihrer Störungen fur die intellektuelle Betatigung einen interessanten Beitrag zu dieser Frage geliefert (zit. auf S. 1511).

(79) Wenn DAVIDENKOFF eine „larmoyante Sentimentalitat" im Wesen der Aphasischen hervorhebt, ohne diese Stimmungsanomalie zu bestimmten Formen aphasischer Störung in Beziehung zu setzen, so kann man dabei wohl mehr an den Ausdruck einer allgemeinen Hirnschädigung als an ein dem aphasischen Komplex als solchem zukommendes Symptom zu denken. Allerdings scheint nach klinischer Erfahrung diese emotionelle Alteration einen engeren Zusammenhang mit dem sensorischen Formenkreise aufzuweisen. Im Gegensatz zu dem Verhalten sensorisch Geschadigter zeigen Motorisch-Aphasische nicht selten eine morose, ablehnende Haltung, die zumeist wohl nicht allein auf Rechnung der Sprechunlust zu setzen ist.

(80) Um zweifellos sekundare, durch die bestehende Aphasie bedingte Störungen der Denkleistung handelt es sich bei der nicht selten zu beobachtenden Ablenkung des Gedankenganges durch verbale Paraphasien. Es wird an die Bedeutung des am falschen Orte sich einstellenden Wortes inhaltlich angeknüpft und dadurch der Kranke vom Thema abgebracht

(LIEPMANN, PICK, S. FISCHER). Auch an die Störung des Gedankenfortschrittes durch Haftenbleiben ist hier zu erinnern. Schwieriger in ihren Beziehungen zu den aphasischen Erscheinungen zu beurteilen ist eine von dem letztgenannten Autor und in ähnlicher Weise auch von HEAD hervorgehobene „Aufmerksamkeitsstörung", die sich darin äußert, daß die (transcortical-sensorisch aphasischen, nach HEAD „semantisch" aphasischen) Patienten bei vorgelegten Bildern immer nur Teile derselben erfassen, Beziehungen zwischen den Einzelheiten aber nicht herzustellen, relevante Bestimmungsstücke nicht herauszuheben vermögen und so nicht dazu gelangen, den Zusammenhang und Sinn des Ganzen zu verstehen. Man wird hier von einer Störung des gestaltmäßigen Erfassens sprechen dürfen. „Die Kranken sehen den Wald vor Baumen nicht" (RIEGER). Der Einfluß von Wortfindungsschwierigkeiten auf den Denkablauf bei Aphasischen ist von LOTMAR eingehend studiert worden. Aus seinen Ergebnissen sei beispielsweise angeführt, daß die besonders behinderte Wortfindung für Abstrakta „namentlich da zu hochgradiger Erschwerung des Denkvorganges, auch auf gegenständlicher Seite führt, wo der ins Spiel tretende Wissenskomplex eine Reihe nahe verwandter abstrakter Gegenstände umfaßt, aus welcher die scharfe gedankliche Ausscheidung des optimalen bei Mangel einer genügenden und einigermaßen gleichmäßigen Ansprechbarkeit ihrer Beziehungen im allgemeinen nicht geleistet werden kann" (vgl. die auf S. 1464 zitierte Abhandlung).

## Sachverzeichnis.

Abducenslähmung 417.
Ablüftung, reflektorische 725.
Abnutzung durch körperliche Arbeit 593.
Abstandslokalisation 1009.
—, Störungen der egozentrischen 1011.
Acceleransstoff 1059.
Acusticusstammerkrankung, Lagestörung bei 416
Acusticustumoren 413.
Adäquater Ausgleich 1141.
Aerodynamik des Insektenfluges 357.
Affen, anthropoide, Gangarten der 260.
Agrammatismus, expressiver 1425, 1474.
—, impressiver 1474.
—, infantiler oder nativer 1474.
—, Lokalisation 1520.
—, motorischer u. sensorischer 1469.
—, motorischer (Telegrammstil) 1425.
Agraphie 1495.
— und Alexie, Verhältnis zwischen 1498.
—, amnestische 1501.
Aktionsströme, Amplitude der 1061.
—, Form der 1061.
— und Neurobiologie 1209, 1211.
Akinese: hypotonische, hypertonische 155.
Alexie 1450, 1487.
—-Agraphie 1522.
—, Verhältnis zwischen — und Agraphie 1498.
— und Seelenblindheit 1492.
—, „verbale" 1492.
Alkalireserve, Rolle der — für die körperliche Leistungsfähigkeit 578, 784.
— des Blutes bei körperlicher Arbeit 839.
— beim Trainierten 721.
Alkohol, Einfluß des — auf die Erholungsgeschwindigkeit 766.

Alkoholverwertung zur Muskelarbeit 799.
Alles-oder-Nichts-Gesetz bei Copepodenmuskeln? 1062.
— und Lichtperzeption 1061.
—, gültig bei Medusen? 1193.
—, gültig für Nervensystem? 1059.
— bei nackten Protoplasten? 1062.
Alternierendes Zirpen 1235.
Ameise, Polarisation d. Geruchsspur 1030.
—, kinasthetische Orientierung 1032.
—, Kontaktgeruch 1029.
Ameisen, Stridulationsorgane 1238.
Amnestische Aphasie 1464.
Amöben, Ortsbewegung 272.
Amphibien, Lautproduktion 1241.
Amputationen und Plastizität 1063.
Amputationsversuche an Arachnoideen und Crustaceen 1077.
— an Hunden 1068.
— an Insekten 1075.
— an Schlangensternen 1075.
Amusie 1509.
—, instrumentale Störung in der — 1442.
Analyse, automatische der Sprachlaute 1403.
—, harmonische der Sprachlaute 1395.
Anarthrie 1420.
Anatomie, spezielle, funktionelle — des Menschen 166.
Angaloppieren des Pferdes 252.
— der Tiere und Abarten des Galopps 258.
Angst um den Arbeitsplatz 651.
„Anlernstellen" (Psychologie d. körperl. Arbeit) 697.
Anpassung und Anforderung 1170.
— und Angst 1170.
— durch Ersatz 1133.
— durch Ersatzleistungen 1163.

Anpassung und Geordnetheit 1169.
—, gleichartige 1133.
— durch heterogene Leistungen 1133.
— bei Nerven- und Muskelüberpflanzung 1155.
—, Theorie der 1135.
— und Übung 1156.
— durch Umstellung 1133.
— und Umwelt 1165.
Anpassungserscheinungen bei Mensch und Tier 1159.
Anpassungsfahigkeit des Organismus 1131.
— des Nervensystems 1043.
Anpassungsvorgänge bei Schädigung der motorischen Apparate 1152.
Ansatzrohr, s. Bedeutung für das Zustandekommen der Sprachlaute 1395.
Antagonistische Muskeln, Funktionsumkehr 1106.
Anthropometrie 167.
Aphasie 1416.
—, amnestische 1464.
—, Definition 1419.
—, einzel-sinnliche 1519.
—, klinische Formen der 1505.
—, frontale 1424.
—, Bedeutung der rechten Hemisphäre 1441.
— und Intelligenz 1511.
—, motorische 1424.
—, optische 1464.
—, temporale 1452.
Aphemie 1428, 1450.
Apnoe, posturale 135.
Apraxie (motorisch-aphasische und agraphische Störungen) 1451.
Apraxielehre 1451.
Arachnoideen, Amputationsversuche 1077.
—, Stridulationsorgane 1231.
Arbeit, äußere beim Gang 217.
—, dynamische, Dauer der 635.
—, Einfluß vorangegangener — auf die Erholungsgeschwindigkeit 768.

Arbeit, Gleichförmigkeit der 656.
—, körperliche, Alkalireserve des Blutes bei 839.
—, —, Atemfrequenz und Atemtiefe bei 865.
—, —, Atmungsarbeit bei 867.
—, —, Blutdruck bei 887.
—, —, zirkulierende Blutmenge bei 891.
—, —, Ausnutzung des Blutsauerstoffs bei 903.
—, —, Herzleistung bei 901.
—, —, Ionenverschiebungen bei 840.
—, —, Kohlensaurespannung, alveolare bei 842.
—, —, Kreislauf bei 835, 874.
—, —, Luftvolumina bei 849.
—, —, Lungenvolumina bei 848.
—, —, Milchsäurespiegel des Blutes bei 837.
—, —, Mittelkapazität bei 848.
—, —, Minutenvolumen des Herzens bei 875.
—, —, $p_H$ des Blutes bei 840.
—, —, Pulsfrequenz bei 893.
—, —, Sauerstoffbindungsvermögen bei 841.
—, —, Sauerstoffgehalt des arteriellen Blutes 841.
—, —, Sauerstoffspannung, alveolare bei 841.
—, —, Umsatz bei 738.
—, Physiologie der körperlichen 835.
—, physiologische Definition 587.
—, Sinn der 653.
—, statische und Blutkreislauf 597.
—, statische, Energieverbrauch bei 597.
—, statische und Ermüdungsschmerz 598.
—, — oder Haltung 590.
—, theoretische Maximal — bei Einzelbewegungen 604.
Arbeitsanleitungskarten 651.
Arbeitsanteil, statischer, Methode zur angenäherten Bestimmung des 777.
Arbeitsantriebe 650, 665.
—, Geschichte der 668.
„Arbeitsbilder" 674.
Arbeitseignung 676.
Arbeitselemente, Zerlegung industrieller Arbeit in einfache 544.

Arbeitsfähigkeit des Menschen (Abhängigkeit von der Funktionsweise des Muskel- und Nervensystems 587.
Arbeitsfluß, zwangsläufige Einspannung in den 654.
Arbeitsfreude 669.
Arbeitsintensität 663.
Arbeitskonflikte 665.
Arbeitskontrolle (Psychologie der körperlichen Arbeit) 667.
Arbeitskurve nach KRAEPELIN 659.
Arbeitsleistung 588, 646.
—, Abhängigkeit von Dauer bzw. Geschwindigkeit der Bewegung 605.
—, Berechnung der, beim Gang aus mechanischen Daten 219.
—, Einfluß der Belastung 612.
— und Frequenz der Beanspruchung 614.
— und Innervationsmechanismus 608.
—, kurzdauernde 603.
—, längerdauernde 611.
— beim Lauf 223.
— und Sauerstoffschuld 618.
— beim Sprung 232.
— und Wirkungsgrad der Muskeln beim Gang 216.
Arbeitsmaximum bei dynamischer Arbeit 603.
—, Kriterium des 588.
—, praktisch realisierbares 604.
— bei statischer oder Haltungsarbeit 590.
Arbeitsoptimum und Bewegungsausführung; gleichmäßig schnelle 625.
— bei dynamischer Arbeit 619.
— und kinetische Energie 625.
—, Kriterien des 588.
— und lokale Beanspruchung 634.
— bei statischer Arbeit 592.
—, Weite der Bewegung 629.
Arbeitspausen, Einfluß der — bei statischer Arbeit 591.
—, Gliederung der Arbeit 656.
Arbeitsphysiologische Forschung, Wege der 521.
Arbeitsprämien 651.
Arbeitsproben bei Arbeitsprüfungen 687.
Arbeitspsychologie und Arbeitsphysiologie 645.

Arbeitspsychologie, Stoppuhr in der 648.
Arbeitsrente 520.
Arbeitsschauuhr 688.
Arbeitstempo bei Fließarbeit 658.
—, Abhängigkeit der Ventilation vom 859.
Arbeitstyp, Einfluß des — auf die Geschwindigkeit der $O_2$-Aufnahme während und nach der Arbeit 778.
Arbeitsunterbrechungen, Einfluß der Arbeitsschwere auf die 540.
Arbeitsverhältnis 665.
Arbeitswechsel und Monotonie 658.
Arbeitszeit, Einfluß der — auf die Leistungsfähigkeit 536.
Arm- und Beinbewegungen beim Fliegen 366.
Arm-Tonusreaktion 385.
—— bei Kleinhirntumoren 431.
Arm-Tonusstörungen 409.
Arthropoden, Gangart 290.
—, Kriechen der 289.
Assoziationsfasern 1185, 1187.
„Asthenie" 372.
Ataxie, Vorbeizeigen bei 437.
Atembewegungen bei der Phonation 1294.
Atemfrequenz bei körperlicher Arbeit 865.
—, Abhängigkeit vom Arbeitsrhythmus 866.
Atemorgane, Tätigkeit der 850.
Atemstauen beim Singen 1300.
Atemtechnik beim Schwimmen 297, 298.
Atemtiefe bei körperlicher Arbeit 865.
Atemtyp, Einfluß des — auf die $O_2$-Aufnahme bei Arbeit 575.
Atemvolumen 728.
Atemwege, schädlicher Raum der — bei körperlicher Arbeit 850.
Atemzentrum, Erregbarkeit des — bei körperlicher Arbeit 869.
— und Zentrenlehre 1175, 1183.
Atmosphäre des Betriebes 668.
Atmung bei körperlicher Arbeit 835.
—, Übergang von Ruhe zur Arbeit 851.
—, Verhalten des Kehlkopf bei 1272.

## Sachverzeichnis.

Atmungsapparat 727.
Atmungsarbeit bei körperlicher Arbeit 867.
Augenbewegungen bei Kleinhirnreizung 425.
—, kompensatorische 96.
Augenblicksphotographie zur Registrierung der Gangarten des Pferdes 245.
Augendrehung, kompensatorische 421.
Augenmuskeln, Funktionsumstellung nach Verpflanzung 1109.
Augennystagmus: reflektorisch ausgelöster 455.
Augenschwindel 383, 455.
Augenstellungen, kompensatorische 59, 73.
—, —, ihr Zusammenwirken mit kompensatorischen Augenbewegungen 63.
Augenstielbewegungen 93.
Augenstielkörperreflexe 94.
Augenstielreflexe statocystenloser Formen 95.
Ausbildungsverfahren, wirtschaftliche 694.
Ausdehnungskoeffizient der tierischen Gewebe 295.
Ausnutzung des Ventilationssauerstoffs bei Herzkranken 576.
Autokinemeter 464.
Autokinese: partielle 448.
Autokinesis interna 447.
Automatisierung in der Industrie 655.
Autonomes Nervensystem s. Nervensystem, autonomes 1101.
— —, Nervenkreuzung im Gebiet des 1101.
Autotomie bei Krebsen 1055.
Axonreflex 1089.

Babinski-Reflex, Umkehr des 1053.
Bahnstrecke, letzte, gemeinsame 18.
Balanceversuch 124, 131.
— bei Fröschen 148.
— bei Reptilien 149.
— bei Vögeln 150.
„Balancierversuche" (Vögel) 334.
Balken des Großhirns 1129.
Bauchrednerstimme 1357.
„Bechterewnystagmus" 78.
Begabungsmangel 691.
Beine, Bewegung der — beim Gehen 214.
Bekassinen, Meckern der 1250.

Belastung, obere Grenze der optimalen — bei Arbeit 592.
Beobachtungsmethode, arbeitspsychologische 647.
Beobachtungsschemata für Berufe 677.
„Bergkrankheit" beim Fliegen 370.
Beri-Beri 6.
Beschleunigungsfaktor der Herzleistung 903.
Berufsauslese, Körperbautypen und — 565.
Berufsberatung 690.
Berufseignungsprüfung 681.
—, Bewährung der 689.
Berufskunde, psychologische 671.
Berufspsychogramme 674.
Berufstüchtigkeit, Körperbau u. 680.
Berührungsreflex, MUNKscher 44.
Betriebsdisziplin 666.
Betriebsführung, „wissenschaftliche" 649.
Betriebsleitung, funktionsweise 651.
Betriebsstatistiken 647.
Beurteilung technischer Anlagen (Eignungsprüfung für Berufe) 683.
Beweglichkeit der Formanten 1414.
Bewegtsehen beim Schwindel 470.
Bewegung, Analyse einer zusammengesetzten — 683.
—, Einfluß der — auf die Restitution 778.
—, optimale Form der 626.
—, gleichmäßige Durchführung 640.
—, künstlerische 629.
—, Maximalfrequenz 637.
—, optimales Tempo der 619.
Bewegungen der Stimmlippen 1302.
Bewegungsablauf bei Ermüdung 584.
Bewegungseindrücke: egozentrisch bestimmte 997.
Bewegungsgleichungen eines dreigliedrigen Systems 169.
Bewegungslehre, anthroposophische 165.
Bewegungsstörungen nach Augenexstirpation 117.
— nach einseitiger Labyrinthexstirpation 112.
— nach kombinierter Augen-Labyrinthexstirpation 117.

Bewegungsstörungen beim Menschen 382ff.
Bewegungsstudien 651, 817.
— bei industrieller Arbeit 526.
—, Rationalisierung mit Hilfe von 559.
Bewegungstäuschungen 453.
— beim Fliegen 447.
Bewegungswahrnehmungen 447.
—, absolute 997.
— bei Progressivbeschleunigungen 465.
— und -täuschungen beim Schwindel 478.
Bewußtsein, Enge des 1195.
Bewußtseinsverlust (Synkope) 481.
BEZOLDS „Sprachsext" 1434.
Biene, Duftorgan 1029.
—, Flügelstellung 356.
Bienen, kinästhetischer Fühlsinn 1027.
Bildung der Sprachlaute 1329.
Biologie, Aufgabe der 1141.
Blicklähmung 419.
Blinde, Orientierung bei 993 bis 995.
Blut, Alkalireserve des — bei körperlicher Arbeit 839.
Blut, Kohlensäurebindungsvermögen des — bei körperlicher Arbeit 839.
Blutbild, Veränderung im Trainingszustand 720.
Blutchemismus 721.
—, Veränderung durch Muskelarbeit 876.
Blutdruck 716.
— nach beendeter Arbeit 890.
— bei körperlicher Arbeit 887.
— nach Muskelarbeit 718.
Blutegel, Kriechbewegung 281.
Blutmenge, zirkulierende — bei körperlicher Arbeit 891.
Blutmilchsäure 722.
Blutreaktion, Erhaltung der 3.
Blutsauerstoff, Ausnutzung des — bei körperlicher Arbeit 903.
Bogengänge, Entzündung der 401.
—, Funktion der vertikalen — bei Kleinhirnerkrankungen 427.
—, Reaktion der vertikalen — bei Kleinhirnbrückenwinkeltumoren 416.

Bogengangsapparat, Prüfung des 385.
Bogengangsfistel, Vorbeizeigen bei der 403.
Bogengangsstörungen 401.
—, isolierte 406.
BORELLIsche Waage 183.
Brachyuren, Gangart 291.
Bradykardie 713, 729.
Bradypnoe 729.
Breitenwachstum 735.
Brieftauben, nichttrainierte Flüge 921.
—, verkrachte Flüge 1019.
—, Fluggeschwindigkeit 933.
—, Flugstatistik 1019.
—, Geschichte 916—918.
—, Anhanglichkeit an Heimatschlag 927.
—, Heimflugzeit 918.
—, Rolle des Zufalls bei Heimkehr 932.
—, homing 918.
—, Hurraflüge 1019.
—, Intelligenz 947.
—, Reisedauer 918.
—, mittlere Reisegeschwindigkeit 918, 932.
—, Rekordflüge 929—931.
—, Rückkehr aus maximalen Entfernungen 932.
—, Wahrscheinlichkeit der Rückkehr 921.
—, Dressur auf zwei Schläge 927.
—, Spiraltouren 920.
—, Bedeutung des Trainings 941—943.
—, Umherirren der 928.
—, Verluste der 919.
—, praktische Verwendung 917.
—, Wettflüge 918.
—, verkrachte Wettflüge 919.
—, — — bei Stürmen und Gewitter 939.

Caissonkrankheit 370.
Calorienverbrauch, individuelle Verschiedenheiten des — bei verschiedenen Arbeitstypen 545.
Carotisfistelsymptom 404.
Cerianthus membranaceus 89.
Chalone-Hormone, Wirksamkeit der 8.
Chamaeisorrhopie 185.
Chemische Vorstellungen als Basis neurobiologischer Betrachtungen 1210.
Chemotaxis bei Nervenregeneration 1121.
CHEYNE-STOKESsches Atmen (beim Fliegen) 373.

Chinodermen, Kriechen der 283.
,,Chromopathie'' 475.
Chromophotographie 176.
Chronaxie 1143.
Cilien, Kriechen auf 273.
Cilienbewegung 307.
Cladoceren, Schwimmen der 315.
$CO_2$-Ausscheidung und maximale $O_2$-Aufnahme 783.
— — im Training 724.
— -Speicherung 791.
Coelenteraten, Schwimmen der 310.
Coleopteren, Stridulationsorgane 1237.
Correlationen, chemische 5.
Crustaceen, Amputationsversuche 1079.
—, Lagereflex 1082.
—, Stridulationsorgane 1229.
CV. unter dem Drehrade 470.
— unter optokinetischen Bedingungen 472.
Cytoarchitektonik 1047.

Dekrement im Zentralnervensystem 1187, 1192, 1193, 1218.
Deviation der Augen 418.
Differenz, persönliche 1195.
Dilatation des Herzens 710.
Dissoziation bei Doppelgliedmaßen 1120.
— antagonistischer Muskeln 1112.
—, innere, von Muskeln 1113.
— synergischer Muskeln 1113.
Doppelgliedmaßen, Koordination bei 1119.
Drahtmodell des Ganges 202.
Drehmomente der Muskeln 195.
Drehnachnystagmus bei einseitigem Vestibularausfall 391.
Drehnystagmus bei fehlenden Labyrinthen 389.
Drehprüfung bei Vestibularausschaltung 389.
Dreh- und Progressivreaktionen 46.
Drehreflexe, Einfluß des Gesichtssinnes auf die 119.
— bei Fischen 106.
— nach doppelseitigen Labyrintheingriffen 108.
— nach einseitigen Labyrintheingriffen 108.
— beim Triton 107.
Drehschwachreizprüfung bei Labyrintherkrankungen 385.
,,Drehschwindel'' 480.

Drehschwindel beim Fliegen 447.
Drehstarkreizprüfung bei Labyrintherkrankungen 386.
Druck, intraabdominaler, beim Fliegen 377.
—, systolischer und diastolischer, beim Fliegen 376.
Druckdifferenz der Luft in den Stirnhöhlen 371.
Druckfaktor der Herzleistung 903.
Druckverteilung im Fuß 189.
— in den verschiedenen Körperteilen 192.
— auf der Sohle 189.
DUCHENNEsches Phänomen 165.
Durchlüftung, Einfluß der — auf die Produktion 540.
Dyslexie 1489.

Echographie 1454, 1502.
Echolalie 1454.
—, Differenzierung der — von der Logorrhöe 1459.
Echoptaxie 1454.
Egozentrik, Exozentrik, Verhältnis 1003.
Eignung für stehende Berufe 578.
Eignungsfeststellung für Berufe 676.
Eignungsverbesserung (Übungsfähigkeit) 693.
Eignungswahl für leichtere körperliche Arbeit 579.
— für vorwiegend muskuläre Arbeitstypen 560.
— mit Hilfe von Respirationsversuchen 568.
Eindickung des Blutes während körperlicher Arbeit 836.
Eisenbahnkrankheit und Fliegerkrankheit 513.
Elektrokardiogramm (Ekg.) 715.
Elektrophysiologie in ihrem Verhältnis zur Neurobiologie 1208, 1209, 1211.
Embolophasie 1427.
Empfehlungen, Wert der — bei Berufen 676.
Emprosthotonus 118.
Energietheorie der Ermüdung 660.
Energieumsatz für das Gehen 216.
—, Abhängigkeit der Ventilation vom 856.
Energieverbrauch bei geistiger Arbeit 828.
— pro Arbeitseinheit bei wachsender Belastung 820.

Energieverbrauch bei einzelnen Berufen 827.
Enthäutung, Körperhaltung nach 136.
Entseelung der Arbeit 655.
Entspannungsübungen 632.
Entstehung der geflüsterten Vokale 1337.
Entwicklung der wirtschaftlichen Arbeit 649.
Entwicklungsbedingungen in der Kindheit und Arbeitseignung 698.
Erbrechen bei Kleinhirnstörungen 423.
Erdbeschleunigung auf Sprunghöhe und Sprungweite 229.
Erdmagnetismus und Orientierung 960.
Ergograph, JOHANNSSONscher 612.
—, Mossoscher 612.
Erholung 662.
— nach beendeter Arbeit 748.
— bei statischer und dynamischer Arbeit 558.
Erholungsgeschwindigkeit 570, 752, 760.
— (RK.) 754.
—, Einfluß des Sauerstoffangebots der Außenluft auf die 760.
—, — der Temperatur auf die 768.
—, — von Thyreoidin auf die 767.
—, — des Trainings auf die 784.
—, — der Ventilation auf die 763.
— bei Herzkranken 763.
—, maximale 755.
— bei chronischer Schwefelvergiftung 764.
— nach Verabreichung von Natriumphosphat 767.
Erholungsrückstand 753.
—, Einfluß auf die Höhe der Rk. 752.
—, maximaler 779.
—, —, Verwendbarkeit zur Funktionsprüfung 569.
Erholungsvermögen bei Emphysem, Bronchitis, Asthma 764.
— bei Ermüdung 583.
—, Methoden zur Bestimmung und Darstellung des 751.
Erinnerungsbilder, Lokalisation der 1048.
Ermüdbarkeit, nervöse, beim Fliegen 366.

Ermüdung, Abhängigkeit der — von der Blutversorgung des Gehirns 780.
—, Aktionsströme bei 600.
—, Arbeitsregelung 659.
— bei statischer Arbeit 597, 784.
—, Energietheorie der 660.
— und Erschöpfung bei der Arbeit 582.
—, objektiver Maßstab 633.
—, objektive und subjektive 596.
—, zentrale und periphere 616.
Ermüdungsbekämpfung 522.
Ermüdungsgefühl 597.
Ermüdungsschwelle 780.
Ernährungsstoffwechsel 726.
Ermüdungsversuche mit Hilfe von Ergometern 577.
Erregung, Form derselben 1149.
—, Irradiation der willkürlichen 592.
—, Kreisen der 1204, 1209.
Erregungen, Kampf der — um zentrales Feld 1192.
Erregungsrückschlag 637.
Erregungsstoff SHERRINGTONS 1059.
Ertaubte, Stimme und Sprache der 1381.
Erwerbsdauer (Arbeitsfähigkeit) 531.
Erwerbslosigkeit und Arbeitseignung 698.
Erythrocyten, Zahl der — bei Sportsleuten 719.
Eudichonomie 428.
Eunuchenstimme 1361.
Eustachische Trompeten (Fliegen) 371.
Evolution im Nervensystem 1051.
Existenzunsicherheit 666.
Exklusivität des zentralen Geschehens 1193, 1218.
Expessiver Agrammatismus 1425.
Extraarbeit 817.

Facialisphänomen 729.
Fahrradergometer 610.
Fall- und Gangstörung 431.
Fallen, cerebellares 433.
Fallneigung bei Stirnhirnstörungen 439.
Fallreaktion 463.
— bei Erkrankungen der mittleren Stirnhirngrube 438.
—, vestibuläre 432.
Falltürversuch, GOLTZscher 1053.

Fallversuch 133.
Falschlokalisation, fehlend nach Nervennaht 1100.
Farbbarkeit, primäre, der Neurofibrillen 1212.
Farbennamenamnesie 1468, 1523.
Farbensinn (beim Fliegen) 364.
Feldexperiment, arbeitspsychologisches 648.
Fernorientierung 910, 912, 916, 941.
Fernsinn 993.
Fettverwertung zur Muskelarbeit 797.
Fibrillensäurehypothese 1212.
Fische, Lautproduktion 1240.
—, Seitenorgane, Beeinflussung durch Wasserströmung 138.
Fistelstimme, persistierende 1360.
Fistelsymptom, Prüfung des, bei Labyrintherkrankungen 387.
Flatterflieger, Fledermäuse 346.
Fliegen, Brust- u. Beinbewegungen beim 366.
—, Drehschwindel beim 447.
—, Druck, intraabdominaler beim 377.
—, Druck, systolischer und diastolischer beim 376.
—, Effekt der Höhe 358.
—, Empfindungen beim — und Einwirkungen der Höhe 367.
—, Ermüdbarkeit, nervöse, beim 366.
—, Neigung zum Schlaf 369.
—, psychische Ausdauer 367.
—, psychomotorische Reaktion beim 366.
—, Psychoneurose beim 378.
—, Reflexhaftigkeit beim 378.
—, Stumpfwerden von Perzeption 369.
Fliegerasthenie (Insuffizienz der Nebenniere) 374.
Fliegerkrankheit 513.
Fließ- und Handmontierung von Eggen, Energieverbrauch bei 557.
Fließarbeit 651.
—, Eignung zur 657.
Fließfertigkeit, Einfluß der — auf die Krankheitswerte 534.
Flug, aerodynamische Grundlagen 321.
—, Amphibien 348.
—, Fische 347.

Flug nach Hinterwurzeldurchschneidung 123.
— der Insekten 349.
— nach Kleinhirnläsion 152.
—, Kraftökonomie beim 333.
—, Reptilien 348.
—, Sanger 346.
—, Stabilität beim 324.
—, Verbreitung 320.
— der Wirbeltiere 320.
— bei Zwischenhirnlasion 146.
Fluganordnungen der Vögel 345.
Flugarten, Gleitflug 335.
Flugbeispiel 919.
Flugdistanz (Brieftauben) 920.
Flügelbewegung, Bahn 341.
—, Profiländerung 341.
Flügelprofil, Änderung beim Fluge 329.
Flugelreflexe 132.
—, Genese 133.
— beim Kippen 131.
— bei Progressivbewegungen 132.
Flügelschläge, Frequenz der — bei Vögeln 343.
Flugfähigkeit 328.
Fluggeschwindigkeit trainierter Vögel 924.
Flughöhe bei Tauben 941.
Flugmuskeln, direkte — der Insekten 351.
Flugmuskulatur 330.
Flugton, Insekten 1225.
Flugvermögen, Gehirntypen 335.
— nach doppelseitiger Hinterwurzeldurchschneidung 124.
— nach Labyrinthexstirpation 334.
— nach doppelseitiger Labyrinthexstirpation 114.
Flußkrebs, Gangart 291.
Flüsterlaute, Struktur der 1415.
Flüstern 1385.
Formanten 1395.
—, Beweglichkeit der 1414.
Formen, arbeitsphysiologische, Rationalisierung der 556.
Fortbewegung auf dem Boden bei Wirbellosen 271.
FOURIERsche Analyse 1395.
Frauen beim Weit- und Hochsprung 231.
Fregattvögel, Verwendung wie Brieftauben 928.
—, Reisegeschwindigkeit 929.
Fremdbeobachtungsmethode, arbeitspsychologische 648.

Frontale Aphasie 1424.
Funktion und Anatomie 1148.
— des Organismus, Theorie 1138.
Funktionsprüfung des peripheren Kreislaufes 578.
Fuß der Arthropoden 290.
—, Hauptdruckstellen 190.
Fußdruck, vertikaler 208.
Fußdrücke 189.
Fußschlingenversuch 122.

Galopp des Hundes 265.
— des Pferdes 252.
Galvanische Prüfung bei Erkrankungen der mittleren Schädelgrube 438.
Gang, Arbeitsleistung und Wirkungsgrad der Muskeln beim Gang 216.
—, aufrechter 260.
— auf drei Beinen (Kanguruh) 260.
—, Drahtmodell des 202.
—, nach Hinterwurzeldurchschneidung 127.
— mit Kunstbeinen 214.
— und Lauf, Beziehungen zwischen 212.
— des Menschen 200.
—, Theorie des 201.
—, WEBERsche Theorie des 215.
—, typischer 201.
Gangabweichung 1007.
— bei Kleinhirnerkrankungen 434.
— bei Labyrinth-Lähmung 398.
—, Prüfung bei Labyrintherkrankungen 385.
Gangart des Flußkrebses 291.
— der Spinnen 290.
Gangarten der anthropoiden Affen 260.
— der Anthropoden 290.
— Brachyuren 291.
— des Pferdes, Beziehungen untereinander 255.
— —, graphische Darstellung der 243.
— der Tiere, Übergang von einer zur anderen 256.
— der Vierfüßer 262.
Gangaufnahme, Muybridge 202ff.
Gangbewegung, Registrierung der 201.
—, photographische Registrierung 201.
— der Tiere 237.
Gangbewegungen, Kinematik 202ff.

Ganglienzelle, Funktion der 1048.
— als Reflexzentrum 1048.
Ganglienzellhypothese 1049.
Gangphasen 209.
Ganzheitsbetrachtungen und Zentralnervensystem 1189.
Gasdrüse 306.
Gebärdensprache, Störungen der 1507.
Gedächtnis, Herabsetzung des 1448.
Gefühlsschwindel 466.
Gegenrhythmus 657.
Gegenrollungen der Augen 1016.
Geharbeit 216.
Gehen, Bewegung der Beine beim 214.
—, Calorienverbrauch beim unbelasteten 548.
—, Energieumsatz für das 216.
— und Laufen der Vögel 268.
Gehirnnerven, Kreuzung verschiedener 1096.
Gehörschwindel 449.
Gehversuche bei verdrehtem Kopfe 986.
Gelenkmodelle 171.
Gelenkprüfer (Eignungsprüfung) 683.
GELLEscher Versuch 485.
Gemeinsame Strecke, letzte 1184.
Geräuschetaubheit, isolierte 1486.
Gesamtbewegung des Kehlkopfes 1261.
Gesamtenergieumsatz beim Gehen 216.
Gesamtschwerpunkt, Bewegungskurve 205.
— des Körpers, rechnerische Bestimmung der Lage des 186.
Gesang (Triller) 1368.
— der Vögel 1247.
— der Zikaden 1229.
Geschicklichkeit, Prüfung der — nach TRENDELENBURG 580.
Geschicklichkeitstraining 617.
Geschwindigkeit, maximal erreichbare — für ähnlich gebaute Tiere 230.
Gesetz der gedehnten Muskeln 1058, 1203.
Gesichtsschwindel und Nystagmus 458.
— während Rotationen 459.
Gesinnungsprobleme in der Berufsausbildung 697.

Gesundheit des Arbeiters, Einfluß der industriellen Entwicklung auf die 527.
Gewicht, spezifisches — des Organismus 295.
Gewichtheben, optimale Belastung 625.
Gewichtszunahme 733.
Gleichgewicht, Erhaltung bei Fischen und Froschlarven 100.
—, Erhaltung im Fluge 100.
—, Erhaltung bei Rückenmarktieren 143.
—, Erhaltung bei enthaupteten Vögeln 144.
—, physikalisches 99.
—, physiologische Regulierung 98.
—, Schwimmen der Insekten 314.
Gleichgewichtserhaltung auf bergigem Terrain 199.
Gleichgewichtslage ohne Muskelkräfte 188.
Gleichgewichtsreaktionen 49.
—, statokinetische 46.
Gleichgewichtsregulierung, Bedeutung des Kleinhirnes 151, 152.
—, Bedeutung der Medulla oblongata 153, 159.
—, Bedeutung des Mittelhirnes 147. 148.
—, Bedeutung des Zwischenhirnes 145, 146.
— bei Fischen 147.
— in sog. ,,Hypnose'' 155, 156.
—, reflektorische 159.
—, Zusammenwirken der einzelnen Faktoren 156, 157, 158, 159.
Gleichgewichtsstörungen ohne Schwindel 450.
— bei Stirnhirnkranken 438.
— bei einseitigem Vestibularausfall 391.
Gleichungssysteme der Gliedermechanik 169.
Gleichende Kopplung im nervösen Geschehen 1214.
Gleitflug 335.
Gleitflugkurve 335.
Gliedermechanik an Modellen 169.
Gliederstellungen, Korrektion, abnormer 42.
Gliedmaßenanlagen, Verpflanzung von 1117.
Glottis siehe Stimmritze 1265ff.
Glykogendepots bei industrieller Arbeit 585.
— bei Muskelarbeit 799.

Glykogenreserven, Erschöpfung der 799.
Glykogenvorräte bei industrieller Arbeit 800.
Grabwespen, Ortsgedächtnis der 1033.
Graphologie und Berufseignung 680.
Grau, zentrales 1050.
Graviceptoren 1012.
Gregarinen, Bewegung der 275.
Grillen, Stridulationsorgane 1235.
Großhirnloser Hund (Laufen auf drei Beinen) 1068.
Großhirnrinde funktionell aufteilbar? 1183.
Großhirnschwindel 488.
Grunddrehung des Halses 72.
— des Rumpfes 72.
Grundumsatz im Training 723.
Grundton der Vokale 1404.
Gruppenarbeit 669.
Gymnastik, rhythmische 630.

Hals- und Labyrinthreflexe, tonische, auf die Augen. Zusammenwirken derselben 61.
— u. Labyrinthreflexe, tonische, auf frontalstehende Augen 64.
— u. Labyrinthreflexe, tonische, auf die Körpermuskeln, Zusammenwirken bei der 56.
Halsreflexe 110, 134.
—, tonische 40.
—, tonische, auf die Augen 60.
—, tonische, auf die Körpermuskeln 55.
Halsstellreflexe 41.
Halssympathicus, Verheilung mit Vagus 1104.
Haltearbeit 830.
Halteren, Funktion der 360.
Haltung, bequeme, nach Braune u. Fischer 197.
—, ,,gute'' 198.
—, militärische 198.
— und Stellung bei Sängern 55.
Haltungs- und Bewegungsreaktionen der Vestibularapparate 411.
Haltungsreflexe, allgemeine 39.
—, intersegmentale 38.
—, segmentale 37.
Haltungstypen nach Martin 564.
Hand-, Auge-, Ohr Test von Head 1519.
,,Handgänger'' 1965.

Händigkeit 1064.
Handwerksarbeit, psychologische Momente der 651.
Hangbein, Schwingung der 215.
Hauptformante der Vokale 1411.
Harn, Verbrennungswerte nach körperlicher Arbeit 747.
Harpyia vinula 88.
Hauttemperatur nach der Arbeit 776.
,,Hebebewegung'' 127.
,,Hebephaenomen'' 122
Helix pomatica, Ortsgedächtnis 1037.
Hemianopsie nach Exstirpation der Zentralwindung 1047.
Hemisektion des Rückenmarks 1127, 1128.
Hemisphäre, Überwertigkeit der linken (aphasische Störungen) 1441.
—, Ungleichwertigkeit bei der 1064.
Hemmung bei Feststellung von Gliedmaßen 1083.
—, Theorie der 1210.
Hemmungsstoff 1059.
Hemmungs- und Erregungsstoffe im Zentralnervensystem 1211.
Hennebertsches Fistelsymptom 405.
Herz, Schlaffheit des 729.
Herzgewicht, relatives 702.
Herzgröße 699.
— von Marathonläufern 706.
Herzleistung bei körperlicher Arbeit 901.
—, Druckfaktor 903.
Herzvergrößerung, korrelatives Meßverfahren 707.
— bei Ruderern 706.
— bei Skiläufern 707.
— bei älteren Sportsleuten 712.
Herzvolumen 705.
Heulen 1385.
Heuschrecken, Stridulationsorgane 1232.
Himmelsrichtungen: Bewußtsein der 1007.
—, Schätzung der 991.
Hinken als Koordinationsumstellung 1063, 1083.
Hinterwurzeldurchschneidung beider Beine 128.
— eines Beines 126.
— beider Flügel 124.
— eines Flügesl 123.
— kombiniert mit Labyrinthexstirpation 129, 130.

Hinterwurzeln, Durchschneidung der obersten cervicalen und deren Folgen 82.
Höhenkrankheit 374.
— beim Fliegen 370.
Höhenschwindel 492.
homing: Experimente mit Seeschwalben 923—926.
Horizontale, scheinbare 1012.
Horizontal-Kilogrammeter, Gangarbeit für den 218
Hormone, s. auch Chalone 8.
— Begriff der 7.
—, Bildungsstätten 9.
—, Eigenschaften der 8.
Hormon der Sexualorgane 11.
Hormonreaktionen, Wechselbeziehungen der 11.
Hörstummheit 1426, 1432.
Hubflug der Insekten 352.
Hubhöhe 704.
Hubkraft, Einfluß des sozialen Milieus auf die 535.
Hund, Amputationsversuche 1068.
—, Fesselungsversuche 1084.
— ohne Großhirn (Laufen auf drei Beinen) 1068.
Hydra, Ortsbewegung 276.
Hymenopteren, Orientierung der 1023.
—, optische Orientierung 1026.
—, Stridulationsorgane 1238.
Hyperasthesie, akustische 1445.
Hypertrophie des Herzens 710.
Hypoglossuslähmung 417.
Hypophysenhinterlappenhormon 10.
Hypotension, arterielle 373.
Hypsiisorrhopie 185.

Impulsmesser (Eignungsprufung) 683.
Individualpsychologie A. ADLERS 691.
Individuelle Verschiedenheiten des Calorienverbrauches bei verschiedenen Arbeitstypen 545.
Induktion, sukzessive, spinale 17.
Infusorien, Schwimmen der 309.
Innervation, systematische des Kehlkopfes 1291.
—, zentrale des Kehlkopfs 1286.
—, Umstellung der reziproken 1112.
— eines Muskels, Theorie der 1156.
Insekten, Amputationsversuche 1075.

Innervation, Feststellung von Gelenken 1084.
—, Schwimmen der 313.
—, Segelflug der 352.
—, Stridulationsorgane 1232.
—, ungeflügelte 349.
Insektenflug, Aerodynamik des 357.
—, Amplitude 356.
—, Frequenz des 352.
—, Geschwindigkeit des 355.
—, Steuerung des 358.
Insektenflugel, Belastung des 354.
—, Flugton des 354.
—, Form der 350.
Insuffizienz, zirkulatorische 373.
Insulin, Bildungsstätte 9.
—, Wirkung von — auf die Erholung 768.
Interferenzröhren zum Abbau von Vokalklangen 1409ff.
Integration der Einzelfunktionen des Gesamtorganismus 1.
—, nervöse 12.
— nervöser und chemischer Korrelationen 21.
—, stoffliche 3.
Intelligenz und Aphasie 1511.
— und Methoden ihrer Prüfung 686.
—, motorische 695.
Intensivierung industrieller Arbeit 524.
Intermediärprodukt, Entstellung bei körperlicher Arbeit 775.
Ionenverschiebungen bei körperlicher Arbeit 840.
Irradiation, Wesen der 16.
Ischiadici, Kreuzung beider 1093.

„Jargonaphasie" 1453.
JOHANNSONsche Regel 818.
Jodäthylmethode 577.
Jodeln 1383.

Käfer, Stridulationsorgane 1237.
„Kahnstellungsreflex" 156.
Kalorische Reaktion bei fehlendem Labyrinth 393.
Kälte, Einwirkung beim Fliegen in der Höhe 372.
Känguruhhüpfen 1069.
Katalytische Prozesse und Alles- oder nichts-Gesetz 1063.
Katastrophenreaktion 1139.
Katastrophenreaktionen, Vermeiden derselben 1168.

Katawert, Einfluß des — 181.
auf die Arbeitsunterbrechungen 541.
Kaugummi, Gebrauch von — beim Fliegen 372.
KAUPPscher Index 563.
Kehlkopf, Articulatio cricoorytaenoidea 1257.
—, Articulatio cricothyreoidea 1257.
—, Verhalten bei der Atmung 1272.
—, allgemeiner Aufbau 1255.
—, äußere Bänder 1260.
—, Bewegung seiner Teile gegeneinander 1263.
—, Gelenke und Bewegungsmöglichkeiten 1256.
—, innere Bänder und Gelenkbänder 1258.
—, Gesamtbewegung 1261.
—, Innervation des 1253.
—, periphere Innervation 1279.
—, systematische Innervation 1291.
—, zentrale Innervation 1286.
—, künstlicher 1308.
—, Musculus arytaenoideus obliquus 1270.
—, Musculus cricothyreoideus 1265, 1277.
—, Musculus arytaenoideus transversus 1269.
—, Musculus cricoarytaenoideus lateralis 1269.
—, Musculus cricarytaenoideus posticus 1268.
—, Musculus thyreoarytaenoideus 1270.
—, äußere Muskeln 1261.
—, eigene Muskeln des 1264.
—, Muskulatur 1261.
—, Pfeiftöne im 1384.
—, Verhalten bei der Phonation 1276.
—, Stimme ohne 1378.
Kehlkopfmuskeln, Stimmklang bei Lähmungen der 1372.
Kehlkopfreflexe 1290.
Kehlkopfsäcke 1252.
Kippreflexe 130.
— bei Vögeln 334.
Klang der Stimme 1321.
Klanganalyse und akustische Wirkung 1401.
Klangkurven, Selenzelle zur akustischen Prüfung von 1408.
Klappern des Storches 1250.
Klassifikation der Berufe 674.
Kleinbauer, psychische Anforderungen an den Beruf des 671.

Kleinhirn, ausgleichende Funktion des 428.
—, Lokalisation im 1047.
—, Lokalisation der Muskelgruppen im 428.
—, Zentrentheorie BARANYS 429.
Kleinhirnabszeß 424.
Kleinhirnbrückenwinkeltumoren 413, 414.
Kleinhirnerkrankungen und -tumoren 422.
—, Zeigestörung bei 429.
—, GOLDSTEINsche Theorie 431.
Kleinhirnnystagmus 424.
Kleinhirnrinde, Abkühlungsversuche 429.
Kleinhirnstörungen, Drehschwindel bei 422.
Kleinhirntumoren 424, 430.
Kleinhirnwurm, Fall bei — Tumoren 433.
—, Zentrentheorie 432.
Klinische Untersuchungsmethoden, Anwendung der — für physiologische Eignungswahl 560.
Klisimeter (Untersuchung beim Schwindel) 465.
Klopflaute, wirbellose Tiere 1226.
Kohlehydratverwertung für Arbeit bei Phlorrhizindiabetes 800.
— für Muskelarbeit 798.
Kohlensaureausscheidungsvermögen im Training 786.
Kohlensäure-Bindungsvermögen des Blutes bei körperlicher Arbeit 839.
Kohlensaurespannung alveolare bei körperlicher Arbeit 842.
—, venöse bei körperlicher Arbeit 846.
KOHNSTAMMsches Phänomen 477.
Komplementarluft bei körperlicher Arbeit 849.
— bei verschiedenen Körperstellungen 847.
Komponente, statische 778.
Kondensatormikrophon für Schallregistrierung 1393, 1394.
Konkurrenzauslese (Berufswahl) 684.
Konsonanten 1346.
—, Analyse der 1404.
Koordination, langsamer Abbau der 1176, 1180, 1187.
—, Umstellung der — nach Amputationen 1063.

Koordination, Einfluß der — auf die Arbeitseignung 579.
— der Bewegung 639.
— und gleitende Kopplung 1218.
— durch mechanische Übertragung 1123.
—, muskulare 172.
Koordinationsanderungen nach Durchtrennung langer Bahnen 1122.
— nach Beinverkürzungen 1082.
Koordinationsstörung bei Feststellung von Gliedmaßen 1084.
Koordinationsumstellung an verpflanzten Gliedmaßen 1117.
— nach Muskelvertauschung 1105.
— nach Nervenvertauschung 1087.
— bei Prothesenträgern 1115.
Koordinationszentren, Fehlen bei Evertebraten 1181.
—, Kritik der 1186.
Koordinationszentrum 1055.
„Kopfdrehreflexe" 106.
Kopfdrehreflexe, cytokinetische 120.
Kopfhaltung, spontane 387.
Kopfnystagmus 107.
— bei Bogengangsfistel 403.
Kopfstellreflex bei Kleinhirnstörungen 435.
—, Spontanhaltung des Kopfes 441.
— bei Vestibularausschaltung 389.
Kopfstellung nach hinten bei Kleinhirnstörungen 435.
Kopfstellungen, kompensatorische 101.
—, kompensatorische — bei Reptilien, Vögeln 103.
Kopfverdrehung, anfallsweise 111.
Kopplung, gleitende im nervösen Geschehen 1214.
Körperbau, anthropometrische Daten 561.
— und Berufstüchtigkeit 680.
Körperbautypen und Berufsauslese 565.
Körperdrehung bei Kleinhirnstörungen 435.
Körpergewicht und Zugkraft der Arme 562.
Körperhaltung 88.
—, Bewegungsstörungen 117.
—, Einfluß des Gehörsinnes 121.

Körperhaltung, Einfluß des Gesichtssinnes 115.
— nach Enthäutung 136.
— bei Fischen 109.
— bei Fröschen 110.
— nach einseitiger Labyrinthexstirpation 109, 110, 111.
— nach einseitiger Labyrinthexstirpation bei Reptilien 111.
— bei Wirbellosen 88.
Körperlage, Minutenvolumen bei verschiedenen 877.
Körperlange und Zugkraft der Arme 564.
Körperliche Arbeit, s. auch Arbeit.
— Arbeit, Begriff der 644.
— Arbeit im Hochgebirge 761.
— Arbeit, spezifisch-dynamische Wirkung bei 801.
Körperneigung und Fallreaktion bei Kleinhirntumoren 432.
Körperproportionen 167.
Körperreaktionen, tonische — bei Erkrankungen der mittleren Schädelgrube 437.
—, tonische — bei Kleinhirnerkrankungen 428.
Körperreflexe, optokinetische 470.
Körperrotation bei Stirnhirnstörungen 440.
Körperschema 998.
Körperschulung, künstlerische 163.
Körperstellreflexe 41, 79.
— auf den Kopf 66.
— auf den Korper 67.
Körperstellung und Arbeit 580.
—, die Lage ihrer Zentren 84.
—, Wechsel der —, Einfluß auf die Leistung 581.
—, Zentren 99.
— und Körperhaltung bei Fischen, Amphibien, Reptilien u. Vögeln 97.
Körperstellungen, Einfluß verschiedener — auf den Arbeitseffekt 581.
—, Lungenvolumen bei verschiedenen 847.
—, Vitalkapazitat bei verschiedenen 847.
Körpertraining 617.
Korrelatives Meßverfahren zur Bestimmung der Herzvergrößerung 707.
Kräftediagramm bei Kurbelarbeit 610.

Kraftkurven der Stemmuskeln der Beine 232.
Kraftökonomie beim Flug 333.
Krampfgifte, Aufhebung der Koordination 1192.
Kreatinausscheidung 793.
Krebse, Schwimmen der 314.
—, Stridulationsorgane 1229.
Kreisbahnbewegungen 112.
Kreislauf bei körperlicher Arbeit 835/874.
—, Einfluß des — auf die Erholungsgeschwindigkeit 762.
Kreislaufversuch bei einseitigem Vestibularausfall 391.
Kreuzgang bei Arachnoideen und Crustaceen 1078.
— bei Insekten 1076.
Kreuzung von Gehirnnerven 1096.
— beider Ischiadici 1093.
— von Tibialis und Peroneus 1095.
Kreuzungen am autonomen Nervensystem 1101.
Kriechbewegung der Blutegel 281.
— der Muscheln 285.
— der Polychaten 281.
— der Seeigel 284.
Kriechbewegungen bei Prapulus 282.
—, Proso branchiate 288.
— der Tintenfische 288.
Kriechen der Arthropoden 289.
— der Rädertiere 274.
— der Tardigraden 283.
— der Turbellarien 274.
Kurbelarbeit, Kräftediagramm bei 610.
Kunstsänger, Stimmumfang 1318.
Kurbeln, Energieverbrauch beim 547.
—, optimale Geschwindigkeit, Einfluß des Tragheitsmomentes 547.
Kymocyclographion 176.

Labilität, nervöse — durch Fliegen 374.
Labyrinth, Fistelsymptom 401.
—, statische Funktion des beim Fliegen 365.
—, periphere Funktionssteigerung des 396.
—, gesundes bei einseitigem Vestibularausfall 392.
—, Lähmung des 398.

Labyrinth, galvanische Prüfung bei einseitig fehlendem 395.
—, Raddrehung bei funktionsunfähigem 390.
—, Reizung und Lähmung des 394.
Labyrinthausschaltungen, symptomlose 394.
Labyrintherkrankungen 382.
Labyrinthexstirpation, Bewegungsstörungen nach doppelseitiger 114.
—, doppelseitige und deren Folgen 80.
—, einseitige und ihre Folgen 71.
—, Kompensationsvorgange nach einseitiger 28.
—, Korperhaltung nach doppelseitiger 112.
—, Zirkelbewegungen 112.
Labyrinthfistel, Spulung bei 405.
Labyrinthfistelsymptom, galvanisches 405.
Labyrinthfistelsymptomtheorie 403.
Labyrinthindex 398.
Labyrinthitis circumscripta 401.
Labyrinthitis serosa 396.
Labyrinthhydrops 396.
Labyrinthlahmung, Drehstarkreizung 399.
—, Gangabweichung 398.
Labyrinthprüfung, adäquate 400.
—, Einseitigkeit der 395.
Labyrinthpseudofistel, Symptom 406.
Labyrinthreflexe, tonische 40.
—, —, auf die Augen 59.
—, —, auf die Körpermuskeln 55.
—, —, auf die Körpermuskulatur 72.
Labyrinthreizung, Vorbeizeigen bei der 397.
Labyrinthstellreflex 41, 65.
Labyrinthstellreflexe auf den Kopf 72.
Labyrinthstörung der Pars inferior 410.
— der Pars superior 410.
Labyrinthstörungen, partielle 400.
Labyrinthversuche 975.
Labyrinthzerstörung, galvanische Reaktion bei 393.
Lachen 1386.
Lagenystagmus 407.
—, Theorie des 409.
Lagereaktion bei Kleinhirnstörungen 434.

Lagereaktionen bei Stirnhirnstörungen 441.
Lagereflex, Seesterne 1056.
— (Taschenkrebs) 1082.
Lageschwindel bei Labyrintherkrankungen 407.
„Lagetäuschungen" 477.
—, Scheinbewegungen und — beim Schwindel 445.
— beim Schwindel 464.
Lagewahrnehmung: Tauschungen 449.
Landungsreaktion 49, 108.
Lärm, Einfluß von — auf den Calorienverbrauch 554.
Latenzzeit der Seekrankheit 509.
„Lateropulsion" 483.
Lauf, kinematographische Analyse des 625.
—, physiologische Mechanik des 220.
Laufen, Energieverbrauch beim 638.
Laufkunde, praktische 226.
Laute, aphonische 1349.
—, kontinuierliche phonische 1346.
—, — — mit begleitendem Gerausch 1448.
Lauterzeugung beim Regenwurm 1225.
— wirbellose Tiere 1225.
Lautproduktion bei Amphibien 1241.
— bei Fischen 1241.
— bei Reptilien 1242.
Lebenskraft 1046.
Leerarbeit, mechanisches Äquivalent der 819.
—, Energieverbrauch fur die 821.
—, Wirkungsgrad der 823.
Leerbewegungen 630, 818, 825.
Leerlaufwert bei Belastung 819.
Leistungsabfall mit zunehmendem Lebensalter bei verschiedenen Berufen 532.
Leistungsabstimmung vor Einrichtung der Fließarbeit 658.
Leistungsbereitschaft, objektive und subjektive 660.
Leistungsergebnis, Einfluß von Pausen auf das 538.
Leistungsfähigkeit, Erhöhung der geistigen 661.
—, Grenze der körperlichen 779.
—, psychische — beim Fliegen 367.

Leistungsfähigkeit, zirkulatorische 376.
—, — beim Fliegen 367.
„Leitungsaphasie" 1518.
Lepidopteren, Stridulationsorgane 1236.
Lesenlernen 1423.
Letzte gemeinsame Strecke 1054.
— — (Sprachvorgänge) 1422.
Leuchtbrille bei Nystagmusbeobachtungen 397.
Lichtheimsche Probe (innere Sprache) 1441.
Lichtkompaßbewegung 1023.
Lichtkurvenaufnahmen 648.
Lichttonus 1208.
Liftreaktion 48.
Lindner-Phänomen 455, 458, 460, 469.
Linearvektionen (LV): beim Spiegelversuch 473.
Linke und rechte Hand 1153.
Linkshänder und Sprache 1442.
Linkshändigkeit 1064.
Linksschreiber 1154.
Literale Paraphasie 1455.
Logorrhöe, Differenzierung der Echolalie von der 1459.
Lohnproblem (Psychologie der körperlichen Arbeit) 666.
Loi du contrepied, experimentelle Stützen 954/955.
Lokalisation, absolute 998, 1011.
—, —, Definition 996/998.
—, —, Genese 1012, 1014.
—, —, optische 1015.
—, —, Prüfungsmethoden 1012.
—, —, bei Taubstummen 1016.
—, —, unter Wasser 1014.
—, —, bei Einwirkung der Zentrifugalkraft 1016.
—, egozentrische 995.
—, Grundlagen für die egozentrische 1006.
—, Verhältnis von egozentrischer und exozentrischer 997.
—, exozentrische 997.
—, haptokinästhetische 1013.
—, Richtigkeit der 1002.
—, anatomische der Übertragungsapparate (innere Sprache) 1439.
— nervöser Vorgange 1047.
Lokalzeichen nach Nervennaht 1100.
Lokomotionsreflexe, statokinetische 47, 53.

Lokomotionszentren, Fehlen bei Artikulatur 1180.
Luftdienstfähigkeit 375.
Luftdruck, Änderung des absoluten 370.
Lufteinblasung des Ohres beim Fliegen 371.
Luftkampf, Bewegungen im 362.
Luftkessel, vikariierender im Magen 1379.
Luftkräfte 322.
Luftverbrauch bei der Phonation 1315.
Luftverschwendung, phonatorische 1376.
Lungenvolumina bei körperlicher Arbeit 848.
—, bei verschiedenen Körperstellungen 847.
Lymphocyten, Anzahl der bei Sportsleuten 720.
Lymphocytose 729.

Magensprache 1379.
Magnetreaktion 33.
Marathonläufern, Herzgröße von 706.
Maschinenarbeit und Arbeitsfreude 670.
Massenverteilung und Aufbau des Menschen 166.
Mechanik des menschlichen Körpers (Ruhelagen, Gehen, Laufen, Springen) 162.
— der Ruhelagen 183.
— — mit Berücksichtigung der Anspannung der Muskeln und Bänder 195.
—, spezielle physiologische 168.
Medulla oblongata, Erkrankungen der 411.
— — und Pons, Erkrankungen von 417.
Medusenreflexe, gegenseitige Beeinflussung 1193.
MENIÈREsche Anfälle 483.
MENIÈREscher Symptomenkomplex 447.
MENSENDIECK, B. M. (künstlerische Körperschulung) 163.
Menstruation und Stimme 1365.
Merkfähigkeit, Herabsetzung der 1448.
Merkmale, körperliche und Berufseignung 680.
Meßverfahren, korrelatives 707.
Methoden, arbeitspsychologische 646.

Methodenkombination, arbeitspsychologische 649.
Milchsäure, Bestimmung ihres Oxydationsquotienten am Menschen 742.
—, Oxydationsquotient der 740.
Milchsäurebildung und -ausscheidung während und nach der Arbeit 721.
Milchsäurekonzentration, ermüdende 741.
— im Muskel 742.
Milchsäurespiegel im venösen Blut und $O_2$-Verbrauch nach körperlicher Arbeit 741.
— des Blutes bei körperlicher Arbeit 837.
— und $O_2$-Verbrauch, Zusammenhang zwischen 743.
Mimik und Gebärde 1437.
Minderwertigkeitsgefühle bei der Arbeit 664.
Minutenvolumen nach dem Aufhören der Arbeit 885.
— bei maximaler Arbeit 782.
— bei statischer Arbeit 882.
—, Abhängigkeit vom Arbeitstempo 882.
—, Regulierung des 886.
— des Herzens bei körperlicher Arbeit 875.
—, Übergang von Ruhe zur Arbeit 878.
—, Abhängigkeit von der Arbeitsform 880.
— bei verschiedener Körperlage 877.
— „steady state" der Arbeit 879.
—, Training 880.
Minutenvolumenbestimmungen während der Arbeit 875.
Mitbewegung körpereigener Last 824.
Mitinnervation, unzweckmäßige 630.
Mittelhirn, Erkrankungen des 420.
Mittelkapazität bei körperlicher Arbeit 848.
— bei verschiedenen Körperstellungen 847.
Mollusken, Schwimmen der 316.
Monocyten, Zahl der und Anpassung an das Training 720.
Motorische Aphasie 1424.
Motorischer Agrammatismus 1431.
— — (Telegrammstil) 1425.

Mundhöhlenton 1398.
Muscheln, Kriechbewegung 285.
Musculus vocalis, Wirkung des 1278.
Musikapparate der Tiere 1223.
Muskel als Arbeitsmesser 604.
—, Modell der Wirkung eines eingelenkigen 170.
— als visco-elastisches System 604.
Muskelarbeit, Veränderung des Blutchemismus durch 876.
Muskelbewegung bei Protozoen 275.
Muskeldissoziation 1112.
Muskelempfindung, tiefliegende — beim Fliegen 365.
Muskelkontraktion, optimale, Dauer der 621.
Muskelkraft, Abnahme der — beim Fliegen in großen Höhen 369.
—, maximale 594.
—, —, Abnahme mit dem Alter 593.
Muskelkräfte und Gelenkspannungen 195.
Muskelmasse, Wirkung verschieden großer — auf die Erholungsgeschwindigkeit 778.
Muskeln, Dickenwachstum der 595.
—, einfaserige 1062.
—, antagonistische, Funktionsumstellung 1106.
—, kanalisierte, Funktionsänderung 1110.
—, Funktionen mehrgelenkiger 1056.
—, Gesetz der gedehnten 1058, 1203.
— des Kehlkopfs, eigene 1264.
—, physiologischer Querschnitt der 595.
—, chemische Veränderungen im Training 617.
„Muskelsinn" beim Fliegen 378.
Muskelsynergien, Wirkungsgrad der 819.
Muskeltätigkeit, Modell der 609.
Muskeltonus hohlorganiger Tiere 88.
Muskeltraining 595.
Muskelvertauschung, Koordinationsumstellung nach 1105.
Muskulatur des Kehlkopfs, s. auch Kehlkopf.
— des Kehlkopfs 1261.

Myriapoden, Fehlen eines Lokomotationszentrums 1181.
—, Stridulationsorgane 232.
Mysis, Statocyste 1177.

Nachbild, Seitendeviation 456.
Nachbildbewegungen 456.
—, Nystagmus 457.
— bei rotatorischem Nystagmus 461.
Nachnystagmus, optokinetischer 473.
Nachschwindel 473.
Nachsprechen, Störungen des 1461.
Nachtarbeit 665.
Nahen, Energieverbrauch beim 557.
Nahorientierung 912, 915, 941.
—, Bedeutung kinästhischer Faktoren 951/953.
—, Mechanismus 953.
— beim Pferde, Mechanismus 971.
—, Bedeutung optischer Eindrücke 948/953.
—, Bestimmung durch optische Reize 951/953.
—, Experimente mit Seeschwalben 948/953.
Nahrungserwerb bei Tritonen 973.
— bei Vipern 973.
Nasalität, Nachweis der — durch A-S-Probe 1353.
—, Nachweis der — durch Betastung 1353.
—, graphische Methoden zum Nachweis der 1352.
—, Nachweis der — durch Spiegelprobe 1353.
—, objektive Klanganalyse der 1353.
—, Mechanismus der 1352.
Naseln, affektiertes 1351.
—, geschlossenes, Rhinolalia clausa anterior 1350.
—, offenes (Rhinolalia aperta) 1351.
—, postoperative Form 1351.
—, (Rhinolalia) 1350.
Nausea 461, 463.
— bei äqualen Doppelspülungen 505.
—, vegetative Erscheinungen 497, 506.
—, experimentelle 500.
— bei Kopfschlingern während der Rotation 502 bis 504.
—, Labyrinth-Zusammenhänge 500.

Nausea bei Massenspülungen 505.
—, Nachwirkungen der 497.
—, Prognose der 497.
—, Psychotherapie 516.
— bei optokinetischer Reizung 506/507.
— bei Rotationen 501/505.
—-Seekrankheit 496/497.
—, psychische Störungen bei 497.
—, Therapie der 514.
—, Übungstherapie 514.
— bei Vestibularreizung 500 bis 506.
N-Ausscheidung bei körperlicher Arbeit 793.
Nebenarbeiten, Einfluß der — auf den Kraftverbrauch bei industrieller Arbeit 555.
Nebenformanten der Vokale 1411.
Negersprache 1472.
Neigungsstuhl (Garten) 1013.
Nematoden, Ortsbewegung 278.
Nemertinen, Ortsbewegung 277.
Neovitalismus, Anpassungserscheinung 1046.
Nervenkreuzung 1088.
Nervennaht, einfache 1088.
—, vertauschende 1088.
Nervennetz, diffuses 1056.
—, physiolog. Eigenschaften 1179, 1190, 1193.
Nervenregeneration, Chemotaxis bei 1121.
Nervensystem, Anpassungsfähigkeit 1043.
—, autonomes, s. auch autonomes Nervensystem 1101.
—, Widerstandsfähigkeit des — beim Fliegen 367.
— der Evertebraten u. Zentrenlehre 1178.
Nervöse Leistung beim Fliegen 377.
— Regulation 1051.
Nervöses Geschehen und gleitende Kopplung 1214.
— —, Grundannahmen für eine Theorie des 1196.
Nervus laryngeus inferior 1283.
— — superior 1279.
Neurofibrillen, primäre Färbbarkeit der 1212.
Neuropil 1050.
Neurotaxis 1121.
Normalarbeitstag 662.
Normalstellung des menschlichen Körpers nach BRAUNE und FISCHER 189.

Nystagmus, subjektives Äquivalent 457.
— der Augen und des Kopfes 74.
—, Einstellungs- 384.
—-Ermüdungs- 384.
—, Erregbarkeitssteigerung vom Kleinhirn aus 428.
—, experimenteller bei Kleinhirnerkrankungen 426.
— bei Fistel, Symptom 401.
—, Fixations- 384.
—, Hemmung durch Fixation 384.
— bei Kleinhirnbrückenwinkeltumoren 415.
— bei Kleinhirnstörungen 423.
— bei schnellen Kopfbewegungen 404.
—, calorischer bei fehlendem Labyrinth 392.
— bei Labyrinthlähmung 398.
— bei Labyrinthreizung 396.
—, optokinetischer 48, 469, 471.
—, — und labyrinthärer 474.
—, Pendel-, bei Kleinhirnreizung 426.
—, Scheinbewegungen 451.
— bei Schläfenlappenprozessen 435.
—, spontaner 383.
—, Übererregbarkeit bei Erkrankungen der mittleren Schädelgrube 436.
—, Unerregbarkeit bei Kleinhirnerkrankungen 427.
—, Verhältnis der Vektionen zum 482.
—, Verlust der raschen Komponente des — bei Erkrankungen der mittleren Schadelgrube 436.
— bei einseitigem Vestibularausfall 390.
—, vestibularer 384.
—, Vestibularerregbarkeit bei Großhirnausschaltung 440.
Nystagmusbereitschaft der Augen 74.
Nystagmushemmung vom Kleinhirn aus 427.

$O_2$-Aufnahme während körperlicher Arbeit 770.
— —, maximale —, bei körperlicher Arbeit und Leistungsfähigkeit 781.
— —, maximale —, und $CO_2$-Ausscheidung 783.
— —, maximal mögliche — zur Funktionsprüfung 574.

$O_2$-Aufnahme, maximale — bei wechselnder Geschwindigkeit 781.
—-Aufnahmefähigkeit bei Herzkranken 783.
—-Ausnutzung des arteriellen 761.
—-Konzentration in der Exspirationsluft bei Arbeit und Erholung 802.
—-reiche Luftgemische, Wirkung — auf den maximalen Erholungsrückstand 780.
—-Mehrverbrauch während der Arbeitsleistung 574.
—-Rückstandskurve 757.
—-Spannung unter der Haut 761.
—-Verbrauch, Abhängigkeit der Höhe des — vom Milchsäurespiegel 765.
— — nach beendeter Arbeit 748, 753.
— —, Verlauf des — in der Erholung 749.
—-Versorgung des Muskels 762.
— — der Muskulatur, Einfluß der — auf den Ablauf der chemischen Umsetzungen 774.
Oberfläche, capillare wahrend der Arbeit 761.
Octavusstammerkrankung 413.
Oculomotoriuslähmung 417.
Oesophagussprache 1379.
Ohnmachtsanfälle in der Luft 371.
Opisthotonus 118.
Optische Aphasie 1464.
— Stellreflexe 41, 65.
Organismus, Konstanten des 1142.
—, Wesen des 1140, 1143.
—, Zeitkonstante des 1143.
Orientierung, absolute Störungen 1018.
—, optische Anhaltspunkte 944/945.
—, Beispiel bei Hunden und Katzen 964/968.
—, — beim Pferde 968/972.
— bei Blinden 993/995.
— — —, Genese 994.
— — —, Luftbewegungen 994.
— — —, Schrittgeräusche 994.
— — —, Temperaturreize 994.
— — —, Theorien 995.
—, Definition 995.
—, direkte 911.

Orientierung bei Drehempfindungen 992.
—, dynamische 910.
—, Einteilung 911/912.
—, Einfluß atmosphärischer Elektrizitätsladungen 962 bis 964.
— und visuelle Engramme 941.
— und Erdmagnetismus 960 bis 964.
— in die Ferne 1011.
— bei geblendeten Fledermäusen 974.
— und Flughöhe 945/947.
— im Flugzeuge 1017.
—, Erschwerung durch Gebirge 943.
— und visuelle Gedächtnisbilder 940.
—, Bedeutung des Gehörsinnes 993.
—, Genese 1021.
—, Grundlagen der 995.
— durch Heimatstrahlung 945.
—, indirekte 911.
—, Versuche mit Kindern 979/980.
— am eigenen Körper 914, 998.
— — —, Störungen 1008.
—, Loi du contrepied 953 bis 956, 1020.
—, Magnetismus und Luftelektrizität 1070.
— bei Fledermäusen, Mechanismus 975.
— bei Hunden und Katzen, Mechanismus 968.
— beim Pferde, Mechanismus 972.
— auf dem Meere 979.
— beim Menschen 975/1018.
— — —, Mechanismus 981 bis 990.
— — — in der Nacht 981.
— — —, Bedeutung des Sehens 979.
— — —, Sinnesschärfe 977.
— im Raum bei Wirbeltieren und beim Menschen 909.
— bei Nachtflügen 934/936.
— bei Naturvölkern 976 bis 978.
— bei Flügen im Nebel 937 bis 938.
—, optische 947, 1020.
—, Einfluß von Radiowellen 961.
—, Bogengangtheorien, spezieller Richtungssinn 956 bis 959.
—, Rotschwänzchen 927.

Orientierung bei Saharajägern 977/978.
—, Erschwerung durch Nebel, Wolken, Regen, Schnee 937.
— bei Schildkröten 973.
—, Seeschwalben 926.
—, Bedeutung des Sehens 934/953.
—, sens des attitudes 955.
—, Einfluß sexueller Faktoren bei Tauben 933/934.
—, Spürsinntheorie 957, 959, 1020.
— in Städten, Experimente 989/991.
—, statische 910.
— bei geblendeten Tauben 939.
— bei Taubstummen 1013 bis 1014.
—, Theorien 914/916.
—, Experimente zur magnetischen Theorie 962.
— in den Tundren 976.
—, Übersicht 1018.
— und individuelle Unterschiede der 943.
— bei Vögeln 916/964.
—, Vogelzug 910.
— beim Pferde, Haften an Wegspuren 971/972.
—, Erschwerung durch Windrichtungen 943.
— zu bestimmten Stellen im Raum (Wirbellose) 1023.
Orientierungsreflexe 1009.
Orientierungstäuschungen, Beispiele 986/989.
— beim Erwachen 989.
—, Genese 991.
Orientierungsstörung 1450.
Orthoisorrhopie 185.
Orthopteren, Stridulationsorgane 1232.
Ortsbewegung der Amöben 272.
— der Hydra 276.
— der Nematoden 278.
— der Nemeitinen 277.
— der Raupen 289.
— des Regenwurms 280.
— der Reptilien und Amphibien 269.
— der Säugetiere, Vögel, Reptilien und Amphibien 259, 236.
— der Schlangen 270.
—, Seerosen 275.
— der Tiere im allgemeinen 236.
Otolitheneinflüsse 424.
Otolithenerkrankungen 406.
Otolithenhypothese der Seekrankheit 509.

Otolithenprüfung 386.
Otolithenstörung, experim. Untersuchung 409.
Oxydationsgeschwindigkeit während der Arbeit 777.
Oxydationsprodukte, unvollkommene 747.
Oxydationsquotient der Milchsäure 740.
— — —, Bestimmung des — am Menschen 742.
Oxydative Reaktionen im späteren Verlauf der Erholung 750.
Oxygen-Requirement ($O_2$-Bedarf) 772.
Oxyhämoglobindissoziation und Erholungsgeschwindigkeit 761.

Paragrammatismen 1425, 1474.
Paragrammatismus (Telegrammstil) 1469.
Paragraphie 1496.
„Parahormone" 7.
Paralexie 1489.
Paraphasie 1452.
—, verbale und literale 1453, 1455.
Paraphasische Logorrhöe 1453.
Partialdruck des Sauerstoffs (beim Fliegen) 368.
Paßgang 245.
— des Pferdes 256.
Patella, Heimkehrfähigkeit 1037.
Pausen, Einfluß von — auf den Erholungsrückstand 775.
—, — von — auf den Wirkungsgrad 775.
—, Gestaltung der 539.
—, optimale Lage der 539.
Pausenlänge, optimale 539.
Pedometer 200.
Pendelnystagmus 423, 426.
Perseveration 1461.
Persönlicher Eindruck bei Berufen 677.
Persönliche Differenz 1195.
Persönlichkeitsdiagnose 691.
Pfeifen 1383.
Pfeiftöne im Kehlkopf 1384.
Pfeifton der Kinder 1318.
Pfeiftonregister 1385.
Pferd, Gangarten des 244.
PFUELsches Schwimmen 297.
$p_H$ des Blutes bei körperlicher Arbeit 840.
Pharynxsprache 1379.
Phonation, Atembewegungen bei der 1294.

Phonation, Verhalten des Kehlkopfs bei 1276.
—, Luftverbrauch bei der 1315.
Photographie nach BERNSTEIN (Mechanik des menschlichen Körpers 178.
— nach O. FISCHER (Mechanik des menschlichen Körpers) 178.
— nach MUYBRIDGE und MEARLY (Mechanik des menschlichen Körpers) 176.
— des menschlichen Körpers in Ruhelage und in Bewegung 174.
Phrenicus, Ersatz durch andere Nerven 1099.
Physiologie der körperlichen Arbeit 835.
—, vergleichende, in bezug auf Zentrenlehre 1175.
Piqûre und Zentrenlehre 1175.
Plastizität 1131, 1143.
— und Amputationen 1063.
—, Definition der 1046.
— des Nervensystems 1043.
Plastizitätsforschung, Hauptresultat der 1185, 1196.
Polsterpfeifen 1308.
Polychäten, Kriechbewegung 281.
—, Schwimmen der 312.
Polyglottie 1428.
Polyomyelitis, Koordinationsänderung nach 1065.
Ponserkrankung, galvanischer Nystagmus bei 419.
Ponstumoren 419.
Präformation im Nervensystem 1051.
Praktikerurteil (Arbeitsbeurteilung) 678.
Präpulus, Kriechbewegung 282.
Probearbeiten (Psychologie der körperlichen Arbeit) 677.
Proctacanthus 90.
Progressivbeschleunigungen, lotrechte 466.
Progressivreaktionen 48.
Proportionalmessung bei der Analyse der Vokalkurven 1399.
Proportionsdiagramme des Menschen 167.
Propriozeptive Erregungen als Ursache nervöser Umstimmungen 1106, 1116, 1118, 1186, 1200.
Prosobranchiate, Kriechbewegung 288.
Prothesen, willkürlich bewegliche 1115.

Protozoen, Schwimmen der 307.
Prüfexperimente oder Teste bei Berufseignungsprüfungen 681.
Pseudofovea 1136.
Pseudoglottis 1379.
Pseudopodien, Sichzurückziehen der 273.
Psychisch-physische Beziehung 1147.
Psychoanalyse und Unfallsdisposition 693.
Psychomotorische Reaktion beim Fliegen 365.
Psychoneurose beim Fliegen 378.
Pubertat (Erziehungsgeschwindigkeiten in der) 696.
Puerilismus, sprachlicher 1426, 1432.
Pufferungspotenz des Blutes 578.
Pufftheorie der Entstehung von Sprachlauten 1397.
Pulsbeschleunigung, Ursache zur 897.
Pulsfrequenz 713.
— nach Arbeit 714.
— nach dem Aufhören der Arbeit 826.
— bei körperlicher Arbeit 893.
—, Abhangigkeit vom Arbeitsrhythmus 895.
Pulsverlangsamung bei Labyrinthreizung 397.
Punktschwanken (Schwindel) 475.
Purkinje-CV. 460, 480.
— und Fallreaktion 461.
—, Genese 459.
Pyramidenbahnen, Erscheinungen nach Durchtrennung der 1130.

Quarzfaden zur Schallregistrierung 1391.
QUETELETscher Index 563.
Quotient, respiratorischer, bei körperlicher Arbeit 869.

Rachitis bei Tieren 6.
Raddrehungsstörungen bei fehlendem Labyrinth 393.
— bei Otolithenverletzung 387.
Rädertiere, Kriechen der 274.
Radiowellen, Einfluß auf Orientierung 961.
Rangiertest (körperliche Arbeit) 687.

Rationalisierung, technische 523.
„Räumliche Klarheit" bei körperlicher Arbeit 685.
Raumsehen (beim Fliegen) 364.
Raupen, Ortsbewegung 289.
Reaktion, psychomotorische, beim Fliegen 366.
Realwerte des Menschen 519.
Receptoren als Regulatoren der Motorik 1189.
Rechen- und Zahlenstörungen 1503.
Rechtschreibung, Störungen der 1502.
Rechtshänder und Sprache 1442.
Rechtshandigkeit 1064.
Reflexarme Tiere 1190.
Reflexe, Bahnung durch Versteifungsinnervation 632.
—, bedingte 18.
—, nur typisch unter gleichen Bedingungen 1190.
—, cytokinetische 120.
—, dynamische 106, 107, 108.
—, exteroceptive 33.
— während freiem Fall 70.
—, isolierte? 1193, 1196.
— der Lage auf Flügel und Schwanz 104.
— der Lage oder Haltung, siehe statische 101.
—, lokomotorische 17.
—, myostatische 33.
—, nichtlabyrinthäre, infolge Halsdrehung und -wendung nach einseitiger Labyrinthexstirpation 76.
—, proprioceptive 33.
—, schwacher und starker 1057, 1148, 1205.
—, statische, Auslösungsort 105.
— bei Fischen und Fröschen 101.
—, — kompensatorische Flossenstellungen 101.
—, — nach doppelseitigen Labyrintheingriffen 105.
—, — nach einseitigen Labyrinthangriffen 104.
—, — optische Einflüsse 105.
—, statokinetische 46.
—, — auf Stellungsänderung eines Körperteils 47.
—, — auf Verschiebung des Gesamtkörpers 47.
—, ubiquitäre 1149.
Reflexhaftigkeit beim Fliegen 378.
Reflexrepubliken 1149.
Reflexumkehr 1057, 1205.
Regenwurm, Reaktion auf passive Krümmung 1057.

Regenwurm, Ortsbewegung 280.
Registrierung der horizontalen Bewegung eines Punktes des menschlichen Körpers 181.
—, elektromagnetische, der Bewegungsgeschwindigkeiten eines Läufers 182.
—, mechanische, der Beckenbewegung 179.
Registrierverfahren von BENEDIKT und MURSCHHAUSER 180.
Regulation, nervöse 1051.
Reihen, aperiodische, trigonometrische 213.
Reihensprechen, Störungen des 1462.
Reitbahn-Manegebewegungen (VOLTEN) 112.
Reiz, Bahnung 17.
Reize, Summation 17.
Repräsentanten (Nervensystem) 1184.
Reptilien, Lautproduktion 1242.
Resektion der Stimmlippen, Stimme nach 1377.
Reserveluft bei körperlicher Arbeit 849.
— bei verschiedenen Körperstellungen 847.
Resistenzverminderung der Erythrocyten nach Arbeit 719.
Resonatoren bei der Analyse der Sprachlaute 1403.
Resonanz der Nasennebenhöhlen 1355.
Resonanzhypothese des nervösen Geschehens 1197.
Resonanztheorie der Erregung 1119.
Respiration, nasale, beim Fliegen 372.
Ressentiment, soziales 651.
Restitutionskoeffizient 751.
Restitutionskonstante Rk. 752.
Rest-N, Erhöhung bei schwerer Arbeit 720.
Rheotaxis, optokinetische Einflüsse 138.
—, Einfluß des Wasserdruckes 139.
— bei Fischen und Amphibien 136.
—, Zustandekommen der 139.
Rheotropismus bei Fischen und Amphibien 136.
Rhynchoten, Stridulationsorgane 1239.
Rhinolalia aperta functionalis 1351.

1540 Sachverzeichnis.

Ribotsche Regel 1443.
Richtung, Einhaltung einer bestimmten 1006.
Richtungslokalisation 999/1009
—, optische, bei willkürlicher Seitenwendung der Augen 1000.
—, egozentrische, und Augenmuskelapparat 1004.
—, — Nachwirkungen einer vorausgegangenen Blickwendung 1000.
—, haptokinästhetische 1005.
—, optische 1000.
Rindenfelder des Großhirns 1047.
Rippenquallen, Schwimmen der 311.
Rk. bei Gripperekonvaleszenz, Basedow und Diabetes 759.
—, Gang der — in der Erholung 759.
— bei Herzkranken 759.
—, Korrelation zwischen dem aus $O_2$-Verbrauch und Ventilation berechneten Rk.-Werten 759.
—, Schwankungen der 755.
—-Werte, Häufigkeitsverteilung 572.
Rohrerscher Index 563.
Rollbewegungen, Labyrinthektomie 77.
Röntgenaufnahme des Fußes 191.
Rosenbachsches Gesetz 1375.
Rotationen auf Zentrifuge 464.
R.Q. während und nach der Arbeit 788.
—, Arbeits- und Arbeitsdauer 796.
—, Einfluß der chemischen Umsetzungen der Milchsäure auf den Gang des RQ. in der Erholung 790.
— in der Erholung 789.
— beim Formen 585.
—, scheinbarer 789.
—, spezifischer Arbeits- 794.
—, — — bei verschiedener Arbeitsdauer 795.
—, — — Einfluß des Arbeitstypus auf den 797.
—, — — bei Diabetes 796.
—, — —, bei Fettkost 796.
— bei statischer und dynamischer Arbeit 791.
— im Steady state 789.
Rückenmark, halbseitige Durchschneidung des 1127.
—, Exstirpation des — und Wärmeregulation 1176.

Rückenmarksdurchschneidung, totale 1122.
Rückenschwimmen 297.
Rückennystagmus 384, 423.
Rückstandskurve nach Simonson 753.
Rückwärtslaufen der Hühner 114.
Ruderarbeit der Flossen 303.
Ruderflug, Arbeitsleistung 343.
—, Atmung 343.
—, Fluggeschwindigkeit, Schlagfrequenz, Vortriebsstrecke 342.
Ruhelage der Glieder, elastische 641.
—, horizontale, des Körpers 187.
Ruhelagen des Körpers bei aktiver Muskelspannung 189.
— des menschlichen Körpers bei Fehlen aktiver Muskelspannung 187.
Ruhepausen, Regelung der 650.
Rüttelflug bei Vögeln 344.

Sänger, Stimmumfang 1318.
Sauerstoff im Training, Ausnutzung des mit der Ventilation herangeführten 786.
— -Angebot, Einfluß des — der Außenluft auf die Erholungsgeschwindigkeit 760.
Sauerstoffapparate für das Fliegen in großen Höhen 369.
Sauerstoffaufnahme durch den Muskel 761.
Sauerstoffaufnahmevermögen 725.
Sauerstoffbedarf beim Gehen 216.
Sauerstoff-Bindungsvermögen des Blutes bei körperlicher Arbeit 841.
Sauerstoffdefizit 704.
Sauerstoffdiffusion bei max. Verbrauch 868.
Sauerstoffgehalt des arteriellen Blutes bei körperlicher Arbeit 841.
Sauerstoffmangel, lähmender Einfluß des — beim Fliegen 369.
Sauerstoffspannung, alveolare — bei körperlicher Arbeit 841.
—, venöse — bei körperlicher Arbeit 846.

Sauerstoffspannung, verminderte — beim Fliegen 368.
Sauerstoffverbrauch, Abweichung von der e-Funktion in der Erholung 754.
Säuger, Haltung und Stellung bei 55.
Säugetiere, Galopp der 264.
—, Stimmorgane 1251.
Säuglinge, Stimmumfang bei 1318.
Schallkurven, Auswertung der 1394.
Schallregistrierung, Kondensatormikrophon zur 1393 bis 1394.
—, Quarzfaden zur 1391.
—, Seifenhäutchen für 1392.
Schallrichtung, Wahrnehmung der 1005.
Schallschreiber 1392.
Schaltmechanismen des Nervensystems 1186.
Schaufeln in gebückter Haltung 581.
Scheinbewegungen und Lagetäuschung beim Schwindel 445.
—, metakinetische 473.
— bei rotatorischem Nystagmus 462.
—, optische 462.
— der Sehdinge 455.
Scherhochsprung, amerikanischer 233.
Schielstellung, Hartwig-Magendiesche 417.
Schiff, Schlingern des (Nausea) 499.
Schiffsbewegungen, Beschleunigungsmomente 499.
—, Formen der 498.
—, Rollen, Stampfen, Dünung 498.
Schlaf, Neigung zum — beim Fliegen 369.
Schlagvolumen bei körperlicher Arbeit 898.
Schlangensterne, Amputationsversuche 1075.
Schlosserberuf, psychologische Analyse des 671.
Schluchzen 1386.
Schmerzleitung 1129.
Schmetterlinge, Stridulationsorgane 1236.
Schmetterlingsraupen, Fehlen von Lokomotionszentren 1181.
Schnelligkeit, maximale Dauer der Bewegung 635.
Schreiben nach Verlust der rechten Hand 1064.
Schreien 1386.

Schrillader, Heuschrecken 1234.
Schrillsaite, Heuschrecken 1234.
Schritt (des Pferdes) 247.
— und Trab der Tiere, Übergänge von 257.
— der Vierfüßer 261.
Schuhwerk und Fußdruck 192.
Schulterzug, beiderseitiger 552.
—, linksseitiger 552.
„Schunkelreaktion" 37, 50.
Schwachreizprüfung, calorische, bei Labyrintherkrankungen 385.
Schwangerschaft und Stimme 1366.
Schwanzflosse und Lebensweise von Fischen, Bezug der — auf 304.
Schwanzreflexe 133.
Schwebefähigkeit der Insekten 353.
Schwerhörige, Stimme und Sprache der 1381.
Schwerlinie, Lage der 184.
Schwerpunkt 99, 183.
—, bei Vögeln im Flug 100.
— des Kopfes 197.
— der einzelnen Körperglieder 185.
—, Serienmessungen über die Lage des 184.
Schwerpunktsamplitude, vertikale, dynamische 212.
Schwerpunktsbahn beim Sprung 231.
Schwerpunktsbeschleunigung, vertikale 211.
Schwerpunktsbewegung, Dynamik der 207.
Schwerpunktslage, relative 185.
Schwerpunktsmodell nach O. Fischer 187.
Schwimmbewegungen 295.
— der Tintenfische 317.
Schwimmblase 302.
—, Funktion 142.
—, hydrostatische Funktion 140.
— als Reflexorgan 141.
— bei Fischen als Sinnesorgan 140.
—, Einfluß des Wasserdruckes 141.
Schwimmblasenfüllung und Schwimmfähigkeit 142.
Schwimmen der Amphibien 301.
— der Cladiceren 315.
— der Coelenteraten 310.
— der Fische 302.

Schwimmen der Infusorien 309.
— der Insekten 313.
— der Krebse 314.
— des Menschen 294, 297.
— der Mollusken 316.
— der Polychäten 281.
—, Protozoen 307.
— der Reptilien und Amphibien 301.
— der Rippenquallen 311.
— der Säugetiere 299.
— der Vögel 300.
—, Das — wirbelloser Tiere 305.
—, Das — der Menschen und Wirbeltiere 294.
Schwindel 442, 1018.
—, akustisch ausgelöster 475, 476.
— bei Augenmuskellähmungen 480, 487.
— bei Calorisation 467.
—, Definition 443/445.
—, Einteilung 452.
— bei Encephalitis 489.
— bei Erkrankungen des Kleinhirns 486.
— bei luetischen Erkrankungen 489.
— bei Erkrankungen der hinteren Schädelgrube 486, 487.
—, vegetative Erscheinungen 451.
— bei Galvanisation 467.
— bei Infektionskrankheiten 491.
— bei inkretorischen Störungen 491.
— bei Kleinhirnbrückenwinkeltumoren 414.
—, Klinik des 483, 492.
— bei u. nach raschen Kopfbewegungen 483.
— bei Labyrinthfistel 404.
— bei bestimmten Lagen des Kopfes im Raum 484.
— bei Magendarmerkrankungen und Intoxikationen 491.
— bei Neurosen 489.
— bei Octavuskrisen 489.
— und Ohnmacht 450.
—, optischer 468.
—, optokinetischer 451, 468, 474.
—, Phänomenologie 445 bis 451.
—, Physiologie des 477—482.
— bei Ponstumoren 487.
— bei Rotationen 453.
—, Scheinbewegungen und Lagetäuschungen beim 445.

Schwindel bei multipler Sklerose 488.
—, spontaner 485.
—, systematischer 383.
—, Therapie des 492.
— bei Tumoren der Medulla oblongata 487.
— bei Tumoren des IV. Ventrikels 487.
—, unsystematischer 423.
— bei traumatischen Einwirkungen auf den Vestibularapparat 484—485.
— bei einseitigem Vestibularausfall 390.
— bei Vestibularerhaltung 388.
— bei Zirkulationsstörungen 489, 490.
—, Zustandekommen von 479.
Schwindelempfindungen, systematische und asystematische 452.
Schwindelkomplex bei Nausea 497.
Schwindelzeichen, objektiv vorhandene 480.
Secretin, Wirkungsweise im Verdauungsprozeß 8.
Seefahrten, Gewöhnung an die 510.
Seeigel, Kriechbewegung 284.
Seekrankheit, die 495.
—, Balancebewegungen 509.
—, mechanische Einflüsse 512.
—, Empfindlichkeit 513.
—, Empfindlichkeitssteigerung der nervösen Zentralorgane 510.
—, Latenzzeit der 509.
—, Resistenz 510.
—, Einfluß der Rückenlage 504.
— bei Säuglingen und Kindern 513.
— im Schlaf 511.
—, Schlingerbewegungen des Körpers 509.
—, Verhältnis zu Schwindel 511—512.
—, medikamentöse Therapie der 515.
—, Ursachen der 508/513.
Seerosen, Ortsbewegung 275.
Seeschwalben, Flugzeit 924.
Seesterne, Umdrehreflex 1050.
Segelflug, Einfluß 336.
—, Einfluß der Atmosphäre 338.
—, Einfluß von Windpulsationen 338.
— der Insekten 352.

Segelflug oder Schwebeflug 336.
—, statischer 337.
Segmentalphysiologie des Nervensystems 1180, 1182.
Sehferne 1009.
—, Lage des Konvergenzfernpunktes 1011.
—, messende Untersuchung 1010.
Sehgröße und Sehferne 1011.
Sehnenreflex, Umkehr des 1052.
Sehnenverpflanzung 1105.
Sehtiefe 1009.
Sehzentren, Wandelbarkeit des 1191.
Seifenhäutchen zur Schallregistrierung 1392.
Seitenfallneigung bei Kleinhirntumoren 432.
Seitenorgane der Fische, ihre Beeinflussung durch Wasserströmung 138.
Selbstausübungsmethode, arbeitspsychologische 647.
Selbstbestimmung des Arbeiters über den Arbeitsgang 650.
Selenzelle, zur akustischen Prüfung von Klangkurven 1408.
,,Sensation of want of support" 503.
Sensibilität, Einfluß auf Muskelkraft 595.
Sensibilitätsherstellung nach Nervennaht 1100.
Serienproduktion (Werkstättenstruktur der Fabriken) 525.
Seufzen 1386.
Sigmatismus 1352.
Sinn der Arbeit 653.
Sinnesenergie, spezifische 1184, 1191.
Sinnesorgane, Einstellung zur Umgebung 53.
Sipunculus nudus 89.
Sitzhaltung 200.
Skoliose bei einseitigem Vestibularausfall 391.
Skorbut 6.
Sommertraining, leichtathletisches 733.
Spannungsentwicklung am Dynamometer 577.
—, gleichmäßige 602.
Spannungshypertrophie 711.
Spätwirkungen körperlicher Arbeit 583.
Spezifisches Gewicht des Organismus 295.

Speichenwirkung der Beine 241.
Sperrmechanismus 831.
Sperrung, Energieverbrauch für die 831.
Sperrung, tonische 602.
Spiegelschrift 1502.
,,Spiegelsprache" 1426.
Spinnen, Gangart 290.
Spinnen, Stridulationsorgane 1231.
Spontanhaltung des Kopfes bei Labyrintherkrankungen 399.
Sprachcharakter, Änderung des 1426.
Sprache, Einfluß der Händigkeit 1442.
Sprache, innere 1517.
—, — (Übertragungsapparate) 1439.
—, Pathologie der 1443.
Sprachentwicklung beim Kinde 1421.
Sprachfeld 1421/1515.
Sprachlaute 1332.
—, automatische Analyse der 1403.
—, harmonische Analyse der 1345.
—, physikalische Analyse der 1387.
—, künstliche Nachahmung, Aufbau und Abbau 1407.
—, Einteilung der 1332.
—, graphische Registrierung der 1388.
Sprachliche Formulierung 1437.
Sprachlicher Puerilismus 1426, 1432.
Sprachnot des Motorisch-Aphasischen 1431.
Sprachreflex 1422.
,,Sprachsext" BEZOLDS 1415, 1434, 1512.
Sprachstörungen (Depeschenstil) 1425.
—, Selbstbeobachtungen von Aphasischen 1449.
—, Wechsel in der Intensität der 1449.
Sprachtaubheit 1477.
Sprachverständnis (Weg vom Sprechen zum Denken) 1433.
Sprechen, Weg vom Denken zum 1436.
Sprechlaute, Bildung der 1329.
Sprechstimme, Tonhöhe 1319.
Sprechzentrum der Papageien 1246.
Sprung, physiologische Mechanik des 228.

,Sprungbereitschaft" 48.
Sprunghöhe 229.
,,Sprungweite" 229.
—, Heuschrecke, Känguruh 231.
Stabilisierungs- und Balancierarbeit 824.
Stabilität beim Flug 324.
Stand, aufrechter 196.
—, —, mit Zusatzbelastung 199.
Standardarbeit zur Funktionsprüfung 571.
Standfestigkeit des menschlichen Körpers 184.
Starrkrampfreflex (Taschenkrebs) 1054.
Stasenfistelsymptom, Amylnitritprobe bei Labyrintherkrankungen 387.
Statik und Dynamik, physiologische 182.
Statische Arbeit, Ermüdung bei 784.
— —, Tonus 828.
— Ermüdung 584.
Statoreflexe bei Krebsen 92.
Stauropus fagi 88.
Steady state 771, 774, 789.
Stehbereitschaft 1053, 1176.
Stehen, aufrechtes 196.
—, Energieverbrauch beim 829.
—, Erholungsgeschwindigkeit beim 762.
— der Vögel 266.
—, Abhängigkeit vom Zentralnervensystem 1176.
Steigarbeit 549.
Steigungsstuhl, Versuche im — beim Fliegen 364.
Stellreflexe 41, 65.
—, Folgen ihrer Ausschaltung 83.
—, Haltungsreflexe, Zusammenwirkung 69.
—, optische 68, 78, 118, 119.
Stellungen, asymmetrische 198.
Stemmwirkung der Beine 241.
— — — beim Pferd 241.
Sterblichkeit, Einfluß der industriellen Entwicklung auf die 530.
—, Vergleich, Industrie und Landwirtschaft 528.
—, — bei Männern und Frauen 529.
—, — Stadt und Land 528.
Steuerung, gleitende — im nervösen Geschehen 1215.
Stimmapparat des Menschen 1255.
Stimmarten, besondere 1366.

Stimmapparat des Menschen, Pathologische Physiologie des 1351.
Stimmapparate der Tiere 1223.
Stimmapparat der Zikaden 1228.
Stimmbildung bei den Sängern 1253.
Stimmbruch 1319.
Stimme, Bildung der 1301.
—, Flatterstimme 1376.
—, Genauigkeit der 1326.
— und Geschlecht 1360.
—, inspiratorische 1366.
— ohne Kehlkopf 1378.
—, Klang der 1321.
— im Klimakterium und Greisenalter 1365.
— (Knödeln) 1357.
—, Umfang der menschlichen 1317.
— und Menstruation 1365.
—, Recurrensstimme (Diplophonie) 1376.
— nach Resektion der Stimmlippen 1377.
— und Schwangerschaft 1366.
— und Sprache der Ertaubten 1381.
— — — der Schwerhörigen 1381.
— des Totenkopffalters 1227.
Stimmeinsatz 1315.
Stimmfremitus 1358.
Stimmklang, Beeinflussung des — durch Ausschaltung des Ansatzrohres 1356.
—, Veränderung des — durch Dunkel- und Hellfärbung 1356.
— bei Lähmungen der Kehlkopfmuskeln 1372.
—, Änderung des — durch unzweckmäßige Mitbewegungen 1357.
— bei Ausfall des M. arytaenoideus transversus 1374.
— — — des M. cricothyreoideus 1372.
— — — des M. cricoarytaenoideus posticus 1374.
— — — des M. cricoarytaenoideus lateralis 1374.
— — — des M. thyreoarytaenoideus 1373.
— bei totaler Rekurrenslähmung 1375.
—, Entstehung von Vokalen mit 1340.
Stimmlaute, physikalische Analyse der 1387.
Stimmlippen, Bewegungen der 1302.
—, Intermediärstellung 1374.

Stimmlippen, Kadaverstellung 1374.
—, Stimme nach Resektion der 1377.
—, Änderung der Länge und Spannung 1277.
—, Zwischenstellung 1374.
Stimmlippenton 1356.
Stimmorgane der Säugetiere 1251.
Stimmregister 1321.
Stimmritze, Weite bei der Atmung 1265.
—, Weite in der Leiche 1264.
—, Weite in der Ruhe 1264.
—, Verengerung der 1276.
Stimmumfang bei Säuglingen 1318.
— bei Kunstsängern 1318.
Stimmwechsel inkretorischer Natur 1360.
—, Störungen des 1361.
—, unnatürlicher 1362.
—, verlängerter 1360.
Stirnhirnpol, vorderer 439.
Stirnhirnstörungen, Vorbeizeigen bei 438.
Stoffwechselversuche, Berechnung der Arbeitsleistung beim Gang aus 217.
Stöhnen 1386.
Störungen des Nachsprechens 1461.
— des Reihensprechens 1462.
Stoß, doppelarmiger, Arbeitsleistung bei 551.
—, horizontaler, Energieverbrauch bei 550.
Streckreflexe, gekreuzte 37.
Streckreflex, Umkehr des 1052.
Stridulationsorgane, Arachnoideen 1229.
—, Coleopteren 1229.
—, Crustaceen 1229.
—, Hymenopteren usw. 1229.
—, Insekten 1229.
—, Lepidopteren 1229.
—, Myriapoden 1229.
—, Orthopteren 1229.
— der Wanzen 1239.
—, Zikaden 1240.
Stroboskopie der Stimmlippen 1310.
Stützreaktion beim Gang 208.
—, negative 36.
—, positive 33.
Suchbahnen bei Vipern (Nahrungserwerb) 973.
Summen 1385.
Sympathicus, Nervenkreuzung im Gebiet des 1103.
Synapsenhypothese 1049.
Synkope 481.

Synthesefähigkeit bei Ermüdung 770.
Syrinxmuskulatur, Innervierung der 1245.
Systolendauer 716.
— bei körperlicher Arbeit 902.

Tangorezeptoren 93.
Tapetenbilder 1010.
Tardigraden, Kriechen der 283.
„Tastschwindel" 383, 462, 466, 499.
Tätigkeitshand 1064.
Taubenschläge, wandernde 940.
Taubstumme, Stimme und Sprache der 1382.
Taubstummenphonasthenie 1383.
Taubstummensprache, Monotonie der 1381.
Taucherlähmung 371.
Tausendfüßler, Stridulationsorgane 1232.
Taylorismus 525.
Taylorsystem 649.
Teilwirkungsgrade 823.
„Telegraphendrahtreaktion" 131.
Telegraphendrahtreaktionen bei Vögeln 334.
Temperatur, Einfluß der — auf die Erholungsgeschwindigkeit 768.
Teppichversuch von MACH 468.
Testleistungen, Bewertung der 690.
Theorie, biologische 1148.
— des nervösen Geschehens 1196.
—, physiologische 1144.
Thorakograph 198.
Thyreoidin, Einfluß von — auf die Erholungsgeschwindigkeit 767.
Tibialis und Peroneus, Kreuzung von 1095.
Tiefenlokalisation, egozentrische 1009.
Tintenfische, Kriechbewegung 288.
—, Schwimmbewegungen der 317.
Todesrate, Verminderung der — bei verschiedenen Berufen 531.
Ton-Vertiefung des gesummten — durch Verschluß bzw. Verengerung der Nase 1354.
Tonhöhe der Sprechstimme 1319.
Tonus, kreisender 1204, 1209.

Tonusanomalien, Energieverbrauch bei 830.
Tonusbegriff und Elektrophysiotopie 1209.
Tonusfang 1207, 1214.
Tonustal 1148, 1181, 1207, 1214, 1218.
Tonusverlust, vorübergehender, nach einseitiger Labyrinthexstirpation 74.
Totalkapazität bei körperlicher Arbeit 849.
— bei verschiedenen Körperstellungen 847.
Trab des Pferdes 249.
Tractus rubrospinalis, Erscheinungen nach-Durchtrennung des 1130.
Tragen von Lasten 549.
Tragfläche des Vogels 331.
Trägheitskraftvektoren in den Hauptphasen des Ganges 210.
Training 784.
—, Einfluß des — auf die Erholungsgeschwindigkeit 784.
—, Kohlensäureausscheidung im 786.
—, Verbesserung der Koordination im 785.
—, nervöses 618.
Transport, Mechanisierung des 625.
Transversaldurchmesser 700.
Tremolo, pulsatorisches 1370.
— (Stimme) 1369.
Tremometer nach CHRISTIANS 684.
Tremor beim Fliegen 378.
Treppensteigen, Energieverbrauch beim 549.
Tropismen und Reflexumkehr 1205.
Tuberkulosesterblichkeit, Einfluß industrieller Beschäftigung auf die 529.
— und Reallohn 531.
Tüchtigkeit und Stellungswechsel (Psychologie der körperlichen Arbeit) 677.
Turbellarien, Kriechen der 274.

Überanstrengung, seelische beim Fliegen 373.
Übererregbarkeit, vestibulare bei Kleinhirnerkrankungen 427.
Übertragungsapparate der inneren Sprache (anatomische Lokalisation) 1439.
Übertraining 714.
Übung, organische und noogene 696.

UEXKÜLL's Lehre 1147.
Umfragemethode, arbeitspsychologische 646.
Umkehr der Eigenreflexe 1052.
— des Streckreflexes 1052.
Umkehrreflex (Crustaceen) 1082.
Umsatz bei körperlicher Arbeit 738.
Umschaltungsvorrichtungen im Nervensystem 1186.
Umstellung, nervöse — nach Durchtrennung langer Bahnen 1122.
— bei Bewußtseinsstörung 1155.
— und rezeptorisches Correlat 1161.
— bei Fesselung 1162.
— und Schwere der Läsion 1161.
Umstellungen, nervöse — auf receptorischem Gebiet 1116.
— und Übung 1161.
— und geordnetes Verhalten 1162.
Umstellungsmöglichkeit des Organismus, Grenze derselben 1150.
Unfallrate 542.
Unfallsdisposition und Psychoanalyse 693.
Unfallverhütung (Psychologie d. körperl. Arbeit) 692.
Unterformanten der Vokale 1412.
Untergewichtige 734.
Unterredung, Technik der — bei Berufen 679.
Untersuchungen, physiologische 1144.
Untersuchungsschemata bei Otolithenstörungen 408.

Vagusstoff 1059.
Vasomotorische Kontrolle der Zirkulation beim Fliegen 373.
„Vektionen" 447.
— (Linear-) 448.
Ventilation bei körperlicher Arbeit 850.
— bei statischer Arbeit 862.
—, „steady state" der Arbeit 854.
—, Abhängigkeit vom Arbeitstempo 859.
—, Abhängigkeit vom Energieumsatz 856.
—, Abfall der — in der Erholung 756.

Ventilation, Abfallgeschwindigkeit der — als Maßstab der Erholungsgeschwindigkeit 573.
—, Einfluß der — auf die Erholungsgeschwindigkeit 763.
—, Abhängigkeit der Körperlage 850.
— „second wind" 852.
— „toter Punkt" 852.
Verbale Paraphasie 1455.
Verbrauchskurve nach HILL 753.
Vergleichende Physiologie des Nervensystems und Zentrenlehre 1175.
Verhalten, geordnetes 1173.
Verpflanzung von Gliedmaßenanlagen 1117.
Vertebra-prominens-Reflex 56.
Vertiges périphériques 477.
Vertikale, scheinbare 1012.
Vertikalempfindung 434.
— bei Vestibularausschaltung 389.
Vertikalkanäle, Erregbarkeit bei Stirnhirnstörungen 440.
Vertikalnystagmus bei Erkrankungen der mittleren Schädelgrube 436.
Vestibularapparat, Empfindlichkeit des 374.
—, klinische Untersuchung des 383.
Vestibularausfall, einseitiger 390.
Vestibularausschaltung, doppelseitige 387.
—, galvanische Reaktionen bei 389.
Vestibularerregung bei Stirnhirnstörungen 441.
— (Übelkeit und Erbrechen bei) 383.
Vestibularerkrankung 420.
Vestibularisstamm 413.
Vestibularisstammerkrankungen und -tumoren, Symptomatologie 414.
Vestibularprüfung bei Kleinhirnbrückenwinkeltumoren 415.
Vestibularstörungen (Haltungs- und Bewegungsstörungen bei) 387.
Vibrato (Stimme) 1371.
Vierfüßer, Gangarten der 262.
Vierhügeltumoren, Schwindel bei 487.
Vitalkapazität 727.

Vitalkapazität, Einfluß herabgesetzter — auf $O_2$, Aufnahme bei Arbeit 783.
— bei körperlicher Arbeit 849.
—, Erfordernis beim Fliegen 375.
— bei verschiedenen Körperstellungen 847.
Vitamine, Vorkommen in Pflanzen und bei höheren Tieren 6,
Vögel, Bau der 325.
—, Herbst- und Wintergesang der 1248.
—, „Instrumentalmusik" der 1250.
—, Stehen der 266.
—, Stimmenäußerungen der 1247.
—, Wandergeschwindigkeiten der 345.
Vogelflug, anatomische Vorbemerkungen 325.
Vogelflügel, spezieller Bau des 326.
—, Profil des 329.
Vogelstimme, Physiologie der 1246.
Vogelzug 1020.
—, Höhe des 345.
Vokalcharakter, absolutes Moment beim Zustandekommen des 1413.
Vokale, Analyse der 1404.
—, Entstehung der 1333.
—, Entstehung der geflüsterten 1337.
—, Entstehung von — mit Stimmklang 1340.
—, offen und gedeckt gesungene 1356.
—, Grundton der 1404.
—, Hauptformante der 1411.
—, Nebenformanten der 1411.
—, Unterformanten der 1412.
Vokalklang, Wesen des 1335.
Vokalkurven, Wellensirene bei akustischer Prüfung der 1408.
Vorbeizeigen, diagnostische Bedeutung bei Kleinhirnerkrankungen 430.
— bei Labyrinthreizung 397.
—, Prüfen des 384.
Vorbeizeigeprüfung, Fehlen bei der 385.
Vorhofsapparat, Prüfung des 386.

Vorstellung vom eigenen Körper, Veränderung durch Augenwendungen 1003.
— vom eigenen Körper, Genese 998.
— vom eigenen Körper, Hauptrichtungen 998.
— vom eigenen Körper, Veränderung 999.
Wachstum, das 732.
—, sprunghaftes 733.
Wasserverarmung 726.
Wahrnehmung und Vorstellung, Verhältnis 999.
Wanzen, Stridulationsorgane 1239.
Wärmezentrum und Zentrenlehre 1176.
Weberspinne, Ortsgedächtnis 1036.
—, Raumorientierung 1034.
Wechselgelenk des Pferdes 242.
Weinen 1380.
Wellensirene bei akustischer Prüfung der Vokalkurven 1408.
Wettflüge von Brieftauben 918.
Wettlauf von Frauen 231.
Wettlaufen, Weltrekorde im sportlichen Wettgehen 223.
Wettstreit im Zentralnervensystem 1193.
Widerstand beim Schwimmen im Wasser 296.
Windenergie, Ausnutzung der 338.
Wirbellose, Fortbewegung auf dem Boden bei 271.
Wirbelsäule, Beweglichkeit der 193.
—, extreme Beweglichkeit der 200.
—, Druckverteilung in der 193.
—, Extremstellung der 193.
Wirbeltiere, Schwimmen der 295.
—, Stimmen 1240.
Wirkungsgrad körperlicher Arbeit, Abhängigkeit des — von der Arbeitsdauer 773.
— und Arbeitsleistung der Muskeln beim Gang 216.
—, Verwendbarkeit des — zur Eignungswahl 568.

Wirkungsgrad, Einfluß der Ermüdung auf den 825.
—, — des Höhenklimas auf den 825.
— bei verschiedenen Erkrankungen 827.
— bei Ermüdung 583.
—, optimaler bei einer Reihe von Arbeitselementen 827.
Wortblindheit (Leseschwäche) 1489.
Worttaubheit 1477.

Zehenbeuger der Vögel 268.
Zeigestörung bei Kleinhirnerkrankungen 429.
Zeigeversuch 1005.
Zeitlupenfilm 648.
Zentrales Feld, Kampf der Erregungen um das 1192.
Zentralnervensystem, Hypothesen über chemische Vorgänge im 1210.
—, Wettstreit der Erregungen im 1193.
Zentren, langsamer Abbau der 1176, 1180.
Zentrenlehre, klassische Erweiterung der 1058.
—, Grundvorstellungen der 1184.
—, Kritik der 1047, 1175.
Zentrifugalkraftwirkung im Flugzeug 465, 466.
Zikaden, Stimmapparat 1228.
—, Stridulationsorgane 1240.
Zirkularbewegungen 982/985.
—, Bau der Bewegungsorgane 983, 985.
— bei Gehversuchen 984 bis 985.
—, Genese 984/985.
— bei Tieren 983.
Zirpen der Grillen 1235.
— der Heuschrecken 1232.
Zitterlaute 1349.
Zittern, physiologisches 602.
Zug, horizontaler (Rationalisierung von Arbeitselementen) 551.
Zugarbeit, horizontale im Sitzen 581.
Zungenpfeife (Kehlkopf) 1307.
Zweihandprüfer 683.
Zweitaktgalopp des Pferdes, angeblicher 254.
—, angeblicher der Tiere 259.
Zwischensubstanzen, Entstehung von — bei körperlicher Arbeit 746.

MIX
Papier aus verantwortungsvollen Quellen
Paper from responsible sources
FSC® C105338

If you have any concerns about our products,
you can contact us on
**ProductSafety@springernature.com**

In case Publisher is established outside the EU,
the EU authorized representative is:
**Springer Nature Customer Service Center GmbH
Europaplatz 3, 69115 Heidelberg, Germany**

Printed by Libri Plureos GmbH
in Hamburg, Germany